FISIOLOGIA DO ESPORTE E DO EXERCÍCIO

FISIOLOGIA DO ESPORTE E DO EXERCÍCIO

7ª edição

W. Larry Kenney, PhD
Pennsylvania State University, University Park

Jack H. Wilmore, PhD
University of Texas, Austin

David L. Costill, PhD
Ball State University, Muncie, Indiana

Título original em inglês: *Physiology of Sport and Exercise – 7ʰ edition*.
Copyright © 2020 W. Larry Kenney and David L. Costill. Todos os direitos reservados.
Copyright © 2015, 2012 W. Larry Kenney, Jack H. Wilmore, and David L. Costill.
Copyright © 2008 Jack H. Wilmore, David L. Costill, and W. Larry Kenney.
Copyright © 2004, 1999, 1994 Jack H. Wilmore and David L. Costill.
Publicado mediante acordo com Human Kinetics.

Esta publicação contempla as regras do Novo Acordo Ortográfico da Língua Portuguesa.

Editora-gestora: Sônia Midori Fujiyoshi
Produção editorial: Cláudia Lahr Tetzlaff

Tradução das atualizações da 6ª e 7ª edições: Fernando Gomes do Nascimento
Tradução das atualizações da 5ª edição: Orlando Laitano
Tradução da 4ª edição: Fernando Gomes do Nascimento

Consultoria científica da 7ª edição:
    Orlando Laitano, PhD
    Professor Pesquisador no Department of Applied Physiology and Kinesiology na University of Florida (EUA)
    Doutor em Ciências do Movimento Humano pela Universidade Federal do Rio Grande do Sul (UFRGS) e
    Brunel University London (Inglaterra)

Revisão científica da 4ª edição:
    Antonio Carlos da Silva
    Professor Associado Aposentado do Departamento de Fisiologia da Universidade Federal de São Paulo – Unifesp
    Doutor em Ciências Biológicas pela Universidade Federal de São Paulo – Unifesp
    Especialista em Medicina Esportiva pela Associação Médica Brasileira

    Marília Andrade Papa
    Fisioterapeuta e professora da Universidade Federal de São Paulo – Unifesp
    Doutora em Ciências pela Universidade Federal de São Paulo – Unifesp
    Especialista em Fisiologia do Exercício

Revisão de tradução e revisão de prova: Depto. editorial da Editora Manole
Projeto gráfico: Depto. editorial da Editora Manole
Diagramação: Luargraf Serviços Gráficos
Capa: HiDesign Estúdio
Imagens da capa: istockphoto
Ilustrações do miolo: © Human Kinetics, exceto quando indicado.

CIP-BRASIL. CATALOGAÇÃO NA PUBLICAÇÃO
SINDICATO NACIONAL DOS EDITORES DE LIVROS, RJ

K43f
7. ed.

Kenney, W. Larry.
    Fisiologia do esporte e do exercício / W. Larry Kenney, Jack H. Wilmore, David L. Costill ; [tradução Fernando Gomes do Nascimento] ; [consultoria científica Orlando Laitano]. - 7. ed. - Barueri [SP] : Manole, 2020.
    704 p. : il ; 28 cm.

    Tradução de: Physiology of sport and exercise.
    Inclui bibliografia
    ISBN 9788520463208

    1. Exercícios físicos - Aspectos fisiológicos. 2. Esportes – Aspectos fisiológicos. I. Wilmore, Jack H. II. Costill, David L. III. Nascimento, Fernando Gomes do. IV. Laitano, Orlando. V. Título.

20-63605
                        CDD: 612.044
                        CDU: 612.766.1

Leandra Felix da Cruz Candido - Bibliotecária CRB-7/6135

Todos os direitos reservados.
Nenhuma parte desta publicação poderá ser reproduzida, por qualquer processo, sem a permissão expressa dos editores. É proibida a reprodução por fotocópia.
A Editora Manole é filiada à ABDR – Associação Brasileira de Direitos Reprográficos.

Edição brasileira – 2020

Direitos em língua portuguesa adquiridos pela:
Editora Manole Ltda.
Av. Ceci, 672 – Tamboré – 06460-120 – Barueri – SP – Brasil
Fone: (11) 4196-6000 | www.manole.com.br | https://atendimento.manole.com.br
Impresso no Brasil | *Printed in Brazil*

Jack H. Wilmore foi excepcional como professor, pesquisador, escritor e palestrante. Sua capacidade de transmitir as complexidades da fisiologia do exercício para estudantes, profissionais da saúde e para o público em geral fica evidente neste livro. Como principal autor das quatro primeiras edições do *Fisiologia do esporte e do exercício*, ele se orgulhava muito da clareza e precisão de seu conteúdo. Este livro era sua menina dos olhos.

Wilmore iniciou sua carreira na fisiologia do exercício no Ithaca College em Nova York. Em seguida, foi professor na Universidade da Califórnia, tanto em Berkley como em Davis, e nas Universidades do Arizona, Texas e Texas A&M. Publicou mais de 300 artigos científicos e de livros para o público geral, escreveu 15 livros e 55 capítulos em textos de outros autores. Além de ser presidente do American College of Sports Medicine (ACSM) e da American Academy of Kinesiology and Physical Education, ele participou ativamente em muitas outras organizações profissionais. Sua posição de astro na medicina do esporte foi recompensada com uma longa lista de prêmios, entre eles o Citation and Honor Awards do ACSM. Seus feitos na carreira de 50 anos constituem a base do nosso atual conhecimento da crítica da prática regular de atividades físicas na saúde, na doença e no envelhecimento. Seu impacto nos estudantes e também no público geral era invejado por todos os seus colegas. O *Fisiologia do esporte e do exercício* permanecerá como o legado de um excepcional cientista no campo dos esportes e do exercício, além de um leal amigo de muitos. A família, os amigos e colegas sentem grande falta de Wilmore e seu livro permanecerá como uma herança de seu legado.

Jack H. Wilmore
23 de abril de 1938 – 15 de novembro de 2014

Sumário

Sobre os autores xi
Prefácio xiii
Agradecimentos xvii
Créditos das fotos xix

INTRODUÇÃO
Introdução à fisiologia do esporte e do exercício 1
Objeto de estudo da fisiologia do exercício e do esporte 3
Respostas agudas e crônicas ao exercício 3
A evolução da fisiologia do exercício 4
Fisiologia do exercício no século XXI 14
Pesquisa: base para a compreensão 17

PARTE I   O músculo em exercício

1 Estrutura e funcionamento do músculo em exercício 29
Anatomia do músculo esquelético 31
Contração da fibra muscular 37
Tipos de fibras musculares 40
Músculo esquelético e exercício 46

2 Combustível para o exercício: bioenergética e metabolismo do músculo 55
Substratos de energia 56
Controlando a taxa de produção de energia 58
Armazenando energia: fosfatos de alta energia 59
Sistemas básicos de energia 61
Interação dos sistemas de energia 71
O conceito de *crossover* 71
Capacidade oxidativa do músculo 74

3 Controle neural do músculo em exercício 79
Estrutura e funcionamento do sistema nervoso 80
Sistema nervoso central 88
Sistema nervoso periférico 91
Integração sensitivo-motora 92

Sumário

4 Controle hormonal durante o exercício — 101
- O sistema endócrino — 102
- Glândulas endócrinas e seus hormônios: aspectos gerais — 106
- Regulação hormonal do metabolismo durante o exercício — 110
- Regulação hormonal do equilíbrio hidroeletrolítico durante o exercício — 116
- Regulação hormonal da ingestão de calorias — 121

5 Gasto energético, fadiga e dor muscular — 127
- Medição do gasto energético — 128
- Gasto energético em repouso e durante o exercício — 134
- Fadiga e suas causas — 141
- Potência crítica: a ligação entre gasto energético e fadiga — 150
- Dor muscular e cãibras — 151

PARTE II Funções cardiovascular e respiratória

6 Sistema cardiovascular e seu controle — 163
- Coração — 164
- Sistema vascular — 175
- Sangue — 184

7 Sistema respiratório e sua regulação — 189
- Ventilação pulmonar — 190
- Volumes pulmonares — 192
- Difusão pulmonar — 194
- Transporte de oxigênio e dióxido de carbono no sangue — 200
- Trocas gasosas nos músculos — 204
- Regulação da ventilação pulmonar — 206
- *Feedback* aferente dos membros em exercício — 208

8 Respostas cardiorrespiratórias ao exercício agudo — 213
- Respostas cardiovasculares ao exercício agudo — 214
- Respostas respiratórias ao exercício agudo — 230

PARTE III — Treinamento físico

9 — Princípios do treinamento físico — 243
Terminologia — 244
Princípios gerais do treinamento — 246
Programas de treinamento de força — 249
Programas de treinamento de potência aeróbia e anaeróbia — 253

10 — Adaptações ao treinamento de força — 265
Treinamento de força e ganhos no condicionamento muscular — 266
Mecanismos de ganho em força muscular — 266
Interação entre treinamento de força e dieta — 277
Treinamento de força para populações especiais — 280

11 — Adaptações aos treinamentos aeróbio e anaeróbio — 287
Adaptações ao treinamento aeróbio — 288
Adaptações ao treinamento anaeróbio — 313
Adaptações ao treinamento intervalado de alta intensidade — 315
Especificidade do treinamento e do *cross-training* — 316

PARTE IV — Influências ambientais no desempenho

12 — Exercício em ambientes quentes e frios — 323
Regulação da temperatura corporal — 324
Respostas fisiológicas ao exercício no calor — 331
Riscos para a saúde durante o exercício no calor — 335
Aclimatação ao exercício no calor — 341
Exercício no frio — 344
Respostas fisiológicas ao exercício no frio — 348
Riscos para a saúde durante o exercício no frio — 349

13 — Exercício na altitude — 355
Condições ambientais na altitude — 356
Respostas fisiológicas à exposição aguda à altitude — 358
Exercício e desempenho esportivo na altitude — 364
Aclimatação: exposição crônica à altitude — 365
Altitude: otimização do treinamento e desempenho — 368
Riscos à saúde associados à exposição aguda à altitude — 374

PARTE V Otimização do desempenho no esporte

14 Treinamento desportivo — 381
- Otimização do treinamento — 382
- Periodização do treinamento — 385
- Sobretreinamento (*overtraining*) — 386
- Polimento para um desempenho de pico — 395
- Destreinamento — 396

15 Composição corporal e nutrição para o esporte — 405
- Avaliação da composição corporal — 406
- Composição corporal, peso e desempenho esportivo — 411
- Classificação dos nutrientes — 415
- Água e equilíbrio hidroeletrolítico — 430
- Nutrição e desempenho esportivo — 436

16 Recursos ergogênicos auxiliares no esporte — 445
- Estudos sobre recursos ergogênicos auxiliares — 447
- Recursos ergogênicos auxiliares nutricionais — 450
- Códigos *antidoping* e testes de substâncias — 458
- Substâncias e técnicas proibidas — 462

PARTE VI Considerações sobre idade e gênero no esporte e no exercício

17 Crianças e adolescentes no esporte e no exercício — 477
- Crescimento, desenvolvimento e maturação — 478
- Respostas fisiológicas ao exercício agudo — 481
- Adaptações fisiológicas ao treinamento físico — 488
- Padrões de atividade física entre os jovens — 490
- Desempenho esportivo e especialização — 493
- Tópicos especiais — 494

18 Envelhecimento no esporte e no exercício — 499
- Altura, peso e composição corporal — 501
- Respostas fisiológicas ao exercício agudo — 503
- Adaptações fisiológicas ao treinamento físico — 513
- Desempenho esportivo — 517
- Tópicos especiais — 520

19 Diferenças entre gêneros no esporte e no exercício	**525**
Sexo *versus* gênero na fisiologia do exercício	526
Porte físico e composição corporal	527
Respostas fisiológicas ao treinamento físico agudo	529
Adaptações fisiológicas ao treinamento físico	533
Desempenho esportivo	535
Tópicos especiais	535

PARTE VII — Atividades físicas para promoção de saúde e condicionamento físico

20 Prescrição de exercícios para promoção de saúde e condicionamento físico	**551**
Benefícios para a saúde resultantes de exercícios físicos	552
Recomendações de atividades físicas	553
Triagem para a saúde	555
Prescrição de exercícios	560
Monitoração da intensidade do exercício físico	563
Programa de exercício físico	567
Exercício e reabilitação de pessoas com doenças	569

21 Doença cardiovascular e atividade física	**573**
Prevalência da doença cardiovascular	574
Tipos de doença cardiovascular	575
Entendendo o processo da doença	580
Risco de doença cardiovascular	583
Reduzindo o risco por meio da atividade física	588
Risco de ataque cardíaco e morte durante o exercício	593
Treinamento físico e reabilitação de pacientes com doença cardíaca	593

22 Obesidade, diabetes e atividade física	**599**
Entender a obesidade	600
Perda de peso	610
Orientações para controle do sobrepeso e da obesidade	612
Papel da atividade física no controle do peso e na redução do risco	612
Entender o diabetes	617
Tratamento do diabetes	620
Papel da atividade física no diabetes	621

Glossário   625
Referências bibliográficas   641
Índice remissivo   663

Sobre os autores

W. Larry Kenney, PhD, ocupa a Marie Underhill Noll Chair em desempenho humano. É professor de fisiologia e cinesiologia da Universidade Estadual da Pensilvânia em University Park, Pensilvânia. Obteve seu PhD em fisiologia na Penn State em 1983. Em seu trabalho no Noll Laboratory, Kenney pesquisa os efeitos do envelhecimento e de doenças como a hipertensão no controle do fluxo sanguíneo na pele de seres humanos e tem sido financiado pelo NIH desde 1983. Ele também estuda os efeitos do calor, do frio e da desidratação em vários aspectos da saúde, do exercício e do desempenho esportivo, bem como a biofísica da troca de calor entre seres humanos e o meio ambiente. Ele é autor de mais de 200 artigos, livros, capítulos de livros e outras publicações.

Kenney foi presidente do American College of Sports Medicine de 2003 a 2004. É membro dessa instituição e é ativo na American Physiological Society.

Por seu trabalho na universidade e seu campo de atuação, ele recebeu os prêmios Facult Scholar Medal da Universidade Estadual da Pensilvânia, o Evan G. e Helen G. Pattishall Distinguished Research Career Award e o Pauline Schmitt Russell Distinguished Research Career Award. Foi ainda agraciado com os prêmios New Investigator Award, em 1987, e Citation Award, em 2008, ambos do American College of Sports Medicine.

Kenney é membro do conselho editorial de vários periódicos, incluindo *Medicine and Science in Sports and Exercise, Current Sports Medicine Reports* (membro da equipe inaugural), *Exercise and Sport Sciences Reviews, Journal of Applied Physiology, Human Performance, Fitness Management* e *ACSM's Health & Fitness Journal* (membro da equipe inaugural). Também é revisor ativo do National Institutes of Health e de muitas outras organizações. Ele e sua esposa, Patti, têm três filhos, todos atletas universitários da Divisão 1.

David L. Costill, PhD, é professor emérito John and Janice Fisher em ciência do exercício na Universidade Ball State, em Muncie, Indiana. Ele fundou o Ball State University Human Performance Laboratory em 1966 e o dirigiu por mais de 32 anos.

Ao longo de sua carreira, Costill escreveu e foi coautor de mais de 430 publicações, incluindo seis livros e artigos científicos, publicações revisadas por pares e para o público geral. Foi editor-chefe do *International Journal of Sports Medicine* por 12 anos. Entre os anos de 1971 e 1998, realizou uma média de 25 conferências nos EUA e no exterior a cada ano. Presidiu o ACSM de 1976 a 1977, foi membro da diretoria por 12 anos e recebeu o Citation Award e o Honor Award, ambos do ACSM. Ele recebeu inúmeras outras honrarias, incluindo o grau de doutor *honoris causa* da Stockholm School of Physical Education, o prêmio Professional Achievement Award da Ohio State University, o prêmio President's Award da Ball State University e o prêmio Distinguished Alumni Award da Cuyahoga Falls Public School. Muitos de seus ex-alunos atualmente têm papéis de liderança nas áreas de fisiologia, medicina e ciência do exercício.

Costill obteve seu PhD em educação física e fisiologia pela Ohio State University em 1965. Ele e sua esposa há 58 anos, Judy, têm duas filhas. Aposentado, ele é piloto particular, construtor de aviões experimentais e de automóveis, nadador *master* em nível de competição e ex-maratonista.

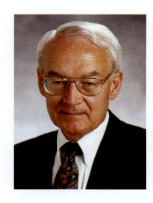

Jack H. Wilmore, PhD, aposentou-se em 2003 na Universidade Texas A&M como professor emérito do Departamento de Saúde e Cinesiologia. Entre os anos de 1985 e 1997, Wilmore dirigiu o Departamento de Cinesiologia e Saúde e também foi um professor Margie Gurley Seay Endowed Centennial da Universidade do Texas, em Austin. Antes disso, fez parte do corpo docente da Universidade do Arizona, da Universidade da Califórnia e Ithaca College. Ele obteve seu PhD em educação física na Universidade de Oregon, em 1966.

Wilmore publicou cerca de 53 capítulos, mais de 320 artigos científicos revisados por pares e 15 livros sobre fisiologia do exercício. Ele foi um dos cinco principais pesquisadores do *Heritage Family Study*, um grande estudo clínico multicêntrico que realiza pesquisas para estudar as possíveis bases genéticas para a variabilidade nas respostas das medidas fisiológicas e dos fatores de risco para doenças cardiovasculares e diabetes do tipo 2 ao treinamento físico de resistência. Seus interesses de pesquisa incluem determinar o papel do exercício na prevenção e no controle tanto da obesidade como das doenças cardíacas coronarianas e definir os mecanismos responsáveis pelas alterações na função fisiológica com o treinamento e o destreinamento, bem como os fatores que limitam o desempenho dos atletas de elite.

Ex-presidente do American College of Sports Medicine, ele recebeu da instituição o prêmio Honor Award em 2006. Além de sua atuação como presidente de diversos comitês organizacionais do ACSM, foi membro do United States Olympic Committee's Sports Medicine Council, onde assumiu o comitê de pesquisa. Foi membro da American Physiological Society e membro, além de ex-presidente, da American Academy of Kinesiology and Physical Education. Ele foi consultor de várias equipes esportivas profissionais, para o California Highway Patrol, President's Council on Physical Fitness and Sport, NASA e para a Força Aérea dos EUA. Trabalhou ainda no conselho editorial de diversas publicações científicas.

Wilmore faleceu durante a preparação da sexta edição deste livro.

Prefácio

Fisiologia é o estudo de como o corpo humano funciona. Células, tecidos, órgãos e sistemas se comunicam de maneira intrincada e precisa e se integram para coordenar as inúmeras funções fisiológicas do corpo. Mesmo em repouso, o corpo é fisiologicamente bastante ativo. Imagine então o nível de atividade que todos esses sistemas corporais alcançam quando você se exercita. Durante o exercício, os nervos estimulam a contração dos músculos. Os músculos em exercício são metabolicamente ativos e necessitam de mais nutrientes, mais oxigênio e eliminação eficiente de resíduos. O sistema nervoso autônomo e as glândulas endócrinas se combinam para ajustar esses processos. E de que maneira o corpo inteiro responde às crescentes demandas fisiológicas da atividade física em todas as suas formas?

Essa é a questão-chave quando você estuda a fisiologia do esporte e do exercício. Em sua sétima edição, esta obra apresenta os campos da fisiologia do esporte e do exercício. Nosso objetivo é desenvolver o conhecimento que você adquiriu durante os cursos básicos de anatomia e fisiologia humana e aplicar esses princípios no estudo de como o corpo (1) realiza e responde às demandas adicionais de uma sessão aguda de exercício e (2) adapta-se a repetidas sessões de exercício (i. e., treinamento físico).

O que é novo na sétima edição

A sétima edição do *Fisiologia do esporte e do exercício* mantém o alto padrão da edição anterior em suas figuras, fotos e ilustrações médicas. Esse detalhe visual, clareza e realismo permitem maior compreensão das respostas fisiológicas ao exercício, permitindo uma melhor compreensão das pesquisas subjacentes. Além disso, o texto vem enriquecido com animações e vídeos, oferecidos em nossa plataforma on-line. Ao longo do texto, há ícones que ajudam a identificar as ilustrações que formam a base para determinada animação ou que tenham um vídeo correspondente. O acesso a esses recursos ajudará ainda mais na compreensão das ilustrações e dos processos fisiológicos que representam. Além disso, os vídeos apresentam especialistas da área que discutem (em inglês) interessantes tópicos atuais de pesquisa.

A nova edição também faz retornar os elementos de *Perspectiva de pesquisa* introduzidos na última edição, que enfatizam pesquisas atuais interessantes. Essas inserções discutem uma ampla gama de importantes tópicos novos ou em desenvolvimento na fisiologia do esporte e do exercício, proporcionando aos estudantes informações adicionais sobre a situação da pesquisa no campo. Também revisamos o Capítulo introdutório para incluir informações sobre novas fronteiras na fisiologia do exercício no século XXI, como genômica e epigenética. Da mesma forma, atualizamos o Capítulo 5, com a inclusão de uma cobertura mais detalhada dos mecanismos associados à fadiga e cãibras musculares; o Capítulo 11, para expandir a cobertura do treinamento intervalado de alta intensidade; e o Capítulo 17, para maior enfoque nos benefícios da atividade física para a saúde de crianças e adolescentes. Além disso, o texto foi amplamente atualizado, de modo a abrir espaço para as pesquisas mais recentes sobre tópicos importantes no campo, incluindo:

- Novas informações sobre as relações comprimento-tensão e força-velocidade no músculo (Capítulo 1) e a variabilidade individual nos hormônios do apetite (Capítulo 4).
- Seções recém-adicionadas sobre o conceito de *crossover* (Capítulo 2), potência crítica (Capítulo 5), simpatólise funcional (Capítulo 6), a cascata de oxigênio (Capítulos 7 e 13), exercício em grupo (Capítulo 9) e exercício e mobilidade no envelhecimento (Capítulo 18).
- Informações atualizadas sobre o papel do volume sistólico máximo na determinação da capacidade aeróbia máxima (Capítulo 8).
- Uma expansão da discussão mecanicista da síntese de proteínas na hipertrofia muscular (Capítulo 10).
- Revisão de todas as informações, de modo a refletir as diretrizes publicadas pelas organizações profissionais sobre nutrição e desempenho atlético (Capítulo 15), exercício e gravidez (Capítulo 19) e triagem relacionada à saúde, testes de condicionamento e prescrição de exercícios (Capítulo 20).

Todas essas mudanças são realizadas com ênfase na facilidade de leitura e de compreensão que tornaram este livro uma referência para a introdução de estudantes nesse campo fascinante. Preservamos a estrutura geral e a progressão do texto, presentes nas edições anteriores. Nosso primeiro foco está no músculo e no modo como suas necessidades são alteradas quando um indivíduo passa de um estado de repouso para um estado ativo, e em como essas necessidades são atendidas por (e interagindo com) outros sistemas corporais. Em capítulos finais, abordamos os princípios do treinamento físico; as considerações dos fatores ambientais de calor, frio e altitude; desempenho esportivo; e exercício para a prevenção de doenças.

Organização da sétima edição

Na introdução apresentamos um panorama histórico da fisiologia do esporte e do exercício desde seu surgimento em disciplinas correlatas de anatomia e fisiologia, e explicamos conceitos básicos que são usados ao longo de todo o texto. Nas Partes I e II, revisamos os principais sistemas fisiológicos, com foco em suas respostas a sessões intensas de exercício. Na Parte I, examinamos como os sistemas muscular, metabólico, nervoso e endócrino interagem para produzir movimento corporal. Na Parte II, observamos como os sistemas cardiovascular e respiratório continuam a fornecer nutrientes e oxigênio aos músculos ativos e eliminam os resíduos durante a atividade física. Na Parte III, consideramos como esses sistemas se adaptam à exposição crônica ao exercício (i. e., treinamento).

Na Parte IV, mudamos de perspectiva para examinar o impacto do ambiente externo sobre o desempenho físico. Consideramos a resposta do corpo ao calor e ao frio e, em seguida, examinamos o impacto da baixa pressão atmosférica percebida na altitude. Na Parte V, voltamos a atenção para como os atletas podem otimizar seu desempenho físico. Avaliamos os efeitos de diferentes tipos e volumes de treinamento. Reconhecemos a importância de uma composição corporal adequada para um ótimo desempenho e examinamos as necessidades dietéticas especiais dos atletas e de que forma a nutrição pode ser usada para melhorar o desempenho. Por fim, exploramos o uso de recursos ergogênicos – substâncias utilizadas para melhorar a capacidade atlética.

Na Parte VI, investigamos considerações específicas para determinadas populações. Primeiramente observamos os processos de crescimento e desenvolvimento e como eles afetam as capacidades de desempenho dos jovens atletas. Avaliamos as mudanças que ocorrem no desempenho físico com o envelhecimento e exploramos as formas pelas quais a atividade física pode ajudar na manutenção da saúde e da independência. Por fim, examinamos questões e preocupações fisiológicas especiais de mulheres atletas.

Na Parte VII, parte final do livro, voltamos a atenção à aplicação da fisiologia do esporte e do exercício para a prevenção e tratamento de diversas doenças e ao uso de exercícios físicos para a reabilitação. Passamos então pela prescrição do exercício para a manutenção da saúde e do condicionamento físico, e encerramos o livro com uma discussão sobre doença cardiovascular, obesidade e diabetes.

Características especiais da sétima edição

Esta sétima edição de *Fisiologia do esporte e do exercício* foi elaborada com o objetivo de tornar o estudo fácil e agradável. O texto é abrangente e oferece oportunidades para aprendizagem complementar e interativa com vídeos e animações (em inglês) que possibilitam aprimorar a compreensão do texto.

Cada capítulo do livro começa com um sumário que indica a localização dos tópicos abordados, seguindo-se uma breve história que explora a aplicação dos conceitos na vida real.

Em cada capítulo, quadros de *Perspectiva de pesquisa* apresentam tópicos importantes de estudos atuais em fisiologia do exercício. Você irá encontrar ícones que o alertarão para animações, ajudando-o a entender ilustrações importantes e, além disso, vídeos que oferecem uma discussão mais aprofundada sobre os tópicos mais atuais no campo:

Os ícones de **animação** identificam figuras que também são fornecidas em forma de animação.

Os ícones de **vídeo** informam se há disponibilidade de um vídeo sobre um tópico.

Esse conteúdo está disponível (em inglês) em nossa plataforma on-line.

Confira-o em:

http://manoleeducacao.com.br/wilmore7

Ao avançar no capítulo, você encontrará quadros menores, intitulados "Em resumo", que reúnem os principais pontos apresentados nas seções prévias. E, no final, a seção "Em síntese" encerra e destaca de que forma o conteúdo aprendido prepara o cenário para os próximos temas.

Palavras-chave são destacadas em negrito no texto, listadas na última parte de cada capítulo e definidas no glossário no final do livro. Ao fim de cada capítulo, há uma seção de questões para estudo que testam seu conhecimento sobre o conteúdo dos capítulos.

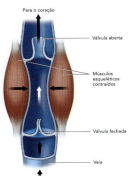

No final do livro há um glossário abrangente que inclui as definições de todas as palavras-chave, uma lista de referências numeradas das fontes citadas em cada capítulo e um índice remissivo completo. Por fim, você encontrará no verso da capa, para consulta rápida, as listas de abreviaturas mais comuns e conversões de unidade.

Certamente seria importante ler este livro apenas porque é um texto obrigatório para seu curso. No entanto, esperamos que as informações nele presentes o incentivem a continuar estudando essa área relativamente nova e empolgante. Esperamos pelo menos ampliar seu interesse e entendimento sobre as impressionantes capacidades do corpo para realizar vários tipos e intensidades de exercício e esportes, para adaptar-se a situações de estresse e para melhorar suas capacidades fisiológicas. Este livro é indispensável não apenas para quem pretende seguir carreira na ciência do exercício ou do esporte, mas também para todos que desejam ser ativos, saudáveis e bem condicionados.

Agradecimentos

Gostaríamos de agradecer à equipe da Human Kinetics pelo suporte contínuo para a sétima edição de *Fisiologia do esporte e do exercício* e por sua dedicação em publicar um produto de alta qualidade que supre as diferentes necessidades de professores e estudantes. Nosso reconhecimento para Amy Tocco (editora de aquisições) e para nossos competentes editores de desenvolvimento: Lori Garrett (primeira edição), Julie Rhoda (segunda e terceira edições), Maggie Schwarzentraub (quarta edição) e Kate Maurer (quinta e sexta edições); Judy Park assumiu as rédeas como editora de desenvolvimento desta sétima edição e trabalhou de maneira incansável e competente até sua finalização, mantendo todas as fases do projeto nos prazos e sem abrir mão da qualidade. Foi um prazer verdadeiro ter trabalhado com esses profissionais; suas competências e habilidades ficam evidentes ao longo do livro. Nossos agradecimentos especiais a Joanne Brummett pela sua competência artística e contribuições para a melhoria contínua das ilustrações técnicas.

Nesta sétima edição, nossos agradecimentos especiais vão também para alguns colegas que forneceram generosamente sua valiosa experiência e tempo. Em particular, a contribuição e as conversas travadas com os drs. Gustavo Nader, Jinger Gottschall, Lacy Alexander e Jim Pawelczyk, da Universidade Estadual da Pensilvânia, foram inestimáveis para que fizéssemos mudanças substanciais que não só atualizaram e aprimoraram o conteúdo, mas também nos ofereceram um *feedback* de alta qualidade do ponto de vista do professor. Um reconhecimento especial vai para a "equipe pós-doutorado dos sonhos" (o nosso *dream team*) formada pelos drs. Jody Greaney e Anna Stanhewicz, por todo o trabalho insano em nos ajudar a atualizar os elementos dos quadros *Perspectiva de pesquisa*. Além dos colegas de Larry Kenney na Universidade Estadual da Pensilvânia, agradecemos também ao dr. Bob Murray, que mais uma vez contribuiu com seu vasto conhecimento sobre recursos ergogênicos para o Capítulo 16.

Por fim, agradecemos nossas famílias por seu amor, apoio e paciência constantes enquanto escrevíamos, reescrevíamos, editávamos e revisávamos este livro em todas as suas sete edições.

W. Larry Kenney
David L. Costill
Jack H. Wilmore (*in memoriam*)

Créditos das fotos

Fotos de abertura de capítulo ou parte

Introdução: Echo/Juice Images/Getty Images; **Parte I:** David Davies/Press Association Images; **Capítulo 1:** BSIP/Medical Images; **Capítulo 2:** Hero Images/DigitalVision/Getty Images; **Capítulo 3:** Carolina Biological/Medical Images; **Capítulo 4:** Hank Grebe/Getty Images; **Capítulo 5:** Buda Mendes/Getty Images; **Parte II:** Press Association Images; **Capítulo 6:** Biophoto Associates/Science Source; **Capítulo 7:** 3D4Medical/Medical Images; **Capítulo 8:** Sam Edwards/Caiaimage/Getty Images; **Parte III:** © Human Kinetics; **Capítulo 9:** Alexander Hassenstein/Getty Images; **Capítulo 10:** Grady Reese/E+/Getty Images; **Capítulo 11:** Alex Goodlett – International Skating Union (ISU)/ISU via Getty Images; **Parte IV:** © E Simanor/Robert Harding Picture Library/age fotostock; **Capítulo 12:** Technotr/E+/Getty Images; **Capítulo 13:** FRANCK FIFE/AFP/Getty Images; **Parte V:** Joshua Sarner/Icon Sportswire; **Capítulo 14:** Hero Images/Getty Images; **Capítulo 15:** Sanjeri/E+/Getty Images; **Capítulo 16:** Simon Hausberger/Getty Images; **Parte VI:** © Human Kinetics; **Capítulo 17:** Hero Images/Getty Images; **Capítulo 18:** Westend61/Getty Images; **Capítulo 19:** AMR Image/E+/Getty Images; **Parte VII:** © Human Kinetics; **Capítulo 20:** FatCamera/E+/Getty Images; **Capítulo 21:** ISM / SOVEREIGN/Medical Images; **Capítulo 22:** Science Photo Library/Getty Images.

Fotos cedidas por cortesia dos autores

Figuras 2, 3, 4, 6b, 6c, 7, 9, 1.1, 1.11, 1.12, 1.13a, 1.13b, 5.9, 18.6, 22.7a; fotos na p. 2 (a e b).

Fotos adicionais

Foto c p. 2: cortesia do dr. Larry Golding, University of Nevada, Las Vegas. Fotógrafo dr. Moh Youself; **Figuras 1, 5a, 5b e 6a:** cortesia dos arquivos do American College of Sports Medicine. Todos os direitos reservados; **Figura 5c:** cortesia do Noll Laboratory, The Pennsylvania State University; **Figura 12:** Andy Cross/The Denver Post via Getty Images; **Figura 13:** © Human Kinetics; **Foto p. 22:** © Human Kinetics; **Foto na Figura 1.2:** ISM/Medical Images; **Figura 1.4:** BSIP/Medical Images; **Foto na p. 34:** © Human Kinetics; **Figura 1.17b:** reproduzido de J.C. Bruusgaard et al., "Myonuclei Acquired by Overload Exercise Precede Hypertrophy and are Not Lost on Detraining," Proceedings of the National Academy of Sciences 107 (2010): 15111-15116. Com permissão de J.C. Bruusgaard; **Foto na p. 74:** © Human Kinetics; **Foto na Figura 3.2:** Carolina Biological/Medical Images; **Fotos nas p. 97 e 115:** © Human Kinetics; **Foto na p. 117:** cortesia de Larry Kenney; **Figura 5.2:** © Human Kinetics; **Foto na p. 150:** © Human Kinetics; **Figura 6.16b:** Westend61/Getty Images; **Foto na Figura 7.3:** © Human Kinetics; **Fotos nas p. 203, 207, 227, 232 e 238:** © Human Kinetics; **Figuras 9.1, 9.3 e 9.5:** © Human Kinetics; **Fotos nas p. 257, 260, 262 e 271:** © Human Kinetics; **Figura 10.2:** cortesia do laboratório do dr. Michael Deschene; **Fotos nas p. 278 e 281:** © Human Kinetics; **Foto na p. 313:** Dylan Buell/Getty Images; **Foto na Figura 12.2:** Carolina Biological/Medical Images; **Figura 12.3:** Do Department of Health and Human Performance, Auburn University, Alabama. Cortesia de John Eric Smith, Joe Molloy e David D. Pascoe. Com permissão de David Pascoe; **Fotos nas p. 330 e 349:** © Human Kinetics; **Foto na p. 350:** © Wojciech Gajda/fotolia.com; **Foto na p. 397:** cortesia de Larry Kenney; **Figura 15.2:** © Human Kinetics; **Figura 15.3:** cortesia de Hologic, Inc.; **Figura 15.4:** David Cooper/Toronto Star via Getty Images; **Figura 15.5:** © Human Kinetics; **Figura 15.6:** Cortesia de Rice Lake Weighing Systems; **Fotos nas p. 492, 528 e 534:** © Human Kinetics; **Figura 19.9:** Dee Breger/Science Source; **Foto na p. 546:** © Human Kinetics; **Figura 20.1:** © Human Kinetics; **Figura 22.7b:** ISM/ Pr Jean-Denis LAREDO/Medical Images; **Foto na p. 621:** © Human Kinetics.

Introdução à fisiologia do esporte e do exercício

Objeto de estudo da fisiologia do exercício e do esporte 3

Respostas agudas e crônicas ao exercício 3

A evolução da fisiologia do exercício 4

- Primórdios da anatomia e da fisiologia 4
- Aspectos históricos da fisiologia do exercício 4
- Era de trocas e interação científica 6
- Desenvolvimento de métodos da atualidade 10
- Fisiologia integrativa 12
- Fisiologia translacional 12
- As mulheres pioneiras na fisiologia do exercício 13

Fisiologia do exercício no século XXI 14

- Exercício na medicina personalizada 14
- A revolução "-ômica" 15
- Epigenética 16
- Bioinformática 16
- Fisiologia do exercício além dos limites da Terra 17

Pesquisa: base para a compreensão 17

- O processo de pesquisa 18
- Ambientes de pesquisa 18
- Ferramentas de pesquisa: ergômetros 18
- Modelos de estudo 20
- Controles da pesquisa 21
- Fatores de confusão no estudo do exercício 23
- Unidades e notação científica 24
- Leitura e interpretação de tabelas e gráficos 24

Em síntese 26

VÍDEO 1 Apresenta Jim Pawelczyk discutindo a integração dos processos a nível celular, com uma perspectiva do organismo como um todo.

VÍDEO 2 Apresenta Jim Pawelczyk discutindo os quatro Ps da medicina e o importante papel do exercício em estratégias de saúde individualizadas.

ANIMAÇÃO PARA A FIGURA 11 Analisa o processo de pesquisa científica.

Grande parte da história da fisiologia do exercício nos Estados Unidos pode ser associada ao empenho de David Bruce (D.B.) Dill, garoto de uma fazenda no Kansas, cujo interesse em fisiologia levou-o inicialmente a estudar a composição do sangue de crocodilo. Felizmente para o que se tornaria a disciplina de fisiologia do exercício, esse jovem cientista redirecionou sua pesquisa para o ser humano ao se tornar o primeiro diretor de pesquisas do Harvard Fatigue Laboratory, em 1927. Durante toda a sua vida, Dr. Dill sempre se mostrou intrigado pela fisiologia e pela adaptabilidade de muitos animais que sobrevivem a exercícios e condições ambientais extremos. Contudo, ele é mais lembrado em virtude de sua pesquisa sobre respostas *humanas* ao exercício, ao calor, a altas altitudes e a outros fatores ambientais. Dr. Dill sempre serviu como uma das "cobaias" humanas em seus estudos. Durante os 20 anos de existência do Harvard Fatigue Laboratory, ele e seus colaboradores produziram cerca de 350 artigos científicos e um livro clássico intitulado *Life, Heat, and Altitude*.[10]

Depois que o Harvard Fatigue Laboratory fechou suas portas, em 1947, Dr. Dill iniciou uma nova carreira como vice-diretor de pesquisa médica no Army Chemical Corps, posto por ele ocupado até sua aposentadoria, em 1961. Nessa época, Dr. Dill estava com 70 anos – do seu ponto de vista, jovem demais para aposentar-se. Por isso, transferiu sua pesquisa para a Universidade de Indiana, onde prestou serviço como fisiologista sênior até 1966. Em 1967, Dr. Dill obteve financiamento para a fundação do Desert Research Laboratory na Universidade de Nevada, em Las Vegas. Ele utilizou esse laboratório como base para seus estudos sobre a tolerância humana ao exercício no deserto e em altas altitudes. Continuou suas pesquisas e publicações até sua aposentadoria definitiva, aos 93 anos – idade em que produziu sua última publicação, um livro intitulado *The Hot Life of Man and Beast*.[11]

(a) Dr. David Bruce (D.B.) Dill no início de sua carreira; (b) como diretor do Harvard Fatigue Laboratory, aos 42 anos; e (c) aos 92 anos, pouco antes de sua quarta aposentadoria.

O corpo humano é uma máquina fantástica. Enquanto você lê esta introdução, estão ocorrendo simultaneamente em seu corpo eventos incontáveis e perfeitamente coordenados e integrados. Esses eventos permitem que funções complexas – como audição, visão, respiração e processamento de informações – sigam seu curso sem qualquer esforço consciente. Se você ficar em pé, sair de casa e fizer uma corrida leve em torno do quarteirão, praticamente todos os sistemas de seu corpo serão convocados à ação, permitindo que você passe, com sucesso, do repouso para o exercício. Se essa rotina tiver continuidade regular durante semanas ou meses, e se você for aumentando de forma gradual a duração e a intensidade de sua corrida, seu corpo irá se adaptar de tal modo que seu desempenho ficará cada vez melhor. Neste sentido, surgem os dois componentes básicos de pesquisa na fisiologia do exercício: as respostas agudas do corpo ao exercício em todas as suas formas e a adaptação desses sistemas ao exercício repetido ou crônico, geralmente chamado de treinamento físico.

Por exemplo, quando uma armadora direciona seu time à frente na quadra de basquete em um contra-ataque rápido, seu corpo promove muitos ajustes que necessitam de uma série de interações complexas envolvendo vários sistemas corporais. Esses ajustes ocorrem até mesmo em níveis celulares e moleculares. Para permitir as ações coordenadas dos músculos da perna ao se deslocar rapidamente pela quadra, as células nervosas do cérebro, chamadas de neurônios motores, conduzem impulsos elétricos pela medula espinal até os membros inferiores. Ao chegar aos músculos, esses neurônios liberam mensageiros químicos que cruzam o espaço entre o nervo e o músculo, e cada neurônio excita um número de células musculares individuais, ou fibras. Uma vez que o impulso nervoso atravessa esse espaço, ele se espalha pelo comprimento de cada fibra muscular e se conecta a receptores especializados. O acoplamento do mensageiro em seu receptor inicia uma série de etapas que ativam o processo de contração da fibra muscular, o qual envolve moléculas proteicas específicas – actina e miosina – e um elaborado sistema energético que fornece o combustível necessário para sustentar uma primeira contração e as contrações subsequentes. É neste nível que outras moléculas, como a adenosina trifosfato (ATP) e a fosfocreatina (PCr), tornam-se importantes para fornecer a energia necessária para a contração.

Para dar suporte à contração e ao relaxamento muscular ritmados e constantes, múltiplos sistemas adicionais são acionados, por exemplo:

- O sistema esquelético fornece a estrutura básica em torno da qual os músculos atuam.
- O sistema cardiovascular fornece combustível para os músculos ativos e para todas as células do corpo e remove os produtos inúteis.

- Em conjunto, os sistemas cardiovascular e respiratório fornecem oxigênio para as células e removem o dióxido de carbono.
- O sistema tegumentar (pele) ajuda a manter a temperatura corporal por permitir trocas de calor entre o corpo e o ambiente externo.
- Os sistemas nervoso e endócrino coordenam essa atividade, enquanto ajudam a manter o equilíbrio de líquidos e eletrólitos e auxiliam na regulação da pressão arterial.

Durante séculos, cientistas vêm estudando o funcionamento do corpo humano em repouso, com saúde ou com doença. Nos últimos 100 anos, um grupo especializado de fisiologistas vem concentrando seus esforços para descobrir como o corpo funciona durante a atividade física e a prática esportiva. Essa introdução apresenta ao leitor uma visão geral da história da fisiologia do exercício e do esporte, explicando também alguns conceitos básicos que constituem os alicerces para os próximos capítulos.

Objeto de estudo da fisiologia do exercício e do esporte

A fisiologia do exercício e do esporte evoluiu das disciplinas fundamentais, anatomia e fisiologia. Anatomia é o estudo da estrutura do organismo, ou morfologia. Enquanto a anatomia se concentra na *estrutura* básica das diversas partes do corpo e suas inter-relações, a **fisiologia** se atém ao estudo das *funções* do corpo. Na fisiologia, estuda-se como trabalham os sistemas orgânicos, os tecidos, as células e moléculas no interior das células, e como suas funções são integradas de forma que os ambientes internos do corpo sejam regulados, em um processo denominado **homeostase**. Como a fisiologia se concentra nas funções das estruturas do corpo, é essencial entender a anatomia para que se possa aprender fisiologia. Além disso, tanto a anatomia como a fisiologia dependem de um conhecimento operacional de biologia, química, física e outras ciências básicas.

Fisiologia do exercício é o estudo de como as estruturas e funções do corpo são alteradas quando os indivíduos estão fisicamente ativos, pois o exercício representa um desafio para a homeostase. Considerando que o ambiente no qual as pessoas praticam o exercício tem grande impacto, a **fisiologia ambiental** emergiu como subdisciplina da fisiologia do exercício. A **fisiologia do esporte**, por sua vez, aplica os conceitos da fisiologia do exercício para o aprimoramento do treinamento do atleta e do seu desempenho esportivo. Assim, a fisiologia do esporte deriva seus princípios da fisiologia do exercício. Em razão de a fisiologia do exercício e a fisiologia do esporte serem tão relacionadas e integradas, é geralmente difícil haver uma distinção clara entre elas. Como os mesmos princípios científicos básicos se aplicam, as fisiologias do esporte e do exercício são tratadas de forma singular, como estão neste livro.

Respostas agudas e crônicas ao exercício

O estudo da fisiologia do exercício e da fisiologia do esporte envolve o aprendizado dos conceitos associados a dois padrões de exercício distintos. Primeiramente, os fisiologistas do exercício com frequência se preocupam com os tipos de resposta do corpo a uma sessão de exercício isolada, por exemplo, correr na esteira ergométrica durante uma hora ou fazer levantamento de peso. Uma sessão isolada de exercício é chamada de **exercício agudo**, e as respostas a essa sessão são denominadas respostas agudas. Ao examinar a resposta aguda ao exercício, há preocupação com a resposta imediata do corpo – e às vezes sua recuperação – a uma sessão isolada de exercício.

A outra área de interesse importante na fisiologia do exercício e na fisiologia do esporte é como o corpo responde, com o passar do tempo, ao estresse de repetidas sessões de exercício, ou **adaptação crônica** ao exercício, também chamada por alguns de **efeitos do treinamento**. Quando uma pessoa pratica regularmente exercícios ao longo de um período de dias e de semanas, o corpo se adapta. As adaptações fisiológicas que ocorrem com a exposição crônica ao exercício ou treinamento melhoram tanto a capacidade como a eficiência do exercício. No caso do treinamento de força, os músculos são fortalecidos. Com o treinamento aeróbio, o coração e os pulmões ficam mais eficientes, e a capacidade de resistência dos músculos aumenta. Conforme será discutido neste capítulo introdutório e, com mais detalhes, nos Capítulos 10 e 11, essas adaptações são altamente específicas para o tipo de treinamento que o indivíduo realiza.

Em resumo

› A fisiologia do exercício evoluiu de sua disciplina-mãe, a fisiologia. Os dois pilares da fisiologia do exercício são:
  » como o corpo responde ao esforço agudo do exercício, ou da atividade física, e
  » como ele se adapta ao estresse crônico de sessões repetidas de exercício, isto é, o treinamento físico.
› Alguns fisiologistas do exercício utilizam condições de exercícios ou ambientais (calor, frio, altitude etc.) para estressar o corpo de modo que lhes permita desvendar os mecanismos fisiológicos básicos. Outros cientistas examinam os efeitos do exercício na saúde, na doença e no bem-estar. Os fisiologistas do esporte aplicam esses conceitos aos atletas e ao desempenho esportivo.

A evolução da fisiologia do exercício

Aos alunos, pode parecer que as contribuições dos fisiologistas do exercício da atualidade constituem uma vasta compilação de novas ideias, nunca anteriormente tratadas com os rigores da ciência. De modo contrário, nossa atual compreensão da fisiologia do exercício tem como base os esforços de toda a vida de centenas de cientistas excepcionais. As suposições e as teorias dos fisiologistas modernos foram moldadas pelos esforços de cientistas que podem estar completamente esquecidos. O que é considerado original ou novo consiste, na maioria das vezes, na assimilação de achados antigos, ou na aplicação da ciência básica a problemas pertinentes à fisiologia do exercício. Como em qualquer disciplina, existe, é claro, um número de cientistas principais e muitas contribuições científicas importantes que conseguiram produzir avanços significativos no conhecimento acerca das respostas fisiológicas ao exercício. A seção seguinte traz uma breve reflexão sobre a história e sobre algumas das pessoas que deram forma ao campo da fisiologia do exercício. É impossível, nessa curta seção, fazer a devida menção às centenas de cientistas pioneiros que abriram caminho e construíram os fundamentos para a fisiologia do exercício moderna.

Primórdios da anatomia e da fisiologia

Uma das primeiras tentativas de explicar a anatomia e a fisiologia humanas foi o texto do grego Cláudio Galeno, *De fascius*, publicado no século I d.C. Como médico de gladiadores, Galeno tinha ampla oportunidade de estudar e realizar experimentos de anatomia humana e foi um grande proponente da ciência fundamentada na observação e na experimentação. Ele estava ciente das trágicas consequências da vida sedentária, tendo relacionado a prática rotineira do exercício à saúde em geral e ao bem-estar, com a inclusão do exercício regular como uma de suas leis da saúde:

- Respirar ar puro.
- Comer os alimentos apropriados.
- Beber as bebidas adequadas.
- Praticar exercício.
- Ter horas de sono adequadas.
- Ter um movimento intestinal diário.
- Controlar suas emoções.

Suas teorias anatômicas e fisiológicas foram tão bem aceitas que permaneceram incontestáveis durante aproximadamente 1.400 anos. Não foi antes do século XVI que vieram a lume contribuições de fato significativas para a compreensão da estrutura e do funcionamento do corpo humano. Um texto fundamental de Andreas Vesalius, intitulado *Fabrica Humani Corporis* (*Estrutura do Corpo Humano*), apresentou os achados desse cientista sobre anatomia humana no ano de 1543. Embora o livro de Vesalius tivesse foco principal nas descrições anatômicas de diversos órgãos, ocasionalmente ele tentava explicar também suas funções. O historiador inglês Sir Michael Foster disse que: "Esse livro é o início, não apenas da anatomia moderna, mas também da fisiologia moderna. O texto de Vesalius também encerrou, de uma vez por todas, o longo reinado de catorze séculos dos ensinos de Galeno e deu início, no sentido real, ao renascimento da medicina" (p. 354).[14]

Em sua maioria, as primeiras tentativas de explicar a fisiologia eram incorretas ou tão vagas que não podiam ser consideradas algo mais do que mera especulação. As tentativas de explicar como o músculo gera força, por exemplo, em geral se limitavam a uma descrição de sua mudança de tamanho e forma durante a ação, pois as observações estavam limitadas ao que podia ser observado a olho nu. Com base em tais observações, Hieronymus Fabricius (aprox. 1574) sugeriu que o poder contrátil do músculo residia em seus tendões fibrosos, e não em sua "carne". Os anatomistas não descobririam a existência de fibras musculares individuais até que o cientista holandês Anton Van Leeuwenhoek introduzisse o microscópio (aprox. 1660). Mas como essas fibras encurtavam e criavam força permaneceria um mistério até meados do século XX, quando os intricados processos de atuação das proteínas musculares puderam ser estudados pela microscopia eletrônica.

Aspectos históricos da fisiologia do exercício

Embora a fisiologia do exercício seja, relativamente, uma área recém-chegada ao mundo da ciência, uma de suas primeiras publicações veio a lume em 1793, quando um artigo de Séguin e Lavoisier descreveu o consumo de oxigênio de um jovem, medido no estado de repouso e enquanto o voluntário levantava um peso de 7,3 kg várias vezes por 15 min.[26] Em repouso, o homem consumia 24 L de oxigênio por hora (L/h), que aumentou para 63 L/h durante o exercício. Lavoisier acreditava que o local de utilização do oxigênio e de produção de dióxido de carbono se situava nos pulmões. Essa crença foi posta em dúvida por outros fisiologistas de seu tempo, mas permaneceu como doutrina consagrada até meados do século XIX, quando vários fisiologistas alemães demonstraram que a combustão de oxigênio ocorria nas células por todo o corpo.

Apesar de terem ocorrido muitos avanços na compreensão da circulação e da respiração durante o século XIX, foram poucos os esforços no sentido de estabelecer um enfoque na fisiologia da atividade física. Contudo, em 1888, foi descrito um aparelho que permitia aos cientistas estudarem voluntários durante uma escalada de montanha, ainda que esses voluntários tivessem que carregar nas costas um "gasômetro" que pesava 7 kg.[31]

O primeiro livro didático publicado sobre fisiologia do exercício, *Physiology of Bodily Exercise*, foi escrito em francês por Fernand LaGrange, em 1889.[19] Considerando o pequeno volume de pesquisas no campo do exercício até então publicado na época, é intrigante ler as explicações do autor para tópicos como "Trabalho muscular", "Fadiga", "Habituação ao trabalho" e "O papel do cérebro no exercício". Essa primeira tentativa de explicar a resposta do corpo ao exercício se limitou, em muitos aspectos, a especulações e teorias. Embora naquela época estivessem aflorando alguns conceitos básicos da bioquímica do exercício, LaGrange prontamente admitiu que muitos detalhes se encontravam ainda nos estágios formativos. Por exemplo, LaGrange afirmava que

> "a combustão vital (o metabolismo energético) tem se tornado muito complicada ultimamente; podemos dizer que ficamos um tanto perplexos, e que é difícil expressar em poucas palavras um resumo claro e conciso desse fenômeno. Este é um capítulo da fisiologia que está sendo reescrito e, até o momento, não podemos formular nossas conclusões" (p. 395).[19]

Considerando que o antigo texto de LaGrange apenas oferecia sugestões fisiológicas limitadas concernentes a funções do corpo durante a atividade física, pode-se argumentar que a terceira edição de um texto de autoria de F.A. Bainbridge intitulado *The Physiology of Muscular Exercise*, publicado em 1931, deveria ser considerado o mais antigo texto científico sobre esse assunto.[2] Curiosamente, essa terceira edição foi escrita por A.V. Bock e D.B. Dill, a pedido de A.V. Hill, três pioneiros fundamentais da fisiologia do exercício que serão abordados neste capítulo introdutório.

Archibald V. (A.V.) Hill foi personagem significativo na história da fisiologia do exercício. Em sua fala inaugural como Joddrell Professor de Fisiologia na University College London, Hill declarou os princípios que viriam a influenciar o campo da fisiologia do exercício:

> "É curioso perceber quão frequentemente uma verdade fisiológica descoberta em um animal pode ser desenvolvida e amplificada, e suas relações mais efetivamente descobertas por meio da tentativa de aplicá-la ao homem. Foi demonstrado, por exemplo, que o homem é indubitavelmente o melhor espécime para experimentos sobre respiração e transporte de gases pelo sangue, e também é excelente para o estudo da função dos rins, dos músculos, do coração e do metabolismo... O experimento no homem é uma arte peculiar, que exige compreensão e habilidade especiais, e a 'fisiologia humana', como podemos chamá-la, merece igual lugar na lista daquelas vias principais que estão nos conduzindo à fisiologia do futuro. Certamente, os métodos são aqueles da bioquímica, da biofísica e da fisiologia experimental; mas há um tipo especial de arte e conhecimento exigido daqueles que desejam fazer experimentos em si próprios e em seus amigos, do tipo que atletas e montanhistas precisam possuir ao perceberem seus limites: até que ponto é prudente e conveniente prosseguir."

Durante o fim do século XIX, foram propostas muitas teorias para explicar a fonte de energia para a contração muscular. Sabia-se que os músculos geravam muito calor durante o exercício, e assim algumas teorias sugeriam que esse calor era utilizado direta ou indiretamente para causar o encurtamento das fibras musculares. Após a virada do século, Walter Fletcher e Sir Frederick Gowland Hopkins observaram uma estreita relação entre ação muscular e formação de lactato.[12] Essa observação levou à descoberta de que a energia para a ação muscular era derivada da decomposição do glicogênio muscular em ácido láctico (ver Cap. 2), ainda que os detalhes dessa reação tenham permanecido obscuros. Considerando as elevadas demandas energéticas para a ação muscular, esse tecido constituía um modelo ideal na tentativa de desvendar os mistérios do metabolismo celular. Em 1921, A.V. Hill (Fig. 1) foi laureado com o Prêmio Nobel por suas descobertas sobre metabolismo energético. Naquela época, a bioquímica estava apenas começando, embora estivesse adquirindo reconhecimento de forma rápida em decorrência dos esforços científicos de outros nomes laureados com o Prêmio Nobel, como Albert Szent-Györgyi, Otto Meyerhof, August Krogh e Hans Krebs, os quais estudavam ativamente as vias pelas quais as células vivas geram energia.

Embora boa parte da pesquisa de Hill tenha sido realizada com músculo isolado de rã, esse cientista também realizou alguns dos primeiros estudos fisiológicos em corredores, o que foi possível graças às contribuições técnicas de John S. Haldane, que desenvolveu os métodos e os equipamentos necessários para medir o uso de oxigênio durante o exercício. Esses e outros pesquisadores proporcionaram a estrutura básica para o nosso entendimento da produção de energia em todo o corpo, que se transformou no enfoque de um trabalho de pesquisa considerável

FIGURA 1 Archibald Hill (1927), agraciado com o Prêmio Nobel de 1921.

durante meados do século XX. Hoje em dia, em todo o mundo essa estrutura está incorporada a sistemas manuais e computadorizados utilizados na medição do consumo de oxigênio nos laboratórios de fisiologia do exercício. Em sua fala, A.V. Hill reconheceu as contribuições de Haldane e discutiu a ampla gama de aplicações que visualizava para seu trabalho na fisiologia do exercício:

> "Bem distante do âmbito do estudo fisiológico realizado de forma direta no homem, o estudo de instrumentos e métodos aplicáveis a ele, sua padronização, descrição e redução da rotina, junto ao estabelecimento de padrões de normalidade no ser humano, está prestes a se revelar de grande valia para a medicina; e não apenas para a medicina, mas para todas aquelas atividades e artes em que o homem normal é o objeto de estudo. Práticas atléticas, treinamento físico, aviões, força de trabalho, submarinos ou minas de carvão, todos exigem o conhecimento da fisiologia do ser humano, assim como o estudo das condições em fábricas. A observação de homens enfermos em hospitais não é o melhor treinamento para o estudo do homem normal em circunstâncias de trabalho. É preciso construir um corpo consistente de opinião científica treinada, versada no estudo do ser humano normal, pois é provável que essa opinião venha a se revelar como da maior importância, não somente para a medicina, mas para a vida social e industrial cotidiana. O conhecimento insuperável de Haldane sobre a fisiologia da respiração humana tem prestado serviços inestimáveis à nação em atividades como mineração de carvão ou prática do mergulho; e o que é válido para a fisiologia da respiração humana provavelmente também será válido para muitas outras funções humanas normais."

Era de trocas e interação científica

Desde o início do século XX e até a década de 1930, o ambiente médico e científico nos Estados Unidos estava mudando. Aquela foi uma época revolucionária na educação dos estudantes de medicina em decorrência de mudanças em Johns Hopkins. Um maior número de programas médicos e acadêmicos baseava suas metas educacionais no modelo europeu de experimentação e de desenvolvimento das descobertas científicas. Houve importantes avanços na fisiologia em áreas como bioenergética, troca de gases e química do sangue, e esse progresso serviu de base para os avanços na fisiologia do exercício. Com base nas colaborações forjadas no final do século XIX, foram promovidas interações entre laboratórios e cientistas, e congressos internacionais de organizações como a International Union of Physiological Sciences criaram uma atmosfera para livre troca, discussão e debate científicos. Os laboratórios de pesquisa e as colaborações formalizadas durante esse período avançaram e, em decorrência disso, foram publicadas algumas das mais importantes pesquisas da fisiologia do exercício do século XX.

Pesquisas com atletas

Durante mais de 100 anos, atletas vêm prestando serviço como voluntários para o estudo dos limites superiores da resistência humana. Talvez os primeiros estudos fisiológicos envolvendo atletas tenham ocorrido em 1871. Austin Flint estudou um dos atletas mais famosos daquela época, Edward Payson Weston, um praticante de pedestrianismo. A investigação de Flint consistiu na medição do equilíbrio energético de Weston (ingestão calórica *versus* gasto energético) durante a tentativa desse atleta de percorrer 644 km em 5 dias. Embora o estudo tenha solucionado algumas dúvidas sobre o metabolismo muscular durante o exercício, também demonstrou que ocorria perda de proteína corporal durante o exercício extenuante praticado por períodos muito longos.[13]

Ao longo de todo o século XX, atletas foram utilizados repetidas vezes para a avaliação da capacidade fisiológica com relação à força e resistência humanas e para a averiguação das características necessárias para desempenhos capazes de estabelecer recordes. Foram feitas algumas tentativas de usar a tecnologia e os conhecimentos derivados da fisiologia do exercício para a previsão do desempenho, a prescrição do treinamento ou a identificação de atletas com potencial excepcional. Mas, na maioria dos casos, essas aplicações de testes fisiológicos têm pouco mais do que interesse acadêmico, porque poucos testes laboratoriais ou de campo podem avaliar com precisão todas as qualidades exigidas para que um atleta se torne um campeão.

Harvard Fatigue Laboratory

É possível que nenhuma universidade tenha exercido maior impacto no campo da fisiologia do exercício do que Harvard. De 1891 até 1898, a Universidade de Harvard ofereceu cursos de anatomia, fisiologia e treinamento físico sob a direção do Dr. George Wells Fitz, com o objetivo de "proporcionar o conhecimento necessário sobre a ciência do exercício". Embora esse departamento tenha redirecionado seu foco após a saída de Fitz, em 1899, muitas outras universidades nos Estados Unidos desenvolveram programas ao longo dos 25 anos seguintes, que associavam as tarefas dos cursos de ciências básicas com a educação física.

Uma visita de A.V. Hill à Universidade de Harvard em 1926 teve influência significativa na fundação e nas atividades do Harvard Fatigue Laboratory (HFL), que foi inaugurado um ano mais tarde. Curiosamente, a primeira sede do HFL foi o porão da Harvard's Business School; foi dito que sua missão inicial seria fazer estudos sobre "fadiga" e outros riscos industriais. A criação desse laboratório é atribuída ao criterioso planejamento de Lawrence J. (L.J.) Henderson, um bioquímico mundialmente conhecido. Um jovem bioquímico da Universidade de Stanford, David Bruce (D.B.) Dill foi indicado como seu primeiro diretor de pesquisa – um título que Dill manteve até o fechamento do HFL, em 1947.

Conforme já foi dito anteriormente, Dill ajudou Arlen "Arlie" Bock a escrever a terceira edição do texto de Bainbridge sobre fisiologia do exercício. Tempos depois, já no final de sua carreira, ele creditou a composição desse livro didático como "configurando o programa do Fatigue Laboratory". Embora tivesse pouca experiência em fisiologia humana aplicada, o raciocínio criativo de Dill e sua capacidade em cercar-se de cientistas jovens e talentosos criaram um ambiente que estabeleceria os alicerces para a moderna fisiologia ambiental e do exercício. Como exemplo, a equipe do HFL examinou a fisiologia do exercício de resistência e descreveu as condições físicas para a obtenção de sucesso em eventos como a corrida de longa distância. Algumas das investigações mais memoráveis do HFL não foram realizadas no laboratório, mas no deserto de Nevada, no delta do Mississipi e na Montanha Branca da Califórnia (altitude: 3.962 m). Esses e outros estudos proporcionaram os fundamentos para futuras investigações sobre os efeitos do ambiente no desempenho físico e na fisiologia do exercício e do esporte.

Em seus primeiros anos, o HFL concentrou-se principalmente nos problemas gerais do exercício, da nutrição e da saúde. Por exemplo, os primeiros estudos sobre exercício e envelhecimento foram realizados em 1939 por Sid Robinson (ver Fig. 2), um estudante no HFL. Com base em seus estudos com voluntários entre 6 e 91 anos, Robinson descreveu o efeito do envelhecimento na frequência cardíaca máxima e no consumo de oxigênio.[24] Mas, com o início da Segunda Guerra Mundial, Henderson e Dill perceberam a contribuição que o laboratório poderia dar ao esforço de guerra, e assim a pesquisa no HFL foi redirecionada. Os cientistas e o pessoal de apoio do Harvard Fatigue Laboratory foram fundamentais na formação de novos laboratórios para o Exército, a Marinha e o Corpo Aéreo do Exército (atualmente, Força Aérea). Também publicaram as metodologias necessárias para pesquisas militares relevantes; esses métodos ainda estão sendo utilizados pelo mundo todo.

Hoje em dia, os estudantes de fisiologia do exercício ficariam chocados com os métodos e equipamentos utilizados nos primeiros dias do HFL, e com o tempo empenhado em cada projeto de pesquisa. O que atualmente é obtido em meros milissegundos com a ajuda de computadores e analisadores automáticos exigia literalmente dias de esforço da equipe do HFL. Medidas de consumo de oxigênio durante o exercício, por exemplo, dependiam da coleta do ar expirado em bolsas de Douglas e da análise do oxigênio e do dióxido de carbono com o uso de um analisador químico manualmente operado, uma vez que não dispunham, evidentemente, de ferramentas computacionais (ver Fig. 3). A análise de apenas uma amostra de ar expirado de 1 min exigia 20 a 30 min de esforço de um ou mais profissionais do laboratório. Nos dias atuais, cientistas fazem tais medidas de maneira praticamente instantânea e com pouco esforço físico, o que nos deixa impressionados com a dedicação, diligência e trabalho eficiente dos pioneiros de fisiologia do exercício do HFL. Utilizando o equipamento e os métodos disponíveis na época, os pesquisadores do HFL publicaram aproximadamente 350 artigos científicos, ao longo de um período de 20 anos.

O HFL foi um ambiente intelectual que atraiu jovens fisiologistas e estudantes de doutorado em Fisiologia vindos de muitos lugares do mundo. Bolsistas oriundos de 15 países trabalharam no HFL entre 1927 e 1947, ano de encerramento de suas atividades. Muitos acabaram criando seus próprios laboratórios e se tornaram figuras notáveis na fisiologia do exercício nos Estados Unidos, como Sid Robinson, Henry Longstreet Taylor, Lawrence Morehouse,

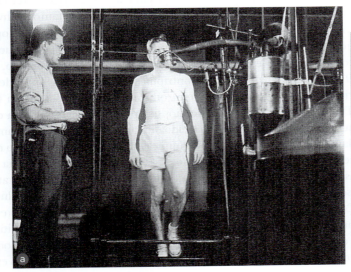

FIGURA 2 (a) Sid Robinson sendo testado por R.E. Johnson na esteira ergométrica, no Harvard Fatigue Laboratory, e (b) como estudante e atleta de Harvard em 1938.

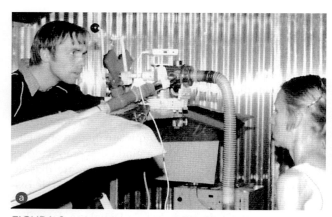 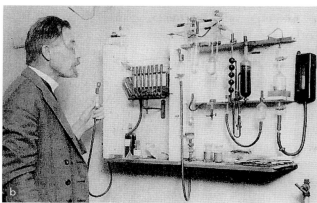

FIGURA 3 (a) As primeiras medidas de respostas metabólicas ao exercício dependiam da coleta do ar expirado em uma bolsa vedada, conhecida como bolsa de Douglas. (b) Em seguida, fazia-se a medição de oxigênio e de dióxido de carbono em uma amostra do gás, usando um analisador químico de gases, como mostra a foto de August Krogh, laureado com o Prêmio Nobel.

Robert E. Johnson, Ancel Keys, Steven Horvath, C. Frank Consolazio e William H. Forbes. Alguns dos cientistas com reconhecimento internacional que passaram algum tempo no HFL foram August Krogh, Lucien Brouha, Edward Adolph, Walter B. Cannon, Peter Scholander e Rudolfo Margaria, juntamente com outros renomados cientistas escandinavos, que serão discutidos mais adiante. Assim, o HFL plantou sementes de intelecto nos EUA e por todo o mundo, que resultaram em uma explosão de conhecimento e de interesse nesse novo campo. Muitos dos atuais fisiologistas do exercício têm fincadas no HFL as raízes de seu treinamento científico.

Influência escandinava

Em 1909, Johannes Lindberg estabeleceu um laboratório que se transformou em um campo fértil para contribuições científicas na Universidade de Copenhague, na Dinamarca. Lindberg e August Krogh (laureado com o Prêmio Nobel em 1920) se uniram para conduzir experimentos clássicos e publicaram muitos experimentos clássicos e artigos fundamentais sobre tópicos que variavam desde combustíveis metabólicos para os músculos até troca de gases nos pulmões. Essa obra teve continuidade a partir dos anos de 1930 até os anos de 1970 por Erik Hohwü-Christensen, Erling Asmussen e Marius Nielsen.

Em decorrência dos contatos entre D.B. Dill e August Krogh, esses três jovens fisiologistas dinamarqueses ingressaram no HFL na década de 1930, onde estudaram o exercício em condições de calor e em alta altitude. Depois de retornarem à Europa, cada um desses pesquisadores estabeleceu uma linha distinta de pesquisa. Asmussen e Nielsen tornaram-se professores na Universidade de Copenhague, onde Asmussen estudou as propriedades mecânicas do músculo, e Nielsen realizou estudos sobre controle da temperatura do corpo. Ambos permaneceram em atividade no Instituto August Krogh daquela universidade até suas respectivas aposentadorias. Em 1941, Hohwü-Christensen (ver Fig. 4a) transferiu-se para Estocolmo, onde se tornou o primeiro professor de fisiologia na Faculdade de Educação Física em Gymnastik-och Idrottshögskolan (GIH). No final da década de 1930, esse cientista juntou esforços com Ole Hansen para realizar e publicar uma série de cinco estudos sobre metabolismo dos carboidratos e das gorduras durante o exercício. Esses estudos ainda são frequentemente citados e considerados entre os primeiros e mais importantes estudos sobre nutrição esportiva. Hohwü-Christensen introduziu Per-Olof Åstrand no campo da fisiologia do exercício. Åstrand, que realizou numerosos estudos ligados ao condicionamento físico e à capacidade de resistência durante os anos de 1950 e de 1960, tornou-se diretor do GIH depois da aposentadoria de Hohwü-Christensen, em 1960. Enquanto permaneceu no GIH, Hohwü-Christensen orientou diversos cientistas importantes, inclusive Bengt Saltin, que foi vencedor do Olympic Prize de 2002, por suas diversas contribuições ao campo da fisiologia clínica e do exercício (ver Fig. 4b).

Além de seu trabalho no GIH, tanto Hohwü-Christensen como Åstrand interagiram com fisiologistas no Karolinska Institute, em Estocolmo, Suécia, que estavam estudando as aplicações clínicas do exercício. É difícil destacar as contribuições mais excepcionais desse instituto, mas a reintrodução, por Jonas Bergstrom (Fig. 4c), da agulha de biópsia (por volta de 1966) para coleta de amostras de tecido muscular foi um ponto fundamental no estudo da bioquímica do músculo e da nutrição muscular no ser humano. Essa técnica, que consiste na retirada de uma amostra diminuta de tecido muscular através de uma pequena incisão, foi introduzida originalmente no início da primeira década do século XX para o estudo da distrofia muscular. A biópsia com agulha permitiu que os fisiologistas realizassem estudos histológicos e bioquímicos do músculo humano antes, durante e depois do exercício.

Subsequentemente, foram realizados outros estudos invasivos da circulação sanguínea por fisiologistas no GIH e

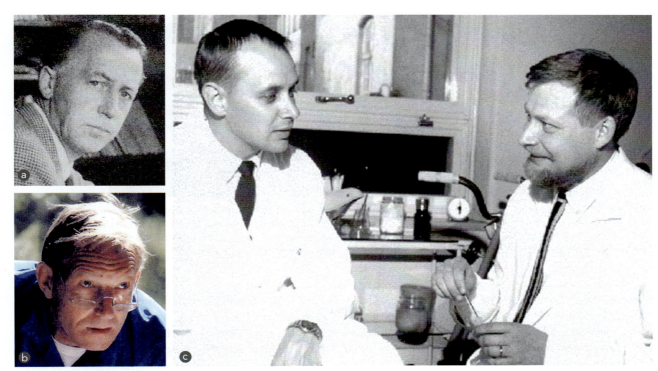

FIGURA 4 Erik Hohwü-Christensen (a) foi o primeiro professor de fisiologia na Faculdade de Educação Física em Gymnastik-och Idrottshögskolan, em Estocolmo, Suécia. Bengt Saltin (b), vencedor do Olympic Prize de 2002. (c) Jonas Bergstrom (à esquerda) e Eric Hultman (à direita) foram os primeiros a usar a biópsia muscular no estudo do uso e da restauração do glicogênio muscular antes, durante e depois do exercício.

no Karolinska Institute. Do mesmo modo que o HFL havia sido a meca da fisiologia do exercício entre 1927 e 1947, os laboratórios escandinavos foram igualmente notáveis desde o final da década de 1940. Muitas investigações de ponta durante os últimos 35 anos foram fruto da colaboração entre fisiologistas do exercício norte-americanos e escandinavos. O norueguês Per Scholander introduziu um analisador de gases em 1947. O finlandês Martii Karvonen publicou uma fórmula para o cálculo da frequência cardíaca em exercício que ainda é amplamente utilizada nos dias atuais.

Outros marcos da pesquisa

A fisiologia sempre foi a base da medicina clínica. Da mesma forma, a fisiologia do exercício tem proporcionado conhecimento essencial para muitas outras áreas, como educação física, condicionamento físico, fisioterapia e promoção da saúde. Entre o final do século XIX e o início do XX, médicos como Edward Hitchcock Jr. (Amherst College) e Dudley Sargent (Universidade de Harvard) estudaram as proporções do corpo (antropometria) e os efeitos do treinamento físico na força e na resistência. Embora diversos professores de educação física tenham introduzido a ciência no currículo de educação física de estudantes ainda não graduados, Peter Karpovich, um imigrante russo que manteve breve contato com o HFL (Fig. 5a), teve importante papel na introdução da fisiologia na educação física. Karpovich estabeleceu seu próprio laboratório de pesquisa e lecionou fisiologia no Springfield College (Massachusetts) desde 1927 até sua morte, em 1968.

Embora tenham sido numerosas as suas contribuições para a educação física e para o estudo da fisiologia do exercício, Karpovich é mais lembrado pelos notáveis alunos que orientou, entre eles Charles Tipton e Loring Rowell, ambos agraciados com o Honor and Citation Awards do American College of Sports Medicine.

Outro membro do Springfield College, o treinador de natação Thomas K. (T.K.) Cureton (Fig. 5b), criou um laboratório de fisiologia do exercício na Universidade de Illinois em 1941. Ele continuou com os seus estudos e foi professor de muitos dos atuais especialistas em condicionamento físico e em fisiologia do exercício, até se aposentar, em 1971. Os programas de condicionamento físico desenvolvidos por Cureton e seus alunos, bem como o livro *Aerobics*, de Kenneth Cooper, publicado em 1968, estabeleceram uma linha de raciocínio fisiológico para a utilização do exercício com o objetivo de promover um estilo de vida saudável.[9]

Outro colaborador para o estabelecimento da fisiologia do exercício no ambiente acadêmico foi Elsworth R. "Buz" Buskirk (Fig. 5c). Após ocupar os cargos de chefe do departamento de fisiologia ambiental no Quartermaster Research and Development Center em Natick,

FIGURA 5 Peter Karpovich (a) introduziu o campo da fisiologia do exercício durante sua longa passagem pelo Springfield College. Thomas K. Cureton (b) dirigiu o laboratório de fisiologia do exercício na Universidade de Illinois em Urbana-Champaign de 1941 até 1971. Na Universidade do Estado da Pensilvânia, Elsworth Buskirk (c) fundou o Intercollege Graduate Program com foco na fisiologia aplicada (1966) e construiu o Laboratory for Human Performance Research (1974).

Massachusetts (1954-1957), e de pesquisador em fisiologia no National Institutes of Health (1957-1963), Buskirk se mudou para a Universidade do Estado da Pensilvânia, onde ficou pelo resto de sua carreira. Nesta universidade, Buz fundou o Intercollege Graduate Program in Physiology (1966) e construiu o Laboratory for Human Performance Research (1974), o primeiro instituto independente especializado no estudo da adaptação humana ao exercício e estresse ambiental nos Estados Unidos. Ele permaneceu ativo no meio acadêmico até seu falecimento, em abril de 2010.

Embora se reconheça que já em meados do século XIX havia alguma percepção da necessidade da prática regular de atividade física para a manutenção de uma boa saúde, essa ideia não teve aceitação popular até o final dos anos de 1960. Estudos subsequentes continuam a enfatizar a importância do exercício como força de resistência ao declínio físico associado ao envelhecimento, prevenindo ou suavizando os problemas associados a doenças crônicas e na reabilitação de lesões.

Desenvolvimento de métodos da atualidade

Grande parte do avanço na fisiologia do exercício deve ser creditada aos progressos na tecnologia. No final dos anos de 1950, Henry L. Taylor e Elsworth R. Buskirk publicaram dois artigos fundamentais,[6,28] descrevendo os critérios para a determinação do consumo máximo de oxigênio e estabelecendo essa medida como "padrão ouro" para a aptidão cardiorrespiratória. Na década de 1960, o desenvolvimento de analisadores eletrônicos para medição de gases respiratórios facilitou bastante e tornou mais produtivo o estudo do metabolismo da energia. Essa tecnologia e a radiotelemetria (que utiliza sinais transmitidos pelo rádio), empregada na monitoração da frequência cardíaca e da temperatura corporal durante o exercício, foram desenvolvidas como resultado do programa espacial dos Estados Unidos. Embora esses instrumentos tenham diminuído de forma considerável o trabalho nas pesquisas, não alteraram a direção das indagações científicas. Até o final dos anos de 1960, quase todos os estudos de fisiologia do exercício se concentravam na resposta do corpo como um todo ao exercício. A maioria das investigações envolvia medidas de variáveis como consumo de oxigênio, frequência cardíaca, temperatura corporal e intensidade do suor. Pouca atenção era dada às respostas celulares ao exercício.

Abordagens bioquímicas

Em meados dos anos de 1960, entraram em cena três bioquímicos que viriam a causar grande impacto no campo da fisiologia do exercício. John Holloszy (Fig. 6a), na Universidade Washington (St. Louis), Charles "Tip" Tipton (Fig. 6b), na Universidade de Iowa, e Phil Gollnick (Fig. 6c), na Universidade do Estado de Washington, foram os primeiros a utilizar ratos e camundongos para estudar o metabolismo muscular e examinar os fatores relacionados à fadiga. Suas publicações e treinamento de estudantes de graduação e de pós-doutorado resultaram em uma abordagem mais bioquímica do estudo da fisiologia do exercício. Holloszy veio a ser premiado com o Olympic Prize em 2000 por suas contribuições à fisiologia do exercício e à saúde.

Antes da década de 1960, eram poucos os estudos bioquímicos publicados sobre as adaptações do músculo ao treinamento. Embora o campo da bioquímica possa ser rastreado até a parte inicial do século XX, essa área especial da química não seria aplicada ao músculo humano até que Bergstrom e Hultman reintroduzissem e popularizassem a técnica de biópsia com agulha em 1966. A princípio, esse procedimento era utilizado para examinar a depleção de glicogênio durante o exercício exaustivo, e também sua ressíntese durante a recuperação. Conforme dito anteriormente, no início dos anos de 1970, diversos fisiologistas do exercício estavam utilizando os métodos de biópsia

FIGURA 6 John Holloszy (a), vencedor do Olympic Prize (2000) por contribuições científicas no campo da ciência do exercício. Charles Tipton (b) foi professor nas Universidades de Iowa e do Arizona, e orientador de muitos estudantes que vieram a se transformar em líderes em biologia molecular e genômica. Phil Gollnick (c) realizou pesquisa muscular e bioquímica na Universidade do Estado de Washington.

muscular, coloração histológica e microscopia óptica para determinar os tipos de fibras musculares humanas.

Mais ou menos na época em que Bergstrom estava reintroduzindo a técnica de biópsia com agulha, surgiram fisiologistas do exercício com bom treinamento em bioquímica. Em Estocolmo, Bengt Saltin percebeu o valor dessa técnica para o estudo da estrutura e da bioquímica do músculo humano. Inicialmente, Saltin colaborou com Bergstrom no final dos anos de 1960 para estudar os efeitos da dieta na resistência e na nutrição musculares. Nessa mesma época, Reggie Edgerton (Universidade da Califórnia, Los Angeles) e Phil Gollnick estavam utilizando ratos para estudar as características de fibras musculares individuais e suas respostas ao treinamento. Posteriormente, Saltin combinou seu conhecimento da técnica de biópsia com o talento bioquímico de Gollnick. Esses pesquisadores foram responsáveis por muitos dos primeiros estudos sobre as características e o uso da fibra muscular humana durante o exercício. Embora muitos bioquímicos tenham utilizado o exercício para estudar o metabolismo, poucos tiveram mais influência no direcionamento atual da fisiologia do exercício humano do que Bergstrom, Saltin, Tipton, Holloszy e Gollnick.

Outros instrumentos e técnicas

De certa forma, a história da fisiologia do exercício tem sido impulsionada por avanços em tecnologias adaptadas das ciências básicas. Os primeiros estudos do metabolismo energético durante o exercício tornaram-se possíveis pela invenção do equipamento de coleta de gases e da análise química do oxigênio e do dióxido de carbono. Aparentemente, a determinação química do lactato sanguíneo fornecia algumas pistas com relação aos aspectos aeróbios e anaeróbios da atividade muscular, mas esses dados não ofereciam informação suficiente sobre a produção e a remoção desse subproduto do exercício. Do mesmo modo, as medições da glicose sanguínea efetuadas antes, durante e depois do exercício intenso proporcionavam dados interessantes, mas que tinham valor limitado para a compreensão das trocas de energia em nível celular.

Ao longo dos últimos 30 anos, fisiologistas envolvidos no estudo do músculo utilizaram vários procedimentos químicos na tentativa de entender como os músculos geram energia e adaptam-se ao treinamento. Foram realizados experimentos em tubos de ensaio (*in vitro*) com amostras obtidas por biópsia muscular para o cálculo das proteínas musculares (enzimas) e a determinação da capacidade de utilização de oxigênio pela fibra muscular. Embora esses estudos tenham fornecido um "instantâneo" do potencial da fibra como geradora de energia, frequentemente tais pesquisas geravam mais perguntas do que respostas. Portanto, era natural que as ciências da biologia celular buscassem trabalhar em um nível ainda mais profundo. Ficou evidente que as respostas a essas perguntas deviam estar ocultas na composição molecular da fibra.

Ainda que não seja uma ciência nova, a biologia molecular se transformou em um instrumento útil para fisiologistas do exercício que pretendem estudar mais profundamente a regulação do metabolismo celular e as adaptações ao esforço do exercício. Fisiologistas como Frank Booth e Ken Baldwin (Fig. 7) dedicaram suas carreiras à compreensão da regulação molecular das características e do funcionamento da fibra muscular, tendo determinado os fundamentos para a atual compreensão dos controles genéticos do crescimento e atrofia musculares. O uso de técnicas biológicas moleculares no estudo das características contráteis de fibras musculares isoladas será discutido no Capítulo 1.

Bem antes de James Watson e Francis Crick terem desvendado a estrutura do ácido desoxirribonucleico (DNA) (1953), alguns cientistas já valorizavam a importância da genética na predeterminação da estrutura e do funcionamento de todos os organismos vivos. A mais recente fronteira na fisiologia do exercício combina o estudo da biologia molecular e da genética. Desde o início dos anos de 1990, cientistas vêm tentando explicar como o exercício

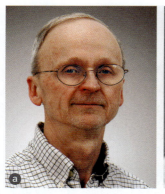 

FIGURA 7 (a) Frank Booth e (b) Ken Baldwin.

emite sinais que afetam a expressão de genes no interior do músculo esquelético.

Em retrospecto, fica evidente que desde o início do século XX o campo da fisiologia do exercício evoluiu desde a mensuração da função do corpo inteiro (como consumo de oxigênio, respiração e frequência cardíaca) até estudos moleculares da expressão genética da fibra muscular. Não há dúvida de que, no futuro, os fisiologistas do exercício precisarão também ser bem versados em bioquímica, biologia molecular e genética.

Fisiologia integrativa

 VÍDEO 1 Jim Pawelczyk discute a integração dos processos em nível celular com uma apreciação do organismo como um todo.

Com o anúncio do sequenciamento do genoma humano em 2001, esperava-se que, um dia, os cientistas poderiam simplesmente analisar células da bochecha obtidas com um esfregaço bucal e que, com a observação da sequência genética do indivíduo, seria possível prever se esse indivíduo estava em risco de sofrer diabetes ou alguma doença cardiovascular.[7,8] Mais promissora ainda era a noção de que a detecção dessas variações genéticas preditivas poderia ajudar na formulação de tratamentos mais efetivos para essas doenças debilitantes.

Nos últimos anos, esses avanços na biotecnologia geraram enormes volumes de dados, mas o otimismo inicial, concernente ao prognóstico e tratamento da doença humana, não se concretizou.[17] Embora sejam poucas as mutações genéticas específicas com poder preditivo confiável, por exemplo, o gene BRACA1 para o câncer de mama, em grande parte a tradução das tecnologias genéticas em diagnósticos ou terapias preditivas não ocorreu. Na verdade, a análise dos fatores de risco tradicionais ainda oferece um poder preditivo muito maior para o diabetes tipo 2, em comparação com a avaliação dos escores de risco genético baseados em 20 variantes genéticas diferentes associadas a essa doença.[27]

Na era dos dados megagenômicos, em que lugar se insere o estudo da fisiologia? E, mais ainda, esse estudo ainda é relevante para a saúde e a doença do ser humano? Dr. Michael J. Joyner é um ferrenho defensor do campo da **fisiologia integrativa**. Dr. Joyner, agraciado com várias distinções acadêmicas, é um consagrado pesquisador na Mayo Clinic que vem questionando criticamente o valor funcional do denominado pensamento reducionista na biologia molecular. Em contraste com o exame dos processos biológicos ao mais baixo nível comum (ou seja, como os genes codificam as proteínas nas células), a fisiologia integrativa examina de que modo o organismo como um todo funciona e se adapta aos estresses internos e externos (inclusive o exercício). Essa abordagem é informada pelos conceitos de homeostase, sistemas de órgãos regulados e pela redundância nos sistemas fisiológicos. Ademais, os fisiologistas integrativos se empenham em responder a questões de pesquisa propostas por hipóteses e modelam experimentos justificáveis com o objetivo de testar tais hipóteses.

A importância das tentativas de estudar questões biológicas a partir de uma abordagem regulada e integrativa fica enfatizada pelas influências da cultura, ambiente e comportamento na patologia da doença. Aqui, o desafio para os fisiologistas integrativos consiste em incorporar os achados essenciais da genética e da biologia molecular, e também em examinar como padrões comportamentais, por exemplo, a atividade física, a dieta e o estresse, interagem com essa variação genética para causar efeito na saúde e na doença.

Fisiologia translacional

Graças à natureza dos tópicos estudados e à variedade de abordagens utilizadas em seus estudos, os fisiologistas do exercício oferecem uma contribuição valiosa ao que passou a ser conhecido como **fisiologia translacional**. *Fisiologia translacional* é uma expressão que foi originalmente empregada no início dos anos de 1990, como uma referência ao processo de pesquisa necessário para que fosse feita uma ligação do risco de câncer com seus fatores genéticos predisponentes.[25] Desde aquela época, o campo da fisiologia translacional se ampliou substancialmente, passando a incluir os processos pelos quais os achados da pesquisa básica são estendidos ao cenário da pesquisa clínica, em seguida ao domínio da prática clínica e, finalmente às políticas de saúde (Fig. 8). Mas esse *continuum* da pesquisa translacional funciona mais adequadamente de modo bidirecional, de forma que os problemas populacionais, como a obesidade, também passam a impulsionar as questões da pesquisa básica formuladas pelos fisiologistas do exercício. Por sua vez, esses achados da pesquisa básica acabam por promover mudanças na prática clínica e na saúde em geral da comunidade.

Um bom exemplo de oportunidade em fisiologia translacional se situa no campo do envelhecimento. A idade avançada, por si só, é um fator de risco para muitas doenças

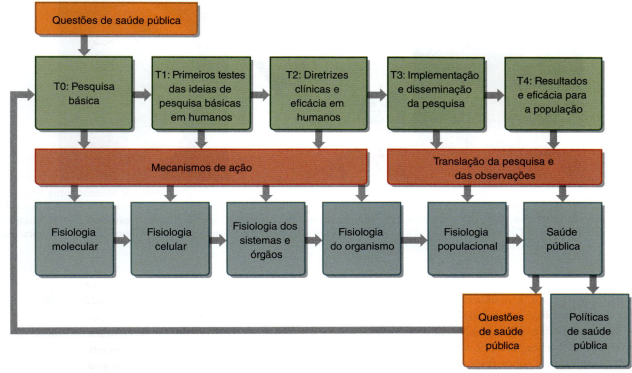

FIGURA 8 Fluxograma para fisiologia translacional.
Adaptado de Seals (2013).

crônicas e representa um desafio significativo para nosso sistema de saúde e para a sociedade em geral. Para que se possa compreender em todos os seus detalhes a fisiologia subjacente ao processo de envelhecimento e possibilitar um engajamento nas intervenções apropriadas a fim de que a população idosa permaneça saudável, é preciso entender o processo de envelhecimento desde o nível molecular até os níveis da comunidade e da população. Para que sejamos bem-sucedidos em nossas contribuições para o processo da fisiologia translacional, é preciso grande dose de habilidade, direcionada para o exame crítico dos dados e para uma abordagem dos problemas científicos com novas metas em mente – da bancada do laboratório ao leito do enfermo, e daí até a comunidade.

Em resumo

> Em uma época que parece favorecer a abordagem reducionista (genes, moléculas) à ciência, é imperioso que os fisiologistas do exercício continuem a estudar questões biológicas desde uma abordagem integrativa, promovida pela formulação de hipóteses.
> O campo da fisiologia translacional aborda os processos pelos quais os achados da pesquisa básica são estendidos para o cenário da pesquisa clínica; em seguida, para o domínio da prática clínica e, finalmente, para as políticas de saúde.

As mulheres pioneiras na fisiologia do exercício

Embora atualmente seja comum observar em ação mulheres que são notáveis fisiologistas do exercício, como ocorre em muitas áreas da ciência, o reconhecimento das contribuições das fisiologistas do exercício foi bastante lento. Em 1954, Irma Rhyming colaborou com P.-O. Åstrand, fisiologista que viria a ser seu marido, na publicação de um estudo clássico que fornecia um meio de prever a capacidade aeróbia a partir da frequência cardíaca submáxima.[1] Embora esse método indireto de avaliação da aptidão física tenha sido questionado com o passar dos anos, seu conceito básico ainda está em uso nos dias atuais.

Na década de 1970, duas mulheres suecas, Birgitta Essen e Karen Piehl (Fig. 9), receberam atenção internacional em decorrência de suas pesquisas sobre a composição e o funcionamento da fibra muscular humana. Essen, que colaborou com Bengt Saltin, foi fundamental na adaptação de métodos microbioquímicos para o estudo das pequenas quantidades de tecido obtidas com a técnica da biópsia com agulha. Seus esforços permitiram que outros pesquisadores realizassem estudos sobre o uso de carboidratos e gorduras pelo músculo, possibilitando também a identificação dos diferentes tipos de fibras musculares. Piehl publicou diversos estudos que ilustravam

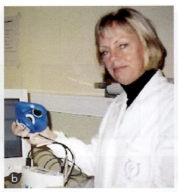

FIGURA 9 (a) Birgitta Essen colaborou com Bengt Saltin e Phil Gollnick na publicação dos primeiros estudos sobre tipos de fibra muscular no músculo humano. (b) Karen Piehl foi uma das primeiras fisiologistas a demonstrar que o sistema nervoso recruta de forma seletiva fibras dos tipos I (de contração lenta) e II (de contração rápida) durante o exercício de intensidades diferentes. (c) Barbara Drinkwater foi uma das primeiras fisiologistas a conduzir estudos sobre mulheres atletas e a tratar de tópicos especificamente ligados à mulher atleta.

quais tipos de fibra muscular eram ativados durante os exercícios aeróbio e anaeróbio.

Nos anos 1970 e 1980, uma terceira fisiologista escandinava, Bodil Nielsen, filha de Marius Nielsen, conduziu ativamente estudos sobre respostas humanas ao estresse térmico ambiental e à desidratação. Seus estudos chegaram até mesmo à obtenção de medidas da temperatura corporal durante a imersão em água. Mais ou menos ao mesmo tempo uma fisiologista do exercício norte-americana, Barbara Drinkwater (Fig. 9c), estava realizando estudo similar na Universidade da Califórnia, em Santa Bárbara. Os estudos de Drinkwater foram realizados, com frequência, em colaboração com Steven Horvath, genro de D.B. Dill e diretor do laboratório de fisiologia ambiental da UCSB's. As contribuições de Drinkwater para a fisiologia ambiental e para os problemas fisiológicos com os quais as atletas têm que se defrontar permitiram que a pesquisadora adquirisse reconhecimento internacional. Além de suas contribuições científicas, o legado dessas e de outras mulheres na fisiologia inclui a credibilidade que adquiriram e os papéis que desempenharam na atração de outras mulheres para o campo da fisiologia e da medicina do exercício.

A intenção desta seção é proporcionar ao leitor um resumo das personalidades e tecnologias que contribuíram para formar o campo da fisiologia do exercício. Naturalmente, não é possível inserir uma revisão muito extensa de todos os cientistas e estudos associados à fisiologia do exercício em um texto que pretende servir como introdução a esse campo. No entanto, para aqueles estudantes interessados em adquirir um conhecimento mais aprofundado da história da fisiologia do exercício, existem diversas fontes de qualidade. Agora que a base histórica para a disciplina da fisiologia do exercício, da qual surgiu a fisiologia do esporte, já foi abordada, é possível explorar os princípios básicos da fisiologia do exercício e do esporte e as ferramentas utilizadas.

Fisiologia do exercício no século XXI

O campo da fisiologia do exercício vem evoluindo aceleradamente. Avanços tecnológicos em constante expansão e novas abordagens da ciência trazem implicações substanciais para a saúde, a medicina e a pesquisa biomédica. Com frequência, a fisiologia do exercício e nossa compreensão dos processos fisiológicos que alicerçam a atividade física situam-se na vanguarda dessa nova era da ciência.

Exercício na medicina personalizada

VÍDEO 2 Jim Pawelczyk fala sobre os quatro P da medicina e o papel importante do exercício em estratégias individualizadas para a saúde.

Em 2007, o Congresso dos Estados Unidos aprovou a Lei de genômica e medicina personalizada. A intenção dessa legislação era implementar e apoiar pesquisas ligadas à formulação de uma "receita" personalizada para as características genéticas e ambientais específicas para cada paciente, com o objetivo de otimizar as estratégias de cuidados da saúde.[15,16] Esse conceito de medicina personalizada emergiu originalmente no campo conhecido como farmacogenômica, que proporciona uma compreensão científica para o fato de que alguns indivíduos respondem favoravelmente a certos medicamentos, enquanto outros não (ou podem até mesmo responder de forma adversa). Como exemplo, alguns estudos identificaram dois genes distintos que influenciam a capacidade do indivíduo de metabolizar a varfarina, um diluente do sangue; tais estudos tornaram possível a prescrição, pelos médicos, de doses apropriadas com vistas à otimização da eficácia terapêutica dessa droga para cada paciente específico.[29]

Dentro dessa mesma linha, recentemente vem ocorrendo um movimento no sentido de personalizar as prescrições de exercícios para cada indivíduo.[5] O exercício é uma poderosa intervenção para o tratamento de muitos problemas clínicos diferentes – doenças cardiovasculares, diabetes melito, osteoporose, doenças metabólicas e muito mais. Contudo, tem sido observada uma heterogeneidade ou variabilidade significativa na capacidade das pessoas de praticar o exercício e se adaptar aos efeitos do treinamento físico,[21] especialmente em indivíduos com diferentes manifestações nosológicas clínicas. Além disso, os pesquisadores estão apenas começando a compreender e a formular programas de treinamento otimizados ou doses personalizadas de exercícios com o objetivo de promover respostas benéficas nesses pacientes.

Pesquisadores estão formulando paradigmas experimentais com o objetivo de determinar (1) os mecanismos pelos quais o exercício gera efeitos (positivos ou negativos) no nível celular e sistêmico, (2) a dose ideal de exercício para a geração de resultados em diferentes populações clínicas, (3) a melhor maneira de avaliar as respostas da pessoa ao exercício, tanto no nível individual como de grupo, e (4) o benefício do acréscimo da terapia do exercício a estratégias já existentes de tratamento da doença. Parte do desafio na personalização da medicina do exercício se situa na compreensão, em um plano genômico e sistêmico, dos mecanismos responsáveis pela enorme variabilidade nas respostas dos indivíduos ao treinamento físico. Acredita-se que, no longo prazo, os resultados de grandes estudos clínicos randomizados que se debruçam sobre a variabilidade intraindividual nas respostas ao exercício em seres humanos venham a possibilitar o desenvolvimento de estratégias *personalizadas*, a serem implementadas nas intervenções preventivas para a saúde,[5] inclusive os benefícios da prática regular do exercício.

A revolução "-ômica"

Como parte do Projeto Genoma Humano, os cientistas sequenciaram todos os 3,2 bilhões de nucleotídeos que compõem o genoma humano. Essa enorme tarefa estava praticamente concluída em 2003 (o último cromossomo foi sequenciado em 2006) a um custo estimado de 2,7 bilhões de dólares. Hoje, todo o genoma humano pode ser sequenciado por menos de 1.000 dólares. Esse feito abriu novos campos da ciência, frequentemente chamados de "-ômica". Por sua vez, esse novo campo de pesquisa promoveu o desenvolvimento de novas tecnologias voltadas para a detecção universal de sequências e variantes gênicas (genômica), a expressão de genes no plano do RNA mensageiro (mRNA) (transcriptômica), as proteínas produzidas (proteômica) e outros produtos de reações metabólicas (ou seja, os metabólitos, que são estudados pela metabolômica)[30] envolvidos em todos os aspectos da função fisiológica (ver Fig. 10). Conforme foi proposto, um dos atrativos da pesquisa "-ômica" é que um sistema alta-

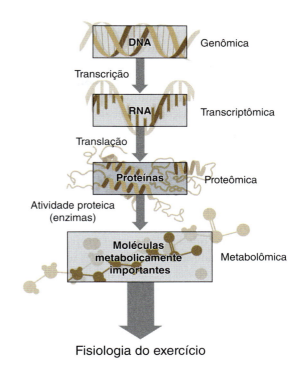

FIGURA 10 Ligação entre genômica, transcriptômica, proteômica e metabolômica no contexto da fisiologia do exercício.

mente complexo (p. ex., o ser humano em exercício) pode ser entendido de forma mais completa se for examinado em cada um dos níveis mais básicos de investigação. Em sua aplicação à fisiologia do exercício, o objetivo principal da pesquisa "-ômica" é esclarecer a fisiologia do exercício e o comportamento, para que seja possível compreender melhor os valores preventivos e terapêuticos do exercício.[4]

A pesquisa **genômica** do exercício examina o papel dos genes, individuais ou em grupos, na modificação do impacto do treinamento físico e da atividade física no desempenho e nas características (traços) relacionadas à saúde e ao condicionamento. Esse enfoque se fundamenta na acumulação de evidências, implicando que variações nas sequências de DNA (chamadas *polimorfismos de nucleotídeo único* ou SNP) de um ou mais genes podem contribuir para diferenças no comportamento no exercício, condicionamento cardiorrespiratório e muscular, função cardiovascular e metabólica durante o exercício agudo e adaptações ao treinamento físico.[3]

Com o emprego das abordagens genômicas, os pesquisadores também estão tentando examinar a base genética dessas características altamente complexas pelo exame dos níveis de mRNA específicos do tecido. As tecnologias usadas na confirmação de um alvo genético e na definição de sua função biológica são cada vez mais sofisticadas; atualmente, tais tecnologias envolvem o sequenciamento de DNA e RNA, investigações celulares por técnicas *in vitro*, modificações genéticas em modelos animais e a criação seletiva de animais para traços de desempenho extremo, a fim de identificar genes-alvo e suas variantes.

Mais recentemente, os pesquisadores começaram a combinar genômica e transcriptômica. Ou seja, eles examinam as cadeias de RNA produzidas durante a transcrição (abundância de transcrições) em tecidos relevantes e, com isso, podem prever certo traço e identificar alvos genéticos para subsequentes pesquisas genômicas. Os pesquisadores podem, então, investigar esses novos alvos genéticos em busca de suas variantes de sequência de DNA e sua relação com outras características de interesse. Essa estratégia integrada no mundo da "-ômica" tem o potencial de expandir nossa compreensão da fisiologia do exercício em um nível de detalhamento que era impossível no passado. Como exemplo, o entendimento das alterações induzidas pelo treinamento físico na expressão gênica pode resultar no surgimento de novos candidatos para a pesquisa genômica e genética com o objetivo de compreender com maior profundidade a fisiologia do exercício.[3]

A proteômica do exercício tem como objetivo estudar todo o conteúdo de proteínas de um tecido biológico em uma situação específica (p. ex., imediatamente após uma sessão de treinamento de força) ou por um período predeterminado (p. ex., antes e depois de alguns meses de treinamento de resistência). Esse conhecimento permite que os pesquisadores examinem os mecanismos moleculares subjacentes às adaptações fisiológicas ao exercício.[22] Originalmente, a ferramenta para análise proteômica era um procedimento chamado eletroforese bidimensional em gel de poliacrilamida. Durante a atual era da pesquisa genômica, essas metodologias baseadas em gel continuam a evoluir e agora vêm sendo acopladas a técnicas mais recentes, baseadas na marcação de proteínas, fragmentação de peptídios e espectrometria de massa de alto rendimento, a fim de aprimorar as análises proteômicas. Certamente, a pesquisa que combina dados proteômicos com as abordagens genômicas já descritas continuará a expandir nossa compreensão da fisiologia do exercício, fornecendo uma visão geral de como o exercício afeta os vários órgãos e sistemas do corpo para melhorar a função fisiológica, o desempenho físico e a saúde em geral.

Epigenética

Ficou evidenciado que o exercício altera a expressão gênica, a expressão de fatores de transcrição e outras proteínas reguladoras. Essas alterações induzidas pelo exercício têm consequências funcionais em vários níveis, por exemplo, metabolismo, regulação cardiovascular e condicionamento físico em geral. No entanto, é bem provável que outros mecanismos e tecidos estejam envolvidos na resposta integrativa ao exercício praticado habitualmente. **Epigenética** é o estudo de alterações na expressão gênica que ocorrem sem que ocorra mudança no próprio código genético. Como exemplo, fatores herdados influenciam claramente a resposta de um indivíduo ao exercício. Contudo, fatores ambientais adicionais podem alterar esses genes por modificações epigenéticas, que são mudanças no funcionamento dos genes que não alteram a sequência nucleotídica dos próprios genes. Estímulos ambientais podem alterar o epigenoma de maneira estável e hereditária. São modificações epigenéticas a metilação do DNA, a modificação das histonas e RNA não codificantes.[20] Embora essa área de pesquisa seja relativamente nova, estudos recentes demonstraram que as modificações epigenéticas contribuem para a alteração da expressão gênica em resposta ao exercício praticado com regularidade; essas descobertas têm implicações na ampliação de nossa compreensão dos benefícios para a saúde induzidos pelo exercício. O campo da epigenética do exercício ainda é incipiente, mas certamente irá oferecer novas ideias relacionadas às adaptações do ser humano ao exercício.

Bioinformática

As técnicas descritas nas seções anteriores geram uma enorme quantidade de dados complexos. Diante disso, tecnologias sofisticadas, *softwares* de computador e métodos estatísticos são essenciais na análise da vasta quantidade de dados genéticos e moleculares gerados em um único estudo, sem mencionar a integração de informações de dezenas, centenas ou mesmo milhares de experimentos. Essencialmente, a **bioinformática** é o sistema de administração de informações da biologia molecular, funcionando como uma interseção entre dados moleculares e abordagens matemáticas e estatísticas avançadas.[18]

As técnicas de bioinformática nos permitem abordar questões fisiológicas que, de outra forma, seriam inatingíveis com o uso de métodos convencionais. Com o uso da robótica, *softwares* para processamento e controle de dados, dispositivos de manuseio de líquidos e detectores sensíveis, a biologia de alto rendimento permite que os pesquisadores façam, com rapidez, milhões de testes químicos, genéticos ou farmacológicos, mediante a automatização em grande escala dos experimentos. Com essa metodologia, torna-se possível repetir experimentos milhares de vezes. Ao usar métodos de alto rendimento, é possível identificar rapidamente compostos ativos, anticorpos ou genes que controlam ou alteram uma determinada via fisiológica.

Na última década, aprendemos muito com a aplicação de abordagens "-ômicas" ao campo da fisiologia do exercício. À medida que esse campo de pesquisa continua a evoluir, a bioinformática continuará a desempenhar um importante papel. O desenvolvimento de análises baseadas em *softwares* que levam em conta o perfil genético do indivíduo e, em seguida, predizem sua resposta ao treinamento físico com exercícios aeróbios é um exemplo de possível aplicação da bioinformática e da "-ômica" funcional na fisiologia do exercício. Diante da tendência crescente à incorporação das abordagens "-ômicas" na fisiologia do exercício por um número cada vez maior de laboratórios de pesquisa, certamente aumentará a necessidade do uso de ferramentas de bioinformática para a análise e interpretação dos dados.

Um dos principais objetivos da fisiologia do exercício no século XXI é mapear o funcionamento desde o **genótipo** (a composição genética de um indivíduo) até o **fenótipo** (as características observáveis de um indivíduo, como resultado da interação de seu genótipo com o meio ambiente). Essencialmente, o exercício é um poderoso estímulo que influencia a transcrição de genes em inúmeros tecidos, com implicações para diversos fenótipos. É tentador especular que, no futuro, talvez o genótipo de uma pessoa seja inserido em um algoritmo capaz de fazer previsões sobre atributos relacionados ao exercício, como resistência, velocidade, força ou adaptabilidade. A partir daí, será possível desenvolver um programa de treinamento individualizado e otimizado.

Entretanto, é importante ter em mente que, embora esses métodos reducionistas e abordagens "-ômicas" tenham proporcionado informações novas e importantes sobre os genes e as vias subjacentes às respostas fisiológicas ao exercício, é necessário que tenhamos uma compreensão muito mais abrangente da interação complexa entre os vários fatores genéticos e epigenéticos, para uma otimização total do emprego do exercício na prevenção e tratamento de doenças.

Fisiologia do exercício além dos limites da Terra

Um importante segmento da fisiologia do exercício diz respeito à resposta e adaptação das pessoas ao calor, ao frio, à profundidade e à altitude extremas. A compreensão e o controle do estresse e das adaptações fisiológicas que ocorrem nesses ambientes extremos contribuíram diretamente com notáveis avanços para a sociedade, como a construção da Ponte do Brooklyn, a Represa Hoover, aeronaves pressurizadas e hábitats submersos para a indústria do mergulho comercial.

A próxima geração de desafios ambientais também exigirá tal *expertise* fisiológica. Hoje, veículos espaciais comerciais viajam rotineiramente em órbitas baixas da Terra. Recentemente, a NASA anunciou um conjunto de novas iniciativas que colocarão seres humanos em órbitas profundas nas proximidades da lua no final dos anos de 2020 e, em seguida, ocorrerão viagens regulares com o estabelecimento de órbitas marcianas nos anos de 2030. Certamente, estamos prestes a nos tornar uma civilização interplanetária.

São tremendos os desafios fisiológicos e psicológicos impostos aos seres humanos que vivem no espaço e em corpos planetários durante longos períodos. A ação contínua da força da gravidade contribui para o crescimento e a adaptação dos músculos esqueléticos posturais; promove carga incidente nos ossos, o que aumenta suas dimensões e densidade, e exige que o sistema cardiovascular mantenha a pressão arterial e o fluxo sanguíneo para o cérebro. Em um ambiente de microgravidade (queda livre na Terra, ou nas condições de velocidade constante no espaço profundo), a redução na carga acarreta perdas dramáticas na massa e na força dos músculos, osteoporose e intolerância ao exercício em níveis que mimetizam os observados em pacientes com lesão na medula espinal.

Com início na década de 1980, experimentos realizados a bordo, em uma série de voos dedicados da lançadeira espacial, avaliaram esses problemas de forma detalhada. A NASA (National Aeronautics and Space Administration) iniciou os voos do módulo Spacelab, desenvolvido pela European Space Agency, anunciando uma nova era de pesquisas científicas com patrocínio internacional em órbitas terrestres baixas. As missões Spacelab Life Sciences (SLS-1, SLS-2) (STS-40 e STS-58) enfatizaram o estudo das adaptações cardiorrespiratórias, vestibulares e musculoesqueléticas com relação à microgravidade, e a missão Life and Microgravity Sciences Spacelab (STS-78), que se concentrou na adaptação neuromuscular. A missão Neurolab Spacelab de 1998 (STS-90), com um tema exclusivamente voltado para as neurociências, concluiu voos do módulo Spacelab. Dr. James A. Pawelczyk, um fisiologista do exercício da Universidade do Estado da Pensilvânia e especialista da missão para aquele voo, teve a honra de coministrar a primeira aula de fisiologia do exercício realizada no espaço.

Com o encerramento do programa do ônibus espacial, atualmente essa tarefa tem continuidade a bordo da International Space Station, que vem proporcionando uma presença humana contínua no espaço por quase 20 anos. Os instrumentos da moderna biologia molecular estão ajudando a elucidar como a carga, a radiação e o estresse interagem de modo a afetar todos os sistemas fisiológicos.

Para o fisiologista do exercício, a grande questão é: qual combinação de treinamento – tanto de força como aeróbio – poderá evitar ou diminuir as mudanças que ocorrem durante a exploração no espaço? Atualmente, tal resposta ainda não foi obtida. Além disso, se houver necessidade de condicionamento físico antes e durante a exploração espacial e como parte da reabilitação pós-voo, que pode se prolongar por até 30 meses, como deverão ser individualizadas, avaliadas e atualizadas as prescrições de exercício? Sem dúvida, será essencial a continuação dos estudos de fisiologia do exercício e de fisiologia ambiental para completar o que está destinado a ser o maior feito de exploração do século XXI.

Pesquisa: base para a compreensão

Cientistas especializados em exercício e esportes envolvem-se ativamente na pesquisa para que possam melhor entender os mecanismos que regulam as respostas fisiológicas do corpo a sessões agudas de exercício, bem como as adaptações ao treinamento e ao destreinamento. A maioria dos estudos é realizada em grandes universidades com tradição de pesquisa, centros médicos e institutos especializados, que utilizam abordagens de pesquisa padronizadas e instrumentos selecionados para uso do fisiologista do exercício.

O processo de pesquisa

A ciência e a pesquisa (o processo pelo qual a ciência se desenvolve) envolvem um processo que objetiva propor e responder questões apropriadas, desenvolver hipóteses passíveis de ser testadas, testar essas hipóteses de maneira apropriada, gerar dados utilizáveis, interpretar esses dados e aceitar ou refutar as hipóteses originais. A Figura 11 ilustra o processo de pesquisa. Constantemente os cientistas são desafiados a fazer observações cuidadosas provenientes tanto da natureza como da leitura da literatura científica para, então, propor perguntas orientadas que possam ser examinadas com o uso de um processo experimental bem modelado e bem controlado. O resultado habitual desse processo global é a apresentação de um manuscrito de pesquisa a uma revista científica apropriada, onde o documento será revisado por pares, revisto e (espera-se) publicado. E quando outros cientistas tiverem acesso ao artigo científico poderão, por sua vez, elaborar suas próprias perguntas de acompanhamento – e o processo terá continuidade.

Ambientes de pesquisa

A pesquisa pode ser realizada no laboratório ou no campo. Habitualmente, os testes laboratoriais são mais precisos, pois os pesquisadores podem utilizar equipamentos mais especializados e sofisticados e as condições podem ser controladas de modo mais cuidadoso. Como exemplo, a medição laboratorial direta do consumo máximo de oxigênio ($\dot{V}O_{2max}$) é considerada como a estimativa mais precisa da capacidade de resistência cardiorrespiratória. Contudo, alguns testes de campo, como a corrida de 2,4 km, também são utilizados para prever ou estimar o $\dot{V}O_{2max}$. Esses testes de campo, que medem o tempo que se leva para correr determinada distância ou a distância que se pode percorrer em determinado tempo, não têm precisão total, mas proporcionam uma estimativa razoável de $\dot{V}O_{2max}$, não são caros de fazer e muitas pessoas podem ser testadas em um curto período de tempo. Testes de campo podem ser realizados no local de trabalho, em uma pista de corrida, em uma piscina ou, ainda, durante competições esportivas. Para que um indivíduo tivesse o $\dot{V}O_{2max}$ medido de modo direto e preciso, ele precisaria ir a uma universidade ou laboratório clínico.

Ferramentas de pesquisa: ergômetros

Quando respostas fisiológicas ao exercício são avaliadas no laboratório, o esforço físico do participante deve ser controlado, para que seja proporcionada uma intensidade de trabalho mensurável. Geralmente, essa necessidade é atendida pelo uso de ergômetros. **Ergômetro** (*ergo* = trabalho, *metro* = medida) é um aparelho para exercício que permite o controle (padronização) e a mensuração da intensidade do exercício.

Esteiras ergométricas

Esteiras ergométricas são os ergômetros escolhidos pela maioria dos pesquisadores e médicos, em particular nos Estados Unidos. Nesses aparelhos, um sistema de motor e polias movimenta uma grande correia (a esteira), sobre a

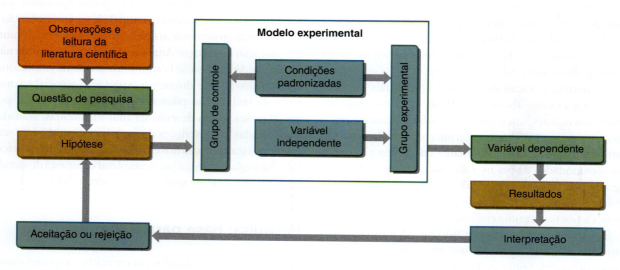

▶ FIGURA 11 Diagrama simplificado do típico processo envolvido na pesquisa científica.

qual se pode andar ou correr; por isso, esses ergômetros são frequentemente chamados de esteiras ergométricas elétricas (ver Fig. 12). O comprimento e a largura da esteira devem ser adequados ao porte físico e ao comprimento da passada do indivíduo testado. Por exemplo, é praticamente impossível testar atletas de elite em esteiras ergométricas que sejam muito curtas, ou indivíduos obesos em esteiras ergométricas muito estreitas ou que não sejam suficientemente fortes.

A esteira ergométrica oferece várias vantagens. Andar é uma atividade natural para quase todos os seres humanos; assim, o indivíduo normalmente se ajusta à habilidade exigida para andar em uma esteira ergométrica dentro de poucos minutos. Além disso, a maioria das pessoas quase sempre atinge seus valores fisiológicos mais elevados na esteira ergométrica para a maioria das variáveis fisiológicas (frequência cardíaca, ventilação, consumo de oxigênio), embora alguns atletas (p. ex., ciclistas competitivos) alcancem valores mais altos em ergômetros que se aproximem mais de seu modo específico de treinamento ou de competição.

As esteiras ergométricas também têm certas desvantagens. Em geral, são mais caras do que ergômetros mais simples, como as bicicletas ergométricas, que serão discutidas a seguir. Também são volumosas, dependem de energia elétrica e não são muito portáteis. Pode ser difícil medir com precisão a pressão arterial durante o exercício em esteira ergométrica, pois o ruído associado à operação normal desse aparelho e o movimento do indivíduo dificultam a auscultação por meio do estetoscópio.

Cicloergômetros

Durante muitos anos, os **cicloergômetros** foram os principais aparelhos de teste em uso, sendo ainda muito utilizados tanto em pesquisas como no ambiente clínico. Esses aparelhos podem ser projetados para utilização do indivíduo tanto na posição ereta normal (ver Fig. 13) como nas posições reclinada ou semirreclinada.

Em um ambiente de pesquisa, o cicloergômetro geralmente utiliza fricção mecânica ou resistência elétrica. No caso de aparelhos de fricção mecânica, uma correia em torno de uma roda-volante é apertada ou afrouxada para ajustar a resistência contra a qual a pessoa está pedalando. A produção de potência depende de uma combinação da resistência e da velocidade da pedalada – quanto mais rápido o indivíduo pedala, maior será a produção de potência. Para manter a mesma produção de potência durante todo o teste, é preciso que seja mantida a mesma frequência da pedalada. Assim, essa frequência deve ser constantemente monitorada.

No caso de bicicletas ergométricas de resistência elétrica, a resistência à pedalagem é proporcionada por um condutor elétrico que se movimenta ao longo de um campo magnético ou eletromagnético. A intensidade do campo magnético determina a resistência à pedalada. Esses ergômetros podem ser controlados de tal modo que a resistência aumenta automaticamente à medida que diminui a frequência da pedalada, e diminui com o aumento dessa frequência, para que seja obtida uma produção constante de potência.

Assim como ocorre com as esteiras ergométricas, as bicicletas ergométricas oferecem algumas vantagens e desvantagens em comparação com os demais aparelhos ergométricos. A intensidade do exercício realizado em uma bicicleta ergométrica não depende do peso corporal do indivíduo. Essa informação é importante quando se pesquisam respostas fisiológicas a uma quantidade de energia

FIGURA 12 Esteira ergométrica elétrica.

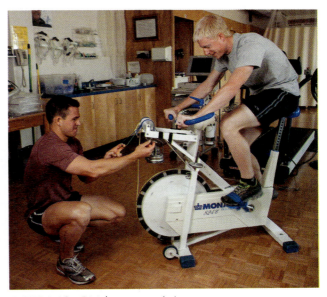

FIGURA 13 Bicicleta ergométrica.

(trabalho) padronizada. Por exemplo, se uma pessoa perdeu 5 kg, os dados obtidos em um teste em esteira ergométrica não podem ser comparados com dados obtidos antes desse emagrecimento, porque as respostas fisiológicas a uma velocidade e grau determinados na esteira ergométrica variam com o peso corporal. Após a perda de peso, o trabalho imposto na mesma velocidade e/grau seria menor do que o obtido anteriormente. Já no caso da bicicleta ergométrica, a perda de peso não tem influência significativa na resposta fisiológica a uma produção de potência padronizada. Assim, a prática de andar ou correr costuma ser chamada de exercício dependente do peso, ao passo que a prática da bicicleta ergométrica independe do peso.

A bicicleta ergométrica também possui desvantagens. Se o indivíduo não praticar regularmente essa forma de exercício, é provável que os músculos da perna entrem em fadiga logo no início da sessão de exercício. Consequentemente, o indivíduo poderá não atingir sua real intensidade máxima no exercício. Quando o exercício é limitado desta forma, as respostas são geralmente denominadas "intensidade de pico de exercício" em vez de "intensidade máxima de exercício". Essa limitação pode ser atribuída à fadiga local das pernas, ao acúmulo de sangue nas pernas (retorno de menor volume de sangue ao coração), ou ao uso de menos massa muscular durante as pedaladas em comparação com o que ocorre no exercício na esteira ergométrica. Contudo, ciclistas treinados tendem a atingir seus mais altos valores de pico na bicicleta ergométrica.

Outros ergômetros

Outros tipos de ergômetros permitem que atletas competindo em esportes ou eventos específicos sejam testados de uma maneira que se assemelha mais ao seu treinamento e competição. Exemplificando, um ergômetro de braço pode ser utilizado para testar atletas e pessoas não atletas que usam principalmente seus braços e ombros na atividade física, além de ser amplamente usado para testar e treinar atletas com paralisação abaixo do nível do braço. O ergômetro de remada foi planejado para testar atletas remadores.

Foram obtidos dados de pesquisa importantes com a monitoração e aplicação de instrumentos a nadadores durante a natação em uma piscina. No entanto, os problemas associados às viradas de piscina e ao movimento constante levaram os pesquisadores a tentar o uso de dois dispositivos – parachute e *swimming flume*. No teste com o parachute, o nadador fica preso a uma espécie de cinto conectado a uma corda, uma série de polias e a contrapesos, devendo nadar contra a tração exercida pelo aparelho, para que mantenha uma posição corporal constante na piscina. O *swimming flume*, ou natação na calha, possibilita ao nadador uma simulação mais próxima das suas braçadas naturais. Ela opera por bombas de propulsão que circulam a água para trás do nadador, que tenta manter a posição do corpo na calha. A circulação promovida pelas bombas pode ser aumentada ou diminuída, com o objetivo de variar a velocidade na qual o nadador deve nadar. O *swimming flume*, que infelizmente é muito caro, resolveu, pelo menos em parte, os problemas com a natação com parachute, tendo criado novas oportunidades de pesquisa neste esporte.

Na escolha de um ergômetro, o conceito de especificidade é particularmente importante em se tratando de atletas com alto nível de treinamento. Quanto mais específico for o ergômetro com relação ao padrão real de movimento utilizado pelo atleta em seu esporte, mais significativos serão os resultados do teste.

Em resumo

> Em geral, as esteiras ergométricas produzem valores de pico mais elevados, em comparação com os demais ergômetros, para praticamente todas as variáveis fisiológicas avaliadas, como frequência cardíaca, ventilação e consumo de oxigênio.

> Os cicloergômetros são os aparelhos mais apropriados para a avaliação de mudanças na função fisiológica submáxima, antes e depois do treinamento em pessoas cujo peso sofreu mudança. Ao contrário do exercício na esteira ergométrica, a intensidade do cicloergômetro em grande parte independe do peso do corpo.

Modelos de estudo

No campo da pesquisa de fisiologia do exercício, há dois tipos básicos de modelos de estudo: transversal e longitudinal. No caso de um **modelo de estudo transversal**, é testada uma secção transversal da população de interesse (i. e, uma amostra representativa) em um momento específico, sendo comparadas as diferenças entre subgrupos dentro dessa população. No caso de um **modelo de estudo longitudinal**, os mesmos participantes da pesquisa são retestados mais vezes, periodicamente, depois do teste inicial, para que sejam mensuradas as mudanças das variáveis de interesse com o passar do tempo.

As diferenças entre essas duas abordagens serão mais bem compreendidas por meio de um exemplo. O objetivo de um estudo é determinar se um programa regular de corridas de longa distância aumenta a concentração de lipoproteína de alta densidade-colesterol (HDL-C) no sangue. HDL-C é a forma desejável de colesterol; concentrações mais altas estão associadas à redução do risco de doença cardíaca. Utilizando a abordagem transversal seria possível, por exemplo, testar grande número de pessoas que se enquadrassem nas seguintes categorias:

- Grupo de voluntários sem treinamento ("grupo de controle").

- Grupo de voluntários correndo 24 km por semana.
- Grupo de voluntários correndo 48 km por semana.
- Grupo de voluntários correndo 72 km por semana.
- Grupo de voluntários correndo 96 km por semana.

Em seguida, os resultados de cada grupo poderiam ser comparados, baseando as conclusões na quantidade de corrida efetuada. Utilizando essa abordagem, os cientistas do exercício verificaram que corridas semanais resultam em níveis elevados de HDL-C, sugerindo benefício positivo para a saúde com relação à distância corrida. Além disso, conforme ilustrado na Figura 14, ficou estabelecida uma **relação de dose-resposta** entre essas variáveis – quanto mais alta a "dose" de treinamento físico, mais alta a concentração de HDL-C resultante. Mas é importante lembrar que, no modelo de pesquisa transversal, esses são grupos diferentes de corredores, e não os mesmos corredores em diferentes volumes de treinamento.

Utilizando a abordagem longitudinal para testar a mesma questão, seria possível planejar um estudo em que pessoas não treinadas seriam recrutadas para participar em um programa de corrida de longa distância durante 12 meses. Por exemplo, 40 pessoas que desejam começar a correr poderiam ser recrutadas, e, de forma aleatória, 20 delas seriam designadas para o grupo de treinamento e as 20 restantes para o **grupo de controle**. Os dois grupos seriam acompanhados durante 12 meses. Amostras de sangue seriam testadas no início do estudo e depois a intervalos de três meses, com a coleta terminando após 12 meses, ao término do programa. Com esse modelo, o grupo de corredores e o grupo de controle seriam acompanhados ao longo de todo o período do estudo, e mudanças nos HDL-C dos voluntários poderiam ser determinadas ao longo de cada período. Estudos foram realizados utilizando esse modelo para estudar mudanças no HDL-C com o treinamento, mas seus resultados não foram tão elucidativos como os resultados dos estudos transversais. Observe a Figura 15 como exemplo. Note que nessa figura, contrastando com a Figura 14, há apenas um pequeno aumento no HDL-C no grupo de treinamento. O grupo de controle permanece relativamente estável, apenas com pequenas flutuações em seu HDL-C de um período de três meses para o período seguinte.

Comumente, o modelo de pesquisa longitudinal é mais adequado para o estudo de mudanças em variáveis ao longo do tempo. São muitos os fatores que podem comprometer os resultados, influenciando os modelos transversais. Exemplificando, pode ocorrer interação de fatores genéticos, de modo que indivíduos que correm longas distâncias são também aqueles que têm níveis elevados de HDL-C. Além disso, diferentes populações poderiam estar seguindo dietas diferentes; em um estudo longitudinal, no entanto, dieta e outras variáveis podem ser controladas mais facilmente. Contudo, as pesquisas longitudinais são muito demoradas, sua realização tem um custo muito alto, além de nem sempre serem possíveis. Assim, as pesquisas transversais podem lançar alguma luz sobre essas questões.

Controles da pesquisa

Quando se realiza uma pesquisa, é importante ter o máximo cuidado possível com o planejamento do estudo

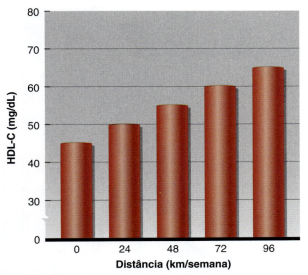

FIGURA 14 Relação entre distância percorrida por semana e concentrações médias de lipoproteína de alta densidade--colesterol (HDL-C) em cinco grupos distintos: controle sem treinamento (0 km/semana), 24 km/semana, 48 km/semana, 72 km/semana e 96 km/semana. Esse gráfico ilustra um modelo de estudo transversal.

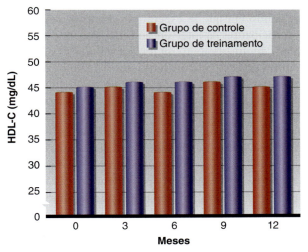

FIGURA 15 Relação entre meses de treinamento de corrida de longa distância e concentrações médias de lipoproteína de alta densidade-colesterol (HDL-C) em um grupo experimental (20 voluntários, treinamento para distância) e um grupo de controle sedentário (20 voluntários). Este gráfico ilustra um modelo de estudo longitudinal.

e a coleta de dados. Na Figura 15, verificou-se que podem ser muito pequenas as mudanças em uma variável com o passar do tempo, resultantes de uma intervenção como o exercício. Ainda assim, mesmo pequenas alterações em uma variável como HDL-C podem significar redução significativa no risco de doença cardíaca. Reconhecendo esse fato, os cientistas projetam estudos que tentam fornecer resultados que sejam tanto precisos como reprodutíveis. Para tanto, os estudos devem ser cuidadosamente controlados.

Controles de pesquisa são aplicados em vários níveis. Começando com o planejamento do projeto de pesquisa, o cientista precisa determinar como controlar as possíveis variações nos indivíduos participantes do estudo. O cientista deve determinar se é importante criar condições de controle para gênero, idade ou porte físico dos voluntários. Usando a idade como exemplo, para certas variáveis a resposta a um programa de treinamento físico pode ser diferente para uma criança ou pessoa idosa, em comparação com um adulto jovem ou de meia-idade. É importante criar um controle para o fumo ou estado nutricional do indivíduo testado? Há necessidade de muita reflexão e discussão para que o cientista tenha certeza de que os voluntários utilizados no estudo são apropriados para a questão específica a ser resolvida pela pesquisa.

Para quase todos os estudos, é importante que haja um grupo de controle. No modelo de pesquisa longitudinal para o estudo do colesterol (descrito anteriormente), o **grupo de controle** funciona como grupo de comparação a fim de garantir que qualquer mudança observada no grupo de corredores será atribuída exclusivamente ao programa de treinamento, e não a qualquer outro fator, como a estação do ano ou o envelhecimento dos voluntários durante o tempo de realização do estudo. Estudos experimentais frequentemente utilizam um **grupo placebo**. Assim, em um estudo em que se espera por algum benefício para os participantes da intervenção proposta – por exemplo, no uso de um alimento ou medicamento específico –, o cientista pode decidir pelo uso de três grupos de voluntários: um grupo de intervenção que recebe o alimento ou medicamento em estudo, um grupo placebo que recebe uma substância inerte que se assemelha bastante à substância real e um grupo de controle que nada recebe. (O último grupo geralmente serve como um "controle de tempo", considerando as alterações induzidas de maneira não experimental que podem ocorrer ao longo do período da pesquisa.) Se os grupos de intervenção e placebo melhorarem seus desempenhos ao mesmo nível, e se o grupo de controle não melhorar o desempenho, então é provável que a melhora seja resultado do "efeito placebo", ou a expectativa de que a substância melhorará o desempenho. Se o grupo de intervenção melhorar o desempenho, e os grupos placebo e controle não melhorarem, pode-se concluir que a intervenção realmente aperfeiçoa o desempenho.

Outro meio de controlar o efeito placebo consiste em realizar um estudo que use um **modelo cruzado**. Nesse caso, cada grupo irá passar por experimentos de tratamento e de controle em diferentes momentos. Por exemplo, administra-se a intervenção em um dos grupos durante a primeira metade do estudo (p. ex., seis meses de um estudo com duração de 12 meses); esse grupo funcionará como controle na segunda metade do estudo. O segundo grupo funciona como controle durante a primeira metade do estudo, recebendo a intervenção durante a segunda metade. Em alguns casos, pode-se usar um placebo na fase de controle do estudo. O Capítulo 16, "Recursos ergogênicos auxiliares no esporte", fornece uma discussão mais aprofundada de grupos placebo.

É igualmente importante controlar a coleta de dados. O equipamento deve estar calibrado de tal modo que o pesquisador esteja tranquilo com relação à precisão dos números gerados por determinada parte do equipamento. Além disso, os procedimentos utilizados na coleta de dados devem

ser padronizados. Exemplificando, ao utilizar uma balança para medir o peso dos voluntários, é preciso calibrá-la pelo uso de um conjunto de pesos calibrados (p. ex., 10 kg, 20 kg, 30 kg e 40 kg) que foram aferidos em uma balança de precisão. Esses pesos são colocados na balança de pesagem a ser utilizada no estudo, individualmente e em combinação, pelo menos uma vez por semana, para que o pesquisador tenha a certeza de que a balança está funcionando com precisão. Como outro exemplo, analisadores eletrônicos utilizados para a mensuração de gases respiratórios devem ser frequentemente calibrados com gases de concentração conhecida, a fim de assegurar a precisão dessas análises.

Finalmente, é importante saber que todos os resultados do teste são reprodutíveis. Considere o exemplo ilustrado na Figura 15: o HDL-C da pessoa é monitorado a cada três meses. Se essa pessoa for testada durante cinco dias seguidos antes do início do programa de treinamento, pode-se esperar que os resultados do HDL-C sejam similares em todos os cinco dias, desde que a dieta, o exercício, o sono e a hora do dia em que o teste foi realizado tenham permanecido idênticos. Na Figura 15, os valores para o grupo de controle ao longo de 12 meses variaram de cerca de 44 para 45 mg/dL, ao passo que o grupo de exercício aumentou de 45 para 47 mg/dL. Ao longo de cinco dias consecutivos, as medidas não deverão variar em mais de 1 mg/dL para qualquer pessoa, caso o pesquisador pretenda captar uma pequena mudança ao longo do tempo. Para o controle da reprodutibilidade dos resultados, em geral os cientistas fazem várias medições, algumas vezes em dias diferentes, e em seguida tiram a média dos resultados antes, durante e no final da intervenção.

Fatores de confusão no estudo do exercício

Muitos fatores podem alterar a resposta aguda do corpo a uma sessão de exercício. Por exemplo, as condições ambientais como a temperatura e a umidade do laboratório e a intensidade de luz e o ruído na área de teste podem afetar de maneira significativa as respostas fisiológicas, tanto em repouso como durante o exercício. Em estudos de pesquisa, até mesmo a hora, quantidade e conteúdo da última refeição do voluntário em teste e a quantidade e a qualidade do seu sono na noite anterior devem ser cuidadosamente controladas.

Para ilustrar esse aspecto, a Tabela 1 mostra como a variação dos fatores ambientais e comportamentais pode alterar a frequência cardíaca em repouso e durante a corrida em uma esteira ergométrica a 14 km/h. A resposta da frequência cardíaca do voluntário durante o exercício diferiu em 25 batimentos por minuto quando a temperatura ambiente foi aumentada de 21 para 35°C. Quase todas as variáveis fisiológicas normalmente avaliadas durante o exercício serão, de forma análoga, influenciadas por flutuações ambientais. Esses fatores devem ser controlados com a maior cautela possível, independentemente de se comparar os resultados de testes de uma pessoa em dias diferentes ou as respostas de dois voluntários diferentes.

TABELA 1 As respostas da frequência cardíaca à corrida diferem sob variações nas condições ambientais e comportamentais

Fatores ambientais e comportamentais	Frequência cardíaca (bpm) Em repouso	Exercício
Temperatura (umidade, 50%)		
21°C	60	165
35°C	70	190
Umidade (21°C)		
50%	60	165
90%	65	175
Nível de ruído (21°C, 50% de umidade)		
Baixo	60	165
Alto	70	165
Ingestão calórica (21°C, 50% de umidade)		
Pequena refeição 3 h antes do exercício	60	165
Grande refeição 30 min antes do exercício	70	175
Sono (21°C, 50% de umidade)		
8 h ou mais	60	165
6 h ou menos	65	175

As respostas fisiológicas em repouso e durante o exercício também variam ao longo do dia. A expressão **variação circadiana** refere-se a flutuações que ocorrem durante um período de 24 horas. Tendo em vista que variáveis como a temperatura corporal e a frequência cardíaca variam naturalmente durante um período de 24 horas, os testes realizados na mesma pessoa pela manhã em um dia e à tarde no dia seguinte darão resultados diferentes. Os tempos dos testes devem ser padronizados para controlar esse efeito circadiano.

Também deve ser levado em consideração pelo menos outro ciclo fisiológico. Frequentemente, o ciclo menstrual normal de 28 dias envolve variações consideráveis em:

- peso corporal;
- água total no corpo e volume de sangue;
- temperatura corporal;
- taxa metabólica; e
- frequência cardíaca e volume sistólico (volume de sangue ejetado pelo coração a cada contração).

Em testes envolvendo mulheres, os cientistas de exercício devem controlar a fase do ciclo menstrual e/ou o uso de anticoncepcionais orais (que similarmente alteram o quadro hormonal). Quando mulheres mais idosas estão sendo testadas, as estratégias de aplicação dos testes devem levar em consideração a menopausa e as terapias de reposição hormonal.

Em resumo, devemos controlar cuidadosamente as condições sob as quais os participantes, tanto em repouso como durante o exercício, são monitorados na pesquisa. Fatores ambientais como temperatura, umidade, altitude e ruído podem afetar a magnitude da resposta de todos os sistemas fisiológicos básicos, da mesma forma que fatores comportamentais, como os padrões de alimentação e de sono. Do mesmo modo, é preciso controlar muito bem as medições fisiológicas para variações circadianas e, no caso das mulheres, de ciclo menstrual.

Unidades e notação científica

Uma série de padrões internacionais para unidades e abreviações (SI, *Le Système International d'Unités*) serve como referência de medida na fisiologia do exercício e do esporte. Neste texto, a conversão de unidades de uso comum (como peso em libras) também é apresentada. Muitas dessas unidades aparecem no verso da capa deste livro, e conversões entre as unidades SI e outras unidades de uso comum são encontradas no verso da contracapa.

Na escrita comum e até mesmo na matemática, a razão entre dois números é tipicamente escrita usando-se uma "barra" (/). Por exemplo, em condições de ar seco a 20°C, a velocidade do som é de 343 m/s. Essa notação funciona bem para frações simples ou razões, e manteremos dessa forma no livro. No entanto, essa notação se torna confusa na presença de várias relações, isto é, mais de duas variáveis. Imaginemos, por exemplo, uma das medidas mais tradicionais da fisiologia do exercício, o consumo máximo de oxigênio de um indivíduo ou a capacidade aeróbia máxima, abreviada como $\dot{V}O_{2max}$. Essa importante medida fisiológica é o volume máximo de oxigênio que um indivíduo pode utilizar durante o exercício aeróbio exaustivo, que pode ser medido em litros por minuto ou L/min. No entanto, pelo fato de uma pessoa grande utilizar mais oxigênio e ainda assim não possuir maior condicionamento aeróbio, o valor é geralmente padronizado pelo peso corporal em quilogramas, isto é, mililitros por quilograma por minuto. Agora a notação se torna um pouco mais complexa e potencialmente mais confusa. Pode-se escrever a unidade como mL/kg/min, mas o que está sendo dividido pelo o quê nessa notação? Lembre-se de que L/min também pode ser escrito como $L \cdot min^{-1}$, assim como a fração de $1/4 = 1 \cdot 4^{-1}$. Para evitar erros e ambiguidade, na fisiologia do exercício usamos a notação exponencial sempre que mais de duas variáveis estão envolvidas. Portanto, mililitros por quilograma por minuto é escrito como $mL \cdot kg^{-1} \cdot min^{-1}$ em vez de mL/kg/min.

Leitura e interpretação de tabelas e gráficos

Este livro contém referências para estudos de pesquisa específicos que tiveram grande impacto no que se conhece sobre fisiologia do esporte e do exercício. Quando os cientistas completam um projeto de pesquisa, apresentam os resultados a uma das muitas revistas técnicas especializadas em fisiologia do exercício e do esporte.

Assim como em outras áreas da ciência, na fisiologia do exercício quase todos os resultados de pesquisas quantitativas são apresentados na forma de tabelas e gráficos. Para os pesquisadores, tabelas e gráficos são um modo eficiente de comunicar os resultados de seus estudos para outros cientistas. Para o estudante de fisiologia do exercício e de fisiologia do esporte, é fundamental um conhecimento prático de como ler e interpretar tabelas e gráficos.

Tabelas são geralmente usadas para informar um grande número de dados, ou dados complexos que são afetados por diversos fatores. Considere a Tabela 1 como exemplo. Primeiramente, é importante atentar para o título da tabela, que indica qual é a informação que está sendo apresentada. Nesse caso, a tabela é elaborada para informar de que forma várias condições afetam a frequência cardíaca, em repouso e durante o exercício. A coluna da esquerda junto com os subtítulos horizontais, como "Umidade (21°C)", especificam as condições sob as quais a frequência cardíaca foi mensurada. As colunas 2 e 3 fornecem os valores médios da frequência cardíaca que correspondem a cada condição – a coluna do meio fornece o valor de repouso, e a coluna mais à direita, o valor em exercício. Em todas as tabelas e gráficos de boa qualidade, as unidades para cada variável estão claramente apresentadas; nessa tabela, a frequência cardíaca está expressa em "bpm", ou batimentos por minuto. Ao interpretar uma tabela ou gráfico, é preciso muita atenção para as unidades de medida utilizadas. Com base nessa tabela – muito simples para padrões científicos –, podemos ver que tanto a frequência cardíaca de repouso como em exercício são aumentadas pela elevação da temperatura ambiente e da umidade, enquanto o nível de ruído afeta somente a frequência cardíaca de repouso. Da mesma forma, consumir uma refeição farta e ter uma noite de sono com menos de 6 h também aumentam a frequência cardíaca. Esses dados não poderiam ter sido mostrados facilmente na forma de gráfico.

Os gráficos podem proporcionar melhor visão das tendências nos dados, padrões de resposta e comparações de dados coletados de dois ou mais grupos de indivíduos. Para alguns estudantes, pode ser mais difícil ler e interpretar um gráfico, mas gráficos são, e continuarão a ser, uma ferramenta importante no entendimento da fisiologia do exercício. Em primeiro lugar, cada gráfico tem um eixo horizontal, ou eixo *x*, para a **variável independente**, e um ou dois eixos verticais, ou eixos *y*, para a **variável ou variáveis dependentes**. Variáveis independentes são aqueles fatores manipulados ou controlados pelo pesquisador, ao passo que variáveis dependentes são os fatores que mudam com – ou seja, dependem das – variáveis independentes.

Na Figura 16, a hora do dia é a variável independente; portanto, deve ser colocada ao longo do eixo *x* do gráfico. A frequência cardíaca é a variável dependente (visto que a frequência cardíaca *depende* da hora do dia); portanto, deve ser lançada no eixo *y*. As unidades de medida para cada variável são claramente mostradas no gráfico. A Figura 16 está na forma de um gráfico linear. Gráficos lineares são úteis para ilustrar padrões ou tendências dos dados, mas devem ser usados apenas para comparar duas variáveis que mudam de maneira contínua (p. ex., ao longo do tempo) e apenas se ambas as variáveis dependentes e independentes forem numéricas.

Em um gráfico linear, se a variável dependente aumentar ou diminuir em uma taxa constante com a variável independente, o resultado será uma linha reta. No entanto, em fisiologia, o padrão de resposta entre variáveis geralmente não é linear, mas sim uma curva de um formato ou de outro. Nesses casos, deve-se prestar muita atenção ao comportamento em várias partes da curva à medida que ela muda ao longo do gráfico. Por exemplo, a Figura 17 mostra a concentração de lactato no sangue quando as pessoas caminham/correm em uma esteira ergométrica em velocidades crescentes. Em velocidades mais baixas (de 4 a 8 km/h), o lactato aumenta muito pouco. No entanto, por volta de 8,5 km/h, um limiar é atingido, a partir do qual o lactato aumenta de forma mais drástica. Em muitas respostas fisiológicas, tanto o limiar (início da resposta) como a inclinação da resposta acima do limiar são importantes.

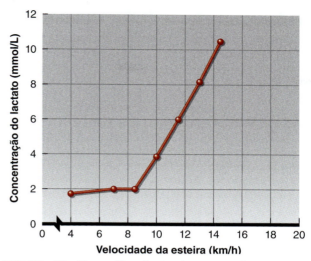

FIGURA 17 Um gráfico linear demonstrando a natureza não linear de muitas respostas fisiológicas. Este gráfico demonstra que, acima de um limiar (início da resposta) de aproximadamente 8,5 km/h, a inclinação da resposta do lactato aumenta acentuadamente.

Dados também podem ser organizados no formato de gráficos de barra. Esses gráficos são comumente usados quando somente a variável dependente é um número, e a variável independente é uma categoria. Gráficos de barra geralmente demonstram efeitos de tratamento, como na Figura 14, a qual foi previamente discutida. A Figura 14 demonstra o efeito da distância percorrida por semana de corrida (uma categoria) sobre o HDL-C (uma resposta numérica) no formato de gráfico de barra.

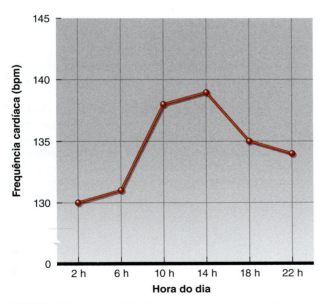

FIGURA 16 Este gráfico linear demonstra a relação entre hora do dia (no eixo *x*, variável independente) e a frequência cardíaca durante exercício de baixa intensidade (no eixo *y*, variável dependente) que foi medida naquela hora do dia sem alterações na intensidade do exercício.

Em resumo

> - Os fisiologistas do exercício fazem uso tanto de modelos de pesquisa transversais (quando encontram diferenças entre grupos em um ponto no tempo) como de modelos longitudinais (por meio de retestes dos mesmos voluntários em diferentes pontos cronológicos).
> - Para todos os estudos de pesquisa confiáveis, é fundamental a existência de um grupo de controle, bem como de um grupo experimental. Frequentemente o grupo de controle envolve um tratamento por placebo, em lugar da ausência de tratamento.
> - Os fisiologistas do exercício utilizam as unidades de medida e abreviaturas do SI.

EM SÍNTESE

Nesta introdução, foram apresentados as raízes históricas e os fundamentos da fisiologia do exercício e do esporte. Aprendeu-se que o atual estado de conhecimento nesses campos é decorrência direta do passado, sendo apenas uma ponte para o futuro, pois muitas dúvidas ainda aguardam esclarecimento. Abordagens e técnicas novas e empolgantes estão sendo desenvolvidas continuamente. Embora as abordagens reducionistas (p. ex., genômica) venham crescendo em popularidade, a possibilidade de integrar esses achados em uma perspectiva sistêmica e voltada para o corpo como um todo jamais sairá de moda. A fisiologia do esporte e do exercício é parte importante da fisiologia integrativa e translacional. Foram definidas de forma sucinta as respostas agudas a sessões de exercício e adaptações crônicas ao treinamento prolongado. Na conclusão, foi apresentado um resumo dos princípios aplicados na pesquisa da fisiologia do exercício e da fisiologia do esporte, bem como uma introdução à interpretação de gráficos, alguma terminologia importante, e as unidades SI e sua notação.

A Parte I examinará a atividade física do ponto de vista da fisiologia do exercício, explorando os aspectos essenciais do movimento. No capítulo a seguir, serão analisadas a estrutura e o funcionamento do músculo esquelético, como esse tecido produz movimento e como ele responde durante o exercício.

PALAVRAS-CHAVE

adaptação crônica
bioinformática
cicloergômetro
efeitos do treinamento
epigenética
ergômetro
esteira ergométrica
exercício agudo
fenótipo

fisiologia
fisiologia ambiental
fisiologia do esporte
fisiologia do exercício
fisiologia integrativa
fisiologia translacional
genômica
genótipo
grupo de controle

grupo placebo
homeostase
modelo cruzado
modelo de estudo longitudinal
modelo de estudo transversal
relação de dose-resposta
variação circadiana
variável dependente
variável independente

QUESTÕES PARA ESTUDO

1. O que é fisiologia do exercício? Quais as diferenças em relação à fisiologia do esporte?
2. Dê um exemplo do que se entende por "estudo das respostas agudas a uma única sessão de exercício".
3. Descreva o que se entende por "estudo das adaptações crônicas ao treinamento físico".
4. Descreva a evolução da fisiologia do exercício a partir dos primeiros estudos de anatomia. Quais foram as personalidades fundamentais no desenvolvimento desse campo?
5. Descreva a fundação e as áreas essenciais de pesquisa enfatizadas pelo Harvard Fatigue Laboratory. Quem foi o primeiro diretor de pesquisas desse laboratório?
6. Cite o nome dos três fisiologistas escandinavos que trabalharam como pesquisadores no Harvard Fatigue Laboratory.
7. O que é um ergômetro? Cite os dois ergômetros mais utilizados e explique suas vantagens e desvantagens.
8. Quais fatores os pesquisadores devem considerar ao elaborar uma pesquisa para garantir que se obtenham resultados precisos e reprodutíveis?
9. O que é fisiologia translacional?
10. Defina os termos a seguir e discuta sua relevância para a fisiologia do exercício: genômica, epigenética, bioinformática, genótipo e fenótipo.
11. Liste algumas condições ambientais que podem afetar as respostas de um indivíduo a uma sessão aguda de exercício.
12. Quais são as vantagens e as desvantagens de um modelo de estudo transversal *versus* um modelo de estudo longitudinal?
13. Quando os dados devem ser representados como um gráfico de barra em vez de um gráfico linear? Para que serve o gráfico linear?

PARTE I
O músculo em exercício

Na introdução, foram explorados os fundamentos da fisiologia do esporte e do exercício. Além disso, buscou-se uma definição desses campos de estudo, ao mesmo tempo que se contemplava uma perspectiva histórica de seu desenvolvimento, com observância das tendências atuais e também do futuro da fisiologia do exercício e se estabeleciam alguns conceitos básicos que ficam subjacentes ao longo de todo este livro. Também foram examinadas as ferramentas e os métodos de pesquisa usados por fisiologistas do exercício, juntamente com algumas sugestões sobre como interpretar gráficos e a notação científica. Com esse alicerce, é possível agora dar início ao nosso principal objetivo – uma busca pela compreensão de como o corpo humano realiza e se adapta à atividade física e ao exercício. Pelo fato de o músculo ser a base para o movimento, a jornada se inicia no Capítulo 1, "Estrutura e funcionamento do músculo em exercício", cujo foco é o músculo esquelético, examinando-se a estrutura e o funcionamento dos músculos e das fibras musculares esqueléticas e como estes se contraem. O leitor poderá aprender as diferenças entre os tipos de fibras musculares e por que elas são importantes para tipos específicos de atividade. Considerando que os movimentos dependem de energia, no Capítulo 2, "Combustível para o exercício: bioenergética e metabolismo muscular", estudaremos os princípios básicos do metabolismo, com enfoque na fonte de energia utilizável, o trifosfato de adenosina (ATP), e como essa substância é fornecida pelos alimentos que ingerimos por meio dos três sistemas de geração de energia. No Capítulo 3, "Controle neural do músculo em exercício", será discutido como o sistema nervoso inicia e controla as ações musculares. O Capítulo 4, "Controle hormonal durante o exercício", apresenta uma visão geral do complexo sistema endócrino, e, em seguida, enfatiza o controle hormonal do metabolismo energético e a regulação do balanço hidroeletrolítico durante o exercício, e a ingestão de calorias. Por fim, no Capítulo 5, "Gasto energético, fadiga e dor muscular", o leitor poderá aprender como o gasto energético do corpo varia, desde as condições de repouso até intensidades variáveis de exercício, as várias causas da fadiga que limita o desempenho físico e as causas das cãibras e da sensação de dor.

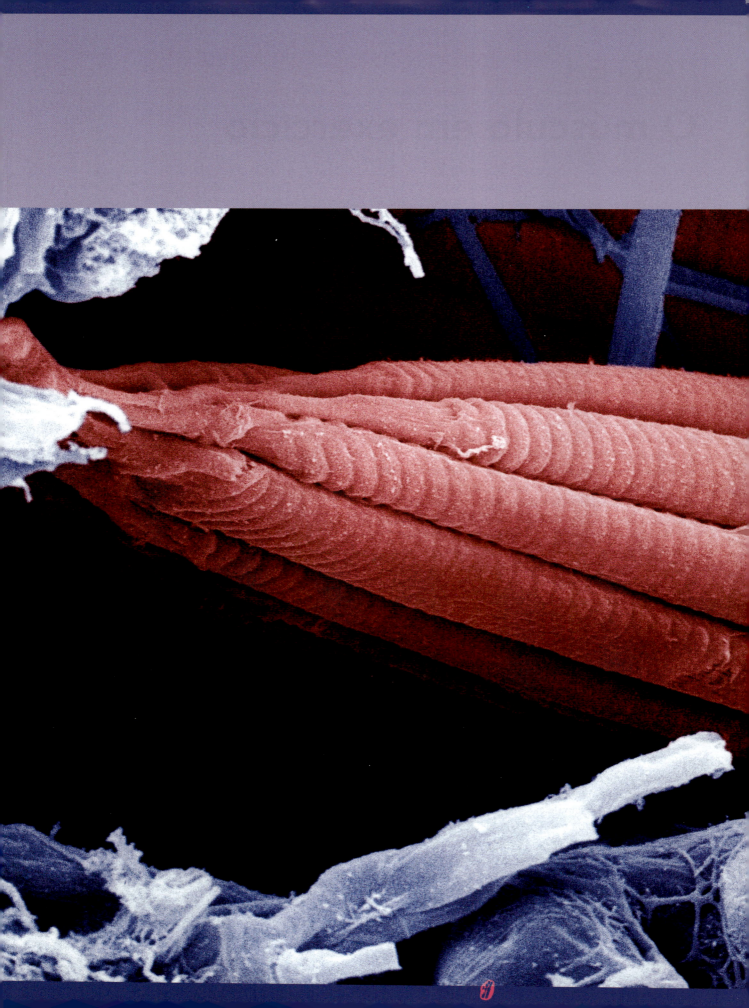

1 Estrutura e funcionamento do músculo em exercício

Anatomia do músculo esquelético   31

Fibras musculares   31
Miofibrilas   33

Contração da fibra muscular   37

Acoplamento excitação-contração   38
Papel do cálcio na fibra muscular   38
Teoria dos filamentos deslizantes: como o músculo cria movimento   39
Energia para contração muscular   40
Relaxamento muscular   40

Tipos de fibras musculares   40

Características das fibras dos tipos I e II   42
Distribuição dos tipos de fibras   44
Tipo de fibras e exercícios   44
Determinação do tipo de fibra   45

Músculo esquelético e exercício   46

Recrutamento de fibras musculares   46
Tipo de fibra e desempenho esportivo   47
Contração muscular   48

Em síntese   53

ANIMAÇÃO PARA A FIGURA 1.8 Analisa o acoplamento excitação-contração.
ANIMAÇÃO PARA A FIGURA 1.9 Mostra a função de um sarcômero durante a contração muscular.
ANIMAÇÃO PARA A FIGURA 1.10 Mostra as etapas do ciclo contrátil em um sarcômero.

Liam Hoekstra possui biótipo e atributos físicos semelhantes a muitos atletas profissionais: músculos abdominais bem definidos, força suficiente para realizar tarefas como fazer uma cruz de ferro e abdominais inversos, com impressionante velocidade e agilidade. Nada mal quando consideramos o fato de que Liam podia fazer tudo isso quando tinha apenas 19 meses de idade e pesava 10 kg. Liam sofre de uma condição genética rara chamada hipertrofia muscular relacionada à miostatina, uma condição que foi descrita pela primeira vez no final da década de 1990 em uma raça bovina com musculatura anormal. A miostatina é uma proteína que inibe o crescimento do músculo esquelético; a hipertrofia muscular relacionada à miostatina é uma mutação genética que bloqueia a produção desse fator inibidor do crescimento e, assim, promove o rápido crescimento e desenvolvimento dos músculos esqueléticos.

A condição de Liam é extremamente rara em humanos; há pouco mais de 100 casos documentados no mundo inteiro. No entanto, o estudo desse fenômeno genético tem ajudado os cientistas a revelar os segredos de como os músculos esqueléticos crescem e se deterioram. Pesquisas sobre a condição de Liam poderiam levar a novos tratamentos para doenças musculares debilitantes, como a distrofia muscular. Por outro lado, tais pesquisas poderiam dar ensejo a uma nova modalidade de abuso por parte dos atletas que buscam de várias maneiras desenvolver volume e força muscular, semelhante ao uso ilícito e perigoso dos esteroides anabólicos.

Quando o coração de uma pessoa bate, ou uma refeição que ela acabou de consumir começa seu trajeto pelos intestinos ou, ainda, quando essa pessoa movimenta qualquer parte de seu corpo, há envolvimento muscular. As muitas e variadas funções do sistema muscular são desempenhadas por três tipos distintos de músculos (ver Fig. 1.1): liso, cardíaco e esquelético.

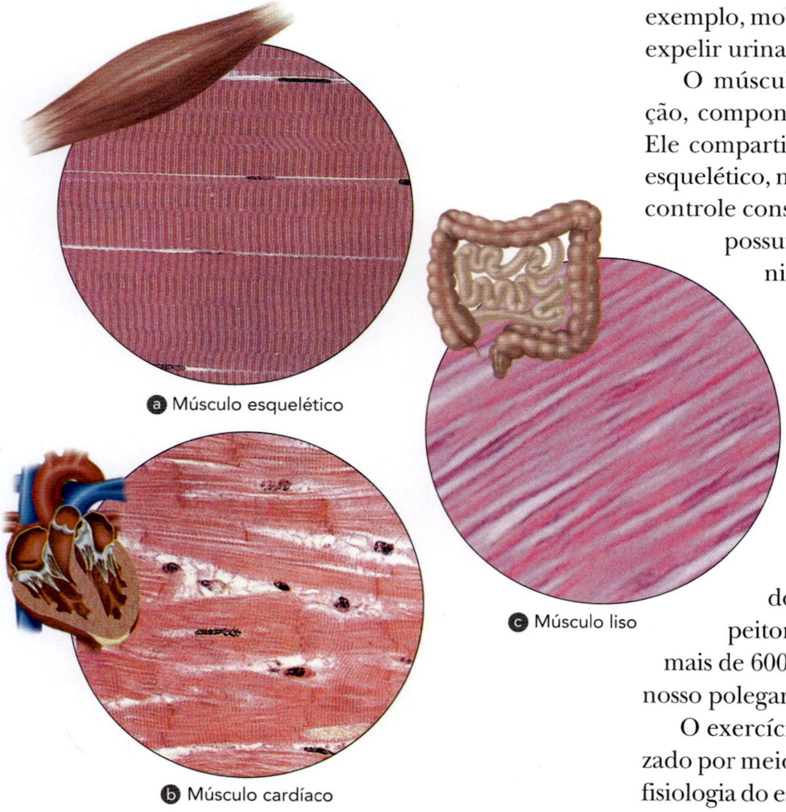

FIGURA 1.1 Fotografias microscópicas dos três tipos de músculos: (a) esquelético, (b) cardíaco e (c) liso.

O músculo liso também é chamado de músculo involuntário, porque não se encontra diretamente sob o controle consciente, sendo encontrado nas paredes da maioria dos vasos sanguíneos, onde sua contração ou relaxamento resulta em constrição ou dilatação dos vasos, respectivamente, para a regulação do fluxo sanguíneo. O músculo liso é também encontrado nas paredes da maioria dos órgãos internos, permitindo-os contrair e relaxar, para, por exemplo, mobilizar o alimento ao longo do trato digestivo, expelir urina ou permitir o nascimento de uma criança.

O músculo cardíaco é encontrado apenas no coração, compondo a maior parte da estrutura desse órgão. Ele compartilha algumas das características do músculo esquelético, mas, como o músculo liso, não se encontra sob controle consciente. Essencialmente, o músculo cardíaco possui autocontrole, contando com alguma "sintonia fina" dos sistemas nervoso e endócrino. O músculo cardíaco será discutido com maior profundidade no Capítulo 6.

Os músculos esqueléticos podem ser controlados conscientemente e são assim chamados porque a maioria deles se fixa ao esqueleto para movimentá-lo. Juntamente com os ossos do esqueleto, constituem o **sistema musculoesquelético**. Os nomes de muitos desses músculos tornaram-se parte do vocabulário do dia a dia – como deltoide, peitorais e bíceps –, mas o corpo humano contém mais de 600 músculos esqueléticos. Como exemplo, só o nosso polegar é controlado por nove músculos distintos.

O exercício exige o movimento do corpo, que é realizado por meio da ação dos músculos esqueléticos. Como a fisiologia do esporte e do exercício depende do movimento humano, o enfoque principal neste capítulo recairá na estrutura e no funcionamento dos músculos esqueléticos. Embora as estruturas anatômicas e o controle dos músculos liso, cardíaco e esquelético difiram em muitos aspectos, seus princípios de ação – por exemplo, criação de tensão, encurtamento e alongamento – são similares.

Anatomia do músculo esquelético

Quando se pensa em músculos, é possível visualizá-los como um todo, ou seja, como uma unidade isolada. Isso é natural porque, mais frequentemente, um músculo esquelético atua como uma entidade isolada. Contudo, os músculos esqueléticos são muito mais complexos do que essa perspectiva deixa entrever.

Se um indivíduo tiver que dissecar um músculo, ele deverá cortar primeiramente o revestimento de tecido conjuntivo externo, conhecido como **epimísio** (ver Fig. 1.2). O epimísio circunda o músculo inteiro, tendo a função de mantê-lo unido e lhe dar forma. Tão logo esse revestimento tenha sido seccionado, poderão ser observados pequenos feixes de fibras envoltas em uma bainha de tecido conjuntivo. Esses feixes são denominados fascículos. A bainha de tecido conjuntivo que envolve cada **fascículo** é o **perimísio**.

Por fim, quando o perimísio é seccionado, será possível visualizar, com a utilização de um microscópio, as **fibras musculares**, que são células musculares individuais. Diferentemente da maioria das células do corpo, as quais possuem um único núcleo, as células musculares são multinucleadas. Uma bainha de tecido conjuntivo, denominada **endomísio**, também reveste cada fibra muscular. Geralmente, pensa-se que as fibras musculares se estendem de uma extremidade à outra do músculo, mas, pela observação ao microscópio, os ventres musculares (a parte medial espessa dos músculos) geralmente se dividem em compartimentos ou bandas fibrosas mais transversas (as inscrições).

Por causa dessa compartimentalização, as fibras musculares humanas mais longas medem cerca de 12 cm, o que corresponde a cerca de 500 mil sarcômeros, a unidade funcional básica da miofibrila. O número de fibras nos diferentes músculos varia entre algumas centenas (p. ex., músculo tensor do tímpano, ligado a essa estrutura) até mais de 1 milhão (p. ex., músculo gastrocnêmio medial).[12]

Fibras musculares

Quanto ao diâmetro, as fibras musculares variam entre 10 e 120 μm e, portanto, são praticamente invisíveis a olho nu. As seções seguintes irão descrever a estrutura da fibra muscular individual.

Plasmalema

Quando se observa cuidadosamente uma fibra muscular isolada, pode-se verificar que ela é circundada por

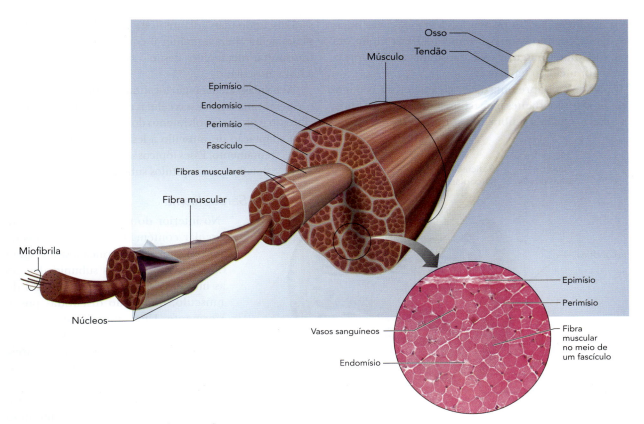

FIGURA 1.2 Estrutura básica do músculo.

PERSPECTIVA DE PESQUISA 1.1
Alterações no músculo depois de apenas seis semanas de treinamento

As características arquitetônicas de um músculo, como espessura, ângulo de penação (o ângulo no qual as fibras estão orientadas no interior do músculo) e comprimento dos fascículos, contribuem para sua capacidade de produzir força. Em muitos músculos já foram demonstradas alterações nas características estruturais em resposta a estímulos mecânicos, como o treinamento físico por longos períodos. Compreender como – e com que rapidez – a arquitetura muscular se adapta ao treinamento físico é importante para as pessoas envolvidas em atividades físicas recreativas que iniciam um programa de treinamento, bem como para os atletas ao se prepararem para a competição.

Recentemente, um grupo de pesquisadores utilizou imagens de ultrassom para examinar as adaptações arquitetônicas do bíceps femoral em um grupo de homens jovens antes e após 6 semanas de treinamento de força, tanto concêntrico como excêntrico.[17] O treinamento de força excêntrico aumentou o comprimento dos fascículos musculares e reduziu o ângulo de penação (ou seja, os fascículos ficaram mais bem alinhados com a direção do músculo). Por outro lado, o treinamento de força concêntrico reduziu o comprimento dos fascículos e aumentou o ângulo de penação (ou seja, os fascículos apresentavam uma angulação em maior afastamento da direção do músculo como um todo). Após quatro semanas de destreinamento, foi observada reversão nas alterações induzidas pelo treinamento excêntrico, mas as adaptações em resposta ao treinamento concêntrico foram mantidas. Assim, o treinamento de resistência em curto prazo pode causar adaptações estruturais no bíceps altamente específicas para o modo de treinamento. A compreensão das alterações arquitetônicas que ocorrem em resposta ao treinamento é importante para a prevenção de lesões e também na formulação de programas de reabilitação adequados.

uma membrana plasmática denominada **plasmalema** (Fig. 1.3). O plasmalema faz parte de uma unidade maior, conhecida como **sarcolema**. O sarcolema é composto de plasmalema e membrana basal. (Alguns livros utilizam a palavra *sarcolema* para descrever apenas o plasmalema.[12]) Na extremidade de cada fibra muscular, seu plasmalema se funde com o tendão, que se insere no osso. Os tendões são constituídos de cordões fibrosos de tecido conjuntivo que transmitem para os ossos a força gerada pelas fibras musculares, criando assim o movimento. Desse modo, em geral, cada fibra muscular está, em última análise, presa ao osso por meio do tendão.

O plasmalema apresenta diversas características singulares que são importantes para o funcionamento das fibras musculares. Quando a fibra está contraída ou em estado de repouso, essa estrutura tem o aspecto de uma série de pregas rasas ao longo da superfície da fibra, mas, quando o músculo está alongado, essas pregas desaparecem. Esse dobramento permite o alongamento da fibra muscular sem que ocorra ruptura do plasmalema. O plasmalema exibe também pregas juncionais na zona de inervação na placa terminal motora, que auxilia na transmissão do potencial de ação do motoneurônio para a fibra muscular, conforme será discutido mais adiante neste capítulo. Finalmente, o plasmalema ajuda a manter o equilíbrio acidobásico e a transportar metabólitos desde o sangue nos capilares até a fibra muscular.[12]

As **células-satélite** estão localizadas entre o plasmalema e a membrana basal. Essas células estão envolvidas no crescimento e no desenvolvimento dos músculos esqueléticos e na adaptação do músculo à lesão, à imobilização e ao treinamento. Esses tópicos serão discutidos em mais detalhes nos capítulos subsequentes.

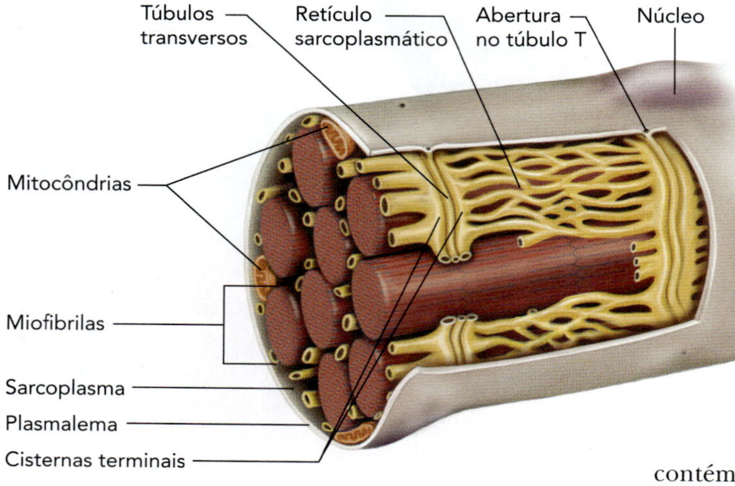

Sarcoplasma

No interior do plasmalema, uma fibra muscular contém subunidades sucessivamente menores, conforme mostra a Figura 1.3. As maiores dessas subunidades são as miofibrilas, o elemento contrátil do músculo, que serão discutidas posteriormente. Uma substância gelatinosa preenche os espaços no interior e entre as miofibrilas. Essa substância é o **sarcoplasma**, que é a parte líquida das fibras musculares – seu citoplasma. O sarcoplasma contém principalmente proteínas dissolvidas, minerais, glicogênio, gorduras e as organelas necessárias, diferindo do citoplasma da maioria das células por conter uma

FIGURA 1.3 Estrutura de uma fibra muscular isolada.

grande quantidade de glicogênio armazenado, bem como mioglobina, um composto ligante de oxigênio bastante semelhante em estrutura e em função à hemoglobina encontrada nos eritrócitos.

Túbulos transversos   O sarcoplasma também abriga uma extensa rede de **túbulos transversos (túbulos T)**, extensões do plasmalema que atravessam lateralmente a fibra muscular. Esses túbulos estão interconectados ao passarem entre as miofibrilas, permitindo que os impulsos nervosos recebidos pelo plasmalema sejam rapidamente transmitidos a cada miofibrila. Os túbulos também proporcionam caminhos desde a parte externa da fibra até seu interior, permitindo que substâncias penetrem na célula e que resíduos saiam.

Retículo sarcoplasmático   Há, no interior da fibra muscular, uma rede longitudinal de túbulos, conhecida como **retículo sarcoplasmático (RS)**. Esses canais membranosos avançam paralelamente às miofibrilas, enrolando-se em torno dessas estruturas. O RS funciona como um local de armazenamento para o cálcio, que é essencial para a contração muscular. A Figura 1.3 ilustra os túbulos T e o RS. Mais adiante neste capítulo suas funções serão discutidas com maior profundidade, ao ser descrito o processo da contração muscular.

Miofibrilas

Cada fibra muscular contém de várias centenas a milhares de **miofibrilas**. Essas pequenas fibras são compostas por elementos contráteis básicos do músculo esquelético – os sarcômeros. Vistas em microscópio eletrônico, as miofibrilas aparecem como longas tiras de sarcômeros.

Sarcômeros

Ao microscópio óptico, as fibras do músculo esquelético exibem um aspecto nitidamente listrado. Por causa dessas marcas, ou estriações, o músculo esquelético é também denominado músculo estriado. Essas estriações também são observadas no músculo cardíaco, que, portanto, também pode ser considerado como um músculo estriado.

A Figura 1.4 ilustra miofibrilas no interior de uma fibra muscular isolada, na qual podem ser observadas as estriações. É possível notar que com as regiões escuras, conhecidas como bandas A, alternam-se regiões claras, conhecidas como bandas I. Cada banda A escura apresenta uma região mais clara em seu centro, a zona H, que é visível apenas quando a miofibrila está relaxada. Existe uma linha escura no meio da zona H, denominada linha M. As bandas I claras são interrompidas por uma listra escura conhecida como disco Z ou também linha Z.

FIGURA 1.4   Micrografia eletrônica das miofibrilas em uma fibra muscular, em que se pode observar a presença de mitocôndrias (verdes) entre as miofibrilas.

O **sarcômero** é a unidade funcional básica da miofibrila e também a unidade contrátil básica do músculo. Cada miofibrila é composta de numerosos sarcômeros unidos pelas extremidades nos discos Z. Cada sarcômero consiste em vários elementos existentes entre cada par de discos Z, nesta sequência:

- uma banda I (zona clara);
- uma banda A (zona escura);
- uma zona H (no meio da banda A);
- uma linha M no meio da zona H;
- o restante da banda A;
- uma segunda banda I.

Quando se observa uma miofibrila isolada por meio de um microscópio eletrônico, é possível diferenciar dois tipos de pequenos filamentos de proteína que são responsáveis pela contração muscular. Os filamentos mais finos são compostos de **actina**, e os filamentos mais grossos são constituídos basicamente de **miosina**. As estriações observadas nas fibras musculares são resultantes do alinhamento desses filamentos, conforme ilustrado na Figura 1.4. A banda I clara indica a região do sarcômero em que existem apenas filamentos finos. A banda A escura representa as regiões que contêm tanto filamentos espessos como finos. A zona H é a parte central da banda A e apenas filamentos grossos ocupam essa área. A ausência de filamentos finos faz com que a zona H pareça mais clara que a banda A adjacente. No centro da zona H encontra-se a linha M, que é composta de proteínas cuja função é servir como um local de fixação para os filamentos grossos; além disso, essas proteínas ajudam na estabilização da estrutura do sarcômero. Os discos Z, compostos de proteínas, localizam-se em cada extremidade do sarcômero. Em conjunto com mais duas proteínas, a titina e a nebulina, os discos Z oferecem pontos de inserção e estabilidade para os filamentos finos.

> **Em resumo**
> - A célula muscular individual é chamada de fibra muscular.
> - A fibra muscular possui uma membrana celular e as mesmas organelas – mitocôndrias, lisossomos etc. – existentes nos outros tipos de células, mas a fibra é multinucleada.
> - A fibra muscular é envolvida por uma membrana plasmática denominada plasmalema.
> - O citoplasma de uma fibra muscular é chamado de sarcoplasma
> - A extensa rede tubular encontrada no sarcoplasma consiste em túbulos T, que permitem a comunicação e o transporte de substâncias por toda a fibra muscular e em RS, que armazena cálcio.
> - O sarcômero é a menor unidade funcional do músculo.

Filamentos grossos

Cerca de dois terços de toda a proteína existente no músculo esquelético consiste em miosina, a principal proteína do filamento grosso. Geralmente, cada filamento é formado por cerca de 200 moléculas de miosina.

Cada molécula de miosina é composta de dois filamentos de proteína entrelaçados (ver Fig. 1.5). Uma extremidade de cada cordão está dobrada de modo a formar uma cabeça globular, denominada cabeça de miosina. Cada filamento grosso contém muitas dessas cabeças, que se salientam desde o filamento grosso para formar pontes cruzadas que interagem durante a contração muscular com locais ativos especializados existentes nos filamentos finos. Há uma série de filamentos finos, compostos de **titina**, que estabilizam os filamentos de miosina ao longo de seu eixo longitudinal (ver Fig. 1.5). Os filamentos de titina se estendem desde o disco Z até a linha M.

Filamentos finos

Embora com frequência identificado simplesmente como filamento de actina, cada filamento fino é, na verdade, composto de três moléculas de proteínas diferentes – actina, **tropomiosina** e **troponina**. Cada filamento fino possui uma extremidade inserida em um disco Z; a outra extremidade se estende em direção ao centro do sarcômero, situando-se no espaço entre os filamentos grossos. A **nebulina**, uma "proteína de ancoragem" para a actina, está posicionada em coextensão com a actina e aparentemente desempenha um papel de regulação na mediação das interações entre a actina e a miosina (Fig. 1.5). Cada filamento fino contém sítios ativos, aos quais as cabeças de miosina podem se ligar.

A actina forma a "espinha dorsal" do filamento. Individualmente, as moléculas de actina são proteínas globulares (actina G) e, unidas, formam filamentos de moléculas dessa proteína. Então, dois filamentos se entrelaçam em um padrão helicoidal, de forma muito parecida com duas fileiras de pérolas entrelaçadas.

A tropomiosina é uma proteína de forma tubular que se torce em volta dos filamentos de actina. A troponina é uma proteína mais complexa que está fixada, em intervalos regulares, tanto aos filamentos de actina como à tropomiosina. Essa disposição está ilustrada na Figura 1.5. A tropomiosina e a troponina trabalham em conjunto de maneira complexa, juntamente com íons cálcio, para que o relaxamento seja mantido ou a contração da miofibrila iniciada; ainda neste capítulo, esse aspecto será discutido.

Titina: o terceiro miofilamento

Desconhecia-se a existência da titina até o final da década de 1970; assim, essa proteína ainda não tinha sido identificada ao ser proposta a teoria dos filamentos deslizantes para a contração muscular. Essa teoria descreve adequadamente a maioria das funções do músculo durante suas contrações de encurtamento (concêntricas) e de comprimento constante (isométricas). No entanto, a tradicional teoria das pontes cruzadas não explica por que os músculos se comportam como se possuíssem uma mola interna – ou seja, os músculos geram maior força quando alongados (contrações excêntricas), por meio de um mecanismo conhecido como "intensificação da força

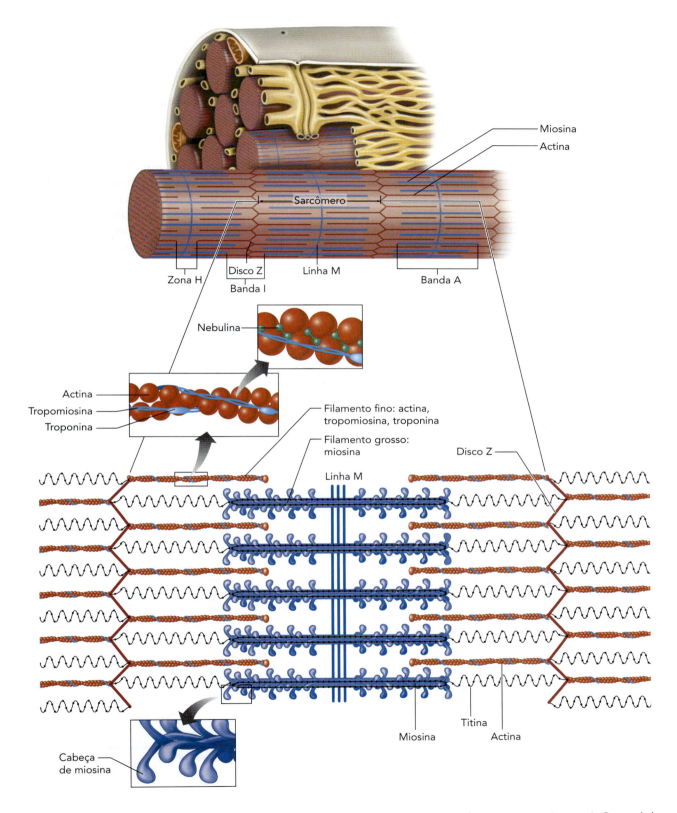

FIGURA 1.5 O sarcômero contém um arranjo especializado de filamentos de actina (finos) e miosina (grossos). O papel da titina consiste em posicionar o filamento de miosina para que seja mantido um espaçamento igual entre os filamentos de actina. A nebulina é frequentemente identificada como "proteína de ancoragem" porque proporciona uma estrutura que ajuda a estabilizar a posição da actina.

passiva".[9] Pesquisas recentemente publicaram determinaram que a rigidez da titina aumenta com a ativação do músculo e com a geração de força – a proteína atua como uma mola no músculo ativo.[9,14,18]

A titina se estende desde o disco Z até a linha M no sarcômero (Fig. 1.5). Essa proteína se prende ao filamento de miosina na região da banda A, mas se prolonga livremente na região da banda I, onde funciona como uma mola. Há décadas sabe-se que a titina desempenha funções estruturais, por exemplo, mantendo a miosina alinhada durante a contração e estabilizando os sarcômeros adjacentes (Fig. 1.6). No entanto, atualmente se sabe que, quando os músculos esqueléticos são ativados pela liberação de íons cálcio (Ca^{2+}), uma parte do cálcio se liga à titina, o que altera sua rigidez. Isso ajuda a explicar por que a capacidade do músculo de gerar mais força ao ser alongado não é decorrente da tradicional teoria das pontes cruzadas de actina-miosina.

Por outro lado, mais recentemente – quando a titina foi incluída nos modelos tridimensionais do sarcômero como um terceiro filamento –, ficou claro que os filamentos não deslizam simplesmente, mas que, na verdade, se entrelaçam com cada interação de ponte cruzada. Essa percepção levou à formulação de uma nova teoria, denominada "teoria do enrolamento dos filamentos", que explica mais adequadamente como a titina contribui para a força gerada pelos sarcômeros musculares em diferentes comprimentos.[15] Nessa teoria atualizada, a titina é ativada pelo influxo dos íons cálcio e, em seguida, se "enrola" em torno dos filamentos finos, promovendo sua rotação no processo.

Esse papel recentemente proposto para a titina na regulação da força contrátil do músculo esquelético ajuda a explicar o grande incremento na força, observado quando os músculos são ativamente alongados. Ou seja, a titina vem sendo cada vez mais reconhecida como um terceiro miofilamento, ativamente envolvido na regulação da geração de força pelo músculo esquelético. Entre suas funções, podem ser citadas (1) a estabilização de sarcômeros e a centralização dos filamentos de miosina no meio do sarcômero, (2) a promoção de maior força quando os músculos são alongados, e (3) a prevenção do alongamento excessivo e de dano ao sarcômero, por opor resistência ao alongamento ativo.[9]

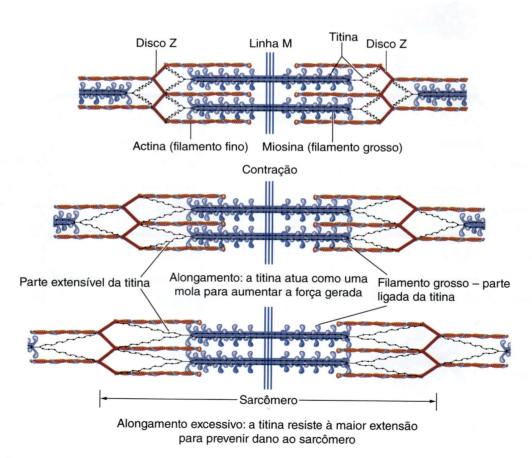

FIGURA 1.6 Mecanismo que demonstra o funcionamento da molécula de titina durante a contração do músculo. A titina funciona como uma mola, aumentando a força gerada; além disso, opõe resistência ao alongamento excessivo para prevenir dano ao sarcômero.

Estrutura e funcionamento do músculo em exercício 37

> **Em resumo**
> - As miofibrilas são compostas de sarcômeros, as unidades contráteis básicas de um músculo.
> - O sarcômero é composto de filamentos com dois diâmetros diferentes – os filamentos finos e os grossos – que são responsáveis pela contração do músculo.
> - A miosina, a principal proteína do filamento grosso, é composta de dois cordões de proteína, e cada qual exibe uma das extremidades dobrada formando uma cabeça globular.
> - O filamento fino é composto de actina, tropomiosina e troponina. Uma extremidade de cada filamento fino está fixada a um disco Z.
> - Um terceiro microfilamento, a titina, ajuda a estabilizar os sarcômeros, proporciona aumento na força quando os músculos estão alongados e evita um alongamento excessivo e lesão ao sarcômero.

Contração da fibra muscular

O início da contração de um músculo esquelético ocorre em resposta a um sinal proveniente do sistema nervoso. O **motoneurônio alfa** é uma célula nervosa que pode se conectar a muitas fibras musculares (inervando-as). Um único motoneurônio alfa e todas as fibras musculares por ele inervadas são coletivamente denominados **unidade motora** (ver Fig. 1.7). A sinapse ou lacuna entre

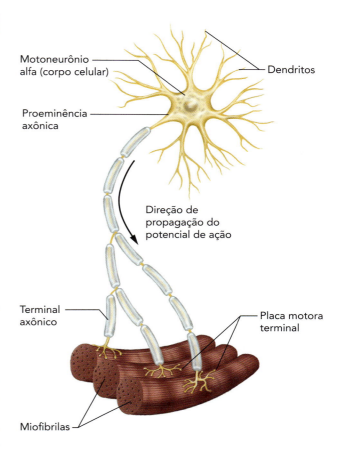

FIGURA 1.7 Uma unidade motora é formada por um motoneurônio alfa e pelas fibras musculares por ele inervadas.

Perspectiva de pesquisa 1.2
Fascículos musculares encurvados

Com frequência os fascículos musculares são desenhados como uma linha reta para facilitar a ilustração. No passado, as mensurações experimentais das características dos fascículos musculares tomavam por base a noção de que os fascículos musculares eram retilíneos. Mas, na verdade, dentro do músculo essas estruturas são curvas, e hoje a curvatura dos fascículos é reconhecida como uma característica importante com relação à função muscular. Os estudos de modelagem bidimensional (2D) demonstram que os fascículos musculares assumem um caminho curvo para proporcionar estabilidade mecânica no interior do músculo, sobretudo durante a contração. Os fascículos musculares curvam-se em torno das regiões do músculo que geram altas pressões; assim, eles ficam mais encurvados nos locais onde ocorrem as maiores contrações. Esses modelos 2D também sugerem que a curvatura pode se estender em três dimensões (3D); mas até recentemente essa possibilidade não havia sido examinada durante a contração muscular ativa.

Com o uso de técnicas sofisticadas de obtenção de imagens, recentemente pesquisadores quantificaram a curvatura tridimensional dos fascículos em músculos tríceps surais durante contrações em diferentes comprimentos musculares e torques.[16] As curvaturas do fascículo aumentavam à medida que o músculo se contraía mais, sugerindo um aumento da pressão intramuscular em níveis mais altos de contração. Considerando que esse estudo utilizou novas abordagens de imagens em 3D, os pesquisadores foram capazes de identificar detalhes sobre a curvatura do fascículo que não eram detectáveis em 2D. Essa interpretação mais detalhada e precisa dos parâmetros observados de curvatura dos fascículos em 3D ajuda a entender como a pressão se desenvolve no músculo contraído e na função muscular em geral.

um motoneurônio alfa e uma fibra muscular é denominada junção neuromuscular. Nesse local ocorre a comunicação entre os sistemas nervoso e muscular.

Acoplamento excitação-contração

A sequência complexa de eventos que iniciam a contração de uma fibra muscular é chamada **acoplamento excitação-contração**, pois tem início com a excitação do nervo motor e resulta na contração das fibras musculares. O processo, ilustrado na Figura 1.8, é iniciado por um sinal elétrico, ou **potencial de ação**, proveniente do cérebro ou da medula espinal até um motoneurônio alfa. O potencial de ação chega aos dendritos do motoneurônio alfa, que são receptores especializados presentes no corpo celular do neurônio. Em seguida, o potencial de ação passa pelo axônio até os terminais axônicos, localizados muito próximos ao plasmalema.

Quando o potencial de ação chega aos terminais axônicos, essas terminações nervosas secretam uma molécula sinalizadora, ou neurotransmissora, denominada acetilcolina (ACh), que cruza a fenda sináptica e se liga aos receptores no plasmalema (ver Fig. 1.8a). Se uma quantidade suficiente de ACh se ligar aos receptores, o potencial de ação será transmitido por toda a extensão da fibra muscular, ao se abrirem os canais iônicos na membrana da célula muscular, permitindo a entrada do sódio. Esse processo é conhecido como despolarização. É preciso que seja gerado um potencial de ação na célula muscular antes que esta possa iniciar uma ação. Esses eventos neurais serão discutidos mais detalhadamente no Capítulo 3.

Papel do cálcio na fibra muscular

Além de despolarizar a membrana da fibra muscular, o potencial de ação se desloca através da rede de túbulos da fibra (túbulos T) até o interior da célula. A chegada de uma carga elétrica faz com que o RS adjacente libere para o interior do sarcoplasma uma grande quantidade de íons cálcio (Ca^{2+}) armazenada (ver Fig. 1.8b).

No estado de repouso, as moléculas de tropomiosina cobrem os sítios de ligação de miosina nas moléculas de

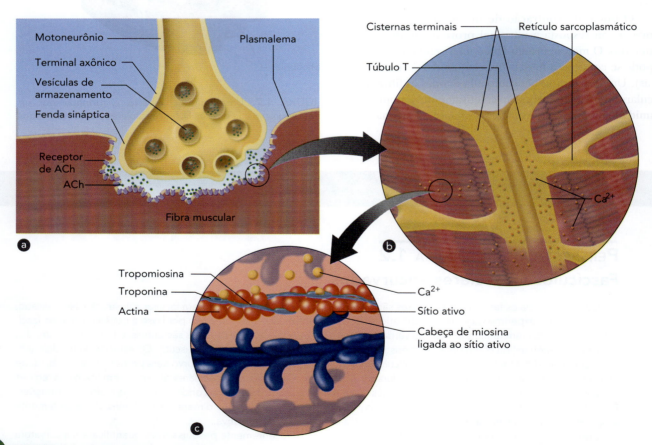

FIGURA 1.8 Sequência de eventos que conduz à ação muscular, conhecida como acoplamento excitação-contração. (a) Em resposta a um potencial de ação, um motoneurônio libera acetilcolina (ACh), que cruza a fenda sináptica e se liga a receptores no plasmalema. Se uma quantidade suficiente de ACh se ligar, um potencial de ação é gerado na fibra muscular. (b) O potencial de ação inicia a liberação dos íons cálcio (Ca^{2+}) das cisternas terminais do retículo sarcoplasmático para o interior do sarcoplasma. (c) O Ca^{2+} se liga à troponina no filamento de actina, e a troponina traciona a tropomiosina para fora dos sítios ativos, permitindo que as cabeças de miosina se fixem ao filamento de actina.

actina, impedindo a ligação das cabeças de miosina. Tão logo os íons cálcio são liberados do RS, eles se ligam à troponina existente nas moléculas de actina. Acredita-se que a troponina, com sua forte afinidade pelos íons cálcio, dê início ao processo de contração por meio do deslocamento das moléculas de tropomiosina para fora dos sítios ativos de ligação da miosina nas moléculas de actina. Isso está ilustrado na Figura 1.8c. Tendo em vista que a tropomiosina geralmente oculta os sítios ativos, essa proteína bloqueia a atração entre as **pontes cruzadas de miosina** e as moléculas de actina. Contudo, tão logo a tropomiosina tenha sido retirada dos sítios ativos pela troponina e pelo cálcio, as cabeças de miosina poderão se acoplar a esses sítios de ligação nas moléculas de actina.

Teoria dos filamentos deslizantes: como o músculo cria movimento

Quando o músculo contrai, ocorre o encurtamento das fibras musculares. Para compreender como ocorre esse fenômeno, é necessário recorrer à chamada **teoria dos filamentos deslizantes**. Quando as pontes cruzadas de miosina são ativadas, elas se ligam à actina, resultando em uma mudança na conformação das pontes cruzadas, o que faz com que a cabeça de miosina se incline e arraste o filamento fino na direção do centro do sarcômero (ver Figs. 1.9 e 1.10). Essa inclinação da cabeça é conhecida como **movimento de força**. A tração do filamento fino para além do filamento grosso encurta o sarcômero e gera força. Quando as fibras não estão contraindo, a cabeça de miosina permanece em contato com a molécula de actina, mas a ligação molecular no local fica enfraquecida ou bloqueada pela tropomiosina.

Imediatamente após a inclinação da cabeça de miosina, essa estrutura se separa do sítio ativo, gira de volta à sua posição original e se fixa ao novo sítio ativo, um pouco mais além no filamento de actina. A repetição dos acoplamentos e dos movimentos de força faz com que os filamentos deslizem entre si – e essa é a causa do nome *teoria dos filamentos deslizantes*. Esse processo tem continuidade até que as extremidades dos filamentos de miosina atinjam os discos Z ou até que o Ca^{2+} seja bombeado de volta para o interior do retículo sarcoplasmático. Durante esse deslizamento (contração), os filamentos finos se movimentam em direção ao centro do sarcômero, protraindo na zona H e terminando pela superposição. Quando isso ocorre, a zona H passa a não mais ser visível.

Lembre-se de que os sarcômeros são unidos em suas extremidades nas miofibrilas. Por causa desse arranjo ana-

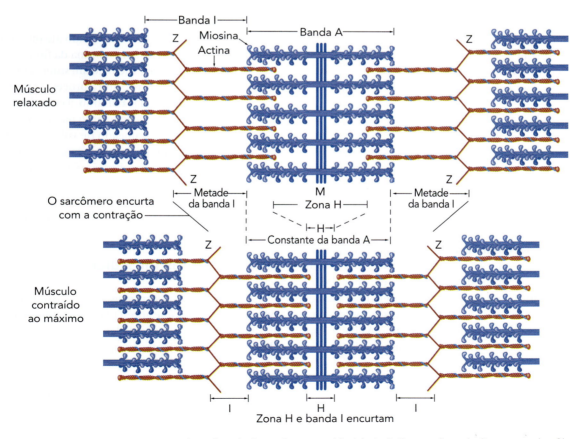

FIGURA 1.9 O sarcômero em seus estados relaxado (acima) e contraído (abaixo), ilustrando o deslizamento dos filamentos de actina e de miosina com a contração.

> ### Em resumo
>
> - A sequência de eventos que tem início com o impulso do nervo motor e resulta na contração muscular é chamada acoplamento excitação-contração.
> - A contração muscular é iniciada por um impulso nervoso transmitido pelo motoneurônio alfa, ou potencial de ação. O motoneurônio libera ACh, que abre os canais iônicos na membrana da célula muscular, permitindo a entrada de sódio na célula (despolarização). Se a célula estiver suficientemente despolarizada, será iniciado um potencial de ação, ocorrendo uma contração muscular.
> - Ao ser ativado um motoneurônio alfa, todas as fibras musculares em sua unidade motora são estimuladas para fazer contração.
> - O potencial de ação se desloca ao longo do plasmalema; em seguida se move ao longo do sistema de túbulos T e termina provocando a liberação dos íons cálcio do RS.
> - Os íons cálcio se ligam com a troponina. Em seguida, a troponina desloca as moléculas de tropomiosina para longe dos sítios de ligação de miosina nas moléculas de actina, abrindo esses sítios para permitir que as cabeças de miosina se liguem a eles.
> - Tão logo tenha sido estabelecido um estado de forte ligação com a actina, a cabeça de miosina se inclina, tracionando o filamento fino para além do filamento grosso. A inclinação da cabeça da miosina é o chamado movimento de força.
> - Para que ocorra a contração muscular, energia é necessária. A cabeça de miosina se liga ao ATP, uma molécula de grande energia, e a ATPase existente na cabeça decompõe o ATP em ADP e Pi, liberando energia para promover a contração.
> - O término da contração muscular é sinalizado quando cessa a atividade neural na junção neuromuscular. O cálcio é bombeado ativamente para fora do sarcoplasma, de volta ao RS para armazenamento. A tropomiosina se move para cobrir os sítios ativos nas moléculas de actina, o que conduz ao relaxamento entre as cabeças de miosina e os sítios de acoplamento.
> - O processo de relaxamento muscular, assim como a contração, também depende da energia fornecida pelo ATP.

tômico, tanto os sarcômeros como as miofibrilas encurtam, e isso faz com que as fibras musculares dentro do fascículo também encurtem. O resultado final do encurtamento de muitas fibras é uma contração muscular organizada.

Energia para contração muscular

A contração muscular é um processo ativo que requer energia. Além do sítio de ligação para a actina, a cabeça de miosina contém um sítio de ligação para o **trifosfato de adenosina (ATP)**. A molécula de miosina deve se ligar ao ATP para que ocorra a contração muscular, pois o ATP fornece a energia necessária.

A enzima **adenosina trifosfatase (ATPase)**, que está localizada na cabeça de miosina, decompõe o ATP, resultando na produção de difosfato de adenosina (ADP), fosfato inorgânico (P_i) e energia. A energia liberada pela decomposição do ATP é utilizada para impulsionar a inclinação da cabeça de miosina. Assim, o ATP é a fonte química de energia para a contração muscular. Esse tópico será discutido com muito mais detalhes no Capítulo 2.

Relaxamento muscular

A contração muscular terá continuidade enquanto houver disponibilidade de cálcio no sarcoplasma. No final da contração muscular, o cálcio é bombeado de volta para o interior do RS, onde fica armazenado até que um novo potencial de ação chegue à membrana da fibra muscular. O cálcio retorna ao RS por meio de um sistema de bombeamento ativo desse íon. Este é outro processo que requer a energia proveniente do ATP. Portanto, a energia é necessária tanto na fase de contração quanto na de relaxamento.

Quando o cálcio é bombeado de volta ao RS, tanto a troponina como a tropomiosina retornam à conformação de repouso. Isso bloqueia a ligação das pontes cruzadas de miosina com as moléculas de actina, interrompendo o uso do ATP. Como resultado, os filamentos grossos e finos retornam a seu estado original de relaxamento.

Tipos de fibras musculares

Nem todas as fibras são iguais. Um único músculo esquelético contém fibras que apresentam diferentes velocidades de encurtamento e capacidades de gerar força máxima: fibras de contração lenta, ou tipo I, e fibras de contração rápida, ou tipo II. As **fibras do tipo I** levam aproximadamente 110 ms para atingir a tensão de pico quando estimuladas. Por outro lado, as **fibras do tipo II** podem atingir a tensão de pico em cerca de 50 ms. Embora os termos *de contração lenta* e *de contração rápida* continuem a serem utilizados, atualmente os cientistas preferem usar a terminologia *tipo I* e *tipo II*, assim como será feito neste livro.

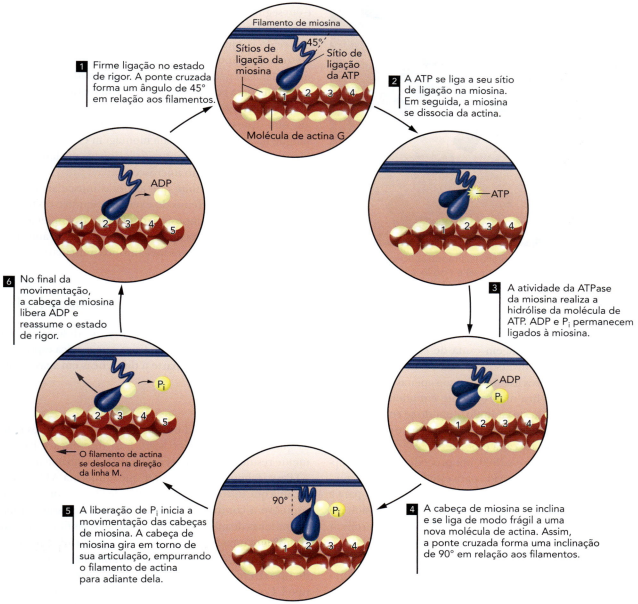

FIGURA 1.10 Eventos moleculares de um ciclo contrátil, ilustrando as alterações na cabeça de miosina durante as diversas fases da interação das pontes cruzadas.

Embora tenha sido identificada apenas uma forma de fibra do tipo I, as fibras do tipo II podem sofrer subclassificações. Nos seres humanos, as duas classificações principais de fibras do tipo II são as de contração rápida do tipo a (tipo IIa) e as de contração rápida do tipo x (tipo IIx). A Figura 1.11 representa uma microfotografia do músculo humano em que as secções transversais finamente seccionadas (10 μm) de uma amostra muscular foram quimicamente coradas para diferenciação dos tipos de fibras. As fibras do tipo I estão coradas em preto, as fibras do tipo IIa não estão coradas, assumindo um aspecto branco, e as fibras do tipo IIx estão com uma coloração acinzentada. Embora não esteja evidenciado nessa figura, também pode ser identificado um terceiro subtipo de fibras do tipo II: o tipo IIc.

As diferenças entre as fibras do tipo IIa, tipo IIx e tipo IIc não foram ainda completamente elucidadas, mas acredita-se que as fibras do tipo IIa sejam as mais frequentemente recrutadas, sendo que apenas as fibras do tipo I seriam mais recrutadas que elas. As fibras do tipo IIc são as menos frequentemente usadas. Em média, a maioria dos músculos tem como composição aproximadamente 50% de fibras do tipo I e 25% de fibras do tipo IIa. O restante (25%) é composto sobretudo de fibras do tipo IIx, e as fibras do tipo IIc representam apenas 1 a 3% do músculo.

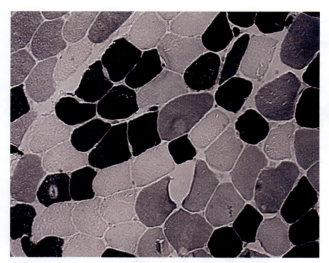

FIGURA 1.11 Microfotografia ilustrando as fibras musculares de tipo I (pretas), tipo IIa (brancas) e tipo IIx (cinzentas).

Tendo em vista o fato de o conhecimento acerca das fibras do tipo IIc ser limitado, este livro não se deterá mais em seu estudo. A porcentagem exata de cada tipo de fibra varia muito entre os diversos músculos e entre indivíduos; portanto, os números listados aqui são apenas médias. Essa variação extrema fica mais evidente em atletas, como se verá mais adiante neste capítulo, quando se comparam os tipos de fibras em atletas nos vários esportes e nos diversos eventos no âmbito de cada esporte.

No começo dos anos 1900, um procedimento de biópsia de agulha foi desenvolvido para estudar a distrofia muscular. Na década de 1960, essa técnica foi adaptada para a coleta de amostras musculares para estudos na fisiologia do exercício, especificamente para ajudar a determinar tipos de fibras musculares.

As amostras são recolhidas por biópsia muscular (Fig. 1.12), que consiste na remoção de um pedaço muito pequeno de músculo do ventre muscular para análise. A área da qual a amostra será coletada recebe anestesia local, e em seguida é feita uma pequena incisão (cerca de 1 cm) com um bisturi através da pele, do tecido subcutâneo e do tecido conjuntivo. A seguir, insere-se uma agulha oca até uma profundidade apropriada no interior do ventre muscular. Um pequeno êmbolo é empurrado pelo centro da agulha para cortar uma pequena amostra de músculo. A agulha de biópsia é retirada; em seguida, remove-se a amostra (que pesa de 10 a 100 mg) e, depois de limpar o sangue na amostra, faz-se sua montagem e congelamento rápido. Em seguida, a amostra é seccionada em fatias finas, corada e examinada ao microscópio.

Esse método permite que as fibras musculares sejam estudadas e que os efeitos do exercício agudo e do treinamento crônico na composição das fibras possam ser avaliados. As análises microscópicas e bioquímicas das amostras ajudam a compreender os mecanismos musculares para a produção de energia.

Características das fibras dos tipos I e II

Tipos diferentes de fibras musculares desempenham papéis diferentes na atividade física e na prática esportiva. Isso se deve em grande parte a diferenças em suas características intrínsecas.

ATPase

As fibras dos tipos I e II diferem nas velocidades com as quais realizam a contração. Essa diferença é basicamente resultante das diferentes formas da enzima miosina ATPase. É importante lembrar que a miosina ATPase é a enzima que decompõe o ATP a fim de liberar energia, que promove a contração. As fibras do tipo I possuem uma forma lenta de miosina ATPase, enquanto as fibras do tipo II possuem uma forma rápida. Em resposta à estimulação nervosa, o ATP é decomposto mais rapidamente nas fibras do tipo II, em comparação com o que ocorre nas fibras de tipo I. Como resultado, as pontes cruzadas completam seus ciclos mais rapidamente nas fibras do tipo II.

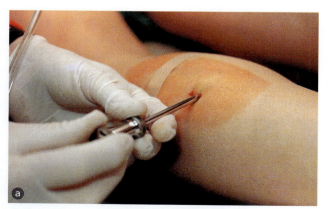
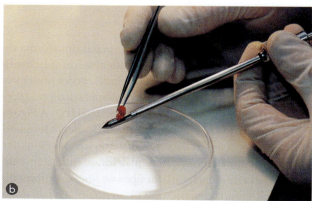

FIGURA 1.12 (a) Uso da agulha de biópsia para obtenção de uma amostra de músculo da perna de uma corredora de elite. (b) Imagem ampliada de uma agulha de biópsia muscular e um pequeno fragmento de tecido muscular.

Um dos métodos utilizados para classificar as fibras musculares faz uso de uma técnica de coloração química aplicada a uma delgada fatia de tecido. Essa técnica de coloração mede a atividade da ATPase nas fibras. Assim, as fibras do tipo I, do tipo IIa e do tipo IIx adquirem cores diferentes, conforme é possível observar na Figura 1.11. Essa técnica faz com que pareça que cada fibra muscular possua apenas um tipo de ATPase, mas as fibras podem ter uma mistura de tipos de ATPase. Algumas têm predominância de ATPase do tipo I, mas outras possuem principalmente ATPase do tipo II. Seu aspecto em uma preparação corada e montada em uma lâmina de microscopia deve ser encarado como um *continuum*, e não como tipos absolutamente distintos.

Um método mais recente usado para identificar os tipos de fibras consiste em separar quimicamente os diferentes tipos de moléculas de miosina (isoformas) pelo uso de uma técnica denominada eletroforese em gel. As isoformas são separadas por peso em um campo elétrico para revelar as bandas de proteína (i. e., miosina) que caracterizam as fibras do tipo I, do tipo IIa e do tipo IIx. Embora a discussão aqui categorize as fibras musculares simplesmente como de contração lenta (tipo I) ou de contração rápida (tipo IIa e tipo IIx), os cientistas subdividiram ainda mais esses tipos de fibras. O uso da tecnologia da eletroforese levou à detecção de híbridos de miosina, ou fibras que possuem duas ou mais formas de miosina. Com o uso desse método de análise, as fibras são classificadas como I, Ic (I/IIa); IIc (IIa/I); IIa; IIax; IIxa e IIx.[12] Neste livro, optamos por utilizar o método histoquímico de identificação das fibras por suas isoformas primárias: tipos I, IIa e IIx.

A Tabela 1.1 resume as características dos diferentes tipos de fibras musculares. A tabela inclui também os nomes alternativos utilizados em outros sistemas de classificação para se referir aos diversos tipos de fibras musculares.

Retículo sarcoplasmático

As fibras do tipo II possuem um RS mais altamente desenvolvido do que as fibras do tipo I. Assim, quando estimuladas, as fibras do tipo II têm maior capacidade de liberar o cálcio no interior da célula muscular. Acredita-se que essa capacidade contribua para uma maior velocidade na contração (V_o) das fibras do tipo II. Em média, as fibras do tipo II do homem têm uma V_o que é 5 a 6 vezes mais rápida que a das fibras do tipo I. Embora a quantidade de força (P_o) gerada pelas fibras dos tipos I e II com o mesmo diâmetro seja aproximadamente a mesma, a potência calculada ($\mu N \cdot$ comprimento da fibra$^{-1} \cdot s^{-1}$) de uma fibra do tipo II é de 3 a 5 vezes maior do que aquela de uma fibra do tipo I por causa da velocidade de encurtamento mais rápida. Isso pode explicar em parte por que os indivíduos com predominância de fibras do tipo II em seus músculos da perna tendem a ser melhores velocistas do que os indivíduos com alto percentual de fibras do tipo I, se todas as demais variáveis forem iguais.

Unidades motoras

Deve-se ter em mente que uma unidade motora é formada por um motoneurônio alfa e pelas fibras por ele inervadas. Aparentemente é o motoneurônio alfa que determina se as fibras são do tipo I ou do tipo II. O motoneurônio alfa em uma unidade motora do tipo I possui um corpo celular menor e tipicamente inerva um grupo de 300 fibras musculares ou menos. Por outro lado, o motoneurônio alfa em uma unidade motora do tipo II possui um corpo celular maior, inervando 300 fibras musculares ou mais. Essa diferença no tamanho das unidades motoras significa que, quando um único motoneurônio alfa do tipo I estimula suas fibras, ocorre contração de um número muito menor de fibras musculares em comparação com o que ocorre quando um único motoneurônio alfa do tipo II estimula suas fibras. Em consequência, as fibras motoras do tipo II atingem a tensão de pico mais rapidamente e, juntas, geram mais força do que as fibras do tipo I. A diferença no desenvolvimento da força isométrica máxima entre as unidades motoras dos tipos I e II é atribuível a duas características: o número de fibras musculares por unidade motora e a diferença de diâmetro

TABELA 1.1 Classificação dos tipos de fibras musculares

	Classificação da fibra		
Sistema 1 (preferível)	Tipo I	Tipo IIa	Tipo IIx
Sistema 2	Contração lenta (CL)	Contração rápida a (CRa)	Contração rápida x (CRx)
Sistema 3	Oxidativa lenta (OL)	Oxidativa/glicolítica rápida (OGR)	Glicolítica rápida (GR)
	Características dos tipos de fibras		
Capacidade oxidativa	Alta	Moderadamente alta	Baixa
Capacidade glicolítica	Baixa	Alta	Mais alta
Velocidade de contração	Lenta	Rápida	Rápida
Resistência à fadiga	Alta	Moderada	Baixa
Força da unidade motora	Baixa	Alta	Alta

Perspectiva de pesquisa 1.3
Mais sobre a titina

Contrações excêntricas são aquelas durante as quais os músculos ativos são esticados ou alongados, como ocorre quando a pessoa abaixa um peso com o uso do bíceps, ou ao descer escadas. Diferentemente das contrações concêntricas, as teorias clássicas da contração muscular – do filamento deslizante e das pontes cruzadas – estão em discordância com alguns aspectos dos músculos excentricamente contraídos. No modelo de ponte cruzada, ocorre desenvolvimento de mais força durante uma contração excêntrica do que em uma contração isométrica ou concêntrica correspondente, porque as pontes cruzadas conectadas estão mais tensionadas. No entanto, é sabido que os músculos esqueléticos também possuem propriedades dependentes do seu "histórico"; isto é, os músculos se comportam de maneira diferente, dependendo das contrações precedentes. Exemplificando, quando as contrações isométricas se seguem a uma contração excêntrica, geralmente demonstram uma força isométrica de estado estacionário mais duradoura, em comparação com a força produzida durante uma contração isométrica não precedida por uma contração excêntrica. O modelo clássico das pontes cruzadas, que envolve actina e miosina, não explica essas propriedades dependentes do histórico do músculo esquelético, e, assim, faz-se necessária uma cuidadosa reavaliação da teoria atualmente aceita para a contração muscular.

Recentemente, um grupo de pesquisadores propôs um novo mecanismo que explica de forma mais adequada as propriedades dependentes do histórico do músculo e as contrações excêntricas, com o acréscimo de um pequeno componente à teoria clássica das pontes cruzadas.[10] Esse ajuste inclui um novo papel fundamental para a titina, uma proteína estrutural cuja rigidez e força são ajustadas com a ativação e a geração de força. Nesse novo modelo, o músculo pode ser alongado passivamente contra pouca resistência, mas, por ocasião de sua ativação, a força dependente da titina passa a ser dominante, contribuindo para a força excêntrica.

O papel tradicional da titina (discutido neste capítulo) tem sido associado à centralização dos filamentos grossos no sarcômero e prevenção da sobrecarga dos sarcômeros, freando o alongamento ativo. A titina tem ainda outra função: a de funcionar como o terceiro miofilamento do sarcômero, contribuindo para a produção de força ativa durante e após contrações excêntricas. Nesse papel, a titina parece ser essencial no aumento da força residual no músculo esquelético após uma contração excêntrica. Essa teoria se fundamenta na seguinte evidência de pesquisa: a eliminação experimental da titina em miofibrilas isoladas suprime integralmente a transmissão de força através dos sarcômeros e todo incremento de força residual e passiva. Assim, a titina funciona como um tipo de mola molecular que aumenta a rigidez do músculo (e, portanto, sua força) na contração muscular ativa, em comparação com a passiva. Atualmente, os pesquisadores especulam que a titina contribui para a produção de força ativa mediante a alteração de sua rigidez (ou seja, quando a titina se torna mais rígida, ela pode produzir mais força). Também teorizam que a rigidez da titina aumenta (1) por sua ligação ao cálcio após a ativação e (2) pela ligação à actina e diminuição de seu comprimento.

Embora alguns resultados preliminares e modelos teóricos respaldem esse novo modelo de três filamentos de geração de força, os detalhes moleculares ainda não foram devidamente esclarecidos. Se esse modelo for correto, ele resultaria em substancial atualização da teoria clássica das pontes cruzadas. Se ficar provado, o novo modelo de três filamentos de contração muscular ampliaria simultaneamente o que sabemos sobre as contrações excêntricas e explicaria as propriedades do músculo dependentes de seu histórico – informações que, previamente, não podiam ser explicadas com o uso da teoria clássica das pontes cruzadas de dois filamentos.

---

entre as fibras dos tipos I e II. As fibras dos tipos I e II com o mesmo diâmetro geram aproximadamente a mesma força, mas, em média, as fibras do tipo II tendem a ser maiores que as fibras do tipo I, e as unidades motoras do tipo II tendem a possuir um número maior de fibras musculares por unidade motora em comparação com as unidades motoras do tipo I.

Distribuição dos tipos de fibras

Conforme já mencionado, as porcentagens de fibras dos tipos I e II não são as mesmas em todos os músculos do corpo. Em geral, os músculos dos braços e das pernas de uma pessoa exibem composições de fibras semelhantes. Um atleta de resistência com predominância de fibras do tipo I nos músculos das pernas provavelmente apresentará um elevado percentual de fibras do tipo I também nos músculos dos braços. Há uma relação semelhante no que se refere às fibras do tipo II. Porém, há algumas exceções. O músculo sóleo (embaixo do gastrocnêmio na panturrilha), por exemplo, é composto de um percentual bastante elevado de fibras do tipo I em todas as pessoas.

Tipo de fibras e exercícios

Em virtude das diferenças entre as fibras dos tipos I e II, seria possível pensar que esses tipos de fibras também tivessem funções diferentes quando as pessoas estão fisicamente ativas. De fato, é isso o que ocorre.

Fibras do tipo I

Em geral, as fibras musculares do tipo I apresentam um elevado nível de resistência aeróbia. O vocábulo "aeróbio" significa "em presença de oxigênio" e, assim, a oxidação é um processo aeróbio. As fibras do tipo I são muito eficientes na produção do ATP com base na oxidação de carboidratos e gorduras – tópico que será discutido no Capítulo 2.

Lembre-se de que o ATP é necessário para que haja a geração da energia para a contração e o relaxamento das fibras musculares. Desde que a oxidação ocorra, as fibras do tipo I continuarão a produzir ATP, permitindo que essas fibras permaneçam ativas. A capacidade de manter a atividade muscular por períodos prolongados é conhecida como resistência muscular, e, assim, as fibras do tipo I apresentam alta resistência aeróbia. Por causa disso, essas fibras são recrutadas com maior frequência durante eventos de resistência de baixa intensidade (p. ex., maratona) e na maioria das atividades cotidianas, em que as necessidades de força muscular são baixas (p. ex., caminhar).

Fibras do tipo II

Por outro lado, as fibras musculares do tipo II apresentam uma resistência aeróbia relativamente pequena em comparação com as fibras do tipo I. Essas fibras são mais adequadas para o desempenho anaeróbio (sem oxigênio). Isso significa que, na ausência de um suporte adequado de oxigênio, o ATP se forma por meios anaeróbios, e não pelas vias oxidativas (essas vias serão discutidas em mais detalhes no Cap. 2).

As unidades motoras do tipo IIa geram uma força consideravelmente maior que as unidades motoras do tipo I, mas entram em fadiga com mais facilidade por causa de sua limitada resistência. Assim, aparentemente as fibras do tipo IIa constituem o principal tipo de fibra utilizado durante eventos de resistência mais curtos e de maior intensidade, como a corrida de 1 milha (1.600 m) ou o nado de 400 m.

Embora não tenha sido ainda elucidado por completo o significado das fibras do tipo IIx, elas aparentemente não são ativadas com facilidade pelo sistema nervoso. Por causa disso, são utilizadas de maneira bastante incomum nas atividades normais de baixa intensidade, mas há predominância no seu uso em eventos de alta explosão, como na prova de 100 m rasos ou nos 50 m do nado livre. As características dos diversos tipos de fibras estão resumidas na Tabela 1.2.

Um dos métodos mais avançados para o estudo das fibras musculares humanas consiste em dissecar fibras retirando-as de uma amostra obtida por biópsia muscular e, em seguida, suspendendo uma fibra isolada entre transdutores de força para medir sua força e **velocidade de contração de fibra isolada** (V_o). Na análise da Figura 1.13, pode-se constatar que todas as fibras tendem a alcançar sua potência de pico quando as fibras estão gerando apenas cerca de 20% de sua força de pico. No entanto, fica bastante evidente que a potência de pico das fibras do tipo II é consideravelmente maior do que a das fibras do tipo I.

Determinação do tipo de fibra

As características das fibras musculares parecem ser determinadas no início da vida, talvez nos primeiros anos. Estudos envolvendo gêmeos idênticos demonstraram que, na maioria dos casos, o tipo de fibra muscular é determinado geneticamente, pouco mudando da infância até a meia-idade. Esses estudos revelam que gêmeos idênticos possuem composições das suas fibras praticamente idênticas, enquanto os gêmeos fraternos diferem em seus perfis de tipo de fibra. É provável que os genes que os indivíduos herdam de seus pais determinem quais motoneurônios alfa inervam suas fibras musculares individuais. Depois de ter sido estabelecida a inervação, as fibras musculares se diferenciam (i. e., tornam-se especializadas) de acordo com o tipo de motoneurônio alfa que as estimula. Contudo, algumas evidências recentes sugerem que o treinamento de resistência, o treinamento de força e a inatividade muscular possam provocar desvio nas isoformas de miosina. Por consequência, o treinamento pode induzir a pequenas mudanças, talvez menores que 10%, no percentual das fibras dos tipos I e II. Além disso, foi demonstrado que tanto o treinamento de resistência como o treinamento de força reduzem o percentual de fibras do tipo IIx, enquanto aumentam a fração das fibras do tipo IIa.

Estudos com base em homens e mulheres idosos demonstraram que o envelhecimento pode alterar a distribuição das fibras dos tipos I e II. À medida que o

TABELA 1.2 Características estruturais e funcionais dos tipos de fibras musculares

Característica	Tipos de fibras		
	Tipo I	Tipo IIa	Tipo IIx
Fibras por motoneurônio	≤ 300	≥ 300	≤ 300
Tamanho do motoneurônio	Menor	Maior	Maior
Velocidade de condução do motoneurônio	Mais lenta	Mais rápida	Mais rápida
Velocidade de contração (ms)	110	50	50
Tipo de miosina ATPase	Lento	Rápido	Rápido
Desenvolvimento do retículo sarcoplasmático	Baixo	Alto	Alto

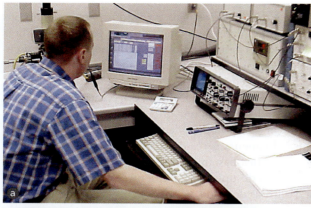

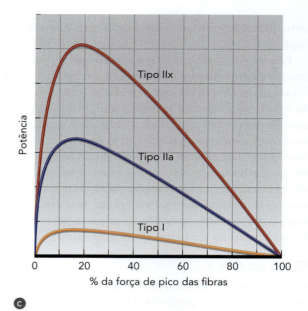

FIGURA 1.13 (a) Dissecção e (b) suspensão de uma fibra muscular isolada para o estudo da fisiologia dos diferentes tipos de fibra. (c) Diferenças na potência de pico gerada pelos diferentes tipos de fibras em percentuais variados da força máxima.

ser humano envelhece, seus músculos tendem a perder unidades motoras do tipo II, o que aumenta o percentual das fibras do tipo I.

> **Em resumo**
>
> ▶ Em sua maioria, os músculos esqueléticos contêm tanto fibras do tipo I como do tipo II.
> ▶ Os diferentes tipos de fibras musculares apresentam atividades diferentes de miosina ATPases. A ATPase nas fibras do tipo II atua com maior rapidez que a ATPase nas fibras do tipo I.
> ▶ As fibras do tipo II possuem um RS mais desenvolvido, o que favorece a liberação do cálcio necessário para a contração muscular.
> ▶ Os motoneurônios alfa que inervam as unidades motoras do tipo II são maiores e inervam mais fibras que os motoneurônios alfa das unidades motoras do tipo I. Assim, as unidades motoras do tipo II possuem mais (e maiores) fibras para contração e podem gerar mais força que as unidades motoras do tipo I.
> ▶ Em geral, os percentuais de fibras dos tipos I e II nos músculos do braço e da perna de uma pessoa são semelhantes.
> ▶ As fibras do tipo I apresentam resistência aeróbia maior, sendo bastante apropriadas às atividades de resistência de baixa intensidade.
> ▶ As fibras do tipo II são mais apropriadas para as atividades anaeróbias. Essas fibras desempenham um papel importante nos exercícios de alta intensidade. As fibras do tipo IIx são ativadas nas situações em que a força solicitada ao músculo seja muito elevada.

Músculo esquelético e exercício

Uma vez que foram revisados a estrutura geral dos músculos, o processo pelo qual geram força e os tipos de fibra muscular, a atenção irá agora recair mais especificamente sobre a função muscular durante o exercício. Força, resistência e velocidade dependem muito da capacidade dos músculos de produzir energia e força. Nesta seção, será examinado o modo como os músculos realizam essa tarefa.

Recrutamento de fibras musculares

Quando um motoneurônio alfa transporta um potencial de ação até as fibras musculares na unidade motora, todas as fibras na unidade desenvolvem força. Somente a ativação de mais unidades motoras fará com que os músculos produzam mais força. Quando há necessidade de pouca força, apenas poucas unidades motoras são recrutadas. Aqui, é necessário que o leitor se lembre de que as unidades motoras dos tipos IIa e IIx contêm mais fibras musculares que as unidades motoras do tipo I. A contração do músculo esquelético envolve o recrutamento progressivo de unidades motoras do tipo I e, em seguida, do tipo II, dependendo das necessidades da atividade que está sendo realizada. Conforme a intensidade da atividade aumenta, o número de fibras recrutadas aumenta na seguinte ordem, de maneira aditiva: tipo I → tipo IIa → tipo IIx.

Em geral, as unidades motoras são ativadas com base em uma ordem fixa de recrutamento de fibras. Isso é conhecido como **princípio do recrutamento ordenado**, em que as unidades motoras dentro de determinado músculo parecem estar ordenadas. Tomando o músculo bíceps braquial como exemplo, assumamos que esse músculo apresente um total de 200 unidades motoras, que estão ordenadas em uma escala de 1 até 200. Para uma ação muscular extremamente delicada que necessite de pouquíssima produção de força, seria recrutada a unidade motora classificada como número 1. À medida que a necessidade de produção de força fosse aumentando, seriam recrutadas as unidades motoras de números 2, 3, 4 etc., até uma contração muscular máxima que ativaria quase todas, senão todas, as unidades motoras. Para a produção de uma determinada força, são recrutadas as mesmas unidades motoras a cada vez e na mesma ordem.

Um mecanismo que pode explicar em parte o princípio do recrutamento ordenado é o **princípio do tamanho**. Esse princípio afirma que a ordem de recrutamento das unidades motoras está diretamente ligada ao tamanho de seu motoneurônio. As unidades motoras com motoneurônios menores serão recrutadas em primeiro lugar. Tendo em vista que as unidades motoras do tipo I possuem motoneurônios menores, são as primeiras unidades recrutadas em um movimento gradativo (que avança desde graus muito baixos de produção de força até os muito altos). Em seguida, as unidades motoras do tipo II são recrutadas à medida que vai aumentando a necessidade da força para a realização do movimento. Ainda permanecem algumas dúvidas com relação ao modo como o princípio do tamanho se relaciona com os movimentos atléticos complexos.

Durante eventos que se prolongam por várias horas, o exercício é realizado em um ritmo submáximo, e a tensão nos músculos é relativamente baixa. Como resultado, o sistema nervoso tende a recrutar aquelas fibras musculares mais bem adaptadas à atividade de resistência: as fibras do tipo I e algumas fibras do tipo IIa. Com a continuação do exercício, essas fibras esgotam o seu combustível principal (glicogênio), e o sistema nervoso precisará recrutar mais fibras do tipo IIa para que seja mantida a tensão muscular. Por fim, quando as fibras do tipo I e do tipo IIa ficam exauridas, as fibras do tipo IIx podem ser recrutadas para dar continuidade ao exercício.

Isso pode explicar não somente por que a fadiga parece ocorrer em estágios durante eventos como uma corrida de 42 km (maratona), mas também por que é preciso grande esforço consciente para que seja mantido um determinado ritmo nas proximidades do término do evento. O esforço consciente resulta na ativação das fibras musculares que não são facilmente recrutáveis. Essa informação é de importância prática para a compreensão das necessidades específicas do treinamento e do desempenho.

Tipo de fibra e desempenho esportivo

O que foi até agora colocado sugere que os atletas que apresentam um elevado percentual de fibras do tipo I

Em resumo

> As unidades motoras dão respostas do tipo "tudo ou nada". A ativação de mais unidades motoras produz mais força.
> Em atividades de baixa intensidade, a maior parte da força muscular é gerada por fibras do tipo I. Com o aumento da intensidade, são também recrutadas as fibras do tipo IIa, e, nas intensidades mais elevadas, são ativadas as fibras do tipo IIx. O mesmo padrão de recrutamento é seguido durante eventos de longa duração.

possam ter alguma vantagem em eventos de resistência prolongados, enquanto os atletas com predominância de fibras do tipo II seriam mais aptos a atividades de alta intensidade, explosivas e de curta duração. Será possível que os percentuais dos diversos tipos de fibras musculares determinem o sucesso do atleta?

A Tabela 1.3 mostra a composição das fibras musculares de atletas bem-sucedidos de diversas modalidades esportivas e de não atletas. Conforme antecipado, os músculos das pernas de corredores fundistas, que dependem da resistência, têm predominância de fibras do tipo I.[4] Estudos envolvendo corredores fundistas de elite (tanto homens como mulheres) revelaram que o músculo gastrocnêmio (da panturrilha) de muitos desses atletas contém mais de 90% de fibras do tipo I. Foi relatado que os campeões mundiais na maratona possuem de 93-99% de fibras tipo I nos músculos gastrocnêmios. Em contraste, o músculo gastrocnêmio de corredores velocistas (que dependem de velocidade e força) é composto principalmente de fibras do tipo II. Os velocistas de classe mundial possuem apenas cerca de 25% de fibras tipo I nesse músculo. Além disso, embora a área da secção transversal da fibra muscular varie significativamente entre corredores fundistas de elite, as fibras do tipo I em seus músculos da perna exibem, em média, cerca de 22% a mais de área da secção transversal, em comparação com as fibras do tipo II.[5,6] Os nadadores tendem a possuir percentuais mais altos de fibras tipo I (60-65%) em seus músculos do braço, em comparação com indivíduos não treinados (45-55%).

A composição das fibras dos músculos em corredores fundistas e em velocistas é significativamente diferente. Contudo, pode ser bastante arriscado pensar que é possível selecionar corredores fundistas e velocistas campeões apenas com base no tipo de fibra muscular predominante. Outros fatores, tais como função cardiovascular, motivação, treinamento e volume muscular, também contribuem para o sucesso nesses eventos de resistência, velocidade e força. Assim, apenas a composição das fibras não é um fator prognóstico confiável do sucesso do atleta.

TABELA 1.3 Percentuais e áreas da secção transversal das fibras dos tipos I e II em músculos selecionados de atletas dos gêneros masculino e feminino

Atleta	Gênero	Músculo	% tipo I	% tipo II	Área da secção transversal (mm²) Tipo I	Tipo II
Corredores velocistas	M	Gastrocnêmio	24	76	5.878	6.034
	F	Gastrocnêmio	27	73	3.752	3.930
Corredores fundistas	M	Gastrocnêmio	79	21	8.342	6.485
	F	Gastrocnêmio	69	31	4.441	4.128
Ciclistas	M	Vasto lateral	57	43	6.333	6.116
	F	Vasto lateral	51	49	5.487	5.216
Nadadores	M	Deltoide (parte espinal)	67	33	—	—
Halterofilistas	M	Gastrocnêmio	44	56	5.060	8.910
	M	Deltoide	53	47	5.010	8.450
Triatletas	M	Deltoide (parte espinal)	60	40	—	—
	M	Vasto lateral	63	37	—	—
	M	Gastrocnêmio	59	41	—	—
Canoístas	M	Deltoide (parte espinal)	71	29	4.920	7.040
Arremessadores de peso	M	Gastrocnêmio	38	62	6.367	6.441
Não atletas	M	Vasto lateral	47	53	4.722	4.709
	F	Gastrocnêmio	52	48	3.501	3.141

Contração muscular

Após examinar os diferentes tipos de fibras musculares e entender que todas as fibras de uma unidade motora, quando estimuladas, atuam ao mesmo tempo, e que diferentes tipos de fibras são recrutados em estágios, dependendo da força exigida para o desempenho de uma atividade, podemos agora retornar nossa atenção ao modo como os músculos trabalham para produzir o movimento.

Tipos de contração muscular

Em geral, o movimento muscular pode ser categorizado em três tipos de contração – concêntrica, estática e excêntrica. Em muitas atividades, por exemplo, na corrida e no salto, podem ocorrer todos os três tipos para a execução de um movimento harmonioso e coordenado. Contudo, por uma questão de clareza, cada tipo de contração será examinado separadamente.

A principal ação do músculo, o encurtamento, é chamada de **contração concêntrica**, que é o tipo de contração mais comum. Para melhor compreensão do encurtamento muscular, é necessário que o leitor se lembre da discussão anterior sobre o modo como os filamentos fino e grosso deslizam entre si. Em uma contração concêntrica, os filamentos finos são tracionados em direção ao centro do sarcômero. Considerando que é produzido um movimento articular, as contrações concêntricas são consideradas **contrações dinâmicas**.

Os músculos podem também atuar sem se mover. Quando isso ocorre, o músculo gera força, mas seu comprimento permanece estático (inalterado). A isso chamamos **contração muscular estática** ou **isométrica**, porque o ângulo da articulação não muda. Ocorre uma contração estática, por exemplo, quando um indivíduo tenta levantar um objeto mais pesado que a força gerada por seu músculo, ou quando se sustenta o peso de um objeto mantendo-o parado com o cotovelo flexionado. Em ambos os casos, é possível sentir os músculos tensos, mas sem nenhum movimento articular. Em uma contração estática, ocorrem a formação e a reciclagem das pontes cruzadas de miosina, produzindo força; mas a força externa é demasiadamente grande para que os filamentos finos sejam deslocados; estes permanecem em sua posição normal, e, assim, não é possível ocorrer encurtamento. Se um número suficiente de unidades motoras puder ser recrutado para que uma força adequada seja produzida para superar a carga, uma contração estática poderá se transformar em uma contração dinâmica.

Os músculos podem exercer força mesmo quando estão em processo de alongamento. Esse movimento é uma **contração excêntrica**. Tendo em vista que ocorre movimento articular, esta é também uma contração dinâmica. Um exemplo de contração excêntrica é a ação do bíceps braquial quando um indivíduo estende lentamente o cotovelo para abaixar um objeto pesado. Nesse caso, os filamentos finos são tracionados e se afastam ainda mais em relação ao centro do sarcômero, essencialmente ocorrendo o alongamento dessa estrutura.

Geração de força

Sempre que os músculos se contraem, não importando se a contração é concêntrica estática ou excêntrica, a força desenvolvida deve ser graduada para que as necessidades da tarefa ou atividade sejam atendidas. Utilizando o golfe como exemplo, a força necessária para dar uma tacada em um *putt* de 1 m é muito menor que a força necessária para uma tacada que impulsione a bola à distância de 250 m desde o *tee* até o meio do *fairway* (a parte central do campo). A geração da força muscular depende do número e do tipo de unidades motoras ativadas, da frequência de estimulação de cada unidade motora, do tamanho do músculo, do comprimento das fibras musculares e do sarcômero e da velocidade de contração do músculo.

Unidades motoras e tamanho do músculo Pode ocorrer maior geração de força quando se ativa maior número de unidades motoras. As unidades motoras do tipo II geram mais força que as unidades motoras do tipo I, porque cada unidade do tipo II possui mais fibras musculares que uma unidade do tipo I. De modo similar, os músculos maiores, por possuírem um número maior de fibras musculares, podem produzir mais força que os músculos menores.

Frequência de estimulação das unidades motoras: frequência de disparos Uma única unidade motora pode exercer níveis variados de força, dependendo da frequência de sua estimulação. Esse fenômeno é ilustrado na Figura 1.14.[1] A menor resposta contrátil de uma fibra muscular ou de uma unidade motora a um estímulo elétrico isolado é chamada de **contração simples**. Uma série de três estímulos em rápida sequência, antes que tenha ocorrido um relaxamento completo do primeiro estímulo, pode promover aumento ainda maior na força ou na tensão. Esse fenômeno é denominado **somação**. A contínua estimulação em frequências maiores pode levar a um estado de **tetania**, resultando na força ou tensão de pico da fibra muscular ou da unidade motora. A **frequência de disparos** é a denominação utilizada para descrever o processo pelo qual a tensão de determinada unidade motora pode variar, desde uma contração simples até a tetania, mediante o aumento da frequência de estimulação da unidade motora em questão.

Comprimento da fibra muscular e do sarcômero Existe um comprimento ideal de cada fibra muscular com relação à sua capacidade de gerar força. É importante lembrar que uma fibra muscular é composta de sarcômeros conectados por suas extremidades, e que essas estruturas se compõem tanto de filamentos grossos como finos. O comprimento ideal do sarcômero é definido como aquele em que ocorre a superposição ideal dos filamentos espessos e finos, maximizando assim a interação das pontes cruzadas. Isso está

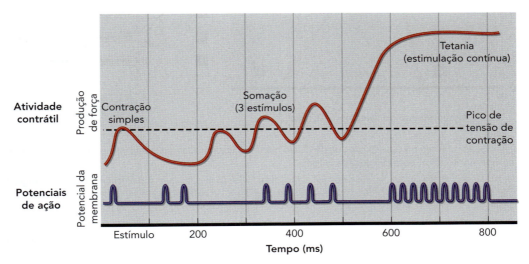

FIGURA 1.14 Variação na força ou tensão produzida com base na frequência de eletroestimulação ilustrando o conceito de contração simples, somação e tetania.

ilustrado na Figura 1.15.[12] Quando um sarcômero está completamente alongado (1) ou contraído (5), pouca ou nenhuma força poderá ser desenvolvida, pois há pouca interação entre as pontes cruzadas. O comprimento do músculo em repouso é determinado pelos tendões que ligam os músculos aos ossos em cada uma de suas extremidades. É fácil perceber que esse comprimento natural em repouso maximiza a capacidade do músculo de gerar força, o que é conhecido como **relação comprimento-tensão**.

A implicação dessa relação é que o comprimento do músculo e, portanto, o ângulo articular proporcionarão vantagem mecânica para a geração de força de determinado músculo ou grupo muscular. A curva comprimento-tensão mostrada na Figura 1.15 ilustra esse fenômeno. A tensão máxima pode ser obtida em comprimentos de sarcômero entre 2,0-2,25 μm, em que ocorre sobreposição ideal entre miosina e actina (ou seja, pode ser formado o maior número de pontes cruzadas). À medida que o sarcômero se torna alongado (> 2,25 μm), ocorre diminuição no número de pontes cruzadas possíveis. Em decorrência disso, diminui também o desenvolvimento da tensão (o arco descendente da curva). Quando os sarcômeros são encurtados para comprimentos abaixo de 2,0 μm, a capacidade da miosina de interagir com a actina diminui porque há menos cabeças de miosina disponíveis para interagir com a actina (a actina se desloca para as proximidades da linha M, onde existem poucas cabeças de miosina; ver Fig. 1.5). Outra explicação possível para a capacidade reduzida de gerar força em comprimentos inferiores a 2,0 μm é a limitação física imposta pela miosina ao chegar à linha Z do sarcômero.

Relação força-velocidade A capacidade de desenvolver força também depende da velocidade da contração muscular. Quando, por exemplo, um indivíduo tenta erguer um objeto muito pesado, tende a fazê-lo lentamente, maximizando a força que ele pode aplicar. Se ele agarra o objeto tentando levantá-lo rapidamente, é provável que fracasse, ou mesmo se machuque. A **relação força-velocidade** de um músculo ilustra a força muscular em função da velocidade de contração. Durante as contrações concêntricas (encurtamento do músculo), o desenvolvimento de força máxima diminui progressivamente conforme a velocidade da contração aumenta. Contudo, no caso das contrações excêntricas (de alongamento), ocorre exatamente o oposto.

Essa relação entre o desenvolvimento de força e a velocidade de contração pode ser explicada pelo número de pontes cruzadas conectadas a várias velocidades de contração. Quando um músculo se contrai lentamente, há mais tempo para a formação de pontes cruzadas do que quando as contrações ocorrem em maiores velocidades. Em outras palavras, quando as pontes cruzadas são

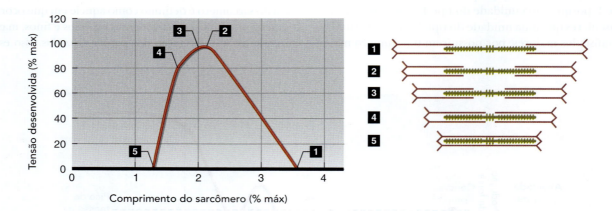

FIGURA 1.15 Variação na força ou tensão produzida (% do máximo) com mudanças no comprimento do sarcômero ilustrando o conceito de comprimento ideal para produção de força.

Adaptado com permissão de B.R. MacIntosh, P.F. Gardiner, e A.J. McComas, *Skeletal muscle: form and function*, 2.ed. (Champaign, IL: Human Kinetics, 2006), 156.

formadas em altas velocidades, a capacidade do músculo de produzir força é reduzida.

A relação força-velocidade aplica-se tanto às contrações de encurtamento como de alongamento. Conforme descrito na Figura 1.16, o aumento da velocidade de contração durante o encurtamento (movimento para a direita ao longo do eixo X) reduz a força. Outra forma de pensar sobre a relação força-velocidade é considerá-la em termos de aplicação de uma força externa ao músculo, como a realização de uma rosca bíceps. À medida que a carga fica mais pesada, a velocidade da contração fica mais lenta. Quando a carga aplicada é igual à força isométrica máxima do músculo, a velocidade de contração é igual a zero (por definição, uma contração isométrica não envolve movimento). Agora, vamos explorar o que acontecerá quando a carga aplicada ao músculo for maior que a força isométrica máxima e o músculo se alongar. Nesse caso, a capacidade do músculo de produzir força aumentará em função da velocidade (movendo-se para a esquerda ao longo do eixo x na Fig. 1.16) porque, à medida que a carga aumenta além da isometria máxima, a velocidade da contração também aumenta.

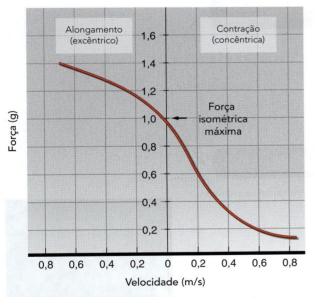

FIGURA 1.16 Relação entre a velocidade de alongamento e encurtamento do músculo e a produção de força. Observe que a capacidade do músculo de gerar força é maior durante as ações excêntricas (alongamento) do que durante as ações concêntricas (encurtamento).

Memória muscular

A produção de força muscular depende da massa muscular. Tendo em vista o grande tamanho das fibras musculares, elas necessitam de muitos núcleos uniformemente distribuídos ao longo de seu comprimento, para que possam dar suporte a toda síntese de proteínas que ocorre no interior do vasto volume intracelular. As fibras musculares mudam constantemente de tamanho, tornando-se menores com o desuso (atrofia) e maiores com o treinamento (hipertrofia). O pensamento convencional tem sido de que células-satélite musculares precursoras, pequenas células-tronco mononucleares, se multiplicam durante a hipertrofia, se fundem com fibras musculares existentes e fornecem núcleos extras à medida que as fibras vão crescendo em tamanho. Por outro lado, durante a atrofia, os núcleos desnecessários são eliminados por um processo chamado apoptose, ou morte programada.

Contrastando com essa visão, surgiu um novo modelo que explica mais adequadamente os mecanismos subjacentes às mudanças no tamanho da fibra muscular e na massa do músculo.[3] Em um estudo de Bruusgaard et al., músculos de membro posterior de rato foram hipertrofiados por sobrecarga, e seus núcleos foram medidos mediante a injeção de nucleotídeos marcados. Com início no sexto dia, o número de núcleos começou a aumentar e, ao longo de 21 dias, esse aumento chegou a 54%. A área da secção transversal das fibras não começou a aumentar até o nono dia. Em outro grupo de ratos, os nervos motores foram seccionados, o que provocou atrofia muscular. A área da secção transversal ficou reduzida em 60% do mais elevado valor do grupo hipertrofiado, mas o número de núcleos não sofreu alteração.

Em indivíduos treinados, o retreinamento após um período de desuso ocorre mais rapidamente do que em neófitos para a prática do exercício; e geralmente essa "memória muscular" tem sido atribuída ao controle neural do músculo. Atualmente, acredita-se que os núcleos podem ser a sede de tal "memória". No entanto – e como foi assinalado por Lee e Burd[11] –, não se pode excluir um papel para as células-satélite na hipertrofia muscular, e é indubitável que essas células contribuem para a massa total da musculatura esquelética. É possível que as células-satélite sejam necessárias para a sustentação da massa, podendo ser essenciais à manutenção da qualidade e funcionamento do músculo (Fig. 1.17).

Em resumo

> Nos atletas de elite, a composição por tipos de fibra muscular difere de acordo com o esporte ou com o evento; os eventos de velocidade e força caracterizam-se por percentuais mais altos de fibras do tipo II, e os eventos de resistência, por percentuais mais altos de fibras do tipo I.
> Os três tipos principais de contração muscular são: concêntrica, na qual o músculo encurta; estática ou isométrica, na qual o músculo atua, mas o ângulo da articulação permanece inalterado; e excêntrica, na qual o músculo alonga.
> A produção de força pode aumentar tanto por meio do recrutamento de mais unidades motoras como pelo aumento da frequência de estimulação (frequência de disparos) das unidades motoras.
> A produção de força é maximizada no comprimento ideal do músculo. Nesse comprimento, a quantidade de energia armazenada e o número de pontes cruzadas ligadas entre actina-miosina são considerados ideais.
> A velocidade da contração também afeta a quantidade de força produzida. Em uma contração concêntrica, pode-se obter força máxima com contrações mais lentas. Quanto mais próximo for da velocidade 0 (isométrica), mais força poderá ser gerada. Contudo, no caso de contrações excêntricas, um movimento mais rápido permitirá maior produção de força.
> Além das células-satélite, a preservação do número de núcleos da fibra muscular pode explicar por que músculos previamente treinados se adaptam com maior rapidez após um período de desuso.

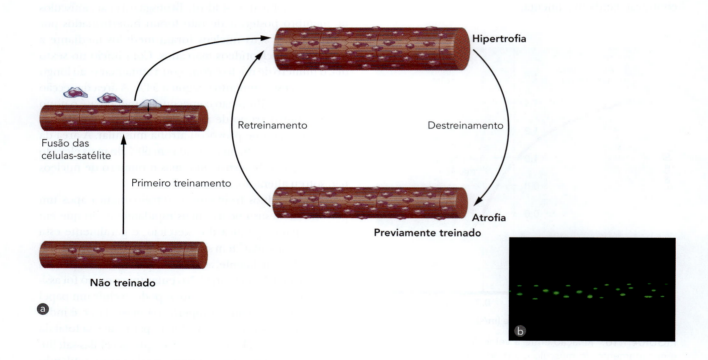

FIGURA 1.17 (a) Modelo para explicar como os núcleos das fibras musculares podem ser a sede da "memória muscular". Essa teoria explica por que os músculos previamente treinados se adaptam com maior rapidez ao retreinamento após um período de desuso. (b) Microfotografia demonstrando a distribuição periférica dos núcleos no interior de uma fibra muscular.

Reproduzido de J.C. Bruusgaard et al., 2010, "Myonuclei acquired by overload exercise precede hypertrophy and are not lost on detraining," Proceedings of the National Academy of Sciences, 107, 15111-15116. Com permissão de J.C. Bruusgaard.

EM SÍNTESE

Neste capítulo, foram revisados os componentes do músculo esquelético, ressaltando as diferenças entre os tipos de fibras e sua influência no desempenho físico. Aprendeu-se o modo como os músculos geram força e produzem movimento. Portanto, agora que já existe uma compreensão de como o movimento é produzido, é o momento de voltar a atenção aos diferentes modos de fornecimento de combustível ao movimento. No próximo capítulo, serão estudados o metabolismo e a produção de energia.

PALAVRAS-CHAVE

- acoplamento excitação-contração
- actina
- adenosina trifosfatase (ATPase)
- células-satélite
- contração concêntrica
- contração dinâmica
- contração estática (isométrica)
- contração excêntrica
- contração rápida
- endomísio
- epimísio
- fascículo
- fibra muscular
- fibra tipo I
- fibra tipo II
- frequência de disparo
- miofibrila
- miosina
- motoneurônio alfa
- nebulina
- perimísio
- plasmalema
- ponte cruzada de miosina
- potencial de ação
- princípio do recrutamento ordenado
- princípio do tamanho
- relação comprimento-tensão
- relação força-velocidade
- retículo sarcoplasmático (RS)
- sarcolema
- sarcômero
- sarcoplasma
- sistema musculoesquelético
- somação
- teoria dos filamentos deslizantes
- tetania
- titina
- trifosfato de adenosina (ATP)
- tropomiosina
- troponina
- túbulos transversos (túbulos T)
- unidade motora
- velocidade de contração de fibra isolada (V_o)
- movimento de força

QUESTÕES PARA ESTUDO

1. Liste e defina os componentes anatômicos de uma fibra muscular.
2. Liste os componentes de uma unidade motora.
3. Quais são as etapas do acoplamento excitação-contração?
4. Qual é o papel do cálcio na contração muscular?
5. Descreva a teoria dos filamentos deslizantes. Como as fibras musculares encurtam?
6. Quais são as características básicas que diferenciam as fibras musculares dos tipos I e II?
7. Qual é o papel da genética na determinação das proporções dos tipos de fibras musculares e no potencial de desempenho em determinadas atividades?
8. Descreva a relação entre o desenvolvimento da força muscular e o recrutamento de unidades motoras dos tipos I e II.
9. Explique e dê exemplos de como diferem as contrações concêntrica, estática e excêntrica.
10. Cite os dois mecanismos utilizados pelo corpo para o aumento da produção de força em um músculo isolado.
11. Qual é o comprimento ideal de um músculo para o desenvolvimento da força máxima?
12. Qual a relação entre o desenvolvimento da força máxima e a velocidade de contrações de encurtamento (concêntrica) e de alongamento (excêntrica)?
13. Na contração muscular, quais são as funções da proteína titina?
14. Qual o motivo pelo qual músculos previamente treinados se adaptam com maior rapidez ao retreinamento após um período de desuso?

2 Combustível para o exercício: bioenergética e metabolismo do músculo

Substratos de energia 56

Carboidratos 57
Gorduras 57
Proteínas 58

Controlando a taxa de produção de energia 58

VÍDEO 2.1 Mark Hargreaves discute a sensibilidade da produção do ATP à atividade muscular e o controle da produção do ATP durante o exercício.

ANIMAÇÃO PARA A FIGURA 2.3 Detalha uma via metabólica típica.

Armazenando energia: fosfatos de alta energia 59

Sistemas básicos de energia 61

Sistema ATP-PCr 61
Sistema glicolítico 61
Sistema oxidativo 64
Ácido láctico como fonte de energia durante o exercício 70
Resumo do metabolismo dos substratos 70

ANIMAÇÃO PARA A FIGURA 2.5 Mostra as reações no sistema ATP-PCr.

ANIMAÇÃO PARA A FIGURA 2.10 Mostra a ligação entre o ciclo de Krebs e a cadeia de transporte de elétrons.

ANIMAÇÃO PARA A FIGURA 2.12 Detalha a produção total de energia a partir da oxidação de uma molécula de glicose.

Interação dos sistemas de energia 71

O conceito de *crossover* 71

Capacidade oxidativa do músculo 74

Atividade enzimática 74
Composição dos tipos de fibra e treinamento de resistência 74
Necessidade de oxigênio 76

Em síntese 77

"Atingir o limite" é uma expressão comum entre maratonistas, e mais da metade de todos os maratonistas amadores reportam terem "atingido o limite" durante uma prova, independentemente do rigor do treinamento. Esse fenômeno geralmente ocorre em torno dos 32 a 35 km. O ritmo do corredor diminui consideravelmente, e as pernas ficam pesadas; com frequência sente-se formigamento e dormência nas pernas e nos braços, e o raciocínio se torna difícil e confuso. "Atingir o limite" é basicamente ficar sem energia disponível.

A fonte primária de combustível para o corredor durante o exercício prolongado é constituída por carboidratos e gorduras. As gorduras podem parecer a primeira escolha lógica de combustível em eventos de resistência – elas são elaboradas idealmente para serem densas em energia, e seus estoques são praticamente ilimitados. Infelizmente, o metabolismo de gorduras necessita de abastecimento constante de oxigênio, e a liberação de energia nesse caso é mais lenta do que a proporcionada pelo metabolismo de carboidratos.

A maior parte dos corredores consegue estocar de 2.000 a 2.200 calorias de glicogênio no fígado e nos músculos, o que é suficiente para fornecer energia para aproximadamente 32 km de corrida em ritmo moderado. Assim, uma vez que o corpo é muito menos eficiente na conversão de gordura em energia, o ritmo da corrida nesse caso diminui, e o corredor sente fadiga. Além disso, os carboidratos são fonte única de combustível para a função cerebral. A fisiologia, não por coincidência, determina a razão pela qual tantos maratonistas atingem o limite em torno da marca dos 32 km.

Reações químicas nas plantas (fotossíntese) convertem a luz em energia química armazenada. Os seres humanos, por sua vez, obtêm energia alimentando-se de plantas ou de animais que se alimentam de plantas. Os nutrientes provenientes dos alimentos ingeridos são fornecidos na forma de carboidratos, gorduras e proteínas. Esses três combustíveis básicos, ou **substratos** de energia, podem finalmente ser fracionados para a liberação da energia armazenada. Cada célula contém vias químicas que convertem esses substratos em energia, que, por sua vez, pode ser utilizada pela célula e por outras células do corpo – um processo denominado **bioenergética**. Todas as reações químicas no corpo são coletivamente chamadas de **metabolismo**.

Como toda energia consequentemente se degrada e gera calor, a quantidade de energia liberada em uma reação biológica pode ser calculada com base na quantidade de calor produzida. Nos sistemas biológicos, a energia é medida em calorias. Por definição, 1 caloria (cal) equivale à quantidade de energia térmica necessária para elevar 1 g de água em 1°C, de 14,5°C para 15,5°C. Em seres humanos, a energia é expressa em **quilocaloria (kcal)**, em que 1 kcal equivale a 1.000 cal. Em algumas situações, a denominação *Caloria* (com C maiúsculo) é utilizada como sinônimo de quilocaloria, mas o termo *quilocaloria* é mais correto tanto do ponto de vista técnico como científico. Assim, quando se lê que uma pessoa come ou gasta 3.000 Cal por dia, na realidade significa que a pessoa está ingerindo ou gastando 3.000 *kcal* por dia.

Certa quantidade de energia livre nas células é utilizada para o crescimento e o reparo em todo o corpo. Esses processos formam massa muscular durante o treinamento e reparam lesões musculares após o exercício ou alguma lesão. A energia também é necessária para o transporte ativo de muitas substâncias, como íons sódio, potássio e cálcio através das membranas celulares para a manutenção da homeostase. As miofibrilas utilizam energia para promover o deslizamento dos filamentos de actina e miosina, resultando na ação muscular e na geração de força, conforme apresentado no Capítulo 1.

Substratos de energia

A energia é liberada quando as ligações químicas – as ligações que mantêm unidos os elementos para formar moléculas – são desfeitas. Basicamente, os substratos se compõem de carbono, hidrogênio, oxigênio e (no caso da proteína) nitrogênio. As ligações moleculares que mantêm unidos esses elementos são relativamente fracas e, portanto, proporcionam pouca energia ao serem rompidas. Consequentemente, os alimentos não são utilizados de forma direta para as operações celulares. Em vez disso, a energia nas ligações moleculares dos alimentos é quimicamente liberada no interior das células e, em seguida, armazenada na forma de um composto altamente energético apresentado no Capítulo 1, o trifosfato de adenosina (ATP), o qual é discutido com detalhes mais adiante neste capítulo.

Em repouso, a energia necessária ao corpo é derivada, quase que em partes iguais, da quebra de carboidratos e gorduras. Proteínas desempenham funções importantes como enzimas que auxiliam nas reações químicas; além disso, são os "blocos estruturais" do corpo, mas comumente fornecem pouca energia para o metabolismo. Durante um esforço muscular intenso e de curta duração, mais carboidrato é utilizado, com menor dependência da gordura para a geração de ATP. No exercício mais prolongado e menos intenso, utilizam-se carboidrato e gordura para a produção contínua de energia.

Carboidratos

A quantidade de **carboidratos** utilizada durante o exercício está relacionada tanto à disponibilidade de carboidratos como ao sistema bem desenvolvido dos músculos para o metabolismo dessas substâncias. Em última análise, todos os carboidratos são convertidos em um açúcar simples com seis carbonos, a **glicose** (Fig. 2.1), um monossacarídeo (açúcar simples, ou de uma unidade) que é transportado através do sangue para todos os tecidos do corpo. Em condições de repouso, o carboidrato ingerido é armazenado nos músculos e no fígado na forma de um polissacarídeo mais complexo (várias moléculas de açúcar interligadas), o **glicogênio**, que é estocado no citoplasma das células musculares até que elas o utilizem na formação de ATP. O glicogênio armazenado no fígado é convertido de volta em glicose, conforme a necessidade, e, em seguida, transportado pelo sangue até os tecidos ativos, onde será metabolizado.

Reservas de glicogênio no fígado e no músculo são limitadas e podem exaurir-se durante um exercício prolongado e intenso, especialmente se associado a uma dieta que contenha uma quantidade insuficiente de carboidratos. Dessa forma, é necessário contar com abundantes fontes dietéticas de açúcar e amido para reabastecer continuamente as reservas de carboidrato. Sem uma ingestão adequada desses compostos, os músculos podem ficar desprovidos de sua principal fonte de energia. Além disso, os carboidratos são a única fonte de energia utilizada pelo tecido do cérebro; portanto, sua depleção severa resulta em efeitos cognitivos negativos.

Gorduras

A gordura proporciona uma quantidade considerável da energia utilizada durante o exercício prolongado e menos intenso. As reservas corporais de energia potencial na forma de gordura são substancialmente maiores do que as reservas de carboidrato, tanto em termos de peso como de disponibilidade de energia. A Tabela 2.1 fornece uma indicação das reservas corporais totais dessas duas fontes de energia em uma pessoa magra (12% de gordura corporal). Em média, para um adulto de meia-idade com mais gordura corporal (tecido adiposo), as reservas de gordura seriam aproximadamente o dobro, ao passo que as reservas de carboidrato seriam praticamente iguais. Mas a gordura não é tão rapidamente disponível para o metabolismo celular porque, em primeiro lugar, precisa ser reduzida de sua forma complexa (**triglicerídeo**) até seus componentes básicos, glicerol e **ácidos graxos livres (AGL)**. Apenas AGL são utilizados para a formação de ATP (Fig. 2.1).

Uma quantidade substancialmente maior de energia é derivada da quebra de 1 g de gordura (9,4 kcal/g), em comparação com a mesma quantidade de carboidrato (4,1 kcal/g). Não obstante, a velocidade de liberação da energia da gordura é demasiadamente lenta para atender a todas as demandas energéticas da atividade muscular intensa.

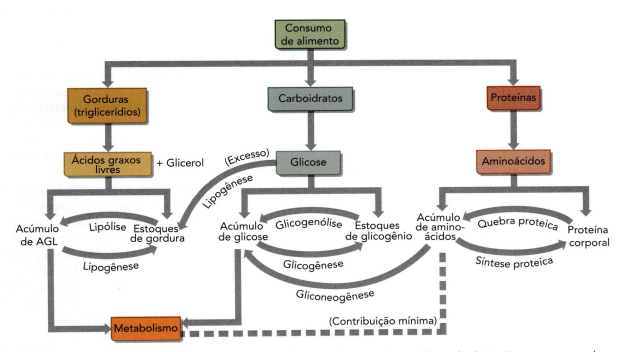

FIGURA 2.1 O metabolismo celular resulta da quebra de três substratos fornecidos pela dieta. Uma vez que cada um é convertido em sua forma utilizável, eles circulam no sangue como um "conteúdo" disponível para ser utilizado para o metabolismo ou são estocados no corpo.

TABELA 2.1 Reservas corporais de combustível e disponibilidade associada de energia

Local	g	kcal
Carboidratos		
Glicogênio do fígado	110	451
Glicogênio muscular	500	2.050
Glicose nos líquidos corporais	15	62
Gordura		
Subcutânea e visceral	7.800	73.320
Intramuscular	161	1.513
Total	7.961	74.833

Nota: Estas estimativas são baseadas em peso corporal de 65 kg com 12% de gordura corporal.

Outros tipos de gorduras encontrados no corpo atendem a funções não geradoras de energia. Fosfolipídios constituem um componente estrutural fundamental de todas as membranas celulares e formam bainhas protetoras em torno de alguns nervos calibrosos. Esteroides são encontrados em membranas celulares, funcionando também como hormônios ou elementos formadores de hormônios, como estrogênio e testosterona.

Proteínas

A proteína também pode ser utilizada, em determinadas circunstâncias, como uma fonte de energia menor, mas primeiramente deve ser convertida em glicose (Fig. 2.1). No caso de grande depleção de energia ou de inanição, a proteína pode até mesmo ser utilizada para gerar AGL a fim de se obter energia. O processo pelo qual a proteína ou gordura é convertida em glicose é denominado **gliconeogênese**. O processo de conversão de proteína em ácidos graxos é denominado **lipogênese**. A proteína pode atender até 10% da energia necessária para que seja possível manter um exercício prolongado. Apenas as unidades mais básicas da proteína – os aminoácidos – podem ser utilizadas para a obtenção de energia. Um grama de proteína fornece cerca de 4,1 kcal.

Controlando a taxa de produção de energia

Para que tenha utilidade, a energia livre deve ser liberada de compostos químicos a uma taxa controlada. Basicamente, essa taxa é determinada de duas formas: pela disponibilidade de substrato primário e pela atividade enzimática. A disponibilidade de grande quantidade de substrato aumenta a atividade dessa rota em particular. Grandes quantidades de determinado combustível (p. ex., carboidrato) podem tornar as células mais dependentes dessa fonte do que de fontes alternativas. Essa influência da disponibilidade de substrato sobre a taxa de metabolismo é conhecida como *efeito de ação de massa*.

Moléculas proteicas específicas denominadas **enzimas** também controlam a velocidade de liberação da energia livre. Muitas dessas enzimas facilitam a decomposição (**catabolismo**) de compostos químicos. Reações químicas ocorrem somente quando as moléculas reativas possuem energia inicial suficiente para iniciar a reação ou cadeia de reações. As enzimas não causam as reações químicas e não determinam a quantidade de energia utilizável que é produzida por essas reações. Em vez disso, elas aceleram as reações ao reduzir a **energia de ativação** necessária para iniciar a reação (Fig. 2.2).

Embora os nomes das enzimas sejam bastante complexos, quase todos terminam com o sufixo *-ase*. Por exemplo, uma importante enzima que atua na quebra (decomposição) do ATP é denominada adenosina trifosfatase, mais conhecida como ATPase.

Quase sempre, rotas bioquímicas que resultam na produção do produto de um substrato envolvem múltiplas etapas. Cada etapa individual geralmente é catalisada por uma enzima específica. Portanto, o aumento na quantidade de enzima presente ou em sua atividade (p. ex., ao aumentar a temperatura ou o pH) resulta no aumento da taxa de formação do produto nessa via metabólica. Além disso, muitas enzimas necessitam de outras moléculas chamadas de "cofatores" para funcionar, de modo que a disponibilidade de cofatores também pode afetar a função enzimática e, por consequência, a taxa das reações metabólicas.

Como ilustrado na Figura 2.3, rotas metabólicas típicas têm uma enzima que é de particular importância no controle da velocidade geral da reação. Essa enzima, geralmente localizada em uma etapa inicial da rota, é conhecida como **enzima limitadora de velocidade**. A atividade de uma enzima limitadora de velocidade é determinada pelo acúmulo de substâncias ao longo da rota que diminuem a atividade enzimática por meio de *feedback* negativo.

O produto final da rota seria um exemplo de substância que pode se acumular e atuar em *feedback* para reduzir a atividade enzimática. Outra possibilidade seria o ATP e seus produtos de quebra, ADP e fosfato inorgânico. Se os objetivos de uma rota metabólica são formar um produto químico e liberar energia livre na forma de ATP, faz sentido que uma abundância tanto do produto final como de ATP reduziria a produção e a liberação de energia, respectivamente.

VÍDEO 2.1 Mark Hargreaves discute a sensibilidade da produção de ATP para a atividade muscular e o controle da produção do ATP durante o exercício.

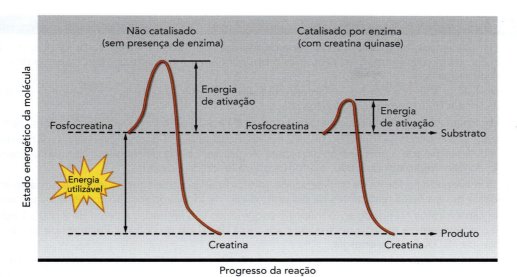

FIGURA 2.2 Enzimas controlam a taxa das reações químicas ao reduzirem a energia de ativação necessária para iniciar a reação. Neste exemplo, a enzima creatina quinase se liga ao substrato fosfocreatina para aumentar a taxa de produção de creatina.
Adaptado da figura original fornecida pelo Dr. Martin Gibala, McMaster University, Hamilton, Ontario, Canada.

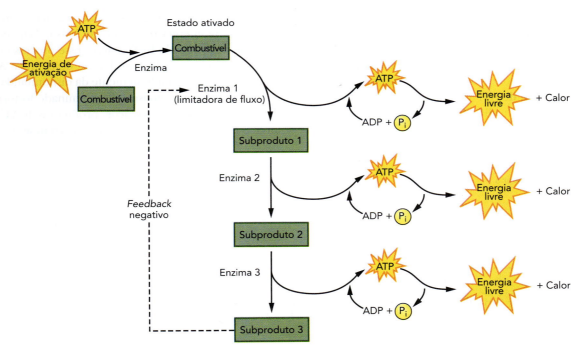

FIGURA 2.3 Rota metabólica típica que demonstra o importante papel das enzimas no controle da taxa de reação. Uma entrada de energia na forma de trifosfato de adenosina (ATP) estocado é necessária para iniciar a série de reações (energia de ativação), mas menos energia inicial é necessária se uma ou mais enzimas estiverem envolvidas nessa etapa da ativação. Uma vez que os combustíveis são subsequentemente degradados em subprodutos ao longo da rota metabólica, é formado ATP. A utilização do ATP estocado resulta na liberação de energia utilizável, calor, difosfato de adenosina (ADP) e fosfato inorgânico (P_i).

Armazenando energia: fosfatos de alta energia

A fonte de energia imediatamente disponível para quase todas funções do corpo, incluindo a contração muscular, é o ATP. Uma molécula de ATP (Fig. 2.4a) consiste em adenosina (uma molécula de adenina unida a uma molécula de ribose) combinada com três grupos de fosfato inorgânico (P_i). Adenina é uma base nitrogenada, e ribose é um açúcar que contém 5 carbonos. Quando

Em resumo

› A energia para o metabolismo celular é derivada de três substratos alimentares: carboidratos, gorduras e proteínas. Em condições normais, as proteínas proporcionam um percentual muito escasso da energia utilizada no metabolismo.

› No nível intracelular, a forma de armazenamento utilizável da energia retirada dos alimentos é o trifosfato de adenosina, ou ATP, um composto de alta energia.

› Tanto o carboidrato como a proteína fornecem cerca de 4,1 kcal/g de energia, e a gordura fornece 9,4 kcal/g.

› O carboidrato, armazenado na forma de glicogênio no músculo e no fígado, fica mais rapidamente acessível como fonte de energia que a proteína ou a gordura. A glicose, obtida diretamente dos alimentos ou da degradação do glicogênio armazenado, é a forma utilizável do carboidrato.

› A gordura, armazenada na forma de triglicerídeos no tecido adiposo, é a forma ideal de armazenamento de energia. Ácidos graxos livres resultantes da decomposição de triglicerídeos são convertidos em energia.

› Reservas de carboidratos no fígado e no músculo esquelético são limitadas a cerca de 2.500 a 2.600 kcal de energia, ou o equivalente à energia necessária para cerca de 40 km de corrida. Reservas de gordura podem fornecer mais de 70.000 kcal de energia.

› As enzimas controlam a taxa de metabolismo e a produção de energia. Elas podem acelerar globalmente as reações ao reduzirem a energia de ativação inicial e ao catalisarem diversas etapas ao longo da rota metabólica.

› As enzimas podem ser inibidas por meio de *feedback* negativo dos subprodutos da rota subsequente (ou geralmente o ATP), reduzindo a taxa total da reação. Isso geralmente envolve uma enzima em particular localizada no início da rota – a chamada enzima limitadora de velocidade.

a molécula de ATP se combina com água (hidrólise) e fica submetida à ação da enzima ATPase, o último grupo fosfato é separado do ATP, liberando rapidamente grande quantidade de energia livre (cerca de 7,3 kcal/mol de ATP em condições normais, mas possivelmente até 10 kcal/mol de ATP ou mais no interior da célula). Isso reduz o ATP a **difosfato de adenosina (ADP)** e P_i (Fig. 2.4b).

Para gerar ATP, um grupo fosfato é adicionado a um composto de energia relativamente baixa, ADP, em um processo denominado **fosforilação**. Esse processo necessita de uma quantidade considerável de energia. Algum ATP é gerado independentemente da disponibilidade de oxigênio, e esse metabolismo é denominado fosforilação de nível substrato. Outras reações produtoras de ATP (discutidas mais adiante neste capítulo) ocorrem sem a ajuda

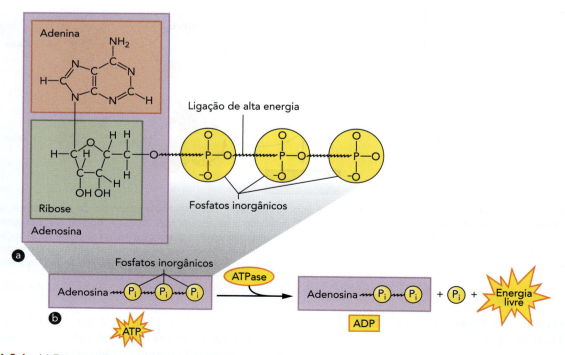

FIGURA 2.4 (a) Estrutura de uma molécula de trifosfato de adenosina (ATP) que mostra as ligações de fosfato de alta energia. (b) Quando o terceiro fosfato na molécula de ATP é separado da adenosina pela ação da adenosina trifosfatase (ATPase), ocorre liberação de energia.

do oxigênio, enquanto outras mais necessitam da ajuda do oxigênio, um processo chamado de **fosforilação oxidativa**.

Como demonstrado na Figura 2.3, o ATP é formado a partir do ADP e P_i via fosforilação, na medida em que combustíveis são quebrados em subprodutos do combustível em diversos estágios ao longo da rota metabólica. A forma estocada de energia, ATP, pode subsequentemente liberar energia livre ou utilizável quando necessário, uma vez que está novamente quebrada em ADP e P_i.

Sistemas básicos de energia

As células podem estocar apenas quantidades muito limitadas de ATP e devem gerar constantemente novo ATP para fornecer energia necessária para todo o metabolismo celular, incluindo a contração muscular. As células geram ATP por meio de qualquer uma das (ou uma combinação das) três rotas metabólicas:

1. sistema ATP-PCr;
2. sistema glicolítico (glicólise);
3. sistema oxidativo (fosforilação oxidativa).

Os primeiros dois sistemas podem ocorrer na ausência de oxigênio e são chamados em conjunto de **metabolismo anaeróbio**. O terceiro sistema necessita de oxigênio e por isso é chamado de **metabolismo aeróbio**.

Sistema ATP-PCr

O mais simples dos sistemas de energia é o **sistema ATP-PCr**, mostrado na Figura 2.5. Além de armazenar uma quantidade muito pequena de trifosfato de adenosina (ATP) diretamente, as células contêm outra molécula de fosfato de alta energia; essa molécula, que armazena energia, é denominada **fosfocreatina**, ou **PCr** (também chamada de fosfato de creatina). Essa rota simples envolve a doação de um P_i da PCr para o ADP, para formação de ATP. Ao contrário do que ocorre com o ATP livremente disponível na célula, a energia liberada pela ruptura de PCr não é utilizada de forma direta na obtenção de trabalho celular. Em vez disso, essa energia serve para regenerar o ATP, a fim de que seja mantida uma reserva relativamente constante em condições de repouso.

A liberação de energia pela PCr é catalisada pela enzima **creatina quinase**, que atua na PCr para separar P_i da creatina. Então, a energia liberada pode ser utilizada na adição de uma molécula de P_i a uma molécula de ADP, formando ATP. Com a liberação de energia do ATP pela separação do grupo fosfato, as células podem evitar a depleção do ATP mediante a quebra na molécula de PCr, fornecendo energia e P_i para a reforma do ATP a partir do ADP.

Seguindo os princípios do *feedback* negativo e das enzimas limitadoras de velocidade discutidos anteriormente, a atividade da creatina quinase fica acentuada quando a concentração de ADP ou P_i aumenta, ficando inibida quando as concentrações de ATP aumentam. Quando o exercício intenso é iniciado, a pequena quantidade disponível de ATP nas células musculares é quebrada para energia imediata, produzindo ADP e P_i. A concentração aumentada de ADP acentua a atividade da creatina quinase, e PCr é catabolizada para formação de ATP adicional. À medida que o exercício progride e o ATP adicional é gerado pelos outros dois sistemas energéticos – os sistemas glicolítico e oxidativo –, a atividade da creatina quinase é inibida.

Esse processo de quebra de PCr para possibilitar a formação de ATP é rápido e pode ser efetuado sem nenhuma estrutura especial no interior da célula. O sistema ATP-PCr é classificado como metabolismo no nível de substrato. Embora possa ocorrer em presença de oxigênio, esse processo não depende dessa substância.

Durante os segundos iniciais de atividade muscular intensa (p. ex., em uma corrida de velocidade), o ATP é mantido em um nível relativamente constante, mas o nível de PCr declina continuamente com seu uso para a recuperação do ATP exaurido (ver Fig. 2.6). Mas, por ocasião da exaustão, tanto os níveis de ATP como os de PCr estarão baixos e incapazes de proporcionar a energia para novas contrações e relaxamentos. Assim, a capacidade de manter níveis de ATP com a energia proveniente de PCr é limitada. A combinação das reservas de ATP e PCr pode suprir as necessidades energéticas dos músculos por apenas 3 a 15 s durante uma corrida de velocidade em máximo esforço. Além desse ponto, os músculos precisam contar com outros processos de formação de ATP: as vias glicolítica e oxidativa.

Sistema glicolítico

O sistema ATP-PCr tem capacidade limitada de geração de ATP para energia, durante apenas poucos segundos. O

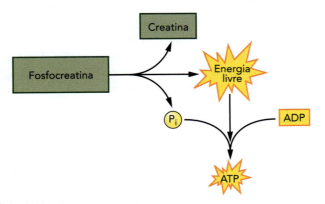

FIGURA 2.5 No sistema ATP-PCr, o trifosfato de adenosina (ATP) pode ser recriado pela ligação de um fosfato inorgânico (P_i) ao difosfato de adenosina (ADP) com a energia derivada da fosfocreatina (PCr).

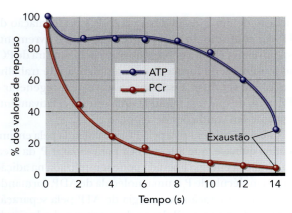

FIGURA 2.6 Mudanças no trifosfato de adenosina (ATP) e na fosfocreatina (PCr) de fibras musculares do tipo II (contração rápida) durante 14 s de esforço muscular máximo (corrida de velocidade). Embora o ATP esteja sendo utilizado em uma velocidade muito rápida, a energia da PCr é utilizada para sintetizar o ATP, impedindo a diminuição do nível dessa molécula. Entretanto, por ocasião da exaustão, tanto o nível de ATP como o de PCr estão baixos.

segundo método de produção de ATP envolve a liberação de energia por meio do fracionamento ("lise") da glicose. Esse sistema é denominado sistema glicolítico porque envolve **glicólise**, que é o fracionamento da glicose por sua passagem por uma via que envolve uma sequência de enzimas glicolíticas. A glicólise é uma rota mais complexa do que o sistema ATP-PCr, e a sequência de etapas envolvidas nesse processo é apresentada na Figura 2.7.

A glicose representa cerca de 99% de todos os açúcares circulantes no sangue. A glicose sanguínea provém da digestão de carboidratos e da lise do glicogênio hepático. O glicogênio é sintetizado a partir da glicose por um processo denominado glicogênese e é armazenado no fígado ou no músculo, onde permanece até se fazer necessário. Nesse ponto, o glicogênio é fracionado até glicose-1-fosfato, que ingressa na via da glicólise em um processo chamado de **glicogenólise**.

Antes que seja possível utilizar glicose ou glicogênio para gerar energia, essa substância precisa ser convertida em um composto chamado de glicose-6-fosfato. Ainda que o objetivo da glicólise seja liberar ATP, a conversão de uma molécula de glicose em glicose-6-fosfato exige o gasto ou ingresso de uma molécula de ATP. Na conversão do glicogênio, a glicose-6-fosfato é formada a partir da glicose-1-fosfato sem esse consumo de energia. Tecnicamente, a glicólise inicia-se assim que ocorre a formação de glicose-6-fosfato.

A glicólise depende de 10 a 12 reações enzimáticas para o fracionamento do glicogênio até o ácido pirúvico, o qual é então convertido em ácido láctico. Todos os passos dessa via e todas as enzimas envolvidas operam no citoplasma celular. O ganho final desse processo equivale a 3 mols de ATP formados para cada mol de glicogênio fracionado. Se for utilizada glicose em vez de glicogênio, o ganho será de apenas 2 mols de ATP, porque 1 mol será utilizado para a conversão de glicose em glicose-6-fosfato.

Obviamente, esse sistema de energia não produz grandes quantidades de ATP. Apesar dessa limitação, as ações combinadas dos sistemas ATP-PCr e glicolítico permitem a geração de força pelos músculos, mesmo em condições de limitação da reserva de oxigênio. Esses dois sistemas predominam durante os minutos iniciais do exercício de alta intensidade.

Outra importante limitação da glicólise anaeróbia é que esse sistema provoca acúmulo de ácido láctico nos músculos e nos líquidos corporais. A glicólise produz ácido pirúvico. Esse processo dispensa oxigênio, mas a presença dele determina o destino do ácido pirúvico. Sem a presença de oxigênio, o ácido pirúvico é convertido diretamente em ácido láctico, um ácido cuja fórmula química é $C_3H_6O_3$ e que rapidamente sofre dissociação, formando lactato. Os termos *ácido pirúvico* e *piruvato*, e *ácido láctico* e *lactato* são geralmente utilizados de forma intercambiável na fisiologia do exercício. Em cada caso, a forma ácida da molécula é relativamente instável em pH normal do corpo e perde rapidamente um íon hidrogênio. A molécula remanescente é mais corretamente chamada de piruvato ou lactato. O próprio lactato pode ser uma fonte de energia, conforme será discutido mais adiante neste capítulo.

Em eventos realizados em velocidade máxima e com duração de apenas 1 ou 2 min, são altas as demandas que recaem sobre o sistema glicolítico, e as concentrações musculares de ácido láctico podem aumentar desde um valor em repouso de cerca de 1 mmol/kg até mais de 25 mmol/kg. Essa acidificação das fibras musculares inibe o prosseguimento da degradação do glicogênio, pois compromete a função das enzimas glicolíticas. Além disso, o ácido diminui a capacidade de ligação do cálcio pelas fibras e, portanto, pode impedir a contração muscular.

A enzima limitadora de velocidade na rota glicolítica é a **fosfofrutoquinase** ou **PFK**. Como quase todas as enzimas limitadoras de velocidade, a PFK catalisa uma etapa inicial na rota: a conversão de frutose-6-fosfato para frutose-1,6-difosfato. Um aumento nas concentrações de ADP e P_i acentua a atividade da PFK e, portanto, aumenta a velocidade da glicólise, enquanto concentrações elevadas de ATP retardam a glicólise ao inibir a PFK. Além disso, pelo fato de a rota glicolítica alimentar o ciclo de Krebs para produção adicional de energia na presença de oxigênio (o tema será discutido mais à frente), produtos do ciclo de Krebs, especialmente citrato e íons hidrogênio, também inibem a PFK.

A velocidade de uso de energia pela fibra muscular durante o exercício pode ser 200 vezes superior do que em condições de repouso. Isoladamente, os sistemas ATP-PCr e glicolítico não podem fornecer toda a energia necessária. Além disso, esses dois sistemas não são capazes de atender a todas as necessidades energéticas de uma atividade de

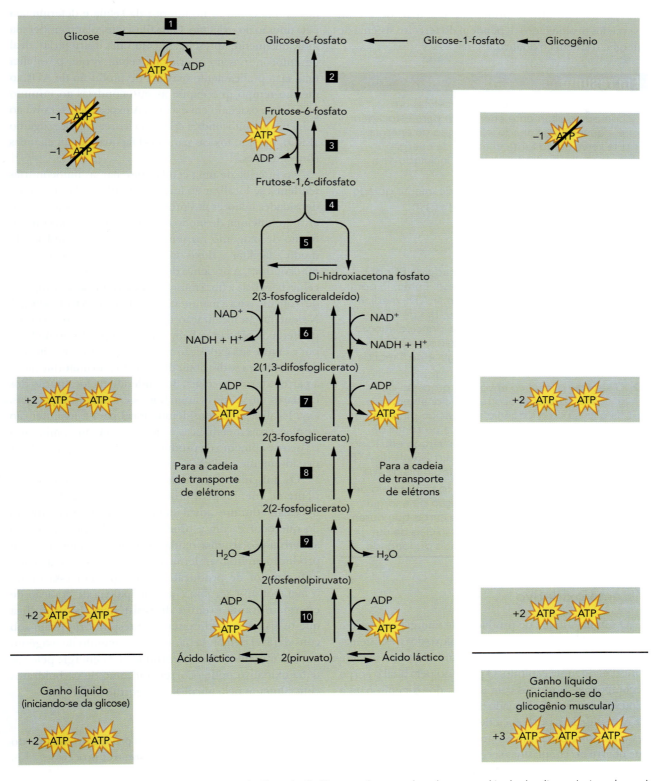

FIGURA 2.7 Derivação de energia (ATP) via glicólise. A glicólise envolve a quebra de uma molécula de glicose (seis carbonos) em duas moléculas de três carbonos de ácido pirúvico. O processo pode iniciar-se tanto pela glicose circulante no sangue como pelo glicogênio (uma cadeia de moléculas de glicose, a forma de estocagem de glicose no músculo e no fígado). Observe que existem aproximadamente 10 etapas separadas nesse processo anaeróbio, e o resultado líquido é a geração de duas ou três moléculas de ATP dependendo de o substrato inicial ser a glicose ou o glicogênio.

esforço máximo que se prolongue por mais de 2 min. Exercícios prolongados dependem do terceiro sistema de energia, o sistema oxidativo.

> **Em resumo**
>
> › A formação de ATP fornece às células um composto altamente energético para estocagem e – quando fracionado – liberação de energia. Ele serve como fonte imediata de energia para muitas funções corporais, incluindo-se a contração muscular.
> › O trifosfato de adenosina é basicamente gerado por meio de três sistemas de energia:
>   1. sistema ATP-PCr;
>   2. sistema glicolítico;
>   3. sistema oxidativo.
> › No sistema ATP-PCr, Pi é separado da PCr por meio da ação da creatina quinase. Então, Pi pode se combinar com ADP para formar ATP, mediante o uso da energia liberada da quebra de PCr. Esse sistema é anaeróbio, e sua principal função é manter os níveis de ATP na parte inicial do exercício. A produção de energia é de 1 mol de ATP por 1 mol de PCr.
> › O sistema glicolítico envolve o processo de glicólise, pelo qual ocorre o fracionamento da glicose ou glicogênio até o ácido pirúvico. Quando a glicólise ocorre sem a presença de oxigênio, o ácido pirúvico é convertido em ácido láctico. Um mol de glicose produz 2 mols de ATP, mas 1 mol de glicogênio produz 3 mols de ATP.
> › Os sistemas ATP-PCr e glicolítico contribuem de forma importante para a produção de energia durante atividades explosivas e curtas que durem até 2 min e durante os minutos iniciais de um exercício de alta intensidade mais prolongado.

Sistema oxidativo

O último sistema de produção de energia celular é o **sistema oxidativo**. Esse é o mais complexo dos três sistemas de energia, e apenas um breve resumo do processo será apresentado neste capítulo. O processo pelo qual o corpo decompõe os substratos com a ajuda do oxigênio para a geração de energia é chamado de respiração celular. Como há necessidade da presença de oxigênio, esse é um processo aeróbio. Diferente da produção anaeróbia de ATP que ocorre no citoplasma da célula, a produção oxidativa de ATP ocorre dentro de organelas celulares especiais denominadas **mitocôndrias**. Nos músculos, as mitocôndrias estão adjacentes às miofibrilas e também ficam dispersas por todo o sarcoplasma (ver Fig. 1.3).

O número total, ou densidade, das mitocôndrias no interior de uma fibra muscular fica determinado por sua demanda para a produção de ATP, mas a localização precisa dessas mitocôndrias no interior da célula é determinada pela difusão do oxigênio. Cada fibra muscular considerada individualmente apresenta-se com uma distribuição ideal de mitocôndrias no interior da célula, o que possibilita uma taxa praticamente máxima de produção de ATP, ao mesmo tempo que expõe as mitocôndrias ao mínimo possível de oxigênio em excesso. A exposição excessiva ao oxigênio na mitocôndria cria espécies reativas de oxigênio (ERO), que são tóxicas para a célula quando em elevadas concentrações.[5,7]

No interior de uma célula muscular, as mitocôndrias tendem a se localizar ao longo da periferia da fibra, com densidades maiores nas proximidades dos capilares. Esse arranjo funciona de modo a gerar gradientes na concentração de oxigênio no sentido capilar-mitocôndria, de modo a facilitar o fluxo do oxigênio para o interior das mitocôndrias. A presença de mitocôndrias na periferia da célula beneficia a fibra muscular, pela otimização do aporte de oxigênio para a manutenção de altas taxas metabólicas.[6] No entanto, a localização de mitocôndrias em torno da periferia da célula também aumenta a produção de ERO por causa de sua exposição ao oxigênio. Assim, as mitocôndrias tendem a se distribuir de maneira não uniforme junto à parte externa da célula, dependendo da localização dos capilares, em vez de ficarem homogeneamente espaçadas. Essa localização é considerada ideal para a manutenção de altas taxas metabólicas e, ao mesmo tempo, minimiza o risco de aumento da produção de ERO, que pode afetar negativamente a célula.

Os músculos dependem de um suprimento permanente de energia para produzir continuamente a força necessária durante atividades prolongadas. Ao contrário do que ocorre com a produção de ATP pelo processo anaeróbio, o sistema oxidativo tem sua velocidade de produção muito mais lenta; contudo, possui capacidade muito maior de produção de energia. Por essa razão, o metabolismo aeróbio é a principal via de geração de energia durante eventos de resistência. Isso significa que os sistemas cardiovascular e respiratório ficam sob considerável demanda para o fornecimento de oxigênio para os músculos ativos. A produção da energia pelo sistema oxidativo pode ocorrer por meio de carboidratos (inicialmente pela glicólise) ou gorduras.

Oxidação dos carboidratos

Conforme ilustra a Figura 2.8, a produção oxidativa do ATP através de carboidratos envolve três processos:

- Glicólise (Fig. 2.8a).
- Ciclo de Krebs (Fig. 2.8b).
- Cadeia de transporte de elétrons (Fig. 2.8c).

Glicólise No metabolismo dos carboidratos, a glicólise desempenha uma função específica, *tanto* na produção

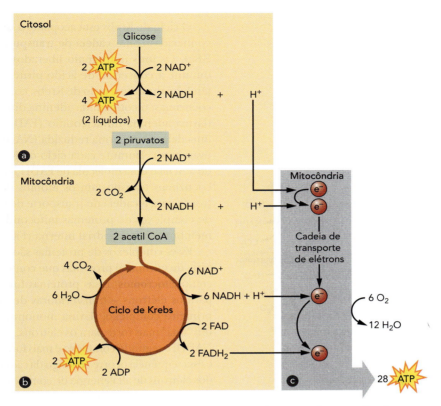

FIGURA 2.8 Em presença de oxigênio, depois que a glicose e o glicogênio foram reduzidos a piruvato na presença de oxigênio, (a) primeiramente o piruvato é catalisado em acetil coenzima A (acetil CoA), que pode entrar (b) no ciclo de Krebs, onde ocorre a fosforilação oxidativa. Então, os íons hidrogênio liberados durante o ciclo de Krebs se combinam com coenzimas que transportam os íons hidrogênio até (c) a cadeia de transporte de elétrons.

anaeróbia como na produção aeróbia do ATP. O processo de glicólise é o mesmo, independentemente de haver ou não oxigênio presente. A presença de oxigênio determina apenas o destino do produto final – o ácido pirúvico. Lembre-se de que a glicólise anaeróbia produz ácido láctico e apenas 3 mols de ATP por mol de glicogênio, ou 2 mols de ATP por mol de glicose. Entretanto, em presença de oxigênio, o ácido pirúvico é convertido em um composto conhecido como **acetil coenzima A (acetil CoA)**.

Ciclo de Krebs Uma vez formada, a acetil CoA entra no **ciclo de Krebs** (também chamado de ciclo do ácido cítrico ou ciclo do ácido tricíclico), uma série complexa de reações químicas que permitem a completa oxidação da acetil CoA (como mostra a Fig. 2.9). Lembre-se de que, para cada molécula de glicose que entra na rota glicolítica, duas moléculas de piruvato são formadas. Por isso, cada molécula de glicose que inicia o processo de produção de energia na presença de oxigênio resulta em dois ciclos de Krebs completos.

Como destacado na Figura 2.8b (e demonstrado em mais detalhes na Fig. 2.9), a conversão de succinil CoA em succinato, no ciclo de Krebs, resulta na geração de trifosfato de guanosina, ou GTP, um composto de alta energia semelhante ao ATP. O guanosina trifosfato então transfere um P_i para o ADP para formar ATP. Esses dois ATP (por molécula de glicose) são formados por fosforilação ao nível do substrato. Portanto, ao final do ciclo de Krebs, dois mols extras de ATP são formados diretamente, e o carboidrato original é metabolizado em dióxido de carbono e hidrogênio.

Como em outras vias envolvidas no metabolismo energético, as enzimas do ciclo de Krebs são reguladas por *feedback* negativo em diversas etapas do ciclo. A enzima limitadora de velocidade no ciclo de Krebs é a isocitrato desidrogenase, a qual, como a PFK, é inibida pelo ATP e ativada pelo ADP e P_i, assim como a cadeia de transporte de elétrons. Como a contração muscular depende da disponibilidade de cálcio na célula, o excesso de cálcio também estimula a enzima limitadora de velocidade isocitrato desidrogenase.

Cadeia de transporte de elétrons Durante a glicólise, íons hidrogênio são liberados quando a glicose é metabolizada até ácido pirúvico. Íons hidrogênio adicionais são liberados na conversão de piruvato até acetil CoA e em diversas etapas durante o ciclo de Krebs. Se esses íons hidrogênio permanecessem no sistema, o interior da célula se tornaria excessivamente ácido. O que acontece com esse hidrogênio?

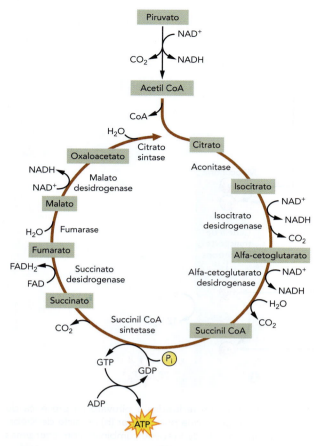

FIGURA 2.9 Série de reações que ocorrem durante o ciclo de Krebs, demonstrando os compostos formados e as enzimas envolvidas.

O ciclo de Krebs está acoplado a uma série de reações conhecidas como **cadeia de transporte de elétrons** (Fig. 2.8c). Os íons hidrogênio liberados durante a glicólise, durante a conversão de ácido pirúvico em acetil CoA, e também durante o ciclo de Krebs, combinam-se com duas coenzimas: nicotinamida adenina dinucleotídio (NAD) e flavina adenina dinucleotídio (FAD), convertendo cada uma delas à sua forma reduzida (NADH e $FADH_2$, respectivamente). Durante cada ciclo de Krebs, três moléculas de NADH e uma molécula de $FADH_2$ são produzidas. Essas coenzimas transportam os átomos de hidrogênio (elétrons) para a cadeia de transporte de elétrons, um grupo de complexos de proteínas mitocondriais localizados na membrana mitocondrial interna (Fig. 2.10).

Esses complexos de proteínas são compostos por uma série de enzimas e proteínas que contêm ferro conhecidas como **citocromos**. Essas proteínas funcionam como ímãs para os elétrons – transferidoras de elétrons, em que o primeiro complexo, flavina mononucleotídeo (FMN), é um "ímã" mais forte para os elétrons, em comparação com NADH; o segundo complexo é mais forte do que o primeiro, e essa sequência ocorre ao longo da cadeia. Com a passagem dos elétrons de alta energia de complexo para complexo ao longo dessa cadeia, alguma energia liberada por essas reações é usada para bombear H^+, da matriz mitocondrial para o compartimento externo da mitocôndria. À medida em que esses íons hidrogênio retornam pela membrana a favor do seu gradiente de concentração, energia é transferida para o ADP, ocorrendo a formação de ATP. Essa etapa final necessita de uma enzima conhecida como ATP sintase. Ao final da cadeia, H^+ se combina com oxigênio para formar água,

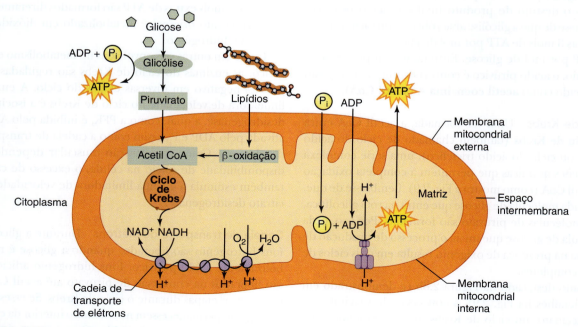

FIGURA 2.10 Localizações do processo de glicólise (citoplasma), ciclo de Krebs (mitocôndria) e cadeia de transporte de elétrons (membrana interna da mitocôndria).

o que impede a acidificação da célula. Esse processo está ilustrado na Figura 2.11. Considerando que esse processo depende do oxigênio como aceptor final de elétrons e H⁺, ele é conhecido como fosforilação oxidativa.

Para cada par de elétrons transportado para a cadeia de transporte de elétrons pelo NADH, três moléculas de ATP são formadas, enquanto os elétrons que passam pela cadeia de transporte de elétrons pelo $FADH_2$ produzem apenas duas moléculas de ATP. No entanto, em razão de NADH e $FADH_2$ estarem do lado de fora da membrana mitocondrial, o H⁺ deve ser lançado através da membrana, o que necessita de utilização de energia. Então, na verdade, a produção líquida é de apenas 2,5 ATP por NADH, e 1,5 ATP por $FADH_2$.

Produção de energia a partir da oxidação de carboidratos A oxidação completa da glicose pode gerar 32 moléculas de ATP, enquanto 33 ATP são produzidos a partir de uma molécula de glicogênio muscular. Os locais de produção do ATP estão resumidos na Figura 2.12. A produção final de ATP a partir da fosforilação ao nível do substrato na rota glicolítica, levando ao ciclo de Krebs, resulta em um ganho líquido de dois ATP (ou três, com o glicogênio). Um total de 10 moléculas de NADH que levam à cadeia de transporte de elétrons – dois na glicólise, dois na conversão do ácido pirúvico em acetil CoA e seis no ciclo de Krebs – produz, ao final do processo, 25 moléculas de ATP. Lembre-se de que, enquanto 30 ATP são produzidos, o custo energético do transporte de ATP através das membranas usa cinco desses ATP. As duas moléculas de FAD no ciclo de Krebs que estão envolvidas no transporte de elétrons resultam, ao final do processo, em três ATP adicionais. Finalmente, a fosforilação ao nível do substrato no ciclo de Krebs, que envolve a molécula de GTP, adiciona outras duas moléculas de ATP.

Contabilizar o custo energético do lançamento de elétrons através da membrana mitocondrial é um conceito relativamente novo na fisiologia do exercício, e muitos livros nessa área ainda reportam a produção líquida de 36-39 ATP por molécula de glicose.

Oxidação das gorduras

Conforme mencionado anteriormente, a gordura também contribui de maneira importante para as necessidades dos músculos por energia. As reservas musculares e hepáticas de glicogênio podem fornecer apenas cerca de 2.500 kcal de energia, mas a gordura armazenada no interior das fibras musculares e nos adipócitos pode

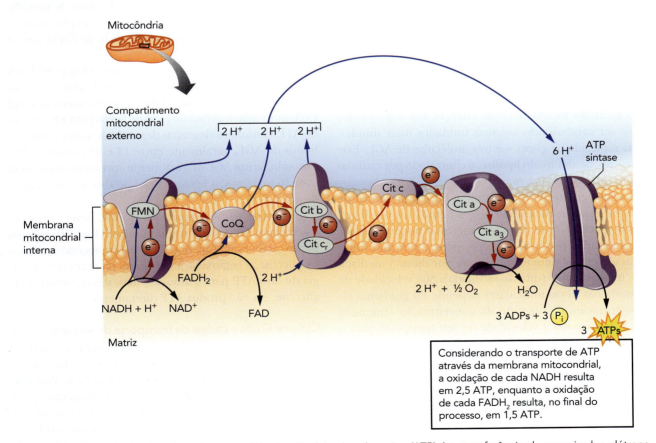

FIGURA 2.11 A etapa final da produção aeróbia de trifosfato de adenosina (ATP) é a transferência de energia dos elétrons de alta energia da nicotinamida adenina dinucleotídio e da flavina adenina dinucleotídio reduzidas (NADH e $FADH_2$) dentro da mitocôndria, seguindo-se uma série de etapas conhecidas como cadeia de transporte de elétrons.

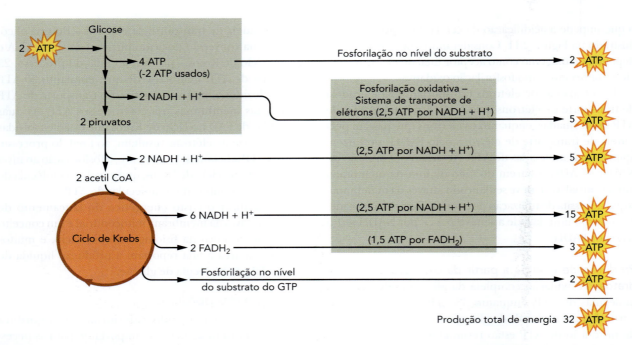

FIGURA 2.12 A produção líquida de energia com a oxidação de uma molécula de glicose consiste em 32 moléculas de trifosfato de adenosina (ATP). A oxidação do glicogênio como substrato original produziria um ATP adicional.

fornecer pelo menos 70.000 a 75.000 kcal, mesmo em um adulto magro. Embora muitos compostos químicos (como triglicerídeos, fosfolipídios e colesterol) sejam classificados como gorduras, apenas os triglicerídeos são fontes importantes de energia. Os triglicerídeos são armazenados em adipócitos, entre fibras dos músculos esqueléticos e também no interior dessas fibras. Para que seja utilizado na obtenção de energia, um triglicerídeo deve ser catabolizado até suas unidades mais simples: uma molécula de glicerol e três moléculas de AGL. Esse processo, denominado **lipólise**, é controlado por enzimas conhecidas como lipases.

Ácidos graxos livres constituem a fonte principal de energia para o metabolismo de gorduras. Uma vez liberados do glicerol, os AGL podem ingressar no sangue e ser transportados por todo o corpo, penetrando nas fibras musculares por difusão simples ou por difusão mediada por transportador (difusão facilitada). Sua velocidade de entrada nas fibras musculares depende do gradiente de concentração. O aumento da concentração sanguínea de AGL aumenta a velocidade de seu transporte para o interior das fibras musculares.

Betaoxidação Lembre-se de que gorduras são estocadas em dois locais no corpo – dentro das fibras musculares e nas células do tecido adiposo, chamadas adipócitos. A forma de estocagem de gorduras é o triglicerídeo, o qual é quebrado em AGL e glicerol para o metabolismo energético. Antes que os AGL possam ser usados para a produção de energia, eles devem ser convertidos em acetil CoA na mitocôndria, um processo chamado **betaoxidação**. O acetil CoA é o intermediário comum por meio do qual entram todos os substratos no ciclo de Krebs para o metabolismo oxidativo.

A betaoxidação é uma série de etapas em que unidades acila com dois carbonos são removidas da cadeia de carbono do AGL. As unidades acila se transformam em acetil CoA, que então ingressa no ciclo de Krebs para a formação de ATP. O número de etapas depende do número de carbonos do AGL, geralmente entre 14 e 24 carbonos. Por exemplo, se um AGL originalmente apresenta uma cadeia com 16 carbonos, a betaoxidação produz oito moléculas de acetil CoA.

Ao entrar na fibra muscular, os AGL devem ser enzimaticamente ativados com energia do ATP, preparando-os para o catabolismo (quebra) dentro da mitocôndria. Como na glicólise, a betaoxidação necessita da entrada de energia de dois ATP para a ativação; mas, diferentemente da glicólise, ela não produz ATP diretamente.

Ciclo de Krebs e cadeia de transporte de elétrons Após a betaoxidação, o metabolismo das gorduras segue o mesmo caminho do metabolismo oxidativo dos carboidratos. A acetil CoA formada por betaoxidação entra no ciclo de Krebs. O ciclo de Krebs gera hidrogênio, que é transportado até a cadeia de transporte de elétrons juntamente ao hidrogênio gerado durante a betaoxidação, para sofrer fosforilação oxidativa. Como também ocorre no metabolismo da glicose, os subprodutos da oxidação dos AGL são ATP, H_2O e dióxido de carbono (CO_2). No entanto, a combustão completa de uma molécula de AGL depende de mais oxigênio, pois essa molécula contém uma quantidade consideravelmente maior de carbono em comparação com a molécula de glicose.

A vantagem de haver mais moléculas de carbono nos AGL do que na glicose é a formação de mais acetil CoA a partir do metabolismo de determinada quantidade de gordura, e, assim, mais moléculas de acetil CoA ingressam no ciclo de Krebs e mais elétrons são enviados à cadeia de transporte de elétrons. É por isso que o metabolismo das gorduras pode gerar uma quantidade muito maior de energia em comparação com o metabolismo da glicose. Ao contrário da glicose ou do glicogênio, gorduras são heterogêneas, e a quantidade de ATP produzida depende da gordura específica oxidada.

Considere o exemplo do ácido palmítico, um AGL de 16 carbonos bastante abundante. As reações combinadas de oxidação, do ciclo de Krebs e da cadeia de transporte de elétrons produzem 106 moléculas de ATP a partir de uma molécula de ácido palmítico (como mostra a Tab. 2.2), em comparação com apenas 32 moléculas de ATP a partir da glicose, ou 33 a partir do glicogênio.

Oxidação das proteínas

Conforme demonstrado anteriormente, carboidratos e ácidos graxos são os substratos preferidos pelo organismo para a obtenção de combustível. Mas em algumas circunstâncias proteínas também são utilizadas (ou melhor, os aminoácidos que formam essas substâncias) na produção de energia. Alguns aminoácidos podem ser convertidos em glicose, um processo denominado gliconeogênese (ver Fig. 2.1). De modo alternativo, alguns podem ser convertidos em diversos intermediários do metabolismo oxidativo (p. ex., piruvato ou acetil CoA) para ingressar no processo oxidativo.

A produção de energia a partir de proteína não é determinada de forma tão fácil como nos casos dos carboidratos ou das gorduras, uma vez que a proteína também contém nitrogênio. Quando os aminoácidos são catabolizados, parte do nitrogênio liberado é utilizada para formar novos

---

PERSPECTIVA DE PESQUISA 2.1
Gordura branca, marrom e (talvez) bege em seres humanos

O tecido adiposo marrom (TAM), geralmente chamado de gordura marrom, pode ser observado em quase todas as espécies de mamíferos, sobretudo naquelas que hibernam. Ao contrário do tecido adiposo branco, especializado no armazenamento e na degradação lipídica (lipólise) para atender às demandas metabólicas de longa duração, a função da gordura marrom é transferir energia dos alimentos diretamente para a produção de calor. As células adiposas marrons contêm muitas pequenas gotículas lipídicas e muitas mitocôndrias, que emprestam ao tecido sua aparência marrom. As células do TAM também contam com mais vasos sanguíneos (em comparação com as células adiposas brancas) para suprir o tecido com oxigênio e nutrientes, bem como distribuir o calor produzido nas células para o resto do corpo. A membrana interna das mitocôndrias das células do TAM possui uma proteína especializada chamada proteína de desacoplamento, que, como o nome sugere, desacopla a cadeia de transporte de elétrons da criação de ATP (fosforilação). Embora a gordura branca gere ATP para a produção de energia, o papel principal da gordura marrom é produzir calor e acelerar o metabolismo, principalmente em repouso.

A gordura marrom é abundante em recém-nascidos e crianças pequenas. No entanto, durante muito tempo acreditava-se que as reservas desse tecido eram inexistentes em humanos adultos. Em 2009, um estudo publicado no *New England Journal of Medicine* demonstrou que humanos adultos possuem tecido adiposo marrom funcionalmente ativo.[3] Usando tomografia por emissão de pósitrons e tomografia computadorizada (PET-CT), os pesquisadores descobriram que o local mais comum para esse tecido marrom nos adultos se situava nas proximidades das clavículas; que o tecido era mais frequentemente encontrado nas mulheres do que nos homens; e que pessoas com índice de massa corporal mais alto tinham menos gordura marrom. Tendo em vista que o TAM promove a dissipação de energia em vez do seu armazenamento (a função do tecido adiposo branco), sua descoberta em humanos despertou grande interesse em virtude da possibilidade de aumentar a atividade do TAM, objetivando doenças como a obesidade e o diabetes tipo 2.

Recentemente, vários estudos relataram que a prática crônica do exercício de resistência pode promover a expressão de genes termogênicos (produtores de calor) semelhantes no tecido adiposo branco, resultando no "acastanhamento" da gordura branca. Em um estudo em animais, as alterações induzidas pelo treinamento no tipo de gordura resultaram em um aumento do gasto energético em repouso de até 17% em ratos treinados.[2] Ainda não ficou esclarecido se o treinamento físico aumenta a massa do TAM, ou se promove o acastanhamento do tecido adiposo branco em humanos, mas, atualmente, encontram-se em curso estudos de utilização do potencial metabólico do TAM para aumentar o gasto energético corporal total. O objetivo final desses estudos é tratar a obesidade e outras doenças metabólicas.

TABELA 2.2 Produção de ATP a partir da oxidação de uma molécula de ácido palmítico

Estágio do processo	Direto (oxidação no nível do substrato)	Por fosforilação oxidativa
Ativação do ácido graxo	0	–2
Betaoxidação (ocorre 7 vezes)	0	28
Ciclo de Krebs (ocorre 8 vezes)	8	72
Subtotal	8	98
Total	**106**	

aminoácidos, mas o nitrogênio restante não pode ser oxidado pelo corpo. Em vez disso, é convertido em ureia e, em seguida, excretado, principalmente pela urina. Essa conversão requer o uso do ATP, e, assim, alguma energia é consumida nesse processo.

Quando a proteína é degradada por combustão no laboratório, a produção de energia é de 5,65 kcal/g. Contudo, visto que a energia se perde na conversão do nitrogênio em ureia quando a proteína é metabolizada no corpo, a produção de energia fica apenas em cerca de 4,1 kcal/g.

Para avaliar com precisão a velocidade do metabolismo da proteína, é preciso determinar a quantidade de nitrogênio que está sendo eliminado do corpo. Essas determinações dependem da coleta de urina por períodos de 12 a 24 h – um processo demorado. Considerando que o corpo sadio utiliza pouca proteína durante o repouso e o exercício (habitualmente não mais de 5 a 10% da energia total despendida), em geral as estimativas de consumo de energia ignoram o metabolismo das proteínas.

Ácido láctico como fonte de energia durante o exercício

O ácido láctico se encontra em estado de constante *turnover* (i. e., renovação) no interior das células, sendo produzido pela glicólise e removido da célula, principalmente por meio da oxidação. Assim, apesar de sua má reputação como causador de fadiga, o ácido láctico pode ser, e é, utilizado como verdadeira fonte de combustível durante o exercício. Isso ocorre por meio de diversos mecanismos.

Em primeiro lugar, já sabemos que o lactato produzido pela glicólise no citoplasma de uma fibra muscular pode ser captado pelas mitocôndrias no interior dessa mesma fibra, sendo diretamente oxidado. Isso ocorre sobretudo em células com elevada densidade de mitocôndrias, como as fibras musculares do tipo I (altamente oxidativas), no músculo cardíaco e nas células hepáticas.

Em segundo lugar, o lactato produzido em uma fibra muscular pode ser transportado de seu local de produção e utilizado em outro local, por um processo denominado "lançadeira de lactato", que foi originalmente descrito pelo Dr. George Brooks. O lactato é basicamente produzido por fibras musculares do tipo II, mas pode ser transportado para fibras do tipo I adjacentes por difusão ou por transporte ativo. Nesse contexto, a maior parte do lactato produzido em um músculo jamais deixa esse músculo. O lactato também pode ser transportado através da circulação até locais onde possa ser diretamente oxidado. A lançadeira de lactato permite que a glicólise ocorrente em uma célula forneça combustível para uso em outra célula. Transportadores especiais, denominados proteínas de transporte de monocarboxilato (MCT), facilitam o movimento intercelular e intertecidual do lactato e, provavelmente, no interior das células. Durante o exercício, aproximadamente 80-90% do lactato é transferido pelo sarcolema, seja por difusão passiva ou por transporte facilitado com a ajuda das MCT. Esses transportadores podem se expressar em quantidades diferenciadas, dependendo das propriedades das células e dos tecidos, ajudando a mobilizar o lactato nas células que tenham maior atividade metabólica. O uso do lactato como combustível metabólico representa aproximadamente 70-75% da remoção dessa substância durante o exercício.

Finalmente, parte do ácido láctico produzido no músculo é transportado pelo sangue até o fígado, onde é reconvertido em ácido pirúvico e até glicose (gliconeogênese), sendo então transportado de volta ao músculo ativo. Esse é o chamado ciclo de Cori. Sem essa reciclagem do lactato até a formação de glicose para uso como fonte de energia, a prática de exercício prolongado ficaria extremamente limitada. Em num nível mais integrativo, o lactato produzido ao se exercitar o músculo esquelético é captado e oxidado no cérebro. Portanto, o lactato está inteiramente envolvido como combustível metabólico, mas também responde às mudanças na percepção dos nutrientes quando diferentes combustíveis metabólicos são utilizados durante o exercício.

Resumo do metabolismo dos substratos

Como demonstrado na Figura 2.13, a habilidade de produzir contração muscular para o exercício é uma questão de fornecimento e demanda de energia. Tanto a contração das fibras do músculo esquelético quanto seu relaxamento necessitam de energia. Essa energia vem dos alimentos na dieta e da energia estocada no corpo. O sistema ATP-PCr opera no citosol das células, assim como a glicólise, e nenhum deles necessita de oxigênio para a produção de ATP. A fosforilação oxidativa ocorre dentro da mitocôndria. Observe que, em condições aeróbias, os principais substratos – carboidratos e gorduras – são reduzidos a um intermediário comum, a acetil CoA, que entra no ciclo de Krebs.

Perspectiva de pesquisa 2.2

O treinamento ao longo da vida pode resultar em uma utilização mais eficiente do combustível

Embora o envelhecimento esteja associado a uma diminuição da capacidade de praticar exercício físico e do desempenho esportivo, não há dúvida de que o músculo esquelético do idoso pode ser treinado para atender às demandas do exercício. O fato de uma pessoa permanecer fisicamente ativa ao longo da vida a protege contra alguns dos declínios relacionados à idade no tamanho das fibras musculares, tipos de fibra, número de mitocôndrias e na capacidade oxidativa, em comparação com idosos sedentários. Essas mudanças e adaptações relacionadas ao envelhecimento estão discutidas em mais detalhes no Capítulo 18.

Recentemente, um estudo realizado na Universidade de Pittsburgh procurou determinar se os músculos esqueléticos de atletas idosos da classe *master* exibiam o mesmo armazenamento de substrato e capacidade de oxidação desses combustíveis, em comparação com atletas mais jovens que treinavam da mesma forma (ou seja, usavam o mesmo modo de exercício e frequência de treinamento).[4] Esse estudo constatou que atletas *masters* que vinham se exercitando durante toda a vida possuem maiores reservas de triglicerídios em suas fibras musculares e uma proporção maior de fibras oxidativas, em comparação com os atletas jovens. Essas diferenças resultaram em melhor eficiência metabólica – menor dependência da oxidação de carboidratos – durante a prática de exercício em alta intensidade nos atletas idosos (ver figura). O exercício de resistência praticado ao longo da vida funciona como proteção contra alguns dos declínios associados ao envelhecimento no potencial oxidativo e propicia aos atletas idosos maior capacidade de oxidação de gordura para a produção de ATP durante o exercício.

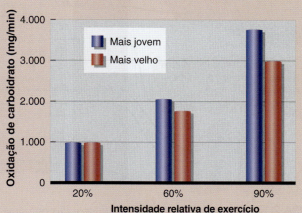

Ilustração simplificada da oxidação de carboidrato em diferentes intensidades relativas de exercício físico em atletas adultos jovens e idosos. Os atletas *masters*, que praticam exercício de resistência ao longo da vida, dependem menos da oxidação do carboidrato em maiores intensidades de exercício, em comparação com atletas mais jovens com treinamento semelhante.

Interação dos sistemas de energia

Os três sistemas de energia não funcionam de maneira independente entre si, e nenhuma atividade tem 100% de suporte de um único sistema de energia. Quando uma pessoa está se exercitando com a máxima intensidade possível, desde as corridas de velocidade mais curtas (menos de 10 s) até os eventos de resistência (acima de 30 min), cada um dos sistemas de energia está contribuindo para o atendimento das necessidades totais de energia do corpo. Todavia, geralmente ocorre o predomínio de um sistema de produção de energia, exceto quando há transição da predominância de um sistema de energia para outro. Para exemplificar, em uma corrida de velocidade de 10 s para 100 m rasos, o ATP-PCr é o sistema de produção de energia predominante, porém, tanto o sistema glicolítico anaeróbio como o sistema oxidativo contribuem com pequena parte da energia necessária. No outro extremo, em uma corrida de 10.000 m com duração de 30 min, há predominância do sistema oxidativo, mas os sistemas ATP-PCr e glicolítico anaeróbio também contribuem com certa quantidade de energia.

A Figura 2.14 ilustra a relação recíproca entre os sistemas energéticos com respeito à potência e capacidade. O sistema de energia ATP-PCr pode fornecer energia com rapidez, mas possui capacidade muito baixa para a produção energética. Assim, esse sistema dá sustentação à prática de exercícios intensos, mas com curtíssima duração. Por outro lado, a oxidação das gorduras leva mais tempo para ocorrer e produz energia em taxas mais lentas; no entanto, a quantidade de energia que pode produzir é ilimitada. A Tabela 2.3 apresenta as características dos sistemas de produção de energia na fibra muscular.

O conceito de *crossover*

O **conceito de *crossover*** (cruzamento) foi descrito originalmente por Brooks e Mercier[1] para descrever o equilíbrio relativo entre o metabolismo dos carboidratos (CHO) e das gorduras durante exercícios físicos constantes. Em repouso e durante o exercício em intensidades baixas a moderadas (abaixo de 60% do consumo máximo de oxigênio), os lipídios funcionam como o principal substrato para a geração

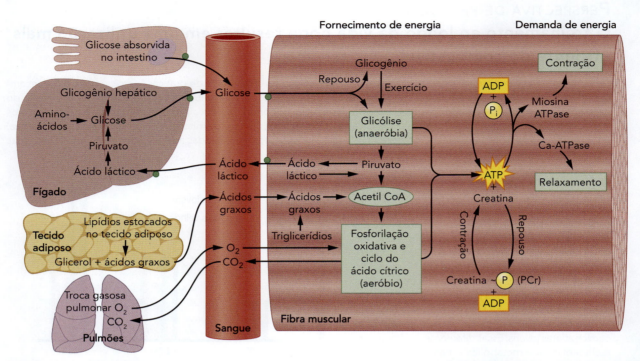

FIGURA 2.13 O metabolismo dos carboidratos, das gorduras e, em menor magnitude, das proteínas compartilha rotas em comum dentro da fibra muscular. As moléculas de trifosfato de adenosina (ATP) geradas pelo metabolismo oxidativo e não oxidativo são usadas por essas etapas na contração e relaxamento musculares, que demandam energia.

Em resumo

> O sistema oxidativo envolve a quebra de substratos na presença de oxigênio. Esse sistema produz mais energia do que os sistemas ATP-PCr e glicolítico.

> A oxidação de carboidratos envolve a glicólise, o ciclo de Krebs e a cadeia de transporte de elétrons. O resultado final é H_2O, CO_2 e 32 ou 33 moléculas de ATP por molécula de carboidrato.

> A oxidação de gorduras inicia-se com a betaoxidação dos AGL e posteriormente segue a mesma rota da oxidação dos carboidratos: acetil CoA deslocando-se para o ciclo de Krebs e para a cadeia de transporte de elétrons. A energia produzida pela oxidação de gorduras é muito maior que a oxidação de carboidratos e varia de acordo com o AGL oxidado. No entanto, a taxa máxima de formação de fosfato de alta energia com a utilização de lipídios é muito lenta para suprir a taxa de utilização de fosfato de alta energia durante exercícios de alta intensidade, e a energia produzida pela gordura por molécula de oxigênio utilizada é muito menor do que a produzida pelos carboidratos.

> Embora a gordura proporcione mais quilocalorias de energia por grama que o carboidrato, a oxidação das gorduras exige mais oxigênio do que a oxidação dos carboidratos. A produção de energia a partir das gorduras equivale a 5,6 moléculas de ATP por molécula de oxigênio utilizada, em comparação com uma produção de 6,3 ATP por molécula de oxigênio para os carboidratos. A liberação de oxigênio fica limitada pelo sistema de transporte dessa substância, e, assim, o carboidrato é o combustível preferido durante o exercício de alta intensidade.

> A velocidade máxima de produção de ATP a partir da oxidação dos lipídios é demasiado baixa para acompanhar a velocidade de utilização do ATP durante o exercício em alta intensidade. Isso explica a redução no ritmo de corrida dos atletas, quando as reservas de carboidratos sofrem depleção, e a gordura, na ausência dos carboidratos, passa a ser a fonte predominante de combustível.

> A medida da oxidação de proteínas é mais complexa, pois os aminoácidos contêm nitrogênio, que não pode ser oxidado. As proteínas contribuem relativamente pouco para a produção de energia, geralmente menos de 10%; assim, seu metabolismo é geralmente considerado insignificante.

> Apesar de sua má reputação como fator potencial causador de fadiga, o ácido láctico pode ser, e é, utilizado como importante fonte de energia durante a prática de exercícios.

Combustível para o exercício: bioenergética e metabolismo do músculo 73

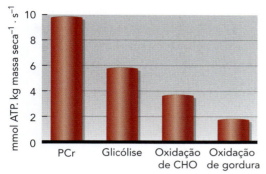

(a) Taxa máxima de geração de ATP

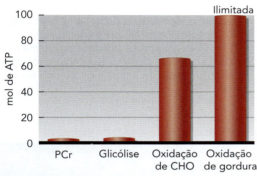

(b) Máxima energia disponível

FIGURA 2.14 Os diversos sistemas de energia têm uma relação recíproca com respeito a (a) taxa máxima de produção da energia, e (b) capacidade de produção dessa energia.

de ATP. Durante o exercício de alta intensidade (acima de 75% do consumo máximo de oxigênio), aumentos na glicogenólise muscular e no recrutamento de mais fibras musculares do tipo II promovem um desvio para o CHO como substrato predominante na geração de ATP. O ponto de cruzamento (ou seja, o *crossover*) é a intensidade na qual ocorre a intersecção nas curvas de utilização das gorduras e dos carboidratos (Fig. 2.15), ou seja, à medida que diminui a energia proveniente das gorduras e aumenta a energia derivada dos carboidratos. Além desse ponto de cruzamento, novos aumentos de potência são obtidos com incrementos adicionais na utilização de CHO e com declínios na oxidação das gorduras.

O ponto de cruzamento é afetado tanto pela intensidade do exercício como pelo nível do treinamento de resistência. O treinamento de resistência resulta em adaptações bioquímicas nas fibras musculares que promovem e apoiam a oxidação dos AGL, com aumento no número de mitocôndrias, aumento das enzimas oxidativas e alterações na betaoxidação e na cadeia de transporte de elétrons – todos fatores determinantes importantes do metabolismo das gorduras. O resultado do treinamento é permitir que o corpo poupe o glicogênio muscular, tendo em vista que as reservas de carboidratos no organismo são limitadas.

FIGURA 2.15 Relação entre as contribuições relativas da utilização de gordura e carboidrato (CHO) para o gasto energético global, em função da intensidade do exercício. O ponto no qual ocorre a intersecção das duas linhas ilustra o clássico conceito de *crossover* (cruzamento).

TABELA 2.3 Características dos vários sistemas de fornecimento de energia

Sistema de energia	Necessita de oxigênio?	Reação química total	Taxa relativa de ATP formado por segundo	ATP formado por molécula de substrato	Capacidade disponível
ATP-PCr	Não	PCr para Cr	10	1	< 15 s
Glicólise	Não	Glicose ou glicogênio para lactato	5	2-3	~ 1 min
Oxidativo (dos carboidratos)	Sim	Glicose ou glicogênio para CO_2 e H_2O	2,5	36-39*	~ 90 min
Oxidativo (das gorduras)	Sim	AGL ou triglicerídeos para CO_2 e H_2O	1,5	> 100	Dias

*Produção de 36-39 ATP por molécula de carboidrato excluindo-se o custo energético do transporte através das membranas. A produção líquida é um pouco inferior (ver texto).

Cortesia do Dr. Martin Gibala. McMaster University, Hamilton, Ontario, Canada.

Essas adaptações induzidas pelo treinamento deslocam o ponto de cruzamento para intensidades de exercícios mais altas. A dieta (suprimento e reservas de energia) e a prática prévia de exercício físico desempenham papéis secundários na determinação do equilíbrio da utilização de substratos durante o exercício submáximo.

Capacidade oxidativa do músculo

Tem sido possível verificar que os processos do metabolismo oxidativo resultam nas maiores produções de energia. Seria ideal se esses processos sempre funcionassem na capacidade de pico. Mas, assim como ocorre com todos os sistemas fisiológicos, esses processos operam dentro de certos limites. A capacidade oxidativa do músculo ($\dot{Q}O_2$) é uma medida da capacidade máxima de utilização do oxigênio. Essa medição é realizada no laboratório, onde uma pequena quantidade de tecido muscular pode ser testada para determinar sua capacidade de consumir oxigênio em uma situação de estimulação química para a geração de ATP. Em última análise, a capacidade oxidativa de um músculo depende de suas concentrações de enzimas oxidativas, composição do tipo de fibra e disponibilidade de oxigênio.

Atividade enzimática

É difícil determinar a capacidade das fibras musculares de oxidar carboidratos e gorduras. Numerosos estudos demonstraram a existência de uma estreita relação entre a capacidade de um músculo de realizar exercício aeróbio prolongado e a atividade de suas enzimas oxidativas. Como são necessárias muitas enzimas diferentes para a oxidação, a atividade enzimática das fibras musculares proporciona uma indicação razoável de seu potencial oxidativo.

É impraticável a mensuração de todas as enzimas nos músculos. Assim, foram selecionadas algumas enzimas representativas para refletir a capacidade aeróbia das fibras. As enzimas mais frequentemente medidas são succinato desidrogenase e citrato sintase, enzimas mitocondriais envolvidas no ciclo de Krebs (ver Fig. 2.9). A Figura 2.16 ilustra a estreita relação entre a atividade da succinato desidrogenase no músculo vasto lateral e a capacidade oxidativa do músculo. Músculos de atletas de resistência têm atividades enzimáticas oxidativas cerca de duas a quatro vezes maiores do que as atividades de homens e mulheres não treinados.

Composição dos tipos de fibras e treinamento de resistência

Basicamente, a composição dos tipos de fibras musculares determina sua capacidade oxidativa. Conforme se pôde observar no Capítulo 1, fibras de contração lenta,

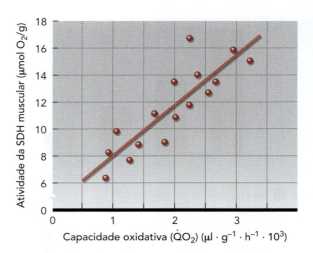

FIGURA 2.16 Relação entre a atividade da enzima muscular succinato desidrogenase (SDH) e sua capacidade oxidativa ($\dot{Q}O_2$), medida por meio de amostra de biópsia do músculo vasto lateral.

PERSPECTIVA DE PESQUISA 2.3
A capacidade oxidativa da fibra muscular determina o nível de condicionamento físico?

O consumo máximo de oxigênio ($\dot{V}O_{2max}$; discutido em detalhes no Cap. 5) é uma medida do condicionamento cardiorrespiratório; portanto, não surpreende que atletas de resistência bem treinados tenham $\dot{V}O_{2max}$ elevado. A capacidade de absorver e usar oxigênio durante o exercício aeróbio pode ficar limitada por qualquer número de fatores ao longo do trajeto a ser percorrido pela molécula de O_2, à medida que ela se desloca da atmosfera para as mitocôndrias, para seu uso na produção de energia: a ventilação pulmonar, a capacidade de transporte de oxigênio pelo sangue e o fluxo sanguíneo para o músculo que está sendo exercitado, apenas para citar alguns desses fatores. O consumo máximo de oxigênio é também um importante preditor de saúde, e as reduções no $\dot{V}O_{2max}$ estão associadas à perda de mobilidade e de independência em idosos, bem como ao aumento da mortalidade em muitas doenças crônicas. Em virtude de sua função essencial, os fisiologistas do exercício mostram-se profundamente interessados nos fatores que limitam o $\dot{V}O_{2max}$ em todas as pessoas, desde pacientes com insuficiência cardíaca crônica até atletas profissionais de resistência.

Desde o advento das técnicas de medição para quantificação do $\dot{V}O_{2max}$ no ser humano, os pesquisadores elaboraram estudos para examinar sistematicamente cada ponto ao longo da rota de liberação do oxigênio, a partir do ar inspirado até a mitocôndria nas fibras musculares.

Considerando o consenso de que aumentos no fornecimento de oxigênio para o músculo em atividade melhoram o $\dot{V}O_{2max}$ e a capacidade de praticar o exercício, muitos cientistas acreditavam que a capacidade das próprias mitocôndrias no uso do oxigênio – ou seja, a capacidade oxidativa mitocondrial – não era um fator limitante para o consumo máximo de oxigênio. Entretanto, um estudo recente examinou até que ponto a capacidade oxidativa mitocondrial, isoladamente, estava associada ao $\dot{V}O_{2max}$ em pessoas com níveis de condicionamento muito diferentes.[8]

Nesse estudo, os pesquisadores mediram o $\dot{V}O_{2max}$ durante exercícios de ciclismo em pacientes com insuficiência cardíaca crônica, em indivíduos saudáveis e em ciclistas de elite. Em seguida, os pesquisadores coletaram amostras de biópsia muscular do quadríceps de cada voluntário, com o objetivo de medir a capacidade oxidativa mitocondrial. Para quantificar a capacidade de utilização do oxigênio pelas fibras musculares, eles mediram a atividade de succinato desidrogenase, uma enzima importante no ciclo de Krebs. Curiosamente, descobriram que essa medida da capacidade oxidativa mitocondrial estava relacionada ao $\dot{V}O_{2max}$ em todos os indivíduos testados, independentemente da condição física ou do estado de saúde (ver figura). Os resultados da pesquisa sugerem que, embora as limitações no suprimento de oxigênio certamente limitem o $\dot{V}O_{2max}$, o consumo máximo de oxigênio durante o exercício com envolvimento de todo o corpo fica determinado, em parte, no âmbito da própria fibra muscular.

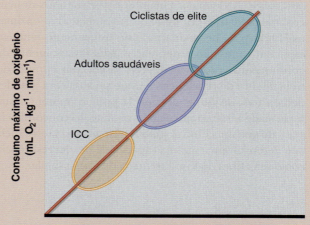

Figura simplificada que ilustra a relação entre a capacidade oxidativa mitocondrial, medida como atividade da enzima succinato desidrogenase em amostras de biópsia do músculo esquelético obtidas do quadríceps após a prática de exercício físico e o consumo máximo de oxigênio em pacientes com insuficiência cardíaca crônica (ICC), adultos saudáveis e ciclistas de elite. O consumo máximo de oxigênio está intimamente relacionado à capacidade oxidativa mitocondrial nos três grupos de voluntários.

ou do tipo I, têm maior capacidade para a atividade aeróbia do que fibras de contração rápida, ou do tipo II, porque as fibras do tipo I possuem mais mitocôndrias e concentrações mais altas de enzimas oxidativas. Fibras do tipo II são mais apropriadas para a produção de energia glicolítica. Assim, em geral, quanto maior for o número de fibras do tipo I nos músculos, maior será a capacidade oxidativa deles. Corredores fundistas de elite, por exemplo, possuem mais fibras do tipo I, mais mitocôndrias e atividades enzimáticas oxidativas musculares mais intensas do que indivíduos não treinados.

O treinamento de resistência aumenta a capacidade oxidativa de todas as fibras, sobretudo fibras do tipo II. O treinamento que implicar demanda da fosforilação oxidativa estimulará as fibras musculares para que formem mais mitocôndrias, de maior tamanho e que contenham mais enzimas oxidativas por unidade. Ao aumentar as enzimas nas fibras para betaoxidação, esse treinamento também capacita o músculo a depender mais intensamente da gordura para a produção de ATP. Assim, com a prática do treinamento de resistência, mesmo pessoas com grandes percentuais de fibras do tipo II podem aumentar sua capacidade aeróbia muscular. Entretanto, há concordância geral de que uma fibra do tipo II treinada para resistência não desenvolverá a mesma capacidade de alta resistência como uma fibra do tipo I treinada de forma similar.

Necessidade de oxigênio

Embora a capacidade oxidativa de um músculo seja determinada pelo número de mitocôndrias e pela quantidade de enzimas oxidativas presente, o metabolismo oxidativo depende em última instância de um fornecimento adequado de oxigênio. Em repouso, a necessidade de ATP é relativamente pequena, necessitando de um mínimo de entrega de oxigênio. À medida que a intensidade do exercício aumenta, as demandas energéticas também aumentam. Para supri-las, a taxa de produção oxidativa de ATP aumenta. Em uma tentativa de suprir a necessidade muscular de oxigênio, a taxa e a profundidade da respiração aumentam, melhorando a troca gasosa nos pulmões, e o coração bate mais rápido e de maneira mais forçada, bombeando mais sangue oxigenado para os músculos. As arteríolas dilatam para facilitar a entrega de sangue arterial nos capilares musculares.

O corpo humano estoca pouco oxigênio; por isso, a quantidade de oxigênio que entra no sangue e passa através dos pulmões é diretamente proporcional à quantidade usada pelos tecidos para o metabolismo oxidativo. Consequentemente, uma estimativa razoavelmente precisa da produção aeróbia de energia pode ser feita medindo-se a quantidade de oxigênio consumido nos pulmões (ver Cap. 5).

EM SÍNTESE

Neste capítulo, focamos no metabolismo energético e na síntese da forma estocável de energia no corpo, o ATP. Descrevemos com algum detalhe os três sistemas básicos usados para gerar ATP, além de suas regulações e interações. Finalmente, destacamos o importante papel do oxigênio na geração sustentada de ATP para a contração muscular continuada, e os três tipos de fibras encontradas no músculo esquelético humano. A seguir, focaremos o controle neural do músculo durante o exercício.

PALAVRAS-CHAVE

- acetil coenzima A (acetil CoA)
- ácidos graxos livres (AGL)
- betaoxidação
- bioenergética
- cadeia de transporte de elétrons
- carboidrato
- catabolismo
- ciclo de Krebs
- citocromo
- conceito de *crossover*
- creatina quinase
- difosfato de adenosina (ADP)
- energia de ativação
- enzima
- enzima limitadora de velocidade
- *feedback* negativo
- fosfocreatina (PCr)
- fosfofrutoquinase (PFK)
- fosforilação
- fosforilação oxidativa
- glicogênio
- glicogenólise
- glicólise
- gliconeogênese
- glicose
- lipogênese
- lipólise
- metabolismo
- metabolismo aeróbio
- metabolismo anaeróbio
- mitocôndria
- quilocalorias (kcal)
- sistema ATP-PCr
- sistema oxidativo
- substrato
- triglicerídeo

QUESTÕES PARA ESTUDO

1. O que é ATP, como se forma e de que maneira fornece energia durante o metabolismo?
2. Qual é o principal substrato utilizado para fornecer energia em repouso? E durante exercício de alta intensidade?
3. Qual é o papel da PCr na produção de energia e quais são suas limitações? Descreva a relação entre ATP e PCr musculares durante um exercício de curta duração em velocidade máxima.
4. Descreva as principais características dos três sistemas de energia.
5. Por que os sistemas de energia ATP-PCr e glicolítico são considerados anaeróbios?
6. Qual papel é desempenhado pelo oxigênio no processo do metabolismo aeróbio?
7. Descreva os subprodutos da produção de energia a partir do ATP-PCr, da glicólise e da oxidação.
8. O que é lactato, e por que é tão importante?
9. Discuta a interação entre os três sistemas de energia em relação à taxa na qual energia pode ser produzida e à capacidade de sustentação para produzir energia.
10. O que você entende por conceito de *crossover*, e como ele muda com o treinamento físico de resistência?
11. De que forma as fibras do tipo I diferem das fibras do tipo II em suas respectivas capacidades oxidativas? O que contribui para essas diferenças?

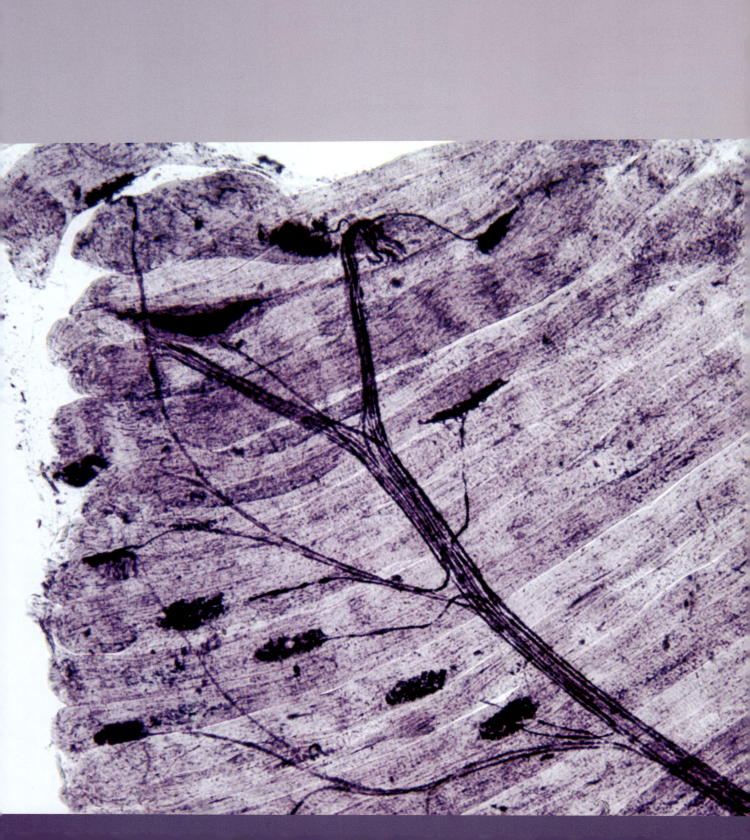

3 Controle neural do músculo em exercício

Estrutura e funcionamento do sistema nervoso 80

Neurônio 81
Impulso nervoso 82
Potencial de membrana em repouso 82
Sinapse 84
Junção neuromuscular 85
Neurotransmissores 86
Resposta pós-sináptica 86

Sistema nervoso central 88

Encéfalo 88
Medula espinal 90

Sistema nervoso periférico 91

Divisão sensitiva 91
Divisão motora 91
Sistema nervoso autônomo 92

Integração sensitivo-motora 92

Informação sensitiva 94
Resposta motora 97

Em síntese 99

ANIMAÇÃO PARA A FIGURA 3.7 Mostra as etapas no processo de integração motora sensitiva.

Josh Harding se aposentou da Liga Nacional de Hóquei (NHL) em 2015, após uma carreira de 8 anos como goleiro, com 60 vitórias na NHL. Ao fazer seu aquecimento antes de um jogo, Harding sentiu um puxão no pescoço, seguido por tontura, manchas pretas na frente dos olhos e dormência na perna direita. Em dezembro de 2012, pouco antes do início da temporada de 2012-2013 da NHL, Harding descobriu que tinha esclerose múltipla (EM), uma doença que ataca o sistema nervoso central e causa perda de equilíbrio e da coordenação, visão turva, desidratação, espasmos musculares e fraqueza. Sua equipe, o Minnesota Wild, tomou conhecimento do diagnóstico, e Harding acabou divulgando o problema. Apesar dos desafios que esse diagnóstico impõe a um goleiro da NHL, Harding estava determinado a continuar jogando – e o atleta continuou jogando bem por algum tempo. No entanto, depois de atuar em dois tempos de um jogo defendendo o Iowa Wild (uma liga inferior) em 2014, Harding foi levado de ambulância para o hospital com uma crise de desidratação grave, um efeito comum da EM. Depois de ter sido diagnosticado, em sua primeira temporada completa, Harding participou de 29 jogos, com um recorde de 18-7-3, média de 1,65 gol contra e uma porcentagem de 0,933 para defesas. Harding recebeu o troféu Bill Masterson Memorial em reconhecimento à sua perseverança e dedicação ao esporte. Tendo encontrado a combinação correta de medicação e um horário de sono que funciona, atualmente trabalha como treinador de goleiros em uma escola de ensino médio, enquanto cria três filhos pequenos.

Todas as funções do corpo humano são influenciadas de alguma forma pelo sistema nervoso. Os nervos constituem a "conexão" pela qual praticamente todas as partes do corpo enviam e recebem impulsos elétricos. O encéfalo funciona como um computador central que integra todas as informações que chegam, selecionando uma resposta apropriada e, em seguida, instruindo os órgãos e tecidos envolvidos para que executem uma ação adequada. Assim, o sistema nervoso forma uma rede vital, permitindo a comunicação, coordenação e interação entre os diversos tecidos e sistemas no corpo, bem como entre o corpo e o ambiente externo.

O sistema nervoso é um dos mais complexos do corpo. Como este livro preocupa-se principalmente com o controle neural da contração muscular e do movimento voluntário, o estudo desse sistema complexo será limitado. Em primeiro lugar, será revisada a estrutura e o funcionamento do sistema nervoso para que, em seguida, seja possível se concentrar nos tópicos específicos relevantes ao esporte e ao exercício.

Antes de examinar os complexos detalhes do sistema nervoso, é importante visualizar o modo como ele está organizado e como essa organização funciona na integração e no controle dos movimentos. O sistema nervoso como um todo consiste em dois componentes: o **sistema nervoso central (SNC)** e o **sistema nervoso periférico (SNP)**. O SNC consiste no encéfalo e na medula espinal, enquanto o SNP é dividido em duas partes: **nervos sensitivos** (ou **aferentes**) e **nervos efetores** (ou **eferentes**). Os nervos sensitivos são responsáveis por informar ao SNC o que está ocorrendo dentro e fora do corpo. Os nervos eferentes são responsáveis pelo envio de informações do SNC aos diversos tecidos, órgãos e sistemas do corpo em resposta aos sinais que chegam por meio da divisão sensitiva. Classicamente, o termo **motoneurônio** se aplica aos neurônios que projetam seus axônios fora do SNC para controlar, direta ou indiretamente, os músculos. O sistema nervoso eferente é composto de duas partes: o sistema nervoso autônomo e o sistema nervoso somático. A Figura 3.1 fornece um esquema dessas relações. Mais adiante, neste capítulo, será apresentada uma visão mais detalhada sobre cada uma dessas unidades individuais do sistema nervoso.

Estrutura e funcionamento do sistema nervoso

O **neurônio** é a unidade estrutural básica do sistema nervoso. Em primeiro lugar, a anatomia do neurônio será revisada, sendo estudado, em seguida, seu funcionamento – permitindo que sejam transmitidos impulsos elétricos por todo o corpo.

FIGURA 3.1 Organização do sistema nervoso.

Neurônio

As fibras (células) nervosas individuais, mostradas na Figura 3.2, são denominadas neurônios. Um neurônio típico é composto de três regiões:

- o corpo celular (ou soma);
- os dendritos;
- o axônio.

O corpo celular contém o núcleo. Irradiando-se do corpo celular, encontram-se os dois processos celulares: dendritos e axônio. No lado voltado para o axônio, o corpo celular afila-se, formando uma região em forma de cone, conhecida como **proeminência axônica**. Como será discutido adiante, essa estrutura tem uma importante função na condução dos impulsos.

A maior parte dos neurônios contém apenas um axônio, porém muitos dendritos. Os dendritos são os receptores do neurônio. Em geral, quase todos os impulsos, ou potenciais de ação, que chegam ao neurônio provenientes de estímulos sensitivos ou de neurônios adjacentes ingressam no neurônio por meio dos dendritos. Os impulsos são transportados então em direção ao corpo celular por esses processos.

O axônio é o transmissor do neurônio e conduz os impulsos do corpo celular a outras regiões. Perto de sua extremidade, o axônio se divide em numerosos **ramos terminais**. As pontas desses ramos são dilatadas, formando minúsculos bulbos conhecidos como **terminais axônicos**, ou botões sinápticos. Esses terminais, ou botões, abrigam numerosas vesículas (sacos) cheias de agentes químicos conhecidos como **neurotransmissores**, que são utilizados para a comunicação entre um neurônio e outra célula (esse tópico será discutido com maior profundidade adiante, ainda neste capítulo). A estrutura do neurônio permite que, por meio dos dendritos e, em menor grau, por meio do corpo celular, os impulsos nervosos penetrem no neurônio, transitando pelo corpo celular e pela proeminência axônica, pelo axônio e para fora do neurônio por meio dos ramos terminais, até os terminais axônicos. Em seguida, será explicado de maneira mais detalhada como isso ocorre, inclusive como esses impulsos trafegam de um neurônio para outro, e de um motoneurônio somático até as fibras musculares.

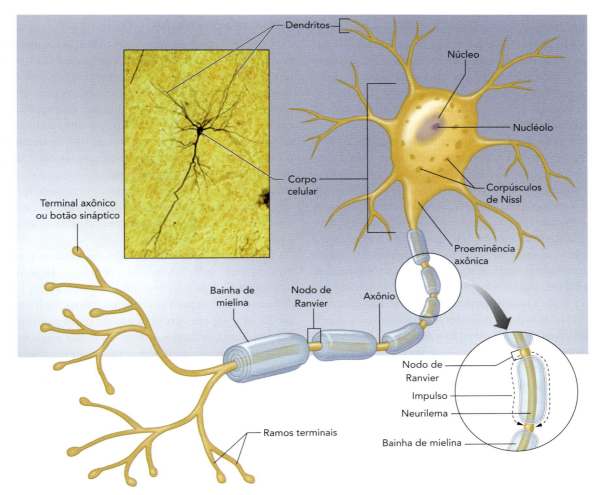

FIGURA 3.2 Desenho e microfotografia (detalhe) de um neurônio e sua estrutura.

Impulso nervoso

Os neurônios são chamados de *tecidos excitáveis*, pois podem responder a vários tipos de estímulos e converter essas mensagens em um sinal elétrico chamado impulso nervoso. Um **impulso nervoso** surge quando um estímulo é forte o suficiente para alterar substancialmente a carga elétrica normal de um neurônio. O sinal então se move ao longo do neurônio pelo axônio e em direção a um órgão terminal, como outro neurônio ou um grupo de fibras musculares. Por uma questão de simplificação, o leitor pode imaginar o impulso nervoso se deslocando por um neurônio de maneira muito parecida ao modo como a eletricidade se desloca pelos fios elétricos em uma casa. Essa sessão focará em descrever como esse impulso elétrico é gerado e como ele se desloca por um neurônio.

Potencial de membrana em repouso

A membrana celular de um neurônio em repouso típico tem um potencial elétrico negativo de cerca de –70 mV. Isso significa que, se uma sonda de voltímetro fosse inserida no interior da célula, as cargas elétricas detectadas no local e as cargas detectadas fora da célula iriam diferir em 70 mV, e o interior estaria negativo em relação ao exterior. Essa diferença de potencial elétrico é conhecida como **potencial de membrana em repouso (PMR)**. O PMR é causado por uma separação irregular de íons carregados através da membrana. Quando as cargas separadas pela membrana diferem, diz-se que ela está polarizada.

O neurônio tem uma concentração elevada de íons potássio (K^+) na parte interna da membrana e uma concentração elevada de íons sódio (Na^+) na sua parte externa. Esse desequilíbrio no número de íons dentro e fora da célula é o responsável pelo PMR, sendo mantido por meio de dois mecanismos. No primeiro, a membrana celular é muito mais permeável ao íon K^+ que ao íon Na^+, e, assim, o K^+ pode se movimentar com maior facilidade. Considerando que os íons tendem a se deslocar para estabelecer um equilíbrio, alguns dos íons K^+ se movimentarão para uma área onde a sua concentração é menor, isto é, fora da célula. O Na^+ não pode se deslocar para dentro da célula com tanta facilidade. O outro mecanismo, as **bombas de sódio-potássio** na membrana do neurônio, que contém uma enzima denominada Na^+-K^+ adenosina trifosfatase (Na^+-K^+-ATPase), mantém o desequilíbrio em cada lado da membrana mediante o transporte ativo dos íons potássio para o interior e os íons sódio para o exterior. A bomba de sódio-potássio desloca 3 íons Na^+ para fora da célula para cada 2 de K^+ que transporta para dentro. O resultado final é que um número maior de íons positivamente carregados fica fora da célula, em vez de dentro dela, criando a diferença de potencial através da membrana. Basicamente, a manutenção de um PMR constante de –70 mV é a função da bomba de sódio-potássio.

Despolarização e hiperpolarização

Se o interior da célula se tornar menos negativo em relação ao exterior, ocorrerá diminuição da diferença de potencial através da membrana, que ficará menos polarizada. Quando isso ocorre, pode-se dizer que a membrana está despolarizada. Assim, a **despolarização** ocorre em qualquer momento no qual a diferença entre cargas se torna mais positiva que o PMR de –70 mV, chegando mais perto do zero. Tipicamente, isso resulta de uma mudança na permeabilidade da membrana ao íon Na^+.

Também pode ocorrer o fenômeno oposto. Se a diferença entre cargas através da membrana aumenta, passando do PMR para um valor ainda mais negativo, então a membrana ficará mais polarizada. Isso é conhecido como **hiperpolarização**. As mudanças no potencial de membrana controlam os sinais utilizados para receber, transmitir e integrar a informação nos níveis intra e intercelular. Esses sinais são de dois tipos: potenciais graduados e potenciais de ação. Ambos são correntes elétricas criadas pelo movimento dos íons.

Potenciais graduados

Os **potenciais graduados** são mudanças localizadas no potencial de membrana, tanto a despolarização como a hiperpolarização. A membrana contém canais iônicos com "portões" que funcionam como caminhos para dentro e para fora do neurônio. Habitualmente, esses portões dos canais estão fechados, impedindo que um grande número de íons circule para fora ou para dentro da membrana, ou seja, acima do transporte constante de Na^+ e K^+ que mantém o PMR. No entanto, com um estímulo suficientemente potente, os portões abrem, permitindo que mais íons sejam transportados de fora para dentro, ou vice-versa. Esse fluxo iônico altera a separação entre cargas, alterando a polarização da membrana.

Os potenciais graduados são disparados por uma mudança no ambiente local do neurônio. Dependendo da localização e do tipo de neurônio envolvido, os portões dos canais iônicos podem se abrir em resposta à transmissão de um impulso proveniente de outro neurônio, ou em resposta a estímulos sensitivos, como mudanças nas concentrações químicas, temperatura ou pressão.

É importante lembrar que a maioria dos receptores neuronais se localiza nos dendritos (embora alguns receptores estejam situados no corpo celular), ainda que os impulsos sejam sempre transmitidos desde os terminais axônicos na extremidade oposta da célula. Para que um neurônio transmita um impulso, este deverá percorrer praticamente todo o comprimento do neurônio. Embora um potencial graduado possa resultar na despolarização de toda a membrana celular, comumente se trata de um evento meramente local, e a despolarização não se alastra por grande distância ao longo do neurônio. Para viajar por toda a extensão do neurônio, é preciso que o impulso seja forte o suficiente para gerar um potencial de ação.

Potenciais de ação

Um potencial de ação é uma despolarização rápida e substancial da membrana neuronal. Em geral, dura apenas cerca de 1 ms. Tipicamente, o potencial de membrana muda de um PMR de –70 mV para um valor de cerca de +30 mV e, em seguida, retorna rapidamente a seu valor em repouso. Isso está ilustrado na Figura 3.3. Como ocorre essa mudança significativa no potencial de membrana?

Todos os potenciais de ação começam como potenciais graduados. Quando ocorre estimulação suficiente para causar uma despolarização de pelo menos 15 a 20 mV, o resultado é um potencial de ação. Em outras palavras, se a membrana despolarizar do PMR de –70 mV para um valor de –50 a –55 mV, ocorrerá um potencial de ação. A voltagem da membrana na qual um potencial graduado passa a ser um potencial de ação é chamada de **limiar** de despolarização. Qualquer despolarização inferior ao valor do limiar não resulta em um potencial de ação. Exemplificando, se o potencial de membrana mudar do PMR de –70 mV para –60 mV, a mudança terá sido de apenas 10 mV, não atingindo o limiar; portanto, não ocorrerá potencial de ação. Contudo, a qualquer momento em que a despolarização atingir ou exceder o limiar, disso resultará um potencial de ação. Este é o chamado *princípio do tudo ou nada*.

Quando determinado segmento dos portões dos canais de sódio de um axônio está aberto e no processo de gerar um potencial de ação, o axônio torna-se incapaz de responder a outro estímulo. Isso é conhecido como *período refratário absoluto*. Quando os portões dos canais de sódio estão fechados, os canais de potássio estão abertos e está ocorrendo repolarização; o segmento do axônio pode então responder a um novo estímulo, mas esse estímulo precisa ser de magnitude substancialmente maior para que seja evocado um potencial de ação. Isso se chama *período refratário relativo*.

Propagação do potencial de ação

Agora que já se estudou como é gerado um impulso nervoso, na forma de um potencial de ação, é possível observar como o impulso se propaga, ou como se desloca pelo neurônio. Quando se considera quão veloz é um impulso ao atravessar o axônio, duas características neuronais são de particular importância: a mielinização e o diâmetro.

Mielinização Os axônios da maioria dos neurônios, especialmente os grandes, são mielinizados; isso significa que esses axônios são cobertos por uma bainha formada de mielina, uma substância gordurosa que funciona como um isolamento para a membrana celular. Essa **bainha de mielina** (ver Fig. 3.2) é formada por células especializadas denominadas células de Schwann.

A bainha não é contínua. À medida que se estende ao longo do axônio, a bainha de mielina exibe lacunas entre células de Schwann adjacentes, deixando o axônio sem iso-

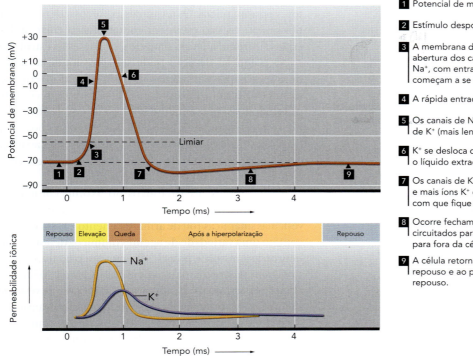

FIGURA 3.3 Mudanças na voltagem e na permeabilidade iônica durante um potencial de ação.

lamento nesses pontos. Essas lacunas são conhecidas como *nodos de Ranvier* (ver Fig. 3.2). Ao que parece, o potencial de ação salta de um nodo para o nodo seguinte ao se deslocar por uma fibra mielinizada. Esse fenômeno é conhecido como **condução saltatória**, um tipo de condução muito mais rápida que aquela que ocorre nas fibras não mielinizadas.

A mielinização dos motoneurônios periféricos ocorre ao longo dos primeiros anos de vida, o que explica em parte por que as crianças precisam de tempo para desenvolver movimentos coordenados. Os indivíduos afetados por certas doenças neurológicas (como a esclerose múltipla, conforme discutido na abertura deste capítulo) sofrem degeneração da bainha de mielina e subsequente perda da coordenação.

Diâmetro do neurônio A velocidade da transmissão do impulso nervoso também é determinada pelo diâmetro do neurônio. Os neurônios de diâmetro maior conduzem os impulsos nervosos com maior rapidez que os neurônios de diâmetro menor, porque neurônios maiores oferecem menor resistência ao fluxo da corrente local.

Em resumo

> Neurônios são considerados tecidos excitáveis, pois possuem a habilidade de responder a vários tipos de estímulos e convertê-los em sinal elétrico ou impulso nervoso.
> Um PMR neuronal em torno de –70 mV resulta da separação desigual dos íons sódio e potássio positivamente carregados, com maior concentração de potássio no interior da membrana e maior concentração de sódio em seu exterior.
> O PMR é mantido pela bomba de sódio-potássio e auxiliado pela baixa permeabilidade da membrana neuronal ao sódio e pela sua alta permeabilidade ao potássio.
> Qualquer mudança que torne o potencial de ação menos negativo resultará em despolarização. Qualquer mudança que torne esse potencial mais negativo resultará em uma hiperpolarização. Essas mudanças ocorrem quando os portões dos canais iônicos na membrana se abrem, permitindo que mais íons se movimentem de um lado para outro da membrana.
> Se a membrana for despolarizada entre 15 e 20 mV, o limiar de despolarização será atingido, resultando em um potencial de ação. Se esse limiar não for alcançado, não será gerado o potencial de ação.
> Nos neurônios mielinizados, o impulso se desloca ao longo do axônio saltando entre os nodos de Ranvier (lacunas entre as células que formam a bainha de mielina). Esse processo – condução saltatória – resulta em velocidades de transmissão nervosa 5 a 50 vezes mais rápidas que nas fibras não mielinizadas de mesmo tamanho. Os impulsos também se deslocam mais rapidamente em neurônios de maior diâmetro.

Sinapse

Para que um neurônio se comunique com outro, é preciso que antes ocorra um potencial de ação, que se deslocará pelo primeiro neurônio, atingindo por fim os terminais axônicos. Como o potencial de ação se movimenta do neurônio onde foi gerado até outro neurônio a fim de continuar a transmitir o sinal elétrico?

Os neurônios se comunicam entre si por meio de ligações denominadas sinapses. A **sinapse** é o local de transmissão do potencial de ação dos terminais axônicos de um neurônio para os dendritos ou soma do outro. Existem sinapses químicas e mecânicas, sendo o tipo mais comum a química, que será o foco desta discussão. É importante observar que o sinal que é transmitido de um neurônio para o outro se altera de elétrico para químico e depois volta a ser elétrico.

Conforme é possível observar na Figura 3.4, uma sinapse entre dois neurônios consiste:

- nos terminais axônicos do neurônio que envia o potencial de ação,
- nos receptores no neurônio que recebem o potencial de ação e
- no espaço entre essas estruturas.

O neurônio que envia o potencial de ação ao longo da sinapse é denominado neurônio pré-sináptico, portanto, os terminais axônicos são pré-sinápticos. Analogamente, o neurônio que recebe o potencial de ação no lado oposto da sinapse é chamado neurônio pós-sináptico e possui receptores pós-sinápticos. Os terminais axônicos e os receptores pós-sinápticos não estão em contato físico entre si. Um espaço estreito, a fenda sináptica, separa essas estruturas.

O potencial de ação pode ser transmitido ao longo de uma sinapse em apenas uma direção: dos terminais axônicos do neurônio pré-sináptico para os receptores pós-sinápticos, que em 80 a 95% estão nos dendritos do neurônio pós-sináptico. Os 5-20% dos receptores pós-sinápticos restantes estão situados em locais adjacentes ao corpo celular, em vez de nos dendritos. Por que o potencial de ação pode transitar em apenas uma direção?

Os terminais pré-sinápticos do axônio contêm um grande número de estruturas saculares, denominadas vesículas sinápticas (ou de armazenamento). Essas vesículas contêm uma variedade de agentes químicos denominados neurotransmissores, pois eles funcionam para transmitir o sinal neural para o próximo neurônio. Quando o impulso chega aos terminais axônicos pré-sinápticos, as vesículas sinápticas respondem descarregando os neurotransmissores na fenda sináptica. Em seguida, esses neurotransmissores se difundem por toda a fenda sináptica até os receptores no neurônio pós-sináptico. Então, cada neurotransmissor se liga a seus receptores pós-sinápticos especializados.

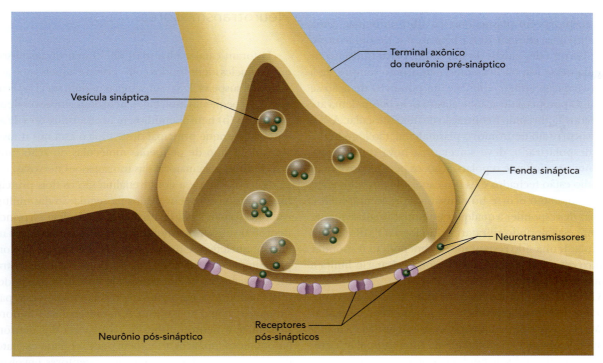

FIGURA 3.4 Sinapse química entre dois neurônios, ilustrando as vesículas sinápticas contendo moléculas neurotransmissoras.

Quando ocorre ligação suficiente, ocorre uma série de despolarizações graduadas; e, se a despolarização atingir o limiar, significa que ocorreu potencial de ação e o impulso foi transmitido com êxito para o neurônio seguinte. A despolarização do segundo nervo depende da quantidade de neurotransmissores liberados e também do número de receptores disponíveis nos lugares de ligação no neurônio pós-sináptico.

Junção neuromuscular

Foi apresentado no Capítulo 1 que uma única fibra de motoneurônio alfa e todas as fibras musculares que ela inerva constituem uma unidade motora. Considerando que os neurônios se comunicam uns com os outros nas sinapses, um motoneurônio alfa se comunica com suas fibras musculares em um local conhecido como **junção neuromuscular**, que funciona essencialmente da mesma forma que uma sinapse. De fato, a parte proximal da junção neuromuscular é idêntica: inicia-se com os terminais axônicos do motoneurônio, que liberam neurotransmissores no espaço existente entre o nervo motor e a fibra muscular em resposta a um potencial de ação. Contudo, na junção neuromuscular, os terminais axônicos projetam-se nas placas motoras terminais, que são segmentos invaginados (dobrados de modo a formar cavidades) no plasmalema da fibra muscular (ver Fig. 3.5).

Os neurotransmissores – primariamente acetilcolina (ACh) – liberados nos terminais axônicos dos motoneurônios alfa difundem-se por toda a fenda sináptica e se ligam

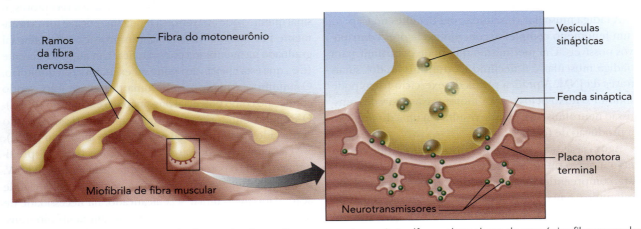

FIGURA 3.5 Junção neuromuscular ilustrando a interação entre o motoneurônio alfa e o plasmalema de uma única fibra muscular.

aos receptores no plasmalema da fibra muscular. Uma consequência comum dessa ligação é a despolarização pela abertura dos canais do íon sódio, permitindo maior entrada desse íon na fibra muscular. Como sempre, se a despolarização atingir o limiar, um potencial de ação se forma. O potencial de ação se alastra pelo plasmalema até os túbulos T, iniciando a contração da fibra muscular. Assim como ocorre no neurônio, o plasmalema, tão logo tenha sido despolarizado, deve sofrer uma nova polarização. Durante o período de repolarização, os portões dos canais de sódio estão fechados e os dos canais de potássio, abertos; assim, como ocorre no neurônio, a fibra muscular é incapaz de responder a qualquer estimulação subsequente durante esse período refratário. Tão logo o PMR da fibra muscular tenha sido restaurado, a fibra poderá responder a outro estímulo. Portanto, o período refratário limita a frequência de disparos da unidade motora.

O treinamento físico induz mudanças, não só no músculo esquelético, mas também na junção neuromuscular (JNM), para aumentar a liberação pré-sináptica da acetilcolina e também a sensibilidade da fibra muscular a esse neurotransmissor. Essas mudanças ocorrem por meio de diversos mecanismos de sinalização celular diferentes; no entanto, muitas das alterações induzidas pelo treinamento compartilham uma molécula de sinalização comum, o *coativador-1 alfa* do receptor gama ativado por proliferador do peroxissoma *(PGC-1 alfa)*. O PGC-1 alfa contribui para o remodelamento da JNM de diversas maneiras. Em primeiro lugar, o PGC-1 alfa induz adaptações no próprio neurônio motor, ao aumentar tanto a ramificação do neurônio motor terminal pré-sináptico como o número de vesículas pré-sinápticas que contêm acetilcolina. Em segundo lugar, o PGC-1 alfa aumenta o número de receptores da acetilcolina na membrana celular; com isso, ficam amplificados os efeitos de determinada quantidade de acetilcolina liberada pelo neurônio motor.[4] Finalmente, o PGC-1 alfa está envolvido na redução das dimensões da placa terminal motora (i. e., menor número de fibras por unidade motora) nas fibras glicolíticas, o que as torna semelhantes às fibras mais oxidativas.

A fadiga muscular (discutida com detalhes no Cap. 5) é um fenômeno complexo, com muitos fatores contributivos possíveis. Um mecanismo que pode contribuir para a fadiga muscular é o declínio na transmissão dos sinais através da JNM. A prática prévia do exercício físico pode diminuir o fluxo pelos nervos motores e as taxas de transmissão neuromuscular,[3] o que resulta em uma diminuição na produção de força.

Agora já se sabe como o impulso é transmitido de um nervo a outro ou de um nervo a um músculo. Contudo, para compreender o que ocorre depois da transmissão do impulso, é necessário antes examinar as moléculas de sinalização química, os neurotransmissores, que efetivam essa transmissão de sinais.

Neurotransmissores

Já foram catalogados mais de 50 neurotransmissores, entre aqueles identificados com certeza e aqueles que ainda estão sob suspeita. Essas substâncias podem ser classificadas como (a) pequenas moléculas, neurotransmissores de ação rápida, ou (b) neuropeptídios, neurotransmissores de ação lenta. O enfoque principal deste tópico está nos transmissores do grupo de pequenas moléculas de ação rápida, responsáveis pela maioria das transmissões nervosas.

A acetilcolina e a noradrenalina são os dois principais neurotransmissores envolvidos na regulação das múltiplas respostas fisiológicas ao exercício. A **acetilcolina** é o principal neurotransmissor dos motoneurônios que inervam os músculos esqueléticos e da maioria dos neurônios autônomos parassimpáticos. Em geral, ela funciona como neurotransmissor excitatório no sistema nervoso somático, mas pode ter efeitos inibitórios em algumas terminações nervosas parassimpáticas, como no coração. A **noradrenalina** (ou norepinefrina) é o neurotransmissor da maioria dos neurônios autônomos simpáticos, e também pode ser tanto excitatória como inibitória, dependendo dos receptores envolvidos. Nervos que originalmente liberam noradrenalina são chamados de **adrenérgicos**, e aqueles que têm na acetilcolina seu neurotransmissor primário são chamados **colinérgicos**. Os dois principais subtipos de receptores colinérgicos são o muscarínico e o nicotínico; o primeiro deles está envolvido na transmissão nos nervos motores. Os ramos simpático e parassimpático dos sistemas nervosos autônomos serão discutidos mais adiante, ainda neste capítulo.

Tão logo o neurotransmissor tenha se ligado ao receptor pós-sináptico, o impulso nervoso é transmitido com êxito. Em seguida, o neurotransmissor pode (1) ser destruído por enzimas, (2) transportado ativamente de volta aos terminais pré-sinápticos para reutilização, ou (3) afastado da sinapse por difusão.

Resposta pós-sináptica

Assim que o neurotransmissor se liga aos receptores, o sinal químico que atravessou a fenda sináptica se torna novamente um sinal elétrico. A ligação provoca um potencial graduado na membrana pós-sináptica. Um impulso aferente (i. e., que está chegando) pode ser excitatório ou inibitório. O impulso excitatório causa uma despolarização, sendo conhecido como **potencial pós-sináptico excitatório (PPSE)**. O impulso inibitório causa uma hiperpolarização, sendo conhecido como **potencial pós-sináptico inibitório (PPSI)**.

Geralmente, a descarga de um único terminal pré-sináptico muda o potencial pós-sináptico em menos de 1 mV. É evidente que isso não basta para gerar um potencial de ação; para que o limiar seja alcançado, há necessidade de pelo menos 15 mV. Contudo, quando um neurônio transmite um impulso, em geral, vários terminais pré-sinápticos

PERSPECTIVA DE PESQUISA 3.1
As unidades motoras se adaptam ao treinamento intervalado de alta intensidade

O treinamento intervalado de alta intensidade (TIAI/HIIT, discutido no Cap. 11) é um modo de atividade física que envolve sessões breves e intermitentes de atividade vigorosa, intercaladas com períodos de exercício em baixa intensidade, ou de repouso. A pessoa pode colher os mesmos benefícios cardiovasculares e musculoesqueléticos do treinamento físico ao praticar o TIAI em muito menos tempo, em comparação com o treinamento tradicional de longa duração (resistência) (TLD). Considerando que hoje o TIAI é uma alternativa comum ao TLD, e tendo em vista que o treinamento físico altera o controle neural da função muscular, é importante que as adaptações neuromusculares induzidas pelo TIAI sejam sistematicamente avaliadas.

A eletromiografia (EMG) de superfície de alta densidade é um avanço tecnológico relativamente novo que permite a avaliação simultânea de várias unidades motoras ao longo de uma ampla variação de forças, além de proporcionar a capacidade de rastrear as mesmas unidades motoras durante diferentes sessões por longos períodos (p. ex., durante o treinamento físico). O registro da atividade e função das unidades motoras permite que os pesquisadores avaliem a maneira como o sistema nervoso controla a força muscular. Recentemente, um estudo avaliou diferenças nas adaptações neuromusculares ao TIAI e ao TLD usando essa técnica.[6] Duas semanas de TIAI e TLD resultaram em melhorias semelhantes no condicionamento cardiorrespiratório, mas foram observados ajustes distintos no comportamento da unidade motora com os dois tipos de treinamento. O TIAI aumentou a produção máxima de força e a descarga da unidade motora. Por outro lado, o TLD não influenciou o disparo da unidade motora. Esses achados sugerem que TIAI e TLD têm efeitos muito diferentes na função da unidade motora e proporcionam informações novas e importantes sobre as adaptações neuromusculares induzidas pelo treinamento físico. Esse estudo também foi o primeiro a demonstrar alterações induzidas pelo treinamento físico na taxa de descarga das unidades motoras, mediante o rastreamento das mesmas unidades motoras individuais, antes e depois do treinamento. É bastante provável que essa metodologia inovadora continuará ampliando nossa compreensão das adaptações neurais ao exercício físico.

Em resumo

> Os neurônios comunicam-se entre si por meio das sinapses, que consistem em: terminais axônicos do neurônio pré-sináptico; receptores pós-sinápticos no dendrito ou corpo celular do neurônio pós-sináptico; e a fenda sináptica entre os dois neurônios.
> Um impulso nervoso faz com que os neurotransmissores sejam liberados dos terminais axônicos pré-sinápticos em direção à fenda sináptica.
> Os neurotransmissores se difundem por toda a fenda e se ligam aos receptores pós-sinápticos.
> Assim que tenha ocorrido ligação de uma quantidade suficiente de neurotransmissores, o impulso é transmitido com êxito e o neurotransmissor é destruído por enzimas, removido por reabsorção pelo terminal pré-sináptico para uso futuro, ou afastado da sinapse por difusão.
> A ligação do neurotransmissor nos receptores pós-sinápticos abre os canais iônicos na membrana, podendo causar despolarização (excitação) ou hiperpolarização (inibição), dependendo do neurotransmissor específico e dos receptores aos quais se ligou.
> Os neurônios se comunicam com fibras musculares nas junções neuromusculares. Uma junção neuromuscular consiste em terminais axônicos pré-sinápticos, fenda sináptica e receptores na placa motora terminal no plasmalema da fibra muscular. A junção neuromuscular funciona de forma muito semelhante à sinapse nervosa.
> Os neurotransmissores mais importantes na regulação do exercício são: a acetilcolina, no sistema nervoso somático; e a noradrenalina, no sistema nervoso autônomo.
> Os receptores nas placas motoras terminais da junção neuromuscular são um subtipo de receptores colinérgicos, chamados receptores muscarínicos. Eles se ligam ao neurotransmissor primário envolvido na excitação das fibras musculares, a acetilcolina.

liberam seus neurotransmissores, podendo alcançar os receptores pós-sinápticos por difusão. Além disso, os terminais pré-sinápticos de numerosos axônios podem convergir nos dendritos e no corpo celular de um mesmo neurônio. Quando vários terminais pré-sinápticos descarregam ao mesmo tempo, ou quando apenas alguns disparam em uma rápida sucessão, ocorre a liberação de mais neurotransmissores. No caso de um neurotransmissor excitatório, quanto mais moléculas são ligadas, maior será o PPSE e maior a probabilidade de ocorrer um potencial de ação.

O desencadeamento de um potencial de ação no neurônio pós-sináptico depende dos efeitos combinados de todos os impulsos que chegam desses vários terminais pré-sinápticos. São necessários diversos impulsos para que a despolarização provocada seja suficiente para gerar um potencial de ação. Especificamente, a soma de todas

Em resumo

> Os potenciais pós-sinápticos excitatórios são despolarizações graduadas da membrana pós-sináptica. PPSI são hiperpolarizações dessa membrana.

> Um único terminal pré-sináptico não pode gerar uma despolarização suficiente a ponto de disparar um potencial de ação. Há necessidade de vários sinais, que podem ser provenientes de numerosos neurônios ou de apenas um neurônio, quando numerosos terminais axônicos liberam neurotransmissores de maneira repetida e rápida.

> A proeminência axônica mantém um total atualizado de todos os PPSE e PPSI. Quando sua soma atinge ou excede o limiar da despolarização, ocorre um potencial de ação. Esse processo de acumulação dos sinais aferentes (i. e., que chegam) é conhecido como somação.

> Somação refere-se ao efeito cumulativo de todos os potenciais graduados individuais, em seu processamento pela proeminência axônica. Tão logo a soma de todos os potenciais graduados individuais alcança ou excede o limiar de despolarização, ocorre um potencial de ação.

as mudanças no potencial da membrana deve ser igual ou superior ao limiar. Essa acumulação dos efeitos dos impulsos individuais é chamada somação.

Para que ocorra somação, o neurônio pós-sináptico deve manter atualizado um total de respostas neuronais, tanto PPSE como PPSI, para todos os impulsos que chegam. Essa tarefa é realizada na proeminência axônica, situada no axônio, em um local imediatamente além do corpo celular. Apenas quando a soma de todos os potenciais graduados individuais alcança ou excede o limiar, um potencial de ação poderá ocorrer.

Os neurônios se agrupam em feixes. No SNC (encéfalo e medula espinal), esses feixes são conhecidos como tratos, ou vias. No SNP, os feixes neuronais são chamados simplesmente de nervos.

Sistema nervoso central

Para compreender como até mesmo o estímulo mais básico pode causar atividade muscular, é preciso agora considerar a complexidade do SNC. O SNC abriga mais de 100 bilhões de neurônios. Nesta seção será apresentado um apanhado geral dos componentes do SNC e suas funções.

Encéfalo

O encéfalo é um órgão altamente complexo composto de numerosas áreas especializadas. Para as finalidades deste livro, ele será subdividido nas quatro regiões principais ilustradas na Figura 3.6: cérebro, diencéfalo, cerebelo e tronco encefálico.

Cérebro

O cérebro é composto dos hemisférios cerebrais direito e esquerdo. Esses hemisférios estão ligados entre si por feixes de fibras (tratos), conhecidos como corpo caloso, permitindo que os dois hemisférios se comuniquem. O córtex cerebral forma a parte externa dos hemisférios cerebrais, tendo sido identificado como o local onde se situam a mente e o intelecto. Também é chamado de substância cinzenta, o que meramente reflete sua cor característica, resultante da ausência de mielina nos neurônios localizados nessa área. O córtex cerebral é o cérebro consciente e permite que o indivíduo pense, perceba os estímulos sensitivos e controle voluntariamente seus movimentos.

O cérebro é formado por cinco lobos – quatro lobos externos e o lobo insular central – tendo as seguintes funções gerais (ver Fig. 3.6):

- Lobo frontal: intelecto em geral e controle motor.
- Lobo temporal: informações auditivas e sua interpretação.
- Lobo parietal: informações sensitivas gerais e sua interpretação.
- Lobo occipital: informações visuais e sua interpretação.
- Lobo insular: funções diversas geralmente associadas à emoção e à autopercepção.

As três áreas do cérebro que são de interesse principal à fisiologia do exercício são: o córtex motor primário,

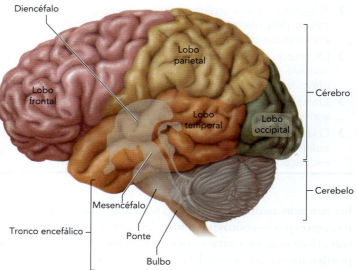

FIGURA 3.6 As quatro principais regiões do encéfalo e os quatro lobos externos do cérebro (note que o lobo insular não é mostrado, pois ele está escondido profundamente dentro do cérebro, entre o lobo temporal e o lobo frontal).

PERSPECTIVA DE PESQUISA 3.2
O envelhecimento diminui a força rápida

Prevê-se que, por volta de 2030, os idosos (> 65 anos) representem 20% da população total. Infelizmente, uma grande porcentagem de idosos vivencia limitações funcionais em suas atividades da vida diária, e um em cada três idosos sofre uma queda a cada ano. Geralmente, as quedas acidentais causam uma deterioração acelerada da saúde geral e impõem um ônus econômico significativo à sociedade. Foi sugerido que as alterações na função neuromuscular contribuem para o aumento do risco de queda em idosos.

Embora a diminuição da força muscular máxima seja uma característica bem conhecida do processo de envelhecimento, estudos recentemente publicados demonstraram que, na verdade, a força rápida (a taxa de desenvolvimento de torque, ou TDT) diminui a uma taxa maior que a força máxima. Além disso, a TDT medida nos 200 ms iniciais a contar do início da contração muscular é mais relevante, em termos funcionais, do que o pico de torque que pode ser gerado pelo músculo. Apesar desse conhecimento, até pouco tempo nenhuma pesquisa publicada se concentrou especificamente nos fatores neurais e específicos dos músculos que contribuem para a redução da TDT que acompanha o envelhecimento. Esse é um tópico clinicamente relevante, pois essa informação pode ajudar na identificação de estratégias para retardar as reduções funcionais ligadas ao envelhecimento, o que diminui o risco de ocorrência de lesões ligadas às quedas.

Recentemente, um grupo de pesquisadores buscou determinar os mecanismos de redução da TDT relacionados à idade.[2] Homens jovens (20 anos) e idosos (70 anos) participaram de um estudo que consistiu em avaliações ultrassonográficas das propriedades musculares e em medições da força muscular durante intervalos iniciais (os primeiros 50 ms) e tardios (100-200 ms) após o início da contração muscular. Ocorreu redução da TDT nos idosos durante o intervalo tardio da contração, mas, surpreendentemente, não houve diferenças nesse parâmetro entre jovens e idosos durante o intervalo inicial da contração. Isso sugere que homens idosos têm ativação muscular inicial semelhante, mas são incapazes de sustentar as mesmas taxas de ativação muscular durante a contração muscular tardia. Pior qualidade muscular e reduções no ângulo de penação também contribuem para reduções na TDT ligadas ao envelhecimento, provavelmente porque esses fatores afetam o encurtamento e a rotação das fibras musculares. Essas alterações relacionadas ao envelhecimento na função neuromuscular se combinam para reduzir a força muscular rápida, diminuindo de forma significativa a função neuromuscular e contribuindo para a ocorrência de quedas em idosos.

no lobo frontal; os gânglios basais, na substância branca abaixo do córtex cerebral; e o córtex sensitivo primário, no lobo parietal. Nesta seção serão enfocados o córtex motor primário e os gânglios basais, os quais trabalham para controlar e coordenar o movimento.

Córtex motor primário   É o responsável pelo controle dos movimentos musculares finos e discretos. Essa estrutura se localiza no lobo frontal, especificamente no interior do giro pré-central. No córtex motor primário, os neurônios, conhecidos como *células piramidais*, permitem que o indivíduo desempenhe um controle consciente do movimento de seus músculos esqueléticos. Pode-se pensar no córtex motor primário como a parte do encéfalo que decide qual movimento o indivíduo deseja executar. Por exemplo, no beisebol, se um rebatedor está em posição esperando pelo próximo arremesso, a decisão de girar o bastão é tomada no córtex motor primário, onde o corpo inteiro do atleta está cuidadosamente mapeado. As áreas que necessitam do controle motor mais fino têm maior representação no córtex motor; assim, proporciona-se maior controle neural para essas áreas.

Os corpos celulares das células piramidais estão alojados no córtex motor primário, e seus axônios formam os tratos extrapiramidais. Essas estruturas também são conhecidas como tratos corticoespinais, porque os processos nervosos se estendem desde o córtex cerebral até a medula espinal. Esses tratos proporcionam a maior parte do controle motor voluntário dos músculos esqueléticos.

Além do córtex motor primário, existe um córtex pré-motor situado em local imediatamente anterior ao giro pré-central no lobo frontal. As habilidades motoras aprendidas, de natureza repetida ou padronizada, são armazenadas nessa região, que pode ser considerada o banco de memória de habilidades motoras especializadas.[5]

Gânglios basais   Os gânglios (núcleos) basais não fazem parte do córtex cerebral. Na verdade, localizam-se na substância branca cerebral, na parte profunda no córtex. Esses gânglios são grupos de corpos de células nervosas. As complexas funções dos gânglios basais não foram ainda devidamente esclarecidas, mas sabe-se que eles são importantes para iniciar movimentos de natureza continuada e repetitiva (p. ex., o balanço do braço durante a caminhada) e, portanto, controlam movimentos complexos, como andar e correr. Essas células também estão envolvidas na manutenção da postura e do tônus muscular.

Diencéfalo

A região do encéfalo conhecida como diencéfalo (ver Fig. 3.6) é a que contém o tálamo e o hipotálamo. O tálamo é um importante centro de integração sensitiva.

Todas as informações sensitivas (exceto o olfato) passam pelo tálamo, sendo encaminhadas para a área apropriada do córtex. O tálamo regula quais informações sensitivas chegam ao encéfalo consciente, sendo, portanto, muito importante para o controle motor.

O hipotálamo, situado diretamente abaixo do tálamo, é responsável pela manutenção da homeostase por meio da regulagem de praticamente todos os processos que afetam o ambiente interno do corpo. Nesse local, os centros nervosos ajudam a regular grande parte dos sistemas fisiológicos, incluindo:

- a pressão arterial, a frequência e a contratilidade cardíacas;
- a respiração;
- a digestão;
- a temperatura corporal;
- a sede e o equilíbrio hídrico;
- o controle neuroendócrino;
- o apetite e a ingestão de alimentos; e
- os ciclos de sono-vigília.

Cerebelo

O cerebelo localiza-se atrás do tronco encefálico. É conectado a várias partes do encéfalo e tem um papel crucial na *coordenação* dos movimentos.

O cerebelo é fundamental para o controle de todas as atividades musculares rápidas e complexas. Ele ajuda a coordenar a sincronização das atividades motoras e a rápida progressão de um movimento para o seguinte, ao monitorar e fazer ajustes corretivos nas atividades motoras que são promovidas por outras partes do encéfalo. O cerebelo auxilia nas funções tanto do córtex motor primário como dos gânglios basais. Ele também facilita padrões motores ao harmonizar o movimento, que, de outra forma, seria espasmódico e descontrolado.

O cerebelo funciona como um sistema de integração, comparando a atividade programada, ou pretendida, com as alterações que realmente ocorrem no corpo. Em seguida, o cerebelo inicia ajustes corretivos ao longo do sistema motor e recebe informação do cérebro e de outras partes do encéfalo, e também de receptores sensitivos (proprioceptores) presentes nos músculos e nas articulações, o que mantém o cerebelo informado sobre a posição atual do corpo. O cerebelo também recebe informações visuais e de equilíbrio. Assim, ele está atento a todas as informações aferentes sobre tensão e posição exatas de todos os músculos, articulações e tendões e sobre a posição atual do corpo em relação ao que o circunda. Em seguida, determina o melhor plano de ação para a geração do movimento desejado.

Depois que o córtex motor primário toma a decisão para que o movimento seja realizado, essa decisão é retransmitida ao cerebelo, que registra a ação desejada e, em seguida, compara o movimento pretendido com o movimento real, com base no *feedback* sensitivo proveniente dos músculos e das articulações. Se a ação for diferente do planejado, o cerebelo comunicará os centros superiores sobre a discrepância a fim de que possa ter início uma ação corretiva.

Tronco encefálico

O tronco encefálico, composto de mesencéfalo, ponte e bulbo (ver Fig. 3.6), conecta o encéfalo à medula espinal. Neurônios sensitivos e motores passam pelo tronco encefálico em sua tarefa de retransmitir informações entre o cérebro e a medula espinal. É o local de origem de 10 dos 12 pares de nervos cranianos. O tronco encefálico também contém os principais centros reguladores autônomos que controlam os sistemas pulmonar e cardiovascular.

A *formação reticular*, um grupo especializado de neurônios no tronco encefálico, é influenciado por – e tem influência sobre – praticamente todas as áreas do SNC. Esses neurônios ajudam a:

- coordenar a função dos músculos esqueléticos;
- manter o tônus muscular;
- controlar as funções cardiovasculares e respiratórias; e
- determinar o estado de consciência (tanto de vigília como de sono).

O encéfalo possui um sistema de controle da dor, localizado na formação reticular, um grupo de fibras nervosas no tronco encefálico. Opiatos como as encefalinas e a betaendorfina atuam nos receptores específicos para tais substâncias nessa região para ajudar a modular a dor. Pesquisas demonstraram que o exercício de longa duração aumenta a concentração dessas substâncias. Embora isso tenha sido interpretado como o mecanismo que causa a "calma pela endorfina" ou o "barato dos corredores" experimentado por algumas pessoas que se exercitam, a associação de causa-efeito entre esses opioides endógenos e essas sensações não tem sido evidenciada.

Medula espinal

A parte inferior do tronco encefálico, o bulbo, é contínua à medula espinal, situada abaixo dela. A medula espinal é formada de tratos de fibras nervosas que permitem a condução dos impulsos nervosos nos dois sentidos. As fibras sensitivas (aferentes) transportam os sinais nervosos dos receptores sensitivos, como os existentes na pele, nos músculos e nas articulações, até os níveis superiores do SNC. As fibras motoras (eferentes) provenientes do cérebro e da parte superior da medula espinal transmitem potenciais de ação até os órgãos-alvo (p. ex., músculos e glândulas).

> **Em resumo**
> - O SNC é formado pelo cérebro e pela medula espinal.
> - As quatro divisões principais do encéfalo são: cérebro, diencéfalo, cerebelo e tronco encefálico.
> - O córtex cerebral é a parte consciente do encéfalo. O córtex motor primário, localizado no lobo frontal, é o centro do controle motor consciente.
> - Os gânglios basais, na substância branca cerebral, ajudam a iniciar alguns movimentos (sustentados e repetitivos) e a controlar a postura e o tônus muscular.
> - O diencéfalo é formado pelo tálamo, que recebe todas as informações sensitivas que ingressam no encéfalo, e pelo hipotálamo, que é um importante centro de controle da homeostase.
> - O cerebelo, que está conectado a diversas partes do encéfalo, é fundamental para a coordenação dos movimentos. Ele é um centro de integração que decide como executar melhor o movimento desejado, considerando a posição em que se encontram o corpo e os músculos na ocasião.
> - O tronco encefálico é composto de mesencéfalo, ponte e bulbo.
> - A medula espinal contém tanto fibras sensitivas como motoras, que transmitem potenciais de ação entre o encéfalo e as regiões periféricas.

Sistema nervoso periférico

O SNP contém 43 pares de nervos: 12 pares de nervos cranianos, conectados ao cérebro; e 31 pares de nervos espinais, conectados à medula espinal. Os nervos espinais e cranianos inervam diretamente os músculos esqueléticos. Do ponto de vista funcional, o SNP possui duas divisões principais: a sensitiva e a motora.

Divisão sensitiva

A divisão sensitiva do SNP transporta a informação sensitiva em direção ao SNC. Os neurônios sensitivos (aferentes) se originam em áreas como vasos sanguíneos, órgãos internos, músculos e tendões, a pele e órgãos sensitivos (paladar, tato, olfato, audição e visão).

Os neurônios sensitivos do SNP terminam na medula espinal ou no encéfalo; esses neurônios transportam continuamente as informações relativas ao estado de constante mudança do corpo, à posição e aos ambientes interno e externo até o SNC. Os neurônios sensitivos no interior do SNC transportam a informação sensitiva até as áreas apropriadas do encéfalo, onde a informação poderá ser processada e integrada a outras informações que chegam.

A divisão sensitiva recebe informação de cinco tipos principais de receptores:

1. *Mecanorreceptores*, que respondem a forças mecânicas como pressão, tato, vibrações ou estiramento.
2. *Termorreceptores*, que respondem a mudanças na temperatura.
3. *Nocirreceptores*, que respondem a estímulos dolorosos.
4. *Fotorreceptores*, que respondem à radiação eletromagnética (luz), permitindo a visão.
5. *Quimiorreceptores*, que respondem a estímulos químicos, por exemplo, provenientes de alimentos, odores ou mudanças nas concentrações sanguíneas ou teciduais de substâncias como oxigênio, dióxido de carbono, glicose e eletrólitos.

Praticamente todos esses receptores são importantes no exercício e nas práticas esportivas. São muitos os tipos e as funções das terminações nervosas musculares e articulares especiais, e cada tipo é sensível a um estímulo específico. Abaixo são descritos alguns exemplos importantes:

- As terminações nervosas livres detectam tato bruto, pressão, dor, calor e frio. Elas funcionam, portanto, como mecanorreceptores, nocirreceptores e termorreceptores. Essas terminações nervosas são importantes para a prevenção de lesões durante a prática esportiva.
- Os receptores cinestésicos articulares localizados nas cápsulas articulares são sensíveis aos ângulos articulares e à velocidade de mudança desses ângulos. Portanto, esses receptores são capazes de perceber a posição e qualquer movimento das articulações.
- Os fusos musculares percebem o comprimento e a velocidade de mudança do comprimento dos músculos.
- Os órgãos tendinosos de Golgi detectam a tensão aplicada por um músculo em seu tendão, proporcionando informação sobre a força da contração muscular.

Os fusos musculares e os órgãos tendinosos de Golgi serão discutidos mais adiante neste capítulo.

Divisão motora

O SNC transmite informações para diversas partes do corpo por meio da divisão motora, ou eferente, do SNP. Uma vez que o SNC tenha processado a informação recebida da divisão sensitiva, ele decide como o corpo deve responder a esse estímulo. Com origem no encéfalo e na medula espinal, redes complexas de neurônios saem para todas as partes do corpo, conduzindo informações detalhadas para as áreas-alvo, inclusive para os músculos – o que é fundamental para a fisiologia do esporte e do exercício.

Sistema nervoso autônomo

O sistema nervoso autônomo, frequentemente considerado parte da divisão motora do SNP, controla as funções internas involuntárias do corpo. Dentre essas funções, que são importantes para o esporte e outras atividades físicas estão: a frequência cardíaca, a pressão arterial, a distribuição do sangue e a função pulmonar.

O sistema nervoso autônomo possui duas divisões principais: o sistema nervoso simpático e o sistema nervoso parassimpático. Esses sistemas se originam em diferentes seções da medula espinal e na base do cérebro. Com frequência, os efeitos desses dois sistemas são antagônicos, mas eles sempre funcionam em conjunto.

Sistema nervoso simpático

O sistema nervoso simpático é algumas vezes chamado de sistema de "luta ou fuga": ele prepara o corpo para enfrentar crises, continuando a funcionar durante elas. Quando está completamente envolvido, o sistema nervoso simpático gera uma descarga maciça em todo o corpo, preparando-o para a ação. Um ruído intenso e repentino, uma situação que coloque a vida em risco e aqueles últimos segundos antes de iniciar uma competição esportiva são exemplos das circunstâncias em que se manifesta essa excitação simpática maciça. Os efeitos da estimulação simpática são importantes durante o exercício. A seguir, alguns exemplos:

- O aumento da frequência e da força de contração do coração.
- A dilatação dos vasos coronários, aumentando a irrigação sanguínea para o músculo cardíaco, a fim de atender a suas elevadas demandas.
- A vasodilatação periférica permite a entrada de mais sangue nos músculos esqueléticos ativos.
- A vasoconstrição que ocorre na maioria dos demais tecidos desvia o sangue para longe deles, na direção dos músculos ativos.
- A pressão arterial aumenta, permitindo melhor perfusão dos músculos e melhorando o retorno do sangue venoso ao coração.
- A broncodilatação melhora a ventilação e uma troca de gases efetiva.
- Ocorre aceleração da taxa metabólica, refletindo o esforço do corpo para atender ao aumento das demandas da atividade física.
- Ocorre aumento da atividade mental, permitindo melhor percepção dos estímulos sensitivos e maior concentração no desempenho.
- A glicose hepática é liberada na corrente sanguínea, como fonte de energia.
- As funções não diretamente necessárias sofrem retardo (p. ex., a função renal e a digestão).

Essas alterações básicas no funcionamento do organismo facilitam as respostas motoras, demonstrando a importância do sistema nervoso autônomo na preparação e sustentação do corpo durante um estresse agudo ou uma atividade física.

Sistema nervoso parassimpático

O sistema nervoso parassimpático é aquele que administra o corpo. Tem um papel fundamental na condução de processos como digestão, urinação, secreção glandular e conservação da energia. Esse sistema fica mais ativo quando o indivíduo se encontra calmo e em repouso. Seus efeitos tendem a se opor aos do sistema nervoso simpático. A divisão parassimpática causa diminuição da frequência cardíaca, constrição dos vasos coronários e broncoconstrição.

Os diversos efeitos das divisões simpática e parassimpática do sistema nervoso autônomo estão resumidos na Tabela 3.1.

Em resumo

- O SNP contém 43 pares de nervos: 12 cranianos e 31 espinais.
- O SNP pode ser subdividido nas divisões sensitiva e motora. A divisão motora também abrange o sistema nervoso autônomo.
- A divisão sensitiva transmite a informação dos receptores sensitivos para o SNC. A divisão motora transmite impulsos motores do SNC para músculos e outros órgãos.
- O sistema nervoso autônomo é formado pelo sistema nervoso simpático e pelo sistema parassimpático. Conquanto tais sistemas frequentemente se oponham, eles sempre funcionam em conjunto, para que seja criada uma resposta apropriadamente equilibrada.

Integração sensitivo-motora

Agora que os componentes e as divisões do sistema nervoso já foram discutidos, o foco passará para como um estímulo sensitivo dá origem a uma resposta motora. Por exemplo, como os músculos da mão de um indivíduo sabem que devem retirar os dedos de um fogão quente? Quando alguém decide correr, como os músculos das pernas fazem coordenação, enquanto sustentam o peso do corpo e o impulsionam para a frente? Para que essas tarefas sejam efetuadas, deve ocorrer uma intercomunicação entre os sistemas sensitivo e motor.

Esse processo é denominado **integração sensitivo-motora** e está ilustrado na Figura 3.7. Para que o corpo responda aos estímulos sensitivos, as divisões sensitiva e motora do sistema nervoso precisam funcionar em conjunto de acordo com esta sequência de eventos:

TABELA 3.1 Efeitos dos sistemas nervosos simpático e parassimpático em vários órgãos

Órgão ou sistema-alvo	Efeitos simpáticos	Efeitos parassimpáticos
Músculo cardíaco	Aumenta a frequência e a força das contrações	Diminui a frequência de contração
Coração: vasos sanguíneos coronários	Causa vasodilatação	Causa vasoconstrição
Pulmões	Causa broncodilatação; provoca leve constrição dos vasos sanguíneos	Causa broncoconstrição
Vasos sanguíneos	Aumenta a pressão arterial; causa vasoconstrição nas vísceras abdominais e na pele, para desviar o sangue quando necessário; causa vasodilatação nos músculos esqueléticos e no coração durante o exercício	Pouco ou nenhum efeito
Fígado	Estimula a liberação de glicose	Nenhum efeito
Metabolismo celular	Aumenta a taxa metabólica	Nenhum efeito
Tecido adiposo	Estimula a lipólise[a]	Nenhum efeito
Glândulas sudoríparas	Aumenta a produção de suor	Nenhum efeito
Glândulas suprarrenais	Estimula a secreção de adrenalina e noradrenalina	Nenhum efeito
Sistema digestivo	Diminui a atividade das glândulas e dos músculos; provoca constrição dos esfíncteres	Aumenta o peristaltismo e a secreção glandular; relaxa os esfíncteres
Rim	Causa vasoconstrição; diminui a produção de urina	Nenhum efeito

[a]Lipólise é o processo de decomposição dos triglicerídeos até suas unidades básicas, para que possam ser utilizadas na produção de energia.

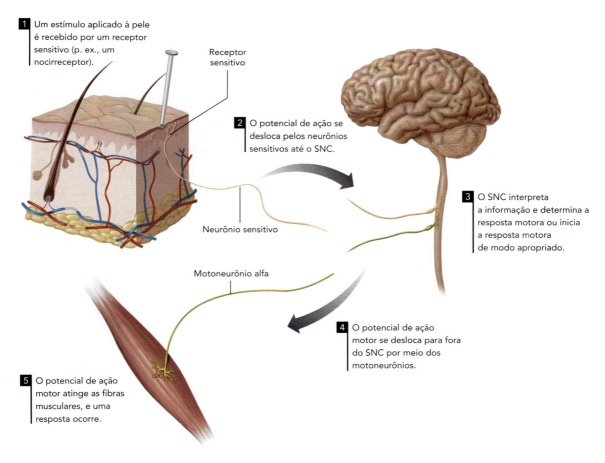

FIGURA 3.7 Sequência de eventos da integração sensitivo-motora.

1. Um estímulo sensitivo é recebido por receptores sensitivos (p. ex., uma alfinetada).
2. O potencial de ação sensitivo é transmitido ao longo de neurônios sensitivos até o SNC.
3. O SNC interpreta a informação sensitiva aferente e determina qual a resposta mais apropriada ou inicia uma resposta motora reflexa.
4. Os potenciais de ação da resposta são transmitidos do SNC pelos motoneurônios alfa.
5. O potencial de ação motor é transmitido para um músculo, quando então ocorre uma resposta.

Informação sensitiva

O leitor deve lembrar que as sensações e o estado fisiológico são detectados pelos receptores sensitivos existentes por todo o corpo. Os potenciais de ação resultantes da estimulação sensitiva são transmitidos por meio dos nervos sensitivos até a medula espinal. Quando chegam à medula espinal, esses potenciais de ação podem disparar um reflexo local nesse nível ou podem se deslocar até as regiões superiores da medula espinal, ou até o cérebro. As vias sensitivas até o cérebro podem terminar em áreas sensitivas do tronco encefálico, do cerebelo, do tálamo ou do córtex cerebral. A área na qual terminam os impulsos sensitivos é chamada de centro de integração. Nesse local, ocorre interpretação do estímulo sensitivo e sua ligação com o sistema motor. A Figura 3.8 ilustra os diversos receptores sensitivos e suas vias nervosas de retorno à medula espinal e até diversas áreas do encéfalo. Os centros de integração têm funções variáveis:

- Impulsos sensitivos que terminam na medula espinal são integrados a essa parte do SNC. Em geral, a resposta é um reflexo motor simples, que é o tipo de integração mais simples.
- Sinais sensitivos que terminam na parte inferior do tronco encefálico resultam em reações motoras subconscientes de natureza mais elevada e complexa do que simples reflexos da medula espinal. O controle postural ao sentar, ficar em pé ou se movimentar é um exemplo desse nível de estímulo sensitivo.
- Sinais sensitivos que terminam no cerebelo também resultam no controle subconsciente do movimento. Ao que parece, o cerebelo é o centro de coordenação, suavizando os movimentos mediante coordenação da ação de diversos grupos musculares

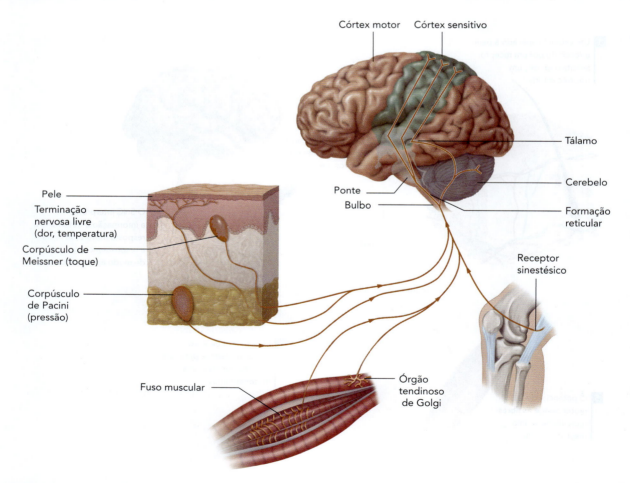

FIGURA 3.8 Os receptores sensitivos e suas vias de retorno à medula espinal e ao encéfalo.

em contração, para que o indivíduo possa efetuar o movimento desejado. Aparentemente, tanto os movimentos motores finos como os mais grosseiros são coordenados pelo cerebelo, em harmonia com os gânglios basais. Sem o controle exercido pelo cerebelo, todo movimento seria descontrolado e descoordenado.

- Sinais sensitivos que terminam no tálamo começam a penetrar no nível de consciência, e o indivíduo começa a distinguir as várias sensações.
- Apenas quando os sinais sensitivos entram no córtex cerebral é que o sinal pode ser discretamente localizado. O córtex sensitivo primário, localizado no giro pós-central (no lobo parietal), recebe impulso nervoso sensitivo geral dos receptores na pele e dos proprioceptores nos músculos, nos tendões e nas articulações. Essa área tem o "mapa" do corpo. A estimulação em uma área específica do corpo é reconhecida, e sua localização exata é instantaneamente percebida. Assim, essa parte do encéfalo consciente permite que o indivíduo esteja o tempo todo consciente do espaço que o cerca e de sua relação com o ambiente.

Tão logo tenha ocorrido a recepção de um impulso sensitivo, uma resposta motora pode ser evocada, independentemente do nível em que o impulso sensitivo foi interrompido. Essa resposta pode ter origem em qualquer um dos três níveis a seguir:

- Medula espinal.
- Regiões inferiores do encéfalo.
- Área motora do córtex cerebral.

Com a mobilização do nível de controle da medula espinal para o córtex motor, o grau de complexidade do movimento aumenta, desde um simples controle reflexo até movimentos complicados que exigem processos básicos de raciocínio. Em geral, as respostas motoras para padrões motores mais complexos têm origem no córtex motor do cérebro, e os gânglios basais e o cerebelo ajudam a coordenar movimentos repetitivos e a refinar padrões motores gerais. A integração sensório-motora também pode envolver vias reflexas para uma rápida resposta e por órgãos sensoriais especializados dentro dos músculos.

Atividade reflexa

O que acontece quando um indivíduo coloca sem perceber sua mão em um fogão quente? Em primeiro lugar, os estímulos de calor e dor são recebidos pelos termorreceptores e nocirreceptores da mão e, em seguida, potenciais de ação sensitivos se deslocam até a medula espinal, terminando ao nível de entrada. Uma vez na medula espinal, esses potenciais de ação são instantaneamente integrados por interneurônios que conectam os neurônios sensitivos e os motores. Os potenciais de ação se movimentam até os motoneurônios e se deslocam até os efetores, músculos que controlam a retirada da mão. O resultado é que, por reflexo, o indivíduo afasta a mão do fogão quente sem pensar nessa ação nem por um instante.

O **reflexo motor** é uma resposta programada com antecipação; a qualquer momento no qual os nervos sensitivos transmitem certos potenciais de ação, o corpo reage com uma resposta instantânea e idêntica. Em exemplos como o que acabou de ser utilizado, se um indivíduo tocar em alguma coisa que seja excessivamente quente ou fria, os termorreceptores irão desencadear um reflexo para a retirada da mão. Não importa se a dor teve como origem o calor ou um objeto cortante – os nocirreceptores também gerarão um reflexo de retirada. No momento em que o indivíduo tiver tomado consciência do estímulo específico (depois de os potenciais de ação sensitivos também serem transmitidos para seu córtex sensitivo primário), a atividade reflexa já estará bem adiantada em seu caminho – se já não tiver sido completada. Toda a atividade nervosa ocorre com extrema rapidez, mas o reflexo é o modo de resposta mais rápido, porque o impulso não é transmitido pela medula espinal até o cérebro, antes da ocorrência de uma ação. Apenas uma resposta é possível, e não há necessidade de levar em consideração outras opções.

Fusos musculares

Agora que os aspectos básicos da atividade reflexa já foram explicitados, é possível observar mais de perto dois reflexos específicos que ajudam a controlar as funções musculares. O primeiro envolve uma estrutura especial: o fuso muscular (ver Fig. 3.9).

O **fuso muscular** é um grupo de fibras musculares especializadas encontradas entre as fibras musculares esqueléticas comuns, chamadas de fibras *extrafusais* (fora dos fusos). O fuso muscular consiste em 4-20 fibras musculares pequenas e especializadas chamadas de *intrafusais* (no interior do fuso) e nas terminações nervosas sensitivas e motoras associadas a essas fibras. Uma bainha de tecido conjuntivo circunda o fuso muscular e se fixa ao endomísio das fibras extrafusais. As fibras intrafusais são controladas por motoneurônios especializados, conhecidos como *motoneurônios gama*. Em contraste, as fibras extrafusais (i. e., as fibras comuns) são controladas pelos *motoneurônios alfa*.

A região central de uma fibra intrafusal não pode contrair-se, pois não contém (ou contém poucos) filamentos de actina e miosina. Essa região central pode apenas alongar-se. Considerando que o fuso muscular está fixado às fibras extrafusais, a qualquer momento que essas fibras sejam alongadas a região central do fuso muscular também se alonga. As terminações nervosas sensitivas que

PERSPECTIVA DE PESQUISA 3.3
Diferenças sexuais nos tipos de fibra do músculo esquelético

Conforme discutido neste capítulo, e também no Capítulo 1, o músculo esquelético se compõe de diferentes tipos de fibras que variam em termos de estrutura, bioquímica e função. A composição do tipo de fibra dos diferentes músculos esqueléticos depende em parte da localização e função anatômicas do músculo. No entanto, é relativamente pouco o que se sabe quanto à diferença, entre homens e mulheres, na proporção dos diferentes tipos de fibras no interior de um músculo esquelético. Até o momento, os poucos estudos que avaliaram a composição diferencial para os tipos de fibra entre os sexos tomaram por base ratos e camundongos. Em estudos que examinaram as diferenças entre sexos em humanos, as fibras medidas nos homens tinham áreas da secção transversal significativamente maiores, o que não é surpreendente, porque em geral os homens têm maior massa muscular. No entanto, parece que, em média, as mulheres têm mais fibras do tipo I e menos fibras do tipo II, em comparação com os homens. Quando a composição do tipo de fibra foi examinada no músculo vasto lateral de um grupo de homens, as porcentagens médias foram: 34% do tipo I, 46% do tipo IIa e 20% do tipo IIx. Nas mulheres, as porcentagens foram: 41% do tipo I, 36% do tipo IIa e 23% do tipo IIx. Essa maior prevalência de fibras de contração lenta nas mulheres corresponde a uma velocidade contrátil menor nas mulheres em comparação com o que ocorre nos homens, mas possibilita maiores resistência e recuperação nas mulheres.[8] Esses dados destacam as diferenças sexuais na composição do tipo de fibra muscular, além daquelas associadas exclusivamente ao tamanho do músculo. Esse achado tem implicações importantes. Futuramente, os estudos que examinarem a composição, função e respostas adaptativas dos músculos esqueléticos a diferentes formas de treinamento físico, bem como em situações fisiopatológicas, deverão levar em consideração as possíveis diferenças sexuais.

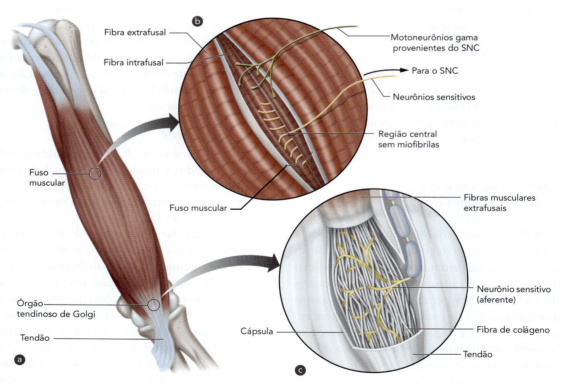

FIGURA 3.9 (a) Ventre muscular mostrando (b) um fuso muscular e (c) um órgão tendinoso de Golgi.

envolvem essa região central do fuso muscular transmitem informações até a medula espinal quando essa região está estendida. Isso transmite um sinal ao SNC sobre o comprimento do músculo. Na medula espinal, o neurônio sensitivo forma uma sinapse com um motoneurônio alfa, que dispara uma contração muscular reflexa (nas fibras extrafusais) para resistir a mais alongamento.

Essa ação pode ser ilustrada com um exemplo. O braço de um indivíduo está flexionado na altura do cotovelo e sua mão estendida com a palma voltada para cima. Subitamente, alguém coloca um grande peso sobre sua palma. O antebraço começa a abaixar e, por sua vez, esticar as fibras musculares nos flexores do cotovelo (p. ex., bíceps braquial), que, por sua vez, alonga os fusos musculares. Em resposta a esse alongamento, os neurônios sensitivos enviam potenciais de ação até a medula espinal, que então causa uma ativação, nos motoneurônios alfa, das unidades motoras dos mesmos músculos. Isso faz com que os músculos aumentem sua produção de força, suplantando o alongamento.

Os motoneurônios gama causam uma excitação nas fibras intrafusais, promovendo um ligeiro pré-alongamento das fibras. Embora a parte intermediária das fibras intrafusais não possa se contrair, suas extremidades podem. Os motoneurônios gama provocam uma ligeira contração das extremidades dessas fibras, o que promove um leve alongamento da região central. Esse pré-alongamento torna o fuso muscular altamente sensível, mesmo a graus pequenos de alongamento.

O fuso muscular também auxilia na ação muscular normal. Ao que parece, quando os motoneurônios alfa são estimulados para contrair as fibras musculares extrafusais, os motoneurônios gama são também ativados, contraindo as extremidades das fibras intrafusais. Isso promove o alongamento da região central do fuso muscular, dando origem a impulsos sensitivos que trafegam até a medula espinal e, em seguida, até os motoneurônios alfa. Em resposta, o músculo aumenta sua produção de força. Assim, a produção de força muscular aumenta por meio dessa função dos fusos musculares.

A informação conduzida até a medula espinal desde os neurônios sensitivos associados aos fusos musculares não termina apenas nesse nível. Os impulsos são também enviados até partes superiores do SNC, abastecendo o encéfalo com informações contínuas sobre o exato comprimento do músculo, bem como sobre a velocidade de mudança desse comprimento. Essa informação é essencial para manter o tônus muscular e a postura, e para a execução de movimentos. O fuso muscular funciona como um servomecanismo de correção contínua dos movimentos que não são realizados conforme o planejado. O encéfalo recebe informação dos erros no movimento pretendido ao mesmo tempo que o erro é corrigido ao nível da medula espinal.

Órgãos tendinosos de Golgi

Os **órgãos tendinosos de Golgi** são receptores sensitivos encapsulados pelos quais passa um pequeno feixe de fibras tendinosas musculares. Esses órgãos estão localizados em um ponto imediatamente proximal à inserção das fibras tendinosas às fibras musculares, conforme ilustra a Figura 3.9. Cerca de 5-25 fibras musculares estão, em geral, conectadas a cada órgão tendinoso de Golgi. Enquanto os fusos musculares monitoram o comprimento do músculo, os órgãos tendinosos de Golgi são sensíveis à tensão no complexo miotendinoso e operam como um tensiômetro, um dispositivo capaz de perceber mudanças na tensão. Sua sensibilidade é tão grande que podem responder à contração de apenas uma fibra muscular. Esses receptores sensitivos são de natureza inibitória, desempenhando uma função protetora, pois diminuem a possibilidade de lesão. Quando estimulados, esses receptores inibem os músculos de contração (agonistas) e excitam os músculos antagonistas.

Os órgãos tendinosos de Golgi são importantes no exercício de resistência. Eles funcionam como um equipamento de segurança que ajuda a prevenir o músculo contra o desenvolvimento de força excessiva durante uma contração, que pode danificá-lo. Além disso, alguns pesquisadores especulam que a diminuição da influência dos órgãos tendinosos de Golgi desinibe os músculos ativos, permitindo uma ação muscular mais vigorosa. Esse mecanismo pode explicar pelo menos parte dos ganhos de força muscular que acompanham o treinamento de força.

Resposta motora

Agora que já se discutiu como as informações sensitivas são integradas de modo a determinar a resposta motora apropriada, o último passo a ser considerado no processo é como os músculos respondem aos potenciais de ação motores assim que eles chegam às fibras motoras.

PERSPECTIVA DE PESQUISA 3.4
Fatores não tradicionais que comprometem o controle neuromuscular

Lesões musculoesqueléticas nos membros inferiores que ocorrem durante a prática esportiva e a atividade física, como as lesões do ligamento cruzado anterior (LCA), são muito comuns e extremamente dispendiosas. Além disso, essas lesões estão associadas a sérias consequências em longo prazo além da própria lesão, incluindo um acelerado desenvolvimento de osteoartrite. O primeiro passo para uma efetiva prevenção de lesões nos membros inferiores é a identificação apropriada dos fatores de risco importantes para tais lesões.

Talvez os fatores de risco para lesões considerados mais comumente como primários sejam as medidas de controle neuromuscular, como a técnica de equilíbrio e movimento. Entretanto, além desses fatores de risco tradicionais, é importante que sejam considerados fatores não tradicionais, que podem predispor o atleta a lesões, como alterações na hidratação, aumento da temperatura corporal e fadiga. É importante ressaltar que a hipoidratação (balanço hídrico corporal abaixo do ideal), hipertermia (aumento da temperatura central do corpo) e a fadiga, que provavelmente são observadas durante a atividade física, prejudicam o controle neuromuscular. Um estudo publicado em 2012 evidenciou esse achado.[3] Em particular, a hipoidratação combinada à hipertermia afetou negativamente a técnica de movimento e, em menor grau, o equilíbrio. Esses achados enfatizam a necessidade de uma hidratação adequada durante o exercício, principalmente quando realizado em ambientes quentes, não apenas para otimizar o desempenho e prevenir complicações relacionadas ao calor (ver Cap. 12), mas também para reduzir o risco de lesão nos membros inferiores.[1]

Em resumo

> A integração sensitivo-motora é o processo pelo qual o SNP transmite as informações sensitivas para o SNC, que as interpreta e, em seguida, envia o sinal motor apropriado para promover a resposta motora desejada.

> O nível do controle do sistema nervoso em resposta a um estímulo sensitivo varia de acordo com a complexidade do movimento necessário. Em sua maioria, os reflexos simples são processados pela medula espinal, enquanto as reações e os movimentos complexos dependem da ativação de centros mais elevados do encéfalo.

> As informações sensitivas podem terminar em diversos níveis do SNC. Nem todas essas informações chegam ao encéfalo.

> Os reflexos são a forma mais simples de controle motor. Não são respostas conscientes. Para um determinado estímulo sensitivo, a resposta motora é sempre idêntica e instantânea.

> Os fusos musculares desencadeiam uma ação muscular reflexa quando o fuso muscular é alongado.

> Os órgãos tendinosos de Golgi iniciam um reflexo que inibe a contração se as fibras tendinosas estiverem alongadas em virtude de alta tensão muscular.

Tão logo um potencial de ação chega a um motoneurônio alfa, o impulso percorre a extensão do neurônio até a junção neuromuscular (JNM). Desse ponto, o potencial de ação se propaga para todas as fibras musculares inervadas por aquele motoneurônio alfa em particular. Deve-se lembrar de que o motoneurônio alfa e todas as fibras musculares por ele inervadas formam uma única unidade motora. Cada fibra muscular é inervada por apenas um motoneurônio alfa, mas cada um deles inerva até algumas milhares de fibras musculares, dependendo da função do músculo. Os músculos controladores de movimentos finos têm apenas um pequeno número de fibras musculares por motoneurônio alfa. Os músculos que controlam os movimentos dos olhos (músculos extraoculares) possuem uma relação de inervação de 1:15, o que significa que um motoneurônio alfa atende a apenas 15 fibras musculares. Os músculos com funções mais gerais têm muitas fibras musculares por motoneurônio alfa. Como exemplo, os músculos gastrocnêmio e tibial anterior, na perna, têm relações de inervação de quase 1:2.000.

Com respeito ao tipo de fibra, as fibras musculares em uma unidade motora específica são homogêneas. Assim, não é possível encontrar uma unidade motora que contenha tanto fibras do tipo II como do tipo I. Na verdade, e conforme já mencionado no Capítulo 1, acredita-se, em geral, que as características do motoneurônio alfa realmente determinam o tipo de fibra naquela unidade motora.[7]

EM SÍNTESE

Neste capítulo foi observado como o sistema nervoso está organizado e como essa organização funciona para o controle dos movimentos. Foi estudado o sistema nervoso central em sua relação com o movimento e com os ramos sensitivo e efetor do sistema nervoso periférico. Também foi abordado como os músculos respondem à estimulação nervosa, seja por meio dos reflexos, seja sob o controle complexo dos centros cerebrais superiores, bem como o papel das unidades motoras individuais na determinação dessa resposta. Assim, pôde-se aprender como o organismo funciona, de modo a permitir que as pessoas se movimentem. No capítulo a seguir será examinado o papel dos hormônios na resposta do corpo ao exercício.

PALAVRAS-CHAVE

acetilcolina
adrenérgicos
bainha de mielina
bomba de sódio-potássio
colinérgicos
condução saltatória
despolarização
fuso muscular
hiperpolarização
impulso nervoso
integração sensitivo-motora

junção neuromuscular
limiar
nervos efetores (eferentes)
nervos motores ou motoneurônios
nervos sensitivos (aferentes)
neurônio
neurotransmissores
noradrenalina
órgão tendinoso de Golgi
potencial de membrana em repouso (PMR)

potencial graduado
potencial pós-sináptico excitatório (PPSE)
potencial pós-sináptico inibitório (PPSI)
proeminência axônica
ramos terminais
reflexo motor
sinapse
sistema nervoso central (SNC)
sistema nervoso periférico (SNP)
terminal axônico

QUESTÕES PARA ESTUDO

1. Quais as principais divisões do sistema nervoso? Quais as suas principais funções?
2. Cite as diferentes partes anatômicas de um neurônio e discuta suas funções.
3. Explique o potencial de membrana em repouso. O que causa esse evento? Como é mantido?
4. Descreva um potencial de ação. O que deve ocorrer antes da ativação de um potencial de ação?
5. Explique como um potencial de ação é transmitido de um neurônio pré-sináptico para um neurônio pós-sináptico. Descreva uma sinapse e uma junção neuromuscular.
6. Cite os centros encefálicos com papéis mais importantes no controle do movimento. Quais são esses papéis?
7. Estabeleça diferenças entre os sistemas simpático e parassimpático. Quais são seus papéis na realização da atividade física?
8. Explique como ocorre um movimento reflexo em resposta ao contato com um objeto quente.
9. Descreva o papel do fuso muscular no controle da contração muscular.
10. Descreva o papel do órgão tendinoso de Golgi no controle da contração muscular.

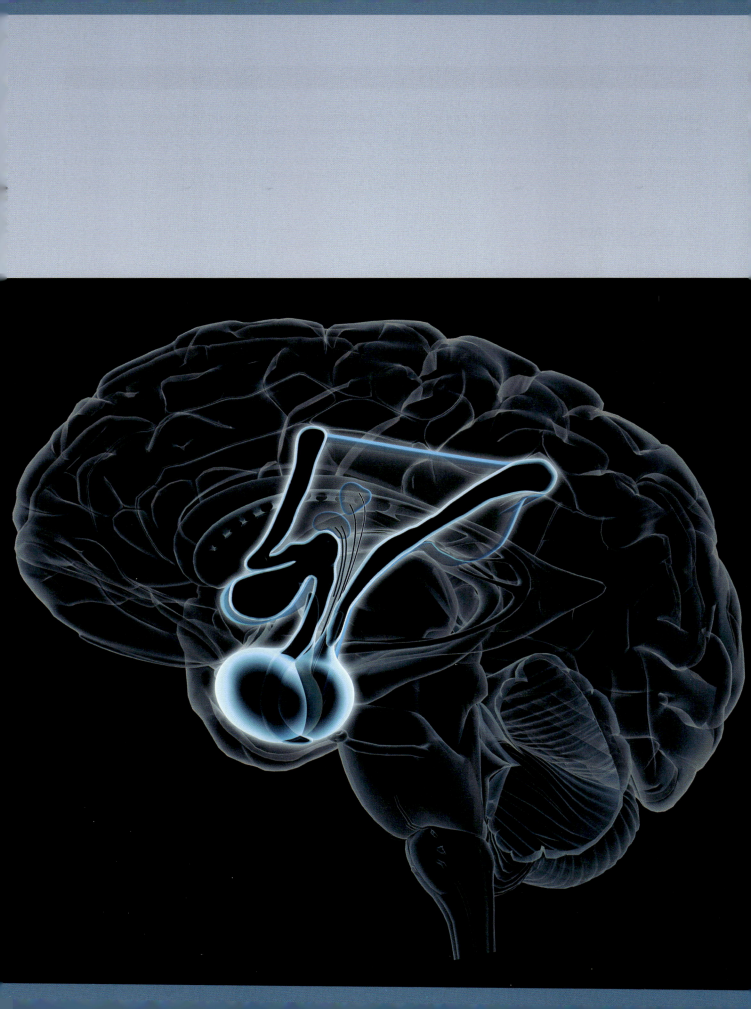

4 Controle hormonal durante o exercício

O sistema endócrino   102

Classificação química dos hormônios   103
Secreção de hormônios e concentração plasmática   103
Ações hormonais   104

ANIMAÇÃO PARA A FIGURA 4.2 Mostra o mecanismo de ação de um hormônio esteroide.
ANIMAÇÃO PARA A FIGURA 4.3 Mostra o mecanismo de ação de um hormônio não esteroide.

Glândulas endócrinas e seus hormônios: aspectos gerais   106

VÍDEO 4.1 Apresenta Katerina Borer, que fala sobre o papel contributivo dos hormônios sexuais para as rupturas do LCA em mulheres.

Regulação hormonal do metabolismo durante o exercício   110

Glândulas endócrinas envolvidas na regulação metabólica   110
Regulação do metabolismo dos carboidratos durante o exercício   112
Regulação do metabolismo das gorduras durante o exercício   115

Regulação hormonal do equilíbrio hidroeletrolítico durante o exercício   116

Glândulas endócrinas envolvidas na homeostase de líquidos e eletrólitos   117
Os rins como órgãos endócrinos   119

ANIMAÇÃO PARA A FIGURA 4.7 Descreve o papel do ADH na conservação dos líquidos corporais durante o exercício.
ANIMAÇÃO PARA A FIGURA 4.8 Explora o mecanismo do sistema renina-angiotensina-aldosterona.

Regulação hormonal da ingestão de calorias   121

Hormônios do trato gastrintestinal   121
Tecido adiposo como órgão endócrino   122
Efeitos dos exercícios agudo e crônico nos hormônios da saciedade   124

ANIMAÇÃO PARA A FIGURA 4.10 Descreve a regulação do apetite pelos hormônios grelina e leptina.

Em síntese   125

Em 22 de maio de 2010, um menino norte-americano de 13 anos de idade se tornou o alpinista mais jovem a atingir o topo do Monte Everest, uma trilha exaustiva que alcança uma altitude de 8.850 m acima do nível do mar. A escalada foi extremamente controversa por causa da idade do menino. De fato, uma vez que o governo nepalês não daria a permissão familiar necessária para escalar o Everest pelo lado do Nepal, a equipe de escalada subiu pelo lado chinês, mais difícil, onde não há restrição por idade. Como preparação para a escalada, o menino e seu pai (e parceiro de escalada) dormiram por meses em uma tenda de hipóxia, a fim de preparar seus corpos para suportar a alta altitude. Um dos objetivos da aclimatação às altas altitudes é aumentar a concentração de eritrócitos, que transportam oxigênio no sangue. Dois hormônios importantes facilitaram esse objetivo. Um aumento do hormônio eritropoietina sinalizou para que a medula óssea produzisse mais eritrócitos, e uma queda na vasopressina (também chamada de hormônio antidiurético) fez que os rins produzissem excesso de urina para melhor concentrar as células sanguíneas. Com essas adaptações, os alpinistas conseguiram escalar o Monte Everest gastando menos tempo nas bases de acampamento posicionadas pelo caminho.

Durante o exercício e a exposição a ambientes extremos, o corpo precisa fazer inúmeros ajustes fisiológicos. A produção de energia deve aumentar, e os subprodutos metabólicos devem ser removidos. As funções cardiovascular e respiratória devem ser constantemente ajustadas para suprir as demandas impostas sobre esses e outros sistemas corporais, como aquelas que regulam a temperatura. Enquanto o ambiente interno do corpo está em estado constante de fluxo até mesmo em repouso, durante o exercício essas alterações finamente ajustadas devem ocorrer de modo rápido e bem coordenado.

Embora boa parte da regulação fisiológica e da integração necessárias durante o exercício seja obtida por meio do sistema nervoso (discutido no Cap. 3), outro sistema fisiológico – o sistema endócrino – afeta virtualmente cada célula, tecido e órgão no corpo. Esse sistema monitora constantemente o ambiente interno do corpo, observando todas as alterações que ocorrem e liberando rapidamente hormônios para garantir que a homeostase não seja dramaticamente rompida. Neste capítulo, focaremos a importância dos hormônios para manter a homeostase e para ajudar todos os processos internos que suportam a atividade física. Por não ser possível cobrir todos os aspectos do controle endócrino durante o exercício, o foco será o controle hormonal do metabolismo e do equilíbrio dos líquidos corporais durante o exercício. Tendo em vista que a dieta desempenha um papel importante no metabolismo do exercício, também será estudada a regulação hormonal da ingestão de alimentos. Hormônios adicionais, incluindo aqueles que regulam o crescimento e desenvolvimento, massa muscular e função reprodutiva, são abordados em outros capítulos deste livro.

O sistema endócrino

Com a transição do corpo de um estado de repouso para um estado ativo, é preciso que a taxa de metabolismo aumente, para que seja fornecida a energia necessária. Esse processo exige a integração coordenada de muitos sistemas fisiológicos e bioquímicos. Embora o sistema nervoso seja responsável por grande parte dessa comunicação, o ajuste fino das respostas fisiológicas do corpo a qualquer perturbação de seu equilíbrio é responsabilidade principalmente do sistema endócrino. Os sistemas endócrino e nervoso, em geral chamados coletivamente de sistema neuroendócrino, funcionam em harmonia para controlar todos os processos fisiológicos que auxiliam os exercícios. O sistema nervoso funciona com rapidez, e seus efeitos são localizados e de curta duração, ao passo que o sistema endócrino funciona de forma mais lenta, mas seus efeitos são prolongados.

O sistema endócrino consiste em todos os tecidos ou glândulas que secretam **hormônios**. As principais glândulas e tecidos endócrinos estão ilustrados na Figura 4.1. Tipicamente, as glândulas endócrinas secretam seus hormônios diretamente no sangue, no qual eles funcionam como sinais químicos por todo o corpo. Quando secretados por células endócrinas especializadas, os hormônios são transportados pelo sangue até **células-alvo** específicas – células que possuem receptores hormonais específicos. Ao chegar a seu destino, os hormônios podem controlar a atividade do tecido-alvo. Historicamente um hormônio era definido como um agente químico produzido por uma glândula que viajava até um tecido remoto no corpo para exercer sua função. Na atualidade, os hormônios são mais amplamente definidos como qualquer agente químico que controla e regula a atividade de certas células ou órgãos. Alguns hormônios afetam muitos tecidos do corpo, inclusive o cérebro, enquanto outros se direcionam para células específicas em determinado tecido.

Os hormônios estão envolvidos na maioria dos processos fisiológicos, e, dessa maneira, suas ações são relevantes para muitos aspectos do exercício e da atividade física. Como eles desempenham funções essenciais em praticamente todos os sistemas do corpo, um estudo completo desse tópico está além dos objetivos deste livro. Nas seções seguintes, encontram-se discussões acerca da natureza química dos hormônios e seus mecanismos gerais de ação. Uma visão geral das principais glândulas endócrinas e seus

Controle hormonal durante o exercício

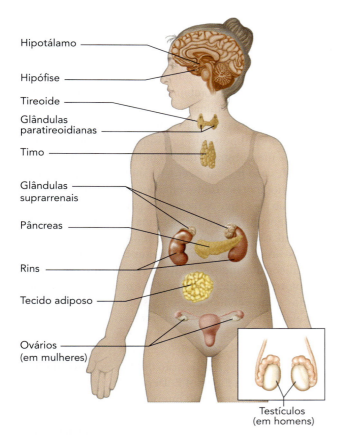

FIGURA 4.1 Localização dos principais órgãos endócrinos.

hormônios é apresentada como complemento. Com relação ao exercício, o foco está em dois aspectos relevantes do controle hormonal, o controle do metabolismo durante o exercício e a regulação dos líquidos corporais e de seus eletrólitos durante o exercício. Finalmente, são apresentadas novas informações sobre a regulação hormonal da ingestão de alimentos, tendo em vista que o consumo de calorias e de certos nutrientes específicos exerce profunda influência no metabolismo do exercício.

Classificação química dos hormônios

Tradicionalmente, os hormônios são categorizados como hormônios esteroides e hormônios não esteroides. Os **hormônios esteroides** têm estrutura química similar à do colesterol, uma vez que a maioria é dele derivada. Por essa razão, são substâncias lipossolúveis e se difundem com bastante facilidade pelas membranas celulares. Esse grupo inclui os hormônios reprodutivos testosterona (secretada pelos testículos) e estrogênio e progesterona (secretados pelos ovários e placenta) e também o cortisol e a aldosterona (secretados pelo córtex suprarrenal).

Os **hormônios não esteroides** não são lipossolúveis e, assim, não atravessam facilmente as membranas celulares. O grupo de hormônios não esteroides pode ser subdividido em dois grupos: hormônios proteicos ou peptídicos e hormônios derivados de aminoácidos. Os dois hormônios sintetizados pela tireoide (tiroxina e tri-iodotironina) e os dois da medula suprarrenal (adrenalina e noradrenalina) são hormônios derivados de aminoácidos. Todos os demais hormônios não esteroides são proteicos ou peptídicos. A estrutura química de um hormônio determina seu mecanismo de ação sobre as células-alvo e tecidos.

Secreção de hormônios e concentração plasmática

O controle da secreção de hormônios deve ser rápido para suprir as demandas de alteração das funções corporais. Os hormônios não são secretados de maneira constante ou uniforme, mas geralmente de maneira pulsátil, isto é, em picos curtos e a intervalos irregulares. Portanto, as concentrações plasmáticas de hormônios específicos flutuam ao longo de períodos curtos de uma hora ou menos. Mas para muitos hormônios essas concentrações também flutuam por períodos mais longos de tempo, demonstrando ciclos diários e até mensais (como os ciclos menstruais mensais). Como as glândulas endócrinas sabem quando devem liberar seus hormônios e quanto deles deve ser liberado?

O *feedback* negativo é o principal mecanismo pelo qual o sistema endócrino mantém a homeostase. A secreção de um hormônio causa alguma alteração no corpo e, por sua vez, essa alteração inibe uma secreção maior desse hormônio. Considere a forma de funcionamento de um termostato doméstico. Quando a temperatura da sala diminui abaixo de um nível preestabelecido, o termostato sinaliza para o aquecedor produzir calor. Quando a temperatura da sala aumenta para o nível preestabelecido, a sinalização do termostato é encerrada e o aquecedor para de produzir calor. No corpo, a secreção de um hormônio específico é similarmente ativada e desativada (ou para mais ou para menos) por alterações fisiológicas específicas.

Usando o exemplo da concentração plasmática de glicose e o hormônio insulina, quando a concentração plasmática de glicose está elevada, o pâncreas libera insulina. A insulina aumenta o consumo celular de glicose, reduzindo a concentração plasmática de glicose. Quando a concentração plasmática de glicose retorna ao normal, ocorre inibição na liberação da insulina, até que o nível de glicose plasmática aumente novamente. Considerando que o sistema endócrino funciona em harmonia com o sistema nervoso, o sistema nervoso central também está envolvido na manutenção de um equilíbrio hormonal apropriado.

A concentração plasmática de um hormônio específico não é sempre o melhor indicador da atividade hormonal, pois os hormônios precisam se ligar a receptores celulares específicos, para que exerçam seus efeitos. Dentro dessa mesma linha, o número de receptores nas células-alvo pode ser alterado a fim de aumentar ou diminuir a sensibilidade dessa célula ao hormônio. Com menos receptores, menos moléculas do hormônio conseguem se ligar, e a célula se torna menos sensível a esse hormônio. Isso é chamado de **sub-regulação**, ou perda da sensibilidade. Em pessoas com **resistência à insulina**, por exemplo, o número de receptores de insulina nas células parece estar reduzido. O corpo dessas pessoas responde aumentando a secreção de insulina pelo pâncreas, aumentando a concentração plasmática de insulina. Para obter o mesmo grau de controle da glicose plasmática de um indivíduo normal e saudável, esses indivíduos devem liberar muito mais insulina.

Em alguns casos, uma célula pode responder à presença prolongada de grandes quantidades de um hormônio com um aumento no número de receptores disponíveis. Quando isso acontece, a célula se torna mais sensível a esse hormônio, pois mais moléculas podem se ligar de uma vez. Isso é chamado de **super-regulação**. Como exemplo, indivíduos com elevada **sensibilidade à insulina**, o oposto de resistência à insulina, dependem de níveis relativamente normais ou baixos desse hormônio para processar determinada concentração de glicose sanguínea.

Ações hormonais

Tendo em vista que os hormônios se deslocam pelo sangue, eles entram em contato virtualmente com todos os tecidos do organismo. Como então os hormônios têm seus efeitos limitados a alvos específicos? Essa capacidade pode ser atribuída aos receptores hormonais específicos que existem nos tecidos-alvo que podem se ligar apenas a hormônios específicos. Cada célula contém normalmente entre 2.000 e 10.000 receptores. A combinação de um hormônio ligado a seu receptor é denominada complexo hormônio-receptor.

Conforme mencionado anteriormente, os hormônios esteroides são lipossolúveis; assim, atravessam com facilidade a membrana celular, enquanto hormônios não esteroides não podem fazer o mesmo. Os receptores para hormônios não esteroides estão localizados na membrana celular, ao passo que os receptores para hormônios esteroides são encontrados no citoplasma ou no núcleo celular. Em geral, cada hormônio tem grande especificidade para um tipo único de receptor e se liga apenas a seus receptores específicos, afetando assim apenas tecidos que contenham receptores específicos. Uma vez que os hormônios estejam ligados a um receptor, numerosos mecanismos permitem que eles controlem as ações das células.

Hormônios esteroides

O mecanismo geral de ação dos hormônios esteroides está ilustrado na Figura 4.2. Depois de ter atravessado a membrana celular e já no interior da célula, o hormônio esteroide se liga a seus receptores específicos. Em seguida, o complexo hormônio-receptor penetra no núcleo, liga-se

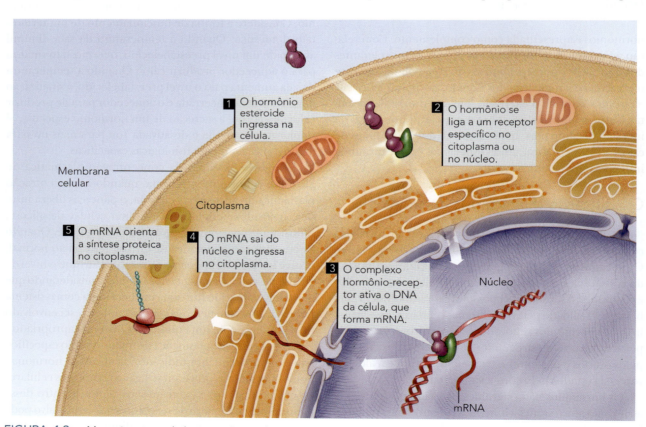

 FIGURA 4.2 Mecanismo geral de ação de um hormônio esteroide típico, que leva à ativação gênica direta e à síntese proteica.

a parte do DNA (ácido desoxirribonucleico) celular e ativa certos genes. Esse processo é conhecido como **ativação gênica direta**. Em resposta a essa ativação, ocorre síntese de mRNA (ácido ribonucleico mensageiro) no interior do núcleo. Em seguida, o mRNA passa para o citoplasma e promove a síntese proteica. Essas proteínas podem ser:

- enzimas que exercem numerosos efeitos nos processos celulares;
- proteínas estruturais a serem utilizadas para crescimento e reparo dos tecidos; ou
- proteínas reguladoras que podem alterar a função das enzimas.

Hormônios não esteroides

Considerando que os hormônios não esteroides não podem atravessar a membrana celular, essas moléculas se ligam a receptores específicos na membrana celular. Uma molécula de hormônio não esteroide se liga a seu receptor de membrana e dispara uma série de reações que levam à formação de um **segundo mensageiro** intracelular. Além de sua função como molécula sinalizadora, os segundos mensageiros também ajudam a intensificar a força do sinal. Embora existam muitas moléculas na função de segundos mensageiros, um segundo mensageiro importante que faz a mediação de muitas respostas do tipo hormônio-receptor é o **monofosfato de adenosina cíclico** (AMP cíclico ou **AMPc**), cujo mecanismo de ação está ilustrado na Figura 4.3. Nesse caso, a fixação do hormônio ao receptor de membrana apropriado ativa a enzima adenilato ciclase, situada no interior da membrana celular. Essa enzima regula a formação de AMPc a partir do trifosfato de adenosina (ATP) celular. Em seguida, o AMPc controla respostas fisiológicas específicas, que podem ser:

- ativação de enzimas celulares;
- mudança na permeabilidade da membrana;
- promoção da síntese proteica;
- mudança no metabolismo celular; ou
- estimulação de secreções celulares.

Alguns dos hormônios que atingem seus efeitos através do AMPc como segundo mensageiro são adrenalina, glucagon e hormônio luteinizante. Além do AMPc, existem outros segundos mensageiros importantes, por exemplo, monofosfato de guanina cíclico (GMPc), trifosfato de inositol (IP3), diacilglicerol (DAG) e íons cálcio (Ca^{2+}).

As **prostaglandinas**, embora tecnicamente não sejam hormônios, com frequência são consideradas uma terceira classe hormonal. Essas substâncias são derivadas de um ácido

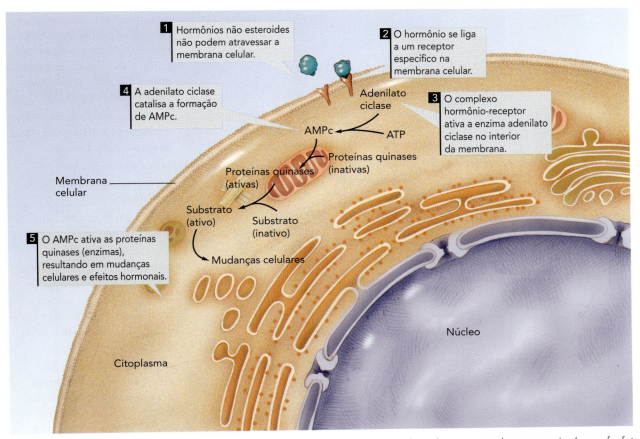

 FIGURA 4.3 Mecanismo de ação de um hormônio não esteroide, neste caso utilizando um segundo mensageiro (monofosfato de adenosina cíclico) no interior da célula para ativar funções celulares.

graxo, o ácido araquidônico, e estão associadas às membranas plasmáticas de praticamente todas as células do corpo. Tipicamente, as prostaglandinas atuam como hormônios *locais* ou **autócrinos**, exercendo seus efeitos na área imediata onde são sintetizadas. Mas algumas das prostaglandinas também sobrevivem por tempo suficiente para circular no sangue e afetar tecidos distantes. A liberação das prostaglandinas pode ser iniciada por muitos estímulos, como outros hormônios ou uma lesão local. Suas funções são bastante numerosas porque existem vários tipos diferentes de prostaglandinas. Elas frequentemente promovem a mediação dos efeitos de outros hormônios. Também se sabe que as prostaglandinas atuam diretamente nos vasos sanguíneos, aumentando a permeabilidade vascular (o que provoca edema) e a vasodilatação. Nessa capacidade, as prostaglandinas são mediadores importantes da resposta inflamatória. Essas substâncias também sensibilizam as terminações nervosas das fibras da dor; assim, elas promovem a mediação tanto da inflamação como da dor.

Glândulas endócrinas e seus hormônios: aspectos gerais

As principais glândulas endócrinas e seus respectivos hormônios estão listados na Tabela 4.1. Essa tabela também lista o alvo principal e as ações de cada hormônio. Uma vez que o sistema endócrino é extremamente complexo, esta apresentação foi muito simplificada, para que pudéssemos nos concentrar naquelas glândulas endócrinas e hormônios de maior importância para o exercício e a atividade física.

Considerando que os hormônios desempenham um importante papel na regulação de muitas variáveis fisiológicas durante o exercício, não surpreende que a liberação de hormônios seja alterada durante práticas agudas de atividade. As respostas hormonais a uma prática aguda de exercício e ao treinamento físico estão resumidas na Tabela 4.2. Essa tabela se limita àqueles hormônios mais

TABELA 4.1 As principais glândulas endócrinas, seus hormônios, órgãos-alvo, fatores de controle e funções

Glândula endócrina	Hormônio	Órgão-alvo	Fator de controle	Principais funções
Hipófise anterior	Hormônio do crescimento (GH)	Todas as células do corpo	Hormônio liberador de GH hipotalâmico; hormônio inibidor de GH (somatostatina)	Promove o desenvolvimento e o crescimento de todos os tecidos do corpo até a maturação; aumenta a velocidade da síntese proteica; aumenta a mobilização de gorduras, bem como o seu uso como fonte de energia; diminui a velocidade de uso dos carboidratos
	Tirotropina (TSH)	Tireoide	Hormônio liberador de TSH hipotalâmico	Controla a quantidade de tiroxina e tri-iodotironina produzidas e liberadas pela tireoide
	Adrenocorticotropina (ACTH)	Córtex suprarrenal	Hormônio liberador de ACTH hipotalâmico	Controla a secreção de hormônios do córtex suprarrenal
	Prolactina	Mamas	Hormônios liberador e inibidor da prolactina	Estimula a produção de leite pelas mamas
	Hormônio folículo-estimulante (FSH)	Ovários, testículos	Hormônio liberador de FSH hipotalâmico	Inicia o crescimento de folículos nos ovários e promove a secreção de estrogênio pelos ovários; promove o desenvolvimento dos espermatozoides nos testículos
	Hormônio luteinizante (LH)	Ovários, testículos	Hormônio liberador de FSH hipotalâmico	Promove a secreção de estrogênio e progesterona e faz que ocorra ruptura do folículo, com liberação do óvulo; faz que os testículos secretem testosterona

(continua)

TABELA 4.1 As principais glândulas endócrinas, seus hormônios, órgãos-alvo, fatores de controle e funções *(continuação)*

Glândula endócrina	Hormônio	Órgão-alvo	Fator de controle	Principais funções
Hipófise posterior	Hormônio antidiurético (ADH ou vasopressina)	Rins	Neurônios secretores hipotalâmicos	Ajuda no controle da excreção de água pelos rins; eleva a pressão arterial, ao promover constrição dos vasos sanguíneos
	Ocitocina	Útero, mamas	Neurônios secretores hipotalâmicos	Controla a contração do útero; secreção do leite
Tireoide	Tiroxina (T_4) e tri-iodotironina (T_3)	Todas as células do corpo	Concentrações de TSH, T3 e de T4	Aumentam a taxa de metabolismo celular; aumentam a frequência cardíaca e a contratilidade do coração
	Calcitonina	Ossos	Concentrações plasmáticas de cálcio	Controla a concentração do íon cálcio no sangue
Paratireoide	Hormônio da paratireoide (PTH ou paratormônio)	Ossos, intestinos e rins	Concentrações plasmáticas de cálcio	Controla a concentração do íon cálcio no líquido extracelular por meio de sua influência nos ossos, intestinos e rins
Medula suprarrenal	Adrenalina	Quase todas as células do corpo	Barorreceptores, receptores de glicose, centros cerebrais e espinais	Estimula a degradação de glicogênio no fígado e no músculo e a lipólise no tecido adiposo e no músculo; aumenta o fluxo sanguíneo para a musculatura esquelética; aumenta a frequência cardíaca e a contratilidade do coração; aumenta o consumo de oxigênio
	Noradrenalina	Quase todas as células do corpo	Barorreceptores, receptores de glicose, centros cerebrais e espinais	Estimula a lipólise dos tecidos adiposo e muscular (em menor grau); promove a constrição das arteríolas e das vênulas, elevando a pressão arterial
Córtex suprarrenal	Mineralocorticoides (aldosterona)	Rins	Angiotensina e concentrações plasmáticas de potássio; renina	Aumentam a retenção de sódio e a excreção de potássio pelos rins
	Glicocorticoides (cortisol)	Quase todas as células do corpo	ACTH	Controlam o metabolismo dos carboidratos, gorduras e proteínas; exercem ação anti-inflamatória
	Andrógenos e estrógenos	Ovários, mamas e testículos	ACTH	Ajudam no desenvolvimento das características sexuais femininas e masculinas
Pâncreas	Insulina	Todas as células do corpo	Concentrações plasmáticas de glicose e aminoácidos	Controla os níveis sanguíneos de glicose, por baixá-los; aumenta o uso da glicose e a síntese de gordura

(continua)

TABELA 4.1 As principais glândulas endócrinas, seus hormônios, órgãos-alvo, fatores de controle e funções *(continuação)*

Glândula endócrina	Hormônio	Órgão-alvo	Fator de controle	Principais funções
Pâncreas	Glucagon	Todas as células do corpo	Concentrações plasmáticas de glicose e aminoácidos	Aumenta a glicose sanguínea; estimula a degradação de proteínas e gorduras
	Somatostatina	Ilhotas de Langerhans e intestinos	Concentrações plasmáticas de glicose, insulina e glucagon	Diminui a secreção de insulina e glucagon
Rins	Renina	Córtex suprarrenal	Concentrações plasmáticas de sódio	Ajuda no controle da pressão arterial
	Eritropoetina (EPO)	Medula óssea	Baixas concentrações histológicas de oxigênio	Estimula a produção de eritrócitos
Testículos	Testosterona	Órgãos sexuais, músculo	FSH e LH	Promove o desenvolvimento das características sexuais masculinas, incluindo o crescimento dos testículos, escroto e pênis, pelos faciais e mudança na voz; promove o crescimento muscular
Ovários	Estrógenos e progesterona	Órgãos sexuais e tecido adiposo	FSH e LH	Promovem o desenvolvimento das características e dos órgãos sexuais femininos; aumentam as reservas de gordura; ajudam na regulação do ciclo menstrual

TABELA 4.2 Resposta hormonal ao exercício agudo e mudança na resposta com o treinamento físico

Glândula endócrina	Hormônio	Resposta ao exercício agudo (sem treinamento)	Efeito do treinamento físico
Hipófise anterior	Hormônio do crescimento (GH)	Aumenta com o aumento das cargas de trabalho	Resposta atenuada na mesma carga de trabalho
	Tirotropina (TSH)	Aumenta com o aumento das cargas de trabalho	Sem efeito conhecido
	Adrenocorticotropina (ACTH)	Aumenta com o aumento das cargas de trabalho e da duração	Resposta atenuada na mesma carga de trabalho
	Prolactina	Aumenta com o exercício	Sem efeito conhecido
	Hormônio folículo-estimulante (FSH)	Pouca ou nenhuma mudança	Sem efeito conhecido
	Hormônio luteinizante (LH)	Pouca ou nenhuma mudança	Sem efeito conhecido
Hipófise posterior	Hormônio antidiurético (ADH ou vasopressina)	Aumenta com o aumento das cargas de trabalho	Resposta atenuada na mesma carga de trabalho
	Ocitocina	Desconhecido	Desconhecido
Tireoide	Tiroxina (T_4) e tri-iodotironina (T_3)	T_3 e T_4 livres aumentam com o aumento das cargas de trabalho	Aumento da reciclagem de T_3 e T_4 na mesma carga de trabalho
	Calcitonina	Desconhecido	Desconhecido

(continua)

TABELA 4.2 Resposta hormonal ao exercício agudo e mudança na resposta com o treinamento físico *(continuação)*

Glândula endócrina	Hormônio	Resposta ao exercício agudo (sem treinamento)	Efeito do treinamento físico
Paratireoide	Hormônio da paratireoide (PTH ou paratormônio)	Aumenta com o exercício prolongado	Desconhecido
Medula suprarrenal	Adrenalina	Aumenta com o aumento das cargas de trabalho, começando em cerca de 75% de $\dot{V}O_{2max}$	Resposta atenuada na mesma carga de trabalho
	Noradrenalina	Aumenta com o aumento das cargas de trabalho, começando em cerca de 50% de $\dot{V}O_{2max}$	Resposta atenuada na mesma carga de trabalho
Córtex suprarrenal	Aldosterona	Aumenta com o aumento das cargas de trabalho	Inalterado
	Cortisol	Aumenta apenas em grandes cargas de trabalho	Valores ligeiramente mais elevados
Pâncreas	Insulina	Diminui com o aumento das cargas de trabalho	Resposta atenuada na mesma carga de trabalho
	Glucagon	Aumenta com o aumento das cargas de trabalho	Resposta atenuada na mesma carga de trabalho
Rins	Renina	Aumenta com o aumento das cargas de trabalho	Inalterado
	Eritropoetina (EPO)	Desconhecido	Inalterado
Testículos	Testosterona	Pequenos aumentos com o exercício	Níveis em repouso diminuídos em corredores homens
Ovários	Estrógenos e progesterona	Pequenos aumentos com o exercício	Níveis de repouso podem estar diminuídos em mulheres altamente treinadas

importantes no esporte e na atividade física. Outros detalhes dessas respostas hormonais induzidas pelo exercício serão fornecidos na discussão a seguir, sobre glândulas endócrinas específicas e seus hormônios.

Como mencionado anteriormente, uma descrição abrangente do controle neuroendócrino está muito além do escopo deste livro. Duas funções importantes das glândulas endócrinas e de seus hormônios são a regulação do metabolismo durante o exercício e a regulação dos líquidos corporais e de seus eletrólitos. O sistema endócrino também desempenha um papel importante na regulação do apetite e da ingestão de alimentos. As seções seguintes detalham essas duas importantes funções. Cada seção fornece uma descrição das glândulas endócrinas primárias envolvidas, os hormônios produzidos e como esses hormônios desempenham esse papel regulatório.

 VÍDEO 4.1 Apresenta Katerina Borer, que fala sobre o papel contributivo dos hormônios sexuais para as rupturas do LCA em mulheres.

Em resumo

> O sistema nervoso funciona com rapidez, e tem efeitos breves e localizados, enquanto, normalmente, o sistema endócrino responde com maior lentidão, mas com efeitos mais duradouros.

> Os hormônios são quimicamente classificados como esteroides ou não esteroides. Os hormônios esteroides são lipossolúveis, e quase todos são formados a partir do colesterol. Os hormônios não esteroides são formados de proteínas, peptídeos ou aminoácidos.

> Os hormônios influenciam células ou tecidos-alvo específicos por meio da interação exclusiva entre o hormônio e os receptores específicos para esse hormônio na membrana celular (hormônios não esteroides) ou no citoplasma ou no núcleo da célula (hormônios esteroides).

> Em geral, os hormônios são secretados de maneira não uniforme no sangue, frequentemente em breves emissões pulsáteis e, em seguida, circulam pelo corpo até suas células-alvo.

> - A secreção da maioria dos hormônios é regulada por um sistema de *feedback* negativo.
> - O número de receptores para determinado hormônio pode ser alterado para atender às demandas do corpo. A super-regulação refere-se a um aumento no número de receptores disponíveis, e a sub-regulação é a redução desse número. Esses dois processos alteram a sensibilidade da célula com relação a determinado hormônio.
> - Os hormônios esteroides atravessam as membranas celulares e se ligam a receptores no citoplasma e no núcleo da célula. No núcleo, eles utilizam um mecanismo denominado ativação gênica direta para provocar a síntese proteica.
> - Os hormônios não esteroides não podem entrar facilmente nas células e, assim, se ligam a receptores existentes na membrana celular. Isso ativa um segundo mensageiro existente no interior da célula – frequentemente AMPc –, que, por sua vez, pode desencadear numerosos processos celulares.
> - Por uma definição rígida, as prostaglandinas não são hormônios, mas atuam como hormônios "locais", exercendo seu efeito na área imediata onde são sintetizadas.

Regulação hormonal do metabolismo durante o exercício

Como observado no Capítulo 2, o metabolismo dos carboidratos e das gorduras é responsável pela manutenção dos níveis de ATP muscular durante o exercício prolongado. Vários hormônios trabalham para garantir uma disponibilidade adequada de glicose e ácidos graxos livres (AGL) para o metabolismo energético muscular. Nas próximas seções, examinaremos (1) as principais glândulas endócrinas e hormônios responsáveis pela regulação metabólica e (2) como o metabolismo da glicose e da gordura é regulado por esses hormônios durante o exercício.

Glândulas endócrinas envolvidas na regulação metabólica

Enquanto muitos sistemas complexos interagem para regular o metabolismo tanto em repouso quanto durante o exercício, as principais glândulas endócrinas responsáveis são a hipófise anterior, a tireoide, as suprarrenais e o pâncreas.

Hipófise anterior

A hipófise é uma glândula com as dimensões de uma bola de gude, anexada ao hipotálamo na base do cérebro. Ela é composta por três lobos: anterior, intermediário e posterior. O lobo intermediário é muito pequeno; supõe-se que exerça um papel pequeno ou inexistente no ser humano. No entanto, tanto o lobo posterior como o lobo anterior desempenham importantes funções endócrinas. A liberação hormonal da hipófise anterior é controlada por hormônios secretados pelo hipotálamo, enquanto a hipófise posterior libera seus hormônios em resposta a sinais nervosos diretos provenientes do hipotálamo. Portanto, a glândula hipófise pode ser imaginada como uma ligação entre os centros de controle do SNC e glândulas endócrinas periféricas. A hipófise posterior é discutida mais adiante neste capítulo.

A hipófise anterior, também denominada adenoipófise, secreta seis hormônios em resposta a **fatores liberadores** ou **fatores inibidores** (que também são classificados como hormônios) secretados pelo hipotálamo. A comunicação hormonal entre o hipotálamo e o lobo anterior da hipófise ocorre por meio de um sistema circulatório especializado. As principais funções de cada um dos hormônios da hipófise anterior, com seus fatores liberadores e inibidores, estão listadas na Tabela 4.1. O exercício é um forte estimulante do hipotálamo, porque sua prática aumenta a liberação da maioria dos hormônios da hipófise anterior (ver Tab. 4.2).

Dos seis hormônios da hipófise anterior, quatro são hormônios trópicos, o que significa que eles afetam o funcionamento de outras glândulas endócrinas. As exceções são o hormônio do crescimento e a prolactina. O **hormônio do crescimento (GH)** é um potente agente anabólico (uma substância que constrói órgãos e tecidos, promovendo crescimento e diferenciação celular e um aumento no tamanho dos tecidos). Esse hormônio promove o crescimento e hipertrofia dos músculos, ao facilitar o transporte dos aminoácidos para o interior das células. Além disso, o GH estimula diretamente o metabolismo das gorduras (lipólise), por aumentar a síntese de enzimas lipolíticas. As concentrações do hormônio do crescimento são elevadas durante o exercício aeróbio e também o exercício de resistência, em proporção com a intensidade do exercício e que, em geral, permanecem elevadas durante algum tempo depois do fim do exercício.

Tireoide

A tireoide está localizada ao longo da linha média do pescoço, imediatamente abaixo da laringe. Essa glândula secreta dois hormônios não esteroides importantes, a **tri-iodotironina (T_3)** e a **tiroxina (T_4)**, que regulam o metabolismo em geral, além do hormônio calcitonina, que ajuda na regulação do metabolismo do cálcio.

Os dois hormônios tireoidianos metabólicos partilham funções similares. A tri-iodotironina e a tiroxina aumentam a taxa metabólica de praticamente todos os tecidos e podem aumentar a taxa metabólica basal do corpo em até 60-100%. Esses hormônios também:

Perspectiva de pesquisa 4.1
Ter mais testosterona resulta em maior vantagem competitiva?

Os andrógenos (testosterona e seus derivados químicos) estimulam o desenvolvimento e a manutenção das características sexuais primárias e secundárias no homem. Embora os andrógenos sejam em geral descritos como hormônios sexuais masculinos, eles são encontrados naturalmente em homens e mulheres, podendo melhorar o desempenho esportivo tanto em atletas masculinos como femininos, sobretudo em eventos dependentes da força. Em virtude de seus efeitos ergogênicos (maior desempenho físico, vigor e melhor recuperação), tem sido considerável o abuso dessas substâncias pelos atletas, apesar dos avanços nos testes para detectar tal problema. De fato, os andrógenos são a ajuda ergogênica mais comumente usada por atletas do sexo feminino. No entanto, algumas mulheres têm andrógenos circulantes naturalmente mais altos, sendo intensa a controvérsia em torno do debate com relação a permitir, ou não, se essas mulheres poderiam competir com essa vantagem ergogênica natural. Em virtude dessa controvérsia, os comitês regulatórios estão bastante interessados em evidências científicas que possam vincular andrógenos naturais circulantes e desempenho atlético.

Um estudo recentemente publicado que envolveu 2.127 atletas de elite praticantes de atletismo e que competiam nos Campeonatos Mundiais da Associação Internacional de Federações de Atletismo no período 2011-2013 forneceu mais dados científicos sobre esse tópico polêmico.[1] Os pesquisadores mediram os andrógenos sanguíneos, particularmente as concentrações de testosterona, em atletas homens e mulheres, fazendo comparações dessas concentrações com os melhores desempenhos de cada atleta em campeonatos mundiais. Os velocistas masculinos tinham concentrações maiores de testosterona, enquanto os homens envolvidos em eventos de arremesso apresentaram concentrações mais baixas de testosterona, em comparação com atletas do sexo masculino em outros eventos. Não foi demonstrada associação entre o tipo de evento e a concentração de testosterona em mulheres. Entretanto, as mulheres (mas não os homens) com as concentrações mais altas de testosterona tiveram melhor desempenho nos obstáculos de 400 m, 400 m com barreiras, 800 m, lançamento de martelo e salto com vara quando comparadas a mulheres com níveis mais baixos de testosterona. O estudo concluiu que atletas do sexo feminino naturalmente com altas concentrações de testosterona podem ter vantagem competitiva sobre aquelas com baixa testosterona que competem nesses eventos específicos de atletismo. Assim, deve-se levar em consideração a relação quantitativa entre testosterona elevada e melhor desempenho atlético nas discussões dos órgãos reguladores governamentais com relação à qualificação de mulheres com hiperandrogenismo para eventos competitivos.

- aumentam a síntese proteica (e, portanto, também a síntese das enzimas);
- aumentam o tamanho e o número de mitocôndrias na maioria das células;
- promovem rápida absorção celular de glicose;
- aumentam a glicólise e a gliconeogênese; e
- melhoram a mobilização dos lipídios, aumentando a disponibilidade dos AGL para oxidação.

A liberação de **tirotropina** (hormônio estimulante da tireoide, ou **TSH**) pela hipófise anterior aumenta durante o exercício agudo. O hormônio estimulante da tireoide controla a liberação de tri-iodotironina e tiroxina, e, assim, é de esperar que o aumento no TSH induzido pelo exercício estimule a tireoide. O exercício aumenta as concentrações plasmáticas de tiroxina, mas ocorre atraso entre o aumento nas concentrações de TSH durante o exercício e o aumento da concentração plasmática de tiroxina. Além disso, durante um exercício submáximo prolongado, a concentração de tiroxina aumenta abruptamente e, em seguida permanece relativamente constante, enquanto as concentrações de tri-iodotironina tendem a diminuir com o passar do tempo.

Glândulas suprarrenais

As glândulas suprarrenais estão situadas diretamente sobre cada rim, sendo compostas pela medula suprarrenal (internamente) e pelo córtex suprarrenal (externamente).

Os hormônios secretados por essas duas partes são bastante diferentes. A medula suprarrenal produz e libera dois hormônios: a **adrenalina** (epinefrina) e a noradrenalina (norepinefrina), que são coletivamente referidas como **catecolaminas**. Por causa de sua origem na glândula suprarrenal (também chamada adrenal), um sinônimo para epinefrina é **adrenalina**. Quando a medula suprarrenal é estimulada pelo sistema nervoso simpático, aproximadamente 80% de sua secreção consiste em adrenalina e 20%, em noradrenalina, embora esses percentuais variem diante de diferentes condições fisiológicas. As catecolaminas circulantes exercem poderosos efeitos, similares aos do sistema nervoso simpático. Lembre-se de que essas mesmas catecolaminas funcionam como neurotransmissores no sistema nervoso simpático, mas os efeitos desses hormônios se prolongam por mais tempo, porque essas substâncias são removidas do sangue de maneira relativamente lenta em comparação com a rápida reabsorção e degradação dos neurotransmissores. Esses dois hormônios nos preparam para a ação imediata, promovendo uma resposta frequentemente chamada de "lutar ou fugir".

Embora algumas das ações específicas desses dois hormônios difiram, ambos funcionam em conjunto. Seus efeitos combinados são:

- aumento da frequência cardíaca e da força de contração;
- aumento da taxa metabólica;

- aumento da glicogenólise (degradação do glicogênio até a glicose) no fígado e músculo;
- aumento da liberação de glicose e AGL para o sangue;
- redistribuição do sangue para os músculos esqueléticos;
- aumento da pressão arterial;
- aumento da respiração.

A liberação de adrenalina e da noradrenalina é afetada por uma grande variedade de fatores, como estresse psicológico e exercício. As concentrações plasmáticas desses hormônios aumentam quando os indivíduos aumentam gradualmente a intensidade de seu exercício. As concentrações plasmáticas de noradrenalina aumentam marcadamente em cargas de trabalho acima de 50% do $\dot{V}O_{2max}$, mas a concentração de adrenalina não aumenta significativamente até que a intensidade do exercício exceda 60 a 70% do $\dot{V}O_{2max}$. Durante a atividade contínua, de longa duração e intensidade moderada, os níveis sanguíneos dos dois hormônios aumentam. Quando o período de exercício termina, os níveis de adrenalina retornam a seus valores de repouso alguns minutos após a recuperação, mas a noradrenalina poderá permanecer elevada durante várias horas.

O córtex suprarrenal secreta mais de 30 hormônios esteroides diferentes, conhecidos como corticosteroides. Em geral, esses hormônios são classificados em três tipos principais: mineralocorticoides (que serão discutidos mais adiante neste capítulo), glicocorticoides e gonadocorticoides (hormônios sexuais).

Os **glicocorticoides** são componentes essenciais à habilidade de adaptar-se ao exercício e a outras formas de estresse. Também ajudam a manter concentrações plasmáticas de glicose razoavelmente consistentes, mesmo durante longos períodos sem ingerir alimento. O **cortisol**, também conhecido como hidrocortisona, é o principal corticosteroide. Ele é responsável por cerca de 95% de toda a atividade glicocorticoide no corpo. O cortisol:

- estimula a gliconeogênese, para assegurar um aporte adequado de combustível;
- aumenta a mobilização dos AGL, tornando-os mais disponíveis como fonte de energia;
- diminui a utilização da glicose, poupando esse combustível para o cérebro;
- estimula o catabolismo das proteínas para a liberação de aminoácidos para uso em reparos, síntese de enzimas e produção de energia;
- tem ação como agente anti-inflamatório;
- reduz as reações imunes; e
- aumenta a vasoconstrição causada pela adrenalina.

Discutiremos o importante papel do cortisol no exercício mais adiante neste capítulo, ao estudarmos a regulação do metabolismo da glicose e das gorduras.

Pâncreas

O pâncreas está localizado atrás e ligeiramente abaixo do estômago. Seus dois hormônios principais são a insulina e o glucagon. O equilíbrio desses dois hormônios opostos proporciona o principal controle da concentração plasmática de glicose. Quando essa concentração está elevada (**hiperglicemia**), por exemplo, após uma refeição, o pâncreas recebe sinais para liberar **insulina** no sangue. Entre suas ações, a insulina:

- facilita o transporte da glicose para o interior das células, especialmente daquelas no tecido muscular;
- promove a glicogênese; e
- inibe a gliconeogênese.

A principal função da insulina é reduzir a quantidade de glicose que circula no sangue. Mas esse hormônio também está envolvido no metabolismo de proteínas e gorduras, promovendo a absorção celular de aminoácidos e facilitando a síntese de proteínas e gorduras.

O pâncreas secreta **glucagon** quando a concentração plasmática de glicose cai abaixo dos níveis de normalidade (**hipoglicemia**). Geralmente seus efeitos são opostos aos da insulina. O glucagon promove o aumento da degradação do glicogênio hepático até a glicose (glicogenólise) e o aumento da gliconeogênese. Esses dois processos aumentam os níveis das concentrações plasmáticas de glicose.

Durante um exercício com duração de 30 minutos ou mais, o corpo tenta manter as concentrações plasmáticas de glicose; contudo, os níveis de insulina tendem a declinar. A capacidade de ligação da insulina a seus receptores nas células musculares aumenta durante o exercício, em grande parte em decorrência do aumento do fluxo sanguíneo para o músculo. Isso também aumenta a sensibilidade do corpo à insulina e diminui a necessidade de manter concentrações plasmáticas de insulina elevadas para o transporte da glicose até as células musculares. Por outro lado, o glucagon plasmático exibe aumento gradual durante todo o exercício. Basicamente, o glucagon mantém as concentrações plasmáticas de glicose pela estimulação da glicogenólise hepática. Isso aumenta a disponibilidade da glicose para as células, mantendo concentrações plasmáticas adequadas do açúcar para o atendimento das demandas metabólicas aumentadas. Comumente, a resposta desses hormônios fica amortecida em pessoas treinadas; além disso, pessoas bem treinadas têm maior capacidade de manter as concentrações plasmáticas de glicose.

Regulação do metabolismo dos carboidratos durante o exercício

Como explicado no Capítulo 2, para que nosso corpo atenda às elevadas demandas de energia decorrentes da prática do exercício, é preciso que haja mais glicose disponível para os músculos. É importante lembrar que a glicose fica armazenada no corpo em forma de glicogênio, principalmente nos músculos e no fígado. A glicose deve ser liberada de sua forma armazenada de glicogênio, por isso deve ocorrer aumento da glicogenólise. A glicose liberada do fígado vai para o sangue, para que possa circular por todo o corpo. Isso permite seu acesso aos tecidos ativos. As concentrações plasmáticas de glicose também podem ficar aumentadas em decorrência da gliconeogênese, a produção de "nova" glicose a partir de fontes que não são carboidratos, como lactato, aminoácidos e glicerol.

Regulação da concentração plasmática de glicose

A concentração plasmática de glicose durante o exercício depende do equilíbrio entre o consumo de glicose na musculatura ativa e sua liberação pelo fígado. Quatro hormônios trabalham para aumentar a quantidade de glicose circulante no plasma:

- Glucagon.
- Adrenalina.
- Noradrenalina.
- Cortisol.

Em repouso, a liberação hepática de glicose fica facilitada pelo glucagon, que promove tanto a degradação do glicogênio hepático como a formação de glicose a partir de aminoácidos. Durante o exercício, a secreção de glucagon aumenta. A atividade muscular também aumenta a velocidade de liberação das catecolaminas pela medula suprarrenal, e esses três hormônios (glucagon, adrenalina e noradrenalina) trabalham em conjunto para aumentar ainda mais a glicogenólise. Após uma leve queda inicial, a concentração de cortisol aumenta durante os primeiros 30-45 minutos de exercício. O cortisol aumenta o catabolismo das proteínas, liberando aminoácidos para utilização no fígado para a gliconeogênese. Assim, todos esses quatro hormônios podem aumentar a glicose plasmática ao promoverem os processos de glicogenólise (degradação do glicogênio) e de gliconeogênese (síntese de glicose a partir de outros substratos). Além dos efeitos dos quatro hormônios principais de controle da glicose, o hormônio do crescimento aumenta a mobilização de AGL e diminui a absorção de glicose pelas células, e, assim, ocorre menor utilização do açúcar pelas células e haverá mais glicose circulante. Os hormônios da tireoide promovem o catabolismo da glicose e o metabolismo das gorduras.

A quantidade de glicose liberada pelo fígado depende da intensidade do exercício e de sua duração. Com o aumento da intensidade, ocorre maior liberação das catecolaminas. Isso pode fazer que o fígado libere mais glicose do que a que está sendo absorvida pelos músculos ativos.

Consequentemente, durante ou logo após uma corrida de velocidade explosiva e de curta duração, as concentrações sanguíneas de glicose podem estar 40-50% acima do nível em repouso, porque a quantidade de glicose liberada pelo fígado é superior àquela absorvida pelos músculos.

Quanto maior a intensidade do exercício, maior será a liberação das catecolaminas, portanto a velocidade de glicogenólise aumenta significativamente. Esse processo ocorre não apenas no fígado, mas também no músculo. A glicose liberada pelo fígado entra no sangue para se tornar disponível aos músculos. Mas o músculo tem uma fonte mais rapidamente disponível de glicose: sua própria reserva de glicogênio. O músculo utiliza suas próprias reservas de glicogênio antes de utilizar a glicose plasmática durante exercícios explosivos de curta duração. A glicose liberada pelo fígado não é utilizada tão prontamente e, assim, permanece em circulação, elevando a glicose plasmática. Em seguida ao exercício, as concentrações plasmáticas desta diminuem com a entrada da glicose no músculo para recuperar as reservas exauridas de glicogênio muscular (glicogenólise).

Durante práticas de exercício que se prolongam por algumas horas, a velocidade de liberação hepática de glicose fica mais próxima das necessidades musculares, mantendo a glicose plasmática em um nível igual ou ligeiramente superior aos níveis em repouso. Com o aumento da absorção da glicose pelo tecido muscular, a velocidade de liberação de glicose hepática também aumenta. Na maioria dos casos, as concentrações plasmáticas de glicose não começam a declinar senão em uma fase adiantada da atividade, quando as reservas de glicogênio já sofreram depleção. Nessa ocasião, os níveis de glucagon aumentam significativamente. Juntos, glucagon e cortisol melhoram a gliconeogênese, proporcionando mais combustível.

A Figura 4.4 ilustra as mudanças nas concentrações plasmáticas de adrenalina, noradrenalina, glucagon, cortisol e glicose durante 3 horas de bicicleta ergométrica. Embora a regulação hormonal da glicose permaneça intacta durante toda a execução de atividades prolongadas como essa, o suprimento de glicogênio hepático pode ficar limítrofe. Em decorrência disso, a velocidade de liberação de glicose pelo fígado talvez não seja capaz de acompanhar a velocidade de absorção do açúcar pelos músculos. Em tal situação, a glicose plasmática pode declinar, apesar da forte estimulação hormonal. A ingestão de glicose durante a atividade pode desempenhar papel fundamental na manutenção das concentrações plasmáticas de glicose.

Absorção de glicose pelos músculos

A mera liberação de quantidades suficientes de glicose no sangue não garante que as células musculares terão glicose suficiente para atender às suas demandas de energia. A glicose não só precisa ser liberada e entregue para essas células, mas também deve ser absorvida por elas. O transporte da glicose através das membranas celulares é controlado

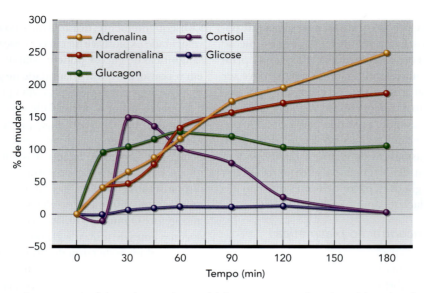

FIGURA 4.4 Mudanças (em percentual dos valores pré-exercício) nas concentrações plasmáticas de adrenalina, noradrenalina, glucagon, cortisol e glicose durante 3 horas de bicicleta ergométrica a 65% da $\dot{V}O_{2max}$.

pela insulina. Assim que a glicose é levada até o músculo, a insulina facilita seu transporte até o interior das fibras.

Surpreendentemente, como se vê na Figura 4.5, as concentrações plasmáticas de insulina tendem a diminuir durante o exercício prolongado, apesar do ligeiro aumento na concentração plasmática de glicose e da absorção do açúcar pelos músculos. Essa aparente contradição entre a concentração plasmática de insulina e a necessidade dos músculos quanto à glicose nos lembra de que a atividade de um hormônio é determinada não só pela sua concentração na corrente sanguínea, mas também pela sensibilidade celular a esse hormônio. Nesse caso, a sensibilidade da célula à insulina é, no mínimo, tão importante quanto a quantidade de hormônio circulante. O exercício pode melhorar a ligação da insulina aos receptores existentes na fibra muscular, o que implica menor necessidade de níveis elevados de insulina plasmática para o transporte da glicose através da membrana da célula muscular para o interior da célula. Isso é importante porque, durante o exercício, quatro hormônios estão tentando liberar glicose de seus locais de armazenamento e criar glicose nova. Concentrações elevadas de insulina se oporiam à sua ação, impedindo esse aumento necessário ao suprimento de glicose plasmática.

Interação entre o SNC e o sistema endócrino

O sistema nervoso central (SNC) integra as atividades dos sistemas nervoso e endócrino. Portanto, não deve surpreender que o SNC esteja envolvido na regulação do metabolismo dos carboidratos, por meio da percepção dos hormônios (especialmente insulina) e nutrientes (glicose, ácidos graxos e aminoácidos).

As ações da insulina no SNC foram elucidadas graças a estudos que utilizaram um modelo murino de resistência à insulina, uma condição comumente associada à obesidade.[4] Nesse modelo, a insulina, ao sinalizar diretamente para os neurônios no cérebro, regulava o modo como os tecidos em outras partes do corpo regulavam o metabolismo da glicose. Outros estudos demonstraram de forma análoga as importantes ações regulatórias do SNC sobre o controle do metabolismo de carboidratos pela insulina em todo o corpo. Nesses estudos, injetou-se glicose diretamente em áreas do cérebro com o objetivo de estimular especificamente os receptores sensíveis à glicose. Em seguida, os pesquisadores mediram os hormônios que

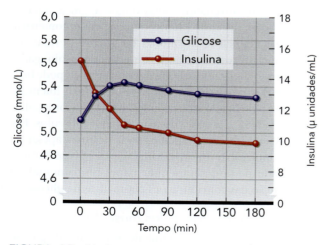

FIGURA 4.5 Mudanças nas concentrações plasmáticas de glicose e insulina durante um exercício prolongado na bicicleta ergométrica a uma taxa de 65-70% da $\dot{V}O_{2max}$. Observe o declínio gradual da insulina ao longo de todo o exercício, sugerindo aumento na sensibilidade à insulina durante o esforço prolongado.

Controle hormonal durante o exercício 115

regulam o metabolismo da glicose, bem como a quantidade de glicose absorvida e armazenada pelo fígado e músculos, respectivamente.[7] Com a injeção de glicose aplicada ao cérebro para examinar a sinalização central e medir a captação de glicose pelo corpo, eles conseguiram demonstrar que o próprio cérebro é, de fato, sensível à glicose e ajuda a controlar os hormônios liberados por todo o corpo na regulação do metabolismo dos carboidratos.

Outros hormônios exibem uma integração semelhante com o SNC. A *leptina* é um hormônio que é liberado pelo tecido adiposo em resposta à alimentação, suprimindo a ingestão de comida. A leptina também atua através de neurônios específicos do SNC, chamados neurônios pró-opiomelanocortina (POMC), com o objetivo de diminuir a produção de glicose no fígado, já que não há necessidade de mais glicose após a alimentação. O *peptídeo-1 semelhante ao glucagon* (GLP-1), um hormônio liberado no intestino e que sinaliza as células-beta no pâncreas para liberar insulina, também funciona através das células POMC do SNC com o objetivo de diminuir a produção de glicose no fígado, tanto pela diminuição da gliconeogênese como pelo aumento da glicogenólise. A integração desses efeitos hormonais através do SNC e as ações periféricas subsequentes estão ilustradas na Figura 4.6.

No interior do próprio cérebro, a regulação da glicose é particularmente importante, visto que esse açúcar é o único substrato para o metabolismo energético cerebral. A atividade neuronal se encontra fortemente associada à utilização da glicose, e os neurônios utilizam preferencialmente a glicose derivada do lactato (ver Cap. 2) como fonte de combustível oxidativo.[13] Como no exercício muscular, o lactato pode ser transportado entre as células do cérebro para dar sustentação ao metabolismo oxidativo.[8] Em conjunto, esses achados ilustram o importante papel do SNC na regulação dos hormônios associados ao metabolismo dos carboidratos e à homeostase da glicose, tanto no SNC como em todo o corpo.

Regulação do metabolismo das gorduras durante o exercício

Os ácidos graxos livres são fonte primária de energia em repouso e durante o exercício físico de resistência prolongado. Os AGL são derivados dos triglicerídeos por meio da ação da enzima lipase, que decompõe os triglicerídeos em AGL e glicerol. Embora a gordura geralmente contribua menos que o carboidrato para as necessidades de energia dos músculos durante a maioria das sessões de exercício, a mobilização e a oxidação dos AGL são essenciais para o desempenho em exercícios de resistência. Durante essa atividade prolongada, as reservas de carboidrato são depletadas, e o corpo precisa depender mais intensamente da oxidação da gordura para a produção de energia. Quando as reservas de carboidrato estão baixas (baixa glicose plasmática e baixo glicogênio muscular), o sistema endócrino pode acelerar a oxidação de gorduras (lipólise), assegurando com isso o atendimento das necessidades energéticas dos músculos.

Ácidos graxos livres são armazenados na forma de triglicerídeos no tecido adiposo e no interior das fibras musculares. Mas os triglicerídeos do tecido adiposo precisam ser decompostos para que ocorra liberação dos AGL; em seguida, essas moléculas são transportadas até as fibras musculares. A velocidade de absorção de AGL pelo

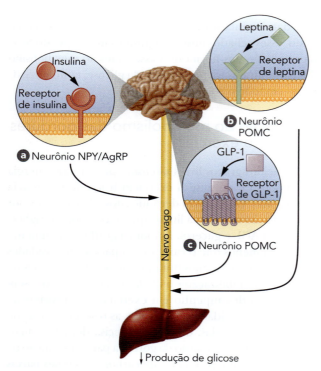

FIGURA 4.6 Hormônios secretados pelos tecidos periféricos do corpo, inclusive pelo trato gastrintestinal e pelo pâncreas, estimulam receptores específicos no hipotálamo para controlar o metabolismo da glicose no fígado. (a) A insulina liberada pelas células-beta no pâncreas atua através dos neurônios estimuladores do apetite (NPY/AgRP) no núcleo arqueado do hipotálamo. Esses neurônios são estimulados pelo neurotransmissor de peptídeo neuropeptídeo Y (NPY) e liberam o peptídeo relacionado ao gene agouti; receptores de insulina também estão presentes nesses neurônios especializados. (b e c) Os neurônios pró-opiomelanocortina (POMC) são estimulados tanto pela leptina como pelo peptídeo-1, semelhante ao glucagon (GLP-1). Em conjunto, esses hormônios atuam sobre os neurônios no cérebro, sinalizando através do nervo vago para que o fígado diminua a produção de glicose.

Baseado em Lam, 2005.

músculo ativo tem alta correlação com sua concentração plasmática. O aumento dessa concentração aumenta a absorção celular de AGL. Portanto, a velocidade de degradação dos triglicerídeos pode determinar, em parte, a taxa de uso da gordura como fonte de combustível pelos músculos durante o exercício.

A velocidade da lipólise é controlada por pelo menos cinco hormônios:

- Insulina (diminuída).
- Adrenalina.
- Noradrenalina.
- Cortisol.
- Hormônio do crescimento.

O principal fator responsável pela lipólise do tecido adiposo durante o exercício é a queda nos níveis circulantes de insulina. Também ocorre aumento da lipólise com a elevação dos níveis de adrenalina e noradrenalina. Além de desempenhar um papel na gliconeogênese, o cortisol também acelera a mobilização e o uso de AGL para obtenção de energia durante o exercício. As concentrações plasmáticas de cortisol atingem seu pico depois de 30-45 min de exercício e, em seguida, declinam até níveis praticamente normais. Mas a concentração plasmática de AGL continua a aumentar ao longo de toda a atividade, o que significa que a lipase continuou a ser ativada por outros hormônios. Os hormônios que dão continuidade a esse processo são as catecolaminas e o GH. Os hormônios tireoidianos também contribuem para a mobilização e o metabolismo dos AGL, mas em grau muito menor.

Assim, o sistema endócrino desempenha papel fundamental na regulação da produção do ATP durante o exercício e no controle do equilíbrio entre os metabolismos dos carboidratos e das gorduras.

Regulação hormonal do equilíbrio hidroeletrolítico durante o exercício

O equilíbrio dos líquidos durante o exercício é fundamental para um funcionamento metabólico, cardiovascular

Em resumo

› Ocorre aumento da concentração plasmática de glicose pelas ações combinadas de glucagon, adrenalina, noradrenalina e cortisol. Esses hormônios promovem glicogenólise e gliconeogênese, aumentando, assim, a quantidade de glicose disponível para uso como fonte de energia. Isso é importante durante a prática do exercício, sobretudo no de longa duração ou de grande intensidade, quando, de outra forma, as concentrações sanguíneas de glicose poderiam diminuir.

› A insulina permite que a glicose circulante penetre nas células, onde o açúcar pode ser utilizado para a produção de energia. Mas as concentrações de insulina declinam durante o exercício prolongado, indicando que o exercício aumenta a sensibilidade das células a esse hormônio, de modo que há necessidade de menor quantidade de insulina durante o exercício em comparação com as necessidades do indivíduo em repouso.

› Quando as reservas de carboidrato estão baixas, o corpo se volta mais para a oxidação das gorduras a fim de obter energia, e a lipólise aumenta. Esse processo fica facilitado pela diminuição da concentração de insulina e pelo aumento das concentrações de adrenalina, noradrenalina, cortisol e GH.

e termorregulador satisfatório. No início do exercício, a água é deslocada do volume plasmático para os espaços intersticiais e intracelulares. Esse desvio da água é específico para a quantidade de massa muscular que está ativa e para a intensidade do esforço. Subprodutos metabólicos começam a se acumular no interior e ao redor das fibras musculares, aumentando a pressão osmótica na área. Com isso, ocorre a mobilização passiva da água para esses locais por difusão. Além disso, o aumento da atividade muscular eleva a pressão arterial, que, por sua vez, retira água do sangue (forças hidrostáticas). Ademais, o suor aumenta durante o exercício. O efeito combinado dessas ações é a diminuição do volume plasmático. Exemplificando, uma corrida prolongada a aproximadamente 75% de $\dot{V}O_{2max}$ diminui o volume plasmático em 5-10%. A redução do volume plasmático pode provocar queda na pressão arterial e aumentar a sobrecarga cardíaca para bombear sangue para a musculatura ativa. Esses dois efeitos podem prejudicar o desempenho atlético.

Glândulas endócrinas envolvidas na homeostase de líquidos e eletrólitos

O sistema endócrino desempenha papel importante na monitoração dos níveis de líquidos e no equilíbrio dos eletrólitos, em especial do sódio. As duas principais glândulas endócrinas envolvidas nesses processos são a hipófise posterior e o córtex suprarrenal. Além dessas, os rins não apenas funcionam como alvo primário para os hormônios liberados por essas glândulas, mas também servem como glândulas por si só.

Hipófise posterior

O lobo posterior da hipófise é uma excrescência de tecido nervoso do hipotálamo. Por essa razão, é também conhecido como neuroipófise. Ele secreta dois hormônios: **hormônio antidiurético (ADH)** – também chamado de vasopressina, ou arginina vasopressina –, e ocitocina. Na verdade, esses hormônios são produzidos no hipotálamo, se deslocam através do tecido nervoso e são armazenados em vesículas no interior de terminações nervosas na hipófise posterior. Esses hormônios são liberados em capilares, conforme a necessidade, em resposta a impulsos nervosos provenientes do hipotálamo.

Dos dois hormônios do lobo posterior da hipófise, apenas o ADH sabidamente desempenha um papel importante durante o exercício. O hormônio antidiurético promove conservação da água ao aumentar a reabsorção de água pelos rins. Em decorrência disso, menor quantidade de água é excretada na urina, o que gera uma "antidiurese".

A atividade muscular e o suor provocam a concentração de eletrólitos no plasma sanguíneo, pois mais líquidos saem do plasma em comparação com os eletrólitos. Esse fenômeno é denominado **hemoconcentração**, e aumenta a **osmolalidade** plasmática, que é a concentração iônica de substâncias dissolvidas no plasma. A presença de moléculas e minerais dissolvidos nos diversos compartimentos de líquido no corpo (i. e., espaço intracelular, plasma e espaços intersticiais) gera uma pressão osmótica, ou atração, para retenção da água no interior do compartimento. A quantidade de pressão osmótica exercida por um líquido corporal é proporcional ao número de partículas moleculares (osmóis, ou Osm) em solução. Dizemos que uma solução que tenha 1 Osm de soluto dissolvido em cada quilograma (o peso de 1 L) de água tem osmolalidade igual a 1 osmol por quilograma (1 Osm/kg), enquanto uma solução que tenha 0,001 Osm/kg tem osmolalidade igual a 1 miliosmol por quilograma (1 mOsm/kg). Normalmente, os líquidos corporais têm osmolalidade de 300 mOsm/kg. O aumento da osmolalidade das soluções em um compartimento do corpo geralmente faz que a água seja atraída de compartimentos adjacentes que tenham osmolalidade mais baixa (i. e., tenham mais água).

O aumento na osmolalidade plasmática é o principal estímulo fisiológico para a liberação de ADH. O aumento na osmolalidade é percebido por osmorreceptores no hipotálamo. Um segundo estímulo relacionado para liberação do ADH é o baixo volume plasmático percebido pelos barorreceptores presentes no sistema cardiovascular. Em resposta a qualquer desses estímulos, o hipotálamo envia impulsos nervosos para a hipófise posterior, estimulando a liberação do ADH. O ADH entra no sangue, desloca-se

até os rins e promove retenção de água, em um esforço de diluir a concentração dos eletrólitos no plasma de volta aos valores normais. O papel desse hormônio na conservação da água corporal minimiza a extensão da perda de água e, portanto, o risco de grave desidratação durante períodos de sudorese intensa e exercício pesado. A Figura 4.7 ilustra esse processo.

Córtex suprarrenal

Um grupo de hormônios chamados **mineralocorticoides**, secretados pelo córtex suprarrenal, mantém o equilíbrio dos eletrólitos nos líquidos extracelulares, especialmente do sódio (Na^+) e do potássio (K^+). A **aldosterona** é o principal mineralocorticoide, responsável por pelo menos 95% de toda a atividade dos mineralocorticoides. Basicamente, esse hormônio funciona promovendo reabsorção renal de sódio e, com isso, faz que o corpo retenha esse mineral. Quando o sódio é retido, a água também fica retida; assim, a aldosterona, como o ADH, resulta em retenção de água. A retenção de sódio também promove a excreção de potássio, e, assim, a aldosterona também desempenha um papel no equilíbrio deste último mineral. Por essas razões, a secreção de aldosterona é estimulada por muitos fatores, como a diminuição do sódio plasmático, do volume sanguíneo e da pressão arterial e o aumento da concentração plasmática de potássio.

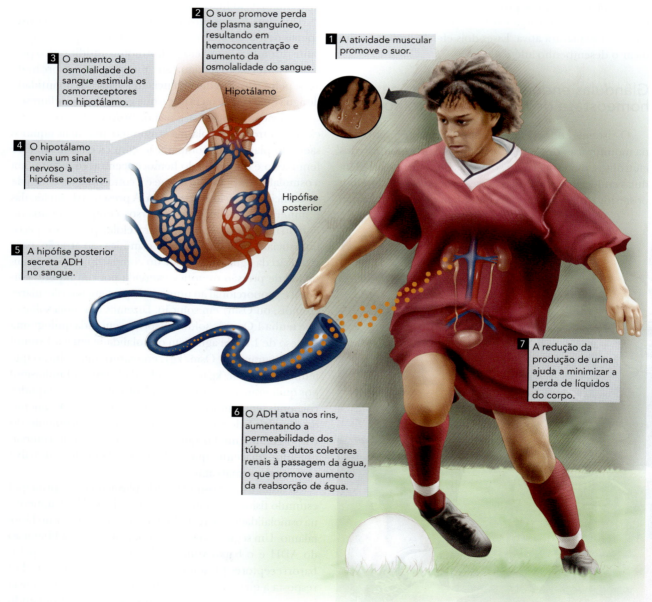

FIGURA 4.7 Mecanismo pelo qual o hormônio antidiurético ajuda na conservação da água corporal.

Os rins como órgãos endócrinos

Embora os rins não sejam tipicamente considerados órgãos endócrinos importantes, eles liberam dois hormônios importantes. Os rins desempenham o papel de determinação da concentração de aldosterona no sangue. Embora o regulador primário da liberação de aldosterona seja a concentração plasmática de eletrólitos, uma segunda classe de hormônios também determina a concentração de aldosterona, contribuindo assim para a regulação do equilíbrio hídrico corporal. Em resposta a uma queda na pressão arterial ou no volume plasmático, o fluxo sanguíneo para os rins é reduzido. Estimulados pela ativação do sistema nervoso simpático, os rins liberam **renina**. A renina é uma enzima que é liberada na circulação, onde converte uma molécula chamada angiotensinogênio em angiotensina I. A angiotensina I é subsequentemente convertida em sua forma ativa, angiotensina II, nos pulmões, com a ajuda de uma enzima, **enzima conversora de angiotensina** ou **ECA**. A angiotensina II estimula a liberação de aldosterona pelo córtex suprarrenal para a reabsorção de sódio e água nos rins. A Figura 4.8 ilustra o mecanismo envolvido no controle renal da pressão arterial – o **mecanismo da renina-angiotensina-aldosterona**. Além de estimular a liberação

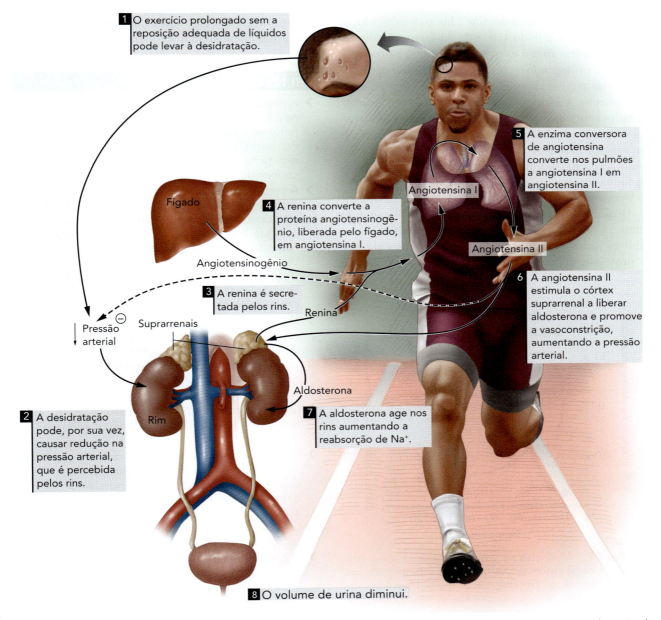

FIGURA 4.8 A perda de água do plasma durante o exercício leva a uma sequência de eventos que promovem a reabsorção de sódio (Na$^+$) e água dos túbulos renais, reduzindo a produção de urina. Nas horas que seguem ao exercício, quando são consumidos líquidos, os elevados níveis de aldosterona provocam aumento no volume extracelular e expansão do volume plasmático.

de aldosterona pelo córtex suprarrenal, a angiotensina II promove a constrição dos vasos sanguíneos. Tendo em vista que a ECA catalisa a conversão de angiotensina I em angiotensina II, inibidores da ECA são prescritos em certas situações para pessoas hipertensas, pois o relaxamento dos vasos sanguíneos baixa a pressão arterial. Lembre-se de que a principal ação da aldosterona é promover a reabsorção do sódio nos rins. Tendo em vista que a água acompanha o sódio, essa conservação renal de sódio faz que os rins também retenham água. O efeito resultante é a conservação do conteúdo líquido do corpo, minimizando-se assim a perda do volume plasmático, ao mesmo tempo que a pressão arterial é mantida próxima ao normal. A Figura 4.9 ilustra as mudanças no volume plasmático e nas concentrações de aldosterona durante 2 horas de exercício. As influências hormonais do ADH e da aldosterona persistem por até 48 horas após o exercício, reduzindo a produção de urina e protegendo o corpo de maior desidratação.

Os rins também liberam um hormônio denominado eritropoetina. A **eritropoetina** (**EPO**) regula a produção de glóbulos vermelhos (eritrócitos) mediante a estimulação das células da medula óssea. Os eritrócitos são essenciais para o transporte de oxigênio até os tecidos e para a remoção do dióxido de carbono, sendo esse hormônio, portanto, extremamente importante em nossa adaptação ao treinamento e à altitude.

Quase todos os atletas envolvidos em treinamento intenso exibem a expansão do volume plasmático, o que dilui os vários constituintes do sangue. À medida que as proteínas deixam o músculo ativo, reingressam no plasma através do sistema linfático – e a água segue essas moléculas. Esse é um fenômeno relativamente de curta duração, e a síntese proteica de novo acaba por sustentar essa expansão do volume plasmático. Entretanto, durante as fases iniciais da expansão do volume plasmático, a concentração da hemoglobina diminui; ou seja, ocorre **hemodiluição**.

A real quantidade de hemoglobina não mudou; simplesmente ocorreu sua diluição. Por essa razão, alguns atletas que possuem concentração normal de hemoglobina podem parecer anêmicos como consequência da hemodiluição induzida por Na^+. Essa condição, que não deve ser confundida com a verdadeira anemia, pode ser remediada com poucos dias de repouso, que concedem tempo para as concentrações de aldosterona retornarem ao normal e para os rins eliminarem o Na^+ extra e água.

Em resumo

> A perda de líquido (plasma) do sangue resulta na concentração de constituintes do sangue, um fenômeno conhecido como hemoconcentração. Por outro lado, a entrada de líquido no sangue resulta na diluição dos seus constituintes, o que é conhecido como hemodiluição.

> A presença de partículas dissolvidas nos compartimentos de líquido no corpo gera uma pressão osmótica, ou atração, para retenção da água. A pressão osmótica é proporcional ao número de partículas moleculares em solução. Uma solução que tenha 1 Osm de soluto dissolvido em cada quilograma (o peso de um litro) de água tem osmolalidade igual a 1 osmol por quilograma (1 Osm/kg).

> Normalmente, os líquidos corporais têm osmolalidade de 300 mOsm/kg. O aumento da osmolalidade das soluções em um compartimento do corpo geralmente faz que a água seja atraída por compartimentos adjacentes.

> Os dois hormônios principais envolvidos na regulação do equilíbrio hídrico são o ADH e a aldosterona.

> O hormônio antidiurético é liberado em resposta ao aumento da osmolalidade plasmática. Quando osmorreceptores no hipotálamo detectam esse aumento, o hipotálamo dispara a liberação de ADH pela hipófise posterior. O baixo volume sanguíneo é um estímulo secundário para a liberação do ADH.

> O hormônio antidiurético atua nos rins, promovendo diretamente a reabsorção de água e, portanto, a conservação de líquidos. À medida que mais líquido é reabsorvido, o volume plasmático aumenta e ocorre diminuição da osmolalidade sanguínea.

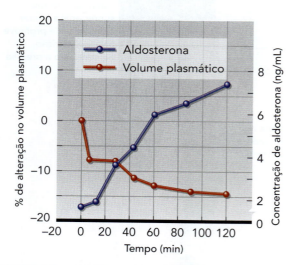

FIGURA 4.9 Mudanças no volume plasmático e nas concentrações de aldosterona durante 2 horas de exercício em bicicleta ergométrica. Observe que o volume plasmático declina rapidamente durante os minutos iniciais do exercício e, em seguida, exibe menor velocidade de declínio, apesar das grandes perdas pelo suor. Por outro lado, a concentração plasmática de aldosterona aumenta em ritmo bastante constante durante todo o exercício.

> Quando o volume plasmático ou a pressão arterial diminui, os rins liberam uma enzima denominada renina, que converte angiotensinogênio em angiotensina I, que posteriormente se transforma em angiotensina II na circulação pulmonar. A angiotensina II é um potente constritor dos vasos sanguíneos e aumenta a resistência periférica, aumentando também a pressão sanguínea.
> A angiotensina II também dispara a liberação de aldosterona pelo córtex suprarrenal. A aldosterona promove a reabsorção de sódio nos rins, o que causa retenção de água e, assim, minimiza a perda do volume plasmático.

Regulação hormonal da ingestão de calorias

A regulação do apetite, as sensações de fome e de saciedade, bem como a sensação de plenitude, fazem parte de um sistema complexo que envolve a sinalização hormonal de todo o corpo, incluindo o sistema gastrintestinal e os adipócitos. Basicamente, a ingestão de alimentos está sob o controle do hipotálamo, com alguma sinalização proveniente de centros cerebrais superiores. A área de saciedade do cérebro está localizada no núcleo ventromedial, enquanto o centro da fome está localizado no hipotálamo lateral. O hipotálamo, como ocorre em muitos aspectos da homeostase, integra sinais neurais e hormonais para a regulação em curto e longo prazo do comportamento alimentar e da ingestão de calorias.

Os hormônios que influenciam esses centros cerebrais são sintetizados e liberados a partir de tecidos periféricos, como as células do intestino e da gordura (i. e, os adipócitos). Esses hormônios podem ser divididos em duas categorias: aqueles que são anorexígenos, o que significa que suprimem o apetite, e aqueles que são orexígenos, ou estimuladores do apetite. Os principais hormônios que regulam o apetite e a saciedade são a colecistocinina, a leptina, o peptídeo YY, o GLP-1, a insulina e a grelina.

Hormônios do trato gastrintestinal

O controle da ingestão alimentar no curto prazo é regulado pelas concentrações plasmáticas de nutrientes – aminoácidos, glicose e lipídios. No entanto, outra influência significativa na regulação da ingestão de alimentos no curto prazo envolve hormônios liberados no trato gastrintestinal (GI). A distensão gastrintestinal causada por um estômago repleto desencadeia a liberação da **colecistocinina** (CCK), um hormônio que

---

PERSPECTIVA DE PESQUISA 4.2
Treinamento de resistência para maior quantidade de eritrócitos

A associação direta entre treinamento de resistência e aumento do volume de eritrócitos foi originalmente descoberta em 1949.[6] Essa adaptação ao treinamento de resistência, chamada eritropoiese, aumenta a oferta de oxigênio ao músculo em exercício, ao ampliar o número de eritrócitos disponíveis para o transporte de oxigênio, além de aumentar o volume de sangue bombeado a cada batimento cardíaco. O acréscimo no volume de eritrócitos é um componente fundamental do aumento da capacidade aeróbia (absorção máxima de oxigênio) que ocorre com a prática regular do treinamento físico de resistência (discutido mais detalhadamente no Cap. 11). Embora a eritropoiese seja um mecanismo essencial pelo qual ocorrem as adaptações ao treinamento de resistência, é relativamente pouco o que se sabe sobre como a expansão do volume de eritrócitos é regulada durante repetidas sessões de treinamento de resistência.

Um estudo recentemente realizado na Suíça examinou a eritropoiese e seus reguladores fisiológicos durante um programa de treinamento de resistência de 8 semanas em um grupo de homens e mulheres jovens e saudáveis.[12] Os pesquisadores mediram a composição corporal, frequência cardíaca, pressão arterial, capacidade máxima de exercício, volume total de sangue, volume de eritrócitos e concentrações de eritropoietina (um hormônio que estimula a produção de eritrócitos) no sangue durante o período de treinamento de 8 semanas. No final do período de treinamento, o volume médio de eritrócitos havia dobrado, e a capacidade máxima de exercício teve aumento de cerca de 10%. Ao longo das 8 semanas de treinamento, o volume total de sangue aumentou durante a semana 2 e permaneceu alto o restante do tempo; percebeu-se também acréscimo na eritropoietina na semana 2, mas subsequentemente havia retornado, na semana 4, aos seus valores basais. O volume de células sanguíneas vermelhas havia aumentado na semana 4 e continuou a aumentar até a semana 8, em seguida aos precedentes acréscimos no volume sanguíneo e na concentração circulante de eritropoietina. Na semana 8, os aumentos induzidos pelo exercício físico na concentração de eritropoietina tinham cessado, mas o volume de eritrócitos continuou a aumentar, sugerindo que ainda existem mecanismos não explicados que controlam a eritropoiese. Esses achados forneceram novas informações sobre o curso temporal da expansão do volume de células sanguíneas vermelhas como uma adaptação ao treinamento de resistência, ao mesmo tempo que propuseram novas questões para pesquisas futuras.

estimula as fibras aferentes do nervo vago a enviar sinais ao cérebro para a supressão da fome. Além disso, outros hormônios, incluindo o GLP-1 e o peptídeo YY (PYY), são secretados dos intestinos grosso e delgado durante e após a ingestão do alimento. Esses hormônios transitam pelo sangue até o cérebro, onde suprimem a fome. O peptídeo YY também atua no hipotálamo para inibir a motilidade gástrica. A insulina liberada do pâncreas em resposta à ingestão de alimentos também atua como um hormônio da saciedade.

Por outro lado, a grelina, outro hormônio, é secretada do estômago e do pâncreas quando o estômago está vazio; e pode ser pensado como um hormônio da fome. A **grelina** é transmitida através do sangue até o cérebro, onde atravessa a barreira hematoencefálica para exercer sua função nas áreas de fome no hipotálamo lateral. Uma vez terminada a refeição, as concentrações de grelina diminuem.

Tecido adiposo como órgão endócrino

Além de hormônios secretados pelo estômago e pelos intestinos para sinalizar fome ou plenitude, outros hormônios são secretados pelos adipócitos (células de gordura) que também agem nos centros de fome e saciedade no hipotálamo. Considerando que o nível desses hormônios depende da quantidade de tecido adiposo no corpo, que muda lentamente, eles estão mais envolvidos na regulação da ingestão de alimentos no longo prazo. A **leptina**, um hormônio, é secretada principalmente pelos adipócitos e atua nos receptores existentes no hipotálamo para diminuir a fome. A leptina também é um indicador do balanço energético, pois suas concentrações circulantes são proporcionais à gordura corporal. A Figura 4.10 ilustra um esquema simples de como a leptina e a grelina interagem para modificar o apetite e a saciedade.

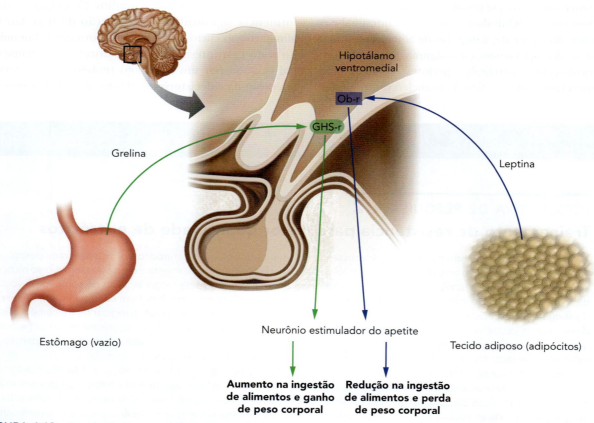

FIGURA 4.10 Regulação hormonal do apetite e da saciedade pela grelina e pela leptina. Atuando por meio de receptores hipotalâmicos específicos (receptor secretagogo do GH ou GHS-r para a grelina e receptor de obesidade ou Ob-r para a leptina), a grelina aumenta – e a leptina diminui – o apetite.

Perspectiva de pesquisa 4.3
A temperatura ambiental altera os hormônios controladores do apetite?

As interações entre exercício, apetite e ingestão de energia são importantes para o controle e manutenção da homeostase energética e do peso corporal. Cientificamente, essas interações receberam ampla atenção porque podem ser a chave para o tratamento do ganho de peso excessivo e da obesidade. Leptina e grelina são hormônios que regulam a percepção da fome e promovem mudanças no apetite. A leptina (o "hormônio da saciedade") diminui a ingestão de energia, enquanto a grelina (o "hormônio da fome") tem função oposta, isto é, aumenta a ingestão de energia. Tanto o exercício como a exposição a temperaturas extremas podem afetar as concentrações desses hormônios reguladores do apetite. A concentração circulante de grelina e a percepção da fome diminuem imediatamente após uma única sessão de exercício praticado com intensidade moderada a alta, mas não influenciam a ingestão total de energia ao longo do dia. A temperatura ambiente influencia a taxa metabólica em repouso. As populações indígenas que vivem em climas polares apresentam taxas metabólicas basais elevadas, enquanto as que vivem em climas tropicais demonstram taxas metabólicas basais reduzidas. Além disso, o exercício praticado em ambiente quente diminui o apetite, enquanto o exercício no frio tem ação contrária (estimula o apetite); contudo, ainda não se sabe se esses efeitos envolvem alterações na leptina ou na grelina circulantes.

Recentemente, um grupo de pesquisadores da Universidade da Nebraska em Omaha conduziu um estudo com o objetivo de examinar como o exercício em diferentes temperaturas ambientes afetaria as respostas da leptina e da grelina ao exercício.[9] Os voluntários participantes completaram três sessões de 1 hora de bicicleta ergométrica em temperaturas atmosféricas quente (33°C), neutra (20°C) e fria (7°C). A equipe de pesquisa mediu a leptina e a grelina em amostras de sangue coletadas antes do exercício, imediatamente após sua prática e após uma recuperação de três horas. De maneira análoga a estudos precedentes, a leptina circulante aumentou imediatamente após o exercício e permaneceu elevada depois de transcorridas três horas. As concentrações circulantes de grelina não mudaram. Embora os pesquisadores tenham levantado a hipótese de que aumentos maiores na leptina ocorreriam após o exercício no calor e aumentos maiores na grelina ocorreriam após o exercício praticado no frio, não houve efeito da temperatura atmosférica em nenhuma determinação de nível hormonal. Os pesquisadores concluíram que a temperatura ambiente não altera as respostas da leptina ou da grelina a períodos curtos de exercício aeróbio. São necessários mais estudos que se proponham a determinar quais outras variáveis poderiam afetar as respostas dos hormônios reguladores e da fome após exercícios praticados em ambientes extremos.

Muito já se sabe acerca do que a leptina faz em termos de balanço energético de um modelo murino com o uso de camundongos incapazes de produzir leptina em suas células adiposas. Esses camundongos exibem um apetite voraz e são enormemente obesos. Em humanos obesos, as concentrações circulantes de leptina são elevadas, mas muitos humanos obesos são resistentes a esse hormônio. Isso sugere que, apesar de um sinal elevado, tais indivíduos se encontram em estado de superalimentação; o sinal não está sendo transmitido pelo hipotálamo para dar início às sensações de saciedade. Curiosamente, os seres humanos obesos também parecem ter um sinal de grelina atenuado. A comunidade científica está apenas começando a entender como a sinalização hormonal do apetite muda com o ganho de peso e com a obesidade. Essa informação é fundamental para determinar a melhor forma de tratar a obesidade, e também como o exercício pode influenciar os hormônios do apetite e da saciedade.

Efeitos dos exercícios agudo e crônico nos hormônios da saciedade

A prática aguda de um exercício de intensidade moderada a vigorosa suprime o apetite de forma temporária, provavelmente pela diminuição do nível de grelina e pelo aumento dos níveis de GLP-1 e PYY liberados pelo trato gastrintestinal.[14] Essas alterações hormonais ficam mais pronunciadas com o exercício aeróbio e não são observadas após o treinamento de resistência.[3]

Com a prática crônica do exercício físico, ocorre uma mudança no balanço de energia, em virtude do déficit calórico induzido pelo exercício. Esse quadro é acompanhado por uma compensação parcial para aumentar a fome e, portanto, a ingestão calórica por meio de mudanças nos hormônios reguladores do apetite. Vários estudos observaram um aumento nas concentrações plasmáticas de PYY após o treinamento físico, o que seria consistente com melhora da saciedade. Ao contrário do que sugere a intuição, a grelina, o hormônio da fome, não muda em pessoas que não perdem peso durante o treinamento físico, mas aumenta significativamente naquelas que perdem peso.[10] Em geral, os hormônios do apetite e da saciedade são sensíveis ao balanço energético total modulado pelo exercício praticado regularmente. Tem sido sugerido que, para atletas de elite que precisam monitorar seu balanço energético, as dosagens de leptina e grelina circulantes podem ajudar a determinar quando o atleta está em uma situação de treinamento excessivo e, além disso, podem ajudar a prever estados de déficit de energia.[5]

EM SÍNTESE

Neste capítulo, abordou-se o papel do sistema endócrino na regulação de alguns dos muitos processos fisiológicos que acompanham o exercício. Também se discutiu o papel dos hormônios na regulação do metabolismo da glicose e das gorduras para o metabolismo energético e o de outros hormônios na manutenção do equilíbrio dos líquidos. Foram abordados alguns dos achados relativamente recentes sobre o modo como os hormônios regulam o apetite e o consumo de calorias. No próximo capítulo, estudaremos os tópicos relacionados ao gasto energético e à fadiga durante o exercício.

PALAVRAS-CHAVE

adrenalina
aldosterona
ativação gênica direta
autócrinas
catecolaminas
células-alvo
colecistocinina (CCK)
cortisol
enzima conversora da angiotensina (ECA)
epinefrina
eritropoetina (EPO)
fatores inibidores
fatores liberadores
glicocorticoides

glucagon
grelina
hemoconcentração
hemodiluição
hiperglicemia
hipoglicemia
hormônio
hormônio antidiurético (ADH)
hormônio do crescimento (GH)
hormônios esteroides
hormônios não esteroides
insulina
leptina
mecanismo da renina-angiotensina- -aldosterona

mineralocorticoides
monofosfato de adenosina cíclico (AMPc)
osmolalidade
prostaglandinas
renina
resistência à insulina
sensibilidade à insulina
segundo mensageiro
sub-regulação
super-regulação
tirotropina (TSH)
tiroxina (T_4)
tri-iodotironina (T_3)

QUESTÕES PARA ESTUDO

1. O que é glândula endócrina e quais são as funções dos hormônios?
2. Explique a diferença entre hormônios esteroides e hormônios não esteroides com relação a suas ações nas células-alvo.
3. Como os hormônios podem ter funções tão específicas se eles chegam a praticamente todas as partes do corpo através do sangue?
4. O que determina as concentrações plasmáticas de hormônios específicos? O que determina sua eficácia nas células-alvo e nos tecidos?
5. Defina os termos *super-regulação* e *sub-regulação*. De que maneira as células-alvo se tornam mais ou menos sensíveis a hormônios?
6. O que são segundos mensageiros e que papel eles desempenham no controle hormonal da função celular?
7. Descreva sucintamente as principais glândulas endócrinas, seus hormônios e a ação específica desses hormônios.
8. Quais dos hormônios citados na pergunta 7 têm grande importância durante o exercício?
9. Quais hormônios estão envolvidos na regulação do metabolismo durante o exercício? Como eles influenciam a disponibilidade de carboidratos e gorduras para energia durante o exercício que se prolonga por algumas horas?
10. Discuta como o sistema nervoso central ajuda a integrar a regulação da glicose e os hormônios envolvidos nesse processo.
11. Descreva a regulação hormonal do equilíbrio dos líquidos durante o exercício.
12. Discuta as origens e funções dos hormônios colecistocinina, leptina e grelina. Explique como estão inter-relacionados.

5 Gasto energético, fadiga e dor muscular

Medição do gasto energético 128

Calorimetria direta — 128
Calorimetria indireta — 129
Cálculo do consumo de oxigênio e da produção de dióxido de carbono — 130
Medidas isotópicas do metabolismo energético — 133

Gasto energético em repouso e durante o exercício 134

Taxas metabólicas basal e em repouso — 134
Taxa metabólica durante o exercício submáximo — 135
Capacidade máxima para o exercício aeróbio — 135
Esforço anaeróbio e capacidade de exercício — 137
Economia de esforço — 139
Características dos atletas bem-sucedidos em eventos de resistência aeróbia — 140
Custo energético de várias atividades — 140

ANIMAÇÃO PARA A FIGURA 5.5 Analisa os conceitos de déficit de oxigênio e EPOC.

Fadiga e suas causas 141

Sistemas de energia e fadiga — 143
Subprodutos metabólicos e fadiga — 146
Fadiga neuromuscular — 147
Outros fatores que contribuem para a fadiga — 149

Potência crítica: a ligação entre gasto energético e fadiga 150

Dor muscular e cãibras 151

Dor muscular aguda — 151
Dor muscular de início tardio — 151
Cãibras musculares induzidas pelo exercício — 156

VÍDEO 5.1 Apresenta Mike Bergeron, que fala sobre os dois tipos de cãibras musculares e os melhores modos de preveni-las.

Em síntese 159

127

As causas e os locais do que praticantes e atletas chamam de "fadiga" são tão numerosos como as sensações que a caracterizam. Embora geralmente a fadiga seja considerada em termos de como a pessoa sente as diferentes partes do corpo – queimação nos pulmões, pernas doloridas, cansaço implacável –, os pesquisadores começaram a se concentrar no papel que o cérebro desempenha nesse fenômeno. Afinal, o cérebro coleta todas as informações sensoriais do corpo e determina quando o esforço físico simplesmente não poderá mais ter continuidade. Pesquisas recentemente publicadas mostraram que o cérebro fatigado pode destroçar o sucesso no desempenho esportivo, tanto como músculos cansados. Um artigo do Dr. Samuele Marcora intitulado "Fadiga mental prejudica o desempenho físico em seres humanos", publicado no Journal of Applied Physiology, sugere que as percepções de fadiga nos levam a atingir nossos limites físicos muito antes de o corpo o fazer. Um grupo de jogadores de rúgbi se exercitou até a fadiga durante um teste de resistência, mas, subsequentemente, seus participantes conseguiram realizar um tiro de velocidade de 5 segundos. Ou seja, as percepções do cérebro com relação à fadiga interromperam o teste de resistência antes que os atletas atingissem seus limites físicos. É bem possível que o cérebro esteja agindo como um freio regulador, diminuindo a atividade antes que seja atingido um limite somático. Isso não significa que a fadiga seja algo imaginado. Ao contrário, suas causas são complexas (p. ex., tanto os músculos como o cérebro dependem de glicose e glicogênio como combustível).

Não é possível entender a fisiologia do exercício sem compreender alguns dos conceitos principais sobre o gasto energético durante o repouso e o exercício. No Capítulo 2, discutiu-se a formação do trifosfato de adenosina (ATP), a principal forma de energia química armazenada no interior das células do corpo, para seu próprio uso. O trifosfato de adenosina é produzido a partir de substratos por uma série de processos que são conhecidos coletivamente como *metabolismo*. Na primeira metade deste capítulo, várias técnicas para medição da taxa de metabolismo ou gasto energético de todo o corpo serão discutidas; em seguida, será descrito como varia o gasto energético, desde condições basais ou de repouso até intensidades máximas de exercício. Se o exercício tiver continuidade por algum tempo, eventualmente a contração muscular não poderá mais ser sustentada, ocorrendo diminuição do desempenho. Essa incapacidade de manutenção da contração muscular é amplamente conhecida como fadiga. A fadiga é um fenômeno multidimensional complexo, que pode ou não ser resultante da incapacidade de manter o metabolismo e de consumir energia. Tendo em vista que a fadiga frequentemente possui um componente metabólico, esse fenômeno será discutido no presente capítulo, juntamente com o gasto energético. Também serão discutidas a dor muscular e as cãibras, como fatores adicionais que podem limitar o exercício.

Medição do gasto energético

A utilização da energia no processo de contrair as fibras musculares durante o exercício não pode ser diretamente medida. Contudo, numerosos métodos laboratoriais indiretos podem ser utilizados para calcular o gasto energético de todo o corpo quando em repouso e durante o exercício. Vários desses métodos vêm sendo utilizados desde o início do século XX. Outros são novos e têm sido utilizados apenas recentemente na fisiologia do exercício.

Calorimetria direta

Apenas cerca de 40% da energia liberada durante o metabolismo da glicose e das gorduras é utilizado na produção de ATP. Os 60% restantes são convertidos em calor, e, portanto, um modo de avaliar a velocidade e a quantidade de produção de energia é medir a produção de calor corporal. Essa técnica é chamada de **calorimetria** ("medição de calor") **direta**, já que a unidade básica de calor é a **caloria (cal)**.

Essa abordagem foi originalmente descrita por Zuntz e Hagemann no final do século XIX.[29] Esses cientistas desenvolveram o **calorímetro** (ilustrado na Fig. 5.1), que é uma câmara hermética isolada. As paredes da câmara contêm uma tubulação através da qual ocorre circulação de água. Dentro da câmara, o calor produzido pelo corpo se irradia para as paredes e aquece a água. A mudança na temperatura da água e as modificações nas temperaturas do ar que entra e sai da câmara variam com o calor gerado pelo corpo. O metabolismo do indivíduo pode ser calculado pelos valores obtidos.

Calorímetros são aparelhos dispendiosos tanto para construção como para uso e são lentos para gerar resultados; assim, são pouquíssimos os aparelhos em uso. A única vantagem real dos calorímetros é que eles medem diretamente o calor, mas apresentam várias desvantagens para a fisiologia do exercício. Embora o calorímetro possa fornecer uma medida precisa do gasto energético de todo o corpo ao longo do tempo, ele não é capaz de acompanhar as rápidas mudanças nos gastos energéticos. Por essa razão, embora a calorimetria direta seja útil para a medição do metabolismo em repouso e da energia gasta durante o exercício aeróbio em estado de equilíbrio durante longos

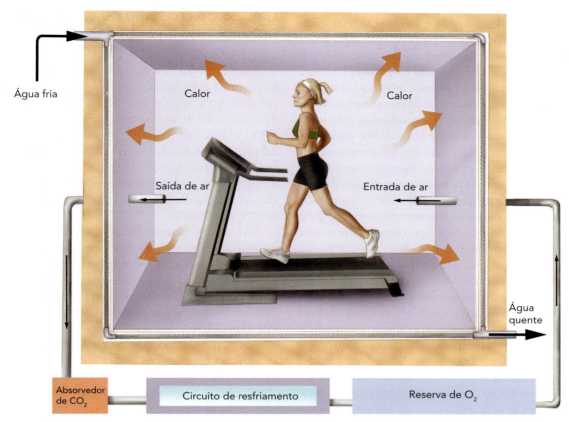

FIGURA 5.1 Calorímetro direto para a medição do gasto energético em humanos durante o exercício. O calor gerado pelo corpo do indivíduo é transferido para o ar e para as paredes da câmara (por meio de condução, convecção e evaporação). Esse calor produzido pelo indivíduo – uma medida da sua taxa metabólica – é medido; para tanto, faz-se o registro da mudança de temperatura no ar que entra e sai do calorímetro e na água que flui em suas paredes.

períodos, o metabolismo da energia durante a maioria das situações de exercício não pode ser estudado adequadamente com um calorímetro direto. Em segundo lugar, um equipamento de exercício, como uma esteira ergométrica elétrica, libera seu próprio calor, que deve ser considerado nos cálculos. Em terceiro lugar, nem todo o calor é liberado pelo organismo: parte dele fica armazenada, fazendo com que a temperatura corporal sofra uma elevação. E, finalmente, o suor afeta as medidas e as constantes utilizadas nos cálculos do calor produzido. Por consequência, é mais fácil e barato quantificar o gasto energético pela medição da troca de oxigênio e dióxido de carbono que ocorre durante a fosforilação oxidativa.

Calorimetria indireta

Conforme discutido no Capítulo 2, o metabolismo oxidativo da glicose e das gorduras – os principais substratos para o exercício aeróbio – utiliza O_2 e produz CO_2 e água. Normalmente, as quantidades de O_2 e CO_2 trocados nos pulmões são equivalentes às quantidades utilizadas e liberadas pelos tecidos do organismo. Com base nesse princípio, é possível estimar o gasto energético por meio da medição da troca respiratória de O_2 e CO_2. Esse método de estimativa do gasto energético de todo o corpo é denominado **calorimetria indireta**, porque a produção de calor não é medida diretamente.

Para que o consumo de oxigênio reflita com precisão o metabolismo energético, a produção de energia deve ser quase completamente oxidativa. Se uma grande parte da energia estiver sendo produzida por meio anaeróbio, as medições de gases respiratórios não irão refletir todos os processos metabólicos, subestimando o gasto total de energia. Portanto, essa técnica é limitada às atividades em estado de equilíbrio que se prolonguem por minutos ou um pouco mais, o que, felizmente, abrange a maioria das atividades cotidianas – inclusive o exercício.

A troca respiratória de gases é determinada por meio da medição dos volumes de O_2 e CO_2 que entram e saem dos pulmões durante determinado período de tempo. Tendo em vista que o O_2 é removido do ar inspirado nos alvéolos e o CO_2 é adicionado ao ar alveolar, a concentração de O_2 expirada é menor que a concentração inspirada, enquanto a concentração de CO_2 é maior no ar expirado que no ar inspirado. Por consequência, as diferenças nas concentrações desses gases entre o ar inspirado e o expirado informam quanto O_2 está sendo absorvido e quanto CO_2 está sendo produzido pelo corpo. Considerando que o corpo possui reservas de O_2 bastante limitadas, a quantidade absorvida pelos pulmões reflete com precisão o consumo desse gás pelo corpo. Embora existam diversos métodos sofisticados e dispendiosos para a mensuração da troca respiratória de O_2 e CO_2, os métodos mais simples e antigos (i. e, bolsa de Douglas para a coleta do ar expirado e análise gasosa química de uma amostra gasosa coletada) são provavelmente os mais precisos, mas são procedimentos relativamente lentos e permitem apenas poucas determinações durante cada sessão. Os modernos sistemas eletrônicos computadorizados para mensurações de trocas respiratórias de gases oferecem grande economia de tempo, bem como permitem a obtenção de numerosas determinações.

Observe, na Figura 5.2, que o gás expirado pelo voluntário passa através de um tubo que se encaminha para uma câmara misturadora. Note que o indivíduo está usando um clipe nasal para que o gás expirado seja coletado da boca e nada seja perdido para o ar. Da câmara misturadora, amostras são bombeadas para analisadores eletrônicos de oxigênio e dióxido de carbono. Nessa configuração, o computador utiliza as determinações do volume de gás (ar) expirado e a fração (percentual) de oxigênio e dióxido de carbono em uma amostra daquele ar expirado a fim de calcular o consumo de O_2 e a produção de CO_2. Um equipamento sofisticado pode fazer esses cálculos a cada respiração; contudo, é mais comum que esses cálculos sejam efetuados ao longo de períodos de tempo distintos, que vão de um até alguns minutos.

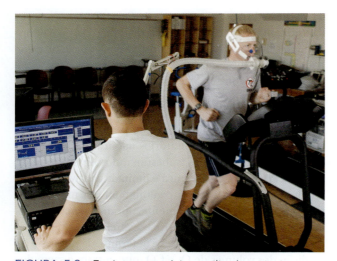

FIGURA 5.2 Equipamento típico, utilizado rotineiramente pelos fisiologistas do exercício para medir o consumo de O_2 e a produção de CO_2. Esses valores podem ser utilizados para o cálculo do $\dot{V}O_{2max}$ e da razão de troca respiratória e, portanto, também do gasto energético. Embora esse equipamento seja incômodo e limite os movimentos, versões menores foram recentemente adaptadas para uso em diversas condições no laboratório, no campo de treinamento, na atividade e em qualquer outro local.

Cálculo do consumo de oxigênio e da produção de dióxido de carbono

Com o uso de um equipamento como o ilustrado na Figura 5.2, os fisiologistas especializados no exercício podem calcular as três variáveis necessárias para a determinação do real volume de oxigênio consumido (VO_2) e do volume de CO_2 produzido (VCO_2). Geralmente, os valores são apresentados como oxigênio consumido por minuto ($\dot{V}O_2$) e CO_2 produzido por minuto ($\dot{V}CO_2$). O ponto sobre o V ($\dot{V}$) é utilizado para indicar a velocidade de consumo de O_2 ou de produção de CO_2 por minuto.

Na sua forma mais simples, $\dot{V}O_2$ é igual ao volume de O_2 inspirado menos o volume de O_2 expirado. Para calcular o volume de O_2 inspirado, multiplica-se o volume de ar inspirado pela fração desse ar composta de O_2; o volume de O_2 expirado é igual ao volume de ar expirado multiplicado pela fração desse ar composta de O_2. O mesmo raciocínio vale para CO_2.

Assim, para o cálculo de $\dot{V}O_2$ e $\dot{V}CO_2$, são necessárias as seguintes informações:

- volume de ar inspirado ($\dot{V}_I$);
- volume de ar expirado ($\dot{V}_E$);
- fração de oxigênio no ar inspirado ($F_I O_2$);
- fração de CO_2 no ar inspirado ($F_I CO_2$);
- fração de oxigênio no ar expirado ($F_E O_2$);
- fração de CO_2 no ar expirado ($F_E CO_2$).

O consumo de oxigênio, em litros de oxigênio consumido por minuto, pode ser calculado por meio da seguinte fórmula:

$$\dot{V}O_2 = (\dot{V}_I \times F_I O_2) - (\dot{V}_E \times F_E O_2)$$

Similarmente, a produção de CO_2 é calculada por meio da seguinte fórmula:

$$\dot{V}CO_2 = (\dot{V}_E \times F_E CO_2) - (\dot{V}_I \times F_I CO_2)$$

Essas equações fornecem estimativas razoáveis do $\dot{V}O_2$ e $\dot{V}CO_2$. No entanto, as equações são baseadas na suposição de que o volume de ar inspirado é exatamente igual ao expirado, e de que não há alterações nos gases armazenados no corpo. Uma vez que há diferenças nos gases estocados durante o exercício (discutido mais adiante), equações mais precisas podem ser derivadas com as variáveis listadas.

Transformação de Haldane

Ao longo dos anos, os cientistas vêm tentando simplificar o cálculo real do consumo de oxigênio e da produção de CO_2. Várias das medições necessárias para as equações precedentes são conhecidas e não mudam. As concentrações gasosas dos três gases que compõem o ar inspirado já foram quantificadas: o oxigênio representa 20,93% (ou 0,2093), o CO_2, 0,03% (0,0003) e o nitrogênio, 79,03% ou (0,7903) do ar inspirado. E com relação ao volume de ar inspirado e expirado? Não seriam eles os mesmos, de tal modo que seria necessário medir apenas um dos dois?

O volume do ar inspirado equivale ao volume do ar expirado apenas quando o volume do oxigênio consumido equivaler ao volume do CO_2 produzido. Quando o volume de oxigênio consumido é maior que o volume de CO_2 produzido, o $\dot{V}_I$ é maior que o $\dot{V}_E$. Do mesmo modo, o $\dot{V}_E$ será maior que o $\dot{V}_I$ quando o volume de CO_2 produzido for maior que o volume de oxigênio consumido. Contudo, o que permanece constante é que o volume de nitrogênio inspirado ($\dot{V}_I N_2$) é igual ao volume de nitrogênio expirado ($\dot{V}_E N_2$). Tendo em vista que $\dot{V}_I N_2 = \dot{V}_I \times F_I N_2$ e $\dot{V}_E N_2 = \dot{V}_E \times F_E N_2$, é possível calcular $\dot{V}_I$ com base no $\dot{V}_E$ utilizando a seguinte equação, que é conhecida como **transformação de Haldane**:

$$(1)\ \dot{V}_I \times F_I N_2 = \dot{V}_E \times F_E N_2,$$

que pode ser reescrita como

$$(2)\ \dot{V}_I = (\dot{V}_E \times F_E N_2) / F_I N_2.$$

Além disso, considerando que na verdade são as concentrações de O_2 e CO_2 nos gases expirados que estão sendo medidas, é possível calcular $F_E N_2$ com base na soma de $F_E O_2$ e $F_E CO_2$ ou

$$(3)\ F_E N_2 = 1 - (F_E O_2 + F_E CO_2).$$

Assim, ao reunir todas essas informações, pode-se reescrever a equação calculando VO_2 conforme a seguir:

$$\dot{V}O_2 = (\dot{V}_I \times F_I O_2) - (\dot{V}_E \times F_E O_2).$$

Substituindo na equação 2, tem-se o seguinte:

$$\dot{V}O_2 = [(\dot{V}_E \times F_E N_2) / (F_I N_2 \times F_I O_2)] - [(\dot{V}_E) \times (F_E O_2)].$$

Substituindo os valores conhecidos para $F_I O_2$ de 0,2093 e para $F_I N_2$ de 0,7903, tem-se o seguinte:

$$\dot{V}O_2 = [(\dot{V}_E \times F_E N_2) / (0,7903 \times 0,2093)] - [(\dot{V}_E) \times (F_E O_2)].$$

Substituindo na equação 3, tem-se o seguinte:

$$\dot{V}O_2 = \{(\dot{V}_E) \times [1 - (F_E O_2 + F_E CO_2)] \times (0,2093/0,7903)\} - [(\dot{V}_E) \times (F_E O_2)]$$

ou, simplificando,

$$\dot{V}O_2 = (\dot{V}_E) \times \{[1 - (F_E O_2 + F_E CO_2)] \times (0,265)\} - [(\dot{V}_E) \times (F_E O_2)]$$

ou, simplificando ainda mais,

$$\dot{V}O_2 = (\dot{V}_E) \times \{[(1 - (F_E O_2 + F_E CO_2)] \times (0,265)\} - (F_E O_2).$$

Essa equação final é a efetivamente utilizada na prática pelos fisiologistas do exercício, embora hoje em dia os computadores realizem os cálculos de modo automático na maioria dos laboratórios.

Aqui, faz-se necessária uma correção final. Quando o ar é expirado, ele está na temperatura corporal (TC) na pressão atmosférica ou ambiente (PA) predominante e está saturado (S) com vapor de água – o que os estudiosos chamam de condições de TCPS. Cada uma dessas influências não apenas induziria a um erro na medição de $\dot{V}O_2$ e $\dot{V}CO_2$, mas também dificultaria a comparação das medições obtidas em laboratórios localizados em diferentes altitudes, por exemplo. Por essa razão, em geral todo volume gasoso é convertido à sua temperatura (TP: 0°C), pressão (PA: 760 mmHg) e equivalente seco (D) padronizados (TCPS). Isso pode ser feito com a aplicação de uma série de equações de correção.

Índice de troca respiratória

Para estimar a quantidade de energia utilizada pelo corpo, faz-se necessário conhecer o tipo de substrato alimentar (combinação de carboidrato, gordura e proteína) que está sendo oxidado. O conteúdo de carbono e oxigênio na glicose, nos ácidos graxos livres (AGL) e nos aminoácidos difere drasticamente. Em decorrência disso, a quantidade de oxigênio utilizado durante o metabolismo depende do tipo de combustível que está sendo oxidado. A calorimetria indireta mede a quantidade de CO_2 liberado ($\dot{V}CO_2$) e de oxigênio consumido ($\dot{V}O_2$). A relação entre esses dois valores é conhecida como **índice de troca respiratória (R)**.

$$R = \dot{V}CO_2/\dot{V}O_2$$

Em geral, a quantidade de oxigênio necessária para a oxidação completa de uma molécula de carboidrato ou gordura é proporcional à quantidade de carbono nesse combustível. Exemplificando, a glicose ($C_6H_{12}O_6$) contém seis átomos de carbono. Durante a combustão dessa substância, 6 moléculas de oxigênio são utilizadas para produzir 6 moléculas de CO_2, 6 moléculas de H_2O e 32 moléculas de ATP:

$$6\ O_2 + C_6H_{12}O_6 \rightarrow 6\ CO_2 + 6\ H_2O + 32\ ATP$$

Quando se determina quanto CO_2 é liberado em comparação com o O_2 consumido, verifica-se que o R é igual a 1,0:

$$R = \dot{V}CO_2/\dot{V}O_2 = 6\ CO_2/6\ O_2 = 1,0.$$

Conforme mostra a Tabela 5.1, o valor do R varia de acordo com o tipo de combustível utilizado na obtenção de energia. Os ácidos graxos livres possuem quantidades consideravelmente maiores de carbono e hidrogênio, porém menos oxigênio que a glicose. Considere-se o ácido palmítico, $C_{16}H_{32}O_2$. Para que essa molécula seja completamente oxidada até CO_2 e H_2O, são necessárias 23 moléculas de oxigênio:

$$16\ C + 16\ O_2 \rightarrow 16\ CO_2$$
$$32\ H + 8\ O_2 \rightarrow 16\ H_2O$$

Total = 24 O_2 necessários
− 1 O_2 fornecido pelo ácido palmítico

23 O_2 devem ser adicionados

TABELA 5.1 Razão de troca respiratória (R) como função da energia derivada de várias misturas de combustíveis

% KCAL a partir de			
Carboidratos	Gorduras	R	Energia (kcal/L O_2)
0	100	0,71	4,69
16	84	0,75	4,74
33	67	0,80	4,80
51	49	0,85	4,86
68	32	0,90	4,92
84	16	0,95	4,99
100	0	1,00	5,05

Ao final, essa oxidação resulta em 16 moléculas de CO_2, 16 moléculas de H_2O e 129 moléculas de ATP:

$$C_{16}H_{32}O_2 + 23\ O_2 \rightarrow 16\ CO_2 + 16\ H_2O + 129\ ATP.$$

A combustão dessa molécula de gordura exige uma quantidade significativamente maior de oxigênio que a combustão de uma molécula de carboidrato. Durante a oxidação do carboidrato, são produzidas cerca de 6,3 moléculas de ATP para cada molécula de O_2 utilizada (32 ATP por 6 O_2), em comparação com as 5,6 moléculas de ATP por molécula de O_2 produzidas durante o metabolismo do ácido palmítico (129 ATP por 23 O_2).

Embora a gordura proporcione mais energia que o carboidrato, há necessidade de mais oxigênio para a oxidação da gordura em comparação com o carboidrato. Isso significa que o valor do R para a gordura é substancialmente mais baixo que o do carboidrato. Para o ácido palmítico, o valor de R é 0,70:

$$R = \dot{V}CO_2 / \dot{V}O_2 = 16 / 23 = 0{,}70$$

Tão logo tenha sido determinado o valor de R com base nos volumes calculados de gases respiratórios, o valor pode ser comparado com uma tabela (Tab. 5.1), para determinar a composição alimentar que está sendo oxidada. Se, por exemplo, o valor de R é igual a 1, as células estão utilizando apenas glicose ou glicogênio, e cada litro de oxigênio consumido gera 5,05 kcal. A oxidação exclusiva de gordura produziria 4,69 kcal/L de O_2, e a oxidação de proteína, 4,46 kcal/L de O_2 consumido. Portanto, se os músculos estivessem utilizando apenas glicose, e o corpo estivesse consumindo 2 L de O_2/min, a velocidade de produção de energia térmica seria igual a 10,1 kcal/min (2 L/min × 5,05 kcal/L).

Limitações da calorimetria indireta

Embora a calorimetria indireta seja um instrumento importante e de uso comum para os fisiologistas do exercício, ela tem suas limitações. Os cálculos das trocas gasosas assumem que o conteúdo de O_2 no corpo permanece constante e que a troca de CO_2 no pulmão é proporcional à sua liberação pelas células. O sangue arterial permanece quase completamente saturado de oxigênio (cerca de 98%) mesmo durante esforço intenso. É possível assumir com precisão que o oxigênio que está sendo removido do ar que um indivíduo respira é proporcional à absorção promovida pelas suas células. Porém, a troca de dióxido de carbono é menos constante. Os reservatórios de CO_2 no corpo são bastante grandes e podem ser alterados simplesmente por respirações profundas ou pela realização de exercício de alta intensidade. Sob tais circunstâncias, a quantidade de CO_2 liberado no pulmão pode não representar o que está sendo produzido nos tecidos, e assim os cálculos de carboidratos e gorduras utilizados com base nas determinações dos gases serão válidos apenas durante o repouso ou no exercício em ritmo estável.

O uso do R pode também levar a imprecisões. Lembre-se de que a proteína não é completamente oxidada no corpo. Isso impossibilita o cálculo do uso de proteína pelo corpo com base no R. Como resultado, em algumas situações o R é chamado R não proteico porque simplesmente ignora qualquer oxidação da proteína que ocorra. Tradicionalmente, era comum pensar que a proteína contribuísse pouco para a energia utilizada durante o exercício, de modo que os fisiologistas do exercício se sentiam justificados com o uso do R não proteico em seus cálculos. Contudo, evidências mais recentes sugerem que, nos exercícios que se prolongam por algumas horas, a proteína pode contribuir com até 5% da energia total gasta sob certas circunstâncias.

Normalmente, o corpo utiliza uma combinação de combustíveis. Os valores do índice de troca respiratória variam dependendo do composto específico que está em processo de oxidação. Em repouso, o valor do R em geral oscila entre 0,78-0,80; mas, durante o exercício, os músculos dependem cada vez mais do carboidrato para a aquisição de energia, o que resulta em um R mais alto. À medida que a intensidade do exercício aumenta, também aumenta a demanda muscular por carboidrato. Com o maior uso do carboidrato, o valor de R se aproxima de 1,0.

Esse aumento no valor do R até 1,0 reflete as demandas por glicose sanguínea e pelo glicogênio muscular, mas também pode indicar que uma maior quantidade de CO_2 está sendo descarregada do sangue, em comparação com a quantidade que está sendo produzida pelos músculos. Quando se atinge o estado de exaustão ou um estado próximo a isso, ocorre acúmulo de lactato no sangue. O corpo tenta reverter essa acidificação por meio da liberação de mais CO_2. O acúmulo de lactato aumenta a produção de CO_2 porque o excesso de ácido faz que o ácido carbônico no sangue seja convertido em CO_2. Como consequência, o CO_2 em excesso se difunde para fora do sangue e para dentro dos pulmões, de onde é expirado, aumentando a quantidade de CO_2 liberado. Por essa razão, os valores de R próximos a 1,0 talvez não estimem com precisão o tipo de combustível que está sendo utilizado pelos músculos.

Outra complicação é que a produção de glicose com base no catabolismo dos aminoácidos e das gorduras no fígado resulta em um R inferior a 0,70. Assim, os cálculos da oxidação do carboidrato com base no valor do R serão subestimados se a energia tiver sido derivada desse processo.

Apesar de suas falhas, a calorimetria indireta ainda proporciona as melhores estimativas do gasto energético em repouso e durante o exercício aeróbio, sendo método amplamente utilizado em laboratórios por todo o mundo.

Medidas isotópicas do metabolismo energético

No passado, a determinação do gasto energético diário total pelo indivíduo dependia do registro da ingestão alimentar ao longo de vários dias e da mensuração das alterações na composição corporal durante esse período. Esse método, embora ainda amplamente utilizado, é limitado pela capacidade do indivíduo de manter registros precisos e pela capacidade de correlacionar as atividades do indivíduo com gastos energéticos precisos.

Felizmente, o uso de isótopos químicos expandiu a capacidade de investigar o metabolismo energético. Isótopos são elementos com peso atômico atípico. Podem tanto ser radioativos (radioisótopos) como não radioativos (isótopos estáveis). Como exemplo, o carbono 12 (^{12}C) tem peso molecular igual a 12, sendo a forma de carbono natural mais comum, e não é radioativo. Em contraste, o carbono 14 (^{14}C) tem 2 nêutrons a mais que o ^{12}C, o que resulta em um peso atômico de 14. O ^{14}C é radioativo.

O carbono 13 (^{13}C) constitui cerca de 1% do carbono na natureza, sendo utilizado frequentemente para o estudo do metabolismo energético. Tendo em vista que ^{13}C não é radioativo, é menos facilmente observado no interior do corpo, em comparação com o ^{14}C. Contudo, embora os isótopos radioativos sejam facilmente detectados no corpo, essas substâncias representam risco para os tecidos corpóreos e, portanto, não são utilizadas com muita frequência em pesquisas envolvendo seres humanos.

O ^{13}C e outros isótopos, como o hidrogênio 2 (deutério, ou ^{2}H), são utilizados como marcadores, significando que essas substâncias podem ser acompanhadas seletivamente no corpo. As técnicas de acompanhamento dos marcadores envolvem a infusão de isótopos em um indivíduo e, em seguida, o acompanhamento da distribuição e do movimento desses átomos.

Embora o método tenha sido descrito originalmente nos anos de 1940, apenas a partir dos anos de 1980 começaram a ser realizados estudos que utilizavam água duplamente marcada para monitorar o gasto energético durante o dia normal de seres humanos. O indivíduo ingere uma quantidade conhecida de água marcada com dois isótopos ($^{2}H_2$ ^{18}O), surgindo daí o termo *água duplamente marcada*. O deutério (^{2}H) difunde-se por toda a água do corpo, e o oxigênio 18 (^{18}O) difunde-se tanto pela água como pelas reservas de bicarbonato (nas quais grande parte do CO_2 derivado do metabolismo fica armazenada). A velocidade na qual os dois isótopos deixam o corpo pode ser determinada pela análise de sua presença em uma série de amostras de urina, saliva ou sangue. Essas velocidades de reciclagem podem então ser utilizadas no cálculo da quantidade da produção de CO_2, e esse valor pode ser convertido em gasto energético pelo uso das equações calorimétricas.

Tendo em vista que a reciclagem dos isótopos é relativamente lenta, o metabolismo energético deve ser medido durante várias semanas. Portanto, esse método não serve para medir o metabolismo do exercício agudo. Contudo, sua precisão (mais de 98%) e baixo risco tornam o procedimento bastante adequado para a determinação do gasto energético cotidiano.

Em resumo

> A calorimetria direta envolve o uso de uma grande e sofisticada câmara para medir diretamente o calor produzido pelo corpo; embora o método possa fornecer medidas exatas do metabolismo em repouso, a calorimetria não é uma ferramenta de uso comum pelos fisiologistas do exercício.

> A calorimetria indireta envolve a determinação do consumo (total do corpo) de O_2 e da produção de CO_2 pelos gases expirados. Uma vez que a fração de O_2 e CO_2 no ar expirado é conhecida, três medidas adicionais são necessárias: o volume de ar inspirado ($\dot{V}_I$) ou expirado ($\dot{V}_E$), a fração de oxigênio no ar expirado ($F_E O_2$) e a fração de CO_2 no ar expirado ($F_E CO_2$).

> - Por meio do cálculo do valor do R (a relação entre a produção de CO_2 e o consumo de O_2) e pela determinação dos substratos metabólicos que estão sendo oxidados, é possível converter $\dot{V}O_2$ em energia gasta em quilocalorias.
> - Em geral, o valor do R em repouso situa-se entre 0,78 e 0,80. O valor do R para a oxidação de gordura é de 0,70, e, para a oxidação de carboidratos, de 1,00.
> - Pode-se lançar mão de isótopos para determinar a taxa metabólica durante períodos de tempo prolongados. Essas substâncias são injetadas no corpo ou ingeridas. É possível usar as velocidades de eliminação dos isótopos para calcular a produção de CO_2 e, então, o gasto calórico.

Gasto energético em repouso e durante o exercício

Com o auxílio das técnicas descritas na seção precedente, os fisiologistas do exercício podem medir a quantidade de energia consumida por um indivíduo em várias condições. Esta seção estudará as velocidades com as quais o corpo consome energia (taxa metabólica) em condições de repouso, durante intensidades submáximas e máximas de exercício e durante o período de recuperação que se segue a uma sessão aguda de exercício.

Taxas metabólicas basal e em repouso

A velocidade na qual o corpo utiliza a energia é chamada de taxa metabólica. Com frequência, as estimativas do gasto energético durante o repouso e o exercício baseiam-se na medição do consumo de oxigênio de todo o corpo ($\dot{V}O_2$) e de seu equivalente calórico. Em repouso, uma pessoa comum consome cerca de 0,3 L de O_2/min.

De posse do conhecimento do $\dot{V}O_2$ do indivíduo, é possível calcular seu gasto calórico diário. Lembre-se de que, em repouso, geralmente o corpo queima uma mistura de carboidrato e gordura. Um valor do R de aproximadamente 0,80 é muito comum na maioria dos indivíduos em repouso alimentados com uma dieta mista. A equivalência calórica de um valor de R igual a 0,80 é 4,80 kcal por litro de O_2 consumido (ver Tab. 5.1). Utilizando esses valores e uma estimativa de 0,3 L de O_2/min, pode-se calcular o gasto calórico desse indivíduo por meio dos procedimentos a seguir:

$$\text{kcal/dia} = \text{litros de } O_2 \text{ consumidos por dia} \times \text{kcal utilizada por litro de } O_2$$
$$= 432 \text{ L } O_2/\text{dia} \times 4,80 \text{ kcal/L de } O_2$$
$$= 2.074 \text{ kcal/dia}.$$

Esse valor fica bem próximo do consumo médio de energia em repouso esperado para um homem que pesa 70 kg. Obviamente, tal valor não inclui a energia extra necessária para as atividades cotidianas normais ou utilizada no exercício.

Uma medida padronizada do gasto energético em situação de repouso é a **taxa metabólica basal (TMB)**, que é a velocidade de gasto energético de um indivíduo em repouso na posição deitada, medida imediatamente após um sono de pelo menos 8 h e com um jejum de pelo menos 12 h. Esse valor reflete a quantidade mínima de energia necessária para a realização das funções fisiológicas essenciais do corpo.

Tendo em vista que o músculo possui alta atividade metabólica, a TMB está diretamente relacionada à massa livre de gordura (MLG) presente no organismo, sendo geralmente registrada em quilocalorias por quilograma de massa livre de gordura por minuto (kcal · kg MLG^{-1} · min^{-1}). Quanto maior a massa livre de gordura, maior será a quantidade de calorias totais consumidas em um dia. Considerando que as mulheres tendem a ter menor quantidade de massa livre de gordura e maior percentual de massa adiposa que os homens, à TMB costuma ser mais baixa nas mulheres que em homens com peso semelhante.

A área da superfície corporal também afeta a TMB. Quanto maior for a área da superfície, maior será a perda de calor pela pele. Como resultado, ocorre elevação da TMB, pois há necessidade de mais energia para manter a temperatura corporal. Por essa razão, a TMB é algumas vezes registrada em quilocalorias por metro quadrado de área de superfície corporal por hora (kcal · m^{-2} · h^{-1}). Já que a discussão aqui é sobre o gasto energético diário, optou-se pela unidade mais simples: o kcal/dia.

Muitos outros fatores afetam a TMB, entre eles:

- Idade: a TMB diminui gradualmente com o passar dos anos, em geral por causa do decréscimo na massa livre de gordura.
- Temperatura corporal: a TMB aumenta com o aumento da temperatura.
- Estresse psicológico: o estresse aumenta a atividade do sistema nervoso simpático, o que aumenta a TMB.
- Hormônios: como exemplo, tanto o aumento na liberação de tiroxina, da tireoide, como de adrenalina, da medula suprarrenal, aumentam a TMB.

Em vez de TMB, a maioria dos pesquisadores utiliza a denominação **taxa metabólica em repouso (TMR)**, a qual na prática é semelhante à TMB, mas não necessita de condições precisas de padronização associadas com a verdadeira TMB. Os valores da taxa metabólica basal e da TMR são tipicamente entre 5-10% uma da outra, com a TMR um pouco mais baixa e variando de 1.200 a 2.400 kcal/dia. Contudo, a taxa metabólica total média de um indivíduo envolvido em atividades diárias normais varia entre 1.800 e 3.000 kcal. Por outro lado, o gasto energético para atletas de porte avantajado envolvidos em treinamentos intensos, como os corpulentos jogadores de futebol americano que fazem duas sessões diárias de treinamento, pode exceder 10.000 kcal/dia.

Taxa metabólica durante o exercício submáximo

O exercício aumenta a necessidade de energia para níveis muito superiores à TMR. O metabolismo aumenta em proporção direta com o aumento da intensidade do exercício, conforme mostra a Figura 5.3a. O voluntário se exercitou no cicloergômetro durante 5 minutos a 50 watts (W); o consumo de oxigênio ($\dot{V}O_2$) aumentou de seu valor em repouso até um valor de equilíbrio dentro de aproximadamente 1 minuto. Em seguida, o mesmo indivíduo se exercitou no cicloergômetro durante 5 minutos, mas agora a 100 W, e novamente foi alcançado um valor de equilíbrio em 1-2 minutos. Seguindo um esquema semelhante, o indivíduo se exercitou no aparelho durante 5 min a 150 W, 200 W, 250 W e 300 W, respectivamente, e valores de equilíbrio foram alcançados em cada nível de potência. O valor de $\dot{V}O_2$ no estado de equilíbrio representa o custo energético para o nível de potência específico. Os valores de $\dot{V}O_2$ para o período de equilíbrio foram marcados no gráfico em confronto com suas respectivas potências desenvolvidas (parte direita da Fig. 5.3a), demonstrando claramente que ocorre aumento linear no $\dot{V}O_2$, com os aumentos no nível de potência.

Com base em estudos mais recentes, ficou claro que a resposta de $\dot{V}O_2$ a intensidades de trabalho maiores não acompanha o padrão de resposta de valor constante mostrado na Figura 5.3a; em vez disso, essa resposta fica mais próxima do padrão ilustrado na Figura 5.3b. Ao que parece, em potências desenvolvidas acima do limiar de lactato (a resposta do lactato é indicada pela linha tracejada na metade direita da Fig. 5.3, a e b), o consumo de oxigênio continua a aumentar além dos típicos 1-2 minutos necessários para que um valor constante seja alcançado. Esse aumento foi chamado de componente lento da cinética do consumo de oxigênio.[11] O mecanismo mais provável para esse componente lento é uma alteração nos padrões de recrutamento das fibras musculares, em que é recrutado maior número de fibras musculares do tipo II, que são menos eficientes (i. é, dependem de um $\dot{V}O_2$ maior para atingir o mesmo nível de potência).[11]

Um fenômeno semelhante (mas não relacionado) é conhecido como *drift* de $\dot{V}O_2$. O ***drift* do $\dot{V}O_2$** é definido como uma lenta elevação do $\dot{V}O_2$ durante um exercício de nível de potência prolongado, submáximo e constante. Ao contrário do componente lento, o *drift* do $\dot{V}O_2$ é observado em potências desenvolvidas com valores bem abaixo do limiar de lactato, e a magnitude do aumento do *drift* do $\dot{V}O_2$ é mais gradual. Embora esse fenômeno não tenha sido ainda completamente esclarecido, é provável que o *drift* do $\dot{V}O_2$ seja atribuível a um aumento na ventilação e nos efeitos dos níveis circulantes mais elevados das catecolaminas.

Capacidade máxima para o exercício aeróbio

Na Figura 5.3a, fica claro que, quando o voluntário se exercitou no cicloergômetro a 300 W, a resposta de $\dot{V}O_2$ não foi diferente daquela observada a 250 W. Isso indica que o indivíduo alcançou o limite máximo de sua capacidade de aumentar seu $\dot{V}O_2$. Esse valor é conhecido como capacidade aeróbia, **consumo máximo de oxigênio**, ou **$\dot{V}O_{2max}$**. O $\dot{V}O_{2max}$ é considerado pela maioria dos estudiosos a melhor medida isolada de **resistência cardiorrespiratória** e aptidão aeróbia. Esse conceito está mais bem explicitado na Figura 5.4, que compara o $\dot{V}O_{2max}$ de um homem treinado com o de outro homem destreinado.

Em algumas situações de exercício, com o aumento da intensidade, um indivíduo atinge a fadiga antes de ocorrer o platô na resposta de $\dot{V}O_2$ (o critério para um verdadeiro $\dot{V}O_{2max}$). Nesses casos, o consumo de oxigênio mais alto atingido é mais corretamente denominado **pico de consumo de oxigênio** ou **$\dot{V}O_{2pico}$**. Por exemplo, um maratonista altamente treinado quase sempre atingirá um valor maior de $\dot{V}O_2$ ($\dot{V}O_{2max}$) em uma esteira do que quando avaliado até a fadiga em um cicloergômetro ($\dot{V}O_{2pico}$). No último caso, é provável que ocorra a fadiga do quadríceps antes que o verdadeiro consumo máximo de oxigênio seja atingido.

Embora o $\dot{V}O_{2max}$ seja uma boa medida de aptidão aeróbia, não se pode prever o vencedor de uma maratona com base em seu $\dot{V}O_{2max}$ medido em laboratório. Isso sugere que, apesar de um $\dot{V}O_{2max}$ relativamente alto ser um atributo necessário para atletas de resistência de alto desempenho, um atleta de elite mundial dependerá de mais coisas que apenas um $\dot{V}O_{2max}$ elevado – um conceito que será discutido no Capítulo 11.

Além disso, estudos documentaram que em geral o $\dot{V}O_{2max}$ aumenta com o treinamento físico apenas durante um período de 8-12 semanas e, em seguida, estabiliza-se em um platô, apesar do treinamento com intensidade cada vez mais elevada. Embora o $\dot{V}O_{2max}$ não continue a aumentar, os participantes continuam a melhorar seu desempenho de resistência. Ao que parece, esses indivíduos desenvolvem uma capacidade de desempenho em um percentual mais alto de seu $\dot{V}O_{2max}$. Maratonistas bem treinados, por exemplo, podem completar uma maratona de 42 km em um ritmo médio que exija a utilização de aproximadamente 75-80% de seu $\dot{V}O_{2max}$, ou ainda mais.

Considere-se o caso de Alberto Salazar, provavelmente o melhor maratonista do mundo nos anos de 1980. Seu $\dot{V}O_{2max}$ medido era de 70 mL · kg^{-1} · min^{-1}. Esse valor está abaixo do $\dot{V}O_{2max}$ esperado em comparação com seu

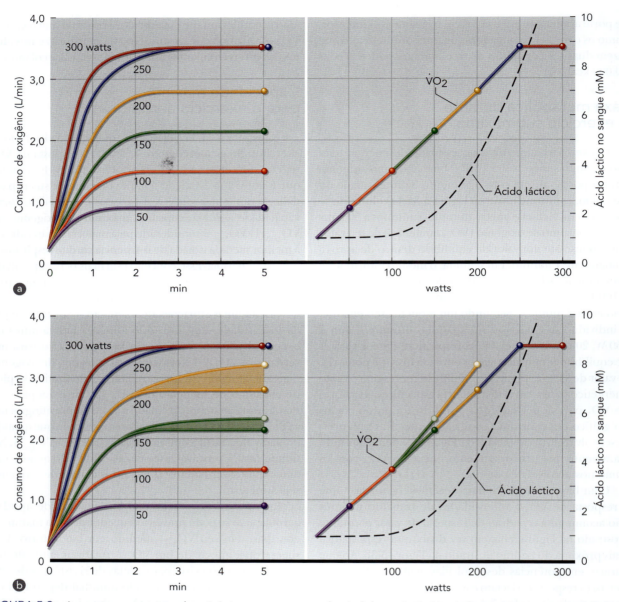

FIGURA 5.3 Aumento no consumo de oxigênio com o aumento do nível de potência (a), conforme proposta original de P.-O. Åstrand e K. Rodahl, *Textbook of work physiology: Physiological bases of exercise*, 3.ed. (New York: McGraw-Hill), p. 300; e (b) conforme redesenhado por Gaesser e Poole (1996, p. 36). Ver texto para uma explicação detalhada da figura.

Reproduzido com permissão de G.A. Gaesser e D.C. Poole, 1996. "The slow component of oxygen uptake kinetics in humans," *Exercise and Sport Sciences Reviews* 24 (1996): 36.

melhor desempenho na maratona, de 2h8min. Contudo, Salazar foi capaz de correr a maratona a em um ritmo de corrida a 86% de seu $\dot{V}O_{2max}$, um percentual consideravelmente maior que o de outros corredores da elite mundial. Isso pode explicar em parte a sua capacidade como corredor de elite internacional.

Tendo em vista que as necessidades individuais de energia variam de acordo com o porte físico, o $\dot{V}O_{2max}$ geralmente é expresso com base no peso corporal, em mililitros de oxigênio consumido por quilograma de peso corporal por minuto ($mL \cdot kg^{-1} \cdot min^{-1}$). Essa abordagem permite que sejam feitas comparações mais precisas entre indivíduos de portes diferentes que se exercitam em eventos com sustentação do peso, como as corridas. Em atividades sem sustentação do peso, como a natação e o ciclismo, o desempenho de resistência está relacionado mais de perto ao $\dot{V}O_{2max}$ medido em litros por minuto.

Estudantes universitários de 18-22 anos de idade, normalmente ativos mas não treinados, apresentam valores de $\dot{V}O_{2max}$ médios de 38-42 $mL \cdot kg^{-1} \cdot min^{-1}$ (mulheres) e 44-50 $mL \cdot kg^{-1} \cdot min^{-1}$ (homens). Em contraste, adultos com pouco condicionamento podem apresentar valores abaixo dos 20 $mL \cdot kg^{-1} \cdot min^{-1}$. Na outra extremidade do espectro, capacidades aeróbias de 80-84 $mL \cdot kg^{-1} \cdot min^{-1}$

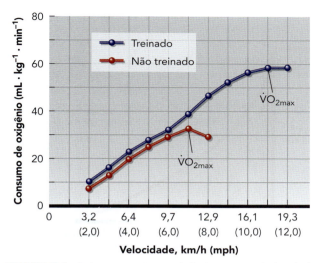

FIGURA 5.4 Relação entre intensidade do exercício (velocidade de corrida) e consumo de oxigênio ilustrando o $\dot{V}O_{2max}$ em um homem treinado e em um não treinado.

foram observadas entre atletas de elite do gênero masculino praticantes de corrida de fundo e esquiadores praticantes da modalidade *cross-country*. (O mais alto valor de $\dot{V}O_{2max}$ registrado para um homem é o de um esquiador *cross-country* campeão norueguês que teve $\dot{V}O_{2max}$ de 94 mL · kg^{-1} · min^{-1}. O valor mais alto registrado para uma mulher é 77 mL · kg^{-1} · min^{-1}, de uma esquiadora russa também praticante da modalidade *cross-country*.)

Depois dos 25-30 anos, os valores de $\dot{V}O_{2max}$ das pessoas inativas decrescem em cerca de 1% por ano, fenômeno que pode ser atribuído a uma combinação de envelhecimento biológico e estilo de vida sedentário. Duas razões fisiológicas do motivo de as mulheres adultas em geral apresentarem valores de $\dot{V}O_{2max}$ consideravelmente inferiores aos dos homens adultos (tópico que será discutido com maior profundidade no Cap. 19) são as diferenças na composição corporal (a tendência é que as mulheres tenham menor quantidade de massa livre de gordura e maior quantidade de massa de tecido adiposo) e no conteúdo de hemoglobina sanguínea (menor nas mulheres, sendo, portanto, menor a sua capacidade de transporte de oxigênio).

Esforço anaeróbio e capacidade de exercício

Nenhum exercício é 100% aeróbio ou 100% anaeróbio. Os métodos até este momento discutidos ignoram os processos anaeróbios que acompanham o exercício aeróbio. Como é possível avaliar a interação entre os processos aeróbios (oxidativos) e os anaeróbios? Os métodos mais comuns para a estimativa da contribuição anaeróbia ao exercício contínuo envolvem o exame do consumo excessivo de oxigênio pós-exercício (EPOC), ou o limiar de lactato.

Consumo de oxigênio pós-exercício

A capacidade do organismo de avaliar a necessidade energética durante o exercício com a liberação de oxigênio não é perfeita. Quando o exercício aeróbio se inicia, o sistema de transporte de oxigênio (respiração e circulação) não fornece imediatamente a quantidade necessária de oxigênio para os músculos ativos. Deverão transcorrer alguns minutos até que o consumo de oxigênio atinja o nível necessário (estado de equilíbrio) no qual os processos aeróbios estão completamente funcionais, embora as necessidades de oxigênio do corpo aumentem no exato momento em que o exercício tem início.

Tendo em vista que as necessidades de oxigênio e o fornecimento dessa substância diferem durante a transição entre repouso e exercício, o corpo fica sujeito a um **déficit de oxigênio**, conforme mostra a Figura 5.5. Esse déficit ocorre mesmo no caso de um exercício de baixa intensidade. O déficit de oxigênio é calculado simplesmente como a diferença entre o oxigênio necessário para determinada intensidade de exercício (estado de equilíbrio) e o consumo real de oxigênio. Apesar da insuficiência no fornecimento de oxigênio no início do exercício, os músculos são capazes de gerar o ATP necessário por meio das vias anaeróbias descritas no Capítulo 2.

Durante os minutos iniciais da recuperação, ainda que os músculos não estejam mais ativamente trabalhando, o consumo de oxigênio não baixa imediatamente até o valor de repouso. Em vez disso, o consumo de oxigênio diminui gradualmente para os valores de repouso (Fig. 5.5). Esse consumo, que excede o que em geral exige o repouso, era tradicionalmente chamado de "débito de oxigênio". Uma denominação de uso mais comum hoje em dia é **consumo excessivo de oxigênio pós-exercício (EPOC)**. EPOC é o volume de oxigênio consumido durante os minutos imediatamente após o término do exercício, que está acima do consumo normal com o indivíduo em repouso. Todos já vivenciaram esse fenômeno no final de uma sessão de exercício intenso: uma subida rápida de alguns lances de escada deixa qualquer pessoa com pulso acelerado e respiração ofegante. Esses ajustes fisiológicos servem para a manutenção do EPOC. Depois de alguns minutos de recuperação, o pulso e a respiração retornam às suas frequências de repouso.

Durante muitos anos, a curva de EPOC foi descrita como tendo dois componentes distintos: um componente inicial rápido e um componente secundário lento. De acordo com a teoria clássica, o componente rápido da curva representava o oxigênio necessário para a reconstrução do ATP e da fosfocreatina (PCr) utilizados durante os estágios iniciais do exercício. Sem o oxigênio suficiente, as ligações de fosfato de alta energia nesses compostos eram quebradas, para que a energia necessária fosse fornecida. Durante a recuperação, essas ligações teriam de ser reformadas, por meio de processos oxidativos, para a devida

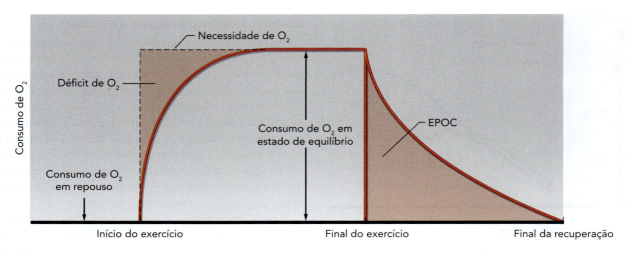

FIGURA 5.5 Necessidade de oxigênio (linha pontilhada) e consumo de oxigênio (linha vermelha sólida) durante o exercício e a recuperação, ilustrando o déficit de oxigênio e o conceito de consumo excessivo de oxigênio pós-exercício (EPOC).

reposição das reservas de energia, ou para "reembolso do débito". O componente lento da curva era considerado resultante da remoção do lactato acumulado dos tecidos, tanto pela sua conversão em glicogênio como pela oxidação até CO_2 e H_2O. Desse modo, seria fornecida a energia necessária para restaurar as reservas de glicogênio.

De acordo com essa teoria, tanto o componente rápido como o componente lento da curva eram considerados reflexos da atividade anaeróbia que havia ocorrido durante o exercício. Acreditava-se que, pelo exame do consumo de oxigênio pós-exercício, poder-se-ia estimar a quantidade de atividade anaeróbia ocorrida.

Contudo, estudos mais recentes concluíram que a explicação clássica do EPOC é demasiado simplista. Exemplificando, durante a fase inicial do exercício, parte do oxigênio é emprestada das reservas de oxigênio (hemoglobina e mioglobina), e esse oxigênio também deve ser reposto durante o início da recuperação. Além disso, depois do exercício a respiração permanece temporariamente elevada, em parte como um esforço de eliminação do CO_2 que se acumulou nos tecidos, como subproduto do metabolismo. A temperatura corporal também fica elevada, o que mantém elevadas a taxa metabólica e a frequência respiratória; assim, há necessidade de mais oxigênio. Os níveis elevados de noradrenalina e adrenalina durante o exercício têm efeitos similares.

Portanto, o EPOC depende de muitos fatores, além do mero reabastecimento do ATP e da PCr e da eliminação do lactato produzido pelo metabolismo anaeróbio.

Limiar de lactato

Muitos pesquisadores consideram o limiar de lactato um bom indicador do potencial do atleta para exercícios de resistência. O **limiar de lactato** é definido como o ponto no qual o lactato sanguíneo começa a se acumular substancialmente acima das concentrações de repouso durante o exercício de intensidade crescente. Exemplificando, poderia ser solicitado a um corredor que corresse em uma esteira ergométrica em diferentes velocidades, com um período de repouso entre cada mudança de velocidade. Após cada corrida, é coletada uma amostra de sangue da ponta do dedo ou de um cateter em uma das veias para a determinação do lactato sanguíneo. A Figura 5.6 ilustra a relação entre lactato sanguíneo e velocidade de corrida. Em baixas velocidades de corrida, os níveis de lactato no sangue permanecem próximos aos níveis de repouso. Contudo, à medida que a velocidade da corrida aumenta, as concentrações de lactato no sangue aumentam rapidamente, além de alguma intensidade-limite do exercício. O ponto no qual primeiramente o lactato sanguíneo parece aumentar desproporcionalmente acima dos níveis de repouso é denominado limiar de lactato.

Acreditava-se que o limiar de lactato refletisse a interação dos sistemas energéticos aeróbio e anaeróbio. Alguns pesquisadores sugeriram que o limiar de lactato representa um desvio significativo na direção da glicólise anaeróbia, que forma o lactato a partir do ácido pirúvico. Por consequência, a súbita elevação no lactato sanguíneo em decorrência do aumento do esforço também era chamada de *limiar anaeróbio*. Porém, a concentração do lactato sanguíneo é determinada não só pela produção dessa substância no músculo esquelético ou em outros tecidos, mas também pela eliminação do lactato do sangue pelo fígado e por seu uso como fonte de combustível pelos músculos e por outros tecidos do corpo. Assim, o limiar de lactato é mais corretamente definido como o ponto no tempo, durante o exercício de intensidade crescente, em que a velocidade da produção de lactato excede a velocidade de eliminação dessa substância.

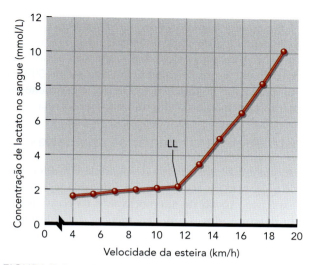

FIGURA 5.6 Relação entre a intensidade do exercício (velocidade de corrida) e a concentração de lactato no sangue. Amostras de sangue da veia do braço de um corredor foram recolhidas e analisadas para verificar a presença de lactato depois de o atleta correr cada velocidade durante 5 min. LL = limiar de lactato.

Em geral, o limiar de lactato é expresso em termos da porcentagem de consumo máximo de oxigênio (% $\dot{V}O_{2max}$) em que ocorre. Em pessoas destreinadas, o limiar de lactato tipicamente ocorre entre 50 e 60% do $\dot{V}O_{2max}$, enquanto em atletas fundistas com alto desempenho o limiar pode não ser atingido senão nas proximidades de 70 ou 80% do $\dot{V}O_{2max}$.

Com base no que foi visto na seção precedente, foi possível compreender que os principais determinantes de um desempenho de resistência bem-sucedido são $\dot{V}O_{2max}$ e o percentual do $\dot{V}O_{2max}$ que pode ser mantido pelo atleta durante um período prolongado. É provável que o limiar de lactato seja o principal determinante do ritmo mais rápido que pode ser tolerado durante um evento de resistência de longa duração. Assim, a capacidade de ter desempenho em um percentual mais elevado de $\dot{V}O_{2max}$ provavelmente reflete um limiar de lactato mais alto. Consequentemente, um limiar de lactato a 80% do $\dot{V}O_{2max}$ sugere maior tolerância ao exercício aeróbio em comparação com um limiar a 60% do $\dot{V}O_{2max}$. Em geral, em dois indivíduos com o mesmo consumo máximo de oxigênio, a pessoa com o limiar de lactato mais alto exibe melhor desempenho de resistência, embora outros fatores também contribuam para isso, inclusive a economia do movimento.

Economia de esforço

À medida que um indivíduo se torna mais habilidoso no desempenho de um exercício, suas demandas de energia durante esse exercício em determinado ritmo são reduzidas. De certa forma, a pessoa se torna mais econômica. (Note que se evitou chamar esse fenômeno de "eficiência", que tem uma definição mecânica mais restrita.) Isso está ilustrado na Figura 5.7, com a ajuda dos dados provenientes de dois corredores fundistas. Em todas as velocidades de corrida superiores a 11,3 km/h, o corredor B utilizou uma quantidade significativamente menor de oxigênio que o corredor A. Esses homens apresentavam valores de $\dot{V}O_{2max}$ semelhantes (64-65 mL· kg^{-1}· min^{-1}); assim, a utilização de uma energia submáxima mais baixa pelo corredor B decididamente representa uma vantagem durante a competição.

Esses dois corredores competiram em várias ocasiões. Durante corridas de maratona, esses atletas correram em ritmos que exigiam a utilização de 85% de seu $\dot{V}O_{2max}$. Na média, o atleta B obteve vantagem de 13 minutos sobre o corredor A nessas competições. Como seus valores de $\dot{V}O_{2max}$ eram tão semelhantes, mas suas necessidades energéticas tão diferentes durante esses eventos, boa parte da vantagem competitiva do corredor B poderia ser atribuída à sua maior economia de corrida. Infelizmente, não há uma explicação específica sobre as causas subjacentes dessas diferenças na economia, e elas provavelmente são explicadas por uma série de fatores fisiológicos e biomecânicos complexos. Diversos estudos com corredores velocistas, de média distância e de longa distância demonstraram que os corredores de maratona são, na maioria das vezes, muito econômicos. Em geral, esses corredores de distâncias ultralongas usam entre 5-10% menos energia que os corredores de média distância e velocistas em um determinado ritmo. Contudo, essa economia de movimento foi estudada apenas em velocidades relativamente lentas (ritmos de 10-19 km/h). É razoável assumir que os corredores fundistas são menos econômicos em provas

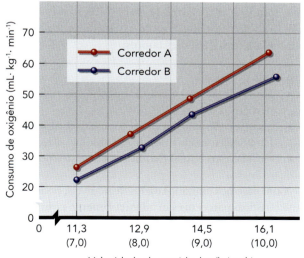

FIGURA 5.7 Necessidades de oxigênio de dois corredores fundistas enquanto correm em velocidades variadas. Embora apresentassem valores similares de $\dot{V}O_{2max}$ (64-65 mL· kg^{-1}· min^{-1}), o corredor B era mais econômico e, portanto, era capaz de correr a um ritmo mais rápido para um dado custo de oxigênio.

de velocidade que os corredores que treinam especificamente para corridas curtas e mais rápidas. É provável que corredores autosselecionem seus eventos, em parte por alcançarem um sucesso precoce e em parte por causa da melhor economia de movimento na distância.

As variações na forma da corrida e na especificidade do treinamento para corridas de velocidade e corridas de fundo podem explicar ao menos parte dessas diferenças na economia da corrida. Análises de filmes revelam que corredores de meia-distância e velocistas têm movimentos corporais significativamente mais verticais quando estão correndo em velocidades de 11-19 km/h em comparação com os maratonistas. Contudo, essas velocidades estão muito abaixo das exigidas durante corridas de meia distância, e provavelmente não refletem com precisão a economia da corrida de atletas de competição em eventos mais curtos, de 1.500 m ou menores.

Em outros eventos esportivos, o desempenho pode ser ainda mais afetado pela economia do movimento. Parte da energia consumida durante a natação, por exemplo, é utilizada para sustentar o corpo na superfície da água e para gerar a força necessária para superar a resistência da água ao movimento. Embora a energia necessária para a natação dependa do porte físico e da flutuabilidade, a aplicação eficiente de força contra a água é o principal fator determinante da economia da natação.

Características dos atletas bem-sucedidos em eventos de resistência aeróbia

Com base na discussão acerca das características metabólicas dos atletas de resistência aeróbia neste capítulo, e nas características dos tipos de fibra muscular estudadas no Capítulo 1, fica claro que, para ser bem-sucedido em atividades de resistência aeróbia, o atleta precisa ter uma combinação dos seguintes fatores:

- $\dot{V}O_{2max}$ elevado;
- limiar de lactato elevado, quando expresso como percentual de $\dot{V}O_{2max}$;
- grande economia de esforço, ou baixo valor de $\dot{V}O_2$ para determinada intensidade absoluta de exercício
- elevado percentual de fibras musculares do tipo I.

Com base nos limitados dados disponíveis, essas quatro características parecem estar adequadamente posicionadas em sua ordem de importância. Como exemplo, a velocidade de corrida no limiar de lactato e no $\dot{V}O_{2max}$ são os melhores prognosticadores que se têm para medir o ritmo real de corrida em um grupo de elite de corredores fundistas. Porém, cada um desses corredores já tem $\dot{V}O_{2max}$ alto, o que, em atletas de elite, recebe o reforço de um coração volumoso e da expansão do volume sanguíneo. Embora a economia de esforço seja importante, esse aspecto não varia tanto entre corredores de elite. Finalmente, ter um elevado percentual de fibras musculares do tipo I é útil, mas não essencial. Em uma edição das Olimpíadas, o ganhador da medalha de bronze da maratona tinha apenas 50% de fibras musculares do tipo I em seu músculo gastrocnêmio – um dos principais músculos utilizados na corrida.

Custo energético de várias atividades

A quantidade de energia despendida em diferentes atividades varia de acordo com a intensidade e o tipo de exercício. Apesar de diferenças sutis na economia, já foram determinados os custos energéticos *médios* de muitas atividades, habitualmente pela mensuração do consumo de oxigênio durante a atividade, a fim de determinar um consumo médio de oxigênio por unidade de tempo. Com base nesse valor, é possível calcular a quantidade de energia utilizada por minuto (kcal/min).

Em geral, esses valores ignoram os aspectos anaeróbios do exercício e o EPOC. Essa omissão é importante, pois uma atividade com um custo total de 300 kcal durante o período de tempo efetivamente utilizado no exercício pode custar mais 100 kcal durante o período de recuperação. Assim, o custo total dessa atividade seria 400 kcal, e não 300 kcal. Por causa dessas sutilezas, juntamente com a variação individual, as leituras de "calorias queimadas" nos aparelhos para a prática de exercício podem ser muito imprecisas.

O corpo precisa de 0,16-0,35 L de oxigênio por minuto para satisfazer suas necessidades energéticas em repouso. Isso significaria 0,80-1,75 kcal/min, 48-105 kcal/h, ou 1.152-2.520 kcal/dia. Obviamente, qualquer atividade acima dos níveis de repouso aumentará o consumo diário projetado. A faixa do consumo diário total de calorias é altamente variável. Ela depende de muitos fatores, como:

- nível de atividade (de longe, a maior influência);
- idade;
- gênero;
- porte físico;
- peso; e
- composição corporal.

Os custos energéticos das atividades esportivas também diferem. Algumas delas, como o arco e flecha e o boliche, exigem uma energia apenas ligeiramente acima daquela consumida em repouso. Outras, como a corrida em velocidade, exigem tanta energia que apenas podem ser mantidas durante alguns segundos. É evidente que, além da intensidade do exercício, também a duração da atividade deve ser levada em consideração, para que seja determinada a energia despendida. Por exemplo, são gastas aproximadamente 29 kcal/min enquanto uma pessoa está correndo a 25 km/h, mas esse ritmo pode ser suportado apenas por breves períodos. Por outro lado, na prática do *jogging* a 11 km/h, o dispêndio é de apenas 14,5 kcal/min, metade do que se gasta em uma corrida a 25 km/h. Mas o *jogging* pode ser mantido durante um período consideravelmente mais longo, resultando em maior gasto energético total para uma sessão de exercício.

A Tabela 5.2 fornece uma estimativa do gasto energético de diversas atividades, para homens e mulheres. Deve-se ter em mente que esses valores são apenas médias, e, portanto, pode haver nesses valores uma variação considerável de acordo com as diferenças individuais, como aquelas previamente listadas, e com a habilidade individual (economia dos movimentos).

Em resumo

> A taxa metabólica basal (TMB) é a quantidade mínima de energia necessária para que o corpo mantenha as funções celulares básicas, tendo estreita relação com a massa livre de gordura presente no corpo e, em menor extensão, com a área da superfície corporal. Em geral, a TMB varia entre 1.100-2.500 kcal/dia, mas, ao serem acrescentadas atividades cotidianas, o gasto calórico diário normal passa a ser entre 1.700-3.100 kcal/dia.

> $\dot{V}O_2$ aumenta linearmente com o aumento da intensidade do exercício, mas acaba atingindo um platô. Seu valor máximo é chamado $\dot{V}O_{2max}$. Quando a fadiga volicional limita o exercício antes que um nível máximo real seja atingido, emprega-se o termo $\dot{V}O_{2pico}$.

> O desempenho aeróbio bem-sucedido está ligado a um $\dot{V}O_{2max}$ elevado, à capacidade de desempenhar a atividade por longos períodos em um elevado percentual de $\dot{V}O_{2max}$, à velocidade de corrida no limiar de lactato e a uma boa economia de movimento.

> EPOC é a elevação da taxa metabólica acima dos níveis de repouso que ocorre durante o período de recuperação imediatamente após o exercício.

> O limiar de lactato é o ponto no qual a produção de lactato sanguíneo começa a exceder a capacidade do corpo de eliminar ou remover lactato, resultando em rápido aumento das concentrações sanguíneas dessa substância durante um exercício de crescente intensidade. Em geral, os indivíduos com limiar de lactato mais elevado, expresso como percentual de seu $\dot{V}O_{2max}$, são capazes de apresentar melhores desempenhos de resistência. O limiar de lactato é um importante determinante do ritmo ideal do atleta em eventos de resistência, como as corridas de fundo e o ciclismo.

Fadiga e suas causas

A palavra **fadiga** possui significados diferentes para pessoas diferentes. As sensações de fadiga são notadamente diferentes quando uma pessoa está se exercitando até a exaustão em eventos que duram de 45-60 s, como uma corrida de 400 m, ou durante um esforço muscular exaustivo prolongado, como uma maratona. Assim, não surpreende que as causas da fadiga sejam diferentes também nesses

TABELA 5.2 Valores médios para o gasto energético durante várias atividades físicas

Atividade	Homens (kcal/min)	Mulheres (kcal/min)	Em relação à massa corporal (kcal · kg⁻¹ · min⁻¹)
Basquete	8,6	6,8	0,123
Ciclismo			
11,3 km/h	5,0	3,9	0,071
16,1 km/h	7,5	5,9	0,107
Handebol	11,0	8,6	0,157
Corrida			
12,1 km/h	14,0	11,0	0,200
16,1 km/h	18,2	14,3	0,260
Sentar	1,7	1,3	0,024
Dormir	1,2	0,9	0,017
Ficar em pé	1,8	1,4	0,026
Natação (estilo livre), 4,8 km/h	20,0	15,7	0,285
Tênis	7,1	5,5	0,101
Caminhada, 5,6 km/h	5,0	3,9	0,071
Levantamento de peso	8,2	6,4	0,117
Luta greco-romana	13,1	10,3	0,187

Nota: Os valores apresentados são relativos a um homem com 70 kg e uma mulher com 55 kg. Esses valores irão variar, dependendo das diferenças individuais.

PERSPECTIVA DE PESQUISA 5.1
Gasto energético na caminhada

São muitas as implicações quando se tem ideia da quantidade de energia metabólica consumida durante a caminhada, desde programas de reabilitação clínica, passando pelo acompanhamento do condicionamento físico e das atividades, e, até mesmo, manobras militares. É possível determinar com precisão a energia metabólica necessária para andar; para tanto, mede-se diretamente o consumo de oxigênio durante a atividade. No entanto, essa técnica de medição é impraticável fora do laboratório. Frequentemente, lança-se mão de equações publicadas que preveem essa necessidade energética. As duas equações mais estabelecidas e comumente usadas são as desenvolvidas pelo American College of Sports Medicine (ACSM)[1] e por um grupo de cientistas do Army Research Institute of Environmental Medicine (USARIEM).[21] Ambas as equações são específicas para massa corporal e dividem a taxa metabólica do indivíduo em componentes de repouso e de não repouso, em que o componente de não repouso depende da velocidade. Embora essas equações sejam consideradas padrão ouro quanto ao prognóstico do gasto de energia durante a caminhada, elas foram desenvolvidas com base em estudos que incluíram apenas jovens saudáveis do gênero masculino e com porte físico relativamente parecido.

Um estudo recentemente realizado na Southern Methodist University, em Dallas, Texas, derivou um novo modelo matemático para prever as necessidades de energia metabólica para a caminhada.[15] Dados provenientes de 10 estudos previamente publicados foram compilados para criar um banco de dados de mais de 400 indivíduos de ambos os sexos com idade, altura, peso corporal e nível de condicionamento físico variáveis. Feito isso, os pesquisadores desenvolveram modelos matemáticos para identificar as variáveis necessárias para chegar a previsões precisas das necessidades de energia metabólica nesse grupo heterogêneo de indivíduos e descobriram que as previsões mais precisas levavam em conta a altura do caminhante (ht), uma variável ausente nas equações de uso comum. Como as equações precedentes, a precisão da previsão aumentou quando o metabolismo da caminhada foi quantificado na forma de dois componentes separados, o componente mínimo de caminhada (que é diferente do componente de repouso) e o componente dependente da velocidade. O estudo resultou em um novo modelo de previsão do gasto de energia metabólica, que conseguia prever mais de 90% do custo metabólico real em todas as velocidades de caminhada:

$$\dot{V}O_2 \text{ total} = (\dot{V}O_2 \text{ repouso} + 3,85) + (5,97 \cdot v^2/ht),$$

onde a velocidade de caminhada (v) é medida em m/s, ht em m, e $\dot{V}O_2$ em mL $O_2 \cdot kg^{-1} \cdot min^{-1}$. Nessa equação, ($\dot{V}O_2$ repouso + 3,85) é o gasto energético mínimo de caminhada, (5,97 · v^2/ht) é o gasto energético dependente da velocidade e da altura e [3,85 + (5,97 · v^2/ht)] quantifica o componente total da caminhada.

Agora esse modelo pode ser usado a fim de melhor informar as prescrições de exercícios para vários desfechos de saúde e condicionamento físico em grupos populacionais abrangentes.

---

dois panoramas. Em geral, na fisiologia do exercício o termo *fadiga* é utilizado para descrever uma diminuição no desempenho muscular diante de um esforço contínuo, juntamente com sensações gerais de cansaço. Uma definição alternativa é a incapacidade de manter o nível de potência necessário para manter o trabalho muscular em determinada intensidade. Para diferenciar fadiga de debilidade ou lesão muscular (a ser discutido mais adiante neste capítulo), pode-se pensar na fadiga como um fenômeno reversível pelo descanso.

Pergunte a qualquer pessoa que se exercite o que causa a fadiga durante a prática do exercício, e a resposta mais comum envolverá duas palavras: "ácido láctico". Não apenas essa ideia comum e equivocada é uma grande simplificação como também há evidências cada vez mais fortes de que, na verdade, o ácido láctico pode ter efeitos benéficos sobre o desempenho do exercício (ver Cap. 2).

A fadiga é um fenômeno extremamente complexo, e suas causas podem variar desde o nível molecular até o corpo inteiro. A maioria das tentativas de descrever as causas subjacentes e os locais da fadiga concentram-se:

- na redução do fornecimento de energia (ATP-PCr, glicólise anaeróbia e metabolismo oxidativo);
- no acúmulo de subprodutos metabólicos, como o lactato e o H^+;
- na falha do mecanismo de contração das fibras musculares; e
- em alterações no controle nervoso da contração muscular.

As três primeiras causas ocorrem no interior do próprio músculo; juntamente com alterações no controle nervoso motor da função muscular, que são frequentemente chamadas de fadiga *periférica*. Além das alterações no nível da unidade motora, mudanças no cérebro ou no sistema nervoso central também podem causar o que passou a ser conhecido como fadiga *central*.

Contudo, nenhum desses fatores pode explicar sozinho todos os aspectos ou tipos da fadiga, e diversas causas podem funcionar sinergicamente para causá-la. Os mecanismos da fadiga dependem do tipo e da intensidade do exercício, do tipo de fibra dos músculos envolvidos, da situação de treinamento do indivíduo e mesmo de sua dieta. Ainda não estão completamente esclarecidas muitas das dúvidas acerca da fadiga, especialmente sobre os locais celulares da fadiga no interior das próprias fibras musculares. É importante ter em mente que, embora a fadiga tenha início pelo menos em parte decorrente de defeitos na ciclagem das pontes cruzadas no interior das células musculares, esse mecanismo depende dos sistemas nervoso, cardiovascular e energético para que possa funcionar.[14] Deve-se levar em consideração que a fadiga é raramente causada por um único fator, mas em geral por múltiplos fatores atuando sinergicamente em múltiplos locais. Locais potenciais de fadiga serão discutidos mais adiante.

Sistemas de energia e fadiga

Os sistemas de energia são uma área óbvia a ser explorada quando são consideradas as possíveis causas de fadiga. Quando uma pessoa se sente fatigada, frequentemente expressa esse estado dizendo "estou sem energia". Contudo, esse uso do termo *energia* está muito distante de seu significado fisiológico. Em seu verdadeiro sentido fisiológico de fornecer ATP a partir de substratos, qual o papel desempenhado pela energia na fadiga durante o exercício?

Depleção de PCr

Lembre-se de que a PCr é utilizada em esforços de alta intensidade e curta duração, para o reestabelecimento do ATP à medida que é utilizado e, assim, para manter as reservas de ATP no interior do músculo. Estudos de biópsias de músculos da coxa humana demonstraram que, durante contrações máximas repetidas, a fadiga coincide com a depleção de PCr. Embora o ATP seja diretamente responsável pela energia utilizada durante essas atividades, essa substância sofre depleção com uma velocidade menor que a PCr durante o esforço muscular, pois o ATP está sendo produzido por outros sistemas (ver Fig. 2.6). Mas, com a depleção de PCr, a capacidade de rápida reposição do ATP consumido fica seriamente comprometida. O uso do ATP continua, mas o sistema ATP-PCr torna-se menos capaz de repor o ATP. Assim, a concentração de ATP também diminui. Ao ocorrer exaustão, tanto o ATP como a PCr podem ter sofrido esgotamento.

Para retardar a fadiga, o atleta precisa controlar a velocidade do esforço por meio de um ritmo apropriado, para assegurar que PCr e ATP não sofram exaustão prematura. Isso é válido mesmo em eventos do tipo de resistência. Se o ritmo inicial for muito rápido, as concentrações de ATP e PCr disponíveis diminuirão rapidamente, levando a uma fadiga prematura e à incapacidade de manter o ritmo nos estágios finais do evento. O treinamento e a experiência permitem que o atleta avalie o ritmo ideal que lhe permita o uso mais eficiente de ATP e PCr para o evento inteiro.

Depleção de glicogênio

A concentração de ATP no músculo também é mantida pela degradação do glicogênio muscular. Em eventos com duração superior a alguns segundos, o glicogênio muscular se torna a fonte de energia principal para a síntese do ATP. Infelizmente, as reservas de glicogênio são limitadas e sofrem rápida depleção. Desde a primeira vez que a técnica de biópsia muscular foi utilizada, estudos demonstraram a existência de uma correlação entre a depleção do glicogênio muscular e a fadiga durante o exercício prolongado.

O glicogênio muscular é mais rapidamente utilizado durante os primeiros minutos do exercício que nos estágios mais adiantados, conforme mostra a Figura 5.8.[6] A ilustração mostra a mudança no conteúdo de glicogênio muscular no gastrocnêmio (panturrilha) do indivíduo durante o teste. Embora ele tenha realizado o teste em um ritmo constante, a velocidade do metabolismo do glicogênio muscular do gastrocnêmio foi maior durante os primeiros 75 minutos.

O voluntário também informou seu esforço percebido (o grau de dificuldade aparente de seu esforço) em várias ocasiões durante o teste. Ele se sentiu apenas moderadamente estressado no início da corrida, quando suas reservas de glicogênio ainda estavam altas, embora estivesse utilizando o glicogênio de forma intensa. O voluntário não percebeu a fadiga intensa até que seus níveis de glicogênio muscular estivessem praticamente exauridos. Portanto, a sensação de fadiga no exercício de longa duração coincide com o decréscimo da concentração do glicogênio muscular, mas não com sua velocidade de depleção. Em geral, os maratonistas se referem ao súbito surgimento de fadiga que sentem por volta do quilômetro 29-35 como "bater na parede". Pelo menos parte dessa sensação pode ser atribuída à depleção do glicogênio muscular.

Depleção de glicogênio em diferentes tipos de fibras As fibras musculares são recrutadas e sofrem depleção de suas reservas de energia em padrões selecionados. As fibras individuais recrutadas com maior frequência durante o exercício podem sofrer depleção de glicogênio. Isso reduz o número de fibras capazes de produzir a força muscular necessária para o exercício.

Essa depleção do glicogênio está ilustrada na Figura 5.9, que mostra uma microfotografia de fibras musculares coletadas de um corredor após uma corrida de 30 km. A preparação na Figura 5.9a foi corada para diferenciar as fibras do tipo I das do tipo II. Uma das fibras do tipo II está assinalada com um círculo. A Figura 5.9b ilustra uma segunda amostra do mesmo músculo, que foi corada para evidenciar o glicogênio. Quanto mais avermelhada (mais escura) a coloração, maior a quantidade de glicogênio presente. Antes da corrida, todas as fibras estavam repletas de glicogênio e apresentavam a coloração vermelha (não ilustrado). Na Figura 5.9b (após a corrida), as fibras do

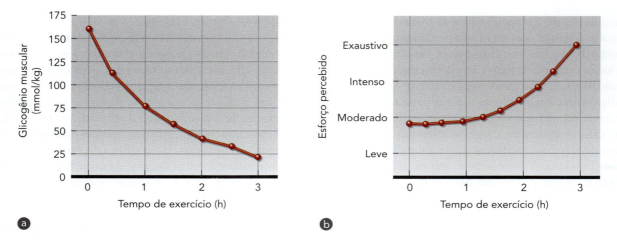

FIGURA 5.8 (a) Declínio do glicogênio no músculo gastrocnêmio (panturrilha) durante 3 horas de corrida em esteira ergométrica a 70% do $\dot{V}O_{2max}$ e (b) classificação subjetiva do esforço realizado pelo voluntário. Note que o esforço foi considerado moderado durante praticamente 1,5 h de corrida, embora o glicogênio estivesse diminuindo gradativamente. O aumento na classificação de percepção do esforço ocorreu somente quando o nível de glicogênio muscular se tornou bastante baixo (menos de 50 mmol/kg).

Adaptado com permissão de D.L. Costill, *Inside running: Basics of sports physiology* (Indianapolis: Benchmark Press, 1986). Copyright 1986 Cooper Publishing Group, Carmel, In.

tipo I, mais claras, estão quase completamente sem glicogênio. Isso sugere que as fibras do tipo I são mais utilizadas durante exercícios de resistência que exijam apenas um desenvolvimento de força moderado, como é o caso da corrida de 30 km.

O padrão de depleção do glicogênio das fibras dos tipos I e II depende da intensidade do exercício. Lembre-se de que fibras do tipo I são as primeiras a serem recrutadas durante o exercício leve. Com o aumento da necessidade de produzir tensão nos músculos, as fibras do tipo IIa são adicionadas à "força de trabalho". Em exercícios que se aproximam das intensidades máximas, as fibras do tipo IIx são adicionadas ao grupo das fibras recrutadas.

Depleção em diferentes grupos musculares Além de promover a depleção seletiva do glicogênio das fibras dos tipos I ou II, o exercício pode impor demandas excepcionalmente intensas em grupos musculares selecionados.

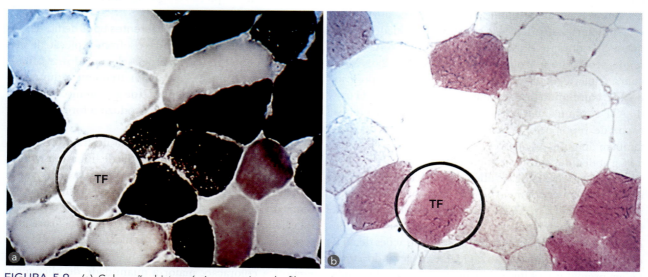

FIGURA 5.9 (a) Coloração histoquímica por tipo de fibra após uma corrida de 30 km; uma fibra muscular de tipo II (de contração rápida) está circulada. (b) Coloração histoquímica do glicogênio muscular após a corrida. Note que diversas fibras do tipo II ainda possuem glicogênio, o que pode ser percebido por sua coloração mais escura, enquanto na maioria das fibras do tipo I (de contração lenta) o glicogênio está ausente.

Em um estudo, alguns voluntários correram sobre uma esteira ergométrica posicionada para corrida em plano ascendente, em plano descendente e nivelada durante 2 h a 70% do $\dot{V}O_{2max}$. A Figura 5.10 compara a depleção do glicogênio resultante em três músculos dos membros inferiores: o vasto lateral (extensor do joelho), o gastrocnêmio (extensor do tornozelo) e o sóleo (também extensor do tornozelo).

Os resultados revelam que, esteja o atleta correndo em plano ascendente, em plano descendente ou em superfície nivelada, o gastrocnêmio utiliza mais glicogênio que o vasto lateral ou o sóleo. Isso sugere que há maior probabilidade de depleção dos músculos extensores do tornozelo durante uma corrida de fundo, em comparação com os músculos da coxa, limitando o local de fadiga nos músculos das pernas.

Depleção de glicogênio e glicose sanguínea
O glicogênio muscular sozinho não consegue fornecer o carboidrato suficiente para exercícios que se prolonguem por diversas horas. A glicose liberada pelo sangue para os músculos contribui com bastante energia durante um exercício de resistência. O fígado degrada seu glicogênio armazenado para proporcionar um suprimento constante de glicose sanguínea. Nos estágios iniciais do exercício, a produção de energia requer uma quantidade relativamente pequena de glicose sanguínea, mas, nos estágios mais adiantados de um evento de resistência, a glicose sanguínea pode dar uma grande contribuição. Para acompanhar a absorção da glicose pelos músculos, o fígado precisa realizar o metabolismo de cada vez mais glicogênio à medida que a duração do exercício aumenta.

As reservas hepáticas de glicogênio são limitadas, e o fígado não consegue produzir glicose rapidamente com base em outros substratos. Por consequência, os níveis sanguíneos de glicose poderão diminuir quando a absorção muscular exceder a produção de glicose pelo fígado. Incapazes de obter glicose suficiente do sangue, os músculos passam a depender mais de suas reservas de glicogênio, o que acelera a depleção do glicogênio muscular e conduz à exaustão prematura.

Não é de surpreender que os desempenhos de resistência melhorem quando é elevado o suprimento de glicogênio muscular antes do início da atividade. Por outro lado, a maioria dos estudos publicados demonstrou não haver nenhum efeito da ingestão de carboidratos na utilização final do glicogênio muscular durante um exercício prolongado e exaustivo. A importância das reservas de glicogênio muscular para o desempenho de resistência será discutida no Capítulo 15. Por ora, note que a depleção do glicogênio e a hipoglicemia (baixo nível de açúcar no sangue) limitam o desempenho em atividades que se prolonguem por mais de 60 min.

Mecanismos de fadiga com depleção do glicogênio
Não parece provável que a depleção do glicogênio cause *diretamente* a fadiga durante o desempenho de exercícios de resistência, mas pode desempenhar um papel *indireto*. Não podemos explicar com precisão por que o funcionamento muscular fica comprometido quando o glicogênio muscular está baixo, mas geralmente isso é explicado por um comprometimento da velocidade de produção do ATP. O glicogênio é algo mais do que simplesmente uma forma de armazenamento de carboidratos; também funciona como regulador de diversas funções celulares. Para auxiliar seu desempenho nessa função, o glicogênio não está distribuído homogeneamente por toda a fibra muscular, mas localizado em espaços distintos. Novas evidências sugerem que a depleção dos grânulos de glicogênio localizados no interior das miofibrilas interfere no acoplamento excitação-contração e na liberação de Ca^{2+} pelo retículo sarcoplasmático.[20]

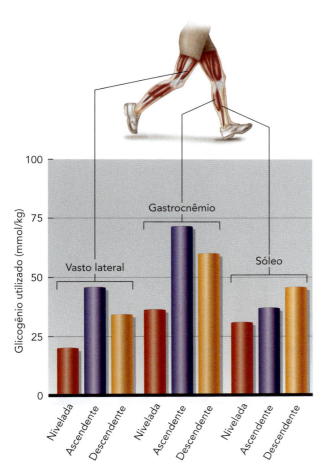

FIGURA 5.10 Uso de glicogênio muscular nos músculos vasto lateral, gastrocnêmio e sóleo durante 2 h de corrida nivelada, em plano ascendente e em plano descendente em esteira ergométrica a 70% do $\dot{V}O_{2max}$. Note que o maior uso de glicogênio ocorreu no gastrocnêmio durante as corridas nos planos ascendente e descendente.

Subprodutos metabólicos e fadiga

Vários subprodutos do metabolismo foram implicados como fatores que causam a fadiga ou que contribuem para esse fenômeno. Os subprodutos metabólicos que têm sido objetos da maior atenção de estudos relacionados à fadiga são o fosfato inorgânico, o calor, o lactato e os íons hidrogênio.

Fosfato inorgânico

O fosfato inorgânico aumenta durante a prática do exercício intenso durante curto período, à medida que a PCr e o ATP vão sendo degradados. Atualmente, tem-se a percepção de que P_i, que se acumula durante o exercício intenso de curta duração em decorrência da degradação do ATP, pode ser o maior fator contributivo para a fadiga nesse tipo de exercício.[26] O excesso de P_i compromete diretamente a função contrátil das miofibrilas e pode diminuir a liberação de Ca^{2+} pelo retículo sarcoplasmático. Aumentos tanto em P_i como no ADP também inibem a degradação do ATP, por meio de um *feedback* negativo.

Calor e temperatura muscular

Lembre-se de que o gasto energético resulta em uma produção de calor relativamente alta de calor e que parte dele fica retida no corpo, causando a elevação da temperatura corporal interna. O exercício praticado no calor pode aumentar a taxa de utilização dos carboidratos e acelerar a depleção do glicogênio, efeitos que podem ser estimulados pelo aumento da secreção de adrenalina. Foi proposto que temperaturas musculares elevadas comprometem tanto as funções da musculatura esquelética como o metabolismo muscular.

A capacidade de continuar com um desempenho ciclado de intensidade moderada a elevada é afetada pela temperatura do ambiente. Galloway e Maughan[12] estudaram o tempo de desempenho até a exaustão de ciclistas do gênero masculino em quatro diferentes temperaturas do ar: 4°C, 11°C, 21°C e 31°C. Os resultados desse estudo estão ilustrados na Figura 5.11. O tempo até a exaustão foi mais longo quando os voluntários se exercitaram em uma temperatura do ar de 11°C, sendo menor em temperaturas mais frias e mais quentes. A fadiga se instalou mais cedo na temperatura de 31°C. Analogamente, em determinada temperatura quente do ar, o aumento da umidade relativa provocou fadiga precoce.[16] Dentro dessa mesma linha, o pré-resfriamento dos músculos prolonga o exercício, enquanto o preaquecimento causa fadiga prematura. A aclimatização térmica, discutida no Capítulo 12, poupa o glicogênio e reduz o acúmulo de lactato.

Ácido láctico

Deve-se lembrar de que ácido láctico é um subproduto da glicólise anaeróbia. Embora a maioria das pessoas acredite que o ácido láctico seja responsável pela fadiga em todos os tipos de exercício, essa substância passa por constante rotação e, conforme descrito no Capítulo 2, é reciclada para proporcionar energia. O ácido láctico produzido no citoplasma da fibra muscular pode ser

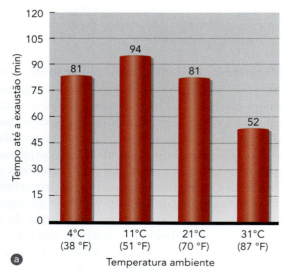
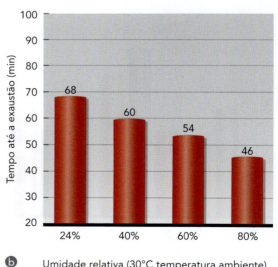

FIGURA 5.11 Tempo até a exaustão de um grupo de homens se exercitando em um cicloergômetro a cerca de 70% do $\dot{V}O_{2max}$. (a) Os voluntários foram capazes de ter desempenho mais prolongado (retardando a fadiga por mais tempo) em um ambiente fresco de 11°C. O exercício em condições mais frias ou mais quentes acelerou a fadiga. (b) A uma temperatura ambiente de 30°C, o aumento da umidade relativa diminuiu o tempo até a exaustão.

(a) Adaptado com permissão de S.D.R. Galloway e R.J. Maughan, "Effects of ambient temperature on the capacity to perform prolonged cycle exercise in man." *Medicine and Science in Sports and Exercise*, 29:1240-1249. (b) Reproduzido com permissão de R.J. Maughan et al., "Influence of relative humidity on prolonged exercise capacity in a warm environment," European Journal of Applied Physiology 112 (2012): 2313-2321.

absorvido pela mitocôndria no interior da mesma fibra muscular e oxidado com vistas à formação do ATP. O ácido láctico também pode ser enviado para outros locais, onde poderá ser igualmente oxidado. Na verdade, sua acumulação ocorre no interior de uma fibra muscular apenas durante um esforço muscular relativamente breve e de grande intensidade. Maratonistas, por exemplo, podem apresentar níveis de ácido láctico próximos ao repouso no final da corrida, apesar de sua notável fadiga. Conforme foi observado na seção precedente, a fadiga desses atletas é causada pelo fornecimento inadequado de energia e não pelo excesso de ácido láctico.

Tiros de velocidade curtos em corridas, ciclismo e natação são práticas que, sem exceção, podem resultar em grandes acúmulos de ácido láctico. Porém a presença de ácido láctico não deve ser responsabilizada pela sensação de fadiga por si só. Quando não é eliminado, o ácido láctico se desassocia, convertendo-se em lactato e provocando o acúmulo de íons hidrogênio.

Íons hidrogênio

Embora o íon lactato não pareça exercer qualquer efeito negativo importante na capacidade de gerar força, o acúmulo de H^+ provoca acidose muscular (queda do pH).

Atividades de curta duração e alta intensidade, como corridas de velocidade e provas de natação curtas, dependem bastante da glicólise anaeróbia e geram grandes quantidades de lactato e H^+ no interior dos músculos. Felizmente, as células e os líquidos corporais possuem tampões, como o bicarbonato (HCO_3^-), que minimizam a influência destruidora do H^+. Sem esses tampões, o H^+ baixaria o pH até cerca de 1,5, matando as células. Por causa da capacidade de tamponamento do corpo, a concentração de H^+ permanece baixa mesmo durante um exercício mais rigoroso, permitindo que o pH muscular diminua de um valor em repouso de 7,1 para não menos que 6,4 no momento da exaustão que segue a uma atividade praticada em alta intensidade.

Entretanto, alterações dessa magnitude de pH afetam adversamente a produção de energia e a contração muscular. Um pH intracelular abaixo de 6,9 inibe a ação da fosfofrutoquinase, uma importante enzima glicolítica, retardando a velocidade da glicólise e da produção de ATP. Em um pH de 6,4, a influência do H^+ interrompe qualquer decomposição subsequente do glicogênio, promovendo um rápido decréscimo do ATP e, por fim, a exaustão. Além disso, o H^+ pode diminuir a quantidade de cálcio liberado pelo retículo sarcoplasmático, interferindo no acoplamento das pontes cruzadas de actina-miosina e diminuindo a força contrátil do músculo. Entretanto, o impacto na produção da força muscular é pequeno. Um impacto mais expressivo decorre do H^+ que atua para diminuir a sensibilidade dos miofilamentos ao cálcio, provocando perda da força e da velocidade de contração.[8]

Em virtude desses efeitos, um baixo pH muscular pode ser a causa principal de fadiga durante exercícios exaustivos com intensidade máxima que se prolongam por 20-30 s.

Conforme pode ser observado na Figura 5.12, depois de um tiro de velocidade exaustivo o restabelecimento do pH muscular anterior ao exercício exige cerca de 30-35 min de recuperação. Mesmo após a restauração ao pH normal, os níveis sanguíneos e musculares de lactato podem permanecer bastante elevados. Contudo, a experiência demonstrou que o atleta pode continuar a se exercitar em intensidades relativamente altas mesmo com um pH muscular abaixo de 7,0 e um nível sanguíneo de lactato acima de 6-7 mmol/L, quatro a cinco vezes o valor em repouso.

Fadiga neuromuscular

Até o momento, foram considerados apenas os fatores intramusculares que podem ser responsáveis pela fadiga. Evidências também sugerem que, sob certas circunstâncias, a fadiga pode ser resultado da incapacidade de ativação das fibras musculares, uma função do sistema nervoso. Conforme observado no Capítulo 3, o impulso nervoso é transmitido através da junção neuromuscular para ativar a membrana da fibra, fazendo que o retículo sarcoplasmático da fibra libere cálcio. Por sua vez, o cálcio se liga à troponina para dar início à contração muscular, um processo chamado coletivamente de acoplamento excitação-contração. Muitos mecanismos neurais possíveis poderiam romper esse processo e possivelmente contribuir para a fadiga, e dois desses – um periférico e um central – serão discutidos a seguir.

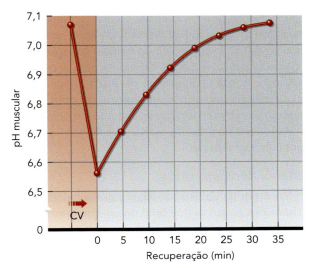

FIGURA 5.12 Mudanças no pH muscular durante o exercício de velocidade e na recuperação. Note a diminuição drástica do pH muscular durante a corrida de velocidade e a gradual recuperação até a normalidade após o esforço. Note também que foram necessários mais de 30 min para que o pH retornasse a seu nível pré-exercício.

Transmissão nervosa

A fadiga pode ocorrer na junção neuromuscular, impedindo a transmissão do impulso nervoso até a membrana da fibra muscular. Estudos realizados no início do século XX estabeleceram cabalmente esse defeito da transmissão do impulso nervoso no músculo fatigado. Esse defeito pode envolver um ou mais dos processos a seguir:

- A liberação ou a síntese da acetilcolina (ACh), o neurotransmissor que transmite o impulso nervoso do nervo motor para a membrana muscular, pode estar diminuída.
- A colinesterase, enzima que causa a decomposição da ACh depois que essa molécula transmitiu o impulso, pode se tornar hiperativa, impedindo uma concentração de ACh suficiente para dar início a um potencial de ação.
- A atividade da colinesterase pode ficar hipoativa (inibida), permitindo que ocorra excessivo acúmulo de ACh, inibindo o relaxamento.
- A membrana da fibra muscular pode ficar com o limiar mais elevado para estimulação pelos neurônios motores.
- Alguma substância pode competir com a ACh pelos receptores na membrana muscular, sem que ativem a membrana.
- O potássio pode deixar o espaço intracelular do músculo em contração, reduzindo o potencial de membrana à metade de seu valor em repouso.

Embora quase todas essas causas do bloqueio neuromuscular tenham sido associadas a doenças neuromusculares (p. ex., miastenia grave), elas podem também causar algumas formas de fadiga neuromuscular. Algumas evidências sugerem que a fadiga também pode ser atribuível à retenção do cálcio no interior do retículo sarcoplasmático, o que diminuiria o cálcio disponível para a contração muscular. De fato, a depleção de PCr e o acúmulo de lactato poderiam simplesmente aumentar a velocidade de acúmulo de cálcio no interior do retículo sarcoplasmático. Contudo, essas teorias da fadiga permanecem ainda no campo da especulação.

Sistema nervoso central

Nesse ponto, a discussão sugere que a fadiga se deve a alterações *periféricas* que limitam ou que interrompem completamente as ações musculares efetivas subsequentes. O recrutamento do músculo depende, em parte, do controle consciente ou subconsciente pelo cérebro. Uma teoria alternativa para a fadiga periférica, denominada **teoria do governador central**, propõe que ocorrem processos no cérebro que regulam a produção de potência pelos músculos, com o objetivo de manter a homeostase e de evitar níveis pouco seguros de esforço, que possam lesionar os tecidos ou causar eventos catastróficos. O governador central limita o exercício mediante a diminuição do recrutamento das fibras musculares, o que, por sua vez, causa fadiga. Embora essa teoria tenha sido discutida de forma acalorada nos últimos anos, o conceito de um "governador" central foi originalmente proposto por A.V. Hill (ver o capítulo introdutório) em 1924.

Em um estudo de 2012, pesquisadores na Suíça procuraram separar os fatores contributivos centrais e periféricos da fadiga muscular durante a contração isométrica de baixa intensidade dos músculos extensores do joelho, com o uso de um protocolo inovador.[18] No estudo, os voluntários realizaram uma contração muscular isométrica sustentada em 20% da contração voluntária máxima (CVM) até sentir fadiga, que foi definida como o ponto em que eles não podiam mais manter a produção de força de 20% da CVM. Em seguida, o músculo foi submetido à imediata estimulação elétrica com o objetivo de manter a mesma força por 1 minuto, seguida imediatamente por um esforço voluntário para manutenção da mesma força outra vez. Essencialmente, os pesquisadores induziram a fadiga e, em seguida, a estimulação elétrica externa assumiu o controle do cérebro e do neurônio motor para continuar com a produção de força. Se a fadiga inicial fosse causada por problemas com o acoplamento excitação-contração (fatores periféricos), então o músculo eletricamente estimulado ainda estaria fatigado, não sendo capaz de produzir força. Por outro lado, se a fadiga fosse decorrente de problemas com o neurônio motor ou com fatores neurais centrais, a estimulação elétrica faria o músculo gerar força mais uma vez. Os pesquisadores também mediram a quantidade máxima de força que poderia ser gerada voluntariamente antes e depois da indução da fadiga.

Descobriram que, quando a estimulação elétrica era aplicada após a fadiga, o músculo era novamente capaz de manter os 20% da CVM, indicando que, diante de uma estimulação neural adequada, o próprio músculo preserva a capacidade de contrair e gerar força. Quando os pesquisadores registraram a atividade elétrica do músculo durante o CVM após a fadiga, descobriram que a ativação muscular pelo sistema nervoso *aumentava* bastante, sugerindo que a força reduzida da contração máxima se devia a algum comprometimento dos elementos contráteis. Em suma, esse estudo sugere que a fadiga inicial vivenciada após um exercício submáximo se deve, provavelmente, a uma redução nos fatores neurais centrais, enquanto as deficiências observadas na contração máxima decorrem de fatores periféricos relacionados a alterações no acoplamento excitação-contração.

Não há mais dúvida de que existe algum envolvimento do sistema nervoso central (SNC) na maioria dos tipos de

PERSPECTIVA DE PESQUISA 5.2
Você pode se prevenir de modo a não sentir fadiga?

Diante da crescente popularização dos esportes de resistência, cresce também o número de pessoas que participam de eventos competitivos de resistência. O desempenho bem-sucedido em eventos de resistência requer capacidade de persistir na prática de exercícios aeróbios por longos períodos (ou seja, com adiamento do início da fadiga ao máximo possível); para os atletas praticantes desses esportes são muito importantes as estratégias que objetivam melhor desempenho para aumentar a intensidade e a duração da atividade. Tendo em vista que a fadiga define o limite superior da resistência, os esforços dos pesquisadores procuram compreender as causas fisiológicas e psicológicas da fadiga – e como retardar seus efeitos.

Durante eventos de resistência de longa duração, como a maratona ou o triatlo, muitos fisiologistas do exercício acreditam que a fadiga seja o resultado do esgotamento das reservas de energia no corpo, e as causas fisiológicas da fadiga são discutidas com detalhes neste capítulo. Por outro lado, o *modelo psicobiológico do desempenho de resistência* sugere que a fadiga é causada pela decisão consciente de encerrar determinada atividade, e não por limites fisiológicos. De acordo com esse modelo, o determinante final do desempenho de resistência em atletas altamente motivados é a percepção consciente de quão duro, pesado e árduo é o esforço. Com base nesse raciocínio, o uso de estratégias para reduzir a *percepção* do esforço pode adiar o surgimento da fadiga em atletas de resistência.

Uma estratégia que pode diminuir a fadiga, de acordo com o modelo psicobiológico de desempenho de resistência, é o monólogo motivacional, isto é, verbalizações autodirigidas, tanto em voz alta como silenciosamente. Esse procedimento pode ser instrutivo e motivacional para os atletas, e foi sugerido que melhora o desempenho em tarefas dependentes de esforço físico, por motivar o atleta a se esforçar mais, mesmo quando for grande o impulso perceptivo para a interrupção do exercício. Em 2014, um estudo que envolveu 24 homens e mulheres ativos em nível recreativo investigou o efeito do monólogo motivacional no desempenho de resistência durante exercício de alta intensidade no cicloergômetro.[3] Depois de registrados os dados basais, os voluntários foram divididos em dois grupos: um grupo teve duas semanas de treinamento e prática no uso do monólogo motivacional, o que não ocorreu com o outro grupo (grupo de controle). Transcorridas as duas semanas, todos os participantes retornaram ao laboratório para novos testes, e os resultados de seu desempenho foram comparados aos obtidos no início do estudo. No grupo de voluntários que fez o treinamento de monólogo motivacional, a classificação da percepção subjetiva do esforço (PSE) foi mais baixa, e o tempo até a exaustão foi mais longo (em quase 2 minutos) em comparação com a primeira visita ao laboratório (ver figura); contudo, não houve alteração nos resultados do grupo de controle. O monólogo motivacional pode diminuir o esforço percebido e aumentar o desempenho de resistência durante a atividade aeróbia. O treinamento com intervenções psicobiológicas que reduzem a percepção do esforço pode melhorar o desempenho de resistência em atletas praticantes dessa modalidade, retardando a ocorrência de fadiga.

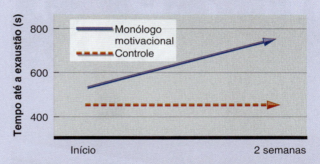

Mudanças no tempo até a exaustão após duas semanas no grupo de controle (linha tracejada) e no grupo de voluntários que tiveram duas semanas de treinamento de monólogo motivacional (linha sólida). O grupo de monólogo motivacional melhorou na resistência após o treinamento de monólogo motivacional, enquanto não houve mudança no grupo de controle após as duas semanas.

fadiga. Quando os músculos de um indivíduo parecem estar quase exauridos, o encorajamento verbal, gritos, a execução de uma música ou mesmo a eletroestimulação direta do músculo podem aumentar a força da contração muscular. Não foram ainda completamente esclarecidos os mecanismos subjacentes ao papel do SNC na causa, na percepção e mesmo na superação da fadiga. A menos que estejam altamente motivados, quase todos os atletas terminam o exercício antes que seus músculos estejam fisiologicamente exauridos. Para atingir um desempenho de pico, os atletas treinam para aprender o ritmo apropriado e a tolerância à fadiga.

Outros fatores que contribuem para a fadiga

Como se pode perceber com a leitura das seções anteriores, as causas subjacentes da fadiga são muitas e variadas e dependem amplamente da intensidade e duração do exercício que está sendo realizado. Estudos recentemente publicados também descobriram papéis para o comprometimento da função mitocondrial e para espécies reativas de oxigênio em alguns tipos de fadiga. Um grupo de pesquisadores franceses relatou que o comprometimento da função mitocondrial resultou em uma taxa mais lenta de

recuperação de PCr e na redução da produção oxidativa do ATP em seguida a exercícios dinâmicos submáximos.[10] Entretanto, ainda não ficou esclarecida a extensão em que esses efeitos podem ser atribuídos à acidose celular ou à lesão muscular.

Michael Reid propôs uma hipótese convincente – de que o acúmulo de espécies reativas de oxigênio (ERO) nos músculos ativos contribui para a perda de função que ocorre na fadiga muscular.[25] Os níveis dessas moléculas, incluindo os radicais peróxido de hidrogênio, superóxido e hidroxila, aumentam durante contrações musculares extenuantes. Essas espécies estão presentes no citoplasma e nas organelas das miofibrilas, no líquido intersticial e no espaço vascular. Duas linhas de evidência apontam para um papel para essas moléculas quimicamente reativas: (1) A exposição direta das células musculares às ERO provoca muitas das mesmas mudanças que ocorrem com a fadiga durante o exercício, e (2) o pré-tratamento do músculo com antioxidantes adia o surgimento da fadiga.

Em resumo

> Dependendo das circunstâncias, a fadiga pode ser decorrente da depleção de PCr ou glicogênio; ambas as situações comprometem a produção de ATP. Dependendo do exercício, a depleção do glicogênio pode ocorrer em tipos selecionados de fibras ou em grupos musculares específicos.
> O aumento de subprodutos metabólicos, como os íons fosfato e o calor, pode contribuir para a fadiga.
> O ácido láctico tem sido com frequência apontado como responsável pela fadiga, em geral essa substância não apresenta ligação direta com a fadiga durante a prática de exercício de resistência por períodos prolongados, podendo mesmo servir como fonte de combustível (ver Cap. 2).
> Em exercícios de curta duração, como a corrida de velocidade, é na verdade o H^+ gerado pela dissociação do ácido láctico que frequentemente pode contribuir para a fadiga. O acúmulo de H^+ diminui o pH muscular, comprometendo os processos celulares geradores de energia e de contração muscular.
> Um defeito da transmissão nervosa pode ser a causa de alguns tipos de fadiga. Muitos mecanismos podem levar a esse defeito, e mais estudos são necessários.
> O SNC desempenha algum papel na maioria dos tipos de fadiga, talvez limitando o desempenho do exercício como um mecanismo de proteção. Em geral, a fadiga percebida precede a fadiga fisiológica, e atletas que se sentem exauridos podem frequentemente ser encorajados a prosseguir por meio de vários incentivos que estimulam o SNC, como ouvir música e recorrer ao monólogo motivacional.

Potência crítica: a ligação entre gasto energético e fadiga

O atleta que puder manter um alto nível de intensidade do exercício por um período prolongado sem sofrer fadiga certamente será bem-sucedido. Os fisiologistas do exercício têm um nome para o elo entre desempenho ideal e fadiga: **potência crítica**. A potência crítica define a duração tolerável ao exercício praticado em alta intensidade. Em uma representação gráfica da relação entre a produção de potência (ou a intensidade do exercício, ou a velocidade) e o tempo máximo em que a intensidade pode ser mantida, a linha resultante é curvilínea, como mostra a Figura 5.13. Em produções de potência muito

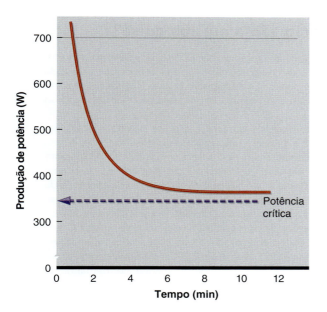

FIGURA 5.13 A relação entre produção de potência (em watts [W]) e o tempo pelo qual essa produção de potência pode ser mantida. A potência crítica é definida como a assímptota na relação, isto é, a produção máxima de potência que pode ser mantida sem que a fadiga limite a duração do desempenho.

alta, o exercício pode ser realizado apenas por breves períodos. Porém, à medida que a intensidade vai diminuindo progressivamente, o exercício pode ser realizado por períodos cada vez mais longos. Em algum momento, essa relação se estabiliza e alcança uma assímptota, o que define a potência crítica para a atividade considerada – a intensidade máxima que pode ser mantida sem que a fadiga limite o desempenho.

A potência crítica representa a mais elevada taxa metabólica que é mantida integralmente pelo metabolismo oxidativo. Nesse sentido, a potência crítica tem relação com o limiar de lactato (discutido anteriormente neste capítulo), mas ocorre em intensidades um pouco mais altas. Não é de surpreender que ocorra aumento da potência crítica com o treinamento de resistência ou com o treinamento intervalado de alta intensidade, e sua diminuição em pessoas idosas e em estados de doença crônica. A hipóxia, como a que ocorre na altitude (tópico discutido no Cap. 13), também reduz a potência crítica; por outro lado, a respiração de concentrações elevadas de oxigênio eleva esse parâmetro.

A potência crítica é uma medida útil na fisiologia do esporte e do exercício, por ter boa correlação com o desempenho na corrida, no remo, na natação e até mesmo nas atividades esportivas em equipe que se prolonguem desde alguns minutos até 2 horas.[28] Mas, embora teoricamente seja possível continuar indefinidamente o exercício ao nível ou abaixo da potência crítica, na verdade o exercício na potência crítica não pode ser mantido além de aproximadamente meia hora. Diante da grande expectativa da quebra da barreira de 2 horas na maratona, o conceito de potência crítica determinaria que um corredor teria de manter uma velocidade crítica de apenas 21,1 km/h; no entanto, tem-se comprovado que é praticamente impossível manter esse ritmo em tão alta intensidade ao longo de 2 h.[28*]

Dor muscular e cãibras

Em geral, a dor muscular resulta do exercício exaustivo ou em intensidade muito alta. Isso ocorre particularmente quando o indivíduo faz um exercício específico pela primeira vez. Embora a dor muscular possa ser sentida a qualquer momento, em geral há um período de leve dor muscular que pode ser percebida durante e imediatamente após o exercício e, em seguida, uma dor muscular mais intensa, sentida um ou dois dias mais tarde.

Dor muscular aguda

A dor sentida durante e imediatamente após o exercício é classificada como distensão muscular, sendo percebida como um enrijecimento, sensação de dolorido ou sensibilidade muscular. Esse tipo de dor pode ser resultante do acúmulo dos produtos finais do exercício, como o H^+, e também do edema tecidual que é causado pelo desvio de líquido do plasma sanguíneo para os tecidos. O edema é a causa do inchaço muscular agudo percebido pelo indivíduo depois de um treinamento intenso de resistência ou de força. Normalmente, a dor e a sensibilidade desaparecem dentro de algumas horas após o exercício. Assim, essa sensibilidade é frequentemente conhecida como **dor muscular aguda**.

Dor muscular de início tardio

Ainda não foram esclarecidas as causas precisas da dor muscular sentida um dia ou dois após a prática puxada do exercício. Tendo em vista que essa dor não ocorre imediatamente, ela é conhecida como **dor muscular de início tardio (DMIT)**. A dor muscular de início tardio pode variar, desde uma leve rigidez muscular até uma dor intensa e debilitante que limita os movimentos. Nas seções a seguir, serão discutidas algumas teorias que tentam explicar essa forma de dor muscular.

Praticamente todas as teorias propostas na atualidade reconhecem que a ação muscular excêntrica é o principal

---

[*] N. T.: Em 12 de outubro de 2019, o queniano Eliud Kipchoge entrou para a história do atletismo ao se tornar o primeiro atleta a bater a marca de duas horas na prova da maratona, com 1 hora, 59 minutos e 40 segundos. Esse resultado porém, não foi obtido em uma prova oficial.

PERSPECTIVA DE PESQUISA 5.3
Fadiga muscular e ineficiência no exercício são a mesma coisa?

Durante o exercício com envolvimento do corpo inteiro, a fadiga e a diminuição da eficiência (a relação entre a produção de energia mecânica ou trabalho externo realizado, e a produção de energia metabólica) são as principais causas de intolerância ao exercício e, em consequência, do término prematuro de uma sessão aguda de exercício. Os fisiologistas do exercício concordam que esses dois conceitos, fadiga e diminuição da eficiência, contribuem para a intolerância ao exercício, mas eles estão de alguma forma ligados?

Normalmente a diminuição da eficiência precede o término do exercício durante exercícios de alta intensidade. Ocorre um aumento do custo de oxigênio para o trabalho durante a constante produção de potência e do exercício incremental, acima do limiar de lactato. Esse fenômeno pode ser observado com mais clareza com o *drift* de $\dot{V}O_2$ durante o exercício em estado constante, em que o $\dot{V}O_2$ aumenta lentamente, apesar de uma produção de potência constante; esse aumento do custo de oxigênio para a mesma quantidade de trabalho é evidência da diminuição da eficiência da contração muscular. Dentro dessa mesma linha, durante o exercício incremental, o $\dot{V}O_2$ aumenta para níveis em excesso da necessidade prevista de produção de potência acima do limiar de lactato. De fato, durante o exercício incremental, ocorre redução da eficiência em aproximadamente 20% para produções de potência acima do limiar de lactato. Como consequência dessa ineficiência, o atleta atinge seu pico de $\dot{V}O_2$ com menor produção de potência, resultando em fadiga muscular e, finalmente, na impossibilidade de continuar. Resumindo, o declínio na eficiência do músculo esquelético durante a prática de exercícios de alta intensidade, acima do limiar de lactato, determina a maior demanda de oxigênio para produzir a mesma potência mecânica, o que é conhecido por ineficiência. Tendo em vista que a energia produzida pelo músculo é limitada, a taxa na qual essa ineficiência se desenvolve é um dos principais determinantes da fadiga e dos insucessos na tarefa.

Mas o que estará causando a ineficiência muscular em altas produções de potência? O fato de que a fadiga muscular durante o exercício com envolvimento de todo o corpo ocorre apenas em intensidades acima do limiar de lactato (em que a produção de ATP depende de contribuições da fosforilação ao nível de substrato) pode fornecer indícios – e os fatores que afetam a relação entre a ressíntese de ATP e o consumo de oxigênio pelas mitocôndrias na fibra muscular podem fornecer a resposta. Um estudo de 2014 que utilizou espectroscopia por ressonância magnética em combinação com troca gasosa pulmonar em seres humanos descobriu que a estreita relação entre produção de ATP e $\dot{V}O_2$, observada em exercícios praticados com intensidade moderada, desaparecia em intensidades de exercícios acima do limiar de lactato.[5] Esse achado sugere que a ineficiência muscular é decorrente de deficiências na produção e no *turnover* de ATP.

Como foi discutido neste capítulo, muitos mecanismos intracelulares foram objeto de estudo (p. ex., alterações na disponibilidade de oxigênio e substratos, deficiência funcional das ATPases, diminuição do pH, aumento da temperatura, alteração no funcionamento da bomba Na^+/K^+ e alterações nos padrões de recrutamento de unidades motoras), tendo sido demonstrado que contribuem para a diminuição da eficiência muscular e também para a fadiga muscular. Deficiências no *turnover* e na produção de ATP dificultam a homeostase celular da fibra muscular. Em tal cenário, a fadiga muscular pode ser um mecanismo de proteção que evita danos às fibras musculares. Certas alterações nos processos celulares do músculo durante o exercício aeróbio de alta intensidade fornecem um elo entre essa ineficiência e a fadiga muscular que, em última análise, acabam levando ao insucesso.[13] No entanto, ninguém conseguiu demonstrar clara relação de causa-efeito entre fadiga muscular e diminuição da eficiência. É muito importante que novas pesquisas sejam realizadas com o objetivo de determinar se fadiga e ineficiência são de fato a mesma coisa.

---

fator iniciador da DMIT. Isso ficou cabalmente demonstrado em vários estudos que examinaram as relações entre a dor muscular e ações excêntricas, concêntricas e estáticas. Indivíduos que treinam exclusivamente com ações excêntricas vivenciam extrema dor muscular, ao passo que aqueles que treinam apenas com o uso de ações estáticas e concêntricas sentem pouca dor. Essa noção foi explorada mais a fundo em estudos nos quais voluntários correram em uma esteira rolante durante 45 min em dois dias distintos: um dia em um plano nivelado e no outro dia em um plano com 10% de inclinação descendente.[26,27] Não foi observada qualquer associação entre dor muscular e a corrida no plano nivelado. Mas a corrida no plano descendente, que exigiu grande ação excêntrica, resultou em dor considerável dentro de 24-48 h, embora as concentrações sanguíneas de lactato – tidas anteriormente como responsáveis pela dor muscular – fossem muito mais altas no grupo que correu no plano nivelado.

Nas seções a seguir, serão examinadas algumas das explicações propostas para a DMIT induzida pelo exercício. Em geral, o caminho para a ocorrência da DMIT tem seu início com danos estruturais às fibras musculares (microtrauma) e aos tecidos conjuntivos circunjacentes. Esses danos são seguidos por um processo inflamatório que conduz ao edema, à medida que líquido e eletrólitos são desviados para a área afetada. Para piorar as coisas, podem ocorrer espasmos musculares, prolongando o problema e tornando mais intensa a dor.

Dano estrutural

A presença de concentrações aumentadas de várias enzimas musculares específicas no sangue em seguida a um exercício intenso sugere que pode ter ocorrido algum dano estrutural nas membranas musculares. Essas concentrações enzimáticas no sangue aumentam de 2-10 vezes após períodos de treinamento intenso. Estudos recentemente publicados falam em favor da ideia de que essas mudanças poderiam indicar graus variáveis de destruição do tecido muscular. O exame de tecido obtido de músculos da perna de maratonistas revelou dano notável às fibras musculares em seguida ao treinamento para a maratona e também à competição nessa prova. O surgimento e momento dessas alterações musculares acompanham o grau de dor muscular vivenciado pelos corredores.

A Figura 5.14 ilustra mudanças nos filamentos contráteis e nos discos Z antes e depois de uma corrida de maratona. Deve-se ter em mente que os discos Z são os pontos de contato para as proteínas contráteis. Essas estruturas proporcionam suporte estrutural para a transmissão de força, quando as fibras musculares são ativadas para o encurtamento. A Figura 5.14b, depois da maratona, ilustra o estreitamento moderado dos discos Z e uma importante ruptura dos filamentos grossos e finos em um grupo paralelo de sarcômeros, como resultado da força das ações excêntricas ou do estiramento das fibras musculares retesadas.

Embora os efeitos do dano muscular no desempenho ainda não tenham sido completamente esclarecidos, há concordância geral de que esse dano é responsável, em parte, pela dor muscular, sensibilidade e tumefação localizadas associadas à DMIT. No entanto, as concentrações enzimáticas no sangue podem aumentar e as fibras podem sofrer frequentes danos durante exercícios cotidianos que não causam dor muscular. Da mesma forma, deve-se ter em mente que o dano muscular parece ser um fator precipitante para a hipertrofia muscular.

Reação inflamatória

Os leucócitos funcionam como uma defesa contra corpos estranhos que penetram no corpo e contra condições que ameaçam o funcionamento normal dos tecidos. A contagem dos leucócitos tende a aumentar as atividades descritas a seguir, que induzem dor muscular, o que levou alguns pesquisadores a sugerir que a dor resulta de reações inflamatórias no músculo. Mas tem sido difícil estabelecer o elo entre essas reações e a dor muscular.

Nos primeiros estudos, os pesquisadores tentaram usar medicamentos com o objetivo de bloquear a reação inflamatória, mas esses esforços não obtiveram sucesso na redução do grau de dor muscular ou de inflamação. Esses primeiros resultados não falaram em favor de uma ligação entre mediadores inflamatórios simples e a DMIT. No entanto, estudos mais recentes começaram a estabelecer um elo entre a dor muscular e a inflamação. Atualmente, já foi reconhecido que substâncias liberadas pelo músculo lesionado podem funcionar como atrativos, iniciando o processo inflamatório. No músculo, as células mononucleadas são ativadas pela lesão, propiciando o sinal químico para as células inflamatórias circulantes. Os neutrófilos (um tipo de glóbulo branco) invadem o local lesionado e liberam citocinas (substâncias imulorreguladoras), que, em seguida, atraem e ativam outras células inflamatórias. Possivelmente, os neutrófilos também liberam radicais livres de oxigênio que podem lesionar as membranas celulares. A invasão dessas células inflamatórias também está associada à incidência da dor, supostamente causada pela liberação de substâncias pelas células inflamatórias, estimulando as terminações nervosas sensíveis à dor. Então os macrófagos (outro tipo de célula do sistema imune) invadem as fibras musculares danificadas, removendo restos por meio de um processo conhecido como fagocitose. Por último, ocorre uma segunda fase da invasão dos macrófagos, que está associada à regeneração muscular.

Sequência de eventos na DMIT

O consenso geral na comunidade científica é o de que apenas uma teoria ou hipótese isolada não pode explicar o mecanismo causador da DMIT. Diante disso, os pesquisadores propuseram uma sequência de eventos que podem explicar o fenômeno da DMIT:

1. Uma elevada tensão no sistema muscular contrátil-elástico resulta em dano estrutural ao músculo e à sua membrana celular. Essa ocorrência também se faz acompanhar por uma distensão excessiva incidente no tecido conjuntivo.

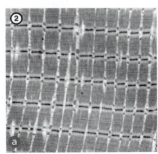 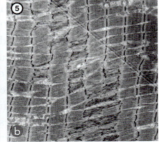

FIGURA 5.14 (a) Microfotografia eletrônica mostrando o arranjo normal dos filamentos de actina e miosina e a configuração dos discos Z no músculo de um atleta antes de uma maratona. (b) Amostra muscular coletada imediatamente após a maratona, mostrando moderado estreitamento dos discos Z e importante ruptura dos filamentos finos e grossos em um grupo paralelo de sarcômeros, o que foi provocado pelas ações excêntricas da corrida.

2. O dano à membrana celular perturba a homeostase do cálcio na fibra lesionada, inibindo a respiração celular. As elevadas concentrações de cálcio resultantes ativam enzimas que degradam as linhas Z.
3. Dentro de algumas horas, ocorre elevação significativa nos neutrófilos circulantes que participam na resposta inflamatória.
4. Os produtos da atividade dos macrófagos e o conteúdo intracelular (como a histamina, cininas e K+) se acumulam fora das células. Então, essas substâncias estimulam as terminações nervosas livres no músculo. Esse processo parece ficar acentuado com o exercício excêntrico, no qual grandes forças estão distribuídas ao longo de áreas de secção transversal do músculo relativamente pequenas.
5. Ocorre desvio de líquido e eletrólitos em direção à área, resultando em edema, que, por sua vez, causa inchaço e ativa os receptores da dor. Também podem ocorrer espasmos musculares.

DMIT e desempenho

A DMIT se faz acompanhar por uma redução da capacidade de geração de força dos músculos afetados. Não importa se a DMIT é resultante de lesão ao músculo ou do edema: os músculos afetados não se mostram capazes de exercer a mesma força, quando o indivíduo é solicitado a aplicar força máxima, por exemplo, no desempenho de um teste de uma repetição máxima de força. A capacidade de geração de força máxima retorna gradualmente ao longo de dias ou de semanas. A perda de força é o resultado

1. da ruptura física do músculo, como ilustra a Figura 5.14;
2. da falha no âmbito do processo de acoplamento excitação-contração; e
3. da perda de proteína contrátil.

Ao que parece, a falha no acoplamento excitação-contração é o fator mais importante, particularmente durante os cinco primeiros dias. Isso está ilustrado na Figura 5.15.

Diante de um dano no músculo, também ocorre comprometimento na ressíntese do glicogênio muscular. Em geral, a ressíntese permanece normal nas primeiras 6-12 h após o exercício, mas esse processo se torna mais lento ou fica completamente interrompido enquanto o músculo vai sendo reparado, o que limita a capacidade de armazenamento de combustível do músculo lesionado. A Figura 5.16 ilustra a sequência cronológica dos diversos marcadores de dano muscular associados à prática de um exercício excêntrico intenso dos músculos flexores do cotovelo, em comparação com o exercício concêntrico. Conforme mostra a figura, as alterações no funcionamento (CVM e amplitude de movimento), inchaço muscular (circunferência), dor e

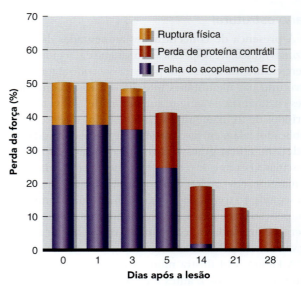

FIGURA 5.15 Estimativa das contribuições da falha do acoplamento excitação-contração (EC), diminuição do conteúdo de proteína contrátil e ruptura física implicando diminuição na força, em seguida a uma lesão muscular.

Reproduzido com permissão de G. Warren et al., "Excitation-contraction uncoupling: Major role in contraction-induced muscle injury," *Exercise and Sport Sciences Reviews* 29(2) (2001): 82-87.

indicadores moleculares de dano (atividade da creatina quinase e concentração de mioglobina) persistem por vários dias.

Minimização da DMIT

É importante que os efeitos negativos da DMIT sejam reduzidos, para que os ganhos do treinamento sejam maximizados. O componente excêntrico da ação muscular pode ser minimizado durante o início do treinamento, mas isso não será possível para os atletas na maioria dos esportes. Uma abordagem alternativa consiste em começar o treinamento com uma intensidade muito baixa, progredindo lentamente ao longo das primeiras semanas. Outra abordagem propõe que o atleta inicie seu programa de treinamento com grande intensidade e em nível exaustivo. A dor muscular seria maior durante os primeiros dias, mas algumas evidências sugerem que os períodos de treinamento subsequentes causariam uma dor muscular consideravelmente menor. Tendo em vista que os fatores associados à DMIT também são potencialmente importantes para a estimulação da hipertrofia muscular, é muito provável que haja necessidade da DMIT para que a resposta ao treinamento seja maximizada.

Estatinas e dor na musculatura esquelética

Os inibidores da 3-hidroxi-3-metilglutaril (HMG)-CoA redutase, ou estatinas, são os medicamentos mais comumente receitados para problemas cardiovasculares

Gasto energético, fadiga e dor muscular 155

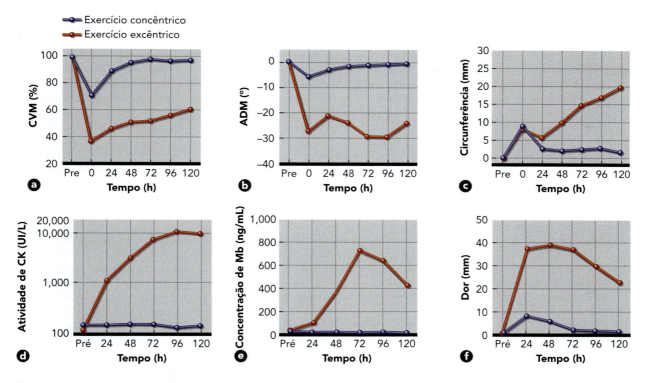

FIGURA 5.16 Respostas dos diversos marcadores fisiológicos do dano muscular após exercício excêntrico e concêntrico pelos flexores do cotovelo. As alterações persistem por vários dias, sendo (a) CVM e (b) amplitude de movimento (ADM), ambos indicadores de funcionamento muscular; (c) inchaço do músculo (circunferência); (d) creatina quinase (CK) e (e) concentração de mioglobina (Mb) plasmática, ambos indicadores moleculares de dano; e (f) dor.

Reproduzido com permissão de K. Nosaka, "Muscle soreness and damage and the repeated-bout effect," in *Skeletal muscle damage and repair*, editado por Peter Tiidus (Champaign, IL: Human Kinetics, 2008). Data from Lavender and Nosaka, "Changes in Steadiness of Isometric Force Following Eccentric and Concentric Exercise," *European Journal of Applied Physiology* 96 (2006): 235-240.

em todo o mundo. As estatinas são extremamente efetivas para a redução da concentração sérica do colesterol e minimização do risco de futuros eventos cardiovasculares. O efeito colateral mais comum associado ao consumo das estatinas é a dor muscular, relatada em até 25% dos pacientes.[23] Pode variar desde uma leve dor, inclusive acompanhada por cãibras e enfraquecimento, até uma condição com risco para a vida associada a uma grave destruição do tecido muscular, conhecida como rabdomiólise. Embora o mecanismo preciso pelo qual as estatinas contribuem para a dor e o dano musculares ainda não tenha sido devidamente esclarecido, esse processo foi ligado à produção excessiva de moléculas de oxigênio reativo pelas mitocôndrias e às mudanças na forma como as células musculares se livram das proteínas danificadas.

O uso das estatinas aumenta a concentração de creatina quinase em seguida a um exercício excêntrico, um marcador clínico de degradação da proteína muscular. No entanto, os pacientes que tomam estatinas podem sentir dor muscular sem nenhum aumento na creatina quinase; esse achado sugere que outros mecanismos podem estar causando a dor.[22] Embora os indivíduos treinados possam ser capazes de tolerar a dor durante um exercício vigoroso, em alguns indivíduos a dor muscular associada ao uso das estatinas pode limitar até as atividades físicas de lazer.[4] Além disso, estudos recentemente publicados sobre treinamento físico em indivíduos idosos sugerem que os usuários de estatinas não se adaptam inteiramente ao estímulo do treinamento.[17] Considerando que o exercício é uma terapia fundamental para o tratamento e a prevenção de doenças cardiovasculares, há necessidade de um aprofundamento muito maior, por meio de novos estudos, para que se possam compreender em sua inteireza os efeitos das estatinas na fisiologia do músculo esquelético e como podem ser otimizados os efeitos benéficos de ambas as terapias.

Em resumo

> A dor muscular aguda ocorre durante ou imediatamente após uma sessão de exercício.
> Em geral, a dor muscular de início tardio tem um pico cerca de um dia ou dois após a sessão de exercício. A ação muscular excêntrica parece ser o fator iniciador principal desse tipo de dor.

PERSPECTIVA DE PESQUISA 5.4
A dor muscular de início tardio pode ser diferente em homens e mulheres

A creatina quinase é a enzima que catalisa a troca de ligações fosfato de alta energia entre a fosfocreatina e o ADP para o fornecimento de ATP ao músculo em atividade durante o exercício. Quando essa enzima aparece no sangue pode estar sugerindo a ocorrência de distúrbios metabólicos e mecânicos na célula muscular. Nos homens, em seguida ao exercício excêntrico, a atividade da creatina quinase medida no sangue tem correlação com a dor muscular e com decrementos na força isométrica máxima. Em comparação com as mulheres, os homens exibem maior atividade da creatina quinase no sangue, o que pode ser decorrente das ações dos estrogênios circulantes nas mulheres. A resposta da creatina quinase ao exercício pode ser menor quando as mulheres são testadas durante períodos de maior concentração de estrogênio circulante (p. ex., a fase folicular tardia que antecede a ovulação), em comparação com períodos de baixos níveis circulantes do hormônio. Alguns estudos sobre diferenças sexuais na dor muscular relatada sugerem que as mulheres têm uma percepção diminuída da dor após a prática de exercícios excêntricos, em comparação com os homens; mas outros estudos não observaram diferenças. Curiosamente, a resposta da creatina quinase ao exercício está correlacionada com a dor muscular de início tardio (DMIT) em homens, mas não em mulheres. Ou seja, ainda se discute a existência, ou não, de diferenças entre homens e mulheres na resposta da creatina quinase ao exercício e na DMIT.

Um estudo recentemente realizado na África do Sul se propôs a determinar se a resposta da creatina quinase sérica e a percepção da DMIT após uma corrida em declive foram influenciadas pelo sexo do participante, e se as magnitudes dessas respostas dependiam das concentrações circulantes de estrogênio nas mulheres.[19] Nesse estudo, 21 voluntários sedentários (6 homens e 15 mulheres) realizaram uma corrida de 20 minutos em uma esteira regulada em declive no laboratório. Amostras de sangue foram coletadas antes do exercício, logo depois do exercício e, subsequentemente, 24, 48 e 72 h após o exercício. As amostras de sangue foram analisadas quanto à atividade da creatina quinase e às concentrações de estrogênio e progesterona nas mulheres. Os pesquisadores também avaliaram a DMIT nos mesmos pontos cronológicos, tendo solicitado aos voluntários que classificassem sua percepção de dor ao se erguerem de uma posição sentada, com uso de uma escala visual que variava desde "sem dor" até "a pior dor já sentida".

A resposta de pico de creatina quinase de 24 horas a essa corrida no plano em declive foi a mesma para homens e mulheres; no entanto, ocorreu restauração mais rápida da atividade da creatina quinase circulante até os valores anteriores à prática do exercício nas mulheres (48 horas após o exercício) do que nos homens (72 horas após o exercício). Nem o estrogênio nem a progesterona influenciaram a resposta da creatina quinase nas mulheres. Curiosamente, homens e mulheres ainda relataram dor muscular 72 horas após o exercício excêntrico, apesar da recuperação antecipada em 24 horas dos níveis de creatina quinase nas mulheres. Embora a sensação de dor muscular tenha sido prolongada naquelas mulheres que estavam na fase folicular do ciclo menstrual, os pesquisadores não foram capazes de determinar se os hormônios associados (estrogênio ou progesterona) foram responsáveis por esses achados.

Em resumo, o estudo concluiu que as respostas da creatina quinase e da DMIT à corrida em declive são afetadas pelo sexo. A creatina quinase se recupera mais rápido nas mulheres, independentemente das concentrações circulantes de hormônios reprodutivos, mas a recuperação da dor muscular tem correlação com as concentrações de creatina quinase apenas nos homens. Embora a resposta à DMIT nas mulheres possa ser afetada pela fase menstrual, não foi demonstrada uma ligação direta com os hormônios circulantes.

> - As causas propostas de DMIT incluem dano estrutural das células musculares e reações inflamatórias no interior dos músculos. A sequência proposta de eventos é: dano estrutural, deficiência na homeostase do cálcio, resposta inflamatória, aumento da atividade dos macrófagos e edema.
> - É provável que a diminuição da força muscular em presença da DMIT seja resultante da ruptura física do músculo, falha no processo de excitação-contração e perda de proteína contrátil.
> - A dor muscular pode ser minimizada com a redução das contrações excêntricas e com o uso de menor intensidade nessa prática no início do treinamento. No entanto, em última análise, a dor muscular pode ser uma parte importante na maximização da resposta ao treinamento de resistência.

Cãibras musculares induzidas pelo exercício

As cãibras que acometem a musculatura esquelética constituem um problema frustrante no esporte e na atividade física e ocorrem comumente, mesmo em atletas altamente treinados. Podem advir durante o pico da competição, imediatamente após, ou à noite, durante um sono profundo. As cãibras musculares são igualmente frustrantes para os cientistas, pois há inúmeras e desconhecidas causas desse problema e, além disso, pouco se sabe sobre o melhor tratamento e sobre as estratégias de prevenção. As cãibras musculares noturnas, sobretudo no músculo da panturrilha, são vivenciadas por 60% dos adultos. Esse tipo de cãibra provavelmente é causado pela fadiga muscular e pela disfunção nervosa, podendo ou não estar associado ao exercício. Desequilíbrios nos eletrólitos e na hidratação não parecem desempenhar qualquer papel importante.

As cãibras musculares associadas ao exercício (CMAE),
por outro lado, são definidas como contrações involuntárias, espasmódicas e dolorosas dos músculos esqueléticos que ocorrem durante o exercício, ou imediatamente após. Foram propostas duas teorias distintas na tentativa de explicar as causas das CMAE, denominadas *teoria do controle neuromuscular e teoria da depleção de eletrólitos*.[2]

A primeira teoria – do controle neuromuscular – propõe que as CMAE ocorrem quando algum aspecto do controle entre o neurônio motor e o próprio músculo fica alterado. A excitação do fuso muscular e a inibição do órgão tendinoso de Golgi ocorrem em músculos fatigados, o que tem como resultado uma atividade anormal dos neurônios motores-alfa e diminuição do *feedback* inibitório. Esse disparo anormal dos neurônios motores inicialmente se apresenta na forma de contrações musculares ou pré-fasciculações. Se a contração muscular tiver continuidade, ocorrerá uma CMAE.

Os fatores de risco associados a esse tipo de cãibra são: idade, histórico de ocorrência de cãibras e prática de exercício de duração e intensidade excessivas.

Várias linhas de evidência respaldam essa teoria:

1. Em geral, esse tipo de cãibra se localiza no músculo excessivamente trabalhado.
2. A falta de condicionamento, o treinamento inadequado e o esgotamento das reservas de energia muscular, que estão todos associados à fadiga muscular, podem resultar em CMAE.
3. A cãibra muscular pode ser induzida no laboratório por estimulação elétrica ou por contração muscular voluntária (sem alterações nos eletrólitos), o que sugere que seu mecanismo tem origem neuromuscular.
4. Frequentemente, o tratamento mais eficaz para aliviar cãibras é o alongamento dos músculos. O alongamento aumenta a tensão no músculo e no órgão tendinoso de Golgi, com inibição do neurônio motor-alfa.
5. A alteração das propriedades excitatórias do neurônio motor – por exemplo, pela ingestão de agonistas do canal do receptor de potencial transitório (TRP) – tem se revelado eficaz para atenuar as CMAE induzidas tanto por meio elétrico como voluntariamente.[7]

A segunda teoria, da depleção de eletrólitos, descreve melhor um tipo diferente de cãibra muscular associada ao exercício, frequentemente chamada de *cãibras de calor*, e que envolve, em muitos casos, déficits de eletrólitos. Caracteristicamente, esse tipo de cãibra muscular ocorre em atletas com grande produção de suor e com distúrbios eletrolíticos significativos, sobretudo de sódio e cloreto. Esse tipo de cãibra envolve grandes grupos musculares e, por vezes, é descrito como "travamento". Em geral, esse tipo de cãibra de esforço no calor envolve desde pequenas fasciculações musculares localizadas e visíveis até espasmos musculares graves e debilitantes. Com frequência as cãibras têm início nas pernas, mas podem se alastrar pelo corpo.

Considerando que quantidades significativas de sódio podem ser perdidas apenas juntamente com uma grande perda de líquido, em geral essa teoria está associada à ocorrência de desidratação. A desidratação progressiva e a depleção de eletrólitos fazem com que o líquido se desloque do compartimento intersticial para o compartimento intravascular. Isso contrai o compartimento do fluido extracelular, o que aumenta as concentrações de neurotransmissores circunjacentes e faz com que os terminais nervosos motores selecionados se tornem hiperexcitáveis, daí resultando uma descarga espontânea, iniciação de potenciais de ação nos músculos e, finalmente, CMAE.

Os proponentes dessa teoria adotaram os seguintes pontos:

1. Há séculos existem evidências casuais de que operários que trabalham em condições quentes e úmidas sofrem de cãibras.
2. Nesses trabalhadores, a ingestão de pequenos volumes de água com sal impedia ou aliviava as cãibras.
3. Aumentos na concentração de sódio no suor ("suor salgado") são evidentes nos atletas, especificamente nos praticantes de tênis e de futebol americano, que são mais propensos a cãibras.[9]

VÍDEO 5.1 Apresenta Mike Bergeron falando sobre os dois tipos de cãibras musculares e as melhores formas para a prevenção desse problema.

O tratamento da cãibra de calor envolve a imediata ingestão de uma solução com elevado teor de sal (3 g em 500 mL de uma bebida eletrolítica de sódio a cada 5-10 min) ou a aplicação intravenosa de líquido com sódio. Além dessas medidas, a massagem e a aplicação de gelo podem ajudar a acalmar os músculos afetados e a aliviar a dor. No caso de suspeita de desidratação e perda de eletrólitos, também deverão ser administrados líquidos contendo eletrólitos.

Como prevenção das CMAE, o atleta deve

- estar com bom condicionamento, para minimizar a probabilidade de fadiga muscular;
- fazer alongamentos periódicos dos grupos musculares com tendência para CMAE;
- manter o equilíbrio hídrico e eletrolítico e as reservas de carboidratos; e
- reduzir, se necessário, a intensidade e duração do exercício.

Em resumo

> As cãibras musculares associadas à fadiga estão relacionadas a uma atividade sustentada dos neurônios motores-alfa, em que ocorre aumento na atividade dos fusos musculares e diminuição na atividade do órgão tendinoso de Golgi.
> As cãibras musculares associadas ao exercício podem ser causadas pela alteração no controle neuromuscular e/ou por desequilíbrios de líquido ou eletrólitos.
> A cãibra associada ao calor, que ocorre caracteristicamente em atletas com sudorese excessiva, envolve a transferência de líquido do espaço intersticial para o espaço intravascular, o que resulta na hiperexcitação das junções neuromusculares.
> No tratamento das CMAE, algumas medidas que podem ser eficazes são: repouso, alongamento passivo, manutenção do músculo na posição alongada e restauração de líquidos e eletrólitos. Condicionamento, alongamento e nutrição apropriados são também estratégias preventivas possíveis.

EM SÍNTESE

Nos capítulos anteriores foi discutido como os músculos e o sistema nervoso funcionam em conjunto para produzir movimento. Neste capítulo, o foco esteve no gasto energético durante o exercício e na fadiga. A energia necessária para o corpo em repouso e durante o movimento foi considerada. Exploramos como a produção e a disponibilidade de energia podem limitar o desempenho e aprendemos, ainda, que as necessidades metabólicas variam consideravelmente. Discutimos os muitos fatores potenciais envolvidos na fadiga, tanto os resultantes da redução no fornecimento de energia como aqueles decorrentes do acúmulo de subprodutos do metabolismo, e ainda os associados aos sistemas nervosos periférico e central. Também introduzimos o conceito de potência crítica como ligação entre o consumo de energia e a fadiga. Finalmente, examinamos a dor muscular de início tardio e as cãibras musculares como fatores limitantes adicionais no exercício. No próximo capítulo, a atenção será voltada para o sistema cardiovascular e seu controle.

PALAVRAS-CHAVE

- cãibras musculares associadas ao exercício (CMAE)
- caloria (cal)
- calorimetria direta
- calorimetria indireta
- calorímetro
- consumo excessivo de oxigênio pós-exercício (EPOC)
- consumo máximo de oxigênio ($\dot{V}O_{2max}$)
- déficit de oxigênio
- dor muscular aguda
- dor muscular de início tardio (DMIT)
- *drift* do $\dot{V}O_{2max}$
- índice de troca respiratória (R)
- fadiga
- limiar de lactato
- pico de consumo de oxigênio ($\dot{V}O_{2pico}$)
- resistência cardiorrespiratória
- taxa metabólica basal (TMB)
- taxa metabólica em repouso (TMR)
- teoria do governador central
- transformação de Haldane

QUESTÕES PARA ESTUDO

1. Defina calorimetria direta e calorimetria indireta e descreva como esses conceitos são utilizados para medir o gasto energético.
2. O que é índice de troca respiratória (R)? Explique por que ele é utilizado para determinar as contribuições relativas do carboidrato e da gordura no gasto energético.
3. O que é taxa metabólica basal e taxa metabólica em repouso? Como se diferem?
4. O que é consumo máximo de oxigênio? Como é medido? Qual é sua relação com o desempenho esportivo?
5. Descreva dois marcadores possíveis da capacidade anaeróbia.
6. O que é limiar de lactato? Como é medido? Qual é sua relação com o desempenho esportivo?
7. O que é economia de esforço? Como é medida? Qual é sua relação com o desempenho esportivo?
8. Qual é a relação entre consumo de oxigênio e produção de energia?
9. Por que atletas com valores elevados de $\dot{V}O_{2max}$ apresentam melhor desempenho em eventos de resistência em comparação com atletas com valores mais baixos?
10. Por que o consumo de oxigênio é frequentemente expresso em mililitros de oxigênio por quilograma de peso corporal por minuto (mL · kg^{-1} · min^{-1})?
11. Descreva as possíveis causas de fadiga durante períodos de exercício que se prolongam por 15-30 s e por 2-4 h.
12. Discuta três mecanismos pelos quais o lactato pode ser usado como fonte de energia.
13. Defina potência crítica e explique sua utilidade na fisiologia do esporte. Qual é sua relação com o desempenho esportivo?
14. Qual é a base fisiológica para a dor muscular de início tardio?
15. Cite as duas teorias que foram propostas para explicar a base fisiológica para as cãibras musculares associadas ao exercício. Ofereça uma base de sustentação para cada uma delas.

PARTE II
Funções cardiovascular e respiratória

Na Parte I do livro, aprendemos como o músculo esquelético se contrai em resposta aos sinais neurais e como o corpo produz energia por meio do metabolismo a fim de fornecê-la para a realização de movimento. Também examinamos o controle hormonal do metabolismo e o balanço de líquidos e eletrólitos corporais e do consumo de calorias.

Por fim, observamos como o gasto energético é medido e investigamos as causas da fadiga, da dor muscular e das câimbras. A Parte II destacará as maneiras como os sistemas cardiovascular e respiratório fornecem oxigênio e combustível para os músculos ativos, como livram o corpo do dióxido de carbono e dos resíduos metabólicos e como esses sistemas respondem harmoniosamente ao exercício. No Capítulo 6, "Sistema cardiovascular e seu controle", serão analisados a estrutura e o funcionamento do sistema cardiovascular: coração, vasos sanguíneos e sangue. No Capítulo 7, "Sistema respiratório e sua regulação", examinamos a mecânica e a regulação da respiração, o processo de trocas gasosas nos pulmões e nos músculos e a forma como o oxigênio e o dióxido de carbono são transportados até os músculos e outros tecidos no sangue. Outro enfoque de estudo será a maneira como esse sistema regula o pH do corpo dentro dos limites de uma faixa muito estreita. Finalmente, no Capítulo 8, "Respostas cardiorrespiratórias ao exercício agudo", serão analisadas as mudanças cardiovasculares e respiratórias que ocorrem em resposta a uma sessão de exercício intensa.

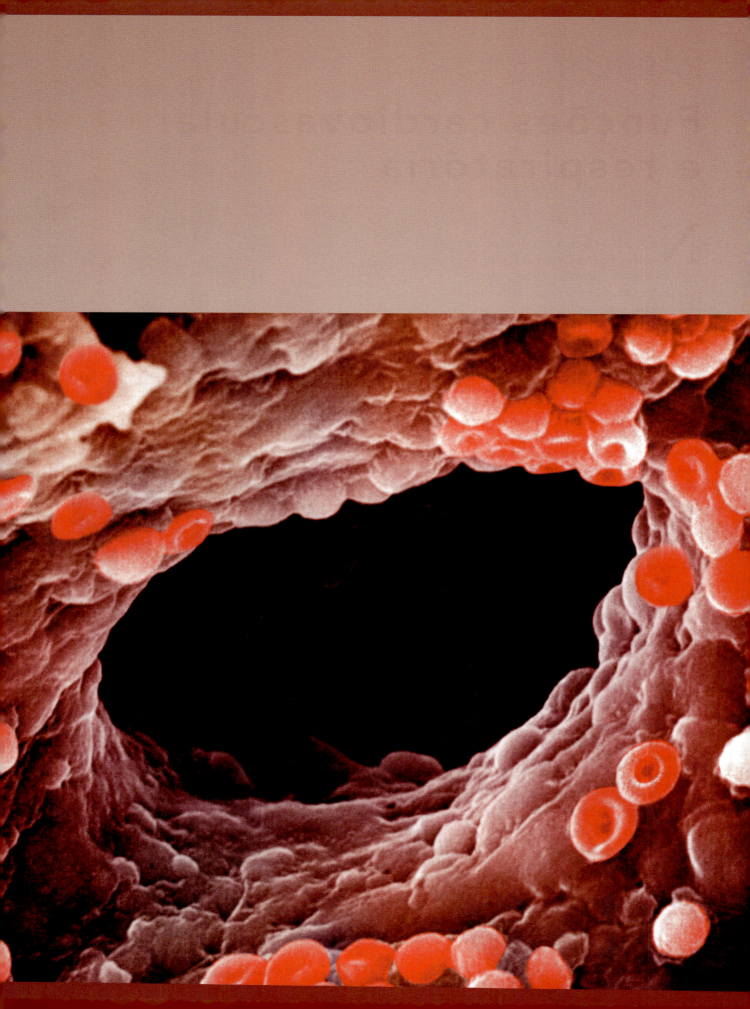

6 Sistema cardiovascular e seu controle

Coração 164

Fluxo sanguíneo através do coração — 164
Miocárdio — 165
Sistema de condução cardíaca — 167
Ciclo cardíaco — 172
Determinantes do débito cardíaco — 172

Sistema vascular 175

Pressão sanguínea — 177
Hemodinâmica geral — 177
Distribuição do sangue — 178

Sangue 184

Volume e composição sanguínea — 184
Eritrócitos — 185
Viscosidade do sangue — 185

Em síntese 187

ANIMAÇÃO PARA A FIGURA 6.1 Ilustra o curso do fluxo sanguíneo através do coração humano.

VÍDEO 6.1 Apresenta Ben Levine, que fala sobre a contração torsional do músculo cardíaco e seu papel no enchimento ventricular.

ANIMAÇÃO PARA A FIGURA 6.15 Mostra a ação da bomba muscular.

Rod Williams era um calouro de 17 anos no ensino médio, atacante do time de futebol americano. Em 22 de setembro de 2015, Williams desabou no campo de jogo com ausência de batimentos cardíacos e sem respirar. Apesar da ressuscitação cardiopulmonar e da hospitalização bem-sucedidas, o rapaz morreu duas semanas depois. Como acontece em muitas mortes trágicas e repentinas por parada cardíaca em atletas jovens, uma autópsia revelou que Williams sofria de um problema cardíaco preexistente e não detectado. Com efeito, a parada cardíaca súbita é a principal causa de morte em atletas do ensino médio, sendo resultante de anomalias cardíacas subjacentes que são expostas apenas durante uma atividade física intensa. A mais comum dessas anomalias é a miocardiopatia hipertrófica, uma doença genética do músculo cardíaco; mas há muitas outras causas, como a síndrome do QT longo, uma anormalidade elétrica. A maioria dos jovens que vivem com esses problemas não apresenta sintomas. Infelizmente, a manifestação inicial é uma parada cardíaca súbita. Embora um exame de triagem intensiva realizado rotineiramente pareça ser a resposta lógica, o tipo de triagem avançada que se faz necessária apresenta limitações financeiras significativas, pois, nos Estados Unidos, o tempo todo, bem mais de um milhão de jogadores de futebol americano do ensino médio estão em competição. Além disso, considerando o baixo índice dessas anormalidades na população jovem e saudável, a incidência de falsos positivos (ou seja, o exame revela um problema que não existe) e de falsos negativos (o exame mostra resultado normal, mas o problema realmente existe) limita o valor prognóstico de tais exames. Felizmente, em breve poderemos contar com instrumentos mais precisos e econômicos para fazer essa triagem.

O sistema cardiovascular desempenha diversas funções importantes no corpo e auxilia todos os outros sistemas fisiológicos. As principais funções cardiovasculares se enquadram em seis categorias:

- Distribuição de oxigênio e substratos energéticos.
- Remoção de dióxido de carbono e outros resíduos metabólicos.
- Transporte de hormônios e outras moléculas.
- Suporte da termorregulação e controle do equilíbrio hídrico do corpo.
- Manutenção do equilíbrio acidobásico, para ajudar no controle do pH do corpo.
- Regulação da função imune.

Embora essa seja apenas uma lista abreviada de funções, as funções cardiovasculares aqui listadas são importantes para que seja possível compreender as bases fisiológicas do exercício e do esporte. Naturalmente, esses papéis mudam e se tornam ainda mais essenciais diante dos desafios impostos pela prática do exercício.

Todas as funções fisiológicas e praticamente todas as células do corpo dependem de algum modo do sistema cardiovascular. Qualquer sistema de circulação depende de três componentes:

- Uma bomba (o coração).
- Um sistema de canais ou tubos (os vasos sanguíneos).
- Um meio fluido (o sangue).

Para que o sangue se mantenha em contínua circulação, o coração deve gerar pressão suficiente para impulsioná-lo através da rede contínua de vasos sanguíneos nesse sistema em alça fechada. Assim, o objetivo principal do sistema cardiovascular é garantir que haja um fluxo sanguíneo adequado por toda a circulação, para que sejam atendidas as demandas metabólicas dos tecidos. Primeiramente, estudaremos o coração.

Coração

Com o tamanho aproximado de uma mão fechada e localizado no centro da cavidade torácica, o coração é a principal bomba que faz que o sangue circule por todo o sistema cardiovascular. Como ilustrado na Figura 6.1, o coração possui dois átrios, que funcionam como câmaras receptoras, e dois ventrículos, que funcionam como unidades de bombeamento. O coração é circundado por um saco membranoso resistente denominado **pericárdio**. A delgada cavidade entre o pericárdio e o coração é ocupada pelo líquido pericárdico, cuja função principal é a redução da fricção entre o saco e o coração batendo.

Fluxo sanguíneo através do coração

Algumas vezes, considera-se que o coração seja constituído de duas bombas distintas, com o lado direito do órgão bombeando sangue desoxigenado para os pulmões e através da circulação pulmonar e o lado esquerdo bombeando sangue oxigenado para todos os demais tecidos do corpo por meio da circulação sistêmica. O sangue que percorreu todo o seu caminho pelo corpo, fornecendo oxigênio e nutrientes e recolhendo resíduos, retorna ao coração através das grandes veias – veia cava superior e veia cava inferior – até o átrio direito. Essa câmara recebe todo o sangue desoxigenado da circulação sistêmica.

Do átrio direito, o sangue atravessa a válvula tricúspide, entrando no ventrículo direito. Essa câmara bombeia o

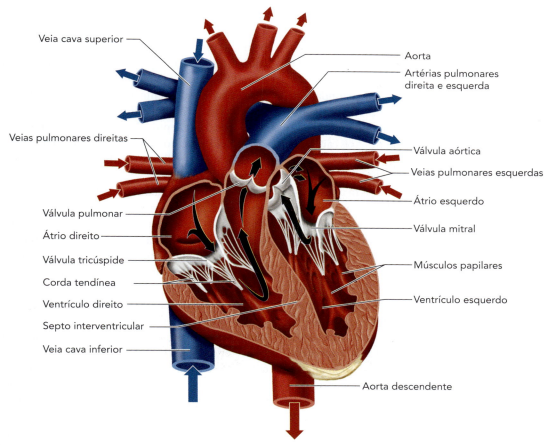

 FIGURA 6.1 Vista em secção transversal anterior (como se o indivíduo estivesse à sua frente) do coração humano.

sangue pela válvula pulmonar até a artéria pulmonar, que transporta o sangue para os pulmões. Assim, o lado direito do coração é conhecido como lado pulmonar, enviando o sangue que havia circulado pelo corpo até os pulmões, para reoxigenação.

Depois de receber um novo suprimento de oxigênio nos pulmões, o sangue é transportado de volta para o coração através das veias pulmonares. Todo o sangue recém-oxigenado proveniente dessas veias é recebido pelo átrio esquerdo, atravessando, em seguida, a válvula mitral e ingressando no ventrículo esquerdo. O sangue deixa essa câmara ao atravessar a válvula aórtica, ingressa na aorta e, finalmente, é distribuído para a circulação sistêmica. O lado esquerdo do coração é conhecido como lado sistêmico. Esse lado recebe o sangue oxigenado dos pulmões e, em seguida, libera-o para que irrigue todos os tecidos do corpo.

As quatro válvulas cardíacas previnem o fluxo retrógado de sangue, garantindo o fluxo unidirecional no coração. Essas válvulas maximizam a quantidade de sangue bombeada para fora do coração durante a contração. O **sopro cardíaco** é uma condição na qual sons anormais no coração são detectados com a ajuda de um estetoscópio. Esse som anormal pode indicar o fluxo turbulento de sangue através de uma válvula estreitada (estenose) ou o retorno (retrógrado) do fluxo em direção aos átrios através de um vazamento na válvula (prolapso). Quando as válvulas exibem vazamento em decorrência de doença, essa condição pode necessitar de reposição cirúrgica da válvula. Com o *prolapso da válvula mitral*, a válvula permite que o sangue flua de volta para o átrio esquerdo durante a contração ventricular. Essa desordem, relativamente comum em adultos (6-17% da população), em geral tem pouca implicação clínica, a menos que haja fluxo de retorno significativo.

Os sopros cardíacos leves são bastante comuns em crianças e adolescentes. Da mesma forma, a maioria dos sopros em atletas é benigna, não afetando nem o bombeamento cardíaco nem o desempenho do atleta. Apenas quando existem consequências funcionais, como perda de consciência e tontura, os sopros são causa de preocupação imediata.

Miocárdio

O músculo cardíaco é coletivamente chamado de **miocárdio**, ou músculo miocárdio. Sua espessura, nos diversos locais do coração, varia na dependência da pressão incidente em suas paredes. O ventrículo esquerdo é a bomba mais forte, pois precisa gerar pressão suficiente para o bombeamento do sangue por todo o corpo. Quando uma pessoa está sentada ou em pé, o ventrículo esquerdo precisa se contrair com força suficiente para superar o efeito da gravidade, que tende a fazer o sangue se acumular nos membros inferiores.

O ventrículo esquerdo precisa gerar uma quantidade de força considerável para bombear o sangue para a circulação sistêmica, e isso reflete em maior espessura de sua parede muscular em comparação com as demais câmaras cardíacas. Essa hipertrofia é o resultado das pressões incidentes no ventrículo esquerdo em repouso ou em condições normais de atividade moderada. Diante de um exercício mais vigoroso – particularmente de atividade aeróbia intensa, durante a qual a necessidade de sangue dos músculos ativos aumenta consideravelmente –, as demandas incidentes sobre o ventrículo esquerdo para o fornecimento de sangue aos músculos em exercício são muito maiores. Em resposta ao treinamento intenso – tanto o aeróbio como o de resistência –, o ventrículo esquerdo ficará hipertrofiado. Contrastando com essa adaptação positiva que ocorre como resultado do treinamento físico, o miocárdio também sofre hipertrofia em decorrência de várias doenças, como pressão arterial elevada ou valvulopatia cardíaca. Em resposta ao treinamento ou à doença, com o passar do tempo o ventrículo esquerdo se adapta, aumentando seu tamanho e sua capacidade de bombeamento, de modo análogo ao músculo esquelético em sua adaptação ao treinamento físico. Contudo, os mecanismos para adaptação e desempenho cardíaco diante de uma doença são diferentes daqueles observados com o treinamento aeróbio.

Embora tenha aspecto estriado, o miocárdio difere do músculo esquelético em diversos aspectos importantes. Em primeiro lugar, pelo fato de o miocárdio precisar se contrair como se fosse uma unidade singular, as fibras do músculo cardíaco estão anatomicamente interconectadas em suas extremidades por regiões de coloração escura chamadas de **discos intercalares**. Esses discos possuem desmossomos, estruturas que fixam as células umas às outras com firmeza para que elas não se separem durante a contração, e junções de hiato, que permitem uma rápida transmissão dos potenciais de ação que sinalizam a contração do coração como uma unidade. Em segundo lugar, as fibras do miocárdio são bastante homogêneas, o que contrasta com o mosaico de tipos de fibras presentes no músculo esquelético. O miocárdio é composto de apenas um tipo de fibra, que é semelhante às fibras de tipo I no músculo esquelético por serem intensamente oxidativas, bastante capilarizadas e com grande número de mitocôndrias.

Além dessas diferenças, o mecanismo de contração muscular difere entre o músculo esquelético e o miocárdio. A contração do miocárdio ocorre por meio da "liberação de cálcio induzida por cálcio" (Fig. 6.2). O potencial de ação propaga-se rapidamente ao longo do sarcolema do miocárdio de uma célula para outra por meio das junções de hiato e também para o interior da célula através dos túbulos T. Diante de uma estimulação, o cálcio penetra na célula pelo receptor de di-idropiridina presente nos túbulos T. Diferentemente do que ocorre no músculo esquelético, a quantidade de cálcio que ingressa na célula não basta para causar diretamente uma contração do miocárdio, mas funciona como um gatilho para outro tipo de receptor, denominado receptor de rianodina, para a liberação do cálcio pelo retículo sarcoplasmático. A Figura 6.3 resume algumas das semelhanças e diferenças entre os músculos cardíaco e esquelético.

O miocárdio, exatamente como o músculo esquelético, deve ter sua própria irrigação sanguínea para o fornecimento de oxigênio e nutrientes e remoção dos resíduos. Embora o sangue percorra cada câmara do coração, pouca nutrição provém do sangue dentro dessas câmaras. A principal irrigação sanguínea para o coração é proporcionada pelas artérias coronarianas, que têm origem na base da aorta e circundam a parte externa do miocárdio (Fig. 6.4). A artéria coronariana direita irriga o lado direito do coração, dividindo-se em dois ramos principais, a artéria marginal e a artéria interventricular posterior. A artéria coronariana esquerda, também conhecida como artéria coronariana principal esquerda, também se divide em dois ramos principais: a artéria circunflexa e a artéria descendente anterior. A artéria interventricular posterior e a artéria descendente anterior se fundem, ou fazem anastomose, na área posteroinferior do coração, do mesmo modo que a artéria circunflexa. O fluxo sanguíneo aumenta nas artérias coronárias quando o coração está realizando as contrações cardíacas (durante a diástole).

O mecanismo do fluxo sanguíneo para as artérias coronárias e através desses vasos é bastante diferente do fluxo sanguíneo para o restante do corpo. Durante a contração, quando o sangue é forçado para fora do ventrículo esquerdo sob alta pressão, ocorre a abertura forçada da valva da aorta. Quando essa valva está aberta, seus folhetos bloqueiam as entradas das artérias coronárias. À medida que a pressão na aorta vai diminuindo, a valva da aorta se fecha e o sangue pode, então, penetrar nas artérias coronárias. Tal configuração é garantia de que estas serão poupadas da elevadíssima pressão sanguínea criada pela contração do ventrículo esquerdo, o que protege esses vasos fundamentais de qualquer dano.

No entanto, essas artérias são bastante suscetíveis à ocorrência de **aterosclerose**, ou estreitamento, em decorrência do acúmulo de placa e inflamação, o que pode levar à doença coronariana, que será discutida mais detalhadamente no Capítulo 21. Algumas vezes também ocorrem anomalias (como encurtamentos, bloqueios ou direcionamentos defeituosos do fluxo) nas artérias coronarianas, e essas anomalias congênitas são uma causa comum de morte súbita em atletas.

Além de sua estrutura anatômica única, a capacidade de contração do miocárdio como unidade depende do início

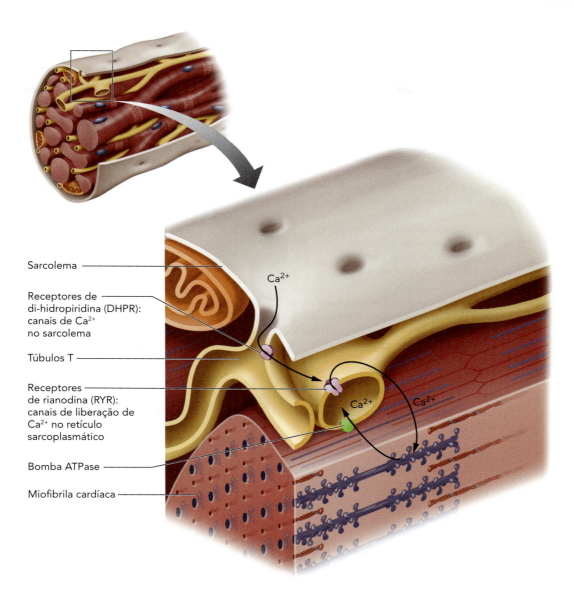

FIGURA 6.2 Mecanismo de contração em uma fibra do músculo cardíaco, denominado liberação de cálcio induzida por cálcio.

e da propagação de um sinal elétrico através do coração, o sistema de condução cardíaca.

Sistema de condução cardíaca

As células do miocárdio têm a capacidade singular de se despolarizar espontaneamente e de realizar a condução direcionada do sinal elétrico por todo o coração. A taxa de despolarização é determinada pela despolarização de um tipo singular de célula do miocárdio, localizado na parte superior do átrio direito, sendo também determinada por influências extrínsecas, inclusive o sistema nervoso autônomo e hormônios circulantes. As seções a seguir descrevem os mecanismos intrínsecos e extrínsecos que se combinam para determinar a frequência e o ritmo cardíacos em repouso e durante o exercício.

Controle intrínseco da atividade elétrica

O músculo cardíaco, por sua vez, tem a singular capacidade de gerar seu próprio sinal elétrico, o que é chamado de ritmicidade espontânea. Isso permite ao órgão contrair-se sem nenhum estímulo externo. A contração é rítmica, em parte por causa do pareamento anatômico das células do miocárdio por meio das junções de hiato. Sem estimulação nervosa ou hormonal, a frequência cardíaca intrínseca média é de cerca de 100 batimentos (contrações) por minuto. Essa frequência cardíaca de repouso de cerca de 100 bpm pode ser observada em pacientes submetidos a cirurgia de transplante de coração, porque seus corações transplantados não possuem inervação neural.

Embora todas as fibras do miocárdio tenham ritmicidade inerente, o coração tem uma série de células miocárdicas especializadas que funcionam para coordenar

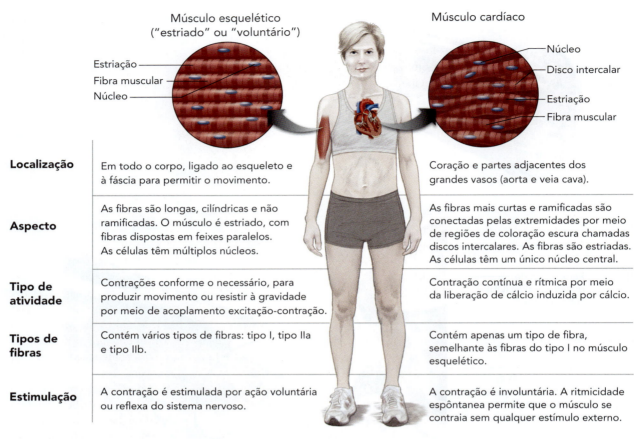

FIGURA 6.3   Características funcionais e estruturais dos músculos esquelético e cardíaco.

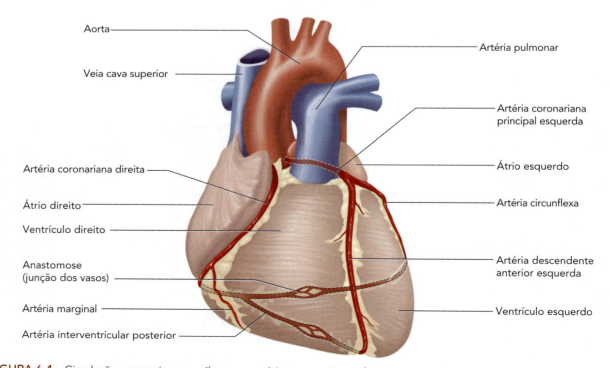

FIGURA 6.4   Circulação coronariana que ilustra as artérias coronarianas direita e esquerda e seus ramos principais.

a excitação e a contração cardíacas e para maximizar o bombeamento eficiente de sangue. São fibras especializadas do músculo cardíaco e não tecido nervoso, embora exerçam a função de gerar e transmitir um sinal. A Figura 6.5 ilustra os quatro componentes principais do sistema de condução cardíaca:

- nó sinoatrial (SA);
- nó atrioventricular (AV);
- feixe AV (feixe de His);
- fibras de Purkinje.

O impulso para a contração cardíaca normal tem início no **nó sinoatrial** (**SA**), um grupo de fibras especializadas localizadas na parede superoposterior do átrio direito. Essas células especializadas se despolarizam espontaneamente em uma frequência maior que a das demais células do miocárdio por serem especialmente permeáveis ao sódio. Uma vez que esse tecido gera o mais rápido impulso elétrico intrínseco, em geral com uma frequência de cerca de 100 bpm, o nó SA é conhecido como o marca-passo do coração, e o ritmo estabelecido por essa estrutura é chamado de *ritmo sinusal*. O impulso elétrico gerado pelo nó SA se propaga por ambos os átrios e atinge o **nó atrioventricular** (**AV**), localizado na parede atrial direita, nas proximidades da região central do coração. Com a propagação do impulso pelos átrios, o miocárdio atrial é sinalizado para que a contração ocorra.

O nó AV conduz o impulso elétrico desde os átrios até os ventrículos. O impulso sofre um atraso de cerca de 0,13 s ao atravessar o nó AV, entrando em seguida no feixe AV. Esse retardo é importante, pois permite que o sangue atrial desemboque completamente nos ventrículos a fim de maximizar o enchimento ventricular antes que o ventrículo se contraia. Embora a maior parte do sangue se movimente passivamente dos átrios até os ventrículos, a contração ativa dos átrios (chamada por alguns de "*kick atrial*") completa o processo. O feixe AV avança ao longo do septo ventricular e, em seguida, envia os ramos direito e esquerdo do feixe para os dois ventrículos respectivos. Esses ramos transmitem o impulso na direção do ápice do coração e, em seguida, para o exterior do órgão. Cada ramo do feixe se subdivide em muitos ramos menores que se alastram por toda a parede ventricular. Esses ramos terminais do feixe AV são as fibras de Purkinje, que transmitem o impulso através dos ventrículos cerca de seis vezes mais rápido que pelo restante do sistema de condução cardíaca. Essa condução rápida permite que todas as partes do ventrículo contraiam-se praticamente ao mesmo tempo.

Ocasionalmente, problemas crônicos se desenvolvem no sistema de condução cardíaca, comprometendo sua capacidade de manter um ritmo sinusal apropriado no coração. Nesses casos, um marca-passo artificial pode ser instalado cirurgicamente. Esse pequeno estimulador elétrico movido a bateria, geralmente implantado embaixo da pele, possui pequenos eletrodos conectados ao ventrículo

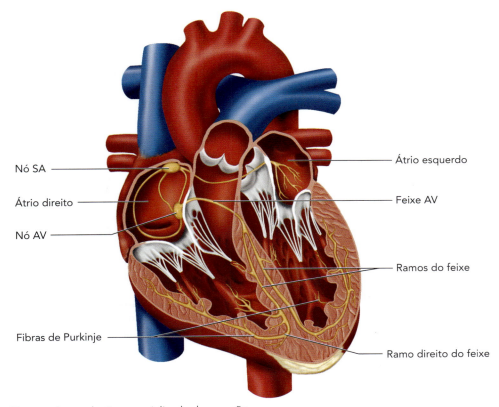

FIGURA 6.5 Sistema de condução especializada do coração.

direito. Por exemplo, em uma condição chamada de *bloqueio AV*, o nó SA cria um impulso, mas este é bloqueado no nó AV e não atinge os ventrículos, resultando no controle da frequência cardíaca pela frequência de disparos intrínsecos das células com marca-passo nos ventrículos (próxima a 40 bpm). O marca-passo artificial assume o papel do nó AV incapacitado, fornecendo o impulso necessário e, assim, controlando a contração ventricular.

Controle extrínseco da frequência cardíaca e do ritmo

Embora o coração inicie seus próprios impulsos elétricos (controle intrínseco), tanto sua frequência como sua força de contração podem ser alteradas. Em condições normais, essas mudanças são efetuadas basicamente por meio de três sistemas extrínsecos:

- Sistema nervoso parassimpático.
- Sistema nervoso simpático.
- Sistema endócrino (hormônios).

Embora os efeitos desses sistemas sejam resumidos nesta seção, esses tópicos foram discutidos com mais detalhes nos Capítulos 3 e 4.

O sistema parassimpático, um ramo do sistema nervoso autônomo, tem origem central em uma região do tronco encefálico denominada bulbo (medula oblonga), chegando ao coração pelo nervo vago (nervo craniano X), que transmite impulsos até os nós SA e AV e, quando estimulado, libera acetilcolina, que causa a hiperpolarização das células de condução. Os resultados são uma despolarização espontânea mais lenta e a diminuição da frequência cardíaca. Em repouso, a atividade do sistema parassimpático predomina, em um estado conhecido como "tônus vagal". Lembre-se de que, na ausência do tônus vagal, a frequência cardíaca intrínseca seria de cerca de 100 bpm, mas a frequência cardíaca em repouso normal nos adultos é, geralmente, de 60-80 bpm. O nervo vago tem efeito depressivo no coração: sua inervação retarda a geração e a condução do impulso, diminuindo assim a frequência cardíaca. A máxima estimulação vagal pode baixar a frequência cardíaca para até 20 bpm. O nervo vago também diminui a força da contração do miocárdio.

O sistema nervoso simpático, o outro ramo do sistema nervoso autônomo, tem efeitos opostos. A estimulação simpática aumenta a frequência da despolarização do nó SA e a velocidade de condução e, portanto, a frequência cardíaca. A máxima estimulação simpática permite que a frequência cardíaca se eleve a até 250 bpm. A estimulação simpática também aumenta a força da contração dos ventrículos. O controle simpático predomina durante ocasiões de tensão física ou de estresse emocional, quando a frequência cardíaca é superior a 100 bpm. O sistema parassimpático predomina quando a frequência cardíaca está abaixo de 100 bpm. Assim, ao ser iniciado o exercício, ou se o exercício está sendo executado em baixa intensidade, a frequência cardíaca se eleva primeiramente por causa da supressão do tônus vagal, com aumentos subsequentes por causa da ativação simpática, conforme ilustra a Figura 6.6.

A terceira influência extrínseca, o sistema endócrino, exerce seu efeito com o auxílio de dois hormônios liberados pela medula suprarrenal: a noradrenalina e a adrenalina (ver Cap. 4). Esses hormônios são também conhecidos como catecolaminas. Como a noradrenalina liberada como neurotransmissor no sistema nervoso simpático, a noradrenalina e a adrenalina circulantes estimulam o coração, aumentando sua frequência e contratilidade. Na verdade, a liberação desses hormônios pela medula suprarrenal é deflagrada pela estimulação simpática durante momentos de estresse, e suas ações prolongam a resposta simpática.

Em geral, a frequência cardíaca de repouso (FCR) normal varia entre 60-100 bpm. Em caso de períodos prolongados de treinamento de resistência (de meses a anos), a FCR pode diminuir para 35 bpm ou menos. Já se observou uma FCR de 28 bpm em um corredor fundista de elite. Embora seja amplamente aceito que essas FCR mais baixas, induzidas pelo treinamento são basicamente resultantes de um aumento da estimulação parassimpática (tônus vagal), na realidade os mecanismos responsáveis por essa bradicardia sinusal induzida pelo treinamento ainda permanecem sendo um campo para intensa discussão (ver *Perspectiva de pesquisa 6.1*).

Eletrocardiograma

A atividade elétrica do coração pode ser registrada para a monitoração das alterações cardíacas ou para o diagnóstico de possíveis problemas cardíacos. Por conterem eletrólitos, os líquidos corporais são bons condutores de eletricidade. Os impulsos elétricos gerados no coração são

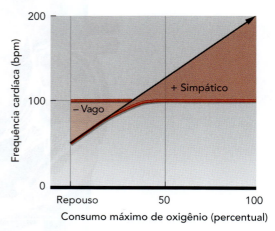

FIGURA 6.6 Contribuição relativa dos sistemas nervosos simpático e parassimpático para a elevação na frequência cardíaca desde o repouso até um exercício de intensidade crescente.
Adaptado de Rowell, 1993.

conduzidos através dos líquidos corporais até a pele, onde podem ser amplificados, detectados e impressos por um aparelho denominado **eletrocardiógrafo**. Essa impressão é denominada **eletrocardiograma**, ou **ECG**. O ECG de rotina é registrado com 10 eletrodos aplicados em locais anatômicos específicos. Esses 10 eletrodos correspondem a 12 derivações, que representam perspectivas diferentes do coração. Três componentes básicos do ECG representam aspectos importantes da função cardíaca (Fig. 6.7):

- Onda P.
- Complexo QRS.
- Onda T.

A onda P representa despolarização atrial e ocorre quando o impulso elétrico se desloca desde o nó SA, através dos átrios e até o nó AV. O complexo QRS representa a despolarização ventricular e ocorre quando o impulso se propaga desde o feixe AV para as **fibras de Purkinje** e através dos ventrículos. A onda T representa a repolarização ventricular. A repolarização atrial não pode ser observada, porque ocorre durante a despolarização ventricular (complexo QRS).

É importante ter em mente que o ECG mede apenas a atividade elétrica do coração, não proporcionando qualquer informação sobre sua função como bomba. Com frequência o ECG é obtido em repouso e, novamente, durante o exercício, como prova diagnóstica clínica da função cardíaca. Com o aumento da intensidade do exercício, o coração precisa bater com maior rapidez e trabalhar mais para acompanhar a crescente demanda de sangue dos músculos ativos. Certas indicações de doença arterial coronariana, não evidentes em repouso, podem se revelar no ECG quando a tensão no coração aumenta.

Em resumo

> Os átrios servem primariamente como câmaras que recebem sangue das veias. Os ventrículos são bombas primárias que ejetam sangue do coração.
> Tendo em vista que o ventrículo esquerdo precisa produzir mais força que as demais câmaras a fim de bombear o sangue para toda a circulação sistêmica, o miocárdio de sua parede é mais espesso.
> O tecido cardíaco é capaz de manter a ritmicidade espontânea, contando com seu próprio sistema de condução especializado, formado por fibras miocárdicas que realizam funções especializadas.
> Considerando que ele possui a taxa mais rápida de despolarização inerente, normalmente o nó SA é o marca-passo do coração.
> A frequência cardíaca e a força de contração do coração podem ser alteradas pelo sistema nervoso autônomo (simpático e parassimpático) e pelo sistema endócrino por meio das catecolaminas circulantes (adrenalina e noradrenalina).
> Com frequência, o eletrocardiograma é obtido durante o exercício, como prova diagnóstica clínica da função cardíaca. Certas indicações de doença arterial coronariana, não evidentes em repouso, podem se revelar no ECG quando a tensão no coração aumenta.
> O ECG não dá informações sobre a capacidade de bombeamento do coração – apenas sobre sua atividade elétrica.

Arritmias cardíacas

Ocasionalmente, distúrbios na sequência normal dos eventos cardíacos podem levar a um ritmo cardíaco irregular, conhecido como arritmia. Esses distúrbios variam

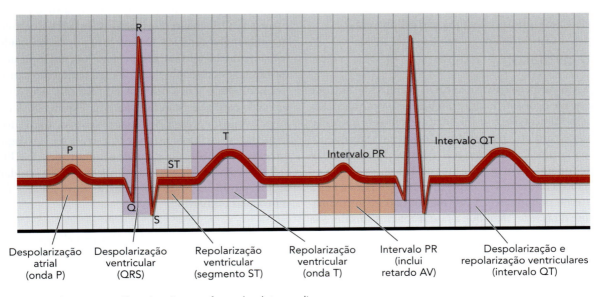

FIGURA 6.7 Ilustração gráfica das diversas fases do eletrocardiograma em repouso.

em termos de gravidade. Bradicardia e taquicardia são dois tipos de arritmias. A **bradicardia** é definida como uma FCR inferior a 60 bpm, enquanto a **taquicardia** é definida como uma frequência em repouso superior a 100 bpm. No caso dessas arritmias, o ritmo sinusal está normal, mas a frequência está alterada. Em casos extremos, a ocorrência de bradicardia ou taquicardia pode afetar a manutenção da pressão arterial. Os sintomas desses dois tipos de arritmias são: fadiga, tontura, vertigem e desmaio. Em alguns casos, a taquicardia pode ser percebida na forma de palpitações ou de pulso acelerado. Curiosamente, atletas fundistas altamente treinados apresentam FCR baixas, uma adaptação vantajosa. Essas adaptações não devem ser confundidas com as causas patológicas da bradicardia ou taquicardia, nem se deve confundir a elevação da frequência cardíaca durante a prática do exercício com uma taquicardia indicativa de doença ou disfunção subjacente.

Também podem ocorrer outras arritmias. Por exemplo, as **contrações ventriculares prematuras** (**CVP**), que resultam na sensação de batimentos saltados ou extras, são relativamente comuns e decorrem de impulsos provenientes de fora do nó SA. O *flutter* atrial, em que os átrios se despolarizam em frequências de 200 a 400 bpm, e a fibrilação atrial, em que os átrios se despolarizam de maneira rápida e descoordenada, são arritmias mais graves, capazes de causar problemas de enchimento ventricular. A **taquicardia ventricular**, definida como três ou mais CVP consecutivas, é uma arritmia muito grave que compromete a capacidade de bombeamento do coração e pode levar à **fibrilação ventricular**, em que a despolarização do tecido ventricular torna-se aleatória e descoordenada. Quando isso ocorre, o coração se torna extremamente ineficaz, o que resulta em pouco ou nenhum bombeamento de sangue para fora do coração. Nessas condições, é preciso que seja utilizado um desfibrilador em minutos para fazer que o coração, ao receber o choque, retorne ao ritmo sinusal normal. Caso contrário, a vítima não sobreviverá.

Ciclo cardíaco

O **ciclo cardíaco** envolve todos os eventos mecânicos e elétricos que ocorrem durante um batimento cardíaco. Em termos mecânicos, ele consiste em um evento em que todas as câmaras cardíacas passam por uma fase de relaxamento (diástole) e uma fase de contração (sístole). Durante a diástole, as câmaras se enchem de sangue. Durante a sístole, os ventrículos contraem-se e expelem o sangue para a aorta e as artérias pulmonares. A fase diastólica dura aproximadamente duas vezes mais que a fase sistólica. Considere-se um indivíduo com frequência cardíaca de 74 bpm. Nessa frequência cardíaca, o ciclo cardíaco inteiro leva 0,81 s para se completar (60 s ÷ 74 batimentos). Do ciclo cardíaco total nessa frequência, a diástole é responsável por 0,50 s, ou 62% do ciclo, e a sístole, por 0,31 s, ou 38%. Com o aumento da frequência cardíaca, esses intervalos de tempo são proporcionalmente abreviados.

Observe o ECG normal na Figura 6.7. Um ciclo cardíaco abrange o tempo transcorrido entre uma sístole e a sístole seguinte. A contração ventricular (sístole) inicia-se durante o complexo QRS e termina na onda T. O relaxamento ventricular (diástole) ocorre durante a onda T e continua até a próxima contração. Embora o coração esteja em trabalho contínuo, ele gasta um tempo ligeiramente maior na diástole (~2/3 do ciclo cardíaco) em comparação com a sístole (~1/3 do ciclo cardíaco).

A pressão no interior das câmaras cardíacas eleva-se e cai durante cada ciclo cardíaco. Quando os átrios estão relaxados, o sangue da circulação venosa os preenche. Cerca de 70% do sangue que enche os átrios durante esse período fluem passivamente através das válvulas mitral e tricúspide para o interior dos ventrículos. Quando os átrios contraem, compelem os 30% restantes de seu volume para os ventrículos.

Durante a diástole ventricular, a pressão interna dos ventrículos é baixa, permitindo que eles se encham passivamente com o sangue. Com a contração atrial fornecendo o volume sanguíneo final para o enchimento, a pressão interna dos ventrículos aumenta ligeiramente. Com a contração dos ventrículos, sua pressão interna aumenta abruptamente. Esse aumento na pressão ventricular força o fechamento das válvulas atrioventriculares (i. e., válvulas tricúspide e mitral), impedindo qualquer refluxo de sangue dos ventrículos para os átrios. O fechamento das válvulas atrioventriculares resulta na primeira bulha cardíaca. Além disso, quando a pressão ventricular excede a pressão da artéria pulmonar e da aorta, ocorre a abertura das válvulas pulmonar e aórtica, permitindo que o sangue flua para as circulações pulmonar e sistêmica, respectivamente. Em seguida à contração ventricular, a pressão interna dos ventrículos cai, ocorrendo o fechamento das válvulas pulmonar e aórtica. O fechamento dessas válvulas corresponde à segunda bulha cardíaca. Os dois sons juntos, resultado do fechamento das válvulas, resultam no "*lub, dub*" tipicamente ouvido no estetoscópio durante cada batimento cardíaco.

As interações dos diversos eventos que ocorrem em um ciclo cardíaco estão ilustradas na Figura 6.8. A figura mostra um diagrama de Wiggers, assim batizado em homenagem ao fisiologista que o desenvolveu. O diagrama integra informações dos sinais de condução elétrica (ECG), bulhas cardíacas oriundas das válvulas cardíacas, mudanças de pressão no interior das câmaras cardíacas e volume ventricular esquerdo.

Determinantes do débito cardíaco

A principal função do coração é atuar como uma bomba. O volume de sangue bombeado pelo coração a cada minuto direciona o fluxo sanguíneo para os tecidos

Perspectiva de pesquisa 6.1

A discussão em torno das reduções na frequência cardíaca induzidas pelo treinamento físico

Já ficou devidamente estabelecido que o treinamento com exercício de resistência diminui a frequência cardíaca em repouso. A bradicardia sinusal (uma frequência cardíaca lenta, mas normal) é evidente em atletas de resistência, cujas frequências cardíacas em repouso podem equivaler à metade das de indivíduos sedentários semelhantes e na mesma faixa etária. No entanto, apesar de pesquisas substanciais, os mecanismos responsáveis por essa redução da frequência cardíaca em repouso induzida pelo treinamento continuam sendo campo de intensa discussão.[1,2]

Foram propostas duas hipóteses principais para explicar a diminuição da frequência cardíaca induzida pelo treinamento físico. A primeira delas, denominada hipótese neural autônoma, postula que esse efeito (a diminuição da frequência cardíaca) é resultante de um desvio no equilíbrio neural autônomo (influências simpáticas *versus* parassimpáticas) no sentido da maior atividade parassimpática. A segunda, conhecida como hipótese da taxa intrínseca, sugere que alterações na frequência intrínseca do marca-passo cardíaco (i. e., a taxa de despolarização espontânea das células do nó sinoatrial [SA]) governam as reduções na frequência cardíaca em seguida ao treinamento.

As evidências apresentadas em favor da hipótese neural autônoma são derivadas em grande parte da avaliação indireta da regulação autônoma cardíaca, a partir de alterações na variabilidade da frequência cardíaca ou de intervenções farmacológicas sistêmicas que não eram seletivas quanto à função cardíaca. Para que essa hipótese seja correta, a eliminação cirúrgica seletiva da inervação autônoma cardíaca deve impedir a ocorrência de diminuição na frequência cardíaca em repouso após o treinamento físico. Isso foi demonstrado em um modelo experimental canino, bem como em seres humanos (pacientes cardíacos transplantados). Ou seja, a eliminação cirúrgica de toda a inervação cardíaca impediu por completo a bradicardia induzida pelo treinamento físico. Esses dados apoiam diretamente a hipótese neural autônoma, por demonstrarem que há necessidade de uma inervação autônoma intacta (especificamente parassimpática) do coração para que a prática do treinamento físico resulte em diminuição da frequência cardíaca em repouso.

Por outro lado, dados igualmente convincentes foram apresentados em apoio à hipótese da taxa intrínseca. Segundo essa hipótese alternativa, a bradicardia resultante do treinamento decorre não do aumento do tônus vagal, mas de uma remodelação elétrica do próprio nó SA. Em respaldo a essa hipótese, roedores treinados com exercícios exibem sub-regulação dos canais iônicos cardíacos, com alteração direta da função do nó SA, que é o marca-passo cardíaco. Ademais, a prevenção da sub-regulação dos canais iônicos aboliu a diferença na frequência cardíaca entre animais treinados e não treinados. Ao serem considerados coletivamente, esses dados respaldam o conceito de que alterações na função do nó SA medeiam as diminuições na frequência cardíaca induzidas pelo treinamento físico.

Independentemente de se demonstrar qual está correta, se a hipótese neural autônoma, a hipótese da taxa intrínseca ou uma síntese das duas, a discussão em curso enfatiza a importância fundamental do método científico para que se possa chegar a essas conclusões. Ou seja, os experimentos devem ser conduzidos com o objetivo de testar uma hipótese específica e devem ser bem controlados e adequadamente acionados para que os resultados promovam um avanço na discussão e resultem em novas descobertas científicas.

---

vivos e, no caso do músculo em atividade, é um determinante fundamental do desempenho do exercício físico.

Volume sistólico

Durante a sístole, a maior parte do (mas não todo o) sangue que ocupa os ventrículos é ejetada. Esse volume de sangue bombeado em um batimento (contração) é o **volume sistólico** (**VS**) do coração. O conceito está ilustrado na Figura 6.9a. Para que seja possível compreender o que é VS, considere-se a quantidade de sangue no ventrículo antes e depois da contração. Ao final da diástole, imediatamente antes da contração, o ventrículo completou seu enchimento. O volume de sangue contido agora pelo ventrículo é denominado **volume diastólico final** (**VDF**). Em um adulto normal e saudável em repouso, esse valor corresponde a cerca de 100 mL. Ao final da sístole, imediatamente depois da contração, o ventrículo completou sua fase de ejeção, mas nem todo o sangue foi bombeado para fora do coração. O volume de sangue que permaneceu no ventrículo é denominado **volume sistólico final** (**VSF**) e, em condições de repouso, equivale a aproximadamente 40 mL. O volume sistólico é o volume de sangue que foi ejetado, sendo somente a diferença entre o volume do ventrículo preenchido e o volume remanescente no ventrículo depois da contração. Assim, SV é, de forma simples, a diferença entre VDF e VSF, ou VS = VDF − VSF (p. ex.: VS = 100 mL − 40 mL = 60 mL).

Fração de ejeção

A fração do sangue bombeado para fora do ventrículo esquerdo em relação ao volume de sangue que estava no ventrículo antes da contração é denominada **fração de ejeção** (**FE**). Conforme se observa na Figura 6.9b, esse valor é determinado pela divisão de VS pelo VDF (60 mL/100 mL = 60%). Em média, a FE (geralmente expressa em porcentagem) equivale a 60% em repouso em um adulto jovem saudável e ativo. Assim, no final da diástole, ocorre a ejeção de 60% do sangue presente no ventrículo com

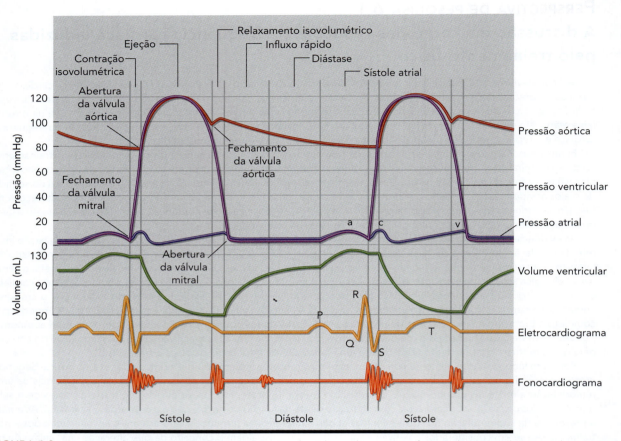

FIGURA 6.8 Diagrama de Wiggers, que ilustra os eventos do ciclo cardíaco para a função do ventrículo esquerdo. Integradas a esse diagrama estão as mudanças de pressão no átrio e no ventrículo esquerdos, a pressão aórtica, o volume ventricular, a atividade elétrica (eletrocardiograma) e as bulhas cardíacas.

a nova contração, restando na câmara 40% do sangue. A fração de ejeção é comumente utilizada na clínica como indicador da capacidade de bombeamento do coração.

Débito cardíaco

O **débito cardíaco** ($\dot{Q}$), conforme mostra a Figura 6.9c, é o volume total de sangue bombeado pelo ventrículo por minuto, ou simplesmente o produto da frequência cardíaca (FC) por VS. Na maioria dos adultos, o VS relativo a uma pessoa em repouso e na posição de pé é de, em média, 60-80 mL de sangue. Assim, em uma FCR de 70 bpm, o débito cardíaco em repouso irá variar entre 4,2-5,6 L/min. O corpo de um adulto médio contém cerca de 5 L de sangue, o que significa que um volume equivalente a nosso volume sanguíneo total é bombeado pelo coração aproximadamente uma vez a cada minuto.

Ação de bombeamento do coração durante o exercício físico

Como anteriormente descrito neste capítulo, o miocárdio deve se contrair como se fosse uma unidade para que o sangue seja bombeado com eficiência. Por esse motivo, as células do miocárdio estão anatomicamente interconectadas em uma conformação "ponta a ponta" por discos intercalares que fixam firmemente as células individuais entre si, para que não se separem durante a contração. Essa conformação permite mais satisfatoriamente que o coração se contraia como uma unidade, o que em geral é conhecido como sincício funcional.

VÍDEO 6.1 Apresenta Ben Levine, que fala sobre a contração torsional do músculo cardíaco e seu papel no enchimento ventricular.

Durante as elevadas frequências cardíacas que acompanham o exercício de alta intensidade, o tempo de enchimento diastólico (entre contrações) é muito pequeno. Ainda assim, é preciso que ocorra um enchimento completo do ventrículo esquerdo, para que o débito cardíaco aumente adequadamente. Na verdade, o coração utiliza o aumento da contratilidade que ocorre durante o exercício para aumentar o enchimento do ventrículo esquerdo, um processo conhecido como *contração torsional*. Durante a sístole (contração), o coração se torce gradualmente, armazenando energia na torção e comprimindo as moléculas de titina, que se parecem com molas, no sarcômero (ver Cap. 1 para uma descrição do papel similar da titina no músculo esquelético). Por ocasião do fechamento da

Sistema cardiovascular e seu controle 175

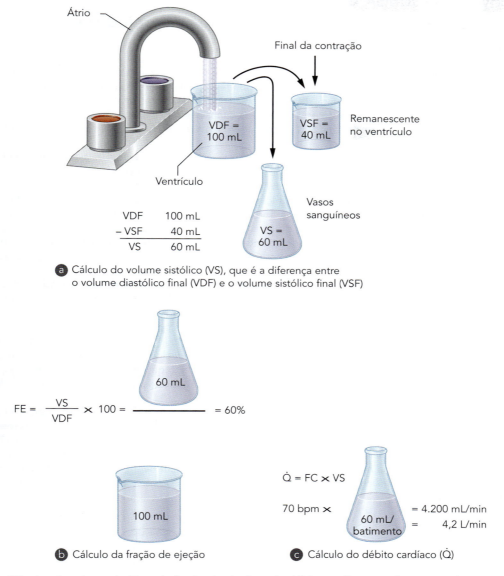

FIGURA 6.9 Cálculos do volume sistólico, da fração de ejeção e do débito cardíaco com base nos volumes sanguíneos que fluem para dentro e para fora do coração.

valva da aorta, ocorre uma distorção abrupta do ventrículo. Esse retorno gera uma diferença de pressão de 1-2 mmHg entre a base (parte superior) e o ápice (parte inferior) do coração; com isso, o sangue é "puxado" do átrio, através da valva mitral, para o interior do ventrículo.

A torção durante a sístole acumula energia, que é liberada durante o relaxamento isovolumétrico (o período durante o ciclo cardíaco após a contração, quando todas as valvas estão fechadas e o miocárdio está relaxando) para gerar a sucção diastólica que possibilita um melhor enchimento cardíaco durante o exercício. Essa ação de torção aumenta em quase três vezes durante o exercício, ajudando a obter um enchimento ventricular eficiente. A torção e rápida distorção subsequente do ventrículo esquerdo, que induz sucção diastólica no ventrículo, recebeu o nome de *relaxamento dinâmico*.[10] A mecânica da torção cardíaca melhora com o treinamento físico e fica reduzida em indivíduos destreinados.[7]

Um bom entendimento da atividade elétrica e mecânica do coração estabelece a base para a compreensão do sistema cardiovascular, mas o coração é apenas uma parte desse sistema. Além dessa bomba, o sistema cardiovascular contém uma intrincada rede de tubos que funcionam como sistema de distribuição, transportando o sangue para todos os tecidos do corpo.

Sistema vascular

O sistema vascular contém uma série de vasos que transportam sangue do coração para os tecidos e vice-versa: artérias, arteríolas, capilares, vênulas e veias.

Perspectiva de pesquisa 6.2
A prática excessiva de exercício físico pode ser prejudicial para o seu coração?

É de conhecimento geral que a prática habitual de atividade física reduz o risco de doença cardiovascular e que a dose de exercício também é importante; níveis mais altos de atividade física diminuem ainda mais o risco de mortalidade, e os indivíduos mais ativos demonstram, em geral, maior expectativa de vida. No entanto, são poucos os estudos que incluíram pessoas envolvidas em exercícios de resistência em *alta intensidade* ao longo de toda a vida. Esse é um hiato importante em nosso conhecimento, pois evidências recentes sugerem que exercícios muito intensos podem, paradoxalmente, *aumentar* o risco cardiovascular.

O exercício intenso praticado de forma habitual provoca adaptações cardíacas estruturais, funcionais e elétricas, conhecidas coletivamente como "coração de atleta". De acordo com a sublime revisão de Eijsvogels et al.,[8] essas adaptações também podem gerar efeitos deletérios. Em resposta ao treinamento físico, todas as quatro câmaras do coração aumentam de tamanho. Embora essa adaptação facilite o desempenho do exercício, ela também pode provocar efeitos cardíacos adversos. Exemplificando, a fibrilação atrial se torna mais comum, possivelmente como resultado do aumento do tônus vagal e do tamanho do átrio esquerdo. Além disso, aumenta a tensão incidente na parede do ventrículo direito, provavelmente em virtude do aumento na pressão sistólica da artéria pulmonar, induzido pelo exercício. Juntas, essas alterações na estrutura do coração podem acelerar a ocorrência de doença cardíaca em indivíduos suscetíveis.

Além das adaptações estruturais, o exercício físico aumenta de forma aguda os níveis dos biomarcadores circulantes para a doença cardiovascular, inclusive creatina quinase, troponina cardíaca e peptídio natriurético do tipo B. Embora a origem dessas moléculas circulantes permaneça pouco clara, tais aumentos provavelmente resultam de lesões no músculo esquelético e no músculo cardíaco ativado pelo estresse. Esses aumentos podem ser motivo de preocupação, pois o exercício prolongado diminui a função ventricular e lesiona intensamente o miocárdio, resultando em fadiga cardíaca. Também foi documentada a ocorrência de fibrose miocárdica (um acúmulo de tecido cicatricial no miocárdio ou nas valvas do coração) em alguns atletas que praticavam exercício de resistência ao longo da vida. A inter-relação entre aumentos nos biomarcadores cardíacos, reduções na função ventricular e fibrose cardíaca pode resultar em maior risco, embora os mecanismos precisos ainda não tenham sido completamente elucidados.

Não se pode ignorar a possibilidade de um aumento do risco cardíaco em pessoas que praticam exercício físico de resistência intensa ao longo de suas vidas; mas, para a maioria da população, as evidências que respaldam os resultados cardiovasculares benéficos atribuídos ao exercício e à atividade física são esmagadoras. São esses benefícios à saúde que levaram à formulação de estratégias para aumentar a atividade física, com diretrizes muito específicas apresentadas pelo American College of Sports Medicine e pela American Heart Association. Infelizmente, nos Estados Unidos, a maioria de seus habitantes não atende a esses critérios para a prática do exercício, o que os coloca sob risco cada vez maior de doenças cardiovasculares.

Em resumo

> - Os eventos mecânicos e elétricos que ocorrem no coração durante um batimento cardíaco compreendem o ciclo cardíaco. O diagrama de Wiggers destaca a relação temporal intrincada desses eventos.
> - O débito cardíaco, volume de sangue bombeado por cada ventrículo por minuto, é o produto da FC e do SV.
> - Nem todo o sangue dos ventrículos é ejetado durante a sístole. O volume ejetado é o VS, enquanto o percentual de sangue bombeado em cada batimento é a FE.
> - Para calcular o VS, a FE e o débito cardíaco:

$$VS \text{ (mL/batimento)} = VDF - VSF$$

$$FE \text{ (\%)} = (VS/VDF) \times 100$$

$$\dot{Q} \text{ (L/min)} = FC \times VS$$

> - Com o batimento cardíaco, a contração e o relaxamento dos átrios e ventrículos criam uma ação de torção e destorcimento que permite o enchimento dos ventrículos mesmo em frequências cardíacas elevadas.

As **artérias** são vasos musculares calibrosos e elásticos que transportam o sangue do coração para as arteríolas. A aorta é a maior artéria e transporta o sangue do ventrículo esquerdo para todas as regiões do corpo. Ela se ramifica em artérias que vão ficando progressivamente menores, terminando por se ramificar em arteríolas. As **arteríolas** são o local de maior controle da circulação pelo sistema nervoso simpático; por causa disso, as arteríolas são também chamadas de *vasos de resistência*. As arteríolas são altamente inervadas pelo sistema nervoso simpático e são os principais locais de controle do fluxo sanguíneo para tecidos específicos.

Das arteríolas, o sangue entra nos **capilares**, que são os vasos mais estreitos e estruturalmente mais simples e que apresentam paredes com apenas uma célula de espessura. Praticamente todas as trocas entre o sangue e os tecidos ocorrem nos capilares. O sangue deixa os capilares para começar seu caminho de retorno ao coração nas **vênulas**, que formam vasos mais calibrosos: as **veias**. A veia cava é a grande veia que transporta de volta para o átrio direito o sangue proveniente de todas as regiões do corpo acima (veia cava superior) e abaixo (veia cava inferior) do coração.

Pressão sanguínea

Pressão sanguínea é a pressão exercida pelo sangue sobre as paredes vasculares; esse termo geralmente se refere à pressão arterial. A pressão arterial pode ser expressa por dois números: a **pressão arterial sistólica (PAS)** e a **pressão arterial diastólica (PAD)**. O número maior é a PAS, que representa a pressão mais elevada na artéria, correspondendo à sístole ventricular. A contração ventricular compele o sangue ao longo das artérias com uma força tremenda, que exerce grande pressão sobre as paredes arteriais. O número menor é a PAD, que representa a pressão mais baixa na artéria, correspondendo à diástole ventricular, quando o ventrículo está se enchendo.

A **pressão arterial média** (**PAM**) representa a pressão média exercida pelo sangue ao transitar pelas artérias. Considerando que a diástole demora duas vezes mais tempo que a sístole em um ciclo cardíaco normal, a PAM pode ser estimada a partir da PAD e da PAS, da seguinte forma:

$$PAM = 2/3 \, PAD + 1/3 \, PAS.$$

Opcionalmente,

$$PAM = PAD + [0{,}333 \times (PAS - PAD)]$$

(PAS – PAD) é também chamada de pressão de pulso.

Como ilustração, com uma pressão arterial em repouso = 120/80 mmHg, tem-se PAM = 80 + [0,333 × (120 – 80)] = 93 mmHg.

Hemodinâmica geral

O sistema cardiovascular é um sistema contínuo em alça fechada. O sangue flui nesse sistema em alça fechada por causa do gradiente de pressão existente entre os lados arterial e venoso da circulação. Para entender a regulação do fluxo sanguíneo para os tecidos, é preciso entender a complexa relação entre pressão, fluxo sanguíneo e resistência.

Para que o sangue possa fluir em um vaso, é preciso que exista uma diferença de pressão de uma extremidade do vaso para a outra extremidade. O sangue fluirá da região do vaso com pressão alta para a região do vaso com pressão baixa. Por outro lado, se não houver diferença de pressão ao longo do vaso, não haverá força de impulsão e, portanto, o sangue não fluirá. No sistema circulatório, a PAM na aorta é de aproximadamente 100 mmHg em repouso, e a pressão no átrio direito é muito próxima de 0 mmHg. Portanto, a diferença de pressão ao longo de todo o sistema cardiovascular é de 100 mmHg – 0 mmHg = 100 mmHg.

A razão para o diferencial de pressão entre a circulação arterial e a circulação venosa é que os próprios vasos sanguíneos proporcionam a resistência ao fluxo sanguíneo. A resistência oferecida pelo vaso é em grande parte ditada pelas propriedades dos vasos sanguíneos e do próprio sangue. Essas propriedades são: o comprimento e o raio do vaso sanguíneo e a viscosidade ou espessura do sangue que flui pelo vaso. A resistência ao fluxo pode ser calculada como:

$$\text{Resistência} = h \times L / r^4,$$

em que h é a viscosidade (espessura) do sangue, L é o comprimento do vaso, e r é o raio do vaso elevado à quarta potência. O fluxo sanguíneo é proporcional à diferença de pressão ao longo do sistema e inversamente proporcional à resistência. Essa relação pode ser ilustrada pela seguinte equação:

$$\text{Fluxo sanguíneo} = \Delta\text{pressão} / \text{resistência}$$

Observe que o fluxo sanguíneo pode aumentar tanto por uma elevação na diferença de pressão (Δpressão) como por uma queda na resistência, ou ainda por uma combinação dessas duas variáveis. A alteração da resistência para o controle do fluxo sanguíneo é um procedimento muito mais vantajoso, porque mudanças muito pequenas no raio do vaso sanguíneo resultam em grandes mudanças na resistência. Isso se deve à relação matemática de quarta potência entre a resistência vascular e o raio do vaso.

As mudanças na resistência vascular se devem em grande parte a mudanças no raio ou no diâmetro do vaso sanguíneo, uma vez que, em condições normais, a viscosidade do sangue e o comprimento dos vasos não mudam significativamente. Portanto, a regulação do fluxo sanguíneo para os órgãos pode ser efetuada por pequenas mudanças no raio do vaso sanguíneo por meio da **vasoconstrição** e da **vasodilatação**. Essa estratégia permite que o sistema cardiovascular desvie o fluxo sanguíneo para áreas em que ele se faz mais necessário.

Conforme já mencionado, a maior resistência ao fluxo sanguíneo ocorre nas arteríolas. A Figura 6.10 mostra as mudanças na pressão arterial por todo o sistema vascular. As arteríolas são responsáveis por cerca de ~70-80% da queda na PAM por todo o sistema cardiovascular. Isso é importante porque pequenas mudanças no raio das arteríolas podem afetar bastante a regulação da pressão arteriolar média e o controle local do fluxo sanguíneo. No nível capilar, mudanças decorrentes da sístole e da diástole já não são evidentes, e o fluxo passa a ser suave (laminar) em vez de turbulento.

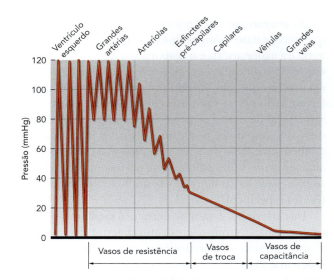

FIGURA 6.10 Mudanças de pressão ao longo da circulação sistêmica. Observe a enorme queda de pressão que ocorre ao longo da parte arteriolar do sistema.

Em resumo

› A pressão arterial sistólica é a mais alta pressão no interior do sistema vascular, enquanto a PAD é a pressão mais baixa.

› Pressão arterial média é a pressão média nas paredes vasculares durante um ciclo cardíaco; no entanto, não representa a média matemática da PAS e da PAD, porque a diástole dura cerca de duas vezes mais em comparação com a sístole.

› Em termos do sistema cardiovascular como um todo, débito cardíaco é o fluxo sanguíneo para todo o sistema; Δpressão é a diferença entre a pressão aórtica quando o sangue deixa o coração e a pressão venosa quando o sangue retorna ao coração; e resistência é a impedância ao fluxo do sangue causada pelos vasos sanguíneos.

› O fluxo sanguíneo é principalmente controlado por pequenas mudanças no raio do vaso sanguíneo (arteríola) – evento que muda enormemente a resistência.

Distribuição do sangue

A distribuição do sangue para os diversos tecidos do corpo varia intensamente na dependência das necessidades imediatas de um tecido específico em comparação com a necessidade de outras áreas do corpo. Como regra geral, os tecidos mais ativos metabolicamente recebem os maiores suprimentos de sangue. Em repouso e em condições normais, o fígado e os rins recebem, combinados, praticamente metade do débito cardíaco, enquanto os músculos esqueléticos em repouso recebem apenas cerca de 15-20%.

Durante o exercício, o sangue é redirecionado para as áreas onde é mais necessário. Durante um exercício de resistência aeróbia de alta intensidade, os músculos em contração recebem até 80% ou mais do fluxo sanguíneo; e o fluxo para os rins e o fígado diminui. Essa redistribuição, juntamente com os aumentos no débito cardíaco (esse tópico será discutido no Cap. 8), permite que um volume sanguíneo até 25 vezes maior flua para os músculos ativos (ver Fig. 6.11).

De modo semelhante, depois que uma pessoa consome uma farta refeição, o sistema digestivo recebe maior percentual do débito cardíaco disponível do que quando o sistema digestivo está vazio. Seguindo o mesmo raciocínio, havendo um aumento no estresse térmico ambiental, o fluxo sanguíneo para a pele aumenta bastante enquanto o corpo tenta manter a temperatura normal. O sistema cardiovascular responde de maneira semelhante à redistribuição do sangue, não importando o motivo: seja para atender à demanda dos músculos em exercício, para fazer frente ao metabolismo, para a digestão ou para facilitar a termorregulação. Essas mudanças na distribuição do débito cardíaco são controladas pelo sistema nervoso simpático, basicamente por meio do aumento ou da diminuição do diâmetro das arteríolas que fornecem o fluxo sanguíneo para o tecido ou órgão em questão. Esses vasos possuem uma parede muscular forte que pode alterar significativamente o diâmetro vascular, apresentam inervação abundante por nervos simpáticos e têm a capacidade de responder a mecanismos de controle local.

Controle intrínseco do fluxo sanguíneo

O controle intrínseco da distribuição do sangue refere-se à capacidade dos tecidos locais de promover a vasodilatação ou a vasoconstrição das arteríolas que os irrigam e de alterar o fluxo sanguíneo regional dependendo de suas necessidades imediatas. Com a prática do exercício e o aumento da demanda metabólica dos músculos esque-

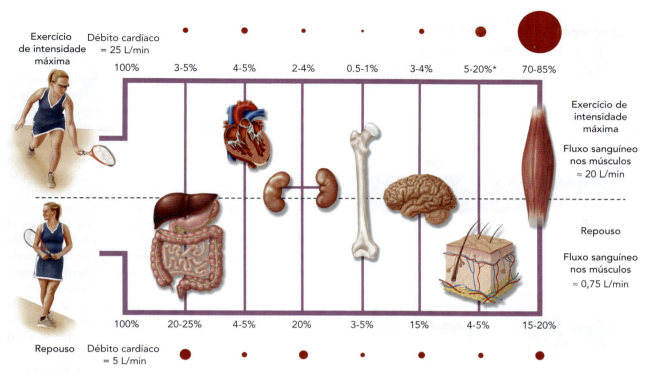

FIGURA 6.11 Distribuição do débito cardíaco durante o repouso e durante o exercício de intensidade máxima.
*Depende das temperaturas corporal e ambiente.
Reproduzido, com permissão, de P.O. Åstrand et al., *Textbook of work physiology: physiological bases of exercise*, 4.ed. (Champaign, IL: Human Kinetics, 2003), p.143.

léticos em exercício, as arteríolas sofrem vasodilatação intrínseca, abrindo-se para permitir a entrada de mais sangue para o tecido em atividade intensa.

Essencialmente, são três os tipos de controle intrínseco do fluxo sanguíneo. A *regulação metabólica*, em resposta ao aumento da demanda por oxigênio, é o estímulo mais poderoso para a liberação de agentes químicos vasodilatadores locais. Diante do maior uso de oxigênio pelos tecidos metabolicamente ativos, ocorre a diminuição do oxigênio disponível. As arteríolas locais se vasodilatam, permitindo que um maior volume de sangue realize a perfusão da área, fornecendo mais oxigênio. Outras mudanças químicas que podem estimular o aumento do fluxo sanguíneo são o decréscimo de outros nutrientes e o aumento de subprodutos (dióxido de carbono, K^+, H^+, lactato) ou de moléculas inflamatórias.

Em segundo lugar, várias substâncias vasodilatadoras podem ser produzidas no endotélio (revestimento interno) das arteríolas, dando início à vasodilatação da musculatura lisa vascular das arteríolas (*vasodilatação mediada pelo endotélio*). Essas substâncias são o óxido nítrico (NO), as prostaglandinas e o fator hiperpolarizante derivado do endotélio (EDHF). Esses vasodilatadores derivados do endotélio são reguladores importantes do fluxo sanguíneo em repouso e durante o exercício em seres humanos. Além disso, estudiosos propuseram que a acetilcolina e a adenosina são vasodilatadores potenciais para o aumento do fluxo sanguíneo nos músculos durante a prática do exercício.

Finalmente, as mudanças de pressão no interior dos próprios vasos também podem causar vasodilatação e vasoconstrição. Esse fenômeno é conhecido como *resposta miogênica*. O músculo liso vascular se contrai em resposta a um aumento na pressão no nível da parede vascular e relaxa em resposta à queda da pressão, também na parede vascular. A Figura 6.12 ilustra os três tipos de controle intrínseco do tônus vascular.

Controle neural extrínseco

O conceito de controle local intrínseco explica a redistribuição do sangue no interior de um órgão ou tecido; contudo, o sistema cardiovascular precisa desviar o fluxo sanguíneo para os locais onde haja maior necessidade dele, começando em um ponto acima do ambiente local. A redistribuição ao nível do sistema ou do órgão é controlada por mecanismos nervosos. A isso chamamos de **controle neural extrínseco** do fluxo sanguíneo, pois o controle provém de fora da área em questão (extrínseco), em vez de um ponto localizado no interior dos tecidos (intrínseco).

O fluxo sanguíneo para todas as partes do corpo é regulado em grande parte pelo sistema nervoso simpático. Os nervos simpáticos são abundantes nas camadas circulares de músculo liso no interior das paredes das artérias e arte-

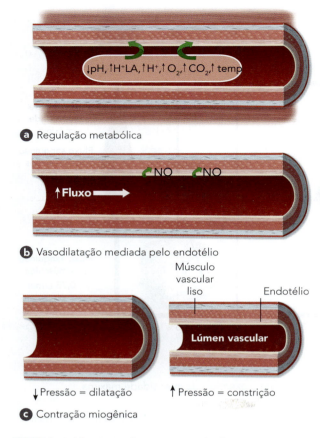

FIGURA 6.12 Controle intrínseco do fluxo sanguíneo. As arteríolas são orientadas a se dilatarem ou se constringirem em nível local por (a) alterações na concentração local de oxigênio ou produtos metabólicos, (b) efeitos de pressão local dentro das arteríolas e (c) fatores derivados do endotélio.
Esta figura é cortesia da Dra. Donna H. Korzick, Pennsylvania State University.

ríolas. Em quase todos os vasos, um aumento na atividade dos nervos simpáticos faz que essas células musculares se contraiam, promovendo a constrição dos vasos sanguíneos e, com isso, diminuindo o fluxo sanguíneo.

Em condições normais de repouso, os nervos simpáticos transmitem impulsos continuamente para os vasos sanguíneos (em especial as arteríolas), mantendo os vasos em moderada constrição, para que seja mantida uma pressão arterial adequada. Esse estado de vasoconstrição tônica é conhecido como *tônus vasomotor*. Quando a estimulação simpática aumenta, o aumento da constrição dos vasos sanguíneos localizados em uma área específica diminui o fluxo de sangue para essa área e permite que maior volume de sangue seja distribuído para outros locais. Mas, se a estimulação simpática diminuir abaixo do nível necessário para a manutenção do tônus, ocorrerá a diminuição da constrição dos vasos na área, e, assim, os vasos se dilatarão passivamente, aumentando o fluxo sanguíneo para aquela área. Portanto, a estimulação simpática causará vasoconstrição na maioria dos vasos. O fluxo sanguíneo pode ser passivamente aumentado por meio de uma redução no nível tônico normal do fluxo simpático.

Controle local do fluxo sanguíneo muscular

As duas seções precedentes discutiram o controle intrínseco e extrínseco do fluxo sanguíneo, mecanismos ligados ao controle do fluxo para todos os tecidos do corpo. Porém, o fluxo sanguíneo para os músculos merece atenção especial porque (1) a contração muscular é a resposta característica da fisiologia do exercício e (2) existem mecanismos únicos para suportar um aumento do fluxo sanguíneo para os músculos. Durante o exercício aeróbio, o fluxo sanguíneo para o músculo em exercício deve aumentar, de modo a equiparar-se à demanda metabólica desse músculo. O melhor fornecimento de oxigênio ao músculo que está sendo exercitado pode ocorrer por meio de vários mecanismos distintos, como a alteração local do fluxo sanguíneo e/ou a melhor extração de oxigênio no nível do tecido.

O exercício é acompanhado por um aumento geral da atividade nervosa simpática, inclusive a que se direciona ao músculo, o que causa vasoconstrição. De que modo o músculo ativo supera a vasoconstrição sistêmica e, de fato, aumenta o fluxo sanguíneo? O mecanismo principal é denominado **simpatólise funcional**. Foi demonstrado que moléculas vasoativas liberadas do músculo esquelético ativo e do endotélio inibem a vasoconstrição simpática, mediante a redução da reatividade vascular à ativação dos receptores alfa-adrenérgicos. As células endoteliais liberam moléculas chamadas fatores hiperpolarizantes derivados do endotélio (EDHF) que dificultam a contração das células do músculo liso em resposta à estimulação simpática. Exemplificando, atualmente sabe-se que o ATP liberado pelo endotélio e pelos eritrócitos pode causar hiperpolarização das células do músculo liso vascular, o que ajuda na supressão da vasoconstrição alfa-adrenérgica. A simpatólise funcional ajuda a otimizar a distribuição do fluxo sanguíneo muscular, de modo a equilibrar a perfusão tecidual com a demanda metabólica.

Quando a disponibilidade de oxigênio fica limitada em condições de diminuição do conteúdo arterial de O_2 (p. ex., hipóxia) ou de redução na pressão de perfusão, ocorre a dilatação das arteríolas do músculo esquelético para compensar a oferta reduzida de O_2, o que possibilita maior extração de O_2 no nível do tecido.[4] Esse fenômeno é conhecido como vasodilatação compensatória.

Para que se possa examinar mais de perto os mecanismos pelos quais o controle local do fluxo sanguíneo pela musculatura esquelética fica alterado no músculo em exercício nos seres humanos, os pesquisadores lançaram mão de uma condição de hipóxia sistêmica aguda, normalmente ao fazer com que os voluntários respirassem misturas atmosféricas com baixo conteúdo de O_2, visando diminuir o conteúdo de O_2 arterial durante o exercício.[11] Por outro lado, alguns pesquisadores limitaram temporariamente o fluxo sanguíneo para o músculo em exercício, mediante a oclusão parcial do fluxo para o membro ativo. Durante o exercício hipóxico submáximo, o fluxo sanguíneo para o músculo em exercício é o mesmo observado durante o exercício normóxico, em decorrência dos papéis individuais e combinados dos receptores beta-adrenérgicos, adenosina e óxido nítrico (NO), conforme ilustra a Figura 6.13.

Curiosamente, a contribuição desses diferentes mecanismos de dilatação pode mudar, dependendo da intensidade do exercício e de o fluxo sanguíneo para o músculo em exercício estar limitado ou não. Por exemplo, durante o exercício em baixa intensidade e sob condições hipóxicas, a estimulação dos receptores beta-adrenérgicos contribui para a vasodilatação; contudo, à medida que aumenta a intensidade do exercício, a liberação de NO pelo endotélio contribui para maior extensão na resposta de vasodilatação compensatória.[3] A molécula adenosina também pode contribuir para a vasodilatação compensatória, sobretudo sob condições nas quais ocorra limitação do fluxo sanguíneo. Em intensidades maiores de exercício, nas quais as necessidades das fibras musculares pelo oxigênio são ainda maiores, NO e diversas outras moléculas vasodilatadoras, como as prostaglandinas e o trifosfato de adenosina (ATP), promovem a mediação da vasodilatação. No entanto, ocorrem redundâncias nesses mecanismos de vasodilatação, de tal modo que, quando um deles se encontra bloqueado ou em sub-regulação, outro vasodilatador pode compensar, promovendo a vasodilatação.

Em virtude da importância biológica do NO, esses mecanismos têm implicações significativas em populações clínicas como os idosos e os pacientes com doença cardiovascular, nos quais a produção de NO e sua disponibilidade podem estar limitadas.[5,6] Por exemplo, à medida que o indivíduo vai envelhecendo, ocorre uma redução na síntese do NO e um aumento na degradação dessa molécula, e a vasodilatação compensatória fica diminuída em humanos idosos saudáveis.[11]

Distribuição do sangue venoso

Embora o fluxo do sangue para os tecidos seja controlado pelas mudanças no lado arterial do sistema, em geral a maior parte do *volume* sanguíneo se situa em seu lado venoso. Em repouso, o volume sanguíneo é distribuído pela vasculatura conforme mostra a Figura 6.14. O sistema venoso tem grande capacidade de preservar a volemia porque há pouca musculatura lisa vascular nas veias, que são tubos muito elásticos e "similares a balões". Assim, o sistema venoso proporciona um grande reservatório de sangue disponível para a rápida distribuição de volta ao coração (retorno venoso) e, de lá, à circulação arterial. Isso se dá por meio da estimulação simpática das vênulas e das veias, o que provoca a constrição vascular (venoconstrição).

Controle integrativo da pressão arterial

A pressão arterial é controlada por reflexos. Os sensores especializados de pressão, localizados no arco aórtico e nas artérias carótidas e denominados **barorreceptores**, são sensíveis a mudanças na pressão arterial. Quando a pressão dentro dessas grandes artérias sofre alterações, sinais aferen-

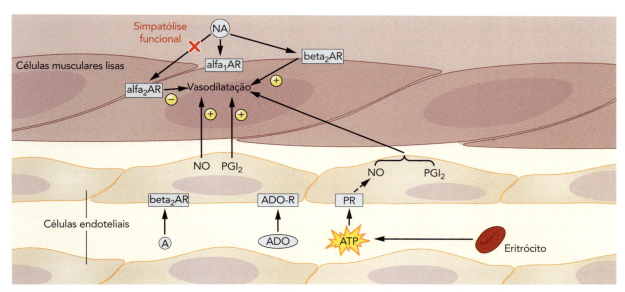

FIGURA 6.13 Os mecanismos propostos para a vasodilatação induzida pela simpatólise funcional e pela hipóxia durante o exercício. Durante o exercício hipóxico, o óxido nítrico (NO) é a via comum final para a resposta de dilatação compensatória. A liberação sistêmica da adrenalina (A), que atua via receptores beta-adrenérgicos, contribui para a vasodilatação mediada pelo NO em intensidades mais baixas de exercício, mas essa contribuição beta-adrenérgica diminui com o aumento da intensidade do exercício. O trifosfato de adenosina (ATP) liberado pelos eritrócitos e/ou a prostaciclina (PGI2) derivada do endotélio permanecem, também estimulando o NO durante o exercício hipóxico de maior intensidade. Alfa$_1$AR, alfa$_2$AR e beta$_2$AR = receptores alfa$_1$-, alfa$_2$- e beta$_2$-adrenérgicos, respectivamente; NA = noradrenalina; PR = receptores purinérgicos, que são estimulados pelo ATP; ADO = adenosina.

Perspectiva de pesquisa 6.3
Adaptações vasculares ao treinamento físico em mulheres na pós-menopausa

Apesar do recente declínio observado na prevalência, as doenças cardiovasculares continuam sendo a principal causa de morte nos Estados Unidos. Curiosamente, o risco de mortalidade cardiovascular difere bastante entre os sexos. A criação do núcleo de pesquisa de saúde da mulher do National Institutes of Health (NIH), em 1990, e a aprovação da Lei de Revitalização do NIH, em 1993, determinaram a inclusão de mulheres nas pesquisas financiadas pelo NIH. Desde a adoção dessas medidas, muito se aprendeu sobre os mecanismos e a manifestação de doenças cardiovasculares em mulheres. No entanto, apesar desses avanços, ainda permanecem incertas as razões da disparidade observada entre sexos na morbimortalidade cardiovascular.

O envelhecimento vascular (alterações relacionadas à idade nos vasos sanguíneos) é considerado um fator de risco primário para doença cardiovascular associada à idade. A disfunção endotelial, definida como o comprometimento da dilatação dependente do endotélio, é a primeira manifestação funcional da aterosclerose e acelera a progressão da doença cardiovascular. Em geral, recomendam-se modificações no estilo de vida, a exemplo da prática habitual de atividade física, como estratégia de primeira linha para que seja minimizado o declínio na função endotelial vascular associado ao envelhecimento. No entanto, atualmente se observa uma conscientização cada vez maior quanto a possíveis diferenças sexuais nos efeitos benéficos do treinamento físico sobre a saúde vascular em mulheres idosas na pós-menopausa.

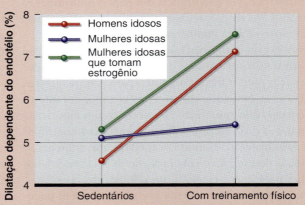

O estrogênio é necessário para que sejam conseguidas as melhorias na função endotelial vascular induzidas pelo treinamento físico em mulheres idosas na pós-menopausa. Em homens idosos, o treinamento físico de intensidade moderada melhora de forma significativa a função vascular, fato verificado na avaliação da dilatação dependente do endotélio. No entanto, essa benéfica adaptação vascular ao exercício não foi observada em um grupo de mulheres na pós-menopausa e na faixa etária semelhante. Por outro lado, quando mulheres na pós-menopausa receberam suplementação com estrogênio, as melhorias esperadas na função endotelial vascular após o treinamento físico foram semelhantes às observadas em homens da mesma idade.

Em uma revisão de 2006 da literatura mais pertinente, os pesquisadores apoiavam a noção de que os hormônios sexuais, especificamente o estrogênio, modulam as melhorias induzidas pelo treinamento físico na função vascular das mulheres.[11] Ou seja, a redução de estrogênio que ocorre durante a menopausa impede, consequentemente, as melhorias na função vascular decorrentes do treinamento físico, conforme destaca a figura que acompanha este texto. Como esperado, um programa de treinamento físico com intensidade moderada, praticado por homens de meia-idade e idosos previamente sedentários, melhorou significativamente a função vascular. Por outro lado, esse paradigma de treinamento físico não teve efeito em mulheres idosas na pós-menopausa. Entretanto, em mulheres sedentárias na pós-menopausa, tratadas com estrogênio, um programa de treinamento com intensidade moderada melhorou significativamente a função endotelial vascular. Esses achados foram corroborados em estudos que seguiram metodologias variadas e que fornecem evidências diretas que sugerem a necessidade do estrogênio para que ocorram as melhorias induzidas pelo treinamento físico na função vascular em mulheres na pós-menopausa.

Diante do rápido envelhecimento populacional, passa a ser fundamental o uso de estratégias preventivas que sejam eficazes para minimizar as consequências indesejáveis das doenças cardiovasculares. A atividade física praticada habitualmente é uma estratégia importante para a prevenção primária de doenças cardiovasculares – tanto em homens como em mulheres. No entanto, ficou extremamente evidente que a vasculatura de homens e mulheres idosos responde de forma diferente ao treinamento físico, e que é provável que essa capacidade de resposta diferenciada possa ser atribuída aos hormônios sexuais, ou à sua falta. É necessário que novos estudos sejam realizados com o objetivo de determinar se estratégias farmacológicas ou não farmacológicas adicionais devem ser associadas ao treinamento físico, para que se possa oferecer uma intervenção terapêutica viável e que permita melhorias na função endotelial vascular durante o treinamento físico em mulheres na pós-menopausa com deficiência de estrogênio.

Sistema cardiovascular e seu controle 183

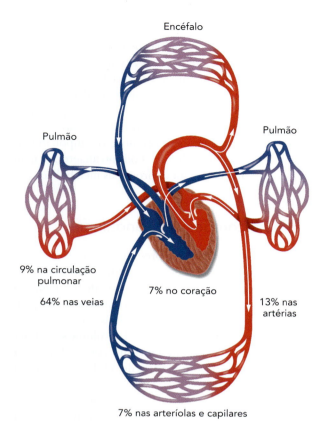

FIGURA 6.14 Distribuição do volume sanguíneo na vasculatura, quando o corpo se encontra em repouso.

Retorno do sangue ao coração

Tendo em vista que o ser humano passa muito tempo na posição vertical, o sistema cardiovascular depende de auxílio mecânico para suplantar a força da gravidade e ajudar quando o sangue retorna das partes inferiores do corpo até o coração. Três mecanismos básicos ajudam nesse processo:

- Válvulas nas veias.
- Bomba muscular.
- Bomba respiratória.

As veias contêm válvulas que permitem o fluxo de sangue em uma única direção, impedindo assim o fluxo retrógrado e o acúmulo do sangue na parte inferior do corpo. Essas válvulas venosas também complementam a ação da **bomba da musculatura** esquelética, a compressão mecânica rítmica das veias, em decorrência da contração rítmica dos músculos esqueléticos que acompanha vários tipos de movimentos e exercícios, como durante caminhadas ou corridas (Fig. 6.15). A bomba muscular impulsiona

tes são enviados para os centros de controle cardiovascular no encéfalo, onde se iniciam reflexos autônomos; e sinais eferentes são enviados em resposta às mudanças na pressão arterial. Por exemplo, quando a pressão arterial está elevada, os barorreceptores são estimulados por um aumento no estiramento vascular. Em seguida, esses receptores repassam a informação para o centro de controle cardiovascular no encéfalo. Em resposta ao aumento da pressão, ocorre um aumento no tônus vagal, com o fim de diminuir a frequência cardíaca, e uma diminuição da atividade simpática para o coração e as arteríolas, o que promove a dilatação desses vasos. Todos esses ajustes servem para diminuir a pressão arterial, promovendo seu retorno ao normal. Em resposta a uma queda na pressão arterial, os barorreceptores detectarão um menor estiramento vascular, e a resposta será um aumento da frequência cardíaca (supressão vagal) e a constrição das arteríolas (por meio do aumento da atividade nervosa simpática), resultando na correção do sinal de baixa pressão.

Há também outros receptores especializados, denominados **quimiorreceptores** e **mecanorreceptores**, que enviam informações sobre o ambiente químico nos músculos e sobre o comprimento e a tensão dos músculos, respectivamente, para os centros de controle cardiovascular. Os receptores também podem modificar a resposta à pressão arterial, sendo especialmente importantes durante a prática do exercício.

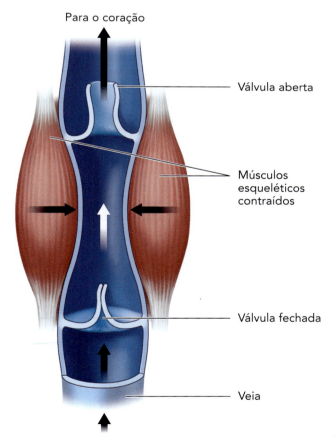

FIGURA 6.15 Bomba muscular. À medida que os músculos esqueléticos se contraem, comprimem as veias das pernas e ajudam no retorno do sangue para o coração. As válvulas presentes no interior das veias garantem um fluxo unidirecional do sangue em seu caminho de volta ao coração.

o volume sanguíneo nas veias de volta para o coração. Por fim, as mudanças de pressão que ocorrem nas cavidades abdominal e torácica durante a respiração ajudam no retorno do sangue até o coração, pois criam um gradiente de pressão entre as veias e a cavidade torácica.

Em resumo

> - O sangue é distribuído por todo o corpo, dependendo basicamente das necessidades metabólicas de cada tecido. Os tecidos mais ativos recebem a maior irrigação sanguínea.
> - Normalmente o músculo esquelético recebe cerca de 15% do débito cardíaco em repouso. Esse percentual pode aumentar para 80% ou ainda mais durante a prática intensa de exercício de resistência.
> - A redistribuição do fluxo sanguíneo é controlada localmente pela liberação de dilatadores tanto pelos tecidos (regulação metabólica) como pelo endotélio do vaso sanguíneo (dilatação mediada pelo endotélio). Um terceiro tipo de controle intrínseco envolve a resposta da arteríola à pressão. A pressão arteriolar reduzida causa vasodilatação, aumentando assim o fluxo sanguíneo para o local, enquanto a pressão aumentada causa constrição local.
> - O controle neural extrínseco da distribuição do fluxo sanguíneo é realizado pelo sistema nervoso simpático, em especial por meio da vasoconstrição de pequenas artérias e arteríolas.
> - Durante o exercício aeróbio, o fluxo sanguíneo direcionado para o músculo em exercício deve aumentar, a fim de que possa atender à demanda metabólica do músculo em questão. Isso é realizado por (1) simpatólise funcional (que suplanta a vasoconstrição simpática) e (2) vasodilatação compensatória (que envolve moléculas como adenosina e óxido nítrico).
> - Sob condições normais, a pressão sanguínea é mantida por reflexos no sistema autônomo.
> - O sangue retorna ao coração por meio das veias, ajudado pelas válvulas no interior desses vasos, pela bomba muscular e pelas mudanças na pressão respiratória.

Sangue

O sangue tem muitas finalidades úteis na regulação da função normal do corpo. As três funções de importância capital para o exercício e o esporte são:

- transporte;
- regulação da temperatura;
- equilíbrio acidobásico (pH).

Em geral, as pessoas estão mais familiarizadas com as funções de transporte exercidas pelo sangue, entrega de oxigênio e substratos energéticos e a remoção de subprodutos metabólicos. No entanto, o sangue é fundamental para a regulação da temperatura durante a atividade física: ele capta o calor do músculo em exercício e o transporta para a pele, de onde poderá ser dissipado para o ambiente (ver Cap. 12). O sangue também promove o tamponamento dos ácidos produzidos pelo metabolismo anaeróbio, mantendo o pH adequado para os processos metabólicos (ver Caps. 2 e 7).

Volume e composição sanguínea

O volume total de sangue presente no corpo varia consideravelmente dependendo do tamanho do indivíduo, de sua composição corporal e de seu estado de treinamento. Volumes de sangue maiores estão associados a maior quantidade de massa magra no corpo e a níveis mais elevados de treinamento de resistência. Em geral, o volume sanguíneo apresentado por pessoas de tamanho corporal médio e com atividade física normal varia de 5-6 L em homens e de 4-5 L em mulheres.

O sangue é composto de plasma e elementos figurados (ver Fig. 6.16). Normalmente, o plasma constitui cerca de 55-60% do volume total de sangue, mas pode cair em 10% ou mais de seu volume normal com a prática de exercício intenso no calor, ou aumentar em 10% ou mais com o treinamento de resistência ou na aclimatação ao calor. Aproximadamente 90% do volume plasmático é água, 7% representa as proteínas plasmáticas e os 3% restantes são constituídos de nutrientes celulares, eletrólitos, enzimas, hormônios, anticorpos e resíduos metabólicos.

Os elementos figurados, que normalmente constituem cerca de 40-45% do volume total do sangue, são os glóbulos vermelhos (eritrócitos), os glóbulos brancos (leucócitos) e as plaquetas (trombócitos). Os eritrócitos constituem mais de 99% do volume dos elementos figurados; juntos, leucócitos e plaquetas representam menos de 1%. O percentual do volume total do sangue composto de células ou elementos figurados é conhecido como **hematócrito**. O hematócrito varia conforme o indivíduo, mas em um intervalo normal é de 41-50% no homem adulto e de 36-44% na mulher adulta.

Os leucócitos protegem o corpo de infecções, seja pela destruição direta dos invasores por meio da fagocitose (ingestão) ou pela formação de anticorpos para destruí-los. Os adultos têm cerca de 7.000 leucócitos/mm^3 de sangue.

Os elementos figurados remanescentes são as plaquetas sanguíneas, fragmentos celulares que participam da coagulação do sangue, impedindo sua perda excessiva. O principal foco de estudo dos fisiologistas do exercício são os eritrócitos.

Sistema cardiovascular e seu controle

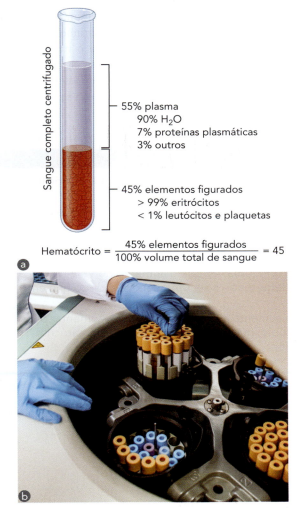

FIGURA 6.16 (a) Composição do sangue total que ilustra o volume plasmático (parte líquida) e o volume celular (eritrócitos, leucócitos e plaquetas) depois da centrifugação de uma amostra sanguínea. (b) Uma centrífuga.

Eritrócitos

Os glóbulos vermelhos maduros (eritrócitos) não apresentam núcleo e, portanto, não podem se reproduzir do mesmo modo que outras células. Os eritrócitos precisam ser continuamente substituídos por novas células, em um processo denominado **hematopoese**. O período de existência normal de um eritrócito é de aproximadamente 4 meses. Assim, essas células são constantemente produzidas e destruídas a taxas bastante semelhantes. Esse equilíbrio é muito importante porque o fornecimento adequado de oxigênio aos tecidos do corpo depende da existência de um número suficiente de eritrócitos para transportarem o oxigênio. Uma redução na sua quantidade ou a ocorrência de problemas de funcionamento podem dificultar o transporte de oxigênio; com isso, o desempenho no exercício pode ser afetado.

Quando uma pessoa doa sangue, a remoção de uma "unidade", ou cerca de 500 mL, representa uma redução de aproximadamente 8-10%, tanto no volume total de sangue como no número de eritrócitos circulantes. Os doadores devem ser orientados a beber bastante líquido. Considerando que o plasma é basicamente constituído de água, a simples reposição de líquido faz com que o volume plasmático retorne ao normal dentro de 24-48 h. Contudo, são necessárias ao menos 6 semanas até que os eritrócitos sejam reconstituídos, porque essas células devem passar por toda a sua linha de desenvolvimento antes de adquirir funcionalidade. A perda de sangue compromete demasiadamente o desempenho de atletas de fundo, pois reduz a capacidade de transporte de oxigênio.

Os eritrócitos transportam o oxigênio, que se liga basicamente à hemoglobina. A **hemoglobina** é composta de uma proteína (globina) e de um pigmento (heme). O pigmento heme contém ferro, que se liga ao oxigênio. Cada eritrócito contém aproximadamente 250 milhões de moléculas de hemoglobina, e cada molécula dessa substância é capaz de se ligar a quatro moléculas de oxigênio; assim, cada eritrócito pode se ligar até a um bilhão de moléculas de oxigênio! Em média, há 15 g de hemoglobina por 100 mL de sangue. Cada grama de hemoglobina pode se combinar com 1,33 mL de oxigênio, e, assim, até cerca de 20 mL de oxigênio podem se ligar a cada 100 mL de sangue. Portanto, quando o sangue arterial fica saturado com oxigênio, ele possui uma capacidade de transporte de 20 mL de oxigênio por 100 mL de sangue.

Viscosidade do sangue

A viscosidade refere-se à espessura do sangue. Com base na discussão sobre a resistência vascular, o leitor deve se lembrar de que, quanto mais viscoso for um líquido, maior será a resistência oferecida a seu fluxo. O xarope é mais viscoso do que a água e, por isso, flui mais lentamente quando vertido. Em condições normais, a viscosidade do sangue é de aproximadamente o dobro da viscosidade da água, elevando-se com o aumento do hematócrito.

Por causa do transporte de oxigênio pelos eritrócitos, seria de esperar que o aumento no número dessas células maximizasse o transporte de oxigênio. Contudo, se o aumento na contagem eritrocítica não for acompanhado de um aumento semelhante no volume plasmático, ocorrerá elevação da viscosidade do sangue e da resistência vascular, o que pode restringir o fluxo sanguíneo. Geralmente isso não representa nenhum problema, a menos que o hematócrito chegue a 60% ou mais.

Por outro lado, a combinação de um baixo hematócrito com um volume plasmático elevado, o que diminui a viscosidade do sangue, parece trazer certos benefícios para a função de transporte do sangue, porque ele pode fluir com maior facilidade. Infelizmente, muitas vezes um hematócrito baixo é resultado de uma redução no número de eritrócitos, o que ocorre em doenças como a anemia. Em tais circunstâncias, o sangue pode fluir com facilidade, mas contém um número menor de transportadores, o que prejudica o transporte do oxigênio. Para que seja obtido um desempenho físico ideal, é desejável um hematócrito baixo com um número normal ou ligeiramente elevado de eritrócitos. Essa combinação facilita o transporte do oxigênio. Muitos atletas fundistas obtêm essa combinação como parte da adaptação normal de seus sistemas cardiovasculares ao treinamento. Essa adaptação será discutida no Capítulo 11.

Em resumo

> O sangue é constituído por cerca de 55-60% de plasma e 40-45% de elementos figurados. Os eritrócitos representam cerca de 99% dos elementos figurados.
> O hematócrito é a relação entre os elementos figurados no sangue (eritrócitos, leucócitos e plaquetas) e o volume total de sangue. O hematócrito médio de um homem adulto é de 42%; o da mulher, de 38%.
> Basicamente, o oxigênio é transportado por meio da ligação com a hemoglobina presente nos eritrócitos.
> Durante o treinamento de resistência, atletas respondem tanto com um maior volume de células vermelhas (eritrócitos) quanto com a expansão do volume plasmático (VP). Uma vez que o aumento no VP é maior do que o aumento nos eritrócitos, o hematócrito nesses atletas tende a ser um pouco menor do que em indivíduos sedentários.
> À medida que a viscosidade do sangue aumenta, também aumenta a resistência ao fluxo. Aumentar o número de eritrócitos é vantajoso para o desempenho aeróbio, mas somente até o ponto (hematócrito próximo a 60%) no qual a viscosidade passa a limitar o fluxo.

EM SÍNTESE

Neste capítulo, foram revisados a estrutura e o funcionamento do sistema cardiovascular. Pôde-se aprender como o fluxo sanguíneo e a pressão arterial são regulados para atender às necessidades do corpo e qual o papel do sistema cardiovascular no transporte e na liberação de oxigênio e nutrientes para as células do corpo e também na eliminação dos resíduos metabólicos, inclusive o dióxido de carbono. Conhecendo a maneira como as substâncias são mobilizadas dentro do corpo, é possível agora observar mais de perto o transporte do oxigênio e do dióxido de carbono. No capítulo seguinte, o sistema respiratório será explorado quanto à liberação do oxigênio para o interior das células do corpo e quanto à remoção do dióxido de carbono do organismo.

PALAVRAS-CHAVE

artérias
arteríolas
aterosclerose
barorreceptor
bomba da musculatura
bradicardia
bulha cardíaca
capilares
ciclo cardíaco
contração ventricular prematura (CVP)
controle neural extrínseco
débito cardíaco (Q)
discos intercalares
eletrocardiógrafo

eletrocardiograma (ECG)
fibras de Purkinje
fibrilação ventricular
fração de ejeção (FE)
hematócrito
hematopoese
hemoglobina
mecanorreceptores
miocárdio
nó atrioventricular (AV)
nó sinoatrial (SA)
pericárdio
pressão arterial diastólica (PAD)
pressão arterial média (PAM)

pressão arterial sistólica (PAS)
quimiorreceptor
simpatólise funcional
taquicardia
taquicardia ventricular
vasoconstrição
vasodilatação
veias
vênulas
volume diastólico final (VDF)
volume sistólico (VS)
volume sistólico final (VSF)

QUESTÕES PARA ESTUDO

1. Descreva a estrutura do coração, o padrão de fluxo sanguíneo ao longo das válvulas e das câmaras do coração, como o miocárdio é irrigado com sangue e o que ocorre quando o coração em repouso precisa subitamente irrigar um corpo em exercício.
2. Quais são os eventos que permitem ao coração contrair-se, e como é controlada a frequência cardíaca?
3. O que é contração torsional do coração, e por que ela é importante durante o exercício?
4. Qual é a diferença entre sístole e diástole, e como esses eventos se relacionam com PAS e PAD?
5. Qual é a relação entre pressão, fluxo e resistência?
6. Como é controlado o fluxo sanguíneo para as várias regiões do corpo?
7. De que modo ocorre o aumento do fluxo sanguíneo para os músculos durante o exercício, apesar do aumento da atividade nervosa simpática, que favorece a vasoconstrição?
8. Descreva os três mecanismos importantes para que o sangue retorne ao coração quando uma pessoa está se exercitando na posição em pé.
9. Descreva as principais funções do sangue.

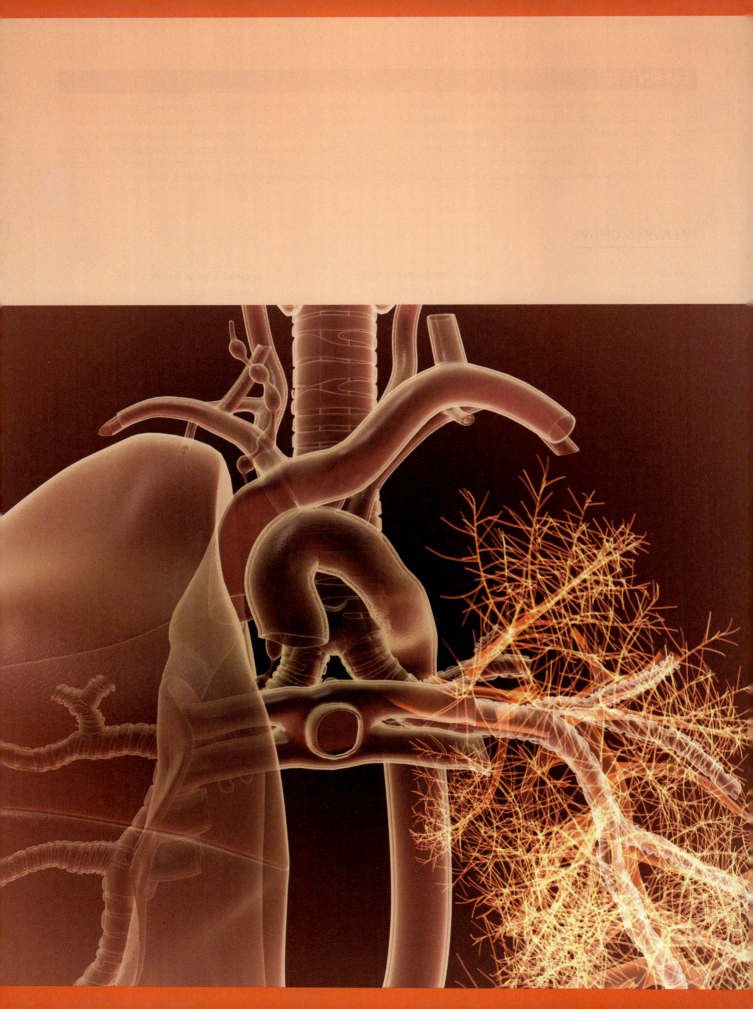

7 Sistema respiratório e sua regulação

Ventilação pulmonar   190

Inspiração   191
Expiração   191

Volumes pulmonares   192

Difusão pulmonar   194

Fluxo sanguíneo para os pulmões
  em repouso   194
Membrana respiratória   195
Pressões parciais dos gases   195
Trocas gasosas nos alvéolos   197
Resumo da difusão dos gases pulmonares   199

ANIMAÇÃO PARA A FIGURA 7.6 Explica as pressões parciais variáveis do oxigênio e do dióxido de carbono no sistema circulatório.

Transporte de oxigênio e dióxido de carbono no sangue   200

Transporte de oxigênio   200
Transporte de dióxido de carbono   202

ANIMAÇÃO PARA A FIGURA 7.10 Analisa a curva de dissociação da oxiemoglobina e seus efeitos no corpo.

Trocas gasosas nos músculos   204

Diferença arteriovenosa de oxigênio   204
Transporte de oxigênio no músculo   204
Fatores que influenciam a liberação
  e o consumo de oxigênio   205
Remoção de dióxido de carbono   205

Regulação da ventilação pulmonar   206

ANIMAÇÃO PARA A FIGURA 7.14 Descreve os fatores envolvidos na regulação da respiração.

Feedback aferente dos membros em exercício   208

Em síntese   211

Pequim, na China, é sem dúvida uma das cidades mais populosas do planeta. Na preparação para os Jogos Olímpicos de 2008, aproximadamente 17 bilhões de dólares foram gastos na tentativa de melhorar temporariamente a qualidade do ar, incluindo a semeadura de nuvens para aumentar a probabilidade de chuvas na região durante a noite. Fábricas foram fechadas, o trânsito foi interrompido e construções pararam durante os Jogos. Ainda assim, a poluição nas Olimpíadas era duas a quatro vezes maior que em Los Angeles em um dia convencional, excedendo os níveis considerados seguros pela Organização Mundial da Saúde. Muitos atletas optaram por não competir por causa de preocupações ou problemas respiratórios, incluindo o etíope Haile Gebreselassie, recordista na maratona, e o ciclista português Sérgio Paulinho, medalhista de prata em 2004. Os atletas que apresentavam o diagnóstico prévio de asma foram autorizados a usar inaladores, e, pela primeira vez na história, jogos de futebol foram interrompidos para proporcionar aos atletas tempo para se recuperar dos poluentes, da fumaça, do calor e da umidade. Atletas e espectadores resistiram a essas condições por algumas semanas, e não existem registros de problemas de saúde de longo prazo entre atletas ou espectadores pela exposição ao ar de Pequim. No entanto, os habitantes de Pequim convivem com essas condições respiratórias adversas diariamente.

Os sistemas respiratório e cardiovascular se combinam para proporcionar um sistema eficiente de distribuição que transporta oxigênio e remove dióxido de carbono de todos os tecidos do corpo.

Esse transporte envolve quatro processos distintos:

- Ventilação pulmonar (respiração): movimento do ar para dentro e para fora dos pulmões.
- Difusão pulmonar: troca de oxigênio e dióxido de carbono entre os pulmões e o sangue.
- Transporte de oxigênio e dióxido de carbono através do sangue.
- Difusão capilar: troca de oxigênio e dióxido de carbono entre o sangue capilar e os tecidos metabolicamente ativos.

Os dois primeiros processos são conhecidos como **respiração externa** porque envolvem a movimentação de gases de fora do corpo para dentro dos pulmões e, em seguida, para o sangue. Tão logo os gases estejam no sangue, devem ser transportados até os tecidos. Quando o sangue chega aos tecidos, ocorre a quarta etapa da respiração. Essa troca gasosa entre o sangue e os tecidos é chamada de **respiração interna**. Assim, as respirações externa e interna estão ligadas pelo sistema circulatório. Nas seções seguintes serão examinados todos os quatro componentes da respiração.

Ventilação pulmonar

Ventilação pulmonar, comumente conhecida como respiração, é o processo pelo qual mobilizamos o ar para dentro e para fora de nossos pulmões. A anatomia do sistema respiratório é ilustrada na Figura 7.1. Normalmente, em uma situação de repouso, o ar é transportado para os pulmões através do nariz, embora a boca também deva ser utilizada quando a demanda por ar exceder a quantidade que pode ser confortavelmente obtida através das narinas. A respiração nasal é vantajosa, porque o ar é aquecido e umidificado ao passar através das superfícies sinusais irregulares (turbinados, ou conchas). Igualmente importantes, os turbinados agitam o ar inalado, fazendo que poeira e outras partículas entrem em contato com a mucosa nasal e acabem aderindo a ela. Com isso, são filtradas todas as partículas, exceto as mais diminutas, minimizando a irritação e a ameaça de infecções respiratórias. Do nariz e da boca, o ar se desloca através da faringe, da laringe, de traqueia e da árvore brônquica.

Essa zona de transporte também tem significado fisiológico, por compreender o chamado **espaço morto** anatômico. Tendo em vista que parte de cada expiração permanece no interior desse espaço, o ar de fora do corpo se mistura com esse ar a cada inspiração, e a mistura resultante chega até os alvéolos.

Essas estruturas anatômicas têm a exclusiva função de transporte, porque nelas não ocorrem trocas gasosas. As trocas de oxigênio e dióxido de carbono ocorrem quando o ar finalmente chega às menores unidades respiratórias: os bronquíolos respiratórios e os alvéolos. Basicamente, os bronquíolos respiratórios também são tubos de transporte, mas são incluídos nessa região por conterem aglomerados de alvéolos. Essa área é conhecida como zona respiratória, por ser o local das trocas gasosas nos pulmões.

Os pulmões não estão diretamente presos às costelas. Em vez disso, esses órgãos estão suspensos pelos sacos pleurais. Os sacos pleurais têm uma parede dupla: a pleura parietal, que reveste a parede torácica, e a pleura visceral ou pulmonar, que reveste os aspectos externos dos pulmões. Essas paredes pleurais envolvem os pulmões e apresentam uma delgada película de líquido entre elas, o que reduz a fricção durante os movimentos respiratórios. Além disso, esses sacos estão conectados aos pulmões e à superfície interna da caixa torácica, permitindo que os pulmões assumam a forma e o tamanho das costelas ou da caixa torácica conforme o tórax se expande ou se contrai.

Sistema respiratório e sua regulação   191

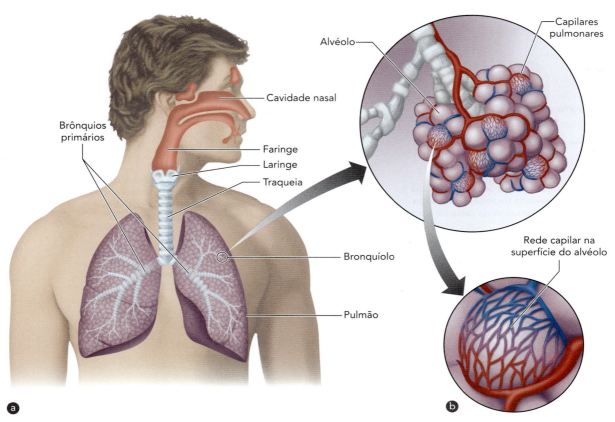

FIGURA 7.1 (a) Anatomia do sistema respiratório, ilustrando o trato respiratório (i. e., cavidade nasal, faringe, traqueia e brônquios). (b) Vista ampliada do alvéolo, ilustrando as regiões de trocas gasosas entre o alvéolo e o sangue pulmonar nos capilares.

A anatomia dos pulmões, dos sacos pleurais, do diafragma e da caixa torácica determina o fluxo aéreo para dentro e para fora dos pulmões, isto é, a inspiração e a expiração.

Inspiração

Inspiração é um processo ativo que envolve o diafragma e os músculos intercostais externos. A Figura 7.2a mostra as posições de repouso do diafragma e da caixa torácica, ou tórax. Durante a inspiração, as costelas e o esterno são mobilizados pelos músculos intercostais externos. As costelas oscilam para cima e para fora, e o esterno oscila para cima e para frente. Ao mesmo tempo, o diafragma se contrai, achatando-se na direção do abdome.

Essas ações, ilustradas na Figura 7.2b, expandem todas as três dimensões da caixa torácica, aumentando o volume intrapulmonar. Quando os pulmões estão expandidos, seu volume aumenta, e há mais espaço para o ar em seu interior. De acordo com a **lei dos gases de Boyle**, que afirma que pressão × volume é constante (em uma temperatura constante), ocorre queda na pressão no interior dos pulmões. Consequentemente, a pressão nos pulmões (pressão intrapulmonar) diminui em relação à pressão do ar fora do corpo. Tendo em vista que o trato respiratório está aberto para o exterior, o ar se precipita para o interior dos pulmões, para reduzir essa diferença de pressão. É assim que o ar é conduzido para os pulmões durante a inspiração.

As mudanças de pressão necessárias para uma ventilação adequada em repouso são realmente muito pequenas. Exemplificando, em uma pressão atmosférica padrão ao nível do mar (760 mmHg), a inspiração pode diminuir a pressão no interior dos pulmões (pressão intrapulmonar) em cerca de somente 2-3 mmHg. Contudo, durante o esforço respiratório máximo, tal como um exercício exaustivo, a pressão intrapulmonar pode cair em cerca de 80-100 mmHg.

Durante a respiração forçada ou trabalhosa, como durante o exercício extenuante, a inspiração é auxiliada também pela ação de outros músculos, como os escalenos (anterior, médio e posterior) e o esternocleidomastóideo, no pescoço, e os peitorais, no tórax. Esses músculos ajudam a elevar as costelas ainda mais do que durante a respiração regular.

Expiração

Em repouso, a **expiração** é um processo passivo que envolve o relaxamento dos músculos inspiratórios e o recuo elástico do tecido pulmonar. À medida que o diafragma

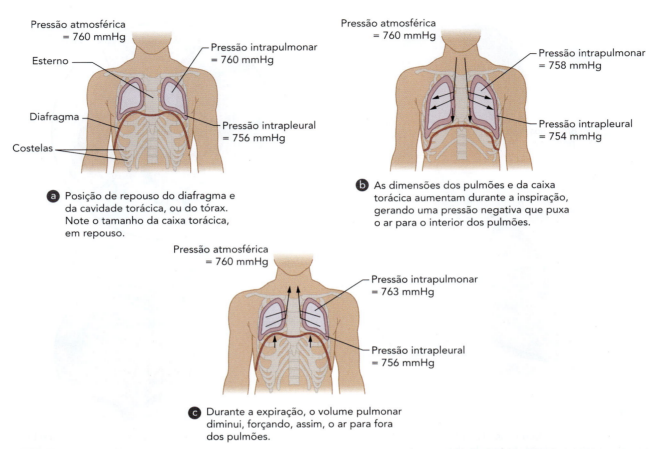

FIGURA 7.2 Processo de inspiração e expiração, ilustrando (a) as posições das costelas e do tórax em repouso, e como o movimento das costelas e do diafragma pode (b) aumentar o tamanho do tórax durante a inspiração e (c) diminuir seu tamanho durante a expiração.

relaxa, ocorre o retorno desse músculo para sua posição superior arqueada normal. Ao passo que os músculos intercostais externos relaxam, as costelas e o esterno retornam até suas posições de repouso (Fig. 7.2c). Enquanto esse processo ocorre, a natureza elástica do tecido pulmonar possibilita que ele recue para seu volume em repouso. Isso aumenta a pressão nos pulmões e causa uma redução proporcional no volume torácico; assim, o ar é forçado para fora dos pulmões.

Durante a respiração forçada, a expiração passa a ser um processo mais ativo. Os músculos intercostais internos tracionam ativamente as costelas para baixo. Essa ação pode ser auxiliada pelos músculos latíssimo do dorso e quadrado lombar. A contração dos músculos abdominais aumenta a pressão intra-abdominal, forçando as vísceras abdominais para cima contra o diafragma e acelerando seu retorno à posição em cúpula. Esses músculos também tracionam a caixa torácica para baixo e para dentro.

As mudanças nas pressões intra-abdominal e intratorácica que acompanham a respiração forçada também ajudam o retorno venoso na direção do coração, trabalhando em sintonia com a ação da bomba muscular nas pernas para auxiliar o retorno do volume venoso. À medida que aumentam as pressões intra-abdominal e intratorácica, elas são transmitidas para as grandes veias – veias pulmonares e veias cavas superior e inferior –, que transportam o sangue de volta para o coração. Quando as pressões diminuem, as veias retornam a seu calibre original e se enchem de sangue. As mudanças de pressão no interior do abdome e do tórax espremem o sangue nas veias, ajudando em seu retorno, em uma ação semelhante à da ordenha. Esse fenômeno é conhecido como **bomba respiratória** e é essencial para a manutenção de um retorno venoso adequado.

Volumes pulmonares

O volume de ar nos pulmões pode ser medido com uma técnica denominada **espirometria.** O espirômetro mede os volumes de ar inspirado e expirado e, portanto, as mudanças no volume pulmonar. Embora atualmente sejam utilizados espirômetros mais sofisticados, em linhas gerais esse aparelho contém uma campânula cheia de ar que fica parcialmente submersa em água. Um tubo estende-se desde a boca do voluntário por baixo da água e emerge no interior da campânula, imediatamente acima do nível da água. Conforme a pessoa expira, o ar flui pelo tubo até o interior da campânula, provocando sua elevação. A campânula está ligada a uma caneta, e o movimento é registrado em um tambor giratório simples (Fig. 7.3).

Essa técnica é utilizada na clínica para medir volumes, capacidades e velocidades de fluxo pulmonares, como meio auxiliar ao diagnóstico de doenças respiratórias como asma, doença pulmonar obstrutiva crônica (DPOC) e enfisema.

A quantidade de ar que entra e sai dos pulmões a cada respiração é denominada **volume corrente**. A **capacidade vital (CV)** é a maior quantidade de ar que pode ser expirada depois de uma inspiração máxima. Mesmo após uma expiração máxima, um pouco de ar permanece nos pulmões. A quantidade de ar que permanece nos pulmões depois de uma expiração máxima é o **volume residual (VR)**. O VR não pode ser medido pela espirometria. A **capacidade pulmonar total (CPT)** é a soma da CV e do VR.

Em resumo

> Ventilação pulmonar (respiração) é o processo pelo qual o ar é mobilizado para dentro e para fora dos pulmões. Essa ventilação possui duas fases: inspiração e expiração.

> Inspiração é um processo ativo pelo qual o diafragma e os músculos intercostais externos se contraem, aumentando as dimensões e, portanto, o volume da caixa torácica. Isso diminui a pressão nos pulmões, permitindo que o ar flua para seu interior.

> Normalmente, a expiração em repouso é um processo passivo. Os músculos inspiratórios e o diafragma relaxam, e o tecido elástico dos pulmões recua, possibilitando que a caixa torácica retorne às suas dimensões normais, que são menores. Esse processo aumenta a pressão nos pulmões e força a saída do ar.

> As mudanças de pressão necessárias para uma ventilação em repouso são realmente muito pequenas, de até somente 2 mmHg. Contudo, durante o esforço respiratório máximo, a pressão intrapulmonar pode cair em cerca de 80-100 mmHg.

> A inspiração e a expiração forçadas ou laboriosas são processos ativos e envolvem ações dos músculos acessórios.

> A respiração através do nariz ajuda a umidificar e a aquecer o ar durante a inspiração e, além disso, filtra as partículas estranhas presentes no ar. A respiração pela boca predomina no exercício em intensidade moderada a alta.

> A espirometria mede os volumes e as capacidades pulmonares, juntamente com as taxas de fluxo de ar para dentro e para fora dos pulmões.

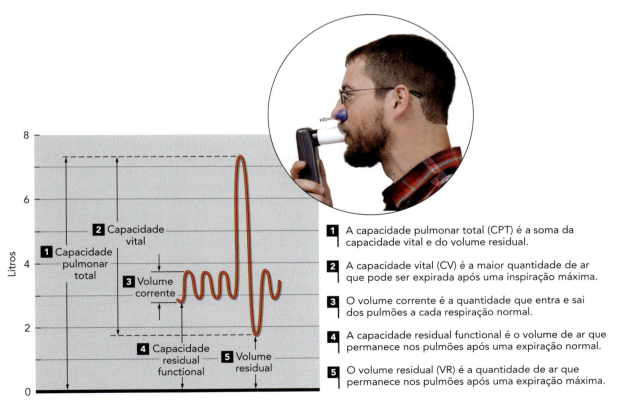

FIGURA 7.3 Volumes pulmonares medidos por espirometria.

Difusão pulmonar

A troca gasosa nos pulmões entre os alvéolos e o sangue capilar, denominada **difusão pulmonar**, atende a duas funções principais:

- Restabelece o suprimento de oxigênio no sangue, que sofre diminuição no nível dos tecidos, nos quais o gás é utilizado para produção de energia oxidativa.
- Remove dióxido de carbono do sangue venoso, em seu retorno dos tecidos sistêmicos.

O ar é levado até o interior dos pulmões durante a ventilação pulmonar, possibilitando as trocas gasosas por meio da difusão pulmonar. O oxigênio do ar se difunde dos alvéolos para o sangue nos capilares pulmonares, e o dióxido de carbono se difunde do sangue para o interior dos alvéolos pulmonares. **Alvéolos** são aglomerados ou sacos aéreos que lembram cachos de uvas, situados nas extremidades dos bronquíolos terminais.

O sangue do corpo (exceto o que retorna dos pulmões) retorna através da veia cava para o lado direito do coração. A partir do ventrículo direito, esse sangue é bombeado através da artéria pulmonar até os pulmões, e finalmente segue para os capilares pulmonares. Estes formam uma rede intricada em torno dos sacos alveolares. Esses vasos são tão pequenos que os eritrócitos devem atravessá-los em fila única, de tal modo que a área de superfície máxima de cada célula fica exposta ao tecido pulmonar circunjacente. É nesse local que ocorre a difusão pulmonar.

Fluxo sanguíneo para os pulmões em repouso

Em repouso, os pulmões recebem cerca de 4-6 L/min de fluxo sanguíneo, dependendo do porte físico do indivíduo. Considerando que o débito cardíaco do lado direito do coração se aproxima do débito cardíaco do lado esquerdo do órgão, o fluxo sanguíneo em direção aos pulmões é equivalente ao fluxo sanguíneo para a circulação sistêmica. Contudo, a pressão e a resistência vascular nos vasos sanguíneos nos pulmões são diferentes das que ocorrem na circulação sistêmica. A pressão média na artéria

---

PERSPECTIVA DE PESQUISA 7.1
Treinamento intervalado de velocidade para os músculos respiratórios

O típico treinamento de resistência muscular respiratória (TRMR) melhora a capacidade de exercício e, portanto, o desempenho; tais ganhos são em grande parte atribuídos a reduções no desenvolvimento de fadiga muscular respiratória. Entretanto, uma versão abreviada do TRMR, baseada no princípio do treinamento intervalado de alta intensidade (treinamento intervalado com *sprints* dos músculos respiratórios, ou TISMR), pode promover ganhos semelhantes na função muscular respiratória?

Recentemente, uma equipe de pesquisadores procurou comparar os efeitos do TRMR tradicional *versus* TISMR na função muscular respiratória.[7] As propriedades mecânicas das vias aéreas e os testes para a musculatura respiratória (p. ex., força muscular respiratória) foram medidos antes e depois de sessões experimentais de TRMR e TISMR. O TRMR consistiu em hiperpneia volitiva contínua (aumento da profundidade e da frequência respiratória) realizada durante 30 minutos, utilizando um dispositivo de treinamento disponível no mercado. O TISMR era um novo regime de treinamento muscular respiratório desenvolvido pelos pesquisadores. Com o uso do mesmo dispositivo de treinamento empregado no TRMR, o regime TISMR consistia em seis curtos *sprints* respiratórios máximos com resistência adicional das vias aéreas para maximizar o trabalho muscular respiratório. Dessa maneira, o TISMR se caracteriza por índices mais altos de produção de potência muscular respiratória e de tensão-tempo, mas com trabalho total consideravelmente menor em comparação com o TRMR. O TRMR tradicional e os novos regimes TISMR reduziram a contratilidade dos músculos respiratórios na mesma extensão, desencadeando adaptações musculares semelhantes em resposta ao treinamento. Nenhum desses protocolos alterou as propriedades mecânicas das vias aéreas. Portanto, em comparação com o TRMR, o TISMR parece ser uma alternativa segura e que poupa tempo.

O TRMR pode melhorar a função geral de pacientes que foram submetidos a uma esternotomia mediana (i. e., a divisão do esterno para acessar os órgãos subjacentes) durante a cirurgia cardíaca. Os fisiologistas do exercício clínicos estão interessados nas adaptações do treinamento físico que ocorrem nos programas estruturados de reabilitação cardíaca. Os resultados de um estudo publicado em 2013 sugerem que haveria benefício com a inclusão de exercícios que melhorem a força dos músculos inspiratórios, como parte de um programa de reabilitação cardíaca.[4] Esse tipo de treinamento reduziria o esforço muscular inspiratório e melhoraria ainda mais a eficiência ventilatória em pacientes após a cirurgia cardíaca a céu aberto.

pulmonar é ~15 mmHg (a pressão sistólica é ~25 mmHg e a pressão diastólica é ~8 mmHg), em comparação com a pressão média na aorta, que é de ~95 mmHg. A pressão no átrio esquerdo, onde o sangue está retornando dos pulmões ao coração, é ~5 mmHg; assim, não é grande a diferença entre as pressões ao longo da circulação pulmonar (15 – 5 mmHg). A Figura 7.4 ilustra as diferenças de pressão entre as circulações pulmonar e sistêmica.

Relembrando a discussão abordada no Capítulo 6 sobre fluxo sanguíneo no sistema cardiovascular, pressão = fluxo × resistência. Tendo em vista que o fluxo sanguíneo nos pulmões é igual ao fluxo sanguíneo na circulação sistêmica, e considerando que ocorre mudança substancialmente menor na pressão ao longo do sistema vascular pulmonar, a resistência é proporcionalmente mais baixa em comparação com a que ocorre na circulação sistêmica. Isso se reflete nas diferenças na anatomia dos vasos na circulação pulmonar *versus* circulação sistêmica: os vasos sanguíneos pulmonares têm paredes finas, com quantidade relativamente pequena de músculo liso.

Membrana respiratória

A troca gasosa entre o ar nos alvéolos e o sangue nos capilares pulmonares ocorre através da **membrana respiratória** (também denominada membrana alveolocapilar). Essa membrana, ilustrada na Figura 7.5, compõe-se:

- da parede do alvéolo;
- da parede do capilar; e
- de suas respectivas membranas basais.

A função principal dessas superfícies membranosas é a troca gasosa. A membrana respiratória é muito delgada, medindo apenas 0,5-4,0 μm. Como resultado, os gases nos cerca de 300 milhões de alvéolos ficam muito próximos do sangue que circula através dos capilares.

Pressões parciais dos gases

O ar que respiramos é uma mistura de gases. Cada um desses gases exerce uma pressão proporcional à sua concentração na mistura gasosa. As pressões individuais de cada gás em uma mistura são referidas como **pressões parciais**. De acordo com a **lei de Dalton**, a pressão total de uma mistura de gases é igual à soma das pressões parciais dos gases individuais presentes nessa mistura.

Considere o ar que se respira. O ar se compõe de 79,04% de nitrogênio (N_2), 20,93% de oxigênio (O_2) e 0,03% de dióxido de carbono (CO_2). Esses percentuais permanecem constantes, independentemente da altitude. Ao nível do mar, a pressão atmosférica (ou barométrica) é de aproximadamente 760 mmHg, também conhecida como pressão atmosférica padrão. Assim, se a pressão atmosférica total for 760 mmHg, a pressão parcial do nitrogênio (PN_2) no ar será igual a 600,7 mmHg (ou 79,04% da pressão total de 760 mmHg). A pressão parcial do oxigênio (PO_2) será igual a 159,1 mmHg (20,93% de 760 mmHg), e a pressão parcial do dióxido de carbono (PCO_2) será igual a 0,2 mmHg (0,03% de 760 mmHg).

No corpo humano, os gases ficam normalmente dissolvidos em líquidos, como o plasma sanguíneo. Segundo a **lei de Henry,** os gases se dissolvem nos líquidos em proporção a suas pressões parciais, dependendo também de sua solubilidade nos líquidos específicos e da temperatura. A solubilidade de um gás no sangue é uma constante, e a temperatura sanguínea também permanece relativamente constante em repouso. Assim, o fator mais crítico para a troca gasosa entre os alvéolos e o sangue é o gradiente de pressão entre os gases das duas áreas.

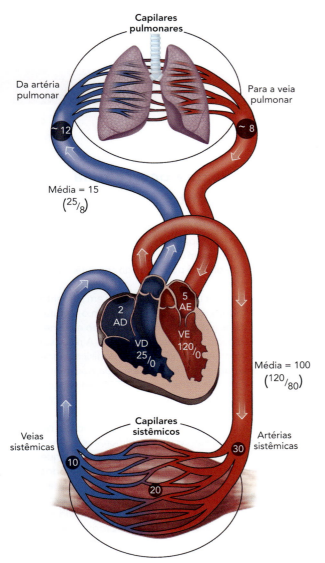

FIGURA 7.4 Comparação das pressões (mmHg) nas circulações pulmonar e sistêmica.

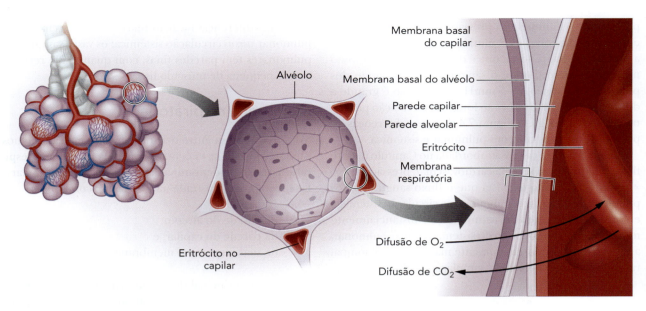

FIGURA 7.5 Anatomia da membrana respiratória, ilustrando a troca de oxigênio e dióxido de carbono entre um alvéolo e o sangue em um capilar pulmonar.

PERSPECTIVA DE PESQUISA 7.2
O treinamento físico contrabalança as diminuições que ocorrem na capacidade de difusão pulmonar com o envelhecimento

A estrutura e a função da vasculatura pulmonar contribuem para a capacidade aeróbia máxima ($\dot{V}O_{2max}$), de tal modo que uma rede vascular pulmonar mais ampla e mais distensível está associada a maior capacidade de exercício aeróbio. Durante o exercício, aumentos no débito cardíaco e na pressão de perfusão pulmonar causam uma expansão da rede capilar pulmonar, que é altamente complacente, resultando em aumento da capacidade de difusão pulmonar, da condutância da membrana alveolocapilar e do volume sanguíneo nos capilares pulmonares.

À medida que as pessoas envelhecem, a estrutura e a função da circulação pulmonar mudam, resultando em aumento da rigidez e das pressões, bem como na resistência na vasculatura pulmonar, e todos esses efeitos prejudicam o recrutamento e a distensão dos capilares pulmonares durante o exercício. No entanto, essas alterações relacionadas ao envelhecimento não parecem limitar a expansão dos capilares pulmonares durante o exercício em idosos saudáveis. A resposta da vasculatura pulmonar ao exercício, em idosos treinados em resistência e com grande condicionamento físico, ainda não ficou devidamente definida. É plausível que um $\dot{V}O_{2max}$ mais elevado possa fazer com que a demanda por débito cardíaco e pelo fluxo sanguíneo pulmonar durante o exercício físico permaneça elevada em atletas idosos, predispondo idosos bem condicionados a deficiências na expansão vascular pulmonar e nas trocas gasosas nos pulmões, em relação às demandas metabólicas do exercício.

Recentemente, esse conceito foi posto à prova por um grupo de pesquisadores que caracterizou a capacidade de difusão pulmonar, a condutância da membrana alveolocapilar e o volume sanguíneo nos capilares pulmonares em resposta ao exercício exaustivo incremental em idosos com treinamento aeróbio.[3] Os autores levantaram a hipótese de que atletas idosos seriam limitados em sua capacidade de expandir a rede vascular pulmonar durante exercícios praticados em alta intensidade. Seus achados confirmaram reduções negativas ligadas ao envelhecimento na capacidade de difusão pulmonar, na condutância da membrana alveolocapilar e no volume sanguíneo nos capilares pulmonares durante o exercício; no entanto, essas variáveis aumentaram durante o exercício nos idosos treinados em comparação com os indivíduos não treinados e com idades equivalentes. Contrastando com a hipótese original, ocorreu um aumento progressivo da capacidade de difusão pulmonar ao longo do exercício nos adultos treinados, sugerindo que a expansão da rede capilar pulmonar durante o exercício não fica limitada durante o exercício em idosos altamente condicionados. Os estudos de acompanhamento devem incluir medidas das pressões vasculares pulmonares para que se possa determinar mais especificamente a relação entre o aumento da capacidade de difusão pulmonar e a resposta da vasculatura pulmonar ao exercício.

Trocas gasosas nos alvéolos

Diferenças nas pressões parciais dos gases nos alvéolos e dos gases no sangue criam um gradiente de pressão através da membrana respiratória. Isso forma a base das trocas gasosas durante a difusão pulmonar. Se as pressões em cada lado da membrana fossem iguais, os gases ficariam em equilíbrio e não se movimentariam. Mas as pressões não são iguais, e assim os gases se mobilizam de acordo com gradientes das pressões parciais.

Troca de oxigênio

A PO_2 do ar fora do corpo na pressão atmosférica padrão é igual a 159 mmHg. Mas essa pressão cai para cerca de 105 mmHg quando o ar é inspirado e ingressa nos alvéolos, onde é umedecido e se mescla ao ar presente. O ar alveolar está saturado com vapor de água (que tem sua própria pressão parcial) e contém mais dióxido de carbono que o ar inspirado. Tanto o aumento da pressão do vapor de água como o aumento da pressão parcial do dióxido de carbono contribuem para a pressão total nos alvéolos. O ar fresco que ventila os pulmões é constantemente misturado com o ar presente nos alvéolos, ao passo que parte dos gases alveolares é expirada para o ambiente. Em consequência disso, as concentrações dos gases alveolares permanecem relativamente estáveis.

Normalmente, o sangue, desprovido de grande parte de seu oxigênio pelas demandas metabólicas dos tecidos, entra nos capilares pulmonares com PO_2 de cerca de 40 mmHg (ver Fig. 7.6). Isso representa aproximadamente 60-65 mmHg a menos que a PO_2 nos alvéolos. Em outras palavras, em geral o gradiente de pressão para o oxigênio através da membrana respiratória é de aproximadamente 65 mmHg. Conforme observado anteriormente, esse gradiente de pressão direciona o oxigênio dos alvéolos para o sangue, de modo a equilibrar a pressão do oxigênio em cada lado da membrana.

A PO_2 nos alvéolos permanece relativamente constante a cerca de 105 mmHg. Quando o sangue desoxigenado entra na artéria pulmonar, a PO_2 no sangue é de apenas cerca de 40 mmHg. No entanto, quando o sangue se movimenta ao longo dos capilares pulmonares, ocorre a troca gasosa. Quando o sangue pulmonar alcança as terminações venosas desses capilares, a PO_2 no sangue equivale à PO_2 nos alvéolos (aproximadamente 105 mmHg), e agora o sangue é considerado saturado com oxigênio em sua capacidade de transporte total. O sangue que deixa os pulmões através das veias pulmona-

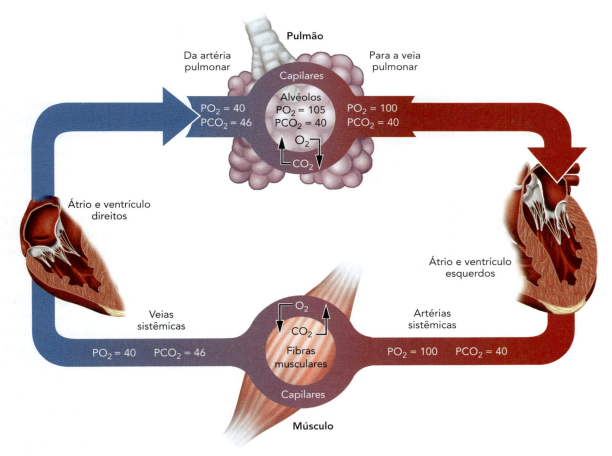

FIGURA 7.6 Pressão parcial do oxigênio (PO_2) e do dióxido de carbono (PCO_2) no sangue, como resultado das trocas gasosas nos pulmões e das trocas gasosas entre o sangue capilar e os tecidos.

res e que subsequentemente retorna ao lado sistêmico (i. e., esquerdo) do coração contém grande suprimento de oxigênio para ser fornecido aos tecidos. Entretanto, observe que a PO_2 na veia pulmonar equivale a 100 mmHg, e não aos 105 mmHg encontrados no ar alveolar e nos capilares pulmonares. Essa diferença é atribuível ao fato de que cerca de 2% do sangue é desviado da aorta diretamente para o pulmão a fim de atender às necessidades de oxigenação desse órgão. Esse sangue tem PO_2 mais baixa, reingressando na veia pulmonar juntamente com o sangue completamente saturado que terminou de completar as trocas gasosas e está retornando ao átrio esquerdo. Esse sangue se mistura, e, assim, diminui a PO_2 do sangue que retorna ao coração.

A difusão através dos tecidos é descrita pela **lei de Fick** (Fig. 7.7). Essa lei afirma que a velocidade de difusão através de um tecido como a membrana respiratória é proporcional à área de superfície e à diferença na pressão parcial do gás entre os dois lados do tecido. Por exemplo, quanto maior o gradiente de pressão para o oxigênio através da membrana respiratória, mais rapidamente ocorrerá a difusão através da membrana. A velocidade de difusão é também inversamente proporcional à espessura do tecido no qual o gás deverá se difundir. Além disso, a constante de difusão, que é exclusiva para cada gás, influencia a velocidade de difusão através do tecido. O dióxido de carbono possui uma constante de difusão muito mais baixa que o oxigênio; portanto, embora não exista grande diferença entre as pressões parciais alveolar e capilar do dióxido de carbono (como ocorre com o oxigênio), ainda assim ele se difunde com facilidade.

A velocidade de difusão do oxigênio dos alvéolos para o sangue é denominada **capacidade de difusão do oxigênio**, sendo expressa como o volume de oxigênio que se difunde através da membrana a cada minuto para uma diferença de pressão de 1 mmHg. Em repouso, a capacidade de difusão do oxigênio é de aproximadamente 21 mL de oxigênio por minuto por 1 mmHg de diferença de pressão entre os alvéolos e o sangue capilar pulmonar. Embora o gradiente de pressão parcial entre o sangue venoso que chega aos pulmões e o ar alveolar seja de aproximadamente 65 mmHg (105 mmHg – 40 mmHg), a capacidade de difusão do oxigênio é calculada com base na pressão média no capilar pulmonar, que tem PO_2 substancialmente mais elevada. O gradiente entre a pressão parcial média do capilar pulmonar e o ar alveolar é de aproximadamente 11 mmHg, o que proporcionaria uma difusão de 231 mL de oxigênio por minuto através da membrana respiratória. Durante o exercício máximo, a capacidade de difusão do oxigênio pode aumentar em até três vezes o valor da velocidade em repouso, porque o sangue está retornando aos pulmões intensamente dessaturado, e, assim, é maior o gradiente de pressão parcial dos alvéolos para o sangue. De fato, têm sido observadas velocidades superiores a 80 mL/min entre atletas altamente treinados.

O aumento na capacidade de difusão do oxigênio, de uma situação de repouso para a de exercício, é causado por uma circulação morosa e relativamente ineficaz através dos pulmões em repouso, o que decorre principalmente da limitada perfusão das regiões superiores desses órgãos atribuída à gravidade. Se o pulmão for dividido em três zonas, conforme ilustra a Figura 7.8, apenas o terço inferior (zona 3) será perfundido com sangue durante uma situação de repouso. Porém, durante a prática do exercício, o fluxo sanguíneo através dos pulmões será maior, principalmente por causa da elevada pressão arterial, o que aumenta a perfusão pulmonar.

Troca de dióxido de carbono

O dióxido de carbono, como o oxigênio, é mobilizado ao longo de um gradiente de pressão parcial. Assim como ilustrado na Figura 7.6, ao passar pelos alvéolos desde o lado direito do coração, o sangue tem PCO_2 de aproximadamente 46 mmHg. O ar nos alvéolos tem PCO_2 de cerca de 40 mmHg. Embora isso resulte em um gradiente de pressão relativamente pequeno, de apenas 6 mmHg, é mais do que adequado para que ocorra a troca de CO_2. O coeficiente de difusão do dióxido de carbono é 20 vezes maior que o do oxigênio, e, assim, o CO_2 pode se difundir através da membrana respiratória com rapidez muito maior.

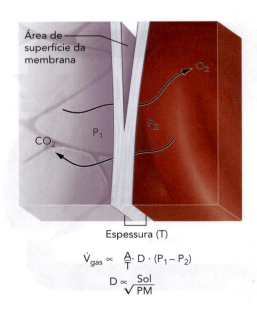

FIGURA 7.7 Difusão através de um folheto de tecido. A quantidade de gás ($\dot{V}_{gás}$) transferido é proporcional à área (A), a uma constante de difusão (D) e à diferença na pressão parcial ($P_1 - P_2$), sendo inversamente proporcional à espessura (T). A constante é proporcional à solubilidade do gás (Sol), mas inversamente proporcional à raiz quadrada de seu peso molecular (PM).

pressão barométrica (P_B) ao nível do mar de 760 mmHg, a PO_2 no ar ambiente (se completamente desprovido de umidade, o que não ocorre na natureza) seria

$$0{,}2093 \times 760 \text{ mmHg} = 159 \text{ mmHg.}$$

À medida que o ar seco avança pelo nariz e pela boca e se transforma em vapor de água umidificado (que tem uma pressão parcial, PH_2O, de 47 mmHg à temperatura corporal), o ar na traqueia fica com uma pressão parcial de

$$0{,}2093 \times (760 - 47) = 149 \text{ mmHg.}$$

Nos alvéolos, o ar agora se torna uma mistura que combina a PCO_2 no sangue que retorna da circulação sistêmica e a PO_2 do ar traqueal e se equilibra em um valor aproximado de 105 mmHg. À medida que o oxigênio se difunde dos alvéolos para o interior dos capilares pulmonares e para o sangue arterial, a PO_2 continua a diminuir ligeiramente ao longo dos gradientes de difusão, uma vez que o sangue capilar pulmonar é uma mistura de sangue arterial e venoso, ou "sangue misturado".

Ao nível do tecido (p. ex., músculo), as células extraem O_2 do aporte arterial para uso no metabolismo aeróbio, e a queda na PO_2 desde o sangue arterial até o sangue venoso que flui, afastando-se dos tecidos, representa a diferença arteriovenosa de oxigênio, ou diferença $(a-v)O_2$. Observe que a PO_2 ao nível mitocondrial é extremamente baixa, aproximadamente 1-2 mmHg. Isso garante uma liberação ideal de O_2 para essas organelas, que são o destino final do oxigênio, onde será empregado na fosforilação oxidativa.

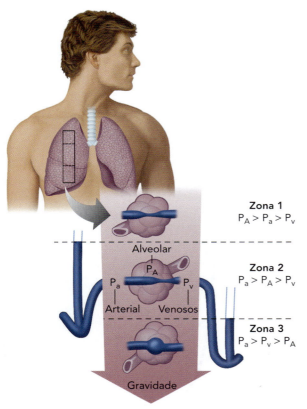

FIGURA 7.8 Explicação da distribuição desigual do fluxo sanguíneo no pulmão.

Resumo da difusão dos gases pulmonares

A Tabela 7.1 resume as pressões parciais dos gases envolvidos na difusão pulmonar. Observe que a pressão total no sangue venoso é de apenas 706 mmHg, ou seja, 54 mmHg mais baixa que a pressão total no ar seco e no ar alveolar. Isso é resultado de um decréscimo muito maior na PO_2 em comparação ao aumento na PCO_2 quando o sangue atravessa os tecidos do corpo.

A Figura 7.9 mostra a queda das pressões parciais de oxigênio ao nível do mar, do ar ambiente seco para os tecidos e até a circulação venosa que drena esses tecidos. Esse fenômeno é conhecido como **cascata de oxigênio**. A uma

> ### Em resumo
> - Difusão pulmonar é o processo pelo qual gases são trocados através da membrana respiratória nos alvéolos.
> - A lei de Dalton afirma que a pressão total de uma mistura de gases equivale ao somatório das pressões parciais dos gases individualmente presentes na mistura.

TABELA 7.1 Pressões parciais dos gases respiratórios ao nível do mar

Gás	% em ar seco	Pressão parcial (mmHg)				
		Ar seco	Ar alveolar	Sangue arterial	Sangue venoso	Gradiente de difusão
H_2O	0,00	0	47	47	47	0
O_2	20,93	159,1	105	100	40	60
CO_2	0,03	0,2	40	40	46	6
N_2	79,04	600,7	568	573	573	0
Total	100,00	760	760	760	706[a]	0

[a] Ver no texto a explicação para a diminuição na pressão total.

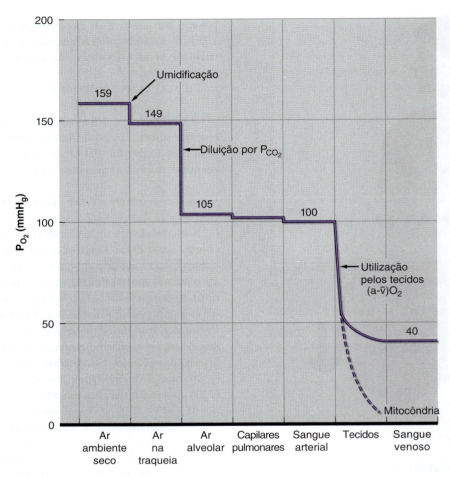

FIGURA 7.9 A cascata de oxigênio ilustra as pressões parciais do oxigênio em queda (nessa figura, no nível do mar), desde o ar ambiente seco até os tecidos e na circulação venosa que drena esses tecidos.

> A quantidade e a velocidade das trocas gasosas que ocorrem através da membrana respiratória dependem principalmente da pressão parcial de cada gás, embora outros fatores também sejam importantes, conforme demonstra a lei de Fick. Os gases se difundem ao longo de um gradiente de pressão, movimentando-se de uma área de pressão mais alta para outra de pressão mais baixa. Assim ocorre a entrada de oxigênio e a saída de dióxido de carbono do sangue.
> Ocorre aumento da capacidade de difusão do oxigênio quando o indivíduo passa de uma situação de repouso para o exercício. Quando os músculos em exercício precisam de mais oxigênio para uso nos processos metabólicos, ocorre depleção do oxigênio venoso e a troca de oxigênio nos alvéolos fica facilitada.
> O gradiente de pressão para a troca de dióxido de carbono é mais baixo do que para a troca de oxigênio, mas o coeficiente de difusão do dióxido de carbono é 20 vezes maior que o do oxigênio, de forma que o dióxido de carbono atravessa facilmente a membrana respiratória, sem necessidade de um grande gradiente de pressão.

Transporte de oxigênio e dióxido de carbono no sangue

Considerou-se até aqui como o ar se movimenta para dentro e para fora dos pulmões através da ventilação pulmonar, e como ocorrem as trocas gasosas por meio da difusão pulmonar. Agora, analisar-se-á como os gases são transportados no sangue para a liberação do oxigênio para os tecidos e a remoção do dióxido de carbono produzido pelos tecidos.

Transporte de oxigênio

O oxigênio é transportado pelo sangue (1) em combinação com a hemoglobina nos eritrócitos (mais de 98%) ou (2) dissolvido no plasma sanguíneo (menos de 2%). Apenas cerca de 3 mL de oxigênio são dissolvidos em cada litro de plasma. Assumindo um volume plasmático total de 3-5 L, apenas cerca de 9-15 mL de oxigênio podem ser transportados no estado dissolvido. Essa quantidade limitada de oxigênio não consegue atender de forma adequada às necessidades dos tecidos do corpo, mesmo em condições de repouso, que geralmente necessitam de mais de 250 mL de oxigênio por minuto (dependendo do porte físico do indivíduo). No entanto, a hemoglobina, uma proteína existente no interior de cada um dos 4 a 6 bilhões de eritrócitos, permite que o sangue transporte aproximadamente 70 vezes mais oxigênio que o que seria possível transportar no estado dissolvido no plasma.

Saturação de hemoglobina

Como dito anteriormente, mais de 98% do oxigênio é transportado no sangue ligado à hemoglobina. Cada molécula de hemoglobina pode transportar quatro moléculas de oxigênio. Quando o oxigênio se liga à hemoglobina, forma a oxiemoglobina; a hemoglobina que não está ligada ao oxigênio é denominada desoxiemoglobina. A ligação do oxigênio à hemoglobina depende da PO_2 no sangue e da força de ligação, ou afinidade, entre hemoglobina e oxigênio. A curva na Figura 7.10 ilustra uma curva de dissociação de oxigênio-hemoglobina, revelando a quantidade de saturação da hemoglobina em diferentes valores de PO_2. A forma da curva é extremamente importante para sua função no corpo. A parte superior relativamente plana significa que, com valores elevados de PO_2, como os observados nos pulmões, grandes quedas na PO_2 resultam em apenas pequenas mudanças na saturação da hemoglobina. Essa é a chamada porção de "carregamento" da curva. Uma PO_2 sanguínea elevada resultará em saturação quase completa com hemoglobina, significando que está ligada à quantidade máxima de oxigênio. No entanto, com a diminuição na PO_2, também a saturação de hemoglobina diminui.

A parte íngreme da curva coincide com valores para PO_2 tipicamente observados nos tecidos do corpo. Nesse caso, mudanças relativamente pequenas na PO_2 resultam em grandes mudanças na saturação. Isso também é vantajoso porque essa é a parte de "descarregamento" da curva, na qual a hemoglobina perde seu oxigênio para os tecidos.

Muitos fatores determinam a saturação da hemoglobina. Se, por exemplo, o sangue ficar mais ácido, a curva de dissociação sofrerá desvio para a direita. Esse fato indica que maior quantidade de oxigênio está sendo liberada da hemoglobina ao nível tecidual. Esse desvio da curva para a direita (ver Fig. 7.11a), atribuível a um declínio no pH, é conhecido como efeito Bohr. Geralmente, o pH nos pulmões é elevado, e, assim, a hemoglobina que passa por esses órgãos tem forte afinidade por oxigênio, o que incentiva a ocorrência de grande saturação. Ao nível dos tecidos, em especial durante a prática de exercício, o pH fica mais baixo, provocando dissociação do oxigênio com a hemoglobina, então abastecendo os tecidos com o gás. Com o exercício, a capacidade de descarregar oxigênio para os músculos aumenta à medida que o pH muscular diminui.

A temperatura do sangue também afeta a dissociação do oxigênio. Conforme mostra a Figura 7.11b, o aumento da temperatura do sangue desvia a curva de dissociação para a direita, indicando que o oxigênio está sendo descarregado de maneira mais eficiente em temperaturas mais elevadas. Consequentemente, a hemoglobina libera mais oxigênio quando o sangue circula através de músculos ativos e metabolicamente aquecidos.

Capacidade sanguínea de transporte de oxigênio

A capacidade sanguínea de transporte de oxigênio é a quantidade máxima desse gás que o sangue pode transportar. Basicamente, ela depende do conteúdo de

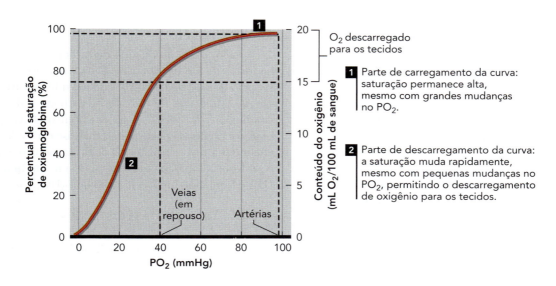

FIGURA 7.10 Curva de dissociação da oxiemoglobina.

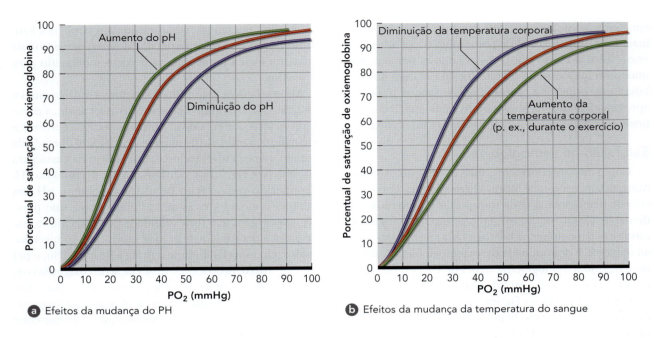

FIGURA 7.11 Efeitos (a) das mudanças do pH sanguíneo e (b) da temperatura do sangue na curva de dissociação da oxiemoglobina.

hemoglobina no sangue. Cada 100 mL de sangue contém, em média, 14-18 g de hemoglobina em homens e 12-16 g em mulheres. Cada grama de hemoglobina pode se combinar com cerca de 1,34 mL de oxigênio, portanto a capacidade de transporte de oxigênio do sangue é de aproximadamente 16-24 mL por 100 mL de sangue, quando o sangue se encontra completamente saturado com o gás. Em repouso, quando o sangue passa através dos pulmões, ele entra em contato com o ar alveolar durante aproximadamente 0,75 s. Esse tempo é suficiente para que a hemoglobina fique com saturação de 98-99%. Com a prática de exercícios muito intensos, o tempo de contato fica muito diminuído, o que pode reduzir a ligação da hemoglobina com o oxigênio e diminuir ligeiramente a saturação, embora a forma singular em S da curva sirva de proteção contra grandes quedas.

Pessoas com baixas concentrações de hemoglobina, por exemplo, indivíduos anêmicos, exibem redução em sua capacidade de transportar oxigênio. Dependendo da gravidade do problema, essas pessoas podem sentir poucos efeitos da anemia quando estão em repouso, porque seu sistema cardiovascular consegue compensar a diminuição do conteúdo de oxigênio no sangue aumentando o débito cardíaco. Contudo, durante atividades em que a liberação de oxigênio pode se tornar fator limitante, por exemplo, em um esforço aeróbio de grande intensidade, a redução do conteúdo de oxigênio no sangue limitará o desempenho.

Transporte de dióxido de carbono

O dióxido de carbono também depende do sangue para seu transporte. Uma vez liberado pelas células, o dióxido de carbono é transportado no sangue basicamente em três formas:

- Na forma de íons bicarbonato, resultantes da dissociação do ácido carbônico.
- Dissolvido no plasma.
- Ligado à hemoglobina (a chamada carbaminoemoglobina).

Íon bicarbonato

A maior parte do dióxido de carbono é transportada na forma de íon bicarbonato. O bicarbonato é responsável pelo transporte de 60-70% do dióxido de carbono no sangue. Moléculas de dióxido de carbono e de água se combinam para formar ácido carbônico (H_2CO_3). Essa reação é catalisada pela enzima anidrase carbônica, que é encontrada nos eritrócitos. O ácido carbônico é instável e se dissocia rapidamente, liberando um íon hidrogênio (H^+) e formando um íon bicarbonato (HCO_3^-):

$$CO_2 + H_2O \rightarrow H_2CO_3 \rightarrow H^+ + HCO_3^-$$

Subsequentemente, o H^+ se liga à hemoglobina, e essa ligação desencadeia o efeito Bohr, mencionado anteriormente, que desvia para a direita a curva de dissociação de oxigênio-hemoglobina. O íon bicarbonato se difunde para fora do eritrócito e para o plasma. Para que não ocorra desequilíbrio elétrico com o desvio do íon bicarbonato negativamente carregado para o plasma, ocorre difusão de um íon cloreto do plasma para o eritrócito. Esse fenômeno é conhecido como desvio do cloreto. Além disso, a formação de íons hidrogênio por meio dessa reação favorece a liberação do oxigênio ao nível do tecido. Por meio desse mecanismo, a hemoglobina funciona como um tampão, ligando e neutralizando o H^+ e, assim, impedindo qualquer acidificação significativa do sangue. O equilíbrio acidobásico será discutido com mais detalhes no Capítulo 8.

Quando o sangue penetra nos pulmões, onde a PCO_2 é mais baixa, os íons H^+ e bicarbonato se reúnem para formar ácido carbônico, que, em seguida, dissocia-se em dióxido de carbono e água:

$$H^+ + HCO_3^- \rightarrow H_2CO_3 \rightarrow CO_2 + H_2O$$

O dióxido de carbono assim reformado pode entrar nos alvéolos e ser expirado.

Dióxido de carbono dissolvido

Parte do dióxido de carbono liberado pelos tecidos está dissolvida no plasma, mas somente pequena quantidade, em geral apenas 7-10%, é transportada desse modo. Esse dióxido de carbono dissolvido deixa o estado de solução nos locais em que a PCO_2 é baixa, como nos pulmões. Nesses órgãos, ocorre difusão do dióxido de carbono para fora dos capilares pulmonares e para o interior dos alvéolos para ser expirado.

Carbaminoemoglobina

O transporte do dióxido de carbono também pode ocorrer quando o gás se liga à hemoglobina, formando carbaminoemoglobina. O composto recebeu essa denominação porque o dióxido de carbono se liga a aminoácidos na parte da globina da molécula de hemoglobina, e não ao grupo heme, como ocorre com o oxigênio. Uma vez que a ligação do dióxido de carbono acontece em uma parte diferente da molécula de hemoglobina que a utilizada pelo oxigênio, não ocorre competição entre os dois processos. Entretanto, a ligação do dióxido de carbono varia com a oxigenação da hemoglobina (desoxiemoglobina liga dióxido de carbono mais facilmente que oxiemoglobina) e com a pressão parcial de CO_2. O dióxido de carbono é liberado da hemoglobina em situações de baixa PCO_2, por exemplo, nos pulmões. Assim, nos pulmões, o dióxido de carbono é rapidamente liberado da hemoglobina, permitindo que o gás entre nos alvéolos para ser expirado.

Em resumo

> O oxigênio é transportado no sangue, ligado principalmente à hemoglobina (na forma de oxiemoglobina), embora pequena parte do gás esteja dissolvida no plasma sanguíneo.

> Para melhor atender à demanda crescente de oxigênio, a descarga (dessaturação) da hemoglobina pelo oxigênio aumenta (i. e., a curva desvia para a direita) quando ocorre:
> » diminuição da PO_2;
> » diminuição do pH; ou
> » aumento da temperatura.

> Graças à forma sigmoide da curva, o carregamento da hemoglobina com o oxigênio fica apenas minimamente afetado pelo desvio nos pulmões.

> Comumente, nas artérias a hemoglobina está saturada em cerca de 98% com o oxigênio. Esse é um conteúdo de oxigênio mais elevado que o exigido pelo corpo humano; portanto, a capacidade de transporte de oxigênio pelo sangue raramente limitará o desempenho de indivíduos saudáveis.

> O dióxido de carbono é transportado no sangue principalmente na forma de íon bicarbonato. Isso impede a formação de ácido carbônico, que pode provocar acúmulo de H^+, com consequente queda do pH. Quantidades menores de dióxido de carbono são dissolvidas no plasma ou ligadas à hemoglobina.

oxigênio por 100 mL de sangue absorvidos pelos tecidos. A quantidade de oxigênio captado é proporcional ao seu uso para a produção oxidativa de energia. Assim, com o aumento da velocidade de uso do oxigênio, também aumenta a diferença $(a-\bar{v})O_2$. Essa diferença pode aumentar para 15-16 mL por 100 mL de sangue durante níveis máximos de exercício de resistência (Fig. 7.12b). Todavia, ao nível do músculo em contração, a **diferença arteriovenosa de oxigênio**, ou **diferença $(a-v)O_2$**, durante o exercício intenso pode aumentar para 17-18 mL por 100 mL de sangue. Observe que, nesse caso, não existe uma barra sobre o v, porque agora está sendo considerado o sangue venoso muscular local, e não o sangue venoso misto no átrio direito. Durante o exercício intenso, o sangue libera mais oxigênio para os músculos ativos, pois a PO_2 nos músculos é substancialmente mais baixa que no sangue arterial.

Transporte de oxigênio no músculo

Antes que o oxigênio possa ser utilizado no metabolismo oxidativo, esse gás deve ser transportado no músculo até as mitocôndrias por uma molécula denominada **mioglobina.** Estruturalmente, a mioglobina é similar à hemoglobina, mas exibe afinidade muito maior pelo oxigênio em comparação com a hemoglobina. Esse conceito está ilustrado na Figura 7.13. Em valores de PO_2 inferiores a 20 mmHg, a curva de dissociação para mioglobina é muito mais abrupta que a curva de dissociação para hemoglobina. A mioglobina libera seu conteúdo de oxigênio apenas sob condições em que a PO_2 esteja muito baixa. Na Figura 7.13, note que, em

Trocas gasosas nos músculos

Foi estudado como os sistemas respiratório e cardiovascular conduzem o ar para o interior dos pulmões, trocam oxigênio e dióxido de carbono nos alvéolos e transportam oxigênio para os músculos e dióxido de carbono para os pulmões. Agora, será apresentada a liberação do oxigênio do sangue capilar para o tecido muscular.

Diferença arteriovenosa de oxigênio

Em repouso, o conteúdo de oxigênio do sangue arterial é de cerca de 20 mL de oxigênio por 100 mL de sangue. Conforme mostrado na Figura 7.12a, esse valor diminui para 15-16 mL de oxigênio por 100 mL depois que o sangue passou através dos capilares para o sistema venoso. Essa diferença no conteúdo de oxigênio entre sangue venoso e sangue arterial é conhecida como **diferença arteriovenosa mista de oxigênio**, ou **diferença $(a-\bar{v})O_2$**. O termo *venoso misto* ($\bar{v}$) faz referência ao conteúdo de oxigênio do sangue no átrio direito, que provém de todas as partes do corpo, tanto ativas como inativas. Essa diferença entre o conteúdo de oxigênio arterial e venoso misto reflete os 4-5 mL de

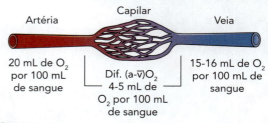

a) Músculo em repouso

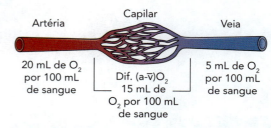

b) Músculo durante exercício aeróbio intenso

FIGURA 7.12 Diferença arteriovenosa mista de oxigênio, ou diferença $(a-\bar{v})O_2$, através do músculo (a) em repouso e (b) durante exercício aeróbio intenso.

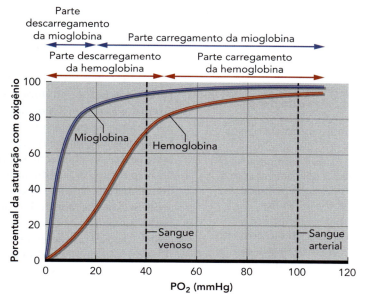

FIGURA 7.13 Comparação entre as curvas de dissociação para mioglobina e hemoglobina.

uma PO_2 em que o sangue venoso está descarregando oxigênio, a mioglobina o está carregando. Estima-se que a PO_2 no interior da mitocôndria de um músculo em exercício possa ser tão baixa quanto 1-2 mmHg; assim, a mioglobina libera prontamente o oxigênio para a mitocôndria.

Fatores que influenciam a liberação e o consumo de oxigênio

As velocidades de liberação e consumo de oxigênio dependem de três variáveis principais:

- Conteúdo de oxigênio no sangue.
- Fluxo sanguíneo.
- Condições locais (p. ex., pH, temperatura).

Durante o exercício, cada uma dessas variáveis será ajustada para que fique assegurada a maior liberação de oxigênio para o músculo ativo. Em circunstâncias normais, a hemoglobina fica cerca de 98% saturada com oxigênio. Qualquer redução na capacidade normal de transporte de oxigênio pelo sangue prejudicaria sua liberação e reduziria sua absorção pelas células. Do mesmo modo, uma redução na PO_2 do sangue arterial baixaria o gradiente de pressão parcial, limitando a liberação do oxigênio ao nível dos tecidos. A prática do exercício aumenta o fluxo sanguíneo através dos músculos. À medida que mais sangue transporta oxigênio através dos músculos, menos oxigênio precisará ser removido de cada 100 mL dessa substância (assumindo que a demanda permaneceu inalterada). Assim, o aumento do fluxo sanguíneo melhora a liberação do oxigênio.

Muitas alterações locais no músculo durante o exercício afetam a liberação e o consumo do oxigênio. Exemplificando, a atividade muscular aumenta a acidez nos músculos por causa da produção de lactato. Além disso, tanto a temperatura do músculo como a concentração de dióxido de carbono aumentam por causa da aceleração do metabolismo. Todas essas mudanças aceleram o desligamento entre o oxigênio e a molécula de hemoglobina, facilitando a liberação do gás e sua absorção pelos músculos.

Remoção de dióxido de carbono

O dióxido de carbono deixa as células por difusão simples, em resposta ao gradiente de pressão parcial entre o tecido e o sangue capilar. Por exemplo, os músculos geram dióxido de carbono por meio do metabolismo oxidativo; portanto, encontramos PCO_2 relativamente alta nos músculos, em comparação com a PCO_2 no sangue capilar. Consequentemente, ocorre difusão do CO_2 para fora dos músculos e para o sangue, a fim de que esse gás seja transportado até os pulmões.

Em resumo

› A diferença $(a-\bar{v})O_2$ é a diferença, em conteúdo de oxigênio, entre sangue arterial e sangue venoso misto em todo o corpo. Essa medida reflete a quantidade de oxigênio absorvida pelos tecidos, tanto ativos como inativos.

› A diferença $(a-\bar{v})_2$ aumenta desde um valor em repouso de cerca de 4-5 mL por 100 mL de sangue até valores de 18 mL por 100 mL de sangue durante a prática de exercício intenso. Esse aumento reflete a maior extração do oxigênio do sangue arterial pelo músculo ativo, o que diminui o conteúdo de oxigênio do sangue venoso.

> A liberação de oxigênio para os tecidos depende do conteúdo desse gás no sangue, do fluxo sanguíneo para os tecidos e das condições locais (p. ex., temperatura do tecido e PO_2).

> Dentro do músculo, o oxigênio é transportado para a mitocôndria por uma molécula chamada mioglobina. Comparado à curva de dissociação da oxiemoglobina, a curva de dissociação da mioglobina-O_2 é muito mais abrupta a baixos valores de PO_2.

> A mioglobina libera seu oxigênio somente em uma PO_2 muito baixa. Isso é compatível com a PO_2 encontrada em um músculo em exercício, que pode ser tão baixa como 1 mmHg.

> A troca de dióxido de carbono nos tecidos é semelhante à troca de oxigênio, exceto pelo fato de o dióxido de carbono deixar os músculos, nos quais é formado, e entrar no sangue para ser transportado até os pulmões, de onde será eliminado.

Regulação da ventilação pulmonar

A manutenção do equilíbrio homeostático de PO_2, PCO_2 e pH do sangue depende de alto grau de coordenação entre os sistemas respiratório, muscular e circulatório. Boa parte dessa coordenação se deve à regulação involuntária da ventilação pulmonar. Esse controle ainda não ficou completamente esclarecido, embora já tenham sido identificados muitos dos complicados controles neurais.

Os músculos respiratórios se encontram sob controle direto dos motoneurônios, que, por sua vez, são regulados por **centros respiratórios** (inspiratórios e expiratórios) localizados no tronco encefálico (no bulbo e na ponte). Esses centros estabelecem a frequência e a profundidade da respiração, enviando impulsos periódicos para os músculos respiratórios. O córtex pode sobrepujar esses centros, caso seja desejável o controle voluntário da respiração. Além disso, sob certas condições, ocorre a entrada de informações provenientes de outras partes do encéfalo.

A área inspiratória do encéfalo (grupo respiratório dorsal) contém células que, intrinsecamente, disparam e controlam o ritmo básico da ventilação. A área expiratória permanece inativa durante a respiração normal (o leitor deve lembrar que, em repouso, a expiração é processo passivo). Contudo, durante uma respiração forçada, como durante a prática de exercício, a área expiratória envia ativamente sinais para os músculos da expiração. Dois outros centros cerebrais ajudam no controle da respiração. A área apnêustica exerce efeito excitatório no centro inspiratório,

---

PERSPECTIVA DE PESQUISA 7.3
Ventilação durante o exercício físico em casos de asma

A asma, uma doença em que ocorre inflamação e estreitamento das vias aéreas, altera a função desses condutos e dificulta a respiração. Tendo em vista a variabilidade no funcionamento das vias aéreas, os asmáticos sofrem flutuações diárias na inflamação e na hiper-reatividade dessas estruturas, e também na função pulmonar e nos sintomas clínicos. Recomenda-se o exercício aeróbio praticado com regularidade para os asmáticos, e pessoas asmáticas fisicamente ativas demonstram melhora na capacidade de exercitar-se. No entanto, apesar de um amplo corpo de literatura que caracteriza a broncoconstrição induzida pelo exercício físico em asmáticos, observa-se uma lacuna significativa no conhecimento em relação às influências da variabilidade funcional das vias aéreas em repouso nas respostas ao exercício aeróbio.

Um estudo recentemente publicado buscou determinar os efeitos provocados por uma função mecânica melhor ou pior das vias aéreas antes do exercício nas respostas ventilatórias ao exercício aeróbio em adultos asmáticos e não asmáticos.[5] Todos os voluntários completaram quatro sessões separadas de exercícios com duração de 3 minutos no cicloergômetro a 70% da carga de trabalho de pico, seguidas pelo exercício contínuo a 85% da carga de trabalho de pico até a exaustão volitiva. Cada sessão de exercício foi precedida por uma entre quatro intervenções diferentes: (1) inalação de um beta$_2$-agonista de ação rápida para melhorar a função das vias aéreas, (2) provocação com hiperpneia voluntária eucápnica para piorar a função das vias aéreas, (3) uma versão simulada da hiperpneia e (4) um teste de controle. A função pulmonar foi avaliada com o uso de um espirômetro automático.

Surpreendentemente, apesar de a função pulmonar anterior à prática do exercício ter apresentado acentuada diferença (manipulada de modo experimental nas diferentes intervenções) em adultos asmáticos, a ventilação durante o exercício foi quase idêntica entre as quatro condições. Além disso, não foram observadas diferenças na ventilação no exercício entre adultos asmáticos e não asmáticos durante qualquer das quatro diferentes intervenções. Esses dados demonstram que o sistema pulmonar de adultos asmáticos é capaz de responder adequadamente à demanda aguda por maior fluxo aéreo, necessário ao exercício aeróbio de alta intensidade. No aspecto clínico, os resultados desse estudo respaldam a noção de que o exercício aeróbio habitual é benéfico para adultos asmáticos.

resultando em disparo prolongado dos neurônios inspiratórios. Finalmente, o centro pneumotáxico inibe ou "desliga" a inspiração, ajudando na regulação do volume inspiratório.

Os centros respiratórios não trabalham sozinhos no controle da respiração. Ela é também regulada e modificada pelo ambiente químico em constante mudança do corpo. Exemplificando, áreas sensíveis no encéfalo respondem a mudanças nos níveis de dióxido de carbono e H^+. Os quimiorreceptores centrais no cérebro são estimulados pelo aumento de íons H^+ no líquido cerebrospinal. A barreira hematoencefálica é relativamente impermeável a íons H^+ ou bicarbonato. Entretanto, o CO_2 se difunde prontamente através dessa barreira e reage para aumentar os íons H^+. Isso, por sua vez, estimula o centro inspiratório, que então ativa os circuitos neurais para aumentar a frequência e a profundidade da respiração. Consequentemente, esse incremento na respiração aumenta a remoção de dióxido de carbono e H^+.

Os quimiorreceptores existentes no arco aórtico (os corpos aórticos) e na bifurcação da artéria carótida comum (os corpos carotídeos) são sensíveis principalmente às mudanças na PO_2 do sangue, mas também respondem a mudanças na concentração de H^+ e na PCO_2. Os quimiorreceptores carotídeos são mais sensíveis a mudanças na concentração de H^+ e na PCO_2. Em geral, a PCO_2 parece ser o estímulo mais forte para a regulação da respiração. Quando os níveis de dióxido de carbono tornam-se demasiadamente elevados, ocorre a formação de ácido carbônico, que, em seguida, dissocia-se rapidamente, liberando H^+. Se houver acúmulo de H^+, o sangue ficará muito ácido (i. e., ocorre queda no pH). Assim, o aumento da PCO_2 estimula o centro inspiratório a acelerar a respiração – não para trazer mais oxigênio, mas para livrar o corpo do dióxido de carbono em excesso e limitar novas mudanças no pH.

Além dos quimiorreceptores, outros mecanismos nervosos influenciam a respiração. As pleuras, os bronquíolos e os alvéolos nos pulmões contêm receptores de estiramento. Quando essas áreas são excessivamente esticadas, a informação é passada para o centro expiratório. Esse centro responde encurtando a duração da inspiração, o que diminui o risco de superinflação das estruturas respiratórias. Essa resposta é conhecida como reflexo de Hering-Breuer.

Muitos mecanismos de controle estão envolvidos na regulação da respiração, conforme ilustra a Figura 7.14. Estímulos simples como o estresse emocional ou uma mudança abrupta na temperatura ambiente podem afetar a respiração. Mas todos esses mecanismos de controle são essenciais. O objetivo da respiração é a manutenção de níveis apropriados dos gases no sangue e nos tecidos e de um pH apropriado para o funcionamento celular normal. Se não houver um controle cuidadoso, pequenas mudanças em qualquer desses fatores poderão comprometer a atividade física e prejudicar a saúde.

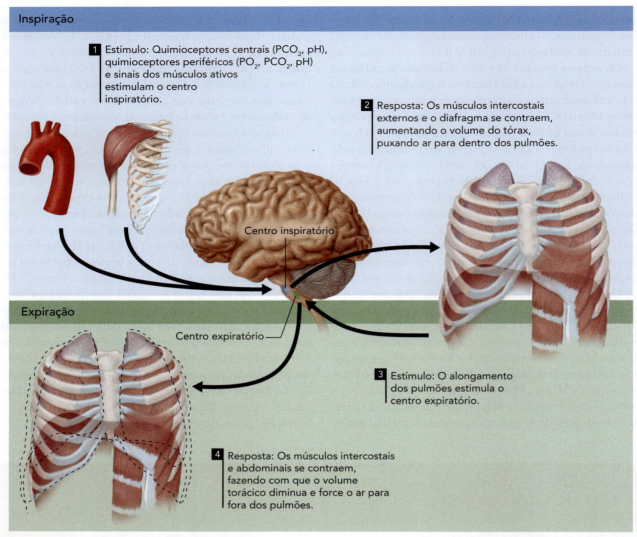

FIGURA 7.14 Visão geral dos processos envolvidos na regulação respiratória.

Feedback aferente dos membros em exercício

O sistema respiratório responde quase imediatamente ao aumento da ventilação no início do exercício, antes ainda que ocorra um aumento significativo na demanda metabólica decorrente do músculo em exercício. O rápido início do impulso para a respiração resulta de uma combinação de comando central (o mecanismo de *feedforward* do cérebro, i. e., o controle antecipatório do processo) e do *feedback* neural aferente proveniente dos membros que estão sendo exercitados.

Além desses mecanismos fisiológicos, foi observado que o rápido impulso para a respiração no início do exercício é proporcional à frequência do movimento dos membros. Na tentativa de diferenciar as contribuições para o controle da ventilação do comando central e do *feedback* aferente proveniente dos músculos locomotores, os pesquisadores mediram a ventilação em um grupo de voluntários, enquanto corriam em duas velocidades diferentes em uma esteira rolante.[1] Quando os voluntários começaram a correr em determinada velocidade constante, a ventilação aumentou imediatamente, na proporção da velocidade da esteira rolante. Entretanto, quando os voluntários começaram a correr em velocidade mais baixa, mas em maior grau de elevação, para equiparação com a carga de trabalho da condição em maior velocidade no plano horizontal (grau 0), primeiramente

PERSPECTIVA DE PESQUISA 7.4
A prática habitual do exercício físico diminui a mortalidade por doenças respiratórias

A pneumonia, uma infecção que causa inflamação dos alvéolos pulmonares, é a principal causa de morte relacionada à infecção nos Estados Unidos. O risco de pneumonia aumenta com a idade e diante de comorbidades, como doenças cardíacas, doenças pulmonares crônicas e uso de drogas imunossupressoras. Inúmeros benefícios para a saúde foram atribuídos à atividade física praticada com regularidade; entretanto, ainda não ficou claro se esses benefícios se estendem à diminuição do risco de doença respiratória. Certamente, reduções no risco de pneumonia seriam consistentes com o conceito de que o exercício regular evita declínios funcionais relacionados ao envelhecimento.

Um artigo publicado em 2014 examinou a associação da prática de corrida e caminhada com a mortalidade por doença respiratória no *National Walkers' and Runners' Health Studies*, uma coorte epidemiológica prospectiva que envolveu mais de 150.000 adultos.[6] Essa grande coorte foi utilizada para testar a hipótese de que maiores gastos energéticos pela prática do exercício estariam associados a menor risco de ocorrência de doenças respiratórias em geral e da pneumonia em particular. Os resultados respaldaram enfaticamente a diminuição do risco de doenças respiratórias e de pneumonia como causas subjacentes e que contribuem para a mortalidade, diante de um maior gasto energético do exercício. Não surpreende que essa relação tenha sido dependente da dose, com reduções mais substanciais no risco naqueles participantes com níveis mais altos de atividade habitual. Curiosamente, essa redução de risco não foi diferente entre caminhantes e corredores. Além disso, esses efeitos parecem ser independentes dos efeitos do exercício no risco de doença cardiovascular. Esses achados se juntam às convincentes evidências dos benefícios para a saúde com a prática regular do exercício aeróbio.

sua ventilação aumentou para dar conta da velocidade mais lenta e, em seguida, elevou-se gradualmente para atender à demanda real de oxigênio. O aumento imediato na ventilação foi parcialmente controlado pelo *feedback* aferente dos membros, mas seu subsequente aumento gradual sugeriu que esse aumento na ventilação é uma resposta às mudanças metabólicas e à maior demanda metabólica dos músculos em exercício.

Mais recentemente, alguns cientistas se interessaram em saber se o *feedback* neural aferente dos membros tem continuidade ao longo de toda a prática do exercício. Pesquisadores na Universidade de Toronto fizeram com que voluntários alterassem independentemente sua cadência ou a carga de trabalho incidente no pedal durante a pedalagem no aparelho. Os voluntários realizaram dois experimentos diferentes.[2] Durante a execução de um deles, os voluntários variaram a velocidade das pedaladas de maneira senoidal, ao mesmo tempo que mantinham constante a carga de trabalho total. Durante o outro experimento, os voluntários mantiveram a velocidade constante, enquanto a carga de trabalho das pedaladas variou de forma senoidal (ver Fig. 7.15). Durante o experimento com variação na velocidade das pedaladas (Fig. 7.15a), ocorreu um aumento muito mais rápido na ventilação, precedendo qualquer mudança da frequência cardíaca. Contrastando com esse achado, quando os voluntários alteraram sua carga de trabalho (Fig. 7.15b) mas mantiveram constante a velocidade das pedaladas, ocorreu um lapso de tempo maior antes que a ventilação aumentasse, de tal forma que as mudanças metabólicas precederam as mudanças na ventilação. Os resultados desses experimentos singulares sugerem que a frequência dos movimentos dos membros influencia a ventilação no início do exercício e durante todo o seu transcurso. Eles também confirmam a contínua contribuição do *feedback* neural aferente proveniente dos membros como fator influenciador do impulso para respirar durante o exercício.

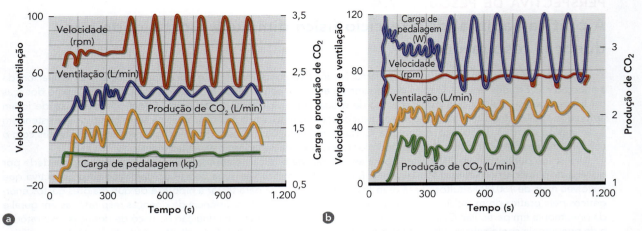

FIGURA 7.15 Experimentos com exercícios em onda senoidal. (a) Variáveis medidas a cada respiração durante um teste de exercício físico com variação da velocidade de pedalagem (cadência) pelo voluntário, enquanto a carga incidente no pedal permanece constante. As linhas cheias são as ondas senoidais compatibilizadas. (b) Variáveis medidas a cada respiração durante um teste de exercício físico com carga variável na pedalagem, enquanto a velocidade de pedalagem (cadência) permanece constante.
Reproduzido com permissão de J. Duffin, "The fast exercise drive to breathe," *Journal of Physiology*, 592 (2014): 445-451.

EM SÍNTESE

No Capítulo 6, discutiu-se a função do sistema cardiovascular durante o exercício. Neste capítulo, foi examinado o papel desempenhado pelo sistema respiratório. Globalmente, o processo de respiração envolve a ventilação pulmonar (inspiração e expiração), a difusão dos gases nos alvéolos pulmonares, o transporte de gases pelo sangue e as trocas gasosas nos tecidos. No próximo capítulo será examinado como os sistemas cardiovascular e respiratório respondem a uma sessão aguda de exercício.

PALAVRAS-CHAVE

alvéolos
bomba respiratória
capacidade de difusão do oxigênio
capacidade pulmonar total (CPT)
capacidade vital (CV)
cascata de oxigênio
centros respiratórios
diferença arteriovenosa de oxigênio, ou diferença (a-v)O_2
diferença arteriovenosa mista de oxigênio, ou diferença (a-$\bar{v}$)O_2
difusão pulmonar
espaço morto
espirometria
expiração
inspiração
lei de Dalton
lei de Fick
lei de Henry
lei dos gases de Boyle
membrana respiratória
mioglobina
pressão parcial
respiração externa
respiração interna
ventilação pulmonar
volume corrente
volume residual (VR)

QUESTÕES PARA ESTUDO

1. Descreva e estabeleça a diferença entre a respiração externa e a interna.
2. Descreva os mecanismos envolvidos na inspiração e na expiração.
3. O que é espirômetro? Descreva e defina os volumes pulmonares medidos com o uso da espirometria.
4. Explique o conceito de pressões parciais dos gases respiratórios – oxigênio, dióxido de carbono e nitrogênio. Qual é o papel das pressões parciais dos gases na difusão pulmonar?
5. Onde realmente ocorrem as trocas gasosas com o sangue dentro do pulmão? Descreva a função da membrana respiratória.
6. De que maneira o oxigênio e o dióxido de carbono são transportados no sangue?
7. Descreva a cascata de oxigênio, desde o ar ambiente seco até os tecidos e na circulação venosa. Cite os valores apropriados para as diversas pressões parciais do oxigênio em cada nível.
8. De que modo o oxigênio é descarregado do sangue arterial para o músculo, e como ocorre a remoção do dióxido de carbono do músculo para o sangue venoso?
9. O que significa diferença arteriovenosa mista de oxigênio? Como e por que essa diferença muda de uma situação de repouso para uma condição de exercício?
10. Descreva a forma de regulação da ventilação pulmonar. Quais são os estímulos químicos que controlam a profundidade e a frequência da respiração? Como esses estímulos controlam a respiração durante o exercício?

8 Respostas cardiorrespiratórias ao exercício agudo

Respostas cardiovasculares ao exercício agudo 214

Frequência cardíaca	214
Volume sistólico	217
Débito cardíaco	220
A equação de Fick	220
Resposta cardíaca ao exercício	221
Pressão arterial	221
Fluxo sanguíneo	223
Sangue	225
Hemoconcentração	227
Resposta cardiovascular integrada ao exercício	227

VÍDEO 8.1 Apresenta Ben Levine, que fala sobre diferenças fisiológicas em indivíduos treinados *versus* não treinados e a relação entre débito cardíaco e uso de oxigênio.

ANIMAÇÃO PARA A FIGURA 8.12 Detalha a resposta cardiovascular integrada ao exercício físico.

Respostas respiratórias ao exercício agudo 230

Ventilação pulmonar durante o exercício dinâmico	231
Irregularidades respiratórias durante o exercício	232
Ventilação e metabolismo energético	233
Limitações respiratórias ao desempenho	235
Regulação respiratória do equilíbrio acidobásico	236

Em síntese 240

Completar uma maratona em todos os seus 42 km é uma realização significativa, mesmo para pessoas jovens e com excelente preparo físico. Em 5 de maio de 2002, Greg Osterman completou sua sexta maratona, a Cincinnati Flying Pig Marathon, terminando-a em um tempo de 5 h e 16 min. Certamente esse tempo não chega a bater um recorde mundial, nem é a marca excepcional de um corredor bem preparado. Porém, em 1990 e aos 35 anos, Greg havia contraído uma infecção viral que se instalou diretamente no coração e evoluiu para uma insuficiência cardíaca. Em 1992 ele recebeu um transplante de coração. Em 1993 seu corpo começou a rejeitar o novo órgão e ele também contraiu leucemia, uma resposta pouco comum aos medicamentos antirrejeição administrados a pacientes transplantados. Greg conseguiu miraculosamente se recuperar, dando início à sua jornada em busca da aptidão física. Correu sua primeira prova (15 km) em 1994, participando em seguida de cinco maratonas nas Bermudas, em San Diego, em Nova York e em Cincinnati, em 1999 e 2001. Greg é um excelente exemplo da determinação humana e da adaptabilidade fisiológica.

Depois da revisão da anatomia e da fisiologia básicas dos sistemas cardiovascular e respiratório, este capítulo trata especificamente de como esses sistemas respondem às crescentes demandas que recaem sobre o corpo durante a execução do exercício agudo. Com a prática do exercício, os músculos ativos apresentam um aumento significativo da demanda por oxigênio. Ocorre a aceleração dos processos metabólicos, de modo que mais resíduos são produzidos. Durante um exercício prolongado ou praticado em um ambiente de temperatura mais elevada, ocorre o aumento da temperatura do corpo. Em uma situação de exercício intenso, ocorre o aumento da concentração de H^+ nos músculos e no sangue, baixando seu pH.

Respostas cardiovasculares ao exercício agudo

Ocorrem numerosas mudanças cardiovasculares durante o exercício dinâmico. O objetivo primário desses ajustes é aumentar o fluxo sanguíneo para os músculos ativos. No entanto, o controle cardiovascular de virtualmente todo tecido e órgão no corpo também é alterado. Para melhor entendimento das mudanças que ocorrem, é preciso observar mais de perto as funções do coração e da circulação periférica. Nesta seção serão examinadas as mudanças em todos os componentes do sistema cardiovascular desde o repouso até o exercício agudo, com especial atenção para os seguintes tópicos:

- Frequência cardíaca.
- Volume sistólico.
- Débito cardíaco.
- Pressão arterial.
- Fluxo sanguíneo.
- Sangue.

Em seguida, será examinado como essas mudanças são integradas para manter a pressão arterial adequada e atender às necessidades do corpo em exercício.

Frequência cardíaca

A frequência cardíaca (FC) é uma das respostas fisiológicas mais simples de serem mensuradas e, ainda, uma das mais informativas em termos de estresse cardiovascular e sobrecarga. A determinação da FC envolve simplesmente a tomada do pulso do indivíduo, em geral na artéria radial ou na carótida. A frequência cardíaca é um bom indicador da intensidade do exercício.

Frequência cardíaca de repouso

A **frequência cardíaca de repouso (FCR)** média gira em torno de 60-80 bpm para a maioria dos indivíduos. Em atletas altamente condicionados e treinados para resistência, foram relatadas frequências em repouso de somente 28-40 bpm. Isso se deve principalmente a um aumento no tônus parassimpático (vagal) que acompanha o treinamento físico de resistência. A frequência cardíaca de repouso pode também ser afetada por fatores ambientais; por exemplo, ela aumenta em temperaturas e altitudes extremas.

Imediatamente antes do início do exercício, em geral a FC precedente ao exercício aumenta para níveis acima dos valores em repouso normais. Esse fenômeno é denominado resposta antecipatória, que é mediada por meio da liberação do neurotransmissor noradrenalina pelo sistema nervoso simpático e do hormônio adrenalina pela medula suprarrenal. Também ocorrerá a redução do tônus vagal. Tendo em vista que a FC pré-exercício está elevada, deverão ser obtidas estimativas confiáveis da verdadeira FCR apenas em condições de relaxamento total, como no início da manhã, antes que o indivíduo se levante de um sono noturno repousante.

Frequência cardíaca durante o exercício

Ao ter início o exercício, a FC aumenta em proporção direta ao aumento da intensidade do exercício (Fig. 8.1), até que o exercício submáximo seja atingido. Quando a intensidade máxima do exercício se aproxima, a FC inicia um platô, mesmo com a continuação do aumento da carga do exercício. Isso indica que a FC está se aproximando de

Respostas cardiorrespiratórias ao exercício agudo 215

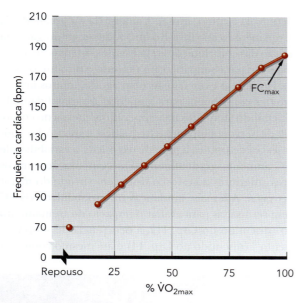

FIGURA 8.1 Mudanças na frequência cardíaca (FC) enquanto uma pessoa caminha, trota e, em seguida, corre em uma esteira ergométrica com o aumento da velocidade. A frequência cardíaca está lançada em relação à intensidade do exercício, mostrada como percentual do $\dot{V}O_{2max}$ do indivíduo, no ponto em que a FC começa a entrar em um platô. Nesse platô, a FC é a FC máxima, ou FC_{max}, do indivíduo.

um valor máximo. A **frequência cardíaca máxima (FC_{max})** é o valor de FC mais alto em um esforço total, até o ponto da exaustão volicional. Uma vez determinada com precisão, a FC_{max} é um valor altamente confiável que permanece constante de um dia para outro. Contudo, esse valor sofre uma ligeira alteração de um ano para outro, por causa do declínio normal relacionado ao processo de envelhecimento.

Frequentemente, a FC_{max} é estimada com base na idade porque esse parâmetro demonstra um decréscimo pequeno, mas previsível, de cerca de um batimento por ano, começando dos 10 aos 15 anos de idade. A subtração da idade do indivíduo do valor de 220 bpm nos dá uma aproximação da FC_{max}. Porém, essa é apenas uma estimativa, já que os valores variam consideravelmente de acordo com o indivíduo em relação a esse valor médio. A fim de ilustrar, para uma mulher de 40 anos, estima-se que a FC_{max} seja de 180 bpm (FC_{max} = 220 – 40 bpm). No entanto, na verdade 68% de todas as pessoas com 40 anos apresentam valores de FC_{max} entre 168-192 bpm (média ± 1 desvio-padrão), e 95% caem entre 156-204 bpm (média ± 2 desvios-padrão). Isso demonstra o potencial de erro na estimativa da FC_{max} de uma pessoa. Foi desenvolvida uma equação similar, porém mais acurada, para a estimativa da FC_{max}, tendo como base a idade. Nessa equação, a FC_{max} = 208 – (0,7 × idade).[16]

Quando a intensidade de exercício é mantida constante em determinada intensidade submáxima, a FC aumenta com razoável rapidez até atingir um platô. Esse platô é a **frequência cardíaca em estado de equilíbrio**, sendo a FC ideal para o atendimento das demandas circulatórias nessa intensidade específica de trabalho. Para cada aumento subsequente de intensidade, a FC alcançará um novo valor de equilíbrio dentro de 3 minutos. Contudo, quanto mais intenso for o exercício, mais tempo levará para que seja alcançado esse valor de estado de equilíbrio.

O conceito de frequência cardíaca em estado de equilíbrio forma a base para testes físicos simples que foram desenvolvidos para a estimativa da aptidão cardiorrespiratória (aeróbia). Em um desses testes, os indivíduos são colocados em um aparelho de exercício, por exemplo, um cicloergômetro; em seguida, o exercício é realizado em duas ou três intensidades padronizadas. Os indivíduos com melhor capacidade de resistência cardiorrespiratória terão uma FC em estado de equilíbrio mais baixa em cada intensidade de exercício, em comparação com aqueles fisicamente menos condicionados. Assim, uma FC em estado de equilíbrio mais baixa em uma intensidade de exercício física é um prognosticador válido para um maior condicionamento cardiorrespiratório.

A Figura 8.2 ilustra os resultados de um teste de exercício submáximo realizado gradativamente em um cicloergômetro por dois indivíduos com a mesma idade. A FC em estado de equilíbrio é medida com o auxílio de três ou quatro cargas de trabalho distintas, sendo traçada uma linha de melhor condicionamento passando pelos pontos representativos dos dados lançados. Tendo em vista a existência de uma relação consistente entre intensidade do exercício e demanda de energia, a FC em estado de equi-

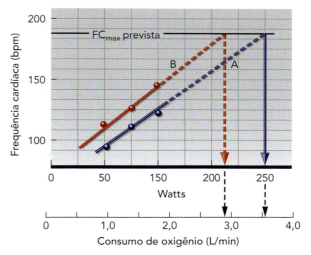

FIGURA 8.2 O aumento da frequência cardíaca com o aumento da produção de potência em um cicloergômetro e o consumo de oxigênio são lineares dentro de uma faixa ampla. O consumo máximo de oxigênio previsto pode ser extrapolado mediante o uso da frequência cardíaca máxima estimada do indivíduo, conforme demonstra o gráfico referente a duas pessoas com valores semelhantes de frequência cardíaca máxima estimada, mas com valores bastante diferentes para a capacidade máxima e para $\dot{V}O_{2max}$.

Reproduzido, com permissão, de P. O. Åstrand et al., *Textbook of work physiology: physiological bases of exercise*, 4.ed. (Champaign, IL: Human Kinetics, 2003), p.285.

líbrio pode ser lançada contra a energia correspondente ($\dot{V}O_2$) necessária para a produção de trabalho no cicloergômetro. A linha resultante pode ser extrapolada para a FC_{max} prevista para a idade, objetivando estimar a capacidade de exercício máximo do indivíduo. Nessa figura, o indivíduo A apresenta um nível de condicionamento superior ao do indivíduo B, porque (1) em qualquer intensidade submáxima dada, sua FC é mais baixa; e (2) a extrapolação para a FC_{max} prevista para a idade gera uma capacidade estimada de exercício máximo ($\dot{V}O_{2max}$) mais elevada.

Variabilidade da frequência cardíaca

Variabilidade da frequência cardíaca é uma medida da flutuação na FC que é produzida em decorrência das contínuas mudanças no equilíbrio simpático-parassimpático que controla o ritmo sinusal. A análise da variabilidade da FC é um método não invasivo que pode ser empregado na avaliação das contribuições relativas dos sistemas nervosos simpático e parassimpático em repouso e durante o exercício. Durante o exercício aeróbio agudo, muitos fatores diferentes contribuem para aumentar a variabilidade da FC, incluindo aumentos na temperatura interna do corpo, atividade nervosa simpática e frequência respiratória. Após uma sessão de prática aguda de exercício, a variabilidade da FC aumenta gradualmente em comparação com os valores anteriores ao esforço físico, em virtude do maior tônus vagal. Ademais, mudanças na variabilidade da FC podem ser usadas para avaliar o impacto do treinamento físico (discutido no Cap. 11), a ocorrência de sobretreinamento[15] (discutido no Cap. 14) e até mesmo como um

---

PERSPECTIVA DE PESQUISA 8.1
Em busca de uma melhor previsão da frequência cardíaca máxima

A frequência cardíaca máxima (FC_{max}) é comumente usada em testes clínicos de exercício físico e também na prescrição da intensidade de exercício em centros de treinamento físico e reabilitação. A FC_{max} pode ser determinada com um teste de esforço individual até a exaustão, sendo verificada por um platô de frequência cardíaca, apesar de um aumento na intensidade do exercício. No entanto, nem sempre pode ser possível fazer um teste físico de esforço máximo, sobretudo em ambientes clínicos onde o exercício máximo pode não ser seguro ou em testes de campo onde talvez não seja possível contar com equipamentos avançados (como uma esteira ou bicicleta ergométrica com inclinação ou resistência ajustáveis). Em virtude dessas limitações, são necessárias equações precisas para que se possa prever a FC_{max}.

A FC_{max} diminui linearmente com a idade, e sua estimativa é feita com a aplicação das fórmulas comuns descritas neste capítulo. No entanto, os cientistas sugeriram que a adição de outros fatores (p. ex., sexo, índice de massa corporal [IMC], tabagismo e atividade física) às equações de previsão pode aumentar sua precisão. Em 2013, um grupo de pesquisadores na Noruega se propôs a desenvolver uma nova fórmula mais precisa para a previsão da FC_{max}.[8] Para tanto, essa equipe estudou uma subpopulação de participantes que estavam inscritos no HUNT *Fitness Study*, uma grande coorte projetada para medir o $\dot{V}O_2$ em adultos noruegueses saudáveis. Para criar uma nova fórmula para a FC_{max}, os pesquisadores analisaram a FC_{max} medida durante um teste de $\dot{V}O_{2pico}$ e depois investigaram as relações entre a FC_{max} e a idade, sexo, condição de atividade física, IMC e também o condicionamento aeróbio objetivamente medido.

Foi observada uma relação linear entre a FC_{max} e a idade, tendo sido obtida uma previsão mais acurada com a aplicação da fórmula

$$FC_{max} = 211 - 0{,}64 \times idade,$$

enquanto a equação de previsão tradicionalmente usada de

$$FC_{max} = 220 - idade$$

(1) superestimava FC_{max} em indivíduos jovens, (2) previa mais acuradamente a FC_{max} real por volta dos 40 anos e (3) subestimava cada vez mais a FC_{max} à medida que o indivíduo envelhecia. Inesperadamente, a equipe de pesquisa constatou que a FC_{max} era prevista adequadamente apenas pela idade – o uso do índice de massa corporal, sexo, tabagismo, atividade física ou $\dot{V}O_{2max}$ não melhorava a acurácia da equação. Esse estudo concluiu que a nova equação de previsão $FC_{max} = 211 - 0{,}64 \times idade$ descrevia com maior precisão a FC_{max} em função da idade. No entanto, como ocorre com todas as fórmulas de previsão, deve-se ainda levar em consideração o erro padrão de ± 11 bpm. Além disso, embora o sexo, o índice de massa corporal, o tabagismo, a atividade física e o condicionamento não tenham influenciado o declínio na FC_{max} relacionado à idade na análise da amostra de voluntários pesquisados, ainda assim esses fatores podem influenciar individualmente a FC_{max}.

Essa nova equação pode se revelar mais adequada do que a equação tradicional, de rápida e fácil aplicação, 220 – idade, mas, quando for possível, sempre se deve dar preferência à medição direta da FC_{max} com o uso de um teste de esforço máximo.

instrumento diagnóstico em certas populações clínicas[12] (discutido no Cap. 20).

A frequência cardíaca, da mesma forma que outros sinais que se repetem periodicamente ao longo do tempo, pode ser representada por um espectro de potência, que descreve o valor do sinal que ocorre a cada frequência diferente. Os sinais da FC são analisados com relação à frequência, e não com relação ao tempo – com o uso de uma técnica chamada *análise espectral*. Nesse tipo de análise, a variabilidade em torno da FC média é dividida nos domínios de frequência contributivos. São muitas as influências fisiológicas incidentes nos domínios de frequência da variabilidade da FC.[5] A separação matemática desses diferentes elementos da variabilidade da FC permite que os pesquisadores examinem o impacto do exercício em cada um dos trechos contributivos considerados individualmente. Como exemplo, durante o treinamento físico aeróbio, ocorre aumento no controle parassimpático da FC, caracterizado por maior tônus vagal e menor atividade nervosa simpática em repouso, o que poderia afetar o domínio de frequência alta da variabilidade da FC.

Volume sistólico

O volume sistólico (VS) também muda durante o exercício agudo, permitindo que o coração atenda às demandas do exercício. Em intensidades de exercício máximas e submáximas, à medida que a FC se aproxima do seu máximo, o VS é um dos principais determinantes da capacidade de resistência cardiorrespiratória.

O volume sistólico é determinado por quatro fatores:

1. O volume de sangue venoso retornado ao coração (o coração pode bombear apenas o que retorna).
2. Distensibilidade ventricular (a capacidade de dilatar o ventrículo para permitir o enchimento máximo).
3. Contratilidade ventricular (a capacidade intrínseca de se contrair vigorosamente, apresentada pelo ventrículo).
4. Pressão na artéria aorta ou pulmonar (a pressão contra a qual os ventrículos devem se contrair).

Os dois primeiros fatores influenciam a capacidade de enchimento do ventrículo, determinando quanto sangue estará disponível para o enchimento do ventrículo e a facilidade com que o ventrículo é preenchido na pressão disponível. Em conjunto, esses fatores determinam o volume diastólico final (VDF), algumas vezes chamado de **pré-carga**. Os dois últimos fatores influenciam a capacidade de esvaziamento do ventrículo durante a sístole, determinando a força de ejeção do sangue e a pressão contra a qual o sangue deverá ser expelido para o interior das artérias. O último fator, a pressão aórtica média, que representa a resistência do sangue sendo ejetado pelo ventrículo esquerdo (e em uma magnitude menos importante, a pressão de resistência da artéria pulmonar ao fluxo do ventrículo direito), é chamado de **pós-carga**. Esses quatro fatores se combinam para determinar o VS durante o exercício agudo.

Volume sistólico durante o exercício

Durante o exercício, o volume sistólico aumenta acima dos valores em repouso. Quase todos os pesquisadores concordam que o VS aumenta com a elevação das cargas de trabalho, mas apenas até intensidades de exercício entre 40-60% da $\dot{V}O_{2max}$. Nesse ponto, tipicamente o VS forma um platô, permanecendo essencialmente inalterado até o – e inclusive no – ponto de exaustão, conforme mostra a Figura 8.3. Porém, outros pesquisadores informaram que o VS continua a aumentar para além de 40-60% da $\dot{V}O_{2max}$ e até níveis mais elevados em intensidades máximas de exercício, o que será discutido com brevidade.

Quando o corpo se encontra na posição ereta, o VS pode quase dobrar, indo do valor em repouso para o valor máximo. Exemplificando, em indivíduos ativos, mas não treinados, o VS aumenta de cerca de 60-70 mL/batimento em repouso para 110-130 mL/batimento durante o exercício máximo. Tratando-se de atletas fundistas altamente treinados, o VS pode aumentar de 80-110 mL/batimento em repouso para 160-200 mL/batimento durante o exercício máximo. Durante um exercício na posição reclinada, como a bicicleta ergométrica reclinada, o VS também aumenta, mas geralmente apenas cerca de 20-40%, nem de perto se equiparando ao aumento do VS na posição ereta. Por que a posição do corpo faz tanta diferença?

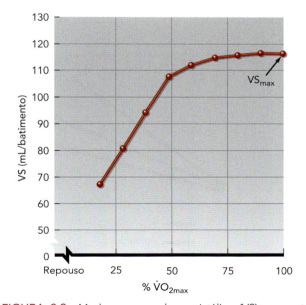

FIGURA 8.3 Mudanças no volume sistólico (VS) enquanto um indivíduo se exercita em uma esteira ergométrica em intensidades crescentes. O volume sistólico é lançado no gráfico como uma função de $\dot{V}O_{2max}$ percentual. O VS aumenta com a elevação da intensidade – até aproximadamente 40-60% do $\dot{V}O_{2max}$, antes de chegar a um máximo (VS_{max}).

Quando o corpo se encontra em decúbito dorsal, o sangue não se acumula nos membros inferiores, mas retorna com maior facilidade ao coração nessa postura, o que significa que os valores do VS em repouso são mais altos na posição reclinada em comparação com a posição ereta. Assim, o aumento no VS durante o exercício máximo não será tão grande em decúbito dorsal em comparação com a posição ereta porque o VS começa a aumentar a partir de um valor inicial maior. Curiosamente, o VS mais elevado que poderá ser atingido no exercício na posição ereta é apenas ligeiramente superior ao valor em repouso na posição reclinada. A maior parte do aumento do VS durante intensidades baixas a moderadas de exercício na posição ereta parece estar sendo compensada pela força da gravidade, que provoca o acúmulo do sangue nos membros.

Embora haja concordância entre os pesquisadores de que o VS aumente com o aumento das intensidades de trabalho até algo em torno de 40-60% do $\dot{V}O_{2max}$, há discordância nos artigos acerca do que ocorre depois desse ponto. Alguns estudos revelaram que o VS continua a aumentar além dessa intensidade. Parte dessa aparente discordância pode ser resultado de diferenças entre os estudos nos modos de testar o exercício. Estudos que exibem platôs na faixa entre 40-60% de $\dot{V}O_{2max}$ tipicamente têm utilizado o cicloergômetro como forma de exercício. Isso faz sentido de maneira intuitiva, uma vez que ocorre retenção do sangue nas pernas durante o exercício com esse equipamento, resultando na redução do retorno venoso do sangue proveniente das pernas. Assim, o platô no VS pode ser exclusivo para exercícios em cicloergômetros.

Já nos estudos em que o VS continuou a aumentar até intensidades de exercício máximas, em geral os voluntários eram atletas altamente treinados. Muitos atletas altamente treinados, inclusive ciclistas de alto nível de treinamento testados no cicloergômetro, podem continuar aumentando seu VS depois de ultrapassado o nível de 40-60% de $\dot{V}O_{2max}$, talvez por causa das adaptações causadas pelo treinamento aeróbio. Uma dessas adaptações é o aumento no retorno venoso, que conduz ao melhor enchimento ventricular, e maior força de contração (mecanismo de Frank-Starling). A Figura 8.4 ilustra os aumentos no débito cardíaco e no VS verificados com o aumento das intensidades de trabalho, o que está representado pelo aumento da FC em atletas de elite, corredores fundistas universitários treinados e estudantes universitários não treinados.

Importância do volume sistólico para o $\dot{V}O_{2max}$

O $\dot{V}O_{2max}$ é amplamente considerado a melhor medida de resistência cardiorrespiratória, de forma isolada, conforme observado no Capítulo 5. Em uma intensidade máxima de exercício, o $\dot{V}O_{2max}$ define o limite superior da função cardiovascular, ou seja,

$$\dot{V}O_{2max} = FC_{max} \times VS_{max} \times (a-\bar{v})O_{2max}.$$

A Tabela 8.1 mostra a grande diferença no $\dot{V}O_{2max}$ entre um atleta de elite, um indivíduo normal com a mesma idade e um paciente cardíaco com estenose mitral (estreitamento da valva atrioventricular esquerda). Como as diferenças na FC_{max} e $(a-\bar{v})O_{2max}$ entre esses três grupos são pequenas, é a capacidade de aumentar a VS durante o exercício máximo que determina principalmente o $\dot{V}O_{2max}$.

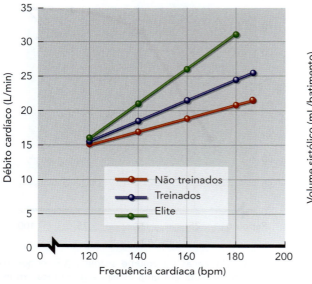
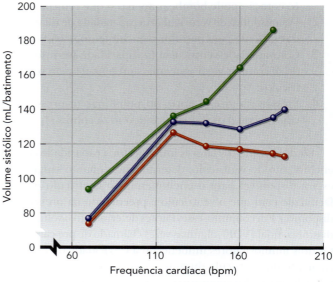

FIGURA 8.4 Respostas do débito cardíaco e do volume sistólico a intensidades crescentes de exercício, medidas em indivíduos não treinados, em corredores fundistas treinados e em corredores de elite.

Adaptado, com permissão, de B. Zhou et al., "Stroke volume does not plateau during graded exercise in elite male distance runners," *Medicine and Science in Sports and Exercise 33* (2001): 1849-1854

TABELA 8.1 A importância do volume sistólico na determinação do $\dot{V}O_{2max}$

Grupo	$\dot{V}O_{2max}$ (mL/min)	FC_{max} (bpm)	VS_{max} (mL/batimento)	$(a-v)O_{2max}$ (mL/100 mL)
Atletas	6.250	190	205	16
Pessoas normais	3.500	195	112	16
Pacientes cardíacos	1.400	190	43	17

Como o volume sistólico aumenta durante o exercício?

O volume sistólico aumenta durante o exercício físico, apesar do fato de que há menos tempo para o enchimento ventricular, sobretudo em frequências cardíacas altas. Exemplificando, em uma FC em repouso de 70 bpm, o tempo de enchimento entre batimentos é 0,55 segundo. Em uma FC de 195 bpm, esse intervalo cai para 0,12 segundo.[13] De que modo O VS aumenta, diante de menos tempo para o enchimento?

Uma explicação para o aumento do VS com a prática de exercício é que o fator principal determinante do VS é o aumento da pré-carga ou a extensão em que o ventrículo se enche de sangue e dilata, ou seja, o VDF. Quando o ventrículo dilata mais durante o enchimento, subsequentemente se contrai com maior vigor. Exemplificando, quando um volume maior de sangue entra e enche o ventrículo durante a diástole, ocorre maior estiramento das paredes ventriculares. Para que esse maior volume de sangue seja ejetado, o ventrículo responde com uma contração mais vigorosa. Isso é conhecido como **mecanismo de Frank-Starling**. No nível da fibra muscular, quanto maior o alongamento das células do miocárdio, mais pontes cruzadas de actina e miosina são formadas, e maior a força produzida.

Além disso, o VS poderá aumentar durante o exercício se a contratilidade do ventrículo (uma propriedade inerente do ventrículo) for favorecida. Isso pode ocorrer pelo aumento na estimulação nervosa simpática e/ou pelo aumento da liberação de catecolaminas circulantes (adrenalina, noradrenalina). Uma força de contração acentuada pode aumentar o VE, com ou sem aumento no VDF, pelo aumento da fração de ejeção. Por fim, quando a pressão arterial média é baixa, o VE é maior, pois há menor resistência ao fluxo dentro da aorta. Esses mecanismos todos se combinam para determinar o VE em dada intensidade de exercício dinâmico.

O volume sistólico é muito mais difícil de medir que a FC. Algumas técnicas diagnósticas cardiovasculares utilizadas na clínica tornaram possível determinar exatamente como o VS muda com o exercício. As técnicas da ecocardiografia (i. e., o uso de ondas sonoras) e de radionuclídeos ("marcação" de eritrócitos com marcadores radioativos) elucidaram como as câmaras cardíacas respondem ao aumento das demandas de oxigênio durante o exercício. Com o uso de qualquer dessas técnicas, podem ser obtidas imagens contínuas do coração em repouso, e até nas intensidades submáximas do exercício.

A Figura 8.5 ilustra os resultados de um estudo de voluntários normalmente ativos, mas não treinados.[9] Nesse

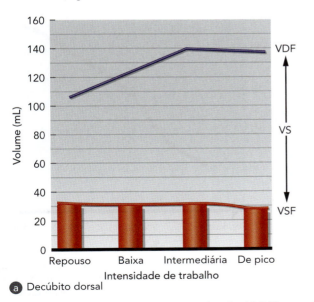
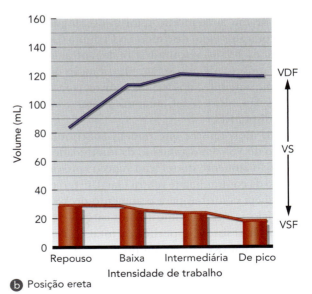

FIGURA 8.5 Mudanças no volume diastólico final (VDF), no volume sistólico final (VSF) e no volume sistólico (VS) do ventrículo esquerdo em repouso e durante exercício de intensidade baixa, intermediária e de pico quando o indivíduo está em decúbito dorsal (a) e na posição ereta (b). Note que VS = VDF − VSF.

Adaptado de Poliner et al. 1980.

estudo, os participantes foram testados durante a prática de cicloergômetro tanto em decúbito dorsal como na posição ereta em repouso e em três intensidades de exercício, as quais estão destacadas no eixo *x* da Figura 8.5.

Avançando desde condições em repouso até intensidades crescentes de exercícios, ocorre um aumento no VDF do ventrículo esquerdo (um enchimento maior, ou pré-carga), que serve para aumentar o VS através do mecanismo de Frank-Starling. Ocorre também uma redução no VSF do ventrículo esquerdo (maior esvaziamento), indicando maior grau de força de contração.

A Figura 8.5 mostra que tanto o mecanismo de Frank-Starling como o aumento da contratilidade são importantes para o aumento do VS durante o exercício. Ao que parece, o mecanismo de Frank-Starling exerce sua maior influência em intensidades de exercício mais baixas, e uma força contrátil maior torna-se mais importante em intensidades de exercício mais altas.

O leitor deve se lembrar de que a FC também aumenta com a intensidade do exercício. O platô ou pequeno decréscimo no VDF do ventrículo esquerdo em intensidades de exercício maiores pode ser causado pela redução do tempo de enchimento ventricular devido à alta FC. Um estudo demonstrou que o tempo de enchimento ventricular diminuía de cerca de 500-700 ms em repouso para cerca de 150 ms em FC entre 150-200 bpm.[17] Assim, com o aumento das intensidades que se aproximam do $\dot{V}O_{2max}$ (e FC_{max}), o tempo de enchimento diastólico pode ser abreviado o suficiente para que ocorra limitação do enchimento. Como resultado, o VDF pode produzir um platô ou mesmo começar a diminuir.

Para que o mecanismo de Frank-Starling aumente a VS, o VDF do ventrículo esquerdo deve aumentar, necessitando de um aumento no retorno do sangue venoso para o coração. Como discutido no Capítulo 6, a bomba muscular e a bomba respiratória ajudam no aumento do retorno venoso. Além disso, a redistribuição do fluxo e do volume sanguíneo dos tecidos inativos, como as circulações esplâncnica e renal, aumenta o volume sanguíneo central disponível.

Assim, dois fatores que podem contribuir para o aumento do VS com o aumento da intensidade de exercício são: o aumento do retorno venoso (pré-carga) e o aumento da contratilidade ventricular. Um terceiro fator que também contribui para o aumento do VS durante o exercício – o decréscimo na pós-carga – resulta da redução da resistência periférica total. A **resistência periférica total (RPT)** diminui por causa da vasodilatação dos vasos sanguíneos nos músculos esqueléticos que estão sendo exercitados. Essa queda na pós-carga permite que o ventrículo esquerdo ejete o sangue contra menor resistência, facilitando um maior esvaziamento do sangue dessa câmara.

Débito cardíaco

Considerando que o débito cardíaco é o produto da frequência cardíaca pelo volume sistólico ($\dot{Q}$ = FC × VS), pode-se prever que ele aumenta com o aumento da intensidade do exercício (Fig. 8.6). O débito cardíaco em repouso equivale a cerca de 5,0 L/min, mas varia proporcionalmente conforme o porte físico da pessoa. O débito cardíaco máximo varia entre 20 (pessoa sedentária) e 40 ou mais (atleta de resistência de elite) L/min, sendo uma função do porte físico e também do treinamento de resistência. A relação linear entre débito cardíaco e intensidade do exercício pode ser prevista, pois a principal finalidade do aumento no débito cardíaco é o atendimento da maior demanda dos músculos por oxigênio. Como ocorre com o $\dot{V}O_{2max}$, quando o débito cardíaco se aproxima das intensidades máximas de exercício, pode atingir um platô (Fig. 8.6). De fato, é provável que, em última análise, o $\dot{V}O_{2max}$ seja limitado pela incapacidade de aumento no débito cardíaco.

VÍDEO 8.1 Apresenta Ben Levine, que fala sobre diferenças fisiológicas em indivíduos treinados *versus* não treinados e a relação entre débito cardíaco e uso de oxigênio.

A equação de Fick

Nos anos de 1870, um fisiologista cardiovascular chamado Adolph Fick desenvolveu um princípio essencial para a compreensão da relação básica entre o metabolismo e a função cardiovascular. Em sua forma mais

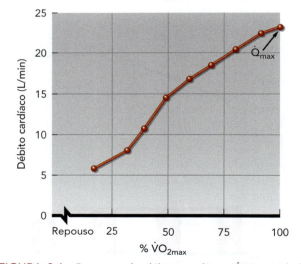

FIGURA 8.6 Resposta do débito cardíaco ($\dot{Q}$) à atividade de andar-correr em uma esteira rolante em intensidades crescentes, lançadas no gráfico como uma função da $\dot{V}O_{2max}$ percentual. O débito cardíaco aumenta em proporção direta ao aumento da intensidade, terminando por atingir um máximo ($\dot{Q}_{max}$).

simples, o princípio de Fick estabelece que o consumo de oxigênio por um tecido depende do fluxo sanguíneo para esse tecido e da quantidade de oxigênio extraída do sangue pelo tecido. Esse princípio pode ser aplicado ao corpo inteiro ou a circulações regionais. O consumo de oxigênio é o produto do fluxo sanguíneo pela diferença na concentração de oxigênio no sangue entre o sangue arterial que supre o tecido e o sangue venoso que drena do tecido – a diferença $(a-\bar{v})O_2$. O consumo de oxigênio do corpo inteiro ($\dot{V}O_2$) é calculado como o produto do débito cardíaco ($\dot{Q}$) pela diferença $(a-\bar{v})O_2$.

Equação de Fick:

$$\dot{V}O_2 = \dot{Q} \times \text{diferença } (a-\bar{v})O_2,$$

que pode ser reescrita como

$$\dot{V}O_2 = FC \times VS \times \text{diferença } (a-\bar{v})O_2.$$

Essa relação básica é um conceito importante na fisiologia do exercício e surgirá frequentemente ao longo do restante deste livro.

Resposta cardíaca ao exercício

Para verificar como a FC, o VS e o $\dot{Q}$ variam sob várias condições de repouso e exercício, o exemplo a seguir deve ser considerado. Inicialmente, um indivíduo passa da posição reclinada para a posição sentada e, em seguida, para a posição em pé. Depois disso, a pessoa começa a andar, em seguida a correr em um ritmo leve e finalmente irrompe numa corrida rápida. De que maneira seu coração responde?

Na posição reclinada, a FC é de cerca de 50 bpm, aumentando para aproximadamente 55 bpm durante a fase sentada e para cerca de 60 bpm durante a fase em pé. Quando o corpo muda da posição reclinada para a posição sentada e, em seguida, para a posição em pé, a gravidade faz o sangue se acumular nas pernas, o que reduz o volume do sangue que retorna ao coração. Com isso, ocorre diminuição do VS. Como compensação para essa diminuição no VS, a FC aumenta, para que o débito cardíaco seja mantido; ou seja, $\dot{Q} = FC \times VS$.

Durante a transição do repouso para o ato de andar, a FC aumenta de cerca de 60 para cerca de 90 bpm. A frequência cardíaca aumenta para 140 bpm durante uma corrida em ritmo moderado (*jogging*) e atinge 180 bpm ou mais em uma corrida em ritmo rápido. O aumento inicial na FC – de até cerca de 100 bpm – é mediado pela supressão do tônus parassimpático (vagal). Os novos aumentos na FC serão mediados pela ativação do sistema nervoso simpático. O volume sistólico também se eleva com

o exercício, o que aumenta ainda mais o débito cardíaco. Essas relações estão ilustradas na Figura 8.7.

Durante os estágios iniciais de exercício em indivíduos não treinados, o aumento do débito cardíaco é causado pela elevação da FC e também do VS. Quando o nível de exercício excede 40-60% da capacidade máxima de exercício do indivíduo, o VS forma um platô ou continua a aumentar, mas em uma taxa muito mais lenta. Assim, os novos aumentos no débito cardíaco são decorrentes, em grande parte, dos aumentos na FC. Os aumentos no VS contribuem mais para a elevação do débito cardíaco durante as intensidades de exercício mais altas nas pessoas com alto nível de treinamento.

Pressão arterial

Durante um exercício de resistência, a pressão arterial sistólica aumenta em proporção direta com o aumento na intensidade do exercício. Porém, a pressão arterial diastólica não muda significativamente, podendo mesmo decrescer. Como resultado do aumento da pressão sistólica, a pressão arterial média aumenta. Uma pressão arterial sistólica que tenha começado em 120 mmHg em uma pessoa saudável normal em repouso poderá exceder 200 mmHg em uma situação de exercício máximo. Pressões sistólicas de 240-250 mmHg já foram medidas em atletas normais, saudáveis e altamente treinados em intensidades máximas de exercício aeróbio.

O aumento da pressão arterial sistólica é resultado do aumento do débito cardíaco que acompanha as cargas de trabalho maiores. Esse aumento na pressão ajuda a facilitar o aumento no fluxo sanguíneo pela vasculatura. Do mesmo modo, a pressão arterial (i. e., pressão hidrostática) determina em grande parte quanto plasma irá deixar os capilares, penetrando nos tecidos e transportando os suprimentos necessários. Portanto, o aumento da pressão arterial sistólica ajuda na liberação de substratos para os músculos em trabalho.

Após o aumento inicial, a pressão arterial atinge um estado de equilíbrio durante o exercício de resistência submáximo em estado de equilíbrio. Com o aumento da intensidade do trabalho, também aumenta a pressão arterial sistólica. Se o exercício em estado de equilíbrio se prolongar, a pressão sistólica talvez comece a decrescer gradualmente, mas a pressão diastólica permanecerá constante. O ligeiro decréscimo na pressão arterial sistólica, caso ocorra, é uma resposta normal, refletindo simplesmente a maior vasodilatação nos músculos ativos, o que diminui a resistência periférica total (uma vez que pressão arterial média = débito cardíaco × resistência periférica total).

A pressão arterial diastólica muda pouco durante o exercício dinâmico submáximo; contudo, em intensidades máximas de exercício, a pressão arterial diastólica pode

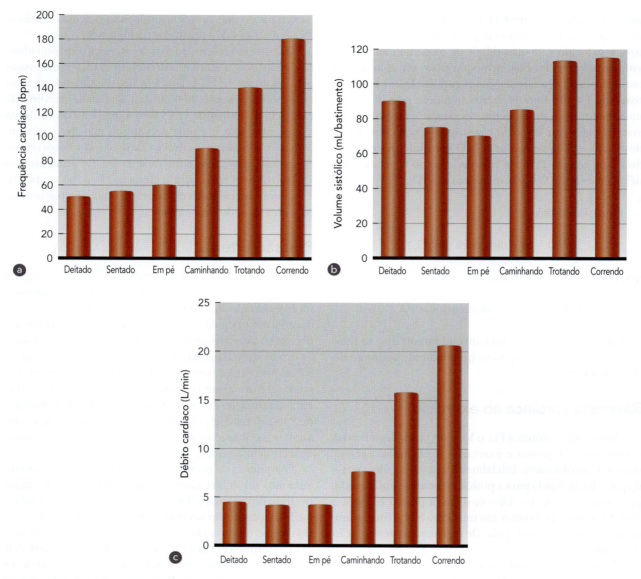

FIGURA 8.7 Mudanças (a) na frequência cardíaca, (b) no volume sistólico e (c) no débito cardíaco diante de mudanças na postura (posição de decúbito dorsal, sentada e em pé ereta) e com o exercício (andar a 5 km/h, praticar *jogging* a 11 km/h e correr a 16 km/h).

aumentar ligeiramente. O leitor deve ter em mente que a pressão diastólica reflete a pressão nas artérias quando o coração se encontra em repouso (diástole). No caso do exercício dinâmico, ocorre um aumento geral no tônus simpático aferente à vasculatura, provocando vasoconstrição generalizada. Contudo, essa vasoconstrição fica atenuada nos músculos em exercício pela liberação de vasodilatadores locais, um fenômeno denominado simpatólise funcional (discutido no Cap. 6). Assim, visto ocorrer um equilíbrio entre a vasoconstrição nas circulações regionais inativas e a vasodilatação no músculo esquelético ativo, a pressão arterial diastólica não muda substancialmente. No entanto, em alguns casos de doença cardiovascular, aumentos na pressão arterial diastólica iguais ou superiores a 15 mmHg ocorrerão em resposta ao exercício, sendo essa uma das diversas indicações para a imediata interrupção de um teste de exercício diagnóstico.

O exercício para a parte superior do corpo provoca maior resposta da pressão arterial em comparação com o exercício das pernas na mesma taxa absoluta de gasto energético. Isso provavelmente pode ser atribuível à menor massa muscular em exercício da parte superior do corpo, em comparação com a parte inferior, juntamente com o aumento da demanda energética para a estabilização do corpo durante o exercício com os braços. Essa diferença na resposta da pressão arterial sistólica ao exercício com as partes superior e inferior do corpo tem importantes implicações para o coração. O consumo de oxigênio pelo miocárdio e o fluxo sanguíneo miocárdico estão diretamente relacionados ao produto da FC pela pressão arterial sistólica (PAS). Esse valor é conhecido como **produto da frequência-pressão (PFP)**, ou produto duplo (PD = FC × PAS). No caso de exercício de resistência estática ou dinâmica, ou de exercício dinâmico com a parte superior do corpo, o PFP sofre elevação, indicando um aumento da demanda de oxigênio pelo miocárdio. O uso do PFP como índice indireto da demanda de oxigênio pelo miocárdio é importante para os testes clínicos com exercício.

Os aumentos periódicos da pressão arterial durante a prática de exercício de resistência, como ocorre no levantamento de peso, podem ser extremos. No caso de treinamento de resistência de alta intensidade, a pressão arterial poderá rapidamente chegar a 480/350 mmHg. Pressões muito elevadas como essas são observadas com maior frequência quando o indivíduo que está se exercitando realiza a **manobra de Valsalva** para ajudar no levantamento de grandes pesos. Essa manobra ocorre quando um indivíduo tenta expirar enquanto a boca, as narinas e a glote estão fechadas, ação que causa um aumento enorme na pressão intratorácica. Grande parte da elevação subsequente na pressão arterial será resultante do esforço do corpo para suplantar as elevadas pressões internas geradas durante a manobra de Valsalva.

Fluxo sanguíneo

O aumento agudo no débito cardíaco e na pressão arterial durante o exercício permite que ocorra um aumento do fluxo sanguíneo total para o corpo. Essas respostas facilitam o maior transporte do sangue até as áreas onde haja necessidade, sobretudo para os músculos em exercício. Além disso, o controle simpático do sistema cardiovascular pode redistribuir o sangue, de modo que as áreas com maior necessidade metabólica recebam mais sangue em comparação com as áreas de baixa demanda.

Redistribuição do sangue durante o exercício

Os padrões de fluxo sanguíneo mudam significativamente na transição entre repouso e exercício. Por meio da ação de vasoconstrição do sistema nervoso simpático nas arteríolas locais, o fluxo sanguíneo é redirecionado para longe das áreas onde um fluxo elevado não é essencial, em direção àquelas áreas que são ativas durante a prática do exercício (observar novamente a Fig. 6.11). Apenas 15-20% do débito cardíaco em repouso será encaminhado para o músculo, mas, durante o exercício de alta intensidade, os músculos podem receber entre 80-85% do débito cardíaco. Esse desvio no fluxo sanguíneo para os músculos é realizado principalmente por meio da redução desse fluxo para os rins e para a chamada circulação esplâncnica, que inclui o fígado, o estômago, o pâncreas e os intestinos. A Figura 8.8 ilustra uma distribuição típica do débito cardíaco por todo o corpo em repouso e durante o exercício

Em resumo

> A FC precedente ao exercício não é uma estimativa confiável da FCR, por causa da resposta antecipatória de FC.

> Com o aumento da intensidade do exercício, a FC aumenta proporcionalmente até se aproximar da FC_{max}, nas proximidades da intensidade máxima de exercício.

> Para estimar a FC_{max}:

FC_{max} = 220 − idade em anos, ou

FC_{max} = 208 − (0,7 × idade em anos).

> O volume sistólico (a quantidade de sangue ejetada a cada contração) também aumenta proporcionalmente com o aumento da intensidade do exercício, mas em geral atinge seu valor máximo entre cerca de 40-60% do $\dot{V}O_{2max}$ em indivíduos não treinados. Os indivíduos altamente treinados podem continuar aumentando o VS, mesmo até intensidades máximas de exercício.

> Aumentos na FC e no VS se combinam para aumentar o débito cardíaco. Assim, maior volume de sangue será bombeado durante o exercício, assegurando que suprimentos adequados de oxigênio e substratos metabólicos cheguem aos músculos que estão sendo exercitados e que os resíduos do metabolismo muscular sejam eliminados.

> Durante o exercício, o débito cardíaco aumenta em relação à intensidade do exercício, para que as necessidades de aumento do fluxo sanguíneo aos músculos em exercício sejam atendidas.

> De acordo com a equação de Fick, calcula-se o consumo de oxigênio para o corpo inteiro ($\dot{V}O_2$) como o produto do débito cardíaco ($\dot{Q}$) pela diferença $(a-\bar{v})O_2$.

> A capacidade de aumentar o débito cardíaco, predominantemente impulsionada por aumentos no volume sistólico, é o determinante principal de $\dot{V}O_{2max}$.

intenso. Tendo em vista que o débito cardíaco aumenta muito com o aumento da intensidade do exercício, os valores estão ilustrados tanto como percentuais relativos do débito cardíaco quanto como na forma de débito cardíaco absoluto indo para cada circulação regional em repouso e em três intensidades de exercício.

Embora diversos mecanismos fisiológicos sejam responsáveis pela redistribuição do fluxo sanguíneo pelo corpo durante o exercício, eles trabalham de modo integrado. Para ilustrar esse ponto de vista, considere o que ocorre com o fluxo sanguíneo durante o exercício. Para tanto, deve haver foco no impulso principal da resposta, ou seja, as necessidades maiores de fluxo sanguíneo dos músculos esqueléticos em exercício.

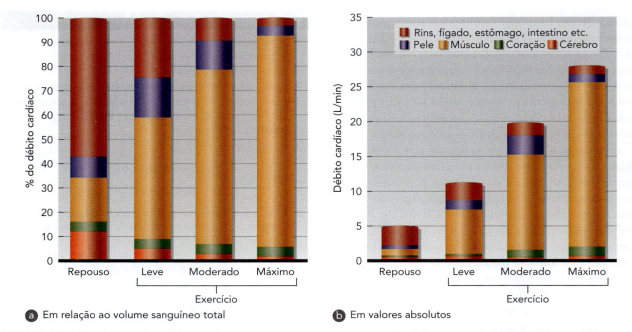

FIGURA 8.8 Distribuição do débito cardíaco em repouso e durante o exercício (a) como percentual do débito cardíaco total e (b) como volumes absolutos.
Dados de Vander, Sherman e Luciano, 1985.

Ao ter início o exercício, os músculos esqueléticos ativos rapidamente sentem a necessidade de aumento do suprimento de oxigênio. Essa necessidade é parcialmente atendida por meio da estimulação simpática dos vasos naquelas áreas onde o fluxo sanguíneo deve ser reduzido (p. ex., circulações esplâncnica e renal). A vasoconstrição resultante nessas áreas permite que maior parte do débito cardíaco aumentado seja redistribuída para os músculos esqueléticos em exercício. Nos músculos esqueléticos, também aumenta a estimulação simpática das fibras constritoras nas paredes arteriolares, mas ocorre liberação de substâncias vasodilatadoras locais pelo músculo em exercício, suplantando a vasoconstrição simpática e promovendo uma vasodilatação geral no músculo (simpatólise funcional).

Muitas substâncias vasodilatadoras locais são liberadas no músculo esquelético em exercício. Com o aumento da taxa metabólica do tecido muscular durante o exercício, começa a ocorrer acúmulo de resíduos metabólicos. O aumento do metabolismo provoca aumento na acidez (aumento de íons hidrogênio e pH mais baixo), no dióxido de carbono e na temperatura no tecido muscular. Essas são algumas das mudanças locais que deflagram a vasodilatação das arteríolas que alimentam os capilares locais (além de aumentarem o fluxo sanguíneo através dessas arteríolas). A vasodilatação local é também disparada pela baixa pressão parcial de oxigênio no tecido ou por uma redução no oxigênio ligado à hemoglobina (aumento da demanda por oxigênio), o ato da contração muscular e possivelmente outras substâncias vasoativas (inclusive adenosina) liberadas como resultado da contração do músculo esquelético.

Quando o exercício é efetuado em um ambiente quente, ocorre também um aumento no fluxo sanguíneo para a pele, como ajuda para a dissipação do calor corporal. O controle simpático do fluxo sanguíneo na pele é um fenômeno singular, pois ocorre interação das fibras vasoconstritoras simpáticas (parecidas com as do músculo esquelético) e das fibras vasodilatadoras simpáticas ativas com grande parte da área de superfície da pele. Durante o exercício dinâmico, com a elevação da temperatura corporal interna, inicialmente ocorre redução na vasoconstrição simpática, causando vasodilatação passiva. Tão logo seja atingido determinado limiar para a temperatura corporal interna, o fluxo sanguíneo cutâneo começa a aumentar drasticamente por meio da ativação do sistema vasodilatador ativo simpático. O aumento no fluxo sanguíneo cutâneo durante o exercício promove perda de calor, porque o calor metabólico proveniente das partes mais profundas do corpo poderá ser liberado quando o sangue estiver passando pelas áreas próximas à pele. Isso limita a velocidade de elevação da temperatura corporal, conforme será discutido mais detalhadamente no Capítulo 12.

Drift cardiovascular

Em uma situação de exercício aeróbio prolongado ou de exercício aeróbio em um ambiente quente, em intensidade constante de exercício, o VS diminui gradualmente e a FC aumenta. O débito cardíaco é mantido de maneira satisfatória, mas também ocorre declínio da pressão arterial. Essas alterações, ilustradas na Figura 8.9,

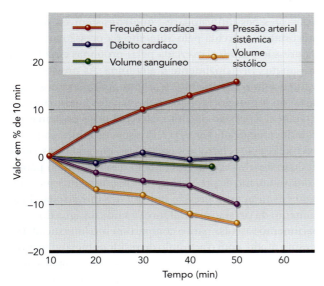

FIGURA 8.9 Respostas circulatórias ao exercício moderadamente intenso e prolongado na posição ereta em um ambiente termoneutro à temperatura de 20°C, ilustrando o *drift* cardiovascular. Os valores estão expressos como percentual de mudança dos valores medidos no ponto referente a 10 min de exercício.

Adaptado, com permissão, de L.B. Rowell, *Human circulation: Regulation during physical stress* (New York: Oxford University Press, 1986), p.230.

são conhecidas coletivamente como **drift cardiovascular**. Tradicionalmente, o *drift* cardiovascular tem sido associado ao aumento progressivo na fração do débito cardíaco direcionada para a pele vasodilatada, a fim de facilitar a perda de calor e atenuar o aumento da temperatura corporal interna. Com maior volume de sangue na pele para a finalidade de resfriamento do corpo, haverá menor quantidade de sangue para retornar ao coração, diminuindo com isso a pré-carga. Também ocorre uma pequena redução no volume sanguíneo resultante do suor e de um desvio generalizado do plasma, através da membrana capilar para os tecidos circunjacentes. Esses fatores se combinam para diminuir a pressão de enchimento ventricular, que diminui o retorno venoso para o coração e reduz o VDF. Com a redução no VDF, ocorre redução do VS (VS = VDF – VSF). Para que o débito cardíaco seja preservado ($\dot{Q}$ = FC × VS), ocorre aumento da FC como compensação pela queda no VS.

Mais recentemente, foi proposta uma hipótese para explicar o *drift* cardiovascular. Com o aumento da FC, torna-se menor o tempo de enchimento para os ventrículos. Essa taquicardia de exercício pode baixar o VS sob condições de prática prolongada de exercício, mesmo sem o deslocamento periférico do volume sanguíneo. Com base nas pesquisas disponíveis não é possível definir com precisão uma hipótese que, sozinha, explique completamente o *drift* cardiovascular; é provável que haja interação dos dois mecanismos.

Competição por irrigação sanguínea

Quando as demandas do exercício são acrescentadas às demandas do fluxo sanguíneo para todos os demais sistemas do corpo, pode ocorrer competição por um débito cardíaco limitado disponível. Essa competição pelo fluxo sanguíneo disponível pode se desenvolver entre os vários leitos vasculares, dependendo das condições específicas. Exemplificando, pode ocorrer competição pelo fluxo sanguíneo entre o músculo esquelético ativo e o sistema gastrintestinal, em seguida a uma refeição. McKirnan et al.[7] estudaram os efeitos da alimentação *versus* jejum na distribuição do fluxo sanguíneo durante o exercício em porcos-miniatura. Os animais foram divididos em dois grupos. Um grupo foi submetido a jejum durante 14-17 h antes do exercício. O outro grupo consumiu sua ração matinal em duas refeições. Metade da ração foi consumida 90-120 min antes do exercício, e a outra metade, 30-45 min antes do exercício. Então, os dois grupos de porcos correram a aproximadamente 65% do seu $\dot{V}O_{2max}$.

Durante o exercício, o fluxo sanguíneo para os músculos dos membros posteriores foi 18% mais baixo, e o fluxo sanguíneo gastrintestinal foi 23% mais alto no grupo alimentado, em comparação com o grupo que jejuou. Resultados parecidos em seres humanos sugerem que a redistribuição do fluxo sanguíneo gastrintestinal para os músculos em trabalho é atenuada depois de uma refeição. Como aplicação prática, essas descobertas sugerem que os atletas devem ser cautelosos na distribuição cronológica de suas refeições antes de uma competição, a fim de que ocorra maximização do fluxo sanguíneo para os músculos ativos durante o exercício.

Outro exemplo de competição pelo fluxo sanguíneo pode ser observado no exercício em um ambiente quente. Nesse cenário, a competição pelo débito cardíaco disponível pode se estabelecer entre a circulação cutânea para finalidades de termorregulação e os músculos em exercício. Esse assunto será discutido com mais detalhes no Capítulo 12.

Sangue

Até agora, foi examinado como o coração e os vasos sanguíneos respondem ao exercício. O componente do sistema cardiovascular que resta é o sangue, o líquido que transporta oxigênio e nutrientes necessários para os tecidos e recolhe e elimina os resíduos do metabolismo. Com a aceleração do metabolismo durante o exercício, várias funções do sangue passam a ser mais essenciais para um desempenho ideal.

Conteúdo de oxigênio

Em repouso, o conteúdo de oxigênio no sangue varia de 20 mL de oxigênio por 100 mL de sangue arterial até 14 mL de oxigênio por 100 mL de sangue venoso que retorna ao átrio direito. A diferença entre esses dois valores (20 mL – 14 mL = 6 mL) é conhecida como diferença arteriovenosa mista de oxigênio, ou diferença $(a-\bar{v})O_2$. Esse valor representa extensão em que o oxigênio é extraído, ou removido, do sangue em seu trânsito pelo corpo.

Diante do aumento da intensidade do exercício, a diferença $(a-\bar{v})O_2$ sofre um aumento progressivo, podendo aumentar até quase triplicar, do valor em repouso até as intensidades máximas de exercício (ver Fig. 8.10). Essa diferença maior realmente reflete uma diminuição do conteúdo de oxigênio venoso, pois o conteúdo de oxigênio arterial pouco muda da situação de repouso até os esforços máximos. Em uma situação de exercício, os músculos ativos necessitam de mais oxigênio, ocorrendo, portanto, a extração de maior quantidade de oxigênio do sangue. Ocorre diminuição do conteúdo de oxigênio venoso, aproximando-se de zero nos músculos ativos. Porém, o sangue venoso misto no átrio direito do coração raramente diminuirá para níveis abaixo de 4 mL de oxigênio por 100 mL de sangue, pois, ao retornar ao coração, o sangue proveniente de tecidos ativos está misturado com sangue proveniente de tecidos inativos. A extração de oxigênio nos tecidos inativos é muito mais baixa que nos músculos ativos.

Volume plasmático

Ao ficar em pé ou com o início do exercício, ocorre uma perda praticamente imediata de plasma sanguíneo para o espaço que contém o líquido intersticial. O movimento de líquido para fora dos capilares é governado pelas pressões intracapilares, que consistem na **pressão hidrostática** exercida pelo aumento da pressão arterial e na **pressão oncótica**, exercida pelas proteínas circulantes no sangue, principalmente a albumina. As pressões que influenciam o movimento de líquido para fora dos capilares são a pressão exercida pelos tecidos circunjacentes e também a pressão oncótica exercida pelas proteínas no líquido intersticial (Fig. 8.11). Pressões osmóticas, aquelas exercidas pelos eletrólitos da solução em ambos os lados das paredes dos capilares, também desempenham papel. Com o aumento da pressão arterial em função do exercício, também aumenta a pressão hidrostática intracapilar. Esse aumento da pressão arterial força a saída da água do compartimento vascular para o compartimento intersticial. Do mesmo modo, com o acúmulo de resíduos metabólicos no músculo ativo, aumenta a pressão osmótica intramuscular, que arrasta líquido dos capilares e para o músculo.

Pode ocorrer redução de aproximadamente 10-15% no volume plasmático com o exercício prolongado, com as maiores reduções ocorrendo durante os primeiros minutos. No caso do treinamento de resistência, a perda de volume plasmático é proporcional à intensidade do esforço, com perdas transitórias similares de líquidos do espaço vascular de 10-15%.

Se a intensidade do exercício ou as condições ambientais provocarem suor, poderão ocorrer perdas adicionais de volume plasmático. Embora a principal fonte de líquido para a formação do suor seja o líquido intersticial, esse

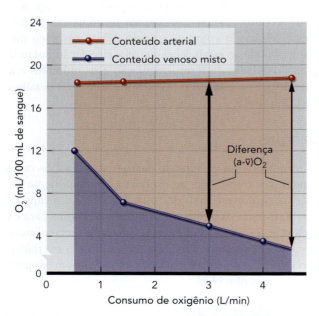

FIGURA 8.10 Alterações no conteúdo de oxigênio no sangue arterial e no sangue venoso misto, e a diferença $(a-\bar{v})O_2$ (diferença entre o oxigênio arterial e no sangue venoso misto) em função da intensidade do exercício.

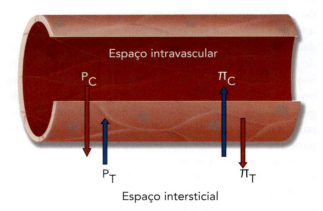

Filtração capilar resultante = $(P_C + \pi_T) - (P_T - \pi_C)$

FIGURA 8.11 Filtração de plasma desde a microvasculatura. Tanto a pressão sanguínea (P_C) no interior do vaso sanguíneo como a pressão oncótica (π_T) no tecido fazem o plasma fluir do espaço intravascular para o espaço intersticial. A pressão exercida pelo tecido (P_T) sobre o vaso sanguíneo e a pressão oncótica do sangue (π_C) no interior do vaso sanguíneo provocam a reabsorção do plasma. A filtração resultante do plasma pode ser determinada pelo somatório das forças externas ($P_C + \pi_T$) e a subtração das forças internas ($P_T - \pi_C$); filtração capilar resultante = $(P_C + \pi_T) - (P_T - \pi_C)$.

espaço líquido sofrerá redução com a continuação do processo de sudorese. Isso aumenta as pressões oncótica (uma vez que as proteínas não se movem com o fluido) e osmótica (uma vez que o suor tem menos eletrólitos do que o fluido intersticial) no espaço intersticial, fazendo um volume ainda maior de plasma se deslocar para fora do compartimento vascular em direção ao espaço intersticial. É impossível medir de modo direto e preciso o volume de líquido intracelular, mas alguns estudos sugerem que também ocorre perda de líquido pelo compartimento intracelular durante exercícios prolongados e mesmo pelos eritrócitos, que podem ter suas dimensões reduzidas.

A redução no volume plasmático pode prejudicar o desempenho. No caso de atividades de longa duração em que ocorra desidratação e nas quais a perda de calor seja problemática, o fluxo sanguíneo para os tecidos ativos pode ficar reduzido, permitindo que um volume maior de sangue seja desviado para a pele, na tentativa de perder calor corporal. Observe que a redução no fluxo sanguíneo para os músculos ocorrerá somente em condições de desidratação e apenas em altas intensidades. Um volume plasmático intensamente reduzido também aumenta a viscosidade do sangue, o que pode comprometer o fluxo sanguíneo, limitando assim o transporte do oxigênio, especialmente se o hematócrito exceder os 60%.

Em atividades que duram poucos minutos ou ainda menos, os desvios de líquidos corporais têm pouca importância prática. Porém, com a maior duração do exercício, as mudanças dos líquidos corporais e a regulação da temperatura passam a ser fatores importantes para o desempenho. Para o jogador de futebol, o ciclista participante do Tour de France ou o corredor de maratona, esses processos são cruciais, não apenas para a competição, mas também para a sobrevivência. Já ocorreram mortes por desidratação e hipertermia durante diversas atividades esportivas ou como resultado de sua prática. Esses aspectos serão discutidos mais detalhadamente no Capítulo 12.

Hemoconcentração

Quando o volume de plasma diminui, ocorre a hemoconcentração. Quando a parte líquida do sangue fica reduzida, as partes celular e proteica passam a representar uma fração maior do volume sanguíneo total. Ou seja, essas partes se tornam mais concentradas no sangue. A hemoconcentração aumenta substancialmente a concentração dos eritrócitos em até 25%. O hematócrito poderá aumentar de 40-50%. Contudo, o número total e o volume dos eritrócitos não mudam substancialmente.

O efeito final, mesmo sem a ocorrência de aumento no número total de eritrócitos, é um aumento do número de eritrócitos por unidade de sangue; ou seja, as células tornam-se mais concentradas. Com o aumento da concentração eritrocitária, também aumenta o conteúdo de hemoglobina por unidade de sangue. Esse fato aumenta substancialmente a capacidade de transporte de oxigênio pelo sangue, o que é vantajoso durante o exercício e propicia nítida vantagem em locais de altitude elevada, como teremos a oportunidade de constatar no Capítulo 13.

Resposta cardiovascular integrada ao exercício

Como se torna evidente diante de todas as mudanças na função cardiovascular que ocorrem durante o exercício, o sistema cardiovascular é extremamente complexo, mas responde de maneira apurada ao fornecimento de oxigênio a fim de atender às demandas do músculo em exercício. A Figura 8.12 é um fluxograma simplificado que ilustra como o corpo integra todas essas respostas cardiovasculares para que sejam atendidas suas necessidades durante o exercício. Na figura, foram marcadas e resumidas as

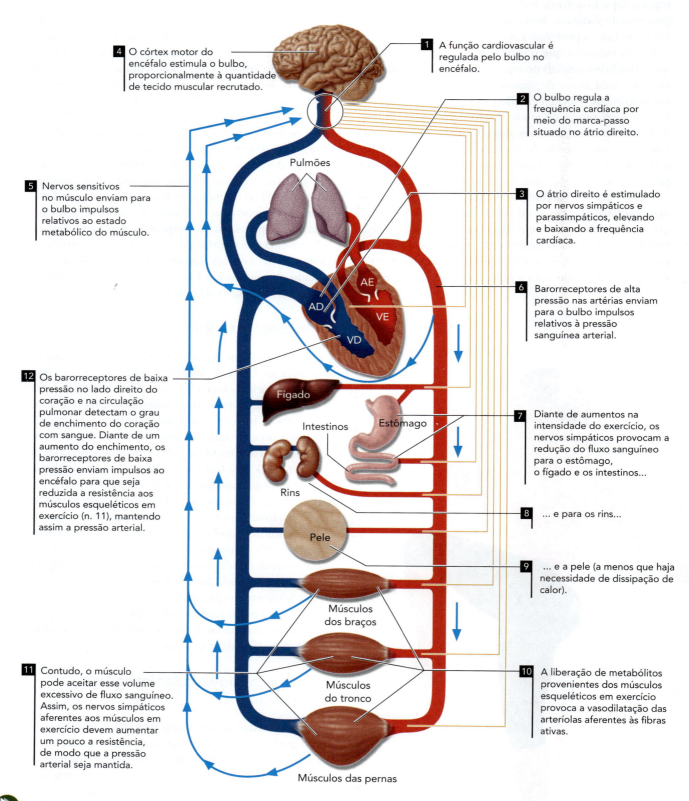

FIGURA 8.12 Integração da resposta do sistema cardiovascular ao exercício.

Adaptado com permissão de E.F. Coyle, "Cardiovascular function during exercise: neural control factors", *Sports Science Exchange* 4(34) 1991: p.1-6. Adaptado com permissão de Stokely-Van Camp, Inc.

Perspectiva de pesquisa 8.2
A recuperação é um estado cardiovascular distinto?

A recuperação do exercício refere-se ao período imediatamente após a prática de esforço físico. Esse período tem continuidade até que o sistema tenha se recuperado completamente ou retornado ao estado de repouso, podendo durar segundos ou se prolongar até horas, dependendo do modo e da intensidade do exercício. A recuperação do exercício também pode se referir ao estado fisiológico específico atingido após o exercício, que é distintamente diferente da fisiologia durante o exercício ou da fisiologia em repouso. Pode haver necessidade de algumas dessas alterações fisiológicas durante a recuperação para adaptação, em longo prazo, ao treinamento físico, mas certas alterações podem levar à instabilidade cardiovascular durante a recuperação. Nos últimos 20 anos, o entendimento científico da recuperação do exercício como um estado fisiológico distinto cresceu imensamente, sobretudo graças a estudos de variáveis cardiovasculares em seres humanos, como pressão arterial, frequência cardíaca e débito cardíaco, logo após a prática de exercício aeróbio ou de resistência.[11]

Em geral, há um efeito dependente da dose da intensidade e duração do exercício sobre as alterações cardiovasculares que seguem ao exercício aeróbio. Em geral, o aumento da condutância vascular (ou a diminuição da resistência em virtude da vasodilatação dos vasos sanguíneos no músculo) é maior que o aumento do débito cardíaco após uma sessão de exercício aeróbio. Isso significa que a vasodilatação periférica é a força motriz que baixa a pressão sanguínea após o exercício físico. Essa queda da pressão arterial após o exercício é conhecida como hipotensão pós-exercício e pode durar várias horas, em seguida a uma série de exercícios aeróbios. A persistência da vasodilatação pós-exercício ocorre em grande parte dentro do músculo esquelético previamente ativo, com uma vasodilatação menor, mas ainda assim relevante, nos leitos musculares esqueléticos não ativos. O fluxo sanguíneo para os demais tecidos (p. ex., cérebro, intestino) retorna mais rapidamente para os valores em repouso. É provável que a vasodilatação do músculo esquelético não ativo ocorra em virtude de uma redefinição do ponto de ajuste da pressão arterial no cérebro, ao passo que a vasodilatação do músculo esquelético previamente ativo se deve à liberação de moléculas vasodilatadoras locais. Recentemente foi demonstrado que a histamina é a molécula de fato importante liberada pelo músculo que antes estava ativo. A histamina fica elevada no músculo após o exercício, e a vasodilatação pós-exercício sofre uma redução de 80% quando as ações da histamina são inibidas. Embora os efeitos duradouros da histamina melhorem nossa compreensão do que causa a hipotensão pós-exercício durante a recuperação, ainda não se sabe qual é o "gatilho" relacionado ao exercício que promove a liberação de histamina pelo músculo.

As alterações cardiovasculares que ocorrem durante a recuperação em seguida à prática de um exercício de resistência são nitidamente diferentes daquelas que seguem ao exercício aeróbio agudo. Como o exercício aeróbio, a pressão arterial cai após o exercício de resistência. No entanto, ao contrário do que ocorre com o exercício aeróbio, a hipotensão pós-exercício de resistência se deve a reduções no débito cardíaco e não à vasodilatação nos leitos vasculares do músculo previamente ativo. Ainda não ficou esclarecido por que os mecanismos que controlam a pressão arterial durante a recuperação são diferentes entre o exercício aeróbio e o exercício de resistência, mas é provável que essas diferenças se devam à regulação central (como o sistema nervoso simpático controla a pressão sanguínea) e a alterações celulares locais no músculo. Curiosamente, o exercício de extensão do joelho que replica o treinamento de resistência não gera aumento local na concentração das histaminas, ao contrário do que ocorre com o exercício de extensão do joelho, que replica o exercício aeróbio.

Considerando que os programas combinados de exercícios aeróbios e de resistência não diminuem ainda mais a pressão arterial pós-exercício (em comparação com a prática exclusiva do exercício aeróbio), provavelmente ocorre alguma sobreposição nos mecanismos centrais. No geral, há menos estudos sobre o controle da hipotensão pós-exercício em seguida ao exercício de resistência. Embora uma pesquisa recentemente publicada aponte para um papel maior para as alterações no controle central da pressão arterial durante a recuperação, essa é uma área que carece de mais estudos.

A recuperação do exercício pode ser vista como uma janela de oportunidade para que as adaptações positivas ao treinamento sejam manipuladas, e também como um período vulnerável em que os indivíduos correm maior risco de eventos adversos, como desmaios. A completa compreensão desse período pode fornecer informações sobre o momento em que o sistema cardiovascular se recuperou do treinamento prévio e já está fisiologicamente pronto para um esforço adicional do treinamento. No futuro, será possível incluir métodos de treinamento que tirem proveito do estado de recuperação do exercício, com o objetivo de evitar consequências negativas do sobretreinamento e otimizar os resultados do treinamento e os benefícios para a saúde.

áreas e respostas fundamentais a fim de ilustrar como são coordenados esses complexos mecanismos de controle. É importante observar que, embora o corpo tente atender às demandas dos músculos pelo fluxo sanguíneo, apenas poderá realizar esse objetivo se a pressão arterial não estiver comprometida. Ao que parece, a manutenção da pressão arterial é a mais alta prioridade do sistema cardiovascular, independentemente do tipo de exercício, do ambiente e de outras necessidades competidoras.

Os ajustes cardiovasculares e respiratórios à prática do exercício dinâmico são profundos e rápidos. Dentro de 1 segundo a contar do início da contração muscular, a FC aumenta drasticamente pela descontinuação vagal e por aumentos na respiração. Aumentos no débito cardíaco e na pressão arterial elevam o fluxo sanguíneo para o músculo esquelético em atividade, para que sejam atendidas suas demandas metabólicas. O que causa essas mudanças iniciais, extremamente rápidas, no sistema cardiovascular, tendo em vista que ocorrem muito antes que surjam as necessidades metabólicas do músculo em atividade?

Ao longo dos anos, vem sendo acirrado o debate sobre o que faz que o sistema cardiovascular seja ligado no início do exercício. Uma explicação é a teoria do **comando central**, que envolve a coativação paralela tanto dos centros motores como dos centros de controle cardiovascular do cérebro. A ativação do comando central aumenta rapidamente a FC e a pressão arterial. Além do comando central, as respostas cardiovasculares ao exercício são modificadas por mecanorreceptores, quimiorreceptores e barorreceptores. Conforme discutido no Capítulo 6, os barorreceptores são sensíveis ao estiramento e enviam informações de volta aos centros de controle cardiovascular em relação à pressão arterial. Então, sinais da periferia são enviados de volta aos centros de controle cardiovascular por meio da estimulação de mecanorreceptores, que são sensíveis ao estiramento do músculo esquelético e também pelos quimiorreceptores, que são sensíveis ao aumento dos metabólitos no músculo. O *feedback* relativo à pressão arterial e ao ambiente muscular local ajuda a sintonizar e a ajustar a resposta cardiovascular. A Figura 8.13 ilustra essas relações.

Respostas respiratórias ao exercício agudo

Agora que já se discutiu o papel do sistema cardiovascular no fornecimento de oxigênio ao músculo em exercício, o foco será a maneira como o sistema respiratório responde ao exercício dinâmico agudo.

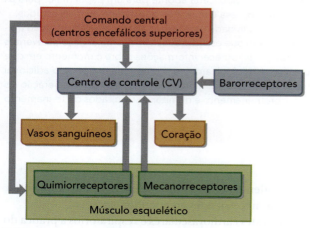

FIGURA 8.13 Resumo do controle cardiovascular (CV) durante o exercício.

Adaptado com permissão de S.K. Powers and E.T. Howley, *Exercise physiology: Theory and application to fitness and performance*, 5.ed. (New York: McGraw-Hill, 2004), p.188. © The McGraw-Hill Education.

Em resumo

> A pressão arterial média aumenta imediatamente em resposta ao exercício, e a magnitude desse aumento é proporcional à intensidade do exercício. Durante o exercício de resistência com participação integral do corpo, o aumento realiza-se principalmente pela elevação da pressão arterial sistólica, ocorrendo apenas pequenas mudanças na pressão arterial diastólica.

> A pressão arterial sistólica pode exceder os 200-250 mmHg em uma intensidade de exercício máxima, e essa elevação da pressão é resultante de aumentos no débito cardíaco. O exercício para a parte superior do corpo provoca maior resposta da pressão arterial em comparação com o exercício que envolve as pernas, no mesmo nível absoluto de gasto energético. É provável que isso se deva à menor massa muscular envolvida e à necessidade de estabilizar o tronco durante exercícios dinâmicos de membros superiores.

> Durante o exercício, o fluxo sanguíneo se redistribui das áreas inativas ou de baixa atividade do corpo, como o fígado e os rins, para os músculos que estão se exercitando, a fim de que sejam atendidas suas demandas metabólicas elevadas.

> No caso de exercício aeróbio prolongado ou de exercício aeróbio em ambiente quente, o VS diminui gradualmente e a FC aumenta proporcionalmente para manter o débito cardíaco. Esse fenômeno, conhecido como *drift* cardiovascular, está associado ao aumento progressivo do fluxo sanguíneo para a pele vasodilatada e à perda de fluidos do espaço vascular.

> As mudanças que ocorrem no sangue durante a prática do exercício incluem:
> 1. Aumento da diferença $(a-\bar{v})O_2$, já que a concentração de oxigênio venoso diminui, refletindo maior extração de oxigênio do sangue para utilização pelos tecidos ativos.
> 2. Diminuição do volume plasmático. O plasma é retirado dos capilares pelo aumento da pressão hidrostática, uma decorrência da elevação da pressão arterial, e o líquido é transportado para os músculos pelas pressões oncótica e osmótica aumentadas, resultantes do acúmulo de resíduos metabólicos. Nos casos de exercício prolongado ou de exercício em ambiente quente, ocorre maior perda de volume plasmático pelo suor.
> 3. Ocorrência de hemoconcentração em decorrência da redução do volume plasmático (água). Embora na realidade o número de eritrócitos permaneça relativamente constante, ocorre aumento do número relativo de eritrócitos por unidade de sangue, o que aumenta a capacidade de transporte de oxigênio.

Ventilação pulmonar durante o exercício dinâmico

O início da atividade física se faz acompanhar por um aumento imediato na ventilação. De fato, como a resposta da FC, a respiração acentuadamente acelerada pode ocorrer ainda antes do início das contrações musculares, ou seja, pode ser uma resposta antecipatória. Isso está ilustrado na Figura 8.14 em relação ao exercício leve, moderado e intenso. Por causa de seu rápido início, não há dúvida de que o ajuste respiratório inicial às demandas do exercício seja de natureza neutra, sendo mediado pelos centros de controle respiratório no encéfalo (comando central), embora informações nervosas também possam ter origem nos receptores existentes no músculo em exercício.

A segunda fase mais gradual do aumento respiratório demonstrada durante o exercício intenso na Figura 8.14 é controlada primariamente por alterações no estado químico do sangue arterial. Com o avanço do exercício, o aumento do metabolismo nos músculos gera mais CO_2 e H^+. O leitor deve se lembrar de que essas mudanças deslocam a curva de saturação da oxiemoglobina para a direita, favorecendo a liberação de oxigênio para os músculos, o que aumenta a diferença $(a-\bar{v})O_2$. O aumento em CO_2 e H^+ é percebido pelos quimiorreceptores basicamente localizados no encéfalo, nos corpos carotídeos e nos pulmões, que, por sua vez, estimulam o centro inspiratório,

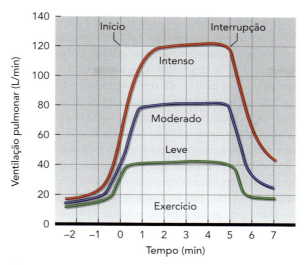

FIGURA 8.14 Resposta ventilatória a exercícios leve, moderado e intenso. O voluntário se exercitou em cada uma das três intensidades durante 5 min. Após o aumento inicial agudo, houve tendência à estabilização do volume de ventilação em um platô, em um valor de estado de equilíbrio nas intensidades leve e moderada, mas continuando a aumentar um pouco na fase de exercício intenso.

aumentando a frequência e a profundidade da respiração. Alguns pesquisadores sugeriram que também pode haver envolvimento de quimiorreceptores existentes nos músculos. Além disso, os receptores no ventrículo direito do

---

PERSPECTIVA DE PESQUISA 8.3
A postura afeta a ventilação durante a recuperação pós-exercício

A postura do corpo afeta a função cardiopulmonar em virtude dos efeitos da gravidade. Exemplificando, na postura ereta, as ações mecânicas dos músculos inspiratórios expandem a parede torácica e elevam a caixa torácica contra a gravidade, enquanto a mudança para a postura de decúbito dorsal aumenta a pressão abdominal na cavidade pleural e a inspiração se dá predominantemente por meio da expansão abdominal. Apesar dos relatos de que a função cardiopulmonar é afetada pela posição do corpo, poucos fisiologistas do exercício investigaram o efeito da postura durante a recuperação do exercício aeróbio.

Um estudo de 2017 realizado na Coreia examinou a função cardiopulmonar em relação à posição do corpo durante a recuperação de um teste de esforço máximo.[4] Os voluntários foram aleatoriamente designados para uma das três posturas de recuperação: em decúbito dorsal, sentado ou sentado com o tronco inclinado para a frente. Cada voluntário fez um teste de esforço máximo até a exaustão, então, imediatamente em seguida assumiu a posição de recuperação a ele atribuída. A captação de oxigênio, o volume ventilatório minuto, a frequência respiratória e a frequência cardíaca foram medidos durante a postura atribuída em repouso antes do teste e em 1, 3 e 5 minutos após o início da recuperação. Não foram observadas diferenças nessas variáveis no pré-exercício. Embora não tenham sido observadas diferenças na frequência cardíaca ou respiratória entre as posturas de recuperação, o $\dot{V}O_2$ e o volume ventilatório minuto foram significativamente menores durante a recuperação no grupo designado para a postura de inclinação do tronco para a frente. Essa postura inclinada para a frente melhora a capacidade ventilatória durante a recuperação do exercício máximo, o que, por sua vez, permite a rápida recuperação do sistema respiratório após o exercício físico. A equipe de pesquisadores concluiu que a posição inclinada para a frente tem um efeito positivo na ventilação pulmonar após o exercício e pode ser a postura mais eficaz para promover a recuperação da respiração depois de um esforço máximo.

coração enviam informações para o centro inspiratório, de modo que aumentos no débito cardíaco possam estimular a respiração durante os minutos iniciais do exercício. A influência da concentração sanguínea de CO_2 e H^+ na frequência e no padrão da respiração serve para fazer o ajuste fino da resposta respiratória (com mediação neutra) ao exercício, para que haja compatibilidade precisa entre o fornecimento de oxigênio e as demandas aeróbias, sem que os músculos respiratórios fiquem sobrecarregados.

A ventilação pulmonar aumenta durante o exercício em proporção direta com as necessidades metabólicas do músculo em exercício. Em intensidades de exercício baixas, isso ocorre por aumentos no volume corrente (quantidade de ar que se movimenta para dentro e para fora dos pulmões durante a respiração regular). Em intensidades maiores, a frequência respiratória também aumenta. Frequências máximas de ventilação pulmonar dependem do porte físico do indivíduo. Em pessoas menores, frequências máximas de ventilação medindo cerca de 100 L/min são comuns, mas em indivíduos de maior porte podem ser observadas frequências excedendo os 200 L/min.

No final do exercício, as demandas musculares por energia diminuem quase imediatamente para os níveis em repouso. Porém, a ventilação pulmonar retorna ao normal em velocidade menor. Se a frequência respiratória atendesse perfeitamente às demandas metabólicas dos tecidos, a respiração diminuiria para o nível em repouso em segundos após o término do exercício, mas a recuperação da respiração demora alguns minutos. Isso sugere que a respiração pós-exercício é regulada principalmente pelo equilíbrio acidobásico, pela pressão parcial do dióxido de carbono dissolvido (PCO_2) e pela temperatura do sangue.

Irregularidades respiratórias durante o exercício

De modo ideal, a respiração é regulada durante o exercício de maneira que maximiza a capacidade aeróbia. Contudo, as disfunções respiratórias durante o exercício podem comprometer o desempenho.

Dispneia

A sensação de **dispneia** (encurtamento da respiração) durante o exercício é comum entre indivíduos em má condição física aeróbia que tentam se exercitar em níveis que elevam significativamente suas concentrações arteriais de CO_2 e de H^+. Conforme já discutido no Capítulo 7, esses dois estímulos enviam fortes sinais para o centro inspiratório, a fim de que sejam aumentadas a frequência e a profundidade da ventilação. Embora a dispneia induzida pelo exercício seja percebida como incapacidade de respirar, a causa subjacente é a incapacidade de ajustar a respiração aos níveis sanguíneos de PCO_2 e H^+.

A incapacidade de reduzir esses estímulos durante o exercício parece estar relacionada ao mau condicionamento dos músculos respiratórios. Apesar do vigoroso impulso nervoso para a ventilação dos pulmões, os músculos respiratórios ficam fatigados com facilidade, revelando-se incapazes de restabelecer a homeostase normal.

Asma induzida pelo exercício

Em seres humanos saudáveis, o sistema respiratório em geral e a capacidade de condução de uma troca gasosa eficiente, nos pulmões em particular, não limitam normalmente o desempenho no exercício. Contudo, estima-se que até 55% dos atletas de elite que praticam esportes de inverno de resistência e natação vivenciam sintomas de asma induzida pelo exercício (AIE) e/ou broncoespasmo induzido pelo exercício (BIE).[1,6] A asma induzida pelo exercício é definida como uma obstrução das vias aéreas inferiores, acompanhada por sintomas que incluem tosse, respiração ofegante ou dispneia, induzidos pela prática do exercício em indivíduos com asma subjacente. Além da

AIE, o BIE consiste em uma redução na função pulmonar medida pelo volume expiratório forçado em 1 segundo (VEF$_1$), que é medido após um teste padronizado de esforço físico. Muitos atletas sofrem com esses sintomas respiratórios, e seu surgimento pode ocorrer durante a infância ou mais tarde da vida, no decorrer de suas carreiras esportivas.

Em termos fisiológicos, existem vários mecanismos diferentes pelos quais AIE e BIE podem ocorrer em atletas. O raciocínio clássico tem sido o de que a hiperventilação durante a prática de um exercício intenso leva ao aumento da evaporação de água pela superfície das vias aéreas. Isso é resultante da necessidade de umidificação e de aquecimento do ar aferente aos pulmões, juntamente com um aumento na frequência da ventilação durante o exercício intenso. A evaporação da água acarreta aumento na osmolalidade, o que, por sua vez, proporciona um estímulo para a mobilização da água do interior das células para o líquido extracelular. Então, esse "encolhimento" das células induz inflamação, que, por sua vez, causa constrição das vias aéreas.

Outros fatores contributivos propostos para a ocorrência de AIE e BIE em atletas são a ruptura do epitélio das vias aéreas induzida por um exercício muito intenso e o resfriamento das vias aéreas. A ruptura epitelial também ocorre na microvasculatura das vias aéreas. O resfriamento das vias aéreas causa um aumento reflexo na atividade nervosa parassimpática, causando broncoconstrição e vasoconstrição dos vasos sanguíneos nos bronquíolos, como uma forma de conservar o calor.

Alguns aspectos de AIE e de BIE em atletas de elite guardam relação com as condições específicas do ambiente e do treinamento específico do esporte, nas quais ocorrem os sintomas. Por exemplo, o ar frio e seco tão comum nos esportes de inverno,[6] as ultrafinas partículas suspensas no ar emitidas pelas máquinas de recomposição da superfície do gelo em pistas *indoor*,[14] a exposição ao pólen e aos poluentes em atletas em práticas ao ar livre,[2] bem como a exposição química em atmosferas ricas em cloro para os nadadores, são aspectos que, sem exceção, foram implicados como fatores causais de problemas respiratórios nos atletas.

Hiperventilação

A antecipação da ansiedade ou a ansiedade relacionada ao exercício, bem como alguns distúrbios respiratórios, podem causar um súbito aumento na ventilação, excedendo a necessidade para a manutenção do exercício. Essa respiração excessiva é denominada **hiperventilação**. Em repouso, a hiperventilação pode diminuir a PCO$_2$ normal de 40 mmHg nos alvéolos e no sangue arterial para cerca de 15 mmHg. Com a diminuição dos níveis arteriais de CO$_2$, o pH sanguíneo aumenta. Esses efeitos se combinam para a redução do impulso ventilatório. Tendo em vista que, ao deixar os pulmões, o sangue quase sempre está cerca de 98% saturado com oxigênio, uma elevação na PO$_2$ alveolar não aumenta a quantidade de oxigênio no sangue. Por consequência, o menor impulso de respirar – juntamente com a maior capacidade de prender a respiração depois da hiperventilação – resultará na descarga de dióxido de carbono, e não em um aumento do oxigênio sanguíneo. Isto é algumas vezes chamado de "eliminação do CO$_2$". Mesmo quando efetuada durante apenas alguns segundos, essa respiração rápida e profunda pode levar à tontura e até a perda da consciência. Esse fenômeno revela a sensibilidade da regulação do sistema respiratório pelo dióxido de carbono e pelo pH.

Manobra de Valsalva

A manobra de Valsalva é um procedimento respiratório potencialmente perigoso que acompanha com frequência certos tipos de exercício, em particular o levantamento de objetos pesados. Ela ocorre quando o indivíduo:

- fecha a glote (a abertura entre as cordas vocais);
- aumenta a pressão intra-abdominal ao contrair vigorosamente o diafragma e os músculos abdominais; e
- aumenta a pressão intratorácica ao contrair vigorosamente os músculos respiratórios.

Como resultado dessas ações, o ar fica retido e pressurizado nos pulmões. As elevadas pressões intra-abdominal e intratorácica restringem o retorno venoso ao provocar o colapso das grandes veias. Essa manobra, se mantida durante um longo período, pode causar grande redução do volume de sangue que retorna ao coração, diminuindo o débito cardíaco e baixando a pressão arterial. Embora possa ter utilidade em certas circunstâncias, a manobra de Valsalva pode ser perigosa e deve ser evitada.

Ventilação e metabolismo energético

Durante longos períodos de atividade leve em estado de equilíbrio, a ventilação equilibra as necessidades do metabolismo energético, variando em proporção com o volume de oxigênio consumido e com o volume de dióxido de carbono produzido ($\dot{V}O_2$ e $\dot{V}CO_2$, respectivamente) pelo corpo.

Equivalente ventilatório para o oxigênio

A relação entre o volume de ar expirado ou ventilado ($\dot{V}_E$) e a quantidade de oxigênio consumida pelos tecidos ($\dot{V}O_2$) em determinado intervalo de tempo é conhecida como **equivalente ventilatório para o oxigênio**, ou $\dot{V}_E/\dot{V}O_2$. Habitualmente, esse índice é medido em litros de ar respirado por litro de oxigênio consumido por minuto.

Em repouso, o $\dot{V}_E/\dot{V}O_2$ pode variar entre 23-28 L de ar por litro de oxigênio consumido. Esse valor muda muito pouco durante o exercício leve, por exemplo, caminhar. Porém, quando a intensidade de trabalho cresce até perto do máximo, a $\dot{V}_E/\dot{V}O_2$ pode ultrapassar os 30 L de ar por litro de oxigênio consumido. Mas em geral a $\dot{V}_E/\dot{V}O_2$ permanece relativamente constante ao longo de ampla variedade de níveis de exercício. Isso indica que o controle para a respiração está funcionando adequadamente para a demanda de oxigênio pelo corpo.

Limiar ventilatório

Com o aumento da intensidade do exercício, em algum ponto a ventilação aumenta desproporcionalmente ao consumo de oxigênio. O ponto no qual isso ocorre, tipicamente na faixa de ~55-70% do $\dot{V}O_{2max}$, é denominado **limiar ventilatório**, ilustrado na Figura 8.15. Na intensidade aproximadamente igual ao do limiar ventilatório, começa a surgir mais lactato no sangue. Isso pode ser resultante da maior produção de lactato e/ou da menor eliminação desse metabólito. Esse ácido láctico se combina com o bicarbonato de sódio (que tampona o ácido) e forma lactato de sódio, água e dióxido de carbono. Como já se sabe, o aumento do dióxido de carbono estimula os quimiorreceptores, que sinalizam o centro inspiratório para aumentar a ventilação. Assim, o limiar ventilatório reflete a resposta respiratória a níveis mais elevados de dióxido de carbono. A ventilação aumenta drasticamente depois do limiar ventilatório, como se pode observar na Figura 8.15.

O aumento desproporcional da ventilação, sem aumento equivalente no consumo de oxigênio, levou inicialmente a especulações de que o limiar ventilatório poderia estar relacionado ao limiar de lactato (aquele ponto no qual a produção de lactato sanguíneo excede a recaptação e a eliminação de lactato, conforme foi descrito no Cap. 5). O limiar ventilatório reflete um aumento desproporcional no volume de dióxido de carbono produzido por minuto ($\dot{V}CO_2$) em relação ao consumo de oxigênio. Com base no que foi aprendido no Capítulo 5, o leitor deve se lembrar de que o índice de troca respiratória (R) é a relação entre a produção de dióxido de carbono e o consumo de oxigênio. Assim, o aumento desproporcional na produção de dióxido de carbono também provoca o aumento do R.

Foi proposto que o aumento do $\dot{V}CO_2$ era resultado de uma quantidade excessiva de dióxido de carbono que estava sendo liberada pelo tamponamento do ácido láctico pelo bicarbonato. Wasserman e McIlroy[18] cunharam o termo **limiar anaeróbio** para descrever esse fenômeno por terem assumido que o súbito aumento no CO_2 refletia um desvio para um metabolismo mais anaeróbio. Eles acreditaram que essa seria uma boa alternativa não invasiva à coleta de sangue para detecção do início do metabolismo anaeróbio. Deve-se ter em mente que alguns cientistas foram contrários ao uso do termo *limiar anaeróbio* na descrição desse fenômeno respiratório.

Com o passar dos anos, o conceito de limiar aeróbio foi consideravelmente refinado, para a obtenção de uma estimativa com razoável precisão do limiar de lactato. Uma das técnicas mais precisas para a identificação desse limiar envolve a monitoração do equivalente ventilatório para o oxigênio ($\dot{V}_E/\dot{V}O_2$) e também do **equivalente ventilatório para o dióxido de carbono** ($\dot{V}_E/\dot{V}CO_2$), que é a relação entre o volume de ar expirado ($\dot{V}_E$) e o volume de dióxido de carbono produzido ($\dot{V}CO_2$). Com base nessa técnica, o limiar é definido como aquele ponto em que ocorre o aumento sistemático do $\dot{V}_E/\dot{V}O_2$, sem aumento concomi-

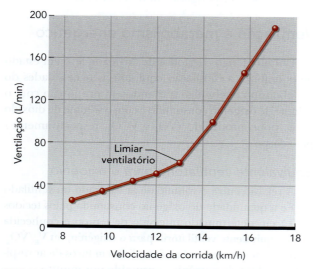

FIGURA 8.15 Mudanças na ventilação pulmonar (V_E) durante uma corrida em velocidades crescentes, ilustrando o conceito de limiar ventilatório.

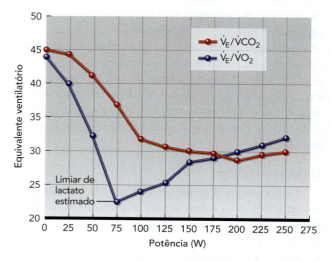

FIGURA 8.16 Mudanças no equivalente ventilatório para o dióxido de carbono ($\dot{V}_E/\dot{V}CO_2$) e no equivalente ventilatório para o oxigênio ($\dot{V}_E/\dot{V}O_2$) durante intensidades crescentes de exercício em um cicloergômetro. Note que o ponto de virada do limiar de lactato estimado em uma potência de 75 W fica evidente apenas na razão $\dot{V}E/\dot{V}O_2$.

tante do $\dot{V}_E/\dot{V}CO_2$. Isso está ilustrado na Figura 8.16. Tanto o $\dot{V}_E/\dot{V}CO_2$ como o $\dot{V}_E/\dot{V}O_2$ declinam com o aumento da intensidade do exercício, na faixa das intensidades mais baixas. Contudo, o $\dot{V}_E/\dot{V}O_2$ começa a aumentar por volta de 75 W, enquanto o $\dot{V}_E/\dot{V}CO_2$ continua a declinar. Isso indica que o aumento na ventilação para a remoção do CO_2 é desproporcional à necessidade de fornecimento de O_2 para o corpo. Em geral, essa técnica de limiar ventilatório fornece uma estimativa próxima do limiar de lactato, eliminando a necessidade de repetidas coletas de sangue.

Em resumo

> Durante o exercício, a ventilação demonstra um aumento quase imediato, resultante da maior estimulação do centro inspiratório causada pelo comando central e pelo *feedback* nervoso da própria atividade muscular. A isso segue-se um platô (durante o exercício leve) ou um aumento muito mais gradual na respiração (durante o exercício intenso), resultante de mudanças químicas no sangue arterial em decorrência do metabolismo do exercício.

> Os padrões respiratórios alterados e as sensações associadas ao exercício são: dispneia, asma ou broncoespasmo induzido pelo exercício, hiperventilação e realização da manobra de Valsalva.

> Durante um exercício leve em estado de equilíbrio, a ventilação aumenta para equiparar-se à taxa de metabolismo energético. Ou seja, a ventilação acompanha o consumo de oxigênio. A relação entre o ar ventilado e o oxigênio consumido é o equivalente ventilatório do oxigênio ($\dot{V}E/\dot{V}O_2$).

> Em baixas intensidades de exercício, o aumento da ventilação é conseguido por aumentos no volume corrente (o volume de ar que é mobilizado para dentro e para fora dos pulmões durante a respiração regular). Em maiores intensidades, a frequência de respiração também aumenta.

> Taxas máximas de ventilação pulmonar dependem do porte físico. Taxas máximas de ventilação, de aproximadamente 100 L/min, são comuns em indivíduos de menor porte físico, mas podem exceder os 200 L/min em indivíduos mais corpulentos.

> O limiar ventilatório é o ponto no qual a ventilação começa a aumentar de forma desproporcional ao aumento no consumo do oxigênio. Esse aumento no $\dot{V}_E$ reflete a necessidade de remoção do dióxido de carbono em excesso.

> É possível estimar o limiar de lactato com razoável precisão mediante a identificação do ponto no qual o $\dot{V}_E/\dot{V}O_2$ começa a aumentar, enquanto o $\dot{V}_E/\dot{V}CO_2$ continua a diminuir.

Limitações respiratórias ao desempenho

Como todas as atividades de tecidos, a respiração depende de energia. A maior parte dela é utilizada pelos músculos respiratórios durante a ventilação pulmonar. Em repouso, os músculos respiratórios são responsáveis por apenas cerca de 2% do consumo total de oxigênio. Com o aumento da frequência e da profundidade da ventilação, também aumenta o custo energético da respiração. O diafragma, os músculos intercostais e os músculos abdominais podem ser responsáveis por até 11% do oxigênio total consumido durante o exercício intenso, podendo receber até 15% do débito cardíaco. Durante a recuperação do exercício dinâmico, as elevações persistentes na ventilação continuam a demandar um aporte crescente de energia, sendo responsáveis por 9-12% do oxigênio total consumido após o exercício.

Embora os músculos da respiração sejam intensamente exigidos durante o exercício, a ventilação é suficiente para prevenir o aumento na PCO_2 alveolar ou o declínio na PO_2 alveolar durante atividades que duram apenas alguns minutos. Mesmo durante um esforço máximo, normalmente a ventilação não é levada a sua capacidade máxima para a movimentação voluntária do ar para dentro e para fora dos pulmões. Essa capacidade é denominada **ventilação voluntária máxima**, sendo significativamente maior do que a ventilação em uma situação de exercício máximo. Contudo, um corpo de evidência considerável sugere que a ventilação pulmonar pode ser fator limitante em indivíduos altamente treinados durante os exercícios de muita intensidade (95-100% de $\dot{V}O_{2max}$).

A respiração intensa durante algumas horas (p. ex., durante uma maratona) pode causar depleção de glicogênio e fadiga dos músculos respiratórios? Estudos em animais demonstraram uma preservação substancial do glicogênio da sua musculatura respiratória, em comparação com o glicogênio da musculatura em exercício. Embora não existam dados semelhantes para seres humanos, nossos músculos respiratórios estão mais bem preparados para a atividade prolongada que os músculos de nossos membros. O diafragma, por exemplo, apresenta capacidade oxidativa (enzimas oxidativas e mitocôndrias) e densidade capilar duas a três vezes maiores que os outros músculos esqueléticos. Por consequência, o diafragma pode obter mais energia de fontes oxidativas em comparação com os músculos esqueléticos.

De modo semelhante, a resistência das vias aéreas e a difusão gasosa nos pulmões não limitam o exercício em um indivíduo normal e saudável. O volume de ar inspirado pode aumentar 20-40 vezes com o exercício, de aproximadamente 5 L/min em repouso até 100-200 L/min em uma situação de esforço máximo. Porém, a resistência das vias aéreas é mantida em níveis próximos aos do repouso pela dilatação dessas estruturas (por meio do aumento da abertura da laringe e pela broncodilatação). Durante os esforços submáximos e máximos em indivíduos não treinados e moderadamente treinados, o sangue que deixa os pulmões permanece quase saturado com oxigênio (cerca de 98%). Por outro lado, com o exercício máximo em alguns atletas fundistas de elite e altamente treinados, haverá demanda excessiva na troca gasosa pulmonar, resultando no declínio da PO_2 arterial e da saturação de oxigênio do sangue arterial (i. e., **hipoxemia arterial induzida pelo exercício – HAIE**). Aproximadamente 40-50% dos atletas fundistas do grupo de elite vivenciam uma redução significativa da oxigenação arterial durante o exercício próximo à exaustão.[10] É provável que, em uma situação de exercício de máxima intensidade, a hipoxemia arterial seja resultante de um desequilíbrio entre a ventilação e a perfusão do pulmão. Considerando que o débito cardíaco é extremamente alto em atletas de elite, o sangue está fluindo pelo coração em alta velocidade e, portanto, talvez não haja tempo suficiente para que ele fique saturado com oxigênio. Assim, em indivíduos saudáveis, o sistema respiratório está bem planejado para acomodar as demandas da respiração intensa durante esforços físicos de curta e longa duração. Contudo, alguns indivíduos altamente treinados que consomem volumes de oxigênio excepcionalmente altos durante o exercício exaustivo podem enfrentar limitações respiratórias.

O sistema respiratório também pode limitar o desempenho em populações de pacientes com vias aéreas restringidas ou obstruídas. Por exemplo, a asma causa constrição dos tubos bronquiais e tumefação de suas membranas mucosas. Esses efeitos provocam resistência considerável à ventilação, resultando em falta de ar. Sabe-se que o exercício provoca a manifestação dos sintomas de asma ou piora esses sintomas em determinados indivíduos. Apesar do grande volume de estudos publicados, ainda não foi elucidado o mecanismo (ou mecanismos) pelo qual o exercício induz à obstrução das vias aéreas em indivíduos com a chamada asma induzida por exercício.

Regulação respiratória do equilíbrio acidobásico

Conforme vimos, o exercício de alta intensidade resulta na produção e no acúmulo de lactato e H^+. Embora a regulação do equilíbrio acidobásico envolva mais que o controle da respiração, este tópico foi incluído no livro porque o sistema respiratório desempenha um papel crucial no rápido ajuste do estado acidobásico do organismo durante e imediatamente depois do exercício.

Os ácidos, como o ácido láctico e o ácido carbônico, liberam íons hidrogênio (H^+). Conforme se pôde ver nos capítulos precedentes, o metabolismo de carboidratos, gorduras ou proteínas produz ácidos inorgânicos que se dissociam, aumentando a concentração de H^+ nos líquidos corporais, com isso diminuindo o pH. Para que sejam minimizados os efeitos do H^+ livre, o sangue e os músculos contêm substâncias básicas que se combinam com o H^+, promovendo com isso o tamponamento ou neutralização desse íon:

$$H^+ + \text{tampão} \rightarrow H\text{-tampão}.$$

Em condições de repouso, os líquidos corporais têm mais bases (p. ex., bicarbonato, fosfato e proteínas) que ácidos, resultando em um pH dos tecidos ligeiramente alcalino, variando de 7,1 no músculo até 7,4 no sangue arterial. Os limites toleráveis de pH no sangue arterial se estendem entre 6,9-7,5, embora os extremos dessa faixa possam ser tolerados apenas por alguns minutos (ver Fig. 8.17). Chama-se acidose à concentração de H^+ elevada acima do normal (pH baixo), e alcalose é a queda do H^+ abaixo da concentração normal (pH alto).

O pH dos líquidos intracelulares e extracelulares é mantido dentro de uma faixa relativamente estreita:

- por tampões químicos no sangue;
- pela ventilação pulmonar; e
- pela função renal.

Os três principais tampões químicos no corpo são o bicarbonato (HCO_3^-), os fosfatos inorgânicos (P_i) e as proteínas. Além desses, a hemoglobina nos eritrócitos é também um tampão importante. A Tabela 8.2 ilustra as contribuições relativas desses, para o controle dos ácidos no sangue. É necessário lembrar que o bicarbonato se

> ## Em resumo
> - Os músculos respiratórios podem ser responsáveis por até 10% do consumo total de oxigênio pelo corpo e por 15% do débito cardíaco durante um exercício intenso.
> - Em geral, a ventilação pulmonar não é um fator limitante para o desempenho, mesmo durante um esforço máximo, embora possa limitar o desempenho de alguns atletas fundistas do grupo de elite.
> - Os músculos respiratórios são bem "planejados" para evitar a fadiga durante atividades prolongadas.
> - Em geral, a resistência das vias aéreas e a difusão gasosa não limitam o desempenho em indivíduos normais e saudáveis que se exercitam ao nível do mar.
> - O sistema respiratório pode e costuma limitar o desempenho em pessoas com várias formas de distúrbios respiratórios restritivos ou obstrutivos.

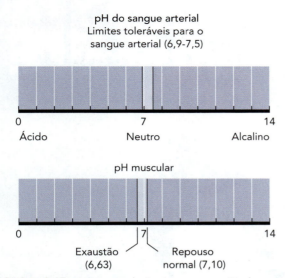

FIGURA 8.17 Limites toleráveis para o pH do sangue arterial e para o pH do músculo em repouso e em condição de exaustão. Observe a pequena faixa de tolerância fisiológica para o pH, tanto no músculo como no sangue.

TABELA 8.2 Capacidade de tamponamento dos componentes do sangue

Tampão	Unidades Slykes[a]	%
Bicarbonato	18,0	64
Hemoglobina	8,0	29
Proteínas	1,7	6
Fosfatos	0,3	1
Total	28,0	100

[a]Miliequivalentes de íons hidrogênio capturados por litro de sangue, de pH 7,4 até 7,0.

combina com H⁺ para formar ácido carbônico, eliminando dessa maneira a influência acidificante do H⁺ livre. Por sua vez, o ácido carbônico forma dióxido de carbono e água nos pulmões. Em seguida, ocorre expiração do CO_2, restando apenas água.

A quantidade de bicarbonato que se combina com H⁺ é igual à quantidade de ácido tamponado. Quando o ácido láctico diminui o pH de 7,4 para 7,0, isso significa que foi consumido mais de 60% do bicarbonato inicialmente presente no sangue. Mesmo em condições de repouso, o ácido produzido pelos produtos finais do metabolismo eliminaria grande parte do bicarbonato do sangue se não houvesse outro modo de remover o H⁺ do corpo. O sangue e esses tampões químicos são necessários apenas para o transporte de ácidos metabólicos de seus locais de produção (os músculos) para os pulmões ou rins, onde poderão ser removidos. Tão logo o H⁺ tenha sido transportado e removido, as moléculas de tampão poderão ser novamente utilizadas.

Nas fibras musculares e nos túbulos renais, o H⁺ é principalmente tamponado por fosfatos, por exemplo, o ácido fosfórico e o fosfato de sódio. Há menor compreensão sobre a capacidade dos tampões que existem no interior das células, embora se saiba que as células contêm mais proteína e fosfatos e menos bicarbonato em comparação com os líquidos extracelulares.

Conforme visto anteriormente, qualquer aumento no H⁺ livre no sangue estimula o centro respiratório a aumentar a ventilação. Isso facilita que o H⁺ se ligue ao bicarbonato e que o dióxido de carbono seja removido. O resultado final é um decréscimo no H⁺ livre e um aumento no pH sanguíneo. Portanto, tanto os tampões químicos como o sistema respiratório proporcionam meios para a neutralização em curto prazo dos efeitos agudos da acidose do exercício. Para que seja mantida uma reserva constante de tampão, o H⁺ acumulado é removido do corpo por meio da excreção pelos rins e de eliminação na urina. Os rins filtram o H⁺ do sangue, juntamente com outros restos do metabolismo. Essa é uma forma de eliminação de H⁺ do corpo ao mesmo tempo que é mantida a concentração do bicarbonato extracelular.

Durante um exercício de corrida de velocidade, a glicólise muscular gera uma grande quantidade de lactato e H⁺, o que baixa o pH muscular de um nível em repouso de 7,1 para menos de 6,7. Conforme mostra a Tabela 8.3, um tiro de corrida de 400 m em esforço máximo diminui o pH da musculatura da perna para 6,63 e aumenta o lactato muscular de um valor em repouso de 1,2 mmol/kg para quase 20 mmol/kg de músculo. Essas perturbações no equilíbrio acidobásico podem prejudicar a contratilidade muscular e sua capacidade de gerar trifosfato de adenosina (ATP). O lactato e o H⁺ se acumulam no músculo, em parte por não se difundirem livremente através das membranas das fibras da musculatura esquelética. Apesar da grande produção de lactato e de H⁺ durante os cerca de 60 s necessários para correr os 400 m, esses subprodutos se difundem pelos líquidos corporais e alcançam equilíbrio apenas depois de cerca de 5-10 min de recuperação. Cinco minutos depois do exercício, os corredores descritos na Tabela 8.3 tinham valores de 7,10 para o pH do sangue e concentrações de 12,3 mmol/L para o lactato, em comparação com um pH em repouso de 7,40 e um nível de lactato em repouso de 1,5 mmol/L.

O restabelecimento das concentrações normais em repouso do lactato sanguíneo e muscular depois de um exercício tão exaustivo é um processo relativamente lento, em geral devendo transcorrer ao longo de 1-2 horas. Conforme mostra a Figura 8.18, a recuperação do lactato sanguíneo ao nível em repouso fica facilitada pelo exercício continuado e de intensidade mais baixa, o que é conhecido como recuperação ativa.[3] Depois de uma série de tiros de velocidade em ritmo exaustivo, os

TABELA 8.3 pH e concentração de lactato no sangue e no músculo 5 minutos depois de uma corrida de 400 m

		Músculo		Sangue	
Corredor	Tempo (s)	pH	Lactato (mmol/kg)	pH	Lactato (mmol/L)
1	61,0	6,68	19,7	7,12	12,6
2	57,1	6,59	20,5	7,14	13,4
3	65,0	6,59	20,2	7,02	13,1
4	58,5	6,68	18,2	7,10	10,1
Média	60,4	6,64	19,7	7,10	12,3

participantes desse estudo se sentaram tranquilamente (recuperação passiva) ou se exercitaram em uma intensidade do 50% de $\dot{V}O_{2max}$. O lactato sanguíneo é removido mais rapidamente durante a recuperação ativa porque a atividade mantém um fluxo sanguíneo elevado através dos músculos ativos, o que, por sua vez, melhora tanto a difusão do lactato para fora dos músculos como a oxidação desse metabólito.

Embora o lactato sanguíneo permaneça elevado por 1-2 h depois de um exercício intensamente anaeróbio, as concentrações sanguíneas e musculares do H^+ retornam ao normal dentro de 30-40 min de recuperação. O tamponamento químico, principalmente pelo bicarbonato, e a remoção respiratória do dióxido de carbono em excesso são responsáveis por esse retorno relativamente rápido à homeostase acidobásica normal.

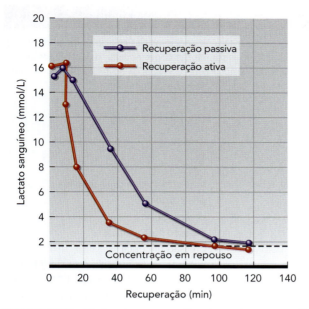

FIGURA 8.18 Efeitos da recuperação ativa e da recuperação passiva sobre os níveis sanguíneos de lactato, depois de uma série de tiros de velocidade em ritmo exaustivo. Note que a velocidade de remoção do lactato sanguíneo é mais rápida quando os participantes fazem exercício durante a recuperação do que quando repousam durante esse período.

Em resumo

> H^+ em excesso (diminuição do pH) prejudica a contratilidade muscular e a formação de ATP.

> Os sistemas respiratório e renal desempenham um papel fundamental na manutenção do equilíbrio acidobásico. O sistema renal está envolvido na manutenção do equilíbrio acidobásico em prazo mais longo, mediante a secreção de H^+.

> Sempre que a concentração de H^+ começa a subir, o centro inspiratório responde aumentando a frequência e a profundidade da respiração. A remoção do dióxido de carbono é um mecanismo essencial para a redução das concentrações de H^+.

> Basicamente, o transporte de dióxido de carbono no sangue ocorre por ligação ao bicarbonato. Assim que chega aos pulmões, ocorre novamente a formação de dióxido de carbono, que é então expirado.

> Sempre que a concentração de H^+ começa a subir, seja por acúmulo de dióxido de carbono ou de lactato, o íon bicarbonato pode tamponar o H^+, para evitar acidose.

EM SÍNTESE

Neste capítulo foram discutidas as respostas dos sistemas cardiovascular e respiratório ao exercício. Também foram consideradas as limitações que esses sistemas podem impor à capacidade de realizar um exercício aeróbio prolongado. O capítulo a seguir apresentará os princípios básicos do treinamento físico, propiciando ao leitor melhor compreensão, nos capítulos subsequentes, de como o corpo se adapta ao treinamento de força, além dos treinamentos aeróbio e anaeróbio.

PALAVRAS-CHAVE

comando central
dispneia
drift cardiovascular
equivalente ventilatório do dióxido de carbono ($\dot{V}E/\dot{V}CO_2$)
equivalente ventilatório para o oxigênio ($\dot{V}E/\dot{V}CO_2$)
frequência cardíaca de repouso (FCR)
frequência cardíaca em estado de equilíbrio
frequência cardíaca máxima (FC_{max})
hiperventilação
hipoxemia arterial induzida pelo exercício (HAIE)
limiar anaeróbio
limiar ventilatório
manobra de Valsalva
mecanismo de Frank-Starling
pós-carga
pré-carga
pressão hidrostática
pressão oncótica
produto da frequência-pressão (PFP)
resistência periférica total (RPT)
ventilação voluntária máxima

QUESTÕES PARA ESTUDO

1. Descreva como a frequência cardíaca, o volume sistólico e o débito cardíaco respondem a maiores intensidades de trabalho. Ilustre como essas três variáveis se inter-relacionam.
2. Como se determina a FCmax? Quais são os métodos alternativos que utilizam estimativas indiretas? Quais são as principais limitações dessas estimativas indiretas?
3. Que informação pode ser aprendida da medição da variabilidade da frequência cardíaca?
4. Descreva dois mecanismos importantes para o retorno do sangue ao coração durante o exercício na posição ereta.
5. Explique por que a capacidade de aumentar o volume sistólico é importante na determinação do consumo máximo de oxigênio.
6. O que é o princípio de Fick e como ele se aplica ao nosso entendimento da relação existente entre metabolismo e função cardiovascular?
7. Defina o mecanismo de Frank-Starling. Como esse mecanismo funciona durante o exercício?
8. Como a pressão arterial responde ao exercício?
9. Quais são os principais ajustes cardiovasculares efetuados pelo corpo quando alguém está superaquecido durante o exercício?
10. O que é *drift* cardiovascular? Cite as duas teorias propostas para explicar esse fenômeno.
11. Quais são as mudanças que ocorrem no volume plasmático e nos eritrócitos diante de níveis de exercício elevados? E com a prática de exercício prolongado em um ambiente quente?
12. De que modo a ventilação pulmonar responde a intensidades de exercício crescentes?
13. Defina os seguintes conceitos: dispneia, hiperventilação, manobra de Valsalva e limiar ventilatório.
14. O que causa a asma induzida pelo exercício em alguns atletas? Quais são os atletas com maior propensão para serem afetados?
15. Qual o papel desempenhado pelo sistema respiratório no equilíbrio acidobásico?
16. Qual é o pH normal em repouso para o sangue arterial? E para o músculo? Como esses valores mudam em decorrência de um exercício de velocidade em nível exaustivo?
17. Quais são os principais tampões no sangue? E nos músculos?

PARTE III
Treinamento físico

O estudo da fisiologia do exercício se apoia fortemente no entendimento de (1) como o corpo responde durante o esforço agudo do exercício e (2) como ele se adapta a sucessivas sessões de exercícios (i. e., as respostas ao treinamento). Nas duas sessões anteriores do livro foram examinados o controle e o funcionamento do músculo esquelético durante o exercício agudo (Parte I) e o papel dos sistemas cardiovascular e respiratório na manutenção dessas funções (Parte II). Na Parte III será examinado como esses sistemas se adaptam quando expostos a esforços de exercícios repetidos (i. e., as adaptações ao treinamento). O Capítulo 9, "Princípios do treinamento físico", apresenta os fundamentos para os capítulos seguintes por meio da descrição da terminologia e dos princípios de treinamento utilizados pelos fisiologistas do exercício. Os princípios apresentados nesse capítulo podem ser usados para otimizar as adaptações fisiológicas ao programa de exercícios. No Capítulo 10, "Adaptações ao treinamento de força", são abordados os mecanismos pelos quais a força e a resistência muscular melhoram em resposta ao treinamento de força. Por fim, no Capítulo 11, "Adaptações aos treinamentos aeróbio e anaeróbio", a discussão será acerca das mudanças nos vários sistemas do corpo, que resultam da prática de atividade física regular com várias combinações de intensidade e duração dos exercícios. As adaptações ao treinamento que definitivamente levam a melhorias na capacidade de exercitar-se e no desempenho atlético são específicas do treinamento a que esses sistemas fisiológicos são expostos.

9 Princípios do treinamento físico

Terminologia   244

Força muscular   244
Potência muscular   244
Resistência muscular   245
Potência aeróbia   246
Potência anaeróbia   246

Princípios gerais do treinamento   246

Princípio da individualidade   247
Princípio da especificidade   247
Princípio da reversibilidade   247
Princípio da sobrecarga progressiva   247
Princípio da variação   248

Programas de treinamento de força   249

Recomendações para programas de treinamento de força   249
Tipos de treinamentos de força   249

Programas de treinamento de potência aeróbia e anaeróbia   253

Treinamento para exercícios em grupo   255
Treinamento intervalado   255
Treinamento contínuo   257
Treinamento intervalado de alta intensidade (TIAI/HIIT)   258

Em síntese   263

O norte-americano Ashton Eaton obteve a medalha de ouro no decatlo nos Jogos Olímpicos de 2012 em Londres, por ter acumulado 8.869 pontos ao longo de dois dias de exaustiva competição. Nas eliminatórias olímpicas norte-americanas em junho daquele ano, Eaton tinha ultrapassado a barreira dos 9.000 pontos, além de ter quebrado o recorde mundial, que pertencia a Roman Šebrle, da República Tcheca, cuja marca vinha se sustentando por 11 anos. Os decatletas são considerados por muitos os atletas "máximos", por competirem em eventos que testam sua velocidade, força, potência, agilidade e resistência. O decatlo é um evento com duração de dois dias que compreende as seguintes provas: 100 m rasos, salto em distância, arremesso de peso, salto em altura e 400 m rasos no primeiro dia, e 110 m com barreiras, disco, salto com vara, dardo e corrida de 1.500 m no segundo dia. Como o treinamento é muito específico para o esporte ou evento, o treinamento intenso de potência muscular que objetiva aumentar a distância a que o atleta pode arremessar um peso de 16 libras (~7 kg) em pouco ou nada ajudará a melhorar o tempo de um corredor de 1.500 m. Os decatletas devem passar horas incontáveis treinando especificamente para cada um dos 10 eventos, ajustando suas técnicas de treinamento para a maximização do desempenho em cada um deles.

Nos capítulos anteriores, ao examinar a resposta aguda ao exercício, abordou-se com a resposta imediata do corpo a uma sessão isolada de exercício. Agora, será investigado como o corpo responde, com o passar do tempo, a várias sessões de exercício repetidas, ou seja, o treinamento físico. Quando uma pessoa pratica exercícios regularmente ao longo de um período de dias, semanas e meses, ocorrem diversas adaptações fisiológicas. As adaptações positivas que ocorrem quando os princípios do treinamento são adequadamente seguidos melhoram tanto a capacidade de se exercitar como a prática do esporte. No caso do treinamento de força, os músculos tornam-se mais fortes. Em relação ao treinamento aeróbio, o coração e os pulmões tornam-se mais eficientes quanto à liberação de oxigênio, com aumento na resistência ao exercício. No caso do treinamento anaeróbio de alta intensidade, os sistemas neuromuscular, metabólico e cardiovascular se adaptam, permitindo que a pessoa produza mais moléculas de trifosfato de adenosina (ATP) por unidade de tempo. Com isso, aumentam a resistência muscular e a velocidade dos movimentos em curtos períodos de tempo. Essas adaptações são altamente específicas para o tipo de treinamento executado. Antes de investigar as adaptações específicas ao treinamento, este capítulo irá, em primeiro lugar, concentrar-se na terminologia básica e nos princípios gerais utilizados no treinamento físico; em seguida, fornecerá uma visão geral dos elementos de um programa apropriado de treinamento.

Terminologia

Antes de discutir os princípios do treinamento físico, serão definidos os principais termos utilizados ao longo do restante deste livro.

Força muscular

A força máxima que um músculo ou um grupo muscular pode gerar é denominada **força**. Uma pessoa com capacidade máxima de fazer o exercício supino plano com 100 kg tem o dobro da força de outra pessoa que pode levantar apenas 50 kg no mesmo exercício. Nesse exemplo, a força é definida como o peso máximo que o indivíduo pode levantar de uma só vez. Isso é conhecido como **1 repetição máxima, ou 1RM.** Para determinar seu 1RM em uma sala de musculação ou em um centro de treinamento físico, o indivíduo deve selecionar uma carga que já tenha conhecimento de poder levantar ao menos 1 vez. Depois de um aquecimento adequado, ele deve tentar executar várias repetições. Se puder fazer mais de uma repetição, deve acrescentar peso e tentar executar novamente o mesmo procedimento. Esse processo deve ser repetido até não ser mais possível executar mais de um levantamento com determinada carga. Esta última carga que o indivíduo é capaz de levantar apenas uma vez representa seu 1RM para o exercício em questão. O 1RM é utilizado comumente no laboratório ou na sala de musculação, como medida de força.

A força muscular pode ser medida com bastante precisão em um laboratório de pesquisa mediante o uso de equipamento especializado que permita a quantificação das forças estáticas e dinâmicas em várias velocidades e em vários ângulos na amplitude de movimento da articulação (ver Fig. 9.1). Ganhos em força muscular envolvem mudanças na estrutura e no controle nervoso do músculo. Esses tópicos serão discutidos no capítulo seguinte (Cap. 10).

Potência muscular

A **potência** é definida como a velocidade de realização de um trabalho; portanto, é o produto da força pela velocidade. Ao contrário da força, a potência tem um componente de velocidade. A potência muscular máxima, geralmente denominada simplesmente potência, é o aspecto explosivo da força – o produto da força pela velocidade do movimento.

Princípios do treinamento físico

FIGURA 9.1 Teste isocinético e equipamento de treinamento.

Potência = força × distância/tempo,
em que Força = força muscular,
e distância/tempo = velocidade.

Considere um exemplo. Dois indivíduos podem executar um supino plano com 200 kg cada, movimentando o peso na mesma distância, desde o ponto em que a barra faz contato com o tórax até a posição de extensão completa dos braços. Porém, o indivíduo que pode fazer o movimento em 1 s tem o dobro da potência do indivíduo que leva 2 s para levantar o peso. Isso está ilustrado na Tabela 9.1.

Embora a força absoluta seja um componente importante do desempenho, a potência muscular é a aplicação funcional da força e também da velocidade de movimento. Ela é um componente essencial para a maioria dos esportes e das atividades de competição. No futebol americano, por exemplo, um atacante com 1RM de 200 kg no supino plano pode ser incapaz de controlar um zagueiro com 1RM de apenas 150 kg, se este último atleta puder mobilizar seu 1RM em velocidade muito maior. A força do atacante é 50 kg superior, mas a maior velocidade do zagueiro, juntamente com uma força muscular adequada, proporciona a ele um melhor desempenho. Apesar de existirem testes de campo simples para avaliação da potência, geralmente não são muito específicos para potência, pois seus resultados são afetados por outros fatores. Contudo, a potência pode ser medida com o uso de aparelhos eletrônicos mais sofisticados como o ilustrado na Figura 9.1.

Ao longo de todo este livro, a preocupação principal é com os aspectos da força muscular, com apenas uma breve menção da potência muscular. Deve-se ter em mente que a potência tem dois componentes: força e velocidade. Velocidade é uma qualidade mais inata, que pouco muda com o treinamento. Assim, o aumento da potência acompanha as melhoras no ganho de força por meio de programas tradicionais de treinamento de força. No entanto, foi demonstrado que exercícios de alta potência, como exercícios com saltos verticais, e alguns tipos de treinamento de força, aumentam a potência em movimentos específicos.[1]

Resistência muscular

Muitas atividades esportivas dependem da capacidade dos músculos para gerar *repetidamente* e/ou manter forças submáximas. Essa capacidade de realizar contrações musculares repetidas ou de manter uma contração por certo tempo é chamada de **resistência muscular**. Exemplos de resistência muscular incluem executar abdominais ou flexões de braço, ou fazer força durante um período mais extenso de tempo, como ao tentar imobilizar o adversário em uma luta. Embora existam diversas técnicas laboratoriais válidas para a medição direta da resistência muscular,

TABELA 9.1 Força, potência e resistência muscular de três atletas durante a prática do supino plano

Componente	Atleta A	Atleta B	Atleta C
Força[a]	100 kg	200 kg	200 kg
Potência[b]	100 kg levantados por 0,6 m em 0,5 s = 120 kg · m/s = 1.177 J/s ou 1.177 W	200 kg levantados por 0,6 m em 2,0 s = 60 kg · m/s = 588 J/s ou 588 W	200 kg levantados por 0,6 m em 1,0 s = 120 kg · m/s = 1.177 J/s ou 1.177 W
Resistência muscular[c]	10 repetições com 75 kg	10 repetições com 150 kg	5 repetições com 150 kg

[a] A força foi determinada pela quantidade máxima de peso que o atleta podia levantar no supino apenas uma vez (i. e., 1RM).

[b] A potência foi determinada pela realização do teste de 1 repetição máxima (1RM) com a máxima explosão possível e foi calculada como o produto da força (peso levantado) vezes distância a partir do tórax até a completa extensão dos braços (0,6 m), dividido pelo tempo transcorrido para completar o levantamento.

[c] A resistência muscular foi determinada pelo maior número de repetições que puderam ser completadas usando 75% de 1RM.

pode-se estimar esse parâmetro de modo simples por meio da avaliação do número máximo de repetições que o indivíduo pode realizar em determinado percentual de seu 1RM. Por exemplo, um homem que consegue executar 1RM para um supino plano com um peso de 100 kg poderia avaliar sua resistência muscular independentemente da força muscular, apenas medindo quantas repetições é capaz de realizar a, por exemplo, 75% daquela 1RM (75 kg). A resistência muscular aumenta por meio de ganhos na força muscular e por mudanças nas funções metabólicas e circulatórias locais. As adaptações metabólicas e circulatórias que ocorrem com o treinamento serão discutidas no Capítulo 11.

A Tabela 9.1 ilustra as diferenças funcionais entre força, potência e resistência muscular em três atletas. Os valores verdadeiros descritos foram bastante exagerados com a finalidade de ilustração. Com base nessa tabela, pode-se ver que, embora o atleta A tenha metade da força dos atletas B e C, tem o dobro da potência do atleta B e a mesma potência que o atleta C. Portanto, menos força não limita seriamente sua produção de potência por causa da alta velocidade do movimento. Além disso, para as finalidades de elaboração de programas de treinamento, a análise desses três atletas indica que o atleta A deve concentrar o treinamento no desenvolvimento da força, sem perder velocidade; o atleta B deve se concentrar no treinamento explosivo, para melhorar a velocidade do movimento (embora seja improvável que isso mude muito); e o atleta C deve concentrar o treinamento no desenvolvimento da resistência muscular. Essas recomendações são feitas assumindo que cada atleta precisa otimizar o desempenho em cada uma dessas três áreas.

Potência aeróbia

Potência aeróbia é definida como o índice de liberação de energia pelos processos metabólicos celulares que dependem da contínua disponibilidade de oxigênio. A potência aeróbia é sinônimo de *capacidade aeróbia* e de *consumo máximo de oxigênio* ($\dot{V}O_{2max}$). A potência aeróbia máxima equivale ao maior consumo de oxigênio que o indivíduo pode obter em um exercício dinâmico, com o uso de grandes grupos musculares durante alguns minutos. Ela depende da capacidade máxima de ressíntese do ATP. Na maioria dos indivíduos saudáveis, ela fica limitada basicamente pelo sistema cardiovascular central e, em menor extensão, pela respiração e pelo metabolismo. O melhor teste laboratorial para potência aeróbia é um teste com exercício incremental até a exaustão, durante o qual se faz a mensuração de $\dot{V}O_2$ e a determinação do $\dot{V}O_{2max}$, como discutido em detalhes no Capítulo 5. Foram propostos vários testes de campo que mais frequentemente medem o tempo necessário para caminhar ou correr determinada distância, ou a distância coberta em um tempo específico, para a estimativa de $\dot{V}O_{2max}$ sem necessidade de sua mensuração em laboratório.

Potência anaeróbia

Potência anaeróbia é definida como o índice de liberação de energia pelos processos metabólicos celulares que funcionam sem envolvimento de oxigênio. Potência anaeróbia máxima, ou *capacidade anaeróbia*, é definida como a capacidade máxima dos sistemas anaeróbios (sistema ATP-fosfocreatina [PCr] e sistema glicolítico anaeróbio) para produção de ATP. Ao contrário da situação que ocorre com a potência aeróbia, não existe teste laboratorial universalmente aceito para determinar a potência anaeróbia. Diversos testes proporcionam estimativas da potência anaeróbia máxima, como o teste do déficit máximo acumulado de oxigênio, o teste de potência crítica e o teste anaeróbio de Wingate.

O teste de Wingate, de uso comum, consiste em 30 s de pedalagem com intensidade máxima contra uma resistência constante em um cicloergômetro. A resistência, ou força de frenagem, é determinada pelo peso, gênero, idade e nível de treinamento do indivíduo. Após uma contagem até 5, o indivíduo começa a pedalar com a maior velocidade que lhe seja possível, e a resistência aumenta instantaneamente, sendo mantida constante ao longo de toda a realização do teste. A potência anaeróbia de pico é determinada com base no número de revoluções realizadas nos primeiros 5 s, enquanto a capacidade anaeróbia é medida como o trabalho total realizado durante os 30 s.

Princípios gerais do treinamento

Nos capítulos 10 e 11, o leitor poderá acompanhar uma discussão detalhada sobre as adaptações fisiológicas espe-

Em resumo

> A força muscular é a capacidade de um músculo ou grupo muscular de exercer força.
> A potência muscular é a taxa de trabalho realizado, ou o produto da força pela velocidade.
> A resistência muscular é a capacidade de suportar uma contração estática isolada ou contrações musculares repetidas.
> A potência aeróbia máxima, ou capacidade aeróbia, é a maior captação de oxigênio que pode ser processado durante um exercício dinâmico sustentado, com o uso de grandes grupos musculares.
> A potência anaeróbia máxima, ou capacidade anaeróbia, é definida como a capacidade máxima de produção de ATP pelos sistemas anaeróbios de energia.

cíficas que resultam dos treinamentos de força, anaeróbio e aeróbio. Contudo, há vários princípios que podem ser aplicados a todas as formas de treinamento físico.

Princípio da individualidade

Nem todos os indivíduos têm a mesma habilidade intrínseca de responder a uma série de exercícios agudos ou a mesma capacidade de se adaptar ao treinamento físico. A hereditariedade desempenha um papel importante na determinação da resposta do corpo a uma série de exercício isolada, bem como às mudanças crônicas resultantes de um programa de treinamento. Esse é o **princípio da individualidade.** Exceto no caso de gêmeos idênticos, não existem duas pessoas que tenham exatamente as mesmas características genéticas, sendo portanto improvável que os indivíduos venham a demonstrar as mesmas respostas. Variações nos índices de crescimento celular, no metabolismo e nas regulações cardiovascular, respiratória, nervosa e endócrina conduzem a uma situação de tremenda variação individual. Essa variação individual pode explicar por que algumas pessoas demonstram grande progresso após terem participado de determinado programa ("altamente responsivas"), enquanto outras exibem pouca ou nenhuma mudança depois de terem participado do mesmo programa ("pouco responsivas"). Os fenômenos de responsivos e não responsivos serão discutidos com mais detalhes no Capítulo 11. Por essas razões, qualquer programa de treinamento deve levar em consideração as necessidades e habilidades específicas dos indivíduos para os quais foi planejado. Não se deve esperar que todos os indivíduos exibam exatamente o mesmo grau de progresso, mesmo no caso de treinarem de forma exatamente igual.

Princípio da especificidade

As adaptações ao treinamento são altamente específicas ao tipo de atividade e ao volume e intensidade do exercício realizado. Para melhorar a potência muscular, por exemplo, o arremessador de peso não deve enfatizar um treinamento para corrida de longa distância, ou um treinamento lento e de baixa intensidade para aquisição de resistência. Esse atleta precisa desenvolver potência explosiva. De modo semelhante, o maratonista não deve se concentrar no treinamento de velocidade. É provável que essa seja a razão pela qual os atletas que treinam para força e potência, por exemplo, halterofilistas, frequentemente demonstram grande força, mas sua resistência aeróbia não é tão desenvolvida, em comparação com pessoas não treinadas. De acordo com o **princípio da especificidade**, as adaptações ao exercício são específicas para o modo, a intensidade e a duração do treinamento, e o programa de treinamento deve enfatizar os sistemas fisiológicos fundamentais para o desempenho ideal no esporte praticado pelo atleta para que sejam obtidas as adaptações e metas específicas ao treinamento.

Princípio da reversibilidade

O treinamento de força melhora a força e a capacidade dos músculos de resistir à fadiga. Do mesmo modo, o treinamento de resistência melhora a capacidade de realizar exercício aeróbio em intensidades mais elevadas e durante períodos de tempo mais longos. Contudo, se o atleta diminuir seu ritmo de treinamento ou parar de treinar (destreinamento), as adaptações fisiológicas que promoveram essas melhoras no desempenho serão revertidas. Qualquer ganho que tenha sido alcançado com o treinamento irá se perder. Esse **princípio da reversibilidade** fornece respaldo científico à ideia de que, quando não se usa, perde-se. Qualquer programa efetivo de treinamento deve levar em consideração um plano de manutenção que preserve as adaptações fisiológicas alcançadas pelo treinamento. No Capítulo 14, serão examinadas as mudanças fisiológicas específicas que ocorrem quando há interrupção do estímulo do treinamento.

Princípio da sobrecarga progressiva

Dois conceitos importantes, sobrecarga e treinamento progressivo, constituem a base de todos os tipos de treinamento. De acordo com o **princípio da sobrecarga progressiva**, o aumento sistemático das demandas sobre o corpo é necessário para que sejam obtidas melhoras contínuas. Por exemplo, ao realizar um programa de treinamento para ganhar força, os músculos precisam ser sobrecarregados, o que significa que devem ser acionados além do ponto em que normalmente o são. O treinamento de força progressiva implica, à medida que o músculo se torna mais forte, a necessidade do aumento na resistência ou nas repetições, para estimular melhoras no ganho de força.

Como exemplo, considere uma jovem que pode fazer apenas 10 repetições de supino plano antes de atingir a fadiga, usando 30 kg de peso. Com uma semana ou duas de treinamento de força, a jovem deverá ser capaz de aumentar para 14-15 repetições com o mesmo peso. Em seguida, ela acrescenta 2,3 kg (5 lb) à barra e suas repetições caem para 8 ou 10. À medida que for treinando, as repetições continuarão a aumentar, e, dentro de mais uma ou duas semanas, estará pronta para adicionar mais 2,3 kg. Assim, a melhora no desempenho depende de um aumento progressivo na quantidade de peso levantado. De modo semelhante, com o treinamento aeróbio e anaeróbio, o volume de treinamento (intensidade e duração) deve ser progressivamente aumentado para que ocorram futuros progressos.

Perspectiva de pesquisa 9.1
O exercício aeróbio pode aumentar o tamanho dos músculos?

O princípio da especificidade estabelece que as adaptações ao treinamento são altamente específicas para o tipo de treinamento realizado. O treinamento com exercícios aeróbios está associado a melhorias na capacidade aeróbia e na função cardiorrespiratória. Mas os fisiologistas do exercício discutem o impacto do treinamento físico aeróbio na massa muscular esquelética. Historicamente, assumiu-se que o exercício aeróbio tem pouco efeito na hipertrofia da musculatura esquelética. Com o surgimento das técnicas de imagem de alta resolução, atualmente as evidências acumuladas sugerem que o treinamento aeróbio pode melhorar a massa muscular em indivíduos sedentários ao longo da vida. O primeiro desses estudos definiu que 6 meses de treinamento de caminhada ou corrida podem, em homens idosos, aumentar em 9% a área de secção transversal da coxa.[13] Nesse estudo, enquanto homens idosos obtiveram um aumento significativo na massa muscular, em um grupo dos homens jovens não foram observadas mudanças no volume muscular com o treinamento. (Esse resultado pode ter ocorrido porque, durante o estudo, os homens mais jovens participaram de menos sessões de exercício do que os homens idosos.) É provável que a eficácia do treinamento aeróbio com a finalidade de induzir hipertrofia da musculatura esquelética dependa da obtenção de intensidade, duração e frequência suficientes para que ocorra o acúmulo de grande quantidade de contrações musculares nessa baixa carga. Alguns estudos que compararam o treinamento aeróbio com o treinamento de força descobriram que, em média, as duas modalidades aumentam a massa muscular aproximadamente na mesma porcentagem (~7-9%), em comparação com as mensurações iniciais.

Foi constatado na maioria dos estudos que, além de apenas aumentar a massa total do músculo, o treinamento aeróbio aumentou a área da secção transversal das miofibras de contração lenta e rápida dos músculos exercitados. Da mesma forma, estudos sobre *turnover* metabólico das proteínas musculares mostraram que o exercício aeróbio estimulou aguda e cronicamente a síntese proteica na musculatura esquelética, o que resultou em um balanço positivo das proteínas musculares e no aumento do tamanho das miofibras, mesmo em mulheres e homens idosos que, de outra forma, poderiam ter comprometimentos anabólicos relacionados à idade. Apesar da falta de uma metodologia padronizada para medir a degradação das proteínas musculares, a maioria dos estudos que examinaram essa degradação e o treinamento aeróbio concorda que esse tipo de treinamento resulta em uma redução dos fatores catabólicos, promovendo hipertrofia da musculatura esquelética.

De maneira geral, a pesquisa existente indica que o treinamento com exercícios aeróbios pode produzir hipertrofia do músculo esquelético.[11] As mudanças induzidas pelo exercício aeróbio na regulação molecular e no metabolismo proteico do músculo esquelético aumentam tanto as miofibras individualmente como a massa muscular total em indivíduos sedentários. Esses dados mostram que o exercício aeróbio deve ser reconhecido por sua capacidade de aumentar a massa muscular esquelética, devendo ser considerado uma medida eficaz contra a atrofia muscular relacionada ao processo de envelhecimento

Princípio da variação

O **princípio da variação**, também chamado **princípio da periodização** – originalmente proposto nos anos de 1960 –, tornou-se muito popular na área do treinamento de força. Periodização é o processo sistemático de alterar uma ou mais variáveis no programa de treinamento – modo, volume ou intensidade – ao longo do tempo, para permitir que o estímulo do treinamento permaneça desafiador e efetivo.[1] A intensidade e o volume do treinamento são os aspectos mais comumente manipulados para atingir níveis de pico de condicionamento para competições. A periodização clássica envolve um elevado volume de treino inicial com baixa intensidade. Posteriormente, à medida que o treino progride, o volume diminui e a intensidade aumenta de maneira gradual. A periodização ondulada usa uma variação mais frequente dentro do ciclo de treinamento.

Para o treinamento específico para determinado esporte, o volume e a intensidade do treinamento variam ao longo de um macrociclo, que geralmente consiste em um ano de treinamento. O macrociclo é composto de dois ou mais mesociclos, governados pelas datas das principais competições. Cada mesociclo é subdividido em períodos de preparação, competição e transição. Esse princípio será discutido com mais detalhes no Capítulo 14.

Em resumo

> De acordo com o princípio da individualidade, cada pessoa responde de forma única ao treinamento, e os programas de treinamento devem ser planejados de modo a permitir variações individuais.

> De acordo com o princípio da especificidade, para que os benefícios sejam maximizados, o treinamento deve apresentar adequações específicas ao tipo de atividade ou esporte normalmente praticado pelo indivíduo. Um atleta envolvido em um esporte que depende de uma força enorme, por exemplo, o halterofilismo, não deve esperar grandes ganhos de força com a prática de corrida de longa distância.

> De acordo com o princípio da reversibilidade, os benefícios advindos do treinamento se perderão

> se o treinamento for descontinuado ou reduzido de maneira abrupta. Para que isso não ocorra, todos os programas de treinamento devem conter um programa de manutenção.
> ▶ De acordo com o princípio da sobrecarga progressiva, à medida que o corpo se adapta ao treinamento em dado volume e intensidade, o estresse promovido sobre o corpo deve ser aumentado progressivamente para que o estímulo do treinamento permaneça efetivo na melhora do desempenho.
> ▶ De acordo com o princípio da variação (ou periodização), um ou mais aspectos do programa de treinamento devem ser alterados ao longo do tempo para maximizar a eficiência do treinamento. A variação sistemática do volume e da intensidade é mais eficiente para a progressão de longo prazo.

Programas de treinamento de força

Ao longo dos últimos 75 anos, os estudos realizados resultaram em uma substancial base de conhecimento com relação ao treinamento de força e sua aplicação à saúde e ao mundo esportivo. Os aspectos relativos à saúde no treinamento de força serão discutidos no Capítulo 20. Nesta seção, a preocupação principal será com o uso do treinamento de força no esporte.

Recomendações para programas de treinamento de força

É possível planejar e prescrever o programa de treinamento de força em termos de:

- exercícios a serem executados;
- ordem de sua execução;
- número de séries de cada exercício;
- períodos de descanso entre séries e exercícios; e
- quantidade de resistência, número de repetições e velocidade do movimento a serem praticados.

Em 2009, o American College of Sports Medicine (ACSM) revisou seu posicionamento sobre treinamento de força progressivo para adultos saudáveis (Tab. 9.2).[1] As diretrizes prévias especificavam o mínimo de uma série de 8-12 repetições para cada 8-10 exercícios diferentes, que juntos envolviam todos os grandes grupos musculares para os adultos. O novo posicionamento recomenda modelos de treinamento de força específicos para respostas desejadas, isto é, melhora na força, **hipertrofia** muscular, potência, resistência muscular localizada ou amplo desempenho motor.

Os programas de treinamento de força elaborados para melhorar a força devem incluir repetições com ações concêntricas (encurtamento muscular) e excêntricas (alongamento muscular). Contrações isométricas desempenham um papel benéfico, mas secundário, e também podem ser incluídas. A melhora na força concêntrica é maior quando os exercícios excêntricos são incluídos, e o treinamento excêntrico tem demonstrado produzir benefícios específicos para movimentos voltados a ações específicas. Grandes grupos musculares devem ser estressados antes de pequenos grupos, exercícios multiarticulares antes de exercícios uniarticulares, e esforços de maior intensidade antes daqueles com menor intensidade. A Tabela 9.2 fornece um resumo das recomendações do ACSM sobre carga, volume (séries e repetições), velocidade dos movimentos e frequência de treinamento.

É recomendado que períodos de repouso de 2-3 minutos ou mais sejam interpostos entre séries muito puxadas para praticantes de peso novatos e intermediários; para levantadores de peso avançados, 1-2 minutos devem ser suficientes. Uma vez que um indivíduo consiga realizar com a carga atual o número desejado de repetições por duas sessões consecutivas de treinamento, aumentos de 2-10% na carga devem ser empregados. Embora exercícios tanto em máquinas como em pesos livres possam ser recomendados para praticantes de levantamento de peso novatos e intermediários, para praticantes avançados a ênfase deve ser em exercícios com pesos livres.

Quando o objetivo é a hipertrofia muscular (p. ex., em fisiculturistas), ou o desenvolvimento de potência muscular, as recomendações de sequência, períodos de repouso, entre outras, são as mesmas que as do desenvolvimento de força. Entretanto, como demonstrado na Tabela 9.2, outros aspectos do programa diferem.

Tipos de treinamentos de força

O treinamento de força pode utilizar contrações estáticas e/ou dinâmicas. Contrações dinâmicas podem consistir em contrações concêntricas e/ou excêntricas. O treinamento de força típico pode ser realizado com o uso de pesos livres, de aparelhos com resistência variável, aparelhos isocinéticos e pliometria.

Treinamento de força com contrações estáticas

O **treinamento de força com contrações estáticas**, também denominado **treinamento isométrico**, ganhou grande popularidade em meados dos anos de 1950 em decorrência de estudos realizados por alguns cientistas alemães. Esses estudos indicaram que o treinamento de força estático promovia enormes ganhos de força e que esses ganhos excediam os resultantes de procedimentos de contração dinâmica. Estudos subsequentes não foram capazes de reproduzir os resultados dos estudos originais, e em geral os programas de treinamento fortemente baseados nas contrações isométricas caíram em desuso. Contudo, as contrações estáticas permanecem como uma forma de treinamento importante, em particular para a estabilização do *core* (a ser discutido mais adiante neste capítulo) e a

TABELA 9.2 Recomendações do American College of Sports Medicine para programas de treinamento de força[a]

Principal objetivo do programa de treinamento de força	Nível de treinamento	Carga	Volume	Velocidade	Frequência (vezes por semana)
Desenvolvimento de força	Inicial	60-70% de 1RM	1-3 séries, 8-12 reps	Lenta, moderada	2-3
	Intermediário	70-80% de 1RM	Várias séries, 6-12 reps	Moderada	3-4
	Avançado	80-100% de 1RM	Várias séries, 1-12 reps	Não intencionalmente lenta até rápida	4-6
Hipertrofia muscular	Inicial	70-85% de 1RM	1-3 séries, 8-12 reps	Lenta, moderada	2-3
	Intermediário	70-85% de 1RM	1-3 séries, 6-12 reps	Lenta, moderada	4
	Avançado	70-100% de 1RM; ênfase em 70-85%	3-6 séries, 1-12 reps	Lenta, moderada, rápida	4-6
Desenvolvimento da potência muscular	Inicial	0-60% de 1RM – parte inferior do corpo; 30-60% de 1RM – parte superior do corpo	1-3 séries, 3-6 reps	Moderada	2-3
	Intermediário	0-60% de 1RM – parte inferior do corpo; 30-60% de 1RM – parte superior do corpo	1-3 séries, 3-6 reps	Rápida	3-4
	Avançado	85-100% de 1RM	3-6 séries, 1-6 reps, várias estratégias[b]	Rápida	4-5
Aumento da resistência muscular local	Inicial	Leve	1-3 séries, 10-15 reps	Lenta – número moderado de reps; Moderada – número alto de reps	2-3
	Intermediário	Leve	1-3 séries, 10-15 reps	Lenta – número moderado de reps; Moderada – número alto de reps	3-4
	Avançado	30-80% de 1RM	Várias estratégias[b], 10-25 reps ou mais	Lenta – número moderado de reps; Moderada – número alto de reps	4-6

[a] Essas recomendações também incluem o tipo de ação muscular (excêntrica e concêntrica), exercícios que envolvem uma única articulação versus várias articulações, ordem ou sequência dos exercícios e intervalos de descanso. Ver texto para informações adicionais.
[b] Periodizada – ver texto para a explicação sobre a periodização.
Adaptado de informações da ACSM, 2009.

acentuação da força de preensão.[1] Além disso, na reabilitação pós-cirúrgica em situações em que o membro está imobilizado e, portanto, incapaz de realizar contrações dinâmicas, as contrações estáticas facilitam a recuperação e reduzem a atrofia muscular e a perda de força.

Pesos livres versus aparelhos

No caso dos **pesos livres,** como halteres e barras, a carga ou peso levantado permanece constante durante toda a faixa dinâmica de movimento. Se a pessoa levantar um peso de 50 kg, sempre irá levantar 50 kg. Por outro lado, uma contração de resistência variável envolve a variação da carga, na tentativa de ajustá-la à curva de força. A Figura 9.2 ilustra como a força varia ao longo da amplitude de movimento em uma flexão realizada com os dois braços. A produção de força máxima pelos flexores do cotovelo ocorre aproximadamente em 100° na amplitude de movimento. Esses músculos são mais fracos em 60° (cotovelos completamente flexionados) e em 180° (cotovelos completamente estendidos). Nessas posições, o indivíduo é capaz de gerar apenas 67% e 71%, respectivamente, das capacidades de produção de força máxima no ângulo ideal de 100°.

Quando o indivíduo está usando pesos livres, a amplitude do movimento é menos restrita do que em exercícios praticados em aparelhos, ocorrendo limitação da resistência ou do peso utilizada no treinamento do músculo pelo ponto mais fraco nessa amplitude de movimento. Se a pessoa da Figura 9.2 tivesse a capacidade de levantar apenas 45 kg no ângulo ideal de 100°, então seria capaz de levantar apenas 32 kg na posição de completa extensão de 180°. Portanto, se ela começar com um haltere de pesos móveis de 32 kg, quase não poderá mover o aparelho da posição completamente estendida para dar início a seu levantamento. Contudo, ao chegar ao ângulo de 100° em sua amplitude de movimento completa, estará levantando apenas 70% do seu levantamento máximo nesse ângulo. Assim, com pesos livres, o indivíduo pode apenas exercitar maximamente os pontos mais fracos da amplitude de movimento, proporcionando somente uma carga moderada na amplitude intermediária (90°-140°). Durante a prática da flexão com os dois braços, as pessoas tendem a reduzir muito sua amplitude de movimento quando começam a cansar (diz-se que o indivíduo está "roubando"). Essas pessoas estão simplesmente tentando ficar fora da parte mais fraca de sua amplitude de movimento. Na realidade, quando se utilizam pesos livres, o peso máximo que o praticante pode levantar fica limitado pela parte mais fraca da amplitude de movimento, o que significa que a posição mais forte jamais será maximamente exercitada. No entanto, pesos livres oferecem algumas vantagens distintas, especialmente para o praticante avançado.

A partir dos anos de 1970, foram introduzidos diversos aparelhos de treinamento de força que utilizam pilhas de pesos e técnicas de resistência variável e isocinéticas. As máquinas de resistência variável se utilizam de mecanismos excêntricos (polias assimétricas), polias e alavancas, com o objetivo de variar o peso ao longo de toda a amplitude de movimento. Essas máquinas são consideradas mais seguras e fáceis de usar e permitem o desempenho de alguns exercícios difíceis de executar com pesos livres. As máquinas ajudam a estabilizar o corpo, especialmente para o praticante novato, e limitam a ação muscular até o nível desejado, sem que ocorra a ativação de grupos musculares estranhos.

Por outro lado, pesos livres oferecem algumas vantagens que as máquinas de resistência não podem proporcionar. O praticante precisa controlar o peso que está sendo levantado. Tem ainda de recrutar mais unidades motoras (não apenas nos músculos em treinamento, mas também em outros músculos de apoio) para ganhar controle da barra, estabilizar o peso levantado e manter o equilíbrio corporal. O praticante deve equilibrar e estabilizar o peso. Nesse sentido, quando um atleta está treinando para um esporte como o futebol americano, a experiência com pesos livres assemelha-se mais às ações associadas com a competição esportiva real. Da mesma forma, pelo fato de os pesos livres não limitarem a amplitude de movimento de um exercício em particular, uma ótima especificidade de treinamento pode ser obtida. Embora uma rosca bíceps na máquina possa ser realizada apenas no plano vertical, um atleta que use pesos livres pode realizar a rosca em qualquer plano, escolhendo, por exemplo, aquele que reflete o movimento específico do esporte. Por fim, dados demonstram que, para obter ganhos significativos de força ao longo de um curto período de treinamento, pesos livres podem fornecer maiores resultados que muitos tipos de máquinas de peso.

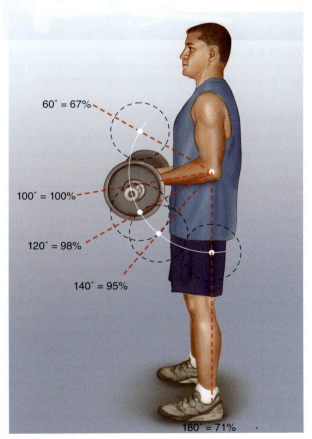

FIGURA 9.2 Variação na força em relação ao ângulo do cotovelo durante a flexão com os dois braços. A força fica otimizada em um ângulo de 100°. A capacidade de desenvolvimento da força máxima de um grupo muscular em determinado ângulo é representada como o percentual da capacidade no ângulo ideal de 100°.

Programas de treinamento de força em máquinas e com pesos livres resultam em ganhos mensuráveis na força, na hipertrofia e na potência. Programas com pesos livres resultam em melhoras mais significativas em testes com pesos livres, e vice-versa. A escolha do uso de máquinas de peso *versus* pesos livres depende da experiência do praticante e dos resultados esperados.

Treinamento excêntrico

Outra forma de treinamento de força por contração dinâmica, denominada **treinamento excêntrico**, enfatiza a fase excêntrica. Ao serem efetuadas contrações excêntricas, a capacidade muscular de resistir à força é consideravelmente superior ao que ocorre com as contrações concêntricas (ver Cap. 1). Teoricamente, ao fazer que o músculo seja submetido a esse maior estímulo de treinamento, serão obtidos maiores ganhos de força. Alguns estudos demonstraram a importância da inclusão da fase excêntrica da contração muscular juntamente com a fase concêntrica para a maximização dos ganhos de força e massa muscular. Além disso, a contração excêntrica é importante para estimular a hipertrofia muscular, conforme se terá a oportunidade de discutir no próximo capítulo.

Treinamento com resistência variável

Com um aparelho de resistência variável, a resistência é reduzida nos pontos mais fracos da amplitude de movimento e aumentada nos pontos mais fortes. O **treinamento de força com resistência variável** é a base para diversos aparelhos de treinamento de força populares. A teoria subjacente é a de que o músculo poderá ser mais completamente treinado se for forçado a atuar em percentuais constantes mais elevados de sua capacidade ao longo de cada ponto de sua amplitude de movimento. A Figura 9.3 ilustra um aparelho de resistência variável em que um mecanismo excêntrico (polia assimétrica) altera a resistência ao longo da amplitude de movimento. Conforme observado anteriormente, há vantagens e desvantagens no treinamento com o uso de tais aparelhos.

Treinamento isocinético

O **treinamento isocinético** é realizado com um equipamento que mantém a velocidade do movimento constante. Não importa se a pessoa aplica uma força muito pequena ou uma contração muscular máxima – não ocorrerá variação da velocidade do movimento. Utilizando meio eletrônico, pneumático ou hidráulico, o aparelho pode ser pré-regulado para o controle da velocidade do movimento (velocidade angular) de 0°/seg (contração estática) até 300°/seg ou mais. A Figura 9.1 ilustra um aparelho isocinético. Teoricamente, se estiver motivado de forma adequada, o indivíduo poderá contrair os músculos em força máxima em todos os pontos da amplitude de movimento.

FIGURA 9.3 Aparelho de treinamento de força por meio de resistência variável que utiliza um mecanismo excêntrico para alterar a carga ao longo da amplitude de movimento.

Pliometria

A **pliometria**, ou exercício em ciclos de alongamento-encurtamento, popularizou-se durante o final dos anos de 1970 e o início dos anos de 1980, principalmente para melhorar a capacidade de saltar. Como exemplo, para desenvolver a força e a potência da musculatura extensora do joelho, o indivíduo deve partir da posição em pé e ereta para uma posição de intenso agachamento (contração excêntrica) e, em seguida, saltar para cima de uma caixa (contração concêntrica), aterrissando na posição agachada na parte superior da caixa. Em seguida, a pessoa salta da caixa para o solo, aterrissando na posição agachada, repetindo a sequência com a caixa seguinte (ver Fig. 9.4).

Proposta como meio de preencher a lacuna existente entre o treinamento de velocidade e o treinamento de força, a pliometria utiliza o reflexo do estiramento para facilitar o recrutamento de unidades motoras. Também armazena energia nos componentes elásticos e contráteis do músculo durante a contração excêntrica (alongamento), que pode ser recuperada durante a contração concêntrica.

Eletroestimulação

O músculo pode ser estimulado fazendo-se passar uma corrente elétrica diretamente através dele ou de seu nervo motor. Essa técnica, chamada de **eletroestimulação**,

FIGURA 9.4 Salto em caixa pliométrica (para uma explicação detalhada, consultar o texto).

revelou-se efetiva em uma situação clínica, para redução da perda de força e massa muscular durante períodos de imobilização e também para restaurar a força e a massa muscular durante a reabilitação. O treinamento de eletroestimulação também foi utilizado experimentalmente em indivíduos saudáveis (inclusive atletas). Alguns atletas utilizam essa técnica para suplementar seus programas de treinamento regulares, mas não há evidência em favor de qualquer ganho adicional de força, potência ou desempenho com essa suplementação.

Treinamento do core

Ultimamente, ênfase significativa tem sido dada a exercícios de estabilidade e de força do *core*. Embora existam várias opiniões sobre quais características anatômicas constituem o *core*, o consenso geral é o de que se trata do grupo dos músculos do tronco que circunda a coluna e as vísceras abdominais, que inclui os músculos abdominal, glúteo, do cíngulo dos membros inferiores, paraespinais e outros músculos acessórios.

Inicialmente, esse tipo de treinamento físico específico do *core* foi explorado em casos de reabilitação, em especial para o tratamento de dores lombares, mas seus benefícios também são reconhecidos no desempenho esportivo. Teoricamente, maior estabilidade do *core* pode beneficiar o desempenho esportivo ao proporcionar uma base para maior produção de força e transferência de força para os membros. Por exemplo, estabilizar o *core* e envolvê-lo em ações simples de arremessar uma bola permitem maior eficiência biomecânica no membro que transmite a força para arremessar a bola e maior ativação dos músculos estabilizadores no braço oposto. O princípio da estabilização do *core* promove uma estabilidade proximal para a mobilidade distal.

São poucas as pesquisas conclusivas sobre os benefícios de treinamentos de estabilidade e de força do *core* para o desempenho esportivo. Uma razão é que não há testes padronizados para avaliar a força e a estabilidade do *core*. Além disso, os estudos realizados utilizaram principalmente populações com lesões e não foram específicos para o desempenho atlético. Entretanto, a pesquisa limitada efetivamente demonstra que esse tipo de treinamento diminui a probabilidade de lesão, especialmente na região lombar e nos membros inferiores, durante o desempenho esportivo. A explicação fisiológica para essa descoberta é que o treinamento de estabilidade do *core* aumenta a sensibilidade dos fusos musculares, permitindo assim maior estado de prontidão para a sobrecarga articular durante o movimento[15] e a proteção do corpo contra lesões.

Os muitos tipos diferentes de treinamentos de estabilidade e de força de o *core* incluem equilíbrio e resistência de instabilidade (p. ex., bola suíça). Acredita-se que, em razão de o *core* ser composto principalmente por fibras musculares do tipo I, sua musculatura pode responder bem a múltiplas séries de exercícios com muitas repetições.[4] Yoga, Pilates, tai chi e bola suíça são comumente incorporados aos programas de treinamento de atletas para promover a estabilidade e a força do *core*. Mais pesquisas são necessárias para determinar os benefícios do treinamento do *core* e seus mecanismos subjacentes.

Programas de treinamento de potência aeróbia e anaeróbia

Os programas de treinamento de potência aeróbia e anaeróbia, embora bastante diferentes em seus extremos (p. ex., treinamento para o tiro de 100 m *versus* treinamento para a maratona de 42,2 km), são planejados ao longo de um *continuum*. A Tabela 9.3 ilustra como variam as exigências do treinamento em eventos de corrida de competição, quando se passa de corridas de velocidade

Em resumo

> O treinamento com baixo número de repetições e alta carga aumenta o desenvolvimento de força, ao passo que o treinamento com grande número de repetições e baixa carga otimiza o desenvolvimento da resistência muscular.
> A variação (ou periodização), por meio da qual são alternados os diversos aspectos do programa de treinamento, é importante para aperfeiçoar os resultados e prevenir o sobretreinamento ou mesmo o esgotamento.
> Programas com o objetivo de melhorar a força devem envolver repetições com ações concêntricas (encurtamento muscular) e excêntricas (alongamento muscular). Contrações isométricas desempenham papel benéfico, mas secundário, e podem também ser incluídas.
> Grandes grupos musculares devem ser estressados antes dos pequenos grupos, exercícios multiarticulares antes dos uniarticulares e esforços de alta intensidade antes dos de baixa intensidade.
> Períodos de repouso de 2-3 minutos ou mais devem ser incorporados entre cargas elevadas para praticantes novatos e intermediários; para praticantes avançados, 1-2 minutos são suficientes.
> A capacidade de geração de força por um músculo ou grupo muscular varia ao longo de toda a amplitude de movimento.
> Embora exercícios em máquinas ou com pesos livres possam ser usados por praticantes novatos e intermediários, para praticantes avançados a ênfase deve ser nos exercícios com pesos livres.
> Quando equipamentos de teste neutros são usados, os ganhos de força de programas de pesos livres e em máquinas são semelhantes.
> A eletroestimulação pode ser utilizada com sucesso na reabilitação de atletas, mas não trará benefícios adicionais quando utilizada na suplementação do treinamento de força de atletas saudáveis.
> Exercícios com o objetivo de melhorar a estabilidade do *core* podem beneficiar o desempenho esportivo ao proporcionar maior produção e transferência de força para as extremidades, enquanto estabiliza outras partes do corpo. Mas inexistem evidências diretas de tais benefícios.

TABELA 9.3 Percentual de ênfase nos três sistemas de fornecimento de energia no treinamento de diversas provas de corrida

Prova de corrida	Velocidade anaeróbia – (sistema ATP-PCr)	Resistência anaeróbia – (sistema glicolítico anaeróbio)	Resistência aeróbia (sistema oxidativo)
100 m	95	3	2
200 m	95	2	3
400 m	80	15	5
800 m	30	65	5
1.500 m	20	55	25
3.000 m	20	40	40
5.000 m	10	20	70
10.000 m	5	15	80
Maratona (42,2 km)	5	5	90

Adaptado de F. Wilt, "*Training for competitive running*", em *Exercise physiology*, editado por H.B. Falls (Amsterdam, Holanda: Elsevier, 1968).

curtas para as de longa distância. Utilizando essa tabela como um exemplo que pode ser aplicado a todos os esportes, a principal ênfase para as corridas de velocidade curtas recai no treinamento do sistema ATP-PCr. Para corridas de velocidade mais longas e de média distância, maior ênfase recairá sobre o sistema glicolítico; para as distâncias mais longas, a ênfase se concentrará no sistema oxidativo. A potência anaeróbia é representada pelos sistemas ATP-PCr e glicolítico anaeróbio, enquanto a potência aeróbia é representada pelo sistema oxidativo.

Porém, o leitor deve ter em mente que, mesmo nos extremos, mais de um sistema de fornecimento de energia deverá ser treinado.

Diferentes tipos de programas de treinamento poderão ser utilizados para o atendimento das necessidades específicas do treinamento para cada evento, como na corrida e na natação, e de cada esporte. Nesta seção, inicialmente serão descritos alguns dos tipos de programas de treinamento mais populares e como são utilizados para melhorar os sistemas de fornecimento de energia específicos.

Treinamento para exercícios em grupo

A primeira descrição de condicionamento físico em grupo pode ser encontrada no livro *Aerobics*, do Dr. Kenneth Cooper, publicado em 1968. Sua missão era incentivar as pessoas a se exercitarem com o objetivo de prevenir doenças, não de tratá-las. Um dos métodos sugeridos foi uma nova forma de exercício que utilizava movimentos de dança, principalmente de *hip-hop* e *jazz*, coreografados com música e liderados por um instrutor. Atualmente, as opções de condicionamento físico em grupo concentram-se em vários tipos de treinamentos cardiovasculares, de força e flexibilidade. Exemplificando, as aulas de cárdio incluem artes marciais mistas, treinamento pliométrico, ciclismo *indoor* e atividades aquáticas. Existem vários formatos de treinamento de força, que variam desde aulas com halteres com alto número de repetições até campos de treinamento com técnicas de levantamento de peso mais tradicionais e ações funcionais baseadas no *core*. Por último, flexibilidade é a ênfase em várias disciplinas de yoga, bem como em sessões de prevenção de quedas ou lesões.

O condicionamento físico em grupo pode proporcionar benefícios à saúde equivalentes aos obtidos com o exercício independente, com aumento do consumo de oxigênio, da lipoproteína de alta densidade (HDL) e da massa muscular magra, ao mesmo tempo que diminui a glicemia em jejum, a lipoproteína de baixa densidade (LDL), os triglicerídeos e a massa de gordura. Esses resultados fisiológicos positivos ocorrem paralelamente à melhoria de muitas variáveis psicológicas, como satisfação, prazer, desafio e motivação. Graças a esses benefícios à saúde e à prevalência de muitos estilos, durações e intensidades nas aulas, o condicionamento físico praticado em grupo pode ser uma recomendação ideal para todas as idades e graus de habilidade.

Treinamento intervalado

O **treinamento intervalado** consiste em séries repetidas de exercício de intensidade alta a moderada, mescladas com períodos de descanso ou de exercício de intensidade reduzida. Estudos demonstraram que os atletas podem realizar um volume de exercício consideravelmente maior se dividirem o período total de exercício em séries mais curtas e mais intensas, com a inserção de intervalos para a recuperação ativa entre as séries intensas.

O vocabulário utilizado na descrição de um programa de treinamento intervalado é parecido com aquele utilizado no treinamento de força – *séries, repetições, tempo de treinamento, distância e frequência de treinamento, intervalo entre exercícios* e *intervalo de descanso* ou *recuperação ativa*. O treinamento intervalado é frequentemente prescrito nesses termos, conforme ilustrado no exemplo a seguir para um corredor de meia distância:

- Série 1: 6 × 400 m a 75 s (90 s de trote lento).
- Série 2: 6 × 800 m a 180 s (200 s de trote lento--caminhada).

Para a primeira série, o atleta deverá correr seis repetições de 400 m cada, completando o intervalo entre exercícios em 75 s e fazendo recuperação durante 90 s entre intervalos de exercícios com trote lento. A segunda série consiste em correr seis repetições de 800 m cada, completando o intervalo entre exercícios em 180 s e fazendo recuperação durante 200 s com caminhada-trote.

Embora o treinamento intervalado seja tradicionalmente associado a eventos de pista, *cross-country* e natação, esse tipo de programa é apropriado para todos os esportes e atividades. É possível adaptar os procedimentos do treinamento intervalado a qualquer esporte ou prova, bastando selecionar inicialmente a forma ou modo de treinamento; em seguida, deverão ser manipuladas as seguintes variáveis primárias para melhor se adequarem a cada esporte e atleta:

- Nível de intensidade do intervalo de exercício.
- Distância do intervalo de exercício.
- Número de repetições e de séries durante cada sessão de treinamento.
- Duração do intervalo de descanso ou de recuperação ativa.
- Tipo de atividade durante o intervalo de recuperação ativa.
- Frequência de treinamento por semana.

Intensidade do exercício intervalado

É possível determinar a intensidade do exercício intervalado tanto pelo estabelecimento de uma duração específica para uma distância da série, conforme ficou ilustrado no exemplo precedente para a série 1 (i. e., 75 s para 400 m), como pelo uso de um percentual fixo da frequência cardíaca máxima (FC_{max}) do atleta. O estabelecimento de uma duração específica é mais prático, particularmente para tiros de velocidade curtos. Geralmente se determina esse valor mediante o uso do melhor tempo do atleta para a distância da série e, em seguida, ajusta-se a duração em conformidade com a intensidade relativa que o atleta deseja alcançar, em que 100% equivale ao seu melhor tempo. Como exemplo, para desenvolver o sistema ATP-PCr, a intensidade deve estar próxima do máximo (p. ex., 90-98%); no caso do sistema glicolítico anaeróbio, deve ser alta (p. ex., 80-95%); para o sistema aeróbio, deve ser entre moderada e alta (p. ex., 75-85%). Esses percentuais estimados são apenas aproximações e dependem do potencial genético e do nível de condicionamento do atleta, da duração do intervalo (p. ex., 10 s *versus* 10 min), do número de repetições e séries e da duração do intervalo de recuperação ativa.

O uso de um percentual fixo da FC_{max} do atleta pode resultar em um melhor índice de estresse fisiológico sentido pelo atleta. Atualmente, existem monitores de frequência cardíaca que podem ser adquiridos com facilidade e, além disso, são relativamente baratos (ver Fig. 9.5). A FC_{max} pode ser determinada durante um teste de exercício máximo no laboratório, conforme foi descrito no Capítulo 8, ou durante uma corrida de esforço máximo na pista, utilizando o monitor de frequência cardíaca. O treinamento do sistema ATP-PCr exige um treinamento em percentuais de FC_{max} do atleta muito elevados (p. ex., 90-100%), do mesmo modo que o treinamento para desenvolvimento do sistema glicolítico anaeróbio (p. ex., 85-100% da FC_{max}). Para desenvolver o sistema aeróbio, a intensidade deverá ser de moderada a elevada (p. ex., 70-90% da FC_{max}).

A Figura 9.6 ilustra as mudanças na concentração de lactato sanguíneo em um corredor que utiliza o trei-

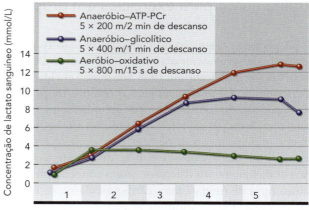

FIGURA 9.6 Concentrações de lactato sanguíneo em um corredor, depois de uma série única de cinco repetições de treinamento intervalado em três ritmos diferentes, cada qual em dias diferentes, correspondendo ao ritmo apropriado para o treinamento de cada sistema de fornecimento de energia.

namento intervalado em três intensidades diferentes, correspondendo àquelas intensidades necessárias para o treinamento do sistema ATP-PCr, do sistema glicolítico e do sistema oxidativo. O corredor realizou cinco repetições de cada intensidade em apenas uma série e em dias diferentes, e as concentrações de lactato foram obtidas de uma amostra de sangue coletada depois da última repetição em cada intensidade. Com a monitoração das concentrações de lactato no sangue é possível verificar o sistema de energia que está sendo principalmente treinado.

Distância do exercício intervalado

A distância de um exercício intervalado é determinada pelas necessidades do evento, do esporte ou da atividade. Atletas que correm ou executam tiros de velocidade por distâncias curtas, como velocistas, jogadores de basquete e jogadores de futebol, utilizarão intervalos curtos entre 30-200 m, embora um corredor de provas de 200 m frequentemente corra distâncias entre 300-400 m. Um corredor de 1.500 m poderá correr intervalos de até 200 m para aumentar sua velocidade; mas a maior parte de seu treinamento será realizada em distâncias entre 400-1.500 m, ou mesmo em distâncias maiores, para aumentar sua resistência e diminuir a fadiga ou exaustão na prova.

Número de repetições e séries durante cada sessão de treinamento

O número de repetições e séries também será determinado em grande parte pelas necessidades do esporte, do evento ou da atividade. Em geral, quanto mais curto e intenso for o estímulo do treinamento intervalado, maior deverá ser o número de repetições e séries. Com o aumento da distância e da duração do treinamento intervalado, o número de repetições e séries sofrerá uma redução correspondente.

FIGURA 9.5 Corredor equipado com um monitor de frequência cardíaca. A unidade receptora presa à tira torácica capta e transmite os impulsos elétricos do coração até o monitor digital e o dispositivo de memória no pulso do corredor. Depois do exercício, os dados no dispositivo de memória poderão ser baixados para um computador.

Duração do descanso ou do intervalo de recuperação ativa

A duração do descanso ou do intervalo de recuperação ativa dependerá de quão rapidamente o atleta irá se recuperar do intervalo de exercício. A extensão da recuperação será determinada de maneira mais adequada pela redução da frequência cardíaca do atleta até um nível predeterminado durante o repouso ou o período de recuperação ativa. No caso de atletas mais jovens (30 anos de idade ou menos), em geral se permite que a frequência cardíaca caia para algo entre 130-150 bpm antes que tenha início o próximo intervalo de exercício. Para aqueles com mais de 30 anos, considerando que a FC_{max} diminui cerca de 1 bpm por ano, deve-se subtrair a diferença entre a idade do atleta e 30 anos, tanto de 130 como de 150. Assim, para um atleta com 45 anos, subtrai-se 15 bpm, para obter a faixa de recuperação, de 115-135 bpm. O intervalo de recuperação entre séries pode ser estabelecido de maneira parecida, mas em geral a frequência cardíaca deve se situar abaixo de 120 bpm.

Tipo de atividade durante o intervalo de recuperação ativa

O tipo de atividade desempenhada durante o intervalo de recuperação ativa para treinamento em terra pode variar desde uma caminhada lenta até uma caminhada rápida ou trote. Na piscina, é apropriado um nado lento utilizando variação de estilos, ou então o estilo principal. Em alguns casos (em geral na piscina) pode-se fazer descanso total. Em geral, quanto mais intenso for o treino intervalado, mais leve ou menos intensa deverá ser a atividade realizada no intervalo de recuperação. Com a melhora do condicionamento do atleta, ele será capaz de aumentar a intensidade do exercício durante o intervalo e/ou diminuir a duração do intervalo de descanso.

Frequência semanal de treinamento

A frequência de treinamento dependerá em grande parte da finalidade do treinamento intervalado. Um atleta de categoria mundial, seja ele velocista ou corredor de média distância, precisará trabalhar de 5-7 dias por semana, embora nem todas as sessões venham a incluir o treinamento intervalado. Nadadores utilizarão o treinamento intervalado quase exclusivamente. Atletas que praticam esportes em equipe podem ser beneficiados por 2-4 dias de treinamento intervalado por semana, quando essa modalidade é utilizada apenas como complemento para um programa de condicionamento geral.

Treinamento contínuo

O **treinamento contínuo** envolve atividade contínua, sem intervalos de descanso. Essa prática pode variar desde o treinamento **lento por distâncias longas** (**LDL**) até o treinamento de resistência de alta intensidade. Basicamente, o treinamento contínuo é estruturado para afetar os sistemas energéticos oxidativo e glicolítico. Em geral, a atividade contínua de alta intensidade é praticada em intensidades que representam 85-95% da FC_{max} do atleta. Para nadadores e atletas de pista e de *cross-country*, essa situação poderá estar acima do nível, no nível ou bem perto do nível da prova. É provável que esse ritmo se equipare ou o exceda o ritmo associado ao limiar de lactato do atleta. Evidências científicas demonstraram com nitidez que maratonistas em geral correm nos seus limiares de lactato, ou bem próximos a eles.

O treinamento de longa distância tornou-se extremamente popular nos anos de 1960. Nessa forma de treinamento, introduzida nos anos de 1920 pelo Dr. Ernst van Auken, um médico e treinador alemão, o atleta treina tipicamente em intensidades relativamente baixas, entre 60-80% da FC_{max}, o que é quase equivalente a uma margem entre 50-75% de $\dot{V}O_{2max}$. O principal objetivo é a distância, e não a velocidade. Corredores fundistas podem treinar de 24-48 km por dia utilizando técnicas de LDL, alcançando distâncias semanais de 161-322 km. O ritmo da corrida é substancialmente mais lento do que o ritmo máximo do corredor. Embora sejam menos estressantes para os sistemas cardiovascular e respiratório, distâncias extremas podem resultar em lesões por excesso de uso e na deterioração geral de músculos e articulações. Além disso, o corredor empenhado deve treinar regularmente no ritmo da corrida, ou em suas proximidades, para desenvolver velocidade e força nas pernas. Assim, quase todos os corredores variarão seu esquema de treinamento de um dia para o dia seguinte, de uma semana para outra e de um mês para o mês seguinte.

É provável que o treinamento lento em distâncias longas seja a forma mais popular e segura de condicionamento de resistência aeróbia para o não atleta que apenas deseja entrar e permanecer em forma para finalidades relacionadas à boa saúde. Em geral, não se deve incentivar tipos de atividades mais vigorosos e explosivos para pessoas de mais idade e sedentárias. O treinamento lento em distâncias longas é também um bom programa de treinamento para atletas de esportes de equipe, para manutenção da resistência aeróbia durante a temporada e também fora dela.

O **treinamento Fartlek,** ou "jogo de velocidades", é outra forma de exercício contínuo que tem alguns componentes do treinamento intervalado. Essa forma de treinamento foi desenvolvida na Suécia nos anos de 1930, sendo utilizada principalmente por corredores fundistas. O atleta varia o ritmo, de altas velocidades para velocidades de trote, a seu critério. Essa é uma forma livre de treinamento, em que o principal objetivo é o divertimento, e distância e tempo nem mesmo são levados em consideração. Normalmente, o treinamento Fartlek é realizado em um campo onde existam colinas com várias inclinações. Muitos treinadores utilizam o treinamento Fartlek como complementação ao treinamento contínuo de alta intensidade, ou ao treinamento intervalado, pois essa modalidade propicia variedade à rotina de treinamento normal.

Treinamento intervalado em circuito

Introduzido nos países escandinavos nos anos de 1960 e 1970, o **treinamento intervalado em circuito** combina o treinamento intervalado e o treinamento em circuito em um mesmo esquema. O circuito pode ter de 3.000-10.000 m de comprimento, com estações a cada 400-1.600 m. O atleta trota, corre ou faz tiros de velocidade na distância entre as estações; ele para em cada estação a fim de praticar um exercício de força, flexibilidade ou resistência muscular de modo parecido com o que ocorre no próprio treinamento em circuito e, em seguida, dá continuidade à prática trotando, correndo ou fazendo tiros de velocidade até a estação seguinte. Tipicamente, esses trajetos estão localizados em parques ou no campo, onde existem muitas árvores e colinas. Esse regime de treinamento pode beneficiar qualquer tipo de atleta e proporcionar diversidade para o que poderia ser, sem essa atividade, um regime monótono de treinamento.

Treinamento intervalado de alta intensidade (TIAI/HIIT)

Tradicionalmente, os fisiologistas do exercício têm recomendado um entre três regimes para melhorar a potência aeróbia: exercício contínuo em intensidade moderada a alta; exercício durante um período prolongado e com lentidão (em baixa intensidade); ou treinamento intervalado. No entanto, um corpo crescente de pesquisas sugere que o **treinamento intervalado de alta intensidade (TIAI)** é um modo cronologicamente eficiente de indução de muitas adaptações normalmente associadas ao treinamento de resistência tradicional. Cientistas na Universidade McMaster, no Canadá, estudaram os efeitos do treinamento com o uso de períodos curtos de pedalagem muito intensa, mesclados com até alguns minutos de repouso ou de pedalagem em baixa intensidade, para recuperação.[6] Um modo de treinamento comum utilizado se baseia no teste de Wingate, que consiste em 30 s de pedalagem com intensidade máxima e que em geral produz resultados de potência média 2-3 vezes mais elevados do que o gerado tipicamente pelos indivíduos durante um teste de consumo máximo de oxigênio.

Uma prática típica de TIAI consiste em 4-6 séries de 30 s de pedalagem com intensidade máxima, separada por alguns minutos de recuperação. Portanto, o tempo total do exercício é de apenas pouco mais de 2 min, distribuídos ao longo de um período total de 20 min. Diversos estudos já confirmaram que a realização de seis ou mais sessões desse tipo de treinamento intervalado ao longo de um período de duas semanas pode melhorar drasticamente a capacidade aeróbia em indivíduos sem treinamento prévio. A melhor característica desse tipo de treinamento para praticantes ocupados é que tal regime envolve apenas um total de 15 min no cicloergômetro com intensidade máxima, com envolvimento de tempo total de 2,5 h.[5]

Além de melhorar o $\dot{V}O_{2max}$, o TIAI provou a promoção de benefícios adicionais para a saúde. De maneira semelhante aos programas de treinamento aeróbio contínuo, o TIAI melhora o controle da glicose e a sensibilidade à insulina, especialmente em indivíduos com (ou em risco de) diabetes tipo 2. Também foi demonstrado que o TIAI melhora a função endotelial vascular, uma medida da saúde dos vasos sanguíneos. De fato, estudos demonstraram que o TIAI pode ser mais eficaz que o treinamento contínuo e de longa duração na promoção de adaptações metabólicas e cardiovasculares.[10]

TIAI para atletas

Indivíduos altamente condicionados e atletas de resistência também podem ser beneficiados com o TIAI? Em pessoas sedentárias, o treinamento físico afeta a capacidade do sistema cardiovascular e também

Perspectiva de pesquisa 9.2
Treinamento Tabata: o TIAI/HIIT original

O Tabata, assim denominado em homenagem ao Dr. Izumi Tabata, da Universidade Ritsumeikan, no Japão, é um protocolo de treinamento intervalado de alta intensidade (TIAI/HIIT) que incorpora intervalos supramáximos (170% do $\dot{V}O_{2max}$) e breves de 20 segundos, seguidos por 10 segundos de descanso em uma série de exercícios de 4 minutos. Em 1996, o Dr. Tabata publicou os resultados de um estudo no qual constatou que, embora com apenas 4 minutos de duração, os indivíduos que seguiram esse protocolo TIAI em 4 dias por semana apresentaram melhorias notáveis no condicionamento aeróbio e anaeróbio, superiores às observadas em indivíduos que participaram de pesquisas clássicas de resistência (70% do $\dot{V}O_{2max}$) durante 60 minutos por dia.[14] Estudos subsequentes mostraram que o Tabata e outros programas TIAI podem ser efetivamente usados para aumentar o condicionamento aeróbio e anaeróbio, promover a perda de gordura e melhorar os resultados para a saúde em um período de tempo relativamente curto.[12]

O modelo TIAI com séries breves de condicionamento aeróbio em níveis próximos à intensidade máxima vem se tornando vez mais popular entre atletas competitivos, para melhorar a resistência aeróbia e anaeróbia, mimetizando as oscilações de intensidade que normalmente ocorrem nas competições. No entanto, os protocolos TIAI também podem induzir aumentos igualmente expressivos no condicionamento físico em adultos que são ativos apenas de modo recreativo. Embora a intensidade dos intervalos no estudo de Tabata tenha sido supramáxima, estudos mais recentes demonstraram que versões modificadas do protocolo 20 segundos de prática/10 segundos de descanso podem produzir resultados semelhantes diante de intensidades submáximas, mas que ainda são de intensidade muito alta, variando entre 80-95% do $\dot{V}O_{2max}$. Esses intervalos aeróbios são mais apropriados para a população em geral, sendo frequentemente utilizados em ambientes de condicionamento físico em grupo e de treinamento pessoal.

Embora seja um pouco contraintuitivo em virtude das altas frequências cardíacas atingidas, vem crescendo cada vez mais o número de especialistas em condicionamento que sugerem que o TIAI deve ser considerado uma estratégia para melhorar a saúde cardiovascular e metabólica. Estudos de treino de não atletas em intervalos de alta intensidade documentaram melhores taxas metabólicas e de oxidação de gordura, diminuição da gordura abdominal, maior sensibilidade à insulina, melhora da glicemia e quedas da pressão arterial após o treinamento. Um artigo produzido por uma equipe de pesquisa na Grã-Bretanha mostrou que a realização de intervalos de 20 segundos no estilo Tabata durante somente 3 minutos por semana melhorava a sensibilidade à insulina em homens jovens.[3] Os autores argumentaram que, quando a insulina funciona de maneira mais eficaz, os músculos utilizam mais oxidação de ácidos graxos como combustível, o que, por sua vez, pode resultar em maior utilização de gordura, mesmo em repouso. Na verdade, o consumo de oxigênio pós-exercício em seguida a um período de 4 minutos de TIAI foi o dobro do consumo anterior ao exercício. As calorias extras e o potencial para aumento da utilização de gordura resultantes da prática do TIAI podem se constituir em um recurso inexplorado para melhorar, com segurança, os resultados para a saúde, mesmo em pessoas não acostumadas à prática habitual da atividade física.

das enzimas oxidativas nos músculos, resultando em aumento no $\dot{V}O_{2max}$. Por outro lado, em indivíduos já treinados, frequentemente há necessidade de aumento na intensidade do exercício próximo ao $\dot{V}O_{2max}$ ou mesmo ligeiramente acima para que sejam obtidas melhoras no $\dot{V}O_{2max}$ e no desempenho.

Vêm crescendo as evidências de que a inserção do TIAI em um programa de treinamento aeróbio tradicional já em alto volume pode melhorar o desempenho.[5] Exemplificando, quando um grupo de ciclistas bem treinados substituiu 15% de seu tempo de treinamento normal pelo TIAI, melhorou a potência de pico e a velocidade durante uma prova de tempo de 4 km. Esse progresso foi observado depois de apenas seis sessões de TIAI inseridas ao longo de um período de 4 semanas.

Outro estudo usou um tipo de treinamento TIAI conhecido como *conceito 10-20-30*, que é realizado em intervalos de 5 min com alternância entre baixa velocidade durante 30 s, velocidade moderada durante 20 s e velocidade próxima à velocidade máxima por 10 s para avaliar se sete semanas de TIAI poderiam melhorar o desempenho de resistência, condicionamento cardiovascular e saúde física geral em um grupo de indivíduos já treinados.[7] Os atletas que passaram pelo treinamento TIAI aumentaram seu $\dot{V}O_{2max}$ em 4%; além disso, os desempenhos melhoraram, tanto na corrida de 1.500 m como na de 5 km, apesar de uma redução de aproximadamente 50% no tempo total de treinamento. Também exibiram uma redução significativa no colesterol total no sangue, nas frações do colesterol e na pressão arterial em repouso. Esses resultados sugerem que o treinamento intervalado de alta intensidade é capaz de melhorar o $\dot{V}O_{2max}$, o desempenho físico e os marcadores gerais da saúde cardiovascular em indivíduos com treinamento prévio. Esse mesmo grupo de pesquisadores já tinha demonstrado anteriormente um aumento nas proteínas da membrana da musculatura periférica e em seus transportadores, além de mudanças na capacidade das enzimas oxidativas musculares em atletas previamente treinados, que seguiram um regime TIAI tradicional.[9]

Para indivíduos ocupados, o treinamento TIAI é facilmente concretizado e efetivo para melhorar a saúde cardiovascular, bem como o desempenho atlético. O conceito também pode ter utilidade para atletas que desejem reduzir o tempo ou volume de treinamento antes da competição, sem sacrificar as melhoras contínuas no $\dot{V}O_{2max}$ e no desempenho.

Gibala e Jones recomendam que, para atletas de resistência, 75% do volume de treinamento total seja realizado em baixas intensidades contínuas, e que 10-15% seja realizado com o uso de intervalos de alta intensidade.[5] Embora todo o período de atividade seja anaeróbio, o efeito geral do TIAI é a estimulação de adaptações similares àquelas com o treinamento de resistência, mas em um período mais curto e com menos trabalho total realizado. Alguns estudos que compararam o TIAI com um volume total muito maior de treinamento contínuo de resistência tradicional demonstraram melhoras semelhantes no $\dot{V}O_{2max}$ e nos marcadores celulares de melhora na capacidade aeróbia em indivíduos sem treinamento. As adaptações foram diferentes em atletas com alto nível de treinamento. Essas adaptações serão discutidas mais detalhadamente no Capítulo 11.

Treinamento intervalado de alta intensidade em esportes de equipe

A ciência do treinamento de atletas depende em muito do conceito de especificidade do treinamento. No entanto, constatou-se que é tarefa difícil planejar um regime de treinamento que resulte em benefícios de desempenho específicos para o esporte em questão, ao mesmo tempo que são mantidos a velocidade em geral, o condicionamento e as habilidades atléticas – sem que ocorra excesso de treina-

Perspectiva de pesquisa 9.3

Explorando os mecanismos que aumentam o $\dot{V}O_{2max}$ com o TIAI/HIIT

O treinamento intervalado de alta intensidade (TIAI/HITT) melhora significativamente o consumo máximo de oxigênio ($\dot{V}O_{2max}$). Em indivíduos não treinados, o TIAI pode aumentar o $\dot{V}O_{2max}$ na mesma extensão que o treinamento contínuo de intensidade moderada, apesar da duração muito menor das sessões de exercícios. Os mecanismos pelos quais o treinamento aeróbio de intensidade moderada aumenta o $\dot{V}O_{2max}$ (p. ex., maior volume sanguíneo, maior débito cardíaco, aumentos no volume sistólico) estão bem caracterizados e discutidos com detalhes neste capítulo. No entanto, apesar dos aumentos amplamente observados no $\dot{V}O_{2max}$ em resposta ao TIAI, as adaptações específicas subjacentes a esse resultado não foram esclarecidas. De acordo com a equação de Fick, os aumentos no $\dot{V}O_{2max}$ são mediados por aumentos no débito cardíaco ou na diferença arteriovenosa de oxigênio, ou diferença (a-v)O_2. Mas as evidências científicas ainda não conseguiram esclarecer se o TIAI melhora um, o outro ou ambos os parâmetros mencionados.

Recentemente, um estudo realizado por uma equipe de cientistas da Cal State San Marcos, SUNY Stony Brook e National College of Natural Medicine examinou as adaptações cardiovasculares decorrentes de seis semanas de TIAI em 71 voluntários saudáveis, ativos e jovens.[2] Os objetivos desse estudo foram (1) a maneira como o TIAI melhora o $\dot{V}O_{2max}$ e (2) descobrir se existe um regime ideal de TIAI capaz de promover o maior benefício. Para testar essas propostas, os voluntários foram divididos em quatro grupos: um grupo de treinamento intervalado de velocidade (TIV), um grupo de treinamento intervalado de alto volume (TIAV), um grupo de treinamento intervalado periodizado (TIP) e um grupo de controle que não se exercitou (CON). Nas dez primeiras sessões de exercícios, todos os voluntários nos grupos que se exercitaram executaram o mesmo protocolo TIAI de 8-10 sessões de 60 segundos de cicloergômetro a 90-110% do pico de potência, com 75 segundos de recuperação entre sessões. Após esse treinamento inicial, os voluntários foram aleatoriamente alocados em seus regimes específicos para o restante do estudo. O $\dot{V}O_{2max}$, o débito cardíaco máximo, o volume sistólico, a frequência cardíaca e a diferença (a-v)O_2 foram medidos durante o exercício progressivo no cicloergômetro no início, no ponto intermediário e ao final do estudo. Comparado ao grupo de controle, todos os grupos TIAI obtiveram um aumento significativo no $\dot{V}O_{2max}$, e a magnitude do aumento no $\dot{V}O_{2max}$ não foi diferente entre os regimes. Em todos os grupos TIAI, o débito cardíaco máximo e o volume sistólico aumentaram, enquanto a frequência cardíaca máxima e a diferença (a-v)O_2 não mudaram. Tendo em vista que o TIAI aumentou o débito cardíaco máximo mas não afetou a extração, a equipe de estudo concluiu que o TIAI aumenta o $\dot{V}O_{2max}$, melhorando a liberação do oxigênio por meio do aumento do fluxo sanguíneo, em vez de aumentar a capacidade dos músculos de extrair oxigênio.

mento. O acréscimo do TIAI aos treinamentos tradicionais de resistência vem ganhando popularidade, graças aos seus benefícios em termos da melhora do desempenho atlético específico para o esporte,[7,9] mas quase todos os estudos que examinaram os efeitos do TIAI foram realizados em atletas que competiam em esportes individuais – como corredores e ciclistas –, e não com atletas participantes de esportes de equipe.

Para que fosse determinado se o treinamento com o TIAI seria benéfico para o desempenho, um grupo de jogadores de futebol de elite foi testado antes e também depois de uma intervenção com TIAI com duração de 5 semanas. Os atletas da Segunda Divisão dinamarquesa realizaram, em média, 2,7 sessões de treinamento que duraram 3,6 h cada por semana; esses voluntários participaram de um jogo por semana. O TIAI, realizado com exercícios sem bola, consistiu em 6-9 intervalos de 30 s por semana, em uma intensidade de 90-95% do $\dot{V}O_{2max}$. O número de intervalos do TIAI aumentou a cada semana. A avaliação do desempenho envolveu um teste de tiro de corrida, um teste de agilidade e corridas de ida e volta repetidas, na distância de 20 m, em velocidades progressivamente crescentes.

Depois da intervenção com TIAI, os futebolistas de elite tiveram melhor desempenho nas corridas de ida e volta repetidas em 11%, mas sem alteração no desempenho nos testes de velocidade e de agilidade. Curiosamente, depois das intervenções com o TIAI o $\dot{V}O_{2max}$ permaneceu inalterado, mas foi observada uma redução no $\dot{V}O_2$ dos atletas durante a corrida na velocidade fixa de 10 km/h. O achado sugeriu que a economia da corrida melhorou com o uso do TIAI nesses jogadores de elite.

Em resumo

> Programas de treinamento anaeróbio e aeróbio de potência são planejados para o treinamento dos três sistemas de fornecimento de energia metabólica: sistema ATP-PCr, sistema glicolítico anaeróbio e sistema oxidativo.

> O treinamento intervalado consiste em sessões repetidas de exercício de intensidade alta a moderada, intercalado com períodos de descanso ou de exercício em intensidade reduzida. Para intervalos curtos, a velocidade ou ritmo da atividade e o número de repetições são, em geral, elevados, e o período de recuperação é curto. No caso de intervalados longos, ocorre exatamente o oposto.

> Tanto a frequência do exercício como a da recuperação podem ser cuidadosamente monitoradas com o uso de um monitor de frequência cardíaca.

> O treinamento intervalado é apropriado para todos os esportes. A duração e a intensidade dos intervalos podem ser ajustadas com base nas necessidades do esporte.

> O treinamento contínuo não tem intervalos de descanso, podendo variar desde o treinamento LDL até o treinamento de alta intensidade. O treinamento longo e lento é muito popular para o treinamento para condicionamento geral.

> O treinamento Fartlek, ou jogo de velocidade, é uma atividade excelente para recuperação de alguns dias, ou mais, de treinamento intenso.

> O treinamento intervalado em circuito combina em um mesmo esquema o treinamento intervalado com o treinamento em circuito.

> O treinamento intervalado de alta intensidade é uma forma cronologicamente eficiente de indução de muitas adaptações normalmente associadas ao treinamento de resistência tradicional. Além de consumir menos tempo do atleta, essa modalidade pode ser usada para proporcionar variedade ao treinamento.

> Foi demonstrado que o treinamento intervalado de alta intensidade melhora o desempenho em indivíduos já treinados, inclusive aqueles participantes de equipes esportivas, como o futebol.

EM SÍNTESE

Neste capítulo foram revisados os princípios gerais do treinamento e a terminologia utilizada em suas descrições. Em seguida, aprendemos os componentes essenciais de um treinamento de força bem-sucedido e dos programas de treinamento anaeróbio e aeróbio para potência. Com essa base, é possível agora nos concentrarmos em como o corpo se adapta a esses diferentes tipos de programas de treinamento. No capítulo a seguir, examinaremos os modos de resposta do corpo ao treinamento de força.

PALAVRAS-CHAVE

1-repetição máxima (1RM)
eletroestimulação
força
hipertrofia
pesos livres
pliometria
potência
potência aeróbia
potência anaeróbia
princípio da especificidade
princípio da individualidade
princípio da periodização
princípio da reversibilidade
princípio da sobrecarga progressiva
princípio da variação
resistência muscular
treinamento contínuo
treinamento de força com contrações estáticas
treinamento de força com resistência variável
treinamento excêntrico
treinamento Fartlek
treinamento intervalado
treinamento intervalado de alta intensidade (TIAI/HIIT)
treinamento intervalado em circuito
treinamento isocinético
treinamento isométrico
treinamento lento de longa distância (LLD)

QUESTÕES PARA ESTUDO

1. Defina e diferencie os termos força, potência e resistência muscular. De que modo cada um desses componentes se relaciona com o desempenho atlético?
2. Defina potência aeróbia e anaeróbia. De que modo cada um desses conceitos se relaciona com o desempenho atlético?
3. Descreva os princípios da individualidade, da especificidade, da reversibilidade, da sobrecarga progressiva e da variação. Dê exemplos de cada um deles.
4. Que fatores devem ser considerados quando está sendo planejado um programa de treinamento de força?
5. Quais seriam a carga e o respectivo número de repetições mais apropriados para o planejamento de um programa de treinamento de força direcionado ao desenvolvimento da força? E à resistência muscular? E à potência muscular? E à hipertrofia?
6. Descreva os diversos tipos de treinamentos de força e explique as vantagens e desvantagens de cada um deles.
7. Que tipo de programa de treinamento provavelmente proporcionaria maiores ganhos para velocistas? E maratonistas? E jogadores de futebol americano?
8. Cite algumas vantagens da prática do exercício em uma situação de grupo, em vez de isoladamente.
9. Descreva as diversas formas de programas de treinamento intervalado e de treinamento contínuo e discuta as vantagens e desvantagens de cada um deles. Indique o esporte ou prova com maior probabilidade de se beneficiar de cada uma dessas modalidades de treinamento.
10. Foi demonstrado que o treinamento intervalado de alta intensidade promove adaptações benéficas que conduzem a melhores desempenhos. Descreva essas adaptações fisiológicas.

10 Adaptações ao treinamento de força

Treinamento de força e ganhos no condicionamento muscular 266

Mecanismos de ganho em força muscular 266

Controle neural dos ganhos de força 268
Hipertrofia muscular 270
Integração da ativação neural e hipertrofia de fibra 274
Atrofia muscular e diminuição da força com a inatividade 275
Alterações nos tipos de fibra 275

ANIMAÇÃO PARA A FIGURA 10.4 Analisa a resposta das células-satélite à lesão muscular.

Interação entre treinamento de força e dieta 277

Recomendações para a ingestão de proteínas 277
Mecanismo de síntese de proteína com o treinamento de força e consumo de proteína 278

VÍDEO 10.1 Apresenta Luc von Loon, que fala sobre o papel das proteínas nas adaptações ao treinamento de força.
ANIMAÇÃO PARA A FIGURA 10.7 Mostra os efeitos do treinamento da resistência, da insulina e do consumo de aminoácidos na síntese das proteínas da musculatura esquelética.

Treinamento de força para populações especiais 280

Exercício de força para idosos 281
Treinamento de força para crianças 282
Treinamento de força para atletas 282

Em síntese 285

Quando Jim Bradford morreu, em 13 de setembro de 2013, com 84 anos, poucos fãs do esporte tinham ouvido falar em seu nome. Bradford, afro-americano, passou grande parte de sua vida trabalhando anonimamente na Biblioteca do Congresso dos EUA como pesquisador e encadernador. Nos Jogos Olímpicos de 1952, em Helsinque, na Finlândia, e novamente nos Jogos de 1960, em Roma, Bradford foi medalhista de prata em provas de halterofilismo para a classe dos pesos pesados. Ainda assim, naquelas décadas ele era pouquíssimo conhecido em sua terra natal, em Washington, e muito menos nacionalmente. Embora seja difícil imaginar em nosso mundo contemporâneo de atletas profissionais, Bradford precisou pedir uma licença na Biblioteca do Congresso, sem direito a vencimentos, para competir nas Olimpíadas. "Retornei aos meus afazeres no trabalho... é isso. Era assim que as coisas funcionavam naquela época."[2]

Durante o colegial, Bradford era um rapaz gordinho que começou a levantar peso depois de ter lido histórias motivacionais em uma revista especializada em halterofilismo. Ele começou com um conjunto de halteres em seu alojamento no segundo andar, antes de transferir o treinamento para uma unidade da Associação Cristã de Moços (ACM) próxima ao colégio, a pedido de seus pais. Na ACM, Bradford desenvolveu um estilo singular – mantinha as pernas juntas e encurvava as costas apenas ao levantar a barra acima da cabeça – pela simples razão de que tinha medo de deixar cair os pesos, danificar o piso e ser expulso do ginásio.[2]

Com qualquer tipo de exercício crônico efetivo, ocorrem muitas adaptações no sistema neuromuscular. O tipo e a extensão dessas adaptações dependem do tipo de treinamento: o treinamento aeróbio, como a corrida, o ciclismo ou a natação, resultará em pouco ou nenhum ganho no volume e na força musculares, mas no **treinamento de força** ocorrem importantes adaptações neuromusculares.

Outrora, os estudiosos consideravam o treinamento de força inadequado para atletas, exceto no caso dos levantadores de peso profissionais, dos eventos de peso em provas de atletismo e dos praticantes de luta greco-romana e do boxe. As mulheres eram literalmente expulsas das salas de musculação, pelo temor de ficarem com um aspecto masculino. Mas, no final da década de 1960 e no início da de 1970, treinadores e pesquisadores descobriram que os treinamentos de força e potência são benéficos a quase todos os esportes e atividades, tanto para homens como para mulheres. Então, no final da década de 1980 e no início da década de 1990, os profissionais de saúde começaram a reconhecer a importância do treinamento de força para a saúde, para o condicionamento e para a reabilitação.

Hoje, os treinamentos de força e potência são componentes importantes dos programas de treinamento gerais de quase todos os atletas. Boa parte dessa mudança de atitude pode ser atribuída às pesquisas que comprovaram os benefícios do treinamento de força para o desempenho e às inovações nas técnicas e nos equipamentos de treinamento. O treinamento de força é, atualmente, parte importante da prescrição de exercícios para os que buscam os benefícios do exercício para a saúde.

Treinamento de força e ganhos no condicionamento muscular

Ao longo deste livro, é possível notar como o condicionamento muscular é importante para a saúde, para a qualidade de vida e para o desempenho esportivo. Como as pessoas ficam mais fortes e como aumentam sua potência e resistência musculares? Manter um estilo de vida ativo é importante para o condicionamento muscular, mas, para aumentar a força e a potência musculares, é necessário o treinamento de força. Nesta seção serão revistas sucintamente as mudanças resultantes do treinamento de força. O foco será a força, com uma breve menção à potência e à resistência muscular, assuntos que serão discutidos detalhadamente mais adiante neste livro.

O sistema neuromuscular é um dos sistemas do corpo humano que mais respondem à estimulação repetida do treinamento. Os programas de resistência ao treinamento podem gerar ganhos de força substanciais. Em um intervalo de 3-6 meses, pode-se perceber melhora de 25-100%, e em alguns casos ela pode ser ainda maior. Entretanto, essas estimativas de ganhos percentuais de força são um pouco enganosas. A maioria das pessoas que participam de pesquisas sobre treinamento de força jamais levantou pesos ou participou de qualquer outro tipo de treinamento de resistência. Grande parte de seus ganhos iniciais de força resulta do fato de essas pessoas terem aprendido a gerar força de modo mais efetivo e a produzir um movimento realmente máximo, como a movimentação dos halteres do peito até uma posição de completa extensão durante o supino. Esse efeito de aprendizado é responsável por até 50% do ganho de força inicial.

O músculo é um tecido bastante plástico: aumenta em volume e força com o treinamento físico, e o volume e a força diminuem quando o músculo fica imobilizado. No restante deste capítulo serão detalhadas as adaptações fisiológicas que ocorrem e permitem que as pessoas fiquem mais fortes.

Mecanismos de ganho em força muscular

Por muitos anos, os estudiosos acreditaram que os ganhos em força resultassem diretamente de aumentos

Perspectiva de pesquisa 10.1
Benefícios aeróbios com o treinamento físico de força

O treinamento físico de força é um método consolidado para aumentar a massa e a força musculares. Neste capítulo, são descritas em detalhes as respostas clássicas do músculo esquelético ao treinamento físico de força (p. ex., hipertrofia, alterações no tipo de fibra muscular, aumento da ativação neural). Mas o já antigo dogma de que o treinamento de força resulta em adaptações nitidamente diferentes do treinamento aeróbio (que são discutidas em detalhes no Cap. 11) fez com que muitos estudos se limitassem a um enfoque estrito nos mecanismos da hipertrofia muscular e nos ganhos de força.

Por outro lado, aumentos no número e na função das mitocôndrias no músculo esquelético e aumentos no número e na densidade de capilares nesse tecido são adaptações bem conhecidas do treinamento aeróbio. Essas adaptações aumentam a produção de ATP e a liberação de oxigênio e nutrientes para o músculo esquelético em exercício; como tal, elas contribuem para a melhoria da saúde muscular e a captação máxima de oxigênio que ocorrem no treinamento com exercícios aeróbios. Além de melhorar o condicionamento físico, os aumentos da função mitocondrial e na capilarização do músculo esquelético também melhoram a saúde geral, tornando mais eficaz a bioenergética muscular, a sensibilidade à insulina e a tolerância à glicose em repouso. Portanto, estratégias para induzir essas adaptações podem trazer benefícios para muitas pessoas, não apenas para os atletas.

Recentemente, os fisiologistas do exercício começaram a se perguntar se o treinamento físico de força também pode exercer alguns desses benefícios aeróbios. As pesquisas realizadas no setor de medicina da Universidade do Texas[17] e na Universidade de Maastricht, na Holanda,[26] são duas das primeiras a explorar essa possibilidade. Esses dois estudos utilizaram um programa de 12 semanas de treinamento de força para melhorar o condicionamento muscular e coletaram amostras de biópsia muscular do vasto lateral antes e depois do programa de treinamento (ver figura). Na Universidade do Texas, a equipe de pesquisa comparou a capacidade respiratória mitocondrial, medida como atividade da citrato sintase, nas amostras de biópsia muscular de voluntários jovens. A equipe descobriu que o exercício de força aumentou a expressão da proteína mitocondrial e a capacidade respiratória. Tais achados sugeriram que esse protocolo de treinamento de força melhorava a capacidade oxidativa do músculo treinado. O grupo holandês examinou o número de contatos capilares e a proporção entre capilares e fibras musculares em amostras de biópsia muscular de homens jovens e idosos no início do estudo e, novamente, depois de concluído o protocolo de treinamento de força. (Esses pesquisadores optaram por estudar o treinamento de força apenas nos homens idosos, opinando que esses indivíduos poderiam auferir os maiores benefícios clínicos do exercício de força no combate à sarcopenia.) Eles descobriram que os homens idosos tinham menos contatos capilares e menor relação entre capilares e fibras musculares em comparação com os homens mais jovens. Porém e mais importante é que essas duas variáveis do tipo aeróbio aumentaram nos idosos após 12 semanas de treinamento de força. Essa descoberta levou os pesquisadores a concluir que o exercício de força pode aumentar a capilarização do músculo esquelético.

Considerados em conjunto, esses estudos mostram que as adaptações ao exercício de força podem ter mais em comum com as adaptações ao exercício aeróbio do que se pensava anteriormente. O treinamento físico de força melhora a função mitocondrial e a capilarização no músculo esquelético. Essas descobertas aumentam a compreensão de como o exercício de força melhora inúmeros domínios do condicionamento físico, além de proporcionar novos conhecimentos sobre os benefícios para a saúde oriundos do treinamento de força.

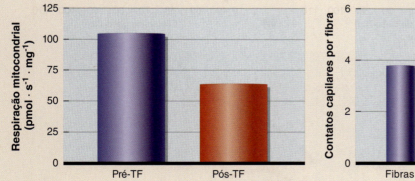
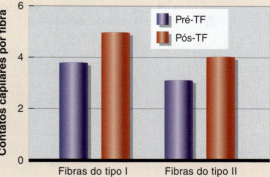

Doze semanas de treinamento resistido aumentam a respiração mitocondrial[17] e o número de contatos capilares por fibra muscular[26] no músculo esquelético treinado. Pensava-se anteriormente que essas adaptações ocorressem apenas mediante treinamento com exercícios aeróbios. No entanto, o treinamento físico de força também pode induzir essas adaptações aeróbias no músculo treinado.

na massa muscular (hipertrofia). Tal suposição tinha certa lógica, já que muitos indivíduos que praticavam regularmente o treinamento de força visivelmente desenvolviam músculos mais volumosos. De acordo com o mesmo raciocínio, os músculos associados a um membro imobilizado em gesso durante semanas ou meses perdiam a força quase instantaneamente, começavam a diminuir de tamanho (**atrofia**) e perdiam força quase que imediatamente. Em geral, os ganhos no volume muscular são acompanhados por ganhos na força, ao passo que perdas de volume muscular têm alta correlação com perdas de força. Assim, é tentador concluir que existe uma relação direta de causa e efeito entre o volume e a força musculares. Embora haja uma relação entre volume e força, a força muscular envolve muito mais fatores que o mero volume muscular.

Isso não significa, porém, que o volume (massa) muscular seja pouco relevante para o potencial de força final do músculo. A capacidade de gerar força depende do número de pontes cruzadas no interior dos sarcômeros, o que, por sua vez, depende da quantidade de actina e de miosina. O volume é de extrema importância, como demonstram os recordes mundiais para homens e mulheres no halterofilismo profissional (ver Fig. 10.1). Com o aumento da classificação por peso (com a implícita massa muscular mais volumosa), aumenta também o recorde para o peso total levantado. Contudo, os mecanismos associados aos ganhos de força são bastante complexos. Então, como é possível explicar os ganhos de peso advindos do treinamento além do aumento do volume muscular? Em primeiro lugar, devem ser levadas em conta as fortes evidências de que o controle neural do músculo fica alterado com o treinamento de força, permitindo a produção de mais força.

Controle neural dos ganhos de força

Um importante componente neural dos ganhos de força resultantes do treinamento de força, especialmente nos estágios iniciais, é representado pelas adaptações neu-

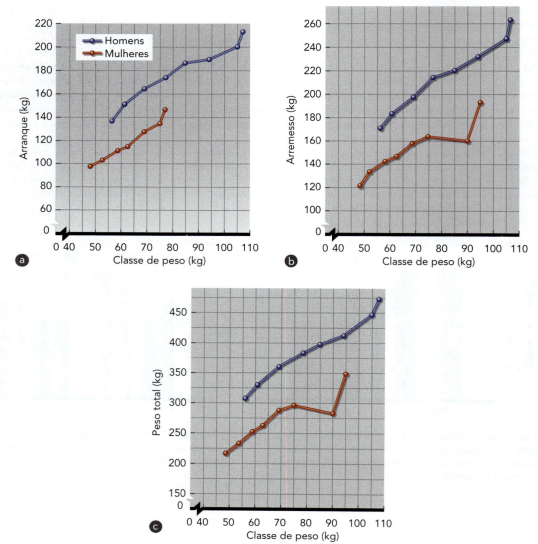

FIGURA 10.1 Recordes mundiais para (a) arranque, (b) arremesso e (c) peso total para homens e mulheres em 2016.

rais. Enoka apresentou um argumento convincente de que os ganhos de força podem ser obtidos sem que ocorram mudanças estruturais no músculo, mas não sem que haja adaptações nervosas.[7] Assim, a força não é propriedade exclusiva do músculo; ao contrário, ela é uma propriedade do sistema motor. O recrutamento das unidades motoras, a frequência das taxas de disparo dos nervos motores, a melhor sincronização das unidades motoras durante determinado movimento, e outros fatores neurais são importantes para os ganhos de força. A remoção da inibição neural também pode ter seu papel. Tais fatores neurais podem explicar a maior parte – se não a totalidade – dos ganhos de força que ocorrem na ausência de hipertrofia, assim como as ocorrências esporádicas de façanhas de força "sobre-humana".

Sincronização e recrutamento de unidades motoras adicionais

As unidades motoras costumam ser recrutadas de maneira assíncrona, isto é, nem todas são convocadas no mesmo instante. Elas são controladas por diferentes neurônios, capazes de transmitir impulsos excitatórios ou inibitórios (ver Cap. 3). A contração das fibras motoras ou sua permanência em estado de relaxamento depende do somatório dos numerosos impulsos recebidos a qualquer momento pela unidade motora específica. A unidade motora é ativada e suas fibras musculares contraem apenas quando os impulsos excitatórios que estão chegando excedem os impulsos inibitórios e o limiar é atingido ou excedido.

Ganhos de força podem resultar de mudanças nas conexões entre os motoneurônios localizados na medula espinal, permitindo que as unidades motoras funcionem de maneira mais sincrônica. Esse aumento na sincronicidade significa que maior número de unidades motoras irá disparar a qualquer momento, o que facilitará a contração e aumentará a capacidade muscular de gerar força. Há fortes evidências de que a sincronização das unidades motoras torna-se maior com o treinamento de força, mas ainda existem controvérsias a respeito, isto é, não se sabe se a sincronização da ativação das unidades motoras é capaz de provocar uma contração mais vigorosa. Entretanto, ficou claro que a sincronização melhora efetivamente a velocidade do desenvolvimento da força e a capacidade de empregar forças sustentadas.[6]

Aumento da frequência de disparos das unidades motoras

O aumento do impulso nervoso para os motoneurônios alfa pode também aumentar a frequência de descarga, ou frequência de disparos, de suas unidades motoras. No Capítulo 1, viu-se que, com o aumento da frequência de estimulação de determinada unidade motora, o músculo termina atingindo um estado de tetania, produzindo tensão ou força de pico absoluta da fibra muscular ou da unidade motora (ver Fig. 1.14). São poucas as evidências de que a frequência de disparos aumenta com o treinamento de força. O treinamento com movimentos rápidos, ou do tipo balístico, parece ser particularmente eficaz para a estimulação de aumentos dessa frequência.

Aumento do impulso neural

Impulso neural refere-se à combinação de recrutamento de unidades motoras e da frequência de disparo das unidades. O impulso neural tem seu início no sistema nervoso central e se dissemina para as fibras musculares através dos nervos periféricos. A eletromiografia (EMG), que usa eletrodos superficiais sobre o músculo, mede a atividade total no interior do nervo e do músculo. Portanto, trata-se de uma boa medida do impulso neural.

Uma explicação alternativa para os ganhos de força mediados pelo sistema nervoso é que, simplesmente, ocorre recrutamento de maior número de unidades motoras para a execução de determinada tarefa, independentemente de essas unidades motoras agirem, ou não, em uníssono. Essa melhoria nos padrões de recrutamento pode resultar de um aumento no impulso neural para os motoneurônios alfa durante a contração máxima. Músculos treinados geram uma determinada quantidade de força submáxima, com menor atividade na EMG, sugerindo um padrão mais eficiente de recrutamento de unidades motoras. Esse aumento no impulso neural pode aumentar a frequência de descarga das unidades motoras, ou reduzir os impulsos inibitórios, permitindo que mais unidades motoras sejam ativadas, ou que essas estruturas sejam ativadas em uma frequência mais alta. Além disso, o impulso neural máximo parece aumentar com o treinamento de força.

Inibição autógena

Talvez o sistema neuromuscular (p. ex., o órgão tendinoso de Golgi) necessite de mecanismos inibitórios para impedir que os músculos exerçam mais força do que a tolerada pelos ossos e tecidos conjuntivos. Esse controle é conhecido como **inibição autógena**. Contudo, durante situações extremas, quando em alguns casos são geradas forças maiores, costumam ocorrer danos importantes a essas estruturas, o que sugere que os mecanismos inibitórios protetores podem ser suplantados.

No Capítulo 3, discutiu-se a função do órgão tendinoso de Golgi. Quando a tensão incidente nos tendões de determinado músculo e em suas estruturas internas de tecido conjuntivo excede o limiar dos órgãos tendinosos de Golgi imiscuídos no músculo, ocorre inibição dos motoneurônios aferentes ao músculo em questão, ou seja, inibição autógena. Assim, tanto a formação reticular no tronco encefálico como o córtex cerebral passarão a operar com a finalidade de iniciar e de propagar impulsos inibitórios.

O treinamento de força pode reduzir gradualmente ou contrabalançar esses impulsos inibitórios, permitindo que o músculo atinja maiores níveis de produção de força, independentemente de aumentos na massa muscular. Assim, pode-se obter ganhos de força com a redução da inibição neurológica. Essa teoria é sem dúvida sedutora, já que ela pode explicar, ao menos em parte, as façanhas de força sobre-humana e os ganhos de força na ausência de hipertrofia.

Outros fatores neurais

Além do aumento no recrutamento das unidades motoras e da diminuição da inibição neurológica, outros fatores nervosos podem contribuir para os ganhos de força com o treinamento de força. Um deles é conhecido como coativação de músculos agonistas e antagonistas (os músculos agonistas são os motores primários, e os músculos antagonistas têm a função de obstacularizar os agonistas). Tomando como exemplo a contração concêntrica do flexor do antebraço, o bíceps seria o agonista primário e o tríceps seria o antagonista. Se os dois músculos contraíssem com igual desenvolvimento de força, não haveria movimento. Assim, para maximizar a força gerada por um agonista, é necessário minimizar a quantidade de coativação. A redução na coativação pode explicar uma parte dos ganhos de força atribuídos a fatores neurais, mas é provável que sua contribuição nisso seja pequena.

Foram observadas mudanças na morfologia da junção neuromuscular, onde ocorrem níveis de atividade aumentados, mas também diminuídos, que podem estar diretamente ligados à capacidade de produção de força pelo músculo.

Hipertrofia muscular

Como ocorre o crescimento do músculo? Pode haver dois tipos de hipertrofia: temporária e crônica. A **hipertrofia temporária** consiste no aumento do volume muscular ocorrido durante e imediatamente após uma sessão isolada de exercícios. Esse efeito resulta principalmente do acúmulo de líquido (edema) nos espaços intersticial e intracelular do músculo, proveniente do plasma sanguíneo. Como o próprio nome diz, a hipertrofia temporária ocorre em um curto período, pois o líquido retorna ao sangue algumas horas depois do exercício.

A **hipertrofia crônica** refere-se ao aumento no volume muscular que ocorre em um cenário de treinamento de força em longo prazo. Isso reflete mudanças estruturais reais no músculo, que podem resultar no aumento no diâmetro das fibras musculares individuais existentes (**hipertrofia das fibras**) e/ou no número de fibras musculares (**hiperplasia das fibras**). Há controvérsias com relação às teorias que tentam explicar a causa subjacente desse fenômeno. Mas o achado relevante diz respeito ao componente excêntrico do treinamento, que é importante para a maximização de aumentos na área da secção transversal da fibra muscular. Diversos estudos demonstraram maiores hipertrofia e força resultantes exclusivamente do treinamento com contração excêntrica, em comparação com o treinamento com contração concêntrica ou a uma combinação de contrações excêntrica e concêntrica. Além disso, aparentemente, o treinamento excêntrico em maior velocidade resultará em maiores ganhos de hipertrofia e força, se comparado ao treinamento em velocidade menor.[20] Esses aumentos maiores parecem estar ligados a rupturas nas linhas Z do sarcômero. Originalmente, tais rupturas eram consideradas lesões musculares, mas hoje os especialistas acreditam que o fenômeno representa uma remodelagem das proteínas constitutivas da fibra.[20] Assim, o treinamento exclusivamente com ações concêntricas pode limitar a hipertrofia muscular e os aumentos na força muscular.

Intensidade e hipertrofia

Nos métodos de treinamento tradicionais, a opinião predominante é a de que há necessidade de uma intensidade de 60-85% de 1RM ou superior para que sejam conseguidos ganhos substanciais na massa muscular.

Contudo, mais recentemente, algumas pesquisas sugeriram que exercícios de baixa intensidade (< 50% de 1RM) podem promover ganhos no volume muscular iguais aos observados com o uso de altas intensidades, desde que o treinamento seja realizado até a ocorrência da fadiga muscular volitiva.[18] Essa teoria afirma que contrações fatigantes em um regime de baixas cargas levam a estímulos metabólicos que resultam no recrutamento máximo das fibras musculares.

Qual é a intensidade mínima para o treinamento de força que leve à hipertrofia muscular, desde que os exercícios de força sejam realizados até a ocorrência da fadiga volitiva? Foi informado que, a partir de baixas intensidades de até somente 30% e de intensidades altas de até 90% de 1RM, a carga desempenhou papel mínimo na estimulação da síntese proteica, na hipertrofia muscular e nos ganhos de força para pessoas novatas na prática do exercício.[3] O treinamento de alta repetição (AR) e de baixa repetição (BR) – com baixa e alta cargas, respectivamente – promoveu aumentos semelhantes na massa da musculatura esquelética quando o exercício de força foi realizado até a fadiga volitiva. Aumentos na massa corporal magra, como uma medida indireta da massa muscular, e na CSA da fibra muscular, uma medida direta da área muscular, ocorreram tanto no grupo AR como no grupo BR, sem que fossem observadas diferenças entre os grupos. Houve um aumento significativo na força de 1RM para os exercícios de flexão de pernas, extensão de joelho e desenvolvimento de ombro, também aqui sem diferenças entre os grupos. Esses efeitos não parecem depender da situação de treinamento do indivíduo, porque resultados semelhantes ocorreram em homens com experiência prévia em treinamento de força.[16]

A seguir serão discutidos os dois mecanismos postulados para o aumento no volume muscular com o treinamento de força: a hipertrofia e a hiperplasia das fibras.

Hipertrofia da fibra

Estudos mais antigos sugeriam que o número de fibras musculares em cada músculo de um indivíduo já tenha sido estabelecido por ocasião de seu nascimento ou pouco depois disso, e que esse número permanecia fixo ao longo da vida. Se isso fosse verdade, a hipertrofia muscular total resultaria exclusivamente da hipertrofia de cada fibra muscular, o que poderia ser explicado por:

- mais miofibrilas;
- mais filamentos de actina e miosina;
- mais sarcoplasma;
- mais tecido conjuntivo; ou
- qualquer combinação dos itens anteriores.

Como se pode observar nas microfotografias da Figura 10.2, o treinamento de força efetivo pode aumentar significativamente a área da secção transversal das fibras musculares. Mas um crescimento drástico das fibras musculares não ocorre em todos os casos de hipertrofia muscular.

É provável que a hipertrofia das fibras musculares tenha sido causada pelo aumento no número de miofibrilas e de filamentos de actina e miosina, o que poderia proporcionar maior número de pontes cruzadas para a produção de força durante a contração máxima. O tamanho das miofibrilas existentes parece não mudar. O aumento na área da secção transversal do músculo é decorrente da adição de novos sarcômeros em paralelo uns aos outros.

Aparentemente, a hipertrofia da fibra muscular individual com o treinamento de força é resultado do aumento final na síntese proteica muscular. O conteúdo de proteína muscular está em constante estado de fluxo. Sempre estão ocorrendo síntese e degradação proteicas, mas a velocidade desses processos varia de acordo com as demandas impostas ao corpo humano. Durante o exercício, ocorre diminuição da síntese proteica, ao passo que a degradação da proteína muscular parece aumentar. Após o exercício, a síntese proteica aumenta em 3-5 vezes (embora a degradação proteica continue), o que leva a uma síntese final das proteínas miofibrilares (miosina e actina). Um único exercício de força pode elevar a síntese final de proteínas por até 24 horas.

Hormônios e hipertrofia

Na fisiologia muscular, a perspectiva predominante é a de que as alterações hormonais induzidas pelo exercício de força facilitam o aumento da massa muscular, que, por sua vez, aumenta a força dos músculos. Os hormônios normalmente associados a essa resposta são os hormônios anabólicos testosterona, hormônio do crescimento (GH) e fator de crescimento semelhante à insulina 1 (IGF-1). Tradicionalmente, o hormônio testosterona é, ao menos em parte, responsável por essas mudanças, porque uma de suas principais funções é promover o crescimento muscular. A testosterona é um hormônio esteroide com importantes funções anabólicas, e os homens vivenciam um aumento significativamente maior no crescimento muscular, com início na puberdade, que se deve, em grande parte, ao aumento de 10 vezes na produção de testosterona. Além disso, já se estabeleceu que grandes doses de esteroides anabólicos, somadas ao treinamento de força, aumentam significativamente a massa e a força musculares (ver Cap. 16).

Embora seja fato que o treinamento agudo de força aumenta temporariamente as concentrações desses hormônios, também foi sugerido de forma experimental que não há necessidade dos aumentos agudos nesses hormônios para que ocorra aumento da massa ou força musculares.[19]

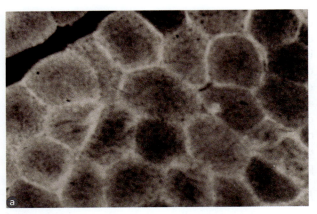
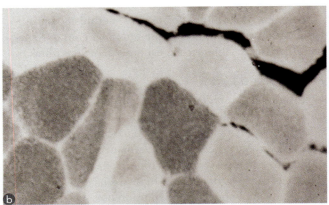

FIGURA 10.2 Vistas microscópicas de secções transversais do músculo da perna de um homem destreinado nos 2 anos precedentes: (a) antes de ele ter retomado o treinamento e (b) depois de ele ter completado 6 meses de treinamento de força dinâmico. É possível notar fibras significativamente mais calibrosas (hipertrofia) após o treinamento.

Pesquisadores da Universidade McMaster planejaram uma série de estudos a fim de examinar se as elevações induzidas pelo exercício na testosterona, GH e IGF seriam necessárias ou se poderiam melhorar o anabolismo muscular. Os pesquisadores examinaram os músculos flexores do cotovelo quando expostos (1) a baixas concentrações de hormônios durante um pequeno exercício de massa muscular que consistiu em flexões de braço isoladas e (2) a altas concentrações hormonais circulantes, induzidas por uma intensa rotina de exercícios envolvendo a parte inferior do corpo, além das flexões de braço.[29,30,31] Nos experimentos com baixos níveis hormonais, a síntese de proteínas miofibrilares estava elevada depois das sessões agudas de exercício, tendo sido observados ganhos de força e hipertrofia após o treinamento. Isso foi observado ainda que os níveis de testosterona, GH e IGF-1 tivessem permanecido próximos de suas concentrações basais. Os autores concluíram que não havia necessidade dos aumentos observados nesses hormônios após o exercício para a estimulação do anabolismo muscular. Além disso, depois do exercício, quando esses hormônios estavam elevados, não ocorreu aumento na síntese de proteínas miofibrilares nem ganho de força e hipertrofia com o treinamento.

Além desses estudos, os pesquisadores compararam as respostas dos homens e das mulheres ao treinamento de força. Com relação à testosterona, as mulheres têm uma resposta pós-exercício 45 vezes mais baixa do que os homens, mesmo depois de ter sido levada em conta a sua concentração basal desse hormônio, que é 20 vezes menor.[28] Apesar de terem exibido aumentos drasticamente menores de testosterona após o exercício, as mulheres foram capazes de aumentar em muito as taxas de síntese proteica miofibrilares. Além disso, como na maioria dos estudos que envolvem treinamento físico, os homens e as mulheres treinados nesse estudo apresentaram respostas individuais variáveis em termos de hipertrofia muscular. Apesar dessas respostas variáveis, não foi observada relação entre os aumentos de testosterona, GH e IGF-1 induzidos pelo exercício em cada voluntário e o crescimento muscular ou ganho de força.[32]

Esses novos dados oferecem novas e robustas evidências de que não há necessidade das elevações pós-exercício em testosterona, GH e IGF-1 para o aumento do anabolismo e da força musculares. Uma hipótese alternativa é a de que a hipertrofia muscular e os ganhos de força que ocorrem com o treinamento de força são mediados por mudanças nas propriedades intramusculares intrínsecas.

Hiperplasia das fibras

Pesquisas envolvendo animais sugerem que a hiperplasia – um aumento no número total de fibras em um músculo – também pode ser um fator influente na hipertrofia de músculos inteiros. Estudos realizados com gatos fornecem evidências bastante claras da cisão de fibras em casos de treinamento com pesos extremamente grandes.[8] Os gatos foram treinados para movimentar um peso grande com uma das patas dianteiras para que pudessem ter acesso ao alimento (ver Fig. 10.3). Com a utilização de alimento como um poderoso incentivo, os felinos aprenderam a gerar uma força considerável. Com o treinamento intenso, fibras musculares selecionadas pareceram dividir-se ao meio, com cada metade crescendo até atingir o diâmetro da fibra-mãe.

Entretanto, estudos posteriores demonstraram que a hipertrofia de músculos selecionados em galinhas, ratos e camundongos, causada pela sobrecarga crônica de exercícios, devia-se exclusivamente à hipertrofia das fibras existentes, e não à hiperplasia. Nesses estudos, cada fibra do músculo inteiro foi efetivamente contada, mas essas contagens diretas não revelaram mudança no número de fibras.

Esse achado levou os cientistas responsáveis pelos primeiros experimentos com gatos a conduzirem mais um estudo envolvendo treinamento de força com essa espécie.

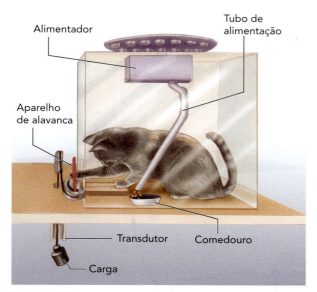

FIGURA 10.3 Treinamento de força intenso em gatos.

Dessa vez, os cientistas optaram por fazer uma contagem real das fibras para determinar se a hipertrofia muscular total resultava da hiperplasia ou da hipertrofia muscular.[9] Após um programa de treinamento de força com duração de 101 semanas, os gatos se revelaram capazes de levantar, com uma das patas, um peso equivalente a 57%, em média, de seu peso corporal, o que resultou em um aumento de 11% no peso muscular. E o que é mais importante: os pesquisadores detectaram um aumento de 9% no número total de fibras musculares, confirmando que realmente tinha ocorrido hiperplasia das fibras.

É mais provável que a diferença entre os resultados dos estudos envolvendo gatos e das pesquisas com ratos e camundongos seja atribuída à diferença no modo como os animais foram treinados. Os gatos passaram por uma forma pura de treinamento de força em situação de alta resistência e baixo número de repetições, enquanto os outros animais realizaram uma atividade de um tipo de mais resistência: com baixa força e grande número de repetições.

Outro modelo animal foi utilizado para a estimulação da hipertrofia muscular em associação à hiperplasia. Os cientistas colocaram o músculo latíssimo do dorso (porção anterior) de galinhas em um estado de estiramento crônico; para tanto, fixaram pesos a esse músculo; a outra asa serviu de controle normal. Em muitos dos estudos que utilizaram tal modelo, o estiramento crônico resultou em hipertrofia e hiperplasia substanciais.

Os cientistas ainda não têm certeza dos papéis desempenhados pela hiperplasia e pela hipertrofia da fibra individual no aumento do volume da musculatura *humana* com o treinamento de força. A maioria dos dados conhecidos indica que a hipertrofia da fibra individual é responsável pela maior parte da hipertrofia do músculo inteiro, mas os resultados de alguns estudos selecionados sugerem a possibilidade de ocorrer hiperplasia no ser humano. No treinamento de força, é possível que apenas uma intensidade muito alta possa resultar em hiperplasia da fibra, e, mesmo assim, o percentual do aumento do volume muscular total decorrente desse fenômeno é pequena, talvez 5-10%. Ainda não ficou definido se, nos seres humanos, o treinamento de força resulta em hiperplasia da fibra muscular.

Em um estudo em cadáveres envolvendo sete homens jovens saudáveis que sofreram morte acidental súbita, os cientistas compararam as secções transversais dos músculos tibiais anterior direito e esquerdo (da perna) autopsiados. Sabe-se que a dominância da mão direita é conducente à maior hipertrofia da perna esquerda, mas na verdade a área da secção transversal do músculo esquerdo era 7,5% maior. Esse achado foi associado a um número 10% maior de fibras no músculo esquerdo. Não se verificou diferença no diâmetro médio das fibras.[21]

As diferenças entre esses estudos podem ser explicadas pela natureza da carga ou do estímulo do treinamento. Supõe-se que o treinamento de alta intensidade ou com elevadas cargas cause maior hipertrofia das fibras, particularmente das fibras do tipo II (de contração rápida), em comparação com o treinamento em menor intensidade ou em cargas mais baixas.

Apenas um estudo longitudinal demonstrou a possibilidade de hiperplasia em homens com experiência prévia em treinamento de força recreativo.[14] Após 12 semanas de treinamento de força intensivo, aparentemente o número de fibras musculares do bíceps braquial de vários dos 12 voluntários aumentou significativamente. Esse estudo sugere, portanto, que a hiperplasia pode ocorrer em seres humanos, mas possivelmente apenas em alguns indivíduos, ou sob certas condições de treinamento.

De acordo com a informação anterior, a hiperplasia das fibras parece possível em animais e provavelmente em seres humanos. Mas como se formam essas novas células? Foi postulado que as fibras musculares individuais têm a capacidade de se dividir e de formar duas células-filhas, e cada uma delas pode então evoluir para uma fibra muscular funcional. Mais importante ainda: estabeleceu-se que as células-satélite, células-tronco miogênicas envolvidas na regeneração do músculo esquelético, provavelmente estão envolvidas na geração de novas fibras musculares. Em geral, essas células são ativadas pelo estiramento e pela lesão muscular, e, como será visto mais adiante ainda neste capítulo, a lesão muscular resulta do treinamento intenso, particularmente do treinamento de ação excêntrica. A lesão muscular pode levar a uma cascata de respostas, segundo as quais as células-satélite tornam-se ativadas e proliferam, migram até a região lesionada e fundem-se às miofibras existentes, ou combinam-se e fundem-se para a produção de novas miofibras.[13] Isso está ilustrado na Figura 10.4.

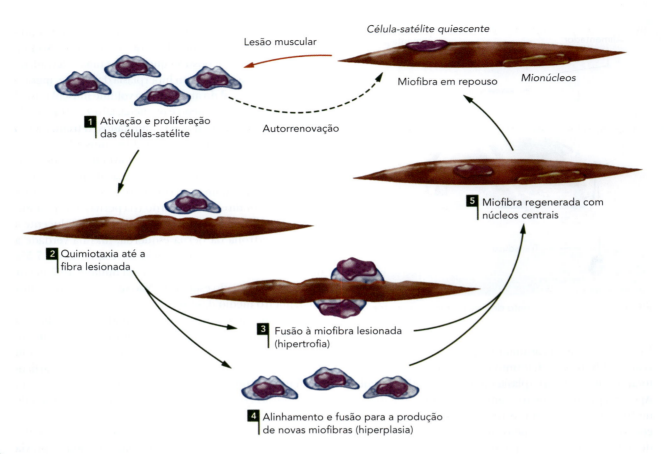

FIGURA 10.4   Resposta das células-satélite à lesão muscular.
Reproduzido com permissão de T. J. Hawke e D. J. Garry, "Myogenic satellite cells. Physiology to molecular biology", *Journal of Applied Physiology* 91 (2001): 534-51.

As células-satélite fornecem núcleos adicionais no interior das fibras musculares. A maquinaria genética adicionada (DNA) é necessária para fornecer o maior conteúdo de proteína muscular e materiais relacionados, a fim de facilitar a hipertrofia (e, teoricamente, a hiperplasia).

Integração da ativação neural e hipertrofia de fibra

Pesquisas sobre adaptações do treinamento de força indicam que os aumentos iniciais na força voluntária, ou na produção máxima de força, estão associados basicamente a adaptações nervosas resultantes no aumento da ativação voluntária do músculo. Isso foi claramente demonstrado por um estudo envolvendo homens e mulheres que participaram de um programa de treinamento de força de alta intensidade com duração de oito semanas, duas vezes por semana.[22] Durante o período de treinamento, foram obtidas biópsias musculares no início do estudo e em intervalos de duas semanas. A força, medida com o uso de 1RM, aumentou substancialmente ao longo das oito semanas de treinamento, e os ganhos mais expressivos ocorreram após a segunda semana. Contudo, ao final das oito semanas de treinamento, as biópsias musculares revelaram apenas pequenos aumentos, estatisticamente não significativos, na área da secção transversal da fibra muscular. Portanto, os ganhos de força foram, em grande parte, o resultado do aumento da ativação neural.

Geralmente, aumentos da força em longo prazo estão associados à hipertrofia do músculo treinado. No entanto, visto que leva tempo obter proteína pela redução na degradação proteica e/ou pelo aumento na síntese dessas substâncias, os ganhos iniciais de força são tipicamente decorrentes das alterações nos padrões de ativação neural das fibras musculares. Em sua maioria, as pesquisas nesse campo demonstram que fatores neurais contribuem de modo decisivo para os ganhos de força durante as primeiras 8-10 semanas de treinamento. A hipertrofia pouco contribui durante essas semanas iniciais de treinamento, mas sua contribuição aumenta progressivamente, passando a ser o principal fator colaborador após 10 semanas de treinamento. Entretanto, nem todos os estudos concordam com esse padrão de desenvolvimento de força. Um estudo de seis meses envolvendo atletas treinados para a força demonstrou que a ativação neural explicava a maior parte dos ganhos de força durante os meses de treinamento mais intensivos e que a hipertrofia não era um fator importante.[12]

Atrofia muscular e diminuição da força com a inatividade

Quando um indivíduo com atividade normal ou altamente treinado reduz o nível de atividade ou para completamente de treinar, ocorrem mudanças na estrutura e no funcionamento de seus músculos. Isso é ilustrado pelos resultados de dois tipos de estudo: aqueles nos quais membros inteiros foram imobilizados e aqueles em que indivíduos altamente treinados pararam de treinar – o chamado destreinamento.

Imobilização

Quando um músculo treinado torna-se subitamente inativo por imobilização, em poucas horas importantes mudanças têm início em seu interior. Durante as primeiras 6 h de imobilização, a velocidade da síntese proteica vai começando a diminuir. É provável que essa redução dê início à atrofia muscular, que é a depleção ou diminuição do volume do tecido muscular. A atrofia resulta do desuso do músculo e da consequente perda de proteína muscular que acompanha a inatividade. As reduções na força são mais drásticas na primeira semana de imobilização, ficando, em média, entre 3-4% por dia. Esse fato está associado à atrofia, mas também à diminuição da atividade neuromuscular no músculo imobilizado.

A imobilização parece afetar tanto as fibras do tipo I como as do tipo II. Tomando por base vários estudos, os cientistas observaram miofibrilas desintegradas, discos Z lesionados (descontinuidade dos discos Z e fusão das miofibrilas) e lesão mitocondrial. Quando o músculo atrofia, ocorre diminuição da área da secção transversal da fibra. Vários estudos demonstraram que esse efeito é maior em fibras do tipo I, inclusive com redução no percentual dessas fibras, o que aumenta o percentual relativo de fibras do tipo II.

Os músculos podem se recuperar (e muitas vezes o fazem) da imobilização quando o indivíduo retoma suas atividades. O período de recuperação é substancialmente mais longo que o período de imobilização.

Cessação do treinamento

Analogamente, podem ocorrer alterações musculares significativas quando uma pessoa para de treinar. Em um estudo, mulheres participaram de um treinamento de força durante 20 semanas e, em seguida, o interromperam por 30-32 semanas. O programa de treinamento concentrou-se nos membros inferiores, trabalhando agachamento completo, flexão de pernas e extensão das pernas. Finalmente, as participantes voltaram a treinar por mais 6 semanas.[23] Os aumentos de força foram drásticos, como se pode observar na Figura 10.5. Compare-se a força das mulheres após o período inicial de treinamento (pós-20) com sua força após o destreinamento (pré-6). Isso representa a perda de força que as voluntárias sofreram com a cessação do treinamento. Durante os dois períodos de treinamento, aumentos na força foram acompanhados por aumentos na área da secção transversal[23] de todos os tipos de fibra e diminuição no percentual das fibras do tipo IIx. O destreinamento teve um efeito relativamente pequeno na área da secção transversal das fibras, embora as áreas das fibras do tipo II tendessem a diminuir (ver Fig. 10.6).

Para evitar perdas na força adquirida por causa do treinamento de força, devem-se estabelecer programas de manutenção básicos assim que forem atingidas as metas desejadas para o desenvolvimento da força. Esses programas de manutenção são planejados para proporcionar aos músculos tensão suficiente para a manutenção dos níveis de força, ao mesmo tempo que eles permitem redução na intensidade, na duração ou na frequência do treinamento.

Em um estudo, homens e mulheres participaram de um treinamento de força com extensões de joelho durante 10 ou 18 semanas. Em seguida, passaram 12 semanas sem treinamento ou em treinamento reduzido.[10] A força na extensão do joelho aumentou em 21,4% durante o período de treinamento. Os voluntários que pararam de treinar perderam 68% de seus ganhos de força nas semanas em que não treinaram, mas os voluntários que reduziram o treinamento de três dias por semana para dois, ou de dois dias para um, não perderam força. Portanto, aparentemente a força pode ser mantida por pelo menos 12 semanas com a redução da frequência de treinamento.

Alterações nos tipos de fibra

As fibras musculares podem mudar de um tipo para outro com o treinamento de força? Os primeiros estudos concluíram que nem o treinamento de velocidade (anaeróbio) nem o de resistência (aeróbio) poderia alterar o tipo básico de fibra, especificamente do tipo I para o tipo II, ou do tipo II para o tipo I. Mas de acordo com esses primeiros estudos as fibras começam a assumir certas características do outro tipo de fibra quando o treinamento é do tipo oposto (p. ex., fibras do tipo II podem tornar-se mais oxidativas com o treinamento aeróbio).

Pesquisas com modelos animais demonstraram que, de fato, é possível converter o tipo de fibra em condições de inervação cruzada, na qual uma unidade motora do tipo II é experimentalmente inervada por um motoneurônio de tipo I, ou vice-versa. Do mesmo modo, a estimulação nervosa crônica de baixa frequência transforma unidades motoras de tipo II em unidades motoras de tipo I em questão de semanas. Em ratos, os tipos de fibra muscular mudaram em resposta, após 15 semanas de treinamento

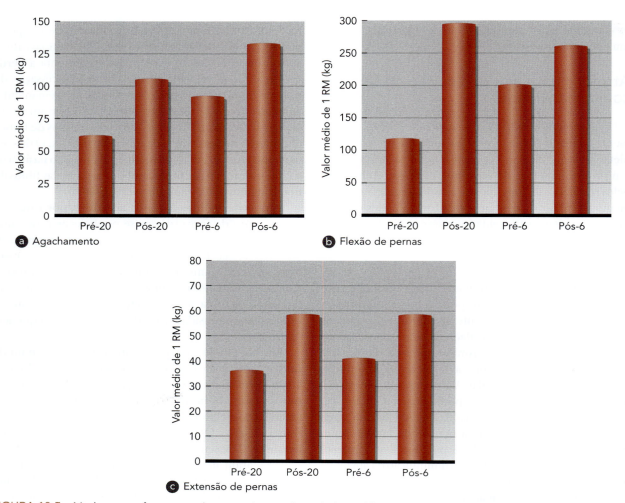

FIGURA 10.5 Mudanças na força muscular para três exercícios de força diferentes: (a) agachamento, (b) flexão de pernas e (c) extensão de pernas, com treinamento de força em mulheres. Os valores pré-20 indicam a força antes do início do treinamento; os valores pós-20 indicam as mudanças após as 20 semanas de treinamento; os valores pré-6 indicam as mudanças após 30 a 32 semanas de destreinamento; e os valores pós-6 indicam as mudanças após 6 semanas de retreinamento.

Adaptado com permissão de R.S. Staron et al., "Strength and skeletal muscle adaptations in heavy-resistance-trained women after detraining and retraining", *Journal of Applied Physiology* 70 (1991): 631-640.

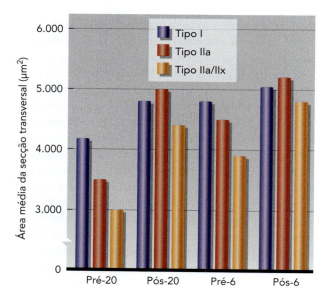

FIGURA 10.6 Mudanças nas áreas médias da secção transversal para os principais tipos de fibra em um cenário de treinamento de força em mulheres ao longo de períodos de treinamento (pós-20), destreinamento (pré-6) e retreinamento (pós-6). O tipo IIa/IIx é um tipo de fibra intermediário. Ver detalhes na Figura 10.5.

de alta intensidade em esteira, resultando no aumento das fibras dos tipos I e IIa e na redução das fibras do tipo IIx.[11] A transição de fibras do tipo IIx para o tipo IIa e do tipo IIa para o tipo I foi confirmada por diferentes técnicas histoquímicas.

Staron et al. observaram evidências de transformação do tipo de fibra em mulheres como resultado do treinamento de força.[24] Também foram notados aumentos substanciais na força estática e na área da secção transversal de todos os tipos de fibra após um programa de treinamento de força para membros inferiores com duração de 20 semanas. O percentual médio de fibras do tipo IIx diminuiu significativamente, mas o percentual médio de fibras do tipo IIa aumentou. Mais tarde, vários estudos verificaram a transição de fibras do tipo IIx para fibras do tipo IIa com o treinamento de força. Estudos mais recentes demonstraram que uma combinação de treinamento de força de alta intensidade e trabalho de velocidade em curtos intervalos pode promover a conversão de fibras do tipo I para fibras do tipo IIa.

Em resumo

> Adaptações neurais sempre acompanham os ganhos de força resultantes do treinamento de força, mas pode ou não ocorrer hipertrofia.
> Os mecanismos neurais conducentes a ganhos de força podem incluir o aumento na frequência de estimulação ou na frequência de disparos, o recrutamento de mais unidades motoras, o recrutamento mais sincrônico de unidades motoras e decréscimos na inibição autógena do órgão tendinoso de Golgi.
> Os ganhos iniciais de força parecem ser resultantes mais de mudanças em fatores neurais, porém os ganhos subsequentes, em longo prazo, são em grande parte resultantes da hipertrofia muscular.
> Hipertrofia muscular transitória é o crescimento temporário do músculo, como resultado do edema imediatamente após uma sessão de exercício.
> Hipertrofia muscular crônica ocorre com a repetição do treinamento de força, refletindo reais mudanças estruturais no músculo.
> A maior parte da hipertrofia muscular resulta do aumento no diâmetro das fibras musculares individuais (hipertrofia da fibra).
> A hipertrofia da fibra aumenta o número de miofibrilas e de filamentos de actina e miosina, o que proporciona a formação de mais pontes cruzadas para a produção de força.
> Ficou claramente demonstrada a ocorrência de hiperplasia de fibra muscular em modelos animais com o uso do treinamento de força, para indução da hipertrofia muscular. São poucos os estudos que sugerem evidência de hiperplasia nos seres humanos.

> A atrofia muscular (diminuição no diâmetro e na força) ocorre quando os músculos ficam inativos, por exemplo, em casos de lesão, imobilização ou interrupção do treinamento.
> A atrofia se instalará com bastante rapidez se o treinamento for interrompido. Mas o treinamento pode ser reduzido, como ocorre com um programa de manutenção, sem que ocorra atrofia ou perda de força.
> No caso do treinamento de força, ocorre transição de fibras do tipo IIx para fibras do tipo IIa.
> Evidências indicam que, na verdade, um tipo de fibra pode ser convertido para outro tipo (p. ex., do tipo I para o tipo II ou vice-versa) como resultado da inervação cruzada ou da estimulação crônica e, possivelmente, com o treinamento.

Interação entre treinamento de força e dieta

A hipertrofia muscular em resposta ao treinamento de força pode sofrer limitação ou ser incrementada pela nutrição. Conforme mencionado anteriormente, um balanço proteico líquido positivo (mais síntese do que degradação) é a condição necessária sob a qual ocorre hipertrofia. Sem proteína adequada na dieta, a síntese de proteína fica comprometida e os músculos não podem aumentar seu conteúdo de proteína, portanto não ocorre hipertrofia. A ingestão de proteínas dentro de algumas horas após um exercício de força aumenta a taxa de síntese de proteínas, portanto aumenta o balanço proteico líquido positivo. A maior ingestão proteica durante o período subsequente de 24 h continuará a favorecer o anabolismo muscular. Portanto, a nutrição e o exercício são estimuladores poderosos da síntese proteica no músculo esquelético.[5]

VÍDEO 10.1 Apresenta Luc Von Loon, que fala sobre o papel da proteína nas adaptações ao treinamento de força.

Recomendações para a ingestão de proteínas

Recentemente, um grupo internacional de pesquisadores realizou uma análise sistemática de 49 estudos publicados (1.863 indivíduos) para determinar se a suplementação proteica na dieta aumenta os ganhos de massa muscular e de força com o treinamento de força.[15] O grupo pesquisou ensaios clínicos randomizados nos quais os participantes realizaram treinamento de força por pelo menos 6 semanas e tomaram quantidades variadas de suplementação dietética com proteína. A análise dessa grande amostra revelou que essa suplementação melhorou significativamente as mudanças na força, medidas pelos testes 1RM e pelo

volume muscular (área das secções transversais da fibra e do músculo inteiro). Mas a ingestão de proteínas acima de ~1,6 g/kg de peso corporal por dia não aumentou a contribuição para esses ganhos. Portanto, embora a atual recomendação da Dietary Reference Intake (DRI) dos Estados Unidos de ingestão de proteína para indivíduos acima de 18 anos de idade, independentemente de sua situação de atividade física, seja de 0,8 g por quilograma de peso corporal por dia, os atletas envolvidos em treinamento de força podem precisar de proteína na dieta de até 1,7 g/kg de peso corporal/dia. Embora a ingestão de quantidades relativamente pequenas de proteína (5-10 g) seja capaz de estimular a síntese proteica nos músculos de homens e mulheres jovens, para aumentar os músculos há necessidade de consumir maiores quantidades de proteína, da ordem de 20-25 g, imediatamente após a prática do exercício de força.[1]

Que tipo de proteína deve ser ingerido e em que quantidade? As melhores formas de proteína para a hipertrofia muscular são aquelas fácil e rapidamente digeridas e ricas em aminoácidos essenciais, sobretudo a leucina. A proteína do soro encontrada no leite é uma fonte que atende a esses dois objetivos. Na prática, após o treinamento de força, os atletas devem consumir uma pequena quantidade de proteína de alta qualidade com carboidrato adequado, a fim de estimular as proteínas musculares e também reabastecer os estoques de glicogênio muscular após o exercício. Isso pode ser feito com uma bebida de recuperação ou com alimentos como o leite ou o iogurte, um pequeno sanduíche, ou uma barra de energia rica em proteína. Depois do exercício, a adição de carboidrato à ingestão de proteína não afeta significativamente o equilíbrio proteico muscular, mas também é benéfica em outras áreas, inclusive na ressíntese do glicogênio muscular.

Existe um momento ideal para a ingestão de proteína quando o indivíduo está tentando otimizar a resposta hipertrófica a sessões sucessivas de exercício? Uma única sessão de exercício estimula as taxas de síntese de proteína muscular por várias horas, e a ingestão de proteína aumenta ainda mais a síntese proteica muscular depois do exercício. O efeito estimulante da síntese proteica decorrente da ingestão de apenas uma dose de aminoácidos é temporário, se prolongando por apenas 1-2 horas. A ingestão de pequenas doses repetidas de proteína durante a recuperação do treinamento de força pode ser mais eficaz em termos do aumento da hipertrofia muscular, comparativamente ao consumo de apenas uma grande refeição. No entanto, as elevadas taxas de síntese de proteína muscular não ficam totalmente limitadas às poucas horas de recuperação aguda pós-exercício. A chamada janela de oportunidade dura desde um momento imediatamente antes do início do exercício de força até algumas horas após o exercício. O fornecimento de proteína antes ou durante o exercício pode aumentar a síntese de proteína muscular durante o exercício e é uma boa estratégia para a prática de exercícios prolongados ou repetidos.

Mecanismo de síntese de proteína com o treinamento de força e consumo de proteína

A taxa de síntese de proteína no interior das miofibrilas é controlada principalmente por uma enzima conhecida como **mTOR** (*mechanistic target of rapamycin*, alvo mecanístico da rapamicina). A mTOR integra as informações provenientes das vias a montante, inclusive a insulina e os fatores de crescimento e aminoácidos (Fig. 10.7), e controla a transcrição do RNA mensageiro (mRNA). Se a mTOR for bloqueada experimentalmente, o exercício de força não resultará em hipertrofia muscular. O estímulo primário para a síntese proteica é o alongamento mecânico aplicado ao músculo, que ativa a mTOR. Esta "sente" os níveis celulares de nutrientes e de oxigênio, e assim a enzima também é ativada pelo momento adequado de ingestão de proteína, especificamente das ricas em leucina. Portanto, o fornecimento de leucina aos músculos durante a janela de oportunidade aumentará a mTOR em níveis superiores aos alcançados apenas com o exercício agudo e promoverá melhor síntese proteica e hipertrofia muscular.

Diante da maior disponibilidade de aminoácidos na dieta, o aumento da síntese de proteína ocorre não apenas por causa da maior oferta final de aminoácidos, mas também por causa de mudanças nas concentrações hormonais que criam um ambiente anabólico mais favorável. A insulina funciona como um forte estímulo anabólico para a hipertrofia do músculo esquelético, conforme mostra a Figura 10.7. Na presença de substrato adequado, a insulina (cujos níveis se elevam após uma refeição) é capaz de estimular a síntese proteica no músculo esquelético e a hipertrofia nos músculos jovens.

A insulina estimula a síntese de proteína a partir dos aminoácidos disponíveis, ao promover uma conversão mais eficiente dos códigos genéticos transportados pelo mRNA nas proteínas, em um processo conhecido como translação. Esse processo é realizado por organelas celulares conhecidas como ribossomos; portanto, é lógico que o aumento do conteúdo de ribossomos nas fibras musculares (ou seja, o aumento da capacidade de translação) também resultará na síntese de mais proteína. A biogênese ribossômica, ou seja, a criação de novos ribossomos, parece ser um importante mecanismo de regulação do volume muscular em resposta ao exercício de força. Com efeito, ao ser bloqueada bioquimicamente a síntese de novos ribossomos, deixa de ocorrer hipertrofia muscular. É digno de nota que estudos recentemente publicados mostraram o envolvimento de mTOR na síntese de ribossomos no núcleo celular, além de seu papel na regulação da translação no citoplasma (Fig. 10.7).

PERSPECTIVA DE PESQUISA 10.2
Fazer levantamento de peso antes de dormir, para melhorar a síntese das proteínas musculares

A ingestão de proteínas após uma série de exercícios de força estimula a síntese de proteínas musculares e inibe a degradação muscular, resultando em um aumento geral no conteúdo de proteínas musculares durante a fase aguda da recuperação. Em virtude desse fenômeno, a ingestão de proteínas após o exercício é uma estratégia amplamente utilizada para aumentar a hipertrofia muscular e acelerar a recuperação após o treinamento com exercícios de força.

Vários fatores podem afetar a síntese proteica pós-exercício, como a quantidade, o tipo e a ocasião da ingestão de proteína pós-exercício. Estudos mostraram que a ingestão de proteínas antes de dormir aumenta a disponibilidade de aminoácidos durante a noite e estimula a síntese de proteínas musculares durante o sono, ao longo da noite. A suplementação proteica antes de dormir aumenta os ganhos de força e a hipertrofia ao longo de um prolongado programa de treinamento com exercícios de força, e a ingestão de proteína antes do sono pode ser uma maneira prática de manter a massa muscular e maximizar a hipertrofia durante o treinamento.

Um estudo de 2016 realizado na Holanda[25] examinou se uma série aguda de exercício de força realizado à noite poderia aumentar ainda mais a resposta da síntese de proteínas musculares à ingestão de proteínas antes de dormir. Os pesquisadores levantaram a hipótese de que, ao combinar o poderoso estímulo para a síntese proteica imediatamente após o exercício com a ingestão de proteínas antes de dormir, seria possível testemunhar um aumento ainda maior na nova síntese proteica ao longo da noite. Para estudar essa hipótese, os pesquisadores recrutaram 24 homens jovens e saudáveis que foram divididos em dois grupos: ingestão de proteínas antes de dormir juntamente com a prática de exercícios noturnos (PRO + EX) ou apenas o consumo de proteína antes de dormir (PRO). Em seguida a uma refeição padronizada, os voluntários do grupo PRO + EX realizaram 60 minutos de exercícios de força com ênfase na parte inferior do corpo, enquanto os voluntários do grupo PRO descansaram. Após a sessão de exercício ou o período de descanso, todos os voluntários consumiram a mesma bebida contendo 20 g de proteína. Foram coletadas amostras de biópsia muscular, e um isótopo de aminoácido marcado foi continuamente infundido para a medição do *turnover* da proteína. Imediatamente antes de dormir, cada voluntário ingeriu mais 30 g da proteína marcada. Durante a noite, amostras de sangue foram coletadas aos 30, 60, 90, 150, 210, 330 e 450 minutos enquanto o paciente dormia, e uma segunda biópsia muscular foi obtida na manhã seguinte.

Os resultados revelaram que a síntese proteica noturna das miofibrilas foi ~35% maior nos voluntários do grupo PRO + EX em comparação com os voluntários do grupo PRO. Além disso, foi observado que, durante a noite, uma quantidade muito maior de aminoácidos derivados de proteínas na dieta foi incorporada às novas miofibrilas dos indivíduos do grupo PRO + EX. Essas descobertas levaram os pesquisadores a concluir que o exercício de força praticado à noite aumenta a resposta de síntese noturna de proteínas musculares à ingestão de proteínas antes de dormir. Portanto, combinar a ingestão de proteínas antes do sono com o exercício de força pode ser uma estratégia válida, na tentativa de maximizar o recondicionamento noturno do músculo esquelético.

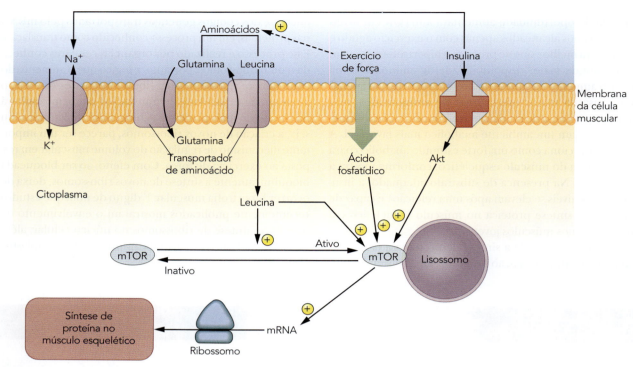

 FIGURA 10.7 Representação esquemática dos papéis em separado e combinados do treinamento de força, da insulina e do consumo de aminoácidos na síntese de proteínas do músculo esquelético.
Redesenhado de Dickinson et al. (2013).

Em resumo

> - O exercício de força e a ingestão de proteína são poderosos estimuladores da síntese proteica no músculo esquelético.
> - Os atletas com treinamento de força devem consumir uma quantidade adequada de proteína de alta qualidade (de até 1,7 g por quilograma de peso corporal por dia), juntamente com carboidratos para estimular a síntese de proteína muscular e também para repor os estoques de glicogênio muscular após o exercício.
> - A taxa de síntese de proteína no interior das miofibrilas é controlada principalmente por uma enzima conhecida como mTOR. O estímulo primário para a síntese proteica é o alongamento mecânico aplicado ao músculo, que ativa a mTOR por meio de uma via de sinalização que envolve o IGF-1.
> - A biogênese do ribossomo, ou seja, a criação de novos ribossomos, parece ser outro mecanismo importante de regulação da hipertrofia muscular em resposta ao exercício de força.

Treinamento de força para populações especiais

Até a década de 1970, o treinamento de força era amplamente considerado apropriado apenas para atletas homens, saudáveis e jovens. Esse conceito limitado levou muitas pessoas a não usufruir dos benefícios do treinamento de força ao planejarem suas próprias atividades. Nos últimos anos, os estudiosos demonstraram um interesse considerável no treinamento de mulheres, crianças e idosos. Conforme já mencionado neste capítulo, é bastante recente o uso disseminado do treinamento de força para mulheres, seja no tocante à prática esportiva, seja no que se refere aos benefícios para a saúde. Desde o início da década de 1970, adquiriu-se um conhecimento substancial sobre o assunto. Comprovou-se que mulheres e homens têm a mesma capacidade de desenvolver força, mas que, em média, talvez as mulheres não sejam capazes de atingir valores de pico tão elevados quanto os obtidos pelos homens. A diferença em força deve-se principalmente às diferenças no tamanho dos músculos, relacionadas às diferenças de gênero nos hormônios anabólicos. As técnicas de treinamento de força desenvolvidas e aplicadas aos homens parecem igualmente apropriadas para mulheres. Os tópicos que versam sobre o treinamento de força e resistência para mulheres serão estudados mais detalhadamente no Capítulo 19. Nesta seção será considerada primeiramente a idade e, em seguida será resumida a importância dessa forma de treinamento para todos os atletas, independentemente do gênero, idade ou do esporte praticado.

Os ganhos relativos de força parecem ser semelhantes quando comparamos mulheres com homens, crianças com adultos e idosos com adultos jovens e de meia-idade, quando esses ganhos são expressos como uma porcentagem de sua força inicial. No entanto, em geral o aumento do peso absoluto levantado é maior nos homens em comparação com as mulheres, nos adultos em relação às crianças e nos adultos jovens comparados aos idosos. Exemplificando, após 20 semanas de treinamento de força, presume-se que um menino de 12 anos e um homem de 25 anos melhorem, ambos, a sua força no supino em 50%. Se a força inicial do homem no supino (1 repetição máxima, 1RM) fosse de 50 kg, ele teria melhorado 25 kg, para um novo 1RM de 75 kg. Se o 1RM inicial do menino fosse de 25 kg, ele teria melhorado 12,5 kg, para um novo 1RM de 37,5 kg.

Exercício de força para idosos

O interesse pelo treinamento de força para pessoas idosas tem aumentado também desde a década de 1980. Uma perda substancial de massa corporal magra acompanha o processo de envelhecimento, condição conhecida como **sarcopenia**. Essa perda reflete principalmente a perda de massa muscular, em grande parte porque quase todas as pessoas ficam menos ativas ao envelhecer. Quando um músculo não é utilizado com regularidade, perde a funcionalidade, o que pode ocasionar atrofia e perda de força.

O treinamento de força para idosos pode prevenir ou reverter esse processo? E a nutrição, no caso dos idosos, desempenha o mesmo papel que nos indivíduos jovens? Pessoas idosas certamente podem ganhar força e massa muscular em resposta ao treinamento de força. Esse fato tem implicações importantes, tanto para a saúde quanto para a qualidade de vida dessas pessoas (ver Cap. 18). Um dos benefícios relevantes é que, em uma situação de manutenção ou aumento da força, é menos provável que venham a ocorrer quedas. Esse é um benefício significativo, pois as quedas constituem uma importante fonte de lesões e debilitação para os idosos, que leva muitas vezes ao óbito.

Em condições basais, a síntese proteica fracionada e a degradação não são muito diferentes entre jovens e idosos. Em vez disso, a sarcopenia resulta da incapacidade do músculo envelhecido de responder adequadamente aos estímulos anabólicos. Aparentemente, uma sessão aguda de exercício de força não provoca a mesma resposta hipertrófica nos músculos esqueléticos de indivíduos idosos. Essa resistência anabólica tem sido atribuída à incapacidade do exercício de força de aumentar adequadamente a sinalização da mTOR em idosos.[5] Certamente o treinamento de força é capaz de aumentar a força e a massa musculares em idosos; a resposta fica apenas embotada. Com o treinamento de força, frequentemente grandes aumentos de força se fazem acompanhar somente por pequenos aumentos na proteína das miofibrilas e no volume muscular. Nessa faixa etária, os aumentos de força dependem significativamente das adaptações neurais.

O impacto da ingestão de proteína na hipertrofia muscular nos idosos também é atenuado. Embora uma quantidade pequena, de até 5 g de proteína em combinação com o treinamento de força, estimule a síntese de proteína do músculo esquelético em indivíduos jovens, quantidades maiores devem ser ingeridas para causar o mesmo efeito em idosos. Isso pode ser atribuído a mudanças na sensibilidade do músculo envelhecido aos aminoácidos de cadeia ramificada. Estudos sugerem que há necessidade da ingestão de 25-30 g de proteína de alta qualidade, ou de uma quantidade superior a 2 g de leucina, para estimular a síntese de proteína muscular em idosos em grau similar ao que ocorre no músculo jovem. O envelhecimento também está associado à resistência do músculo esquelético à influência da insulina na síntese proteica, o que poderia ser um fator-chave na etiologia da sarcopenia.

No processo do envelhecimento humano, ocorre uma variação significativa na composição corporal regional, e a disfunção e a incapacidade associadas a esse processo foram associadas ao gênero e à raça. Exemplificando, as mulheres têm maior infiltração de gordura na musculatura, mais gordura subcutânea e menor massa nos membros inferiores em comparação com os homens, e os afro-americanos exibem maior massa muscular nos membros, acompanhada por mais gordura subcutânea e gordura inter e intramuscular do que caucasianos do mesmo gênero.

Existem diferenças com base no gênero e na raça nas adaptações fisiológicas ao treinamento de força em adultos de meia-idade e idosos? Em um estudo conduzido por pesquisadores da Universidade de Maryland, um protocolo de treinamento de força em apenas uma das pernas foi implementado com o objetivo de examinar a influência do gênero e da raça no volume da musculatura da coxa, na quantidade de gordura subcutânea e nas mudanças na gordura intermuscular que acompanham o treinamento de força.[21] Esses pesquisadores testaram uma grande coorte de voluntários humanos, incluindo homens e mulheres de raça branca e afro-americanos com idades entre 50-85 anos. Os participantes completaram 10 semanas de treinamento unilateral de extensão do joelho.

Todos os grupos tiveram aumento no volume muscular da coxa exercitada. Contudo, embora os homens tivessem demonstrado um aumento absoluto maior no volume muscular, quando os dados foram representados na forma de aumento percentual, as alterações no volume muscular foram semelhantes entre homens e mulheres. Também não foram observadas diferenças entre gêneros em relação a mudanças na gordura subcutânea ou na gordura intermuscular. Não houve diferenças nas adaptações musculares ou adiposas ao treinamento entre os praticantes de raça branca e afro-americanos. Os resultados desse estudo indicam que o treinamento de força não altera a gordura subcutânea ou intermuscular, independentemente do gênero ou da raça. Considerando que realmente parece haver diferenças raciais na incidência de distúrbios metabólicos e nas medidas funcionais da qualidade muscular entre os idosos, outros fatores inexplorados provavelmente explicam a disparidade racial.

Treinamento de força para crianças

Há muito tempo especialistas discutem se é ou não sensato aplicar o treinamento de força a crianças e adolescentes. A possibilidade de ocorrerem lesões, particularmente nas placas de crescimento, com o uso de pesos livres vem sendo motivo de grande preocupação. Antigamente, com base na suposição de que as mudanças hormonais associadas à puberdade eram necessárias para o ganho de força e massa musculares, as pessoas achavam que as crianças não eram beneficiadas com o treinamento de força. Hoje se sabe que crianças e adolescentes podem treinar com segurança e mínimo risco de lesão se forem adotadas medidas de segurança apropriadas. Além disso, crianças podem realmente ganhar força/massa muscular

Os programas de treinamento de força para crianças devem ser prescritos da mesma maneira que para adultos, mas com ênfase especial no ensino de técnicas apropriadas de levantamento. Já foram estabelecidas orientações específicas por diversas organizações profissionais, por exemplo, American Orthopaedic Society for Sports Medicine, American Academy of Pediatrics, American College of Sports Medicine, National Athletic Trainers' Association, National Strength and Conditioning Association, President's Council on Physical Fitness and Sports e Comitê Olímpico dos Estados Unidos. A Tabela 10.1 apresenta as orientações básicas para a progressão do exercício de força em crianças.

Treinamento de força para atletas

A aquisição de força, potência ou resistência muscular simplesmente para tornar-se mais forte, mais potente ou ter maior resistência muscular é de importância relativamente pequena para o atleta, a menos que isso venha melhorar seu desempenho esportivo. Assim, faz sentido o treinamento de força para atletas praticantes de esportes de campo e halterofilistas de nível competitivo, ao passo que é menos evidente a necessidade de treinamento de força para o ginasta, o corredor fundista, o jogador de beisebol, o praticante de salto em altura e o bailarino.

Não existem muitas pesquisas que documentem benefícios específicos do treinamento de força para cada esporte ou cada evento dentro de determinado esporte. Mas, obviamente, cada atividade tem suas necessidades básicas em termos de força, potência e resistência muscular, que devem ser atendidas para que o atleta alcance o desempenho ideal. Entretanto, o treinamento além dessas necessidades talvez seja desnecessário.

O treinamento é dispendioso em termos de tempo, e os atletas não podem se dar ao luxo de perder tempo com atividades que não resultarão em melhor desempenho esportivo. Por isso, para que se possa avaliar a eficácia de qualquer programa de treinamento de força, é imperativa alguma forma de medição do desempenho. Lançar mão desse tipo de treinamento exclusivamente para tornar-se mais forte, sem que haja melhora associada no desempenho, é questionável. Contudo, também é preciso reconhecer que o treinamento de força pode reduzir o risco de lesão na maioria dos esportes, considerando que indivíduos fatigados correm maior risco de sofrer uma lesão.

TABELA 10.1 Orientações básicas para a progressão do exercício de força em crianças

Idade	Considerações
7 anos ou menos	Apresente à criança os exercícios básicos com uso de pouco ou nenhum peso; desenvolva o conceito de sessão de treinamento; ensine a técnica do exercício; progrida a partir dos calistênicos com o peso corporal, exercícios com parceiro e exercícios com leve resistência; mantenha o volume baixo.
8-10 anos	Aumente gradualmente o número de exercícios; pratique a técnica do exercício em todos os levantamentos; inicie um aumento gradual e progressivo da carga dos exercícios; faça com que os exercícios permaneçam simples; aumente gradualmente o volume de treinamento; monitore com cuidado a tolerância ao estresse do exercício.
11-13 anos	Ensine todas as técnicas básicas de exercício; continue a aplicação progressiva de carga em cada exercício; enfatize as técnicas do exercício; introduza exercícios mais avançados com pouca ou nenhuma resistência. Progrida para programas juvenis mais avançados no exercício de força; adicione componentes específicos para o esporte; enfatize as técnicas do exercício; aumente o volume.
14-15 anos	Progrida para programas juvenis mais avançados no exercício de força; adicione componentes específicos para o esporte; enfatize as técnicas do exercício; aumente o volume.
16 anos ou mais	Faça a criança avançar para programas introdutórios ao nível adulto, depois que todo conhecimento básico já tenha sido dominado e que a criança já tenha adquirido um nível básico de experiência no treinamento.

Nota. Se uma criança, qualquer que seja sua idade, iniciar um programa sem experiência prévia, ela deverá começar no nível da categoria para a faixa etária imediatamente inferior; a progressão para níveis mais avançados dependerá de sua tolerância ao exercício, habilidade, quantidade de tempo de treinamento e consentimento.

Reproduzido com permissão de W.J. Kraemer e S.J. Fleck, *Strength training for young athletes*, 2.ed. (Champaign, IL: Human Kinetics, 2005), p.5.

PERSPECTIVA DE PESQUISA 10.3
O treinamento de força pode melhorar a saúde sem mudar o IMC

A obesidade infantil aumentou drasticamente na última década, e os adolescentes obesos têm uma probabilidade significativamente maior de ter doenças metabólicas e cardiovasculares. A atividade física praticada com regularidade melhora a saúde metabólica e cardiovascular, e o aumento da atividade aeróbia é frequentemente recomendado com o objetivo de diminuir o risco de doença em indivíduos obesos. Está bem documentado que o treinamento aeróbio melhora as respostas do fluxo sanguíneo, reduz a pressão arterial em repouso, diminui a inflamação, aumenta a sensibilidade à insulina e melhora a composição corporal em indivíduos com sobrepeso ou obesos. No entanto, a adesão a programas de treinamento aeróbios é muito baixa nessa população de baixo condicionamento. O treinamento de força pode ser uma estratégia alternativa para melhorar a saúde e aumentar a adesão dos indivíduos obesos. A maioria dos estudos até agora publicados que investigaram o treinamento de força para melhorar os resultados cardiovasculares e metabólicos em pessoas obesas combinou o treinamento de força ao treinamento aeróbio; por esse motivo, pouco se sabe sobre os efeitos isolados do treinamento de força sobre a saúde cardiovascular e metabólica na obesidade.

No Brasil, em 2015, um grupo de fisiologistas do exercício realizou um estudo com o objetivo de investigar os efeitos de um programa supervisionado de treinamento de força sobre medidas de saúde metabólica e cardiovascular em adolescentes obesos.[4] Vinte e quatro adolescentes obesos (idade média de 14 anos) realizaram 12 semanas de treinamento supervisionado com exercícios de força que incluíram todos os principais grupos musculares. IMC, composição corporal, pressão arterial, função endotelial (uma medida da saúde dos vasos sanguíneos), inflamação e resistência à insulina foram medidos antes e depois do treinamento. Apesar do fato de o IMC não ter mudado, os participantes do estudo apresentaram gordura corporal e circunferência da cintura significativamente menores após as 12 semanas de treinamento. A pressão arterial, a função endotelial, a inflamação, a resistência à insulina e o desempenho em um teste de esforço submáximo também melhoraram.

No geral, as descobertas desse estudo levaram à conclusão de que o treinamento de força melhora a saúde cardiovascular e metabólica em adolescentes obesos, mesmo sem que ocorra mudança no IMC. Embora não houvesse alterações na massa corporal, a função endotelial, a pressão arterial e os perfis metabólicos melhoraram. Programas de treinamento de força podem ser uma alternativa eficaz ao treinamento aeróbio para diminuir o risco de doenças cardiovasculares e metabólicas, bem como aumentar a adesão a programas de exercícios em adolescentes obesos.

Em resumo

> O treinamento de força pode trazer benefícios a praticamente todas as pessoas, independentemente de gênero, idade ou envolvimento atlético.
> Em idosos, o treinamento de força pode retardar ou reverter a perda de massa muscular associada ao envelhecimento, o que é conhecido como sarcopenia.
> No idoso, o músculo esquelético mantém a capacidade de responder ao exercício, à insulina e ao aumento na ingestão de proteína para elevar substancialmente a síntese final de proteínas. No entanto, a resposta dos músculos dos idosos fica embotada, em comparação com músculos jovens.
> A maioria dos atletas em quase todos os esportes pode se beneficiar com o treinamento de força, se for planejado um programa individual apropriado. Mas, para que haja certeza de que o programa está funcionando, o desempenho do atleta deve ser avaliado periodicamente e o regime de treinamento será ajustado conforme a necessidade.

EM SÍNTESE

Neste capítulo, considerou-se o papel do treinamento de força no aumento da força muscular e na melhora do desempenho. Examinou-se como a força muscular pode ser adquirida por meio de adaptações musculares e nervosas, a importância do consumo de proteína na dieta para a hipertrofia muscular, como o treinamento de força pode retardar o impacto da sarcopenia nos idosos e como o treinamento de força é importante para a saúde e para a prática esportiva, independentemente da idade ou do gênero. No capítulo a seguir, o treinamento de força deixará de ser o foco, para que sejam exploradas as maneiras como o corpo humano se adapta aos treinamentos aeróbio e anaeróbio.

PALAVRAS-CHAVE

- atrofia
- hiperplasia das fibras
- hipertrofia crônica
- hipertrofia das fibras
- hipertrofia temporária
- inibição autógena
- mTOR
- sarcopenia
- treinamento de força

QUESTÕES PARA ESTUDO

1. Qual expectativa seria razoável para ganhos percentuais de força após um programa de treinamento de força com 6 meses de duração? Como esses ganhos percentuais diferem de acordo com a idade, o gênero e a experiência prévia com o treinamento de força?
2. Qual é a intensidade mínima sugerida para o treinamento de força que resultará em hipertrofia muscular quando os exercícios são feitos até que ocorra a fadiga volitiva?
3. Discuta as diferentes teorias que tentam explicar como os músculos adquirem força pelo treinamento.
4. O que é inibição autógena? Como ela pode ser importante para o treinamento de força?
5. Estabeleça diferenças entre hipertrofia muscular temporária e hipertrofia muscular crônica.
6. O que é hiperplasia das fibras? Como pode ocorrer? Como pode estar relacionada a ganhos em volume e força muscular com o treinamento de força?
7. Qual é a base fisiológica para a hipertrofia?
8. Descreva os respectivos efeitos da intensidade e dos hormônios circulantes na adaptação muscular ao treinamento de força até a fadiga.
9. Qual é a resposta fisiológica para a imobilização muscular?
10. Para dar sustentação à síntese de proteína durante o treinamento de força, que tipo de proteína deve ser ingerido e em que quantidade?
11. Existe um momento ideal para a ingestão de proteína quando um indivíduo está tentando otimizar a resposta hipertrófica a sucessivas sessões de exercício?
12. Qual é o papel da mTOR na síntese das proteínas? De que modo os ribossomos estão envolvidos nesse processo?
13. De que modo diferem as orientações básicas para a prescrição de exercício de força para crianças e adultos?

11 Adaptações aos treinamentos aeróbio e anaeróbio

Adaptações ao treinamento aeróbio 288

Resistência muscular *versus* resistência cardiorrespiratória 289
Avaliação da capacidade de resistência cardiorrespiratória 289
Adaptações cardiovasculares ao treinamento 290
Adaptações respiratórias ao treinamento 300
Adaptações no músculo 301
Adaptações metabólicas ao treinamento 305
Adaptações integradas ao exercício crônico de resistência 306
O que limita a potência aeróbia e o desempenho de resistência? 306
Melhora na potência aeróbia e na resistência cardiorrespiratória em longo prazo 307
Fatores que afetam a resposta do indivíduo ao treinamento aeróbio 309
Resistência cardiorrespiratória em esportes não dependentes de resistência 312
Descondicionamento aeróbio 313

Adaptações ao treinamento anaeróbio 313

Mudanças na potência anaeróbia e na capacidade anaeróbia 313
Adaptações no músculo com o treinamento anaeróbio 314
Adaptações nos sistemas de energia 314

Adaptações ao treinamento intervalado de alta intensidade 315

Especificidade do treinamento e do *cross-training* 316

Em síntese 320

VÍDEO 11.1 Apresenta Ben Levine, que fala sobre o significado de VO_{2max} para o desempenho nos esportes.

Em 8 de outubro de 2016, o Campeonato Mundial Ironman foi realizado em Kona, na Ilha Grande, Havaí, pela 40ª vez. Organizado pela World Triathlon Corporation, triatletas profissionais se qualificaram para a corrida com base em um sistema de pontos e com um total de 650 mil dólares em prêmios em dinheiro. O atleta alemão Jan Frodeno completou esse arrasador evento em 8:06:30 para vencer seu segundo campeonato mundial em muitos anos, completando os 3,9 km de natação em um oceano encapelado em pouco mais de 48 minutos, pedalando 180 km por campos quentes de lava em menos de 4,5 h e correndo 42 km em 2:45:34. Na divisão feminina, Daniela Ryf, da Suíça, conquistou seu segundo título (consecutivo) no Ironwoman, terminando as provas em 8:46:46, quase 24 minutos à frente da segunda concorrente – um raro desempenho feminino abaixo de 9 horas. Como esses atletas conseguem competir nesse evento? Mesmo que haja pouca dúvida de que os competidores são geneticamente dotados, inclusive com elevados $\dot{V}O_{2max}$, eles certamente precisam de um rigoroso treinamento específico para desenvolver sua capacidade de resistência cardiorrespiratória.

Durante uma sessão isolada de exercício aeróbio, o corpo humano ajusta precisamente seu funcionamento cardiovascular e respiratório de modo a atender às demandas dos músculos em contração ativa. Quando esses sistemas enfrentam repetidamente tais demandas, como ocorre no treinamento físico praticado regularmente, eles se adaptam, permitindo que o corpo melhore o $\dot{V}O_{2max}$ e o desempenho geral de resistência. O **treinamento aeróbio**, ou treinamento de resistência cardiorrespiratória, melhora as funções cardíacas e o fluxo sanguíneo periférico, aumentando a capacidade das fibras musculares de gerar maiores quantidades de trifosfato de adenosina (ATP). Neste capítulo serão examinadas as adaptações nas funções cardiovascular e respiratória em resposta ao treinamento de resistência, e se estudará como essas adaptações afetam a capacidade de resistência e o desempenho do atleta. Além disso, serão examinadas as adaptações ao treinamento anaeróbio. O **treinamento anaeróbio** aumenta o metabolismo anaeróbio; a capacidade de praticar exercícios de curta duração e grande intensidade; a tolerância a desequilíbrios acidobásicos; e, em alguns casos, a força muscular. Tanto o treinamento aeróbio como o treinamento anaeróbio induzem a uma série de adaptações que beneficiam os desempenhos físico e esportivo.

Os efeitos de treinar as resistências cardiovascular e respiratória – ou a resistência aeróbia – são bem conhecidos por atletas de resistência, como corredores, ciclistas, esquiadores *cross-country* e nadadores, mas frequentemente ignorados por outros tipos de atletas. Programas de treinamento para atletas que não dependem basicamente da resistência muitas vezes ignoram o componente resistência aeróbia. Isso é compreensível, porque, para o máximo progresso no desempenho, o treinamento deve ser altamente específico para a atividade ou esporte praticado pelo atleta, e, em geral, a resistência não é considerada importante para atividades em que ela não é fator preponderante. Assim, a linha de raciocínio seguida é: por que perder um tempo de treinamento precioso se o resultado disso não será a melhora no desempenho?

O problema dessa linha de raciocínio é que, na verdade, quase todos os esportes não dependentes de resistência possuem um componente de resistência ou aeróbio. Jogadores e treinadores de futebol americano, por exemplo, talvez desconsiderem a importância da resistência cardiorrespiratória em seu programa de treinamento total. Levando em conta todas as evidências externas, o futebol americano é uma atividade anaeróbia, ou do tipo explosivo, que consiste em repetidos episódios de trabalho de alta intensidade e de curta duração. Raramente o jogador corre mais de 37-55 m, e mesmo esses episódios são seguidos de um substancial intervalo de descanso. A necessidade de resistência talvez não seja imediatamente evidente. O que esses atletas e treinadores não compreendem é que essa atividade de tipo explosivo precisa ser repetida várias vezes durante o jogo. Com um maior nível de capacidade de resistência aeróbia, o atleta poderia manter a qualidade de cada atividade explosiva durante todo o jogo e ainda estaria relativamente "descansado" (menor queda no desempenho, menor sensação de fadiga) no final da partida.

Os Capítulos 9 e 14 estudam os princípios do treinamento para o desempenho esportivo, isto é, as perguntas "como", "quando" e "quanto" acerca desse tipo de treinamento, e como ele melhora o desempenho do atleta. Nesse caso, a ênfase recai sobre as mudanças fisiológicas que ocorrem nos sistemas corporais quando o exercício aeróbio ou anaeróbio é realizado regularmente para induzir uma resposta ao treinamento.

Adaptações ao treinamento aeróbio

As melhoras na resistência que acompanham o treinamento aeróbio regular (i. e., diário, em dias alternados etc.), como a corrida, o ciclismo ou a natação, são decorrentes das várias adaptações ao estímulo do treinamento. Algumas dessas adaptações ocorrem no sistema cardiovascular, melhorando a circulação para os músculos e no interior dessas estruturas. Também ocorrem outras mudanças importantes nos próprios músculos, promovendo uma utilização mais eficiente do oxigênio e dos substratos combustíveis. As adaptações pulmonares, como se poderá constatar mais adiante, ocorrem em menor grau.

Resistência muscular *versus* resistência cardiorrespiratória

O termo "resistência" descreve dois conceitos distintos, mas relacionados: resistência muscular e resistência cardiorrespiratória. Cada tipo de resistência contribui de maneira singular para o desempenho atlético, e, por isso, cada uma delas difere em termos de importância para diferentes atletas.

No caso dos velocistas, a resistência é a qualidade que lhes permite manter grande velocidade ao longo de toda a distância da corrida (de 100 ou 200 m, p. ex.). Esse componente do condicionamento é chamado de resistência muscular, isto é, a capacidade que determinado músculo ou grupo muscular tem de sustentar contrações de alta intensidade, repetitivas ou estáticas. Esse tipo de resistência também está presente no caso do halterofilista, quando ele faz várias repetições, do boxeador e do praticante de luta greco-romana. O exercício (ou atividade) pode ser de natureza rítmica e repetitiva, como a execução de numerosas repetições de flexão supina com halteres para o halterofilista e a prática de *jabs* pelo boxeador, ou mais estática, como a ação muscular continuada de um praticante de luta greco-romana na tentativa de imobilizar o oponente. Qualquer que seja o caso, a fadiga resultante fica confinada a determinado grupo muscular, e comumente a duração da atividade não ultrapassa 1-2 min. A resistência muscular se relaciona intensamente à força muscular e ao desenvolvimento da potência anaeróbia.

Embora a resistência muscular seja específica para músculos considerados de modo individual ou para grupos musculares, a resistência cardiorrespiratória diz respeito à capacidade do corpo de suportar um exercício dinâmico prolongado, com envolvimento integral do corpo e empregando grandes grupos musculares. A resistência cardiorrespiratória está relacionada ao desenvolvimento da capacidade dos sistemas cardiovascular e respiratório de manter a liberação do oxigênio para os músculos que estão trabalhando, durante longas sessões de exercício, e também à capacidade dos músculos de utilizar energia aeróbia (tópico discutido nos Caps. 2 e 5). É por isso que, em algumas situações, são utilizados como sinônimos os termos *resistência cardiorrespiratória* e *resistência aeróbia*.

Avaliação da capacidade de resistência cardiorrespiratória

Para que os efeitos do treinamento na resistência possam ser estudados, é necessário contar com um método objetivo e reprodutível para a avaliação da capacidade de resistência cardiorrespiratória do indivíduo. Dessa forma, o pesquisador da área esportiva, o treinador ou o atleta poderá monitorar o seu progresso, à medida que as adaptações fisiológicas forem ocorrendo ao longo do programa de treinamento.

Capacidade aeróbia máxima: $\dot{V}O_{2max}$

Quase todos os cientistas esportivos consideram o $\dot{V}O_{2max}$, chamado por alguns de potência aeróbia máxima ou capacidade aeróbia máxima, a melhor medida laboratorial objetiva da resistência cardiorrespiratória. No Capítulo 5, o $\dot{V}O_{2max}$ foi definido como a maior taxa de consumo de oxigênio que pode ser alcançada durante um exercício exaustivo ou de intensidade máxima. Conforme a definição dada pela equação de Fick, o $\dot{V}O_{2max}$ é governado pelo débito cardíaco máximo (fornecimento de oxigênio e fluxo sanguíneo para os músculos em atividade) e pela diferença $(a-\bar{v})O_2$ máxima (a habilidade do músculo ativo de extrair e usar o oxigênio).

Com o aumento da intensidade do exercício, o consumo de oxigênio acaba fazendo um platô (i.e., estabiliza) ou diminui ligeiramente, mesmo que haja aumento na carga de trabalho. Isso indica que o $\dot{V}O_{2max}$ *realmente máximo* foi atingido.

No caso do treinamento de resistência, maior volume de oxigênio pode ser liberado para os músculos ativos e consumido por essas estruturas, em comparação com o caso em que o participante não está treinado. Indivíduos sem treinamento prévio exibem aumentos médios de 15-20% no $\dot{V}O_{2max}$ após um programa de treinamento de 20 semanas. Essas melhoras permitem um desempenho de maior intensidade em atividades de resistência, o que melhora o potencial de desempenho. A Figura 11.1 ilustra o aumento em $\dot{V}O_{2max}$ após 12 meses de treinamento aeróbio em um indivíduo sem treinamento prévio. Neste exemplo, o $\dot{V}O_{2max}$ aumentou cerca de 30%. Observe que, em termos de VO_2, o "custo" da corrida em certa intensidade submáxima (o que é chamado de economia de corrida) não mudou, mas podem ser obtidas maiores velocidades de corrida após o treinamento.

VÍDEO 11.1 Apresenta Ben Levine, que fala sobre o significado de $\dot{V}O_{2max}$ para o desempenho nos esportes.

Resistência submáxima

Além de aumentar a capacidade máxima de resistência, o treinamento de resistência aumenta a **capacidade submáxima de resistência aeróbia**, o que é muito mais difícil de avaliar. A frequência cardíaca mais baixa em estado de equilíbrio na mesma intensidade submáxima de exercício é uma variável fisiológica que pode ser utilizada para quantificar de maneira objetiva o efeito do treinamento. Além disso, pode-se medir o pico médio da produção de potência absoluta que uma pessoa pode manter durante um período fixo de tempo em um cicloergômetro. No caso da corrida,

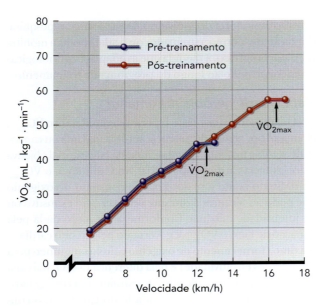

FIGURA 11.1 Mudanças no $\dot{V}O_{2max}$ após 12 meses de treinamento de resistência. O $\dot{V}O_{2max}$ aumentou de 44 para 57 mL · kg^{-1} · min^{-1}, um aumento equivalente a 30%. A velocidade de pico durante o teste na esteira ergométrica aumentou de 13 km/h para 16 km/h.

a velocidade média de pico ou velocidade que uma pessoa pode manter por um período de tempo definido seria um teste semelhante de resistência submáxima. Geralmente esses testes duram de 30 minutos a uma hora e refletem o conceito de potência crítica discutido no Capítulo 5. A resistência submáxima, como potência crítica, está mais intimamente relacionada ao desempenho real de resistência competitiva do que ao $\dot{V}O_{2max}$. Com o treinamento de resistência, a resistência submáxima aumenta.

Adaptações cardiovasculares ao treinamento

São numerosas as adaptações cardiovasculares que ocorrem em resposta ao treinamento físico, incluindo as seguintes alterações:

- No tamanho do coração.
- No volume sistólico.
- Na frequência cardíaca.
- No débito cardíaco.
- No fluxo sanguíneo.
- Nos volumes sanguíneo e eritrocitário.

Não surpreende que essas variáveis estejam inter-relacionadas. Exemplificando, aumentos no volume sistólico induzidos pelo treinamento dependem de aumentos tanto no tamanho do coração como no volume sanguíneo. Para entender completamente as adaptações nessas variáveis, é importante revisar como esses componentes se relacionam ao transporte de oxigênio.

Sistema de transporte de oxigênio

A resistência cardiorrespiratória está relacionada à capacidade dos sistemas cardiovascular e respiratório de liberar oxigênio suficiente para que sejam atendidas as necessidades dos tecidos metabolicamente ativos.

Como visto no Capítulo 8, a capacidade de liberação de oxigênio pelos sistemas cardiovascular e respiratório para os tecidos ativos é definida pela **equação de Fick**; essa equação determina que o consumo de oxigênio sistêmico é determinado tanto pela liberação de oxigênio pela circulação sanguínea (débito cardíaco) como pela quantidade de oxigênio extraído pelos tecidos, a diferença (a-v̄)O$_2$. O produto do débito cardíaco pela diferença (a-v̄)O$_2$ determina a velocidade de consumo do oxigênio:

$$\dot{V}O_2 = \text{volume sistólico} \times \text{frequência cardíaca} \times \text{diferença (a-\bar{v})O}_2$$

e

$$\dot{V}O_{2max} = \text{volume sistólico máximo} \times \text{frequência cardíaca máxima} \times \text{diferença (a-\bar{v})O}_2 \text{ máxima}$$

Pelo fato de a frequência cardíaca máxima (FC$_{max}$) permanecer a mesma ou cair um pouco com o treinamento, os aumentos no $\dot{V}O_{2max}$ dependem de adaptações no volume sistólico máximo e na diferença (a-v̄)O$_2$ máxima.

A demanda dos músculos ativos por oxigênio aumenta à medida que aumenta a intensidade do exercício. A resistência aeróbia depende da capacidade do sistema cardiorrespiratório de fornecer oxigênio suficiente a esses tecidos ativos para que sejam atendidas suas maiores necessidades de oxigênio para o metabolismo oxidativo. Ao serem alcançados níveis máximos de exercício, o tamanho do coração, a circulação sanguínea, a pressão arterial e o volume sanguíneo podem, sem exceção, limitar a capacidade máxima de transporte de oxigênio. O treinamento de resistência promove numerosas mudanças nesses componentes do **sistema de transporte de oxigênio**, capacitando-o a funcionar de maneira mais eficaz.

Tamanho do coração

Há muitos anos, a medição do tamanho do coração vem sendo uma preocupação dos cardiologistas, porque um coração hipertrofiado ou aumentado costuma ser um estado patológico indicativo da presença de uma doença cardiovascular. Habitualmente, profissionais de saúde e cientistas utilizam a ecocardiografia para medir com maior precisão o tamanho do coração e de suas câmaras. A ecocardiografia utiliza a técnica do ultrassom, em que ondas sonoras de alta frequência são direcionadas ao coração através da parede torácica. Essas ondas sonoras são emitidas por um transdutor colocado sobre o tórax. Depois de contatar as diversas estruturas do coração, elas

Perspectiva de pesquisa 11.1
Quanto o $\dot{V}O_{2max}$ pode melhorar?

Em 1968, um estudo envolvendo repouso no leito, realizado em Dallas, Texas, demonstrou que o $\dot{V}O_{2max}$ poderia duplicar (de aproximadamente 25 mL · kg^{-1} · min^{-1} para 50 mL · kg^{-1} · min^{-1}) dentro de algumas semanas de treinamento após um período de destreinamento.[30] Apesar desse enorme aumento no $\dot{V}O_{2max}$ após o destreinamento induzido pelo repouso, 50 mL · kg^{-1} · min^{-1} é um $\dot{V}O_{2max}$ bastante típico para um atleta de resistência com prática recreativa, sendo improvável que um adulto ativo comum possa aumentar o $\dot{V}O_{2max}$ dessa média para valores remotamente próximos do dobro.[21] Enquanto isso, atletas de elite praticantes de esportes de resistência costumam ter valores de $\dot{V}O_{2max}$ que chegam perto dos 80 mL · kg^{-1} · min^{-1}; o valor mais alto já publicado foi de incríveis 90,6 mL · kg^{-1} · min^{-1} em um esquiador *cross-country* ganhador de medalha de ouro olímpica. É improvável que qualquer ser humano comum consiga atingir valores tão impressionantes, mesmo que pratique rigorosos programas de treinamento. Então, como e em quanto o $\dot{V}O_{2max}$ pode realmente ser aumentado?

Talvez haja necessidade de anos de treinamento para que sejam obtidas grandes mudanças no $\dot{V}O_{2max}$. É difícil fazer um estudo prospectivo com treinamento físico no laboratório, mas a mais longa pesquisa já publicada mostrou apenas um aumento de 21% no $\dot{V}O_{2max}$ durante 12 meses de treinamento em intensidades moderadas a altas em dias alternados. Outros estudos de treinamento com duração de 4-6 meses chegaram a aumentos ainda mais modestos de 9-17%, e, no geral, parece que o treinamento médio de resistência melhora o $\dot{V}O_{2max}$ em ~0,5 L/min. O treinamento intervalado de alta intensidade mostrou o maior aumento no $\dot{V}O_{2max}$ (44%), mas deve-se observar que as intensidades e os volumes de treinamento em todos esses estudos são muito inferiores à carga de treinamento de atletas de classe mundial. Em contraste com os voluntários que se apresentam com condicionamento médio nesses estudos longitudinais, atletas jovens (15-25 anos) de classe mundial podem aumentar substancialmente seu $\dot{V}O_{2max}$ a partir de um nível já elevado de 55-60 mL · kg^{-1} · min^{-1} para algo como 75-80 mL · kg^{-1} · min^{-1} após anos de treinamento intenso. Esse fenômeno sugere ser possível observar grandes aumentos no $\dot{V}O_{2max}$ em atletas submetidos a treinamento intenso e que, além disso, é provável que o treinamento no início da vida seja um determinante dos valores muito altos de $\dot{V}O_{2max}$ registrados em campeões de resistência.

Um $\dot{V}O_{2max}$ alto é o produto de um alto débito cardíaco máximo ($\dot{Q}_{max}$) por uma alta capacidade de transporte de oxigênio no sangue. Esse fluxo sanguíneo/transporte de oxigênio máximo leva ao aumento da oferta de oxigênio para os músculos em exercício. O $\dot{Q}_{max}$ alto em atletas de elite é resultante de um aumento do volume sistólico, uma vez que a frequência cardíaca máxima não muda com o treinamento. Atletas treinados em resistência atingem esse volume sistólico mais alto por meio de mudanças no ventrículo esquerdo do coração, de modo que o órgão tenha maior massa e seja mais distensível, permitindo, portanto, um preenchimento mais fácil a cada batimento cardíaco. Mas e os atletas não pertencentes à elite? Ainda não se sabe se pessoas comuns poderão chegar a atingir os valores de $\dot{Q}_{max}$ observados em atletas de elite. O aumento inicial no volume sistólico, observado com o treinamento de voluntários normais saudáveis, deve-se a um aumento do volume sanguíneo, e não a mudanças no músculo cardíaco. Após 1 ano de treinamento físico em voluntários previamente não treinados, foi observado aumento na massa do ventrículo esquerdo. No entanto, essas mudanças não resultam em aumentos muito grandes no $\dot{Q}_{max}$. Esses achados sugerem ser improvável que pessoas com função cardíaca média possam, algum dia, atingir valores observados em atletas de elite, mas pode ser que o treinamento físico durante a infância e no início da idade adulta favoreça o desenvolvimento dessas vantajosas características cardíacas.

Dado o limitado potencial de treinamento para aumentar o $\dot{Q}_{max}$, a adaptação para uma oferta de oxigênio mais eficiente é fator importante para a melhoria do $\dot{V}O_{2max}$ com o treinamento de resistência. A capacidade de transporte de oxigênio está diretamente relacionada ao número de moléculas de hemoglobina disponíveis para ligação ao oxigênio, e a massa de hemoglobina guarda forte correlação com o desempenho físico. Há pouca dúvida de que o treinamento físico aumenta a massa de hemoglobina ou o volume de células sanguíneas vermelhas total em ~20%. Não se sabe se, no longo prazo, o treinamento de resistência pode aumentar a massa de hemoglobina a partir dos valores normais (~700 g) para os observados em atletas de elite (~1.200 g) – mas isso parece improvável. Podem existir determinantes genéticos para a massa total de hemoglobina, mas até agora as pesquisas não conseguiram localizar um polimorfismo genético para explicar uma massa extremamente alta de hemoglobina em atletas de elite.

Finalmente, as melhoras na extração de oxigênio, ou seja, aumentos na diferença de (a-v)O_2, também podem contribuir para o aumento do $\dot{V}O_{2max}$ com o treinamento. Os atletas demonstram uma distribuição mais homogênea do fluxo sanguíneo durante o exercício submáximo, o que resulta em maior extração de oxigênio em comparação com indivíduos não treinados. Com o treinamento de voluntários saudáveis é possível melhorar a extração sistêmica máxima de oxigênio, de 72% para até 84%. Embora essa seja uma melhora significativa, ainda não está nem perto da extração de oxigênio relatada em atletas de resistência no grupo de elite (93%). É improvável que pessoas comuns possam alcançar as altas extrações de oxigênio observadas em atletas de elite; no entanto, ainda não foi estudada a possibilidade de que atletas de resistência do grupo de elite já treinados possam melhorar ainda mais a extração de oxigênio.

Em resumo, embora o treinamento de resistência resulte em melhoras nos mecanismos que contribuem para o $\dot{V}O_{2max}$, os aumentos gerais observados em indivíduos normais saudáveis raramente excedem 0,5 L/min e nunca atingem os extraordinários valores altos observados em atletas de elite praticantes de esportes de resistência. Mas até mesmo atletas altamente treinados parecem chegar a um platô após a idade de 25 anos; e os aumentos subsequentes no desempenho são devidos a melhoras em outros mecanismos, como a eficiência mecânica ou a potência crítica. O $\dot{V}O_{2max}$ é um poderoso determinante do desempenho de resistência, mas a magnitude das melhorias que podem ser alcançadas com o treinamento é relativamente pequena, mesmo em atletas de resistência do grupo de elite.[20]

ricocheteiam e retornam até um sensor capaz de capturar as ondas sonoras defletidas e proporcionar uma imagem móvel do coração. Um médico ou técnico treinado consegue visualizar o tamanho das câmaras cardíacas, a espessura de suas paredes e a ação das válvulas cardíacas. Existem diversos tipos de ecocardiografia: a ecocardiografia de modo M, que produz uma imagem unidimensional do coração; a ecocardiografia bidimensional; e a ecocardiografia Doppler, utilizada com maior frequência para a medição do fluxo sanguíneo através das grandes artérias.

Como modo de se adaptarem ao aumento da demanda de trabalho, a massa do coração e o volume do ventrículo aumentam com o treinamento. O músculo cardíaco, assim como o músculo esquelético, sofre adaptações morfológicas como resultado do treinamento de resistência crônico. Outrora, a **hipertrofia cardíaca** induzida pelo exercício (ou **"coração de atleta"**, como esse fenômeno era conhecido) era motivo de preocupação, porque os especialistas acreditavam, erroneamente, que o crescimento do coração sempre refletia um estado patológico, como ocorre algumas vezes em casos de hipertensão grave. Atualmente, a hipertrofia cardíaca induzida pelo treinamento é, por outro lado, reconhecida como uma adaptação normal ao treinamento de resistência crônico.

Conforme já discutido no Capítulo 6, o ventrículo esquerdo é a parte que mais trabalha e que, por isso, passa pela maior adaptação em resposta ao treinamento de resistência. O tipo de adaptação ventricular depende do tipo de treinamento físico realizado. Por exemplo, durante o treinamento de força, o ventrículo esquerdo precisa se contrair contra uma pós-carga maior da circulação sistêmica. No Capítulo 8, viu-se que durante o exercício de força a pressão arterial pode exceder 480/350 mmHg. Isso representa uma força considerável, que deve ser suplantada pelo ventrículo esquerdo. Para superar essa elevada pós-carga, o músculo cardíaco faz uma compensação com o aumento da espessura da parede do ventrículo esquerdo, aumentando assim sua contratilidade. Portanto, o aumento na massa muscular do coração ocorre como resposta direta à repetida exposição a uma pós-carga maior, decorrente do treinamento de força. No entanto, existe pouca alteração no volume ventricular.

No caso do treinamento de resistência, o tamanho da câmara do ventrículo esquerdo aumenta, permitindo o aumento no enchimento do ventrículo esquerdo e, consequentemente, no volume sistólico. O aumento nas dimensões do ventrículo esquerdo é atribuído, em grande parte, ao aumento do volume plasmático induzido pelo treinamento (esse tópico será discutido mais adiante, ainda neste capítulo), que aumenta o volume diastólico final do ventrículo esquerdo (aumento da pré-carga). Dentro dessa linha de raciocínio, a queda da frequência cardíaca em repouso, causada pelo aumento do tônus parassimpático, e durante o exercício na mesma carga de trabalho, permite que o período de enchimento diastólico seja mais longo. Por sua vez, as elevações no volume plasmático e no tempo de enchimento diastólico aumentam o tamanho da câmara do ventrículo esquerdo ao final da diástole. Esse efeito do treinamento de resistência sobre o ventrículo esquerdo é geralmente chamado de efeito do volume da sobrecarga.

Antigamente, acreditava-se que o aumento nas dimensões do ventrículo esquerdo fosse sua única alteração causada pelo treinamento de resistência. Estudos subsequentes revelaram que, de modo semelhante ao que ocorre com o treinamento de força, a espessura da parede do miocárdio também aumenta com o treinamento de resistência. Atletas fundistas altamente treinados (competidores de esqui *cross-country*, ciclistas e corredores fundistas) exibem um ventrículo esquerdo com maior massa do que em homens e mulheres não treinados para resistência. Também foi constatado que a massa do ventrículo esquerdo tinha grande correlação com o $\dot{V}O_{2max}$.

Em 1996, Fagard[11] orientou a mais extensa revisão da literatura existente, concentrando-se em corredores fundistas (135 atletas e 173 controles), ciclistas (69 atletas e 65 controles) e atletas de força (178 atletas, incluindo halterofilistas nas diversas modalidades, fisiculturistas, lutadores, arremessadores e praticantes de *bobsled* [trenó de corrida] e 105 controles). Em cada grupo, os atletas foram compatibilizados, por idade e tamanho corporal, com um grupo de voluntários sedentários que formavam o grupo de controle. Em cada grupo de corredores, ciclistas e atletas de força, o diâmetro interno do ventrículo esquerdo (DIVE, um índice do tamanho da câmara) e a massa total do ventrículo esquerdo (MTVE) foram maiores nos atletas, em comparação com seus controles compatibilizados por idade e tamanho corporal (ver Fig. 11.2). Assim, os dados dessa revisão corroboram a hipótese de que tanto o tamanho da câmara do ventrículo esquerdo como a espessura da parede aumentam com o treinamento de resistência.

A maioria dos estudos sobre mudanças no tamanho do coração em decorrência do treinamento tem sido do tipo transversal, em que indivíduos treinados são comparados a indivíduos sedentários e sem treinamento. Certamente, uma parte das diferenças mostradas pela Figura 11.2 pode ser atribuída à genética, e não ao treinamento. Contudo, diversos estudos longitudinais acompanharam indivíduos desde o estado de destreinamento até o estado de treinamento, e outras pesquisas acompanharam indivíduos de um estado de treinamento para um de destreinamento. Esses estudos revelaram aumento no tamanho do coração com o treinamento e diminuição com o destreinamento. Assim, embora o treinamento traga mudanças, é provável que elas não sejam tão grandes quanto as diferenças observadas na Figura 11.2.

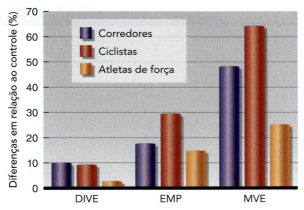

FIGURA 11.2 Diferenças percentuais de tamanho do coração entre três grupos de atletas (corredores, ciclistas e atletas de força) e seus controles sedentários compatibilizados por idade e tamanho corporal (0%). As diferenças percentuais são apresentadas para o diâmetro interno do ventrículo esquerdo (DIVE), a espessura média da parede (EMP) e a massa do ventrículo esquerdo (MVE).

Os dados são de Fagard (1996).

Em resumo

> A resistência cardiorrespiratória (também conhecida como potência aeróbia máxima) refere-se à capacidade do corpo de suportar um exercício dinâmico prolongado com o uso de grande massa muscular.
> $\dot{V}O_{2max}$ – maior taxa de consumo de oxigênio que pode ser obtida durante o exercício máximo ou exaustivo – é, isoladamente, a melhor medida de resistência cardiorrespiratória.
> O débito cardíaco, que é o produto da frequência cardíaca pelo volume sistólico, representa o volume de sangue que deixa o coração a cada minuto, enquanto a diferença $(a-\bar{v})O_2$ é uma medida que indica a quantidade de oxigênio extraída do sangue pelos tecidos. Em conformidade com a equação de Fick, o produto desses valores nos informa a velocidade de consumo de oxigênio: $\dot{V}O_2$ = volume sistólico × frequência cardíaca × diferença $(a-\bar{v})O_2$.
> Dentre as câmaras do coração, a do ventrículo esquerdo é aquela que mais se adapta em resposta ao treinamento de resistência.
> Com o treinamento de resistência, as dimensões internas do ventrículo esquerdo aumentam, sobretudo em resposta ao aumento no enchimento ventricular, secundariamente ao aumento no volume plasmático.
> Com o treinamento de resistência, também ocorrem aumentos na espessura da parede e na massa do ventrículo esquerdo, permitindo maior força de contração.

Volume sistólico

O volume sistólico em repouso fica substancialmente maior após um programa de treinamento de resistência, em comparação com a situação anterior ao treinamento. O aumento induzido pelo treinamento de resistência também pode ser observado em determinada intensidade de exercício submáximo e no exercício de intensidade máxima. Esse aumento está ilustrado na Figura 11.3, que mostra as mudanças no volume sistólico de um voluntário que se exercitou em intensidades crescentes até alcançar a intensidade máxima, antes e depois de ter cumprido um programa de treinamento de resistência aeróbia com 6 meses de duração. A Tabela 11.1 lista os valores típicos para o volume sistólico em repouso e durante o exercício em intensidade máxima em atletas não treinados, treinados e altamente treinados. A ampla variação nos valores do volume sistólico para qualquer uma das células que compõem essa tabela deve-se, em grande parte, às diferenças no tamanho corporal. Pessoas maiores costumam exibir corações maiores e maior volume sanguíneo e, portanto, maiores volumes sistólicos – é muito importante lembrar-se disso ao comparar volumes sistólicos de pessoas diferentes.

Após o treinamento aeróbio, o ventrículo esquerdo se enche mais completamente durante a diástole. O volume

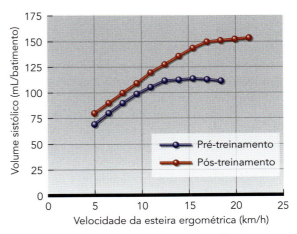

FIGURA 11.3 Mudanças no volume sistólico com o treinamento de resistência durante caminhada, corrida leve (*jogging*) e corrida em esteira ergométrica em velocidades crescentes.

TABELA 11.1 Volumes sistólicos em repouso ($VS_{repouso}$) e durante o exercício máximo (VS_{max}) para diferentes estados de treinamento

Participantes	$VS_{repouso}$ (mL/batimento)	VS_{max} (mL/batimento)
Não treinados	50-70	80-110
Treinados	70-90	110-150
Altamente treinados	90-110	150- > 220+

plasmático se expande com o treinamento, o que significa que existe mais sangue disponível para entrar no ventrículo durante a diástole, aumentando o volume diastólico final (VDF). A frequência cardíaca de um coração treinado é também mais baixa em repouso e na mesma carga absoluta de exercício, em comparação com um coração sem treinamento – e isso permite maior tempo para o aumento do enchimento diastólico. A entrada de maior volume de sangue no ventrículo aumenta a dilatação das paredes ventriculares; de acordo com o mecanismo de Frank-Starling (ver Cap. 8), isso resulta em aumento na força de contração.

A espessura das paredes posterior e septal do ventrículo esquerdo também aumenta ligeiramente com o treinamento de resistência. O aumento da massa muscular ventricular resulta em aumento da força contrátil, que, por sua vez, faz com que o volume sistólico final (VSF) diminua.

A diminuição no volume sistólico final fica facilitada pela diminuição da resistência periférica decorrente do treinamento. Maior contratilidade resultante do aumento na espessura do ventrículo esquerdo e do maior enchimento diastólico (mecanismo de Frank-Starling), aliados à redução na resistência periférica sistêmica, aumentam a fração de ejeção (igual a [(VDF – VSF)/VDF) no coração treinado. Maior volume de sangue entra no ventrículo esquerdo e maior percentual desse volume é forçado para fora do coração a cada contração, o que resulta no aumento do volume sistólico.

Adaptações no volume sistólico durante o treinamento de resistência foram ilustradas por um estudo em que homens idosos participaram de um treinamento aeróbio por um ano.[10] Sua função cardiovascular foi avaliada antes e depois do treinamento. Os voluntários fizeram corrida, esteira ergométrica e exercícios no cicloergômetro durante 1 hora por dia, quatro dias por semana. Eles se exercitaram em intensidades de 60-80% de $\dot{V}O_{2max}$, com breves sessões de exercícios excedendo 90% de $\dot{V}O_{2max}$. O volume diastólico final aumentou em repouso e ao longo de todo o exercício submáximo. Ocorreu aumento da fração de ejeção, o que foi associado a uma redução no VSF, sugerindo aumento da contratilidade do ventrículo esquerdo. O $\dot{V}O_{2max}$ aumentou em 23%, indicando melhora substancial na resistência.

Em resumo, o aumento das dimensões do ventrículo esquerdo, a diminuição da resistência periférica sistêmica e maior volume sanguíneo explicam as elevações nos volumes sistólicos em repouso, submáximo e máximo após um programa de treinamento de resistência.

Frequência cardíaca

O treinamento aeróbio tem grande impacto na frequência cardíaca de repouso durante o exercício submáximo e durante o período de recuperação pós-exercício. O efeito do treinamento aeróbio na frequência cardíaca máxima é bastante desprezível.

Em resumo

> Após o treinamento de resistência, o volume sistólico (VS) aumenta durante o repouso e durante os exercícios submáximo e máximo.

> Um importante fator que conduz ao aumento do VS é um volume diastólico final (VDF) maior, causado pelo aumento no volume plasmático e pelo maior tempo de enchimento diastólico, secundariamente a uma frequência cardíaca mais baixa.

> Outro fator contributivo para o aumento do VS é o aumento da força de contração do ventrículo esquerdo. Esse aumento é provocado pela hipertrofia do músculo cardíaco e pelo aumento da distensão ventricular, resultante do maior volume de enchimento diastólico (aumento da pré-carga), o que leva a maior retração elástica (mecanismo de Frank-Starling).

> A redução da resistência vascular sistêmica (diminuição da pós-carga) também contribui para o aumento do volume de sangue bombeado desde o ventrículo esquerdo a cada batimento.

Frequência cardíaca de repouso A frequência cardíaca de repouso diminui significativamente em decorrência do treinamento de resistência. Alguns estudos demonstraram que um indivíduo sedentário com frequência cardíaca inicial de 80 bpm pode diminuir a frequência cardíaca de repouso em aproximadamente 1 bpm a cada semana de treinamento aeróbio, pelo menos nas semanas iniciais. Após 10 semanas de treinamento de resistência moderado, a frequência cardíaca de repouso poderá diminuir de 80 para 70 bpm ou menos. Por outro lado, estudos bem controlados envolvendo grande número de voluntários tiveram como resultado decréscimos muito menores na frequência cardíaca de repouso, ou seja, de menos de 5 bpm em seguida a até 20 semanas de treinamento aeróbio.

No Capítulo 6, foi visto que bradicardia é um termo indicativo de frequência cardíaca inferior a 60 bpm. Em indivíduos sem treinamento, a bradicardia costuma resultar de funcionamento cardíaco anormal ou de cardiopatia. Contudo, é frequente que atletas fundistas altamente condicionados se apresentem com frequências cardíacas em repouso inferiores a 40 bpm; e alguns têm valores inferiores a 30 bpm. Portanto, é preciso diferenciar a bradicardia induzida pelo treinamento, que é uma resposta normal ao treinamento de resistência, da bradicardia patológica, que pode ser motivo de séria preocupação.

Em geral, a baixa frequência cardíaca (FC) em repouso para atletas fundistas bem treinados é atribuída a um tônus parassimpático (vagal) elevado. No entanto, uma revisão das evidências disponíveis publicada em 2013 lança dúvidas sobre esse mecanismo.[6] As duas explicações alternativas para a bradicardia em repouso do atleta são: diminuição do tônus simpático e frequência cardíaca intrínseca mais baixa. Com base no Capítulo 6, deve-se ter em mente que a frequência cardíaca intrínseca é a frequência de disparo do nó sinoatrial (SA) na ausência de qualquer influência neural ou hormonal. Em estudos nos quais a atividade parassimpática ao coração foi bloqueada com o uso de atropina, ainda persiste uma significativa bradicardia em repouso nos atletas. Com efeito, a diferença na FC após o bloqueio parassimpático é maior do que a diferença na FC normal, o que sugere que a bradicardia não é o resultado de um tônus vagal elevado.

Em outros estudos, os pesquisadores bloquearam ambos os ramos do sistema nervoso autônomo, ou seja, recorreram a um bloqueio autônomo completo. Em seguida ao bloqueio autônomo completo, a FC é uma medida da FC intrínseca. Em estudos que mostram uma FC em repouso diminuída após o treinamento de resistência, a bradicardia persiste depois do bloqueio autônomo completo. Assim, a bradicardia em repouso observada em atletas é, pelo menos em parte – e talvez completamente –, o resultado de uma FC intrínseca diminuída.

A FC intrínseca diminuída pode ser resultante da remodelagem do nó SA. O nó SA funciona como marca-passo do coração, graças às propriedades dos canais iônicos e das proteínas que manipulam Ca^{2+} nas células do nó SA. Mudanças nessas propriedades provocam as bem conhecidas bradicardias associadas a doença do nó SA, insuficiência cardíaca, fibrilação atrial e mesmo ao próprio envelhecimento. De fato, a diminuição associada ao envelhecimento em casos de FC em repouso foi atribuída a uma sub-regulação dos receptores da rianodina (ver Cap. 6), que estão envolvidos no fluxo do Ca^{2+}. Se tais mecanismos estiverem envolvidos nas bradicardias associadas a esses outros processos e doenças, é bem provável que estejam também implicados na bradicardia induzida pelo treinamento.

Frequência cardíaca submáxima Durante o exercício submáximo, o treinamento aeróbio resulta em frequências cardíacas mais baixas em qualquer carga absoluta de exercício. Isso está ilustrado na Figura 11.4, que mostra a frequência cardíaca de um indivíduo se exercitando em uma esteira ergométrica antes e depois do treinamento. Qualquer que seja a velocidade de caminhada ou de corrida, a frequência cardíaca após o treinamento é mais baixa do que a frequência cardíaca antes do treinamento. Normalmente o decréscimo induzido pelo treinamento é maior em cargas de trabalho maiores.

Enquanto mantém um débito cardíaco apropriado para suprir as necessidades da musculatura ativa, um coração treinado trabalha menos (apresenta frequência cardíaca mais baixa e maior volume sistólico) que um coração não condicionado na mesma carga de trabalho absoluta.

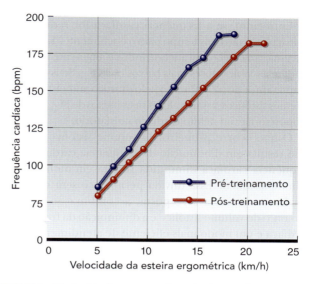

FIGURA 11.4 Mudanças na frequência cardíaca com o treinamento de resistência durante caminhada, corrida leve (*jogging*) e corrida em esteira ergométrica em velocidades crescentes.

Frequência cardíaca máxima A frequência cardíaca máxima (FC_{max}) de uma pessoa tende a ser estável, e é comum o fato de ela permanecer relativamente inalterada após o treinamento de resistência. Contudo, vários estudos publicados sugerem que, em pessoas cujos valores de FC_{max} sem treinamento excedem 180 bpm, esse indicador (FC_{max}) sofre ligeira redução após o treinamento. Do mesmo modo, atletas fundistas altamente condicionados tendem a exibir valores de FC_{max} mais baixos que indivíduos não treinados da mesma idade, embora nem sempre isso ocorra. Em certos casos, atletas com mais de 60 anos de idade apresentam valores de FC_{max} mais elevados que pessoas não treinadas da mesma idade.

Interações entre frequência cardíaca e volume sistólico Durante o exercício, o produto da frequência cardíaca pelo volume sistólico propicia um débito cardíaco apropriado à intensidade da atividade que está sendo realizada. Em cargas de trabalho máximas, ou próximas do máximo, a frequência cardíaca precisa mudar para proporcionar uma combinação ideal de frequência cardíaca e volume sistólico que maximize o débito cardíaco. Se a frequência cardíaca for rápida demais, haverá redução do tempo de enchimento diastólico e o volume sistólico poderá ficar comprometido. Assim, por exemplo, se a FC_{max} for de 180 bpm, o coração baterá três vezes por segundo, portanto cada ciclo cardíaco durará apenas 0,33 s. A diástole durará apenas 0,15 s, ou menos ainda. Essa frequência cardíaca rápida permite pouquíssimo tempo ao enchimento dos ventrículos; em consequência, com o comprometimento desse prazo, o volume sistólico poderá diminuir em frequências cardíacas altas.

Entretanto, se a frequência cardíaca for reduzida, os ventrículos terão mais tempo para o enchimento. Talvez essa seja uma razão pela qual atletas fundistas altamente treinados tendem a exibir valores mais baixos de FC_{max}. Seus corações adaptaram-se ao treinamento pelo drástico aumento de seus volumes sistólicos; assim, valores mais baixos de FC_{max} podem proporcionar um débito cardíaco satisfatório.

O que ocorre primeiro? O volume sistólico aumentado resulta em diminuição da frequência cardíaca ou a frequência cardíaca diminuída resulta em aumento do volume sistólico? Essa dúvida permanece sem resposta. Qualquer que seja a resposta, a combinação entre o aumento do volume sistólico e a diminuição da frequência cardíaca é um modo mais eficiente de atendimento, pelo coração, das demandas metabólicas do corpo em exercício. O coração gasta menos energia porque se contrai menos frequentemente, mas com maior vigor do que se aumentasse a frequência das contrações. Mudanças recíprocas na frequência cardíaca e no volume sistólico, em resposta ao treinamento, têm um objetivo em comum: permitir que o coração bombeie o volume máximo de sangue oxigenado com o mais baixo custo energético.

Recuperação da frequência cardíaca Conforme discutido no Capítulo 6, durante o exercício, a frequência cardíaca precisa aumentar, a fim de que o débito cardíaco aumente para atender às demandas por fluxo sanguíneo dos músculos ativos. Quando a sessão de exercício termina, a frequência cardíaca não retorna instantaneamente ao nível de repouso. Em vez disso, a frequência cardíaca permanece elevada durante algum tempo, retornando lentamente a seu estado de repouso. O tempo necessário para que isso ocorra é chamado de período de recuperação da frequência cardíaca.

Após um período de treinamento de resistência, como mostra a Figura 11.5, a frequência cardíaca retorna ao nível de repouso muito mais rapidamente do que antes do treinamento. Isso ocorre tanto após o exercício submáximo como depois do exercício máximo.

Considerando que o período de recuperação da frequência cardíaca encurta após o treinamento de resistência, essa medida tem sido proposta como indicador indireto do condicionamento cardiorrespiratório. Em geral, uma pessoa com melhor condicionamento se recupera mais rapidamente após uma carga de trabalho padronizada se comparada a uma pessoa com um condicionamento físico pior. Portanto, essa medida pode ter alguma utilidade em situações de campo, quando não são possíveis ou praticáveis medidas mais diretas da capacidade de resistência. Contudo, além do treinamento, outros fatores podem afetar o tempo de recuperação da frequência cardíaca. Por exemplo, uma temperatura central elevada ou uma resposta mais incisiva do sistema nervoso central pode prolongar a elevação da frequência cardíaca.

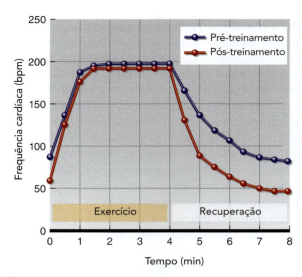

FIGURA 11.5 Mudanças na frequência cardíaca durante a recuperação, após uma sessão em esforço total com duração de 4 minutos, antes e depois de um treinamento de resistência.

A curva de recuperação da frequência cardíaca é um instrumento útil para o acompanhamento do progresso de uma pessoa durante seu programa de treinamento. Mas, devido à possível influência de outros fatores, essa curva não deve ser utilizada para comparações entre indivíduos.

Débito cardíaco

Examinaram-se os efeitos do treinamento nos dois componentes do débito cardíaco: volume sistólico e frequência cardíaca. Embora o volume sistólico aumente com o treinamento, a frequência cardíaca geralmente diminui em repouso e durante o exercício em determinada intensidade absoluta.

Considerando que a magnitude dessas mudanças recíprocas é semelhante, o débito cardíaco em repouso e durante o exercício submáximo em determinada intensidade de exercício não muda muito após o treinamento de resistência. Na verdade, o débito cardíaco pode diminuir ligeiramente. Isso pode ser resultado de um aumento na diferença $(a-\bar{v})O_2$ (refletindo maior extração de oxigênio pelos tecidos) ou de um decréscimo na velocidade de consumo de oxigênio (refletindo maior eficiência mecânica). Em geral, o débito cardíaco ajusta-se ao consumo de oxigênio exigido por determinada intensidade de esforço.

Contudo, o débito cardíaco máximo aumenta consideravelmente em resposta ao treinamento aeróbio, como se pode observar na Figura 11.6, e é responsável em grande parte pelo aumento no $\dot{V}O_{2max}$. Esse aumento no débito cardíaco deve ser um resultado de um aumento no volume sistólico máximo, porque a FC_{max} muda pouco, ou permanece inalterada. O débito cardíaco máximo varia de 14-20 L/min em pessoas não treinadas e de 25-35 L/min em pessoas

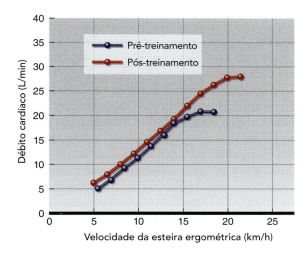

FIGURA 11.6 Mudanças no débito cardíaco com o treinamento de resistência durante caminhada, corrida leve (*jogging*) e, finalmente, corrida em esteira ergométrica em velocidades crescentes.

treinadas. Em atletas fundistas altamente condicionados, pode chegar a 40 L/min ou mais. Porém, esses valores absolutos são muito influenciados pelo tamanho corporal do indivíduo.

Lundby et al.[19] argumentaram que a variabilidade no $\dot{V}O_{2max}$ entre indivíduos é determinada principalmente por diferenças em duas variáveis: débito cardíaco máximo e volume de células sanguíneas vermelhas (Fig. 11.7). (As alterações no volume são discutidas mais adiante, neste capítulo.) Portanto, a resposta do $\dot{V}O_{2max}$ ao treinamento de resistência reflete mudanças relativas nesses dois importantes determinantes.

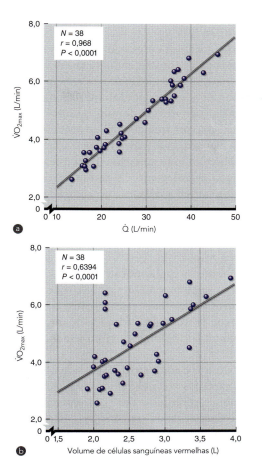

FIGURA 11.7 Correlações entre $\dot{V}O_{2max}$ e (a) débito cardíaco máximo e (b) volume de células sanguíneas vermelhas.

Reproduzido com permissão de C. Lundby, D. Montero e M. Joyner, "Biology of $\dot{V}O_{2max}$: looking under the physiology map", *Acta Physiologica* 220, 2(2017): 218-228.

Em resumo

> A frequência cardíaca de repouso diminui como resultado do treinamento de resistência. Em uma pessoa sedentária, a diminuição costuma ser de cerca de 1 bpm por semana nas primeiras semanas de treinamento, mas alguns estudos constataram diminuições menores. Atletas fundistas altamente treinados podem exibir frequências cardíacas de repouso de 40 bpm ou menos.

> Ainda há controvérsia com relação aos mecanismos responsáveis pela bradicardia sinusal associada ao treinamento de resistência, mas provavelmente envolvem tanto componentes extrínsecos (equilíbrio neural autônomo) como intrínsecos (função do nó AS).

> A frequência cardíaca durante o exercício submáximo também é mais baixa, e a magnitude da diminuição é maior em intensidades de exercício maiores.

> A frequência cardíaca máxima permanece inalterada ou diminui ligeiramente com o treinamento.

> Durante o período de recuperação, a frequência cardíaca diminui mais rapidamente após o treinamento, tornando esse indicador um modo indireto, mas conveniente, de acompanhar as adaptações que ocorrem com o treinamento. Contudo, esse valor não tem utilidade na comparação de níveis de condicionamento físico entre pessoas diferentes.

> O débito cardíaco em repouso ou em níveis submáximos de exercício permanece inalterado ou diminui ligeiramente depois do treinamento de resistência.

> O débito cardíaco durante níveis máximos de exercício aumenta consideravelmente, sendo em grande parte responsável pelo aumento no $\dot{V}O_{2max}$. O maior débito cardíaco máximo é resultado do substancial aumento no volume sistólico máximo, possibilitado por mudanças na estrutura e no funcionamento do coração induzidas pelo treinamento.

Fluxo sanguíneo

Os músculos ativos necessitam de quantidades consideravelmente maiores de oxigênio e de substratos nutrientes em comparação a músculos inativos. Para que essas necessidades sejam atendidas, maior volume de sangue deverá ser conduzido até os músculos durante o exercício. Na pessoa que está fazendo um treinamento de resistência, o sistema cardiovascular adapta-se para aumentar o fluxo sanguíneo para os músculos em exercício e para que sua demanda mais elevada por oxigênio e substratos metabólicos seja atendida. Além das mudanças no coração que possibilitam um bombeamento melhor e o aumento no volume sistólico, quatro fatores são responsáveis por esse aumento da irrigação sanguínea dos músculos após o treinamento:

- Aumento da capilarização.
- Maior recrutamento dos capilares existentes.
- Redistribuição mais efetiva do fluxo sanguíneo, com sangue proveniente de regiões inativas.
- Aumento do volume sanguíneo total.

Para permitir o aumento do fluxo sanguíneo, formam-se novos capilares nos músculos treinados, fazendo com que o sangue proveniente das arteríolas para o músculo esquelético realize uma perfusão mais completa das fibras ativas. Geralmente esse aumento nos capilares é expresso como um aumento no número de capilares por fibra muscular ou **índice capilar:fibra muscular**. A Tabela 11.2 ilustra as diferenças do índice capilar:fibra muscular entre homens bem treinados e homens não treinados, tanto antes como depois do exercício.[15]

Nem todos os capilares estão abertos em determinado momento nos tecidos. Além da nova capilarização, os capilares existentes em músculos treinados podem ser recrutados e abertos ao fluxo, o que também aumenta a circulação sanguínea para as fibras musculares. O aumento que ocorre no número de novos capilares com o treinamento de resistência e o maior recrutamento dos capilares se combinam para aumentar a área total para a difusão de oxigênio entre o sistema vascular e as fibras musculares metabolicamente ativas.

Uma redistribuição mais efetiva do débito cardíaco também pode aumentar o fluxo sanguíneo para os músculos ativos, o qual é direcionado para a musculatura ativa e desviado das áreas que não necessitam de fluxo abundante. O fluxo sanguíneo para as fibras mais ativas pode aumentar mesmo em um grupo muscular específico. Armstrong e Laughlin[2] demonstraram originalmente que, em ratos treinados para resistência, o fluxo sanguíneo podia ser mais bem redistribuído para os tecidos mais ativos durante o exercício, em comparação com ratos não treinados. O fluxo sanguíneo total para os membros posteriores exercitados não diferiu entre ratos treinados e não treinados durante o exercício. Contudo, nos ratos treinados, maior volume de sangue foi distribuído para as fibras musculares mais oxidativas, levando a uma redistribuição efetiva do fluxo sanguíneo para longe das fibras musculares glicolíticas. É difícil repetir tais achados no homem, por conta de dificuldades na mensuração e também pelo fato de o músculo esquelético humano ser um mosaico composto de vários tipos de fibras musculares nos músculos considerados individualmente.

Finalmente, o volume sanguíneo total aumenta com o treinamento de resistência, proporcionando mais sangue para atender às muitas demandas do corpo por fluxo sanguíneo durante a atividade de resistência sem comprometimento do retorno venoso. Mais adiante neste capítulo, esse tópico será aprofundado.

Volume sanguíneo

O treinamento de resistência aumenta o volume sanguíneo total, efeito que fica exacerbado em caso de treinamento mais intenso. Além disso, esse efeito ocorre rapidamente. O aumento no volume sanguíneo resulta

TABELA 11.2 Capilarização das fibras musculares em homens bem treinados e em homens não treinados

Estágio	Capilares por mm²	Fibras musculares por mm²	Índice capilar:fibra muscular	Distância de difusão[a]
Bem treinados				
Pré-exercício	640	440	1,5	20,1
Pós-exercício	611	414	1,6	20,3
Não treinados				
Pré-exercício	600	557	1,1	20,3
Pós-exercício	599	576	1,1	20,5

Nota: Esta tabela ilustra o maior tamanho das fibras musculares em homens bem treinados, pois esses indivíduos possuem menor número de fibras para determinada área (fibras por mm²). Além disso, tiveram um índice capilar:fibra muscular aproximadamente 50% maior que o dos homens não treinados.

[a] A distância de difusão está expressa como a metade da distância média entre capilares na vista de secção transversal, medida em micrômetros.

Adaptado, com permissão, de L. Hermansen e M. Wachtlova, "Capillary density of skeletal muscle in well-trained and untrained men", *Journal of Applied Physiology* 30 (1971): 860-863.

principalmente de um aumento no volume plasmático, mas também ocorre aumento no volume dos eritrócitos. O intervalo de tempo e o mecanismo para o aumento de cada um desses indicadores são bastante diferentes.

Volume plasmático Acredita-se que o aumento no volume plasmático com o treinamento seja causado por dois mecanismos: o primeiro, que consiste em duas fases, resulta em aumentos na quantidade de proteínas plasmáticas, particularmente de albumina. No Capítulo 8 viu-se que as proteínas plasmáticas constituem a principal causa de pressão osmótica na vasculatura. Com o aumento da concentração das proteínas plasmáticas, aumenta também a pressão oncótica, e maior volume de líquido é reabsorvido do líquido intersticial para o interior dos vasos sanguíneos. Durante uma sessão intensa de exercícios, as proteínas deixam o espaço vascular e são movidas para o espaço intersticial; em seguida, são devolvidas em maiores quantidades pelo sistema linfático. É provável que a fase inicial de aumento rápido do volume plasmático seja resultante do aumento da albumina plasmática, o que é observado ao longo da primeira hora de recuperação da primeira sessão de treinamento. Na segunda fase, a síntese proteica é ativada (suprarregulada) pelo exercício repetido, formando novas proteínas. No caso do segundo mecanismo, o exercício aumenta a liberação de hormônio antidiurético e aldosterona – hormônios que provocam aumento da reabsorção de água e sódio nos rins, aumentando o volume plasmático. Esse volume maior de líquido é mantido no espaço vascular pela pressão oncótica exercida pelas proteínas. Quase todo o aumento no volume sanguíneo durante as duas primeiras semanas de treinamento pode ser explicado pelo aumento no volume plasmático. Essa expansão inicial do volume sanguíneo permite um aumento no volume sistólico, apesar do fato de que as mudanças na estrutura e função do próprio coração levam mais tempo para sua ocorrência.

Eritrócitos O aumento no volume de células sanguíneas vermelhas com o treinamento de resistência também contribui para o aumento geral no volume sanguíneo (Fig. 11.7b), e o volume de células sanguíneas vermelhas, como o débito cardíaco, tem correlação com o $\dot{V}O_{2max}$. Embora possa ocorrer aumento do número real de eritrócitos, na verdade o hematócrito – a relação entre o volume de células sanguíneas vermelhas e o volume sanguíneo total – pode diminuir. A Figura 11.8 ilustra esse aparente paradoxo. Observa-se que o hematócrito está reduzido, embora tenha havido ligeiro aumento nos eritrócitos. O hematócrito de um atleta treinado pode diminuir até um nível em que ele pareça estar anêmico, tomando-se como base a concentração relativamente baixa de eritrócitos e hemoglobina ("pseudoanemia").

O maior índice de plasma/células resultante do maior aumento na parte líquida reduz a viscosidade ou a

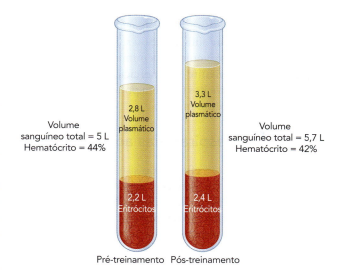

FIGURA 11.8 Aumentos no volume sanguíneo total e no volume plasmático com o treinamento de resistência. Embora o hematócrito (percentual de eritrócitos) tenha diminuído de 44 para 42%, o volume total de eritrócitos aumentou em 10%.

densidade do sangue. Essa redução na viscosidade pode aumentar a fluidez do sangue pelos vasos sanguíneos, particularmente dos vasos menos calibrosos, como os capilares. Um dos ganhos fisiológicos da diminuição da viscosidade do sangue é o fato de isso melhorar a liberação do oxigênio para a massa muscular ativa.

Tanto a quantidade total (valores absolutos) de hemoglobina como o número total de eritrócitos costumam ser elevados em atletas altamente treinados. Isso garante

Em resumo

> O fluxo sanguíneo para os músculos ativos aumenta com o treinamento de resistência.
> O aumento do fluxo sanguíneo decorre de quatro fatores:
> 1. Aumento da capilarização.
> 2. Maior abertura dos capilares existentes (recrutamento capilar).
> 3. Distribuição mais efetiva do fluxo sanguíneo.
> 4. Aumento do volume sanguíneo.
> O volume plasmático sofre expansão mediante o aumento do conteúdo proteico (proteína retornada da linfa e síntese proteica super-regulada). Esse efeito é mantido e sustentado pelos hormônios de conservação de líquido.
> O volume de eritrócitos também aumenta, mas o aumento do volume plasmático é geralmente maior.
> O aumento do volume plasmático diminui a viscosidade do sangue, o que pode melhorar a circulação e a disponibilidade de oxigênio.

que o sangue preservará uma capacidade de transporte de oxigênio mais que suficiente; ou seja, a capacidade do sangue de liberar oxigênio para o músculo em atividade não é um fator limitante no exercício. A velocidade de reciclagem dos eritrócitos também pode aumentar em um cenário de treinamento intenso.

Adaptações respiratórias ao treinamento

Não importa quão eficiente o sistema cardiovascular seja em sua função de fornecer sangue aos músculos em exercício – a resistência ficaria prejudicada se o sistema respiratório não captasse oxigênio suficiente para atender completamente às demandas desse gás nos eritrócitos. Geralmente o funcionamento do sistema respiratório não limita o desempenho, porque a ventilação pode ser aumentada em um nível muito mais extenso do que a função cardiovascular. Mas o sistema respiratório, assim como ocorre com o sistema cardiovascular, passa por adaptações específicas ao treinamento de resistência para que sua eficiência seja maximizada.

Ventilação pulmonar

Após o treinamento, a ventilação pulmonar fica essencialmente inalterada em repouso. Embora o treinamento de resistência não altere a estrutura ou fisiologia básica do pulmão, essa atividade realmente diminui a ventilação durante o exercício submáximo em até 20-30% em determinada intensidade submáxima. A ventilação pulmonar máxima aumenta substancialmente: em indivíduos sedentários não treinados, após o treinamento de resistência, a ventilação pulmonar máxima aumenta de uma frequência inicial de 100-120 L/min para uma de cerca de 130-150 L/min ou mais. Em geral, as frequências de ventilação pulmonar aumentam para aproximadamente 180 L/min em atletas altamente treinados, podendo exceder 200 L/min em atletas de grande estatura altamente treinados para resistência. Dois fatores podem explicar o aumento da ventilação pulmonar máxima que segue o treinamento: aumento do volume corrente e maior frequência respiratória em condições de exercício máximo.

A ventilação não costuma ser considerada um fator limitante para o desempenho do exercício de resistência. Em alguns atletas altamente treinados, a capacidade do sistema pulmonar para o transporte de oxigênio não será talvez capaz de atender às demandas dos músculos em exercício e do sistema cardiovascular. Isso resulta na chamada *hipoxemia arterial induzida pelo exercício*, em que a saturação do oxigênio arterial cai para menos de 96%. Essa dessaturação em atletas de elite altamente treinados provavelmente decorre do grande débito cardíaco do lado direito do coração que se dirige para o pulmão durante o exercício e, consequentemente, de uma diminuição no tempo de permanência do sangue no pulmão.

Difusão pulmonar

A difusão pulmonar (i. e., a troca de gases nos alvéolos) fica inalterada em repouso e durante o exercício submáximo que segue o treinamento. Mas a difusão pulmonar aumenta durante o exercício com intensidade máxima. A circulação sanguínea pulmonar (sangue proveniente do lado direito do coração para os pulmões) aumenta após o treinamento, especialmente o fluxo para as regiões superiores dos pulmões, quando a pessoa está sentada ou em pé. Isso aumenta a perfusão pulmonar. Mais sangue é levado até os pulmões para a troca gasosa e, ao mesmo tempo, a ventilação aumenta, de modo que mais ar é transportado para os pulmões. Isso significa que o número de alvéolos ativamente envolvidos na difusão pulmonar será maior. O resultado é o aumento da difusão pulmonar.

Diferença arteriovenosa de oxigênio

Ficou claro que o volume sistólico se adapta durante o treinamento de resistência, mas adaptações periféricas também contribuem para o aumento do $\dot{V}O_{2max}$. O conteúdo de oxigênio do sangue arterial muda pouquíssimo com o treinamento de resistência. Embora ocorra aumento na hemoglobina total, a quantidade de hemoglobina por unidade de sangue é a mesma, podendo até estar ligeiramente reduzida. Contudo, a diferença (a-v̄)O_2 realmente aumenta com o treinamento, especialmente no exercício de intensidade máxima. Tal aumento resulta de um conteúdo mais baixo de oxigênio no sangue venoso misto, e isso significa que o sangue em retorno ao coração (que é uma mistura do sangue venoso de todas as partes do corpo, e não apenas dos tecidos ativos) contém menos oxigênio do que haveria em uma pessoa não treinada. Isso reflete tanto a maior extração de oxigênio pelos tecidos ativos como uma distribuição mais efetiva do fluxo sanguíneo para esses tecidos. Essa maior extração resulta, em parte, do aumento da capacidade oxidativa das fibras musculares ativas, conforme será discutido mais adiante, ainda neste capítulo.

Isso foi demonstrado em um estudo longitudinal singular que envolveu treinamento físico e também um modelo de descondicionamento em repouso na cama.[24] Foram testados cinco homens de 20 anos (valores basais), colocados em repouso na cama durante 20 dias (descondicionamento) e depois treinados ao longo de 60 dias, começando imediatamente após o término do repouso. Esses mesmos cinco homens foram novamente avaliados 30 anos depois, aos 50 anos; na ocasião, os voluntários foram testados em seus níveis basais, com um estado relativamente sedentário e depois de 6 meses de treinamento de resistência. Os aumentos percentuais médios no $\dot{V}O_{2max}$ foram semelhantes para essas pessoas quando tinham 20 anos (18%) e 50 anos (14%). No entanto, o aumento do $\dot{V}O_{2max}$ aos 20 anos foi explicado pelo aumento tanto do débito cardíaco máximo como da diferença (a-v̄)O_2 máxima; já aos 50 anos, o aumento foi explicado principalmente por um aumento na diferença (a-v̄)O₂, enquanto o débito cardíaco máximo permaneceu inalterado. O volume sistólico máximo aumentou após o treinamento aos 20 e aos 50 anos, mas em menor grau aos 50 anos (+16 mL/batimento aos 20 anos *versus* +8 mL/batimento aos 50 anos).

Embora a maioria dos estudos tenha demonstrado que houve aumento na diferença (a-v̄)O₂ máxima em seguida ao treinamento aeróbio, uma análise da literatura realizada em 2015 questionou essa tradicional percepção.[25] Esse estudo informou que, com base em uma pesquisa de 13 estudos que mediram o débito cardíaco e a diferença (a-v̄)O₂ antes e depois do treinamento, as melhoras no $\dot{V}O_{2max}$ após 5-13 semanas de treinamento foram associadas a aumentos no débito cardíaco, mas não na diferença (a-v̄)O₂. Não deve surpreender que um aumento no débito cardíaco máximo seja o fator predominante associado a aumentos no $\dot{V}O_{2max}$, se for levada em conta a estreita relação entre essas variáveis mostradas na Figura 11.7a. Mas o período de treinamento nos estudos analisados foi relativamente curto; portanto, as adaptações decorrentes do treinamento talvez não estejam completas. Em estudos de treinamento de resistência com períodos mais longos, houve aumento de 1-29% na diferença (a-v̄)O₂ máxima.[25]

Em resumo, o sistema respiratório é capaz de levar quantidades adequadas de oxigênio para todo o organismo. Por essa razão, raramente o sistema respiratório limita o desempenho de resistência. Não surpreende o fato de que as principais adaptações ao treinamento observadas no sistema respiratório fiquem evidenciadas principalmente durante o exercício máximo, quando todos os sistemas do corpo estão sendo maximamente solicitados.

Em resumo

> Ao contrário do que ocorre no sistema cardiovascular, o treinamento de resistência tem pouco efeito na estrutura e no funcionamento do pulmão.
> Para a manutenção dos aumentos em $\dot{V}O_{2max}$, ocorre aumento na ventilação pulmonar durante o esforço máximo após o treinamento, ao passo que aumentam tanto o volume corrente como a frequência respiratória.
> Ocorre aumento da difusão pulmonar em intensidade máxima, sobretudo para as regiões superiores do pulmão, que normalmente não são perfundidas.
> Embora a maior parte do aumento no $\dot{V}O_{2max}$ seja decorrente de aumentos no débito cardíaco e no fluxo sanguíneo muscular, um aumento na diferença (a-v̄)O₂ também desempenha um papel crucial.
> Esse aumento na diferença (a-v̄)O₂ é atribuível a uma distribuição mais efetiva do sangue arterial, que deixa de atender os tecidos inativos e se direciona para os tecidos ativos, e também à maior capacidade de extração de oxigênio pelos músculos ativos.

Adaptações no músculo

Excitação e contração repetidas das fibras musculares durante o treinamento de resistência estimulam mudanças em sua estrutura e em seu funcionamento. O principal interesse, aqui, recai sobre o treinamento aeróbio e as mudanças que essa atividade gera no tipo de fibra muscular, na função mitocondrial e nas enzimas oxidativas.

Tipo de fibra muscular

Conforme observado no Capítulo 1, atividades aeróbias de intensidade baixa a moderada como o *jogging* e o ciclismo dependem muito das fibras de contração lenta (tipo I). Em resposta ao treinamento aeróbio, as fibras tipo I tornam-se maiores, ou seja, desenvolvem maior área da secção transversal, embora a magnitude da mudança dependa da intensidade e da duração de cada sessão de treinamento, assim como da duração do programa de treinamento. Foram reportados aumentos de até 25%. Por não serem recrutadas com a mesma intensidade durante o exercício de resistência, geralmente as fibras de contração rápida (tipo II) não aumentam a área da secção transversal.

Embora a maioria dos estudos mais antigos não mencionasse mudanças no percentual de fibras dos tipos I *versus* II após o treinamento aeróbio, foram observadas mudanças sutis entre os subtipos das fibras tipo II. As fibras tipo IIx têm menor capacidade aeróbia e são recrutadas com menos frequência que as fibras IIa durante o exercício aeróbio. Mas, durante o exercício de longa duração, essas fibras podem terminar sendo recrutadas, para trabalhar do modo parecido com as fibras IIa. Isso pode levar algumas fibras IIx a assumir as características das fibras IIa, mais oxidativas. Dados recentes sugerem que pode ocorrer não só a transição de fibras tipo IIx para fibras tipo IIa, mas também a transição de fibras tipo II para tipo I. Em geral, a magnitude da mudança é pequena, não excedendo alguns pontos percentuais. Como exemplo, de acordo com o *Heritage Family Study*,[28] um programa composto por 20 semanas de treinamento aeróbio aumentou as fibras tipo I de 43% (antes do treinamento) para quase 47% (depois do treinamento), e diminuiu as fibras tipo IIx de 20 para 15%. O tipo IIa permaneceu essencialmente inalterado. Esses estudos mais recentes envolveram um grande número de voluntários e tiraram vantagem de uma tecnologia de medição mais moderna. Esses dois aspectos explicam por que as mudanças na composição do tipo de fibra dentro do músculo vêm sendo atualmente reconhecidas.

Número de capilares

Uma das adaptações mais importantes ao treinamento aeróbio é o aumento do número de capilares que circundam cada fibra muscular. A Tabela 11.2 mostra que homens com treinamento de resistência têm quantidades consideravelmente maiores de capilares nos músculos da perna se comparados a indivíduos sedentários.[15] Diante de longos períodos de treinamento aeróbio, o número de capilares pode aumentar em mais de 15%.[28] Ter maior número de capilares permite maiores trocas de gases, calor, restos metabólicos e nutrientes entre o sangue e as fibras musculares em contração. Na verdade, o aumento da densidade capilar (i. e., aumento nos capilares por fibra muscular) pode ser uma das alterações mais importantes em resposta ao treinamento para permitir o aumento no $\dot{V}O_{2max}$. Atualmente, ficou claro que a difusão de oxigênio do capilar até a mitocôndria é um fator importante na limitação da velocidade máxima de consumo de oxigênio pelo músculo. O aumento da densidade capilar facilita a difusão, mantendo o ambiente bem preparado para a produção de energia e para repetidas contrações musculares.

Conteúdo de mioglobina

Quando o oxigênio entra na fibra muscular, liga-se à mioglobina, uma molécula semelhante à hemoglobina. Esse composto, que contém ferro, transfere as moléculas de oxigênio da membrana celular para as mitocôndrias. As fibras tipo I contêm grandes quantidades de mioglobina, que lhes dá o seu aspecto vermelho (a mioglobina é um pigmento que fica vermelho quando ligado ao oxigênio). De outro lado, as fibras tipo II são altamente glicolíticas; portanto, contêm (e precisam de) pouca mioglobina – o que explica seu aspecto mais esbranquiçado. E o que é mais importante: seu limitado suprimento de mioglobina limita sua capacidade oxidativa, resultando em baixa resistência para essas fibras.

A mioglobina transporta o oxigênio, liberando-o para as mitocôndrias quando ocorre limitação desse gás durante a ação muscular. Essa reserva de oxigênio é utilizada na transição do repouso para o exercício, proporcionando oxigênio para as mitocôndrias no intervalo de tempo entre o início do exercício e o aumento da liberação cardiovascular de oxigênio. Demonstrou-se que o treinamento de resistência aumenta o conteúdo de mioglobina muscular em 75-80%. Ficou evidente que essa adaptação promove uma melhora da capacidade muscular para o metabolismo oxidativo após o treinamento.

Função mitocondrial

Conforme visto no Capítulo 2, a produção de energia oxidativa ocorre nas mitocôndrias. Assim, não surpreende o fato de o treinamento aeróbio induzir também mudanças na função mitocondrial que melhoram a capacidade das fibras musculares para produção de ATP. A capacidade de uso do oxigênio e de produção do ATP via oxidação depende do número e do tamanho das mitocôndrias musculares. Ambos aumentam com o treinamento aeróbio.

Em um estudo envolvendo treinamento de resistência em ratos, o número de mitocôndrias aumentou em aproximadamente 15% nas 27 semanas de exercício.[16] O tamanho médio das mitocôndrias também aumentou em cerca de 35% nesse período de treinamento. Assim como outras adaptações induzidas pelo treinamento, a magnitude da alteração depende do volume de treinamento.

Nem todas as mitocôndrias existentes no interior da fibra muscular são igualmente eficientes, visto que novas mitocôndrias estão sendo constantemente formadas (biogênese) e mitocôndrias velhas e enfraquecidas são sistematicamente eliminadas (mitofagia) (ver Fig. 11.9). A regulação dessa reciclagem mitocondrial determina não apenas o número de mitocôndrias em uma fibra, mas também a quantidade e funcionamento gerais dessas estruturas,[36] o que, por sua vez, determina o funcionamento metabólico em geral e o desempenho dos músculos esqueléticos. Vivenciamos uma verdadeira explosão de novas pesquisas que tiveram por objetivo o entendimento dos mecanismos moleculares subjacentes que regulam a biogênese mitocondrial, isto é, o processo de formação de novas mitocôndrias. Esses esforços resultaram na desco-

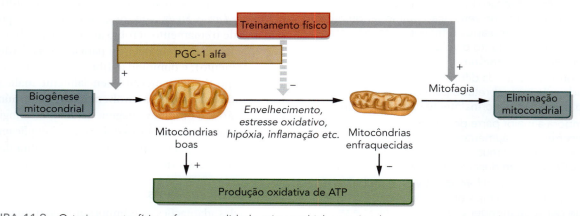

FIGURA 11.9 O treinamento físico afeta a qualidade mitocondrial no músculo por aumentar a produção de mitocôndrias novas e saudáveis (biogênese), reduzir a degradação mitocondrial e eliminar as mitocôndrias danificadas (mitofagia). Os dois primeiros processos são regulados pela proteína reguladora PGC-1 alfa. As setas contínuas indicam um efeito positivo, enquanto as setas pontilhadas indicam um efeito negativo.

berta do *coativador-1 alfa do receptor ativado por proliferadores de peroxissomo gama (PGC-1 alfa)*, uma proteína reguladora essencial que está integralmente envolvida na biogênese mitocondrial no músculo esquelético. Graças aos seus muitos e importantes papéis na promoção da função metabólica, PGC1alfa é frequentemente denominado o regulador-mestre, ou chave-mestra. E também já ficou devidamente estabelecido que tanto o exercício agudo como o treinamento físico – na prática de resistência e de força – reforçam a expressão de PGC-1 alfa.

Conforme ilustra a Figura 11.9, o treinamento físico promove a biogênese de novas mitocôndrias, retarda o declínio na funcionalidade mitocondrial pelo remodelamento de novas mitocôndrias mediante processos de fusão e fissão, e, finalmente, ajuda a manter a mitofagia no músculo esquelético. Portanto, o "controle de qualidade" mitocondrial é uma importante adaptação induzida pelo exercício.[36] O aumento da expressão da proteína PGC-1 alfa pode ser medido no músculo esquelético, mesmo após uma sessão de exercício apenas; e, em seguida a duas ou três sessões repetidas, podem ser observados marcadores para a biogênese mitocondrial. O aumento de PGC-1 alfa não só aumenta a biogênese mitocondrial como também controla a reposição de mitocôndrias velhas e enfraquecidas por mitocôndrias novas e saudáveis. A lesão mitocondrial induzida por danos como hipóxia, inflamação, ou aumento do estresse oxidativo pode resultar no acúmulo de subprodutos metabólicos que comprometem o funcionamento das mitocôndrias. Embora a adição de novas mitocôndrias tenha extrema importância, a manutenção de uma população mitocondrial saudável é igualmente fundamental para a capacidade metabólica ideal. Do mesmo modo, a contínua remoção das mitocôndrias danificadas é importante para o funcionamento ideal no músculo esquelético.

Enzimas oxidativas

Foi demonstrado que a prática regular de exercícios de resistência leva a importantes adaptações no músculo esquelético, como o aumento no número e no tamanho das mitocôndrias da fibra muscular, conforme discutido na sessão anterior. Essas mudanças são reforçadas pelo aumento da capacidade mitocondrial. A degradação oxidativa de combustíveis e a produção final de ATP dependem da ação de **enzimas oxidativas mitocondriais**, proteínas específicas que catalisam (i. e., aceleram) a ruptura de nutrientes para a formação de ATP. O treinamento aeróbio aumenta a atividade dessas importantes enzimas.

A Figura 11.10 ilustra as mudanças na atividade de succinato desidrogenase (SDH), uma enzima oxidativa muscular fundamental, ao longo de 7 meses de treinamento progressivo de natação. Embora a taxa de aumento no $\dot{V}O_{2max}$ tenha sofrido redução após os dois primeiros meses de treinamento, a atividade dessa enzima oxidativa essencial continuou aumentando ao longo de todo o período.

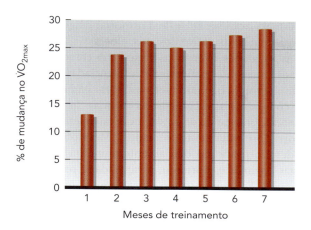

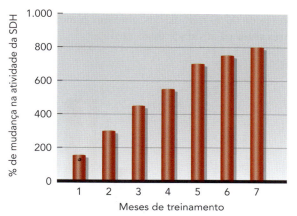

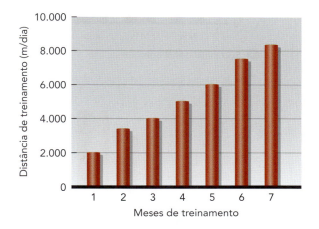

FIGURA 11.10 Mudança percentual no consumo máximo de oxigênio ($\dot{V}O_{2max}$) e na atividade da enzima succinato desidrogenase (SDH), uma das enzimas oxidativas essenciais para os músculos, durante 7 meses de treinamento de natação. Curiosamente, embora a atividade dessa enzima continue aumentando com a elevação dos níveis de treinamento, o consumo máximo de oxigênio dos nadadores parece ter alcançado um platô após as primeiras 8-10 semanas de treinamento. Isso sugere que a atividade enzimática mitocondrial não é uma indicação direta da capacidade de resistência para o corpo como um todo.

Isso sugere que os aumentos no $\dot{V}O_{2max}$ induzidos pelo treinamento podem ficar limitados mais pela capacidade do sistema cardiovascular de transportar oxigênio do que pelo potencial oxidativo dos músculos.

As atividades de enzimas musculares como a SDH e a citrato sintase são drasticamente influenciadas pelo treinamento aeróbio. Isso pode ser observado na Figura 11.11, que compara as atividades dessas enzimas em pessoas não treinadas, praticantes de *jogging* moderadamente treinados e corredores altamente treinados.[9] Mesmo o exercício moderado praticado diariamente aumenta a atividade dessas enzimas e, portanto, a capacidade oxidativa dos músculos. Foi demonstrado, por exemplo, que a prática de *jogging* ou de ciclismo por até apenas 20 min diários aumenta a atividade do SDH nos músculos das pernas em mais de 25%. Um treinamento mais vigoroso, por exemplo, de cerca de 60-90 min diários, gera um aumento de duas ou três vezes na atividade dessa enzima.

Uma consequência metabólica das mudanças mitocondriais induzidas pelo treinamento aeróbio é a **preservação de glicogênio**, uma velocidade mais lenta de utilização do glicogênio muscular e aumento na dependência da gordura como fonte de combustível em determinada intensidade do exercício. É muito provável que esse aumento na preservação de glicogênio com o treinamento de resistência melhore a capacidade de manter intensidades mais altas de exercício, por exemplo, a manutenção de um ritmo de corrida mais rápido em uma prova de 10 km.

Em resumo, o treinamento com exercícios de resistência causa uma ampla variedade de adaptações fenotípicas no músculo esquelético, como a angiogênese (criação de novos capilares), transformação de tipos de fibras de glicolíticas para oxidativas, maior capacidade na mobilização e uso de gordura como substrato e maior captação de glicose pelas fibras musculares, o que aumenta o número de mitocôndrias e melhora a qualidade geral das mitocôndrias existentes.

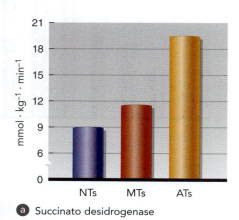
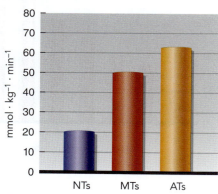

FIGURA 11.11 Atividades enzimáticas de um músculo da perna (gastrocnêmio) em voluntários não treinados (NTs), praticantes de *jogging* moderadamente treinados (MTs) e corredores de maratona altamente treinados (ATs). Os níveis enzimáticos ilustrados são para (a) succinato desidrogenase e (b) citrato sintase, duas das muitas enzimas que participam decisivamente na produção oxidativa de trifosfato de adenosina.

Adaptado, com permissão, de Costil, Fink, Lesmes et al. (1979); Costill, Coyle, Fink et al. (1979).

Em resumo

> O treinamento aeróbio recruta seletivamente fibras musculares tipo I e, em menor número, fibras musculares tipo II. Consequentemente, as fibras tipo I aumentam sua área de secção transversal com o treinamento aeróbio.

> Após treinamento, parece ocorrer um pequeno aumento percentual das fibras tipo I, além de uma transição de fibras tipo IIx para fibras tipo IIa.

> O treinamento aeróbio aumenta tanto o número de capilares por fibra muscular como o número de capilares para determinada área de secção transversal do músculo. Essas mudanças aumentam a perfusão sanguínea através dos músculos, o que melhora a difusão de oxigênio, dióxido de carbono, nutrientes e subprodutos do metabolismo entre o sangue e as fibras musculares.

> O treinamento aeróbio aumenta o conteúdo de mioglobina muscular em até 80%. A mioglobina transporta oxigênio das membranas celulares até a mitocôndria.

> O treinamento aeróbio aumenta tanto o número como o tamanho das mitocôndrias das fibras musculares, fazendo o músculo aumentar sua capacidade de metabolismo oxidativo.

> O treinamento com exercício de resistência também melhora a qualidade geral do conjunto de mitocôndrias existentes.

> As atividades de várias enzimas oxidativas aumentam com o treinamento aeróbio.

> Em combinação com adaptações no sistema de transporte de oxigênio, essas mudanças que ocorrem nos músculos melhoram a capacidade do metabolismo oxidativo e aprimoram o desempenho de resistência.

Adaptações metabólicas ao treinamento

Agora que já foram discutidas as mudanças, com o treinamento, nos sistemas cardiovascular e respiratório, assim como as adaptações dos músculos esqueléticos, é possível examinar como essas adaptações integradas refletem em mudanças em três variáveis fisiológicas importantes ligadas ao metabolismo:

- Limiar de lactato.
- Índice de troca respiratória.
- Consumo de oxigênio.

Limiar de lactato

O limiar de lactato, discutido no Capítulo 5, é um marcador fisiológico intimamente associado ao desempenho de resistência – quanto mais elevado for o limiar de lactato, melhor será a capacidade de desempenho. A Figura 11.12a ilustra a diferença, em termos de limiar de lactato, entre um indivíduo treinado para resistência e um indivíduo não treinado. A figura também mostra com precisão as mudanças que podem ocorrer no limiar de lactato após um programa de 6-12 meses de treinamento de resistência. Qualquer que seja o caso, no estado treinado, a pessoa pode se exercitar em um percentual de $\dot{V}O_{2max}$ mais elevado antes que o lactato comece a se acumular no sangue. Neste exemplo, o corredor treinado consegue sustentar um ritmo de corrida de 70-75% do seu $\dot{V}O_{2max}$, uma intensidade que resultaria em acúmulo contínuo de lactato no sangue de um corredor não treinado. Isso se traduz em um ritmo de prova muito mais rápido (ver Fig. 11.12b). Acima do limiar de lactato, a redução nos valores de lactato em determinada velocidade de trabalho pode ser atribuída a uma combinação de redução da produção de lactato e aumento da eliminação dessa substância. À medida que os atletas ficam mais bem treinados, suas concentrações de lactato sanguíneo após o exercício se tornam mais baixas para a mesma velocidade de trabalho.

Índice de trocas respiratórias

No Capítulo 5, viu-se que o índice de trocas respiratórias (R) é a relação entre o dióxido de carbono liberado e o oxigênio consumido durante o metabolismo. R reflete a composição da mistura de substratos que estão sendo utilizados como fonte de energia. Uma R menor reflete maior dependência de gorduras para a produção de energia; por outro lado, uma R maior reflete maior contribuição de carboidratos.

Depois do treinamento, R diminui nas intensidades de exercício submáximas, tanto nas absolutas como nas relativas. Essas mudanças são atribuídas à maior utilização de ácidos graxos livres, em vez de carboidratos, nessas cargas de trabalho após o treinamento.

Consumo de oxigênio em repouso e submáximo

O consumo de oxigênio ($\dot{V}O_2$) em repouso permanece inalterado depois do treinamento de resistência. Embora algumas comparações transversais tenham sugerido que o treinamento eleva o $\dot{V}O_2$ em repouso, o *Heritage Family Study*, que estudou um grande número de voluntários e medições em duplicata da taxa metabólica em repouso, tanto antes como depois de 20 semanas de treinamento, não demonstrou evidências de aumento da taxa metabólica após o treinamento.[35]

Durante o exercício submáximo em determinada intensidade de exercício, o $\dot{V}O_2$ permanece inalterado ou ligeiramente reduzido após o treinamento. No *Heritage*

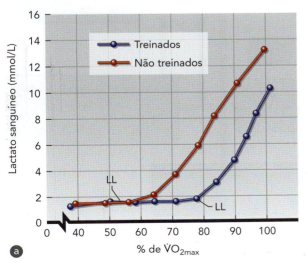
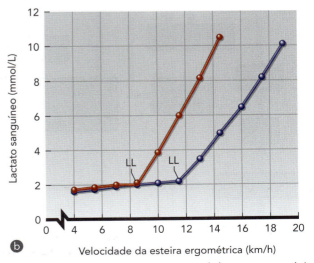

FIGURA 11.12 Mudanças no limiar de lactato (LL) com o treinamento, expressas como (a) percentual de consumo máximo de oxigênio (% de $\dot{V}O_{2max}$) e (b) aumento da velocidade na esteira ergométrica. O limiar de lactato ocorre nas velocidades de 8,4 km/h no estado não treinado e de 11,6 km/h no estado treinado.

Family Study, o treinamento reduziu o $\dot{V}O_2$ submáximo em 3,5% em uma carga de trabalho de 50 W. Houve redução correspondente no débito cardíaco a 50 W, o que reforça a forte inter-relação entre o $\dot{V}O_2$ e o débito cardíaco.[34] Esse pequeno decréscimo no $\dot{V}O_2$ durante o exercício submáximo, não observado em muitos estudos, pode ter sido decorrente do aumento na economia do exercício (realização da mesma intensidade de exercício com menos movimento não significativo).

Consumo máximo de oxigênio

O $\dot{V}O_{2max}$ é o melhor indicador de capacidade de resistência cardiorrespiratória, aumentando substancialmente em resposta ao treinamento de resistência. Embora tenham sido reportados aumentos pequenos e muito grandes, aumentos de 15-20% são comuns em pessoas previamente sedentárias e que treinam a 50-85% de seu $\dot{V}O_{2max}$ 3-5 vezes por semana, 20-60 minutos por dia, durante seis meses. Como exemplo, é razoável esperar que o $\dot{V}O_{2max}$ de um indivíduo sedentário aumente de 35 mL · kg^{-1} · min^{-1} para 42 mL · kg^{-1} · min^{-1} como resultado desse programa. Isso está muito abaixo dos valores observados em atletas fundistas de classe mundial, cujos valores geralmente variam entre 70-94 mL · kg^{-1} · min^{-1}. Quanto mais sedentário o indivíduo for ao iniciar o programa de exercícios, maior será o aumento de $\dot{V}O_{2max}$.

Adaptações integradas ao exercício crônico de resistência

A esta altura, já deve ter ficado clara a existência de inúmeras adaptações que acompanham o treinamento de resistência, e que tais adaptações afetam inúmeros sistemas fisiológicos. Em geral, os fisiologistas estabelecem modelos que ajudam a explicar como os vários fatores ou variáveis fisiológicas funcionam em conjunto para afetar determinado resultado ou componente do desempenho. A Dra. Donna H. Korzick, fisiologista do exercício na Pennsylvania State University, elaborou uma figura que unifica, em um modelo, os fatores contributivos para a adaptação cardiovascular ao treinamento crônico de resistência (ver Fig. 11.13).

O que limita a potência aeróbia e o desempenho de resistência?

Há alguns anos, os cientistas esportivos estavam divididos com relação ao(s) fator(es) fisiológico(s) importan-

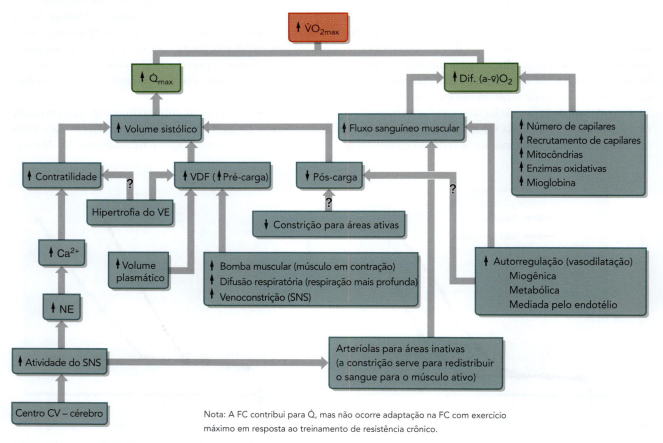

FIGURA 11.13 Adaptações cardiovasculares ao exercício de resistência crônico.
Adaptado com permissão de Donna H. Korzick, Pennsylvania State University, 2006.

te(s) que realmente limita(m) o $\dot{V}O_{2max}$. Por isso, foram propostas duas teorias conflitantes.

Uma teoria defendia que o desempenho de resistência era limitado pela falta de concentrações suficientes de enzimas oxidativas nas mitocôndrias. Os programas de treinamento de resistência aumentam substancialmente essas enzimas oxidativas, permitindo a utilização de maior parcela do oxigênio disponível pelo tecido ativo, o que resultaria em um $\dot{V}O_{2max}$ maior. Além disso, o treinamento de resistência aumenta tanto o tamanho como o número das mitocôndrias musculares. Assim, segundo essa teoria, a principal limitação do consumo máximo de oxigênio é a incapacidade das mitocôndrias existentes de utilizar o oxigênio disponível além de um certo percentual. Essa teoria é conhecida como teoria da utilização.

A segunda teoria propunha que fatores cardiovasculares centrais e periféricos limitam a capacidade de resistência. Essas influências circulatórias impediriam a liberação de quantidades suficientes de oxigênio para os tecidos ativos. Levando em consideração a observação de que o aumento no $\dot{V}O_{2max}$ após o treinamento de resistência resulta do aumento do volume sanguíneo, do aumento do débito cardíaco (via volume sistólico) e da melhor perfusão do músculo ativo com o sangue, essa teoria defendia que tais fatores cardiovasculares constituem o fator limitante para o $\dot{V}O_{2max}$.

Um impressionante volume de dados fala em favor dessa segunda teoria. Em um estudo, os participantes respiraram uma mistura de monóxido de carbono (que se liga irreversivelmente à hemoglobina, limitando a capacidade de transporte de oxigênio por essa molécula) e ar durante o exercício até a exaustão.[26] O $\dot{V}O_{2max}$ diminuiu em proporção direta ao percentual de monóxido de carbono respirado. As moléculas de monóxido de carbono ligaram-se a aproximadamente 15% da hemoglobina total, um percentual que concordava com a redução percentual do $\dot{V}O_{2max}$. Em outro estudo, foram removidos cerca de 15-20% do volume sanguíneo total de cada participante.[11] O $\dot{V}O_{2max}$ diminuiu aproximadamente na mesma proporção relativa. Aproximadamente quatro semanas mais tarde, uma reinfusão de eritrócitos concentrados dos participantes aumentou o $\dot{V}O_{2max}$ bem acima dos valores basais ou das condições de controle. Nos dois estudos, a redução na capacidade de transporte de oxigênio do sangue – seja pelo bloqueio da hemoglobina, seja pela remoção de parte do sangue integral – resultou no fornecimento de menos oxigênio aos tecidos ativos e em uma redução correspondente do $\dot{V}O_{2max}$. Do mesmo modo, outros estudos demonstraram que respirar misturas enriquecidas com oxigênio, em que a pressão parcial do oxigênio no ar inspirado está substancialmente maior, aumenta a capacidade de resistência.

Esses estudos e pesquisas subsequentes indicaram que o suprimento de oxigênio disponível é o principal limitador do desempenho de resistência. Quem limita o $\dot{V}O_{2max}$ é o transporte de oxigênio para os músculos em trabalho, e não as mitocôndrias e enzimas oxidativas disponíveis. O argumento foi que aumentos no $\dot{V}O_{2max}$ com o treinamento devem-se, em grande parte, ao aumento do fluxo sanguíneo máximo e à maior densidade dos capilares musculares nos tecidos ativos. Adaptações da musculatura esquelética (aumentos do conteúdo mitocondrial e da capacidade respiratória das fibras musculares) contribuem significativamente para a capacidade de desempenhar exercícios submáximos, prolongados e de alta intensidade.

A Tabela 11.3 apresenta um resumo das alterações fisiológicas típicas que ocorrem com o treinamento de resistência. Foi feita uma comparação entre os valores no pré e no pós-treinamento para um homem previamente inativo e os valores para um corredor fundista de classe mundial.

Em resumo

› O limiar de lactato aumenta com o treinamento de resistência, permitindo um desempenho em intensidades de exercício mais expressivas, sem um aumento significativo da concentração de lactato sanguíneo.

› No caso do treinamento de resistência, R diminui em cargas de trabalho submáximas, indicando maior uso de ácidos graxos livres como substrato de energia (economia de carboidratos).

› Em geral, o consumo de oxigênio permanece inalterado em repouso, diminuindo ligeiramente ou permanecendo inalterado durante o exercício submáximo que segue o treinamento de resistência.

› O $\dot{V}O_{2max}$ aumenta substancialmente após o treinamento de resistência, mas a quantidade de aumento possível é geneticamente limitada para cada indivíduo. Aparentemente, o principal fator limitante é a liberação de oxigênio para os músculos ativos.

Melhora na potência aeróbia e na resistência cardiorrespiratória em longo prazo

Embora, em geral, o $\dot{V}O_{2max}$ mais elevado que uma pessoa pode atingir seja alcançado em um período de 12-18 meses de intenso treinamento de resistência, o *desempenho* de resistência pode continuar melhorando. É provável que a melhora no desempenho de resistência sem aumento no $\dot{V}O_{2max}$ deva-se a melhoras na capacidade de ter desempenhos em percentuais cada vez mais elevados de $\dot{V}O_{2max}$ durante longos períodos. Considere-se, por exemplo, um homem jovem, corredor, que inicia seu treinamento com

TABELA 11.3 Efeitos típicos do treinamento de resistência em um homem previamente inativo, em comparação com os mesmos valores para outro homem, atleta fundista de classe mundial

Variáveis	Pré-treinamento: homem sedentário	Pós-treinamento: homem sedentário	Corredor fundista de classe mundial
Cardiovasculares			
$FC_{repouso}$ (bpm)	75	65	45
FC_{max} (bpm)	185	183	174
$VS_{repouso}$ (mL/batimento)	60	70	100
VS_{max} (mL/batimento)	120	140	200
$\dot{Q}$ em repouso (L/min)	4,5	4,5	4,5
$\dot{Q}_{max}$ (L/min)	22,2	25,6	34,8
Volume cardíaco (mL)	750	820	1.200
Volume sanguíneo (L)	4,7	5,1	6,0
PA sistólica em repouso (mmHg)	135	130	120
PA_{max} sistólica (mmHg)	200	210	220
PA diastólica em repouso (mmHg)	78	76	65
PA_{max} diastólica (mmHg)	82	80	65
Respiratórios			
$\dot{V}_E$ em repouso (L/min)	7	6	6
$\dot{V}_{Emax}$ (L/min)	110	135	195
VC em repouso (L)	0,5	0,5	0,5
VC_{max} (L)	2,75	3,0	3,9
CV (L)	5,8	6,0	6,2
VR (L)	1,4	1,2	1,2
Metabólicos			
Dif. (a-$\bar{v}$)O_2 em repouso (mL/100 mL)	6,0	6,0	6,0
Dif. máx. (a-$\bar{v}$)O_2 (mL/100 mL)	14,5	15,0	16,0
$\dot{V}O_2$ em repouso (mL · kg^{-1} · min^{-1})	3,5	3,5	3,5
$\dot{V}O_{2max}$ (mL · kg^{-1} · min^{-1})	40,7	49,9	81,9
Lactato sanguíneo em repouso (mmol/L)	1,0	1,0	1,0
Lactato sanguíneo máx. (mmol/L)	7,5	8,5	9,0
Composição corporal			
Peso (kg)	79	77	68
Peso gordo (kg)	12,6	9,6	5,1
Peso magro (kg)	66,4	67,4	62,9
Gordura (%)	16,0	12,5	7,5

Nota: FC = frequência cardíaca; VS = volume sistólico; $\dot{Q}$ = débito cardíaco; PA = pressão arterial; $\dot{V}_E$ = ventilação; VC = volume corrente; CV = capacidade vital; VR = volume residual; Dif. (a-$\bar{v}$)O_2 = diferença arteriovenosa mista de oxigênio; $\dot{V}O_2$ = consumo de oxigênio.

um $\dot{V}O_{2max}$ inicial de 52 mL · kg^{-1} · min^{-1}. Esse corredor atinge seu $\dot{V}O_{2max}$ de pico geneticamente determinado de 71 mL · kg^{-1} · min^{-1} depois de dois anos de treinamento intenso, sendo incapaz de elevá-lo a patamares mais elevados, mesmo fazendo exercícios mais intensos ou mais frequentes. Conforme ilustra a Figura 11.14, nesse ponto o jovem corredor é capaz de correr a 75% de seu $\dot{V}O_{2max}$ (0,75 × 71 = 53,3 mL · kg^{-1} · min^{-1}) em uma corrida de 10 km. Após mais dois anos de treinamento intensivo, o $\dot{V}O_{2max}$ do corredor está inalterado, mas agora ele é capaz

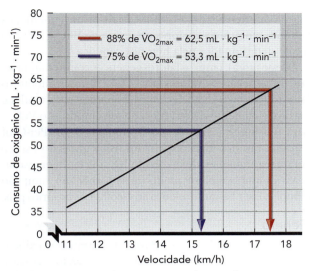

FIGURA 11.14 Mudança no ritmo de corrida com a continuidade do treinamento depois que o consumo máximo de oxigênio parou de aumentar além de 71 mL · kg^{-1} · min^{-1}.

de competir a 88% desse $\dot{V}O_{2max}$ (0,88 × 71 = 62,5 mL · kg^{-1} · min^{-1}). Obviamente, por ser capaz de manter um consumo de oxigênio de 62,5 mL · kg^{-1} · min^{-1}, esse homem consegue correr em um ritmo muito mais acelerado.

Essa capacidade de manter o exercício em um percentual mais elevado de $\dot{V}O_{2max}$ é resultado, em parte, do aumento da capacidade de tamponar o lactato, porque o ritmo de corrida está diretamente relacionado ao valor de $\dot{V}O_2$ em que começa a ocorrer acúmulo de lactato.

Fatores que afetam a resposta do indivíduo ao treinamento aeróbio

Já foram discutidas as tendências gerais das adaptações que ocorrem em resposta ao treinamento de resistência. Contudo, deve-se ter em mente que, neste contexto, faz-se referência às adaptações individuais e que nem todos respondem da mesma maneira. Portanto, devem ser levados em consideração vários fatores que podem afetar a resposta individual ao treinamento aeróbio.

Nível de treinamento e $\dot{V}O_{2max}$

Quanto mais elevado for o estado de condicionamento inicial, menor será a melhora relativa para o mesmo volume de treinamento. Por exemplo, se duas pessoas – uma sedentária e a outra parcialmente treinada – passarem pelo mesmo treinamento de resistência, a pessoa sedentária demonstrará maior progresso relativo (%).

Em atletas completamente maduros, o $\dot{V}O_{2max}$ mais elevado a ser atingido será alcançado em um prazo de 8-18 meses de treinamento de resistência intenso. Isso quer dizer que cada atleta tem um nível máximo alcançável finito de consumo de oxigênio. Essa faixa finita é determinada pela genética, mas pode ser influenciada pelo treinamento no início da infância, durante o desenvolvimento do sistema cardiovascular.

Hereditariedade

Em geral, a capacidade de aumentar os níveis máximos de consumo de oxigênio é geneticamente limitada. Mas isso não significa que cada indivíduo tem um $\dot{V}O_{2max}$ pré-programado que não pode ser excedido. Ao contrário, uma certa faixa de valores para o $\dot{V}O_{2max}$ parece predeterminada pela composição genética do indivíduo e o $\dot{V}O_{2max}$ mais elevado possível para esse indivíduo deve ficar dentro dos limites dessa faixa. Cada indivíduo nasce com uma janela genética predeterminada, e ele pode aumentar ou diminuir o $\dot{V}O_{2max}$ dentro dos limites dessa janela com o treinamento ou o destreinamento físico, respectivamente.

Os estudos sobre a base genética de $\dot{V}O_{2max}$ começaram a ser feitos no final dos anos 1960 e no início dos anos 1970. Estudos recentes demonstraram que gêmeos idênticos (monozigotos) apresentam valores similares para o $\dot{V}O_{2max}$, ao passo que entre gêmeos dizigotos (fraternos) essa variedade é muito maior (ver Fig. 11.15).[5] Cada símbolo representa um par de irmãos. O valor de $\dot{V}O_{2max}$ para o irmão A está indicado pela posição do símbolo no eixo dos x, e o valor de $\dot{V}O_{2max}$ para o irmão B está no eixo dos y. A semelhança entre os valores de $\dot{V}O_{2max}$ dos irmãos pode ser observada pela comparação das coordenadas x e y do símbolo (i. e., o grau de proximidade do símbolo com relação à linha diagonal $x = y$ no gráfico). Resultados similares foram observados para capacidade de resistência,

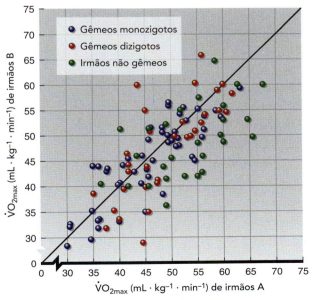

FIGURA 11.15 Comparações de $\dot{V}O_{2max}$ em irmãos gêmeos (monozigotos e dizigotos) e em irmãos não gêmeos.

Adaptado, com permissão, de C. Bouchard et al., "Aerobic performance in brothers, dizygotic and monozygotic twins", *Medicine and Science in Sports and Exercise* 18 (1986): 639-646.

determinada pela quantidade máxima de trabalho realizado em uma corrida de 90 minutos em esforço máximo em um cicloergômetro.

Bouchard et al.[4] concluíram que a hereditariedade é responsável por 25-50% da variância nos valores de $\dot{V}O_{2max}$. Isso significa que, de todos os fatores que influenciam o $\dot{V}O_{2max}$ a hereditariedade, isoladamente, é responsável por um quarto a metade da influência total. Atletas de classe mundial que interromperam o treinamento de resistência continuam tendo, por muitos anos, elevados valores para o $\dot{V}O_{2max}$ em seu estado descondicionado e sedentário. Seus valores para $\dot{V}O_{2max}$ podem diminuir de 85 para 65 mL · kg^{-1} · min^{-1}, mas esse valor "descondicionado" será ainda bastante alto em comparação com a população em geral.

A hereditariedade também pode explicar o fato de algumas pessoas terem valores relativamente elevados para o $\dot{V}O_{2max}$, embora não tenham história de treinamento de resistência. Em um estudo que comparou homens não treinados com valores de $\dot{V}O_{2max}$ abaixo de 49 mL · kg^{-1} · min^{-1} versus homens não treinados com valores para essa mesma variável acima de 62,5 mL · kg^{-1} · min^{-1}, aqueles com valores mais altos se distinguiram por terem valores mais elevados para o volume sanguíneo, o que contribuía para valores mais altos de volume sistólico e de débito cardíaco em intensidades máximas. Mais provavelmente, os volumes sanguíneos maiores no grupo de $\dot{V}O_{2max}$ elevado foram determinados pela herança genética.[11]

Desse modo, tanto os fatores genéticos como os ambientais influenciam os valores do $\dot{V}O_{2max}$. Provavelmente os fatores genéticos estabelecem as fronteiras para o atleta, mas o treinamento de resistência pode empurrar o $\dot{V}O_{2max}$ para um limite acima dessas fronteiras. O Dr. Per-Olof Åstrand, um dos mais respeitados fisiologistas do exercício na segunda metade do século XX, declarou em várias ocasiões que o melhor modo de se tornar um campeão olímpico é ser bastante seletivo ao escolher os próprios pais.

Gênero

Meninas e mulheres saudáveis não treinadas exibem valores de $\dot{V}O_{2max}$ significativamente mais baixos (20-25% mais baixos) do que meninos e homens saudáveis não treinados. Contudo, atletas fundistas do sexo feminino altamente condicionadas exibem valores muito próximos dos vistos em atletas fundistas do sexo masculino altamente treinados (apenas cerca de 10% mais baixos). Isso será discutido detalhadamente no Capítulo 19. A Tabela 11.4 apresenta as faixas representativas dos valores do $\dot{V}O_{2max}$ por idade, gênero e esporte, para atletas e não atletas.

TABELA 11.4 Valores de consumo máximo de oxigênio (mL · kg^{-1} · min^{-1}) para atletas e não atletas

Grupo ou esporte	Idade	Homens	Mulheres
Não atletas	10-19	47-56	38-46
	20-29	43-52	33-42
	30-39	39-48	30-38
	40-49	36-44	26-35
	50-59	34-41	24-33
	60-69	31-38	22-30
	70-79	28-35	20-27
Beisebol/softbol	18-32	48-56	52-57
Basquetebol	18-30	40-60	43-60
Ciclismo	18-26	62-74	47-57
Canoagem	22-28	55-67	48-52
Futebol americano	20-36	42-60	–
Ginástica artística	18-22	52-58	36-50
Hóquei no gelo	10-30	50-63	–
Hipismo	20-40	50-60	–
Orientação	20-60	47-53	46-60
Raquetebol	20-35	55-62	50-60
Remo	20-35	60-72	58-65
Esqui alpino	18-30	57-68	50-55
Esqui nórdico	20-28	65-94	60-75
Salto de esquis	18-24	58-63	–
Futebol	22-28	54-64	50-60

(continua)

TABELA 11.4 Valores de consumo máximo de oxigênio (mL · kg⁻¹ · min⁻¹) para atletas e não atletas

Grupo ou esporte	Idade	Homens	Mulheres
Patinação de velocidade	18-24	56-73	44-55
Natação	10-25	50-70	40-60
Atletismo, lançamento de disco	22-30	42-55	*
Atletismo, corrida	18-39	60-85	50-75
	40-75	40-60	35-60
Atletismo, arremesso de peso	22-30	40-46	*
Voleibol	18-22	–	40-56
Halterofilismo	20-30	38-52	*
Luta greco-romana	20-30	52-65	–

* Dados não disponíveis.

Indivíduos muito e pouco responsivos

Durante muitos anos, os cientistas observaram amplas variações no grau de melhora do $\dot{V}O_{2max}$ com o treinamento de resistência. Estudos demonstraram melhoras individuais no $\dot{V}O_{2max}$, variando entre 0%-50% ou mais, mesmo em voluntários com o mesmo condicionamento que passaram exatamente pelo mesmo programa de treinamento.

No passado, os fisiologistas esportivos acreditavam que essas variações decorriam de diferentes graus de cooperação com o programa de treinamento. Assim, participantes cooperativos poderiam obter e obteriam percentuais mais elevados de progresso, e participantes pouco cooperativos demonstrariam pouco ou nenhum progresso. Contudo, diante do mesmo estímulo de treinamento e estando subentendida a máxima cooperação com o programa, ainda ocorrem variações substanciais nos progressos percentuais nos valores do $\dot{V}O_{2max}$ para diferentes pessoas.

Atualmente, é evidente que a resposta a um programa de treinamento também é geneticamente determinada. Isso está ilustrado na Fig. 11.16. Dez pares de gêmeos idênticos cumpriram um programa de treinamento de resistência com duração de 20 semanas; os progressos no $\dot{V}O_{2max}$, expressos como percentuais, estão no gráfico para cada par de gêmeos – gêmeo A no eixo dos *x* e gêmeo B no eixo dos *y*.[27] Deve-se observar a semelhança em termos de resposta para cada par de gêmeos. Ainda assim, com relação aos pares de gêmeos, o progresso variou de 0-40%. Esses resultados e os dados de outros estudos indicam que haverá indivíduos **muito responsivos** (grande progresso) e **pouco responsivos** (pouco ou nenhum progresso) entre grupos de pessoas que cumprem programas de treinamento idênticos. Mas, embora possa haver envolvimento de variantes genéticas, essas variantes parecem estar associadas aos mecanismos fisiológicos (aumento do débito cardíaco, expansão do volume sanguíneo, extração mais eficiente do oxigênio muscular) que dão base a essas diferenças.[20]

Os resultados do *Heritage Family Study* também reforçam o conceito da existência de um forte componente genético na magnitude do aumento do $\dot{V}O_{2max}$ com o treinamento de resistência. Famílias (mãe e pai biológicos e três ou mais filhos) treinaram três dias por semana durante 20 semanas, exercitando-se inicialmente em uma frequência cardíaca igual a 55% de seu $\dot{V}O_{2max}$ por 35 min/dia, tendo progredido para uma frequência cardíaca igual a 75% de seu $\dot{V}O_{2max}$ durante 50 min/dia ao final da 14ª semana, um ritmo mantido pelos participantes nas últimas seis semanas.[3] O aumento médio do $\dot{V}O_{2max}$ foi de cerca de 17%, mas variou de 0 a mais de 50%. A Figura 11.17 ilustra o aumento no $\dot{V}O_{2max}$ para cada indivíduo em cada família. A herdabilidade máxima foi estimada em 47%. É preciso notar que os participantes que respondem intensamente tendem a ficar agrupados nas mesmas famílias, o que também ocorre com os voluntários pouco responsivos.

Agora ficou claro que se trata de um fenômeno genético, e não do resultado da presença ou ausência de coo-

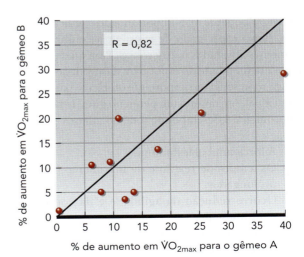

FIGURA 11.16 Variações no aumento percentual do $\dot{V}O_{2max}$ para gêmeos idênticos que cumpriram o mesmo programa de treinamento de 20 semanas.

Reproduzido com permissão de D. Prud'homme et al., "Sensitivity of maximal aerobic power to training is genotype-dependent", *Medicine and Science in Sports and Exercise* 16(5) (1984): 489-493.

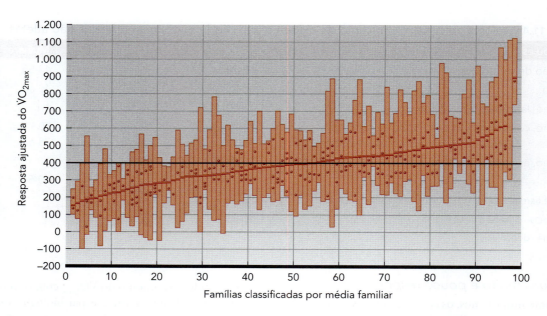

FIGURA 11.17 Variações no progresso do $\dot{V}O_{2max}$ após 20 semanas de treinamento de resistência por família. Os valores representam as mudanças no $\dot{V}O_{2max}$ em mL/min, com aumento médio de 393 mL/min. Cada barra representa os dados para uma determinada família, e o valor para cada membro da família está representado por um ponto no interior da barra.

Adaptado, com permissão, de C. Bouchard, P. An, T. Rice, J.S. Skinner, J.H. Wilmore et al., "Familial aggregation of $\dot{V}O_{2max}$ response to exercise training. Results from HERITAGE Family Study," *Journal of Applied Physiology* 87 (1999): 1003-1008.

peração. Esse importante ponto, assim como as diferenças individuais, deverá ser sempre levado em consideração na condução de estudos de treinamento e no planejamento de programas de treinamento.

Resistência cardiorrespiratória em esportes não dependentes de resistência

Muitas pessoas consideram a resistência cardiorrespiratória o componente mais importante do condicionamento físico. Baixa capacidade de resistência conduz à fadiga, mesmo nas atividades não aeróbias. Para qualquer atleta, independentemente do esporte ou da atividade praticada, a fadiga representa um importante obstáculo para o desempenho ideal. Até mesmo um pequeno grau de fadiga pode comprometer o desempenho total do atleta:

- A força muscular diminui.
- Os tempos de reação e de movimento ficam mais prolongados.
- Ocorre redução da agilidade e da coordenação neuromuscular.
- Ocorre retardo na velocidade de movimentação do corpo como um todo.
- A concentração e o estado de alerta ficam diminuídos.

O declínio na concentração e no estado de alerta associado à fadiga é particularmente importante. O atleta pode se tornar descuidado e mais propenso a sofrer lesões graves, especialmente em esportes de contato. Embora algumas vezes essas diminuições no desempenho sejam pequenas, podem ser suficientes para fazer o atleta perder um fundamental arremesso livre no basquete, errar o pênalti no último minuto da partida de futebol ou desperdiçar um *putt* curto de 6 m no golfe.

Todos os atletas podem ser beneficiados com a melhora de sua resistência cardiorrespiratória. Até mesmo os golfistas, cujo esporte é pouco exigente em termos de resistência aeróbia, podem melhorar, pois o aumento da resistência pode permitir que esses desportistas completem uma rodada no campo de golfe com menor fadiga e passem a suportar melhor os longos períodos em que precisam caminhar e ficar de pé.

Para o adulto de meia-idade sedentário, numerosos fatores relacionados à saúde indicam que a resistência cardiovascular deve ser a principal ênfase do treinamento. O treinamento para a saúde e a obtenção de condicionamento físico será discutido detalhadamente na parte VII deste livro.

A necessária extensão do treinamento de resistência varia consideravelmente de um esporte para outro e de um atleta para outro. Isso depende da atual capacidade de resistência do atleta e das demandas, em termos de resistência, da atividade escolhida. No entanto, um condicionamento cardiovascular adequado deve se situar na base do programa de condicionamento geral de qualquer atleta.

Em resumo

> Embora a melhora no $\dot{V}O_{2max}$ tenha um limite superior, o desempenho de resistência ainda pode continuar melhorando por mais alguns anos com a continuidade do treinamento.
> O patrimônio genético do indivíduo predetermina a faixa para seu $\dot{V}O_{2max}$, sendo responsável por 25-50% da variação nos valores desse fator.
> A hereditariedade também explica, em grande parte, as variações individuais na resposta a programas de treinamento idênticos.
> Atletas fundistas mulheres altamente condicionadas têm valores de $\dot{V}O_{2max}$ que são apenas cerca de 10% inferiores aos valores de atletas fundistas homens altamente condicionados.
> Independentemente do seu esporte ou evento, todos os atletas podem se beneficiar da maximização de sua resistência cardiorrespiratória.

Descondicionamento aeróbio

Questões relacionadas ao descondicionamento são particularmente relevantes para o repouso no leito associado a doenças e a incapacitações, bem como para o programa espacial, uma vez que a gravidade zero e o repouso no leito promovem declínios semelhantes no $\dot{V}O_{2max}$. De acordo com uma análise recente, desde 1949 foram publicados 80 estudos com um total de 949 participantes; tais estudos relataram os efeitos do repouso total no leito no $\dot{V}O_{2max}$.[29] As pesquisas foram realizadas sobretudo com base em jovens (faixa etária: 22-34 anos), do gênero masculino (> 90%), com períodos de 1-90 dias de repouso na cama. Foi observada razoável linearidade nos declínios no $\dot{V}O_{2max}$ durante os períodos de repouso prolongado no leito.

Surpreendentemente, embora o peso corporal e a massa corporal magra diminuam em resposta ao repouso no leito, essas mudanças não estão relacionadas ao declínio no $\dot{V}O_{2max}$. O preditor mais importante do grau de declínio do $\dot{V}O_{2max}$ foi o nível de condicionamento físico dos voluntários no início do período de repouso. Níveis iniciais mais altos de $\dot{V}O_{2max}$ foram associados a maiores quedas nesse indicador.

Adaptações ao treinamento anaeróbio

Em atividades musculares que dependem da produção de força em nível quase máximo durante períodos relativamente curtos, como as corridas de velocidade, grande parte das necessidades de energia é atendida pelo sistema ATP-fosfocreatina (sistema ATP-PCr) e pela degradação anaeróbia do glicogênio muscular (glicólise). As seções a seguir enfocam a treinabilidade desses dois sistemas.

Mudanças na potência anaeróbia e na capacidade anaeróbia

Pesquisadores da área do exercício têm tido dificuldade em chegar a um consenso quanto ao teste laboratorial ou de campo para medir a potência anaeróbia. Ao contrário do que ocorre com a potência aeróbia, para qual o $\dot{V}O_{2max}$ é geralmente tido como a medida de referência, não existe um teste que isoladamente meça a potência anaeróbia de forma adequada. Quase todos os estudos publicados foram realizados com base em três testes diferentes abarcando a potência anaeróbia e/ou a capacidade anaeróbia: o teste anaeróbio de Wingate, o teste de potência crítica e o teste do déficit máximo acumulado de oxigênio. Dentre os três, o teste de Wingate tem sido o mais comumente utilizado. Apesar das limitações inerentes a cada um desses métodos, eles permanecem sendo nossos únicos indicadores indiretos do potencial metabólico da capacidade anaeróbia.

Conforme descrito no Capítulo 9, o teste anaeróbio de Wingate é habitualmente utilizado na mensuração da potên-

cia anaeróbia. A potência de pico, a mais intensa potência mecânica conseguida durante os primeiros 5-10 s, é considerada um indicador de potência anaeróbia. A produção média de potência é computada como a média dessa variável ao longo do período total de 30 s, e o trabalho total é obtido simplesmente com a multiplicação da produção média de potência por 30 s. Tanto a produção média de potência como o trabalho total são utilizados como indicadores da capacidade anaeróbia.

No caso do treinamento anaeróbio, por exemplo, o treinamento de velocidade na pista ou em um cicloergômetro, ocorrem incrementos tanto na potência anaeróbia de pico como na capacidade anaeróbia. Mas os resultados variam amplamente de um estudo para o outro, desde os que demonstram mínimas elevações até os que revelam aumentos de até 25%.

Adaptações no músculo com o treinamento anaeróbio

Com o treinamento anaeróbio, que envolve treinamento de velocidade e treinamento de resistência, ocorrem mudanças no músculo esquelético que refletem especificamente o recrutamento das fibras musculares para esses tipos de atividade. Conforme já discutido no Capítulo 1, em situações que envolvem intensidades maiores, as fibras musculares tipo II são recrutadas em maior quantidade, mas não exclusivamente, porque as fibras tipo I continuam sendo recrutadas. Em geral, as atividades de velocidade e de resistência utilizam as fibras musculares tipo II em quantidade significativamente maior do que no caso de atividades aeróbias. Consequentemente, tanto as fibras musculares tipo IIa como as fibras IIx exibirão aumento nas suas áreas da secção transversal. A área da secção transversal das fibras tipo I também fica aumentada, mas geralmente em menor grau. Além disso, com o treinamento de velocidade, parece haver redução no percentual de fibras tipo I e aumento no percentual de fibras tipo II, ocorrendo maior mudança nas fibras tipo IIa. Em dois desses estudos, em que voluntários praticaram corridas de velocidade de 15-30 s em intensidade máxima, o percentual das fibras tipo I diminuiu de 57 para 48%, e o das fibras tipo IIa aumentou de 32 para 38%.[17,18] Em geral, essa mudança de fibras tipo I para tipo II não é observada em pessoas com treinamento de resistência.

Adaptações nos sistemas de energia

Assim como o treinamento aeróbio gera mudanças no sistema de energia aeróbia, o treinamento anaeróbio altera os sistemas energéticos ATP-PCr e glicolítico anaeróbio. Essas mudanças não são tão óbvias ou previsíveis como as que resultam do treinamento de resistência, mas realmente melhoram o desempenho em atividades anaeróbias.

Adaptações no sistema ATP-PCr

Atividades que enfatizam a produção de força muscular máxima, como os eventos de velocidade e levantamento de peso, dependem muito do sistema ATP-PCr para obtenção de energia. Qualquer esforço máximo que dure menos de 6 s impõe as maiores demandas na degradação e na ressíntese de ATP e PCr. Costill et al. publicaram seus achados com base em um estudo de treinamento de força e seus efeitos no sistema ATP-PCr.[8] Os participantes desse estudo treinavam fazendo extensões máximas do joelho. Uma perna era treinada em sessões de trabalho máximo com duração de 6 s e 10 repetições. Esse tipo de treinamento forçava preferencialmente o sistema de fornecimento de energia ATP-PCr. A outra perna era treinada com sessões máximas repetidas de 30 s que, por sua vez forçava preferencialmente o sistema glicolítico.

As duas formas de treinamento promoviam os mesmos ganhos de força muscular (cerca de 14%) e a mesma resistência à fadiga. Como é possível observar na Figura 11.18, as atividades das enzimas musculares anaeróbias creatina quinase e mioquinase aumentavam como resultado do treinamento com sessões de 30 s, mas ficavam quase inalteradas na perna treinada com esforços máximos repetidos de 6 s. Esse achado levou à conclusão de que as sessões de velocidade máxima (6 s) podiam aumentar a força muscular, mas pouco contribuíam para os mecanismos responsáveis pela degradação de ATP e PCr. No entanto, foram publicados dados que demonstram ganhos nas atividades enzimáticas do sistema ATP-PCr com sessões de treinamento com apenas 5 s de duração.

Independentemente dos resultados conflitantes, tais estudos sugerem que o principal valor das sessões de treinamento que duram apenas alguns segundos (tiros de velocidade) está no desenvolvimento da força muscular. Esses ganhos de força capacitam o indivíduo a realizar determinada tarefa com menor esforço, diminuindo o risco de fadiga. Ainda não se sabe se essas mudanças permitem ao músculo realizar mais trabalho anaeróbio, embora um teste de fadiga com corrida de velocidade de 60 s sugira que o treinamento anaeróbio curto do tipo de velocidade não melhora a resistência anaeróbia.[8]

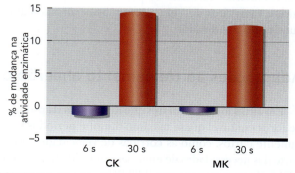

FIGURA 11.18 Mudanças nas atividades de creatina quinase (CK) e mioquinase muscular (MK) como resultado de sessões de 6 s e 30 s de treinamento anaeróbio máximo.

Adaptações no sistema glicolítico

O treinamento anaeróbio (sessões de 30 s) aumenta a atividade de diversas enzimas glicolíticas essenciais. As enzimas glicolíticas mais frequentemente estudadas são: fosforilase, fosfofrutoquinase (PFK) e lactato desidrogenase (LDH). As atividades dessas três enzimas aumentaram entre 10%-25% com sessões de treinamento repetidas de 30 s, mas pouco mudaram com sessões curtas (6 s), que forçavam principalmente o sistema ATP-PCr.[8] Em outro estudo, corridas de velocidade de 30 s com esforço máximo aumentaram significativamente a hexoquinase (56%) e a PFK (49%), mas não a atividade total da fosforilase ou da LDH.[21]

Considerando que tanto a PFK como a fosforilase são essenciais para a produção anaeróbia de ATP, esse tipo de treinamento poderia aumentar a capacidade glicolítica e permitir que o músculo desenvolvesse maior tensão durante um período mais longo. Mas, como se pode ver na Figura 11.19, essa conclusão não é corroborada por resultados de um teste de desempenho de velocidade com duração de 60 s em que os voluntários fizeram extensão e flexão máximas do joelho. A produção de potência e a velocidade da fadiga (que fica evidenciada pelo decréscimo na produção de potência) foram afetadas no mesmo nível após o treinamento de velocidade com sessões de treinamento com duração de 6 ou 30 s. Assim, pode-se concluir que os ganhos de desempenho obtidos a partir dessas formas de treinamento são resultantes de melhoras na força, e não da produção anaeróbia de ATP.

Adaptações ao treinamento intervalado de alta intensidade

No Capítulo 9 foi introduzida uma forma especial de treinamento com o uso de breves períodos de pedalagem muito intensa, intercalados com até alguns minutos de descanso ou de pedalagem em baixa intensidade, para recuperação.[14] O treinamento intervalado de alta intensidade (TIAI/HIIT) é uma maneira eficiente, em termos de tempo, para a indução de muitos benefícios do treinamento aeróbio normalmente associados à prática contínua de corrida, ciclismo ou natação.

As adaptações ao TIAI refletem aquelas associadas ao treinamento aeróbio mais tradicional. Em um estudo, voluntários jovens não treinados realizaram 4-6 tiros de velocidade de 30 segundos, separados por 4 minutos de recuperação, três vezes por semana. Esses homens apresentaram as mesmas mudanças benéficas no coração, vasos sanguíneos e músculos, em comparação a outro grupo que tinha passado por um programa de treinamento tradicional envolvendo até uma hora de pedalagem contínua, cinco dias por semana. As melhoras observadas no desempenho do exercício – medidas como o tempo de pedalagem até a exaustão em uma intensidade fixa de trabalho, ou em testes cronometrados que mais se assemelham à competição atlética normal – foram comparáveis entre os grupos, apesar das diferenças consideráveis no comprometimento com o tempo de treinamento.[14] O treinamento intervalado de alta intensidade parece estimular algumas das mesmas vias de sinalização molecular que regulam a remodelação do músculo esquelético em resposta ao treinamento de resistência, inclusive a biogênese mitocondrial e as mudanças na capacidade de transporte e oxidação de carboidratos e gorduras.

Conforme discutido no Capítulo 9, os atletas que já treinam vigorosamente também podem melhorar o

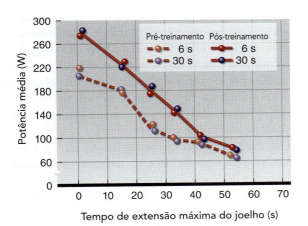

FIGURA 11.19 Desempenho em uma sessão de velocidade com duração de 60 s depois do treinamento com sessões anaeróbias de 6 s e 30 s. Os voluntários são os mesmos da Figura 11.18.

Em resumo

› Sessões de treinamento anaeróbio melhoram tanto a potência como a capacidade anaeróbia.

› Aparentemente, a melhora de desempenho observada com o treinamento anaeróbio do tipo de velocidade é resultante mais dos ganhos de força do que de melhoras no funcionamento dos sistemas de energia anaeróbia.

› O treinamento anaeróbio aumenta as enzimas dos sistemas ATP-PCr e glicolítico, mas não tem efeito nas enzimas oxidativas.

› Por outro lado, o treinamento aeróbio aumenta as enzimas oxidativas, mas tem pouco efeito nas enzimas do sistema ATP-PCr ou glicolítico.

› As adaptações ao TIAI refletem aquelas associadas ao treinamento aeróbio mais tradicional. O treinamento intervalado de alta intensidade parece estimular algumas das mesmas vias de sinalização molecular que regulam a remodelagem da musculatura esquelética em resposta ao treinamento de resistência, como, por exemplo, a biogênese mitocondrial e as mudanças na capacidade de transporte e oxidação dos carboidratos e das gorduras.

Perspectiva de pesquisa 11.2
Subida breve e intensa de degraus

O baixo condicionamento cardiorrespiratório é um importante preditor de doenças cardiovasculares e de morte. Em geral, as orientações de saúde pública recomendam 150 min/semana de atividade física de intensidade moderada para que sejam obtidos benefícios à saúde; contudo, menos de 15% dos norte-americanos cumprem essa recomendação. Falta de tempo e falta de equipamento necessário são os dois motivos mais citados para que não se cumpra a meta diária de atividade física recomendada. Por esse motivo, pesquisadores de saúde pública e fisiologistas do exercício estão interessados em descobrir protocolos de exercícios mais acessíveis e mais breves, mas que alcancem os mesmos benefícios de saúde que os obtidos com a atual recomendação de 150 min/semana de exercícios de intensidade moderada.

O treinamento intervalado de alta intensidade, ou TIAI/HIIT, que envolve sessões breves e intermitentes de exercícios de alta intensidade separadas por períodos de recuperação, melhora o condicionamento cardiorrespiratório. Foi demonstrado que o treinamento intervalado com *sprints* de velocidade melhora o condicionamento e a sensibilidade à insulina na mesma medida que um protocolo de exercício contínuo de intensidade moderada, que exigia cinco vezes mais tempo para sua conclusão. Conhecedora desse fato, recentemente uma equipe de pesquisa da Universidade McMaster, no Canadá, conduziu uma série de estudos para verificar se subidas breves e intensas de degraus – uma atividade de alta intensidade e imediatamente disponível – poderiam melhorar o condicionamento cardiorrespiratório.[1] Nesses estudos, mulheres jovens e sedentárias participaram em uma comparação entre exercícios agudos, como garantia de que o protocolo de subida de escadas promovia as mesmas respostas fisiológicas agudas obtidas com um treinamento intervalado com *sprints* de velocidade clássico em uma bicicleta ergométrica e com uma intervenção de treinamento com duração de 6 semanas. No período de intervenção, as voluntárias foram instruídas a fazer três sessões de 20 segundos em intensidade total, subindo as escadas o mais rápido possível, com 2 minutos de recuperação entre sessões, 3 dias/semana.

As respostas à produção de trabalho, frequência cardíaca, lactato sanguíneo e RPE foram equivalentes, tanto para o protocolo breve e intenso de subir escadas como para o protocolo clássico de treinamento intervalado com *sprints* de velocidade. Transcorridas 6 semanas de treinamento em subida de escadas, o condicionamento cardiorrespiratório ($\dot{V}O_{2pico}$) tinha melhorado em 12%, semelhante a achados de outros estudos que usaram um cicloergômetro para administrar o treinamento intervalado com *sprints* de velocidade. E, mais importante ainda, a equipe do estudo também informou que as participantes completaram 99% de todas as sessões de treinamento e que o tempo médio necessário para concluir o treinamento foi ≤ 9 minutos/semana. Portanto, subidas de escada breves e intensas constituem uma modalidade de exercício eficiente em termos de tempo e facilmente acessível, capaz de aumentar o condicionamento cardiorrespiratório em adultos sedentários.

---

desempenho com a integração do TIAI aos seus regimes de treinamento. Mas os mecanismos para esses progressos parecem diferir.[13] Os rápidos aumentos nas enzimas oxidativas do músculo esquelético, observados em pessoas que previamente não tinham qualquer treinamento, não ficam evidenciados em indivíduos já treinados que adicionam o TIAI aos seus exercícios. Ainda não foram completamente esclarecidas as adaptações subjacentes para melhorar o desempenho nesses atletas.

Especificidade do treinamento e do *cross-training*

As adaptações fisiológicas em resposta ao treinamento físico são altamente específicas para a natureza da atividade treinada. Além disso, quanto mais específico for o programa de treinamento para determinado esporte ou atividade, maior será o progresso no desempenho nesse esporte ou atividade. Conforme foi discutido no Capítulo 9, o conceito de **especificidade de treinamento** é muito importante para todas as adaptações fisiológicas.

Esse conceito também é importante para os testes aplicados a atletas. Por exemplo, para medir de modo acurado os progressos de resistência, os atletas devem ser testados quando estão envolvidos em uma atividade similar ao esporte ou à atividade que habitualmente praticam. Considere-se um estudo de remadores, ciclistas e esquiadores da modalidade *cross-country* altamente treinados. Seus valores de $\dot{V}O_{2max}$ foram testados enquanto eles estavam realizando dois tipos de trabalho: corrida em aclive em uma esteira ergométrica e desempenho máximo em sua atividade esportiva específica.[33] O achado mais importante, ilustrado na Figura 11.20, foi que os valores de $\dot{V}O_{2max}$ alcançados por todos os atletas durante a atividade esportiva específica eram tão ou mais altos que os valores obtidos na esteira ergométrica. Para muitos desses atletas, os valores de $\dot{V}O_{2max}$ foram substancialmente mais elevados durante a prática da atividade esportiva específica.

Um modelo muito criativo utilizado para o estudo do conceito de especificidade do treinamento envolve o treinamento físico em uma das pernas; a outra perna, não treinada, é utilizada como controle. Em um estudo, os participantes foram alocados para três grupos: o primeiro grupo fez treinamento de velocidade para uma perna e de resistência para a outra; o segundo grupo treinou velocidade para uma perna e deixou a outra sem treinamento; e o terceiro grupo treinou para resistência uma perna e

Perspectiva de pesquisa 11.3

Banhos de gelo melhoram a recuperação e aumentam o desempenho de resistência?

Depois do exercício, a imersão em água gelada tornou-se cada vez mais popular em programas de treinamento atlético, em virtude da crença de que essa prática acelera a recuperação. No entanto, são poucos os estudos que investigaram cientificamente o efeito da terapia de imersão em água gelada após o exercício nas respostas adaptativas ao treinamento de resistência, e nenhum estudo analisou esses efeitos com o treinamento intervalado com *sprints* de velocidade. Dos estudos de pesquisa publicados, os resultados foram conflitantes. Alguns sugerem que a imersão em água gelada pode estimular a biogênese das mitocôndrias musculares, além de permitir melhor recuperação e treinamentos mais intensos nas sessões de exercício subsequentes, enquanto outros afirmam que a imersão em água gelada após o exercício pode neutralizar os processos moleculares relacionados ao remodelamento vascular e ter, no longo prazo, efeitos prejudiciais nas adaptações do músculo esquelético ao treinamento de resistência. Em resumo, ainda não ficou clara a utilidade da imersão em água gelada após o exercício, com o objetivo de melhorar a recuperação e o subsequente desempenho.

Um estudo recentemente publicado, realizado na Universidade Victoria, na Austrália, investigou os efeitos da imersão em água gelada no conteúdo e na função mitocondriais no músculo (1) após uma única série de exercício intervalado com *sprints* (TIAI) e (2) após uma intervenção de TIAI com duração de 6 semanas.[7] Os pesquisadores recrutaram homens saudáveis e praticantes de atividades recreativas e os dividiram em dois grupos. Um grupo fez imersão em água gelada após cada sessão de treinamento, enquanto o outro grupo realizou o mesmo treinamento, mas sua recuperação foi passiva, sem uso da água gelada. Em seguida a um período inicial de familiarização, os voluntários fizeram um único treinamento de TIAI, seguido por uma biópsia do músculo esquelético. Depois da intervenção de treinamento de 6 semanas, foi obtida outra biópsia muscular, juntamente com um teste contrarrelógio após o treinamento e uma determinação do $\dot{V}O_{2max}$. Os pesquisadores analisaram as biópsias de músculo esquelético para níveis de p-AMPK, p-p38 MAPK, p-p53 e PGC-1alfa, que são marcadores de conteúdo e função mitocondriais. Em resumo, os pesquisadores não observaram qualquer efeito da imersão em água gelada nas medições efetuadas. Também não houve diferenças entre o grupo de participantes que foram tratados com imersão em água gelada após cada sessão de exercício e o grupo de controle (que fez o treinamento físico sem imersão em água gelada durante a recuperação). Esse programa com TIAI aumentou o $\dot{V}O_{2max}$ e o desempenho do teste contrarrelógio, sem qualquer efeito nos marcadores do conteúdo ou função mitocondriais.

Embora essas descobertas sugiram que a imersão em água gelada não é prejudicial às adaptações de resistência após o treinamento intervalado com *sprints*, também sugerem que esse procedimento – a imersão em água gelada – não traz nenhum benefício às adaptações do treinamento de resistência nem melhoras no condicionamento e no desempenho.

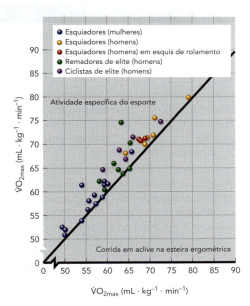

FIGURA 11.20 Valores de $\dot{V}O_{2max}$ durante corrida em aclive na esteira ergométrica *versus* atividades específicas do esporte em grupos selecionados de atletas.

Adaptado, com permissão, de S.B. Strømme, F. Ingjer, e H.D. Meen, "Assessment of maximal aerobic power in specifically trained athletes," *Journal of Applied Physiology* 42 (1977): 833-837.

deixou sem treinamento a outra.[30] Foram obtidas melhoras no $\dot{V}O_{2max}$ e redução da frequência cardíaca e da resposta do lactato sanguíneo em intensidades submáximas de trabalho apenas quando o exercício foi realizado com a perna treinada para resistência.

Boa parte da resposta ao treinamento ocorreu nos músculos específicos que foram treinados, possivelmente mesmo nas unidades motoras específicas em determinado músculo. Essa observação aplica-se tanto às respostas metabólicas como às respostas cardiorrespiratórias ao treinamento. A Tabela 11.5 ilustra as atividades de enzimas musculares selecionadas dos três sistemas de energia para homens não treinados, anaerobiamente treinados e aerobiamente treinados. A tabela mostra que músculos aerobiamente treinados exibem atividades enzimáticas glicolíticas significativamente mais baixas. Assim, podem ter menor capacidade para o metabolismo anaeróbio ou depender menos da energia proveniente da glicólise. Há necessidade de conduzir mais estudos para esclarecer as implicações das alterações musculares que acompanham os treinamentos anaeróbio e aeróbio, mas essa tabela ilustra com nitidez o alto grau de especificidade a determinado estímulo de treinamento.

TABELA 11.5 Atividades de enzimas musculares selecionadas (mmol · g^{-1} · min^{-1}) para homens não treinados, treinados anaerobiamente e treinados aerobiamente

	Não treinados	Anaerobiamente treinados	Aerobiamente treinados
Enzimas aeróbias			
Sistema oxidativo			
Succinato desidrogenase	8,1	8,0	20,8[a]
Malato desidrogenase	45,5	46,0	65,5[a]
Carnitina palmitil transferase	1,5	1,5	2,3[a]
Enzimas anaeróbias			
Sistema ATP-PCr			
Creatina quinase	609,0	702,0[a]	589,0
Mioquinase	309,0	350,0[a]	297,0
Sistema glicolítico			
Fosforilase	5,3	5,8	3,7[a]
Fosfofrutoquinase	19,9	29,2[a]	18,9
Lactato desidrogenase	766,0	811,0	621,0

[a]Diferença significativa em relação ao valor para homens não treinados.

Cross-training refere-se ao treinamento para mais de um esporte ao mesmo tempo, ou ao treinamento para vários componentes do condicionamento físico (p. ex., resistência, força e flexibilidade) de uma só vez. O atleta que treina para nadar, correr e andar de bicicleta como forma de preparação para uma competição de triatlo é exemplo do primeiro caso, e o atleta envolvido simultaneamente nos treinamentos intensos de resistência e da parte cardiorrespiratória com grande intensidade é exemplo do segundo caso.

Para o atleta que treina ao mesmo tempo para força e para resistência cardiorrespiratória, os estudos publicados até agora indicam que podem ocorrer ganhos de força, potência e resistência. Contudo, os ganhos de força e potência musculares são menos expressivos quando o treinamento de força é combinado com o treinamento de resistência, em comparação com o treinamento realizado exclusivamente para força. Aparentemente, a situação oposta não é válida: a melhora da potência aeróbia com o treinamento de resistência não parece ser diminuída pela inclusão de um programa de treinamento de força. Na verdade, a resistência em curto prazo pode ser aumentada com o treinamento de força. Embora os estudos mais antigos corroborem a ideia de que o treinamento simultâneo para força e resistência limita os ganhos de força e potência, McCarthy et al.[23] informaram ganhos semelhantes de força, hipertrofia muscular e ativação neural em um grupo de voluntários sem treinamento prévio que foi submetido simultaneamente ao treinamento de alta intensidade para aquisição de força e ao treinamento de resistência no cicloergômetro, em comparação com um grupo que passou apenas por treinamento de alta intensidade para aquisição de força.

Em resumo

› Para que os atletas maximizem seus ganhos cardiorrespiratórios com o treinamento, deverão passar por um treino específico para o tipo de atividade que costumam praticar.

› O programa deve ser cuidadosamente compatibilizado com as necessidades individuais do atleta, com o objetivo de maximizar as adaptações fisiológicas ao treinamento para, então, otimizar o desempenho.

› Aparentemente, o treinamento de força, em combinação com o treinamento de resistência, não limita o progresso da potência aeróbia e pode melhorar em curto prazo a resistência, mas pode limitar a melhora na força e na potência, em comparação com os ganhos obtidos exclusivamente com o treinamento de força.

Perspectiva de pesquisa 11.4
Idade e respostas ao TIAI/HIIT

O consumo máximo de oxigênio ($\dot{V}O_{2max}$) é um dos preditores mais fortes de expectativa de saúde e de mortalidade cardiovasculares. Mesmo diante de uma atividade aeróbia regular, o $\dot{V}O_{2max}$ diminui ~1% ao ano com o passar do tempo, e esse declínio acelera nas pessoas em idade avançada. Consequentemente, os idosos, que já apresentam maior risco de doenças e mortalidade cardiovasculares, podem se beneficiar mais com intervenções que aumentam o $\dot{V}O_{2max}$. O treinamento intervalado de alta intensidade (TIAI) produz melhoras efetivas no condicionamento aeróbio e na saúde cardiovascular em jovens e adultos de meia-idade saudáveis. Em virtude do empenho de tempo relativamente curto e das melhoras significativas obtidas para o condicionamento, o TIAI pode ser uma estratégia especialmente importante para melhorar o $\dot{V}O_{2max}$ em idosos. Mas são poucos os estudos que procuraram saber como a idade afeta a resposta do treinamento aeróbio ao TIAI em idosos.

Um estudo recentemente publicado com envolvimento de 94 homens e mulheres saudáveis com idades entre 20-83 anos procurou determinar como a idade afetava as melhoras para o $\dot{V}O_{2max}$ em seguida ao treinamento TIAI.[32] Nesse estudo, participantes com valores semelhantes de $\dot{V}O_{2max}$ antes do teste em relação com a idade foram testados imediatamente antes e logo depois de uma intervenção TIAI de 8 semanas. Durante a intervenção, os voluntários do estudo concluíram o treinamento TIAI supervisionado com uma intensidade específica de 90-95% da frequência cardíaca máxima, três vezes por semana. Depois da intervenção TIAI, todos os voluntários melhoraram seu $\dot{V}O_{2max}$. Para o exame das diferenças ligadas à idade, os voluntários foram separados em seis faixas etárias (20-29 anos, 30-39 anos, 40-49 anos, 50-59 anos, 60-69 anos e mais de 70 anos). Todos os grupos melhoraram seu $\dot{V}O_{2max}$, sem que fossem notadas diferenças entre as faixas etárias. Contrastando com a idade, as melhoras percentuais no $\dot{V}O_{2max}$ foram previstas com base no $\dot{V}O_{2max}$ inicial, e os voluntários menos condicionados exibiram os maiores ganhos, independentemente da faixa etária. Indivíduos saudáveis e com condicionamento físico médio podem melhorar o $\dot{V}O_{2max}$ com a prática do TIAI, independentemente da idade; e o TIAI pode ser uma estratégia útil para melhorar o condicionamento físico e retardar o declínio do $\dot{V}O_{2max}$ no processo de envelhecimento saudável.

EM SÍNTESE

Neste capítulo, verificou-se como os sistemas cardiovascular, respiratório e metabólico se adaptam ao treinamento aeróbio e anaeróbio, e também ao treinamento TIAI. Foram enfatizados os meios pelos quais essas adaptações podem melhorar tanto o desempenho aeróbio como o anaeróbio. Esse capítulo conclui a revisão dos modos como os sistemas do corpo respondem tanto ao exercício agudo como ao exercício crônico. Agora que já foi completado o exame de como o corpo humano responde aos desafios internos induzidos pelos vários tipos, durações e intensidades do exercício, o foco de discussão recairá no ambiente externo. Na parte seguinte do livro, serão vistas as adaptações do corpo humano às diversas condições ambientais, começando, no próximo capítulo, pelo estudo de como a temperatura externa pode afetar o desempenho.

PALAVRAS-CHAVE

coração de atleta
cross-training
enzimas oxidativas mitocondriais
equação de Fick

especificidade de treinamento
hipertrofia cardíaca
índice capilar:fibra muscular
preservação de glicogênio

resistência submáxima
sistema de transporte de oxigênio
treinamento aeróbio
treinamento anaeróbio

QUESTÕES PARA ESTUDO

1. Diferencie resistência muscular de resistência cardiovascular.
2. O que é consumo máximo de oxigênio ($\dot{V}O_{2max}$)? Como essa variável é definida fisiologicamente e o que determina seus limites?
3. Qual é a importância de $\dot{V}O_{2max}$ para o desempenho de resistência? Por que nem sempre ganha o competidor com o maior $\dot{V}O_{2max}$?
4. Descreva as mudanças que ocorrem no sistema de transporte de oxigênio com o treinamento de resistência.
5. Qual parece ser a adaptação mais importante no corpo humano em resposta ao treinamento de resistência que nos permite aumentar tanto o $\dot{V}O_{2max}$ como o desempenho? Por meio de quais mecanismos essas mudanças ocorrem?
6. Quais são as razões teóricas oferecidas para a bradicardia em repouso que acompanha o treinamento físico de resistência?
7. Quais as adaptações metabólicas que ocorrem em resposta ao treinamento de resistência?
8. Defina as duas teorias propostas para explicar as limitações ao desempenho aeróbio que podem ser alteradas com o treinamento de resistência. Qual delas é atualmente a mais aceita?
9. Qual é o preditor mais importante do grau de declínio de $\dot{V}O_{2max}$ com a inatividade ou com o repouso no leito?
10. Qual é o grau de importância do potencial genético em um jovem atleta em desenvolvimento?
11. Foi demonstrada a ocorrência de adaptações nas fibras musculares com o treinamento anaeróbio. Que adaptações são essas?
12. Discuta a especificidade do treinamento anaeróbio com relação às mudanças enzimáticas no músculo.
13. É possível que atletas já em regime de treinamento vigoroso ainda melhorem seu desempenho com a integração do TIAI em seus planos de treinamento? Como os mecanismos adaptativos diferem, em relação àqueles observados em indivíduos não treinados que iniciam o TIAI?
14. Por que o *cross-training* (treinamento de diversas modalidades) é benéfico para os atletas fundistas? De que modo esse tipo de treinamento pode beneficiar atletas velocistas e de potência?

PARTE IV
Influências ambientais no desempenho

Nas seções anteriores, foram discutidos os ajustes fisiológicos e a coordenação de sistemas (muscular, nervoso, cardiovascular, respiratório) que permitem às pessoas realizarem atividades físicas. Também foi estudado como esses sistemas se adaptam ao serem expostos ao estresse repetido do treinamento. Na parte IV, a atenção se voltará para a maneira como o corpo responde e se adapta quando desafiado a se exercitar sob condições ambientais extremas. No Capítulo 12, "Exercício em ambientes quentes e frios", serão examinados os mecanismos pelos quais o corpo regula sua temperatura interna, tanto em repouso como durante o exercício. Em seguida, será considerado como o corpo responde e se adapta ao exercício no calor e no frio, juntamente com os riscos para a saúde associados à atividade física em ambientes quentes e frios. No Capítulo 13, "Exercício na altitude", serão discutidos os desafios únicos que o corpo enfrenta ao realizar atividades físicas sob condições de pressão atmosférica reduzida (altitude) e como se adapta a longos períodos na altitude. Em seguida, será discutida a melhor maneira de preparação do atleta para competir na altitude e se o treinamento nessa situação pode ajudar as pessoas a terem melhor desempenho ao nível do mar. Finalmente, serão discutidos os riscos à saúde associados à subida a altas altitudes.

12 Exercício em ambientes quentes e frios

Regulação da temperatura corporal   324

Produção de calor metabólico   324
Transferência de calor entre o corpo
  e o ambiente   325
Controle termorregulatório   328

ANIMAÇÃO PARA A FIGURA 12.5 Mostra a resposta do hipotálamo a mudanças na temperatura corporal.

Respostas fisiológicas ao exercício no calor   331

Função cardiovascular   331
O que limita o exercício no calor?   331
Equilíbrio hídrico corporal: suor   333

VÍDEO 12.1 Apresenta Caroline Smith, que fala sobre métodos de pesquisa para a mensuração das taxas de suor em diferentes partes do corpo e os achados dessa pesquisa.

Riscos para a saúde durante o exercício no calor   335

Medição do estresse térmico   336
Distúrbios relacionados ao calor   337
Complicações com o traço falciforme   339
Prevenção da hipertermia   339

Aclimatação ao exercício no calor   341

Efeitos da aclimatação ao calor   341
Obtenção da aclimatação ao calor   342
Diferenças de gênero   343

Exercício no frio   344

Habituação e aclimatação ao frio   344
Outros fatores que afetam a perda
  de calor corporal   346
Perda de calor na água gelada   347

Respostas fisiológicas ao exercício no frio   348

Função muscular   348
Respostas metabólicas   348

Riscos para a saúde durante o exercício no frio   349

Hipotermia   349
Efeitos cardiorrespiratórios   350
Geladura   351
Asma induzida pelo exercício   351

ANIMAÇÃO PARA A FIGURA 12.15 Mostra o aquecimento do ar ao penetrar no sistema respiratório.

Em síntese   353

Os organizadores do Aberto de Tênis da Austrália de 2014 foram criticados por forçar os jogadores a competir sob calor intenso, já que, em 13 de janeiro daquele ano, as temperaturas atingiram 42°C em Melbourne. A temperatura de pico do dia foi de 42°C, um nível bem próximo do recorde térmico de 45,6°C para janeiro nessa cidade, ocorrido em 1936. O Código Médico do Movimento Olímpico declara que: "Em cada disciplina esportiva, requisitos mínimos de segurança devem ser definidos e aplicados, tendo em vista a proteção da saúde dos participantes e do público durante o treinamento e a competição. Dependendo do esporte e do nível de competição, devem ser adotadas regras específicas em relação às instalações esportivas [e] condições ambientais seguras".[5] Todos os principais órgãos esportivos seguem esse código e contam com estratégias de gerenciamento abrangentes em vigor. Contudo, a Política para Calor Extremo (PCE) do Aberto de Tênis da Austrália é aplicada apenas a critério do árbitro, e foram implementadas somente mudanças mínimas para a proteção dos tenistas em Melbourne.

Vários competidores importantes, incluindo o escocês Andy Murray, pediram – sem sucesso – aos organizadores do Aberto da Austrália que reconsiderassem sua decisão de fazer os tenistas competirem sob temperaturas tão opressivas. O tenista canadense Frank Dancevic desmaiou durante o segundo *set* de sua partida na primeira rodada com o francês Benoit Paire em uma quadra desprovida de sombra, e um menino pegador de bola também desmaiou. O calor era tal que a garrafa plástica de água da dinamarquesa Caroline Wozniacki simplesmente derreteu na quadra, e Jelena Jankovic, da Sérvia, queimou as costas e a região dos posteriores da coxa em um assento descoberto; além disso, ela caiu durante a primeira rodada quando seu tênis de borracha grudou na quadra. Ainda assim, o jogo teve continuidade.

As tensões geradas pelo esforço físico são frequentemente agravadas por condições ambientais. Atividades realizadas em condições extremas de calor ou de frio impõem aos mecanismos reguladores da temperatura corporal um pesado fardo extra enquanto suportam o exercício continuado. Embora em condições normais tais mecanismos sejam extremamente eficazes na regulação do calor corporal, os mecanismos de **termorregulação** podem se revelar inadequados quando o corpo humano é submetido ao calor ou ao frio extremo. Felizmente, o corpo é capaz de se adaptar a esses estresses ambientais mediante a exposição contínua, em um processo conhecido como *aclimatação* (que se refere à adaptação em curto prazo, de dias ou semanas) ou *aclimatização* (denominação mais correta quando se refere às adaptações realizadas em longos períodos, como meses e até anos).

Na discussão a seguir, o foco recairá sobre as respostas fisiológicas aos exercícios agudo e crônico, tanto em ambientes quentes como nos frios. Riscos específicos à saúde estão associados à prática de exercícios nos dois extremos de temperatura; por isso serão também discutidas a prevenção de enfermidades e as lesões relacionadas à temperatura durante o exercício.

Regulação da temperatura corporal

O ser humano é homeotérmico, isto é, sua temperatura corporal interna é fisiologicamente regulada para manter-se em certo nível apesar da variação da temperatura ambiente. Em fisiologia, as temperaturas são expressas em graus centígrados. Para converter °F em °C e vice-versa, deve-se fazer o seguinte:

De °F para °C: subtraia 32° e depois divida por 1,8.
De °C para °F: multiplique por 1,8 e em seguida some 32°.

Embora a temperatura corporal varie de um dia para o outro, e até mesmo de uma hora para a outra, geralmente essas flutuações não ultrapassam 1,0°C. A temperatura corporal só se desvia da faixa normal de 36,1-37,8°C durante um exercício intenso e prolongado, em caso de febre decorrente de doença ou em condições extremas de calor ou de frio. A temperatura corporal reflete o delicado equilíbrio entre a produção e a perda de calor. Sempre que esse equilíbrio é perturbado, a temperatura corporal muda.

Produção de calor metabólico

Somente uma pequena parte (geralmente menos de 25%) da energia produzida pelo corpo (trifosfato de adenosina, ATP) é utilizada em funções fisiológicas como a contração muscular; o restante é convertido em calor. Todos os tecidos ativos produzem calor metabólico (M), o qual deve ser precisamente compensado pela perda térmica para o ambiente de modo que a temperatura corporal interna seja mantida. Se a produção de calor corporal exceder a perda de calor – como costuma ocorrer durante uma atividade aeróbia de intensidade moderada a alta –, o corpo armazenará o calor em excesso e ocorrerá aumento da temperatura interna. A capacidade de manter a temperatura interna constante depende da capacidade de equilibrar o calor metabólico produzido pelo corpo e o calor adquirido do ambiente com o calor perdido pelo corpo. Esse equilíbrio está ilustrado na Figura 12.1.

Exercício em ambientes quentes e frios 325

FIGURA 12.1 Para que a temperatura corporal interna seja mantida em equilíbrio, o corpo precisa equilibrar o calor adquirido por meio dos processos metabólicos e dos fatores ambientais externos, com perda de calor por radiação, condução, convecção e evaporação.

Transferência de calor entre o corpo e o ambiente

Serão examinados agora os mecanismos pelos quais o calor é transferido do indivíduo para o meio ambiente circunjacente e vice-versa. Para que o calor seja transferido do corpo para o ambiente, deve ser mobilizado das partes internas do organismo (da parte central do corpo) para a pele (i. e., para a periferia), onde terá acesso ao ambiente externo. Basicamente, o calor é mobilizado da parte central do corpo até a pele pelo sangue. Apenas quando o calor chega à pele, pode ser transferido para o ambiente pelos seguintes mecanismos: condução, convecção, radiação e evaporação, ilustrados na Figura 12.2.

Condução e convecção

A **condução (K)** de calor envolve a transferência de calor de um material sólido para outro, por meio de contato molecular direto. O corpo pode perder calor quando a pele entra em contato com um objeto frio, como ocorre, por exemplo, quando uma pessoa se senta sobre uma cadeira de arquibancada descoberta em um dia muito frio para assistir a uma partida de futebol. Por outro lado, se um objeto quente for pressionado contra a pele, o calor desse objeto será conduzido para ela, e o corpo receberá esse calor. Se o contato for prolongado, o calor da superfície da pele poderá ser transferido para o sangue que flui através dela, sendo depois transferido para as partes profundas do corpo e elevando a temperatura interna (central). Durante o exercício, a condução como fonte de troca térmica costuma ser desprezível porque a área de superfície corporal em contato com objetos sólidos é pequena, como no caso das plantas dos pés em campos de jogo muito quentes.

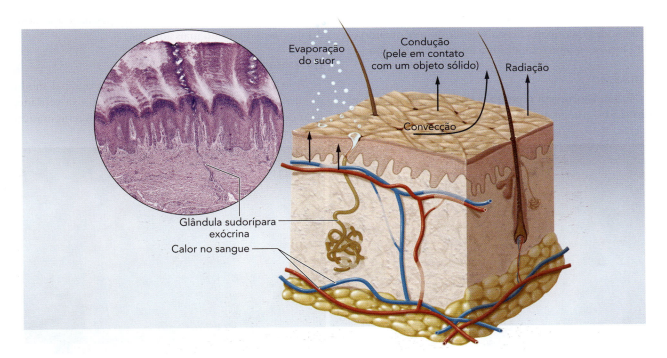

FIGURA 12.2 Remoção do calor da pele. O calor é transportado até a superfície do corpo através do sangue arterial e também, em menor parcela, por condução através do tecido subcutâneo. Quando a temperatura da pele é superior à do ambiente, o calor é removido por condução (se a pele estiver em contato com um objeto), convecção, radiação e evaporação do suor; quando a temperatura ambiente excede a temperatura da pele, o calor só pode ser removido por evaporação.

Por isso, muitos fisiologistas ambientais tratam a troca de calor por condução como desprezível em seus cálculos de equilíbrio e troca de calor.

Por outro lado, a **convecção (C)** envolve a transferência de calor mediante o movimento de um gás ou de um líquido através de uma superfície aquecida. Quando o corpo está parado e há pouco ar em movimento, uma fina camada "limítrofe" de ar não agitado envolve o corpo. No entanto, o ar em torno do corpo está geralmente em movimento constante, em particular durante a prática de exercícios, quando se move o corpo inteiro ou segmentos corporais (p. ex.: o movimento dos braços quando corremos) no ar. Enquanto o ar circula ao redor do corpo e passa sobre a pele, ocorre troca de calor com as moléculas do ar. Quanto maior for o movimento do ar (ou do líquido, como a água), maior será a velocidade de troca de calor por convecção. Assim, em um ambiente mais frio que a temperatura da pele, a convecção permite a transferência de calor da pele para o ar (perda de calor); contudo, se a temperatura do ar estiver mais elevada que a temperatura da pele, o corpo irá adquirir calor através da convecção. Em geral, esses processos são considerados mecanismos de perda de calor, e não se leva em conta o fato de que, quando a temperatura ambiente excede a da pele, o gradiente funciona na direção oposta.

A convecção é importante na rotina diária, uma vez que constantemente remove o calor metabólico gerado em repouso e durante atividades de vida diária, contanto que a temperatura atmosférica seja mais baixa que a temperatura da pele. Contudo, se uma pessoa estiver submersa em água gelada, a quantidade de calor dissipado do corpo para a água poderá ser quase 26 vezes maior do que quando ela está exposta a uma temperatura atmosférica fria similar.

Radiação

Em um corpo em repouso, a **radiação (R)** e a convecção são os principais métodos de descarga do excesso de calor do corpo. Em uma sala à temperatura normal (geralmente entre 21-25°C), o corpo nu perde cerca de 60% do excesso de calor por radiação. O calor é eliminado na forma de raios infravermelhos, que são um tipo de onda eletromagnética. A Figura 12.3 ilustra dois termogramas infravermelhos de um indivíduo.

A pele humana irradia calor constantemente em todas as direções para os objetos à sua volta (roupas, móveis e paredes), mas também pode receber calor radiante de objetos circunjacentes que estiverem mais quentes. Se a temperatura dos objetos circunjacentes for maior que a temperatura da pele, o corpo terá um ganho térmico final por causa da radiação. Com a exposição ao sol, o corpo recebe uma enorme quantidade de calor radiante.

Em conjunto, a condução, a convecção e a radiação são consideradas modos de **troca de calor seco**. A resistência às trocas de calor seco é chamada de **insulação**, conceito bastante conhecido por todas as pessoas no que se refere à vestimenta e ao aquecimento/resfriamento das casas. O isolante ideal é uma camada de ar parado (é preciso lembrar que o ar em movimento provoca perda de calor por convecção), o que pode ser obtido com a retenção de camadas de ar em fibras (penas, lã, fibra de vidro etc.). A insulação obtida por esse processo minimiza a perda de calor indesejada em ambientes frios. Entretanto, durante o exercício, é necessário dissipar calor para o ambiente, o que pode ser feito mais adequadamente com o uso de roupas claras e de tecido fino (para limitar a absorção de calor radiante), permitindo a exposição do máximo de área da superfície da pele. O efeito das roupas na evaporação do suor será discutido mais adiante.

Evaporação

A **evaporação (E)** é, sem dúvida, o principal modo de dissipação térmica durante o exercício. Na verdade, quando a temperatura do ar está próxima à temperatura

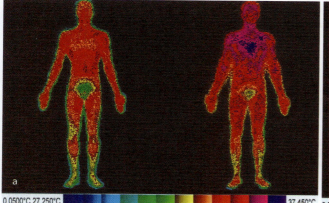 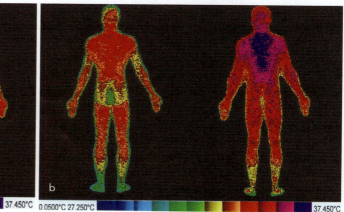

FIGURA 12.3 Termogramas do corpo humano mostrando as variações no calor radiante (infravermelho) que deixam as superfícies (a) anterior e (b) posterior do corpo antes (à esquerda) e depois (à direita) de uma corrida ao ar livre, à temperatura de 30°C e umidade de 75%. A escala de cores no rodapé de cada fotografia permite avaliar a variação de temperatura para as mudanças de cor.

da pele, a única forma disponível para o resfriamento é a evaporação. Quando um líquido evapora, transformando-se em estado gasoso, ocorre perda de calor. Deve-se ter em mente um conceito importante: para haver perda de calor, o suor precisa evaporar. O suor que goteja do corpo permanece junto à pele ou às roupas, especialmente quando o ar está úmido. O suor não evaporado em nada contribui para o resfriamento do corpo, representando apenas uma inútil perda de água corporal. A evaporação é responsável por cerca de 80% da perda total de calor em uma pessoa fisicamente ativa; por isso, é de extrema importância para a perda de calor. Mesmo quando o corpo está em repouso, a evaporação é responsável por 10-20% da perda do calor do corpo, pois sempre ocorre alguma evaporação sem que se perceba (denominado *perda de água insensível*).

À medida que aumenta a temperatura corporal interna, certa temperatura-limite é atingida e a produção de suor também aumenta drasticamente. Quando o suor chega à pele, ele passa da forma líquida à forma de vapor; o calor é perdido pela pele nesse processo, na vaporização latente de calor. Assim, a evaporação do suor torna-se cada vez mais importante à medida que aumenta a temperatura corporal.

A evaporação de 1 L de suor no período de uma hora resulta na perda de 680 W (2.428 kJ) de calor. Para se ter uma ideia da enorme capacidade de resfriamento da evaporação do suor, um maratonista de 70 kg que corre uma maratona em 2 h e 30 min gera cerca de 1.000 W de calor metabólico. Se cada gota do seu suor evaporasse, ele precisaria suar cerca de 1,5 L/h. Considerando que o gotejamento de um pouco de suor é inevitável, uma estimativa melhor da velocidade de perda de suor para manutenção da temperatura corporal interna seria de 2 L/h. Contudo, sem a reposição de líquidos, o maratonista hipotético perderia cerca de 5 L de água ou 7% do seu peso corporal.

Assim como na insulação, que limita a troca de calor seco, as roupas também aumentam a resistência à evaporação do suor. Embora ocorra algum resfriamento da pele com a evaporação do suor presente na superfície molhada das roupas, seu poder de resfriamento é menor que o da evaporação que ocorre diretamente da pele para o ar. Roupas folgadas e feitas de tecidos que permitem a passagem do suor ou o livre movimento das moléculas de vapor de água através dele melhoram o resfriamento por evaporação.

A Figura 12.4 ilustra a complexa interação entre os mecanismos de equilíbrio do calor do corpo (produção e perda) e as condições ambientais.[6] Utilizando os símbolos definidos nos parágrafos anteriores, pode-se representar o estado de equilíbrio térmico por meio de uma equação simples:

$$M - W \pm R \pm C \pm K - E = 0,$$

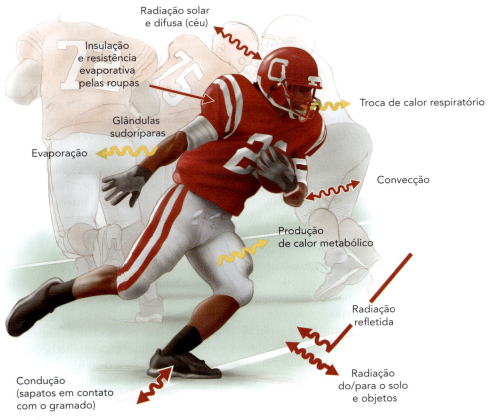

FIGURA 12.4 A complexa interação entre os mecanismos do corpo para o equilíbrio térmico e as condições ambientais.

em que W representa qualquer trabalho útil realizado como resultado da contração muscular. É preciso observar que, embora R, C e K possam ser positivos (ganho de calor) ou negativos (perda de calor), E só pode ser negativo. Quando $M - W \pm R \pm C \pm K - E > 0$, ocorre armazenamento de calor no corpo, com consequente aumento da temperatura corporal interna.

Umidade e perda de calor

A pressão de vapor de água do ar (pressão exercida pelas moléculas de vapor de água em suspensão no ar) desempenha um importante papel na perda de calor por evaporação. *Umidade relativa*, expressão de uso mais comum, relaciona a pressão do vapor de água do ar à pressão do vapor de água do ar completamente saturado (100% de umidade). Quando a umidade do ar está alta, isso significa que ele já contém muitas moléculas de água. Isso diminui sua capacidade de "aceitar" mais água, já que o gradiente de pressão de vapor entre a pele e o ar está diminuído. Portanto, uma grande umidade limita a evaporação do suor e a perda de calor, enquanto uma situação de pequena umidade oferece a oportunidade ideal para a evaporação do suor e a perda de calor. Contudo, esse eficiente mecanismo de resfriamento também apresenta um problema. Se o suor se prolongar e não houver reposição adequada de líquidos, poderá ocorrer desidratação.

Controle termorregulatório

O ser humano passa a vida toda em uma faixa bem pequena e intensamente protegida de temperaturas corporais internas. Se o suor e a evaporação fossem ilimitados, o corpo poderia suportar um calor ambiente extremo (p. ex., mesmo o calor de um forno com temperatura > 200°C, por breves períodos.) se o corpo estivesse protegido do contato com superfícies quentes, Por outro lado, os limites de temperatura para as células vivas variam de aproximadamente 0°C (quando se formam os cristais de gelo) a cerca de 45°C (quando as proteínas intracelulares começam a perder a estrutura espacial), e os seres humanos só conseguem tolerar temperaturas *internas* abaixo de 35°C ou acima de 41°C por breves períodos. Para que a temperatura interna seja mantida dentro desses limites, o corpo humano desenvolveu respostas fisiológicas bastante eficazes e, em alguns casos, especializadas, ao calor e ao frio. Tais respostas envolvem a coordenação precisamente controlada de diversos sistemas do corpo.

Em situação de repouso, a temperatura corporal interna é de aproximadamente 37°C. Em geral, durante o exercício, o corpo não é capaz de dissipar calor com a mesma rapidez com que ele é produzido. Em raras circunstâncias, o indivíduo pode apresentar uma temperatura interna acima de 40°C e uma temperatura acima de 42°C nos músculos ativos. Do ponto de vista químico, os sistemas de fornecimento de energia muscular ficam mais eficientes com um pequeno aumento na temperatura muscular, mas temperaturas corporais internas superiores a 40°C podem afetar o sistema nervoso de modo adverso, reduzindo os esforços subsequentes de eliminação do excesso de calor. De que maneira o corpo humano regula a temperatura interna? Nesse aspecto, o hipotálamo desempenha um papel fundamental (ver Fig. 12.5).

Núcleo pré-óptico no hipotálamo anterior: o termostato do corpo

Uma maneira simples de visualizar os mecanismos que controlam a temperatura corporal interna é compará-los ao termostato que controla a temperatura do ar em uma casa, embora os mecanismos do corpo funcionem de modo mais complexo e em geral mais preciso que um sistema de aquecimento e resfriamento doméstico. Receptores sensitivos, chamados **termorreceptores**, detectam as mudanças na temperatura corporal e encaminham essa informação para o termostato do corpo, localizado em uma região do cérebro chamada **núcleo pré-óptico no hipotálamo anterior (NPOHA)**. Em resposta, o hipotálamo ativa os mecanismos que regulam o aquecimento ou o resfriamento do corpo. Assim como o termostato doméstico, o hipotálamo tem uma temperatura predeterminada, ou um ponto de regulação, que essa estrutura tenta manter. Essa é a temperatura corporal normal. O menor desvio desse ponto de regulação envia sinais ao centro de termorregulação para que a temperatura corporal seja reajustada.

Os termorreceptores estão espalhados por todo o corpo, mas especialmente na pele e no sistema nervoso central. Os receptores periféricos localizados na pele monitoram a temperatura da pele, que varia de acordo com as mudanças ocorridas na temperatura ambiente. Esses receptores fornecem informações não só ao NPOHA, mas também ao córtex cerebral, permitindo que o indivíduo perceba conscientemente a temperatura e, voluntariamente, controle sua exposição ao calor ou ao frio. Considerando que a temperatura cutânea muda bem antes da temperatura corporal interna, esses receptores funcionam como um sistema de alerta avançado para qualquer problema térmico iminente.

Os receptores centrais estão localizados no hipotálamo, em outras regiões do cérebro e na medula espinal e monitoram a temperatura do sangue enquanto ele circula por essas áreas sensíveis. Esses receptores centrais são sensíveis a mudanças de até 0,01°C na temperatura do sangue e também à taxa de mudança. Em virtude dessa extrema sensibilidade, mudanças muito pequenas na temperatura do sangue que passa pelo hipotálamo rapidamente deflagram reflexos que, conforme a necessidade, ajudam na conservação ou na eliminação do calor corporal.

Desafios ambientais à homeostase térmica representam desafios paralelos a muitos outros sistemas de controle

Exercício em ambientes quentes e frios 329

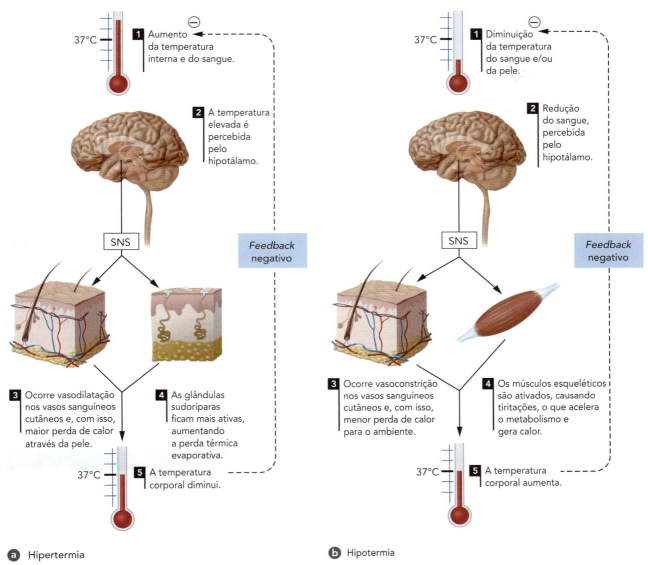

a Hipertermia

b Hipotermia

FIGURA 12.5 Visão geral simplificada do papel do hipotálamo no controle da temperatura corporal durante (a) o estresse causado pelo calor e (b) pelo frio.

corporal, como aqueles que controlam a pressão arterial, o equilíbrio de fluidos e de eletrólitos e o ritmo circadiano. Em testemunho ao intrincado desenho do cérebro humano, esses outros controladores hipotalâmicos estão localizados próximo ao NPOHA, com conexões neurais que coordenam precisamente o controle em todos esses sistemas.

Efetores termorregulatórios

Quando o NPOHA percebe a temperatura acima ou abaixo do normal, sinais são enviados por meio do sistema nervoso simpático para quatro séries de efetores:

- **Arteríolas da pele**. Quando ocorre alguma mudança na temperatura da pele ou na temperatura corporal interna, o NPOHA envia, através do sistema nervoso simpático (SNS), sinais à musculatura lisa das paredes das arteríolas que irrigam a pele, fazendo com que dilatem ou se contraiam. Isso pode aumentar ou diminuir o fluxo sanguíneo cutâneo. A vasoconstrição resulta principalmente da liberação do neurotransmissor noradrenalina pelo SNS, embora também haja envolvimento de outros neurotransmissores nesse processo, facilitando a conservação de calor pela minimização da troca de calor seco. A vasodilatação da pele em resposta ao estresse térmico é um processo mais complexo e menos compreendido. O aumento do fluxo sanguíneo cutâneo ajuda a dissipar o calor para o ambiente por meio da condução, da convecção e da radiação (e, indiretamente, da evaporação, com o aumento da temperatura cutânea). O ajuste fino do fluxo sanguíneo cutâneo é o mecanismo por meio do qual são realizados ajustes imediatos e constantes

no equilíbrio e nas trocas térmicas. Tais ajustes são rápidos e ocorrem sem que haja custo energético real para o corpo.

- **Glândulas sudoríparas exócrinas**. Quando a temperatura da pele ou a temperatura corporal interna está suficientemente elevada, o NPOHA também envia impulsos para as **glândulas sudoríparas exócrinas** através do SNS, resultando na secreção ativa de suor na superfície da pele. O principal neurotransmissor envolvido é a acetilcolina; assim, a ativação das glândulas sudoríparas é denominada estimulação colinérgica simpática. Como as arteríolas cutâneas, as glândulas sudoríparas têm uma capacidade aproximadamente dez vezes maior de responder às elevações na temperatura interna, em comparação com os aumentos similares na temperatura cutânea. A evaporação dessa umidade, conforme já discutido, remove o calor da superfície da pele.
- **Músculo esquelético**. O músculo esquelético é convocado quando há necessidade de gerar mais calor para o corpo. Em um ambiente muito frio, os termorreceptores da pele ou no interior do corpo percebem a temperatura baixa e emitem sinais para o hipotálamo. Em resposta a essa informação neural combinada, o hipotálamo ativa os centros cerebrais que controlam o tônus muscular. Esses centros estimulam a produção de tiritação, que consiste em um ciclo involuntário e rápido de contração e relaxamento dos músculos esqueléticos. Esse aumento na atividade muscular é ideal para a geração de calor – para a manutenção ou o aumento da temperatura corporal –, porque as tiritações não realizam trabalho útil, apenas produzem calor.
- **Glândulas endócrinas**. Os efeitos dos diversos hormônios fazem com que as células acelerem suas taxas metabólicas. Essa aceleração do metabolismo afeta o equilíbrio térmico, por aumentar a produção de calor. O resfriamento do corpo estimula a liberação de tiroxina pela glândula tireoide. A tiroxina pode elevar em mais de 100% a taxa metabólica em todo o corpo. Além disso, é preciso lembrar que a adrenalina e a noradrenalina (catecolaminas) mimetizam e favorecem a atividade do SNS. Assim, esses hormônios afetam diretamente a taxa metabólica de praticamente todas as células do corpo.

Em resumo

> Os seres humanos são homeotérmicos – isso significa que regulam sua temperatura corporal interna por meio de mecanismos fisiológicos, mantendo-a comumente na faixa (em repouso) de 36,1°C -37,8°C, apesar das mudanças na temperatura ambiente.

> O calor corporal é transferido por condução, convecção, radiação e evaporação. Em repouso, a maior parte do calor é perdida por radiação e convecção, mas, durante o exercício, a evaporação transforma-se na mais importante via de perda de calor.

> Quando a temperatura do ar está próxima à temperatura da pele, a única forma disponível de resfriamento é a evaporação de suor. A evaporação de 1 L de suor em uma hora resulta na perda de 680 W (2.428 kJ) de calor.

> Seja qual for a temperatura do ar, a umidade mais alta (i. e., maior pressão de vapor de água no ar ambiente) diminui a capacidade de perder calor por evaporação.

> A área do núcleo pré-óptico/hipotálamo anterior (NPOHA) abriga o principal centro de termorregulação. Essa área funciona como um termostato, monitorando a temperatura corporal e acelerando a perda ou a produção de calor, conforme a necessidade.

> Dois conjuntos de termorreceptores fornecem informações sobre a temperatura para o NPOHA. Os receptores periféricos da pele transmitem informações sobre a temperatura cutânea e do ambiente circunjacente. Os receptores centrais presentes no hipotálamo, em outras regiões do cérebro e na medula espinal transmitem informações sobre a temperatura corporal interna. Os termorreceptores centrais são muito mais sensíveis às mudanças de temperatura se comparados aos receptores periféricos. A principal função dos receptores periféricos é antecipatória, permitindo a execução de ajustes precoces.

> Efetores estimulados pelo hipotálamo através do SNS podem alterar a temperatura corporal. O aumento da atividade dos músculos esqueléticos (voluntário ou involuntário, como no caso do arrepio) faz subir a temperatura ao acelerar a produção de calor metabólico. O aumento da atividade das glândulas sudoríparas diminui a temperatura, pois aumenta a perda de calor por evaporação. A musculatura lisa das arteríolas da pele pode fazer esses vasos dilatarem para reorientar o sangue para a pele, a fim de que haja transferência de calor, ou pode ocorrer constrição, para que o calor seja retido nas partes mais internas do corpo. A produção de calor metabólico também pode ser estimulada pelas ações de hormônios como a tiroxina e as catecolaminas.

Respostas fisiológicas ao exercício no calor

A produção de calor é benéfica quando um indivíduo se exercita em um ambiente frio, pois ajuda a manter a temperatura normal do corpo. Entretanto, mesmo quando esse indivíduo se exercita em um ambiente frio, o grau de calor metabólico representa uma carga considerável para os mecanismos que controlam a temperatura corporal. Nesta seção serão examinadas algumas mudanças fisiológicas que ocorrem como resposta ao exercício, enquanto o corpo fica exposto ao estresse térmico, além do impacto que essas mudanças podem ter no desempenho. Nessa discussão, estresse térmico significa qualquer condição ambiental que aumenta a temperatura corporal e prejudica a homeostase.

Função cardiovascular

De acordo com o que foi visto no Capítulo 8, o exercício aumenta as demandas incidentes no sistema cardiovascular. Somando-se a isso a necessidade de regular a temperatura corporal durante o exercício no calor, o sistema cardiovascular pode ficar sobrecarregado. Nesse cenário, o sistema circulatório precisa continuar levando o sangue não apenas até os músculos de trabalho, mas também até a pele, de onde o tremendo calor gerado nos músculos pode ser transferido para o ambiente. Para atender a essa dupla demanda durante o exercício no calor, ocorrem duas mudanças. Em primeiro lugar, o débito cardíaco aumenta ainda mais (situa-se acima do nível associado a uma intensidade de exercício semelhante em condições de frio), elevando tanto a frequência cardíaca como a contratilidade. Em segundo lugar, o fluxo sanguíneo é desviado das áreas não essenciais (como o intestino, o fígado e os rins) para a pele.

Considere-se o que acontece quando, em um dia quente, um indivíduo decide fazer uma corrida longa. O exercício aeróbio aumenta tanto a produção de calor metabólico quanto a demanda por fluxo sanguíneo e liberação de oxigênio para os músculos em atividade. Esse excesso de calor só poderá ser dissipado se o fluxo sanguíneo na pele aumentar.

Em resposta à elevada temperatura corporal interna (e, em menor magnitude, à temperatura da pele mais elevada), os sinais do SNS, originados no NPOHA, para as arteríolas da pele fazem com que esses vasos dilatem para levar mais calor metabólico até a superfície do corpo. Os sinais do sistema nervoso simpático também chegam ao coração para aumentar a frequência cardíaca e permitir que o ventrículo esquerdo bombeie o sangue com mais vigor. No entanto, a capacidade de aumentar o volume sistólico é limitada pelo acúmulo de sangue na periferia e menor retorno para o átrio esquerdo. Para manter o débito cardíaco em tais circunstâncias, a frequência cardíaca aumenta gradualmente para ajudar a compensar a diminuição do volume sistólico.

As causas desse fenômeno, conhecido como *drift* cardiovascular, foram discutidas no Capítulo 8. Tendo em vista que o volume sanguíneo permanece constante ou até diminui um pouco (porque ocorre perda de líquido no suor), ocorre, simultaneamente, outra fase do ajuste cardiovascular. Os sinais nervosos simpáticos enviados aos rins, ao fígado e aos intestinos provocam a vasoconstrição dessas circulações regionais, permitindo que a maior parte do débito cardíaco disponível alcance a pele sem que haja comprometimento do fluxo sanguíneo para os músculos.

O que limita o exercício no calor?

É rara a quebra de recordes em eventos de resistência (como as corridas de fundo) em um cenário de grande estresse térmico ambiental. Os fatores que provocam a fadiga prematura quando o estresse térmico sobrepõe-se ao exercício prolongado vêm sendo objeto de certa controvérsia e da elaboração de várias teorias. Nenhuma dessas teorias abrange todas as situações possíveis, mas, quando analisadas em conjunto, versam sobre os vários sistemas de controle em atividade durante a termorregulação.

PERSPECTIVA DE PESQUISA 12.1
A desidratação é um desafio para o sistema cardiovascular durante o exercício no calor

Em geral, a desidratação ocorre quando as pessoas se exercitam por períodos prolongados sem reposição adequada de líquidos. Essa queda nos líquidos corporais totais provoca redução na taxa de suor e no fluxo sanguíneo para a pele, o que resulta em aumentos significativos no armazenamento de calor corporal, hipertermia e tensão fisiológica. O comprometimento do fluxo sanguíneo para o músculo esquelético ativo foi proposto como um fator importante na cadeia de eventos que conduzem à fadiga durante o exercício no calor, e a redução geral nos fluidos corporais totais representa um desafio significativo à termorregulação e ao controle cardiovascular durante o exercício.

A desidratação e os aumentos resultantes na temperatura interna que ocorrem durante o exercício submáximo prolongado no calor (p. ex., corrida em longas distâncias, ciclismo) levam a aumentos na frequência cardíaca e na resistência periférica total, a pequenas reduções no volume sanguíneo e pressão arterial média, além de grandes reduções no volume sistólico e no débito cardíaco. Essas alterações acarretam reduções acentuadas no fluxo sanguíneo para os músculos ativos e não ativos, bem como para a circulação da pele e do cérebro. E, mais importante ainda, essas alterações induzidas pelo exercício na função cardiovascular e no fluxo sanguíneo durante a desidratação são evitadas com reidratação oral, ou quando as pessoas desidratadas se exercitam no frio, o que previne a ocorrência de hipertermia. Assim, o impacto da desidratação na função cardiovascular e no desempenho ocorre apenas quando a desidratação está associada à hipertermia durante exercícios prolongados.

Uma queda progressiva no débito cardíaco e no volume sistólico e um aumento compensatório, embora possivelmente prejudicial, na frequência cardíaca são características comuns da tensão cardiovascular induzida pela desidratação observada durante a prática de exercícios aeróbios prolongados no calor. A desidratação progressiva reduz o volume sanguíneo total e o retorno venoso; esses fatores, combinados com uma redução no tempo de enchimento diastólico (que se deve à elevada frequência cardíaca), atuam de forma a diminuir o volume sistólico. É importante destacar que a desidratação e a hipertermia não influenciam as propriedades contráteis do miocárdio; a diminuição no enchimento durante a diástole é a principal responsável pelo débito cardíaco mais baixo, observado em casos de desidratação. Por sua vez, essa redução no débito cardíaco é responsável por reduções na pressão de perfusão e no fluxo sanguíneo para os membros. É improvável que alterações na pressão arterial média sejam responsáveis pelas reduções no fluxo sanguíneo para o cérebro. Pesquisas recentemente publicadas sugerem que essas diminuições podem ser explicadas por reduções hiperventilatórias na pressão parcial de CO_2; mas será preciso que os estudos publicados futuramente forneçam mais evidências antes que possamos ter uma clara ideia desses mecanismos.

Em determinado ponto, o sistema cardiovascular não consegue mais compensar as crescentes demandas de um exercício de resistência contínuo nem fazer a regulagem do calor do corpo de maneira eficiente. Como consequência, qualquer fator que tenda a sobrecarregar o sistema cardiovascular ou a intervir na dissipação térmica poderá comprometer drasticamente o desempenho e/ou aumentar o risco de superaquecimento. O exercício no calor fica limitado quando a frequência cardíaca do indivíduo aproxima-se do nível máximo, em particular quando ele não é treinado ou não está aclimatizado ao calor, como mostra a Figura 12.6. Curiosamente, o fluxo sanguíneo para os músculos em atividade é mantido de forma satisfatória, mesmo em casos de elevadas temperaturas centrais, a menos que haja desidratação significativa.

Outra teoria que ajuda a explicar as limitações do exercício no calor – especialmente em atletas aclimatizados e bem treinados – é a **teoria da temperatura crítica**. Ela propõe que, independentemente da velocidade de aumento da temperatura corporal interna (e, portanto, da temperatura cerebral), o cérebro envia sinais para a interrupção do exercício quando é alcançada certa temperatura crítica, em geral entre 40-41°C.

Pré-resfriamento e desempenho esportivo

Hoje em dia, muitos atletas reduzem artificialmente a temperatura central do corpo antes do exercício, uma prática conhecida como *pré-resfriamento*. Vários métodos são utilizados, inclusive a imersão em água gelada, sentar-se em uma sala resfriada, banhos frios de chuveiro, bolsas ou coletes de resfriamento, e ingestão de bebidas geladas ou de gelo raspado. Se um atleta iniciar com uma temperatura central mais baixa e se esta subsequentemente subir com a mesma velocidade, ela ficará mais baixa em qualquer ponto do exercício ou da competição. Em estudos laboratoriais, essa estratégia geralmente permite que os atletas se exercitem por mais tempo em determinada intensidade sob condições de calor. Mas já foi comprovado que essa prática melhora o desempenho esportivo?

Duas metanálises recentes (revisões estatísticas de estudos já publicados) abordaram essa importante questão.[14,15] Os autores concluíram que o pré-resfriamento *efetivamente* melhorou o desempenho esportivo, em particular nos ambientes quentes. Como era de esperar, o pré-resfriamento teve maior efeito durante os eventos de resistência, como as provas de contagem de tempo do

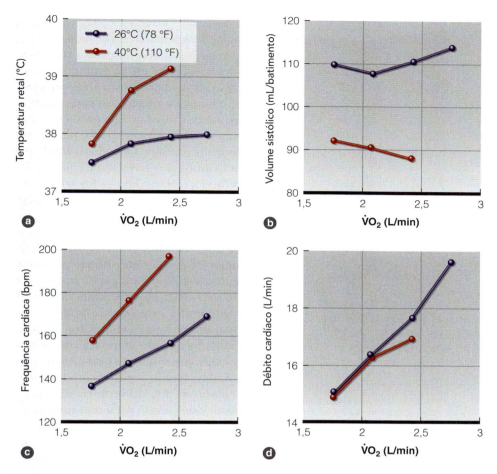

FIGURA 12.6 (a) Temperatura retal e (b-d) respostas cardiovasculares ao exercício incremental em ambientes termoneutros (26°C, círculos azuis) e quentes (43°C, círculos vermelhos). Note que, além das mudanças direcionais nessas variáveis causadas pelo estresse térmico, a máxima intensidade atingida é diminuída quando o exercício é realizado em ambiente quente.
Baseado em Rowell (1974).

ciclismo, mas também foi observada melhora nos tiros de velocidade intermitentes em corridas ou no ciclismo. A eficácia do pré-resfriamento em tiros de velocidade curtos foi mínima. Dos métodos comparados, a ingestão de bebidas geladas foi o procedimento mais promissor. Além disso, os melhores resultados ocorreram em atletas que tinham maior $\dot{V}O_{2max}$.[12]

A segunda análise[11] concluiu que, na verdade, o pré-resfriamento prejudicava o desempenho em provas de velocidade, o que seria de esperar, no caso de queda da temperatura nos músculos ativos. Mas houve melhora nas atividades intermitentes e no desempenho de resistência com o pré-resfriamento. Da mesma forma, as manobras de resfriamento usadas durante o exercício também tiveram sucesso na melhora do desempenho. Não importa se essas manobras são praticadas antes ou durante o exercício, a eficácia dos procedimentos de resfriamento corporal depende (1) da quantidade de resfriamento (intensidade e duração) e (2) do grau de envolvimento do estresse térmico no exercício.

Equilíbrio hídrico corporal: suor

Em dias quentes de verão, é comum que a temperatura ambiente exceda a temperatura da pele e a temperatura corporal interna. Como já foi mencionado, isso torna a evaporação um processo muito mais importante para a perda de calor, porque a radiação, a convecção e a condução, em tal situação, tornam-se vias para ganho de calor do ambiente. Maior dependência da evaporação significa maior necessidade de produzir suor.

As glândulas exócrinas sudoríferas são controladas pela estimulação do NPOHA. A temperatura sanguínea elevada faz com que essa região do hipotálamo transmita impulsos através das fibras nervosas simpáticas até os milhões de glândulas sudoríparas exócrinas distribuídas pela superfície corporal. As glândulas sudoríferas são estruturas tubulares bastante simples que se estendem através da derme e da epiderme, abrindo-se na pele, como ilustrado pela Figura 12.7.

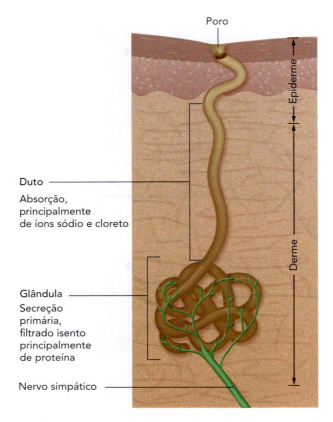

FIGURA 12.7 Anatomia de uma glândula sudorípara exócrina inervada por um nervo colinérgico simpático.

Um segundo tipo de glândula sudorípara, a glândula apócrina, localiza-se em certas regiões do corpo, incluindo face, axilas e regiões genitais. Essas glândulas participam da "perspiração nervosa" e não contribuem de forma significativa para a perda de calor por evaporação. As glândulas sudoríparas exócrinas, por outro lado, desempenham um papel estritamente termorregulatório. Elas estão localizadas na maior parte da superfície da pele, com aproximadamente 2-5 milhões de glândulas cobrindo o corpo inteiro. Estão distribuídas em maior densidade nas palmas das mãos, nas plantas dos pés e na testa. As menores densidades são encontradas no antebraço, nas pernas e nas coxas. Quando se começa a suar, existe uma grande variação regional na taxa de sudorese. Durante o exercício, as taxas de sudorese locais mais altas são tipicamente mensuradas na parte média e inferior do dorso e na testa, ao passo que as menores são observadas nas mãos e nos pés.

O suor é formado pela parte secretória enovelada da glândula, e nesse estágio possui conteúdo de eletrólitos similar ao do sangue, pois o plasma está na origem da formação do suor. Quando o filtrado plasmático avança pelo duto não enovelado da glândula, o sódio e o cloreto são reabsorvidos pelos tecidos circunjacentes e, em seguida, pelo sangue. Como resultado, o suor final extrudado pela superfície da pele através dos poros das glândulas sudoríparas estará hipotônico (i. e., com menos eletrólitos) em relação ao plasma. Em casos de sudorese leve, o suor filtrado avança lentamente pelo ducto, dando tempo para a ocorrência de reabsorção do sódio e do cloreto. Assim, o suor formado quando o indivíduo está suando pouco contém baixíssima quantidade desses eletrólitos quando chega à pele. Contudo, quando a formação de suor aumenta durante o exercício, o filtrado avança mais rapidamente pelos túbulos, dando menos tempo para a ocorrência de reabsorção. Em decorrência disso, as quantidades de sódio e de cloreto presentes no suor podem ser consideravelmente maiores.

Como mostrado na Tabela 12.1, a concentração de eletrólitos no suor de indivíduos treinados e não treinados é significativamente diferente. Em casos de treinamento e constante exposição ao calor (aclimatação), mais sódio é reabsorvido e o suor torna-se mais diluído, em parte porque as glândulas sudoríparas tornam-se mais sensíveis ao hormônio aldosterona. Infelizmente, essas glândulas parecem não possuir um mecanismo similar para a conservação de outros eletrólitos. O potássio, o cálcio e o magnésio não são reabsorvidos pelas glândulas sudoríparas, portanto são encontrados nas mesmas concentrações tanto no suor como no plasma. Além da aclimatação ao calor e do treinamento aeróbio, a genética é um grande determinante da intensidade da produção de suor e das perdas de sódio por meio desse líquido.

TABELA 12.1 Exemplo de concentrações de sódio, cloreto e potássio no suor de indivíduos treinados e não treinados durante o exercício

Voluntários	Na+ no suor (mmol/L)	Cl- no suor (mmol/L)	K+ no suor (mmol/L)
Homens não treinados	90	60	4
Homens treinados	35	30	4
Mulheres não treinadas	105	98	4
Mulheres treinadas	62	47	4

As concentrações individuais de eletrólitos no suor são altamente variáveis, mas o treinamento e a aclimatação ao calor diminuem as perdas de sódio pelo suor.
Dados do *Human Performance Laboratory*, Ball State University.

Enquanto está realizando um exercício intenso em condições quentes, o corpo pode perder mais de 1 L de suor por hora por metro quadrado de superfície corporal. Isso significa que, durante um esforço intenso em um dia quente e úmido (nível elevado de estresse térmico), uma mulher atleta de porte físico médio (50-75 kg) pode perder, por hora, cerca de 1,6 a 2,0 L de suor, ou 2,5-3,2% do peso corporal. Nessas condições, esse indivíduo pode perder um volume crítico de água em apenas algumas horas de exercício.

 VÍDEO 12.1 Apresenta Caroline Smith, que fala sobre métodos de pesquisa para a mensuração das taxas de suor em diferentes partes do corpo e os achados dessa pesquisa.

A produção prolongada de um grande volume de suor acaba por diminuir o volume sanguíneo. Isso limita o volume de sangue que retorna ao coração, aumentando a frequência cardíaca e eventualmente diminuindo o débito cardíaco – o que, por sua vez, diminui o potencial de desempenho, particularmente no caso de atividades de resistência. Em corredores fundistas, as perdas de suor podem chegar a 6-10% do peso corporal. Uma desidratação tão grave pode limitar o suor subsequente e tornar o indivíduo propenso a enfermidades relacionadas ao calor. O Capítulo 15 traz uma discussão detalhada sobre a desidratação e o valor da reposição de líquidos.

A perda de eletrólitos e água pelo suor dispara a liberação de aldosterona e do hormônio antidiurético (ADH), também conhecido como **vasopressina** ou **arginina vasopressina**. É preciso lembrar que a aldosterona é responsável pela manutenção de níveis apropriados de sódio no sangue e que o ADH tem papel fundamental na manutenção do equilíbrio dos líquidos (ver Cap. 4). A aldosterona é liberada pelo córtex da suprarrenal em resposta a estímulos como a diminuição do conteúdo de sódio no sangue, a redução do volume sanguíneo ou a diminuição da pressão arterial. Com a prática do exercício agudo no calor e durante vários dias de exercício no calor, esse hormônio limita a excreção de sódio pelos rins. O corpo retém mais sódio, o que, por sua vez, provoca a retenção de água. Isso permite ao corpo reter água e sódio como um preparo para a exposição adicional ao calor e para as subsequentes perdas pelo suor.

Do mesmo modo, o exercício e a perda de água corporal estimulam a hipófise posterior a liberar ADH. Esse hormônio, por sua vez, estimula a reabsorção de água pelos rins, promovendo a retenção de líquido pelo corpo. Assim, o corpo tenta compensar a perda de eletrólitos e de água em períodos de estresse térmico e de sudorese intensa mediante a redução da sua perda pela urina. É preciso lembrar também que o fluxo sanguíneo para os rins fica substancialmente reduzido durante o exercício no calor, o que ajuda na retenção de líquido.

Em resumo

> Durante o exercício no calor, a pele compete com os músculos ativos por um débito cardíaco limitado. O fluxo sanguíneo para os músculos é satisfatoriamente mantido (em alguns casos, em detrimento do fluxo sanguíneo para a pele), a menos que ocorra desidratação severa. Ocorre uma série de ajustes cardiovasculares para que o sangue seja desviado das regiões não essenciais – por exemplo, fígado, intestino e rins – para a pele, a fim de auxiliar na dissipação do calor.

> Em determinada intensidade de exercício no calor, o débito cardíaco pode permanecer razoavelmente constante ou diminuir um pouco em intensidades mais elevadas, enquanto um desvio gradualmente ascendente na frequência cardíaca ajuda na compensação do declínio no volume sistólico.

> Uma sudorese intensa e prolongada pode causar desidratação e perda excessiva de eletrólitos. Em compensação, o aumento na liberação de aldosterona e de ADH aumenta a retenção de sódio e água.

> Foram observados volumes de suor de até 3-4 L por hora em atletas bem treinados e aclimatizados, mas esses volumes não podem ser mantidos por mais de algumas horas. Os volumes diários máximos de produção de suor estão situados na faixa dos 10-15 L, mas apenas quando é feita uma reposição adequada de líquidos.

Riscos para a saúde durante o exercício no calor

Apesar das defesas do corpo contra o superaquecimento, a excessiva produção de calor pelos músculos ativos, o calor absorvido do ambiente e as condições que impedem a dissipação do excesso de calor corporal podem elevar a temperatura corporal interna a níveis que comprometam as funções celulares normais. Em tais condições, os ganhos de calor excessivos representam um risco para a saúde do indivíduo, como enfatizado no texto de abertura deste capítulo. Isoladamente, a temperatura atmosférica não constitui um indicador preciso do estresse fisiológico total imposto ao corpo em um ambiente quente; devem ser consideradas no mínimo seis variáveis:

- Produção de calor metabólico.
- Temperatura do ar.
- Pressão de vapor de água no ambiente (umidade).
- Velocidade do ar.
- Fontes de radiação térmica.
- Vestimenta.

Todos esses fatores influenciam o grau de estresse térmico experimentado pelo indivíduo. A contribuição de cada fator para o estresse térmico total em condições ambientais variadas pode ser matematicamente prevista, mediante o uso de equações complexas de equilíbrio térmico.

Ao se exercitar em um dia claro e ensolarado, a uma temperatura atmosférica de 23°C e sem vento mensurável, um indivíduo sofre um estresse térmico consideravelmente maior do que alguém que está se exercitando na mesma temperatura atmosférica, mas em tempo nublado e com uma ligeira brisa. Em temperaturas superiores à temperatura cutânea, normalmente entre 32-33°C, a radiação, a condução e a convecção aumentam substancialmente a sobrecarga térmica do corpo em vez de funcionarem como vias para a perda de calor. Então, como avaliar o grau de estresse térmico a que determinado indivíduo pode se expor?

Medição do estresse térmico

Ouvir o apresentador de TV falar sobre "índice térmico" nos canais de previsão meteorológica passou a ser algo bastante comum. O índice térmico, equação complexa que envolve a temperatura do ar e a umidade relativa, é uma medida da *sensação* de calor, isto é, de como o calor é percebido. Contudo, como esse índice não reflete o estresse fisiológico nos seres humanos, seu uso na fisiologia do exercício é limitado. Ao longo dos anos, muitos esforços têm sido feitos para quantificar as variáveis atmosféricas em um mesmo indicador que reflita o estresse térmico fisiológico nos indivíduos. Na década de 1970, criou-se o conceito de **temperatura de bulbo úmido e de globo (TBUG)** para que fossem simultaneamente levadas em conta a condução, a convecção, a evaporação e a radiação (ver Fig. 12.8). Esse conceito baseia-se em três leituras termométricas diferentes realizadas pelo aparelho, que fornece a leitura de apenas uma temperatura, permitindo estimar a capacidade de resfriamento do ambiente circunjacente.

A temperatura de bulbo seco (T_{bs}) é a temperatura do ar que pode ser medida com um termômetro comum. Um segundo termômetro possui um bulbo úmido que é mantido umedecido por uma "meia" de algodão molhada, mergulhada em água destilada. À medida que a água eva-

---

PERSPECTIVA DE PESQUISA 12.2

Tatuagens e suor

A prática da tatuagem remonta à civilização antiga, mas vem crescendo cada vez mais em popularidade nos últimos tempos. Aproximadamente 45 milhões de americanos têm pelo menos uma tatuagem, e 40% dos adultos jovens (20-40 anos) têm uma ou mais tatuagens, em comparação com apenas 10% dos adultos mais velhos.[10] As tatuagens são particularmente populares entre os atletas universitários e profissionais, bem como nas forças armadas – que praticam regularmente atividade física e dependem do aumento do fluxo sanguíneo para a pele e da transpiração exócrina para dissipar o calor metabólico produzido durante a atividade física.

O processo de tatuagem envolve a perfuração da pele com um conjunto de agulhas para depositar o corante a uma profundidade de 3-5 mm abaixo da superfície da pele, na camada dérmica. Esse processo inicia uma resposta inflamatória na camada dérmica da pele, o que contribui para a incorporação permanente da cor na pele. A camada dérmica da pele é composta por fibras de colágeno, nervos, vasos sanguíneos e glândulas sudoríparas exócrinas. Tais glândulas retiram fluido do líquido extracelular para a parte secretória enovelada. À medida que o suor, um líquido basicamente isosmótico, é expelido através da superfície da pele, o cloreto de sódio é reabsorvido, resultando em uma concentração muito baixa de sódio no suor. Tendo em vista que as glândulas sudoríparas exócrinas estão localizadas na camada dérmica, onde ocorrem os principais efeitos da tatuagem, é possível que a tatuagem afete a função das glândulas sudoríparas (produção de suor ou reabsorção de sódio) na pele tatuada.

Um estudo recente conduzido no Alma College em Michigan examinou a resposta à transpiração na pele tatuada, em comparação com pele não tatuada.[7] Nesse estudo, os pesquisadores estimularam a transpiração com a aplicação de nitrato de pilocarpina (um agonista farmacológico que estimula os receptores muscarínicos nas glândulas sudoríparas) em uma área de 5,2 cm de pele tatuada e em uma área de 5,2 cm de pele não tatuada na localização anatômica contralateral em cada voluntário. Os pesquisadores optaram por medir a localização anatômica contralateral para explicar as diferenças regionais na taxa de suor no corpo. Para medir a taxa de suor, os pesquisadores pesaram um disco absorvente colocado sobre a pele antes e depois do estímulo, e, mais tarde, coletaram o suor de cada local para medir a concentração de sódio por fotometria de chama. A equipe do estudo descobriu que a taxa de suor na pele tatuada era significativamente menor em comparação com a pele não tatuada e que a concentração de sódio era muito maior na pele tatuada. Esses dados sugerem que a tatuagem altera a função das glândulas sudoríparas na área da pele que está tatuada. Esse estudo é o primeiro desse tipo e provavelmente abrirá as portas para futuras pesquisas que explorem os mecanismos determinantes dessas alterações e também para verificar se existe alguma maneira de restaurar a função das glândulas sudoríparas na pele tatuada.

Exercício em ambientes quentes e frios   337

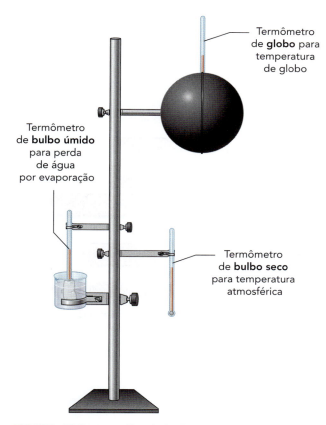

FIGURA 12.8 Aparelho de bulbo úmido e de globo para determinação da temperatura, mostrando os três termômetros para temperatura atmosférica (bulbo seco), temperatura de bulbo úmido mimetizando o efeito de resfriamento da evaporação e temperatura de globo, que reflete os efeitos aditivos do calor radiante.

pora desse bulbo úmido, sua temperatura (T_{bu}) fica mais baixa que a T_{bs}, simulando o efeito do suor ao evaporar da pele. A diferença entre as temperaturas dos bulbos úmido e seco indica a capacidade do ambiente em termos de resfriamento por evaporação. No ar parado com umidade de 100%, as temperaturas nos dois bulbos são idênticas, porque a evaporação é impossível. A umidade ambiente mais baixa e o ar em maior movimento provocam a evaporação, aumentando a diferença entre as temperaturas dos dois bulbos. O terceiro termômetro, colocado no interior de um globo negro, em geral exibe uma temperatura maior que a do T_{bs}, com absorção máxima do calor radiante pelo globo. Assim, sua temperatura (T_g) é um bom indicador da sobrecarga de calor radiante no ambiente.

As temperaturas dos três termômetros podem ser combinadas na equação a seguir para estimar o impacto global da atmosfera na temperatura corporal em ambientes externos:

$$TBUG = 0{,}1\ Tbs + 0{,}7\ Tbu + 0{,}2\ Tg$$

O fato de o coeficiente para o Tbu ser maior reflete a importância da evaporação do suor na fisiologia das trocas de calor. É preciso lembrar também que a TBUG reflete apenas o impacto do ambiente no estresse térmico, sendo mais eficaz quando aliada a alguma medida ou estimativa da produção de calor metabólico. A vestimenta também influencia o estresse térmico.

Hoje em dia, a temperatura de bulbo úmido e de globo, como indicador do **estresse térmico**, é rotineiramente utilizada por técnicos, diretores-médicos e por treinadores de atletismo como uma forma de antecipar os riscos do calor associados a práticas e competições esportivas em ambientes termicamente problemáticos.

Distúrbios relacionados ao calor

A exposição a uma combinação de estresse térmico externo e calor gerado pelo metabolismo pode levar a três distúrbios relacionados ao calor (ver Fig. 12.9): cãibras decorrentes do calor, exaustão térmica e intermação.

Cãibras decorrentes do calor

A **cãibra decorrente do calor** é o menos grave dos três distúrbios térmicos. Caracteriza-se pela ocorrência de cãibras intensas e dolorosas, nos grandes músculos esqueléticos. Esse problema afeta em especial músculos intensamente utilizados durante o exercício, e casos de atletas que "travam" são diferentes das cãibras que as pessoas experimentam em pequenos músculos. As cãibras decorrentes do calor são causadas por perdas de sódio e pela desidratação que se segue a grandes volumes de suor. Justamente por isso, são mais comuns em pessoas que suam muito e, sendo assim, perdem grandes quantidades de sódio. (Uma concepção equivocada é a de que há envolvimento de potássio nas cãibras e de que o consumo de alimentos ricos em potássio, como a banana, evita a ocorrência de cãibras térmicas.) As cãibras decorrentes do calor podem ser prevenidas ou minimizadas em atletas suscetíveis por meio de práticas de hidratação adequadas que envolvem o consumo liberal de sal nos alimentos e bebidas consumidos durante a prática de exercício. O tratamento para essas cãibras consiste em deslocar o indivíduo afetado para um ambiente mais fresco e em administrar-lhe solução salina por via oral ou intravenosa, se necessário.

Exaustão térmica

Em geral, a **exaustão térmica** é acompanhada de sintomas como fadiga extrema, tontura, náusea, vômito, desmaio e pulso fraco e rápido. Ela é causada pela incapacidade do sistema cardiovascular de atender adequadamente às necessidades do corpo em um estado de desidratação intensa. É preciso lembrar que, durante o exercício no calor, os músculos ativos e a pele competem por uma parte limitada e decrescente do volume sanguíneo total. Assim, se essas demandas simultâneas não forem atendidas, poderá haver exaustão térmica, que costuma ocorrer

FIGURA 12.9 Diagrama esquemático de enfermidades causadas pelo calor em gravidade crescente, mostrando alguns dos típicos sinais de alerta que as acompanham. Nem todos esses sinais estão presentes em cada caso de enfermidade térmica, e nem sempre ocorrem na ordem mostrada ou em qualquer outra ordem previsível. Qualquer uma das três enfermidades térmicas mostradas nesse diagrama pode ocorrer subitamente, sem qualquer sintoma prévio; ou seja, nem sempre haverá progressão de exaustão térmica a intermação.
Adaptado com permissão de All Sport, Inc.

nos casos em que há redução do volume sanguíneo em consequência da perda excessiva de líquido causada por sudorese intensa. Uma segunda forma de exaustão térmica, causada pela depleção de sódio, é rara em atletas. Portanto, pode-se considerar a exaustão térmica uma síndrome da desidratação e deve ser tratada como tal.

No caso da exaustão térmica, embora os mecanismos termorreguladores funcionem, eles não são capazes de dissipar o calor rápido o bastante, porque o volume sanguíneo disponível não é suficiente para permitir uma distribuição adequada do sangue até a pele. Apesar de esse problema em geral ocorrer durante a prática de exercício moderado a intenso no calor, a exaustão térmica não vem necessariamente acompanhada de temperatura corporal interna muito elevada. Alguns indivíduos que sofrem colapso por exaustão térmica apresentam temperaturas centrais bem abaixo de 39°C. Indivíduos mal condicionados ou não aclimatizados ao calor estão mais propensos a sofrer exaustão térmica.

O tratamento para vítimas de exaustão térmica envolve repouso em um ambiente mais fresco, com os pés elevados para facilitar o retorno sanguíneo ao coração. Se o indivíduo estiver consciente, será recomendável a administração de água com um pouco de sal. Se estiver inconsciente, será recomendável a administração intravenosa de solução salina (procedimento que deve ser supervisionado por um médico).

Intermação

Como já abordado na história de abertura deste capítulo, a **intermação** é um distúrbio térmico que pode colocar em risco a vida dos indivíduos afetados e que exige cuidados médicos imediatos. Ela é causada pela falência dos mecanismos de termorregulação do corpo e caracteriza-se por:

- aumento na temperatura corporal interna para um valor superior a 40°C; e
- confusão, desorientação ou inconsciência.

O elemento final – alteração do estado mental – é a chave para a identificação de uma intermação iminente, porque os tecidos neurais no cérebro são particularmente sensíveis ao calor extremo. Na intermação, também pode ocorrer a interrupção da sudorese ativa, mas o suor pode permanecer na pele. A ideia de que a intermação é sempre acompanhada por pele seca e avermelhada é ultrapassada, e esse sinal nunca deve ser usado na distinção entre intermação e exaustão por calor.

Caso a intermação não seja tratada, a temperatura corporal interna continuará subindo, e o quadro evoluirá para coma e depois para morte. O tratamento apropriado consiste em resfriar o corpo do indivíduo o mais rápido possível. No campo, essa providência pode ser tomada mais eficazmente com a imersão da vítima – o máximo do corpo possível, excluindo a cabeça – em um banho de água fria ou gelada. Embora a imersão em água fria promova as taxas mais rápidas de troca de calor, em casos em que a água fria ou gelada não esteja disponível, a imersão em água à temperatura ambiente é a próxima melhor opção. Nos casos em que a imersão da vítima não é possível, o corpo da vítima deve ser enrolado em lençóis molhados e frios e vigorosamente abanado. Métodos de resfriamento que colocam sacos de gelo em pequenas áreas, como nas axilas, pescoço e virilha, não são eficientes para promover uma redução rápida da temperatura corporal interna em razão da pequena área de superfície resfriada.

Para o atleta, a internação não é um problema associado apenas a condições extremas. Estudos relatam a obtenção de temperaturas retais superiores a 40,5°C em maratonistas que completaram com sucesso provas realizadas em condições térmicas relativamente moderadas.

Complicações com o traço falciforme

A anemia falciforme é uma doença genética dos eritrócitos que causa a modificação da forma dessas células, tornando-as oblongas e ineficientes para o transporte de oxigênio. Para que a doença da anemia falciforme seja funcionalmente evidenciada, a pessoa deve ter duas cópias do gene recessivo para o traço falciforme. As pessoas que herdam apenas uma cópia do gene são portadoras do **traço falciforme**. Essas pessoas não exibem a falciformação (i. e., forma de foice) dos eritrócitos, mas estão sob maior risco para várias patologias que são exacerbadas pelo exercício e/ou pela desidratação.

Conforme demonstrado em uma revisão da literatura recentemente publicada, jogadores universitários de futebol americano com traço falciforme apresentam um risco 15 vezes maior de morte por esforço quando comparados a atletas sem essa característica genética.[4] Ainda não foram devidamente esclarecidos os mecanismos fisiológicos responsáveis pelo aumento do risco associado ao traço falciforme; mas tanto defeitos nos receptores de rianodina (ver Fig. 6.2) como outras variações genéticas que afetam a capacidade de concentração da urina pelo rim e de limitação da perda de água do corpo podem contribuir para o maior risco. O receptor de rianodina funciona como mediador da liberação de cálcio pelo retículo sarcoplasmático, e mutações nesse receptor também são responsáveis pela *hipertermia maligna*, uma condição potencialmente fatal que aumenta drasticamente a produção de calor metabólico durante a anestesia cirúrgica. Em pessoas portadoras do traço falciforme, quase todos os eventos de morte súbita ocorrem durante a prática de exercício intenso, além da temperatura e da umidade ambientais altas, condições que contribuem para a combinação – por vezes fatal – de desidratação grave e aumento da tensão cardiovascular.[8] Hoje em dia, o traço falciforme é rotineiramente pesquisado em estudantes atletas na National Collegiate Athletic Association.[12] Esse esforço é endossado por muitos outros órgãos dirigentes de medicina esportiva.

Prevenção da hipertermia

Pouco se pode fazer em relação às condições ambientais predominantes. Assim, em condições ameaçadoras, os atletas devem deslocar a sessão de exercício para um ambiente menos estressante (p. ex., fazer a prática em local fechado), ou diminuir a intensidade do esforço (e, portanto, a produção de calor metabólico) para reduzir o risco de superaquecimento. Todos os atletas, treinadores e organizadores de eventos esportivos devem ser capazes de identificar os sintomas de doenças causadas pelo calor.

Para evitar distúrbios térmicos, é necessário adotar algumas precauções simples. A competição e a prática não devem ser realizadas ao ar livre quando a TBUG for superior a 28°C, a menos que tenham sido adotadas precauções especiais. O agendamento de práticas e competições de manhã cedo ou à noite evita o intenso estresse térmico do meio-dia. É preciso ter sempre líquidos à mão, e as paradas para ingestão devem ser marcadas a cada 15-30 min, para equilibrar a perda pelo suor e o consumo de líquido. Pelo fato de a taxa de sudorese e a perda de sódio no suor variarem muito para cada pessoa e não poderem ser facilmente previstas em atletas de maneira individual, os atletas devem customizar sua ingestão de bebidas com base em sua própria taxa de sudorese. Nesse caso, a melhor estratégia é fazer com que se pesem antes e depois das sessões de exercício para aprenderem a estimar sua necessidade aproximada de ingestão de líquidos.

Diversas organizações estabeleceram orientações para a prática e competição em condições de estresse térmico. Em resumo,

1. Eventos esportivos (corridas de fundo, partidas de tênis, treinamento de equipes esportivas etc.) devem ser agendados de modo a evitar as horas mais quentes do dia. Como regra geral, se a TBUG estiver acima de 28°C, deve-se considerar o cancelamento da prática, a transferência para um ginásio fechado, a diminuição da intensidade da prática ou qualquer outra alteração cabível.
2. Os atletas deverão ter à mão um suprimento adequado de líquidos palatáveis. Devem também ser orientados e incentivados a evitar a perda de peso excessiva (> 2%); ou seja, devem repor suas perdas de suor ou prevenir a desidratação, mas não devem consumir líquidos em excesso, a ponto de ganhar peso durante o evento.
3. Tendo em vista que as velocidades de produção de suor e as perdas de sódio pelo suor variam enormemente de um indivíduo para outro, os atletas devem adequar o consumo de líquidos com base na própria velocidade de produção de suor. Essa velocidade pode ser estimada pela pesagem do atleta antes e depois do exercício. A ingestão de líquidos

que contêm eletrólitos e carboidratos pode ser mais benéfica do que a ingestão de água.
4. Os atletas devem estar cientes dos sinais e sintomas da enfermidade térmica. A imersão em água gelada é o método mais eficiente para o resfriamento dos atletas no campo.
5. À equipe responsável pela organização da prova reserva-se o direito de interromper eventos e de parar corredores que estejam exibindo sinais claros de exaustão térmica ou de intermação.

A roupa é outro aspecto importante. Obviamente, quanto mais vestido estiver o atleta, menor será a área de seu corpo exposta ao ambiente para permitir a perda direta de calor. A tola prática de exercitar-se com uma roupa emborrachada para provocar a perda de peso é um excelente exemplo de como é possível criar um perigoso microambiente (o ambiente insulado no interior da roupa) no qual a temperatura e a umidade sejam suficientemente altas ao ponto de bloquear quase toda a perda de calor pelo corpo. Essa situação pode levar rapidamente à exaustão térmica ou à intermação. Os uniformes de futebol americano são outro exemplo de roupa que impede a perda de calor. Sempre que possível, os técnicos e treinadores esportivos devem evitar sessões de prática em que os atletas estejam completamente uniformizados, em especial no início da temporada, quando as temperaturas tendem a ser mais elevadas em alguns países e os atletas tendem a estar menos condicionados e não tão bem aclimatados.

Atletas fundistas devem vestir o mínimo possível de roupa quando o estresse térmico é uma limitação potencial à termorregulação. Devem preferir um traje mais leve a roupas em excesso, pois o calor metabólico gerado logo transformará as roupas extras em uma carga desnecessária. O tecido da roupa deve ter uma trama mais aberta para permitir que o suor seja eliminado da pele; além disso, deve ter cores claras para refletir o calor para o ambiente. Os atletas devem usar algum tipo de proteção para a cabeça (bonés etc.) durante um exercício realizado sob a luz solar intensa ou quando a proteção criada pelas nuvens for insuficiente.

Também é importante manter uma hidratação adequada, pois o corpo perde um volume considerável de água pelo suor (esse tópico será discutido detalhadamente no Cap. 15). Em linhas gerais, foi demonstrado que a ingestão de líquidos antes e no decorrer do exercício pode reduzir consideravelmente os efeitos negativos da prática no calor. A ingestão adequada de líquidos atenua a elevação da temperatura corporal interna e o aumento da frequência cardíaca, que podem ser normalmente observados quando uma pessoa se exercita no calor, e permite que o exercício seja praticado durante mais tempo. Esse aspecto está ilustrado na Figura 12.10.

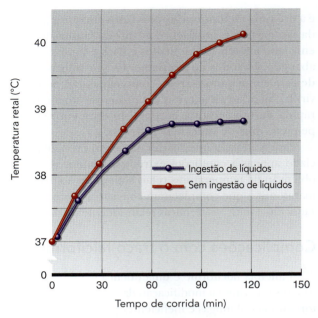

FIGURA 12.10 Efeitos da ingestão de líquidos na temperatura corporal central (retal) durante uma corrida de duas horas. Os participantes ingeriram líquidos durante uma prova e, no outro dia, completaram uma segunda prova sem tomar líquidos. Note que a ingestão de líquidos não teve grande influência até 45 minutos de teste e que, depois desse período, houve redução do acúmulo de calor corporal, em comparação com a prova em que os participantes não ingeriram líquidos.
Baseado em Costill, Kammer e Fisher (1970).

Em resumo

› O estresse térmico envolve mais que a temperatura do ar. A intensidade do exercício (calor metabólico), a umidade, a velocidade do ar (ou o vento), a radiação e as roupas também contribuem para o estresse térmico total vivenciado durante a prática de exercício no calor.

› Talvez o modo mais amplamente utilizado de medir os efeitos fisiológicos combinados do estresse térmico seja a TBUG, que mede a temperatura atmosférica e leva em conta o potencial de troca térmica através da convecção, da evaporação e da radiação em determinado ambiente. A intensidade do exercício e a vestimenta devem ser consideradas em separado, com a TBUG.

› Para o cálculo da TBUG:
  » TBUG em ambiente externo = $0{,}1\,T_{bs} + 0{,}7\,T_{bu} + 0{,}2\,T_g$
  » TBUG em ambiente interno = $0{,}7\,T_{bu} + 0{,}3\,T_g$

› Cãibras decorrentes do calor são causadas por perda de líquidos e sal (sódio), que resulta da sudorese excessiva em atletas suscetíveis. Elevação no consumo de sódio na dieta e estratégias apropriadas de hidratação podem prevenir esse tipo de cãibra.

› A exaustão térmica decorre da incapacidade do sistema cardiovascular de atender adequadamente às necessidades dos músculos ativos e da pele pelo fluxo sanguíneo. Esse problema pode ocorrer por causa da desidratação causada pela perda excessiva de líquidos e eletrólitos, que resulta na redução do volume sanguíneo. Embora a exaustão térmica *per se* não coloque em risco a vida do atleta, se não for adequadamente tratada pode resultar em intermação.

› A intermação é causada pela falência dos mecanismos de termorregulação do corpo. Se não for tratada, a temperatura corporal interna continuará a aumentar rapidamente e o quadro poderá ser fatal. Além da temperatura corporal central intensamente elevada, um sinal distintivo da intermação é a alteração do estado mental ou da função cognitiva.

Aclimatação ao exercício no calor

Como o atleta pode se preparar para uma atividade prolongada no calor? A repetição do treinamento no calor torna o indivíduo mais capacitado para tolerar o estresse térmico? Muitos estudos investigaram essas questões, concluindo que sessões repetidas de exercícios no calor promovem adaptações relativamente rápidas, capacitando o indivíduo para melhores desempenhos, de forma mais segura, em condições quentes. Quando essas alterações fisiológicas ocorrem em um curto período de tempo, como alguns dias ou semanas, ou se forem artificialmente induzidas como em uma câmara climática, essas adaptações são chamadas **aclimatação ao calor**. Ocorre uma série semelhante, porém muito mais gradativa, de adaptações nos indivíduos que se adaptam às condições quentes por viverem em ambientes nessa condição por meses ou mesmo durante anos. Esse fenômeno é conhecido como **aclimatização** (note-se que a palavra *clima* faz parte do termo).

Efeitos da aclimatação ao calor

Sessões repetidas e prolongadas de exercícios de baixa intensidade no calor promovem melhora relativamente rápida na capacidade de manter a função cardiovascular e de eliminar o calor excessivo do corpo, diminuindo o estresse fisiológico. Esse processo, denominado aclimatação ao calor, implica mudanças no volume plasmático, na função cardiovascular, na sudorese e no fluxo sanguíneo para a pele, permitindo a realização de sessões de exercícios subsequentes com temperatura corporal interna e resposta da frequência cardíaca mais baixas (ver Fig. 12.11). Considerando que a capacidade de perda de calor pelo corpo aumenta com a aclimatação do indivíduo, durante o exercício a temperatura corporal interna aumenta menos do que antes da aclimatação (ver Fig. 12.11a). Do mesmo modo, a frequência cardíaca aumenta menos em resposta a um exercício submáximo padronizado, depois da aclimatação (ver Fig. 12.11b). Além disso, após a aclimatação ao calor, o atleta pode realizar mais trabalho antes de começar a sentir sintomas adversos ou atingir uma temperatura corporal interna ou frequência cardíaca máxima tolerável.

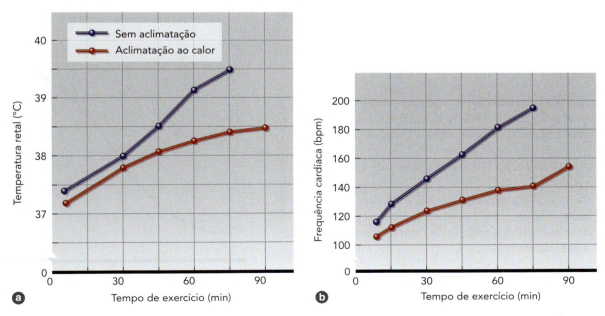

FIGURA 12.11 Respostas típicas (a) da temperatura retal e (b) da frequência cardíaca durante um exercício agudo na mesma intensidade, antes e depois da aclimatação ao calor. Note que, além do menor estresse fisiológico, o tempo de prática do exercício costuma ser tolerado por um período mais longo após a aclimatação.

Dados de King et al. (1985).

Para que o processo seja completo, a sequência de adaptações positivas demanda 9-14 dias de exercício no calor, como mostra a Figura 12.12. Para uma aclimatação completa, indivíduos bem treinados precisam de um número menor de exposições se comparados a indivíduos não treinados. Um a três dias após o início da aclimatação ocorre um ajuste fisiológico crítico: a expansão do volume plasmático. Ainda não existe consenso a respeito do mecanismo que provoca essa expansão após as exposições iniciais ao calor. É provável que o processo envolva (1) proteínas forçadas para fora da circulação na contração muscular; (2) retorno dessas proteínas ao sangue através da linfa; e (3) mobilização de líquido para o sangue por causa da pressão oncótica exercida pela maior concentração de proteínas. Contudo, essa mudança é temporária, e em geral o volume sanguíneo volta aos níveis originais em dez dias. A expansão inicial do volume sanguíneo é importante, pois reforça o volume sistólico, permitindo que o corpo mantenha o débito cardíaco enquanto são efetuados os ajustes fisiológicos adicionais.

Como mostrado pela Figura 12.12, a frequência cardíaca e a temperatura corporal interna no final do exercício decrescem no início do processo de aclimatação, e a velocidade de produção de suor durante o exercício no calor aumenta mais tarde. Uma adaptação adicional é uma distribuição ainda mais uniforme da sudorese ao longo do corpo com aumento de suor nas áreas mais expostas, como braços e pernas, que são mais eficientes na dissipação do calor corporal. No início do exercício, o suor também aparece mais cedo em uma pessoa aclimatada, melhorando a tolerância ao calor; e o suor produzido fica mais diluído, conservando o sódio. Este último efeito ocorre em parte porque as glândulas sudoríparas exócrinas tornam-se mais sensíveis aos efeitos da aldosterona circulante.

Obtenção da aclimatação ao calor

A aclimatação ao calor requer mais que o mero repouso em um ambiente quente. Os benefícios da aclimatação e a velocidade com que o ser humano se aclima dependem:

- das condições ambientais durante cada sessão de exercícios;
- da duração da exposição ao calor durante o exercício; e
- da velocidade de produção de calor interno (intensidade do exercício).

O atleta precisa exercitar-se em um ambiente quente para obter uma aclimatação que permita a prática de exercício no calor. O simples ato de sentar-se em um ambiente quente, como uma sauna, por exemplo, durante longos períodos por dia não irá preparar completamente – ou adequadamente – o atleta para o esforço físico no calor,

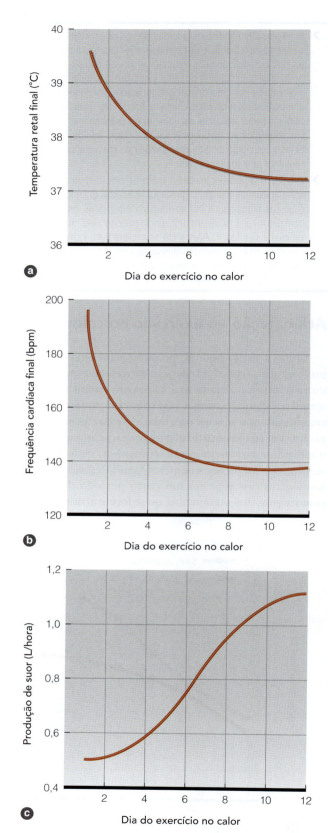

FIGURA 12.12 Diferenças (a) na temperatura retal, (b) na frequência cardíaca e (c) na perda de suor por hora em um grupo de homens que se exercitaram durante 100 minutos/dia, por 12 dias consecutivos, em um clima quente.

ao menos não no mesmo nível que pode ser conseguido com a prática de exercício no calor.

Considerando a elevação da temperatura corporal e a produção do suor, os atletas podem desenvolver uma tolerância parcial ao calor simplesmente treinando, mesmo que isso aconteça em um ambiente menos quente. Portanto, os atletas são "pré-aclimatados" ao calor, necessitando de um número menor de exposições ao calor para obter uma aclimatação total. Entretanto, para que consigam ganhos máximos, os atletas que treinam em ambientes mais frescos do que aqueles onde irão competir devem se aclimatar ao calor antes da competição ou do evento. A aclimatação ao calor irá melhorar seu desempenho e reduzir o estresse fisiológico associado, minimizando os riscos de lesão térmica.

Com um cronograma completo de aclimatação ao calor de 14 dias (90 minutos de ciclismo, 40°C, 20% de umidade relativa), podem ser demonstradas melhoras na perda de calor pelo corpo inteiro com o uso de calorimetria direta.[9] Essa técnica está descrita no Capítulo 5. Transcorridos 14 dias, houve melhora de 11% na perda de calor pelo corpo inteiro, tendo em vista que a taxa de sudorese e, subsequentemente, a evaporação do suor ocorreram em maior extensão em um período mais curto. Aproximadamente 70% das melhoras ocorreram nos primeiros 7 dias. Embora as respostas à perda de calor tenham melhorado, não houve efeito sobre a temperatura interna nesse estudo. Após a interrupção do protocolo de aclimatação, os benefícios auferidos persistiram por até 2 semanas.

Diferenças de gênero

O exercício no calor, no frio ou na altitude confere estresse adicional ou desafios às capacidades adaptativas do corpo. Muitos estudos iniciais indicavam que as mulheres são menos tolerantes ao calor do que os homens, particularmente quando se exercitam. Mas grande parte dessa diferença, entretanto, foi resultado de níveis mais baixos de aptidão física das mulheres participantes nesses estudos, porque os homens e as mulheres foram testados na mesma taxa absoluta de trabalho. Quando a taxa de trabalho é ajustada em relação aos valores de $\dot{V}O_{2max}$ individuais, as respostas das mulheres são quase idênticas às dos homens. As mulheres têm um início tardio da transpiração e da dilatação das arteríolas da pele durante a fase lútea do ciclo menstrual (i. e., o início ocorre em uma temperatura corporal interna mais elevada). Contudo, isso não deve afetar o desempenho até que essa temperatura se aproxime dos 40°C. As mulheres costumam apresentar menores taxas de suor para o mesmo exercício e estresse térmico. Embora possuam um número maior de glândulas sudoríferas ativas em comparação com o que ocorre nos homens, elas produzem menos suor por glândula. Essa é uma leve desvantagem em ambientes quentes e secos; por outro lado, é uma pequena vantagem em condições úmidas, em que a evaporação do suor é mínima e a sudorese reduzida retarda a desidratação.

Após a aclimatização, a temperatura interna na qual a sudorese e a vasodilatação têm início sofre redução semelhante em mulheres e homens. Além disso, a sensibilidade da resposta de sudorese por unidade de elevação da temperatura interna aumenta de maneira semelhante nos dois gêneros, tanto após o treinamento físico como após a aclimatização ao calor. Portanto, a maioria das diferenças observadas entre mulheres e homens nos primeiros estudos pode ser atribuída às diferenças iniciais no seu condicionamento físico e estado de aclimatação, e não ao gênero.

Em resumo

> A exposição repetida ao estresse térmico melhora gradualmente a capacidade de auxiliar na função cardiovascular e perder o calor excessivo durante sessões subsequentes de exercício em estresse térmico. Esse processo de adaptação é chamado de aclimatação ao calor.

> Com a aclimatação ao calor, o indivíduo começa a suar mais cedo; além disso, a velocidade da produção do suor aumenta, particularmente nas áreas mais expostas e mais eficientes na promoção da perda de calor. Isso baixa a temperatura da pele, aumentando seu gradiente térmico até o ambiente e provocando a perda de calor.

> Durante o exercício no calor, a temperatura corporal interna e a frequência cardíaca ficam reduzidas com a aclimatação ao calor, qualquer que seja a intensidade. O volume plasmático aumenta cedo no processo, o que contribui para o aumento no volume sistólico. Isso ajuda no transporte de sangue até os músculos ativos e até a pele.

> A aclimatação total ao calor exige a prática de exercício em um ambiente quente, e não a mera exposição ao calor.

> A velocidade de aclimatação ao calor depende das condições de treinamento e daquelas a que o indivíduo fica exposto em cada sessão, da duração da exposição e da velocidade de produção de calor interno.

> Em geral, o ser humano pode se aclimatar exercitando-se com intensidade moderada no calor em 9-14 dias de exposição. Os ajustes cardiovasculares, que dependem da expansão do volume plasmático, ocorrem inicialmente, sendo seguidos pelas mudanças nos mecanismos de produção do suor.

> Quando a intensidade do exercício está ajustada com base no $\dot{V}O_{2max}$ do indivíduo, mulheres e homens respondem de maneira semelhante ao estresse térmico. É provável que quase todas as diferenças observadas possam ser atribuíveis aos diferentes níveis iniciais de condicionamento. As mulheres tendem a exibir taxas de suor mais baixas, o que representa uma vantagem em condições quentes e úmidas, mas é desvantajoso em condições quentes e secas.

Exercício no frio

Os seres humanos podem ser considerados animais tropicais. Quase todos os ajustes do corpo ao estresse térmico em ambientes quentes são fisiológicos, ao passo que muitos ajustes aos ambientes frios envolvem mudanças de comportamento, como vestir mais roupas e buscar abrigo. O aumento da participação em atividades esportivas durante todo o ano fez renascer o interesse pelo exercício no frio, gerando preocupações acerca dele. Além disso, algumas ocupações e atividades militares exigem o trabalho em condições de frio intenso – o que costuma limitar seu desempenho. Por essas razões, as respostas fisiológicas e os riscos à saúde associados ao estresse causado pelo frio são tópicos importantes da ciência do exercício. Neste capítulo o estresse do frio será definido como qualquer condição ambiental que provoque a perda de calor pelo corpo e possa ameaçar a homeostase. Na discussão a seguir, o foco recairá sobre os dois principais ambientes frios: o ar e a água.

Embora o hipotálamo apresente um ponto de regulação da temperatura de cerca de 37°C, as flutuações diárias na temperatura corporal podem chegar a 1°C. Uma queda na temperatura da pele ou na do sangue fornece ao centro de termorregulação (NPOHA) o *feedback* necessário para que sejam ativados mecanismos que conservarão o calor corporal e aumentarão a produção de calor. Os principais métodos por meio dos quais o corpo evita a excessiva perda de calor são, nesta ordem de convocação: a vasoconstrição periférica, a termogênese não decorrente de tiritação e a tiritação. Considerando que, em geral, esses mecanismos ou efetores da produção e conservação de calor são inadequados, o ser humano precisa se basear também em respostas comportamentais, como aconchegar-se a outras pessoas (o que diminui a área da superfície corporal exposta) ou vestir mais roupas (o que ajuda a isolar os tecidos corporais profundos do ambiente).

A **vasoconstrição periférica** é resultado da estimulação simpática da musculatura lisa que circunda as arteríolas da pele. Essa estimulação faz com que os músculos lisos da vasculatura se contraiam, o que, por sua vez, promove a constrição das arteríolas, diminui o fluxo sanguíneo para a parte mais externa do corpo e minimiza as perdas de calor. Mesmo em temperaturas termoneutras, existe uma vasoconstrição tônica (basal constante) da pele, e ocorre um ajuste contínuo do tônus vascular cutâneo para contornar os pequenos desequilíbrios térmicos do corpo. Quando a simples mudança do fluxo sanguíneo cutâneo não é suficiente para prevenir a perda de calor, a **termogênese não decorrente de tiritação** – isto é, a estimulação do metabolismo pelo SNS – aumenta. A elevação da taxa metabólica aumenta a produção de calor. Outro mecanismo de defesa da temperatura corporal durante o estresse causado pelo frio é a **tiritação**, que é um ciclo involuntário e rápido de contração e relaxamento dos músculos esqueléticos, que pode causar um aumento de quatro a cinco vezes na taxa de produção de calor. Os ajustes gerais no fluxo sanguíneo e no metabolismo, que têm como função manter a temperatura corporal interna, estão ilustrados na Figura 12.13.

Habituação e aclimatação ao frio

Um tópico muito menos claro do que o processo de aclimatação ao calor é saber se os humanos realmente se aclimatam ao clima frio em termos fisiológicos – e, assim sendo, de que forma isso ocorre. Quando se observam os estudos de pessoas que passaram por exposições repetidas ao frio, os resultados parecem controversos. No entanto, o Dr. Andrew Young, do U.S. Army Research Institute for Environmental Medicine, propôs um esquema para explicar o desenvolvimento de diferentes padrões de adaptação ao frio observados em humanos.[16] Pessoas que ficam regularmente expostas ao ambiente frio no qual tipicamente não ocorre perda significativa de temperatura corporal realizam **habituação ao frio**, na qual as respostas de vasoconstrição da pele e de tiritação são bloqueadas, sendo possível que a temperatura corporal interna caia mais do que antes da exposição crônica ao frio. Esse padrão de adaptação geralmente ocorre quando pequenas áreas da pele – geralmente as mãos e a face – são expostas repetidamente ao ar frio.

No entanto, quando a perda de calor é mais severa ou ocorre em taxas mais rápidas, pode ocorrer perda total de

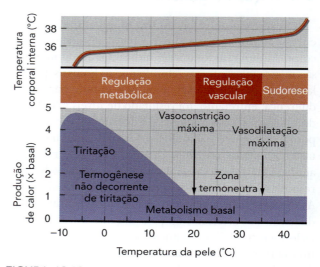

FIGURA 12.13 Mecanismos de termorregulação por meio dos quais o ser humano luta para manter a temperatura corporal interna relativamente constante. Na zona termoneutra, pequenos ajustes do fluxo sanguíneo cutâneo minimizam a perda ou o ganho de calor. Quando a vasoconstrição máxima não é suficiente para manter a temperatura corporal interna, a regulação metabólica, primeiramente na forma de termogênese não decorrente de tiritação e depois na forma de tiritações, acelera o metabolismo.

Perspectiva de pesquisa 12.3
Combustível para a tiritação (tremor)

Durante a exposição ao frio ambiente, quando mudanças comportamentais (p. ex., colocar coberturas adicionais, mudar para um local mais quente) são impossíveis ou mal orientadas, os seres humanos dependem de processos involuntários, como a tiritação, para aumentar a produção de calor metabólico. As contrações musculares associadas à tiritação são abastecidas pela oxidação de carboidratos, lipídios e proteínas, e a mistura precisa desses combustíveis fica determinada pela disponibilidade de cada substrato, pelos padrões de recrutamento muscular e pela intensidade da tiritação. Os seres humanos adultos são capazes de manter a tiritação e a produção de calor metabólico associada a esse fenômeno por meio da utilização de grande variedade de combustíveis durante algumas horas. Estudos revelaram que, ao ocorrer diminuição das reservas de combustível, aumenta a utilização de outros combustíveis para que a termogênese da tiritação tenha continuidade. Até recentemente, ainda não haviam sido publicados estudos detalhados de fontes de combustível para a produção de tiritação com duração superior a 3 horas. Por esse motivo, as demandas metabólicas oriundas da exposição ao frio no longo prazo eram amplamente desconhecidas, e, além disso, ainda não estava claro se a depleção do substrato poderia limitar a termogênese da tiritação durante exposições prolongadas ao frio, como em situações de sobrevivência.

Recentemente, uma equipe de cientistas do Canadá fez uma simulação de sobrevivência ao frio com duração de 24 horas com o objetivo de estudar a seleção dos combustíveis oxidativos para a produção de tiritação durante a exposição prolongada ao frio em homens mal alimentados e não aclimatados.[3] Nesse estudo, os participantes foram de manhã até o laboratório vestindo roupas leves de algodão, luvas de lã e botas de neoprene (com as extremidades protegidas para minimizar o risco de lesões por frio não congelante). Os voluntários engoliram uma pílula de telemetria para medir a temperatura central durante o experimento e, além disso, foram equipados com sensores térmicos e eletromiográficos para a medição da temperatura da pele e das contrações musculares. Em seguida às medições por ocasião da sua chegada, os participantes fizeram uma caminhada de 5 km na esteira como simulação de atividades físicas associadas à sobrevivência em uma emergência.

Em seguida, os voluntários foram levados até uma câmara ambiental onde ficaram expostos a 7,5°C e a 50% de umidade relativa durante 24 h. Ao longo dessas 24 horas de exposição ao frio, eles foram alimentados com 1.641 kcal divididas em rações fornecidas às 0, 3, 6, 9, 12, 15, 18 e 21h. As respostas metabólicas e térmicas, bem como a atividade eletromiográfica, foram medidas na posição sentada durante 1 h após 6, 12 e 24 h de exposição ao frio. Alterações na termogênese, seleção de combustível e disponibilidade de combustível foram medidas periodicamente com o uso de calorimetria indireta e de traçadores de isótopos metabólicos. A exposição ao frio diminuiu a temperatura central em ~0,8°C e a temperatura média da pele em ~6,1°C. De início, a produção de calor total aumentou 1,3-1,5 vez em comparação com os valores obtidos no início do experimento, tendo permanecido constante durante todo o teste. Esse aumento na produção de calor metabólico e na intensidade da tiritação foi promovido por grandes modificações na seleção dos combustíveis durante a exposição ao frio. A oxidação total de carboidratos diminuiu após 6 horas e permaneceu baixa, enquanto a oxidação dos lipídios progressivamente dobrou por volta das 24 horas (ver figura). A utilização de proteínas foi baixa e não mudou ao longo do protocolo. A equipe de pesquisa concluiu que essas mudanças na seleção dos combustíveis durante um longo período de exposição ao frio reduziu drasticamente a utilização das limitadas reservas de glicogênio muscular, ampliando o tempo previsto para a depleção desse substrato em até 10 vezes. É muito importante que, no futuro, sejam publicadas novas pesquisas com o objetivo de determinar de que modo a liberação de substratos nutricionais ou a exposição ao frio mais extremo podem afetar essas respostas.

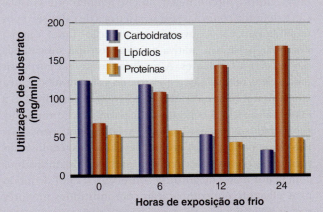

Representação das fontes de combustíveis para a termogênese causada pela tiritação depois de 0, 6, 12 e 24 h de exposição ao frio (7,5°C, 50% de umidade relativa) em uma câmara ambiental. A oxidação dos carboidratos diminuiu após 6 h, enquanto a oxidação dos lipídios aumentou progressivamente ao longo da exposição de 24 h. Basicamente a utilização das proteínas permaneceu inalterada ao longo de todo o experimento.

calor. Em casos em que o exclusivo aumento da produção metabólica de calor consegue minimizar suficientemente a perda de calor, ocorrem termogênese não decorrente de tiritação e a também tiritação (**aclimatação metabólica**). Ainda um terceiro padrão distinto de adaptação ao frio, chamado **aclimatação isolante**, tende a ocorrer em situações em que o metabolismo aumentado é incapaz de manter a temperatura corporal interna. Na aclimatação isolante, a vasoconstrição acentuada ocorre, aumentando o isolamento periférico e minimizando a perda de calor.

Outros fatores que afetam a perda de calor corporal

Os mecanismos de condução, convecção, radiação e evaporação, que em geral funcionam de modo eficaz na dissipação do calor metabolicamente produzido durante o exercício em condições de calor, podem dissipar o calor para o ambiente com mais rapidez que a produção de calor pelo corpo em ambientes extremamente frios.

É difícil identificar com precisão as condições que permitem a perda excessiva de calor corporal e uma eventual **hipotermia** (baixa temperatura corporal interna). O equilíbrio térmico depende de uma grande variedade de fatores que afetam o gradiente entre a produção e a perda de calor corporal. Em termos gerais, quanto maior a diferença entre a temperatura da pele e a do ambiente frio, maior é a perda de calor. Ao se exercitar no frio, não se deve usar roupas demais. O uso excessivo de roupas pode fazer com que o corpo fique quente e comece a suar. Quando o suor ensopa a roupa, a evaporação elimina rapidamente o calor, resultando em uma perda de calor ainda mais rápida.

Contudo, diversos fatores anatômicos e ambientais podem influenciar a velocidade da perda de calor.

Tamanho corporal e composição do corpo

A insulação do corpo contra o frio é a proteção mais óbvia contra a hipotermia. É preciso lembrar que a insulação é definida como a resistência à troca de calor seco por meio da radiação, convecção e condução. Tanto a massa muscular periférica inativa como a gordura subcutânea são excelentes isolantes. A medida das pregas corporais para a determinação da espessura da gordura subcutânea constitui um bom indicador da tolerância do indivíduo à exposição ao frio. A condutividade térmica da gordura (sua capacidade de transferir calor) é relativamente baixa, por isso ela impede a transferência de calor dos tecidos mais profundos para a superfície corporal. No frio, indivíduos com maior massa de gordura conservam o calor de modo mais eficiente em comparação com indivíduos menores e mais magros.

A velocidade da perda de calor também é afetada pela relação entre a área da superfície corporal e a massa corporal. Indivíduos altos e robustos têm um pequeno índice de área de superfície corporal sobre a massa corporal, o que os torna menos suscetíveis à hipotermia.

Diferenças de gênero e idade

As mulheres levam ligeira vantagem, com relação aos homens, durante a exposição ao frio, por terem mais gordura corporal subcutânea. Mas sua massa muscular menor é desvantajosa no frio extremo, porque a tiritação é a principal adaptação para a geração de calor corporal. Quanto mais volumosa for a massa muscular ativa, maior será a geração de calor. Os músculos também proporcionam uma camada extra de insulação.

As reais diferenças em termos de tolerância ao frio são mínimas. Alguns estudos demonstraram que a gordura subcutânea adicional em mulheres pode significar vantagem durante a imersão em água gelada, mas, quando se comparam homens e mulheres com portes e massas de gordura corporal similares, não se percebe uma diferença real na regulação da temperatura corporal durante a exposição ao frio.

Conforme mostrado pela Tabela 12.2, crianças pequenas tendem a ter um grande índice de área/massa se comparadas a adultos. Isso leva a uma perda de calor proporcionalmente maior e dificulta a manutenção de uma temperatura corporal normal no frio. No outro extremo do espectro da idade, com o envelhecimento as pessoas tendem a perder massa muscular em geral, o que diminui a insulação pelos tecidos e as torna mais sensíveis à hipotermia.

Fator de resfriamento

Assim como ocorre com o calor, a temperatura atmosférica, isoladamente, não é um indicador válido da perda de calor percebida pelo indivíduo. O movimento do ar, ou vento, aumenta a perda de calor por convecção e, portanto, a velocidade de resfriamento. O **fator de resfriamento** é um índice baseado no efeito de resfriamento do vento, sendo em geral um conceito compreendido e utilizado de forma equivocada. O fator de resfriamento costuma ser apresentado em gráficos de temperaturas equivalentes ao resfriamento que exibem várias combinações de temperatura atmosférica e velocidade do vento que resultam na mesma potência de resfriamento observada na ausência do vento (ver Fig. 12.14). É importante lembrar-se de que o fator de resfriamento não é a temperatura do vento ou do ar (ele *não* muda a temperatura atmosférica). O verdadeiro fator de resfriamento refere-se ao poder de resfriamento do ambiente. Com a elevação desse fator, aumenta também o risco de congelamento dos tecidos (ver Fig. 12.14).

TABELA 12.2 Peso, altura, área da superfície corporal e índices de área da superfície/massa para um adulto de porte médio e uma criança

Pessoa	Peso (kg)	Altura (m)	Área da superfície (m^2)	Índice de área/massa (m^2/kg)
Adulto	85	1,83	2,07	0,024
Criança	25	1,00	0,79	0,032

Exercício em ambientes quentes e frios 347

Temperatura atmosférica (°C)

Velocidade do vento (km/h)	−10	−15	−20	−25	−30	−35	−40	−45	−50
5	−13	−19	−24	−30	−36	−41	−47	−53	−58
10	−15	−21	−27	−33	−39	−45	−51	−57	−63
15	−17	−23	−29	−35	−41	−48	−54	−60	−66
20	−18	−24	−30	−37	−43	−49	−56	−62	−68
25	−19	−25	−32	−38	−44	−51	−57	−64	−70
30	−20	−26	−33	−39	−46	−52	−59	−65	−72
35	−20	−27	−33	−40	−47	−53	−60	−66	−73
40	−21	−27	−34	−41	−48	−54	−61	−68	−74
45	−21	−28	−35	−42	−48	−55	−62	−69	−75
50	−22	−29	−35	−42	−49	−56	−63	−69	−76
55	−22	−29	−36	−43	−50	−57	−63	−70	−77
60	−23	−30	−36	−43	−50	−57	−64	−71	−78
65	−23	−30	−37	−44	−51	−58	−65	−72	−79
70	−23	−30	−37	−44	−51	−58	−65	−72	−80
75	−24	−31	−38	−45	−52	−59	−66	−73	−80
80	−24	−31	−38	−45	−52	−60	−67	−74	−81

Muito baixo — É possível, mas improvável ocorrer congelamento
Provável — É possível ocorrer congelamento > 30 min
Alto — Risco de congelamento < 30 min
Intenso — Risco de congelamento < 10 min
Extremo — Risco de congelamento < 3 min

FIGURA 12.14 Gráfico de temperatura equivalente para o fator de resfriamento ilustrando as várias combinações de temperatura e velocidade do vento que resultam no mesmo poder de resfriamento observado na ausência de vento. Exemplificando, uma velocidade de vento de 20 km/h a -10 °C resultaria na mesma perda de calor à temperatura de -30 °C sem vento. O gráfico também mostra o risco de congelamento dos tecidos quando o fator de resfriamento – o poder de resfriamento do ambiente – aumenta.

Perda de calor na água gelada

O volume de estudos realizados sobre a exposição à água fria é maior do que sobre a exposição ao ar frio. Embora a radiação e a evaporação do suor sejam os principais mecanismos da perda de calor no ar, a convecção permite a maior transferência de calor durante a imersão em água (vale lembrar que a convecção envolve a perda de calor para líquidos ou gases em movimento). Como já mencionado, a água tem uma condutividade térmica cerca de 26 vezes maior que a do ar. Isso significa que a perda de calor por convecção é 26 vezes mais rápida na água gelada que no ar gelado. Geralmente, quando são considerados todos os mecanismos de transferência de calor (radiação, condução, convecção e evaporação), o corpo perde calor quatro vezes mais rapidamente na água do que no ar, à mesma temperatura.

Em geral, um indivíduo mantém a temperatura interna constante na água a temperaturas de até 32°C. Porém, quando a temperatura da água cai ainda mais, pode ficar hipotérmico. Em razão da grande perda de calor pelo corpo imerso em água fria, a exposição prolongada à água excepcionalmente fria pode levar à hipotermia extrema e à morte. Indivíduos imersos em água à temperatura de 15°C exibem um decréscimo de cerca de 2,1°C por hora na temperatura retal. Em 1995, quatro soldados do Exército norte-americano morreram de hipotermia nas águas de um pântano na Flórida, à temperatura de 11°C, tornando tragicamente público o fato de que isso pode ocorrer em situações nas quais a temperatura da água está bem acima do ponto de congelamento.

Se a temperatura da água baixasse para 4°C, a temperatura retal cairia a uma velocidade de 3,2°C por hora. A velocidade da perda de calor é ainda mais rápida quando a água fria está em movimento em torno do corpo do indivíduo, porque aumenta a perda de calor por convecção. Por isso, em tais condições o tempo de sobrevivência na água gelada é bastante limitado. A vítima pode ficar fraca e perder a consciência em questão de minutos.

Se a taxa metabólica estiver baixa, como quando o indivíduo está em repouso, até mesmo águas moderadamente frias poderão causar hipotermia. Contudo, o exercício dentro da água aumenta a taxa metabólica e compensa parte da perda de calor. Exemplificando, embora a perda de calor aumente quando o indivíduo nada em grandes velocidades (por causa da convecção), a velocidade acelerada da produção de calor metabólico pelo nadador mais do que compensa a maior transferência de calor. Para as finalidades de competição e treinamento na água, temperaturas entre 23,9°C e 27,8°C parecem ser apropriadas.

Respostas fisiológicas ao exercício no frio

Já se observou como o corpo se adapta para manter a temperatura interna quando exposto a um ambiente frio. Agora será considerado o que ocorre quando as demandas do desempenho físico são acrescentadas às demandas da termorregulação no frio. Como o corpo responde ao exercício em condições de ambiente frio?

Função muscular

O resfriamento de um músculo faz com que essa estrutura se contraia com menor força. O sistema nervoso responde ao resfriamento muscular alterando os padrões normais de recrutamento das fibras musculares para obtenção de força, o que pode diminuir a eficiência das ações musculares. Tanto a velocidade de encurtamento como a potência do músculo diminuem significativamente quando ocorre queda na temperatura. Felizmente, músculos volumosos e profundos raramente ficam sujeitos a temperaturas tão baixas, por estarem protegidos da perda de calor por um suprimento contínuo de fluxo sanguíneo aquecido.

Se a insulação proporcionada pela roupa e pelo metabolismo do exercício for suficiente para manter a temperatura corporal do atleta no frio, talvez seu desempenho no exercício aeróbio não fique comprometido. Contudo, quando ocorre fadiga e a intensidade do exercício é reduzida, também diminui a produção de calor metabólico. As práticas de corrida de fundo, natação e esqui em tempo muito frio podem expor o participante a tais condições. No início dessas atividades, o atleta pode se exercitar a uma velocidade que gera calor metabólico suficiente para manter a temperatura corporal interna. No entanto, ao final da atividade, quando as reservas de energia já diminuíram, ocorre declínio na intensidade do exercício, o que, por sua vez, diminui a produção de calor metabólico. A diminuição resultante na temperatura corporal central faz o indivíduo sentir-se ainda mais fatigado e menos capaz de gerar calor. Nessas condições, o atleta se vê diante de uma situação potencialmente perigosa.

Condições de muito frio afetam o funcionamento muscular de outra maneira. Com o esfriamento dos pequenos músculos na periferia (como nos dedos das mãos), o funcionamento dos músculos pode ser intensamente afetado. Isso resulta na perda da destreza manual e limita a capacidade de realizar atividades que envolvam habilidades motoras precisas, como escrever e fazer trabalhos manuais.

Respostas metabólicas

Como já foi discutido, o exercício prolongado aumenta a mobilização e a oxidação dos ácidos graxos livres (AGL) como fonte de combustível. O principal estímulo para a aceleração do metabolismo dos lipídios é a liberação de catecolaminas (adrenalina e noradrenalina). A exposição ao frio aumenta consideravelmente a secreção dessas substâncias, mas os níveis de AGL aumentam substancialmente menos, em comparação com períodos de exercício prolongado em condições mais quentes. A exposição ao frio inicia a vasoconstrição não apenas nos vasos que irrigam a pele, mas também nos que irrigam os tecidos subcutâneos adiposos. A gordura subcutânea é o principal local de armazenamento de lipídios (na forma de tecido adiposo), e essa vasoconstrição diminui o fluxo sanguíneo para uma importante área de onde os AGL seriam mobilizados. Assim, os níveis de AGL não aumentam tanto como poderiam prever os elevados níveis de adrenalina e noradrenalina.

A glicose sanguínea desempenha um importante papel tanto na tolerância ao frio como na resistência para a prática do exercício nesse ambiente. Por exemplo, a hipoglicemia (baixo teor de açúcar no sangue) suprime a tiritação. Os motivos dessas mudanças são desconhecidos. Felizmente, durante a exposição ao frio o nível glicêmico (nível de glicose no sangue) é mantido de maneira razoavelmente satisfatória. Por outro lado, o glicogênio muscular

Em resumo

> A vasoconstrição periférica diminui a transferência do calor da pele para o ar, reduzindo assim a perda de calor para o ambiente. Trata-se da primeira linha de defesa no ambiente frio.

> O revestimento de insulação do corpo consiste em duas regiões: a pele superficial aliada à gordura subcutânea e a musculatura subjacente. O aumento da vasoconstrição cutânea, o aumento da espessura da gordura subcutânea e o aumento da massa muscular inativa, especialmente nos membros, são fatores que podem elevar a uma insulação corporal total.

> A termogênese não decorrente de tiritação aumenta a produção do calor metabólico mediante a estimulação do SNS e a ação de hormônios. A termogênese decorrente de tiritação aumenta ainda mais a produção de calor metabólico para ajudar a manter ou para aumentar a temperatura.

> Existem três padrões distintos de adaptação à exposição repetida ao frio: habituação ao frio, aclimatação metabólica e aclimatação isolante.

- ❯ O tamanho corporal é um aspecto relevante na perda de calor. Tanto o aumento da relação entre área da superfície/massa muscular como a redução da massa muscular periférica ou da gordura subcutânea aumentam a perda de calor do corpo para o ambiente.
- ❯ Pelo fato de possuírem mais gordura subcutânea isolante, as mulheres levam ligeira vantagem, em comparação com os homens, durante a exposição ao frio; mas sua massa muscular menos volumosa limita sua capacidade de gerar calor.
- ❯ O vento aumenta a perda de calor por convecção. Em geral, o poder de resfriamento do ambiente, conhecido como fator de resfriamento, é expresso como temperaturas equivalentes.
- ❯ A imersão em água gelada aumenta tremendamente a perda de calor por convecção. Em alguns casos, o exercício gera calor metabólico suficiente para compensar parte dessa perda.
- ❯ Quando o músculo é resfriado, torna-se menos capaz de produzir força, e com isso a fadiga pode ocorrer mais rapidamente.
- ❯ Durante o exercício prolongado no frio, com o declínio da intensidade do exercício causado pela fadiga, ocorre diminuição da produção de calor metabólico, e o indivíduo torna-se cada vez mais propenso a sofrer uma hipotermia.
- ❯ O exercício dispara a liberação de catecolaminas, que aumentam a mobilização e o uso dos AGL para a obtenção de combustível. Contudo, no frio a vasoconstrição compromete a circulação para as reservas periféricas de gordura, e, com isso, esse processo fica atenuado.

é utilizado em uma velocidade um pouco mais rápida na água fria, em comparação com condições mais quentes. Contudo, são poucos os estudos publicados sobre o metabolismo do exercício no frio, e o conhecimento sobre a regulação hormonal do metabolismo no frio é demasiadamente limitado para que se aceite qualquer conclusão definitiva.

Riscos para a saúde durante o exercício no frio

Se o ser humano preservasse a capacidade inerente a certos animais inferiores (como os répteis) de tolerar baixas temperaturas corporais, poderia sobreviver a uma hipotermia extrema. Infelizmente, no ser humano a evolução da termorregulação implicou a perda da capacidade dos tecidos de funcionar em situações de aumento ou diminuição da temperatura. Esta seção irá estudar rapidamente os riscos para a saúde associados à ação do frio. O American College of Sports Medicine publicou, em 2006, um documento normativo abrangente, "Prevenção de lesões do frio durante o exercício", em que esses tópicos são abordados detalhadamente.[1]

Hipotermia

Demonstrou-se que indivíduos imersos em água próxima ao ponto de congelamento morrem em alguns minutos quando sua temperatura retal cai do nível normal de 37°C para 24-25°C. Casos de hipotermia acidental e dados de pacientes cirúrgicos submetidos intencionalmente à hipotermia revelam que em geral o limite inferior letal para a temperatura corporal situa-se entre 23-25°C, embora haja casos de pacientes que se recuperaram depois de terem sido constatadas temperaturas retais inferiores a 18°C.

Quando a temperatura interna do corpo cai para menos de 34,5°C, o hipotálamo começa a perder sua capacidade de regular a temperatura corporal. Essa capacidade é completamente perdida quando a temperatura interna diminui para cerca de 29,5°C. Essa perda de função está associada ao retardo das reações metabólicas. O metabolismo celular cai pela metade para cada 10°C de declínio na temperatura celular. Como resultado, uma baixa temperatura corporal interna pode causar sonolência, letargia e até mesmo coma.

A hipotermia leve pode ser tratada protegendo o indivíduo afetado do frio, fornecendo-lhe roupas secas e cobertores e dando-lhe bebidas quentes. Em casos de hipotermia moderada a grave, é necessária a manipulação cuidadosa para evitar uma arritmia cardíaca. Tal situação exige o reaquecimento lento da vítima. Nos casos graves, deve-se encaminhar a vítima para o hospital e para tratamento médico. Em 2006, o American College of Sports Medicine publicou algumas recomendações para a prevenção de lesões por exposição ao frio em um documento sobre enfermidades causadas pelo frio durante o exercício.[1]

Efeitos cardiorrespiratórios

Os riscos da exposição ao frio excessivo são a possibilidade de ocorrência de lesão aos tecidos periféricos e danos aos sistemas cardiovascular e respiratório. Já houve mortes por hipotermia decorrentes de parada cardíaca em casos nos quais se verificava respiração ainda funcional. Basicamente, o resfriamento influencia o nó sinoatrial – o marca-passo do coração –, levando a um decréscimo gradual na frequência cardíaca e, finalmente, à parada cardíaca.

Muitas pessoas perguntam se a respiração profunda e rápida do ar gelado pode lesionar ou congelar o trato respiratório. Na verdade, o ar gelado que passa pela boca e pela traqueia é rapidamente aquecido mesmo quando a temperatura do ar inspirado está abaixo de −25°C.[6] Mesmo nessa temperatura, quando o indivíduo está em repouso e respira principalmente pelas narinas, o ar é aquecido até cerca de 15°C no momento em que se desloca por aproximadamente 5 cm nas vias nasais. Conforme mostrado pela Figura 12.15, o ar extremamente frio que entra nas narinas já está bastante aquecido no momento em que chega à

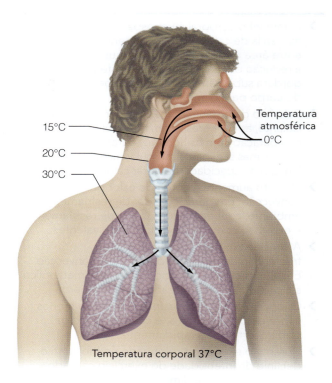

FIGURA 12.15 Aquecimento do ar inspirado durante sua movimentação pelo trato respiratório.

Perspectiva de pesquisa 12.4
Ultramaratona Ártica do Yukon

A Ultramaratona Ártica do Yukon é considerada o evento de ultrarresistência mais longo e mais frio do mundo. Esse evento de 692 km, que percorre a Yukon Quest Trail (Trilha da aventura do Yukon), começa em Whitehorse (a capital da província canadense do Yukon) e é formada por uma série de corridas intermináveis, ao longo de vários dias, com provas de ciclismo de montanha (*mountain bike*), esqui *cross-country* ou caminhada. A prova é realizada em fevereiro de cada ano. Todos os participantes devem ser autossuficientes e precisam puxar um trenó ou prender uma mochila à bicicleta que contenha todas as provisões e equipamentos (incluindo comida, água e barraca) necessários para o evento. Em virtude das condições extenuantes decorrentes da época do ano e da duração extrema do evento, a Yukon Arctic Ultra é frequentemente classificada como a competição física mais difícil do mundo. Foi relatado que a exposição ao frio e o exercício físico envolvido influenciam as concentrações circulantes de miocinas, adipocinas e hepatocinas que podem alterar a regulação do metabolismo. Especificamente, alterações nessas moléculas de sinalização metabólica podem dar início a alterações no tecido adiposo branco ou marrom para, com isso, promover termogênese.

Em 2016, uma equipe de pesquisadores da Universidade do Alasca em Fairbanks e do Center for Space Medicine and Extreme Environments (Centro de Medicina Espacial e Ambientes Extremos) de Berlim, Alemanha, acompanharam oito participantes dessa Ultramaratona.[2] Amostras de sangue foram coletadas nos pontos de checagem antes, no meio e depois do evento. Naquele ano, durante o evento, a temperatura variou de -45°C a -8°C. Em decorrência dessas condições excepcionalmente severas, quatro dos oito participantes do estudo abandonaram a competição à altura do quilômetro 483. Os outros quatro que ultrapassaram a marca de 483 km perderam uma quantidade significativa de peso e massa adiposa. A análise das amostras de sangue coletadas indicou que, durante o evento, ocorreu aumento na irisina sérica, uma miocina considerada promotora da quebra de lipídios e que exerce um papel na formação de tecido adiposo marrom. No entanto, não foram notadas alterações em outras miocinas, adipocinas ou hepatocinas, e os metabólitos séricos permaneceram estáveis ao longo do evento. Os dados coletados nos quatro participantes que terminaram a Ultramaratona propiciaram uma visão geral da fisiologia desses atletas e podem indicar que a combinação de exposição ao frio e esforço físico extremo promove alterações no metabolismo dos substratos que preservam o músculo esquelético e aumentam a resiliência fisiológica diante dessas demandas excessivas. Futuramente, esses mesmos pesquisadores planejam obter medidas de gasto energético, ingestão alimentar e qualidade do sono a fim de determinar sua contribuição para a preservação relativa da massa corporal magra nesses atletas.

---

parte posterior das vias nasais. Portanto, não representa nenhuma ameaça de lesão à garganta, à traqueia ou aos pulmões. A respiração pela boca, que frequentemente ocorre durante o exercício, pode resultar em irritação (causada pelo frio) da boca, da faringe, da traqueia e até dos brônquios, quando a temperatura atmosférica está abaixo de -12°C. A exposição ao frio excessivo afeta também a função respiratória por diminuir a frequência respiratória e o volume das respirações.

Geladura

A pele exposta pode congelar quando sua temperatura baixa apenas alguns graus em relação ao ponto de congelamento (0°C). Em razão da influência do aquecimento do corpo pela circulação e pela produção de calor metabólico, a temperatura do ar atmosférico (inclusive do fator de resfriamento; ver Fig. 12.14) necessária para congelar dedos, nariz e orelhas expostas é de aproximadamente –29°C. Conforme discutido anteriormente, a vasoconstrição periférica auxilia o corpo a preservar o calor. Infelizmente, durante a exposição ao frio intenso, a circulação na pele pode diminuir até o ponto de o tecido morrer por falta de oxigênio e de nutrientes. Essa complicação é conhecida como **geladura**. Se não tratadas rapidamente, as lesões por geladura podem ser graves, levando à gangrena e à destruição dos tecidos. As partes que sofrem geladura não devem ser tratadas até que possam ser descongeladas, de preferência em um hospital, sem risco de novo congelamento.

Asma induzida pelo exercício

Apesar de não ser uma doença relacionada ao frio, a asma induzida pelo exercício é um problema comum que afeta em torno de 50% dos atletas de esportes de inverno (ver Cap. 8). A principal causa dessa síndrome é o ressecamento das vias aéreas por causa da combinação de elevada taxa respiratória associada ao exercício com o ar extremamente seco quando a temperatura cai, embora diversos fatores ambientais e genéticos possam determinar se o atleta apresentará, ou não, sintomas de asma. O estreitamento das vias aéreas resultante geralmente deixa o atleta com dificuldade de respirar. Felizmente, existem medicações preventivas, como os beta-agonistas, juntamente com inalantes que podem rapidamente fornecer corticosteroides e broncodilatadores para aliviar os sintomas.

Em resumo

> O hipotálamo começa a perder sua capacidade de regulação da temperatura corporal quando a temperatura corporal cai para menos de 34,5°C.
> A hipotermia afeta criticamente o nó sinoatrial do coração, diminuindo a frequência cardíaca, o que, por sua vez, reduz o débito cardíaco.
> A inspiração de ar gelado não congela as vias respiratórias nem os pulmões, pelo fato de o ar inspirado ser progressivamente aquecido à medida que passa pelo trato respiratório.
> A exposição ao frio extremo diminui a frequência respiratória e o volume da respiração.
> A geladura ocorre como consequência das tentativas do corpo de impedir a perda de calor por meio da vasoconstrição na pele. Se a vasoconstrição for prolongada, a pele esfria rapidamente e a redução do fluxo sanguíneo, em combinação com a carência de oxigênio e de nutrientes, provoca a morte do tecido cutâneo.
> Pelo fato de o ar frio ser inerentemente seco, muitos atletas experimentam os sintomas da asma induzida pelo exercício durante exercícios de alta intensidade em ambientes frios.

EM SÍNTESE

Neste capítulo, analisou-se como o ambiente externo afeta a capacidade do corpo de realizar trabalho físico. Examinaram-se os efeitos do estresse causado pelo calor e pelo frio extremos e as respostas do corpo a essas condições. Foram considerados os riscos à saúde associados a esses extremos de temperatura, e foi estudado o modo como o corpo se adapta a essas condições por meio da aclimatação. No capítulo a seguir, serão examinados outros ambientes extremos associados à prática do exercício em altitude.

PALAVRAS-CHAVE

- aclimatação (ou aclimatação ao calor)
- aclimatação isolante
- aclimatação metabólica
- aclimatização
- arginina vasopressina
- cãibra decorrente do calor
- condução (K)
- convecção (C)
- estresse térmico
- evaporação (E)
- exaustão térmica
- fator de resfriamento
- geladura
- glândulas sudoríparas exócrinas
- habituação ao frio
- hipotermia
- insulação
- intermação
- irisina
- núcleo pré-óptico no hipotálamo anterior (NPOHA)
- radiação (R)
- temperatura de bulbo úmido e de globo (TBUG)
- teoria da temperatura crítica
- termogênese não decorrente de tiritação
- termorreceptores
- termorregulação
- tiritação
- traço falciforme
- troca de calor seco
- vasoconstrição periférica
- vasopressina

QUESTÕES PARA ESTUDO

1. Quais são as quatro principais vias para a perda de calor corporal?
2. Qual dessas quatro vias é a mais importante para o controle da temperatura corporal quando o indivíduo está em repouso? E durante o exercício?
3. O que acontece com a temperatura corporal durante o exercício? Por quê?
4. Por que a pressão de vapor de água no ar é um fator importante quando uma pessoa desempenha alguma atividade no calor? Por que o vento e o fato de o dia estar nublado são fatores importantes?
5. Que fatores podem limitar a capacidade de continuar a praticar exercícios em ambientes quentes?
6. Qual é a finalidade da temperatura de bulbo úmido e de globo (TBUG)? O que ela mede?
7. Estabeleça a diferença entre as cãibras por calor, a exaustão térmica e a intermação.
8. Quais são as adaptações fisiológicas que permitem às pessoas se aclimatar ao exercício no calor?
9. De que modo o corpo minimiza a perda excessiva de calor durante a exposição ao frio?
10. Quais são os três padrões de adaptação ao frio e quando suas ocorrências podem ser esperadas?
11. Que fatores devem ser considerados para que seja proporcionada máxima proteção quando o indivíduo está se exercitando no frio?

13 Exercício na altitude

Condições ambientais na altitude 356

Pressão atmosférica na altitude 357
Temperatura e umidade do ar na altitude 357
Radiação solar na altitude 357

Respostas fisiológicas à exposição aguda à altitude 358

Respostas respiratórias à altitude 359
Respostas cardiovasculares à altitude 360
Respostas metabólicas à altitude 362
Necessidades nutricionais na altitude 362

ANIMAÇÃO PARA A FIGURA 13.2 Explica os efeitos fisiológicos de pressões parciais de oxigênio e de dióxido de carbono mais baixas na altitude.

Exercício e desempenho esportivo na altitude 364

Consumo máximo de oxigênio e atividade de resistência 364
Atividades anaeróbias de corrida em velocidade, salto e arremesso 365

Aclimatação: exposição crônica à altitude 365

Adaptações pulmonares 366
Adaptações sanguíneas 367
Adaptações musculares 367
Adaptações cardiovasculares 368

Altitude: otimização do treinamento e desempenho 368

O treinamento na altitude melhora o desempenho ao nível do mar? 368
Viver no alto e treinar no baixo 370
Otimização do desempenho na altitude 372
Treinamento "artificial" na altitude 372

VÍDEO 13.1 Apresenta Ben Levine, que fala sobre a fisiologia subjacente à abordagem "viver no alto e treinar no baixo".

Riscos à saúde associados à exposição aguda à altitude 374

Doença aguda da altitude 374
Edema pulmonar das altitudes elevadas 376
Edema cerebral das altitudes elevadas 376

Em síntese 377

Em 14 de outubro de 2012, o paraquedista austríaco Felix Baumgartner estabeleceu vários recordes mundiais para o mergulho de paraquedas. Naquele dia, Baumgartner pilotava um balão de hélio na estratosfera, a uma altitude de 39 km (um recorde de ascensão em balão), e, deixando o balão, saltou para a Terra daquela altura (um recorde para salto com paraquedas da maior altitude, até então). Com esse feito, Baumgartner se tornou o primeiro ser humano a quebrar a barreira do som fora de um veículo, ao atingir a velocidade de 1.343 km/h durante uma queda livre de 4 min e 19 s.

Em altitudes tão extremas, sem uma veste pressurizada e sem equipamento de respiração, o corpo de Baumgartner não seria capaz de fornecer oxigênio para os tecidos e ele rapidamente perderia a consciência. A veste especializada também foi projetada para protegê-lo da baixa pressão ambiente, do frio extremo (−52°C), da fricção e de outros perigos. Se sua veste não aguentasse, acima dos 19,2 km o atleta teria sofrido um distúrbio fatal conhecido como ebulismo, isto é, a formação de bolhas gasosas em seus líquidos corporais.

Mas Baumgartner acionou seu paraquedas e aterrissou com segurança no deserto do Novo México, não apenas realizando uma façanha excepcional de desempenho humano, mas também demonstrando o poder da tecnologia para superar – durante um breve período – os perigos da alta altitude.

As discussões anteriores sobre as respostas fisiológicas ao exercício tiveram como base as condições ao nível do mar ou em suas proximidades, onde a **pressão barométrica** (P_b) alcança, em média, 760 mmHg. É preciso se lembrar, do Capítulo 7, que a pressão barométrica é uma medida da pressão total que todos os gases que constituem a atmosfera exercem sobre o corpo (e sobre as demais coisas). Independentemente da P_b, as moléculas de oxigênio sempre compõem 20,93% do ar. A **pressão parcial do oxigênio (PO_2)** é a parte da Pb exercida apenas pelas moléculas de oxigênio no ar. Assim, ao nível do mar, PO_2 é 0,2093 × 760 mmHg ou 159 mmHg. A pressão parcial é um importante conceito para a compreensão da fisiologia em altitude, pelo fato de que, basicamente, é a baixa PO_2 que limita o desempenho do exercício em locais de altitude elevada. Embora o corpo humano tolere pequenas flutuações de pressão, grandes variações desses valores trazem problemas consideráveis. Isso se torna evidente quando os alpinistas sobem a altitudes elevadas, onde as PO_2 significativamente reduzidas podem prejudicar substancialmente o desempenho físico e até mesmo colocar a vida do indivíduo em risco.

A pressão barométrica reduzida em locais de altitudes elevadas é conhecida como ambiente **hipobárico** (de baixa pressão atmosférica). Uma pressão atmosférica mais baixa significa também PO_2 mais baixa no ar inspirado, o que limita a difusão pulmonar de oxigênio e o transporte de oxigênio para os tecidos. A baixa PO_2 no ar é chamada de **hipóxia** (pouco oxigênio), ao passo que a PO_2 baixa resultante no sangue é chamada de **hipoxemia**.

Neste capítulo serão examinadas as características especiais dos ambientes hipobáricos e hipóxicos, e como essas condições alteram as respostas fisiológicas em repouso e durante a atividade física, o treinamento e a prática esportiva. Em relação a essas mudanças, o foco recairá sobre a subida aguda para a altitude, as formas como essas respostas se modificam à medida que os humanos se aclimatam às altitudes elevadas, e estratégias de treinamento especializadas utilizadas por atletas para melhorar o desempenho nesse tipo de ambiente. Além disso, serão examinados vários riscos específicos à saúde associados a ambientes hipóxicos.

Condições ambientais na altitude

Desde 400 a.C. já se tem notícia de problemas clínicos associados à altitude. Contudo, em sua maioria, as antigas preocupações com a ascensão a altitudes elevadas relacionavam-se às condições de frio na altitude, e não às limitações impostas pela baixa pressão atmosférica. As primeiras descobertas fundamentais que abriram caminho para o atual entendimento da P_b e da PO_2 reduzidas em altitudes podem ser creditadas principalmente a quatro cientistas entre os séculos XVII e XIX. Torricelli (c. 1644) construiu o barômetro de mercúrio, instrumento que permite a obtenção de medidas precisas da pressão atmosférica. Alguns anos depois, em 1648, Pascal demonstrou a ocorrência de redução da pressão barométrica em altitudes elevadas. Cerca de 130 anos mais tarde, em 1777, Lavoisier descreveu o oxigênio e os demais gases que contribuem para a pressão barométrica total. Finalmente, em 1801, John Dalton estabeleceu o princípio (chamado Lei das pressões parciais de Dalton) que determina que a pressão total exercida por uma mistura de gases é igual à soma da pressão parcial dos gases individuais.

No final do século XIX, foram identificados os efeitos deletérios da altitude elevada nos seres humanos, causados pela baixa PO_2 (hipóxia). Mais recentemente, uma equipe de cientistas liderada pelo falecido John Sutton realizou uma complexa série de estudos laboratoriais na câmara hipobárica do Instituto de Medicina Ambiental do Exército dos Estados Unidos. Esses experimentos, conhecidos coletivamente como *Operação Everest II*, aumentaram significativamente a compreensão do exercício em altitude.[23]

Com base nos efeitos da altitude sobre o desempenho, as seguintes definições são úteis:[1]

- Próximo ao nível do mar (abaixo de 500 m de altitude): não há efeitos da altitude sobre o bem-estar ou desempenho físico.
- Baixa altitude (500-2.000 m): não há efeitos sobre o bem-estar, mas o desempenho pode ser reduzido, especialmente em atletas que competem acima de 1.500 m. Essas reduções no desempenho podem ser superadas pela aclimatação.
- Altitude moderada (2.000-3.000 m): efeitos sobre o bem-estar dos indivíduos não aclimatados e provável redução na capacidade aeróbia máxima e sobre o desempenho. O desempenho ótimo pode ou não ser restabelecido com a aclimatação.
- Elevada altitude (3.000-5.500 m): efeitos adversos para a saúde (incluindo a doença aguda da altitude, discutida neste capítulo) em grande percentual de indivíduos e redução significativa no desempenho, até mesmo após a aclimatação completa.
- Altitude extrema (acima de 5.500 m): efeitos severos da hipóxia. Os mais elevados assentamentos humanos toleráveis estão entre 5.200-5.800 m.

Nesta discussão, a palavra *altitude* é sinônimo de elevações superiores a 1.500 m, pelo fato de terem sido observados poucos efeitos fisiológicos negativos no desempenho abaixo dessa altitude.

Embora o principal impacto da altitude na fisiologia do exercício possa ser atribuído à baixa PO_2, que acaba limitando a disponibilidade do oxigênio para os tecidos, a atmosfera na altitude também difere de outras maneiras comparativamente às condições ao nível do mar.

Pressão atmosférica na altitude

Ao nível do mar, o ar que se estende até os confins da atmosfera terrestre (aproximadamente 38,6 km) exerce uma pressão de 760 mmHg. No pico do monte Everest, ponto mais elevado da Terra (8.848 m), a pressão exercida pelo ar acima do pico é de apenas 250 mmHg. Essas e outras diferenças de altitude estão ilustradas na Figura 13.1.

A pressão barométrica na Terra não permanece constante. Ao contrário, ela varia de acordo com as mudanças nas condições climáticas, a época do ano e o local de tomada da medida de pressão. No monte Everest, por exemplo, a pressão barométrica média varia de 243 mmHg em janeiro a quase 255 mmHg em junho e julho. Essas pequenas variações, que pouco interessam àqueles que vivem nas proximidades do nível do mar (exceto para os meteorologistas, por causa de seus efeitos nos padrões do tempo), têm uma importância fisiológica considerável para o alpinista em sua tentativa de escalar o monte Everest sem suplementação de oxigênio.

Embora a pressão barométrica varie, os percentuais de gases que respiramos no ar permanecem inalterados do nível do mar até as altitudes elevadas. Qualquer que seja a elevação, o ar sempre contém 20,93% de oxigênio, 0,03% de dióxido de carbono e 79,04% de nitrogênio. Mudam apenas as pressões parciais desses gases. Conforme ilustrado na Figura 13.1, a pressão exercida pelas moléculas de oxigênio em diversas altitudes cai proporcionalmente às quedas na pressão barométrica. As consequentes mudanças na PO_2 têm efeitos significativos na pressão parcial de oxigênio que chega aos pulmões, assim como nos gradientes entre os alvéolos pulmonares e o sangue (onde o oxigênio é carregado) e entre o sangue e os tecidos (onde o oxigênio é descarregado). Esses efeitos serão discutidos detalhadamente mais adiante neste capítulo.

Temperatura e umidade do ar na altitude

Evidentemente, é a baixa PO_2 em altitudes elevadas que exerce o maior impacto na fisiologia do exercício. Contudo, outros fatores ambientais também contribuem para a capacidade de realização de exercício. Por exemplo, a temperatura do ar diminui em uma base de 1°C para cada 150 m de ascensão. Estima-se que a temperatura média nas proximidades do pico do monte Everest seja de aproximadamente −40°C, ao passo que ao nível do mar ela seria de cerca de 15°C. A combinação de baixas temperaturas, baixa pressão ambiente de vapor de água e ventos muito intensos na altitude implica grande risco de distúrbios ligados ao frio, como a hipotermia, lesões causadas pelo fator de resfriamento e lesões pelo frio não congelante.

O vapor de água tem a sua própria pressão parcial, também conhecida como pressão do vapor de água (P_{H2O}). Por causa das temperaturas geladas em locais de altitude, a pressão do vapor de água no ar é extremamente baixa. O ar gelado abriga pouquíssima água. Assim, mesmo que o ar esteja completamente saturado de água (100% de umidade relativa), a real pressão do vapor de água contido no ar será pequena. Por causa do elevado gradiente entre a pele e o ar, a baixíssima P_{H2O} em altitudes elevadas provoca a evaporação da umidade da superfície da pele (ou da roupa), podendo rapidamente resultar em desidratação. Além disso, o corpo perde um grande volume de água através da evaporação respiratória em razão da combinação de (a) um grande gradiente de pressão de vapor entre o ar aquecido que sai pela boca e pelo nariz e o ar seco no ambiente e (b) o aumento da frequência respiratória (tópico que será discutido mais adiante) experimentados na altitude.

Radiação solar na altitude

A intensidade da radiação solar aumenta em altitudes elevadas por duas razões. Primeiramente, em locais de altitudes elevadas, a luz atravessa uma camada menor da atmosfera antes de chegar à Terra. Assim, nesses locais, a atmosfera absorve menor quantidade da radiação solar, sobretudo de raios ultravioleta. Em segundo lugar, con-

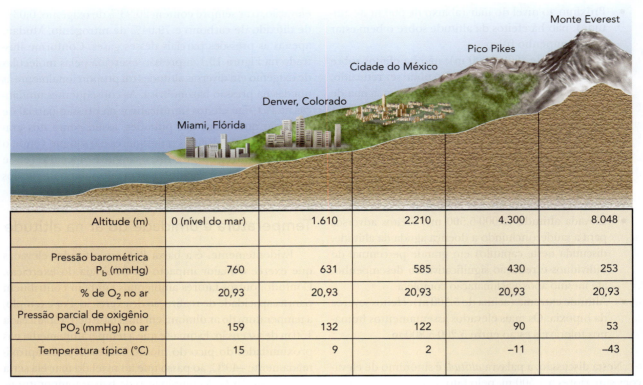

FIGURA 13.1 Diferenças nas condições atmosféricas ao nível do mar com aumento da altitude e redução da pressão barométrica. Note que a pressão parcial do oxigênio diminui de 159 mmHg ao nível do mar para apenas 53 mmHg no pico do monte Everest.

siderando que em geral a água atmosférica absorve uma quantidade substancial de radiação solar, o baixo teor de vapor de água observado em locais de altitude também aumenta a exposição à radiação. A radiação solar pode ser ainda mais ampliada pela luz refletida na neve normalmente encontrada em locais mais elevados.

Em resumo

> A altitude apresenta um ambiente hipobárico (no qual a pressão barométrica atmosférica é reduzida). Altitudes de 1.500 m ou mais exercem um notável impacto fisiológico sobre o desempenho no exercício.
> Embora os percentuais dos gases no ar respirado pelo ser humano permaneçam constantes independentemente da altitude, a pressão parcial de cada um desses gases diminui com a queda da pressão atmosférica em altitudes maiores.
> A baixa pressão parcial de oxigênio (PO_2) no ar na altitude é a condição ambiental com o impacto fisiológico mais profundo. Pelo fato de a PO_2 nos pulmões ser baixa, os gradientes de PO_2 entre os alvéolos dos pulmões e o sangue (onde o oxigênio é carregado), e entre o sangue e os tecidos (onde o oxigênio é descarregado), estão diminuídos.

> A temperatura do ar diminui com o aumento da altitude. O ar gelado pode reter pouca água, daí o fato de o ar respirado em locais de altitude elevada ser mais seco. Esses dois fatores aumentam a suscetibilidade do ser humano a distúrbios relacionados ao frio intenso e à desidratação.
> Considerando que a atmosfera é mais rarefeita e mais seca em locais de altitudes elevadas, nesses pontos a radiação solar é mais intensa. Tal efeito fica exacerbado quando o solo está coberto de neve.

Respostas fisiológicas à exposição aguda à altitude

Esta seção abordará o modo como o corpo humano responde à exposição aguda à altitude, enfatizando respostas que podem afetar o exercício e o desempenho esportivo. Os principais enfoques serão as respostas respiratórias, cardiovasculares e metabólicas. Em sua maioria, os estudos fisiológicos foram realizados em homens saudáveis, condicionados e jovens; infelizmente, poucos estudos sobre os efeitos da altitude envolveram mulheres, crianças ou idosos, populações cuja sensibilidade às condições da altitude pode diferir do que é descrito aqui.

Respostas respiratórias à altitude

Um suprimento de oxigênio adequado para os músculos que estão se exercitando é essencial para o desempenho físico, e, como mencionado no Capítulo 8, isso depende do transporte de uma quantidade adequada desse gás para o interior do corpo, de sua mobilização dos pulmões até o sangue, de seu transporte até os músculos e de sua adequada absorção pelos músculos. Qualquer limitação em uma dessas etapas pode comprometer o desempenho.

Ventilação pulmonar

A sequência de etapas que conduzem ao transporte de oxigênio até o músculo em trabalho começa com a ventilação pulmonar, isto é, o transporte ativo de moléculas gasosas até os alvéolos pulmonares (respiração). Em altitudes maiores a ventilação aumenta em segundos, tanto em repouso como durante o exercício, porque os quimiorreceptores presentes no arco aórtico e nas artérias carótidas são estimulados pela baixa PO_2, e sinais são enviados ao cérebro para acelerar a respiração. Basicamente, o aumento da ventilação está associado ao aumento do volume corrente e a um aumento ainda maior da frequência respiratória. Ao longo das horas e dos dias seguintes, a ventilação permanece elevada a um nível proporcional à altitude.

O aumento da ventilação funciona de maneira muito parecida com a hiperventilação ao nível do mar. A quantidade de dióxido de carbono nos alvéolos fica reduzida. O dióxido de carbono acompanha o gradiente de pressão, e, assim, maior quantidade desse gás difunde-se para fora do sangue, onde a pressão é relativamente alta, e para o interior dos pulmões, para ser expirado. Esse aumento na eliminação de CO_2 faz com que a PCO_2 sanguínea caia e haja aumento do pH do sangue – uma condição conhecida como **alcalose respiratória**. A alcalose exerce dois efeitos: em primeiro lugar, faz a curva de saturação da oxiemoglobina desviar-se para a esquerda (esse tópico será discutido na seção seguinte); e, em segundo lugar, ajuda a impedir que ocorra uma elevação ainda maior na ventilação causada pelo impulso hipóxico (baixa PO_2). Em determinada intensidade submáxima de exercício, a ventilação é mais elevada na altitude do que ao nível do mar, porém a ventilação do exercício máximo é similar.

Em um esforço para superar a alcalose respiratória, os rins excretam mais íons bicarbonato, que tamponam o ácido carbônico formado a partir do dióxido de carbono. Assim, a redução na concentração dos íons bicarbonato diminui a capacidade de tamponamento do sangue. O sangue passa a conter mais ácido e a alcalose pode sofrer uma reversão.

Difusão pulmonar

Em condições de repouso, a difusão pulmonar (difusão de O_2 dos alvéolos para o sangue arterial) não limita a troca de gases entre os alvéolos e o sangue. Se as trocas gasosas estivessem limitadas ou prejudicadas na altitude, entraria menos oxigênio no sangue, e, assim, o valor de PO_2 arterial poderia ficar muito mais baixo do que o da PO_2 alveolar. Em vez disso, tais valores são aproximadamente iguais (ver Fig. 13.2). Portanto, a baixa PO_2 do sangue arterial, ou hipoxemia, é um reflexo direto da baixa PO_2 alveolar, e não de alguma limitação da difusão de oxigênio dos pulmões para o sangue arterial.

Conforme foi apresentado no Capítulo 7, a cascata de oxigênio é um meio para representar as mudanças na PO_2 através de todos os tecidos e dentro da circulação venosa.

A Figura 13.3 mostra as diferenças em vários pontos na cascata de oxigênio entre o nível do mar e uma altitude de 5.800 m.

Transporte de oxigênio

Como mostrado nas Figuras 13.2 e 13.3, ao nível do mar a PO_2 inspirada é igual a 159 mmHg; contudo, ela diminui para cerca de 105 mmHg nos alvéolos, principalmente por causa da adição das moléculas de vapor de água (P_{H2O} = 47 mmHg a 37°C). Quando a PO_2 alveolar cai em locais de altitude, menos locais de ligação na hemoglobina no sangue que está perfundindo os pulmões ficam saturados com O_2. Como ilustrado na Figura 13.4, a curva de ligação de oxigênio para a hemoglobina (ou de dissociação da oxiemoglobina) tem uma nítida forma de S. Ao nível do mar, quando a PO_2 alveolar está em torno dos 104 mmHg, 96-97% das moléculas de hemoglobina apresentam-se totalmente ligadas ao O_2. Quando a PO_2 nos pulmões é reduzida para 46 mmHg a 4.300 m, apenas 80% dos locais de ligação dessas moléculas ficam saturados. Se a parte da curva referente à carga de oxigênio não fosse relativamente retilínea, muito menos O_2 seria absorvido pelo sangue durante sua passagem pelos pulmões, e a ligação ficaria extremamente limitada na altitude. Portanto, embora o sangue arterial ainda fique dessaturado em locais de altitude, as características da curva de dissociação da oxiemoglobina atuam de modo a amenizar esse problema.

Logo no início da exposição à altitude ocorre uma segunda adaptação que também ajuda a prevenir a queda no conteúdo de oxigênio arterial. Como dito anteriormente, a alcalose respiratória acompanha a maior ventilação causada pela exposição aguda à altitude. Na verdade, esse aumento no pH do sangue desvia para a esquerda a curva de dissociação da oxiemoglobina, como mostrado na Figura 13.3. O resultado disso é que, em vez de uma ligação de oxigênio à hemoglobina da ordem de 80%,

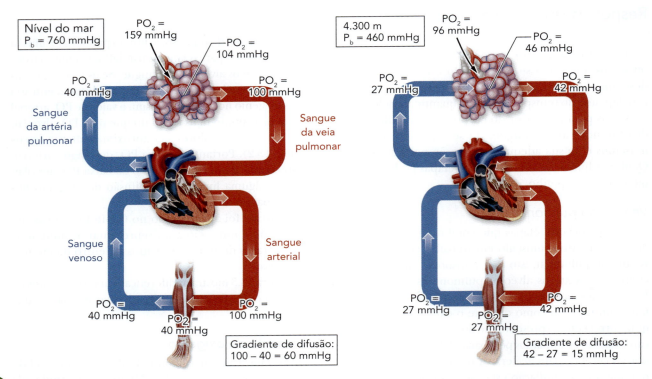

FIGURA 13.2 Comparação da pressão parcial de oxigênio (PO_2) no ar inspirado e nos tecidos do corpo ao nível do mar e a 4.300 m de altitude, a altitude do pico Pikes, Colorado (EUA). Com a diminuição da PO_2 inspirada, a PO_2 alveolar também diminui. A PO_2 arterial é similar ao valor nos pulmões, mas o gradiente para difusão de O_2 nos tecidos – inclusive no músculo – fica muito reduzido.

89% dessas moléculas ficam completamente saturadas com o gás. Por causa dessa alteração, mais oxigênio se liga à hemoglobina nos pulmões, e mais oxigênio é descarregado para os tecidos em altitudes elevadas, onde a PO_2 é mais baixa em ambos os tecidos.

Troca de gases nos músculos

As Figuras 13.2 e 13.3 mostram que, ao nível do mar, a PO_2 arterial é de cerca de 100 mmHg e a PO_2 nos tecidos do corpo fica consistentemente em torno dos 40 mmHg quando em repouso. Portanto, a diferença, ou o gradiente de pressão, entre a PO_2 arterial e a PO_2 tecidual ao nível do mar, é de aproximadamente 60 mmHg. Contudo, quando se considera uma elevação de 4.300 m, a PO_2 arterial cai para cerca de 42 mmHg, ao passo que a PO_2 tecidual cai para 27 mmHg. Assim, o gradiente de pressão diminui de 60 mmHg ao nível do mar para apenas 15 mmHg na altitude mais elevada. Essa redução no gradiente de difusão é de quase 75%. À altitude de 5.800 m, o gradiente diminui para apenas 10 mmHg. Uma vez que esse gradiente é responsável pela facilitação do fluxo de oxigênio presente na hemoglobina do sangue para os tecidos, essa mudança na PO_2 arterial em locais de altitude passa a ser uma consideração ainda maior para o desempenho no exercício do que a pequena redução ocorrida nos pulmões na saturação de hemoglobina.

Respostas cardiovasculares à altitude

Assim como o sistema respiratório fica cada vez mais limitado com o aumento da altitude, o mesmo ocorre com o sistema cardiovascular, que passa por mudanças substanciais, na tentativa de compensar o decréscimo da PO_2, que acompanha a hipóxia.

Volume sanguíneo

Nas primeiras horas após a chegada de um indivíduo a um local de altitude elevada, seu volume plasmático começa a decrescer progressivamente, descrevendo um platô (estabilizando-se) ao final das primeiras semanas. Esse decréscimo no volume plasmático resulta tanto da perda de água pela respiração como do aumento da produção de urina. A combinação desses dois fatores pode reduzir o volume plasmático total em até 25%. Inicialmente, o resultado da perda de volume plasmático é o aumento do hematócrito, o percentual do volume de sangue composto por eritrócitos (que contêm hemoglobina). Essa adaptação – maior número de eritrócitos para um dado fluxo de sangue – permite a liberação de maior quantidade de oxigênio para os músculos, para determinado débito cardíaco. Dentro de algumas semanas na altitude, esse volume plasmático diminuído acaba retornando aos níveis normais, se o indivíduo ingerir líquidos adequadamente.

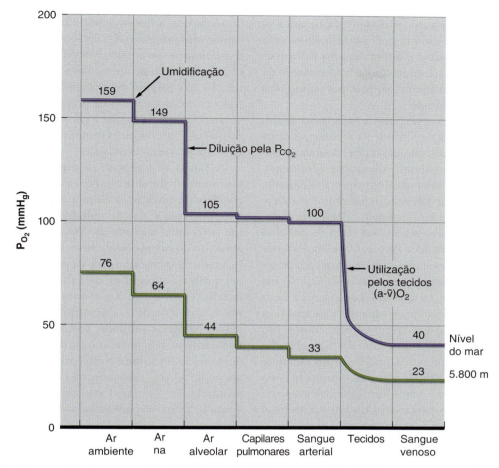

FIGURA 13.3 Comparação da cascata de oxigênio no nível do mar e na altitude de 5.800 m. Cada degrau, desde o ar inspirado até os tecidos e o sangue venoso, exibe notável redução na P_{O_2}, diminuindo o gradiente de difusão de O_2 para os tecidos, inclusive os músculos.

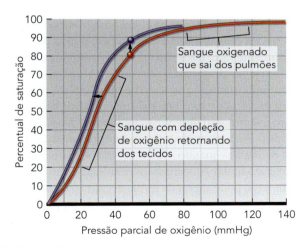

FIGURA 13.4 Curva de dissociação da oxiemoglobina em forma de S no nível do mar (linha vermelha). Quando a P_{O_2} alveolar está em cerca de 104 mmHg, 96-97% da hemoglobina fica saturada com O_2. Diante de uma exposição aguda à altitude, a alcalose respiratória desvia a curva de dissociação da oxiemoglobina (linha azul) para a esquerda, compensando parcialmente a dessaturação resultante da queda na P_{O_2}.

A exposição contínua a altitudes elevadas deflagra a liberação de eritropoetina (EPO) pelos rins. A EPO é o hormônio responsável pela estimulação da produção de eritrócitos. Isso aumenta o número total de eritrócitos e resulta em maior volume sanguíneo total, permitindo que o indivíduo compense parcialmente a P_{O_2} mais baixa que possa ocorrer na altitude. Entretanto, essa compensação é lenta, e serão necessárias semanas e até meses para que a massa eritrocitária seja completamente restaurada.

Débito cardíaco

A discussão anterior deixa claro que, na altitude, a quantidade de oxigênio liberado para os músculos por determinado volume de sangue fica limitada por causa da P_{O_2} arterial reduzida. Um jeito lógico de compensar o problema é aumentar o volume de sangue liberado para os músculos ativos. Em repouso e durante o exercício submáximo, tal problema é resolvido pelo aumento do débito cardíaco. Considerando que o débito cardíaco é igual ao produto do volume sistólico pela frequência cardíaca, a elevação de qualquer uma dessas variáveis aumenta o débito cardíaco. Durante a ascensão a um local de altitude, ocorre estimulação do sistema nervoso simpático, com liberação de noradrenalina e adrenalina, os principais hormônios que alteram a função cardíaca. O aumento da noradrenalina, particularmente, persiste por alguns dias de exposição aguda à altitude.

Durante a prática de exercício submáximo nas primeiras horas em locais de altitude, o volume sistólico diminui se comparado aos valores ao nível do mar (o que é atribuído à redução do volume plasmático). Felizmente, a frequência cardíaca aumenta desproporcionalmente, não só para compensar a diminuição no volume sistólico, mas também para aumentar um pouco o débito cardíaco. Contudo, fazer o coração assumir essa carga de trabalho extra não é um modo eficiente de garantir a liberação de oxigênio bastante para os tecidos ativos do corpo por períodos prolongados. Consequentemente, após alguns dias em um local de altitude, os músculos começam a extrair maior quantidade de oxigênio do sangue (aumentando a diferença entre oxigênio arterial e oxigênio venoso); isso reduz a demanda por um débito cardíaco mais elevado, visto que $\dot{V}O_2 = \dot{Q} \times$ diferença $(a-\bar{v})O_2$. Após cerca de 6-10 dias em locais de altitude elevada, os aumentos na frequência cardíaca e no débito cardíaco alcançam um pico; depois disso, esses parâmetros cardíacos começam a diminuir quando é realizado determinado exercício.

Com relação ao exercício máximo ou exaustivo em altitudes mais elevadas, ocorre redução no volume sistólico máximo e na frequência cardíaca máxima, bem como no débito cardíaco. A redução no volume sistólico está diretamente relacionada ao decréscimo no volume plasmático. A frequência cardíaca máxima pode se apresentar um pouco mais baixa em locais de elevada altitude, como consequência do decréscimo na resposta à atividade do sistema nervoso simpático – possivelmente em decorrência de uma redução nos betarreceptores (receptores presentes no coração que respondem à ativação neural simpática – portanto, com aumento da frequência cardíaca). Diante de um gradiente de difusão diminuído que "empurra" o oxigênio para fora do sangue e para os músculos, juntamente com essa redução no débito cardíaco máximo, fica fácil compreender por que na altitude tanto o $\dot{V}O_{2max}$ como o desempenho aeróbio submáximo são prejudicados na altitude. Em resumo, as condições hipobáricas limitam significativamente a liberação de oxigênio para os músculos, reduzindo a capacidade de desempenhar atividades aeróbias prolongadas ou de grande intensidade.

Respostas metabólicas à altitude

A ascensão à altitude aumenta a taxa metabólica basal, possivelmente por causa da elevação das concentrações de tiroxina e de catecolaminas. Essa aceleração do metabolismo deve ser equilibrada pelo aumento do consumo de alimentos, a fim de evitar a perda de peso – quadro comum nos primeiros dias em locais de altitude, por causa da diminuição do apetite. Indivíduos que mantêm o peso corporal na altitude apresentam maior dependência em relação ao consumo de carboidratos como combustível, tanto em repouso como na prática de exercícios submáximos. Considerando que a glicose fornece mais energia do que as gorduras ou as proteínas por litro de oxigênio, tal adaptação seria benéfica.

A Tabela 13.1 resume as respostas agudas à altitude em repouso e durante o exercício submáximo. Diante das condições hipóxicas na altitude e também porque qualquer quantidade fixa de trabalho na altitude representa um percentual mais alto de $\dot{V}O_{2max}$, seria de esperar um aumento do metabolismo anaeróbio. Caso isso ocorra, é esperado também o aumento da produção de ácido láctico em qualquer intensidade de trabalho acima do limiar de lactato. Na verdade, é isso o que ocorre após a chegada a um local de altitude. Entretanto, diante de uma exposição mais prolongada à altitude, a concentração de lactato nos músculos e no sangue venoso em determinada intensidade de exercício (inclusive em esforço máximo) fica mais baixa, apesar de o $\dot{V}O_{2max}$ muscular não mudar com a adaptação à altitude. Até hoje nenhuma explicação universalmente aceita foi proposta para o chamado paradoxo do lactato.[4]

Necessidades nutricionais na altitude

Além das alterações nos sistemas fisiológicos e processos já descritos, é importante que se fique atento a muitas outras considerações na subida à altitude. Na altitude, o corpo tem uma tendência natural a perder líquidos através da pele (perda insensível de água), do sistema respiratório e dos rins. Essa perda de água é acentuada com o exercício pelo aumento da evaporação do suor da pele úmida para o ar relativamente seco. Essas vias de perda de líquidos aumentam de maneira dramática o risco de desidratação, e deve-se prestar muita atenção ao estado de hidratação. Uma regra prática na altitude é consumir pelo menos 3 L de líquido por dia; no entanto, isso deve ser adaptado com a necessidade individual. Pode parecer contraproducente aumentar o consumo de líquido quando a redução no volume plasmático ocorre para tentar concentrar os eritrócitos. Entretanto, a desidratação pode alterar de forma negativa o equilíbrio de água no corpo entre os compartimentos de líquido; assim, ficar bem hidratado e permitir a redução natural no volume plasmático é uma boa recomendação.

Em locais elevados, o apetite fica reduzido, e a diminuição no consumo de alimentos na altitude geralmente acompanha esse declínio. O consumo reduzido de energia associado ao aumento da taxa metabólica pode levar a déficits diários de energia de até 500 kcal/dia, resultando em perda de peso ao longo do tempo. O consumo adequado de calorias para suportar o exercício e as atividades recrea-

TABELA 13.1 Efeitos da hipóxia aguda (48 h iniciais) sobre respostas fisiológicas em repouso e durante exercício submáximo

Sistema	Efeito agudo da hipóxia em repouso	Efeito agudo da hipóxia em uma dada intensidade submáxima de exercício
Respiratório e transporte de oxigênio	Aumento imediato na ventilação (frequência aumentada > volume corrente aumentado) Redução na concentração de 2,3-difosfoglicerato Deslocamento para a esquerda da curva de dissociação da oxiemoglobina Estimulação de quimiorreceptores periféricos Alcalose respiratória	Aumento da ventilação
Cardiovascular	Redução no volume plasmático Aumento na frequência cardíaca Redução no volume sistólico Aumento no débito cardíaco Aumento na pressão arterial	Aumento da frequência cardíaca Redução no volume sistólico (por causa da redução no volume plasmático) Aumento no débito cardíaco Aumento no $\dot{V}O_2$
Metabólico	Aumento na taxa metabólica basal Redução na diferença (a-v̄)O_2	Maior utilização de carboidratos para energia Inicialmente aumento na produção de lactato, com posterior redução Redução no pH sanguíneo
Renal	Diurese Excreção de íons bicarbonato Aumento na liberação de eritropoetina	

cionais é importante, e os alpinistas devem ser orientados a consumirem mais calorias do que o exigido pelo apetite.

Por fim, a aclimatação ou aclimatização bem-sucedida em altitudes elevadas depende de reservas adequadas de ferro no organismo. A deficiência de ferro pode impedir o aumento na produção de eritrócitos, que ocorre progressivamente ao longo das primeiras quatro semanas na altitude. Assim, o consumo de alimentos ricos em ferro – e mesmo de suplementos desse substrato – é recomendado antes e durante a exposição à altitude.

Em resumo

> A altitude causa hipóxia hipobárica, resultando em menores pressões parciais de oxigênio no ar inspirado, nos alvéolos, no sangue e em nível tecidual.

> Em caso de exposição aguda à altitude, ocorre uma série de adaptações que visam minimizar a queda no fornecimento de oxigênio para os tecidos. A ventilação pulmonar aumenta, e a difusão pulmonar é razoavelmente mantida; contudo, o transporte de oxigênio fica levemente comprometido, porque na altitude a saturação da hemoglobina fica reduzida.

> A ventilação aumenta quase imediatamente por ocasião à exposição à hipóxia, porque a PO_2 diminuída estimula os quimiorreceptores periféricos. A aceleração da frequência e o aprofundamento da respiração ajudam a superar reduções ainda maiores na PO_2 no corpo.

> Em altitudes moderadas e elevadas, o gradiente de difusão que permite a troca de oxigênio entre o sangue e o tecido ativo fica substancialmente diminuído; assim, há comprometimento da captação de oxigênio pelos músculos.

> No início, uma redução no volume plasmático aumenta a concentração dos eritrócitos, permitindo o transporte de maior quantidade de oxigênio por unidade de sangue. Isso compensa parcialmente a ligação prejudicada do oxigênio à hemoglobina.

> Na ascensão inicial para cotas de altitude maiores, o débito cardíaco aumenta durante o trabalho submáximo para compensar o decréscimo do conteúdo de oxigênio por litro de sangue. Isso ocorre com o aumento da frequência cardíaca, porque o volume sistólico cai com a queda do volume plasmático. Durante o exercício máximo em locais de altitude elevada, tanto o volume sistólico como a frequência cardíaca sofrem redução, consequentemente reduzindo o débito cardíaco. Esse débito cardíaco reduzido, em combinação com o gradiente de pressão igualmente diminuído, compromete gravemente a liberação do oxigênio para os tecidos.

> A ascensão a um local de altitude eleva a taxa metabólica ao aumentar a atividade do sistema nervoso simpático. O indivíduo aumenta sua dependência de carboidratos para obtenção de combustível, tanto em repouso como no exercício submáximo.

> A perda excessiva de líquido e a perda geral de apetite na altitude aumentam o risco de desidratação.

> A redução do consumo de energia associada ao aumento do gasto energético da atividade na altitude pode levar a déficits energéticos diários e perda de peso.

Exercício e desempenho esportivo na altitude

A dificuldade de praticar exercício em altitudes elevadas foi relatada por vários alpinistas. Em 1925, E. G. Norton[17] forneceu o seguinte relato sobre uma escalada sem oxigênio suplementar até a altitude de 8.600 m: "Nosso ritmo era mínimo. Minha ambição era dar 20 passos consecutivos montanha acima, sem parar para descansar e arquejar, com os cotovelos junto aos meus joelhos dobrados – mas não consigo me lembrar de ter alcançado esse objetivo: o mais perto que cheguei disso foram treze passos". Esta seção abordará, em linhas gerais, como o exercício físico e o desempenho esportivo ficam afetados pela altitude.

Consumo máximo de oxigênio e atividade de resistência

O consumo máximo de oxigênio diminui com o aumento da altitude (ver Fig. 13.5). O $\dot{V}O_{2max}$ diminui pouco até que a PO_2 atmosférica caia para menos de 131 mmHg. Em geral, isso ocorre em altitudes de aproximadamente 1.500 m – mais ou menos a elevação de Denver, Colorado, e Albuquerque, Novo México. Em altitudes de 1.500-5.000 m, a queda do $\dot{V}O_{2max}$ deve-se principalmente à redução da PO_2 arterial; em elevações maiores, um débito cardíaco máximo diminuído limita ainda mais o $\dot{V}O_{2max}$. Em altitudes acima de 1.500 m, o $\dot{V}O_{2max}$ diminui em cerca de 8-11% para cada elevação de 1.000 m (ou 3% para cada aumento de 1.000 pés). A velocidade de declínio pode tornar-se ainda mais abrupta em altitudes muito elevadas (ver Fig. 13.6). Atletas de resistência com elevado $\dot{V}O_{2max}$ ao nível do mar têm vantagem competitiva na altitude, se todos os demais fatores forem iguais. Com o declínio do $\dot{V}O_{2max}$ na chegada à altitude, a competição, qualquer que seja o seu ritmo, será realizada em um percentual de $\dot{V}O_{2max}$ mais baixo.

Quando homens e mulheres são comparados quanto a seu nível de aptidão física aeróbia inicial, não se percebem diferenças de gênero na velocidade de declínio do $\dot{V}O_{2max}$.

Conforme ilustrado na Figura 13.6, os homens que escalaram o monte Everest em uma expedição de 1981 apresentaram uma mudança no $\dot{V}O_{2max}$ de cerca de 62 mL · kg⁻¹ · min⁻¹ ao nível do mar para apenas aproximadamente 15 mL · kg⁻¹ · min⁻¹ nas proximidades do pico da montanha. As necessidades normais (em repouso) de

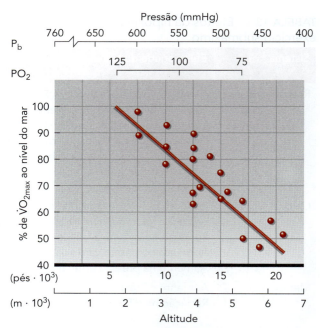

FIGURA 13.5 Mudanças no consumo máximo de oxigênio ($\dot{V}O_{2max}$) com diminuições na pressão barométrica (P_b) e na pressão parcial de oxigênio (PO_2). Os valores para o $\dot{V}O_{2max}$ estão registrados como percentuais de $\dot{V}O_{2max}$ obtidos ao nível do mar (Pb = 760 mmHg). Observe que o declínio no $\dot{V}O_{2max}$ começa em torno de 1.500 m e é bastante linear. Em altitudes como na Cidade do México (2.240 m), Leadville, Colorado (3.180 m), e Nuñoa, Peru (4.000 m) o $\dot{V}O_{2max}$ para a capacidade de determinada pessoa seria significativamente mais baixo que os valores ao nível do mar ou em Denver, Colorado (1.600 m).[6]
Dados de E. R. Buskirk et al. 1967.

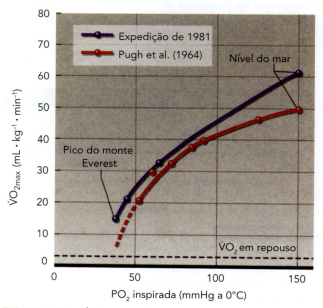

FIGURA 13.6 $\dot{V}O_{2max}$ em relação à pressão parcial de oxigênio (PO_2) do ar inspirado em duas expedições para o monte Everest.

Adaptado, com permissão, de J. B. West et al., "Maximal exercise at extreme altitudes on Mount Everest", *Journal of Applied Physiology* 55 (1983): 688-698.

oxigênio giram em torno de 3,5 mL·kg^{-1}·min^{-1}; portanto, sem oxigênio suplementar esses alpinistas teriam pouca capacidade de realizar esforço físico nessa altitude. Um estudo realizado por Pugh et al.[18] demonstrou, conforme também ilustra a Figura 13.5, que homens com $\dot{V}O_{2max}$ de 50 mL·kg^{-1}·min^{-1} ao nível do mar seriam incapazes de se exercitar, e até mesmo de se mover, nas proximidades do pico do monte Everest, porque nessa altitude seus valores de $\dot{V}O_{2max}$ cairiam para 5 mL·kg^{-1}·min^{-1}. Portanto, a maioria dos indivíduos normais com valores de $\dot{V}O_{2max}$ abaixo de 50 mL·kg^{-1}·min^{-1} ao nível do mar não seria capaz de sobreviver sem suplementação de oxigênio no pico do monte Everest, porque seus valores de $\dot{V}O_{2max}$ nessa altitude seriam demasiadamente baixos para sustentar os tecidos do corpo. O oxigênio consumido mal atenderia às necessidades físicas dos alpinistas em repouso.

Sem dúvida, atividades de longa duração que fazem incidir demandas consideráveis no transporte de oxigênio e em seu consumo pelos tecidos são as mais intensamente afetadas pelas condições hipóxicas em locais de altitude. No pico do monte Everest, o $\dot{V}O_{2max}$ é reduzido para 10-25% de seu valor ao nível do mar. Essa situação limita imensamente a capacidade do corpo de praticar exercício. Considerando a redução do $\dot{V}O_{2max}$ a um certo percentual, indivíduos com capacidades aeróbias maiores podem realizar tarefas comuns com menor esforço percebido, e menores estresse cardiovascular e respiratório em locais de altitude, em comparação com indivíduos com $\dot{V}O_{2max}$ menor. Isso pode explicar por que os famosos alpinistas Reinhold Messner, da Itália, e Peter Habeler, da Áustria, conseguiram chegar ao pico do Everest sem oxigênio suplementar em 1978 – obviamente, esses alpinistas apresentavam valores elevados de $\dot{V}O_{2max}$ ao nível do mar.

Atividades anaeróbias de corrida em velocidade, salto e arremesso

Embora eventos de resistência sejam prejudicados em locais de altitude, em geral isso não acontece com as atividades de velocidade com duração inferior a 1 minuto (como as provas curtas de 100 e 400 m) em altitudes moderadas – na verdade, em alguns casos eles podem até ser beneficiados. Essas atividades sobrecarregam minimamente o sistema de transporte de oxigênio e o metabolismo aeróbio. E a maior parte da energia é fornecida pelos sistemas do trifosfato de adenosina (ATP), da fosfocreatina e glicolítico.

Além disso, o ar mais rarefeito da altitude cria menor resistência aerodinâmica para os movimentos dos atletas. Nos Jogos Olímpicos de 1968, por exemplo, o ar mais rarefeito da Cidade do México evidentemente ajudou o desempenho de alguns atletas. Nessa cidade, foram batidos ou igualados recordes mundiais ou olímpicos para homens nas provas de 100 m, 200 m, 400 m, 800 m, salto em distância e salto triplo; entre as mulheres, isso ocorreu nas provas de 100 m, 200 m, 400 m, 800 m, revezamento 4 × 100 m e salto em distância. Houve resultados similares nas provas de natação até 800 m; por isso, alguns cientistas esportivos questionaram o papel da densidade mais baixa do ar na melhora do desempenho nas provas de velocidade. Curiosamente, ao passo que o desempenho no arremesso de peso não foi afetado na altitude da Cidade do México, o lançamento de disco foi prejudicado por causa da menor "elevação" em baixas pressões barométricas.

Em resumo

> A atividade de resistência prolongada é a mais prejudicada em condições de altitude elevada, porque a produção de energia pela via oxidativa é limitada.
> O consumo máximo de oxigênio diminui na mesma proporção do decréscimo na pressão atmosférica, começando a reduzir em torno de 1.500 m.
> Em geral, as atividades de velocidade anaeróbias com duração de 2 minutos ou menos não são prejudicadas em altitudes moderadas. Em alguns casos, o desempenho de velocidade pode até melhorar, porque o ar rarefeito na altitude oferece menor resistência ao movimento.

Aclimatação: exposição crônica à altitude

Quando indivíduos são expostos à altitude durante dias, semanas ou meses, seus corpos se ajustam gradualmente à mais baixa pressão parcial de oxigênio no ar. Entretanto, não importa o grau de perfeição com que esses indivíduos se aclimatam às condições de altitude elevada – eles jamais obterão uma compensação total para a hipóxia. Nem mesmo os atletas de resistência treinados que vivem em locais de altitude durante muitos anos alcançam o nível de desempenho ou valores de $\dot{V}O_{2max}$ que atingiriam ao nível do mar. Nesse aspecto, a aclimatação à altitude é semelhante à aclimatação do calor, discutida no Capítulo 12. A aclimatação ao calor melhora o desempenho e atenua as tensões fisiológicas durante a prática do exercício em locais quentes, em comparação com o que é vivenciado nos primeiros dias; contudo, o desempenho ainda é menos satisfatório do que nos ambientes mais frios.

Nas seções a seguir serão examinadas algumas das adaptações fisiológicas decorrentes da prolongada exposição à altitude. Tais adaptações são mudanças em nível pulmonar, cardiovascular e do tecido muscular (celular). Em geral, elas levam mais tempo para se desenvolver completamente (de algumas semanas a alguns meses), em comparação com as adaptações associadas à aclimatação ao calor (comumente de uma a duas semanas). Para uma aclimatização completa, costumam ser necessárias cerca de três semanas, mesmo em uma altitude moderada. Para cada aumento de 600 m na altitude, haverá necessidade de outra semana, em média. Todos esses efeitos benéficos se perderão um mês após o retorno ao nível do mar. Muitos desses ajustes nas variáveis de repouso e de exercício máximo são demonstrados na Figura 13.7.

Adaptações pulmonares

Uma das adaptações mais importantes à altitude é o aumento na ventilação pulmonar, tanto em repouso

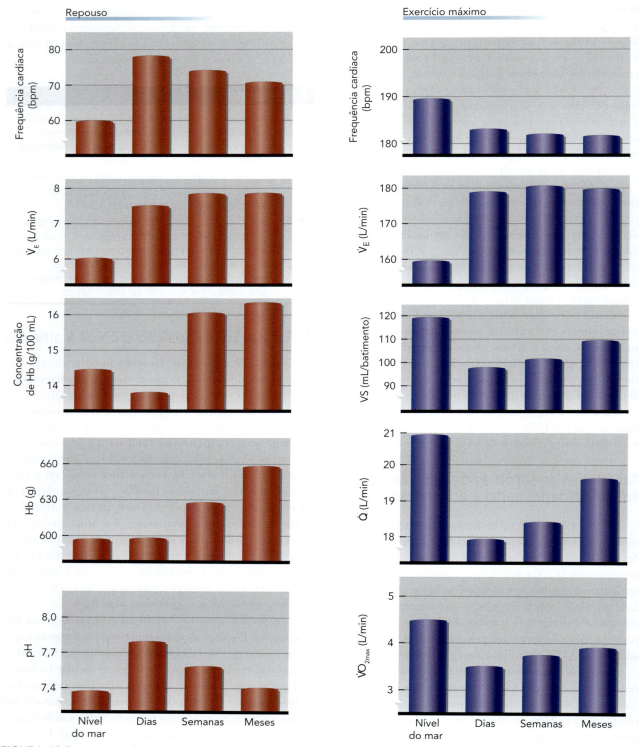

FIGURA 13.7 Variáveis fisiológicas mensuradas ao nível do mar, após 2 ou 3 dias na altitude, e após semanas e meses na altitude (3.000-3.500 m). Variáveis tanto em repouso (à esquerda) como no exercício máximo (à direita) são apresentadas.
Elaborado com base em dados apresentados em Bartsch e Saltin (2008).

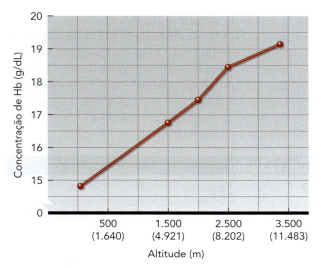

FIGURA 13.8 Concentrações de hemoglobina (Hb) em homens residentes e aclimatizados a locais de diversas altitudes.

como durante o exercício. Durante 3-4 dias em uma elevação de 4.000 m, a maior taxa de ventilação em repouso estabiliza-se em um valor aproximadamente 40% maior que o valor ao nível do mar. A taxa ventilatória para o exercício submáximo também descreve um platô cerca de 50% maior, porém ao longo de um período mais longo. Os aumentos na ventilação durante o exercício permanecem elevados na altitude, sendo mais acentuados em exercícios de intensidade maior.

Adaptações sanguíneas

Nas duas primeiras semanas em um local de altitude, ocorre um aumento no número de eritrócitos circulantes. A falta de oxigênio na altitude estimula a liberação renal da eritropoetina, ou EPO. Nas três primeiras horas após a chegada a um local elevado, ocorre um aumento na concentração de EPO no sangue, a qual continua aumentando por 2-3 dias. Embora as concentrações sanguíneas de EPO retornem aos níveis basais em aproximadamente um mês, a **policitemia** (aumento da quantidade de eritrócitos) pode se tornar evidente por três meses ou mais. Depois que um indivíduo vive cerca de seis meses em um local a 4.000 m de altitude, seu volume sanguíneo total (composto principalmente pelos volumes eritrocitário e plasmático) aumenta em cerca de 10%, não só como resultado da estimulação induzida pela altitude para a produção de eritrócitos, mas também da expansão do volume plasmático.[18]

O percentual de volume sanguíneo total composto de eritrócitos é conhecido como hematócrito. Moradores da região central dos Andes, no Peru (4.540 m), apresentam hematócritos médios de 60-65% (o que é apropriadamente conhecido por aclimatização em vez de aclimatação – ver Cap. 12). Esse valor é consideravelmente mais elevado que o do hematócrito médio de pessoas que vivem no nível do mar, que é de apenas 45-48%. Porém, durante seis semanas de exposição à altitude peruana, os residentes ao nível do mar demonstraram aumentos notáveis nos níveis de hematócritos, alcançando uma média de 59%.

Com a elevação do volume de células sanguíneas vermelhas, aumenta o conteúdo de hemoglobina (Hb) no sangue (e a concentração dessa proteína, após um declínio inicial – ver Fig. 13.7). Como mostrado na Figura 13.8, a concentração de hemoglobina sanguínea tende a aumentar proporcionalmente com o aumento na altitude na qual as pessoas residem. Esses dados foram obtidos para os homens. Contudo, no caso das mulheres, os poucos dados disponíveis demonstraram uma tendência similar, mas com uma concentração mais baixa do que nos homens para determinada altitude. Tais adaptações melhoram a capacidade de transporte de oxigênio de um volume fixo de sangue.

A redução no volume plasmático durante a exposição aguda à altitude diminui o volume sanguíneo total, e, com isso, diminuem também os débitos cardíacos submáximo e máximo. Contudo, com a aclimatização, o volume plasmático aumenta em algumas semanas na altitude e, com a elevação contínua do número de eritrócitos, aumenta também o débito cardíaco máximo. Esse parâmetro, entretanto, não retorna aos valores observados ao nível do mar (ver Fig. 13.7). Portanto, a capacidade máxima de liberação de oxigênio aumenta com a aclimatização, mas não na extensão necessária para que sejam alcançados os valores de $\dot{V}O_{2max}$ ao nível do mar.

Há controvérsias quanto ao fato de a aclimatação alterar o transporte de oxigênio no sangue através da mudança da forma e da posição da curva de dissociação da oxiemoglobina (Fig. 13.4). Ocorre aumento na concentração de 2,3-difosfoglicerato (2,3-DPG) nos eritrócitos, o que desvia a curva para a direita. Isso favoreceria a liberação do oxigênio nos tecidos (porque uma quantidade maior de oxigênio seria liberada da hemoglobina em qualquer PO_2 arterial baixo), mas esse efeito se opõe ao benefício, para a carga, decorrente da alcalose respiratória, um desvio para a esquerda. O efeito final desses dois mecanismos é variável.

Adaptações musculares

Embora tenham sido feitas poucas tentativas de estudar as alterações musculares que ocorrem durante a exposição à altitude, há dados suficientes obtidos com biópsias musculares indicando que os músculos passam por mudanças estruturais e metabólicas significativas durante a ascensão até locais de altitude. Em um estudo com alpinistas que vivenciaram de 4-6 semanas de hipóxia crônica em expedições, houve um decréscimo da área da secção transversal das fibras musculares, e, com isso, diminuiu também a área muscular total. Aumentou a densidade capilar nos músculos, o que permitiu o transporte de mais sangue e a liberação de mais oxigênio para as fibras musculares. A incapacidade dos músculos de atender às demandas do exercício na altitude pode estar ligada à redução de sua massa e à diminuição de sua capacidade de gerar ATP.

A causa da diminuição da área da secção transversal das fibras musculares nos primeiros dias e semanas em locais de altitude ainda não foi totalmente elucidada. Frequentemente, conforme discutido anteriormente, a exposição prolongada a altitudes elevadas causa perda de apetite e perceptível perda de peso. Em 1992, durante uma expedição para a escalada do monte McKinley, seis homens sofreram uma perda de peso média de 6 kg (D. L. Costill et al., dados não publicados). Embora uma parte dessa perda represente um decréscimo geral no peso corporal e na água extracelular, todos os homens apresentaram diminuição perceptível na massa muscular. Parece lógico supor que boa parte dessa redução na massa muscular esteja associada à perda do apetite e à depleção das proteínas musculares. Talvez estudos futuros sobre a nutrição e a composição corporal dos alpinistas forneçam uma explicação mais completa sobre as influências incapacitantes da altitude elevada na estrutura e na função dos músculos.

Algumas semanas em locais de altitude acima de 2.500 m reduzem o potencial metabólico dos músculos, embora talvez isso não ocorra em altitudes mais baixas. Tanto o funcionamento das mitocôndrias como as atividades das enzimas glicolíticas dos músculos das pernas (vasto lateral e gastrocnêmio) ficaram significativamente reduzidos depois de quatro semanas na altitude. Isso sugere que, além de receber menos oxigênio, os músculos perdem parte de sua capacidade de realizar a fosforilação oxidativa e de gerar ATP. Infelizmente não foram obtidos dados com biópsias musculares de residentes em altitudes elevadas por longos períodos para determinar se eles tinham sofrido qualquer adaptação muscular por terem vivido a vida toda em altitudes como essas.

Adaptações cardiovasculares

Estudos realizados no final da década de 1960 envolvendo corredores treinados para resistência indicaram que a redução em $\dot{V}O_{2max}$ quando esses atletas chegaram pela primeira vez a locais de altitudes elevadas pouco melhora durante a exposição contínua à hipóxia. Sua capacidade aeróbia permaneceu inalterada por até 2 meses na altitude.[6] Embora os corredores que tinham sido expostos à altitude tenham se revelado mais tolerantes à hipóxia, seus valores de $\dot{V}O_{2max}$ e seu desempenho nas corridas não melhoraram significativamente com a aclimatação. Por causa das muitas adaptações ocorrentes durante a aclimação à altitude, essa não ocorrência de melhora na resistência aeróbia foi algo inesperado. Talvez os indivíduos treinados já tivessem atingido adaptações máximas com o treinamento, revelando-se incapazes de obter melhor adaptação em resposta à exposição à altitude. Ou talvez a PO_2 reduzida da altitude tenha dificultado ainda mais o treinamento na mesma intensidade e no mesmo volume praticados ao nível do mar. Ambas as possibilidades têm algum mérito com base na literatura disponível. Embora seja mais difícil provar um "efeito de teto" no desempenho, como rotina os atletas que treinam na altitude sentem dificuldade em manter suas intensidades ou volumes de treinamento ao nível do mar.

Em resumo

> Condições hipóxicas estimulam a liberação renal de EPO, aumentando a produção de eritrócitos (hemácias ou glóbulos vermelhos) na medula óssea. Uma quantidade maior de eritrócitos significa mais hemoglobina. Embora inicialmente haja diminuição do volume plasmático – o que também ajuda na concentração da hemoglobina –, esse parâmetro acaba voltando ao normal. Um quadro de volume plasmático normal associado a um número maior de eritrócitos aumenta o volume sanguíneo total. Todas essas mudanças aumentam a capacidade de transporte de oxigênio pelo sangue.

> A massa muscular total diminui após algumas semanas na altitude, assim como o peso corporal total. Parte desse decréscimo deve-se à desidratação e à supressão do apetite. Contudo, também ocorre degradação de proteínas musculares.

> Outras adaptações musculares são: a diminuição da área das fibras, o aumento da irrigação capilar e a diminuição das atividades enzimáticas oxidativas.

> Embora a capacidade de trabalho melhora com a aclimatação à altitude, a diminuição de $\dot{V}O_{2max}$ com a exposição inicial à altitude não melhora muito depois de várias semanas de exposição e normalmente nunca retorna aos valores de nível do mar.

Altitude: otimização do treinamento e desempenho

Já foram estudadas as principais mudanças que ocorrem quando o corpo humano se aclimatiza à altitude e como essas adaptações afetam o desempenho na altitude. Mas há alguma vantagem em treinar na altitude para melhorar o desempenho ao nível do mar? Há vantagens no treinamento ao nível do mar quando o atleta precisa competir na altitude? E quanto à recém-proposta combinação "viver no alto e treinar no baixo", para otimização do desempenho?

O treinamento na altitude melhora o desempenho ao nível do mar?

Durante décadas, os atletas vêm acreditando que o treinamento em condições hipóxicas, por exemplo, uma câmara de altitude, ou simplesmente respirar misturas com baixos percentuais de oxigênio, pode melhorar o desempenho de resistência ao nível do mar. Considerando que várias das mudanças benéficas associadas à aclimação à altitude são semelhantes aos ganhos conferidos pelo treinamento aeróbio, a combinação desses dois procedimentos seria ainda mais benéfica? O treinamento na altitude pode melhorar o desempenho ao nível do mar?

Pode-se propor um forte argumento teórico em prol do treinamento em altitude. Em primeiro lugar, o treinamento em altitude provoca uma substancial hipóxia (redução do suprimento de oxigênio) nos tecidos. Acredita-se que isso seja essencial para que se dê início à resposta de condicionamento. Em segundo lugar, o aumento induzido pela altitude na massa eritrocitária e nos níveis de hemoglobina melhora o fornecimento de oxigênio quando o atleta retorna ao nível do mar. Embora algumas evidências sugiram que essas últimas mudanças são temporárias e duram apenas alguns dias, teoricamente elas ainda devem proporcionar certa vantagem para o atleta.

Conduzir um estudo envolvendo atletas em locais de altitude implica problemas adicionais, porque em geral eles se revelam incapazes de treinar no mesmo volume e com a mesma intensidade de esforço empenhados ao nível do mar. Isso foi demonstrado em um grupo de mulheres ciclistas de elite que fizeram exercícios de potência máxima selecionada por elas mesmas, durante um treinamento intervalado de alta intensidade. As atletas completaram os exercícios nas seguintes condições: respirando ar atmosférico (normóxia) ou uma mistura gasosa hipóxica que simulava a altitude de 2.100 m. As

Perspectiva de pesquisa 13.1
Adaptação do ser humano à alta altitude: fisiologia dos tibetanos e dos sherpas

Três importantes regiões da Terra hospedam populações humanas a uma altitude superior a 4.000 m. São o planalto tibetano e os vales do Himalaia, os Andes sul-americanos e as terras altas da Etiópia. Dessas regiões, o planalto tibetano é o maior e o mais alto, e há centenas de gerações a população humana que aí habita vive e procria com sucesso nessa altitude. Diante da hipóxia como uma constante pressão evolutiva, essas populações se adaptaram à vida em elevadas altitudes, o que fica evidenciado pela fisiologia do povo tibetano em comparação com os habitantes das terras baixas.[13]

Desde as primeiras expedições ao pico do monte Everest, os relatos sobre a extraordinária tolerância e capacidade de trabalho dos sherpas naquelas altitudes elevadas forneceram evidências baseadas em observações de suas adaptações fisiológicas ao ambiente hipóxico. Mais recentemente, pesquisas que objetivaram estudar essas populações singulares caracterizaram uma série de adaptações fisiológicas que aumentam a absorção e a liberação de oxigênio em um cenário de hipóxia. Compatibilizados por idade, altura, peso e histórico de tabagismo, os tibetanos demonstram circunferência torácica, capacidade pulmonar total, capacidade vital, volumes residuais e volumes correntes maiores, em comparação com os habitantes das terras baixas. Quanto aos sherpas, eles também demonstram maiores taxas de fluxo expiratório e de capacidade vital forçada. Essas adaptações respiratórias morfológicas e mecânicas possibilitam maiores volumes respiratórios e maior capacidade de difusão pulmonar. Ajudando nessa capacidade aprimorada de difusão pulmonar, foi observada uma atenuação da vasoconstrição pulmonar hipóxica nos tibetanos. A vasoconstrição pulmonar hipóxica auxilia a compatibilização entre ventilação e perfusão nos habitantes saudáveis das terras baixas, mas acarreta hipertensão pulmonar nesses indivíduos, quando expostos a condições de hipóxia. Nos tibetanos, essa resposta está atenuada, o que resulta em maior perfusão pulmonar para absorção de oxigênio nos alvéolos. Curiosamente, os tibetanos não têm concentrações de hemoglobina mais altas, em comparação com os habitantes das terras baixas; na verdade, eles têm um ponto de regulagem diferente para a eritropoiese induzida pela hipóxia e um aumento menos expressivo na hemoglobina com a altitude.

Nas altitudes elevadas, durante o trabalho, os tibetanos e os sherpas são capazes de gerar aumentos nos batimentos cardíacos máximos e no débito cardíaco, além de manter o volume sistólico, em comparação com os habitantes das terras baixas. É provável que essa capacidade cardíaca aprimorada facilite a capacidade superior de trabalho nas altitudes, e não induza hipertrofia do ventrículo direito, como seria de esperar nos habitantes das terras baixas expostos à altitude por períodos prolongados. Essa preservação da função cardíaca, apesar da exposição crônica à hipóxia, pode ser decorrente de adaptações metabólicas que levam a uma preferência pela glicose como substrato para o miocárdio. Em condições de repouso, normalmente o substrato preferido para o músculo cardíaco é o ácido graxo. Entretanto, os sherpas exibem elevada absorção de glicose pelo miocárdio, em comparação com os habitantes das terras baixas sob as mesmas condições. Essa mudança em favor da glicose como combustível preferencial faz sentido em condições hipóxicas, tendo em vista que o rendimento de ATP por molécula de oxigênio é muito maior com o uso da glicose do que com ácidos graxos.

(continua)

Perspectiva de pesquisa 13.1 (continuação)

Os sherpas têm maior número de capilares e menor área da secção transversal da fibra muscular; isso aumenta a proporção entre capilares/fibras musculares no músculo esquelético. Nesse cenário, ocorre aumento do fluxo sanguíneo convectivo e difusivo para o fornecimento de oxigênio ao músculo em atividade. Apesar de terem uma densidade de volume mitocondrial muscular 25% menor, os tibetanos demonstram uma proporção mais elevada de consumo máximo de oxigênio em relação ao volume mitocondrial. De modo parecido com o que ocorre no miocárdio, essa situação parece ser decorrente de uma preferência adaptativa pelo metabolismo da glicose nos miócitos esqueléticos. Os tibetanos também exibem níveis elevados de mioglobina e de proteínas antioxidantes – e esses dois fatores contribuem para o aumento do influxo e do consumo de oxigênio em condições hipóxicas. Finalmente, sherpas e tibetanos exibem ligeira predominância de fibras musculares do tipo I. Esse aumento na prevalência pode explicar o paradoxo do lactato, em que pessoas aclimatizadas a altitudes mais elevadas se apresentam com o lactato sanguíneo em nível mais baixo do que o esperado, diante de determinada taxa de esforço. Ao que parece, a predominância de fibras musculares lentas do tipo I nos tibetanos favorece a melhor compatibilização entre a demanda de ATP e a oferta de ADP, o que limita o acúmulo de lactato.

Em termos gerais, a fisiologia singular dos tibetanos e dos sherpas fornece pistas sobre a bem-sucedida adaptação desses indivíduos às condições hipobáricas e hipóxicas. Mais recentemente, avanços tecnológicos e analíticos nos métodos de pesquisa abriram as portas para a identificação dos mecanismos genéticos e moleculares que contribuem para a ocorrência de tais fenótipos[14] (ver figura). Embora esses estudos ainda sejam bastante incipientes, foi proposto que certas alterações epigenéticas (i. e., alterações nas características hereditárias não explicadas por mudanças na sequência do DNA, mas que são moduladas por fatores ambientais externos) podem explicar, nas populações que vivem em altitudes elevadas, a capacidade de adquirir rapidamente essas características adaptativas. Certamente, os futuros estudos nesse campo continuarão a fornecer informações sobre os mecanismos celulares e moleculares subjacentes ao potencial adaptativo humano. Tais pesquisas não só esclarecerão as adaptações fisiológicas dos tibetanos, mas também poderão ser a chave para um entendimento mais aprofundado em pesquisas biomédicas e nos estudos sobre a teoria evolucionária do ser humano.

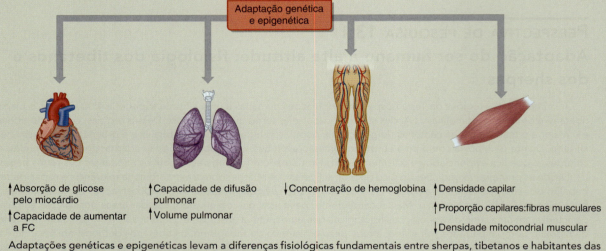

Adaptações genéticas e epigenéticas levam a diferenças fisiológicas fundamentais entre sherpas, tibetanos e habitantes das terras baixas.

---

potências desenvolvidas nos exercícios de longa duração (10 min) e de curta duração (15 s) em intensidade máxima sofreram redução nas condições hipóxicas.[5] O treinamento em elevações ainda maiores, em que os efeitos da aclimatização poderiam ser mais benéficos, causa problemas ainda maiores.

Além disso, em geral viver e treinar em altitudes moderadas a elevadas faz com que os atletas sofram desidratação e percam volume sanguíneo e massa muscular. Esses e outros efeitos colaterais tendem a diminuir a aptidão física dos atletas, bem como sua motivação e tolerância ao treinamento intenso. Em consequência disso, é difícil interpretar os estudos realizados, mas o valor do treinamento na altitude para a obtenção de melhor desempenho ao nível do mar ainda não foi confirmado.

Viver no alto e treinar no baixo

Ao viver e treinar em locais de grande altitude, os atletas são confrontados com o problema da redução na intensidade do treinamento, por ocorrer diminuição na capacidade aeróbia e na função cardiorrespiratória na altitude. Assim, embora os atletas obtenham certos benefícios fisiológicos por estarem na altitude, perdem as adaptações de treinamento associadas às intensidades mais altas de treinamento. Uma maneira de contornar esse problema é fazer com que o atleta *viva* em um local de altitude moderada, mas *treine* em baixa altitude, onde a intensidade do treinamento não fica comprometida.

Em meados da década de 1990, pesquisadores do Instituto de Medicina Ambiental e do Exercício em Dallas,

Texas, conduziram uma série de estudos para investigar o treinamento na altitude a fim de aprimorar o desempenho de resistência. Em um estudo,[15] os cientistas distribuíram 39 corredores competitivos em três grupos iguais: o primeiro grupo (moderada-baixa) vivia em altitude moderada (2.500 m) e treinava em baixa altitude (1.250 m); o segundo grupo (alta-alta) vivia e treinava em altitude moderada (2.500 m); e o terceiro grupo (baixa-baixa) vivia e treinava em baixa altitude (150 m). Utilizando uma prova de 5.000 m com contagem de tempo como medida-padrão de resultado de desempenho, os pesquisadores descobriram que o grupo "viver no alto e treinar no baixo" foi o único a melhorar significativamente seu desempenho na corrida, embora tanto o grupo "alto-baixo" como o grupo "alto-alto" tenham aumentado seus valores de $\dot{V}O_{2max}$ em 5%, em proporção direta com seus aumentos na massa eritrocitária. Assim, parece haver benefícios para o desempenho em viver em uma altitude moderada, mas com descida para altitudes menores com o objetivo de maximizar a intensidade do treinamento.

▶ **VÍDEO 13.1** Apresenta Ben Levine, que fala sobre a fisiologia subjacente à abordagem "viver no alto e treinar no baixo".

Recentemente, esse modelo foi testado pelos mesmos cientistas, que desta vez trabalharam com um grupo de 14 corredores de elite e 8 corredoras de elite. Todos, exceto dois deles, estavam ranqueados entre os 50 melhores corredores dos Estados Unidos em suas provas. Esses atletas viveram em uma altitude de 2.500 m e treinaram a 1.250 m durante um período de 27 dias. Os testes foram realizados ao nível do mar, tanto na semana precedente como na semana subsequente aos 27 dias em que os atletas moraram na altitude. Em termos de tempo, o desempenho da prova de 3.000 m ao nível do mar aumentou em 1,1%, e o $\dot{V}O_{2max}$ aumentou em 3,2%, como resultado dessa intervenção.[21] A Figura 13.9 ilustra a diferença no desempenho de tempo de corrida para os dois estudos; os valores estão expressos como mudança percentual antes e depois da exposição à altitude. Essas diferenças estão lançadas no gráfico por tempo de corrida pré-altitude, expressas como percentual do recorde norte-americano vigente para a prova por ocasião da realização do teste.

São muitos os estudos que conseguiram demonstrar ganhos em viver em baixas altitudes, mas treinar em locais elevados, com o objetivo de aumentar o $\dot{V}O_{2max}$ ao nível do mar, ou melhorar o desempenho aeróbio ao nível do mar em atletas fundistas de elite. Esses ganhos foram ligados a um aumento na capacidade de transporte de oxigênio pelo sangue. Para a maioria dos atletas que vivem permanentemente acima dos 2.500 m, ocorre a indução das características da aclimatização hematológica, embora exista alguma variabilidade. Um estudo recentemente publicado examinou se existe um limiar mínimo para "viver" na

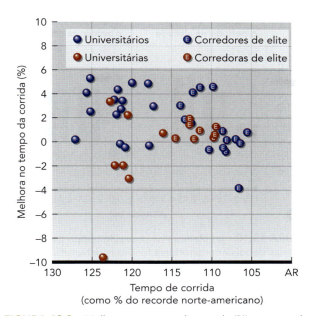

FIGURA 13.9 Melhora no tempo de corrida (%) em corredores de elite (homens e mulheres)[21] e em corredores universitários (homens e mulheres)[15] após 4 semanas vivendo na altitude, mas treinando a 1.250 m. Consultar o texto para detalhes.

altitude, quanto ao progresso no desempenho ao nível do mar.[8] Ou seja, atletas que vivem em altitudes relativamente altas demonstram maiores melhoras no desempenho em um esquema de viver no alto-treinar no baixo?

No estudo, 48 corredores fundistas treinados foram designados aleatoriamente para viver em uma entre quatro altitudes: 1.780 m, 2.085 m, 2.454 m ou 2.800 m. Todos os atletas treinavam juntos em altitudes entre 1.250 m e 3.000 m. Ao retornarem aos seus campos de treinamento no esquema "viver no alto e treinar no baixo", foi observado um aumento similar na massa eritrocitária e na concentração de EPO para todos os quatro grupos, mas o EPO retornou ao nível basal mais rapidamente no grupo de 1.780 m. Conforme esperado, o $\dot{V}O_{2max}$ ao nível do mar melhorou para todos os quatro grupos (Fig. 13.10). No entanto, o desempenho em uma corrida de 3 km ao nível do mar melhorou significativamente apenas nos grupos que estavam vivendo nas duas altitudes intermediárias. Ao que parece, o aumento na massa eritrocitária é necessário, mas não suficiente, para melhorar o desempenho. Do mesmo modo, aparentemente existe uma altitude ideal para viver, a fim de que os ganhos no desempenho sejam otimizados dentro desse cenário.

Ao que parece, o desempenho em esportes coletivos também pode ser aprimorado com o uso da estratégia "viver no alto e treinar no baixo". Em um estudo que envolveu 32 homens, todos jogadores de elite praticantes de hóquei de campo,[3] em 14 dias de "viver no alto" (2.800-3.000 m) e "treinar no baixo" em equipe, foi observado um aumento de 3% na massa de hemoglobina e de 21% no desempenho da corrida de ida e volta. Os pesquisadores

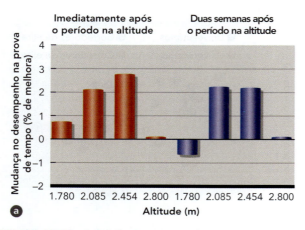
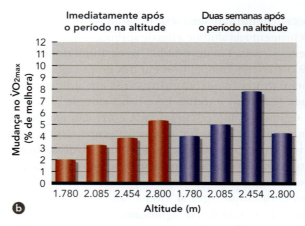

FIGURA 13.10 (a) Melhora na prova de tempo para 3 km (%) e (b) $\dot{V}O_{2max}$ imediatamente após o retorno ao nível do mar e 2 semanas depois em corredores fundistas universitários[8] após um período de 4 semanas vivendo em uma das quatro altitudes ilustradas, mas treinando juntos, em grupo. Consultar o texto para detalhes.

Adaptado com permissão de R.F. Chapman et al., "Defining the 'dose' of altitude training: How high to live for optimal sea level performance enhancement," *Journal of Applied Physiology* 116(6)(2014): 595-603.

informaram que esses efeitos se prolongaram por pelo menos três semanas após o treinamento.

Otimização do desempenho na altitude

O que podem fazer os atletas que normalmente treinam ao nível do mar, mas precisam competir na altitude a fim de se preparar mais efetivamente para a competição? Embora nem todas as combinações tenham sido tentadas e as pesquisas sobre esse tópico publicadas até agora não sejam conclusivas, os atletas parecem ter duas opções viáveis: uma delas é competir o mais rápido possível, a contar de sua chegada ao local de altitude, e certamente em até 24 h a partir desse momento. Essa estratégia não proporciona os mesmos efeitos benéficos da aclimatização, mas a exposição à altitude é breve o bastante para que os clássicos sintomas da chamada "doença da altitude" não venham a se manifestar totalmente. Em geral, após as primeiras 24 h, o estado físico do atleta piora por causa das respostas fisiológicas indesejáveis da exposição aguda à altitude, por exemplo, desidratação, cefaleia e distúrbios do sono. Entretanto, um estudo laboratorial realizado para descobrir se havia vantagem no desempenho em competir apenas 2 horas depois da chegada à altitude revelou apenas diferenças mínimas no desempenho do ciclismo e nenhuma alteração fisiológica que pudesse proporcionar alguma vantagem,[11] em comparação com uma exposição de 14 horas à altitude simulada (2.500 m).

Outra opção é treinar em altitudes maiores pelo menos duas semanas antes da competição. Contudo, nem mesmo duas semanas serão suficientes para a aclimatização total: para isso, seriam necessárias pelo menos 3 semanas e, geralmente, ainda mais. Como já foi mencionado, algumas semanas de treinamento aeróbio intenso ao nível do mar para aumentar o $\dot{V}O_{2max}$ dos atletas lhes permitirá competir na altitude com uma intensidade relativa mais baixa (% de $\dot{V}O_{2max}$) do que se não tivessem treinado aerobiamente.

O treinamento prolongado para um desempenho ideal à altitude implica o uso de uma faixa entre 1.500 m (considerado o nível mais baixo no qual se percebe algum efeito) e 3.000 m, que é o nível mais elevado para um condicionamento eficiente. Durante os primeiros dias na altitude, a capacidade de trabalho sofre uma redução. Por isso, ao chegar a um local de altitude mais elevada, os atletas devem reduzir a intensidade de seus esforços para algo entre 60-70% da intensidade ao nível do mar, aumentando gradualmente a intensidade ao longo dos próximos 14 dias, até que eles atinjam seu máximo.

Treinamento "artificial" na altitude

A maior e mais importante adaptação à altitude são as alterações fisiológicas causadas pela experiência com hipóxia; assim, pode-se antecipar que as pessoas poderão atingir níveis semelhantes de adaptação simplesmente ao respirarem gases com baixa PO_2. Mas não há evidências que comprovem a ideia de que breves períodos (1-2 h por dia) de inalação de gases hipóxicos ou misturas hipobáricas induzem até mesmo uma adaptação parcial semelhante à observada na altitude. Por outro lado, períodos alternados (que duram de 5-14 dias) de treinamento a 2.300 m e ao nível do mar estimularam adequadamente a aclimatação na altitude em um grupo de corredores meio-fundistas de elite.[9] Permanecer ao nível do mar por até 11 dias não interferiu nas adaptações usuais para altitude quando o treinamento foi mantido.

Os resultados favoráveis dos estudos sobre "viver no alto e treinar no baixo" têm estimulado um interesse considerável sobre a maneira como esse conceito pode ser aplicado sem ter que enviar os atletas para viverem na altitude. Uma estratégia tem sido o desenvolvimento de um apartamento

Perspectiva de pesquisa 13.2
Treinamento na altitude para nadadores

Desde o final da década de 1960, a abordagem clássica "viver no alto e treinar no alto" para o treinamento de altitude tem sido usada pelos atletas a fim de melhorar o desempenho ao nível do mar. Em uma série de estudos publicados nos anos de 1990, a estratégia "viver no alto e treinar no baixo" demonstrou ser capaz de melhorar o desempenho da corrida em atletas universitários pelo aumento da massa de eritrócitos (a adaptação à altitude) e manutenção das velocidades do treinamento de alta intensidade (possível apenas na baixa altitude). Desde então, o treinamento na altitude vem sendo adotado por atletas de resistência de todas as disciplinas, inclusive nadadores de elite. No entanto, ainda não foram publicados estudos que tenham examinado a eficácia do treinamento em altitude para melhorar o desempenho da natação. Em virtude dessa desconexão entre a inexistência de evidências de pesquisa e o costumeiro uso prático do treinamento na altitude por nadadores, recentemente um grupo internacional de pesquisadores conduziu um projeto de pesquisa multidisciplinar com o objetivo de estudar os efeitos do treinamento na altitude no desempenho e na saúde dos nadadores.

Nesse estudo (The Altitude Project), os pesquisadores examinaram os efeitos de quatro critérios diferentes de treinamento na altitude para os seguintes indicadores: $\dot{V}O_{2max}$, cinética de oxigênio e massa total de hemoglobina.[20] Para tanto, 61 nadadores foram divididos em quatro grupos: (1) viver e treinar em altitude moderada (2.320 m) por 4 semanas (Al-Al4), (2) viver e treinar em altitude moderada por 3 semanas (Al-Al3), (3) viver em altitude moderada (2.320 m) e treinar tanto em altitude moderada como baixa (690 m) por 4 semanas (Al-AlBa) e (4) viver e treinar próximo ao nível do mar (190 ou 655 m) por 4 semanas (Ba-Ba). As variáveis fisiológicas e de desempenho foram testadas antes da implementação dos regimes de treinamento, uma vez por semana durante os regimes, imediatamente após e ao longo do período de recuperação de 4 semanas ao nível do mar. Os pesquisadores descobriram que todos os quatro regimes de treinamento melhoraram o desempenho nas provas contrarrelógio em aproximadamente 3,5% após uma semana de recuperação, ao passo que Al-AlBa obteve os ganhos mais expressivos no desempenho das provas contrarrelógio em comparação com os demais regimes estudados. A massa total de hemoglobina aumentou nos dois grupos Al-Al, mas não nos grupos Al-AlBa ou Ba-Ba. O $\dot{V}O_{2max}$ e a cinética de oxigênio permaneceram inalterados em todos os regimes de treinamento – um resultado que talvez possa ser explicado pela qualidade de atletas de elite e pelas limitações em melhorar o $\dot{V}O_{2max}$ acima de um valor já bastante elevado.

Resumindo, os achados do estudo levaram os pesquisadores à conclusão que a melhora no desempenho observada no grupo A1-A1Ba não estava relacionada a mudanças no $\dot{V}O_{2max}$, massa de hemoglobina ou cinética do oxigênio, mas que "viver no alto, treinar no alto e no baixo" por 4 semanas tem potencial para melhorar o desempenho da natação, com resultados superiores ao treinamento exclusivamente na altitude ou ao nível do mar. As alterações fisiológicas responsáveis pela aclimatização para a altitude e os efeitos subsequentes do treinamento são matéria complexa; para que se tenha uma compreensão mais profunda, será essencial a realização de futuras investigações que enfatizem mecanismos e mediadores específicos.

---

hipóxico onde os atletas dormem e vivem. A mistura de gases dentro do apartamento é ajustada para que o nitrogênio represente um percentual mais elevado do ar inspirado, reduzindo o percentual de oxigênio no ar inspirado, bem como sua pressão parcial. Iniciado por cientistas esportivos finlandeses, esses apartamentos podem simular altitudes entre 2.000-3.000 m, quando os percentuais de nitrogênio e oxigênio no ar inspirado são ajustados para reduzir a pressão parcial de oxigênio para níveis associados a 2.000-3.000 m de altitude. Barracas ou equipamentos para dormir em hipóxia também foram propostos.

Infelizmente, no momento, poucos estudos científicos cuidadosamente controlados existem para confirmar se esses apartamentos ou equipamentos de dormir melhoram realmente o desempenho e a função fisiológica. Uma metanálise recente (abordagem estatística que combina dados de vários estudos para estabelecer conclusões) demonstrou que estratégias naturais de "viver no alto e treinar no baixo" proporcionam os melhores resultados para acentuar o desempenho em atletas de elite, ao passo que alguns praticantes não pertencentes à elite de exercícios parecem se beneficiar de estratégias artificiais.[2] Entretanto, os autores destacam que as melhoras observadas nesses atletas não tão dotados poderiam ser por causa do efeito placebo. Questões éticas também têm sido levantadas sobre o uso desses métodos.

Em resumo

> Atualmente, viver em altitudes elevadas e treinar em baixas altitudes pode ser a melhor prática para melhorar o subsequente desempenho ao nível do mar.
> Atletas que precisam competir na altitude devem fazê-lo tão logo seja possível a contar de sua chegada, certamente dentro de 24 horas, antes que os efeitos colaterais prejudiciais que ocorrem na altitude sejam demasiadamente significativos.
> Alternativamente, os atletas que precisam competir na altitude devem treinar em uma cota entre 1.500-3.000 m por no mínimo duas semanas (quanto mais tempo melhor) antes de realizar a prova.
> Não há evidências de que períodos breves (1-2 h por dia) de inalação de gases hipóxicos ou misturas gasosas hipobáricas induzam até mesmo uma adaptação parcial semelhante à observada na altitude.

Riscos à saúde associados à exposição aguda à altitude

Grande parte dos indivíduos que sobem até altitudes moderadas e elevadas exibe sintomas de **doença aguda da altitude (mal da montanha)**. Esse distúrbio caracteriza-se por sintomas como cefaleia, náusea, vômito, dispneia (dificuldade para respirar) e insônia. Esses sintomas podem ter início entre 6-48 h após a chegada ao local de altitude elevada, tornando-se mais graves no segundo e no terceiro dias. Embora não cause risco à vida, a doença aguda da altitude pode ser incapacitante por alguns dias ou mais. Em alguns casos, o problema pode se agravar e evoluir para doenças da altitude mais letais, como edema pulmonar ou cerebral causado pela exposição a altitudes elevadas.

Doença aguda da altitude (mal da montanha)

A incidência da doença aguda da altitude varia com a altitude, a velocidade de ascensão e a experiência e suscetibilidade do indivíduo. Vários estudos foram publicados com o objetivo de determinar a incidência de doença aguda da altitude em grupos de pedestrianistas neófitos (turistas) e de alpinistas mais experientes. Os resultados variam amplamente, desde uma frequência inferior a 1% até quase 60% em altitudes de 3.000 até 5.500 m (ver Fig. 13.11). Contudo, Forster[10] informou que 80% das pessoas que subiram até o topo do Mauna Kea (4.205 m), na ilha do Havaí, exibiram alguns sintomas de doença aguda da altitude. Outro estudo mostrou que, em elevações de 2.500 até 3.500 m, altitudes comumente experimentadas por aqueles que praticam recreativamente o esqui e o pedestrianismo, a incidência de doença aguda da altitude foi de cerca de 7% para homens e de 22% para mulheres, mas a razão dessa diferença entre os gêneros não foi ainda esclarecida.[22]

Embora a causa subjacente precisa da doença aguda da altitude ainda não tenha sido completamente esclarecida, há indícios de que as pessoas que sofrem mais intensamente com o distúrbio também apresentam baixa resposta ventilatória à hipóxia. Essa ventilação inadequada permite uma queda ainda maior na PO_2 e o acúmulo de dióxido de carbono nos tecidos; esses dois fatores podem induzir a maioria dos sintomas associados à doença da altitude.

A cefaleia é o sintoma mais comum associado à subida a uma altitude elevada. Raramente ocorre cefaleia abaixo dos 2.500 m, mas a subida para 3.600 m resulta nesse efeito colateral na maioria das pessoas. A cefaleia da altitude, que muitos dos indivíduos acometidos descrevem como contínua e pulsátil, em geral piora pela manhã e depois do exercício. O consumo de bebidas alcoólicas piora os sintomas. Não se conhece o mecanismo preciso desse quadro, mas sabe-se que a hipóxia provoca a dilatação dos vasos sanguíneos cerebrais; assim, uma causa provável é a distensão dos receptores da dor nessas estruturas.

Outra consequência da doença aguda da altitude é a incapacidade de dormir, apesar da grande fadiga. Estudos demonstraram que a incapacidade de obter um sono satisfatório na altitude está associada a uma interrupção nos estágios do sono. Além disso, algumas pessoas padecem de respiração interrompida, chamada de **respiração de Cheyne-Stokes**, que as impede de cair no sono e de permanecer nesse estado. A respiração de Cheyne-Stokes caracteriza-se pela alternância de respirações rápidas e respirações lentas e superficiais, e em geral há períodos intermitentes em que a respiração para completamente. A incidência desse padrão respiratório irregular aumenta com a altitude, 24% das vezes ocorrendo a 2.440 m, 40% das vezes a 4.270 m e quase 100% das vezes a altitudes acima de 6.300 m.[24]

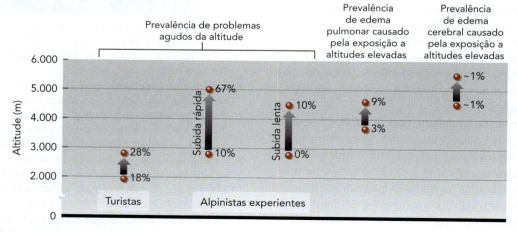

FIGURA 13.11 Mudança na prevalência reportada dos problemas mal agudo da altitude, edema pulmonar causado pela exposição a altitudes elevadas (EPAE) e edema cerebral causado pela exposição a altitudes elevadas em função da altitude (ECAE), em função da experiência e, em caso de mal agudo da altitude, taxa de subida.

Adaptado de dados compilados apresentados em Bartsch e Saltin (2008).

Perspectiva de pesquisa 13.3
Os atletas devem viver na altitude e treinar no nível do mar?

O desempenho nos exercícios de resistência fica prejudicado pela exposição aguda à altitude, e os atletas que normalmente vivem e treinam ao nível do mar em geral planejam viver e treinar por algum tempo na altitude antes de competir em eventos programados para ocorrer em locais altos. Esse período de aclimatização diminui as quedas no desempenho mediadas pela altitude; mas, do ponto de vista prático, os atletas devem considerar o tempo de chegada à altitude antes do evento e a altitude em que planejam residir em relação à altitude do evento. Os dados de pesquisa sugerem que os atletas que competem na altitude devem chegar ao local 14 dias antes da competição. O desempenho melhora significativamente na altitude durante os primeiros 14 dias, com melhorias mínimas posteriores. Entretanto, a melhor altitude para residir durante esse período permanece incerta. Estudos que exploram os efeitos de diferentes altitudes sobre o desempenho na altitude utilizaram as mesmas altitudes de aclimatização e desempenho, ou altitudes inferiores para a pré-aclimatização antes da exposição a altitudes maiores. Até agora, apenas um estudo se dedicou a examinar se residir em altitudes mais elevadas do que a altitude de competição é mais vantajoso do que os critérios estudados anteriormente.

Um estudo recentemente publicado examinou o declínio no desempenho competitivo em corridas de distância ao nível do mar e baixa altitude (1.780 m) em função das altitudes onde o atleta se instalou para viver e o número de dias de residência na altitude. Nesse estudo, participaram 48 atletas universitários praticantes de corridas de pista e *cross-country*.[7] A equipe de pesquisa sugeriu que os atletas que viviam em altitudes superiores à da competição teriam menor declínio no desempenho. Para testar essa hipótese, todos os voluntários completaram 4 semanas de treinamento ao nível do mar e foram aleatoriamente distribuídos em um dos quatro grupos a seguir: viver a 1.780 m, viver a 2.085 m, viver a 2.454 m ou viver a 2.800 m. Cada grupo foi transportado de carro para o seu acampamento designado na altitude para treinamento; todos viveram e treinaram em seus locais por 28 dias. Uma vez por semana, todos os grupos de treinamento realizavam um treinamento de alta intensidade em baixa altitude (1.250 m). Os voluntários concluíram 3.000 m de testes de desempenho em uma pista ao nível do mar nas seguintes ocasiões: no início do experimento, 6 dias antes da partida para o acampamento na altitude e a 1.780 m nos dias 5, 12, 19 e 26 no acampamento na altitude. O $\dot{V}O_{2max}$, o volume plasmático, o volume total de sangue e o volume de eritrócitos foram mensurados uma vez ao nível do mar e também uma vez depois dos 28 dias de treinamento na altitude.

Todos os grupos que viveram na altitude exibiram aumentos no volume dos eritrócitos, mas não houve diferenças entre os grupos. O $\dot{V}O_{2max}$ aumentou nos dois grupos de maior altitude (2.085 e 2.454 m), mas não melhorou nos grupos de 1.780 ou 2.800 m. Em termos de desempenho, os atletas que viveram nas altitudes de 2.454 e 2.800 m tiveram maior declínio no desempenho em comparação com o grupo que viveu a 1.780 m após 5 dias na altitude. O grupo de 1.780 m não exibiu mudanças no desempenho nos 26 dias na altitude, enquanto todos os grupos que viveram acima da altitude da competição apresentaram melhoras do dia 5 ao dia 19, mas nenhuma melhoria adicional foi notada no dia 26. A equipe do estudo concluiu que o atleta de resistência acostumado a competir de forma aguda na altitude baixa a moderada deve se instalar na altitude da competição – não acima. Para atletas que vivem entre ~300 e 1.000 m acima da altitude de competição, o desempenho agudo na altitude pode vir a ser muito pior, talvez exigindo uma aclimatização muito mais demorada (até 19 dias) para que sejam minimizados os decréscimos de desempenho.

Os primeiros dias em um local de altitude elevada estão associados à redução no desempenho físico e a maior risco de doença aguda da montanha (DAM). Como os atletas podem evitar a doença aguda da altitude? Até mesmo os atletas com intenso treinamento de resistência antes da exposição à altitude parecem ter pouca proteção contra os efeitos da hipóxia, e é difícil determinar quais atletas podem ser suscetíveis a esses sintomas, a menos que haja histórico anterior de doença aguda da altitude.

Comumente, a doença da altitude aguda pode ser evitada por uma ascensão gradual até a altitude desejada, com o atleta passando alguns dias em elevações menores. Foi sugerida uma ascensão gradual, não superior a 300 m por dia, para elevações superiores a 3.000 m, objetivando minimizar os riscos da doença da altitude. Cientistas do U.S. Army Research Institute for Environmental Medicine (Instituto de Pesquisa em Medicina Ambiental do Exército dos EUA) realizaram estudos que examinaram a eficácia de vários tratamentos de estadiamento e para a hipóxia como estratégias de pré-aclimatização.[12,16] Para que sejam minimizados os sintomas associados à DAM e preservadas as capacidades de desempenho em altitudes acima de 4.000 m, as evidências sugerem o seguinte:

- Subir a altitudes moderadas > 1.500 m por 1-2 dias induz a climatização ventilatória.
- Seis dias a uma altitude de 2.200 m reduz substancialmente a DAM e melhora o desempenho físico após uma rápida subida para > 4.000 m.
- Cinco dias ou mais a 3.000 m nos últimos 2 meses reduzem significativamente a DAM.
- Quanto mais tempo o atleta residir em um local de altitude moderada, melhores serão as adaptações ventilatórias e a prevenção da DAM em altitudes elevadas.
- O treinamento físico durante essas pré-exposições pode melhorar ainda mais o desempenho físico.
- As estratégias que envolvem hipóxia hipobárica (exposições reais à altitude, câmaras e tendas)

são muito mais eficazes que a hipóxia normobárica (i. e., respirar misturas com baixo teor de oxigênio ao nível do mar).

Dos medicamentos utilizados para reduzir os sintomas dos atletas que sofrem dessa doença, a única medida preventiva estabelecida consiste na administração de acetazolamida no dia anterior à subida. Em algumas circunstâncias, a acetazolamida é combinada com um esteroide, como a dexametasona. Esses dois medicamentos devem ser utilizados sob supervisão médica. Certamente, o tratamento definitivo para a doença aguda da altitude elevada é o retorno a uma altitude mais baixa, mas em casos muito problemáticos o uso de oxigênio de alto fluxo e de sacos de resgate hiperbáricos também é uma medida eficaz.

Edema pulmonar das altitudes elevadas

Ao contrário da DAA, o **edema pulmonar causado pela exposição a altitudes elevadas (EPAE)**, que consiste no acúmulo de líquido nos pulmões, representa risco para a vítima. É provável que a causa do EPAE esteja relacionada à vasoconstrição pulmonar decorrente da hipóxia, fazendo com que coágulos sanguíneos formem-se nos pulmões. O tecido remanescente fica excessivamente perfundido, e ocorre vazamento de líquido e de proteína dos capilares. Aparentemente, isso parece ocorrer com maior frequência em pessoas não aclimatizadas que sobem rapidamente a altitudes superiores a 2.500 m. Esse distúrbio acomete indivíduos que, afora esse problema, são perfeitamente saudáveis, e sua ocorrência tem sido relatada mais vezes em crianças e adultos jovens. O acúmulo de líquido interfere no movimento do ar para dentro e para fora dos pulmões, levando a falta de ar, tosse persistente, aperto no peito e fadiga excessiva. A alteração do padrão respiratório normal compromete a oxigenação do sangue e, se demasiadamente severa, pode ocorrer cianose (coloração azulada) dos lábios e unhas, confusão mental e perda da consciência. O edema pulmonar causado pela exposição a altitudes elevadas é tratado com a administração de oxigênio suplementar e a transferência da vítima para um local de altitude mais baixa.

Edema cerebral das altitudes elevadas

Foram descritos casos raros de **edema cerebral causado pela exposição a altitudes elevadas (ECAE)**, que consiste no acúmulo de líquido na cavidade craniana. Em geral, esse distúrbio é uma complicação subsequente do EPAE. Esse problema neurológico caracteriza-se por confusão mental, letargia e ataxia (dificuldade para caminhar), que evolui para a inconsciência e a morte. Quase todos os casos descritos ocorreram em altitudes superiores a 4.300 m. Semelhante a do EPAE, a causa do ECAE envolve o vazamento (induzido por hipóxia) de líquidos dos capilares cerebrais, causando edema e aumento resultante da pressão no espaço intracraniano confinado. Seu tratamento consiste na administração de oxigênio suplementar, uso de um saco hipobárico e imediata transferência da vítima para locais de altitude mais baixa. Se esta última medida for retardada, pode ocorrer dano permanente.

Em resumo

> Em geral, a doença aguda da altitude, também conhecida como mal da montanha, provoca sintomas como cefaleia, náusea, dispneia e insônia. Comumente, esses sintomas surgem de 6-48 horas após a chegada à altitude.

> A causa exata da doença aguda da altitude é desconhecida, mas muitos cientistas suspeitam de que os sintomas podem ser decorrentes da combinação de hipóxia e acúmulo de dióxido de carbono nos tecidos.

> Comumente, é possível evitar a doença aguda da altitude com uma ascensão lenta e gradual à altitude, subindo não mais de 300 m por dia em elevações superiores a 3.000 m.

> O edema pulmonar e o edema cerebral causados pela exposição a altitudes elevadas (EPAE e ECAE) – que consistem no acúmulo de líquido nos pulmões e na cavidade craniana, respectivamente – são distúrbios que colocam em risco a vida da vítima. Ambos são tratados com administração de oxigênio, sacos hiperbáricos e descida da vítima para altitudes menores

EM SÍNTESE

Raramente as atividades são realizadas sob condições ambientais ideais. O calor, o frio, a umidade e a altitude – isoladamente ou combinados – apresentam problemas singulares que se sobrepõem às demandas fisiológicas do exercício. Este capítulo e o capítulo anterior apresentaram um resumo das características desses vários estresses ambientais comuns, e de como se pode lidar com eles.

Até agora, grande parte da nossa discussão recaiu sobre as formas como as variáveis fisiológicas e o estresse ambiental podem comprometer o desempenho. Na parte seguinte do livro, serão examinados os diversos modos de otimização do desempenho. Inicialmente, será analisada a importância do grau de treinamento, considerando o que ocorre quando um indivíduo treina demais ou aquém do necessário.

PALAVRAS-CHAVE

alcalose respiratória
doença aguda da altitude (mal da montanha)
edema cerebral causado pela exposição a altitudes elevadas (ECAE)
edema pulmonar causado pela exposição a altitudes elevadas (EPAE)
hipobárico
hipoxemia
hipóxia
policitemia
pressão barométrica (P_b)
pressão parcial do oxigênio (PO_2)
respiração de Cheyne-Stokes

QUESTÕES PARA ESTUDO

1. Descreva as condições de altitude que podem limitar a habilidade de desempenhar atividade física.
2. Que tipos de atividade são negativamente influenciados pela exposição à altitude elevada e por quê?
3. Quando alguém sobe até uma altitude superior a 1.500 m, quais ajustes fisiológicos ocorrem nas primeiras 24 horas?
4. Diferencie os ajustes fisiológicos que acompanham a aclimatização à altitude em um período de dias, semanas e meses.
5. Um atleta de resistência que treinou na altitude seria capaz de ter melhor desempenho durante uma competição subsequente ao nível do mar? Por quê? Ou por que não?
6. Descreva a vantagem teórica de viver no alto e treinar no baixo.
7. Quais são as melhores estratégias para preparar os atletas para a competição em altitude elevada?
8. Quais são os riscos para a saúde associados à exposição aguda à altitude elevada e como se pode minimizá-los?
9. Como se pode minimizar a probabilidade de ocorrência da doença aguda da altitude? Tão logo ela ocorra, como pode ser tratada?

PARTE V
Otimização do desempenho no esporte

Os capítulos anteriores explicaram como o corpo responde a uma sessão intensificada de exercícios, como se adapta ao treinamento crônico e como se ajusta aos ambientes extremos. Agora é possível aplicar esse conhecimento para otimizar o desempenho atlético específico para o esporte. Na Parte V serão abordadas maneiras de os atletas se prepararem mais adequadamente para a competição do ponto de vista fisiológico. O Capítulo 14, "Treinamento desportivo", discutirá a otimização do processo de treinamento do atleta e explorará o modo como o excesso ou a falta de treinamento pode prejudicar seu desempenho. No Capítulo 15, "Composição corporal e nutrição para o esporte", serão examinados os aspectos da avaliação da composição corporal, como esta se relaciona ao desempenho esportivo e aos esportes associados a padrões de peso. Em seguida, serão avaliadas as necessidades nutricionais do atleta; além disso, será considerado o modo como a suplementação nutricional e a manipulação da dieta podem melhorar o desempenho. No Capítulo 16, "Recursos ergogênicos auxiliares no esporte", serão discutidos os diversos agentes farmacológicos, hormonais e fisiológicos que têm sido propostos com o intuito de melhorar o desempenho. Também serão examinados os benefícios potenciais, os efeitos comprovados e os riscos à saúde associados ao uso dessas substâncias.

PARTE V

Otimização do desempenho no esporte

14 Treinamento desportivo

Otimização do treinamento 382

Overreaching 383
Treinamento excessivo 383

Periodização do treinamento 385

Periodização tradicional 385
Periodização em blocos 386

Sobretreinamento (*overtraining*) 386

Síndrome do sobretreinamento 388
Declaração conjunta de consenso
 a respeito de sobretreinamento 391
Prognóstico da síndrome
 do sobretreinamento 392
A dependência de exercício 394
Prevenção e recuperação 394

Polimento para um desempenho de pico 395

VÍDEO 14.1 Apresenta Scott Trappe, que fala sobre o polimento para alcançar um desempenho esportivo de pico.

Destreinamento 396

Força e potência musculares 397
Resistência muscular 398
Velocidade, agilidade e flexibilidade 400
Resistência cardiorrespiratória 400
Destreinamento no espaço 401

Em síntese 403

Ao longo de sua vida universitária, Eric praticou natação por quatro horas diárias, chegando a nadar 13,7 km/dia. Apesar desse esforço, seu tempo nas 200 jardas (183 m) estilo borboleta não melhorava desde a época em que era calouro. Como seu melhor desempenho no evento era de 2 min 15 s, Eric raramente tinha a chance de competir, porque vários de seus colegas de equipe conseguiam cumprir a prova em menos de 2 min 5 s. No último ano de faculdade, o treinador de Eric implementou uma grande mudança no plano de treinamento da equipe. Os nadadores treinavam apenas duas horas por dia, nadando em média 4,5-4,8 km por dia. Além disso, nadavam cada execução – dentro de um treinamento intervalado – em um ritmo mais acelerado, com um período de descanso mais longo entre os intervalos. Subitamente, o desempenho de Eric começou a melhorar. Três meses depois, seu tempo havia caído para 2 min 10 s, mas ainda não era bom o suficiente para transformá-lo em um adversário perigoso. No entanto, como recompensa por seu progresso, o treinador escolheu Eric para nadar as 200 jardas (183 m) estilo borboleta no campeonato interuniversitário, precedido por três semanas de polimento com cerca de apenas 1,6 km/dia. Posteriormente, com uma carga de treinamento menor que a dos anos anteriores e bem descansado após a redução do treinamento realizada durante esse polimento, Eric conseguiu chegar às finais do campeonato. Seu tempo preliminar foi de 2 min 1 s. Nas finais, ele melhorou ainda mais, terminando a prova em terceiro lugar com um tempo de 1 min 57,7 s – um desempenho impressionante para um nadador que obteve melhor desempenho com um treinamento de menor volume, porém de maior qualidade.

A repetição do treinamento por dias e semanas pode ser considerada uma tensão positiva, porque as adaptações decorrentes do treinamento melhoram a capacidade de produzir energia, fornecer oxigênio, contrair a musculatura e outros mecanismos que acentuam o desempenho no exercício. As principais mudanças associadas ao treinamento ocorrem nas primeiras 6-10 semanas. A magnitude dessas adaptações depende do volume e da intensidade do exercício realizado durante o treinamento, o que levou muitos treinadores e atletas a supor – equivocadamente – que o atleta que adota um treinamento de maior volume e intensidade apresenta melhor desempenho. Mas em geral, a quantidade e a qualidade de treinamento são duas partes distintas. Com muita frequência, as sessões de treinamento são avaliadas de acordo com o volume total (p. ex., distância corrida, pedalada ou nadada) realizado em cada sessão de treinamento, levando os treinadores a planejar programas de treinamento que não são ideais para melhorar o desempenho e que, muitas vezes, impõem ao atleta demandas pouco realistas.

A velocidade com que um indivíduo se adapta ao treinamento é geneticamente limitada. O treinamento em excesso pode diminuir o potencial máximo de progresso do atleta e, em alguns casos, provocar uma ruptura no processo de adaptação, diminuindo o desempenho. Quando o treinamento é levado a extremos, podem ocorrer doenças ou lesões graves.

Embora o volume de trabalho realizado no treinamento seja um importante estímulo para as melhoras fisiológicas no desempenho, é preciso estabelecer um equilíbrio adequado entre volume e intensidade. O treinamento pode ser excessivo, levando à fadiga, enfermidades, lesões por uso excessivo, síndrome do sobretreinamento (*overtraining*) e quedas no desempenho. Em contrapartida, o repouso adequado e a obtenção de um equilíbrio apropriado entre volume e intensidade de treinamento podem – e irão – melhorar o desempenho. Tem sido enorme o esforço feito para determinar o volume e a intensidade apropriados para que os atletas obtenham uma adaptação satisfatória. Fisiologistas do exercício testaram diversos regimes de treinamento com o objetivo de determinar os estímulos mínimos e máximos necessários para a obtenção de melhoras cardiovasculares e musculares. Na seção a seguir serão examinados os fatores que podem afetar a resposta a determinado programa de treinamento, desenvolvendo um modelo para a otimização do estímulo de treinamento.

Otimização do treinamento

Todos os programas de treinamento bem planejados incorporam o princípio da sobrecarga progressiva. Conforme discutido no Capítulo 9, de acordo com esse princípio, para que continue a proporcionar os benefícios do treinamento, o estímulo de treinamento deve ser progressivamente aumentado à medida que o corpo se adapta ao estímulo atual. O único modo de continuar a melhorar com o treinamento é aumentar progressivamente o estímulo. Mas, quando esse conceito é levado longe demais, o treinamento pode se tornar excessivo, induzindo o corpo a um ponto além de sua capacidade de adaptação, o que não promove melhora adicional no condicionamento ou no desempenho, podendo acarretar quedas no desempenho. Por outro lado, se o volume ou a intensidade de treinamento for demasiadamente baixo, a alteração fisiológica resultante será prejudicada e não se obterá um desempenho satisfatório. Portanto, o treinador e o atleta veem-se diante do desafio de determinar o estímulo de treinamento ideal para cada atleta, lembrando-se de que o que funciona para um atleta pode não funcionar para outro.

A Figura 14.1 ilustra um modelo que demonstra o *continuum* dos estágios de treinamento. Nesse modelo, **treinamento de manutenção** é o tipo de treinamento que um atleta deve praticar entre as temporadas de competição ou durante o repouso ativo. Em geral, as adaptações fisiológicas serão pouco expressivas e não haverá melhora no desempenho durante esse estágio. A **sobrecarga aguda** representa uma carga de treinamento "média", em que o atleta se esforça até o ponto necessário à melhora do funcionamento fisiológico e do desempenho. *Overreaching* é um conceito relativamente novo que se refere a um breve período de sobrecarga intensa sem a recuperação adequada; com isso, a capacidade adaptativa do atleta é excedida. Ocorre uma breve queda no desempenho, que pode ser de alguns dias até algumas semanas, mas no final o desempenho melhora. Por fim, o **sobretreinamento (*overtraining*)** refere-se ao ponto em que o atleta começa a sofrer adaptações fisiológicas inadequadas e reduções crônicas em seu desempenho. Geralmente, essa situação leva a um quadro de **síndrome do sobretreinamento**.[1]

Overreaching

O *overreaching* é uma tentativa sistemática e intencional de levar o corpo a um "superesforço" em um período curto de treinamento. Se for feito corretamente, permite que o corpo se adapte ao estímulo aumentado de treinamento, isto é, além do nível de adaptação atingido durante a sobrecarga "normal". Assim como no sobretreinamento (*overtraining*), ocorre uma breve queda no desempenho; essa queda se prolonga durante alguns dias ou semanas e é seguida de aumento da função fisiológica e melhora no desempenho. Obviamente, essa é a fase crítica do treinamento – o atleta chega ao limite, podendo melhorar sua função fisiológica e seu desempenho ou, se for longe demais, entrar em sobretreinamento. Ocorrendo *overreaching*, o período de total recuperação do treinamento se prolongará por alguns dias ou semanas. Já no caso de *overtraining*, a recuperação poderá levar vários meses ou, em alguns casos, anos. O "segredo do sucesso" do *overreaching* é levar o atleta a um estado de depleção suficientemente grande para que possa atingir os desejados efeitos fisiológicos de desempenho positivos e, ao mesmo tempo, evitar o estágio de sobretreinamento (*overtraining*). Entretanto, essa não é uma tarefa fácil.

Treinamento excessivo

Embora não esteja ilustrado no modelo da Figura 14.1, o **treinamento excessivo** se refere a um treinamento que vai bem além do que é necessário para alcançar um desempenho de pico, mas que não atende rigidamente aos critérios para o *overreaching* ou o sobretreinamento (*overtraining*). No caso do treinamento excessivo, ocorre um aumento do volume e/ou da intensidade do treinamento até níveis que vão bem além do ideal. A filosofia do "quanto mais, melhor" rege o esquema de treinamento. Durante muitos anos, os atletas realizaram apenas o treinamento de manutenção. Quando treinadores e atletas se tornaram mais audaciosos e começaram a tentar obter aumentos no volume e na intensidade do treinamento, constataram que os atletas respondiam bem; com isso, teve início a quebra dos recordes mundiais. Contudo, essa filosofia só pode ser implantada até certo ponto. Em determinado momento, o desempenho começa a estabilizar-se ou a declinar.

A maior parte dos estudos sobre o treinamento excessivo foi realizada com base em nadadores, mas os princípios também se aplicam a muitas outras formas de treinamento. Estudos demonstram que o treinamento de natação de 3-4 h/dia, 5-6 dias por semana, não resulta em benefícios maiores que os do treinamento de apenas 1-1,5 h/dia.[6] Na

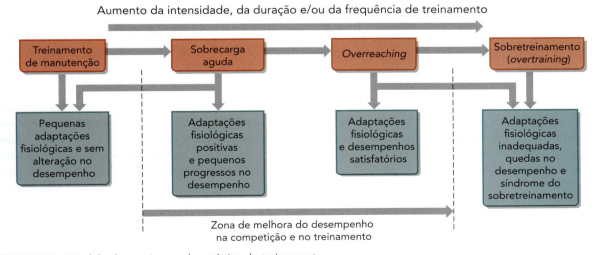

FIGURA 14.1 Modelo do *continuum* de estágios do treinamento.

Adaptado com permissão de L. E. Armstrong e J. L. VanHeest, "The unknown mechanism of the overtraining syndrome", *Sports Medicine* 32(1) (2002): 185-209.

verdade, verificou-se que o treinamento excessivo diminui significativamente a força muscular e o desempenho na natação de velocidade.

Os estudos publicados até agora não revelaram evidências científicas de que numerosas sessões de treinamento diárias melhoram a aptidão e o desempenho do atleta em maior grau do que uma sessão de treinamento por dia. Isso é ilustrado pela Figura 14.2, que mostra as respostas de dois grupos de nadadores que treinaram uma vez por dia (grupo 1) ou duas vezes por dia (grupo 2) da quinta até a décima semana em um programa de treinamento de 25 semanas.[6] Todos os nadadores iniciaram o programa seguindo o mesmo regime de treinamento: uma vez ao dia. Contudo, da quinta semana até o final da décima semana, o grupo 2 aumentou sua frequência de treinamento para duas sessões diárias. Após seis semanas adotando regimes diferentes, os dois grupos retomaram o programa de treinamento uma vez ao dia. Os valores de todos os nadadores para a frequência cardíaca e o lactato sanguíneo diminuíram de modo expressivo com o início de treinamento; além disso, não foram observadas diferenças significativas nos resultados dos dois grupos em resposta à mudança no volume de treinamento. Os nadadores que treinaram duas vezes por dia não exibiram progressos adicionais em relação àqueles que treinaram apenas uma vez por dia. Na verdade, suas concentrações de lactato sanguíneo (ver Fig. 14.2a) e frequências cardíacas (ver Fig. 14.2b) ficaram um pouco mais elevadas para a natação realizada dentro de um mesmo ritmo prefixado.

Para determinar a influência do treinamento excessivo durante períodos prolongados, compararam-se os progressos no desempenho de nadadores que treinaram duas vezes ao dia para uma distância total de mais de 10.000 m por dia (grupo NLD, ou de natação de longa distância) com os progressos dos atletas que nadaram cerca de metade dessa distância em uma única sessão por dia (grupo NCD, ou de natação de curta distância).[6] Para os dois grupos, foram examinadas as mudanças ocorridas ao longo de quatro anos no desempenho dos nadadores nas 100 jardas (91 m) de nado livre. Os dois grupos de nadadores (NLD e NCD) obtiveram melhora média de 0,8% ao ano. De acordo com o conceito de especificidade de treinamento (ver Cap. 9), algumas horas de treinamento diário não proporcionam as adaptações necessárias para atletas que participam de provas de curta duração. A maior parte das provas de natação em piscina dura menos de dois minutos. Como, então, o treinamento por 3-4 h/dia, a velocidades significativamente mais lentas que o ritmo da competição, pode preparar o nadador para os esforços máximos da competição? Um volume de treinamento tão grande prepara o atleta para tolerar um grande volume de treinamento, mas é bem provável que os benefícios em termos de desempenho acabem sendo muito pequenos.

A necessidade de longas práticas diárias (grande *volume*) vem sendo seriamente questionada pelos pesqui-

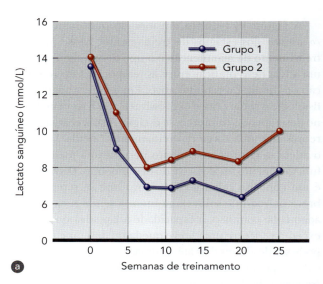

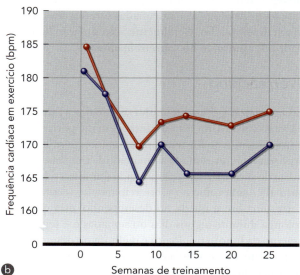

FIGURA 14.2 Mudanças (a) nas concentrações de lactato sanguíneo e (b) na frequência cardíaca durante o nado padronizado de 366 m durante 25 semanas de treinamento. Do início da quinta semana até o final da décima semana, um grupo (grupo 1) treinou uma vez por dia, enquanto o outro (grupo 2) treinou duas vezes por dia.

sadores. Aparentemente, em alguns esportes, o volume de treinamento pode ser diminuído de maneira significativa – talvez até pela metade em determinados esportes – sem que os benefícios sejam reduzidos. Além disso, haverá menor risco de os atletas sofrerem sobretreinamento a ponto de ter seu desempenho reduzido. O princípio da especificidade de treinamento sugere que o treinamento de baixa intensidade e grande volume para atletas velocistas não melhora o desempenho nas corridas de velocidade.

A *intensidade* de treinamento também é um fator importante, referindo-se tanto à força relativa da ação muscular (i. e., treinamento de força) como ao esforço relativo aplicado aos sistemas metabólico e cardiovascular (i. e., treinamentos anaeróbio e aeróbio). Existe forte interação entre a intensidade e o volume de treinamento: com a redução da intensidade, o volume de treinamento deve ser aumentado para que o atleta obtenha a adaptação. O treinamento em intensidades muito grandes depende de um volume de treinamento substancialmente menor, mas as adaptações ocorrentes são significativamente diferentes das obtidas com o treinamento de baixa intensidade e grande volume. Esse conceito aplica-se aos três tipos de treinamento: de força, anaeróbio e aeróbio.

O treinamento de grande intensidade e pequeno volume pode ser tolerado apenas por breves períodos. Embora esse tipo de treinamento de fato aumente a força muscular e a capacidade anaeróbia no treinamento intervalado de alta intensidade, proporciona pouca ou nenhuma melhora na capacidade aeróbia. Por outro lado, o treinamento de baixa intensidade e grande volume enfatiza o transporte de oxigênio e os sistemas metabólicos oxidativos, promovendo maiores ganhos na capacidade aeróbia, mas tem pouco ou nenhum efeito na força muscular, na capacidade anaeróbia ou na velocidade de corrida.

A tentativa de realizar grandes volumes de treinamento de alta intensidade pode ter efeitos negativos na adaptação. As necessidades energéticas de um exercício de alta intensidade impõem maiores demandas no sistema glicolítico, provocando rápida depleção do glicogênio muscular. Se esse treinamento for realizado com demasiada frequência (diariamente, p. ex.), os músculos podem ficar cronicamente exauridos de suas reservas energéticas, e o indivíduo pode demonstrar sinais de *overtraining*, como será visto mais adiante neste capítulo.

Periodização do treinamento

Com base no modelo de treinamento ilustrado na Figura 14.1, o treinamento efetivo se concretiza pela aplicação do princípio da **periodização**, dividindo toda a temporada de treinamento esportivo em períodos de tempo e unidades de treinamento menores. A periodização permite uma carga de treinamento variada ao longo do tempo, o que permite níveis agudos de sobrecarga e de *overreaching*, sem que ocorra excesso de treinamento do atleta. A periodização tradicional teve seu início nos anos de 1960, tendo adquirido popularidade entre treinadores e atletas nas cinco décadas seguintes. Mais recentemente, surgiram abordagens alternativas, mas são poucas as pesquisas publicadas para validar as adaptações fisiológicas ou progressos no desempenho esportivo que as acompanham.

Periodização tradicional

Em sua forma tradicional, a periodização envolvia o sequenciamento planejado de unidades de treinamento (sessões e ciclos mais longos e mais curtos, períodos de maior e menor intensidade) para que os atletas pudessem alcançar o desempenho desejado. Durante décadas, a periodização tomou por base uma hierarquia que consistia em

- uma preparação plurianual (por exemplo, para o ciclo olímpico de 4 anos);
- macrociclos (ciclos de treinamento de um mês);
- mesociclos (ciclos de treinamento semanais);
- microciclos (ciclos com duração de alguns dias); e, finalmente,
- exercícios individuais.

A Figura 14.3 ilustra um desses programas de treinamento periodizado.

Os programas de periodização tradicionais têm duas grandes desvantagens.[14] Em primeiro lugar, modelos como o mostrado na Figura 14.3 se prestam mais à preparação dos atletas para uma participação bem-sucedida em uma única competição planejada. A tendência recente seguida por atletas de elite, de participar de várias competições ao longo do ano, aumenta em muito a complexidade do modelo tradicional de macro, meso e microciclos. Em segundo lugar, o esquema tradicional de periodização pressupõe que todos os sistemas fisiológicos e habilidades envolvidas no esporte estão sendo simultaneamente desenvolvidos. Essa abordagem funciona melhor para esportes como corrida, natação e ciclismo, mas é insuficiente para esportes com bola, esportes de combate e esportes estéticos, que exigem mais do que o desenvolvimento de atributos gerais como a capacidade aeróbia, a força muscular ou a velocidade de corrida.

Uma variação efetiva desse modelo envolve a implementação de exercícios gerais e específicos com o objetivo de estimular habilidades motoras específicas que enfatizarão tanto os padrões motores metabólicos como os específicos ao esporte. Os exercícios gerais se propõem ao desenvolvimento de habilidades motoras básicas (p. ex., força, velocidade ou resistência em geral), independentemente das demandas mecânicas ou metabólicas dos esportes, por exemplo, agachamentos para o futebol. Os exercícios específicos são projetados para mimetizar gestuais mecânicos (padrões de movimento) específicos de determinado esporte, como as estocadas na esgrima. A especificidade também pode ser obtida se forem enfocados os sistemas fisiológicos *mais relevantes* para determinado esporte, com ênfase especial na intensidade e na duração. Ao combinar os componentes neuromuscular e mecânico com o componente metabólico, o exercício específico para o esporte pode ser otimizado para quase todos os esportes.

O ponto crucial para que seja determinada a eficácia dos programas de periodização é testar os ganhos de desempenho após cada ciclo, usando exercícios específicos para o esporte. Os testes devem ser específicos para o

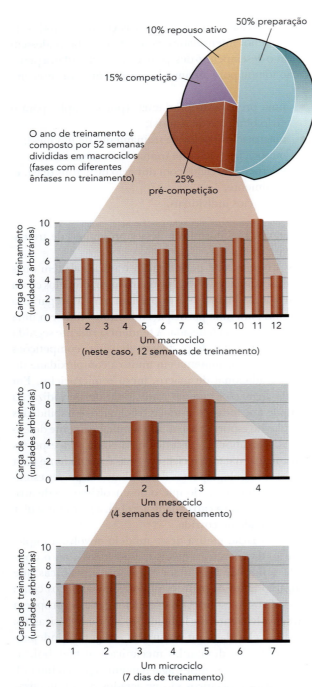

FIGURA 14.3 Estrutura de um programa tradicional de treinamento periodizado. Esse modelo varia a carga de treinamento ao longo do tempo para atingir a sobrecarga aguda e um pouco de *overreaching*, mas evitando o sobretreinamento.

Adaptado com permissão de R. W. Fry, A. R. Morton e D. Keast, "Overtraining in athletes: An update", *Sports Medicine* 12 (1991): 32-65.

esporte para o qual esteja sendo implementado o treinamento, a fim de que possa ser avaliada uma real melhora no desempenho. A implementação dessa abordagem servirá de base para os ciclos de treinamento vindouros. Com a aplicação de testes apropriados após cada ciclo de treinamento, será possível determinar não apenas os ganhos de desempenho, mas também quaisquer efeitos de transferência a partir do global para os módulos ou ciclos de treinamento específicos.

Periodização em blocos

A partir da década de 1980, o termo *blocos de treinamento* tornou-se popular entre atletas altamente treinados e seus treinadores.[14] Um bloco é um ciclo de treinamento de trabalho altamente especializado e concentrado. Embora cada esporte tenha suas peculiaridades próprias, o treinamento em bloco periodizado envolve vários princípios gerais:[14]

- Cada bloco se concentra em um número mínimo de resultados desejados e habilidades direcionadas.
- O número de blocos é pequeno (três ou quatro), ao contrário dos mesociclos tradicionais, que podem conter 9-11 tipos diferentes de ciclos menores.
- Um único bloco dura geralmente 2-4 semanas. Isso permite que a adaptação ocorra sem que haja fadiga excessiva.
- O posicionamento dos estágios de treinamento na sequência apropriada leva a obter um desempenho esportivo competitivo ideal.

O principal benefício proposto para a periodização de blocos é o desenvolvimento consecutivo de muitas habilidades relacionadas ao esporte em questão, embora os dados publicados sobre o tópico sejam escassos, pois essa estratégia é relativamente nova. Além disso, há dificuldade em comparar os resultados entre esportes e estudos.

Sobretreinamento (*overtraining*)

Durante períodos em que haja evidente sobrecarga de treinamento, sem nenhuma explicação os atletas podem sofrer em seu desempenho e em sua função fisiológica um declínio que se estenderá por semanas, meses e, até mesmo, anos. Essa condição é chamada de sobretreinamento (*overtraining*), e as causas precisas dessa deterioração do desempenho e da função fisiológica ainda não foram totalmente esclarecidas. A pesquisa tem apontado para causas psicológicas e fisiológicas. Além disso, o sobretreinamento (*overtraining*) pode ocorrer com cada uma das três principais formas de treinamento – de força, anaeróbio e aeróbio; assim, suspeita-se de que a(s) causa(s) e os sintomas variem de acordo com o tipo de treinamento.

Todos os atletas experimentam vários níveis de fadiga durante os repetidos dias e semanas de treinamento. Por isso, nem todas as situações geradoras de fadiga podem ser classificadas como sobretreinamento (*overtraining*), como já mencionado para o *overreaching*. Em geral, a fadiga que segue uma ou mais sessões de treinamento exaustivas pode

Perspectiva de pesquisa 14.1
Periodização dos modelos de treinamento em alta intensidade e de adaptação da resistência

O termo *periodização* é amplamente utilizado na descrição e quantificação do processo de planejamento do treinamento. Os planos de periodização adicionam estrutura, com períodos de treinamento bem definidos que estimulam adaptações fisiológicas específicas ou qualidades de desempenho para que este se desenvolva de forma ideal. Esses modelos de treinamento de resistência manipulam diferentes sessões de treinamento periodizadas ao longo do tempo e escalas que variam em microciclos (2-7 dias), mesociclos (3-6 semanas) e até macrociclos (6-12 meses). Também é levada em consideração a distribuição da intensidade do treinamento, e, em sua maioria, os estudos sugerem um grande volume de treinamento em baixa intensidade, treinamento substancial em intensidade moderada e menos treinamento em alta intensidade. A otimização da duração e da intensidade das sessões de treinamento individuais, a frequência das sessões de treinamento e o padrão organizacional dessas variáveis de estímulo maximizarão as adaptações fisiológicas e a capacitação do desempenho em atletas de elite.

Recentemente, as pesquisas vêm se concentrando na periodização do treinamento de alta intensidade. Embora esses estudos limitados tenham resultado em um avanço da compreensão da intensidade e da duração das sessões de treinamento em alta intensidade e no desempenho de resistência, os efeitos cumulativos da intensidade e da duração dessas sessões de treinamento não foram ainda completamente esclarecidos. Assim, pesquisadores realizaram um estudo com o objetivo de comparar os efeitos de três diferentes modelos de treinamento em alta intensidade, compatibilizados quanto à carga total, mas periodizados em uma ordem específica de mesociclos ou em uma distribuição mista, com relação a adaptações da resistência durante um período de treinamento de 12 semanas com a participação de atletas de resistência.[21] Três grupos distintos foram designados para sessões intervaladas organizadas em uma ordem específica do mesociclos periodizados (com intensidade crescente ou decrescente) ou em uma distribuição mista durante os mesociclos. Os testes pré- e pós-intervenção avaliaram as respostas fisiológicas (p. ex., $\dot{V}O_2$) e de desempenho (p. ex., potência).

Os resultados revelaram que todos os três grupos demonstraram ganhos moderados a grandes nas variáveis fisiológicas e de desempenho, sugerindo a eficácia dos recursos básicos de carga dos três modelos de treinamento. De maneira talvez surpreendente, foi observado que a ordem específica dos mesociclos periodizados no treinamento em grande intensidade ou a distribuição mista não tiveram nenhum efeito nas respostas adaptativas ao treinamento de resistência. Embora os autores tenham notado uma tendência no sentido da menor adaptação no grupo de distribuição mista, o achado não teve significado estatístico. Os autores argumentam que muitas estruturas diferentes de periodização projetadas de maneira adequada podem chegar aos mesmos objetivos de treinamento.

Em resumo

> A velocidade de adaptação de cada atleta ao treinamento é determinada geneticamente. Cada indivíduo responde de maneira diferente ao mesmo esforço de treinamento; assim, o que pode ser um treinamento excessivo para uma pessoa pode estar bem abaixo da capacidade de outra, para a obtenção de adaptações ideais. Portanto, é importante levar em conta as diferenças individuais ao planejar um programa de treinamento.

> O treinamento ideal envolve o acompanhamento de um modelo que incorpore os princípios da periodização, porque o corpo precisa passar sistematicamente por estágios de treinamento de manutenção, sobrecarga aguda e *overreaching*, a fim de que haja maximização do desempenho.

> O treinamento excessivo é realizado com um nível desnecessariamente alto de volume e/ou intensidade. Resulta em pouca ou nenhuma melhora adicional no condicionamento ou desempenho do atleta, podendo levar à redução do desempenho e a problemas de saúde.

> O volume de treinamento pode ser aumentado com o aumento na duração e/ou na frequência das sessões de treinamento. Porém, numerosos estudos revelaram não haver diferenças significativas entre o progresso de atletas que treinam com volumes de treinamento típicos e o de atletas que treinam com o dobro desse volume (treinamento conduzido pelo dobro da duração ou duas vezes por dia em vez de uma).

> A intensidade de treinamento determina as adaptações específicas que ocorrem como resposta ao estímulo de treinamento. Com o aumento da intensidade de treinamento, o volume deve ser reduzido, e vice-versa.

> A periodização possibilita o uso de uma carga de treinamento variada ao longo do tempo; isso permite a ocorrência de sobrecarga aguda e de *overreaching*, sem que ocorra sobretreinamento do atleta.

ser corrigida com alguns dias de treinamento reduzido ou de repouso, além de uma dieta rica em calorias e carboidratos. Por outro lado, o sobretreinamento (*overtraining*) caracteriza-se pelo súbito declínio no desempenho e na função fisiológica, o qual não pode ser corrigido com alguns dias de treinamento reduzido, repouso ou intervenção na dieta.

Síndrome do sobretreinamento

A maioria dos sintomas resultantes do sobretreinamento, coletivamente denominados síndrome do sobretreinamento (*overtraining*), é subjetiva e só pode ser identificada após a deterioração do desempenho e da função fisiológica do indivíduo. Infelizmente, tais sintomas podem ser bastante particulares, o que torna difícil, para atletas, treinadores e diretores técnicos, reconhecer que as quedas no desempenho estão mesmo sendo causadas pelo sobretreinamento. A primeira indicação da síndrome do sobretreinamento costuma ser um declínio no desempenho físico com a continuação do treinamento (ver Fig. 14.4). O atleta percebe que perdeu a força muscular, a coordenação e a capacidade de trabalho físico e, em geral, sente-se fatigado. Outros sinais e sintomas importantes da síndrome do sobretreinamento são:[1]

- mudança no apetite;
- perda de peso;
- distúrbios do sono;
- irritabilidade, inquietude, excitabilidade, ansiedade;
- perda da motivação e do vigor;
- falta de concentração mental;
- sensação de depressão; e
- perda do gosto por coisas que normalmente são agradáveis, incluindo o exercício.

Geralmente, as causas subjacentes da síndrome do sobretreinamento consistem em uma complexa combinação de fatores psicológicos e fisiológicos. As demandas emocionais por competição, sede de vitória, medo da derrota, metas difíceis de alcançar e outras expectativas podem ser fontes de estresse psicológico intolerável. Por isso, geralmente o atleta em condição de sobretreinamento perde o desejo de competir e o entusiasmo pelo treinamento. Armstrong e VanHeest[1] fizeram uma observação importante: a síndrome do sobretreinamento e a depressão clínica envolvem sinais e sintomas, estruturas cerebrais, neurotransmissores, vias endócrinas e respostas imunes incrivelmente semelhantes. Isso leva a acreditar que os dois problemas têm etiologias parecidas.

Do mesmo modo, os fatores fisiológicos responsáveis pelos efeitos prejudiciais do sobretreinamento ainda não foram totalmente esclarecidos. Contudo, estudos sugeriram que o sobretreinamento está associado a alterações nos sistemas nervoso, endócrino e imunológico. Embora ainda não tenha sido claramente estabelecida uma relação de causa e efeito entre essas mudanças e os sintomas de sobretreinamento, os sintomas podem ajudar a determinar se um indivíduo apresenta tal condição. Na discussão a seguir serão vistas algumas das mudanças associadas ao sobretreinamento e as possíveis causas dessa síndrome.

Respostas do sistema nervoso autônomo ao sobretreinamento

Alguns estudos sugerem que o sobretreinamento está associado a respostas anormais no sistema nervoso autô-

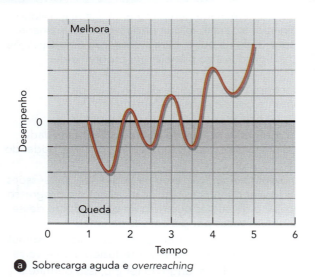
(a) Sobrecarga aguda e *overreaching*

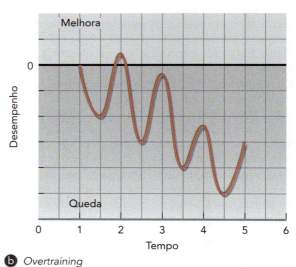
(b) *Overtraining*

FIGURA 14.4 Padrão típico da melhora esperada no desempenho de atletas com (a) sobrecarga aguda e *overreaching*, em contraste com (b) o padrão observado no atleta em situação de sobretreinamento.

Adaptado com permissão de M. L. O'Toole, *Overreaching* and overtraining in endurance athletes. In *Overtraining in sport*, editado por R. B. Kreider, A. C. Fry e M. L. O'Toole (Champaign, IL: Human Kinetics, 1998), 10, 13.

nomo. Frequentemente, os sintomas fisiológicos que acompanham o declínio no desempenho refletem mudanças em órgãos ou sistemas controlados por ramos simpáticos ou parassimpáticos do sistema nervoso autônomo (ver Cap. 3). Anormalidades do sistema nervoso simpático decorrentes do sobretreinamento podem levar a

- aumento da frequência cardíaca em repouso;
- aumento da pressão arterial;
- perda do apetite;
- redução da massa corporal;
- distúrbios do sono;
- instabilidade emocional; e
- taxa metabólica basal elevada.

Esse tipo de sobretreinamento ocorre predominantemente em atletas que enfatizam a métodos de treinamento de força altamente intensos.

Outros estudos sugerem que o sistema nervoso parassimpático pode exibir dominância em alguns casos de sobretreinamento, geralmente nos atletas fundistas. Nesses casos, as reduções de desempenho são significativamente diferentes em comparação com as reduções associadas ao sobretreinamento simpático. Os sinais de sobretreinamento parassimpático, presumindo-se que esse problema seja resultante de sobrecarga de volume, são:

- fadiga que surge prematuramente;
- diminuição da frequência cardíaca em repouso;
- rápida recuperação da frequência cardíaca depois do exercício; e
- diminuição da pressão arterial em repouso.

Assim, atletas que participam de diferentes esportes ou provas provavelmente exibirão sinais e sintomas singulares da síndrome do sobretreinamento, relacionados com seus regimes de treinamento. Na verdade, alguns especialistas passaram a diferenciar essas formas de sobretreinamento como "relacionadas à intensidade" e "relacionadas ao volume", reconhecendo que, quando aplicados excessivamente, os fatores estressantes do treinamento resultam em sinais e sintomas específicos.

Os sintomas da síndrome do sobretreinamento são altamente individualizados e subjetivos, portanto não podem ser universalmente aplicados. A presença de um ou mais sintomas deve ser suficiente para alertar o técnico ou treinador de que um atleta pode estar em condição de *overtraining*.

Alguns dos sintomas associados ao sobretreinamento do sistema nervoso autônomo também são observados em indivíduos que não apresentam essa condição. Por isso, nem sempre é possível presumir que a presença desses sintomas confirme o sobretreinamento. Embora não existam evidências científicas consistentes que corroborem a teoria do sobretreinamento, o sistema nervoso autônomo é certamente afetado pelo sobretreinamento.

Respostas hormonais ao sobretreinamento

Determinações das concentrações sanguíneas de diversos hormônios em períodos de *overreaching* sugerem que o esforço excessivo é acompanhado de perturbações significativas na função endócrina. Conforme ilustrado pela Figura 14.5, quando os nadadores aumentam seu treinamento em 1,5-2 vezes, é comum as concentrações sanguíneas de tiroxina e testosterona diminuírem e as concentrações sanguíneas de cortisol aumentarem. Acredita-se que a relação entre a testosterona e o cortisol regule os processos anabólicos durante a recuperação, e, assim, qualquer alteração nessa relação é considerada um importante indicador, e talvez uma causa, da síndrome do sobretreinamento. A redução da testosterona, acompanhada do aumento do cortisol, pode levar à predominância do catabolismo (em vez do anabolismo) das proteínas celulares. Entretanto, outro estudo sugere que, embora as concentrações de cortisol aumentem com o *overreaching* e nos estágios iniciais do sobretreinamento, em geral as concentrações de cortisol, tanto em repouso como durante o exercício, acabam diminuindo na síndrome do sobretreinamento. Além disso, quase todos os estudos sobre o sobretreinamento foram realizados com atletas fundistas com treinamento aeróbio. É menor o número de estudos

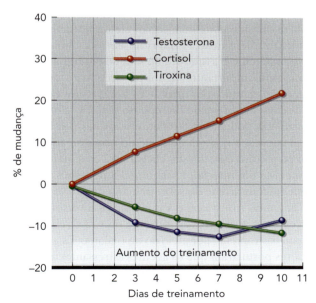

FIGURA 14.5 Alterações nas concentrações sanguíneas, em repouso, de testosterona, cortisol e tiroxina ao longo do período de intensificação do treinamento. No período de 10 dias mostrado na figura, os nadadores aumentaram seu treinamento de cerca de 4.000 m/dia para 8.000 m/dia. Esses dados revelam que as concentrações de cortisol em repouso aumentaram em resposta ao esforço adicional, enquanto as concentrações de testosterona e tiroxina exibiram um notável declínio nesse período.

que envolvem atletas em treinamento anaeróbio ou de força. Para fazer uso da terminologia introduzida na seção anterior, o sobretreinamento relacionado à intensidade (treinamento anaeróbio e de força) não parece alterar as concentrações hormonais em repouso.

Em geral, atletas em condição de sobretreinamento apresentam concentrações sanguíneas de ureia mais elevadas; considerando que a ureia é produzida pela degradação das proteínas, isso indica aumento no catabolismo proteico. Essa perda de proteína é o mecanismo tido como responsável pela perda de peso observada em muitos atletas em condição de sobretreinamento.

Em períodos de intensificação e de aumento de volume de um treinamento aeróbio, ocorre elevação nas concentrações sanguíneas, em repouso, de adrenalina e noradrenalina, hormônios que elevam a frequência cardíaca e a pressão arterial. Esse fato levou alguns pesquisadores a sugerir que as concentrações sanguíneas dessas catecolaminas devem ser medidas para confirmar o sobretreinamento. Contudo, em outros estudos publicados, não foram constatadas mudanças nessas catecolaminas durante a intensificação do treinamento; alguns deles chegaram até mesmo a observar valores em repouso diminuídos.

O treinamento de sobrecarga aguda e o *overreaching* costumam gerar grande parte das mudanças endócrinas verificadas em atletas em condição de sobretreinamento. Por isso, a determinação desses e de outros hormônios não serve de confirmação válida para o sobretreinamento. Atletas cujas concentrações hormonais parecem anormais podem simplesmente estar sob os efeitos normais do treinamento. Além disso, o intervalo entre a última sessão de treinamento e a amostra de sangue em repouso é um fator muito importante. Alguns possíveis marcadores permanecem elevados por mais de 24 horas e provavelmente não refletem um estado de repouso real. Essas mudanças hormonais podem estar refletindo apenas o esforço do treinamento, e não um desgaste no processo adaptativo. Por isso, vários especialistas chegaram à conclusão de que não existe um marcador sanguíneo que defina conclusivamente a síndrome do sobretreinamento.

Segundo Armstrong e VanHeest,[1] os diversos agentes estressantes associados à síndrome do sobretreinamento atuam basicamente por meio do hipotálamo. Esses pesquisadores postularam que os agentes estressantes ativam os dois principais eixos hormonais citados a seguir, que estão envolvidos na resposta do corpo a esses agentes:

- eixo simpático-medular suprarrenal (SMSR), que envolve o ramo simpático do sistema nervoso autônomo; e
- eixo hipotalâmico-hipofisário-suprarrenal (HHSR).

Tal proposição está ilustrada na Figura 14.6a. A Figura 14.6b ilustra as interações do cérebro e do sistema imunológico com esses dois eixos. As duas figuras são bastante complexas e estão muito além dos objetivos de um livro de fisiologia do exercício em nível introdutório. Contudo, um estudo superficial das interações ilustradas nas figuras citadas permite a apreciação da complexidade dessa síndrome. E, o que é ainda mais importante, pode-se observar que os agentes estressantes exercem seu efeito inicial no cérebro (hipotálamo). Assim, é bastante provável que certos neurotransmissores cerebrais desempenhem um papel relevante na síndrome do sobretreinamento. A serotonina é o principal neurotransmissor sob suspeita de ter um papel significativo na síndrome do sobretreinamento. Infelizmente, as concentrações plasmáticas desse neurotransmissor não refletem precisamente suas concentrações no cérebro. É preciso que os avanços tecnológicos forneçam instrumentos que permitam entender melhor o que acontece dentro do cérebro.

A síndrome do sobretreinamento parece estar associada à inflamação sistêmica e a um aumento na síntese das citocinas,[20] o que reforça a validade do modelo ilustrado na Figura 14.6b. Níveis circulatórios elevados de citocinas são resultantes de infecções, bem como de traumatismos nos músculos esqueléticos, ossos e articulações associados ao sobretreinamento. Aparentemente, essas substâncias são uma parte normal da resposta inflamatória do corpo à infecção e à lesão. Existe uma teoria segundo a qual a tensão musculoesquelética excessiva, aliada a um repouso e a uma recuperação insuficientes, deflagra uma série de eventos nos quais a resposta inflamatória aguda evolui para a inflamação crônica e, por fim, para a inflamação sistêmica. A inflamação sistêmica ativa os monócitos circulantes, que, então, passam a poder sintetizar grandes quantidades de citocinas. As citocinas, por sua vez, podem atuar na maioria das funções do cérebro e do corpo, de modo consistente com os sintomas manifestados por indivíduos que apresentam a síndrome do sobretreinamento.[20]

Imunidade e sobretreinamento

O sistema imunológico proporciona ao corpo humano uma linha de defesa contra a invasão de bactérias, parasitas, vírus e células tumorais. Esse sistema depende da ação de células especializadas (como linfócitos, granulócitos e macrófagos) e anticorpos. Basicamente, essas células e os anticorpos eliminam ou neutralizam invasores estranhos (patógenos) que poderiam causar uma doença. Infelizmente, uma das consequências mais graves do sobretreinamento é o efeito negativo que ele exerce no sistema imunológico. Na verdade, tomando como base o modelo proposto na Figura 14.6, o comprometimento da **função imune** é, possivelmente, um importante fator no início da síndrome do sobretreinamento.

Diversos estudos confirmaram que o treinamento excessivo suprime a função imune normal, aumentando a suscetibilidade do atleta em *overtraining* às infecções. Isso

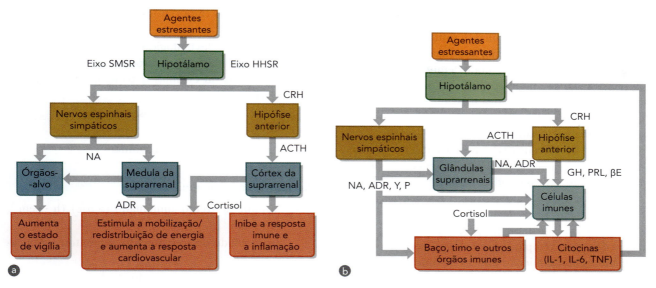

FIGURA 14.6 (a) Papel do hipotálamo e dos eixos simpático-medular suprarrenal (SMSR) e hipotalâmico-hipofisário-suprarrenal (HHSR) como possíveis mediadores da síndrome do *overtraining*. (b) Interações do cérebro e do sistema imunológico com esse modelo, no qual as citocinas possivelmente desempenham um importante papel na mediação do *overtraining*. Siglas: ACTH = adrenocorticotropina; ADR = adrenalina (epinefrina); CRH = hormônio liberador de corticotropina; GH = hormônio do crescimento; IL-1 = interleucina-1; IL-6 = interleucina-6; NA = noradrenalina (norepinefrina); P = substância P; PRL = prolactina; TNF = fator de necrose tumoral; NPY = neuropeptídio Y; βE = betaendorfina.

Adaptado com permissão de L. E. Armstrong e J. L. VanHeest, "The unknown mechanism of the overtraining syndrome", *Sports Medicine* 32(2002): 185-209.

está ilustrado na Figura 14.7. Estudos também demonstraram que sessões curtas de exercício praticadas com grande intensidade podem comprometer temporariamente a resposta imune e que dias seguidos de treinamento extenuante podem aumentar essa supressão. Vários pesquisadores relataram um aumento na incidência de enfermidades após uma única sessão exaustiva de exercícios, como uma maratona completa de 42 km. Essa supressão imune caracteriza-se por concentrações anormalmente baixas de linfócitos e de anticorpos. É mais provável que substâncias ou microrganismos invasores causem enfermidades quando essas concentrações estão baixas. Do mesmo modo, a prática de exercícios extenuantes durante um período de enfermidade pode diminuir a capacidade do organismo para combater a infecção, elevando o risco de complicações ainda maiores.[18]

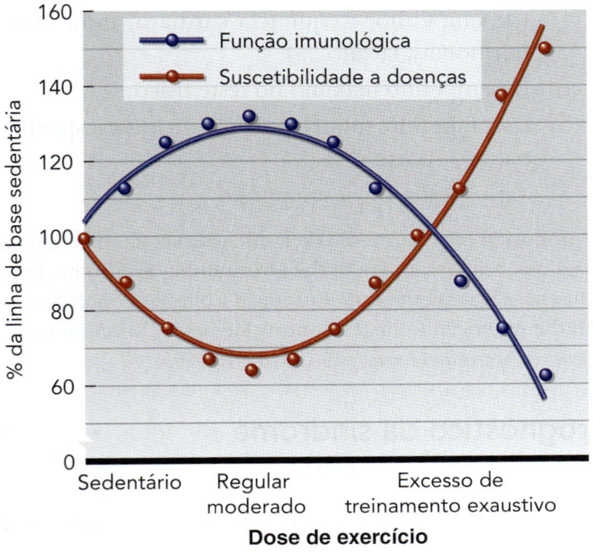

FIGURA 14.7 Modelo em forma de "J" invertido da relação entre a carga de exercício e a função imune. Esse modelo sugere que o exercício praticado com moderação pode baixar o risco de infecção ou doença, ao passo que o *overtraining* pode aumentar esse risco.
Dados de Nieman, 1997.

Declaração conjunta de consenso a respeito de sobretreinamento

A importância de prevenir, diagnosticar e tratar a síndrome do sobretreinamento foi abordada por duas organizações internacionais (o American College of Sports Medicine e o European College of Sport Science) na forma de uma declaração de consenso.[17] É tarefa difícil encontrar o equilíbrio entre proporcionar a sobrecarga necessária para as adaptações do treinamento e evitar a combinação de sobrecarga excessiva e recuperação inadequada. A declaração de consenso diferencia o *overreaching* não funcional (ORNF) da síndrome do sobretreinamento (SS). O *overreaching* não funcional conduz a um estado de estagnação ou diminuição do desempenho, mas eventualmente o atleta pode se recuperar com descanso suficiente. Já a síndrome do sobretreinamento resulta em um "decréscimo de longo prazo na capacidade de desempenho, situação acompanhada ou não por sinais e sintomas fisiológicos e psicológicos de má adaptação, nos quais a restauração da capacidade de desempenho pode demorar *várias semanas ou meses*" [grifo do autor] (p. 187). Os dados de pesquisa sugerem que a prevalência de ORNF ou SS é de aproximadamente 10% em atletas fundistas, mas algumas estimativas são ainda mais alarmantes.

A principal diferença é que a SS resulta em má adaptação prolongada, mas na realidade é tarefa extremamente difícil diagnosticar essa síndrome. Geralmente (mas nem sempre) os sintomas da SS são mais graves do que os do ORNF e incluem fadiga, declínio do desempenho e perturbações do humor. Já foram propostos diversos marcadores para a SS, por exemplo, hormônios, testes psicológicos, marcadores bioquímicos e índices de função imune, mas nenhum deles preenche os critérios para que seu uso seja universalmente aceito. A medição da variabilidade da frequência cardíaca como índice de equilíbrio autônomo mostrou-se um tanto promissora, mas as técnicas de medição variadas limitaram sua utilidade e aceitação. Uma tarefa necessária, porém tediosa, no diagnóstico da SS consiste em descartar outras causas de declínio do desempenho, tais como: certas doenças e infecções, balanço energético negativo, ingestão insuficiente de carboidratos ou proteínas, alergias e assim por diante.

Finalmente, é importante levar em conta que o treinamento intensivo e exigente não é o único elemento na ocorrência dos casos de SS. A síndrome do sobretreinamento é complexa e envolve fatores psicológicos, como expectativas excessivas, estresse competitivo, envolvimento social e familiar, problemas pessoais e emocionais, monotonia no treinamento e demandas extraesportivas oriundas do trabalho ou da escola. As duas organizações propõem a seguinte lista de verificação para ajudar no diagnóstico da SS.

Desempenho-fadiga

O atleta demonstra o seguinte:

- ☐ Desempenho inferior inexplicável.
- ☐ Fadiga persistente.
- ☐ Maior sensação de esforço no treinamento.
- ☐ Distúrbios do sono.

Critérios de exclusão

Existem doenças complicadoras?

- ☐ Anemia
- ☐ Vírus de Epstein-Barr
- ☐ Outras doenças infecciosas
- ☐ Lesão muscular (CK elevada)
- ☐ Doença de Lyme
- ☐ Doenças endocrinológicas (diabetes, tireoide, glândula suprarrenal, ...)
- ☐ Transtornos importantes do comportamento alimentar
- ☐ Anormalidades biológicas (aumento da velocidade de sedimentação dos eritrócitos, proteína C reativa, creatinina ou enzimas hepáticas, diminuição da ferritina, ...)
- ☐ Lesão (sistema musculoesquelético)
- ☐ Sintomas cardiológicos
- ☐ Asma de início na idade adulta
- ☐ Alergias

Há erros de treinamento?

- ☐ Volume de treino aumentado (> 5%) (h · sem^{-1}, km · sem^{-1})
- ☐ Intensidade de treinamento aumentou significativamente
- ☐ Monotonia de treinamento atual
- ☐ Grande número de competições
- ☐ Em atletas fundistas: diminuição do desempenho no limiar "anaeróbio"
- ☐ Exposição a estressores ambientais (altitude, calor, frio, ...)

Outros fatores complicadores:

- ☐ Sinais e sintomas psicológicos (distúrbios do POMS, RESTQ-Sport, RPE, ...)
- ☐ Fatores sociais (relações familiares, problemas financeiros, trabalho, técnico, equipe, ...)
- ☐ Viagem recente ou com vários fusos horários

Teste físico

- ☐ Existem valores de referência para comparação? (desempenho, frequência cardíaca, indicadores hormonais, lactato, ...)
- ☐ Desempenho máximo no teste físico
- ☐ Desempenho submáximo ou no teste específico para o esporte
- ☐ Vários testes de desempenho

Reproduzido com permissão de R. Meeusen et al., "Prevention, Diagnosis, and Treatment of the Overtraining Syndrome: Joint Consensus Statement of the European College of Sport Science and the American College of Sports Medicine," *Medicine and Science in Sports and Exercise* 45 (2013): 186-205.

Prognóstico da síndrome do sobretreinamento

É preciso lembrar que a(s) causa(s) subjacente(s) da síndrome do sobretreinamento não é (são) inteiramente conhecida(s), embora seja provável que a sobrecarga física ou emocional, ou uma combinação desses dois fatores, possa servir de gatilho para esse problema. É difícil tentar não exceder a tolerância do atleta ao esforço mediante a regulação das quantidades de esforço fisiológico e estresse psicológico experimentadas durante o treinamento. Muitos treinadores e atletas lançam mão da intuição para determinar o volume e a intensidade do treinamento, mas poucos conseguem avaliar precisamente o real impacto de um programa de exercício no atleta. Não existem sintomas preliminares que alertem o atleta de que ele está a ponto de entrar em condição de sobretreinamento. Em geral, quando o treinador percebe que exigiu demais do seu atleta, é tarde demais. O dano causado por dias seguidos de treinamento ou esforço excessivo pode ser reparado apenas com dias (e em alguns casos, semanas e até meses) de diminuição do treinamento ou de repouso absoluto.

Diversos pesquisadores tentaram identificar marcadores da síndrome do sobretreinamento em seus estágios iniciais utilizando medidas fisiológicas e psicológicas variadas. A Tabela 14.1 apresenta uma lista de potenciais marcadores. Infelizmente, nenhum desses marcadores revelou-se totalmente eficaz. Geralmente é difícil determinar se as medidas obtidas estão relacionadas com o sobretreinamento ou se apenas refletem respostas normais à sobrecarga ou ao treinamento de *overreaching*.

Um bom método para a identificação da síndrome do sobretreinamento consiste na monitoração da frequência cardíaca do atleta durante uma carga de trabalho padronizada, como uma corrida ou uma prova de nado em ritmo determinado, com a utilização de um monitor digital de frequência cardíaca (ver Fig. 9.5). Os dados apresentados na Figura 14.8 ilustram a resposta da frequência cardíaca de um corredor durante uma corrida de 1 milha (1,6 km), realizada em um ritmo fixo de 6 min/milha (3,7 min/km) ou 10 mph (16 km/h). Essa resposta foi monitorada antes do treinamento (AT), depois do treinamento (DT) e em um período no qual o corredor demonstrou sintomas do sobretreinamento (OT). A figura mostra que a frequência cardíaca foi mais elevada quando o corredor estava em condição de sobretreinamento, em comparação com os valores que foram obtidos quando ele estava respondendo bem ao treinamento. Esse teste é um método simples e objetivo de monitorar o treinamento e pode fornecer um sinal de alerta para o início do sobretreinamento (*overtraining*).

TABELA 14.1 Marcadores potenciais de *overreaching* (OR), de *overtraining* (OT) e de síndrome do *overtraining* (SOT)

Marcador fisiológico e psicológico	Resposta	OR	OT	SOT
$FC_{repouso}$ e FC_{max}	Diminuídas		X	X
FC_{submax} e $\dot{V}O_{2submax}$	Aumentados	X		X
$\dot{V}O_{2max}$	Diminuído			X
Metabolismo anaeróbio	Prejudicado		X	
Taxa metabólica basal	Aumentada			X
R_{submax} e R_{max}	Diminuídos		X	X
Balanço de nitrogênio	Negativo			X
Excitabilidade neural	Aumentada			X
Resposta neural simpática	Aumentada			X
Estados psicológicos do humor	Alterados	X		
Risco de infecção	Aumentado	X		
Hematócrito e hemoglobina	Diminuídos		X	
Leucócitos e imunofenótipos	Diminuídos		X	
Ferro e ferritina séricos	Diminuídos		X	
Níveis de eletrólitos séricos	Diminuídos			X
Glicose e ácidos graxos livres séricos	Diminuídos		X	
Concentração de lactato plasmático, submáx., máx.	Diminuída		X	X
Amônia	Aumentada		X	X
Testosterona e cortisol séricos	Diminuídos	X		
ACTH, hormônio do crescimento, prolactina	Diminuídos			X
Catecolaminas, em repouso, à noite	Diminuídas			X
Creatina quinase	Aumentada			X

Nota: FC = frequência cardíaca; R = índice de troca respiratória; ACTH = hormônio adrenocorticotrófico.
De Armstrong e VanHeest, 2002.

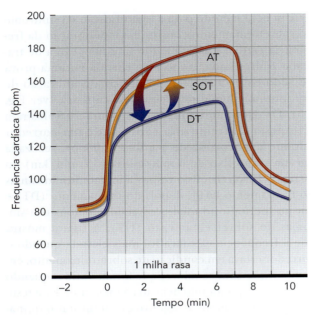

FIGURA 14.8 Respostas da frequência cardíaca de um corredor durante uma corrida na esteira ergométrica em ritmo fixo de 10 mph (16 km/h), realizada antes do treinamento (AT), depois do treinamento (DT) e quando o corredor demonstrou sintomas da síndrome do sobretreinamento (SOT).

A dependência de exercício

A condição "dependência de exercício" pode não parecer ruim para muitas pessoas que entendem todos os benefícios para a saúde associados ao exercício físico regularmente praticado. No entanto, a dependência de exercício é um fenômeno de má adaptação. Assim, em vez de melhorar a vida da pessoa, tal dependência causa mais problemas. Essa forma de comportamento viciante pode ameaçar a saúde em geral, provocar lesões por uso excessivo e de outros tipos, arruinar vidas e carreiras pessoais e, em alguns casos, contribuir para o surgimento de problemas nutricionais e distúrbios alimentares. Não é de surpreender que, recentemente, a dependência de exercício tenha recebido atenção de cientistas do exercício, inclusive de psicólogos do exercício e do esporte. Surpreendentemente, apesar das conhecidas consequências prejudiciais, a dependência de exercício não está listada como distúrbio na última versão do *Manual Diagnóstico e Estatístico de Transtornos Mentais (DSM-V)*.

É difícil estabelecer uma distinção entre níveis saudáveis de exercício e dependência de exercício. As pessoas viciadas em exercício continuarão a se exercitar independentemente de lesões físicas, inconveniências pessoais, perturbações em outras áreas de suas vidas (p. ex., no casamento ou na carreira) e falta de tempo para outras atividades importantes.[15] Os praticantes de exercício "comprometidos" descobrem uma variedade de recompensas em sua atividade física e consideram suas rotinas de exercício uma parte importante, mas não integralmente definidora de suas vidas como um todo. Já os viciados na prática do exercício identificam-no como uma parte central de suas vidas e se exercitam para evitar emoções desagradáveis, que surgiriam se eles deixassem de se exercitar (p. ex., culpa, ansiedade). Os praticantes viciados podem até considerar o exercício a parte mais importante de suas vidas e a única maneira de elevar seu humor ou de se sentir melhor. Uma revisão recentemente publicada sobre o assunto "dependência de exercício"[15] observa que "Os praticantes de exercício precisam adquirir um senso de equilíbrio de vida e, ao mesmo tempo, devem abraçar uma atitude que seja conducente a resultados sustentáveis, em longo prazo, para sua saúde física, psicológica e social".

Prevenção e recuperação

A recuperação da síndrome do sobretreinamento é possível com uma redução acentuada na intensidade do treinamento, ou com repouso completo. Embora a maioria dos treinadores recomende alguns dias de treinamento leve, os atletas com sobretreinamento necessitarão de tempo consideravelmente maior para a recuperação total. Isso pode exigir a cessação total do treinamento por um período de semanas ou meses. Em alguns casos, pode haver necessidade de aconselhamento, para ajudar os atletas a lidar com outras situações de estresse em suas vidas que possam estar contribuindo para essa condição.

A melhor maneira de minimizar o risco de sobretreinamento é seguir os procedimentos do treinamento de periodização, alternando períodos de treinamento leve, moderado e intenso. Embora a tolerância individual varie tremendamente, até mesmo os atletas mais fortes apresentam períodos em que ficam suscetíveis à síndrome do sobretreinamento. Como regra geral, 1 ou 2 dias de treinamento intenso devem ser seguidos por um número igual de dias de treinamento leve. Da mesma forma, uma ou duas semanas de treinamento intenso devem ser seguidas por uma semana de esforço reduzido, com pouca ou nenhuma ênfase no exercício anaeróbio.

Os atletas de resistência (como nadadores, ciclistas e corredores) devem prestar especial atenção ao seu consumo de calorias e carboidratos. Dias repetidos de treinamento intenso reduzem gradualmente o glicogênio muscular. A menos que esses atletas consumam carboidratos extras durante esses períodos, as reservas de glicogênio muscular e hepático podem sofrer depleção. Como consequência, as fibras musculares mais intensamente recrutadas não serão capazes de gerar a energia necessária para o exercício.

Em resumo

> Indivíduos viciados no treino físico identificam o exercício como uma parte essencial de suas vidas e se exercitam para evitar emoções desagradáveis, que viriam à tona se deixassem de se exercitar (p. ex., culpa, ansiedade).

> Alguns atletas sobretreinam de forma equivocada, acreditando que mais treinamento sempre produz melhoras extras. Quando seu desempenho declina com o sobretreinamento, esses atletas treinam ainda mais intensamente, em um esforço de compensação. Nunca é demais enfatizar a importância do planejamento de programas de treinamento que incluam tanto o repouso como a variação na intensidade e no volume para evitar a síndrome do sobretreinamento.

> O sobretreinamento leva o corpo a um esforço além de sua capacidade de adaptação, diminuindo o desempenho e a capacidade fisiológica.

> Os sintomas da síndrome do sobretreinamento são subjetivos, variando de indivíduo para indivíduo. Muitos deles acompanham também o treinamento regular, o que dificulta muito a prevenção ou o diagnóstico dessa síndrome.

> As possíveis explicações para a síndrome do sobretreinamento são mudanças no funcionamento do sistema nervoso autônomo, alterações nas respostas endócrinas, supressão da função imune e alterações dos neurotransmissores cerebrais.

> Muitos sinais e sintomas potenciais do sobretreinamento foram propostos para o diagnóstico da síndrome do sobretreinamento em seus estágios iniciais. Contudo, atualmente a resposta da frequência cardíaca a uma sessão de exercício em ritmo constante padronizado parece ser a técnica mais fácil e mais acurada. A diminuição no desempenho também é um bom indicador, mas frequentemente isso ocorre já na síndrome avançada.

> A síndrome do sobretreinamento é tratada com a redução significativa na intensidade do treinamento ou até mesmo com repouso completo durante semanas ou meses. A prevenção pode ser mais eficaz se forem adotados os princípios de treinamento de periodização, que variam a intensidade e o volume do treinamento.

> No caso de atletas de resistência, é importante assegurar a ingestão adequada de calorias e de carboidratos para atender às demandas energéticas.

Polimento para um desempenho de pico

O desempenho de pico exige máxima tolerância física e psicológica para o esforço decorrente da atividade. Contudo, períodos de treinamento intenso podem reduzir a força muscular do atleta, diminuindo sua capacidade de desempenho. Por isso, para competir em seu desempenho de pico, muitos atletas reduzem a intensidade e o volume de treinamento antes de um evento importante, a fim de proporcionar ao corpo um descanso dos rigores do treinamento intenso. Essa prática é conhecida como **polimento**. O **período de polimento**, durante o qual ocorre redução da velocidade e do volume, proporciona tempo suficiente para que as lesões causadas aos tecidos pelo treinamento intenso sejam curadas e as reservas de energia corporal completamente repostas. Os períodos de desaceleração variam de 4 a 28 dias ou mais, dependendo do esporte, da prova e das necessidades do atleta. O polimento não é válido para todos os esportes, particularmente para aqueles cuja competição ocorre uma vez por semana ou com maior frequência. Contudo, geralmente os atletas descansados apresentam melhor desempenho.

A mudança mais notável durante o período de polimento é um aumento significativo na força muscular, o que explica pelo menos parte da melhora no desempenho. É difícil determinar se os ganhos de força são resultantes de mudanças nos mecanismos contráteis dos músculos ou do recrutamento mais eficiente das fibras musculares. Porém, o exame de fibras musculares individuais retiradas dos braços de nadadores antes e depois de dez dias de treinamento intenso demonstrou que as fibras do tipo II (contração rápida) exibiam redução significativa na velocidade máxima de encurtamento.[8] Essa mudança foi atribuída a alterações nas moléculas de miosina das fibras. Nesses casos, a miosina nas fibras do tipo II tornou-se mais parecida com a miosina existente nas fibras do tipo I. Com base nesse achado, os autores deste livro presumem que essas mudanças nas fibras musculares promovem a perda de potência percebida por nadadores e corredores durante períodos prolongados de treinamento intenso. Também podemos assumir que a recuperação da força e da potência como decorrência do polimento pode estar ligada a modificações nos mecanismos contráteis dos músculos. O polimento também dá aos músculos tempo para reparar qualquer lesão sofrida durante o treinamento intenso, permitindo que as reservas de energia (i. e., glicogênios muscular e hepático) sejam restauradas.

Embora o polimento seja amplamente praticado em diversos esportes, muitos treinadores temem que a redução do treinamento por um período tão longo antes de uma competição importante diminua o condicionamento e prejudique o desempenho. Entretanto, diversos estudos demonstram claramente que esse temor não se justifica. Em princípio, o desenvolvimento do $\dot{V}O_{2max}$ ideal exige um grau de treinamento considerável, mas, depois que esse parâmetro é devidamente desenvolvido, é necessário muito menos treinamento para mantê-lo em seu nível mais elevado. Na verdade, o nível de treinamento de $\dot{V}O_{2max}$ pode ser mantido mesmo quando a frequência de treinamento é reduzida em dois terços.[11]

Corredores e nadadores que diminuem seu treinamento em cerca de 60% durante 15-21 dias não exibem perdas em $\dot{V}O_{2max}$ ou no desempenho de resistência.[5,12] Um estudo constatou que, depois de terem nadado uma distância-padrão, os nadadores apresentaram concentrações sanguíneas de lactato mais baixas após um período de polimento do que antes desse período. E, o que é mais importante, os nadadores obtiveram melhora de 3% no desempenho (como resultado da redução do treinamento), demonstrando aumentos de 18-25% na força e na potência dos braços.[5] Em um estudo que envolveu corredores fundistas, os atletas que passaram por um período de polimento de sete dias diminuíram em 3% seu tempo de corrida em uma prova de 5 km com contagem de tempo, em comparação com atletas que não haviam sido beneficiados com o período de polimento. Houve um decréscimo de 6% no consumo submáximo de oxigênio em corridas praticadas a 80% de $\dot{V}O_{2max}$ nos atletas que passaram por um período de polimento, indicando maior economia de movimento. As concentrações sanguíneas de lactato a 80% de $\dot{V}O_{2max}$ permaneceram inalteradas, assim como o $\dot{V}O_{2max}$ e a força de pico para extensão da perna.[13]

É difícil avaliar, com base em qualquer estudo, a eficácia das várias estratégias de polimento para melhora do desempenho esportivo. Em muitos estudos, uma maneira de analisar os dados é fazer uma metanálise que se concentre na combinação dos resultados de várias pesquisas, na esperança de identificar padrões e contrastes entre os vários resultados; aqui, o objetivo é identificar relações e conclusões interessantes derivadas dos vários estudos. Os efeitos dos diferentes tipos de polimentos no desempenho competitivo foram avaliados em uma metanálise de dados de 27 estudos.[3] Os autores analisaram o polimento ao determinar a diminuição em intensidade, volume e frequência do treinamento, bem como o padrão e a duração do período de polimento. Quase todos os estudos envolviam natação, corrida e ciclismo em nível competitivo. A estratégia ideal de polimento que surgiu dessa análise foi uma duração de 2 semanas para o polimento, e, durante esse período, o volume de treinamento é reduzido em 41-60%, sem qualquer alteração na intensidade ou na frequência.

Infelizmente, existem poucas informações disponíveis para demonstrar a influência do período de polimento no desempenho em esportes de equipe e em provas de resistência de longa duração, como o ciclismo e a maratona.

Para que seja possível orientar os atletas desses esportes, é necessária a publicação de mais estudos que demonstrem que benefícios semelhantes podem ser promovidos por esses períodos de redução no treinamento.

VÍDEO 14.1 Apresenta Scott Trappe, que fala sobre o polimento para alcançar um desempenho esportivo de pico.

Destreinamento

Mediante a redução do estímulo de treinamento, o polimento pode facilitar o desempenho. Então, o que acontece com atletas altamente condicionados que refinaram suas capacidades de desempenho até um nível de pico, mas descobriram que a temporada de competição chegou subitamente ao fim? Muitos atletas aproveitam a oportunidade para relaxar completamente, evitando de propósito qualquer atividade física cansativa. Mas de que maneira a inatividade física afeta esses atletas altamente treinados de um ponto de vista fisiológico?

O **destreinamento** é definido como a perda parcial ou total das adaptações induzidas pelo treinamento em

Em resumo

> Muitos atletas diminuem a intensidade e o volume de treinamento antes de uma competição para aumentar a força, a potência e a capacidade de desempenho. Essa prática é chamada de polimento.

> Em alguns esportes, o polimento para a competição é fundamental para que o atleta alcance seu melhor desempenho. A redução do volume e da intensidade do treinamento, associada ao repouso de qualidade, é necessária para permitir o reparo pelo próprio músculo e a restauração de suas reservas de energia para a competição.

> A duração ideal do polimento é de 4-28 dias, ou um pouco mais, dependendo do esporte ou evento e das necessidades do atleta.

> A força muscular aumenta significativamente durante o período de polimento.

> O polimento dá aos músculos tempo para que seja feita a autorreparação de qualquer lesão ocorrida durante o treinamento intenso e para que haja a restauração das reservas de energia (glicogênios muscular e hepático).

> Para que sejam mantidos os ganhos previamente adquiridos, é necessário menos treinamento em comparação com o esforço originalmente despendido para sua aquisição. Assim, o período de polimento não diminui o condicionamento.

> Com um polimento apropriado, o desempenho aeróbio pode melhorar em uma base média de cerca de 3%.

Perspectiva de pesquisa 14.2
Desempenho de pico durante a fase de polimento

Os treinadores de atletas de elite têm o objetivo comum de projetar um programa de treinamento bem controlado que assegure alcançar o desempenho máximo nas principais competições. Em geral, os melhores desempenhos nas competições ocorrem após uma fase de polimento, que consiste na redução progressiva e não linear da carga de treinamento no período anterior à competição. O principal objetivo do polimento é reduzir os fatores de estresse fisiológico e psicológico do treinamento precedente e eliminar a fadiga residual, de modo que o atleta tenha seu desempenho esportivo otimizado. Entretanto, existem relativamente poucas evidências científicas disponíveis para orientar os treinadores na prescrição de estratégias de polimento adequadas para cada atleta considerado individualmente. Quase todos os estudos usaram simulações de modelagem matemática para prever as melhores estratégias de polimento. Apesar desse apoio limitado, os atletas costumam fazer um período de treinamento de sobrecarga antes do polimento, em um esforço para maximizar os ganhos de desempenho.

Um estudo publicado em 2014[2] descreveu as relações entre desempenho e treinamento antes e durante uma simulação de polimento. Os pesquisadores examinaram se triatletas bem treinados demonstrariam maiores ganhos de desempenho em comparação com um grupo de controle durante uma simulação de 4 semanas, depois de terem completado 3 semanas de treinamento de sobrecarga. Os pesquisadores testaram a hipótese de que a conclusão do treinamento de sobrecarga antes do polimento permitiria maiores ganhos de desempenho, principalmente em atletas com *overreaching* (i. e., aqueles que demonstravam redução no desempenho), mas isso exigiria um polimento mais longo para a compensação do desempenho. O treinamento de cada triatleta foi monitorado por 11 semanas e dividido em quatro fases distintas. As duas primeiras fases foram idênticas tanto para o grupo de treinamento com sobrecarga como para o grupo de controle: a fase I teve duração de 3 semanas, durante as quais os voluntários completaram seu próprio treinamento habitual; e a fase II consistiu em 1 semana de treinamento com carga moderada, durante a qual os voluntários reduziram o volume habitual de treinamento em 30%, mantendo, entretanto, a intensidade. Durante a fase III, o grupo de controle repetiu o mesmo programa de treinamento praticado na fase I; contudo, o grupo de treinamento em sobrecarga concluiu três semanas de treinamento destinadas a fazer com que os voluntários entrassem em *overreaching* (a duração de cada sessão de treinamento foi aumentada em 30%). Durante a fase IV, todos os participantes completaram o polimento de 4 semanas, durante as quais a carga normal de treinamento foi diminuída em 40% a cada semana. No final das fases II e III, e a cada semana durante a fase IV, os voluntários se apresentaram no laboratório para a realização de um teste de consumo máximo de oxigênio.

No grupo de atletas com treinamento em sobrecarga, 10 triatletas desenvolveram sintomas evidentes de *overreaching* funcional (desempenho temporariamente reduzido, associado a intensa fadiga percebida e seguido pela ocorrência de uma supercompensação de desempenho), o que não ocorreu com os outros 12. Os pesquisadores descobriram que maiores ganhos no desempenho e no consumo máximo de oxigênio foram obtidos quando uma carga de treinamento mais alta foi prescrita antes do polimento, mas isso não aconteceu nos casos de *overreaching* funcional. O *overreaching* funcional foi associado a uma supercompensação ao baixo desempenho durante o polimento, representando maior risco de má adaptação ao treinamento, inclusive com maior risco de lesão ou infecção.

Na prática, esses resultados destacam a importância de um monitoramento cuidadoso dos atletas durante o treinamento, bem como durante o polimento. Como sugestão, os pesquisadores propõem que os estudos futuros examinem a eficácia dos diferentes modelos de treinamento com o uso de marcadores precoces para o *overreaching* funcional, a fim de informar ajustes nas cargas de treinamento, na tentativa de maximizar as respostas de treinamento, polimento e desempenho.

---

resposta à cessação do treinamento ou a um decréscimo substancial na carga de treinamento – ao contrário do polimento, que é a redução gradual da carga de pico de treinamento ao longo de apenas alguns dias a semanas. Parte do conhecimento sobre o destreinamento provém de estudos clínicos que envolvem pacientes que foram forçados a ficar inativos por lesão ou cirurgia. Quase todos os atletas temem perder tudo o que ganharam por meio de seu árduo treinamento durante mesmo um breve período de inatividade. Entretanto, estudos recém-publicados revelaram que alguns dias de repouso ou de redução do treinamento não trazem prejuízos, podendo até mesmo implicar melhora do desempenho, como se observa com a prática do polimento. Porém, em algum ponto, a redução do treinamento ou a total inatividade diminui a função fisiológica e o desempenho do atleta.

Força e potência musculares

Quando um membro fraturado é imobilizado em gesso rígido, as alterações nos ossos e nos músculos têm início quase imediato. Em apenas alguns dias, o gesso firmemente aplicado em torno do membro lesionado fica frouxo. Após algumas semanas, um grande espaço começa a separar o gesso do membro do indivíduo. O volume dos músculos esqueléticos sofre uma diminuição substancial, o que é conhecido como atrofia, quando eles permanecem inativos. Não surpreende que esse fenômeno seja acompanhado de considerável diminuição da força e da potência musculares. A total inatividade conduz a rápidas perdas, embora até mesmo os períodos prolongados de redução da atividade levem a perdas graduais que acabam por se tornar bastante significativas.

Do mesmo modo, estudos confirmam a redução de força e potência musculares quando os atletas param de treinar. A velocidade e a magnitude da perda variam de acordo com o nível de treinamento. Aparentemente, halterofilistas em excelente forma apresentam rápido declínio da força poucas semanas após a descontinuação de um regime de treinamento intenso.[9] No caso de indivíduos previamente sem treinamento, os ganhos de força podem ser mantidos por semanas, chegando a sete meses. Em um estudo com homens e mulheres jovens (20-30 anos) e idosos (65-75 anos) que treinaram durante nove semanas, o aumento na força (1RM – uma repetição máxima) foi, em média, de 34% para os voluntários jovens e de 28% para os voluntários idosos, não tendo sido notadas diferenças entre homens e mulheres. Após doze semanas de destreinamento, nenhum dos quatro grupos exibiu perdas significativas de força, em comparação com os valores observados ao final do programa de nove semanas. Depois de 31 semanas de destreinamento, houve apenas 8% de perda nos voluntários jovens e 13% nos voluntários idosos.[16]

Um estudo que envolveu nadadores universitários revelou que, mesmo com até quatro semanas de inatividade, a força do braço ou do ombro não foi afetada com a descontinuação do treinamento.[4] Não se observaram mudanças de força nesses nadadores, tenham eles passado as quatro semanas em repouso absoluto ou diminuído a frequência de treinamento para uma ou três sessões semanais. Contudo, durante as quatro semanas de redução da atividade, a potência de natação sofreu uma redução de 8-14%, independentemente de os nadadores terem ficado em repouso absoluto ou meramente diminuído a frequência de treinamento. Embora a força muscular possa não ter diminuído durante as quatro semanas de repouso ou de redução do treinamento, os nadadores podem ter perdido a capacidade de aplicar força durante o nado – o que pode ser atribuído à perda da habilidade.

Os mecanismos fisiológicos responsáveis pela perda da força muscular como decorrência de imobilização ou inatividade ainda não foram totalmente esclarecidos. A atrofia muscular provoca um decréscimo perceptível na massa muscular e no conteúdo de água, o que pode explicar, ao menos em parte, a perda no desenvolvimento de tensão máxima das fibras musculares. Ocorrem mudanças nas taxas de síntese e degradação proteica, assim como nas características dos tipos específicos de fibra muscular. Quando os músculos não são utilizados, há diminuição da frequência da estimulação neurológica, ocorrendo desestruturação do recrutamento normal das fibras. Assim, parte da perda de força associada ao destreinamento pode decorrer da incapacidade de ativar algumas fibras musculares.

Essa retenção de força, potência e volume musculares é extremamente importante para o atleta lesionado. Ele pode poupar muito tempo e esforço durante a reabilitação mediante a realização de um nível de exercício (ainda que baixo) com o membro lesionado logo nos primeiros dias de recuperação. Contrações isométricas simples são muito eficazes para a reabilitação, porque sua intensidade pode ser graduada e porque são independentes dos movimentos articulares. Contudo, qualquer programa de reabilitação deve ser planejado em parceria com o médico e o fisioterapeuta responsáveis.

Resistência muscular

A resistência muscular diminui após meras duas semanas de inatividade. Presentemente, não existem dados suficientes para determinar se essa queda no desempenho é resultante de mudanças no músculo ou na capacidade cardiovascular. Nesta seção serão examinadas as mudanças musculares que sabidamente acompanham o destreinamento e podem diminuir a resistência muscular.

Embora as adaptações musculares localizadas que ocorrem durante períodos de inatividade estejam bem documentadas, ainda não se conhece muito bem o papel exato dessas mudanças na perda da resistência muscular. Pela análise de casos pós-cirúrgicos, sabe-se que, após uma ou duas semanas de imobilização em gesso, as atividades de enzimas oxidativas como a succinato desidrogenase (SDH) e a citocromo oxidase diminuem em 40-60%. Dados de estudos que envolveram nadadores (ver Fig. 14.9) indicam que, com o destreinamento, o potencial oxidativo dos músculos diminui muito mais rapidamente que seu consumo máximo de oxigênio. É de esperar que a redução da atividade das enzimas oxidativas prejudique a resistência muscular, e é mais provável que isso tenha relação com a capacidade de resistência submáxima e não com a capacidade aeróbia máxima ou $\dot{V}O_{2max}$.

Por outro lado, quando o atleta para de treinar, suas enzimas glicolíticas musculares, como a fosforilase e a fosfofrutoquinase, pouco ou nada mudam durante pelo menos quatro semanas. Na realidade, Coyle et al.[7] observaram que em até 84 dias de destreinamento não houve mudança nas atividades das enzimas glicolíticas, em comparação com decréscimos de quase 60% nas atividades de várias enzimas oxidativas. Isso poderia explicar, pelo menos em parte, por que o tempo de desempenho em eventos de velocidade não é afetado após um mês ou mais de inatividade, mas a

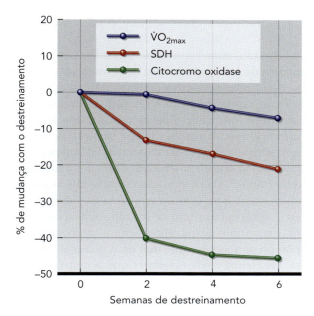

FIGURA 14.9 Diminuições percentuais no $\dot{V}O_{2max}$, na atividade da enzima succinato desidrogenase (SDH) muscular e na atividade da enzima citocromo oxidase em seis semanas de destreinamento. Esses achados sugerem que os músculos passam por um declínio no potencial metabólico, embora testes de $\dot{V}O_{2max}$ tenham revelado poucas mudanças ao longo desse período de destreinamento.

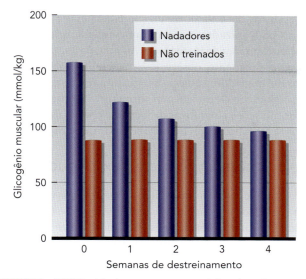

FIGURA 14.10 Mudanças no conteúdo de glicogênio do músculo deltoide em nadadores competitivos durante quatro semanas de destreinamento. Ao final desse período, o glicogênio muscular havia retornado quase às concentrações de não treinamento.

capacidade de desempenho em provas de resistência, que são mais longas, pode diminuir significativamente – mesmo em apenas duas semanas de destreinamento.

Uma mudança notável ocorrida nos músculos durante o destreinamento é a alteração em seu conteúdo de glicogênio. O músculo treinado para resistência tende a aumentar suas reservas de glicogênio. Entretanto, demonstrou-se que quatro semanas de destreinamento diminuem o glicogênio muscular em 40%. A Figura 14.10 ilustra o decréscimo no glicogênio muscular que ocorre em nadadores universitários competitivos e em indivíduos não treinados (servindo como controle de tempo) em quatro semanas de destreinamento. Indivíduos não treinados não exibiram mudanças no conteúdo de glicogênio muscular após quatro semanas de inatividade, mas os valores dos nadadores, que inicialmente estavam elevados, diminuíram até ficarem aproximadamente iguais aos valores dos indivíduos sem treinamento. Tais achados indicam que a maior capacidade de armazenamento de glicogênio muscular dos nadadores treinados foi revertida durante o destreinamento.

Pesquisadores utilizaram, na avaliação das mudanças fisiológicas que acompanham o treinamento e o destreinamento, determinações de lactato sanguíneo e do pH do sangue após uma sessão de trabalho padronizada. Por exemplo, após cinco meses de treinamento, um grupo de nadadores universitários devia nadar um percurso de 200 jardas (183 m) em um ritmo padronizado e em 90% de seu melhor tempo da temporada, devendo repetir esse teste no mesmo ritmo absoluto uma vez por semana pelas quatro semanas seguintes de destreinamento. Os resultados dessa avaliação são apresentados na Tabela 14.2. As concentrações

TABELA 14.2 Valores de lactato, pH e bicarbonato (HCO_3^-) no sangue de nadadores universitários submetidos a destreinamento

	Semanas de destreinamento			
Medida	0	1	2	4
Lactato (mmol/L)	4,2	6,3	6,8	9,7*
pH	7,26	7,24	7,24	7,18*
HCO_3^- (mmol/L)	21,1	19,5*	16,1*	16,3*
Tempo de natação (s)	130,6	130,1	130,5	130,0

Nota: As medidas foram obtidas imediatamente após o nado em ritmo fixo. Os valores na semana 0 representam as medidas tomadas ao final de cinco meses de treinamento. Os valores para as semanas 1, 2 e 4 são os resultados obtidos, respectivamente, para uma, duas e quatro semanas de destreinamento.

* Diferença significativa com relação ao valor no final do treinamento.

sanguíneas de lactato, obtidas imediatamente após esse nado padronizado, aumentaram semana após semana durante um mês de inatividade. Ao final da quarta semana de destreinamento, observou-se que o equilíbrio acidobásico dos nadadores estava significativamente perturbado. Tal achado refletiu em um aumento significativo nas concentrações sanguíneas de lactato e em um decréscimo significativo nos níveis de bicarbonato (um tampão).

Velocidade, agilidade e flexibilidade

O treinamento promove menor progresso na velocidade e na agilidade em comparação com o progresso obtido em termos de força, potência, resistência muscular, flexibilidade e resistência cardiorrespiratória. Consequentemente, as perdas de velocidade e agilidade decorrentes da inatividade são relativamente pequenas. Do mesmo modo, os níveis de pico dessas duas características podem ser mantidos com uma quantidade limitada de treinamento. Entretanto, isso não implica que o atleta velocista de provas de pista se saia bem apenas com o treinamento durante apenas alguns dias por semana. O sucesso na competição depende de outros fatores, não só da velocidade e da agilidade – por exemplo, da forma correta, da habilidade e da capacidade de gerar um vigoroso tiro de velocidade final. O atleta precisa de muitas horas de prática para ajustar o desempenho no nível ideal, mas a maior parte desse tempo é consumida no desenvolvimento de outras qualidades do desempenho, além da velocidade e da agilidade.

Por outro lado, no período de inatividade, a flexibilidade é perdida com bastante rapidez. É necessário incorporar exercícios de alongamento tanto ao programa de treinamento para a temporada como ao programa para a pré-temporada. Sugeriu-se que a redução da flexibilidade aumenta a suscetibilidade do atleta a lesões graves.

Resistência cardiorrespiratória

O coração, assim como os demais músculos do corpo, é fortalecido pelo treinamento de resistência. Por outro lado, a inatividade pode descondicionar substancialmente o coração e o sistema cardiovascular. O exemplo mais drástico desse quadro foi observado em um estudo clássico com indivíduos submetidos a longos períodos de repouso absoluto no leito; esses voluntários não tinham permissão para deixar o leito, e a atividade física foi mantida em nível mínimo.[19] Os pesquisadores avaliaram as funções cardiovascular e metabólica enquanto os voluntários se exercitavam em um ritmo de trabalho submáximo constante, e em ritmos de trabalho máximos, tanto antes como depois do período de vinte dias de repouso absoluto no leito. Os efeitos cardiovasculares que acompanharam o repouso no leito foram:

- aumento considerável na frequência cardíaca submáxima;
- 25% de diminuição no volume sistólico submáximo;
- 25% de redução no débito cardíaco máximo; e
- 27% de diminuição no consumo máximo de oxigênio.

Aparentemente, as reduções no débito cardíaco e no $\dot{V}O_{2max}$ resultaram da diminuição do volume sistólico; esse efeito parece ter sido em grande parte decorrente do decréscimo do volume plasmático e, em menor grau, da diminuição do volume cardíaco e da contratilidade ventricular.

É curioso notar que, nesse estudo, os dois indivíduos mais altamente condicionados (com os valores de $\dot{V}O_{2max}$ mais altos) apresentaram as maiores quedas no $\dot{V}O_{2max}$, em comparação com as três pessoas com menor condicionamento físico, como mostra a Figura 14.11. Além

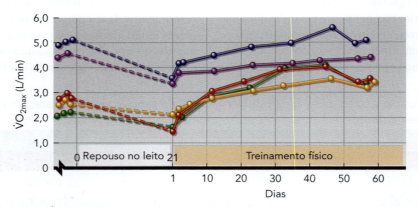

FIGURA 14.11 Mudanças no $\dot{V}O_{2max}$ de cinco indivíduos com 20 dias de repouso no leito. Os indivíduos menos condicionados (valores de $\dot{V}O_{2max}$ mais baixos) no início do período de repouso no leito apresentaram menores reduções com a inatividade e maiores ganhos quando passaram a treinar após o repouso. Os indivíduos altamente condicionados, ao contrário, foram muito mais afetados pelo período de inatividade.

Adaptado com permissão de B. Saltin et al., "A Longitudinal Study of Adaptive Changes in Oxygen Transport and Body Composition," *Circulation* 38, n. VII (1968): 1-78.

disso, os indivíduos não treinados readquiriram os níveis de condicionamento iniciais (antes do repouso no leito) nos primeiros dez dias de recondicionamento, mas os altamente treinados precisaram de cerca de quarenta dias para uma recuperação completa. Isso sugere que indivíduos altamente treinados não conseguem suportar longos períodos com pouco ou nenhum treinamento de resistência. O atleta que se abstém completamente do treinamento físico ao final da temporada enfrenta maior dificuldade para retornar à condição física aeróbia de pico anterior, quando a temporada seguinte começar.

A inatividade pode reduzir significativamente o $\dot{V}O_{2max}$. Contudo, quanta atividade é necessária para evitar perdas tão consideráveis no condicionamento físico? Embora a redução na frequência e na duração do treinamento reduza a capacidade aeróbia, as perdas são significativas apenas quando a frequência e a duração são reduzidas em dois terços em relação à carga normal de treinamento.

No entanto, a intensidade de treinamento parece desempenhar um papel mais importante na manutenção da potência aeróbia em períodos de redução do treinamento. Aparentemente, para preservar a capacidade aeróbia máxima, é necessário um treinamento a 70% de $\dot{V}O_{2max}$.[11]

Destreinamento no espaço

Enquanto orbitam ao redor da Terra, os astronautas estão em um ambiente no qual as forças gravitacionais são consideravelmente menores que as do planeta, ou seja, estão na microgravidade. Embora em órbita eles experimentem uma sensação de ausência de peso, as forças gravitacionais da Terra não chegam a 0 g. Durante um período prolongado na microgravidade, os astronautas passam por mudanças fisiológicas praticamente idênticas às do destreinamento. Contudo, o que poderia ser percebido como desadaptação na Terra pode ser, na verdade, a adaptação necessária para a acomodação à microgravidade no espaço. A seguir serão brevemente revisadas as mudanças ocorridas quando os astronautas deixam o ambiente de 1 g na Terra para passar semanas e até meses no espaço.

A massa e a força dos músculos declinam na microgravidade, em particular nos músculos posturais, ou seja, nos músculos que mantêm o corpo ereto, contrariando a força da gravidade. A área da secção transversal das fibras musculares – tanto tipo I como tipo II – também diminui. A extensão do declínio depende do grupo muscular, da duração do voo, do tipo e da extensão do programa de exercícios adotado durante a estada no espaço. A microgravidade também afeta os ossos, provocando perdas minerais ósseas médias de aproximadamente 4% nos ossos de sustentação do peso, mas a magnitude dessa perda depende da duração da exposição à microgravidade.

O sistema cardiovascular também passa por grandes adaptações à microgravidade. Quando o corpo está em um ambiente de microgravidade, ocorre redução na pressão hidrostática; com isso, o sangue deixa de se acumular nos membros inferiores, como ocorre no ambiente de 1 g. Em consequência, há maior retorno de sangue ao coração, levando a aumentos temporários no volume sistólico. Com o passar do tempo, ocorrem reduções no volume plasmático, mas é provável que isso seja resultado da redução na ingestão de líquidos e não do aumento na produção de urina (diurese) pelos rins. Desvios transcapilares de líquidos entre a microcirculação e os tecidos circunjacentes também podem responder por parte da redução no volume plasmático e, mais provavelmente, pela filtração capilar na parte superior do corpo; por exemplo, o sangue se relocaliza nos tecidos faciais, criando um aspecto de inchaço facial. A massa eritrocitária também diminui, e, com isso, diminui o volume sanguíneo total. O volume sanguíneo reduzido é bom para os astronautas enquanto eles permanecem na microgravidade. Entretanto, isso se torna um problema grave quando eles retornam ao ambiente de 1 g, onde o corpo volta a ficar sujeito ao efeito da pressão hidrostática. Os astronautas têm sofrido hipotensão postural (ortostática), chegando a desmaiar nas primeiras horas após o retorno ao ambiente normal de 1 g, porque seu volume sanguíneo se revelou insuficiente para atender a suas necessidades circulatórias.

Em geral, o consumo máximo de oxigênio ($\dot{V}O_{2max}$) é imediatamente reduzido após o voo, provavelmente por causa da redução no volume plasmático e da diminuição na força das pernas durante o voo. Contudo, os dados sobre a determinação direta do $\dot{V}O_{2max}$ nos astronautas antes, ao longo e depois do voo são limitados. O repouso no leito com inclinação da cabeça para baixo ($-6°$), utilizado como modelo de voo simulado na Terra, demonstra reduções consistentes do $\dot{V}O_{2max}$, associadas a reduções no volume sanguíneo total, no volume plasmático e, consequentemente, no volume sistólico máximo. Demonstrou-se que o modelo da inclinação da cabeça para baixo fornece dados do $\dot{V}O_{2max}$ ($\dot{V}O_{2pico}$) comparáveis às reais mudanças do pré e do pós-voo.[22]

E, o que é mais importante: ao compreenderem o declínio geral nas funções fisiológicas durante um voo espacial, as comunidades científica e médica perceberam que os programas de exercício durante o voo são essenciais para a preservação da saúde dos astronautas no longo prazo. Há, em andamento, pesquisas sobre o planejamento dos programas e equipamentos de exercício mais apropriados para o atendimento desse objetivo.

PERSPECTIVA DE PESQUISA 14.3

Perturbação do sono e aumento das enfermidades em atletas com *overreaching*

Na tentativa de melhorar as adaptações fisiológicas ao treinamento e maximizar o desempenho esportivo, em algum momento durante o seu treinamento quase todos os atletas aumentam a intensidade e o volume do exercício. Mas essa prática também pode causar *overreaching* funcional e comprometer os resultados de desempenho no curto prazo, sobretudo nos casos em que o tempo de recuperação é insuficiente. Embora as causas do *overreaching* funcional permaneçam ainda não esclarecidas, sabe-se que um período adequado de descanso passivo e sono suficiente promove melhora na recuperação e diminuição da fadiga. O primeiro estudo a analisar a ligação entre perturbações do sono e *overreaching* funcional foi conduzido em 2014, com o objetivo de determinar se as mudanças nos parâmetros objetivos do sono se tornavam evidentes entre um grupo saudável de atletas e um grupo de atletas em processo de *overreaching* funcional após um treinamento de sobrecarga.[10]

Durante o estudo, os pesquisadores avaliaram o desempenho por meio da determinação do $\dot{V}O_{2max}$ e também pela monitoração do sono com o uso da actigrafia. Como era de esperar, ocorreu um declínio progressivo nos índices de qualidade do sono e pequenas reduções na quantidade de sono durante o período de treinamento de sobrecarga em atletas acometidos por *overreaching* funcional. Nesses atletas, as alterações na métrica do sono foram revertidas durante a fase de polimento que se seguiu ao treinamento. No grupo de controle, nenhum de seus participantes desenvolveu qualquer sintoma de intolerância ao treinamento. No entanto, ainda não ficou claro se o sono inadequado foi consequência ou causa do *overreaching* funcional; para essa determinação, é importante que novos estudos sejam feitos.

Em resumo

> O corpo perde rapidamente muitos dos benefícios do treinamento, caso este seja descontinuado. Há necessidade de praticar certo nível mínimo de treinamento para que essas perdas sejam evitadas. Pesquisas indicam a necessidade de, pelo menos, três sessões de treinamento por semana em uma intensidade mínima de 70% $\dot{V}O_{2max}$ para que seja mantido o condicionamento aeróbio.

> O destreinamento é definido como a perda parcial ou total das adaptações induzidas pelo treinamento em resposta à cessação do treinamento ou a uma redução substancial em sua carga.

> O destreinamento causa atrofia muscular, que se faz acompanhar de perdas na força e na potência musculares. Contudo, os músculos precisam apenas de uma estimulação mínima para preservar essas qualidades durante períodos de redução da atividade.

> A resistência muscular diminui após apenas duas semanas de inatividade. As explicações possíveis para essa redução são:
>   1. diminuição da atividade das enzimas oxidativas;
>   2. diminuição das reservas de glicogênio muscular; ou
>   3. perturbação do equilíbrio acidobásico.

> Em termos de velocidade e agilidade, as perdas decorrentes do destreinamento são pequenas, mas, ao que parece, a flexibilidade é rapidamente perdida.

> Com o destreinamento, as perdas na resistência cardiorrespiratória são muito maiores que as perdas de força, potência e resistência musculares no mesmo período.

> Para que a resistência cardiorrespiratória seja preservada, o treinamento deve ser realizado pelo menos três vezes por semana, e a intensidade de treinamento deve chegar a pelo menos 70% do $\dot{V}O_{2max}$.

> A exposição prolongada à microgravidade no espaço causa alterações fisiológicas praticamente idênticas àquelas decorrentes do destreinamento. Embora geralmente essas sejam más adaptações na Terra, no espaço elas funcionam como adaptações fisiológicas positivas que levam à maior capacidade de tolerar a microgravidade.

EM SÍNTESE

Neste capítulo, examinou-se como a quantidade de treinamento pode afetar o desempenho. Constatou-se que treinamento demais, seja na forma de treinamento excessivo, seja na forma de sobretreinamento, pode comprometer de fato o desempenho. Em seguida, verificaram-se os efeitos de níveis de treinamento excessivamente baixos – ou destreinamento – como resultado da inatividade ou da imobilização após uma lesão. Observou-se ainda que, em uma situação de destreinamento, muitos dos ganhos obtidos durante o treinamento normal se perdem rapidamente, sobretudo a resistência cardiovascular.

Agora que foi derrubado o mito de que mais treinamento sempre significa melhor desempenho, de que outras formas os atletas podem tentar otimizar seus desempenhos? O foco do próximo capítulo será a composição ideal do corpo e sua nutrição para o atleta empenhado.

PALAVRAS-CHAVE

destreinamento
função imune
overreaching
periodização
período de polimento
polimento
síndrome do sobretreinamento
sobrecarga aguda
sobretreinamento (*overtraining*)
treinamento de manutenção
treinamento excessivo

QUESTÕES PARA ESTUDO

1. Descreva o modelo utilizado para a otimização do treinamento. Defina os termos *subtreinamento, sobrecarga aguda, overreaching* e *sobretreinamento*.
2. O que é treinamento excessivo? Como ele está relacionado ao modelo para a otimização do treinamento?
3. Diferencie as formas tradicional e em blocos da periodização do treinamento. Quais são as vantagens e desvantagens de cada modalidade?
4. Defina e descreva a síndrome do sobretreinamento. Quais são os sintomas gerais dessa síndrome? De que forma eles diferem entre o sobretreinamento simpático e parassimpático?
5. O que diferencia o praticante empenhado na atividade física daquele que pode apresentar dependência de exercício?
6. De que modo o hipotálamo pode estar envolvido na síndrome do sobretreinamento? Qual o papel desempenhado pelas citocinas?
7. Descreva a relação entre atividade física e função imune e a suscetibilidade a doenças.
8. Qual parece ser o melhor previsor da síndrome do sobretreinamento?
9. Como a síndrome do sobretreinamento deve ser tratada?
10. Que mudanças fisiológicas ocorridas durante o período de polimento podem ser responsabilizadas por melhoras no desempenho?
11. Que alterações ocorrem na força, na potência e na resistência musculares com o destreinamento físico?
12. Que alterações ocorrem na velocidade, na agilidade e na flexibilidade com o destreinamento físico?
13. Que mudanças ocorrem na função cardiovascular quando um indivíduo fica descondicionado?
14. Que semelhanças é possível perceber entre o voo espacial e o destreinamento?

15 Composição corporal e nutrição para o esporte

Avaliação da composição corporal 406

Densitometria 407
Outras técnicas laboratoriais 408
Técnicas de campo 409

Composição corporal, peso e desempenho esportivo 411

Massa livre de gordura e gordura
corporal relativa 411
Padrões de peso 411
Obtenção do peso ideal 413

VÍDEO 15.1 Apresenta Louise Burke, que fala sobre estratégias para mudanças na dieta durante a temporada esportiva para atletas que precisam perder ou ganhar peso.

Classificação dos nutrientes 415

Carboidratos 417
Gorduras 421
Proteínas 423
Vitaminas 425
Minerais 428
Água 430

VÍDEO 15.2 Apresenta Asker Jeukendrup, que fala sobre a ingestão de carboidratos durante o exercício.

Água e equilíbrio hidroeletrolítico 430

Equilíbrio hídrico em repouso 430
Equilíbrio hídrico durante o exercício 431
Desidratação e desempenho
durante o exercício 432

Nutrição e desempenho esportivo 436

Diretrizes nutricionais baseadas em
evidências para atletas 437
Refeição antes da competição 438
Reposição e sobrecarga
de glicogênio muscular 438
Bebidas esportivas 440

VÍDEO 15.3 Apresenta Nancy Williams, que fala sobre as razões pelas quais alguns atletas podem não estar se alimentando o suficiente.

Em síntese 443

Os jogadores da linha de defesa (*defensive linemen*) da Liga Nacional de Futebol Americano são homens grandes, especialmente os pilares defensivos (*defensive tackles*), que ocupam a chamada posição técnica zero no meio da linha. Pela natureza do papel que devem desempenhar, esses gigantes devem oferecer enorme resistência nas tentativas de romper a linha de *scrimmage* – mas devem ter agilidade suficiente para ocupar as faixas de corrida e atacar o *quarterback* adversário. Dontari Poe é um dos melhores jogadores em sua posição e, por isso, foi recompensado com a assinatura de um contrato, com duração de 1 ano, no valor de 8 milhões de dólares com o Atlanta Falcons em 2017. Mas havia um senão: 500 mil dólares do valor do contrato estavam vinculados a uma cláusula relacionada ao peso: Poe apenas receberia essa quantia se pesasse até 149,7 kg, um peso que poderia otimizar seu desempenho atlético. Durante a temporada de 2016, os dirigentes do Atlanta Falcons registraram que Poe estava com o peso de 157,3 kg; assim, o atleta deveria se esforçar para alcançar seu objetivo. Em 2018, novamente uma cláusula de peso foi incluída em seu contrato de 27 milhões de dólares com o Carolina Panthers; o acordo incluía o pagamento de bônus trimestrais se Poe fosse bem-sucedido em cumprir suas metas de peso. Como prova de sua capacidade atlética em geral, Poe, embora seja um jogador de defesa, detém os recordes por ser o jogador mais pesado da NFL a marcar um *touchdown*, sendo também o jogador mais pesado a dar um passe para um *touchdown*. Muitos atletas competem em esportes para os quais o controle do peso – e da composição corporal – é fator fundamental, por exemplo, luta livre, boxe, ginástica e corrida de fundo. No entanto, mudanças extremas podem ser prejudiciais ao desempenho esportivo e à saúde geral do atleta. Conseguir alcançar o peso e a composição corporal ideais é um componente essencial para o desempenho esportivo de sucesso.

Hoje, os treinadores e atletas estão bastante cientes da importância da obtenção e manutenção de um peso corporal ideal para atingir desempenhos de pico nos esportes. O tamanho, a conformação e a composição corporal apropriados são fundamentais para ter sucesso em quase todas as atividades esportivas. Comparem-se as exigências para o desempenho de uma ginasta olímpica com 1,52 m de altura e 45 kg com as exigências feitas para um jogador de defesa no futebol americano profissional com 2,06 m de altura e 147 kg. Embora o tamanho e a conformação corporal variem pouco, a composição corporal pode ser consideravelmente alterada com dietas e exercícios. O treinamento de força pode aumentar substancialmente a massa muscular, e uma dieta consistente combinada com exercícios vigorosos pode diminuir significativamente a gordura do corpo. Essas mudanças podem ter grande importância na obtenção de um desempenho esportivo ideal.

O desempenho de pico também exige um equilíbrio alimentar delicado dos nutrientes essenciais. O governo norte-americano estabeleceu alguns padrões para o consumo ideal de nutrientes, chamados de Ingestão de Referência Dietética (DRI). As DRI proporcionam estimativas da faixa de ingestão de diversas substâncias alimentares necessárias à manutenção da boa saúde. Contudo, essas orientações não foram escritas para pessoas extremamente ativas ou para atletas; e as necessidades nutricionais dos atletas podem exceder consideravelmente as DRI. As necessidades calóricas individuais são extremamente variáveis, dependendo do porte do atleta, de seu gênero e de sua escolha esportiva. Os ciclistas que participam do *Tour de France* e os esquiadores *cross-country* noruegueses consomem até 9.000 kcal por dia. Um corredor de ultrarresistência consumiu, em média, 10.750 kcal diárias durante uma corrida de 600 milhas (966 km) com duração de 5,2 dias.[29] Do mesmo modo, alguns esportes de competição demandam a adesão a rígidos padrões de peso. Os atletas que participam desses esportes precisam monitorar cuidadosamente seu peso e, portanto, sua ingestão calórica. Com bastante frequência, isso leva a abusos nutricionais, ao uso de suplementos e medicamentos, à desidratação e a graves riscos para a saúde. Além disso, as táticas nutricionais adotadas por alguns atletas para atingir grandes perdas de peso são cada vez mais preocupantes por sua possível associação com distúrbios alimentares, como a anorexia e a bulimia nervosas.

Avaliação da composição corporal

A **composição corporal** refere-se à composição química do corpo. A Figura 15.1 ilustra três modelos de composição corporal. Os dois primeiros dividem o corpo em seus diversos componentes químicos ou anatômicos; o último simplifica a composição corporal em dois componentes: massa de gordura (ou massa gorda) e massa livre de gordura, que é o modelo utilizado neste livro. A **massa de gordura** costuma ser discutida em termos de **gordura corporal relativa**, que é o percentual da massa corporal total que se compõe de gordura. A **massa livre de gordura** refere-se a todo tecido corporal que não seja gordura, incluindo osso, músculos, órgãos e tecido conjuntivo.

A avaliação da composição corporal fornece informações adicionais às medidas básicas de altura e peso,

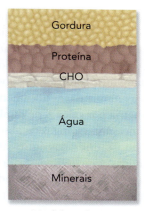  

FIGURA 15.1 Três modelos de composição corporal (veja o texto para a descrição).

Adaptado com permissão de J. H. Wilmore, Body weight and body composition. In: Eating, body weight, and performance in athletes: *Disorders of modern society*, editado por K.D. Brownell, J. Rodin e J.H. Wilmore (Philadelphia, PA: Lippincott, Williams and Wilkins, 1992), 77-93.

tanto para o treinador como para o atleta. Por exemplo, se o campista central de uma equipe de primeira divisão de beisebol tem 1,88 m de altura e pesa 91 kg, ele está no peso ideal para jogar? O conhecimento de que 4,5 kg do peso total de 91 kg corresponde ao peso da gordura e que os 86,5 kg restantes constituem o peso livre de gordura é muito mais revelador que somente o conhecimento de seu peso e sua altura. Nesse exemplo, apenas 5% do peso corporal corresponde à gordura, que é o nível mais baixo que um atleta deveria apresentar, como discutido na abertura deste capítulo. De posse desse conhecimento, o atleta e seu treinador perceberão que a composição corporal do atleta é ideal. Esses profissionais não precisam se preocupar com a perda de peso, embora as tabelas padronizadas de peso e altura indiquem que o atleta está com sobrepeso. Contudo, outro jogador de beisebol com a mesma altura e peso, porém com 23 kg de gordura, teria um percentual de 25%. Isso constituiria um grave problema para um atleta de elite: ele estaria excessivamente acima do peso.

Na maioria dos esportes, quanto mais elevado o percentual de gordura, pior o desempenho. Uma avaliação precisa da composição corporal do atleta fornece informações importantes sobre o peso que permitiria um desempenho ideal. Mas como determinar a composição corporal do atleta?

Densitometria

A **densitometria** consiste na mensuração da densidade do corpo do atleta, para que se possa avaliar a composição do corpo. Densidade (D) é definida como massa (M) dividida pelo volume (V):

$$D_{corpo} = M_{corpo} / V_{corpo}$$

A massa do corpo é o peso do atleta obtido na balança. O volume do corpo pode ser obtido por diversas técnicas, dentre as quais a mais comum é a **pesagem hidrostática**, também conhecida como pesagem submersa, em que o atleta é pesado totalmente imerso em água. A diferença entre o peso de balança do atleta e seu peso submerso, depois de feita a correção para a densidade da água, é igual ao volume do corpo. Esse volume deve ser corrigido para que o ar retido no corpo seja considerado. A quantidade de ar retida no trato gastrintestinal é pequena, difícil de mensurar e comumente ignorada. Contudo, o gás retido nos pulmões deve ser medido, porque em geral seu volume é grande.

A Figura 15.2 ilustra a técnica de pesagem hidrostática. A densidade da massa livre de gordura é maior que a densidade da água, ao passo que a densidade da gordura é menor que a densidade da água.

Há muito tempo a densitometria vem sendo a técnica de escolha para a avaliação da composição corporal. As técnicas mais recentes são geralmente comparadas à densitometria, para que sua precisão seja aferida. Se o peso corporal, o peso submerso e o volume pulmonar durante a pesagem submersa forem medidos corretamente, o valor resultante para a **densidade corporal** será preciso. Contudo, a densitometria tem suas limitações. O maior problema da densitometria está na conversão da densidade corporal em uma estimativa da gordura corporal relativa. É preciso obter estimativas precisas da massa de gordura e da massa livre de gordura quando se utiliza o modelo de dois componentes da composição corporal. A equação mais frequentemente empregada para converter a densidade corporal em uma estimativa da gordura corporal relativa ou do percentual de gordura corporal é a equação padronizada de Siri:

$$\% \text{ de gordura corporal} = (495 / D_{corpo}) - 450$$

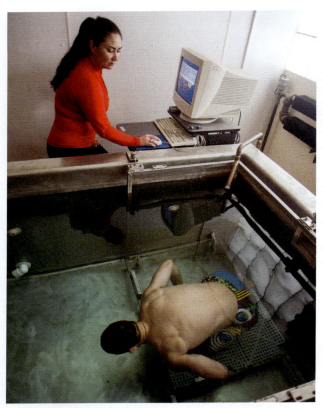

FIGURA 15.2 Pesagem hidrostática simples (técnica de pesagem submersa) para determinação da densidade do corpo.

Essa equação presume que as densidades da massa de gordura e da massa livre de gordura são relativamente constantes em todos os indivíduos. De fato, a densidade da gordura em diferentes locais é bastante consistente no mesmo indivíduo e relativamente consistente entre indivíduos diferentes. Geralmente, o valor utilizado é de 0,9007 g/cm. Contudo, existem problemas maiores relacionados à determinação da densidade da massa livre de gordura (D_{MLG}), que, de acordo com a equação de Siri, é igual a 1.100. Para determinar essa densidade, é preciso fazer duas suposições: (1) É conhecida a densidade de cada tecido constituinte da massa livre de gordura, e essa densidade permanece constante, e (2) Cada tipo de tecido representa uma proporção constante da massa livre de gordura (p. ex., presume-se que o tecido ósseo sempre representa 17% da massa livre de gordura). Exceções a qualquer uma dessas suposições induzem a erro ao se converter a densidade corporal em gordura corporal relativa.

Outras técnicas laboratoriais

Existem muitas outras técnicas laboratoriais para a avaliação da composição corporal: radiografia, tomografia computadorizada (TC), ressonância magnética (RM), hidrometria (para determinação da água corporal total), condutividade elétrica corporal total e ativação de nêutrons. Quase todas essas técnicas são complexas e dependem de equipamentos caros. Como é bastante provável que nenhuma delas seja utilizada na avaliação de populações esportivas, sua análise não será aprofundada neste capítulo; contudo, a TC será estudada no Capítulo 22. Duas outras técnicas são altamente promissoras: a absorciometria por raios X de dupla energia e o deslocamento de ar.

A **absorciometria por raios X de dupla energia (DXA)** evoluiu das técnicas mais antigas de absorciometria fotônica simples e dupla, utilizadas entre 1963 e 1984. Essas técnicas mais antigas eram utilizadas para obter estimativas do conteúdo mineral ósseo e da densidade mineral óssea, principalmente na coluna vertebral, na pelve e no fêmur. A nova técnica de DXA (ver Fig. 15.3) permite quantificar não só a composição dos ossos, mas também a dos tecidos moles. Além disso, não fica limitada a estimativas regionais, podendo fornecer estimativas de corpo total. Estudos publicados até o momento sugerem que a DXA proporciona estimativas precisas e confiáveis da composição corporal. Vem se tornando cada vez mais comum a aceitação da DXA como a técnica padrão ouro. As vantagens dessa técnica em relação à técnica de pesagem submersa consistem na possibilidade de estimar a densidade óssea e o conteúdo mineral ósseo e também a massa de gordura e a massa livre de gordura. Além disso, trata-se de uma técnica passiva: o indivíduo simplesmente se deita em uma mesa durante o escaneamento e não há necessidade de submergi-lo em água várias vezes. A desvantagem é o custo do equipamento e do suporte técnico.

A **pletismografia aérea** é uma técnica densitométrica, como a pesagem hidrostática. O volume é determinado pelo deslocamento do ar, e não pela imersão em água. Os modelos comerciais dos pletismógrafos aéreos popularizaram essa técnica, que se tornou amplamente disponível (ver Fig. 15.4). Seu princípio operacional é bastante simples. Trata-se de uma câmara fechada de ar ambiente à pressão atmosférica, com volume conhecido. O indivíduo que será testado abre a porta da câmara, entra nela, senta-se em uma posição fixa e fecha a porta, criando uma vedação impermeável ao ar. Determina-se, então, o novo volume do ar na câmara. O valor encontrado é subtraído do volume total da câmara, proporcionando uma estimativa do volume do indivíduo testado.

Embora essa técnica seja relativamente simples para o indivíduo que está sendo testado, o procedimento depende de considerável precisão no controle das mudanças na temperatura, na composição dos gases e na respiração do indivíduo durante sua permanência na câmara. Estudos publicados confirmaram a precisão dessa técnica sob diversas condições de uso. A pletismografia aérea parece fornecer uma medida relativamente precisa do volume corporal. Assim como ocorre na pesagem submersa, ainda há necessidade de aplicar a densidade corporal do indivíduo a uma equação para que a gordura corporal relativa seja estimada, tendo-se em mente as incertezas da D_{MLG} para o indivíduo.

Composição corporal e nutrição para o esporte   409

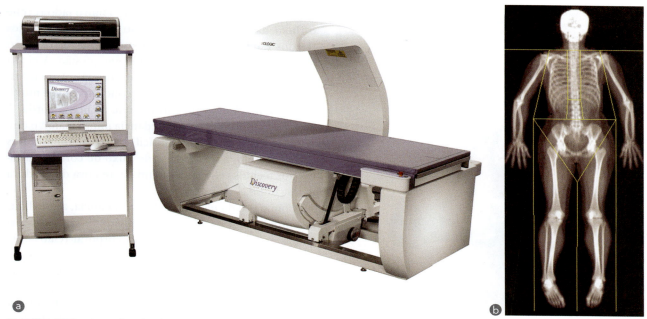

FIGURA 15.3   Aparelho de absorciometria por raios X de dupla energia (DXA) utilizado na estimativa da densidade óssea e do conteúdo mineral ósseo, bem como da composição corporal total (massa de gordura e massa livre de gordura): (a) o aparelho, (b) escaneamento regional do corpo.

Técnicas de campo

Existem várias técnicas de campo para a avaliação da composição corporal. Tais técnicas são mais acessíveis que as técnicas laboratoriais, porque o equipamento é mais barato e seu uso é menos problemático. Assim, as técnicas de campo podem ser utilizadas com maior facilidade pelo técnico, pelo treinador e até mesmo pelo atleta fora do laboratório.

Espessura da gordura em prega cutânea

A técnica de campo mais amplamente aplicada envolve a medição da **espessura da gordura em prega cutânea** (ver Fig. 15.5) em um ou mais locais, utilizando os valores obtidos para estimar a composição corporal. Em geral, é recomendável utilizar a soma das medidas de três ou mais locais de pregas cutâneas em uma equação curvilínea quadrática para que a densidade corporal seja estimada. A equação curvilínea descreve com maior precisão a relação entre a soma das medidas das pregas cutâneas e a densidade corporal. Equações lineares subestimam a densidade de indivíduos magros. No caso de indivíduos obesos, ocorre exatamente o oposto: a densidade corporal é superestimada. Medidas da espessura da gordura em prega cutânea utilizando equações quadráticas fornecem estimativas razoavelmente precisas da gordura corporal total ou da gordura relativa.

Bioimpedância

A **bioimpedância** é um procedimento simples introduzido nos anos de 1980, e demora apenas alguns minutos

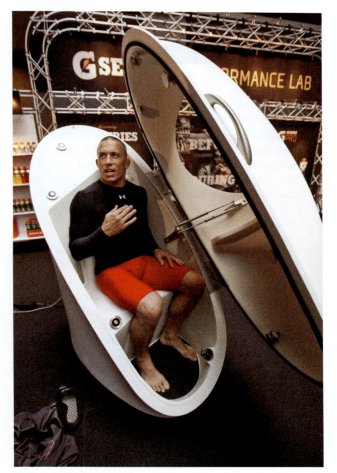

FIGURA 15.4   Aparelho Bod Pod de pletismografia aérea, que emprega a técnica de deslocamento do ar para estimar o volume corporal total.

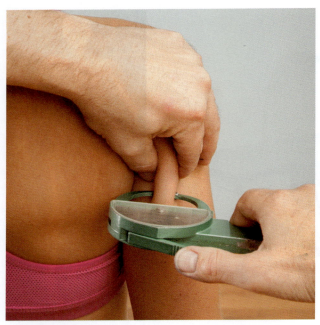

FIGURA 15.5 Determinação da espessura da gordura em prega cutânea no tríceps.

para ser realizado. Quatro eletrodos são fixados ao corpo (no tornozelo, no pé, no pulso e no dorso da mão). A tecnologia mais moderna utiliza eletrodos seguros nas mãos e em placas para os pés, conforme mostra a Figura 15.6. Uma corrente não detectável passa pelos eletrodos distais (na mão e no pé), enquanto o outro lado recebe o fluxo da corrente. A condução elétrica através dos tecidos entre os eletrodos dependerá da distribuição da água e dos eletrólitos no tecido em questão. A massa livre de gordura contém quase toda a água corporal e os eletrólitos condutores; por isso, a condutividade é muito maior na massa livre de gordura que na massa gorda. A massa de gordura possui impedância muito maior, o que significa que é muito mais difícil a corrente fluir através dela. Portanto, a quantidade de fluxo de corrente através dos tecidos reflete a quantidade relativa de gordura neles contida.

Com o uso da técnica de bioimpedância, as medidas de impedância e/ou de condutividade são transformadas em estimativas de gordura corporal relativa. As estimativas de gordura corporal relativa com base na bioimpedância demonstram alta correlação com as medições da gordura corporal obtidas através da pesagem hidrostática. Contudo, a gordura corporal relativa em populações atléticas e magras tende a ser superestimada nas determinações feitas por meio da técnica da bioimpedância, por causa da natureza das equações utilizadas. Além disso, a hidratação altera a bioimpedância e, por isso, deve ser muito controlada.

Em resumo

> O conhecimento da composição corporal de um indivíduo é mais importante na previsão de seu potencial de desempenho que o mero conhecimento de sua altura e de seu peso.

> A densitometria é uma das melhores técnicas para avaliar a composição corporal; há muito tempo ela é considerada a mais precisa, embora seu uso implique riscos de erro. A densitometria consiste no cálculo da densidade corporal do atleta com a divisão da massa corporal pelo volume corporal, o que em geral é determinado pela pesagem hidrostática ou por alguma técnica de deslocamento de ar. Pode-se calcular a composição corporal, embora exista certa margem de erro.

> Originalmente desenvolvida para estimar a densidade óssea e o conteúdo mineral ósseo, a absorciometria por raios X de dupla energia (DXA) permite atualmente a obtenção de estimativas acuradas não apenas da composição corporal total – massa adiposa e massa livre de gordura – mas também da composição corporal segmental e da massa óssea.

> As técnicas de campo para a avaliação da composição corporal incluem mensuração da espessura da gordura em prega cutânea e bioimpedância. Elas são mais baratas e mais acessíveis para atletas e treinadores, se comparadas com as técnicas realizadas em laboratório.

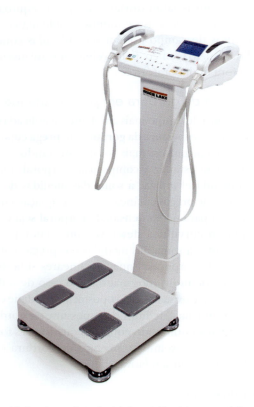

FIGURA 15.6 Aparelho de bioimpedância comercializado para avaliação da gordura corporal relativa.

Composição corporal, peso e desempenho esportivo

Muitos praticantes de alguns esportes (como o futebol americano e o basquetebol, p. ex.) acreditam que precisam ser grandes para serem bons atletas naquela modalidade, uma vez que, tradicionalmente, o tamanho é associado à qualidade do desempenho: quanto maior for o atleta, melhor será o seu desempenho. Entretanto, grande nem sempre é sinônimo de melhor. Em alguns esportes, ser menor e mais leve são considerados atributos mais favoráveis ao desempenho (é o caso da ginástica artística, da patinação artística e do mergulho). Contudo, esse ponto de vista pode ser levado a extremos, comprometendo a saúde do atleta. As seções a seguir abordarão como o desempenho pode ser afetado pela composição corporal.

Massa livre de gordura e gordura corporal relativa

Em vez de ficarem preocupados com o tamanho ou o peso corporal total, a maioria dos atletas deveria se concentrar especificamente na massa livre de gordura. A maximização da massa livre de gordura é um aspecto desejável para atletas envolvidos em atividades que dependam de força, potência e resistência muscular. Contudo, é provável que o aumento da massa livre de gordura seja indesejável para o atleta de resistência; é o caso, por exemplo, de um corredor fundista, para o qual maior massa livre de gordura é uma carga adicional que precisa ser transportada e que pode comprometer o desempenho do atleta. Esse também pode ser o caso de atletas praticantes de salto em altura, salto em distância, salto triplo e salto com vara, que precisam maximizar suas distâncias verticais e/ou horizontais. Nessas provas, um peso adicional, mesmo que seja constituído por massa livre de gordura, pode diminuir o desempenho em vez de aumentá-lo.

A gordura corporal relativa é um assunto que preocupa muito os atletas. A adição de gordura ao corpo unicamente para aumentar o peso e o tamanho geral do atleta é uma medida que comumente acaba prejudicando seu desempenho. Isso é válido para todas as atividades em que o peso corporal precisa ser mobilizado através do espaço, como correr ou saltar. Isso não é tão importante no caso de atividades mais estacionárias, como arco e flecha e tiro ao alvo. Os atletas fundistas tentam minimizar suas reservas de gordura, porque se comprovou que o sobrepeso compromete seu desempenho.

Halterofilistas pesos-pesados podem ser exceções à regra de que menos gordura é melhor. Esses atletas adquirem grandes quantidades de peso gordo imediatamente antes da competição, sob a premissa de que o peso adicional baixará seu centro de gravidade, dando-lhes maior vantagem mecânica durante o levantamento do peso. O lutador de sumô é outra exceção notável à teoria de que o peso total não é o principal determinante do sucesso do atleta. Nesse esporte, o indivíduo mais corpulento decididamente possui maior vantagem; ainda assim, em última análise, o lutador com a maior massa livre de gordura provavelmente será mais bem-sucedido. O desempenho na natação também parece ser uma exceção para essa regra geral. A gordura corporal pode proporcionar ao nadador alguma vantagem ao aumentar sua flutuabilidade, a qual pode reduzir o arrasto corporal na água e diminuir o custo metabólico pela necessidade de sustentabilidade na superfície.

Padrões de peso

Atualmente, vários esportes adotaram padrões de peso para tentar garantir aos atletas a obtenção de um tamanho e uma composição corporal ideais para o máximo desempenho. Infelizmente, esse nem sempre é o resultado.

Teoricamente, as bases genéticas do atleta de elite e os anos de treinamento intenso combinaram-se para resultar no perfil atlético mais adequado para o esporte em questão. Esses atletas de elite determinaram os padrões aspirados pelos demais esportistas. Entretanto, tal visão pode ser equivocada, conforme se pode ver na Figura 15.7.[36] Essa figura exibe os valores percentuais de gordura corporal em atletas de elite do gênero feminino praticantes de provas de atletismo. Considerando exclusivamente as corredoras fundistas, muitas das melhores atletas estavam abaixo dos 12% de gordura corporal. As duas corredoras fundistas situadas no nível de desempenho máximo tinham apenas cerca de 6% de gordura. Mas uma das mulheres envolvidas nesse estudo tinha gordura corporal relativa de 37%, e, cerca de seis meses depois de sua avaliação, estabeleceu o melhor tempo mundial para a corrida de 50 milhas (80 km). É muito provável que nenhuma dessas atletas tivesse qualquer vantagem se fosse forçada a diminuir seu peso para atingir a marca de 12% de gordura ou menos.

Além disso, os padrões de peso vêm sendo utilizados de modo extremamente abusivo por treinadores, atletas e pais de atletas, que adotaram a seguinte filosofia: se pequenas perdas de peso melhoram um pouco o desempenho, grandes perdas devem melhorá-lo ainda mais.

Riscos associados à perda excessiva de peso

Muitas escolas, distritos e organizações estaduais e federais organizam esportes (como a luta greco-romana, p. ex.) tendo como base o porte do indivíduo, condição em que o peso é o fator predominante. Nesses esportes, os atletas geralmente tentam alcançar o peso mais baixo possível para obter vantagem em relação a seus adversários. Com isso, muitos deles põem a saúde em risco. As seções a seguir examinarão algumas das consequências da perda excessiva de peso em atletas – tanto em homens como em mulheres.

Perspectiva de pesquisa 15.1
Tipo de exercício e composição corporal

Apesar dos benefícios consolidados do exercício para a saúde e nas doenças crônicas, ainda há controvérsia quanto ao papel preciso do exercício na perda de peso, que é provavelmente resultante das diferenças nas medidas de resultados nos diversos estudos que testam se a prática habitual do exercício está associada à diminuição do peso corporal. Além disso, alterações nas medidas de resultados, como peso corporal ou índice de massa corporal (IMC), talvez não reflitam as alterações na composição corporal, que, com maior probabilidade, podem ocorrer em resposta à adesão ao treinamento físico prolongado.

Com frequência, as intervenções com exercícios para a perda ou manutenção de peso se concentram no exercício aeróbio, em virtude do maior gasto energético em comparação com o exercício de força. No entanto, o exercício de força está associado ao aumento da capacidade funcional em geral, o que pode afetar o gasto energético diário total, aumentando a atividade física total. Além disso, em muitos estudos que envolveram a intervenção com exercício físico, os pesquisadores descobriram que os participantes de um programa de exercícios diminuem sua atividade diária não voltada para o exercício ou aumentam o consumo de energia – fatores que podem minimizar a possível redução de peso. O exame dos efeitos da prática habitual do exercício, em vez de uma intervenção prescrita, pode eliminar essas alterações metabólicas e comportamentais compensatórias e enriquecer a compreensão científica dos efeitos, no longo prazo, do exercício físico sobre o peso e a composição corporal.

Em 2015, uma equipe de pesquisadores examinou os efeitos de vários programas de exercícios físicos autosselecionados nas medidas de composição corporal.[15] Os pesquisadores acompanharam 430 adultos jovens participantes no *Energy Balance Study*, um estudo observacional de longo prazo que examina os fatores determinantes da mudança de peso ao longo de 1 ano. Todos os participantes eram saudáveis e tinham IMC entre 20 e 35 kg/m.[2] No início do estudo, os seguintes indicadores foram medidos em todos os voluntários: altura, peso, massa gorda, massa livre de gordura e massa de tecido magro. Calculou-se o percentual de gordura corporal, e os participantes foram classificados em três grupos: com gordura normal (% GC = 22 ± 7), com excesso de gordura/sobrepeso (% GC = 30 ± 8) e obesidade (% GC = 35 ± 7). A cada três meses, os participantes relatavam seu envolvimento autosselecionado habitual (frequência e tempo) em diferentes tipos de exercícios. Com base nesses relatórios, os pesquisadores calcularam o tempo gasto em exercícios de resistência, exercícios de força e em outros exercícios (p. ex., esportes, condicionamento físico em grupo ou aeróbia) para cada participante. No final do estudo, 348 dos 430 participantes originais tinham fornecido dados suficientes para que fossem incluídos na análise de 1 ano.

Os autores descobriram que nem o exercício total nem o tipo específico de exercício tiveram impacto no IMC. O exercício de força aumentou a massa corporal magra e diminuiu a massa gorda, enquanto o exercício aeróbio diminuiu a massa gorda, mas não teve efeito na massa magra. Todos os tipos de exercícios afetaram positivamente a massa corporal magra nos participantes com gordura normal. Curiosamente, nos participantes com sobrepeso e obesos, houve redução da massa gorda com o aumento do exercício de força, mas esse indicador não foi alterado com o aumento do exercício aeróbio. A equipe de pesquisa concluiu que, apesar dos efeitos limitados no IMC, o exercício físico estava associado a mudanças benéficas na composição corporal, como aumento da massa magra em participantes com nível de gordura normal e redução da massa gorda em participantes com sobrepeso e obesidade. Além disso, os adultos com excesso de gordura corporal podem ser mais beneficiados pelo treinamento com exercícios de força, ao contrário da crença comum de que eles devem se concentrar no treinamento aeróbio.

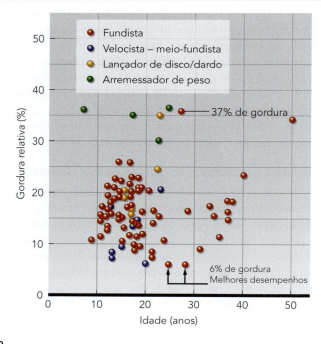

FIGURA 15.7 Gordura corporal relativa em mulheres da elite do atletismo (ver texto para explicação). Dados de Wilmore, Brown e Davis (1977).

Desidratação A prática do jejum ou a adoção de dietas com níveis calóricos muito baixos leva a grandes perdas de peso, provocadas principalmente pela desidratação. Conforme será discutido mais adiante neste capítulo, para cada grama de carboidrato armazenado, ocorre um ganho obrigatório de 2,6 g de água. Quando se utilizam carboidratos para obter energia, essa água é perdida. Assim, na prática do jejum ou na adoção de dietas com níveis calóricos muito baixos, as reservas de carboidratos sofrem depleção substancial nos primeiros dias. Isso resulta em substancial perda de peso, atribuível à perda de água corporal.

Além disso, atletas que estão tentando perder peso em geral se exercitam em roupas emborrachadas para aumentar a produção de suor, tomam banhos de vapor ou vão a saunas, mastigam toalhas para perder saliva e diminuem a ingestão de líquidos. Perdas de água tão intensas podem comprometer as funções renais e cardiovasculares, sendo potencialmente perigosas. Perdas de peso a partir de 2% do peso corporal do atleta em decorrência de desidratação podem comprometer o desempenho, até mesmo o desempenho de habilidades em esportes de curta duração e de alta intensidade como tênis, futebol e basquete.[17]

Fadiga Perdas de peso tão intensas podem ter repercussões significativas. Quando o peso cai abaixo de certo nível considerado satisfatório, o atleta pode sofrer queda em seu desempenho e aumento da incidência de enfermidades e de lesões. As quedas no desempenho podem ser atribuídas a muitos fatores, como a fadiga crônica que costuma acompanhar perdas de peso importantes. Ainda não foram determinadas as causas dessa fadiga, mas há várias possibilidades. Esse tipo de fadiga também pode ser atribuído à depleção do substrato. Na fadiga, parecem estar envolvidos tanto componentes neurais como hormonais. Em alguns casos, o equilíbrio entre os sistemas nervosos simpático e parassimpático parece estar alterado em favor do sistema nervoso parassimpático. Além disso, os efeitos de uma grande perda de peso no hipotálamo podem levar ao comprometimento da função imune.

A tríade da mulher atleta A atenção constante dada à concretização e à manutenção de uma meta de peso prescrita, principalmente se a meta de peso for inadequada, pode levar a desequilíbrios energéticos, sobretudo em atletas do gênero feminino. A causa precipitante desses distúrbios é a falha da atleta em consumir um número adequado de calorias para atender às necessidades de gasto energético associadas ao treinamento com exercícios físicos.[1] Como resultado, a atleta fica em estado de deficiência de energia ou de baixa disponibilidade de energia. Uma atleta que se apresenta com desequilíbrio energético por períodos prolongados (p. ex., baixa disponibilidade de energia em comparação com o alto gasto energético associado ao treinamento) fica propensa a comer de forma desordenada e a sofrer disfunção menstrual e perda de minerais ósseos.[1] Em conjunto, esses distúrbios são chamados de tríade da mulher atleta. Esses problemas importantes são discutidos em mais detalhes no Capítulo 19.

Estabelecimento de padrões de peso apropriados

Já foi bem estabelecida a possibilidade de ocorrer abuso em relação aos padrões de peso. Por isso, é extremamente importante que os padrões de peso sejam estabelecidos de modo adequado. Os padrões de peso corporal para o esporte devem levar em consideração a composição corporal do atleta e não simplesmente a massa corporal. Portanto, o estabelecimento de padrões de peso deve se refletir no estabelecimento de padrões de gordura corporal relativa para cada esporte e, quando aplicável, para cada prova específica do esporte. Com isso em mente, qual será a gordura corporal relativa recomendável para um atleta de elite em determinado esporte? Para cada esporte, deve ser estabelecida uma faixa ideal de valores para gordura corporal relativa, fora da qual é provável o comprometimento do desempenho do atleta. Considerando que a distribuição de gordura é significativamente diferente entre os gêneros, os padrões de peso devem ser específicos para cada gênero. A Tabela 15.1 apresenta faixas de valores representativas para homens e mulheres em diversos esportes. Na maioria dos casos, os valores fornecidos representam os atletas de elite nesses esportes.

Os valores recomendados podem não ser adequados a todos os atletas envolvidos em certa atividade. Conforme já foi discutido neste capítulo, as técnicas existentes para determinar a composição corporal envolvem erros intrínsecos: mesmo quando se conta com as melhores técnicas laboratoriais, a determinação da densidade corporal pode induzir um erro que varia de 1-3%, ou ainda mais. Além disso, é preciso compreender o conceito de variabilidade individual. Nem todas as corredoras fundistas terão melhor desempenho com 12% de gordura corporal ou menos. Embora o desempenho de alguns atletas possa melhorar com esses valores baixos, outros não serão capazes de atingir tais valores de gordura corporal relativa, ou então terão um declínio no desempenho antes que os valores sugeridos sejam atingidos. Por isso, é necessário estabelecer uma faixa de valores para homens e mulheres em atividades específicas, levando em consideração a variabilidade individual, o erro metodológico e as diferenças de gênero.

Obtenção do peso ideal

Muitos atletas descobrem que estão consideravelmente acima do peso designado para a prática de determinado esporte poucas semanas antes de apresentarem-se para o treinamento. Considere-se o caso de do jogador de futebol americano apresentado no início deste capítulo. Ele deveria

TABELA 15.1 Faixas de valores de gordura corporal relativa para atletas homens e mulheres em diversos esportes

	% de gordura			% de gordura	
Grupo ou esporte	Homens	Mulheres	Grupo ou esporte	Homens	Mulheres
Atletismo, provas de campo	8-18	12-20	Hóquei no gelo/campo	8-16	12-18
Atletismo, provas de pista	5-12	8-15	Luta greco-romana	5-16	*
Beisebol ou softbol	8-14	12-18	Nado sincronizado	*	10-18
Basquete	6-12	10-16	Natação	6-12	10-18
Canoagem ou caiaque	6-12	10-16	Orientação	5-12	8-16
Ciclismo	5-11	8-15	Patinação	5-12	8-16
Corrida de cavalos (jóquei)	6-12	10-16	Pentatlo	*	8-15
Esgrima	8-12	10-16	Raquetebol	6-14	10-18
Esqui (alpino e nórdico)	7-15	10-18	Remo	6-14	8-16
Fisiculturismo	5-8	6-12	Rúgbi	6-16	*
Futebol	6-14	10-18	Salto com esqui	7-15	10-18
Futebol americano	5-25	*	Tênis	6-14	10-20
Ginástica artística	5-12	8-16	Triatlo	5-12	8-15
Golfe	10-16	12-20	Voleibol	7-15	10-18
Halterofilismo	5-12	10-18			

* Dados indisponíveis.

pesar 149,7 kg para que concretizasse seu desempenho máximo e também para fazer jus a um incentivo financeiro, mas estava pesando 157,3 kg. Se esse cenário tivesse ocorrido 1 mês antes do início da temporada competitiva, esse atleta teria de se esforçar bastante para atingir sua meta de peso. A prática exclusiva do exercício seria de pouca valia, pois o atleta precisaria de 6-8 meses, ou ainda mais, para perder tanto peso por esse meio. Será que o atleta conseguirá atingir seu objetivo?

 VÍDEO 15.1 Apresenta Louise Burke, que fala sobre estratégias para mudanças na dieta durante a temporada esportiva para atletas que precisam perder ou ganhar peso.

Evitando o jejum e as dietas radicais

Vamos considerar um lutador que decide competir em uma classe de peso muito mais baixa para ganhar em competitividade. Esse atleta quer perder 3 kg por semana ao longo das 4 próximas semanas; assim, ele se decide por uma dieta radical e, para tanto, seleciona qualquer dieta que esteja na moda, sabendo que qualquer pessoa poderá perder peso rapidamente com essa solução. Contudo, grande parte da perda de peso se deveria à eliminação da água corporal e pouquíssimo à perda da gordura armazenada. Vários estudos demonstraram perdas de peso substanciais com a adoção de dietas de baixíssimo nível calórico (500 kcal ou menos por dia) nas primeiras semanas; porém mais de 60% do peso efetivamente perdido provém do tecido corporal livre de gorduras e menos de 40% provém dos depósitos de gordura.

Embora boa parte da perda de peso experimentada pelo nosso jogador tenha decorrido da eliminação das reservas de água, também houve perda substancial de proteína. Do mesmo modo, quase todas as dietas radicais baseiam-se em uma redução significativa na ingestão de carboidratos. Essa redução é insuficiente para atender às necessidades de carboidratos do organismo. O resultado disso é a depleção das reservas corporais de carboidratos. Considerando que com o armazenamento de carboidratos há também armazenamento de água, quando as reservas de carboidratos diminuem também ocorre redução das reservas de água, como já foi discutido neste capítulo.

Além disso, o corpo passa a depender mais intensamente dos ácidos graxos livres para obter energia, porque suas reservas de carboidratos sofreram depleção. Como resultado, há acúmulo de corpos cetônicos (subprodutos do metabolismo dos ácidos graxos) no sangue. Isso causa uma condição chamada cetose, que aumenta ainda mais a perda de água. Grande parte dessa perda ocorre durante a primeira semana de dieta. Atletas que tomam esse atalho desaconselhável para perda de peso rápida de fato perdem bastante peso, mas, considerando que a perda de peso ocorre à custa da massa livre de gordura, seu desempenho fica consideravelmente comprometido.

Perda de peso ideal: diminuição da massa gorda e aumento da massa magra

A abordagem mais sensata para reduzir as reservas de gordura corporal é combinar uma restrição alimentar moderada com o aumento da atividade física. Os atletas devem se esforçar para atingir seu objetivo de forma lenta, perdendo não mais que 1 kg por semana. A perda de mais peso do que 1 kg por semana leva a perdas da massa livre de gordura. Se o desempenho for afetado ou se forem observados sintomas clínicos, deve-se reduzir ainda mais a taxa dessa perda, ou então o programa de perda de peso deverá ser encerrado.

A diminuição da ingestão de calorias em 200-500 kcal diárias levará a perdas de peso de cerca de 0,5 kg por semana, particularmente se essa restrição for combinada com um programa de exercícios consistente. Essa é uma meta realista, e, com o passar do tempo, tais perdas resultarão em perda substancial do peso. Ao tentar diminuir o peso, o atleta deve consumir suas calorias diárias totais divididas em pelo menos três refeições diárias. Muitos atletas cometem o erro de fazer apenas uma ou duas refeições por dia, pulando o desjejum e/ou o almoço e, em seguida, jantando fartamente. Estudos envolvendo animais demonstraram que, com o consumo do mesmo número de calorias totais, os animais que ingerem sua ração alimentar diária em uma ou duas refeições ganham mais peso que aqueles que mordiscam sua ração ao longo do dia. Para os seres humanos, as pesquisas não são tão conclusivas.

A finalidade dos programas de incentivo à perda de peso é a perda de gordura corporal, e não a perda de massa livre de gordura. Por isso, a abordagem preferida é a combinação de dieta e treinamento físico. O treinamento de força promove ganhos na massa livre de gordura, e tanto o treinamento de força como o treinamento de resistência promovem a perda de massa gorda. Para perder peso, o atleta deve combinar um programa moderado de treinamento de força e de resistência, acompanhado de modesta restrição calórica.

Classificação dos nutrientes

Agora, o foco recairá sobre os aspectos nutricionais da preparação do atleta para um desempenho satisfatório. Como se observará nesta seção, é importante manter uma dieta que traga benefícios para a saúde em geral, mantenha o peso e a composição corporal adequados, e maximize o desempenho esportivo.

A dieta de um indivíduo deve contar com um equilíbrio relativo de carboidratos, gorduras e proteínas. Das calorias totais consumidas, a proporção recomendada para a maioria dos indivíduos é:

- carboidratos: 55-60%;
- gorduras: não mais de 35% (menos de 10% de gordura saturada); e
- proteínas: 10-15%.

Em resumo

> A maximização da massa livre de gordura é desejável em atletas praticantes de esportes que dependam de força, potência e resistência muscular, mas pode ser um fator complicador para atletas fundistas, que devem ser capazes de mobilizar sua massa corporal total durante longos períodos; e também para saltadores, que necessitam deslocar sua massa corporal vertical ou horizontalmente para a obtenção de distância.

> O grau de gordura tem maior influência sobre o desempenho do que o peso corporal total. Em geral, quanto maior for a quantidade de gordura corporal relativa, pior será o desempenho. Possíveis exceções incluem os halterofilistas peso-pesado, lutadores de sumô e nadadores.

> A perda de peso muito pronunciada em atletas é acompanhada do risco de problemas de saúde, como desidratação, fadiga crônica, distúrbios alimentares, disfunção menstrual e distúrbios minerais ósseos.

> Os padrões de peso corporal devem considerar a composição corporal. Assim, devem enfatizar a gordura corporal relativa, e não a massa corporal total.

> Para cada esporte deve ser estabelecida uma faixa de valores, levando em consideração a importância da variação individual, do erro metodológico e das diferenças de gênero.

> Quando o indivíduo segue uma dieta muito rigorosa (com baixíssimo consumo de calorias), grande parte da perda de peso resultante é representada pela perda de água, e não pela perda de gordura.

> Muitas dessas dietas radicais limitam a ingestão de carboidratos, provocando a depleção das reservas de carboidratos. Com a perda de carboidratos, ocorre também perda de água, exacerbando o problema da desidratação. Do mesmo modo, a maior dependência dos ácidos graxos livres pode levar à cetose, o que aumenta ainda mais a perda de água.

> A combinação de dieta e exercícios é a abordagem preferida para uma perda de peso ideal.

> Até alcançar o limite superior da faixa de peso desejada, o atleta não deve perder mais de 1 kg por semana. Depois disso, a perda de peso deverá ser inferior a 0,5 kg por semana até que seja atingido o peso-meta. Perdas de peso mais aceleradas resultam em perda de massa livre de gordura. A perda de peso na velocidade recomendada pode ser conseguida com a redução da ingestão alimentar em 200-500 kcal diárias, sobretudo em combinação com um programa de exercícios apropriado.

> Para a perda de gordura, a estratégia mais eficaz é a combinação dos treinamentos de força e de resistência com intensidade moderada. O treinamento de força também promove ganhos na massa livre de gordura

Curiosamente, a distribuição percentual recomendada das calorias totais consumidas parece ser ideal tanto para o desempenho do atleta como para a sua saúde. No entanto, durante o planejamento de dietas para atletas, o uso de gramas por quilograma de peso corporal para carboidratos e proteínas é uma estratégia que resulta em prescrições mais precisas para as necessidades de treinamento e de competição.[27] Recomenda-se também uma distribuição semelhante da ingestão calórica para a prevenção de doenças cardiovasculares, diabetes, obesidade e câncer, conforme será discutido mais adiante neste capítulo.

Embora todos os alimentos possam ser degradados até serem transformados em carboidratos, gorduras e proteínas ao final da digestão, esses nutrientes não atendem a todas as necessidades do corpo humano. O alimento pode ser categorizado em seis classes de nutrientes, cada qual com funções específicas no corpo:

- Carboidratos.
- Gorduras (lipídios).
- Proteínas.
- Vitaminas.

PERSPECTIVA DE PESQUISA 15.2
Momento das refeições e a janela para os exercícios aeróbios

Em 1982, um estudo publicado no *American Journal of Physiology* demonstrou que a atividade física de intensidade moderada (caminhada na esteira), iniciada 30 minutos após uma refeição, fazia com que os níveis de glicose no sangue rapidamente retornassem aos níveis de jejum.[24] Nas décadas que se passaram desde essa descoberta, pesquisas demonstraram que as concentrações de glicose no sangue são sensíveis a diversas condições do exercício, como o tempo, a intensidade, a duração, a frequência e a sequência das modalidades de exercício. São muitos os estudos que examinaram os horários dos exercícios e das refeições; no entanto, a grande variedade de intensidades de exercícios, modalidades e horários das refeições resultou em relatórios conflitantes. Exemplificando, exercícios leves a moderados feitos antes de uma refeição aumentam a glicose pós-prandial, mas atividades semelhantes após uma refeição diminuem a glicemia. Entretanto, a mudança para um exercício intervalado de alta intensidade terá o resultado oposto, em que a prática do exercício pré-prandial melhora a resposta glicêmica. Apesar desses resultados conflitantes, atualmente há um consenso de que o exercício pós-prandial com intensidade moderada é superior ao exercício praticado antes da refeição, se o objetivo da prática for limitar a hiperglicemia. O exercício moderado durante o período pós-prandial diminui consistentemente o pico glicêmico após a refeição, e o exercício iniciado 30 minutos após o consumo da primeira porção da refeição resulta na atenuação mais eficaz do aumento da glicose. Esses dados são especialmente importantes no cronograma das refeições e nos planos de exercícios para pessoas com diabetes, que precisam monitorar cuidadosamente sua glicemia.[10]

Com base nesses dados que cercam o consumo das refeições e o momento de realização do exercício, um estudo publicado em 2015 examinou o papel do consumo de proteína após o exercício na taxa de síntese e recuperação da proteína do músculo esquelético após o exercício aeróbio em 12 homens aerobicamente treinados.[28] Em três experimentos distintos, cada voluntário completou uma sessão de alta intensidade no cicloergômetro e, em seguida, ingeriu (1) uma mistura de proteína-carboidrato com 5 g de leucina, (2) uma mistura de proteína-carboidrato com 15 g de leucina ou (3) uma bebida isocalórica não nitrogenada (grupo de controle). As doses de leucina foram escolhidas com base em estudos precedentes que mostraram melhor recuperação e aumento na síntese das proteínas musculares após a prática do exercício de força com a ingestão de 15 g de leucina. Os pesquisadores também pretendiam verificar se atletas aerobicamente treinados poderiam auferir benefícios semelhantes com doses mais baixas do aminoácido. A equipe de pesquisa coletou biópsias musculares para determinar a taxa de síntese fracionada de proteína muscular durante a recuperação. E também coletaram amostras de sangue para medir os aminoácidos plasmáticos ao longo da recuperação.

Os pesquisadores descobriram que as bebidas que continham proteína aumentavam a taxa de síntese fracionada de proteína muscular, em comparação com o grupo de controle. A adição de 5 mg de leucina aumentou a taxa de síntese fracionada de proteína muscular em 33% e representou um estímulo quase máximo para a síntese de proteína. Aumentos adicionais de leucina não aumentaram a síntese de proteína muscular acima do que foi observado com a dose mais baixa na bebida. A leucina e os aminoácidos plasmáticos diminuíram durante a recuperação após a ingestão da bebida pelo grupo de controle, mas aumentaram de maneira dependente da dose com a ingestão das bebidas contendo proteína-leucina. Os pesquisadores concluíram que a ingestão de uma refeição contendo proteína melhora a síntese de proteína muscular e a recuperação após uma série de exercícios aeróbios; no entanto, a adição de 5 mg de leucina é suficiente para que seja atingida a fração máxima da síntese proteica. Embora a suplementação adicional (acima dos 5 mg de leucina) aumente os níveis dos aminoácidos plasmáticos, tal medida não resulta em maior síntese muscular. Para que esses tópicos sejam mais aprofundados, os futuros estudos deverão tentar determinar se o uso dessas bebidas personalizadas para recuperação, que contêm proteína-leucina, também se traduz em melhoras no desempenho.

- Minerais.
- Água.

A discussão a seguir examinará a importância fisiológica de cada classe de nutrientes para o atleta.

Carboidratos

O carboidrato (CHO) é classificado como monossacarídeo, dissacarídeo ou polissacarídeo. Monossacarídeos são os açúcares simples, com apenas uma unidade (como a glicose, a frutose e a galactose), que não podem ser reduzidos a uma forma mais simples. Os dissacarídeos (como a sacarose, a maltose e a lactose) são compostos por dois monossacarídeos. Exemplificando, a sacarose (açúcar comum) consiste em glicose e frutose. Os oligossacarídeos são cadeias curtas de 3-10 monossacarídeos ligados entre si. Os polissacarídeos são compostos de grandes cadeias de monossacarídeos interligados. O glicogênio é o polissacarídeo encontrado nos animais – inclusive no homem –, sendo armazenado no músculo e no fígado. O amido e a fibra são dois polissacarídeos vegetais comumente denominados carboidratos complexos. Os carboidratos simples são derivados de alimentos processados ou de alimentos ricos em açúcar. Todos os carboidratos devem ser degradados até monossacarídeos antes que o corpo humano possa fazer uso dessas substâncias.

Os carboidratos têm várias funções no organismo:

- São importante fonte de energia, particularmente durante o exercício de alta intensidade.
- Sua presença regula o metabolismo das gorduras e proteínas.
- O sistema nervoso depende exclusivamente dos carboidratos para obter energia.
- Os glicogênios muscular e hepático são sintetizados a partir dos carboidratos.

São fontes importantes de carboidratos na dieta os cereais, as frutas, os vegetais, o leite e os alimentos doces. O açúcar refinado, os xaropes e o amido de milho são praticamente carboidratos puros, da mesma forma que as balas, mel, gelatina e melaço. Alguns refrigerantes praticamente não contêm nenhum outro tipo de nutriente além dos carboidratos.

Consumo de carboidratos e reservas de glicogênio

O corpo humano armazena o excesso de carboidratos na forma de glicogênio, principalmente nos músculos e no fígado. Por causa disso, o consumo de carboidratos influencia diretamente as reservas de glicogênio muscular e a capacidade de treinar e de competir em eventos de resistência. Conforme ilustra a Figura 15.8, atletas que treinaram intensamente e consumiram uma dieta pobre em carboidratos (40% das calorias totais) sofreram um decréscimo diário no glicogênio muscular.[12] Quando esses mesmos atletas passaram a consumir uma dieta rica em carboidratos (70% das calorias totais), os níveis de glicogênio muscular se recuperaram quase completamente nas 22 horas de intervalo entre as sessões de treinamento.

Estudos anteriores demonstraram que, quando homens ingerem dietas que contêm uma quantidade normal de carboidratos (cerca de 55% das calorias totais consumidas), seus músculos armazenam cerca de 100 mmol de glicogênio por quilograma de músculo. Um estudo demonstrou

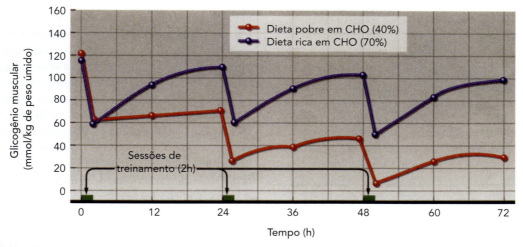

FIGURA 15.8 Influência dos carboidratos (CHO) dos alimentos nas reservas de glicogênio muscular em dias seguidos de treinamento. Observe-se que, por causa da dieta pobre em CHO, o glicogênio muscular declinou gradativamente ao longo dos três dias de estudo, ao passo que a dieta rica em CHO permitiu que o glicogênio praticamente retornasse aos níveis normais a cada dia.

Dados de Costill e Miller (1980); Costill et al. (1971).

que dietas que contêm menos de 15% de carboidratos levaram ao armazenamento de apenas 53 mmol/kg, mas dietas ricas nesses nutrientes (60-70% de CHO) resultaram no armazenamento de 205 mmol/kg. Quando indivíduos se exercitaram até a exaustão em 75% de seu consumo máximo de oxigênio, seus tempos de exercício foram proporcionais à quantidade de glicogênio muscular armazenado antes do teste, conforme ilustra a Figura 15.9.

Muitos estudos demonstraram que a reposição das reservas de glicogênio não é determinada simplesmente pelo consumo de carboidratos. O exercício com um componente excêntrico (com alongamento do músculo), como correr e levantar peso, pode induzir alguma lesão muscular e comprometer a ressíntese do glicogênio. Nessas situações, embora os níveis de glicogênio muscular possam parecer bastante normais nas primeiras 6-12 horas após o exercício, a ressíntese do glicogênio se tornará mais lenta ou será completamente interrompida com o início do reparo do músculo.

A causa precisa dessa resposta é desconhecida, mas as condições do músculo podem inibir a absorção de glicose e o armazenamento do glicogênio pelo tecido. Assim, em um período de 12-24 horas após um exercício excêntrico intenso, as fibras musculares lesionadas são infiltradas por células inflamatórias (leucócitos e macrófagos) que removem os restos celulares resultantes da lesão às membranas celulares (ver Caps. 5 e 14). Esse processo de reparo pode depender da presença de uma quantidade significativa de glicose sanguínea, reduzindo a quantidade de glicose disponível para a ressíntese do glicogênio muscular. Além disso, alguns dados sugerem que o músculo excentricamente exercitado é menos sensível à insulina, o que limitaria a absorção de glicose pelas fibras musculares. Talvez futuros estudos venham explicar melhor por que as atividades do tipo excêntrico retardam o armazenamento de glicogênio, mas, por ora, só se pode afirmar que pode haver uma diferença na recuperação do glicogênio com as várias formas de exercício e que é preciso levar em consideração esse aspecto no planejamento da dieta, do treinamento e da competição ideais.

O carboidrato é a principal fonte de combustível para a maioria dos atletas e deve constituir pelo menos 50% de seu consumo total de calorias. No caso dos atletas fundistas, o consumo de carboidratos como um percentual do consumo total de calorias deve ser ainda mais alto: de 55-65%. Entretanto, o mais importante é o número total de gramas de carboidratos ingeridos. Aparentemente, os atletas precisam de 3-12 g/kg de peso corporal por dia para que suas reservas de glicogênio sejam mantidas. Essa ampla variação é necessária para abranger a intensidade de treinamento e o gasto energético diário total, o gênero do atleta e as condições ambientais. Durante períodos de treinamento de intensidade moderada, por exemplo, 5-7 g/kg por dia devem bastar. Contudo, nos casos de um treinamento de longa duração ou de grande ou extrema intensidade, a ingestão deverá ser aumentada para 6-10 g/kg por dia e para 8-12 g/kg por dia, respectivamente.[9,23]

Índice glicêmico

Há muito tempo sabe-se que o rápido aumento nos níveis sanguíneos de açúcar (hiperglicemia) após a ingestão de carboidratos está comumente associado a carboidratos simples, como a glicose, a sacarose, a frutose e o xarope de milho rico em frutose. Entretanto, esse nem sempre é o caso. Cientistas descobriram que a resposta glicêmica (i. e., o aumento do açúcar no sangue) à ingestão de carboidratos varia consideravelmente, tanto para os carboidratos simples como para os complexos. Isso levou ao uso do que passou a ser conhecido como *índice glicêmico* (IG) dos alimentos. A ingestão de glicose ou de pão branco leva a um rápido e prolongado aumento do açúcar no sangue. Sua resposta é utilizada como padrão, e seu IG foi arbitrariamente designado com o valor de 100. A resposta glicêmica aos demais alimentos é referenciada contra a resposta à glicose ou ao pão branco, utilizando-se 50 g do alimento a ser testado e 50 g de glicose ou pão branco como padrão. O IG é calculado da seguinte maneira: IG = 100 Ü (resposta glicêmica após 2 h para a ingestão de 50 g do alimento-teste/resposta glicêmica após 2 h para a ingestão de 50 g de glicose ou pão branco). Foram estabelecidas três categorias de IG:[23]

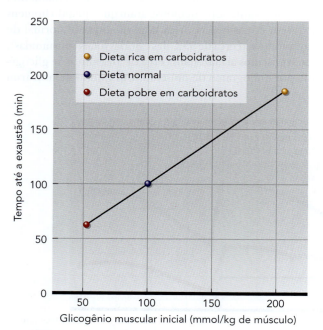

FIGURA 15.9 Relação entre o conteúdo de glicogênio muscular antes do exercício e tempo de exercício até a exaustão. O tempo de exercício até a exaustão e o glicogênio muscular foram aproximadamente quatro vezes maiores quando os participantes consumiram uma dieta rica em carboidratos, em comparação com o que ocorreu quando a dieta era composta principalmente de gorduras e proteínas.

- Alimentos com alto índice glicêmico (IG > 70), como bebidas esportivas, balas confeitadas, batata assada ou cozida, batatas fritas, pipoca, flocos de milho, alimentos à base de milho e *pretzels*.
- Alimentos com índice glicêmico moderado (IG de 56-70), como tortas, pão árabe, arroz branco, banana, refrigerantes e sorvetes comuns.
- Alimentos com baixo índice glicêmico (IG ≤ 55), como espaguete sem molho, feijão, leite, toranja, maçã, pera, amendoim, chocolate M&M e iogurte.

Os itens alimentares foram classificados de acordo com a Tabela Internacional de Índice Glicêmico e Valores de Carga Glicêmica de 2002.

Embora o IG seja um instrumento útil para a classificação dos alimentos, ele não está livre de controvérsias: em primeiro lugar, para determinado alimento, o IG pode variar consideravelmente entre os indivíduos e também entre alimentos similares. Em segundo lugar, alguns carboidratos complexos têm grandes IG. Em terceiro lugar, a adição de pequenas quantidades de gordura a um carboidrato de grande IG pode reduzir em muito o IG desse alimento. Finalmente, os valores de IG diferem substancialmente, dependendo do que é utilizado como alimento de referência (glicose ou pão branco). O pão branco gera valores substancialmente mais elevados.[23] Propôs-se outro índice que pode ter importância durante o exercício: a sobrecarga glicêmica (SG), que leva em consideração tanto o IG como a quantidade de carboidratos (CHO) em uma porção simples, sendo calculada pela equação: CG = (IG Ü CHO, g)/100.

Antes do exercício, deve-se dar preferência a alimentos com baixo IG para que a probabilidade de hiperinsulinemia seja minimizada. Entretanto, o consumo de alimentos com alto IG durante o exercício é considerado vantajoso, porque ajuda a manter os níveis glicêmicos. Esse também deve ser o procedimento durante a recuperação de um exercício longo e intenso, pois a glicemia mais alta pode aumentar as reservas musculares e hepáticas de glicogênio.

Ingestão de carboidratos e desempenho

Conforme já foi dito, o glicogênio muscular é uma importante fonte de energia durante o exercício. Demonstrou-se que a depleção do glicogênio muscular é importante causa de fadiga e, em última análise, de exaustão durante a prática de exercício de curta duração e de grande intensidade, ou de intensidade moderada com duração superior a uma hora. Isso está claramente ilustrado na Figura 15.10, que mostra a depleção significativa do glicogênio muscular em intensidades muito altas (150% e 120% do $\dot{V}O_{2max}$) em tempos inferiores a 30 min e em intensidades mais baixas (83%, 64% e 31% do $\dot{V}O_{2max}$) em períodos de 1-3 horas.

Com base nesses resultados, os estudiosos especularam que talvez a sobrecarga do músculo com glicogênio extra antes do início do exercício possa melhorar o desempenho. Os estudos da década de 1960 demonstraram que homens que adotaram uma dieta rica em carboidratos durante três dias armazenaram quase o dobro das quantidades normais de glicogênio muscular.[4] Quando se solicitou a esses voluntários que se exercitassem até a exaustão a 75% do $\dot{V}O_{2max}$, os tempos de exercício aumentaram significativamente (ver Fig. 15.9). Essa prática, denominada **sobrecarga de glicogênio** ou **sobrecarga de carboidrato**, é amplamente utilizada para corredores fundistas, ciclistas e outros atletas que precisam se exercitar por várias horas. A sobrecarga de glicogênio será discutida detalhadamente ainda neste capítulo.

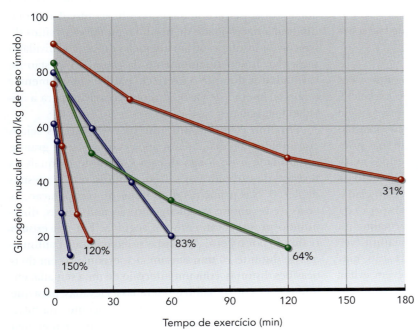

FIGURA 15.10 Influência da intensidade do exercício (31%, 64%, 83%, 120% e 150% do $\dot{V}O_{2max}$) nas reservas de glicogênio muscular. Em intensidades relativamente grandes, a velocidade de uso do glicogênio muscular é extremamente alta em comparação à velocidade nas intensidades moderadas e mais baixas.

Adaptado com permissão de A. Jeukendrup e M. Gleeson, *Sport nutrition: An introduction to energy production and performance* (Champaign, IL: Human Kinetics, 2004). Dados originais de Gollnick, Piehl e Saltin (1974).

Os níveis glicêmicos ficam baixos (hipoglicemia) durante a prática exaustiva de exercício físico muito intenso ou de grande duração, e isso pode contribuir para a fadiga. Vários estudos demonstraram que o desempenho dos atletas melhora quando eles se alimentam com carboidratos enquanto praticam exercícios durante 1-4 horas. Comparações entre indivíduos que receberam refeições de carboidratos e outros que receberam placebo não revelaram diferenças quanto ao desempenho nas fases iniciais do exercício; entretanto, nos estágios finais dos experimentos, o desempenho melhorou muito nos indivíduos alimentados com carboidratos.

Embora não sejam totalmente compreendidos os mecanismos pelos quais as refeições de carboidratos melhoram o desempenho, a manutenção da glicemia em níveis próximos aos normais permite que os músculos obtenham mais energia da glicose no sangue. Geralmente, o consumo de refeições de carboidratos durante o exercício não impede a utilização do glicogênio muscular. Em vez disso, elas podem preservar o glicogênio hepático ou promover a síntese de glicogênio durante o exercício, permitindo que os músculos que estão sendo exercitados dependam mais da glicose sanguínea para a obtenção de energia próximo ao final do exercício. As refeições de carboidratos também podem melhorar a função do sistema nervoso central, reduzindo a percepção do esforço. O desempenho de resistência (em atividades de mais de uma hora de duração) pode ser melhorado quando carboidratos são consumidos cerca de cinco minutos antes do início do exercício, mais de duas horas antes do exercício (durante a refeição feita antes da competição, p. ex.) e a intervalos regulares durante a atividade.

 VÍDEO 15.2 Apresenta Asker Jeukendrup, que fala sobre a ingestão de carboidratos durante o exercício.

O atleta deve ter cuidado ao ingerir alimentos ricos em carboidratos cerca de 15-45 min antes do exercício, porque isso pode causar hipoglicemia logo após o início do exercício, o que, por sua vez, pode levar à exaustão prematura, por privar os músculos de uma de suas principais fontes de energia. Os carboidratos ingeridos nesse período estimulam a secreção de insulina, elevando os níveis desse hormônio quando a atividade é iniciada. Em resposta ao elevado nível de insulina, a absorção da glicose pelos músculos atinge um nível anormalmente alto, levando à hipoglicemia e à fadiga prematura (ver Fig. 15.11). Nem todos experimentam essa reação, mas há evidência suficiente indicando que se devem evitar carboidratos com alto IG (aqueles que promovem grande aumento na insulina sanguínea) cerca de 15-45 min antes do exercício.

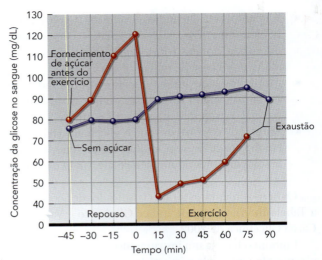

FIGURA 15.11 Efeitos do fornecimento de carboidratos (açúcares) antes do exercício nos níveis glicêmicos durante o exercício. Observe-se a queda na glicemia até níveis hipoglicêmicos com o fornecimento do açúcar 45 min antes do exercício. Da mesma maneira, durante o experimento com fornecimento de açúcar, os voluntários não foram capazes de completar os 90 min a 70% do $\dot{V}O_{2max}$, chegando a apenas 75 min.
Baseado em Costill et al. (1977).

Por que o consumo de refeições contendo carboidratos durante o exercício não causa os mesmos efeitos hipoglicêmicos observados nas situações em que o atleta se alimenta antes do exercício? O consumo de alimentos que contêm açúcar durante o exercício resulta em aumentos reduzidos da glicose e da insulina no sangue, reduzindo a ameaça de uma reação exacerbada que pode acarretar queda súbita na glicemia. Esse maior controle da glicemia durante o exercício pode ser causado pelo aumento da permeabilidade das fibras musculares, que diminui a necessidade de insulina; ou talvez os sítios de ligação da insulina sofram alteração durante a atividade muscular. Independentemente da causa, a ingestão de carboidratos durante o exercício parece complementar o abastecimento de carboidratos necessários para a atividade muscular.

Por fim, é importante que os carboidratos sejam consumidos imediatamente após exercícios de grande intensidade e de longa duração, durante os quais as reservas de carboidratos sofrem redução ou até mesmo depleção. Nas primeiras duas horas de recuperação, as taxas de ressíntese do glicogênio são muito altas, diminuindo progressivamente em seguida. Em um estudo realizado por Ivy et al.,[21] ciclistas se exercitaram continuamente durante 70 min em um cicloergômetro em duas ocasiões distintas, com um intervalo de uma semana, em intensidades de trabalho moderadas a elevadas, para que ocorresse depleção das reservas de glicogênio muscular. Durante um experimento, os voluntários ingeriram uma solução com 25% de carboidratos imediatamente após o exercício, enquanto, no outro estudo, a solução foi ingerida após duas horas de recuperação. Os percentuais de reserva de glicogênio foram três vezes mais elevados nas primeiras duas horas no experimento em que a solução foi fornecida imediatamente após o exercício, em comparação com o experimento em que a solução só foi fornecida duas horas após a recuperação. Os percentuais de armazenamento foram os mesmos para os dois experimentos no segundo par de horas (ver Fig. 15.12). Mais recentemente, demonstrou-se que a adição de proteínas ao complemento de carboidratos melhora a reposição das reservas de glicogênio muscular no período de recuperação. A adição de proteínas ao complemento de carboidratos maximiza a síntese de glicogênio, com complementação menos frequente e menos carboidratos.[23] Além disso, também parece haver estímulo do reparo do tecido muscular.

A importância de maximizar as reservas de carboidrato no fígado e nos músculos antes do exercício, assim como de fornecer carboidrato durante e imediatamente após o exercício, levou as empresas da indústria da nutrição a desenvolver produtos que atendessem a essas necessidades. Esse tópico será discutido no final deste capítulo.

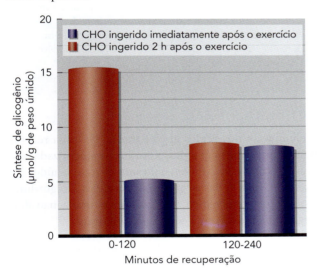

FIGURA 15.12 Reabastecimento das reservas de glicogênio muscular após 70 min de exercícios para a depleção de glicogênio muscular utilizando dois tipos diferentes de reposição de carboidratos. No estudo em que os voluntários receberam uma solução de carboidratos imediatamente após o exercício (à esquerda), o armazenamento de glicogênio muscular foi três vezes superior nas duas primeiras horas de recuperação, em comparação ao outro experimento, em que a solução de carboidratos só foi fornecida duas horas após a recuperação (à direita). Não houve diferença no armazenamento do glicogênio muscular nas duas horas seguintes.

Adaptado com permissão de J. L. Ivy et al., "Muscle glycogen synthesis after exercise: Effect of time of carbohydrate ingestion", *Journal of Applied Physiology*, 64 (1988):1480-1485.

Gorduras

As **gorduras**, também conhecidas como lipídios, são substâncias que pertencem a uma classe de compostos orgânicos com limitada solubilidade na água. No corpo humano, a gordura existe em várias formas: triglicerídeos, ácidos graxos livres (AGL), fosfolipídios e esteróis. O corpo armazena a maior parte da gordura na forma de triglicerídeos, que são substâncias compostas de três moléculas de ácidos graxos e uma molécula de glicerol. Os triglicerídeos são a fonte de energia mais concentrada dos seres humanos.

A gordura ingerida em excesso com os alimentos, sobretudo o colesterol e os triglicerídeos, desempenha um papel importantíssimo na doença cardiovascular (ver Cap. 21); e a ingestão de quantidades excessivas de gordura também foi relacionada a outras doenças, como o câncer, o diabetes e a obesidade. Mas, apesar dos efeitos negativos da ingestão excessiva de gorduras, a gordura desempenha diversas funções vitais no corpo:

- É componente essencial das membranas celulares e fibras nervosas.
- É fonte importante fonte de energia, fornece até 70% da energia total do corpo em estado de repouso.
- Dá sustentação aos órgãos vitais, protegendo-os.
- Todos os hormônios esteroides do organismo são produzidos a partir do colesterol.
- As vitaminas lipossolúveis que ingressam no corpo são armazenadas e transportadas através da gordura.
- O calor do corpo é minimizado pela camada de gordura subcutânea, que funciona como isolante térmico.

A unidade mais básica da gordura é o ácido graxo, parte que é utilizada para a produção de energia. Os ácidos graxos apresentam-se em duas formas, saturada e insaturada. As gorduras insaturadas contêm uma ou mais ligações duplas (monoinsaturadas e poli-insaturadas, respectivamente) entre os átomos de carbono; cada ligação dupla ocupa o lugar de dois átomos de hidrogênio. Um ácido graxo saturado não possui ligações duplas, por isso tem a quantidade máxima de hidrogênio ligado aos carbonos. O consumo excessivo de gordura saturada é um fator de risco para diversas doenças.

Geralmente, as gorduras de origem animal contêm mais ácidos graxos saturados que as gorduras vegetais. As gorduras mais altamente saturadas tendem a ser sólidas à temperatura ambiente (p. ex., gordura de toucinho, óleo de coco), ao passo que as gorduras menos saturadas tendem a assumir a forma líquida (p. ex., azeite de oliva e óleo de canola). E, embora muitos óleos vegetais tenham baixo teor de gorduras saturadas, são frequentemente utilizados nos alimentos como gorduras hidrogenadas. O processo de hidrogenação adiciona hidrogênio à gordura, aumentando sua saturação.

PERSPECTIVA DE PESQUISA 15.3
Dietas com baixo teor de carboidratos e de gordura

Com frequência as tendências nas estratégias nutricionais para a perda de peso se tornam populares antes que a comunidade científica tenha a oportunidade de testar adequadamente seus efeitos, não apenas quanto à perda e à manutenção de peso, mas também em vários outros resultados para a saúde. Até a presente data, foi cientificamente avaliada apenas a dieta *Dietary Approaches to Stop Hypertension* (DASH) (Abordagens dietéticas para interrupção da hipertensão arterial), que é pobre em gordura e sódio e rica em cereais integrais, frutas e legumes. Foi demonstrado que essa dieta melhora a saúde cardiovascular. Ultimamente, as dietas pobres em carboidrato, nas quais a pessoa que adere à dieta consome < 40 g de carboidratos por dia, vêm se popularizando cada vez mais. Mas os efeitos cardiovasculares dessa abordagem são relativamente desconhecidos. Estudos prospectivos (que aplicam uma intervenção ou estímulo e, subsequentemente, acompanham os participantes para medir os resultados futuros) de dietas pobres em carboidrato geraram resultados conflitantes, e os poucos estudos controlados e randomizados já publicados examinaram os efeitos da restrição de carboidrato nos fatores de risco para doenças cardiovasculares em uma população diversificada.

Em 2014, uma equipe de pesquisa da Universidade Tulane conduziu um estudo em grupo paralelo e randomizado com o objetivo de examinar os efeitos de uma dieta com baixo teor de carboidratos com duração de 12 meses, em comparação com uma dieta pobre em gordura.[6] Nesse estudo, 148 homens e mulheres com idades entre 22-75 anos, com um índice de massa corporal (IMC) de 30-45 kg/m² e provenientes de origens socioeconômicas e étnicas variadas foram alocados em um dos dois grupos de dieta: pobre em gordura ou pobre em carboidrato. Os 73 participantes designados para a dieta pobre em gorduras foram instruídos a manter menos de 30% de sua ingestão diária de energia derivada de gorduras e 55% derivada de carboidratos. Os 75 participantes alocados para a dieta pobre em carboidratos foram instruídos a ingerir menos de 40 g/dia de carboidratos. Os voluntários se reuniram semanalmente com um nutricionista durante as primeiras 4 semanas e também participaram de sessões de aconselhamento em grupo a cada duas semanas nas 5 semanas seguintes e, depois, mensalmente nos últimos 6 meses do estudo. A equipe de pesquisa do estudo coletou dados sobre peso, fatores de risco para doenças cardiovasculares e composição da dieta no início do experimento, e também 3, 6 e 12 meses ao longo da intervenção. No final da intervenção de um ano, 60 participantes no grupo com baixo teor de gordura e 59 no grupo com baixo carboidrato haviam completado todo o período do experimento.

Transcorridos 12 meses, os participantes do grupo com dieta pobre em carboidratos tiveram maiores reduções de peso, da massa gorda e do colesterol de lipoproteína de baixa densidade, bem como maiores aumentos no colesterol de lipoproteína de alta densidade, em comparação com o grupo que consumiu a dieta com baixo teor de gordura. Esses dados sugerem que dietas pobres em carboidratos podem ser mais eficazes para a perda de peso, além de reduzir os fatores de risco para doenças cardiovasculares, em comparação com uma dieta pobre em gorduras, mesmo em um grupo muito grande e diversificado de participantes. O estudo concluiu que a restrição de carboidratos pode ser uma boa opção para pessoas que procuram perder peso e reduzir o risco de doenças cardiovasculares.

Consumo de gordura

A gordura pode aumentar a palatabilidade dos alimentos, por absorver e reter aromas, e também por afetar sua textura. Por isso, as gorduras são bastante comuns nas dietas, e as dietas extremamente pobres em gordura são intragáveis. Em 1965, a ingestão de gordura chegava a 45% das calorias totais consumidas, tanto para homens como para mulheres; mas, na mais recente pesquisa da *National Health and Nutrition Examination Survey* (NHANES), esse percentual caiu para 33%-34%.[33] É bastante provável que tal decréscimo seja atribuível à recente atenção da mídia aos riscos à saúde causados pelo consumo de gorduras. Segundo vários nutricionistas, o consumo de gorduras não deve exceder 35% das calorias totais consumidas. As normas nutricionais para norte-americanos (*Dietary Guidelines for Americans 2015-2020*), criadas pelo U.S. Departments of Health and Human Services and Agriculture, recomendam a limitação de gorduras saturadas a menos de 10% da ingestão calórica total, com sua substituição por gorduras poli-insaturadas e monoinsaturadas, para que o colesterol fique limitado a menos de 300 mg por dia; e eliminação dos ácidos graxos trans.[16] Pesquisa recente demonstrou que nem todas as gorduras categorizadas por grau de saturação exercem o mesmo efeito na saúde. Por exemplo, nem todas as gorduras saturadas são gorduras "ruins"; o ácido esteárico, uma gordura saturada, não afeta negativamente os níveis séricos de colesterol.[34,35]

Ingestão de gordura e desempenho

Para o atleta, a gordura é uma fonte de energia especialmente importante. As reservas musculares e hepáticas de glicogênio são limitadas, e, com isso, o uso da gordura (ou AGL) para a produção de energia pode adiar a exaustão. Qualquer mudança que permita ao corpo utilizar mais gordura é, sem dúvida, vantajosa, particularmente para o desempenho de resistência. Na verdade, uma adaptação que ocorre como resposta ao treinamento de resistência é a maior capacidade de utilizar a gordura como fonte de energia. Infelizmente, o mero consumo de gordura não estimula sua queima pelos músculos. Em vez disso, a ingestão de alimentos gordurosos tende apenas a elevar os triglicerídeos plasmáticos, que deverão ser degradados antes que os AGL possam ser usados para produzir energia. Para aumentar o uso de gordura, devem ser aumentados os níveis sanguíneos de AGL, e não os de triglicerídeos.

Atletas altamente treinados podem se adaptar a uma dieta rica em gorduras, mas será que essa situação é benéfica para o desempenho geral? Tem-se observado como a sobrecarga de glicogênio pode melhorar o desempenho de resistência. E a "sobrecarga de gordura", traz benefícios similares? Embora vários estudos publicados tenham demonstrado ganhos limitados com uma dieta rica em gordura *versus* uma dieta rica em carboidratos, a maioria dos estudos não mostrou qualquer benefício ou mesmo diminuição no desempenho. O corpo adapta-se a uma dieta rica em gorduras, aumentando o suprimento de gordura e a capacidade de oxidação dos lipídios no músculo. Com isso, aumenta a oxidação de lipídios durante o exercício. Contudo, isso geralmente ocorre à custa de uma redução nas reservas de glicogênio muscular, o que anula os efeitos benéficos. É difícil tirar conclusões a partir dos estudos já publicados, porque os tipos de gordura (triglicerídeos de cadeia média *versus* triglicerídeos de cadeia longa) e a duração da intervenção com a dieta rica em gordura (menos de uma semana *versus* várias semanas ou mais) variaram amplamente nesses experimentos.

Proteínas

A **proteína** é uma classe de compostos nitrogenados formados por aminoácidos, e desempenha numerosas funções no corpo humano:

- É o principal componente estrutural da célula.
- É utilizada para o crescimento, o reparo e a manutenção dos tecidos corporais.
- A hemoglobina, as enzimas e vários hormônios são sintetizados a partir de proteínas.
- É um dos três principais tampões no controle do equilíbrio acidobásico.
- A pressão osmótica sanguínea normal é mantida por proteínas no plasma.
- Os anticorpos utilizados na proteção contra doenças são formados a partir de proteínas.
- A energia pode ser gerada a partir da proteína.

Identificaram-se 20 aminoácidos considerados necessários para o crescimento e o metabolismo do ser humano (ver Tab. 15.2). Desses aminoácidos, 11 (para crianças) e 12 (para adultos) são chamados de **aminoácidos não essenciais**. Isso significa que o corpo sintetiza essas substâncias, e, assim, não é necessário ingeri-las nos alimentos para obtê-las. Os oito ou nove aminoácidos restantes são denominados **aminoácidos essenciais**, porque não é possível sintetizá-los; por isso, eles devem constituir parte essencial da dieta diária. A ausência de um desses aminoácidos essenciais na dieta impede a formação de proteínas

TABELA 15.2 Aminoácidos essenciais e não essenciais

Essenciais	Não essenciais
Isoleucina	Alanina
Leucina	Arginina
Lisina	Asparagina
Metionina	Ácido aspártico
Fenilalanina	Cisteína
Treonina	Ácido glutâmico
Triptofano	Glutamina
Valina	Glicina
Histidina (crianças)[a]	Prolina
	Serina
	Tirosina
	Histidina (adultos)[a]

[a] A histidina não é sintetizada em bebês e em crianças pequenas; portanto, é um aminoácido essencial para as crianças, mas não para os adultos.

que o contenham; assim, qualquer tecido que dependa da presença dessas proteínas não pode ser preservado.

O alimento proteico que contém todos os aminoácidos essenciais é chamado de proteína completa. Carnes, peixes, aves, ovos e leite são exemplos de proteína completa. As proteínas presentes nos vegetais e nos cereais são chamadas de proteínas incompletas, porque não fornecem todos os aminoácidos essenciais. Esse conceito é importante para as pessoas adeptas de dietas vegetarianas (este tópico será discutido mais adiante neste capítulo). Contudo, a combinação de diversas fontes proteicas incompletas em uma refeição pode solucionar esse problema.

Consumo de proteína

Nos Estados Unidos, as proteínas são responsáveis por aproximadamente 15% das calorias totais consumidas por dia. As Ingestões Diárias Recomendadas (RDA) para proteínas são: 0,95 g/kg de peso corporal por dia para crianças de 4-13 anos; 0,85 g/kg/dia para adolescentes de 14-18 anos; e 0,80 g/kg/dia para adultos. Comumente, os homens precisam de mais proteínas que as mulheres, pois em geral pesam mais e possuem maior volume de massa muscular. Entretanto, geralmente os homens consomem mais alimentos diariamente para manter o peso e a massa muscular. Assim, tanto para homens como para mulheres, considera-se adequada a ingestão diária correspondente a 0,8 g/kg do peso corporal.

Ingestão de proteína e desempenho

Atletas que estão treinando para melhorar sua força e resistência musculares e resistência aeróbia devem aumentar o consumo de proteínas? Os aminoácidos são os "tijolos" para a construção do corpo, por isso as proteínas são essenciais para o crescimento e o desenvolvimento dos tecidos corporais. Durante muitos anos, nutricionistas e fisiologistas argumentaram contra a necessidade dessa suplementação para a obtenção do desempenho esportivo ideal. Era crença geral que uma RDA diária de 0,8 g de proteína por quilograma de peso corporal atenderia adequadamente às demandas do treinamento intenso. No entanto, em esportes que dependem da manutenção ou construção de massa muscular, é provável que a RDA seja inadequada.

Mais recentemente, estudos que utilizam marcadores metabólicos e de tecnologias de equilíbrio de nitrogênio demonstraram que as necessidades gerais por proteína e por aminoácidos específicos são mais elevadas em indivíduos em treinamento, em comparação com indivíduos com grau normal de atividade. O papel da proteína difere para atletas que treinam para resistência e atletas que treinam força. Aparentemente, indivíduos que treinam força necessitam de até 2,1 vezes a RDA, ou cerca de 1,6-1,7 g de proteína por quilograma de peso corporal por dia, ao passo que atletas que participam de treinamentos de resistência precisam de 1,2-1,4 g de proteína por quilograma de peso corporal por dia.[2] Em sua maioria, os atletas realizam *cross-training* (atletas fundistas fazem algum treinamento de força, e atletas de potência fazem algum exercício aeróbio); portanto, foi recomendado um consumo geral de 1,2-1,7 g de proteína por quilograma de peso corporal por dia,[27] faixa que se aproxima de 1,4-1,6 g/kg por dia prescritos por estudos empíricos. Enquanto o exercício de resistência implica maiores demandas de proteína para aumentar o conteúdo de mitocôndrias e como combustível auxiliar, o treinamento de força exige aminoácidos adicionais usados na síntese das proteínas musculares. Evidentemente, são exceções a essa regra atletas que estão no início de um novo e rigoroso programa de treinamento ou que estão envolvidos em uma prática física muito intensa e de longa duração. O momento do consumo da proteína é importante para os atletas; as atuais orientações são de um consumo de cerca de 20 g de proteína de alta qualidade (que contenha todos os aminoácidos essenciais) nas duas primeiras horas após a prática do exercício de força.[8,32]

Ingestão de proteína e exercício de força

Para que a massa muscular aumente, a taxa de síntese proteica (anabolismo) deve exceder a taxa de degradação proteica (catabolismo). Embora ambos os processos sejam importantes na construção de massa muscular, para os praticantes saudáveis de exercícios o aumento da síntese de novas proteínas desempenha um papel muito maior do que a diminuição da degradação. Em recente resumo, Stuart Phillips[26] afirma que tanto o treinamento de força como o consumo de proteína (ou de aminoácidos) podem promover independentemente a síntese de proteína. No

---

PERSPECTIVA DE PESQUISA 15.4
O mito das dietas ricas em proteína

As tendências nas dietas para perda de peso são muito oscilantes. Por muitos anos, a gordura na dieta foi culpada pelo aumento das taxas de sobrepeso e de obesidade, e dietas livres ou com baixo teor de gordura eram muito populares. Mas, apesar dessa ênfase na redução da ingestão de gordura, as taxas de sobrepeso e obesidade continuaram a subir. Recentemente, alguns estudiosos têm se posicionado contra o argumento de que os norte-americanos ficaram mais gordos por consumirem muitos amidos e açúcares, sem ingerir carne e gordura suficientes. Em 2015, o *Dietary Guidelines Advisory Committee* (Comitê Consultivo para Orientações Dietéticas) retirou sua recomendação de restrição para o colesterol na dieta, citando evidências de que, na alimentação, o colesterol não influencia tanto suas concentrações sanguíneas. Diante disso, um regime com altos teores de gordura e proteínas é a nova dieta saudável da moda?

Em um artigo publicado no *The New York Times*, Dean Ornish, médico e professor clínico de medicina da Universidade da Califórnia em São Francisco, argumenta que gorduras e proteínas animais não são alimentos saudáveis.[25] Apesar de convocados durante décadas para que diminuíssem as gorduras e proteínas de origem animal em sua alimentação, em 2000 os norte-americanos consumiram 67% mais gordura adicionada e 41% mais carne, comparativamente ao que ocorria em 1950. Além disso, o consumo de açúcar refinado aumentou 39%. O aumento do consumo de proteína animal eleva o risco de morte prematura por todas as causas, e o grande consumo de gorduras saturadas e de gorduras trans dobra o risco de doença de Alzheimer. O Dr. Ornish e seus colegas do Preventative Research Institute (Instituto de Pesquisa Preventiva) da UCSF realizaram pesquisas clínicas mostrando os benefícios de uma dieta baseada em vegetais para a diminuição dos ácidos graxos livres e de insulina, bem como para a redução da inflamação associada ao consumo de proteínas e gorduras animais. Ornish e outros estudiosos constataram que dietas ricas em frutas, vegetais, cereais integrais e gorduras poli-insaturadas e pobres em gordura saturada, carboidratos refinados e proteínas animais realmente revertem a progressão de doenças cardiovasculares e podem diminuir a necessidade do uso de medicamentos crônicos. Quanto mais as pessoas aderiam às recomendações alimentares, mais melhoras eram dimensionadas pelo Dr. Ornish – mesmo nos pacientes mais velhos. Em resumo, apesar da popularidade das dietas ricas em proteínas, apenas uma dieta baseada em vegetais e em alimentos integrais foi testada clinicamente e demonstrou reverter as tendências a doenças.

entanto, a combinação dos dois - isto é, consumir proteína após um exercício de força – estimula sinergicamente a síntese de proteínas. Com base em anos de pesquisas refinadas, contamos atualmente com respostas melhores para perguntas específicas sobre o que comer, a quantidade necessária e quando consumir proteínas em relação ao exercício, se o objetivo for o aumento da massa muscular.

As proteínas rapidamente digeridas e que contêm altas proporções de aminoácidos essenciais são mais eficazes para estimular a síntese de proteína muscular. O aminoácido essencial parece ser a leucina, uma vez que a síntese de pico da proteína muscular tem correlação com o o pico de concentração de leucina. Esse achado levou ao conceito do funcionamento da leucina como um "gatilho" para promover a síntese proteica.

Não há evidências de que os suplementos proteicos comercialmente disponíveis sejam necessários para atingir os objetivos desejados. A proteína alimentar, particularmente a de alta qualidade derivada do leite – que contém todos os aminoácidos essenciais e é rica em leucina –, pode ser mais eficaz do que outras fontes proteicas. Em particular, as proteínas lácteas de alta qualidade, como a caseína e o soro de leite, são eficazes na promoção de ganhos de massa muscular durante os períodos de treinamento de força intenso.

O consumo de proteína em ocasiões próximas ao exercício resulta em taxas mais altas de síntese proteica e em maior hipertrofia muscular. Evidências atuais favorecem o consumo de proteína após o exercício de força, mas ainda não se tem ideia do momento ideal para o consumo pós-exercício. O efeito anabólico do exercício de força é duradouro, mas é provável que diminua com o passar do tempo após o exercício. Portanto, os dados atualmente existentes falam em favor de uma "janela" de 1-2 h após o exercício, para que sejam alcançadas taxas ideais de síntese. Além disso, os atletas devem consumir proteína como parte de cada refeição, com o objetivo de promover uma síntese de proteínas ideal ao longo do dia.

Quantidades na faixa de 1,4-1,6 g de proteína por quilograma por dia devem ser consumidas para a manutenção e construção da massa muscular. Esses valores representam uma ingestão diária total de proteína acima da RDA, que atualmente é de 0,8 g de proteína/kg de massa corporal por dia. O consumo de quantidades de proteína acima de 2,0 g/kg por dia não oferece nenhum benefício extra. Cada refeição deve incluir pelo menos 0,25 g de proteína/kg de massa corporal.

Vitaminas

As **vitaminas** constituem um grupo de compostos orgânicos que desempenham funções específicas no corpo. Embora o corpo humano necessite de vitaminas em quantidades relativamente pequenas, sem essas substâncias ele não poderia utilizar os demais nutrientes ingeridos.

Em resumo

› Os carboidratos são açúcares e amidos. Essas substâncias existem no corpo em forma de monossacarídeos, dissacarídeos, oligossacarídeos e polissacarídeos. Todos os carboidratos precisam ser degradados a monossacarídeos antes que o corpo consiga utilizar essas substâncias como combustível.

› A ingestão insuficiente de carboidratos durante períodos de treinamento intenso pode levar à depleção das reservas de glicogênio. Por outro lado, a sobrecarga de glicogênio mediante o consumo de uma dieta rica em carboidratos traz grandes benefícios para o desempenho.

› O desempenho de resistência pode ser melhorado com o consumo de carboidratos até uma hora ou mais antes do início do exercício, dentro de 5 minutos antes do início do exercício, e durante o exercício. Os praticantes podem reabastecer as reservas de carboidratos rapidamente mediante a ingestão de carboidratos durante as primeiras 2 horas de recuperação. Isso pode ser facilitado pela adição de proteínas ao suplemento de carboidratos.

› Gorduras, ou lipídios, existem no corpo em forma de triglicerídeos, AGL, fosfolipídios e esteróis. As gorduras são armazenadas sobretudo na forma de triglicerídeos, que são a fonte de energia mais concentrada do corpo. A molécula de um triglicerídeo pode ser degradada até resultar em uma molécula de glicerol e três de ácidos graxos. Apenas AGL são utilizados pelo corpo para produzir energia.

› Embora a gordura seja uma importante fonte de energia, em geral a adoção de dietas ricas em gordura para melhorar o desempenho de resistência mediante a preservação de glicogênio não tem obtido êxito.

› A menor unidade de proteína é o aminoácido. Todas as proteínas devem ser degradadas até aminoácidos antes que o corpo consiga utilizá-las. Apenas os aminoácidos não essenciais podem ser sintetizados no corpo humano. Os aminoácidos essenciais precisam ser obtidos por meio da alimentação.

› A proteína não é uma fonte primária de energia no corpo humano, mas pode ser utilizada na produção de energia durante o exercício de resistência.

› A RDA atual para a proteína (0,8 g/kg/dia) pode ser baixa demais para atletas envolvidos em treinamento de força intenso ou para atletas de resistência. Na maioria dos casos, os atletas devem consumir 1,2-1,7 g/kg/dia. Nos primeiros dias de treinamento, durante períodos de treinamento muito intenso, ou quando está sendo consumida energia em nível insuficiente, a demanda pode ser maior. Entretanto, dietas extremamente ricas em proteínas não resultarão em maiores benefícios e podem representar riscos à saúde por afetarem a função normal dos rins, além de contribuírem para o risco de desidratação.

> A suplementação proteica durante a recuperação de um exercício de força pode estimular a síntese proteica muscular.

Basicamente, as vitaminas funcionam como catalisadores ou cofatores em reações químicas. Elas são essenciais para a liberação de energia, a formação dos tecidos e a regulação metabólica. As vitaminas podem ser classificadas em um dos dois grupos principais: lipossolúveis ou hidrossolúveis.

As vitaminas lipossolúveis – A, D, E e K – são absorvidas pelo trato digestivo, ligadas a lipídios (gorduras). Essas vitaminas ficam armazenadas no corpo, e sua ingestão excessiva pode provocar acúmulos tóxicos. As vitaminas do complexo B – a biotina, o ácido pantotênico, o folato – e a vitamina C são hidrossolúveis. Elas são absorvidas pelo trato digestivo com a água. Qualquer excesso dessas vitaminas será excretado, principalmente pela urina, mas há relatos de toxicidade envolvendo algumas delas. A Tabela 15.3 lista

TABELA 15.3 RDA ou AI para vitaminas e minerais

	Dose	Idade: 9-13 anos Homens	Idade: 9-13 anos Mulheres	Idade: 14-18 anos Homens	Idade: 14-18 anos Mulheres	Idade: 19-50 anos Homens	Idade: 19-50 anos Mulheres	Idade: 51-70 anos Homens	Idade: 51-70 anos Mulheres
Vitaminas									
A (retinol)	µg/dia	600	600	900	700	900	700	900	700
B₁ (tiamina)	mg/dia	0,09	0,09	1,2	1,0	1,2	1,1	1,2	1,2
B₂ (riboflavina)	mg/dia	0,9	0,09	1,3	1,0	1,3	1,1	1,3	1,1
B₃ (niacina)	mg/dia	12	12	16	14	16	14	16	14
B₆	mg/dia	1,0	1,0	1,3	1,2	1,3	1,3	1,7	1,5
B₁₂	µg/dia	1,8	1,8	2,4	2,4	2,4	2,4	2,4	2,4
C	mg/dia	45	45	75	65	90	75	90	75
D	µg/dia	5[a]	5[a]	5[a]	5[a]	5a	5[a]	10[a]	10[a]
E	mg/dia	11	11	15	15	15	15	15	15
Biotina (H)	µg/dia	20[a]	20[a]	25[a]	25[a]	30[a]	30[a]	30[a]	30[a]
K	µg/dia	60[a]	60[a]	75[a]	75[a]	120[a]	90a	120[a]	90[a]
Folato	µg/dia	300	300	400	400	400	400	400	400
Ácido pantotênico	mg/dia	4[a]	4[a]	5[a]	5[a]	5[a]	5[a]	5[a]	5[a]
Minerais									
Cálcio	mg/dia	1.300[a]	1.300[a]	1.300[a]	1.300[a]	1.000[a]	1.000[a]	1.200[a]	1.200[a]
Cloreto	g/dia	2,3[a]	2,3[a]	2,3[a]	2,3[a]	2,3[a]	2,3[a]	2,0[a]	2,0[a]
Crômio	µg/dia	25[a]	21[a]	35[a]	24[a]	35[a]	25[a]	30[a]	20[a]
Cobre	µg/dia	700	700	890	890	900	900	900	900
Fluoreto	mg/dia	2[a]	2[a]	3[a]	3[a]	4[a]	3[a]	4[a]	3[a]
Iodo	µg/dia	120	120	150	150	150	150	50	150
Ferro	mg/dia	8	8	11	15	8	18	8	8
Magnésio	mg/dia	240	240	410	360	410[b]	315[b]	420	320
Manganês	mg/dia	1,9[a]	1,6[a]	2,2[a]	1,6[a]	2,3[a]	1,8[a]	2,3[a]	1,8[a]
Molibdênio	µg/dia	34	34	43	43	45	45	45	45
Fósforo	mg/dia	1.250	1.250	1.250	1.250	700	700	700	700
Potássio	g/dia	4,5[a]	4,5[a]	4,7[a]	4,7[a]	4,7[a]	4,7[a]	4,7[a]	4,7[a]
Selênio	µg/dia	40	40	55	55	55	55	55	55
Sódio	g/dia	1,5[a]	1,5[a]	1,5[a]	1,5[a]	1,5[a]	1,5[a]	1,3[a]	1,3[a]
Zinco	mg/dia	8	8	11	9	11	8	11	8

[a]AI (RDA não disponível).
[b]Homens: idade 19-30 anos = 400 e idade 31-50 anos = 420; mulheres: idade 19-30 anos = 310 e idade 31-50 = 320.
Nota: Também há valores para bebês e crianças pequenas, assim como para a gravidez e a lactação.
De *USDA National Agricultural Library*. Disponível em: http://fnic.nal.usda.gov/dietary-guidance/dietary-reference-intakes/dri-tables

as diversas vitaminas e seus valores de RDA ou valores de Ingestão Adequada (AI) nos casos em que os valores de RDA não estão disponíveis.

Em sua maioria, as vitaminas têm algumas funções importantes para o atleta:

- A vitamina A é fundamental para o crescimento e o desenvolvimento normais, por desempenhar um papel crítico no desenvolvimento dos ossos.
- A vitamina D é essencial para a absorção de cálcio e de fósforo pelos intestinos; portanto, é fundamental para o desenvolvimento e a força dos ossos. Pela regulação da absorção do cálcio, essa vitamina também tem papel crucial na função neuromuscular.
- A vitamina K funciona como um elemento intermediário na cadeia de transporte de elétrons, o que a torna importante para a fosforilação oxidativa.

Entretanto, de todas as vitaminas, apenas as vitaminas do complexo B e as vitaminas C e E foram profundamente investigadas por seu potencial de facilitação do desempenho esportivo. Nas seções a seguir, essas vitaminas serão brevemente estudadas.

Vitaminas do complexo B

Antigamente, acreditava-se que as vitaminas do complexo B constituíam uma substância isolada. Hoje, já foi identificada mais de uma dúzia de vitaminas que pertencem a esse grupo, e não é demais enfatizar os papéis essenciais dessas vitaminas no metabolismo celular. Entre suas diversas funções, elas atuam como cofatores em vários sistemas enzimáticos envolvidos na oxidação dos alimentos e na produção de energia. Considerem-se alguns exemplos: há necessidade de vitamina B_1 (tiamina) na conversão de ácido pirúvico em acetil coenzima A; a vitamina B_2 (riboflavina) transforma-se em flavina adenina dinucleotídio (FAD), que funciona como aceptor de hidrogênio durante a oxidação; a vitamina B_3 (niacina) é um componente da nicotinamida adenina dinucleotídio fosfato (NADP), uma coenzima atuante na glicólise; a vitamina B_{12} atua no metabolismo dos aminoácidos e também é necessária na produção dos eritrócitos, que transportam o oxigênio até as células para a oxidação. As vitaminas do complexo B estão tão intimamente inter-relacionadas que a deficiência de uma delas pode prejudicar a atuação das demais. Os sintomas de deficiência variam de acordo com as vitaminas envolvidas.

Diversos estudos publicados demonstram que a suplementação de uma ou mais vitaminas do complexo B facilita o desempenho. Contudo, vários pesquisadores concordam que essa colocação só será válida se o indivíduo estudado apresentar deficiência preexistente do complexo B. Geralmente, a deficiência de uma ou mais vitaminas do complexo B compromete o desempenho, mas esse quadro é revertido quando tal deficiência é corrigida pela suplementação. Não existem evidências convincentes que corroborem a suplementação em indivíduos que não apresentam deficiência.

Vitamina C

Embora a vitamina C (ácido ascórbico) seja comum nos alimentos, fumantes, indivíduos que usam anticoncepcionais orais, que estão com febre ou que passaram por cirurgia podem apresentar deficiência dessa substância. Essa vitamina é importante para a formação e a manutenção do colágeno, proteína fundamental encontrada no tecido conjuntivo. Por isso, é essencial para que o indivíduo tenha ossos, ligamentos e vasos sanguíneos saudáveis. A vitamina C também atua:

- no metabolismo dos aminoácidos;
- na síntese de alguns hormônios, como as catecolaminas (adrenalina e noradrenalina) e os corticoides anti-inflamatórios; e
- na promoção da absorção do ferro pelos intestinos.

Muitos indivíduos também acreditam que a vitamina C ajuda na cicatrização, combate a febre e a infecção, prevenindo ou curando o resfriado comum, embora as evidências obtidas até então sejam inconclusivas.

Os resultados da suplementação com vitamina C para a melhora do desempenho têm sido duvidosos nos estudos publicados até o momento. Como ocorre com outras vitaminas, a suplementação com vitamina C não melhora o desempenho em indivíduos nos quais inexista deficiência.

Vitamina E

A vitamina E fica armazenada no músculo e na gordura. As funções dessa vitamina ainda não foram devidamente estabelecidas, embora saibamos que ela melhora a atividade das vitaminas A e C ao impedir sua oxidação. Na verdade, o papel mais importante da vitamina E é sua atuação como antioxidante. A vitamina desarma os **radicais livres** (que são moléculas altamente reativas), que, em caso contrário, poderiam lesionar gravemente as células e perturbar os processos metabólicos. Demonstrou-se que o exercício provoca lesão ao DNA celular, enquanto a suplementação do consumo de vitamina E reduz essa lesão. Contudo, pesquisadores não observaram benefícios em relação à lesão muscular decorrente de 240 ações excêntricas isocinéticas de flexão/extensão do joelho praticadas com esforço máximo (24 séries de 10 repetições cada uma) após a suplementação de vitamina E durante trinta dias, em comparação com um grupo de controle que recebeu placebo.[7]

Muitos atletas passaram a consumir doses suplementares de vitamina E desde que se postulou que essa prática beneficia o desempenho por causa de sua relação com o uso do oxigênio e o fornecimento de energia. Entretanto, revisões de artigos publicados em geral concluíram que a suplementação com vitamina E não melhora o desempenho atlético.

Minerais

Diversas substâncias inorgânicas conhecidas como minerais são essenciais para o funcionamento normal das células. Os minerais representam aproximadamente 4% do peso corporal. Alguns estão presentes em altas concentrações no esqueleto e nos dentes, mas os minerais também são encontrados por todo o corpo, no interior e ao redor de cada célula, dissolvidos nos líquidos corporais. Podem estar presentes como íons ou em combinação com diversos compostos orgânicos. Os compostos minerais que podem se dissociar em íons no corpo são chamados de **eletrólitos**.

Por definição, os **macrominerais** são aqueles cuja necessidade no corpo humano ultrapassa os 100 mg diários. Já os **microminerais**, ou **elementos-traço**, são necessários em menores quantidades. A Tabela 15.3 lista os minerais essenciais e suas RDA e AI.

É mais provável que os atletas suplementem a ingestão de vitaminas que a ingestão de minerais, possivelmente porque pouca propaganda tem sido feita sobre as qualidades de acentuar o desempenho dos minerais. Dos minerais, o cálcio e o ferro têm sido os mais frequentemente investigados.

Cálcio

O cálcio é o mineral mais abundante no corpo humano, constituindo aproximadamente 40% do conteúdo total de minerais. Ele é bastante conhecido por sua importância na construção e na manutenção de ossos saudáveis, e é nessas estruturas que a maior parte desse mineral fica armazenada. Mas o cálcio também é essencial para a transmissão dos impulsos nervosos. Além disso, ele desempenha papéis importantes na ativação enzimática e na regulação da permeabilidade da membrana celular, ambas fundamentais para o metabolismo. O cálcio também é essencial para o funcionamento normal dos músculos: como foi visto no Capítulo 1, esse mineral fica armazenado no retículo sarcoplasmático dos músculos, sendo liberado quando ocorre estimulação das fibras musculares. Há necessidade de cálcio para a formação das pontes cruzadas de actina-miosina que promovem a contração das fibras.

O consumo de quantidades suficientes de cálcio é fundamental para a saúde humana. Quando isso não ocorre, ele é removido dos locais do corpo em que fica armazenado, especialmente dos ossos. Essa condição é conhecida como osteopenia. A osteopenia enfraquece os ossos e pode levar à osteoporose, problema comum em mulheres na pós-menopausa, bem como em mulheres e homens idosos. Infelizmente, foram publicados poucos estudos relacionados à suplementação de cálcio, os quais sugerem que a suplementação não traz maiores benefícios quando o indivíduo consome uma quantidade adequada de cálcio (RDA) em sua dieta alimentar.

Fósforo

O fósforo está intimamente ligado ao cálcio, constituindo aproximadamente 22% do conteúdo mineral total do corpo. Cerca de 80% desse mineral está combinado ao cálcio (fosfato de cálcio), proporcionando força e rigidez aos ossos. O fósforo é parte essencial do metabolismo, da estrutura da membrana celular e do sistema de tamponamento (para a manutenção de um pH sanguíneo constante). Desempenha um importante papel na bioenergética: trata-se de componente fundamental do trifosfato de adenosina. Não há evidências que sugiram a necessidade de suplementação desse mineral em atletas.

Ferro

O ferro – um micromineral – está presente no corpo em quantidades relativamente pequenas (35-50 mg/kg de peso corporal). Ele desempenha um papel crucial no transporte de oxigênio: ele é necessário para a formação de hemoglobina e de mioglobina. A hemoglobina, localizada nos eritrócitos, liga-se ao oxigênio nos pulmões e transporta-o para os tecidos do corpo através do sangue. A mioglobina, encontrada nos músculos, combina-se com o oxigênio e armazena-o até que ele seja necessário.

A deficiência de ferro é prevalente em todo o mundo. Segundo algumas estimativas, cerca de 25% da população mundial sofre de deficiência de ferro. Nos Estados Unidos, aproximadamente 20% das mulheres e 3% dos homens têm essa deficiência, assim como 50% das mulheres grávidas. O principal problema associado a essa deficiência é a anemia ferropriva (i. e, por deficiência de ferro), em que os níveis de hemoglobina ficam reduzidos e, com isso, reduz-se a capacidade de transporte de oxigênio do sangue. Esse quadro provoca fadiga, cefaleias e outros sintomas. A deficiência de ferro é um problema mais comum em mulheres que em homens porque tanto a menstruação como a gravidez provocam perdas de ferro que precisam ser repostas. Além disso, em geral, as mulheres consomem menos alimento e, portanto, menos ferro, que os homens.

O ferro vem recebendo bastante atenção na literatura especializada. As mulheres são consideradas anêmicas apenas quando sua concentração de hemoglobina fica abaixo de 10 g por 100 mL de sangue. Para os homens, esse valor é de 12 g por 100 mL de sangue. Em geral, os estudos publicados sugerem que 22-25% das mulheres atletas e 10% dos homens atletas têm deficiência de ferro, mas esses percentuais podem ser conservadores. Tais estudos também indicam que a hemoglobina não é o único marcador de anemia, nem necessariamente o melhor deles. Os níveis plasmáticos de ferritina constituem um bom marcador das reservas corporais de ferro. Quando os valores para a ferritina estão abaixo de 20 a 30 μg/L, isso indica que as reservas corporais de ferro estão baixas.

Quando são administrados suplementos de ferro a indivíduos com deficiência desse mineral (i. e., com baixos níveis plasmáticos de ferritina), em geral ocorre melhora nos parâmetros de desempenho. No entanto, aparentemente, a suplementação com ferro em indivíduos sem esse tipo de deficiência resulta em pouco ou em nenhum benefício. Na verdade, os suplementos de ferro podem representar um risco para a saúde, porque o excesso desse mineral pode causar intoxicação no fígado, e níveis de ferritina superiores a 200 μg/L estão associados ao aumento do risco de doença arterial coronariana.

Sódio, potássio e cloreto

O sódio, o potássio e o cloreto são importantes eletrólitos distribuídos por todos os líquidos e tecidos do corpo humano. O sódio e o cloreto são encontrados principalmente no líquido extracelular e no plasma sanguíneo, enquanto o potássio localiza-se principalmente no interior das células. Essa distribuição seletiva dos três minerais estabelece a separação da carga elétrica através das membranas dos neurônios e das células musculares. Assim, esses minerais permitem que os impulsos nervosos controlem a atividade muscular (ver Cap. 3). Além disso, são responsáveis pela manutenção do equilíbrio hídrico, da distribuição da água, do equilíbrio osmótico normal, do equilíbrio acidobásico (pH) e do ritmo cardíaco normal (Cap. 6).

As dietas ocidentais são repletas de sódio; por isso, a ocorrência de deficiência nutricional é improvável. Contudo, há perda de minerais com o suor, e, assim, qualquer condição que provoque suor excessivo, como esforço extremo ou exercício em ambiente quente, pode causar a depleção desses minerais. Ao se discutirem os desequilíbrios de minerais, frequentemente o foco recai sobre as deficiências. Porém, muitos desses minerais também têm efeitos negativos quando ingeridos em excesso. Na verdade, o excesso de potássio pode causar insuficiência cardíaca. Embora as necessidades individuais variem, megadoses jamais são aconselhadas.

Para concluir esta seção sobre vitaminas e minerais, pode-se dizer que, embora a atividade física aumente as necessidades desses constituintes do organismo, em geral elas são atendidas pelo consumo de alimentos em níveis adequados. Nos casos de atletas que consomem refeições balanceadas em resposta ao aumento de suas necessidades calóricas, é muito provável que todas as necessidades vitamínicas e minerais sejam atendidas e, com isso, a suplementação não resulte em benefícios para o desempenho.

Contudo, no caso de indivíduos que estão consumindo intencionalmente uma dieta pobre em energia ou uma alimentação desequilibrada, pode haver necessidade de suplementação para manter o desempenho. Se houver qualquer dúvida acerca da adequação da dieta do atleta, pode ser apropriado o uso de um suplemento polivitamínico com baixas doses de vitaminas/minerais.

A discussão precedente sobre a ingestão de nutrientes propicia várias RDA. No início dos anos de 1940, o Food and Nutrition Board da National Academy of Sciences estabeleceu, para os Estados Unidos, as orientações sobre a ingestão diária recomendada (RDA) abrangendo todos os nutrientes dos alimentos. A edição mais recente dos RDA em seu formato original foi publicada em 1989. As RDA proporcionam estimativas de ingestões diárias seguras e adequadas, além de necessidades mínimas estimadas para as vitaminas e os minerais selecionados. Uma importante revisão das RDA foi iniciada no começo da década de 1990. As RDA foram substituídas por novas recomendações, chamadas de ingestão de referência dietética (DRI). As DRI refletem um esforço conjunto dos Estados Unidos e do Canadá para fornecer recomendações para a ingestão alimentar agrupadas por função e classificação dos nutrientes.

As novas DRI foram publicadas em uma série de documentos entre 1997 e 2005. As DRI consistem em quatro valores de referência diferentes:

- Necessidade Média Estimada (EAR) – valor de ingestão capaz de atender à necessidade de 50% de indivíduos saudáveis em um grupo específico para a faixa etária e o gênero.
- Ingestão Diária Recomendada (RDA) – valor de ingestão suficiente para atender à necessidade de nutrientes de quase todos os indivíduos (97-98%) em um grupo específico.
- Nível de Ingestão Superior Tolerável (UL) – o nível mais alto de ingestão diária de nutrientes que provavelmente não representará risco de efeitos adversos para a saúde de quase todos os indivíduos em um grupo específico.
- Ingestão Adequada (AI) – valor de ingestão recomendável com base em aproximações observadas ou experimentalmente determinadas, ou em estimativas de ingestão de nutrientes por indivíduos saudáveis em um grupo específico para o qual foi assumida a sua adequação. Utiliza-se a AI quando não é possível determinar a RDA.

Para mais informações sobre DRI e recomendações específicas para cada uma das classificações de nutrientes por gênero e idade, pode-se consultar o Food and Nutrition Information Center, U.S. Department of Agriculture, no site www.nal.usda.gov/fnic.

Em resumo

> As vitaminas desempenham diversas funções no corpo humano e são essenciais para o crescimento e o desenvolvimento normais. Muitas vitaminas estão envolvidas em processos metabólicos, como aqueles que levam à produção de energia.
> As vitaminas A, D, E e K são lipossolúveis e podem se acumular até atingir níveis tóxicos no corpo. As vitaminas do complexo B – biotina, ácido pantotênico, folato – e a vitamina C são hidrossolúveis. As quantidades excessivas dessas últimas vitaminas são excretadas, por isso raramente ocorrem casos de toxicidade. Várias vitaminas do complexo B estão envolvidas nos processos de produção de energia.
> Os macrominerais são minerais cuja demanda no corpo ultrapassa os 100 mg diários. Os microminerais (elementos-traço) são minerais dos quais o corpo necessita em quantidades menores.
> Os minerais são necessários para diversos processos fisiológicos, como a contração muscular, o transporte de oxigênio, o equilíbrio hídrico e a bioenergética. Eles podem se dissociar em íons, que participam de várias reações químicas. Os minerais que podem se dissociar e formar íons são chamados de eletrólitos.
> Aparentemente, as vitaminas e os minerais não têm qualquer valor como possíveis promotores do desempenho. Seu consumo em quantidades superiores às preconizadas pela RDA não melhora o desempenho, podendo até ter efeito contraproducente.

Água

Raramente se pensa na água como um nutriente, pelo fato de ela não ter valor calórico. Contudo, sua importância em termos de manutenção da vida perde talvez apenas para a do oxigênio. A água constitui cerca de 60% do peso corporal total de um homem jovem comum e de 50% do peso corporal de uma mulher jovem comum. Contudo, esses valores variam de acordo com a composição corporal, pois a massa livre de gordura contém uma quantidade muito maior de água (~73% de água) que a massa gorda (~10% de água). Estima-se que o ser humano possa sobreviver a perdas de até 40% do peso corporal em gordura, carboidratos e proteínas, mas a perda de água de apenas 9-12% do peso corporal pode ser fatal.

Aproximadamente dois terços da água do corpo humano estão contidos no interior das células, sendo conhecida como **líquido intracelular**. O restante encontra-se fora das células e recebe a denominação de **líquido extracelular**, que consiste no líquido intersticial que circunda as células, no plasma sanguíneo, na linfa e em outros líquidos corporais.

A água desempenha vários papéis fundamentais no exercício. Entre suas funções mais importantes estão permitir o transporte entre os diferentes tecidos do corpo, regular a temperatura corporal e manter a pressão arterial para que o indivíduo tenha um funcionamento cardiovascular satisfatório. Nas seções a seguir, o papel da água no exercício e no desempenho será examinado detalhadamente.

Água e equilíbrio hidroeletrolítico

Para que o atleta obtenha um desempenho ideal, o conteúdo de água e de eletrólitos em seu corpo deve permanecer relativamente constante. Infelizmente, nem sempre isso acontece durante o exercício. Nas seções a seguir serão examinados o conteúdo hídrico e o equilíbrio eletrolítico na situação de repouso, a maneira como o exercício afeta esses fatores e o impacto no desempenho quando ocorre perturbação no equilíbrio hídrico ou eletrolítico.

Equilíbrio hídrico em repouso

Em condições de repouso normais, o conteúdo de água corporal é relativamente constante, isto é, a ingestão de água é igual à sua eliminação. Cerca de 60% da água ingerida diariamente é obtida dos líquidos que bebemos, e aproximadamente 30% provém dos alimentos consumidos. Os 10% restantes são produzidos nas células durante o metabolismo (conforme visto no Cap. 2, a água é um subproduto da fosforilação oxidativa). A produção de água metabólica varia de 150-250 mL/dia, dependendo da velocidade do gasto energético: taxas metabólicas mais elevadas produzem mais água. A ingestão diária total de água é, em média, de aproximadamente 33 mL/kg do peso corporal por dia. Para uma pessoa que pesa 70 kg, a ingestão média é de 2,3 L por dia. O débito hídrico, ou perda de água, tem quatro origens:

- Evaporação pela pele.
- Evaporação pelo trato respiratório.
- Excreção pelos rins.
- Excreção pelo intestino grosso.

A pele humana é permeável à água. A água se difunde até a superfície da pele, onde sofre evaporação para o ambiente. Além disso, os gases respirados por um indivíduo são constantemente umedecidos pela água ao atravessarem o trato respiratório. Esses dois tipos de perda de água (pela pele e pela respiração) ocorrem imperceptivelmente; por isso são denominados perdas insensíveis de água. Em condições de tempo fresco e com o indivíduo em repouso, essas perdas são responsáveis por cerca de 30% da perda diária de água.

A maior parte da perda de água – 60% com a pessoa em repouso – ocorre por meio dos rins, que excretam água e resíduos em forma de urina. Em condições de repouso, os rins excretam cerca de 50-60 mL de água por hora. Outros 5% da água se perdem pelo suor (embora frequentemente essa quantidade seja considerada com a perda de água insensível), e os 5% restantes são excretados pelo intestino grosso, junto com as fezes. As origens da ingestão e da eliminação da água em repouso estão ilustradas na Figura 15.13.

Equilíbrio hídrico durante o exercício

Ocorre aceleração da perda de água durante o exercício, conforme se pode observar na Tabela 15.4. A capacidade do corpo de perder o calor gerado durante o exercício depende principalmente da formação e da evaporação do suor. À medida que a temperatura do corpo aumenta, o suor também aumenta, em um esforço para prevenir o superaquecimento (ver Cap. 12). Contudo, ao mesmo tempo, mais água é produzida durante o exercício, por causa do aumento do metabolismo oxidativo. Infelizmente, a quantidade produzida durante o esforço mais intenso exerce pouco impacto na **desidratação**, ou perda de água, que resulta da sudorese intensa.

Em geral, a quantidade de suor produzida durante o exercício é determinada pela taxa metabólica, temperatura ambiente, intensidade do calor radiante, umidade e velocidade do ar e pelo tamanho do indivíduo. Esses fatores influenciam o armazenamento de calor pelo corpo e a regulação da temperatura. O calor é transferido de áreas mais quentes para áreas mais frias; por isso, a perda de calor pelo corpo é prejudicada por temperaturas ambientes elevadas, radiação, umidade atmosférica alta e ar parado. O tamanho do indivíduo é importante, principalmente a razão entre área de superfície e massa, porque geralmente indivíduos grandes precisam de mais energia para realizar determinada tarefa; portanto, é comum eles terem taxas metabólicas mais altas e gerarem mais calor. Entretanto, eles também têm maior área de superfície (pele), o que lhes permite maior formação e subsequente evaporação de suor. Com o aumento da intensidade do exercício, aumenta também a taxa metabólica. Isso aumenta a produção de calor pelo corpo, o que, por sua vez, aumenta o suor. Para que a água seja conservada durante o exercício, o fluxo sanguíneo para os rins diminui para evitar a desidratação; porém, assim como ocorre com o aumento da produção metabólica de água, a diminuição da irrigação pode não ser suficiente. Comumente, atletas perdem de 1-6% da água corporal durante um exercício intenso e prolongado. Durante exercícios de grande intensidade em condições de estresse térmico ambiental, o suor pode causar perdas de até 2-3 L de água por hora. (O Capítulo 12 traz mais informações acerca de perdas de água corporal durante o exercício em ambientes quentes.) Em ambientes frios e secos ou na altitude, a perda de água pela respiração contribui também para a perda total de água corporal.

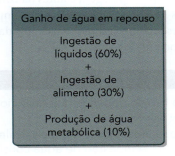
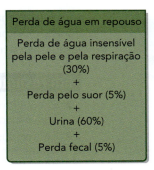
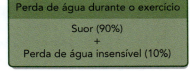

FIGURA 15.13 Fontes e percentuais aproximados dos ganhos e das perdas de água corporal em repouso e durante o exercício (ver texto para mais detalhes).

TABELA 15.4 Valores típicos de perda de água pelo corpo em repouso em um ambiente fresco e durante o exercício exaustivo e prolongado

	Em repouso		Exercício prolongado	
Origem da perda	mL/h	% do total	mL/h	% do total
Pele (perda insensível)	15	15	15	1
Respiração (perda insensível)	15	15	100	7
Suor	4	5	1.200	91
Urina	58	60	10	1
Fezes	4	5	–	0
Total	96	100	1.325	100

Desidratação e desempenho durante o exercício

Até mesmo mudanças mínimas no conteúdo de água corporal podem prejudicar o desempenho de resistência. Sem a reposição adequada de líquidos, ocorre uma redução significativa da tolerância do atleta ao exercício durante uma atividade prolongada, por causa da perda de água pelo suor. O impacto da desidratação nos sistemas cardiovascular e de termorregulação é bastante previsível. A perda de líquido diminui o volume plasmático. Isso diminui a pressão arterial, que, por sua vez, reduz o fluxo sanguíneo para os músculos e a pele. Em um esforço para contornar essa situação, a frequência cardíaca aumenta. Como um menor volume de sangue chegará à pele, a dissipação de calor fica comprometida, e o corpo retém maior quantidade de calor. Assim, quando um indivíduo está desidratado em cerca de 2% do peso corporal ou mais, tanto a frequência cardíaca como a temperatura corporal sofrem elevação durante o exercício acima dos valores observados em uma situação de hidratação normal.

Como seria de esperar, essas mudanças fisiológicas prejudicam o desempenho no exercício. A Figura 15.14 ilustra os efeitos da diminuição de aproximadamente 2% no peso corporal atribuída à desidratação em decorrência do uso de diurético no desempenho de um corredor fundista em corridas cronometradas de 1.500 m, 5.000 m e 10.000 m em uma pista ao ar livre.[3] O estado de desidratação resultou em diminuições de 10-12% no volume plasmático. Embora não tenha havido diferenças no $\dot{V}O_{2max}$ médio entre as sessões com o indivíduo normalmente hidratado e as em que ele estava desidratado, a velocidade média de corrida diminuiu em 3% na prova de 1.500 m e em mais de 6% nas provas de 5.000 e 10.000 m. Para o mesmo grau de desidratação, quanto maior a duração da prova, maior será o declínio esperado no desempenho dessa prova. Essas sessões foram realizadas em um tempo relativamente fresco. Quanto mais elevadas estiverem a temperatura, a umidade e a radiação, maior será a redução esperada no desempenho para o mesmo grau de desidratação. Essa redução no desempenho deverá ser progressivamente maior para níveis mais elevados de desidratação.

O efeito da desidratação no desempenho em termos de força muscular, resistência muscular e em atividades do tipo anaeróbio não é tão evidente. Foram observados decréscimos em alguns estudos, enquanto em outros não houve mudança no desempenho. Em um dos estudos com melhor controle, pesquisadores da Penn State University relataram que uma desidratação de 2% resultou em uma deterioração significativa das habilidades no basquetebol em meninos de 12-15 anos de idade que eram comprovadamente jogadores habilidosos.[17]

É comum que lutadores e atletas de outros esportes com categorias de peso se desidratem para diminuir o peso durante a pesagem para a competição. A maioria deles volta a se hidratar após a pesagem e antes da competição, sofrendo apenas pequenas reduções no desempenho. A Tabela 15.5 apresenta um resumo dos efeitos da desidratação no desempenho do exercício físico.

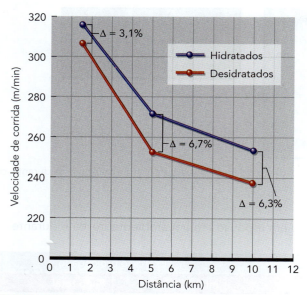

FIGURA 15.14 Declínio na velocidade de corrida (metros por minuto) com desidratação de cerca de 2% do peso corporal para provas cronometradas de 1.500 m, 5.000 m e 10.000 m, em comparação com a velocidade em condições normais de hidratação.

Reproduzido com permissão de L. E. Armstrong, D. L. Costill e W. J. Fink, "Influence of diuretic-induced dehydration on competitive running performance", *Medicine and Science in Sports and Exercise*, 17 (1985): 456-461.

Em resumo

> O equilíbrio hídrico depende do equilíbrio eletrolítico e vice-versa.

> Em repouso, a ingestão de água equivale à sua eliminação. A ingestão de água consiste no consumo da água presente nos alimentos e líquidos, assim como da água produzida como subproduto metabólico. A maior parte da eliminação de água em repouso é realizada pelos rins, mas também ocorre perda de água através da pele, do trato respiratório e nas fezes.

> Durante o exercício, ocorre aumento na produção metabólica de água à medida que aumenta a taxa metabólica.

> A perda de água durante o exercício aumenta porque, à medida que o calor corporal se eleva, maior quantidade de água é perdida pelo suor. O suor passa a ser o principal caminho para a perda de água durante o exercício. Na verdade, os rins diminuem sua excreção de urina em um esforço para evitar a desidratação.

TABELA 15.5 Alterações na função fisiológica e no desempenho em caso de desidratação de 2% ou mais

Variáveis	Desidratação
Cardiovascular	
Volume sanguíneo/volume plasmático	Diminuídos
Débito cardíaco	Diminuído
Volume sistólico	Diminuído
Frequência cardíaca	Aumentada
Metabólica	
Capacidade aeróbia ($\dot{V}O_{2max}$)	Sem alteração ou diminuída
Potência anaeróbia (teste de Wingate)	Sem alteração ou diminuída
Capacidade anaeróbia (teste de Wingate)	Sem alteração ou diminuída
Lactato sanguíneo, valor de pico	Diminuído
Capacidade de tamponamento do sangue	Diminuída
Limiar de lactato, velocidade	Diminuído
Glicogênio muscular e hepático	Diminuído
Glicose sanguínea durante o exercício	Possivelmente diminuída
Degradação de proteína com o exercício	Possivelmente diminuída
Termorregulação e equilíbrio hídrico	
Eletrólitos musculares e sanguíneos	Diminuídos
Temperatura corporal interna no exercício	Aumentada
Taxa de suor	Diminuída, início atrasado
Fluxo sanguíneo cutâneo	Diminuído
Desempenho	
Força muscular	Sem alteração ou diminuída
Resistência muscular	Sem alteração ou diminuída
Potência muscular	Desconhecida
Velocidade de movimento	Sem alteração ou diminuída
Tempo de corrida até a exaustão	Diminuído
Trabalho total realizado	Diminuído
Atenção e foco	Diminuídos
Alguns aspectos da habilidade no desempenho	Diminuídos

Nota: Os dados desta tabela foram extraídos das seguintes revisões: M. Fogelholm, 1994, "Effects of bodyweight reduction on sports performance", *Sports Medicine* 18:249-267; C.A. Horswill, 1994, *Physiology and nutrition for wrestling*, em D.R. Lamb, H.G. Knutten e R. Murray (Eds.), *Physiology and nutrition of competitive sport* (vol. 7, p. 131-174); H.L. Keller, S.E. Tolly e P.S. Freedson, 1994, "Weight loss in adolescent wrestlers", *Pediatric Exercise Science* 6:211-224; e R. Opplinger, H. Case, C. Horswill, G. Landry e A. Shelter, 1996, "Weight loss in wrestlers: An American College of Sports Medicine position stand", *Medicine and Science in Sports and Exercise* 28: ix-xii.

> Quando a desidratação chega a 2% do peso corporal, o desempenho de resistência em exercícios aeróbios fica notavelmente comprometido, e até mesmo o desempenho de habilidades em esportes como arremesso livre no basquete é notavelmente prejudicado. Ocorrem aumentos na frequência cardíaca e na temperatura do corpo em resposta à desidratação.

Equilíbrio de eletrólitos durante o exercício

O funcionamento normal do corpo depende do equilíbrio entre a água e os eletrólitos. Já foram discutidos os efeitos da perda de água no desempenho. Agora a atenção será voltada para os efeitos do outro componente desse delicado equilíbrio: os eletrólitos. Quando grandes volumes de água corporal são perdidos, como durante o exercício, o equilíbrio entre água e eletrólitos pode se desfazer rapidamente. Nas seções a seguir serão examinados os efeitos do exercício no equilíbrio eletrolítico. O enfoque recairá sobre as duas principais vias para a perda de eletrólitos: o suor e a produção de urina.

Perda de eletrólitos no suor
O suor humano é um filtrado do plasma sanguíneo e, por isso, contém muitas substâncias encontradas nesse líquido, como o sódio (Na^+), o cloreto (Cl^-), o potássio (K^+), o magnésio (Mg^{2+}) e o cálcio (Ca^{2+}). Embora o suor tenha sabor salgado, contém muito menos minerais que o plasma e os outros líquidos corporais. Na verdade, o suor possui 99% de água em sua composição.

O sódio e o cloreto são os íons predominantes tanto no suor como no sangue. Conforme indicado na Tabela 15.6, as concentrações de sódio e de cloreto no suor são equivalentes a aproximadamente um terço das encontradas no plasma e a cinco vezes aquelas que ocorrem no músculo. A tabela também mostra a **osmolaridade** de cada um dos três líquidos. Osmolaridade é a relação entre os solutos (os eletrólitos, p. ex.) e o líquido. A concentração de eletrólitos no suor pode variar consideravelmente entre os indivíduos. Ela é fortemente influenciada pelo ritmo de produção e eliminação do suor, pelo estado de treinamento e pelo estado de aclimatização ao calor.

Nas elevadas taxas de produção de suor durante as provas de resistência, verifica-se que o fluido contém grandes quantidades de sódio e de cloreto mas pouco potássio, cálcio e magnésio. Com base nas estimativas do conteúdo de eletrólitos no corpo do atleta, tais perdas podem diminuir o conteúdo de sódio e cloreto no corpo em apenas 5-7%. Os níveis corporais totais de potássio e magnésio, dois íons que ficam confinados principalmente no interior das células, diminuiriam em cerca de 1%. É provável que essas perdas não tenham efeito comensurável no desempenho do atleta.

Quando os eletrólitos são perdidos pelo suor, os íons restantes são redistribuídos entre os tecidos corporais. Considere-se o caso do potássio. Esse eletrólito se difunde das fibras musculares ativas quando elas se contraem, passando para o líquido extracelular. O aumento que isso provoca nos níveis extracelulares de potássio não iguala a quantidade de potássio liberada dos músculos ativos, porque o potássio é absorvido pelos músculos inativos e por outros tecidos enquanto os músculos ativos estão perdendo esse eletrólito. Durante a recuperação, os níveis intracelulares de potássio normalizam-se rapidamente. Alguns pesquisadores sugerem que os distúrbios do potássio muscular ocorridos durante o exercício podem contribuir para a fadiga, pois alteram os potenciais de membrana dos neurônios e das fibras musculares, dificultando a transmissão dos impulsos.

Perda de eletrólitos na urina
Além de eliminar os resíduos do sangue e regular os níveis de água, os rins também regulam o conteúdo de eletrólitos no corpo humano. A produção de urina é a outra fonte importante da perda de eletrólitos. Em repouso, os eletrólitos são excretados pela urina conforme a necessidade para que os níveis homeostásicos sejam mantidos; essa é a principal via para a perda de eletrólitos. Porém, com o aumento da perda de água corporal durante o exercício, a velocidade de produção de urina diminui consideravelmente em um esforço para manter essa água. Consequentemente, diante de uma produção de urina muito baixa, a perda de eletrólitos por meio desse mecanismo diminui.

Os rins desempenham outro papel no controle dos eletrólitos. Se, por exemplo, um indivíduo ingere 250 mEq de sal (NaCl), normalmente os rins excretam 250 mEq desses eletrólitos para manter no organismo um nível constante de NaCl. Mas a sudorese intensa e a desidratação deflagram a liberação do hormônio aldosterona pela glândula suprarrenal. Esse hormônio estimula a reabsorção renal de sódio; consequentemente, o corpo retém mais sódio que o habitual durante as horas e os dias subsequentes a uma sessão prolongada de exercícios. Isso eleva o conteúdo de sódio no corpo e aumenta a osmolaridade dos líquidos extracelulares.

Esse aumento na concentração de sódio provoca sede, levando o indivíduo a consumir mais água, que, por sua vez, fica retida no compartimento extracelular. O aumento do consumo de água restabelece a osmolaridade normal nos líquidos extracelulares, mas deixa esses líquidos em uma situação de expansão, o que dilui as demais substâncias presentes. Essa expansão dos líquidos extracelulares não tem efeitos negativos e é temporária. Na verdade, esse é um dos principais mecanismos para o aumento do volume

TABELA 15.6 Concentrações de eletrólitos e osmolaridade no suor, no plasma e no músculo de homens, após duas horas de exercício no calor

Local	Na⁺	Cl⁻	K⁺	Mg²⁺	Osmolaridade (mOsm/L)
Suor	40-60	30-50	4-6	1,5-5	80-185
Plasma	140	101	4	1,5	295
Músculo	9	6	162	31	295

Eletrólitos (mEq/L)

Nota: mEq/L = miliequivalentes por litro (milésimos de 1 g de soluto por 1 L de solvente).

Em resumo

> A perda de grandes quantidades de suor pode prejudicar o equilíbrio eletrolítico, embora as concentrações dos eletrólitos sejam muito mais baixas no suor do que no plasma.

> A perda de eletrólitos durante o exercício ocorre principalmente com a perda de água pelo suor. O sódio e o cloreto são os eletrólitos mais abundantes no suor.

> Existe uma substancial variabilidade entre indivíduos na taxa de sudorese e na composição eletrolítica do suor. Isso torna praticamente impossível criar "uma recomendação para todos", considerando a reposição de líquidos e eletrólitos.

> Em repouso, os eletrólitos que estiverem em excesso no organismo são excretados na urina pelos rins. Contudo, a produção de urina declina enormemente durante o exercício, e com isso a perda de eletrólitos por essa via passa a ser pequena.

> A desidratação provoca a liberação dos hormônios ADH (hormônio antidiurético) e aldosterona para promover a retenção renal de água e sódio. O aumento de sódio e a redução de volume de líquidos desencadeia a sede (ver Cap. 4).

plasmático que ocorre com o treinamento e com a aclimatização ao exercício no calor. Os níveis dos líquidos voltam ao normal dentro de 48-72 h após o exercício, desde que não sejam realizadas outras sessões de exercícios.

Reposição das perdas de líquidos do corpo

Quando um indivíduo sua intensamente, o corpo perde mais água que eletrólitos. Esse fenômeno eleva a pressão osmótica nos líquidos corporais, porque os eletrólitos ficam mais concentrados. A necessidade de repor a água corporal é maior que a necessidade de eletrólitos, porque os eletrólitos só poderão retornar às suas concentrações normais com a reposição do volume de água. Mas como o corpo sabe quando isso é necessário?

Sede Quando um indivíduo sente sede, ele bebe líquidos. A sensação de sede é regulada em grande parte pelos osmorreceptores no hipotálamo. Sinais sensoriais de sede são produzidos quando a osmolaridade do plasma é aumentada além dos valores do limiar. Uma segunda série de sinais chega dos barorreceptores de baixa pressão quando o baixo volume de sangue é percebido. No entanto, comparado ao controle osmolar da sede, é necessário que ocorra a perda de um grande volume de sangue para que o sistema de controle seja ativado. Infelizmente, o **mecanismo da sede** não avalia com precisão o estado de desidratação do indivíduo. Ele não sente sede até muito tempo depois de a desidratação ter começado. Mesmo desidratado, um indivíduo pode sentir vontade de beber líquidos somente em intervalos intermitentes.

O controle da sede é um fenômeno que ainda não foi completamente esclarecido. Mesmo podendo beber água de acordo com sua sede, um indivíduo pode necessitar de 24-48 h para repor completamente a água perdida por meio do suor intenso. Em decorrência dos lentos impulsos para a reposição da água corporal e para prevenir a desidratação crônica, as pessoas são aconselhadas a beber mais água que o solicitado pela sede. Em virtude da maior perda de água durante o exercício, é imperativo que o consumo de água pelo atleta seja suficiente para atender às necessidades de seu corpo, e é essencial que façam uma reidratação durante e após uma sessão de exercício.

Benefícios dos líquidos durante o exercício Beber líquidos durante a realização de um exercício prolongado, especialmente em ambiente quente, traz benefícios evidentes. A ingestão de água minimiza a desidratação, os aumentos na temperatura corporal, o estresse cardiovascular e os declínios no desempenho. Conforme se pode observar na Figura 15.15, quando os voluntários ficaram desidratados durante algumas horas de corrida em uma esteira ergométrica em ambiente quente (40°C) e sem reposição de líquidos, a frequência cardíaca aumentou sistematicamente ao longo do exercício.[5] Ao serem privados de líquidos, esses indivíduos ficaram exaustos e não conseguiram completar o exercício de seis horas. A ingestão de água ou de solução salina em quantidades iguais à perda de peso evitou a desidratação

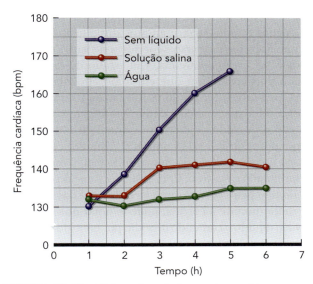

FIGURA 15.15 Efeitos de seis horas de corrida em uma esteira ergométrica, em ambiente quente, sobre a frequência cardíaca. Aos participantes foram fornecidos: solução salina, água ou nenhum líquido. Os participantes privados de líquidos ficaram exaustos e não conseguiram completar o exercício de seis horas.

Dados de Barr, Costill, e Fink (1991).

e manteve a frequência cardíaca dos voluntários mais baixa. Mesmo os líquidos aquecidos (próximos à temperatura corporal) proporcionam alguma proteção contra o superaquecimento, mas líquidos gelados melhoram o resfriamento do corpo, porque parte do calor central do corpo é utilizado para aquecer as bebidas geladas até a temperatura corporal.

Hiponatremia

Embora a reposição de líquido seja uma medida benéfica, o excesso de algo bom pode se tornar prejudicial. Nos anos de 1980, foram publicados os dois primeiros casos de hiponatremia em atletas fundistas. A **hiponatremia** é clinicamente definida como uma concentração de sódio abaixo da faixa normal de 135-145 mmol/L. Geralmente, os primeiros sintomas de hiponatremia surgem quando os níveis séricos de sódio caem para níveis inferiores a 130 mmol/L. Os primeiros sinais e sintomas são timpanismo, inchaço, náusea, vômito e cefaleia. Com o aumento da gravidade decorrente do edema cerebral (inchaço do cérebro) crescente, os sintomas passam a incluir confusão, desorientação, agitação, convulsões, edema pulmonar, coma e morte. Qual a probabilidade de ocorrência de hiponatremia?

Os processos que regulam os volumes de líquidos e as concentrações de eletrólitos são altamente eficazes; assim, em condições normais, é difícil consumir água suficiente para que haja diluição dos eletrólitos plasmáticos. Os maratonistas que perdem 3-5 L de suor e bebem 2-3 L de água mantêm concentrações plasmáticas normais de sódio, cloreto e potássio. Corredores fundistas que correm 25-40 km por dia em tempo quente e não salgam seus alimentos não são acometidos por deficiências de eletrólitos.

Alguns estudos sugeriram que, durante a corrida da ultramaratona (percurso superior a 42 km), os atletas podem sofrer hiponatremia. Um estudo de caso envolvendo dois corredores que entraram em colapso após uma corrida de ultramaratona (160 km ou 100 milhas) em 1983 revelou que suas concentrações sanguíneas de sódio tinham diminuído de um valor normal de 140 mmol/L para valores de 123 e 118 mmol/L.[19] Um dos corredores sofreu uma convulsão do tipo grande mal; o outro ficou desorientado e confuso. Com base no exame do consumo de líquido pelos corredores e na estimativa das ingestões de sódio durante a corrida, pode-se notar que os atletas haviam diluído o conteúdo de sódio por meio do consumo excessivo de líquidos com concentrações bem pequenas desse eletrólito.

A solução ideal para evitar a hiponatremia consiste na reposição, na quantidade exata, da água que está sendo perdida ou na adição de sódio ao líquido ingerido. O problema dessa última abordagem é que as bebidas esportivas contêm não mais de 25 mmol/L de sódio e são aparentemente "fracas" demais para prevenir, sozinhas, a diluição do eletrólito, mas os atletas não toleram o consumo de concentrações mais fortes. Aparentemente, a hiponatremia do exercício é resultante de sobrecarga de líquido causada pelo consumo excessivo e/ou reposição inadequada das perdas de sódio. São poucos os casos publicados até hoje. Assim, talvez não seja sensato extrair conclusões dessa informação com o objetivo de planejar um regime de reposição de líquidos para indivíduos que precisam se exercitar durante longos períodos no calor.

Recomendações para reposição de líquido antes, durante e depois do exercício

A desidratação é um problema potencial para atletas que treinam e competem durante longos períodos e/ou em ambientes quentes e úmidos. O American College of Sports Medicine, a American Dietetic Association e os Dietitians of Canada publicaram recomendações para uma ingestão de líquido adequada antes, durante e depois do exercício. As principais recomendações são:

- Duas horas antes do exercício, o atleta deve consumir 400-600 mL de líquido para proporcionar ao organismo a hidratação adequada e dar tempo suficiente para que o excesso de água ingerida seja excretado.
- Durante o exercício, o atleta deve beber o suficiente para manter a perda de líquidos menor que 2% da massa corporal. Ganho de peso em razão do consumo excessivo deve ser evitado.
- Depois do exercício, o atleta deve consumir líquidos adequados para repor as perdas de água pelo suor ocorridas durante o exercício.
- É recomendável a ingestão de bebidas esportivas que contêm concentrações de carboidratos de 4-8% e de sódio em quantidades entre 0,5-0,7 g/L durante provas envolvendo exercício intenso com duração superior a 1 hora.
- A inclusão do sódio nas bebidas ou o consumo de alimentos ricos em sódio durante o período de recuperação pode ajudar no processo de reidratação.[2]

Nutrição e desempenho esportivo

Os atletas impõem-se uma carga de esforço considerável em seus corpos nos dias de treinamento e competição. Um desempenho ideal implica necessariamente uma nutrição de qualidade ideal. Com demasiada frequência, os atletas gastam bastante tempo e esforços consideráveis aperfeiçoando suas habilidades e buscando o rendimento máximo, mas ignoram as condições adequadas de nutrição e sono. Comumente, pode-se rastrear a deterioração do desempenho de um atleta até uma nutrição inadequada para suas necessidades.

Em resumo

> A necessidade de repor o líquido corporal perdido é maior que a necessidade de repor eletrólitos perdidos, porque o suor é bastante diluído.

> O mecanismo da sede de um indivíduo não acompanha exatamente o seu estado de hidratação. Portanto, ele deve consumir mais líquido que o volume considerado necessário em função de sua sede.

> A ingestão de água durante o exercício prolongado minimiza o risco de desidratação e otimiza as funções cardiovascular e de termorregulação.

> Em alguns casos raros, o consumo de quantidades excessivas de líquido com concentrações excessivamente baixas de sódio leva à ocorrência de hiponatremia (baixos níveis plasmáticos de sódio). Essa complicação pode provocar confusão e desorientação e até convulsões, coma e morte.

VÍDEO 15.3 Apresenta Nancy Williams, que fala sobre as razões pelas quais alguns atletas podem não estar se alimentando o suficiente.

Diretrizes nutricionais baseadas em evidências para atletas

Em 2016, especialistas do American College of Sports Medicine, da American Dietetic Association e do Dieticians of Canada prepararam em colaboração uma declaração de posição conjunta sobre estratégias de nutrição para atletas.[2] Essa publicação fornece diretrizes para o tipo, quantidade e momentos adequados para a ingestão de alimentos, líquidos e suplementos alimentares. Com base em uma análise baseada em evidências, suas conclusões podem ser resumidas como segue:

1. Os atletas precisam consumir energia que seja adequada em quantidade e momento da ingestão durante os períodos de treinamento de alta intensidade ou de longa duração, a fim de que possam preservar a saúde e maximizar os resultados do treinamento.
2. O objetivo principal de uma dieta de treinamento é permitir que o atleta permaneça saudável e sem lesões, ao mesmo tempo ue são maximizadas as adaptações funcionais e metabólicas ao treinamento.
3. O físico ideal, ou seja, tamanho, forma e composição do corpo (p. ex., massa muscular e níveis de gordura corporal), depende do gênero, idade e fatores hereditários do atleta, podendo ser específico para esportes e eventos. Nos casos em que haja necessidade de manipulação significativa da composição corporal, idealmente isso deverá ocorrer bem antes da temporada competitiva, para que seja minimizada sua influência no desempenho do evento ou na dependência de técnicas rápidas de perda de peso.
4. As reservas de carboidratos do corpo representam importante fonte de combustível para o cérebro e os músculos durante o exercício; essas reservas são manipuladas pelo exercício e pela ingestão alimentar. As recomendações para ingestão de carboidratos geralmente variam de 3-10 g/kg de peso corporal/dia (e até 12 g/kg de peso corporal/dia para atividades extremas e prolongadas), mas devem ser individualizadas, levando em conta o atleta e a situação.
5. Em geral as recomendações para ingestão de proteínas variam de 1,2-2,0 g/kg de peso corporal/dia, mas foram expressadas mais recentemente em termos do espaçamento regular da ingestão de quantidades modestas de proteína de alta qualidade (0,3 g/kg de peso corporal) após o exercício e ao longo do dia. Em geral, tais ingestões podem ser atendidas com base no consumo de alimentos.
6. Para a maioria dos atletas, em geral a ingestão de gordura associada aos estilos nutricionais que atendem às metas alimentares varia de 20-35% da ingestão total de energia. O consumo de igual ou superior a 20% da ingestão de energia obtida de gordura não beneficia o desempenho, e a extrema restrição da ingestão de gordura pode limitar a variação de alimentos necessária para que sejam concretizadas as metas gerais de saúde e desempenho.
7. Os atletas devem consumir dietas que forneçam pelo menos a RDA ou AI para todos os micronutrientes.
8. Um objetivo essencial da nutrição para a competição é tratar os fatores relacionados à nutrição que podem limitar o desempenho, seja por causarem fadiga, seja pela deterioração da habilidade ou da concentração ao longo do evento.
9. Os alimentos e líquidos consumidos ao longo das primeiras 4 h que antecedem o evento devem contribuir para as reservas de carboidratos do corpo, garantir uma condição de hidratação adequada e manter o conforto gastrintestinal durante todo o evento.
10. A desidratação ou hipoidratação pode exacerbar a percepção do esforço e prejudicar o desempenho do exercício; portanto, a ingestão adequada de líquidos antes, durante e após o exercício é importante para a saúde e para um desempenho ideal. Devem ser formulados planos individualizados de consumo de líquidos.
11. Uma estratégia adicional relacionada à nutrição, com vistas a eventos com duração inferior a 60 minutos, é consumir carboidratos de acordo com seu potencial, para melhorar o desempenho.

12. A rápida restauração do desempenho entre sessões de treinamento fisiologicamente exigentes ou eventos competitivos pressupõe uma ingestão adequada de líquidos, eletrólitos, energia e carboidratos, com o objetivo de promover a reidratação e restaurar o glicogênio muscular.
13. Em geral, não há necessidade de usar suplementos vitamínicos e minerais para atletas que consomem uma dieta que forneça grande quantidade de energia com base em uma variedade de alimentos ricos em nutrientes. O suplemento multivitamínico e mineral pode ser apropriado em alguns casos em que inexistem as condições citadas.
14. Os atletas devem ser orientados sobre o uso apropriado de recursos ergogênicos. Esses produtos (normalmente suplementos) devem ser usados somente após uma cuidadosa avaliação de sua segurança, eficácia, potência e conformidade com os códigos *antidoping* relevantes e com as normas legais.
15. Atletas vegetarianos podem estar sob risco de baixa ingestão de energia, proteínas, gorduras, creatina, carnosina, ácidos graxos ômega-3 e micronutrientes essenciais, como ferro, cálcio, riboflavina, zinco e vitamina B_{12}.

Ao longo deste capítulo, o leitor encontrará boa parte da justificativa científica para essas recomendações, e também na declaração de consenso completa.[2] Entretanto, existem situações especiais em que fazem-se necessárias informações adicionais. Agora, será examinada a refeição que antecede a competição e a reposição e sobrecarga do glicogênio muscular.

Refeição antes da competição

Embora a refeição consumida algumas horas antes da competição pouco possa contribuir para as reservas de glicogênio muscular, que refletem a ingestão de carboidratos durante longos períodos, o alimento ingerido poderá assegurar um nível glicêmico normal e, com isso, evitar que o atleta sinta fome. Essa refeição deve conter apenas cerca de 200-500 kcal, consistindo principalmente em alimentos à base de carboidratos que sejam digeridos com facilidade. Alimentos como cereais, leite, sucos e torradas são digeridos com bastante rapidez e não deixam o atleta sentir-se "pesado" durante a competição. Em geral, essa refeição deve ser consumida pelo menos duas horas antes da competição. As velocidades de ingestão dos alimentos e de absorção dos nutrientes pelo organismo dependem muito de cada indivíduo; por isso, a hora marcada para a refeição antes da competição pode depender de experiência prévia. Em um estudo envolvendo ciclistas de resistência, foi realizado, sob duas condições distintas, um longo exercício no cicloergômetro até a exaustão a 70% do $\dot{V}O_{2max}$ de cada participante, com catorze dias de intervalo entre o exercício em uma e outra condição: um desjejum consistindo em 100 g de carboidratos três horas antes do exercício (grupo alimentado) e jejum antes do exercício (grupo em jejum). Os participantes do grupo alimentado se exercitaram por 136 min antes de chegar à exaustão, em comparação com os 109 min de exercício feito pelo grupo em jejum. Isso enfatiza a importância da refeição antes da competição.[29]

É menos provável que uma refeição líquida consumida antes da competição resulte em indigestão nervosa, náusea, vômito e cólicas abdominais. Esse tipo de refeição está disponível no mercado e, em geral, tem sido considerada útil, tanto antes dos eventos como entre eles. Frequentemente, é difícil os atletas arrumarem tempo para comer quando precisam competir em várias provas preliminares e nos eventos finais. Em tais circunstâncias, talvez a única solução possível seja uma refeição líquida com baixos teores de gordura e rica em carboidratos.

Reposição e sobrecarga de glicogênio muscular

Anteriormente neste capítulo, definiu-se que dietas diferentes podem influenciar significativamente as reservas de glicogênio muscular, e que o desempenho de resistência depende em grande parte dessas reservas. A teoria é de que quanto maior for a quantidade de glicogênio armazenado, melhor será o desempenho de resistência possível, porque a fadiga será sentida mais tardiamente. Assim, o objetivo do atleta é começar uma sessão de exercício ou competição com o máximo possível de glicogênio armazenado.

Com base em estudos de biópsias musculares realizados em meados dos anos 1960, Åstrand[4] propôs um plano para ajudar os corredores a armazenarem a quantidade máxima de glicogênio. Esse processo é conhecido como sobrecarga de glicogênio ou de carboidratos. De acordo com o regime de Åstrand, sete dias antes do evento, o atleta deve se preparar para a competição de resistência aeróbia realizando uma sessão exaustiva de exercícios. Nos três dias seguintes, o atleta deve consumir quase exclusivamente gorduras e proteínas para que os músculos fiquem privados de carboidratos, o que aumentará a atividade do glicogênio sintase, enzima responsável pela síntese e pelo armazenamento do glicogênio. O atleta deve, então, ingerir uma dieta rica em carboidratos durante os três dias restantes antes do evento. Considerando o aumento da atividade de glicogênio sintase, a maior ingestão de carboidratos resulta em maior armazenamento de glicogênio muscular. Durante esse período de seis dias, a intensidade e o volume de treinamento devem sofrer redução significativa, para evitar nova depleção do glicogênio muscular. Com isso, ficam maximizadas as reservas de glicogênio hepático e muscular. Originalmente, o atleta fazia uma sessão adicional de treinamento intenso quatro dias antes da competição.

Demonstrou-se que esse regime aumenta as reservas de glicogênio muscular até o dobro do nível normal; contudo, esse esquema é, de certa forma, impraticável para a maioria dos competidores altamente treinados. Durante os três dias de baixo consumo de carboidratos, em geral os atletas sentem dificuldade para treinar. Também ficam irritadiços, são incapazes de realizar tarefas mentais e costumam demonstrar sinais de baixa glicemia, como astenia muscular e desorientação. Além disso, as sessões de exercício exaustivas e causadoras de depleção realizadas sete dias antes da competição têm pouco valor como treinamento, podendo comprometer o armazenamento de glicogênio em vez de melhorá-lo. Esse exercício para depleção também aumenta a possibilidade de lesão ou de sobretreinamento (*overtraining*).

Considerando essas limitações, atualmente muitos estudiosos propõem que sejam eliminadas do regime de Åstrand as etapas de exercício para depleção e de baixos níveis de carboidratos. Em vez disso, o atleta deve simplesmente reduzir a intensidade do treinamento uma semana antes da competição, alimentando-se com uma dieta normal mista contendo 55% das calorias provenientes de carboidratos até três dias antes da competição. Nesses três dias, o treinamento deve ficar reduzido a um aquecimento diário com 10-15 min de atividade, acompanhado de uma dieta rica em carboidratos. Com a prática desse plano, o glicogênio eleva-se até aproximadamente 200 mmol/kg de músculo (como pode ser visto na Fig. 15.16) – o mesmo nível alcançado com o regime de Åstrand – e o atleta sente-se mais descansado para a competição.

É possível aumentar rapidamente as reservas de carboidratos, mesmo após uma sessão de exercícios curta e de intensidade próxima ao máximo. Em um estudo envolvendo sete atletas fundistas, os pesquisadores verificaram que a prática no cicloergômetro durante 150 s a 130% do $\dot{V}O_{2max}$, seguida de 30 s de cicloergômetro em esforço máximo e de 24 h de ingestão de alimentos ricos em carboidratos foi suficiente para quase dobrar as reservas de glicogênio muscular em apenas um dia.[18]

A dieta também é importante na preparação do fígado para as necessidades do exercício de resistência. As reservas do glicogênio hepático diminuem rapidamente quando o indivíduo vê-se privado de carboidratos por 24 horas, mesmo quando está em repouso. Com apenas uma hora de exercício muito intenso, o glicogênio hepático já diminui em 55%. Portanto, o treinamento intenso, combinado a uma dieta com baixo teor de carboidratos, pode consumir as reservas de glicogênio hepático. Contudo, apenas uma refeição de carboidratos fará que o glicogênio hepático retorne rapidamente ao normal. Obviamente, uma dieta rica em carboidratos nos dias que precedem a competição

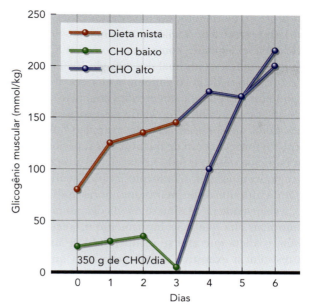

FIGURA 15.16 Dois regimes para sobrecarga de glicogênio muscular. Em um regime, os participantes foram submetidos à depleção do glicogênio muscular (dia 0) e, depois, consumiram uma dieta com baixo teor de carboidratos (CHO) durante três dias. Em seguida, passaram para uma dieta rica em CHO, o que provocou o aumento do glicogênio muscular em cerca de 200 mmol/kg. No outro regime alimentar, os participantes consumiram uma dieta mista normal e reduziram o volume de treinamento nos três primeiros dias; em seguida, passaram para uma dieta rica em CHO e fizeram uma nova redução no volume de treinamento por mais três dias, o que também resultou em um glicogênio muscular de aproximadamente 200 mmol/kg.
Dados de Åstrand (1979).

irá maximizar a reserva de glicogênio hepático e minimizar o risco de hipoglicemia durante o evento.

A água é armazenada no corpo na base de 2,6 g de água para cada grama de glicogênio. Consequentemente, o aumento ou a diminuição nos glicogênios muscular e hepático em geral promove mudanças no peso corporal – algo entre 0,5-1,4 kg. Alguns pesquisadores propuseram a monitoração das mudanças nas reservas de glicogênio muscular e glicogênio hepático mediante o registro do peso do atleta logo no início da manhã, imediatamente ao se levantar da cama – depois de ter esvaziado a bexiga, mas antes de ter tomado o desjejum. Uma queda súbita no peso pode refletir a incapacidade de reposição do glicogênio e/ou a deficiência na água corporal.

Atletas que precisam treinar ou competir em eventos muito extenuantes em dias sucessivos devem repor as reservas de glicogênio muscular e de glicogênio hepático o mais rápido possível. Embora o glicogênio hepático possa ficar totalmente esgotado após duas horas de exercício a 70% do $\dot{V}O_{2max}$, essas reservas são recuperadas em algumas horas com o consumo de uma refeição rica em carboidratos. De outro lado, a ressíntese do glicogênio muscular é um processo mais lento; são necessários vários dias para que haja retorno à normalidade após uma sessão de exercício muito extenuante, como a maratona (ver Fig. 15.17). Estudos publicados no final dos anos de 1980 revelaram que a ressíntese do glicogênio muscular era mais rápida quando os atletas eram alimentados com pelo menos 50 g de glicose (cerca de 0,7 g/kg do peso corporal) a cada duas horas após a realização do exercício.[22] Aparentemente, o fornecimento de quantidades superiores a essa aos participantes do estudo não acelerou a reposição do glicogênio muscular. Conforme já foi discutido neste capítulo, durante as primeiras duas horas após o exercício, a velocidade de ressíntese do glicogênio muscular é muito mais alta que mais tardiamente na recuperação. Assim, o atleta que está se recuperando de um evento de resistência exaustivo deve ingerir uma quantidade suficiente de carboidratos assim que possível. A adição de proteínas e aminoácidos aos carboidratos ingeridos durante o período de recuperação melhora a síntese do glicogênio muscular acima do que se consegue apenas com o consumo de carboidratos.

Bebidas esportivas

Já se mencionou que a ingestão de carboidratos antes, durante e depois do exercício beneficia o desempenho, por garantir combustível adequado para a produção de energia durante o exercício e para a reposição das reservas de glicogênio depois do exercício. Embora a escolha de uma dieta adequada possa atender à maioria das necessidades nutricionais do atleta, os suplementos nutricionais também podem ser extremamente válidos. Além disso, há necessidade de uma ingestão adequada de líquidos para a hidratação antes e ao longo do exercício, e para a reidratação depois do exercício. As bebidas esportivas são especificamente planejadas para que as necessidades de energia e de líquidos do atleta sejam atendidas. Os benefícios dessas bebidas para o desempenho, não apenas nas atividades de resistência mas também nas atividades com grande componentes explosivos (como o futebol e o basquetebol), foram claramente documentados.[10,17]

Além do sabor, são várias as diferenças entre as bebidas esportivas. Mas o aspecto mais interessante é a velocidade com que a energia e a água são liberadas. A liberação de energia é determinada principalmente pela concentração dos carboidratos na bebida, e a reposição de líquidos é influenciada pela concentração de sódio na bebida.

Liberação de energia: a concentração de carboidratos

Uma preocupação constante é a rapidez com que a bebida deixa o estômago, ou a velocidade de **esvaziamento gástrico**. Em geral, as soluções de carboidratos saem mais lentamente do estômago que a água ou uma solução fraca de cloreto de sódio (sal). Estudos sugerem que o conteúdo calórico de uma solução – reflexo de sua

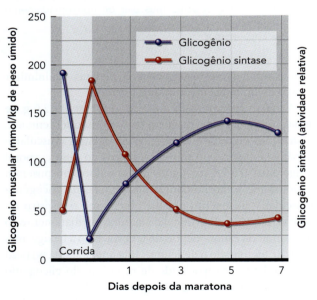

FIGURA 15.17 A ressíntese do glicogênio muscular é um processo lento; a restauração das reservas normais de glicogênio muscular após um exercício muito extenuante demora vários dias. Note que, quando o glicogênio muscular diminui com o exercício intenso (no caso, a corrida), a enzima muscular glicogênio sintase fica significativamente elevada. Isso faz que o músculo armazene glicogênio com o consumo de carboidratos na alimentação; com isso, a enzima glicogênio sintase retorna a seu nível basal.

Em resumo

> Embora alguns atletas tenham adotado dietas vegetarianas e pareçam ter bom desempenho, as fontes de proteínas e o consumo de níveis adequados de ferro, zinco, cálcio e das diversas vitaminas devem ser considerados cuidadosamente.

> A refeição antes da competição deve ser feita no mínimo 2 horas antes da competição, devendo ser pobre em gordura, rica em carboidrato e de fácil digestão. Considera-se vantajosa uma refeição líquida pobre em gordura e rica em carboidrato consumida antes da competição.

> A sobrecarga de carboidrato aumenta o conteúdo de glicogênio muscular, o que, por sua vez, aumenta o desempenho de atividades de resistência.

> Após o treinamento ou a competição de resistência, é importante consumir uma quantidade substancial de carboidratos para repor o glicogênio utilizado durante a atividade. A reposição do glicogênio durante as primeiras horas após o treinamento ou a competição é ideal, porque os níveis da enzima glicogênio sintase estão no seu máximo.

concentração – pode ser um importante determinante da rapidez de esvaziamento gástrico dessa solução e de sua absorção pelo intestino. Considerando que soluções com carboidratos permanecem no estômago por mais tempo que a água ou as soluções fracas, o aumento da concentração de glicose de uma bebida esportiva reduz significativamente a velocidade de esvaziamento gástrico. Exemplificando, 400 mL de uma solução fraca de glicose (139 mmol/L) saem quase completamente do estômago em vinte minutos, mas podem ser necessárias quase duas horas para o esvaziamento de igual volume de uma solução forte de glicose (834 mmol/L).[14] Contudo, uma pequena quantidade de bebida com alto teor de glicose que sai do estômago pode conter mais açúcar que um volume maior de solução mais fraca, simplesmente por causa de sua concentração mais elevada. Mas, se o atleta estiver tentando evitar a desidratação, essa solução fornecerá menos água – e, por isso, será contraproducente.

Qual é a taxa ideal de ingestão de CHO, ou seja, qual dose de CHO é mais benéfica para o desempenho esportivo? Nos Estados Unidos, o ACSM e a National Athletic Trainers' Association recomendam a ingestão de CHO na base de 30-60 g/h para atletas de resistência, mas também foi demonstrado que tanto doses menores como maiores de CHO melhoraram o desempenho. A concentração ideal dependeria de vários fatores, inclusive o esvaziamento do estômago, a absorção no sangue através dos intestinos e a taxa de uso do CHO pelos músculos (cerca de 60-90 g/h, dependendo do tipo de CHO ingerido). Concentrações de CHO muito altas podem causar desconforto gástrico e absorção lenta, tanto do CHO quanto do líquido a partir do intestino.

Um estudo publicado em 2013[30] investigou a relação entre a concentração de CHO em bebidas esportivas e o desempenho do no ciclismo em percursos cronometrados. Cinquenta e um jovens ciclistas e triatletas completaram quatro provas. Após uma corrida de 2 horas a cerca de 70% $\dot{V}O_{2pico}$, os voluntários fizeram uma prova simulada de 20 km no computador, com contagem de tempo. Dessa vez, os pesquisadores pediram aos voluntários que completassem o teste com a maior rapidez possível. Doze bebidas diferentes foram consumidas (1 L/h) durante o percurso de 2 horas em um esquema duplo-cego (nem a pessoa que deu ao atleta a bebida nem o atleta sabiam qual a bebida que estava sendo ingerida). As bebidas continham 10, 20, 30, 40, 50, 60, 70, 80, 90, 100, 110 ou 120 g de uma mistura de CHO (1:1:1 glicose-frutose-maltodextrina) por hora, ou um placebo não calórico. O desempenho subsequente com contagem de tempo melhorou de forma crescente nas concentrações de CHO de até 78 g/h, tendo ocorrido redução na melhora do desempenho em níveis de CHO superiores a 78 g/h. Ou seja, as propriedades das bebidas esportivas com relação à melhora do desempenho começaram a fazer um platô em ingestões de CHO acima de 78 g/h, o que sugere que em situações de corrida de competição, os atletas devem se empenhar em consumir uma bebida que contenha uma mistura de CHO entre 68-88 g/h.

A maioria das bebidas esportivas comercializadas contém apenas cerca de 6-8 g de carboidratos por 100 mL de líquido (6-8%). Em geral, as fontes de carboidratos são glicose, polímeros da glicose ou uma combinação de ambos, embora alguns produtos também tenham em sua composição frutose ou sacarose.[22] Estudos de pesquisa confirmaram um melhor desempenho de resistência com o uso de soluções nessa faixa de concentração e com essas fontes de carboidratos, em comparação com a água.[2] Soluções de carboidratos acima de ~6% retardam o esvaziamento gástrico e limitam a disponibilidade imediata do líquido; porém, esses produtos podem fornecer maior quantidade de carboidratos em determinado período, para que sejam atendidas as maiores necessidades de energia.[2,23]

Reidratação com bebidas esportivas: a concentração de sódio

A simples adição de líquido ao corpo durante o exercício diminui o risco de uma desidratação grave. Entretanto, alguns estudos indicam que a adição de glicose e sódio às bebidas esportivas, além de fornecer energia, pode estimular a absorção de água e de sódio. O sódio aumenta tanto a sede como a palatabilidade da bebida. Lembre-se de que a retenção de sódio provoca a retenção de maior volume de água. Para que haja reidratação, tanto durante como depois do exercício, a concentração de sódio deve variar entre 20-60 mmol/L.[23] Ocorre perda importante de sódio do corpo por meio do suor. Diante de grandes volumes de suor e ingestão de água, a situação pode levar a reduções críticas na concentração sanguínea de sódio e acarretar hiponatremia, conforme já discutido neste capítulo.

Palatabilidade

Atletas não ingerem soluções com gosto ruim. Infelizmente, cada um tem uma preferência diferente quanto a sabores. Para complicar ainda mais, o que tem sabor agradável antes e depois de uma longa sessão de exercício em um dia quente pode não ser necessariamente palatável durante a prova. Estudos de preferências de paladar de corredores e ciclistas durante 60 min de exercício demonstraram que quase todos preferiram uma bebida de sabor leve e que não deixava gosto forte na boca após sua ingestão. Mas os atletas beberão mais se lhes for oferecida uma bebida esportiva em vez de água? Em um estudo, corredores se exercitaram em uma esteira ergométrica durante 90 min e depois se recuperaram, na posição sentada, durante mais 90 min. Tanto as condições de exercício como as de recuperação foram controladas em uma câmara ambiental à temperatura de 32°C e com 50% de umidade. Foram realizados três experimentos, dois com duas bebidas esportivas diferentes (6 e 8% de carboidratos) e um com água. Os participantes foram incentivados a beber ao longo de cada experimento. O volume consumido durante o exercício foi similar para as três bebidas, mas, durante a recuperação, os corredores beberam aproximadamente 55% a mais de cada uma das duas bebidas esportivas, em comparação com o consumo de água.[37]

Em resumo

> Demonstrou-se que as bebidas esportivas reduzem o risco de desidratação e fornecem uma importante fonte de energia. Além disso, elas podem melhorar o desempenho do atleta tanto nas atividades de resistência como em "sessões explosivas", como futebol e basquete.

> Em geral, para que sejam maximizadas as ingestões de CHO e líquidos, a concentração de carboidratos em uma bebida esportiva não deve exceder 6-8%.[2]

> Em um cenário de corrida competitiva, os atletas devem se empenhar em consumir bebidas esportivas contendo uma mistura de CHO, numa taxa de ingestão de 68-88 g/h.

> A inclusão de sódio nas bebidas esportivas facilita a ingestão e o armazenamento de água.

> O sabor é um fator importante quando se considera a escolha de uma bebida esportiva. Quase todos os atletas preferem um sabor suave, que não deixe um gosto forte na boca após sua ingestão. Cada atleta deve selecionar a bebida com o sabor que mais lhe agrade, desde que os ingredientes nutricionais sejam os mesmos.

EM SÍNTESE

Neste capítulo, foi examinada a composição do corpo e as necessidades nutricionais do atleta, considerando a importância da otimização da composição corporal para os desempenhos de pico e da alimentação criteriosa para a melhora do desempenho esportivo. Descobriu-se a importância de cada uma das seis categorias de nutrientes e como elas podem ser ajustadas para que as necessidades de treinamento e desempenho dos atletas sejam atendidas. Examinaram-se a refeição antes da competição, o reabastecimento e a sobrecarga eficazes das reservas de glicogênio muscular, além da eficácia das bebidas esportivas comerciais. Agora que já é possível avaliar mais adequadamente a importância do peso apropriado e de uma dieta balanceada, a atenção será voltada para outro aspecto da busca incessante do atleta pelo sucesso. No capítulo a seguir, serão analisadas as substâncias propostas para a melhora do desempenho do atleta: os recursos ergogênicos auxiliares.

PALAVRAS-CHAVE

- absorciometria por raios X de dupla energia (DXA)
- aminoácidos essenciais
- aminoácidos não essenciais
- bioimpedância
- composição corporal
- densidade corporal
- densitometria
- desidratação
- elementos-traço
- eletrólitos
- espessura da gordura em prega cutânea
- esvaziamento gástrico
- gordura corporal relativa
- gorduras
- hiponatremia
- líquido extracelular
- líquido intracelular
- macrominerais
- massa de gordura
- massa livre de gordura
- mecanismo da sede
- microminerais
- osmolaridade
- pesagem hidrostática
- pletismografia aérea
- proteína
- radicais livres
- sobrecarga de carboidrato
- sobrecarga de glicogênio
- vitaminas

QUESTÕES PARA REVISÃO

1. Diferencie tamanho do corpo de composição corporal. Que tecidos do corpo constituem a massa livre de gordura?
2. O que é densitometria? Como essa técnica é utilizada na avaliação da composição corporal do atleta? Qual é o principal defeito da densitometria em relação à sua precisão?
3. Cite algumas técnicas de campo para a estimativa da composição corporal. Quais são suas vantagens e quais os seus defeitos?
4. Qual é a relação entre magreza e gordura relativas e o desempenho em determinada modalidade esportiva?
5. Quais orientações devem ser seguidas para determinar o peso-meta do atleta?
6. Quais são as seis categorias de nutrientes?
7. Qual o papel desempenhado pelos carboidratos da dieta no desempenho de resistência? E pelas gorduras? E pelas proteínas?
8. Ao consumir carboidratos durante a competição, qual é a dose ideal que o atleta deve se esforçar para ingerir?
9. Qual é a quantidade diária de proteínas apropriada para um homem adulto normalmente ativo? E para uma mulher? Discuta o valor do uso de suplementos proteicos para melhorar o desempenho em eventos de força e de resistência.
10. O atleta deve suplementar vitaminas e minerais?
11. De que modo a desidratação afeta o desempenho no exercício? Qual o efeito da desidratação na frequência cardíaca de exercício e na temperatura do corpo?
12. Descreva a refeição recomendada para o momento anterior à competição.
13. Descreva o método utilizado para a maximização do armazenamento de glicogênio muscular (sobrecarga de glicogênio).
14. Discuta o valor do consumo de carboidratos durante e após um exercício de resistência. Quais são os benefícios potenciais das bebidas esportivas?

16 Recursos ergogênicos auxiliares no esporte

Estudos sobre recursos ergogênicos auxiliares   447

Efeito placebo   447
Controle para o efeito placebo   449
Limitações da pesquisa sobre recursos auxiliares ergogênicos   449

Recursos ergogênicos auxiliares nutricionais   450

Bicarbonato   451
Beta-alanina   452
Leucina   453
Cafeína   454
Polifenóis do suco de cereja   455
Creatina   456
Nitrato   457

VÍDEO 16.1 Apresenta Nicholas Burd falando sobre o papel da leucina no reparo e crescimento dos músculos.

Códigos *antidoping* e testes de substâncias   458

Código Mundial *Antidoping*   459
Contaminação dos suplementos nutricionais   460
Esteroides sintéticos e testes para substâncias   460

Substâncias e técnicas proibidas   462

Estimulantes   462
Esteroides anabolizantes   463
Hormônio do crescimento humano   467
Diuréticos e outros agentes mascarantes   468
Betabloqueadores   469
Doping sanguíneo   470

Em síntese   473

No verão de 2013, as amostras de urina de dois velocistas de classe mundial coletadas durante a competição tiveram resultado positivo, e esses atletas foram provisoriamente suspensos até que cada uma de suas "amostras B" de urina fosse analisada na presença dos atletas ou de seus representantes. O teste da amostra B confirmou os resultados do teste da amostra A: os atletas tinham ingerido oxilofrina, um estimulante proibido. Cada velocista teve de enfrentar uma suspensão de até 4 anos, uma exclusão que certamente encerraria suas carreiras competitivas. Ambos os velocistas declararam inocência, alegando ter consumido um suplemento alimentar contaminado com a droga. A análise subsequente de um dos muitos suplementos que os atletas supostamente admitiram consumir revelou que o suplemento continha oxilofrina. Os atletas são responsabilizados por completo – legal e estritamente responsáveis – por tudo o que ingerem. Portanto, mesmo que esses atletas tivessem ingerido inadvertidamente uma substância proibida, a ignorância na contaminação de suplemento não constitui defesa válida. Infelizmente, é bastante possível que os atletas não tivessem conhecimento prévio de que o suplemento que ingeriram de bom grado por conselho de seus treinadores continha uma substância proibida.

Foi constatado que alguns suplementos alimentares destinados a melhorar a força muscular e/ou o desempenho sexual, ou a promover a perda de peso, contêm substâncias proibidas – em muitos casos, medicamentos receitados ou versões alteradas de tais agentes. Muitas pessoas se surpreendem ao tomar conhecimento de que alguns suplementos até possuem substâncias proibidas listadas como ingredientes nos rótulos do produto. Além da contaminação acidental de suplementos, a busca incessante por melhorar o desempenho, perder peso ou alterar a imagem corporal levou alguns atletas ao uso intencional de substâncias ou técnicas proibidas. Décadas de tentativas propositais de trapacear resultaram na implementação de provas sofisticadas administradas pela Agência Mundial *Antidoping* (WADA) e por outras organizações esportivas, com o objetivo de flagrar atletas que tentam obter uma vantagem injusta sobre seus concorrentes. Infelizmente, alguns atletas são flagrados em seus testes esportivos porque ingeriram suplementos que, sem seu conhecimento, continham ingredientes proibidos. Mesmo quando não há intenção de trapacear, esses atletas também estão em risco de sofrer longas suspensões de seus esportes, arcar com grandes despesas legais e ver sua boa reputação se esfarelar.

Alguns atletas estão dispostos a tentar qualquer coisa que melhore o desempenho. Para alguns, suplementos nutricionais especiais podem ser o fator decisivo; outros optam por usar técnicas proibidas, como o *doping* sanguíneo; outros, ainda, podem experimentar certos medicamentos prescritos ou variadas formulações de hormônios, na tentativa de adquirir algum ganho competitivo.

Substâncias ou práticas (como a hipnose ou "conversa de técnico") que melhoram o desempenho de um atleta são conhecidas como *recursos ergogênicos auxiliares*. Alguns recursos auxiliares ergogênicos, como o treinamento adequado e a nutrição esportiva básica, constituem parte legítima do esporte, e seus benefícios já foram exaustivamente pesquisados. No entanto, os benefícios propostos de muitas substâncias ou técnicas **ergogênicas** (i. e., produtoras de trabalho) carecem da base científica necessária para verificação de sua eficácia. Diversos atletas já receberam de um amigo ou de um treinador dicas sobre recursos ergogênicos auxiliares, ou buscaram informações na internet e presumiram que a informação fosse segura e precisa. Alguns atletas experimentam suplementos dietéticos, roupas e equipamentos especiais, ou técnicas de treinamento peculiares, na esperança de melhorar o desempenho, ainda que ligeiramente, apesar das prováveis consequências danosas.

Embora a lista de recursos auxiliares ergogênicos seja longa, o número daqueles que realmente têm propriedades ergogênicas é bem pequeno. Na verdade, algumas substâncias ou práticas supostamente ergogênicas podem comprometer o desempenho; geralmente são as drogas, às quais determinado autor chamou de **drogas ergolíticas** (que diminuem o trabalho).[22] Irônica e, por vezes, tragicamente, vários agentes ergolíticos são divulgados como agentes ergogênicos.

Muitos atletas ingerem indiscriminadamente suplementos nutricionais e drogas prescritas por acreditarem que assim irão melhorar seu desempenho. Em um estudo, 94% dos 53 treinadores e técnicos universitários da primeira divisão avaliados forneciam suplementos nutricionais a seus atletas, apesar do fato da National Collegiate Athletic Association (NCAA) e da National Athletic Trainers' Association (NATA) encorajarem a educação nutricional e o uso de alimentos em vez de suplementos dietéticos.[14,47] O uso de suplementos dietéticos poderia parecer uma tentativa legítima de melhorar o desempenho, mas alguns suplementos nutricionais são proposital ou acidentalmente contaminados com substâncias proibidas.

Este capítulo tem por foco suplementos nutricionais selecionados com possíveis efeitos ergogênicos, além de substâncias e técnicas proibidas com efeitos ergogênicos confirmados. No esporte, as práticas nutricionais mais gerais foram estudadas no Capítulo 15. Práticas psicológicas e fatores mecânicos estão além dos objetivos deste livro, mas são revisados de modo mais aprofundado em outra publicação.[56]

Antes de analisar alguns recursos ergogênicos auxiliares específicos, é importante avaliar sucintamente alguns dos desafios associados ao estudo dos supostos efeitos de tais recursos promotores de desempenho. Como exemplo, as limitações inerentes no planejamento dos estudos sobre recursos ergogênicos auxiliares, inclusive a importância do efeito placebo, afetam diretamente nossa capacidade de extrair conclusões práticas e científicas. Por essas razões, em geral é preciso que muitos estudos bem planejados tenham sido publicados antes que seja possível extrair conclusões confiáveis sobre os benefícios ergogênicos de qualquer intervenção.

Estudos sobre recursos ergogênicos auxiliares

Qualquer um pode afirmar que determinada substância é ergogênica, mas, antes que uma substância possa ser legitimamente classificada desse modo, deve-se comprovar por meio de pesquisa abalizada que ela melhora o desempenho em circunstâncias variadas. Estudos científicos de alta qualidade nessa área são essenciais para diferenciar entre uma resposta ergogênica verdadeira e uma resposta de placebo, na qual o desempenho melhora simplesmente por causa da expectativa de melhora da pessoa (ou do atleta).

Efeito placebo

Suponha que um atleta consuma determinada substância algumas horas antes do jogo e, durante a competição, apresente um bom desempenho. Provavelmente, esse atleta irá atribuir seu sucesso à substância em questão, embora não haja provas de que sua ingestão possa ter tido qualquer efeito. Esse é um bom exemplo do motivo pelo qual os relatos casuais não servem como substitutos para dados científicos válidos e confiáveis.

Conforme discutido no capítulo introdutório, o fenômeno pelo qual as expectativas de um indivíduo determinam uma resposta de seu corpo é chamado de **efeito placebo**. Do ponto de vista prático, um efeito placebo pode melhorar o desempenho simplesmente porque o atleta espera por uma melhora. Por esse motivo, os efeitos placebo podem ser benéficos. Por exemplo, se um treinador diz a um jovem atleta que seus calçados esportivos novos definitivamente o ajudarão a correr mais rápido, será grande a chance de que o atleta de fato corra mais rápido. O efeito placebo pode ter utilidade sob uma perspectiva prática, mas, sob o ponto de vista científico, esse efeito pode complicar seriamente o estudo das qualidades ergogênicas, porque os pesquisadores precisam ser capazes de diferenciar o efeito placebo das verdadeiras respostas fisiológicas à intervenção em teste.

O poder do efeito placebo foi claramente demonstrado em um dos primeiros estudos sobre **esteroides anabolizantes** no esporte.[4] Quinze atletas do gênero masculino que vinham se envolvendo intensamente na prática do halterofilismo nos dois anos anteriores apresentaram-se como voluntários para um experimento de treinamento com peso que envolvia o uso de esteroides anabolizantes. Os pesquisadores informaram aos participantes que aqueles que obtivessem os maiores ganhos no levantamento de peso ao longo de um período preliminar de quatro meses de treinamento com peso seriam selecionados para a segunda fase do estudo, na qual receberiam esteroides anabolizantes.

Após o período inicial, oito desses quinze indivíduos foram aleatoriamente selecionados para participar da fase de tratamento. Apenas seis deles foram aprovados em todos os testes de triagem clínica e receberam permissão para continuar na fase de tratamento. Essa fase consistiu em um período de quatro semanas em que os participantes foram informados de que receberiam 10 mg diários de Dianabol (um esteroide anabolizante potente), mas, na verdade, receberam placebo – uma substância inativa fornecida em uma forma idêntica à da droga genuína.

Dados de força foram coletados ao longo das últimas sete semanas do período de pré-treinamento de 4 meses que precedeu o tratamento e durante as quatro semanas do período de tratamento (com placebo) (ver Fig. 16.1). Embora os participantes fossem halterofilistas experientes, eles continuaram ganhando quantidades impressionantes de força no período de treinamento que precedeu o tratamento. Contudo, os ganhos de força durante o período em que os voluntários estavam tomando o placebo foram substancialmente maiores que durante o período pré-terapêutico! O grupo aumentou, em média, 11 kg nos totais combinados de levantamento de peso com 1 repetição máxima (1-RM) (agachamento, supino, supino militar, supino sentado) durante o período pré-terapêutico de sete semanas, mas aumentou 45 kg no período de tratamento (com placebo) de quatro semanas. Em média, isso representa um ganho de força de levantamento de 1,6 kg por semana durante o período de treinamento pré-terapêutico e de 11,3 kg por semana durante o período de placebo – um aumento superior a sete vezes a taxa de ganho de força durante o período de uso do placebo (que os voluntários acreditavam ser um esteroide), em comparação com o período de treinamento pré-terapêutico.

Desde um ponto de vista prático, certamente um efeito placebo pode ser bom para o desempenho esportivo, desde que os riscos decorrentes sejam aceitáveis. Por exemplo, os jogadores de futebol americano podem respirar direta-

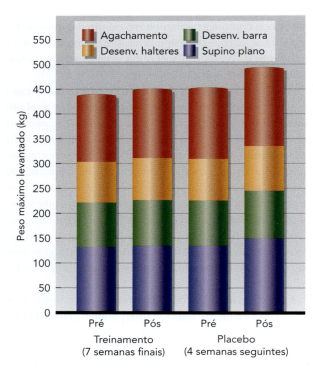

FIGURA 16.1 Efeito placebo nos ganhos de força muscular. O aumento na força total de levantamento de peso e na força em cada um dos quatro levantamentos máximos, ao longo das últimas sete semanas de um período de treinamento intenso pré-tratamento com duração de quatro meses, é comparado com os aumentos na força durante um período de tratamento subsequente de quatro semanas, em que os participantes tomaram placebo, acreditando tratar-se de esteroides anabolizantes, e deram continuidade ao treinamento de força intensivo.
Dados de Ariel e Saville (1972).

PERSPECTIVA DE PESQUISA 16.1
O efeito "nocebo" no desempenho esportivo

O efeito placebo é definido como uma resposta psicobiológica positiva a um tratamento supostamente benéfico. Um efeito "nocebo", por outro lado, é uma resposta psicobiológica negativa a um suposto tratamento prejudicial, por exemplo, quando um paciente é instruído a antecipar um efeito colateral de um medicamento, ou que determinado exercício poderá causar dor. Existe apoio empírico tanto para o efeito placebo como para o efeito nocebo no desempenho esportivo. Entretanto, esses estudos em geral têm sido demasiadamente pequenos para que se possa identificar com segurança as variáveis associadas às respostas de efeitos placebo e nocebo.

Um estudo recentemente publicado buscou estimar a magnitude relativa dos efeitos placebo e nocebo no desempenho esportivo.[34] Nesse estudo, houve participação de cerca de 600 adultos, que foram randomizados para três tratamentos diferentes: tratamento com crença positiva (os participantes foram iludidos ao tomarem uma cápsula com produto inerte descrita como um suplemento potente para melhorar o desempenho nos tiros de velocidade); tratamento com crença negativa (os participantes foram iludidos ao tomarem uma cápsula com produto inerte descrita como um suplemento potente para afetar de forma negativa o desempenho nos tiros de velocidade); ou controle sem tratamento (os participantes não receberam instruções nem cápsulas). Os voluntários completaram uma prova de desempenho que consistia em cinco tiros de velocidade de 20 m cada, antes e depois do tratamento.

Contrastando com estudos precedentes, não houve melhora no desempenho dos tiros de velocidade após a ingestão do suplemento supostamente benéfico. Mas os autores observaram uma piora significativa no desempenho dos tiros de velocidade naqueles voluntários que receberam o suplemento supostamente prejudicial (i. e., um efeito nocebo). Em segundo lugar, no âmbito do tratamento com crença positiva, o desempenho dos participantes que relataram que provavelmente usariam um suplemento melhorou em maior grau, em comparação com aqueles que informaram que não pretendiam usar um suplemento. Em outras palavras, a intenção de usar suplementos esportivos pode estar relacionada à resposta ao placebo. Esse achado tem implicações práticas para os praticantes de esportes, pois a eficácia de determinado tratamento pode estar relacionada às intenções do atleta em usá-lo.

mente de um tanque de oxigênio nas laterais do campo, mas não há evidência científica de que respirar ar enriquecido com oxigênio irá acelerar a recuperação. Mas, se os atletas acreditarem que vão se recuperar mais rápido, é provável que essa crença os faça se sentir melhor, tal é o poder do efeito placebo, um "tratamento" frequentemente eficaz para reduzir as sensações de dor e fadiga.

Rawdon et al.[42] conduziram uma metanálise de 37 estudos que confirmou a presença de um forte efeito de placebo associado a suplementos esportivos que alegavam melhorar o desempenho. Essa descoberta pode não ser surpreendente, mas certamente confirma que a mera antecipação de um benefício em decorrência do uso de um suplemento esportivo está, com frequência, associada a um benefício real. Quando os participantes receberam o suplemento em teste ou um placebo, as medidas de desempenho muscular melhoraram em quantidade semelhante quando comparados aos valores registrados nos grupos de controle. A descoberta de que os tratamentos com suplementos não diferiram dos tratamentos com placebo apoia de forma mais enfática a conclusão dos autores de que "qualquer melhoria observada com a suplementação não deve ser atribuída exclusivamente ao suplemento, pois o produto está atuando em sinergia com um estímulo de treinamento".

Controle para o efeito placebo

Todos os estudos sobre substâncias potencialmente ergogênicas devem incluir um grupo de placebo para que os pesquisadores possam comparar as respostas resultantes da substância em teste com aquelas resultantes do uso do placebo. Em muitos estudos, utiliza-se um modelo experimental *duplo-cego*; nesse tipo de pesquisa, nem o pesquisador nem o pesquisador têm conhecimento do grupo que está recebendo o recurso ergogênico auxiliar proposto e do grupo que está recebendo o placebo. Esse procedimento tem por objetivo eliminar a tendenciosidade do experimentador, considerando que suas convicções podem afetar o resultado do estudo. Neste modelo, as substâncias são codificadas, e somente uma pessoa independente não associada ao projeto tem acesso aos códigos até que todos os dados tenham sido coletados e analisados.

Os placebos exercem um efeito tão poderoso que muitos cientistas do esporte recomendam que os estudos sobre recursos ergogênicos auxiliares incluam não apenas um tratamento com (ou grupo de) placebo, mas também um tratamento de controle para ajudar a identificar (controlar) o efeito placebo. Por exemplo, em um estudo que tenha por objetivo determinar se o consumo de um extrato de folhas de carvalho melhora a força muscular após 8 semanas de treinamento físico, pelo menos três tratamentos experimentais seriam necessários: (1) com pílula de extrato de folha de carvalho, (2) com placebo e (3) sem pílula. Se os ganhos de força após o treinamento forem semelhantes para os três tratamentos, os pesquisadores concluirão que o extrato de folhas de carvalho não tem efeito ergogênico. Se tanto o tratamento com o extrato de folha de carvalho como o tratamento com placebo estiverem associados a ganhos de força maiores do que os obtidos com o tratamento de controle, a conclusão será que o ganho de força foi causado por um efeito placebo. Se os ganhos de força no tratamento com extrato de folha de carvalho forem significativamente maiores do que os observados nos tratamentos com placebo e com o controle, somente então os pesquisadores concluirão que havia algo no extrato de folhas de carvalho capaz de melhorar as adaptações ao treinamento de força. Ao estudar os recursos ergogênicos auxiliares, a adição de um grupo de controle melhora a capacidade de entender um possível impacto do efeito placebo.

Limitações da pesquisa sobre recursos auxiliares ergogênicos

Para estabelecer a efetividade (eficácia) de um possível recurso ergogênico auxiliar, os cientistas confiam em métodos de pesquisa aceitos para controle do efeito placebo. No entanto, mesmo os estudos realizados com mais rigor podem deixar de considerar pequenos efeitos que, de fato, possam ser significativos para os atletas, cujo sucesso é frequentemente definido em questão de frações de segundo. Em certas circunstâncias, essas diminutas diferenças no desempenho podem ser eclipsadas pelas análises estatísticas das quais a pesquisa depende.

As pesquisas também podem ficar limitadas pela precisão do equipamento de laboratório e pela variabilidade das técnicas de pesquisa. Todos os métodos de pesquisa têm alguma margem de erro, além de uma variabilidade intrínseca; e, se os resultados estiverem dentro dessa margem de erro, o pesquisador não poderá isolar o efeito da intervenção que está sendo testada. Devido ao erro de medição, à variabilidade dos equipamentos, às diferenças nas respostas individuais e à variabilidade diária das respostas dos participantes, será preciso que um possível recurso ergogênico auxiliar exerça um efeito importante antes que estudos científicos possam confirmar sua propriedade ergogênica.

Também é importante ter em mente que o desempenho em um laboratório é consideravelmente diferente do desempenho no ambiente esportivo habitual. Assim, nem sempre os resultados laboratoriais refletem com precisão os resultados esportivos naturais. Ainda assim, uma vantagem dos testes laboratoriais é que o ambiente de teste pode ser cuidadosamente controlado. Isso geralmente não é possível em estudos de campo, onde numerosas variáveis não controláveis – como temperatura, umidade, vento e distrações – podem afetar os resultados.

Perspectiva de pesquisa 16.2
Uso de analgésicos no esporte

Por muitos anos os profissionais de saúde vêm debatendo o uso, o uso indevido e o abuso de analgésicos – isto é, medicamentos para a dor como ibuprofeno, naproxeno e aspirina – no esporte. Em 1967, o Comitê Olímpico Internacional original proibiu o uso de analgésicos narcóticos no esporte. A lista proibida pela Agência Mundial *Antidoping* de 2017 proíbe o uso de narcóticos e canabinoides. Mas os analgésicos de uso mais comum, como os agentes anti-inflamatórios não esteroides, anestésicos locais e alguns opioides fracos, não estão proibidos. Isso deixa uma área cinzenta, pois nenhuma definição clara distingue narcóticos e canabinoides dos analgésicos mais usados em termos de seus riscos à saúde ou do potencial ergogênico.

Esse quadro levanta uma pergunta óbvia: quais são os principais determinantes para a inclusão de uma substância na lista proibida? Os critérios atuais para a proibição de uma substância requerem que seja levado em consideração o seu potencial para o desempenho esportivo, ou melhora deste, bem como o seu potencial, ou risco real, de causar dano à saúde. Também deve ser levado em conta se o uso de tais substâncias constitui uma violação do espírito do esporte (i. e., o conceito de uma competição justa, ética e respeitosa). Mas os riscos específicos para a saúde com o uso de narcóticos e canabinoides em relação a outros analgésicos ainda não foram submetidos a uma avaliação rigorosa. De fato, alguns até argumentam que o uso ou não de *todos* os opioides e canabinoides deveria ficar a critério do médico no tratamento de um atleta. Mas, atualmente, a janela para o uso dessas substâncias em atletas de elite é extremamente estreita.[53]

Muitas vezes, há pontos de vista apaixonados sobre o papel que o código *antidoping* deveria desempenhar na regulação de opioides e canabinoides. Alguns sugerem que a problemática do uso social das drogas poderia ser resolvida mais apropriadamente por uma abordagem com um código de conduta, e na qual seriam utilizadas estratégias de tratamento e aconselhamento sobre o abuso de tais substâncias. Outros ainda acreditam que o uso de opioides e canabinoides é um comportamento completamente inaceitável no cenário esportivo, sendo em potencial tão perigoso a ponto de levar a um esforço máximo para impedir seu uso; assim, os testes para drogas e as sanções *antidoping* devem ter continuidade. No futuro, qualquer abordagem que tenha por meta limitar o debate em torno da "área cinzenta" já mencionada deve ser simultaneamente fundamentada nos princípios e nas melhores práticas que orientam as estratégias de controle e tratamento da dor no ambiente esportivo.

Qualquer que seja a intervenção, seu potencial ergogênico não pode ser confirmado por um estudo ou, na verdade, até por uma dezena de estudos. Em alguns casos, deverão ser publicadas dezenas e mesmo centenas de estudos para que se possa chegar a uma conclusão confiável com relação à ergogenicidade, ou não, de determinada intervenção. O efeito ergogênico das bebidas esportivas é um bom exemplo da necessidade de inúmeros estudos para confirmar a eficácia. Antes do final dos anos de 1980, a opinião prevalecente entre os cientistas esportivos era de que as bebidas esportivas não proporcionavam benefícios de hidratação ou de desempenho diferentes daqueles observados com o uso de água potável. Essa opinião se fundamentava na literatura científica da época, que apresentava poucas evidências em favor da ergogenicidade das bebidas esportivas. Nesse tocante, a opinião científica somente mudou após a publicação de algumas dezenas de pesquisas competentes.

No estudo dos benefícios potenciais dos suplementos dietéticos, outro desafio que se coloca é que os pesquisadores muitas vezes precisam assumir que os ingredientes de determinado suplemento estão informados com precisão no rótulo do produto. Talvez não seja esse o caso. Na verdade, os valores dos ingredientes ativos do suplemento podem ser consideravelmente maiores ou menores do que os valores listados no rótulo do produto. Por outro lado, o suplemento pode estar contaminado com uma substância proibida, que pode ser responsável por qualquer efeito que possa vir a ser observado. Por essa razão, alguns cientistas do esporte argumentam que os estudos sobre suplementos dietéticos devem incluir a verificação, por terceiros, da pureza e potência do suplemento em teste.

Tendo em vista o lento progresso da ciência, em passos pequenos, e também o fato das limitações em sua capacidade de determinar inequivocamente a eficácia das intervenções relacionadas ao desempenho, a ênfase será transferida para exemplos de recursos ergogênicos auxiliares.

Recursos ergogênicos auxiliares nutricionais

Este capítulo terá continuidade com uma visão geral de algumas intervenções nutricionais selecionadas que já foram estudadas com relação aos seus efeitos ergogênicos, e será concluído com uma revisão de substâncias e técnicas proibidas. Embora os conceitos básicos de nutrição e as propriedades específicas de carboidratos, gorduras, proteínas, vitaminas e minerais relacionadas ao desempenho tenham sido discutidos no Capítulo 15, já foi proposto que muitas intervenções nutricionais possuem propriedades ergogênicas específicas. Intencionalmente, o capítulo oferece ao leitor apenas uma breve visão geral de um punhado de intervenções nutricionais; o leitor interessado poderá obter mais informações nas referências listadas. Esta seção, que trata de recursos ergogênicos auxiliares nutricionais, também destaca a importância da realização de muitos estudos científicos bem elaborados sobre determinado tópico, antes que seja possível extrair conclusões científicas confiáveis e propor recomendações práticas.

Não é possível oferecer um estudo de todos os recursos ergogênicos auxiliares nutricionais usados pelos atletas; assim, as informações nesta seção do capítulo se limitarão às seguintes substâncias:

- Bicarbonato.
- Beta-alanina.
- Leucina.
- Cafeína.
- Polifenóis do suco de cereja.
- Creatina.
- Nitrato.

Bicarbonato

É preciso lembrar, do Capítulo 7, que os bicarbonatos constituem parte importante do sistema de tamponamento necessário à manutenção do equilíbrio acidobásico dos líquidos corporais. Em eventos intensamente anaeróbios, nos quais grandes quantidades de lactato são formadas, o aumento da capacidade de tamponamento do corpo pela elevação das concentrações sanguíneas de bicarbonato pode melhorar a capacidade de desempenho.

Benefícios ergogênicos propostos do bicarbonato

É possível aumentar a capacidade de tamponamento para os ácidos metabólicos, como o ácido láctico, por meio da ingestão de bicarbonato de sódio ou citrato de sódio. Isso permite a manutenção do pH extracelular, mesmo quando os músculos ativos liberam maiores quantidades de ácido láctico. Teoricamente, essa estratégia poderia permitir um prolongamento do exercício físico de alta intensidade antes que a fadiga se estabeleça. Não é de surpreender que a ingestão de quantidades suficientes de bicarbonato de sódio por via oral eleva realmente a concentração plasmática de bicarbonato. No entanto, são poucos os efeitos dessa elevação nas concentrações intracelulares de bicarbonato. Portanto, os possíveis benefícios da ingestão de bicarbonato ficariam, teoricamente, limitados aos exercícios anaeróbios com duração superior a 2 min, porque episódios abaixo dos 2 min seriam demasiadamente curtos para permitir que uma quantidade suficiente de íons hidrogênio (H^+, do ácido láctico) se difundam das fibras musculares para o líquido extracelular, onde poderiam ser tamponados pelos íons bicarbonato extras.

Efeitos demonstrados do bicarbonato

Em 1990, Roth e Brooks[44] descreveram um transportador de membrana celular para o lactato que funciona como resposta ao gradiente do pH entre o líquido extracelular e as células musculares. A maior capacidade de tamponamento extracelular decorrente da ingestão de bicarbonato ou citrato aumenta o pH extracelular, o que, por sua vez, acelera o transporte de lactato da fibra muscular (através desse transportador de membrana).

A teoria subjacente à ingestão de bicarbonato ou citrato como forma de aumentar a capacidade de tamponamento e melhorar o desempenho de alta intensidade é bastante consistente, embora a literatura especializada existente seja conflitante, em parte por causa do número relativamente limitado de estudos publicados. Linderman e Fahey,[38] em sua revisão da literatura, descobriram diversos padrões importantes que poderiam explicar tais conflitos nos estudos publicados. Os dois autores concluíram que a ingestão de bicarbonato tinha pouco ou nenhum efeito nos desempenhos com duração inferior a um minuto ou superior a sete minutos. Mas, para desempenhos entre 1 e 7 minutos, os efeitos ergogênicos ficavam evidentes. Além disso, Linderman e Fahey descobriram que a dosagem era um fator importante. Muitos estudos que optaram pela administração da dose de 300 mg/kg de massa corporal demonstraram benefícios, enquanto vários estudos que utilizaram doses mais baixas resultaram em pouco ou nenhum ganho. Assim, aparentemente a ingestão de bicarbonato na dose de 300 mg/kg de massa corporal pode melhorar o desempenho de atividades anaeróbias máximas com duração de 1 a 7 min. (Pesquisas preliminares indicam um possível efeito sinérgico da combinação de beta-alanina e bicarbonato de sódio,[46] embora essa possibilidade precise ser confirmada por mais pesquisas.)

A Figura 16.2 ilustra um exemplo de estudo que corrobora essa conclusão. Nesse estudo, as concentrações de bicarbonato no sangue foram artificialmente elevadas pela ingestão de bicarbonato antes e durante as cinco sessões de velocidade na bicicleta ergométrica, cada uma delas com duração de 1 min (ver Fig. 16.2a).[20] O desempenho no teste final melhorou em 42%. Essa elevação no nível sanguíneo de bicarbonato baixou a concentração de H^+ livre durante e após o exercício (ver Fig. 16.2b), com elevação do pH do sangue. (Deve-se ter em mente que o pH é o logaritmo negativo da concentração de H^+. Portanto, quando a concentração de H^+ cai, o pH aumenta.) Os autores concluíram que, além de melhorar a capacidade de tamponamento, aparentemente o bicarbonato extra acelerou a remoção de íons H^+ das fibras musculares, atenuando com isso a diminuição do pH intracelular. Essencialmente, essa conclusão previu a presença de um transportador de lactato na membrana das células musculares, o que foi confirmado por Roth e Brooks,[44] 6 anos depois.

Riscos associados ao bicarbonato

Embora há muito tempo as pessoas venham tomando bicarbonato de sódio em quantidades menores como

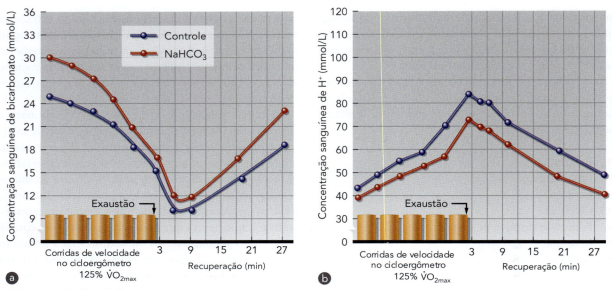

FIGURA 16.2 Concentrações de (a) bicarbonato (HCO$_3^-$) e (b) íon hidrogênio (H$^+$) no sangue antes, durante e depois de cinco sessões de velocidade no cicloergômetro, com e sem ingestão de bicarbonato de sódio (NaHCO$_3$). A quinta sessão de velocidade foi realizada até que o participante ficasse exausto. As elevadas concentrações sanguíneas de HCO$_3^-$ provocaram uma atenuação na elevação do H$^+$ sanguíneo, um declínio menos pronunciado no pH sanguíneo, um aumento de 42% no desempenho até a exaustão durante a quinta sessão e uma recuperação mais rápida após as corridas de velocidade.

Adaptado, com permissão, de D. L. Costill et al., "Acid-base balance during repeated bouts of exercise: Influence of HCO$_3^-$", *International Journal of Sports Medicine* 5 (1984): 228-231. © Georg Thieme Verlag KG.

medicação para a indigestão, muitos autores que estudaram a sobrecarga de bicarbonato relataram a ocorrência de um intenso desconforto gastrintestinal em alguns de seus voluntários, como diarreia, cólica e distensão abdominal após a ingestão de grandes doses de citrato ou de bicarbonato de sódio para a obtenção de um efeito de tamponamento. Esses sintomas podem ser minimizados com a ingestão de água em abundância e a divisão da dose total de bicarbonato ou de citrato em cinco partes iguais ao longo de um período de 1 a 2 horas (p. ex., cinco doses de 400 mg para um atleta de 70 kg).[38]

Beta-alanina

O consumo de quantidades razoavelmente grandes de bicarbonato de sódio ou de citrato de sódio aumenta a capacidade de tamponamento do compartimento do líquido *extracelular* e está associado a melhores desempenhos de alta intensidade. Mas é possível aumentar a capacidade de tamponamento do compartimento *intracelular*, particularmente nas células musculares? Estudos sobre sobrecarga de beta-alanina sugerem a possibilidade de melhorar o tamponamento intracelular.

Benefícios ergogênicos propostos para a beta-alanina

A beta-alanina é um aminoácido e, como tal, é utilizada pelas células para a síntese de uma variedade de proteínas diferentes. Uma dessas proteínas é a carnosina, uma molécula pequena e simples encontrada em altas concentrações nas células musculares e nervosas. A carnosina é composta por beta-alanina e histidina, outro aminoácido. A carnosina funciona como tampão intracelular dos íons hidrogênio (H$^+$) gerados durante o exercício intenso, sobretudo como resultado da produção de ácido láctico.

Efeitos demonstrados da beta-alanina

Pesquisas mostram que a sobrecarga de beta-alanina (p. ex., 3 g/dia durante 4 semanas como dose de ataque, seguida de 1,5 g/dia como dose de manutenção) promove um aumento dos níveis de carnosina nas células musculares e melhora no desempenho de alta intensidade.[33] Além disso, a combinação da sobrecarga de beta-alanina com uma sobrecarga de bicarbonato pode ter efeito aditivo no desempenho, talvez em eventos que se prolonguem por uma hora ou mais.[6] Embora alguns resultados tenham se revelado promissores, outros estudos informaram que não ocorreu nenhum benefício no desempenho com a sobrecarga de beta-alanina. Portanto, deverão ser publicados mais estudos antes que se possa ter uma compreensão melhor dos mecanismos que resultam em melhora do desempenho com o uso da beta-alanina, e em que extensão e com que consistência o efeito ocorre.

Riscos associados à beta-alanina

Há necessidade de mais pesquisas para que sejam elucidados completamente os efeitos colaterais e possíveis riscos associados à sobrecarga com beta-alanina. Como exemplo, um estudo relatou que os voluntários participantes foram capazes de identificar o tratamento com beta-alanina em virtude da ocorrência de parestesia (i. e., formigamento na pele).[17] Também nesse caso, há necessidade de novas pesquisas para que se possa determinar se existem, ou não, outros efeitos colaterais associados à sobrecarga de beta-alanina.

Leucina

Leucina é um *aminoácido de cadeia ramificada*, assim como a isoleucina e a valina. A leucina também é um aminoácido essencial que deve ser fornecido pela dieta. Soja, carne bovina, amendoim, peixe, frango e amêndoas são exemplos de fontes de alimento com teor relativamente alto de leucina. Durante a recuperação do treinamento físico, a ingestão adequada de alimentos e líquidos ajuda as células musculares a restaurar os níveis de glicogênio intracelular, restabelecer a hidratação intracelular, reparar proteínas danificadas e sintetizar novas proteínas.

Benefícios ergogênicos propostos da leucina

Atletas, treinadores e cientistas do esporte são, todos, profissionais interessados em maneiras de aperfeiçoar esses processos, e a ingestão de leucina parece desempenhar um papel importante como "gatilho" para estimular a síntese de proteína muscular, e também para atuar como substrato para proteínas sintetizadas *de novo*. A leucina é igualmente catabolizada pelas células musculares, gerando metabólitos que também podem ter propriedades anabólicas. Por essas razões, a leucina é um candidato interessante como suplemento dietético cujas propriedades ergogênicas podem mimetizar os efeitos de crescimento muscular dos anabolizantes ilegais.

Efeitos demonstrados da leucina

Wilkinson et al.[55] estudaram as mudanças na síntese da proteína muscular (SPM) e na degradação da proteína muscular (DPM) em 15 homens jovens em repouso, em resposta à ingestão aguda de 3,42 g de leucina ou de um metabólito desse aminoácido que também foi proposto como um suplemento dietético: beta-hidroxi-beta-metilbutirato (HMB). Ao longo de 2,5 h após a ingestão, os pesquisadores calcularam a SPM e a DPM com base em amostras de sangue e biópsias do músculo vasto lateral, em combinação com rastreadores da leucina e da fenilalanina.

Os pesquisadores concluíram que o consumo de pequenas doses (< 4 g) de leucina e HMB resultou em aumentos semelhantes na SPM, com respostas que são comparáveis àquelas relatadas após o consumo de uma refeição mista. Além disso, a ingestão de HMB foi associada a uma diminuição na DPM. (DPM não foi medida no grupo de tratamento com leucina.)

Esses resultados corroboram achados de estudos anteriores, de que a suplementação de leucina e de HMB está associada a aumentos na SPM. Embora tanto o HMB como a leucina tenham aumentado os níveis de uma molécula de sinalização anabólica, o alvo mecanístico da rapamicina (mTOR), esse efeito foi mais pronunciado com o uso da leucina. Os autores concluíram que o HMB exógeno induz o anabolismo muscular agudo (i. e., aumento da SPM e redução da DPM), mas por meio de mecanismos diferentes daqueles para a leucina, um aminoácido de cadeia ramificada.

Riscos associados à leucina

Tal como acontece com todas as pesquisas sobre suplementos dietéticos, é preciso que mais estudos sejam realizados antes que se tenha uma imagem clara com relação ao potencial anabolizante da suplementação com leucina e HMB. No entanto, até o momento as pesquisas sugerem um efeito benéfico, e parece haver pouco ou nenhum risco associado à suplementação com leucina e/ou HMB.

VÍDEO 16.1 Apresenta Nicholas Burd falando sobre o papel da leucina no reparo e crescimento dos músculos.

Em resumo

> Um recurso ergogênico auxiliar é qualquer substância ou fenômeno que melhora o desempenho. Um agente ergolítico é aquele que tem um efeito prejudicial no desempenho. Na verdade, algumas substâncias geralmente consideradas ergogênicas são ergolíticas.

> Embora o efeito placebo tenha origem psicológica, as respostas fisiológicas e físicas do corpo a um placebo podem ser bastante reais. O efeito placebo ilustra claramente quão efetivo pode ser nosso estado mental na alteração do estado fisiológico.

> O bicarbonato é um importante componente do sistema de tamponamento do sangue, sendo necessário para a manutenção do pH normal pela neutralização do excesso de ácido.

> Foi proposto o uso de uma sobrecarga de bicarbonato (e de citrato) com o objetivo de elevar a alcalinidade do sangue, aumentando assim a capacidade de tamponamento, de forma a neutralizar mais íons H^+, o que retarda o início da fadiga.

> A ingestão de 300 mg/kg de peso corporal de bicarbonato pode adiar a fadiga e aumentar o desempenho em sessões de exercício de alta intensidade com duração aproximada de 1-7 minutos.

> A sobrecarga com bicarbonato (e com citrato) pode causar desconforto gastrintestinal, que se manifesta na forma de cólicas, timpanismo e diarreia.

- A sobrecarga com bicarbonato (e com citrato) pode causar desconforto gastrintestinal, que se manifesta na forma de cólicas, distensão abdominal e diarreia.
- Beta-alanina é um aminoácido que faz parte da molécula de carnosina, um dipeptídeo que, entre outras funções, atua como tampão intracelular.
- A sobrecarga com beta-alanina está associada a um aumento no conteúdo de carnosina nas células musculares.
- Ainda há incerteza quanto ao impacto da sobrecarga de beta-alanina no desempenho de alta intensidade; alguns estudos relatam efeitos positivos e outros não.
- A ingestão de leucina, um aminoácido de cadeia ramificada essencial, pode desempenhar um papel importante como "gatilho" para a estimulação da síntese de proteína muscular.

Cafeína

A **cafeína,** assim como o bicarbonato de sódio, não é um nutriente, embora seja comumente ingerida em bebidas como cafés, chás, refrigerantes, bebidas energéticas e energéticos concentrados. A cafeína também é um ingrediente comum em vários medicamentos de venda livre, frequente até mesmo em simples comprimidos de aspirina e em outros analgésicos. A cafeína é um estimulante do sistema nervoso central (SNC) que atua nos receptores de adenosina no cérebro; seus efeitos simpatomiméticos são semelhantes aos das **anfetaminas**, embora sejam consideravelmente mais fracos. Como estimulante capaz de melhorar o desempenho do exercício físico, a cafeína merece atenção especial, em parte por ser uma das drogas mais amplamente consumidas no mundo.

Benefícios propostos da cafeína

Assim como ocorre com as aminas simpaticomiméticas, em geral a cafeína deixa a pessoa mais alerta e aumenta a concentração e o tempo de reação, além de elevar os níveis percebidos de energia. Sabe-se que a cafeína tem efeitos metabólicos no tecido adiposo, no músculo esquelético e no SNC.

Efeitos demonstrados da cafeína

Graças aos seus efeitos no SNC, os efeitos gerais da cafeína são:

- aumento no estado de vigília mental;
- aumento da concentração;
- melhora do humor;
- diminuição do cansaço e retardo no surgimento da fadiga;
- diminuição do tempo de reação (ou seja, resposta mais rápida);
- melhora na liberação das catecolaminas;

PERSPECTIVA DE PESQUISA 16.3
Uso da cafeína no ciclismo

A cafeína pode melhorar o desempenho do exercício de resistência e o desempenho anaeróbio de alta intensidade no curto prazo, conforme já foi discutido neste capítulo. Entretanto, ainda não foi completamente elucidado o mecanismo subjacente aos efeitos ergogênicos dessa substância. Nos últimos anos, o foco mudou da promoção da oxidação da gordura pela cafeína (com preservação do glicogênio) para suas ações nos sistemas nervosos central e periférico, o que pode alterar as sensações de esforço e dor muscular. No entanto, poucos estudos avaliaram sistematicamente a função neuromuscular (contração voluntária máxima, recrutamento de unidades motoras e propriedades contráteis dos músculos), a dor muscular, o esforço percebido e o desempenho de resistência em seguida ao consumo de cafeína.

Recentemente, pesquisadores testaram duas hipóteses: (1) a cafeína melhoraria o desempenho em testes de ciclagem, graças ao aumento da força em decorrência do maior recrutamento de unidades motoras e (2) a cafeína não teria efeito na percepção da dor e do esforço durante o desempenho de ciclagem com as pernas.[11] Com o uso de um novo modelo de estudo que incorporou a prática da pedalagem para as pernas e o uso de manivela para os braços, os pesquisadores puderam manipular os efeitos da cafeína na produção de força e no recrutamento de unidades motoras. A ingestão de cafeína aumentou a força e o recrutamento de unidades motoras nos extensores do joelho, mas não nos flexores do cotovelo. Sua ingestão também diminuiu a dor muscular e as classificações de esforço percebido durante o exercício de intensidade moderada, mas esse efeito desapareceu em altas intensidades de exercício, como as praticadas nos testes de esforço máximo. Por fim, a ingestão de cafeína melhorou o desempenho de resistência durante a pedalagem com as pernas, mas não nos testes para os braços na manivela. Esses achados lançam dúvida sobre a capacidade hipoalgésica da cafeína (i. e., de diminuir a sensibilidade à dor) durante exercícios de alta intensidade. Em vez disso, os dados respaldam o conceito de que o aumento da força é um mecanismo provável, pelo menos em parte, pela ergogenicidade da cafeína.

- maior mobilização de ácidos graxos livres; e
- maior uso de triglicerídeos musculares.

Os benefícios ergogênicos da cafeína foram descritos pela primeira vez por cientistas no final da década de 1970.[19,35] A cafeína ingerida antes do exercício aumentou os tempos de resistência em turnos de trabalho com ritmo fixo e diminuiu o tempo em tarefas realizadas em distância fixa.

Embora vários estudos subsequentes não tenham conseguido repetir tais resultados, estudos publicados mais recentemente demonstraram efeitos ergogênicos substanciais da ingestão de cafeína.[30,39] A princípio, postulou-se que essa melhora resultava de um aumento na mobilização dos ácidos graxos livres, o que preservaria o glicogênio muscular para uso subsequente. Entretanto, os verdadeiros mecanismos promotores da melhora do desempenho de resistência pela cafeína parecem ser mais complexos, pois nem sempre ocorre preservação do glicogênio, e também porque a cafeína melhora o desempenho em tarefas nas quais o glicogênio muscular não é fator limitante. Tem sido publicado um grande número de estudos que demonstraram um efeito direto da cafeína no SNC.[49] Hoje, já ficou devidamente documentado que a cafeína diminui a percepção do esforço, permitindo que o atleta atue com maior intensidade e perceba o mesmo esforço. A dose de cafeína comumente associada a um melhor desempenho é de 3 mg/kg de peso corporal, devendo ser consumida antes do exercício físico. Isso equivale a cerca de 200 mg de cafeína para um atleta de 70 kg. Como dose única, essa quantidade é superior aos 150 mg presentes nas bebidas energéticas ou aos 40 mg em uma lata de refrigerante do tipo cola, mas é semelhante à quantidade de cafeína existente em uma porção grande de café forte.

Também ficou demonstrado que a cafeína melhora o desempenho em tipos de atividades de velocidade e de força, e também em esportes de grande intensidade praticados em equipe. Infelizmente, é menor o número de estudos que investigaram os mecanismos pelos quais a cafeína pode melhorar o desempenho em atividades de alta intensidade. Entretanto, além da estimulação do SNC, a cafeína pode facilitar a troca de cálcio no retículo sarcoplasmático, além de aumentar a atividade da bomba de sódio-potássio, mantendo de modo mais adequado o potencial de membrana muscular.[30]

Riscos associados ao uso da cafeína

Indivíduos que não estão habituados a usar cafeína, que são sensíveis a essa substância ou que consomem grandes doses dela podem apresentar nervosismo, inquietude, insônia, cefaleia, problemas gastrintestinais e tremores. A cafeína também funciona como diurético leve em repouso, mas esse efeito não desempenha papel significativo durante o exercício porque o fluxo sanguíneo renal e a produção de urina diminuem com o exercício. O uso regular da cafeína não compromete a hidratação diária, especialmente entre seus usuários habituais, porque seu efeito diurético é menor e, em geral, as pessoas consomem água e outras bebidas em quantidade suficiente para manter o estado de hidratação durante as 24 horas. Em alguns indivíduos, a cafeína pode perturbar os padrões normais de sono, o que contribui para a fadiga. A cafeína também é fisicamente viciante; a interrupção abrupta de seu consumo pode resultar em dor de cabeça, fadiga, irritabilidade e desconforto gastrintestinal. No passado, a cafeína estava na lista da WADA de drogas proibidas, contudo, em 2004, foi removida da lista, mas sua presença ainda é monitorada em amostras de urina.

Polifenóis do suco de cereja

Sucos de frutas e de vegetais contêm centenas, senão milhares, de compostos com atividades biológicas e efeitos relacionados à saúde que ainda são pouco compreendidos, simplesmente pela ausência de pesquisas nessa área. Interessa tanto para atletas como para treinadores o surgimento de um estudo acerca do uso do suco de cereja como uma possível intervenção nutricional com efeitos analgésicos (redutores da dor) e que pode acelerar a recuperação das sessões de treinamento físico causadoras de lesões e dores musculares.

Benefícios propostos para os polifenóis do suco de cereja

A cereja, e também o mirtilo, oxicoco, framboesa, uva roxa, romã, açaí e outros frutos escuros contêm compostos polifenólicos, como os flavonoides, que são metabólitos vegetais secundários que emprestam as características de pigmentação da fruta e também ajudam a proteger os frutos de microrganismos e insetos. A ingestão diária de polifenóis é uma das razões pelas quais os nutricionistas recomendam o consumo diário de várias porções de frutas e vegetais. (Estima-se que existam mais de 4 mil diferentes flavonoides nos alimentos, e normalmente uma pessoa ingere cerca de 1.500 mg diários de flavonoides.) O consumo de frutas escuras, como as cerejas, expõe as células a flavonoides como ácido gálico, kaempferol, quercetina, resveratrol e outros compostos com propriedades antioxidantes e anti-inflamatórias. Em vez de tomar um suplemento antioxidante, a ingestão de uma fruta escura fornece uma grande variedade de micronutrientes que desempenham papéis importantes no ciclo de vida das plantas. Se esse conjunto de micronutrientes (ou micronutrientes isolados) resulta em benefícios significativos, além da boa nutrição, ainda é tópico em discussão, que os cientistas estão começando a abordar. O uso do suco de cereja como recurso ergogênico auxiliar tem sido postulado na suposição de que as características anti-inflamatórias e antioxidantes dessa fruta podem ter efeito benéfico na redução da dor após a prática de um exercício físico prejudicial.

Efeitos demonstrados dos polifenóis do suco de cereja

Em estudos nos quais voluntários consumiram suco de cereja ou placebo durante uma semana ou mais antes de praticarem um exercício excêntrico, foi observada redução no estresse oxidativo, na perda de força e nas percepções subjetivas de dor muscular em associação com o tratamento com suco de cereja.[12,18,37] Esses estudos sugerem que o consumo de cereja pode estar associado a benefícios reais – associações que eventualmente serão corroboradas ou rejeitadas por achados de novas pesquisas. Atualmente, não é possível afirmar com alguma confiança se o consumo do suco da cereja está associado a benefícios analgésicos consistentes.

Possíveis riscos associados aos polifenóis de suco de cereja

Em termos de nutrição básica, as cerejas são um alimento bom e saudável, repleto de grande variedade de nutrientes benéficos para o ser humano. Por essa razão, não há qualquer desvantagem óbvia em incluir cerejas (ou seu suco) na dieta de um atleta; e, em termos otimistas, as propriedades anti-inflamatórias das cerejas só podem fazer algum bem aos músculos. No entanto, serão necessários anos de pesquisa e dezenas de estudos publicados para que se possa determinar se esse otimismo pode ou não ser cientificamente justificado.

Creatina

A **creatina** se transformou em um popular recurso ergogênico auxiliar entre os atletas, sobretudo aqueles que participam de esportes coletivos e outras atividades que envolvem movimentos repetidos e de alta intensidade. A creatina é uma molécula que existe no interior de todas as células musculares. O corpo é capaz de sintetizar creatina (no fígado); creatina extra é fornecida pela dieta (principalmente proveniente das carnes e dos peixes). Foi demonstrado que o consumo de suplementos de creatina como forma de aumentar a ingestão diária dessa substância aumenta o seu conteúdo nos músculos.

Benefícios propostos da creatina

O principal uso da creatina tem como base o seu papel no músculo esquelético, onde aproximadamente 60% do conteúdo total de creatina existe na forma de fosfocreatina (PCr). Teorizou-se que o aumento do conteúdo de creatina no músculo esquelético, com a suplementação com essa substância, eleva os níveis de PCr muscular, reforçando o sistema de energia do trifosfato de adenosina (ATP)-PCr pela manutenção mais eficiente dos níveis musculares de ATP. Acredita-se que essa situação pode melhorar a produção de potência de pico durante a prática de exercício intenso e possivelmente facilitar a recuperação do exercício de grande intensidade. A creatina também funciona

---

PERSPECTIVA DE PESQUISA 16.4
Suplementação de creatina junto com exercício de força, para a prevenção da sarcopenia

Sarcopenia é a perda de massa muscular (miopenia) e força (dinapenia) que ocorre com o envelhecimento normal. Esse fenômeno se caracteriza por atrofia das fibras musculares tipo II, perda de miofibras e aumento do tecido conjuntivo e de lipídios intramusculares. O treinamento de força aumenta a massa e também a força musculares, e, portanto, essa é uma contramedida importante para a sarcopenia. Além do treinamento de força, o consumo de proteína também estimula a síntese das proteínas musculares e pode ser uma estratégia adicional para atenuar as perdas relacionadas à idade na massa e na força musculares. Será que a suplementação de proteína na forma de creatina, acrescida do treinamento de força, tem maior efeito na força muscular e no desempenho funcional, em comparação com o treinamento de força ou a suplementação com creatina realizados isoladamente? Em 2014, os pesquisadores realizaram uma metanálise (combinando sistematicamente as descobertas de vários estudos distintos) com o objetivo de determinar se a adição da suplementação de creatina ao treinamento de força melhora a composição corporal e aumenta a força e o desempenho funcional em idosos.[21]

Dez estudos (com um total de 357 participantes) atenderam aos critérios de inclusão, tendo sido considerados na metanálise. Em conformidade com a hipótese proposta, em idosos a suplementação de creatina durante o treinamento de força (≥ 6 semanas) melhorou a composição corporal, a força e o desempenho funcional em maior grau do que apenas a prática do treinamento de força. É provável que os mecanismos pelos quais a creatina aumenta a força muscular sejam multifatoriais e possam consistir em aumentos nas reservas de energia da fosfocreatina e na síntese desse substrato, bem como na redução da lesão muscular – e todos esses aspectos melhoram a capacidade de realizar o treinamento de força. Assim, ocorre maior efeito na composição corporal, na força e no desempenho funcional.

Quando considerados de forma coletiva, os resultados dessa metanálise respaldam um papel para o treinamento de força e a suplementação de creatina praticados simultaneamente pelos idosos a fim de retardar a ocorrência de sarcopenia.

como tampão intracelular, ajudando na regulação do equilíbrio acidobásico, e está envolvida nas vias metabólicas oxidativas. Essas são outras duas maneiras possíveis em que a sobrecarga de creatina pode melhorar o desempenho.

Efeitos demonstrados da creatina

Por causa da popularidade da suplementação com creatina nos anos de 1990 e de suas amplamente anunciadas propriedades ergogênicas, em 2000, o American College of Sports Medicine (ACSM) publicou um consenso sobre "Efeitos fisiológicos e para a saúde decorrentes do uso de suplementação com creatina oral".[2] Um grupo de cientistas revisou a literatura sobre creatina e desempenho para que se chegasse a uma lista de consenso corroborada pela pesquisa científica. Com base em sua revisão, esses cientistas concluíram que:

- A suplementação com creatina pode aumentar o conteúdo de PCr muscular, mas não em todos os indivíduos.
- Pode-se melhorar o desempenho do exercício em breves períodos de atividade de grande intensidade para a geração de potência, particularmente no caso de repetições das sessões, o que é condizente com o papel da PCr nesse tipo de atividade.
- A força isométrica máxima, a velocidade de produção de força máxima e a capacidade aeróbia máxima não são melhoradas pela suplementação com creatina.
- Com frequência, a suplementação com creatina leva a um ganho de peso nos primeiros dias de uso; provavelmente, esse efeito é atribuível ao acúmulo de água decorrente da absorção de creatina pelo músculo.
- Em combinação com o treinamento de força, a suplementação com creatina está associada a maiores ganhos em força e, possivelmente, ao aumento da capacidade de treinar em maiores intensidades.
- As grandes expectativas de melhora do desempenho excedem os reais benefícios ergogênicos advindos da sobrecarga de creatina.

Desde a publicação da declaração de consenso do ACSM, novas revisões científicas surgiram, geralmente em concordância com as observações da declaração. A creatina é um dos poucos suplementos que, em combinação com o exercício físico de força, está associada ao aumento da massa livre de gordura e da força.[40] Com relação à melhora do desempenho atlético, os estudos apresentam conclusões variáveis. Provavelmente isso se deve a dois fatores: às demandas fisiológicas do esporte ou prova e à variabilidade individual de resposta ao suplemento. É mais provável que haja melhora do desempenho em esportes que envolvem breves períodos de exercício de grande intensidade.[7] Com relação à variabilidade individual, o Capítulo 9 abordou o princípio da individualidade – o fato de que existem atletas que respondem com intensidade e atletas que pouco respondem a qualquer intervenção. Em estudos que envolvem poucos voluntários (p. ex., menos de dez), é possível que sejam mais numerosos os atletas intensamente responsivos (em comparação com aqueles pouco responsivos) representados na amostra em estudo ou vice-versa.

Riscos associados à creatina

No curto prazo, parece que não há qualquer risco para a saúde com o uso de níveis apropriados de suplementação com a creatina; essa é uma conclusão fundamentada em vários artigos de pesquisa e no uso difundido dessa substância pelos atletas. Uma última advertência: é preciso cautela com a suplementação de creatina no longo prazo, sobretudo em atletas jovens e em fase de crescimento, porque não há estudos abrangendo longos períodos sobre esse assunto. Pode ser que a suplementação com creatina não apresente riscos para a saúde no longo prazo, mas, para que haja certeza dessa conclusão, há necessidade de novas pesquisas. Já foram relatados vários casos de lesão renal em atletas jovens que consumiam doses maciças de creatina.

Nitrato

Nitrato inorgânico (NO_3^-) é uma molécula encontrada em todas as plantas (como parte do ciclo do nitrogênio, matéria ensinada na aula de biologia do ensino médio); em comparação com outros vegetais, o espinafre, o aipo e a beterraba contêm níveis mais altos de nitrato. Bactérias na língua (e outras enzimas no corpo) convertem o nitrato em nitrito (NO_2^-). Então, as células podem converter nitrito em óxido nítrico (NO). O óxido nítrico também pode ser produzido a partir do aminoácido arginina, via enzima óxido nítrico sintase (NOS). Citrulina, outro aminoácido e um precursor da arginina, é frequentemente incluída como fonte endógena de NO. A dieta comum fornece cerca de 50% do NO produzido no corpo, e a ingestão de nitrato nos alimentos é uma forma pela qual a produção de NO pode ser aumentada. As moléculas de óxido nítrico desempenham um papel fundamental em ampla variedade de funções, incluindo o controle do fluxo sanguíneo, a quimiotaxia dos leucócitos sanguíneos, a função mitocondrial e a apoptose celular.

Benefícios propostos para a ingestão de nitrato

Tendo em vista que o NO afeta o fluxo sanguíneo muscular e a função mitocondrial, os cientistas têm demonstrado interesse em determinar se a ingestão de nitrato, arginina e citrulina (e de outros compostos) está associada a benefícios ergogênicos. Por exemplo, se a ingestão de nitrato resultar em aumento da oferta de oxigênio e de nutrientes para os músculos esqueléticos ativos, essa resposta pode ser a base para um melhor desempenho em uma variedade de exercícios que se diversificam em intensidade e duração.

A ingestão de nitrato (e de nitrito) está também associada a uma redução na pressão arterial sistólica em repouso e a outras alterações cardiovasculares positivas que podem alterar o curso do envelhecimento cardiovascular e, portanto, têm importantes implicações para a saúde cardiovascular em geral. Como ocorre com a ingestão de nitrato e com o desempenho, essa é uma área de pesquisa promissora que necessita de mais estudos com o uso de voluntários dos dois gêneros e com várias faixas etárias, bem como uma série de doses para ingestão que devem ser consumidas ao longo de durações e intensidades de exercício variáveis.

Efeitos demonstrados com a ingestão de nitrato

Pesquisas iniciais sobre a ingestão de nitrato (muitas vezes na forma de suco de beterraba) demonstraram benefícios no desempenho, uma descoberta que outros estudos (embora não todos) corroboraram. Como sempre ocorre nas pesquisas sobre recursos ergogênicos auxiliares, é preciso que sejam publicados muitos estudos antes que se possa formar uma imagem nítida, e a ingestão de nitrato não é exceção. No entanto, um corpo crescente de pesquisas bem realizadas fala em favor de um efeito ergogênico com a ingestão de nitrato, pelo menos em indivíduos jovens do sexo masculino destreinados ou modestamente condicionados. Ao que parece, os efeitos da ingestão de nitrato podem ser consideravelmente menores do que os benefícios associados a um condicionamento físico excelente, pois frequentemente os estudos que arregimentaram indivíduos muito condicionados não relatam qualquer benefício com a ingestão de nitrato.[9]

Pesquisas vêm mostrando consistentemente que, quando as pessoas consomem suco de beterraba por uma semana antes de um exercício, ou mesmo apenas algumas horas antes, a concentração plasmática de nitrito aumenta, a pressão arterial em repouso diminui, o consumo de oxigênio diminui um pouco e o desempenho do exercício melhora significativamente. Acredita-se que essas respostas estejam relacionadas ao aumento da contratilidade das células musculares, maior eficiência da produção de ATP nas mitocôndrias e aumento do fluxo sanguíneo para as células musculares. A maioria desses estudos examinou uma dose única de suco de beterraba; pouco foi feito para que fosse determinada a dose de suco de beterraba (i. e., a dose de nitrato) que está associada às maiores respostas.

Em um estudo, cientistas relataram que oito homens que ingeriram 500 mL de suco de beterraba por dia durante 6 dias (uma média de 486 mg de nitrato de sódio por dia) melhoraram seu tempo até a exaustão em um teste em cicloergômetro, embora o consumo de oxigênio tenha diminuído – um achado compatível com dados de outros estudos.[5] A hipótese é que a ingestão de nitrato aumenta a produção de NO e melhora a eficiência mitocondrial para a produção de ATP, reduzindo o consumo de oxigênio mesmo com a melhora do desempenho. Ao que parece, o consumo agudo de suco de beterraba antes do exercício também pode ter efeito ergogênico.[52]

Em outro estudo,[58] 10 homens jovens e que praticavam atividades recreativas ingeriram volumes variáveis de suco de beterraba em repouso e antes do exercício. Os voluntários ingeriram 70, 140 ou 280 mL de suco de beterraba. Em seguida à ingestão do suco de beterraba, a concentração plasmática de nitrato aumentou de forma dependente da dose, e os níveis máximos foram determinados entre 2-3 h após a ingestão do suco. O menor volume de suco de beterraba não afetou as respostas ao exercício, mas os volumes de 140 e 280 mL foram associados a um menor consumo de oxigênio no estado estacionário (1,7 e 3,0%, respectivamente) e a melhor desempenho no exercício (14 e 12%, respectivamente) em relação ao grupo de controle (com ingestão de água). O desempenho foi avaliado na forma de tempo transcorrido até a falha no cicloergômetro, isto é, os voluntários realizaram sessões repetidas de exercício de intensidades moderada e alta até que não fossem mais capazes de manter uma cadência predefinida de pedaladas.

Embora os pesquisadores ainda não tenham definido os mecanismos exatos pelos quais a ingestão de nitrato altera o desempenho no exercício, muitos estudos científicos relataram resultados semelhantes, pelo menos em se tratando de voluntários praticantes de atividade recreativa. Há necessidade de mais estudos que possam corroborar essas descobertas preliminares, entender melhor as relações de dose-resposta, identificar mecanismos de ação e fornecer recomendações adicionais para treinadores e atletas interessados em usar o suco de beterraba ou outras fontes de nitrato como parte de suas estratégias de treinamento e competitivas.

Possíveis riscos associados à ingestão de nitrato

Ao que parece, a ingestão de nitrato não está associada a consequências adversas para a saúde, com a possível exceção de indivíduos com doenças cardíacas que estejam tomando medicamentos prescritos (p. ex., nitroglicerina) que também afetam o metabolismo do NO. No entanto, pouco se sabe sobre os possíveis efeitos colaterais do consumo de grandes quantidades de suplementos de nitrato.

Códigos *antidoping* e testes de substâncias

É longa a história das substâncias para melhorar o desempenho (SMD) no esporte entre atletas que optaram

> **Em resumo**
> - A cafeína pode melhorar o desempenho em esportes de resistência e até mesmo ser benéfica em atividades de duração muito menor (de 1 a 6 min, p. ex.). Contudo, os atletas podem experimentar uma resposta negativa, e, nesse caso, a cafeína pode ser considerada uma substância ergolítica.
> - Há algumas evidências de que o consumo de suco de cereja está associado à diminuição da dor e à recuperação mais rápida da força com os exercícios excêntricos, em comparação com o tratamento com placebo.
> - A suplementação com creatina parece promover benefícios ergogênicos, particularmente para melhorar o desempenho em séries repetidas de exercícios de alta intensidade com duração de 30-150 seg.
> - Foi demonstrado que a suplementação com creatina aumenta os níveis musculares dessa substância e melhora o desempenho em atividades que envolvem breves períodos de exercício em grande intensidade.
> - A ingestão de nitrato (o suco de beterraba é uma boa fonte) está associada a melhor desempenho no exercício em indivíduos sedentários ou apenas recreativamente ativos, embora um alto nível de condicionamento físico possa anular qualquer possível benefício. A ingestão de nitrato também diminui a pressão arterial sistólica e pode resultar em outros benefícios para a saúde cardiovascular.

por trapacear com o objetivo de obter uma vantagem desleal com relação a seus concorrentes. Mais adiante neste capítulo, várias dessas substâncias e técnicas proibidas serão discutidas em mais detalhes. O maior uso de SMD entre os atletas levou à formação de organizações reguladoras, a maior número de testes para substâncias para verificação de contaminação, e à proliferação de toda uma nova classe de substâncias "planejadas". Esta seção apresenta substâncias proibidas a partir dessa perspectiva regulatória.

Código Mundial *Antidoping*

Em 1968, o Comitê Olímpico Internacional (COI) iniciou os testes de substâncias durante os Jogos de Verão e de Inverno. Com o aumento das dúvidas acerca do uso de SMD durante os anos de 1970 e 1980, uma iniciativa liderada pelo COI criou em 1999 a Agência Mundial *Antidoping* (WADA; www.wada-ama.org). A WADA é composta e financiada pelo Movimento Olímpico e por diversos organismos governamentais.

As ações da WADA são orientadas pelo Código Mundial *Antidoping*, adotado em 2003. O Código é um documento fundamental, que estabelece a estrutura para as políticas, regras e regulamentos *antidoping* harmonizados no âmbito das organizações esportivas e entre as autoridades públicas. Mais de 600 organizações governamentais esportivas já adotaram o Código.

Um componente importante do Código é a Lista de Substâncias Proibidas, anualmente atualizada. Considera-se para inclusão a substância ou prática que atenda a dois dos três critérios a seguir:

1. Existe evidência científica ou médica de que a substância ou prática tem o potencial de melhorar, ou demonstrou ter melhorado, o desempenho esportivo.
2. Existe evidência científica ou médica de que o uso da substância ou prática representa risco para a saúde dos atletas.
3. A Agência Mundial *Antidoping* determina que a substância ou prática viola o espírito do esporte.

A posse, o tráfico ou a administração de SMD e práticas proibidas também são considerados violações do Código. Entre as práticas proibidas inclui-se a adulteração ou substituição de amostras de urina ou sangue. Como exemplo, atletas tentaram substituir a própria urina pela urina de outro indivíduo, ou tentaram adicionar proteases ou outras substâncias a uma amostra de urina com o objetivo de mascarar a presença de substância proibida. Também estão proibidas em ambientes esportivos as infusões intravenosas de solução salina, glicose e outras soluções. Atualmente, mesmo o *doping* genético é prática proibida, como antecipação ao que as futuras tecnologias poderão permitir.

A fidelidade ao Código é monitorada por meio de um programa de testes administrado em conjunto com vários órgãos governamentais esportivos. Os atletas devem informar seu paradeiro e estar disponíveis para a realização de testes aleatórios. Aqueles que testarem positivo para uma substância ou prática proibida podem ficar sujeitos a diversos tipos de sanções, que variam desde um recrudescimento do monitoramento até a proibição vitalícia para a prática de seu esporte.

O Código baseia-se no princípio da responsabilidade objetiva; isto é, os atletas são responsáveis por qualquer substância presente em seu corpo, mesmo que não tenham conhecimento disso. Em outras palavras, mesmo que um atleta venha a ingerir por acidente uma substância proibida, ele será considerado como totalmente responsável. Atletas que padeçam de problema clínico que exija o uso medicinal de uma substância proibida (p. ex., um atleta que esteja sendo medicado para asma) podem solicitar **isenção por uso terapêutico**. Se considerarem que um teste positivo ou sanção seja incorreto ou injusto, os atletas podem apelar do resultado junto ao organismo governamental para o seu esporte e junto ao Tribunal Arbitral do Esporte.

Outras organizações esportivas, como a NCAA, a National Football League e a NASCAR, têm suas próprias listas de substâncias proibidas, mas todas são semelhantes em muitos aspectos à lista da WADA. O COI, o Comitê Olímpico dos Estados Unidos (USOC), a Associação Internacional de Federações de Atletismo (IAAF) e a NCAA publicam listas extensas de substâncias proibidas, a maioria das quais são agentes farmacológicos. O COI e o USOC usam os padrões estabelecidos pela WADA. Nos Estados Unidos, esses padrões são administrados pela Agência *Antidoping* dos Estados Unidos (USADA; www.usada.org). A lista de substâncias proibidas é atualizada anualmente. A Tabela 16.1 lista as substâncias proibidas a partir de 2017 e os mecanismos de ação propostos para esses recursos ergogênicos auxiliares.

Cada atleta, treinador, técnico esportivo e médico da equipe deve ter conhecimento de quais medicamentos são prescritos e tomados por cada atleta; esses profissionais têm a obrigação de verificar periodicamente esses agentes, confrontando-os com a listagem de substâncias proibidas, porque a lista sofre alterações com frequência. Os atletas que necessitam de medicamentos receitados podem solicitar e ser agraciados com isenções para uso terapêutico, a fim de que possam continuar a tomar seus medicamentos sem correr o risco de entrar em conflito com as regulamentações *antidoping*.

Contaminação dos suplementos nutricionais

Numerosos atletas têm ingerido um ou mais tipos de suplementos nutricionais, que variam desde comprimidos de vitaminas e sais minerais até misturas elaboradas de partes de vegetais e produtos herbáceos. Muitos deles assumem estar ingerindo uma substância que reflete exatamente os ingredientes listados na embalagem do produto. Infelizmente, esse pode não ser o caso, já que tem repetidamente ocorrido contaminação acidental ou intencional de suplementos alimentares com substâncias proibidas. Embora a maioria dos fabricantes de suplementos demonstre cuidado em garantir a pureza e a potência de seus produtos, alguns não agem assim. Essa inconsistência exige que todos os consumidores de suplementos sigam uma abordagem do tipo *caveat emptor* (comprador, cautela!), ao adquirir e consumir suplementos.

A partir do ano de 1999, pesquisadores começaram a investigar a potência e pureza de alguns desses suplementos esportivos. Seus achados revelaram sérios problemas. Em alguns casos, os produtos não continham as substâncias listadas no rótulo em quantidades mensuráveis; em outros, havia até 150% da dose listada. Foi confirmado que muitos suplementos comuns estavam contaminados por substâncias proibidas,[27] que poderiam levar a resultados positivos nos testes *antidoping* e a subsequentes e graves penalidades para os atletas. Alguns dos contaminantes comuns detectados foram esteroides anabolizantes, estimulantes e diuréticos. Até agora foram publicados vários estudos que evidenciaram a extensão e a natureza crítica desse problema. Conclusão: como os atletas são responsáveis pelo que ingerem, usuários de suplementos estão correndo um risco extremamente alto.

Os consumidores de suplementos – e em especial os atletas – devem se precaver com relação a três aspectos críticos, qualquer que seja o suplemento em consideração.

1. Pureza: o suplemento contém substâncias nocivas ou proibidas?
2. Potência: o suplemento realmente contém a quantidade de ingredientes listados no rótulo?
3. Eficácia: o suplemento realmente promove algum benefício?

Infelizmente, não há respostas fáceis para qualquer dessas perguntas. Alguns fabricantes de suplementos recrutam outras empresas ou instituições para analisar seus produtos quanto à potência e pureza, além de exibir uma marca de certificação no rótulo do produto. Esse tipo de atitude reflete um esforço de boa-fé por parte do fabricante, para que os consumidores tenham a garantia de que seus processos de fabricação e formulações de produtos sejam fiéis aos padrões mais modernos. No entanto, por mais rigorosos que sejam os testes para substâncias proibidas, é impossível garantir que qualquer produto esteja completamente livre de substâncias proibidas, em virtude da impossibilidade de testar todas as substâncias proibidas. Mas os fabricantes de renome, que fazem um esforço extra e que estão dispostos a arcar com as despesas com a realização de testes por terceiros, estão fazendo a coisa certa em favor dos consumidores.

Esteroides sintéticos e testes para substâncias

Em um esforço para lograr os testes para drogas esportivas, alguns químicos se especializaram em sintetizar variações de esteroides – ou seus precursores metabólicos – que não possam ser detectados pelos atuais procedimentos de testes. Isso não significa que esses compostos ilícitos sejam indetectáveis – qualquer composto pode ser detectado pelos instrumentos e técnicas analíticas corretos. Mas, normalmente, o teste para drogas esportivas analisa uma série predeterminada de esteroides, e, se um "novo" esteroide não estiver inserido nessa matriz, a substância não será detectada até que alguém comece a pesquisá-la. Foi exatamente o que aconteceu com a tetra-hidrogestrinona (THG) – o poderoso esteroide sintético usado ilegalmente pelos atletas nos anos de 1990. A tetra-hidrogestrinona permaneceu não detectada pelos testes para drogas espor-

TABELA 16.1 Lista de substâncias proibidas – WADA 2017, com possíveis mecanismos de ação (onde for cabível).

Agente	Influência no coração, no sangue, na circulação e na resistência aeróbia	Maior liberação de oxigênio	Fornecimento de combustível para os músculos e funcionamento muscular geral	Atuação na massa e na força musculares	Promoção de perda ou ganho de peso	Neutralização ou adiamento do cansaço ou da sensação de fadiga	Neutralização da inibição do sistema nervoso central	Ajuda no relaxamento e na redução do estresse	Recuperação da velocidade
Agentes anabolizantes				X	X				X
Hormônios peptídicos	X	X		X	X				X
Beta-2-agonistas	X					X	X		
Moduladores hormonais e metabólicos	X		X		X	X	X		
Diuréticos e outros agentes mascarantes	X			X	X				
Manipulação do sangue	X	X	X			X			
Manipulação química e física (adulteração de amostras)	X								
Manipulação química e física: infusões intravenosas volumosas	X	X	X			X			X
Doping de gene	X		X	X	X	X	X		
Estimulantes	X		X			X	X	X	X
Narcóticos						X		X	X
Canabinoides								X	
Glicocorticoides	X		X	X		X			
Álcool								X	
Betabloqueadores	X					X		X	

tivas até que uma amostra da substância foi analisada por toxicologistas forenses e posteriormente acrescentada à lista de substâncias proibidas da WADA.

A Agência Mundial *Antidoping* reconhece duas classes de esteroides: (1) esteroides endógenos, como a **testosterona**, o estrogênio e seus precursores metabólicos, aí incluídas a epitestosterona, a androstenediona (Andro) e a de-hidroepiandrosterona (DHEA); e (2) esteroides exógenos – em outras palavras, esteroides sintéticos como a nandrolona, trembolona, metiltestosterona, THG e outros esteroides sintéticos.

A maioria dos testes para detecção de drogas esportivas é realizada com base em amostras de urina; e, no caso dos esteroides, a metodologia do teste requer etapas para extrair, separar e detectar metabólitos de esteroides na urina. Depois do tratamento da amostra de urina com o objetivo de fazer com que seja possível mensurar os metabólitos, normalmente a amostra é analisada por cromatógrafos gasosos ou líquidos para separação dos compostos, e por espectrômetros de massa para identificação dos compostos.

Além dos testes para substâncias realizados aleatoriamente, o Passaporte Biológico de Atleta (Athlete Biological Passport, ABP) será um instrumento mais utilizado nos próximos anos. O ABP é uma forma de determinar o perfil "normal" de um jovem atleta para determinações como a testosterona e a epitestosterona, além da relação entre esses dois esteroides (índice T/E), hemoglobina, hematócrito e outros parâmetros que possam ser usados para o estabelecimento de uma base normal para cada atleta. Mudanças significativas nesses parâmetros refletem o possível uso de substâncias proibidas. Por exemplo, o índice T/E tem sido utilizado há muito tempo como um marcador do uso de esteroides. O índice T/E médio para homens é igual a 1:1. O uso de esteroides ilegais faz com que essa proporção aumente. Tendo em vista a grande variação existente no índice T/E entre as pessoas, os órgãos esportivos normativos adotaram valores de corte como 4:1 ou 6:1, como uma forma de acomodar essa variação normal. É claro que isso não ajuda em nada os atletas cujo índice T/E normal seja, por exemplo, de 10:1, nem impede que atletas usem uma combinação de testosterona e epitestosterona para que sejam beneficiados pelo efeito anabolizante sem alterar o índice T/E. No entanto, atualmente é possível distinguir a testosterona exógena da testosterona endógena – outra ferramenta analítica que pode ser utilizada para pegar em flagrante os trapaceiros.

Substâncias e técnicas proibidas

A Tabela 16.1 apresenta uma relação das substâncias, agentes e métodos incluídos na Lista de Substâncias Proi-

Em resumo

> O Código Mundial *Antidoping*, originalmente adotado em 2003, é o documento fundamental a propor uma estrutura para políticas, normas e regulamentações *antidoping* harmonizadas no âmbito das organizações esportivas e das autoridades públicas. Mais de 600 organizações governamentais esportivas já adotaram o Código.
> A WADA considera uma substância como candidata à inclusão na sua lista de substâncias proibidas se satisfizer dois dos três critérios seguintes, com base em evidências científicas: (1) a substância tem o potencial de melhorar, ou demonstrou melhorar, o desempenho esportivo; (2) representa risco para a saúde dos atletas, ou (3) viola o espírito do esporte.
> Existe um risco substancial associado ao uso de suplementos nutricionais, em função da possibilidade de contaminação dos produtos e dos desafios associados à garantia de que tais suplementos estão livres de substâncias proibidas.

bidas da WADA 2017. Nesta seção serão estudadas detalhadamente as seguintes substâncias e práticas proibidas:

- Estimulantes.
- Esteroides anabolizantes.
- Hormônio de crescimento humano.
- Diuréticos e outros agentes mascarantes.
- Betabloqueadores.
- *Doping* sanguíneo.

Estimulantes

Os estimulantes listados são as anfetaminas e os compostos afins. Os estimulantes são frequentemente referidos como aminas *simpatomiméticas*, o que significa que sua atividade mimetiza a atividade do sistema nervoso simpático. Durante muitos anos, pessoas vêm usando estimulantes como inibidores do apetite em programas de perda de peso supervisionados por médicos. Durante a Segunda Guerra Mundial, as tropas do exército tomavam anfetaminas para combater a fadiga e aumentar a resistência. Atualmente, esses estimulantes são receitados para o tratamento do transtorno do déficit de atenção e hiperatividade (TDAH) com o objetivo de ativar partes do cérebro que ajudam a reduzir os sintomas associados ao TDAH e outros transtornos similares. É de longa data a introdução das anfetaminas no mundo dos esportes. Outras aminas simpatomiméticas, como a **efedrina** e a **pseudoefedrina**, têm sido consumidas como recursos ergogênicos auxiliares. A efedrina é derivada de ervas (geralmente conhecida como *ma huang*) e vem sendo utilizada no tratamento da asma, graças aos seus efeitos descongestionantes e broncodilatadores. A pseudoefedrina é um ingrediente de alguns medicamentos de venda livre, principalmente por sua ação descongestionante e também na fabricação ilícita de metanfetamina.

Benefícios propostos dos estimulantes

Os estimulantes têm efeitos fisiológicos e psicológicos que reduzem o apetite, aumentam a concentração, tornam as pessoas mais atentas, aceleram a taxa metabólica e diminuem a sensação de fadiga. Atletas usuários de anfetaminas relatam uma sensação de indestrutibilidade e percebem que essa sensação os estimula a atingir níveis mais altos de desempenho. Outras pessoas confiam na estimulação simpática para acelerar a taxa metabólica e promover a perda de gordura.

Em termos de desempenho real, acredita-se que as anfetaminas ajudem os atletas a correr mais rápido, arremessar mais longe, pular mais alto e adiar o início da fadiga. Alegações e expectativas semelhantes têm sido associadas ao uso de efedrina e da pseudoefedrina.

Efeitos demonstrados dos estimulantes

Não surpreende que alguns estudos tenham concluído que as anfetaminas não têm efeito sobre o desempenho, enquanto outros demonstram forte efeito ergogênico, e ainda outros concluem que as anfetaminas têm efeito ergolítico. Por serem estimulantes potentes do SNC, as anfetaminas exacerbam o estado de excitação, o que leva a uma sensação de maior energia e de autoconfiança, além de fazerem com que os usuários tomem decisões mais rápidas. Os atletas usuários de anfetaminas experimentam uma diminuição da sensação de fadiga, juntamente com um aumento da frequência cardíaca, das pressões arteriais sistólica e diastólica e do fluxo sanguíneo direcionado para os músculos esqueléticos. Além disso, também ocorre aumento da glicemia e dos ácidos graxos livres no sangue.

Nesse caso, a questão-chave é: esses efeitos ajudam no desempenho físico? Embora não exista total concordância entre os estudos que abordaram esse tópico, pesquisas que lançaram mão de modelos experimentais e controles mais apropriados mostram que a ingestão de anfetaminas está associada aos tipos de respostas que seriam esperadas de um estimulante do SNC, incluindo:

- perda de peso;
- melhor tempo de reação, aceleração e velocidade;
- maior força, potência e resistência muscular;
- possivelmente um aumento na resistência aeróbia, embora não de $\dot{V}O_{2max}$;
- frequência cardíaca máxima mais elevada e picos mais elevados para a concentração de lactato na exaustão;
- melhora no foco; e
- melhora na coordenação motora fina.

Os resultados até agora publicados não são tão claros como os achados para outros estimulantes como sinefrina, efedrina e pseudoefedrina. Embora as pesquisas tenham revelado pequenas melhorias nos marcadores do desempenho esportivo com o uso dessas substâncias, atualmente se acredita que os benefícios para o desempenho não são consistentes em termos de velocidade, força, potência e resistência.[1,16]

Riscos associados ao uso de estimulantes

Algumas mortes têm sido atribuídas ao uso excessivo de anfetaminas e de efedrina, provavelmente em decorrência do aumento da frequência cardíaca e da pressão arterial, implicando maior estresse ao sistema cardiovascular. Em indivíduos suscetíveis, o uso de estimulantes pode desencadear arritmias cardíacas. Além disso, em vez de adiar o início da fadiga, as anfetaminas provavelmente adiam a sensação de fadiga, e isso faz com que alguns atletas forcem de maneira perigosa suas corridas, além dos limites normais de exaustão.

As anfetaminas podem causar habituação psicológica, por causa da euforia e dos sentimentos de energização decorrentes de seu uso. Mas essas substâncias também podem causar habituação física se forem consumidas regularmente, e a tolerância do indivíduo às anfetaminas aumenta com seu uso continuado, o que exigirá doses cada vez maiores para que sejam obtidos os mesmos efeitos. As anfetaminas também podem ser tóxicas. Nervosismo extremo, ansiedade aguda, comportamento agressivo e insônia são efeitos colaterais do uso regular desses agentes. A efedrina tem efeitos colaterais semelhantes aos das anfetaminas e está associada ao risco de ocorrência de eventos cardiovasculares e doenças relacionadas ao calor.

Esteroides anabolizantes

Os esteroides anabolizantes são substâncias proibidas, por causa dos benefícios ergogênicos consolidados com relação ao crescimento da massa muscular, além do que normalmente se pode conseguir com uma combinação de treinamento de força e dieta. Alguns atletas praticantes de esportes, que vão desde o ciclismo de resistência até o beisebol e o fisiculturismo, são usuários de esteroides e substâncias similares. Muitos hormônios sexuais masculinos exercem efeitos de fortalecimento muscular e de masculinização e, portanto, são conhecidos como esteroides anabólico-androgênicos. O uso de esteroides e de outros agentes hormonais como recursos ergogênicos auxiliares teve seu início no final da década de 1940 ou início dos anos de 1950, talvez mesmo antes. Os agentes anabolizantes estão proibidos para todos os esportes, e os riscos médicos associados ao seu uso são consideráveis.

Alguns episódios relatados sugerem que, em certos esportes, 20-90% dos seus atletas são usuários ou já consumiram esteroides anabolizantes. No entanto, alguns estudos científicos estimam percentuais muito mais baixos, da ordem de 6%, nesses esportes.[8] Nos Estados Unidos, foi relatado o uso de esteroides anabolizantes em uma população de alunos do ensino médio, em percentuais que variam de 4-11% nos rapazes e de até 3% nas moças.[16,43]

Os esteroides constituem uma grande classe de substâncias que incluem hormônios sexuais masculinos e femininos, como a testosterona e o estradiol. Curiosamente, o colesterol também é classificado como um esteroide. Embora o colesterol não tenha efeitos anabolizantes ou androgênicos, sua estrutura é semelhante à de todos os hormônios esteroides. As plantas também produzem esteroides (fitoesteróis) que, como o colesterol, não interagem com os receptores androgênicos nas células e, portanto, não têm efeitos anabolizantes. Mas os esteroides que interagem com os receptores androgênicos aceleram o crescimento pelo aumento da velocidade de maturação óssea e o desenvolvimento da massa muscular. Durante anos, esteroides anabolizantes eram administrados a crianças com padrões de crescimento atrasados, com o objetivo de normalizar suas curvas de crescimento. Já foram sintetizadas dezenas de esteroides com estruturas químicas ligeiramente alteradas; isso resultou na diminuição de suas propriedades androgênicas e anabolizantes. Por isso, os hormônios esteroides sintéticos diferem em seus efeitos anabolizantes e androgênicos (masculinizantes).

Benefícios propostos dos esteroides anabolizantes

Sabe-se que a administração de esteroides aumenta a massa muscular e, portanto, a força e reduz a massa de gordura. Por essas razões, é compreensível que os esteroides sejam classificados como SMD. Também se postulou que os esteroides anabolizantes facilitam a recuperação de sessões de treinamento muito extenuantes, permitindo que os atletas treinem duro nos dias subsequentes.

Os atletas usuários de esteroides se tornaram especialistas em "enganar o sistema". Tais atletas lançam mão de diuréticos e outros agentes e técnicas de mascaramento com o objetivo de minimizar o risco de detecção. E os químicos continuam a desenvolver esteroides "planejados" para ajudar os atletas trapaceiros a evitar a detecção. Testes randomizados para substâncias (tanto "em competição" como fora de competição), associados com técnicas analíticas melhoradas, aumentam a probabilidade de identificação de usuários de SMD. Espera-se que essas ações, juntamente com maior empenho educacional, possam impedir que a maioria dos atletas utilize esteroides.

Efeitos demonstrados dos esteroides anabolizantes

Já estão devidamente estabelecidos os benefícios ergogênicos dos esteroides anabolizantes. Foi demonstrada a existência de uma vigorosa relação de dose-resposta entre esteroides e massa corporal magra, massa muscular e força. Tais achados fazem dos esteroides um dos mais potentes recursos ergogênicos auxiliares proibidos. No entanto, nem sempre foi assim. Os resultados das primeiras pesquisas sobre esteroides anabolizantes praticamente se dividiam entre estudos que não demonstraram qualquer mudança significativa no tamanho do corpo ou no desempenho físico e aqueles que relataram melhorias significativas na força e na massa muscular.

Um problema básico em quase todos os estudos realizados até agora é a impossibilidade de observar, no âmbito do laboratório de pesquisa, os efeitos das grandes doses de esteroides anabolizantes que estão sendo utilizados no mundo esportivo. Estima-se que alguns atletas ingiram cerca de cinco a vinte vezes – ou mais – a dose diária máxima recomendada.[31] No entanto, alguns pesquisadores tiveram a oportunidade de observar atletas em períodos nos quais estavam consumindo grandes doses de esteroides anabolizantes e em períodos nos quais esses mesmos atletas tinham parado de ingerir tais substâncias, o que serviu de base para que se possa entender como os esteroides anabolizantes afetam a massa muscular e a força.

Em um dos primeiros estudos que envolveram atletas que tomavam esteroides ilegalmente, foram observados os efeitos de doses relativamente altas em sete halterofilistas homens.[32] Dois períodos de tratamento, cada um com duração de seis semanas, foram separados por um intervalo de seis semanas sem tratamento. Metade dos participantes recebeu o placebo durante o primeiro período de tratamento e o esteroide durante o segundo período. A outra metade recebeu as substâncias em ordem inversa: primeiro o esteroide, depois o placebo. Quando foram analisados os dados de todos os participantes, os resultados demonstraram que, durante a medicação com o esteroide, os halterofilistas tiveram aumentos significativos de:

- massa corporal e massa livre de gordura;
- potássio e nitrogênio corporais totais (marcadores de massa livre de gordura);
- tamanho muscular; e
- força nas pernas.

Esses aumentos não ocorreram durante o período de uso do placebo. Os resultados desse estudo estão resumidos na Figura 16.3.

Em um segundo estudo, Forbes[26] observou mudanças na composição corporal de um fisiculturista profissional e de um halterofilista competitivo. Ambos estavam fazendo automedicação com altas doses de esteroides. O fisiculturista vinha tomando sua dose havia 140 dias, e o halterofilista havia 125 dias. Em média, a massa livre de gordura havia aumentado em 19,2 kg, e a massa de gordura havia diminuído em quase 10 kg. Forbes[26] mapeou os resultados

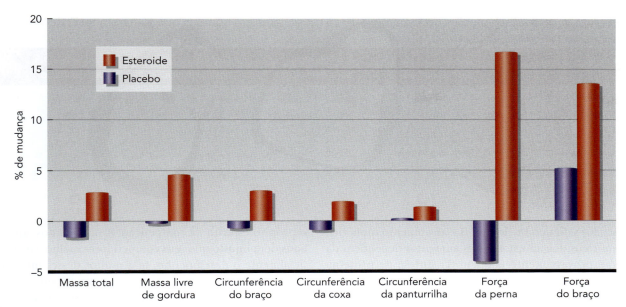

FIGURA 16.3 Mudanças percentuais no tamanho corporal, na composição corporal e na força em atletas que utilizaram esteroides anabolizantes e placebo.
Adaptado de Hervey et al. (1981).

de diversos estudos que utilizaram doses diferentes (ver Fig. 16.4). O pesquisador concluiu que apenas elevações mínimas de 1 a 2 kg na massa livre de gordura ocorrem com o uso de baixas doses de esteroides anabolizantes. Mas, no caso de doses elevadas, a massa livre de gordura aumentou significativamente. Seus resultados sugeriram um nível limiar para doses de esteroides em que apenas doses altas regularmente consumidas resultaram em aumentos substanciais na massa corporal livre de gordura. Da mesma forma, um breve aumento da testosterona, tal como aqueles que podem ocorrer após o treinamento de força ou de ingestão de proteína, não parece ter grandes efeitos na composição corporal.

Um terceiro estudo avaliou o efeito de doses suprafisiológicas de testosterona no tamanho muscular e na força em homens que não eram atletas, mas que tinham experiência com levantamento de peso.[10] Quarenta e três homens completaram o estudo, tendo sido designados para um dos grupos a seguir: placebo sem exercício, placebo com exercício, testosterona sem exercício, testosterona com exercício. Os homens receberam 600 mg de enantato de testosterona ou placebo por via intramuscular a cada semana, durante dez semanas. Os grupos com exercício realizaram levantamento de peso durante três dias por semana, durante dez semanas. A composição corporal foi medida por pesagem submersa; a área dos músculos tríceps e quadríceps foi calculada pela técnica de imagem por ressonância magnética, e a força dos braços e das pernas foi determinada pela técnica de uma repetição máxima (1-RM) em exercícios de flexão do bíceps e agachamento. Nos grupos que não praticaram exercício, as injeções de testosterona tiveram como resultado o aumento da força e do tamanho dos braços e pernas. O grupo que treinou com exercícios de força e recebeu injeções de testosterona exibiu os maiores aumentos no tamanho dos braços e pernas, na massa e na força (ver Tab. 16.2).

Em geral, o aumento da massa muscular está associado ao aumento das áreas das secções transversais das fibras

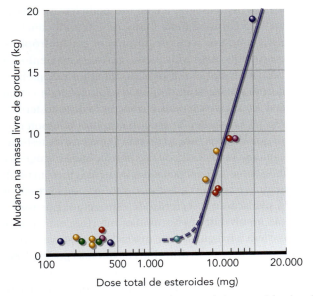

FIGURA 16.4 Relação entre a dose total de esteroides (mg/dia) e a mudança na massa livre de gordura em quilogramas. Os símbolos representam diferentes substâncias esteroides anabólicas. A dose de esteroides está lançada no gráfico de forma logarítmica.

Adaptado com permissão de G. B. Forbes, "The effect of anabolic steroids on lean body mass: The dose response curve", *Metabolism*, vol. 34 (1985): pp. 571-573, Copyright © 1985, com permissão da Elsevier. http://www.sciencedirect.com/science/journal.

TABELA 16.2 Mudanças médias no tamanho e força musculares em homens que tomaram testosterona ou placebo, com e sem exercício

Variável	Placebo, sem exercício	Testosterona, sem exercício	Placebo, com exercício	Testosterona, com exercício
Massa livre de gordura	+0,8 kg	+3,2 kg	+2 kg	+6,1 kg
Área do tríceps	−82 mm²	+424 mm²	+57 mm²	+501 mm²
Área do quadríceps	−131 mm²	+607 mm²	+534 mm²	+1.174 mm²
Força no supino	Sem mudança	+9 kg	+10 kg	+22 kg
Força no agachamento	+3 kg	+13 kg	+25 kg	+38 kg

Dados de Bhasin et al. (1996).

musculares do tipo I e do tipo II e ao aumento numérico dos núcleos dos miócitos. Esses aumentos dependem da dose e provavelmente também da síntese de proteína muscular aumentada, em decorrência da contínua estimulação dos receptores androgênicos musculares pelos esteroides exógenos.[25]

Ainda não foram devidamente estudados os efeitos dos esteroides na função cardiovascular. Os primeiros estudos relataram melhorias no $\dot{V}O_{2max}$ com o uso de esteroides anabolizantes, possivelmente como resultado do aumento da produção de eritrócitos e do volume total de sangue. No entanto, não houve confirmação desses resultados em estudos subsequentes, e foram poucas as pesquisas publicadas sobre os efeitos da administração de esteroides nas respostas do treinamento físico com exercícios de resistência.

Alguns atletas usam esteroides para acelerar a recuperação do treinamento puxado, na crença de que os esteroides anabolizantes aceleram a recuperação e o reparo de músculos e outros tecidos. Informações episódicas provenientes de ciclistas profissionais e de outros atletas parecem corroborar essa suposição. Tamaki et al.[50] relataram menores danos às fibras musculares em seguida a um único exercício exaustivo de levantamento de peso em um grupo de ratos que receberam uma única injeção de decanoato de nandrolona, um esteroide androgênico-anabolizante de ação prolongada, em comparação com um grupo de controle que recebeu apenas placebo. Nesse mesmo estudo, seus autores também descobriram que, durante a recuperação, houve aumento na taxa de síntese de proteínas nos ratos do grupo medicado com o esteroide, quando comparados com os ratos do grupo de controle. É provável que seja obtida uma compreensão mais completa dos efeitos do uso de esteroides anabolizantes nos processos de recuperação, à medida que mais pesquisas forem sendo publicadas. No entanto, independentemente dos resultados, o uso de esteroides anabolizantes no esporte está proibido.

Riscos associados aos esteroides anabolizantes

O uso de esteroides no esporte constitui trapaça. Não é ético o uso de substâncias proibidas pelos atletas com o objetivo de aumentar suas chances, porque isso viola o próprio espírito da competição. A maioria dos atletas considera injusto que seus competidores melhorem artificialmente o desempenho, mas muitos desses mesmos atletas reconhecem que não podem competir no mesmo nível se não usarem esteroides. Não é possível uma competição ser honesta se alguns atletas usam substâncias ilegais. Esse é um dos princípios norteadores do Código Mundial *Antidoping*.

Os riscos médicos associados ao uso de esteroides são grandes, sobretudo levando em conta as enormes doses utilizadas pelos atletas. E os riscos associados ao uso de esteroides não são anulados pelo *stacking* ("empilhamento" de vários tipos de esteroides), pelo *cycling* ("ciclagem", ou uso de ciclos intervalados de esteroides) e outras técnicas correlatas. Em crianças usuárias de esteroides, antes da puberdade, pode ocorrer um fechamento prematuro das epífises dos ossos longos, e com isso pode haver redução do tamanho corporal final. O uso de esteroides anabolizantes suprime a secreção de hormônios gonadotrópicos, que controlam o desenvolvimento e o funcionamento das gônadas (testículos e ovários). Em meninos e homens, a diminuição na secreção de gonadotrofinas pode causar atrofia dos testículos, redução na secreção de testosterona, redução na contagem de espermatozoides e impotência bem depois da interrupção do uso. O excesso de testosterona também pode levar a maior produção de estrogênio, causando aumento das mamas nos homens (ginecomastia). Em meninas e mulheres, as gonadotrofinas são necessárias para a ovulação e a secreção de estrógenos; por isso, a redução no nível desses hormônios interfere em tais processos e leva à irregularidade nos ciclos menstruais. Além disso, na mulher, esses distúrbios hormonais podem levar à masculinização: regressão mamária, hipertrofia do clitóris, engrossamento da voz e crescimento de pelos faciais. O crescimento da próstata nos homens é outro possível efeito colateral do uso de esteroides, aumentando o risco de câncer de próstata.

Muitos esteroides são metabolizados no fígado. A tendência dos esteroides e de seus metabólitos a se acumular no fígado pode causar uma forma de hepatite química, e esse quadro pode evoluir para a formação de tumores no fígado. Foi registrada a ocorrência de hipertrofia cardíaca anormal (aumento do coração), cardiomiopatia (doença do músculo cardíaco), infarto do miocárdio (ataque cardíaco), trombose, arritmia e hipertensão em usuários crônicos de esteroides. Os cientistas detectaram níveis significativamente reduzidos de colesterol de lipoproteína de alta densidade (HDL-C) – reduções de 30% ou mais –, mesmo em atletas que estavam ingerindo doses moderadas de esteroides. O HDL-C tem propriedades antiaterogênicas, o que significa que essa substância previne a ocorrência de aterosclerose. Baixos níveis de HDL-C estão associados a alto risco de doença arterial coronariana e de ataques cardíacos (ver Cap. 21). Além disso, parece ocorrer um aumento do colesterol de lipoproteína de baixa densidade (LDL-C), que tem propriedades aterogênicas, em usuários de esteroides.

Foram observadas mudanças substanciais de personalidade em usuários de esteroides – mudanças que podem ser exacerbadas pelo abuso de bebidas alcoólicas e outras drogas. A mudança mais notável é um aumento significativo no comportamento agressivo, ou "raiva provocada pelos esteroides". Alguns adolescentes ficam extremamente violentos e têm atribuído essas mudanças drásticas de comportamento ao uso de esteroides. Evidências sugerem que usuários de esteroides podem ficar dependentes da droga.

É importante notar que nem todos os usuários de esteroides anabolizantes são atletas. Na verdade, a maioria dos indivíduos que ingerem esteroides parece ser formada por não atletas que usam tais substâncias com finalidades estéticas. Além disso, muitos usuários autoinjetam esteroides, e, quando ocorre compartilhamento de agulhas, ocorre um drástico aumento no risco de contraírem infecções como a hepatite e o vírus da imunodeficiência humana e a síndrome da imunodeficiência adquirida (HIV/AIDS).

Nem cientistas nem médicos conhecem os possíveis efeitos de longo prazo do uso crônico de esteroides. Um estudo que envolveu camundongos machos tratados com quatro esteroides anabolizantes diferentes, nas doses e nos tipos ingeridos por atletas, constatou uma redução significativa no tempo de vida dos animais.[13] Muitos defeitos de nascença foram relatados por ex-atletas da antiga Alemanha Oriental que usaram, sem saber, esteroides durante sua carreira atlética, mas a real causa e a incidência dessas anormalidades continuam desconhecidas. Deve-se considerar que muitas doenças têm início muitos anos antes de os sintomas aparecerem. É possível que os riscos à saúde mais graves causados pelos esteroides só venham à tona após 20 ou 30 anos de uso.

Revisões científicas recentes oferecem um quadro mais detalhado dos possíveis efeitos ergogênicos e riscos à saúde associados ao uso de esteroides anabolizantes.[16,25,31,36,41,60] Muitos órgãos do governo responsáveis pelo controle de atividades esportivas produziram material educacional na esperança de evitar o uso de esteroides e outros SMD pelos atletas. Do mesmo modo, organizações governamentais nacionais para a maioria dos esportes instituíram programas rígidos de realização de testes durante o ano inteiro, em que atletas são testados aleatoriamente quanto ao uso de esteroides.

Hormônio do crescimento humano

Durante muitos anos, o tratamento clínico para o nanismo hipofisário consistia na administração do **hormônio do crescimento humano (hGH)**, um hormônio secretado pela glândula hipófise anterior. Antes de 1985, esse hormônio era obtido a partir de extratos da hipófise de cadáveres, e seus estoques eram limitados. Desde a introdução do hGH obtido por engenharia genética, em meados dos anos 1980, sua disponibilidade não é mais um problema.

Na década de 1980, percebendo as variadas funções desse hormônio, os atletas começaram a experimentar o hGH como possível substituto ou complemento ao uso de esteroides anabolizantes. Diante da maior sofisticação dos testes farmacológicos para a detecção de esteroides anabolizantes, alguns atletas procuravam uma alternativa para a qual ainda não houvesse teste.

Benefícios propostos para o hormônio do crescimento

O hormônio do crescimento tem seis funções normais que interessam a alguns treinadores e atletas:

- Estimulação da síntese de proteínas e ácidos nucleicos no músculo esquelético.
- Estimulação do crescimento (alongamento) dos ossos, se ainda não tiver ocorrido fusão.
- Estimulação da síntese do fator de crescimento semelhante à insulina (IGF-I).
- Aumento da lipólise, levando ao aumento nos ácidos graxos livres e ao decréscimo geral na gordura corporal.
- Aumento nos níveis glicêmicos.
- Melhora do processo de cicatrização após lesões musculoesqueléticas.

Efeitos demonstrados do hormônio do crescimento

Ficou demonstrado que a administração de hGH em homens mais velhos (> 60 anos) aumenta a massa livre de gordura, diminui a massa de tecido adiposo e melhora a densidade óssea.[45] No entanto, em estudos com homens mais jovens e levantadores de peso experientes, parece haver poucos benefícios significativos.[59] Um achado mais consistente foi o aumento na síntese de colágeno e uma redução na massa gorda em associação ao hGH. Isso sugere que o hGH tem maior utilidade como um agente de "corte" (i. e., de redução de gordura), comparativamente a uma SMD anabólica.

Há poucas dúvidas de que a testosterona exógena é um poderoso agente anabolizante, mas o hGH não tem os mesmos efeitos, exceto em indivíduos com deficiência desse hormônio. A prática de exercício físico e certos suplementos de aminoácidos estimulam a liberação de hGH pela hipófise, mas há poucas evidências sugerindo que esse aumento normal no hGH afeta a síntese de proteína muscular ou a massa e a força musculares. Com efeito, os aumentos de hGH e testosterona relacionados à prática do exercício físico não são necessários para estimular a síntese de proteína muscular e também não influenciam a massa muscular ou o desenvolvimento da força.[54]

Riscos associados ao uso do hormônio do crescimento

Assim como ocorre com os esteroides, há riscos médicos potenciais associados ao uso do hGH. Pode ocorrer acromegalia como resultado do consumo de GH após a fusão dos ossos. Esse distúrbio resulta no espessamento dos ossos, que, por sua vez, provoca o crescimento das mãos, dos pés e da face, o espessamento da pele e um indesejável crescimento dos tecidos moles. Em geral, ocorre hipertrofia dos órgãos internos. Por fim, a vítima começa a padecer de astenia muscular e enfraquecimento das articulações e, com frequência, de cardiopatia. A cardiomiopatia é a causa mais comum de morte em usuários de hGH. Como resultado do uso desse hormônio também podem ocorrer intolerância à glicose, diabetes e hipertensão. Atletas que usam SMD com frequência ingerem ou injetam substâncias variadas, o que, teoricamente, aumenta os riscos da ocorrência de efeitos adversos para a saúde.

Em resumo

> Estimulantes como as anfetaminas podem melhorar o desempenho em certos esportes ou atividades. Porém, além de serem ilegais, esses agentes apresentam riscos que superam seus benefícios. As anfetaminas podem causar dependência e, além disso, podem mascarar importantes sinais aferentes e eferentes que objetivam evitar lesões e esforço excessivo.

> É mais apropriado denominar os esteroides anabolizantes de esteroides androgênicos anabolizantes ou andrógenos porque, em seu estado natural, essas substâncias têm propriedades tanto androgênicas (masculinizantes) como anabólicas (de construção). Os esteroides sintéticos foram criados para maximizar os efeitos anabolizantes enquanto minimizam os efeitos androgênicos.

> O uso de esteroides anabolizantes aumenta a massa muscular e a força, além de reduzir o desempenho esportivo. Ao que parece, a resistência aeróbia não é afetada pelo uso de esteroides, mas há necessidade de mais estudos que confirmem ou contradigam essa conclusão. O uso de esteroides é ilegal no mundo esportivo, sendo proibido por todos os órgãos governamentais. Além disso, os riscos para a saúde podem ser consideráveis.

> Há riscos potenciais associados ao uso de esteroides anabolizantes, como mudanças de personalidade, irritação provocada pelos esteroides, atrofia dos testículos, redução da contagem de espermatozoides, hipertrofia da próstata e crescimento de mamas em homens; regressão mamária, masculinização e desorganização do ciclo menstrual em mulheres; além de lesões hepáticas e doenças cardiovasculares em ambos os sexos.

> Ao que parece, o hormônio do crescimento não exerce fortes efeitos anabolizantes ou ergogênicos. Os dados de estudo disponíveis ratificam sua capacidade de aumentar a massa livre de gordura e diminuir a massa gorda em homens idosos, mas aparentemente o hGH tem pouco ou nenhum efeito no aumento da massa e da força muscular em pessoas mais jovens. A maior parte do aumento na massa e na massa livre de gordura está associada à maior retenção de água.

> É provável que, em atletas jovens e saudáveis, o hGH não tenha propriedades anabolizantes. No entanto, seu uso implica riscos importantes para a saúde. Os riscos associados ao uso do hGH são acromegalia, hipertrofia de órgãos internos, astenia muscular, enfraquecimento das articulações, diabetes, hipertensão e cardiopatia.

Diuréticos e outros agentes mascarantes

Diuréticos como a desmopressina e a acetazolamida afetam os rins, aumentando a perda de eletrólitos e, portanto, da água na urina. Quando utilizadas sob supervisão médica, em geral essas substâncias são receitadas para controlar a hipertensão e reduzir o edema (retenção de água) associado à insuficiência cardíaca congestiva ou a outros distúrbios.

Benefícios propostos com o uso de diuréticos

Com frequência, atletas usam diuréticos para controlar o peso em esportes que tenham categorias por peso, como a luta romana; também os ginastas lançam mão desse expediente, por acreditarem que um corpo mais leve melhorará seu desempenho. Muitas vezes, atletas que consomem conscientemente substâncias proibidas usam diuréticos para aumentar o volume de urina, na esperança de que o maior volume elimine a substância proibida de seus corpos e dilua sua concentração na urina, o que dificultará a detecção da substância. Outros agentes mascarantes como o glicerol, o dextrano e a albumina têm sido usados na tentativa de promover a expansão do volume sanguíneo e diluir a concentração de substâncias proibidas. Todos esses recursos foram incluídos na lista de substâncias e técnicas proibidas da WADA.

Efeitos demonstrados com o uso de diuréticos

Os diuréticos levam a uma perda de peso temporária significativa, mas não há evidências de qualquer outro efeito potencialmente ergogênico. Na verdade, vários efeitos colaterais tornam os diuréticos substâncias ergolíticas. A perda de líquido decorre principalmente de perdas no líquido extracelular, inclusive no plasma, com redução do volume sanguíneo. Para os atletas, sobretudo para aqueles que dependem de níveis moderados a elevados de resistência aeróbia, essa redução no volume plasmático diminui o débito cardíaco máximo, o que, por sua vez, diminui a liberação de oxigênio e a capacidade aeróbia e prejudica o desempenho. Em outras palavras, os diuréticos são garantia de desidratação.

Riscos associados ao uso de diuréticos

Além de reduzir o volume plasmático, os efeitos desidratantes dos diuréticos podem comprometer a termorregulação. À medida que a produção de calor vai aumentando durante a prática do exercício físico, o sangue é redirecionado para a pele, de modo que ocorra perda de calor para o meio ambiente. No entanto, com a diminuição do volume do plasma sanguíneo, tal como acontece quando o atleta usa um diurético, o fluxo sanguíneo cutâneo sofre redução, a fim de que o sangue permaneça nas regiões centrais do corpo para manter a pressão de enchimento cardíaco e um suprimento adequado de sangue e uma pressão arterial apropriada para os órgãos vitais. Assim, haverá menor volume de sangue disponível para ser redirecionado para a pele e, com isso, a perda de calor pode ficar prejudicada.

Além disso, poderá ocorrer um desequilíbrio eletrolítico com o uso prolongado dessas substâncias. Muitos diuréticos provocam a perda de líquido por promoverem a perda de eletrólitos. Exemplificando, a furosemida, um diurético, inibe a reabsorção do sódio pelos rins, permitindo maior excreção desse eletrólito na urina. Considerando que a água "segue" o sódio, há também maior excreção de líquido. Com as perdas de sódio ou de potássio podem ocorrer desequilíbrios eletrolíticos. Tais desequilíbrios podem provocar fadiga e cãibras musculares. Desequilíbrios mais graves podem levar a exaustão, arritmias cardíacas e, até mesmo, parada cardíaca. A morte de alguns atletas já foi atribuída a desequilíbrios eletrolíticos causados pelo uso de diuréticos.

Betabloqueadores

O sistema nervoso simpático influencia as funções do organismo por meio dos nervos adrenérgicos, isto é, aqueles que utilizam a noradrenalina como neurotransmissor. Os impulsos neurais que se deslocam por esses nervos disparam a liberação de noradrenalina, que atravessa as sinapses e liga-se aos receptores adrenérgicos existentes nas células-alvo. Esses receptores adrenérgicos são classificados em dois grupos: receptores alfa-adrenérgicos e receptores beta-adrenérgicos.

Os bloqueadores beta-adrenérgicos, ou betabloqueadores, consistem em uma classe de agentes farmacológicos que bloqueiam os receptores beta-adrenérgicos, impedindo a ligação da noradrenalina aos seus receptores nas células alvo. Ambas as formas não específicas e específicas (p. ex., cardiosseletivas) de betabloqueadores existem em muitas formulações diferentes. Em geral, os betabloqueadores são receitados para o tratamento da hipertensão, da angina de peito e de certas arritmias cardíacas. Também são receitados como tratamento preventivo para as enxaquecas, para a redução dos sintomas da ansiedade e do medo de falar em público e para a recuperação inicial de ataques cardíacos.

Benefícios propostos dos betabloqueadores

O uso de betabloqueadores na prática esportiva tem se limitado principalmente aos esportes em que a ansiedade e o tremor podem comprometer o desempenho do atleta, como os esportes de tiro, e por golfistas que estão à procura de equilibrar suas tacadas durante o *putting*. Quando um indivíduo fica de pé sobre uma plataforma de força (aparelho altamente sofisticado que mede forças mecânicas), movimentos corporais mensuráveis são detectados cada vez que seu coração bate. Esse movimento é suficiente para afetar a mira de um atirador. A precisão nos esportes de tiro irá melhorar se o rifle ou a pistola puder ser disparado (ou se a flecha puder ser liberada) entre um batimento cardíaco e outro. Em decorrência disso, a WADA baniu o uso de betabloqueadores para esportes como o arco e flecha, bilhares, golfe e tiro.

Efeitos demonstrados dos betabloqueadores

Os betabloqueadores diminuem os efeitos da atividade do sistema nervoso simpático. Isso pode ser ilustrado pela redução significativa da frequência cardíaca máxima. Por exemplo, um jovem atleta de 20 anos de idade com frequência cardíaca máxima normal de 190 bpm exibiria uma frequência cardíaca máxima de apenas 130 bpm por estar tomando betabloqueadores. Essas drogas também reduzem as frequências cardíacas em repouso e durante o exercício submáximo.

Riscos associados ao uso de betabloqueadores

Na maioria dos casos, os riscos decorrentes da ação dos betabloqueadores estão associados ao seu uso prolongado, e não a incidentes isolados no mundo dos esportes. Por bloquear o efeito de relaxamento do sistema nervoso simpático no músculo liso, os betabloqueadores podem induzir o broncoespasmo em indivíduos com asma. Além disso, podem causar insuficiência cardíaca em indivíduos com problemas subjacentes na função cardíaca. Em indivíduos com bradicardia, essas substâncias podem provocar bloqueio cardíaco. Por outro lado, a redução da pressão arterial causada pelos betabloqueadores pode provocar tontura. Alguns indivíduos com diabetes do tipo 2 podem tornar-se hipoglicêmicos, porque, com o uso de betabloqueadores, não há limite para a secreção de insulina. Para a maioria dos atletas, esses agentes podem ter ação ergolítica, em decorrência da redução da frequência cardíaca máxima e pela sensação de fadiga acentuada. Para atletas que precisam tomar betabloqueadores por causa de algum problema clínico (como hipertensão ou arritmias), geralmente os beta-1-bloqueadores (seletivos) são os preferidos, por terem menos efeitos negativos no desempenho.

Doping sanguíneo

O *doping* sanguíneo refere-se a práticas que alteram a capacidade de transporte de oxigênio do sangue. Essas práticas são: infusões de eritrócitos, hemoglobina artificial ou eritropoetina com o objetivo de estimular o corpo para que produza mais eritrócitos. A eritropoetina é o hormônio natural que estimula a produção de eritrócitos. Essa substância aumenta o número de eritrócitos e, portanto, a capacidade de transportar oxigênio do sangue.

O *doping* sanguíneo é proibido porque a transfusão de eritrócitos, previamente doada pelo receptor (transfusões autólogas) ou por outra pessoa com o mesmo tipo sanguíneo (transfusões homólogas), aumenta a massa de eritrócitos e a capacidade de transporte de oxigênio do sangue. Pelo mesmo motivo, está proibido o uso de eritropoetina (EPO) ou de substâncias estimuladoras da EPO que aumentam a massa de eritrócitos, e também porque inúmeras mortes têm sido associadas ao uso da EPO.

Benefícios propostos do doping sanguíneo

A premissa por trás do *doping* sanguíneo é simples: considerando que o oxigênio é transportado por todo o corpo ligado à hemoglobina, parece lógico supor que o aumento do número de eritrócitos (e de hemoglobina) disponíveis para transportar o oxigênio até os tecidos possa beneficiar o desempenho.

Efeitos demonstrados do doping sanguíneo

Ekblom et al.[24] causaram um verdadeiro rebuliço no mundo dos esportes no início dos anos de 1970. Em um importante estudo, eles retiraram de 800 a 1.200 mL de sangue de seus voluntários, congelaram o sangue coletado e, cerca de quatro semanas depois, fizeram uma reinfusão dos eritrócitos nesses indivíduos. Os resultados revelaram melhora considerável no $\dot{V}O_{2max}$ (9%) e no tempo de desempenho na esteira ergométrica (23%) após a reinfusão. Ao longo dos anos seguintes, vários estudos confirmaram esses achados originais, mas outras pesquisas não conseguiram demonstrar nenhum efeito ergogênico.

Assim, a literatura especializada ficou dividida com relação à eficácia do *doping* sanguíneo, até que, em 1980, houve uma grande reviravolta em decorrência do estudo conduzido por Buick et al.[15] Onze corredores fundistas altamente treinados foram testados em diferentes momentos durante o estudo: (1) antes da retirada do sangue, (2) após a retirada do sangue e depois de se permitir que transcorresse o tempo adequado para o restabelecimento dos níveis eritrocitários normais, mas antes da reinfusão do sangue retirado, (3) depois de uma reinfusão simulada de 50 mL de solução salina (placebo), (4) após a reinfusão de 900 mL do sangue do próprio voluntário, originalmente retirado e preservado por congelamento, e (5) depois de os níveis eritrocitários elevados voltarem ao normal.

Conforme ilustrado na Figura 16.5, os pesquisadores constataram um aumento substancial no $\dot{V}O_{2max}$ e no tempo de corrida na esteira ergométrica até a exaustão após a reinfusão dos eritrócitos e nenhuma mudança após a reinfusão simulada. Esse aumento no $\dot{V}O_{2max}$ persistiu por dezesseis semanas, mas o aumento no tempo na esteira ergométrica diminuiu nos primeiros sete dias.

Por que o estudo de Buick foi considerado uma grande reviravolta? Gledhill[28] ajudou a explicar a controvérsia provocada pelos primeiros estudos. Em vários dos estudos iniciais que não observaram nenhuma melhora com o *doping* sanguíneo, foi realizada reinfusão de apenas pequenos volumes de eritrócitos, 3 a 4 semanas após a retirada do sangue. Em primeiro lugar, aparentemente é necessário retirar e voltar a repor 900 mL ou mais de sangue total para obter algum efeito no desempenho. Os aumentos no $\dot{V}O_{2max}$ e no desempenho não serão tão grandes se tiverem sido utilizados volumes menores. Na verdade, em alguns estudos que utilizaram volumes menores não foi detectada nenhuma diferença entre os grupos.

Em segundo lugar, parece haver necessidade de esperar pelo menos cinco semanas, possivelmente até dez semanas, antes de fazer a reinfusão. Essa suposição se fundamenta no tempo necessário para o restabelecimento da massa eritrocitária e do hematócrito originais, anteriores à coleta de sangue.

Por fim, os pesquisadores responsáveis pelos estudos iniciais refrigeraram o sangue retirado. Quando o sangue é refrigerado, ocorre destruição de aproximadamente 40% dos eritrócitos; o tempo máximo de armazenamento para o sangue em refrigeração é de aproximadamente cinco semanas. Estudos subsequentes optaram pelo armazenamento em condições de congelamento. O congelamento permite um tempo de armazenamento praticamente

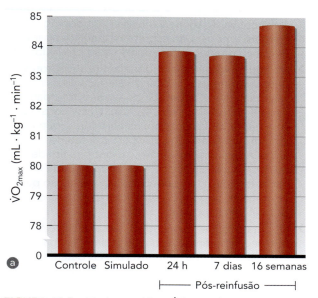
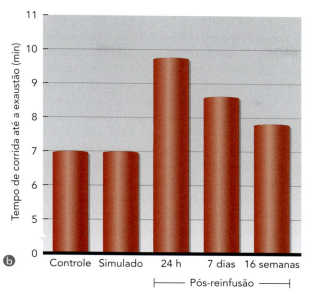

FIGURA 16.5 Mudanças (a) no $\dot{V}O_{2max}$ e (b) no tempo de corrida até a exaustão, após a reinfusão de eritrócitos.
(a) Baseado em Buick et al. (1980), (b) Adaptado, com permissão, de F. J. Buick et al., "Effect of induced erythrocithemia on aerobic work capacity", *Journal of Applied Physiology* 48 (1980): 636-642.

ilimitado, e ocorre perda de apenas 15% dos eritrócitos. Gledhill[28] concluiu que o *doping* sanguíneo melhora significativamente o $\dot{V}O_{2max}$ e o desempenho de resistência quando o procedimento é realizado em condições ideais:

- Reinfusão mínima de 900 mL.
- Intervalo mínimo de 5 a 6 semanas entre a retirada e a reinfusão do sangue.
- Armazenamento do sangue por congelamento.

Os pesquisadores também demonstraram que as melhoras em $\dot{V}O_{2max}$ e no desempenho são resultado direto do maior conteúdo de hemoglobina do sangue, e não do aumento do débito cardíaco causado pela expansão do volume plasmático.

O aumento no $\dot{V}O_{2max}$ e no tempo de corrida na esteira ergométrica como resultado do *doping* sanguíneo pode refletir em melhor desempenho de resistência? Vários artigos publicados tentaram responder a essa pergunta. Um estudo observou tempos de corrida de 8 km na esteira ergométrica em um grupo de doze corredores fundistas experientes.[59] Os tempos de cada um deles foram verificados antes e depois da infusão de solução salina (placebo) e antes e depois da infusão de sangue. Os tempos de corrida na esteira ergométrica foram significativamente menores após a infusão de sangue, mas essa diferença tornou-se significativa apenas na segunda etapa do experimento. Os tempos para a sessão após a infusão de sangue foram 33 s (3,7%) mais rápidos nos últimos 4 km, e 51 s (2,7%) mais rápidos para a corrida inteira, em comparação com as sessões após infusão de placebo. Um segundo estudo observou tempos de corrida de 4,8 km em um grupo de seis corredores fundistas treinados, tendo revelado um decréscimo de 23,7 s após o *doping* sanguíneo, em comparação com os experimentos que envolveram os corredores do grupo placebo (estudo cego).[29] Estudos subsequentes confirmaram melhoras no desempenho em corridas de fundo e no esqui *cross-country* em atletas tratados com *doping* sanguíneo.[23,48] A Figura 16.6 ilustra o progresso no tempo de corrida com *doping* sanguíneo para distâncias de até 11 km.

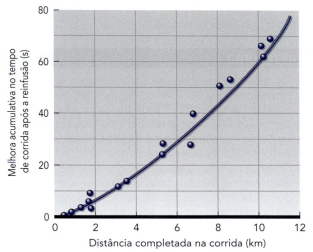

FIGURA 16.6 Progressos nos tempos de corrida para distâncias de até 11 km após a reinfusão de eritrócitos de duas unidades de sangue preservadas por congelamento. Os valores no eixo y refletem a redução no tempo para correr uma distância específica no eixo x. Exemplificando, para uma corrida de 10 km, pode-se esperar que o atleta corra 60 s mais rápido após a reinfusão.

Adaptado com permissão de L. L. Spriet, Blood doping and oxygen transport. In *Ergogenics – Enhancement of performance in exercise and sport*, editado por D. R. Lamb e M. H. Williams (Dubuque, IA: Brown & Benchmark, 1991), 213-242. Copyright 1991 Cooper Publishing Group, Carmel, IN.

Riscos associados ao doping sanguíneo

Embora esse procedimento seja relativamente seguro nas mãos de médicos competentes, ele implica alguns riscos.[3] A adição de eritrócitos no sistema cardiovascular pode fazer o sangue ficar demasiadamente viscoso, o que pode levar à formação de coágulos e possivelmente à insuficiência cardíaca. Em uma tentativa de controlar o *doping* sanguíneo, alguns órgãos reguladores esportivos, como no ciclismo profissional, não permitem que atletas participem de uma competição se a concentração de hemoglobina ou o hematócrito estiver muito elevado (p. ex., > 50%). No caso de transfusões sanguíneas autólogas, em que o receptor recebe seu próprio sangue, pode ocorrer erro na rotulagem do sangue. No caso de transfusões homólogas, em que o sangue é recebido de um doador compatível, podem ocorrer várias outras complicações. O sangue reinfundido pode ter sido equivocadamente considerado compatível. A infusão pode dar início a uma reação alérgica. Além disso, há o risco de contrair os patógenos de hepatite ou HIV.[51]

O resultado do uso da EPO é menos previsível do que a reinfusão de hemácias (*doping* sanguíneo). Depois de administrada a EPO, é difícil prever o aumento na produção de hemácias. Esse procedimento coloca o atleta em grande risco de um aumento substancial da viscosidade do sangue, além de outros problemas associados, como trombose (coágulo sanguíneo), infarto do miocárdio (ataque cardíaco), insuficiência cardíaca congestiva, hipertensão, acidente vascular cerebral e embolia pulmonar.

Os riscos potenciais do *doping* sanguíneo, mesmo sem considerar as questões legais e éticas envolvidas, superam quaisquer possíveis benefícios.

Em resumo

> Os diuréticos afetam os rins, aumentando a produção de urina. Eles costumam ser usados por atletas com a finalidade de uma redução temporária do peso e também por aqueles que tentam mascarar o uso de outras drogas, como antecipação ao teste para substâncias proibidas.

> A perda de peso (desidratação) é o único efeito ergogênico potencial comprovado dos diuréticos, mas ocorre, sobretudo, no compartimento do líquido extracelular, inclusive o plasma sanguíneo. Esse efeito pode causar desidratação, depleção de volume, aumento do esforço cardíaco e desequilíbrio eletrolítico.

> O uso de medicamentos betabloqueadores está proibido em esportes nos quais uma frequência cardíaca reduzida possa resultar em vantagem competitiva. A Agência Mundial *Antidoping* mantém uma lista de esportes específicos para os quais os betabloqueadores estão proibidos.

> Os betabloqueadores bloqueiam os receptores beta-adrenérgicos, limitando a ligação das catecolaminas. Os betabloqueadores retardam a frequência cardíaca em repouso, o que constitui uma nítida vantagem para os atiradores, que tentam liberar a flecha ou apertar o gatilho entre um batimento cardíaco e outro, a fim de minimizar o ligeiro tremor associado a cada batimento. Isso também pode ser vantajoso para os golfistas, sobretudo durante a execução do *chipping* e do *putting*.

> Os betabloqueadores podem causar bloqueio cardíaco, hipotensão, broncoespasmo, fadiga acentuada e queda na motivação. Os betabloqueadores seletivos provocam menos efeitos colaterais que os bloqueadores não seletivos.

> O *doping* sanguíneo e a administração de EPO podem melhorar a capacidade aeróbia e o desempenho em atividades ou esportes aeróbios. Essa melhora se dá por meio do aumento na capacidade de transporte de oxigênio do sangue, o que é basicamente atribuído ao aumento no número de eritrócitos. Ambos os procedimentos envolvem risco.

> Alguns estudos demonstraram aumentos significativos no consumo máximo de oxigênio, no tempo até a exaustão e no desempenho real no esqui *cross-country*, no ciclismo e na corrida de longa distância, como resultado do *doping* sanguíneo.

> A eritropoetina é o hormônio natural que estimula a produção de eritrócitos na medula óssea. Após a administração de EPO, alguns estudos demonstraram claramente aumentos no consumo máximo de oxigênio e no tempo de exercício até a exaustão.

> Os graves riscos associados ao *doping* sanguíneo são: coagulação do sangue, insuficiência cardíaca e, se o sangue de outro doador for transfundido por acidente ou intencionalmente, reações transfusionais e possível transmissão de hepatite e HIV.

> Como não é possível prever com precisão a magnitude da resposta à administração de EPO, esse procedimento pode ser perigoso. O hormônio pode levar à morte se vier a ocorrer superprodução de eritrócitos, com subsequente aumento da viscosidade do sangue. Os riscos conhecidos são: trombose, infarto do miocárdio, insuficiência cardíaca congestiva, hipertensão, acidente vascular cerebral e embolia pulmonar.

EM SÍNTESE

Todas as formas de recursos ergogênicos auxiliares estão associadas a possíveis benefícios e riscos. Essa relação risco-benefício é mais significativa para algumas intervenções, em comparação com outras. Como exemplo, há benefícios potenciais para a sobrecarga de creatina para alguns atletas, mas existe certo risco, se o suplemento contiver substâncias proibidas. Além disso, os atletas devem ter em mente as consequências legais, éticas e médicas com o uso de qualquer agente ergogênico, em especial aqueles expressamente proibidos (p. ex., o uso de esteroides, o *doping* sanguíneo) ou que possam conter substâncias proibidas. Atletas usuários de substâncias ou procedimentos proibidos podem ser desqualificados de uma competição em particular, e podem ser banidos das competições em seu esporte específico por um ano ou mais. Foram também discutidos neste capítulo alguns recursos ergogênicos auxiliares farmacológicos, hormonais, fisiológicos e nutricionais. Na próxima parte do livro, o foco se desviará dos atletas em geral para as características singulares dos atletas mais jovens, idosos ou do gênero feminino, dentro das categorias mais amplas do crescimento e do desenvolvimento, do envelhecimento e das diferenças entre os gêneros no desempenho dos exercícios. No Capítulo 17, serão examinados os aspectos especiais da infância e da adolescência.

PALAVRAS-CHAVE

anfetaminas
betabloqueadores
cafeína
creatina
diuréticos
doping sanguíneo

drogas ergolíticas
efedrina
efeito placebo
esteroides anabolizantes
hormônio do crescimento humano (hGH)

liberação para uso terapêutico
pseudoefedrina
substâncias ergogênicas
testosterona

QUESTÕES PARA ESTUDO

1. Qual é o significado da expressão *recurso ergogênico auxiliar*? O que é efeito ergolítico?
2. Por que é importante a inclusão de grupos controle e placebo no estudo das propriedades ergogênicas de qualquer substância ou fenômeno?
3. Como funcionam a beta-alanina e o bicarbonato de sódio como possíveis recursos ergogênicos auxiliares?
4. Como a cafeína pode melhorar o desempenho atlético?
5. De que modo os polifenóis do suco de cereja podem beneficiar a recuperação do atleta em seguida a um exercício físico intenso?
6. Quais são as possíveis propriedades ergogênicas da suplementação com creatina?
7. Quais são os papéis desempenhados pelo aminoácido leucina na formação da massa muscular?
8. Que efeito a ingestão de nitrato tem na resposta ao exercício físico?
9. Quais são os critérios de inclusão de uma substância na lista de proibição do Código Mundial *Antidoping*?
10. O que se sabe, atualmente, sobre o uso de anfetaminas nas competições esportivas? Quais são os riscos potenciais do uso das anfetaminas?
11. Quais são os efeitos do uso de esteroides anabolizantes no desempenho esportivo? Cite alguns dos riscos médicos do uso de esteroides.
12. O que se sabe acerca do hGH como potencial recurso ergogênico auxiliar? Quais são os riscos associados a seu uso?
13. Os diuréticos são ergogênicos? Cite alguns dos riscos associados a seu uso.
14. Em que circunstâncias os betabloqueadores podem ser recursos ergogênicos auxiliares?
15. O que é *doping* sanguíneo? O *doping* sanguíneo melhora o desempenho esportivo?
16. Por qual mecanismo sugeriu-se que a eritropoetina melhora o desempenho?

PARTE VI
Considerações sobre idade e gênero no esporte e no exercício

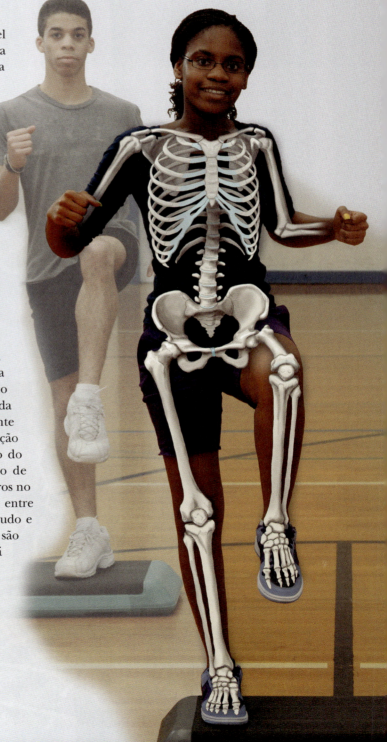

Com base nas partes anteriores deste livro, foi possível compreender muito bem os princípios gerais da fisiologia do exercício e do esporte. Historicamente, boa parte da literatura básica e aplicada da fisiologia do exercício tem focado nas respostas do homem jovem. Agora, nossa atenção recairá sobre o modo como esses princípios são especificamente aplicados às crianças e aos adolescentes, aos indivíduos mais idosos e às mulheres. No Capítulo 17, "Crianças e adolescentes no esporte e no exercício", serão examinados os processos do crescimento e do desenvolvimento do ser humano, e como os diferentes estágios do desenvolvimento afetam a capacidade fisiológica e o desempenho de uma criança. Também será considerado como esses estágios do crescimento e do desenvolvimento podem alterar as estratégias de treinamento de atletas jovens para a competição. No Capítulo 18, "Envelhecimento no esporte e no exercício", será discutido como a capacidade de se exercitar e o desempenho esportivo mudam com o envelhecimento após a meia-idade; além disso, será proposto um questionamento sobre até que ponto essa mudança pode ser atribuída ao envelhecimento fisiológico e que parte dela pode ser atribuída a um estilo de vida cada vez mais sedentário. Também será estudado o importante papel que o treinamento pode desempenhar na minimização da perda da capacidade de desempenho e da redução do condicionamento físico que acompanham o processo de envelhecimento. No Capítulo 19, "Diferenças entre gêneros no esporte e no exercício", serão examinadas as diferenças entre as respostas das mulheres e dos homens ao exercício agudo e ao treinamento físico, e até que ponto essas diferenças são biologicamente determinadas. O foco também recairá sobre os aspectos fisiológicos e clínicos específicos para mulheres atletas, como a função menstrual, a gravidez, a osteoporose e a elevada prevalência de distúrbios alimentares nessas atletas.

17 Crianças e adolescentes no esporte e no exercício

Crescimento, desenvolvimento e maturação 478

Altura e peso — 479
Ossos — 479
Músculos — 480
Gordura — 480
Sistema nervoso — 481

Respostas fisiológicas ao exercício agudo 481

Força — 482
Funções cardiovascular e respiratória — 482
Metabolismo — 484
Respostas endócrinas e utilização de substrato durante o exercício — 488

Adaptações fisiológicas ao treinamento físico 488

Composição corporal — 488
Força — 488
Consumo máximo de oxigênio — 489
Capacidade anaeróbia — 489

Padrões de atividade física entre os jovens 490

Crianças — 490
Adolescentes — 492
Adultos jovens — 493

Desempenho esportivo e especialização 493

Tópicos especiais 494

Estresse térmico — 494
Crescimento e maturação com o treinamento — 496

Em síntese 497

O homem e a mulher mais rápidos do mundo vêm do mesmo pequeno país de apenas 2,8 milhões de habitantes. Os corredores jamaicanos Usain Bolt e Shelly-Ann Fraser conquistaram a medalha de ouro nos 100 m rasos em Pequim em 2008, repetindo em Londres a façanha, em 2012. Em 2016, Elaine Thompson conquistou a medalha de ouro nos 100 e nos 200 m rasos no Rio, e Bolt conquistou novamente as medalhas de ouro nessas mesmas provas para homens. Como pode uma pequena ilha conhecida pelo sol, praias e música *reggae* produzir tantos campeões no atletismo? Embora existam muitas teorias, uma coisa que distingue os atletas jamaicanos é o seu interesse precoce no atletismo durante a infância, nutrido por uma cultura que promove, suporta e recompensa o exercício e o esporte na infância.

Em um momento em que manter programas de atividade física regulares nas escolas norte-americanas e em outros países é um grande desafio, esse não é o caso na Jamaica. O sistema educacional jamaicano, por meio de um rigoroso currículo e dedicados professores de educação física, pavimenta o caminho para a tradição olímpica da ilha. O exercício – em particular a corrida – está impregnado na cultura e é amplamente divulgado entre as crianças do país.

Competições encorajam crianças a serem ativas, exercitarem-se regularmente e testarem suas habilidades atléticas com seus colegas. Logo aos 3 anos, enquanto as crianças estão na pré-escola, elas começam a treinar e a se preparar para uma das ocasiões mais esperadas pelas escolas, o *Sports Day*. O *Sports Day* acontece em praticamente todas as escolas e continua durante o ensino médio e a universidade. Meninos e meninas começam a participar de corridas nacionalmente patrocinadas já aos 5 anos de idade; quando se tornam adolescentes, velocistas de ponta competem em frente a grandes plateias no National Stadium na Inter-Secondary Schools Sports Association (ISSA) Boys' and Girls' Athletic Championship, ou simplesmente "Champs", que ocorre todos os anos durante a primeira semana de abril.

Nem todas as crianças se tornarão os próximos Elaine Thompson ou Usain Bolt, mas nós podemos aprender muitas lições da experiência jamaicana: atividade física regular é bom para todas as crianças, seja para tornarem-se atletas de nível mundial ou adultos saudáveis e condicionados.

Os capítulos anteriores examinaram as respostas fisiológicas do corpo a sessões agudas de exercício e suas adaptações ao treinamento e ao ambiente. Entretanto, todo o enfoque recaiu sobre o indivíduo adulto. Durante muitos anos, presumiu-se que as crianças e os adolescentes apresentavam respostas e adaptavam-se ao exercício da mesma forma que os adultos, mas na verdade poucos foram os cientistas que realmente estudaram essas duas populações. É muito importante entender de que forma crianças e adolescentes respondem ao exercício, pois a atividade física é vital na batalha contra a epidemia de obesidade juvenil e para ensinar crianças a desenvolver hábitos saudáveis para toda a vida. Hoje, é possível conhecer melhor e avaliar mais precisamente as diferenças e as semelhanças entre os adultos e crianças e adolescentes, o que será discutido mais adiante neste capítulo.

Crescimento, desenvolvimento e maturação

Crescimento, desenvolvimento e maturação são termos utilizados para descrever mudanças que ocorrem no corpo, que começam com a concepção e têm continuidade ao longo da vida adulta. O **crescimento** refere-se ao aumento no tamanho do corpo ou de qualquer uma de suas partes. O **desenvolvimento** diz respeito à diferenciação das células ao longo de linhas especializadas de função (como os sistemas de órgãos) de modo a refletir as mudanças funcionais que ocorrem com o crescimento. Por fim, **maturação** é o processo em que o indivíduo assume a forma adulta e torna-se completamente funcional. A maturação é definida pelo sistema ou pela função que estiver sendo considerada. Para exemplificar, maturidade esquelética implica um indivíduo com sistema esquelético completamente desenvolvido, em que todos os ossos completaram o crescimento e a ossificação normais; de outro lado, a maturidade sexual diz respeito ao fato de o indivíduo apresentar um sistema reprodutivo totalmente funcional. O estado de maturidade de uma criança ou de um adolescente pode ser definido:

- pela idade cronológica;
- pela idade esquelética; e
- pelo estágio da maturação sexual.

Este capítulo refere-se à criança e ao adolescente. Geralmente, o período da vida que vai do nascimento até o início da vida adulta divide-se em três fases: lactância, infância e adolescência. A **lactância** é definida como o primeiro ano de vida. A **infância** abrange o período entre o final da lactância (o primeiro aniversário) e o início da adolescência. Em geral, a infância subdivide-se em uma fase inicial (idade pré-escolar) e uma segunda fase da infância (ensino fundamental). É mais difícil definir a **adolescência** em anos cronológicos, porque esse período varia tanto no início como no término. Seu início costuma ser definido como a época em que ocorre a **puberdade**, quando as características sexuais secundárias se desenvolvem e a reprodução sexual torna-se possível. Seu término é definido como o fim dos processos de crescimento e desenvolvimento, isto é, o indivíduo atinge sua altura de adulto. Para a maioria das meninas, a adolescência vai dos 8-19 anos de idade, e, para a maioria dos meninos, dos 10-22 anos.

Diante da crescente popularidade dos esportes juvenis e da ênfase no aumento do condicionamento físico das crianças no combate da obesidade, é preciso compreender os aspectos fisiológicos do crescimento e do desenvolvimento. Crianças e adolescentes não devem ser considerados meras versões em miniatura dos adultos. O crescimento e o desenvolvimento de seus ossos, músculos, nervos e órgãos ditará, em grande parte, suas capacidades fisiológicas e de desempenho. Com o aumento da estatura de uma criança, aumentam também praticamente todas as suas capacidades funcionais. Isso é válido para a habilidade motora, a força, as funções cardiovascular e respiratória e as capacidades aeróbia e anaeróbia. Nas seções a seguir, serão examinadas as mudanças relacionadas à idade em termos de crescimento e de desenvolvimento.

Altura e peso

Especialistas no campo do crescimento e do desenvolvimento passam um tempo razoável analisando as mudanças na altura e no peso que acompanham o crescimento e – mais importante ainda – as velocidades nas quais o crescimento se dá ao longo do tempo. A Figura 17.1 revela que a altura aumenta rapidamente nos primeiros dois anos de vida. De fato, a criança atinge cerca de 50% da altura adulta por volta dessa idade. Depois disso, a altura vai aumentando a uma velocidade progressivamente mais lenta ao longo da infância; assim, ocorre um declínio na velocidade de

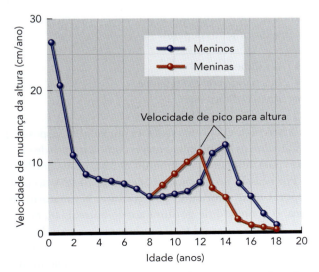

FIGURA 17.1 Mudanças na taxa de aumento na altura (cm/ano) de acordo com a idade.

mudança da altura. Imediatamente antes da puberdade, essa velocidade aumenta significativamente, e tal aumento é seguido de um decréscimo exponencial na velocidade até que o indivíduo atinja sua altura média máxima, por volta dos 16 anos de idade para as meninas e dos 18 anos para os meninos (embora alguns meninos não alcancem sua altura completa até o início da segunda década de vida). A velocidade de pico para o crescimento em altura ocorre aproximadamente aos 12 anos em meninas e aos 14 anos em meninos. A velocidade de pico para o crescimento no peso corporal ocorre aproximadamente aos 12,5 anos em meninas e aos 14,5 anos em meninos – um pouco mais tarde que a velocidade para a altura.

Ossos

Ossos, articulações, cartilagens e ligamentos formam o apoio estrutural do corpo humano. Os ossos constituem pontos de inserção para os músculos, protegem tecidos delicados e funcionam como reservatórios para o cálcio e o fósforo; alguns deles estão envolvidos na formação de células sanguíneas. Durante o desenvolvimento fetal, e também nos primeiros 14-22 anos de vida, as membranas e as cartilagens são transformadas em ossos por meio de um processo conhecido como **ossificação**, ou formação de ossos. A linha cartilaginosa em nossos ossos também é conhecida como placa de crescimento. A média de idade em que a placa de crescimento fecha e os diferentes ossos do corpo completam a ossificação é bastante variável, mas em geral começa a ocorrer fusão óssea na pré-adolescência. Todos os ossos já terão sofrido fusão no início da segunda década de vida. Em média, as meninas alcançam a maturidade óssea completa alguns anos antes dos meninos. Isso é devido ao papel de diferentes hormônios, incluindo o estrogênio, na sinalização para o fechamento da placa de crescimento.

Em geral, a saúde óssea é avaliada pelo exame da **densidade mineral óssea (DMO)** bem como pelos marcadores sanguíneos de formação e reabsorção óssea. Durante a infância e a adolescência, a DMO aumenta significativamente, apresentando em geral picos na segunda década com subsequente redução durante o restante da vida. Esse conceito é ilustrado para mulheres durante a vida na Figura 17.2. Portanto, a adolescência é a principal janela para o aumento da DMO com nutrição apropriada e estresse físico no osso durante exercícios de levantamento de peso.[22]

Um estudo longitudinal recente que incorporou exercícios de saltos (salto de uma caixa) em meninos e meninas pré-púberes de 8-9 anos demonstrou que um simples exercício de curta duração e alto impacto promove benefícios em longo prazo. Os meninos e as meninas que participaram dos exercícios de salto durante as aulas de educação física tiveram um aumento em sua DMO após sete meses, e esse benefício foi mantido por quatro anos

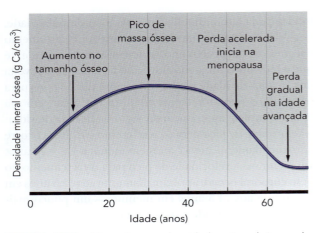

FIGURA 17.2 Alterações na densidade mineral óssea durante a vida da mulher. A queda após os 50 anos é menos íngreme para os homens.

após a intervenção. O aumento foi maior do que o normalmente observado com o crescimento e desenvolvimento. Além disso, se os benefícios desse tipo de exercício forem sustentados até o platô na DMO na vida adulta, esse tipo de exercício poderá ter efeitos substanciais na redução dos riscos de fratura mais tarde na vida, quando a DMO é reduzida.[10]

Em resumo

> O crescimento em altura é bastante rápido nos dois primeiros anos de vida, e a criança atinge 50% da estatura de adulto por volta dos 2 anos de idade. Depois disso, a velocidade torna-se mais lenta por toda a infância, até que, nas proximidades da puberdade, ocorre uma aceleração significativa.

> A velocidade de pico para o crescimento em altura ocorre por volta dos 12 anos em meninas e dos 14 anos em meninos. Em geral, atinge-se a altura máxima por volta dos 16 anos em meninas e dos 18 anos em meninos.

> O crescimento em peso acompanha a tendência da altura. A velocidade de pico para aumento de peso ocorre por volta dos 12,5 anos em meninas e dos 14,5 anos em meninos. A densidade mineral óssea aumenta significativamente durante a infância e a adolescência, com picos no começo da vida adulta. Exercícios de alto impacto e com transporte de carga podem aumentar substancialmente a DMO.

Músculos

Desde o nascimento até a adolescência, a massa muscular do corpo aumenta continuamente, junto com o peso da criança. Em meninos, a massa muscular esquelética total aumenta de 25% do peso corporal total ao nascimento até cerca de 40-45% ou mais no adulto jovem (20-30 anos). Grande parte desse ganho ocorre quando a velocidade de desenvolvimento muscular atinge um pico, por ocasião da puberdade. Esse pico corresponde a um aumento súbito – de quase dez vezes – na produção de testosterona. As meninas não experimentam uma aceleração tão rápida do crescimento muscular na puberdade, mas sua massa muscular efetivamente continua a aumentar, embora com uma velocidade menor que nos meninos, até 30-35% de seu peso corporal total como adultas jovens. Essa diferença de velocidade é, em grande parte, atribuída a diferenças hormonais na puberdade (ver Cap. 19).

Os aumentos na massa muscular com o avanço da idade parecem decorrer principalmente da hipertrofia (aumento no tamanho) das fibras existentes, ocorrendo pouca ou nenhuma hiperplasia (aumento no número das fibras). Essa hipertrofia resulta de aumentos nos miofilamentos e nas miofibrilas. Os aumentos no comprimento dos músculos durante o processo de alongamento dos ossos são decorrentes de aumentos no número de sarcômeros (que são adicionados na junção entre o músculo e o tendão) e de aumentos no comprimento dos sarcômeros existentes. A massa muscular atinge um pico nas moças por volta dos 16-20 anos de idade e nos rapazes por volta dos 18-25 anos, a menos que ocorra um aumento ainda maior causado pela prática do exercício e/ou pela dieta.

Gordura

Formam-se células de gordura nas quais a deposição de gordura inicia quando o feto começa a se desenvolver. Depois, esse processo tem continuidade indefinidamente ao longo da vida. O adipócito pode aumentar de tamanho em qualquer idade, desde o nascimento até a morte. A quantidade de gordura que se acumula com o crescimento e o envelhecimento depende:

- da alimentação;
- dos hábitos de exercício; e
- da hereditariedade.

A hereditariedade não pode ser mudada, mas é possível alterar tanto os hábitos alimentares como a prática de exercícios para aumentar ou diminuir as reservas de gordura.

Por ocasião do nascimento, cerca de 10-12% do peso corporal total é formado por gordura. Na **maturidade física**, o conteúdo de gordura atinge aproximadamente 15% do peso corporal total em homens e cerca de 25% em mulheres. Essa diferença entre gêneros, como a que foi observada no crescimento muscular, é basicamente atribuída a diferenças hormonais. Quando as meninas chegam à puberdade, ocorre aumento nos níveis de estrogênio e na exposição dos tecidos, o que promove a deposição de gordura no corpo. A Figura 17.3 ilustra as mudanças no percentual de gordura corporal, massa de gordura e massa livre de gordura tanto para meninos como meninas dos 8 aos 20 anos.[16] É importante perceber que tanto a massa gorda como a massa livre de gordura aumentam nesse período; portanto, um aumento na gordura absoluta não implica necessariamente um aumento na gordura relativa.

Sistema nervoso

À medida que as crianças crescem e seu sistema nervoso se desenvolve, elas vão adquirindo mais equilíbrio, agilidade e coordenação. É preciso que a mielinização das fibras nervosas esteja completa para que possam ocorrer reações rápidas e movimentos de habilidade, porque a condução dos impulsos ao longo de uma fibra nervosa é consideravelmente mais lenta quando a mielinização está ausente ou incompleta (ver Cap. 3). A **mielinização** do córtex cerebral ocorre mais rapidamente durante a infância, mas tem continuidade até bem depois da puberdade. Embora a prática de uma atividade ou habilidade possa melhorar o desempenho até certo ponto, o desenvolvimento integral dessa atividade ou habilidade dependerá da maturação (e da mielinização) completa do sistema nervoso. O desenvolvimento de força provavelmente também é influenciado pela mielinização.

Em resumo

> A massa muscular aumenta continuamente, junto com o ganho de peso, desde o nascimento até a adolescência.
> Em meninos, a velocidade de aumento da massa muscular atinge um pico na puberdade, quando a produção de testosterona aumenta dramaticamente. As meninas não experimentam esse aumento abrupto na massa muscular.
> Os aumentos da massa muscular em meninos e meninas resultam basicamente da hipertrofia das fibras, ocorrendo pouca ou nenhuma hiperplasia.
> A massa muscular atinge o pico nas meninas entre os 16-20 anos e nos meninos, entre os 18-25 anos, embora possam ocorrer aumentos subsequentes com a alimentação e o exercício.
> Os adipócitos podem aumentar em tamanho e número ao longo da vida.
> O grau de acúmulo de gordura depende da dieta, dos hábitos de exercícios e da hereditariedade.
> Na maturidade física, o conteúdo de gordura corporal é, em média, de 15% em homens jovens e de 25% em mulheres jovens. As diferenças são decorrentes principalmente dos níveis mais elevados de testosterona nos homens e dos níveis mais elevados de estrogênio nas mulheres.
> O equilíbrio, a agilidade e a coordenação melhoram com o desenvolvimento do sistema nervoso da criança.
> A mielinização das fibras nervosas é acompanhada por reações mais rápidas e por movimentos com maior habilidade, porque a mielinização acelera a transmissão dos impulsos elétricos.

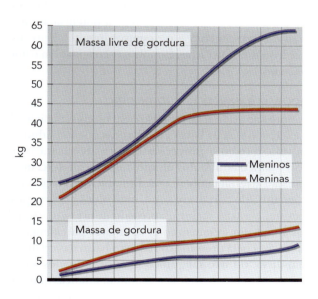

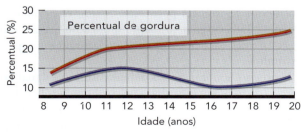

FIGURA 17.3 Mudanças no percentual de gordura, na massa de gordura e na massa livre de gordura em mulheres e homens, dos 8 aos 20 anos de idade.

Reproduzido com permissão de R. M. Malina, C. Bouchard e O. Bar-Or, *Growth, maturation, and physical activity*, 2ª ed. (Champaign, IL: Human Kinetics, 2004), 114.

Respostas fisiológicas ao exercício agudo

A função de quase todos os sistemas fisiológicos melhora até que o indivíduo alcance a maturidade completa ou imediatamente antes que isso ocorra. Após essa fase, a função fisiológica se estabiliza em um pico por determinado tempo antes de começar a declinar com o avanço da idade. Nesta seção, o foco recairá sobre algumas das mudanças que ocorrem em crianças e adolescentes e que acompanham o crescimento e o desenvolvimento.

Força

A força aumenta com o aumento da massa muscular que ocorre ao longo do crescimento e do desenvolvimento. Geralmente, o pico de força é atingido por volta dos 20 anos nas mulheres e entre 20-30 anos de idade nos homens. As mudanças hormonais que acompanham a puberdade levam a aumentos significativos na força em meninos durante a puberdade, em função do aumento na massa muscular, já mencionado. A extensão do desenvolvimento e a capacidade de desempenho do músculo dependem da concomitante maturação do sistema nervoso. Uma criança não consegue atingir níveis elevados de força, potência e habilidade sem antes alcançar a maturidade nervosa. A mielinização de muitos nervos motores fica incompleta até a maturidade sexual; assim, antes dessa fase, o controle nervoso da função muscular fica limitado.

A Figura 17.4 ilustra mudanças na força da perna em um grupo de meninos participantes do *Medford Boys' Growth Study* (Estudo de Crescimento de Meninos de Medford).[4] Os meninos foram acompanhados longitudinalmente dos 7 aos 18 anos de idade. A velocidade de ganho de força (inclinação da linha) aumentou consideravelmente por volta dos 12 anos, idade em que costuma iniciar a puberdade. Não existem dados longitudinais similares para meninas nessa faixa etária, mas dados de estudo transversal indicam que elas experimentam um aumento mais gradual e linear na força absoluta, não exibindo mudanças significativas na força relativa ao peso corporal após a puberdade,[9] conforme mostra a Figura 17.5.

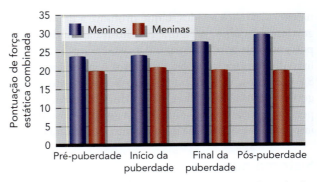

FIGURA 17.5 Mudanças na força em relação à fase de desenvolvimento em meninos e meninas. A força está expressa como uma pontuação de força estática combinada a partir de vários locais de teste para força, e os dados estão expressos por quilograma de massa corporal para que sejam consideradas as diferenças de tamanho corporal entre meninos e meninas.

Funções cardiovascular e respiratória

A função cardiovascular passa por mudanças consideráveis à medida que as crianças crescem e envelhecem. Por causa do aumento significativo na potência aeróbia durante o crescimento e o desenvolvimento, é preciso considerar essas alterações durante o exercício submáximo e máximo.

Repouso e exercício submáximo

A pressão arterial de repouso e em níveis submáximos de exercício é mais baixa em crianças que em adultos; contudo, aumenta progressivamente até alcançar os valores para o adulto nos últimos anos da adolescência. A pressão arterial também está diretamente relacionada ao tamanho do corpo: em geral, indivíduos maiores possuem um coração maior e apresentam pressão arterial mais alta; assim o tamanho é, ao menos parcialmente, responsável pela pressão arterial mais baixa das crianças. Além disso, o fluxo sanguíneo para os músculos ativos durante o exercício pode ser maior em crianças que nos adultos para determinado volume muscular, porque elas têm menor resistência periférica. Assim, nas crianças, para uma dada carga de trabalho submáximo, a pressão arterial é mais baixa e o músculo é relativamente superperfundido.

É preciso lembrar que o débito cardíaco é igual ao produto da frequência cardíaca pelo volume sistólico. Em comparação com o que ocorre em adultos, o tamanho do coração e o volume sanguíneo total menores em uma criança resultam em menor volume sistólico, tanto em repouso como durante o exercício. Para compensar o volume sistólico mais baixo a fim de que o débito cardíaco seja mantido, a frequência cardíaca da criança em determinada intensidade submáxima absoluta é maior que no

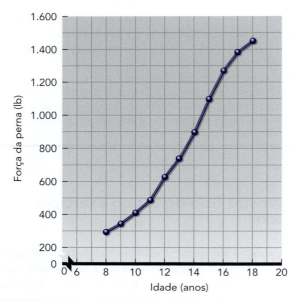

FIGURA 17.4 Ganhos, com o passar do tempo, na força da perna em meninos acompanhados longitudinalmente por 12 anos. Note-se a maior inclinação da curva dos 12 aos 16 anos de idade.
Dados de Clarke (1971).

adulto. À medida que a criança cresce e, com isso, ocorre aumento no tamanho do coração e no volume sanguíneo que acompanham o tamanho corporal, o volume sistólico também aumenta e a frequência cardíaca diminui, para a mesma intensidade de trabalho absoluta.

Entretanto, a frequência cardíaca submáxima mais elevada da criança não consegue compensar integralmente o volume sistólico mais baixo. Por causa disso, o débito cardíaco da criança é também um pouco mais baixo que o débito cardíaco do adulto para o mesmo consumo de oxigênio. Para que seja mantido um consumo adequado de oxigênio nesses níveis submáximos de trabalho, a diferença arteriovenosa mista de oxigênio, ou diferença (a-v̄)O_2, da criança aumenta para compensar mais adequadamente o débito cardíaco mais baixo. É muito provável que o aumento na diferença (a-v̄)O_2 seja atribuído ao percentual maior do débito cardíaco que vai para os músculos ativos.[28]

Essas respostas cardiovasculares durante o exercício submáximo estão ilustradas na Figura 17.6.

Exercício máximo

A frequência cardíaca máxima (FC_{max}) é mais elevada em crianças que em adultos, mas esse parâmetro diminui linearmente à medida que a criança envelhece. Frequentemente, crianças com menos de 10 anos exibem frequências cardíacas máximas que excedem os 210 bpm, enquanto, em média, um homem de 20 anos apresenta frequência cardíaca máxima de aproximadamente 195 bpm.

Em níveis máximos de exercício, assim como no exercício submáximo, o coração e o volume sanguíneo menores da criança limitam o volume sistólico máximo que ela pode alcançar. Também nesse caso, a FC_{max} elevada não consegue compensar totalmente esse quadro, deixando a criança com um débito cardíaco máximo mais baixo que o dos

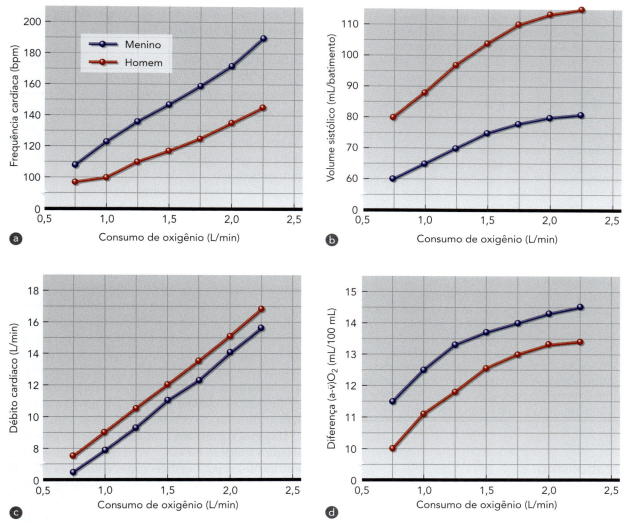

FIGURA 17.6 (a) Frequência cardíaca submáxima, (b) volume sistólico, (c) débito cardíaco e (d) diferença arteriovenosa mista de oxigênio, ou diferença (a-v̄)O_2, em um menino de 12 anos e em um homem completamente maduro nas mesmas taxas de consumo de oxigênio.

adultos. Isso limita o desempenho da criança em cargas de trabalho absolutas elevadas durante algumas atividades (p. ex., pedalar), porque a capacidade de liberação de oxigênio da criança é inferior à capacidade dos adultos. Contudo, em casos de elevadas cargas de trabalho relativas em que a criança é responsável apenas pela mobilização de sua massa corporal (p. ex., correr), esse débito cardíaco máximo mais baixo não chega a ser uma limitação significativa. Na corrida, por exemplo, uma criança que pesa 25 kg necessita (em proporção ao seu peso corporal) de uma quantidade consideravelmente menor de oxigênio em comparação a um homem que pesa 90 kg; porém, a velocidade de consumo de oxigênio por quilograma de peso corporal é aproximadamente a mesma para a criança e para o adulto.

Em resumo

> A força aumenta com o aumento da massa muscular, à medida que a criança cresce e se desenvolve.
> Os ganhos de força decorrentes do crescimento também dependem da maturação nervosa, porque o controle neuromuscular fica limitado até que a mielinização esteja completa, geralmente na época da maturação sexual.
> A pressão arterial está diretamente relacionada ao tamanho do corpo: é mais baixa em crianças que em adultos, mas aumenta até os níveis do adulto no final da adolescência, tanto em repouso como durante o exercício.
> Durante o exercício – tanto no submáximo como no máximo –, o coração e o volume sanguíneo menores da criança resultam em um volume sistólico mais baixo que o dos adultos. Como uma compensação parcial, a frequência cardíaca da criança é maior que a do adulto para a mesma intensidade de exercício. O débito cardíaco máximo é mais baixo do que o de um adulto com treinamento equivalente.
> Mesmo com a frequência cardíaca aumentada, o débito cardíaco da criança permanece inferior ao dos adultos. No caso do exercício submáximo, o aumento na diferença (a-v̄)O$_2$ garante a liberação de oxigênio adequada para os músculos ativos. Porém, em cargas de trabalho máximas, a liberação do oxigênio limita o desempenho em atividades que não dependam exclusivamente da movimentação da massa corporal pela criança, como em uma corrida, por exemplo.

Metabolismo

O metabolismo e o uso de substratos, tanto em repouso como durante o exercício, também mudam com o crescimento da criança e do adolescente, como se poderia esperar das mudanças (anteriormente revisadas) na massa muscular, na força e na função cardiorrespiratória.

Consumo máximo de oxigênio

A finalidade das adaptações cardiovasculares e respiratórias que ocorrem em resposta ao exercício é acomodar a necessidade que os músculos ativos têm de receber oxigênio. Assim, os aumentos nas funções cardiovascular e respiratória que acompanham o processo de crescimento sugerem que a capacidade aeróbia ($\dot{V}O_{2max}$) aumenta de modo análogo. Em 1938, Robinson[24] demonstrou esse fenômeno em uma amostra transversal envolvendo meninos e homens, com variação de 6-91 anos. O autor constatou que o $\dot{V}O_{2max}$ atinge o pico entre 17-21 anos de idade, e então diminui linearmente com o passar do tempo. Estudos posteriores confirmaram tais observações. Estudos envolvendo meninas e mulheres demonstraram essencialmente a mesma tendência, embora nas mulheres essa diminuição tenha início muito mais precocemente, geralmente entre os 12-15 anos. Provavelmente, esse fenômeno é atribuível em parte à adoção precoce de um estilo de vida mais sedentário. As mudanças no $\dot{V}O_{2max}$ que ocorrem com o passar do tempo, expressas em litros por minuto, estão ilustradas na Figura 17.7a.

Categorização dos dados fisiológicos para explicar as diferenças de tamanho

A expressão do $\dot{V}O_{2max}$ com relação ao peso corporal (mL · kg^{-1} · min^{-1}) revela um quadro consideravelmente diferente, conforme mostra a Figura 17.7b. Os valores mudam pouco em meninos dos 6 anos até o início da fase adulta. Já nas meninas ocorre pouca mudança dos 6-13 anos, embora após essa idade $\dot{V}O_{2max}$ exiba um decréscimo gradual. Essas observações talvez não reflitam com precisão o desenvolvimento do sistema cardiorrespiratório durante o crescimento das crianças e diante das mudanças de seus níveis de atividade física. Foram levantadas várias dúvidas acerca da validade do uso do $\dot{V}O_{2max}$ relativo ao peso corporal para explicar as mudanças nas dimensões dos sistemas cardiorrespiratório e metabólico durante os períodos de crescimento e desenvolvimento. Em vez disso, as diferenças de gênero que se iniciam próximo à puberdade podem refletir diferenças no aumento da massa corporal e alterações na composição corporal. Visto que as meninas tendem a aumentar a massa gorda com a exposição ao estrogênio na puberdade, seu $\dot{V}O_2$ relativo à massa corporal total ($\dot{V}O_2$ por quilograma) diminui, mas isso pode não ser significativo quando normalizado pela massa livre de gordura.

Há vários argumentos contrários ao uso do peso corporal para a avaliação do $\dot{V}O_{2max}$ com relação a diferenças no tamanho do corpo. Um deles é que, embora os valores do $\dot{V}O_{2max}$ expressos em relação ao peso corporal permaneçam relativamente estáveis ou declinem com o envelhecimento, o desempenho de resistência melhora continuamente. Um menino normal de 14 anos pode correr uma milha (1,6 km) quase duas vezes mais rápido que um menino normal de 5 anos. Contudo, seus valores para o $\dot{V}O_{2max}$ expressos

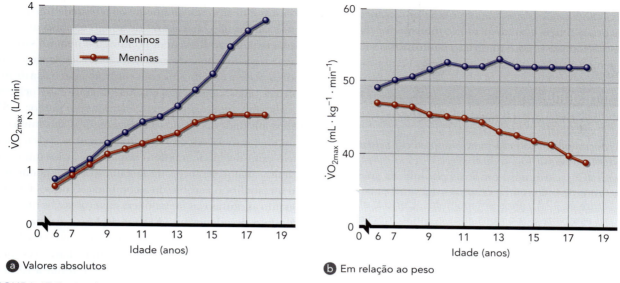

a Valores absolutos **b** Em relação ao peso

FIGURA 17.7 Mudanças no consumo máximo de oxigênio de acordo com a idade em crianças e adolescentes.

com relação ao peso corporal são semelhantes.[25] Além disso, embora os aumentos no $\dot{V}O_{2max}$ que acompanham o treinamento de resistência em crianças sejam relativamente pequenos em comparação com o que ocorre em adultos, os aumentos de desempenho nessas crianças são relativamente grandes. Portanto, o peso corporal pode não ser a variável mais apropriada para uso na categorização dos valores do $\dot{V}O_{2max}$ para diferenças de tamanho corporal em uma criança pequena e em um adolescente. São extraordinariamente complexas as relações entre o $\dot{V}O_{2max}$, as dimensões do corpo e as funções dos sistemas do organismo durante o crescimento. Esse tópico será analisado detalhadamente mais adiante, neste capítulo.

Exemplos consistentes são os cálculos de $\dot{V}O_2$, débito cardíaco, volume sistólico e outras variáveis fisiológicas relacionadas ao tamanho corporal com referência à área da superfície corporal, medida em metros quadrados, ou com referência ao peso, expresso na potência 0,67 ou 0,75 (peso^{0,67} ou peso^{0,75}). Há anos os cardiologistas vêm expressando volumes cardíacos com relação à área da superfície corporal. Estudos sugerem que usar a área da superfície corporal (mL · m^{-2} · min^{-1}) ou o peso^{0,75} (mL · peso$^{-0,75}$ · min^{-1}) é a melhor maneira de expressar tais dados com vistas à redução do efeito do tamanho corporal. Um estudo acompanhou meninos dos 12 aos 20 anos; um grupo permaneceu sem treinamento, porém ativo, e o outro grupo treinou.[27] Houve pouco ou nenhum aumento com o treinamento de corrida no $\dot{V}O_{2max}$ expresso em mL · kg^{-1} · min^{-1}, enquanto o $\dot{V}O_2$ submáximo expresso da mesma forma diminuiu com o passar do tempo, sugerindo não uma mudança na capacidade aeróbia, mas um aprimoramento na economia da corrida. Quando esses mesmos dados foram expressos em mL · kg$^{-0,75}$ · min^{-1}, os meninos que estavam treinando mostraram aumento na capacidade aeróbia com o aumento no treinamento e na idade, mas nenhuma mudança na economia da corrida. Intuitivamente, o último achado faz mais sentido, reforçando o uso do peso^{0,75} como a melhor forma de expressar os dados.

Economia da corrida

De que modo as mudanças na capacidade aeróbia relacionadas ao crescimento afetam o desempenho da criança? Em atividades que dependem de uma carga de trabalho fixa (como no uso de um ergômetro), o $\dot{V}O_{2max}$ mais baixo da criança limita seu desempenho de resistência. Mas, como já se pôde observar, em atividades nas quais o peso corporal representa a maior resistência ao movimento (como na corrida de longa distância), as crianças supostamente não ficam em desvantagem, porque os valores de seu $\dot{V}O_{2max}$ expressos em relação ao peso corporal já estão nos valores adultos ou próximo deles.

Entretanto, as crianças não conseguem manter o mesmo ritmo de corrida dos adultos por causa de diferenças básicas na economia de esforço. O consumo submáximo de oxigênio de uma criança andando em determinada velocidade sobre uma esteira ergométrica será substancialmente maior que o de um adulto quando esse valor for expresso em relação ao peso corporal. À medida que a criança cresce, suas pernas ficam mais compridas e seus músculos ficam mais fortes. Além disso, suas habilidades para a corrida também aumentam. A economia da corrida aumenta, e isso melhora seu ritmo de corrida para a distância, mesmo que ela não esteja treinando e que seu valor para o $\dot{V}O_{2max}$ não aumente.[6,12] Conquanto o aumento da frequência da passada à medida que as crianças e os adolescentes crescem seja o fator mais importante para explicar essas mudanças na economia da corrida, também é possível que relacionar o consumo de oxigênio ao peso corporal durante o crescimento e o desenvolvimento seja um procedimento inadequado, conforme foi discutido na seção anterior; isso exacerba a controvérsia sobre esse tópico.

Em resumo

> Com a melhora das funções pulmonar e cardiovascular, à medida que a criança se desenvolve, melhora também a sua capacidade aeróbia.

> O $\dot{V}O_{2max}$, expresso em litros por minuto, atinge um pico entre os 17-21 anos em homens, e entre os 12-15 anos em mulheres. Depois, ele se estabiliza por alguns anos e, então, declina continuamente.

> Quando expressamos o $\dot{V}O_{2max}$ com relação ao peso corporal, esse indicador mantém-se estável em homens entre 6-25 anos antes de iniciar seu declínio. Em mulheres, o declínio no $\dot{V}O_{2max}$ é pequeno entre os 6-12 anos, mas essa diminuição torna-se mais acentuada a partir dos 13 anos. Contudo, a expressão do $\dot{V}O_{2max}$ com relação ao peso corporal pode não fornecer uma estimativa tão boa da capacidade aeróbia. Os valores de $\dot{V}O_{2max}$ assim obtidos não refletem os ganhos significativos em termos de capacidade de desempenho de resistência observados tanto com a maturação quanto com o treinamento.

> O valor mais baixo de $\dot{V}O_{2max}$ (L/min) nas crianças limita seu desempenho de resistência, a menos que seu peso corporal represente a principal resistência ao movimento, como ocorre em uma corrida de longa distância.

> Quando expresso em litros por minuto, $\dot{V}O_{2max}$ é mais baixo em crianças, em comparação com os adultos, em níveis de treinamento semelhantes. Esse fato é principalmente atribuído ao débito cardíaco máximo mais baixo da criança. Quando os valores de $\dot{V}O_{2max}$ são normalizados com relação às diferenças no tamanho corporal entre crianças e adultos, a diferença será pouca ou nenhuma em termos de capacidade aeróbia. No entanto, em atividades como as corridas de fundo, o desempenho das crianças é muito inferior ao dos adultos.

> Em comparação com os adultos, a economia da corrida em crianças é mais rudimentar quando o $\dot{V}O_{2max}$ é expresso com relação ao peso corporal. Foi identificado um fator capaz de explicar essa discrepância: a diferença entre crianças e adultos na frequência da passada em uma corrida com o mesmo ritmo fixo.

Capacidade anaeróbia

A capacidade das crianças para realizar atividades anaeróbias é limitada em virtude de sua menor capacidade glicolítica. O conteúdo de glicogênio muscular em crianças é de aproximadamente 50-60% o de um adulto. E as crianças não são capazes de atingir as concentrações de lactato dos adultos, nem no músculo nem no sangue, para cargas máximas de exercício. Níveis de lactato mais baixos podem refletir uma concentração mais baixa de fosfofrutoquinase, a principal enzima limitante da velocidade da glicólise anaeróbia, e significativamente menor (~3,5 vezes) atividade da lactato desidrogenase.[11] Concentrações sanguíneas menores de lactato nas crianças após o exercício exaustivo podem refletir sua menor massa muscular relativa, maior remoção de lactato, maior dependência do metabolismo aeróbio ou a combinação desses fatores. Quanto às outras vias metabólicas anaeróbias, os níveis de trifosfato de adenosina (ATP) e de fosfocreatina (PCr) em repouso em crianças são semelhantes aos níveis dessas substâncias em adultos. Assim, não deve haver comprometimento em atividades com duração inferior a 10-15 s. Portanto, apenas atividades que sobrecarregam o sistema glicolítico anaeróbio – aquelas com duração de 15 s a 2 min – serão menos satisfatórias.

A produção média e de pico da potência anaeróbia, determinada pelo teste de potência anaeróbia de Wingate (um esforço máximo, de total intensidade, durante 30 s em um cicloergômetro), também é mais baixa em crianças, em comparação com os valores para adultos. A Figura 17.8 ilustra os resultados de um teste similar de potência anaeróbia em cicloergômetro.[26] Nessa figura, a potência de pico está

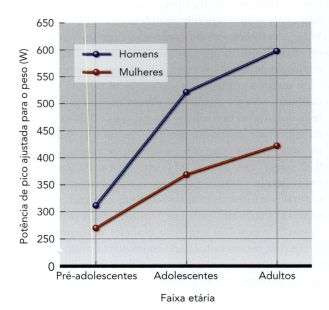

FIGURA 17.8 Produção de potência de pico (potência anaeróbia) ideal, estatisticamente ajustada para a massa corporal em pré-adolescentes (9-10 anos), adolescentes (14-15 anos) e adultos (em média 21 anos de idade). Esses valores representam a potência anaeróbia independentemente do tamanho corporal.

Dados de Santos et al. (2002).

estatisticamente ajustada para a massa corporal, de modo a levar em conta as diferenças de tamanho corporal quando se comparam os valores para pré-adolescentes, adolescentes e adultos. A figura mostra, ainda, as produções de potência de pico baixíssimas para pré-adolescentes (9-10 anos) em comparação com adolescentes (14-15 anos) e adultos (21 anos em média). Os valores dos adolescentes estavam bem mais próximos dos valores para adultos que dos valores para pré-adolescentes.

Bar-Or[1] fez um resumo do desenvolvimento das características aeróbias e anaeróbias de meninos e meninas de 9-16 anos, utilizando 18 anos de idade como critério para 100% do valor adulto. As mudanças que ocorrem com a idade estão ilustradas na Figura 17.9. A potência aeróbia está representada pelo $\dot{V}O_{2max}$ das crianças, enquanto a potência anaeróbia está representada pelo desempenho das crianças no teste de *step-running* de Margaria (um teste de campo). O consumo máximo de energia por quilograma representa as capacidades máximas de geração de energia dos sistemas aeróbio e anaeróbio, relacionadas ao peso corporal, de modo a levar em consideração as diferenças de tamanho corporal ocorrentes com o crescimento das crianças. Nota-se que o condicionamento aeróbio permanece constante para os meninos, mas

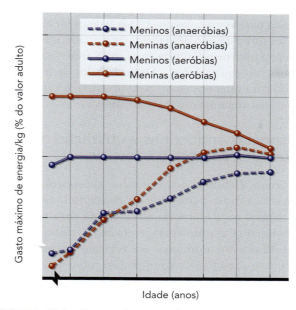

FIGURA 17.9 Desenvolvimento de características aeróbias e anaeróbias em meninos e meninas com idades entre 9-16 anos. Os valores estão expressos como percentuais dos valores adultos (valores aos 18 anos).

Adaptado com permissão de O. Bar-Or, Pediatric sports medicine for the practitioner: from physiologic principles to clinical applications (New York: Springer-Verlag, 1983). Com permissão de Marlyn Bar-Or.

Perspectiva de pesquisa 17.1
Benefícios cognitivos do exercício para crianças

Na última década, foi observado um aumento constante no tempo de ensino em sala de aula, em um esforço para melhorar os testes padronizados e os resultados de desempenho acadêmico, com envolvimento de atividades de aprendizado predominantemente sedentárias. Para proporcionar esse aumento no tempo de ensino, passaram a ser habituais os cortes extensos em áreas não acadêmicas, especialmente aquelas que envolvem atividades físicas, como a educação física e o recreio. Entretanto, um volume cada vez mais expressivo de literatura científica sugere a probabilidade de que a abordagem exatamente oposta deva ser considerada.

Atividade física/condicionamento físico e nutrição/sobrepeso são duas áreas privilegiadas na *Healthy People 2020*, uma iniciativa abrangente de promoção da saúde e prevenção de doenças pelo Department of Health and Human Services dos EUA. Esses objetivos são importantes, pois a inatividade física da infância e da juventude é uma preocupação crescente e a porcentagem de jovens considerados com excesso de peso mais do que triplicou nos últimos 20 anos. Essas estatísticas são alarmantes porque a propensão para a inatividade física e a obesidade resultam na ocorrência de doenças crônicas. As escolas continuam sendo um cenário importante na promoção dos objetivos nacionais para a saúde, inclusive a prática de atividade física ao longo da vida. Esse aspecto é particularmente importante, tendo em vista que os hábitos de atividade física se desenvolvem muito cedo na infância e acompanham a pessoa ao longo da juventude e até a idade adulta. Portanto, programas escolares podem gerar expectativas para a prática de atividades físicas regulares que poderão ter continuidade na vida adulta.

Os benefícios da atividade física regularmente praticada para a saúde são muito claros. Além disso, a organização Centers for Disease Control and Prevention publicou evidências substanciais de que a atividade física pode ajudar a melhorar o desempenho acadêmico, inclusive nas notas e nos resultados dos testes padronizados. Além disso, a atividade física afeta as habilidades e atitudes cognitivas, bem como o comportamento acadêmico, com evidente melhora do desempenho acadêmico em geral, provavelmente por meio de melhoras na concentração, na atenção e no comportamento em sala de aula. Essas evidências científicas podem, e talvez devam, ser usadas para implementar mudanças nas políticas e para obter apoio e financiamento para programas de atividade física nas escolas e na comunidade, mudar hábitos de estilo de vida, reduzir o ônus médico e financeiro e melhorar a qualidade de vida em geral. Assim, a educação física e da saúde proporciona a base para estilos de vida saudáveis e ativos ao longo da vida.[7]

declina para as meninas dos 12 aos 16 anos Meninas com idade entre 9-12 anos têm maior capacidade aeróbia que o valor adulto de referência (para os 18 anos); assim, seus valores são equivalentes a 110% do valor para adultos. Tanto para meninos como para meninas, a capacidade anaeróbia aumenta dos 9 aos 15 anos.

Respostas endócrinas e utilização de substrato durante o exercício

Como discutido nos capítulos anteriores, a atividade física causa a liberação de diversos e importantes hormônios reguladores de metabolismo para mobilizar carboidratos e gorduras para serem usados como combustível. Muitos dos hormônios que regulam o metabolismo durante o exercício também podem influenciar o crescimento e o desenvolvimento. Por exemplo, o exercício é um estímulo potente para o eixo hormônio do crescimento (GH), fator de crescimento semelhante à insulina. O exercício de alta intensidade em crianças pode causar picos dramáticos no GH e influenciar o ciclo circadiano normal desse hormônio.

Em geral, estudos com enfoques pediátricos sugerem que a resposta da insulina ao exercício difere com o estágio na puberdade e com o gênero e que crianças apresentam maior resposta de estresse ao exercício. Isso resulta em diferenças no controle da glicose sanguínea. No início do exercício, as crianças têm uma hipoglicemia relativa. A razão para isso não é clara, mas, além do menor conteúdo de glicogênio muscular, acredita-se que as crianças tenham uma capacidade imatura para a glicogenólise hepática. Portanto, não surpreende que as crianças dependam mais da oxidação de gorduras para combustível durante o exercício. Entretanto, a oxidação de glicose exógena parece relativamente alta, possivelmente por causa da menor produção endógena de glicose. Esse perfil de utilização de combustível é modificado durante a puberdade, uma vez que adolescentes possuem menor taxa relativa de oxidação de gordura, mais semelhante à dos adultos. A alteração na utilização do substrato durante o exercício pode ter impacto na composição corporal durante o desenvolvimento, e, de um ponto de vista prático, isso também pode afetar as necessidades nutricionais para o pico de desempenho em crianças.

Em resumo

> A capacidade das crianças para realizar atividades anaeróbias é limitada. A criança tem baixa capacidade glicolítica, possivelmente por causa de uma quantidade limitada da enzima limitadora de velocidade, a fosfofrutoquinase, ou de lactato desidrogenase.

> Crianças têm concentrações mais baixas de lactato no sangue e nos músculos, em condições de cargas de trabalho máximas e supramáximas.
> As produções médias e de pico para a potência anaeróbia são mais baixas em crianças que em adultos, mesmo quando se usa como referência a massa corporal.
> Em comparação com os adultos, as crianças apresentam uma resposta diferente à insulina e aos hormônios do estresse e dependem mais da oxidação de gorduras durante o exercício.

Adaptações fisiológicas ao treinamento físico

O treinamento pode melhorar a composição corporal, a força, a capacidade aeróbia e a capacidade anaeróbia das crianças. Geralmente, estas adaptam-se bem ao mesmo tipo de rotina de treinamento adotada pelos adultos. Contudo, os programas de treinamento para crianças e adolescentes devem ser planejados especificamente para cada faixa etária, considerando os fatores de desenvolvimento associados à idade em questão.

Composição corporal

A criança e o adolescente respondem ao treinamento físico de maneira similar aos adultos com relação a mudanças no peso e na composição corporais. Tanto com o treinamento de força como com o treinamento aeróbio, meninos e meninas diminuirão o peso corporal e a massa gorda, aumentando a massa livre de gordura, embora na criança esse aumento seja atenuado em comparação com o que ocorre no adolescente e no adulto. Conforme já foi observado, também há evidências de crescimento ósseo significativo como resultado do treinamento físico de grande impacto e sustentação de peso,[10] além do que se observa durante o crescimento normal.

Força

Por muitos anos, o uso do treinamento de força para aumentar a força e a resistência dos músculos em meninos e meninas pré-púberes e adolescentes foi objeto de grande controvérsia. Meninos e meninas eram desencorajados a usar pesos livres, pois se temia que pudessem se lesionar ou que houvesse interferência no processo de crescimento. Além disso, muitos cientistas especulavam que o treinamento de força teria pouco ou nenhum efeito sobre os músculos de meninos pré-púberes, porque seus níveis circulantes de andrógenos ainda eram baixos. Hoje em dia se aceita mais amplamente que certos tipos de treinamento de força são seguros e fornecem benefícios significativos

Perspectiva de pesquisa 17.2
Atividade física e obesidade em crianças pelo mundo

Embora as orientações genéricas sobre a atividade física para adultos tenham sido modificadas em 2018, as orientações globais sobre a atividade física para crianças em idade escolar sugerem pelo menos 60 min/dia de atividade física com intensidade moderada a vigorosa. Essas orientações são baseadas em evidências que vinculam a atividade física a resultados para a saúde, como condicionamento físico, saúde óssea e marcadores de saúde cardiovascular e metabólica em crianças. Recentemente, estudos também demonstraram uma relação negativa entre comportamentos sedentários e resultados para a saúde. Além disso, há uma associação direta entre atividade física e adiposidade. Contudo, há uma relativa falta de dados objetivos comparativos sobre a relação entre atividade física, comportamento sedentário e obesidade em amostras internacionais. Diante disso, um grupo de pesquisadores realizou um estudo com o objetivo de examinar a associação entre atividade física de intensidade moderada a vigorosa, atividade física vigorosa e comportamento sedentário com a obesidade em crianças de 9-11 anos de países que diferem em seus estágios de transição epidemiológica e representam uma variedade de níveis de desenvolvimento econômico (Estudo Internacional de Obesidade Infantil, Estilo de Vida e Meio Ambiente, ISCOLE).[12]

O estudo ISCOLE envolveu mais de 7.000 crianças de 12 países em todo o mundo. Os pesquisadores estimaram a quantidade de tempo consumido na prática de atividade física de intensidade moderada a vigorosa, atividade física vigorosa e comportamento sedentário com base nos resultados obtidos com o uso de acelerômetros de cintura de 24 horas que foram usados por pelo menos 4 dias. Não é de surpreender que a associação entre a quantidade de tempo gasto na atividade física de intensidade moderada a vigorosa e na atividade física vigorosa e a obesidade (determinada a partir das medidas do índice de massa corporal) tenha sido estatisticamente significativa. Os autores relatam um limiar ideal de 55 min/dia de atividade física de intensidade moderada a vigorosa, o que é consistente com as recomendações globais de 60 min/dia. A relação entre comportamento sedentário e obesidade foi muito mais fraca. Em conjunto, esses dados, que foram notavelmente consistentes entre países em diferentes estágios de transição econômica e epidemiológica, sugerem de forma enfática a existência de uma relação direta entre a atividade física e a obesidade; essa relação ficou evidente em diferentes culturas, raças e cenários geográficos. Entretanto, tendo em vista o modelo do estudo, ainda não ficou claro se baixos níveis de atividade física são a causa ou consequência da obesidade em crianças; esse tópico continua sendo uma área ativa de pesquisa. Apesar disso, esses dados enfatizam claramente a existência de uma associação robusta entre atividade física e obesidade em crianças.

---

para crianças e adolescentes, e que o risco de lesão com essa modalidade de treinamento é muito baixo.

Já foram publicados diversos estudos envolvendo crianças e adolescentes que demonstravam claramente que o treinamento de força é bastante eficaz no aumento da força. Esse aumento depende muito do volume e da intensidade do treinamento. Mas em geral os aumentos percentuais para crianças e adolescentes são semelhantes aos percentuais para adultos jovens.

Os mecanismos que permitem mudanças de força em crianças são análogos àqueles que funcionam para adultos, com uma pequena exceção: em grande parte, os ganhos de força para crianças pré-púberes são obtidos sem qualquer mudança no volume muscular e provavelmente envolvem melhoras nos mecanismos neurais: melhor coordenação das habilidades motoras, maior ativação das unidades motoras e outras adaptações neurológicas ainda indeterminadas.[23] Os ganhos de força nos adolescentes decorreram principalmente das adaptações neurais e dos aumentos na massa muscular e na tensão específica.

Consumo máximo de oxigênio

Meninos e meninas na pré-puberdade são beneficiados pelo treinamento aeróbio na melhora de sua função cardiorrespiratória e $\dot{V}O_{2max}$? Essa é outra área controversa, já que vários estudos antigos indicavam que o treinamento de crianças na pré-puberdade não alterava seus valores de $\dot{V}O_{2max}$. Curiosamente, mesmo sem aumentos significativos no $\dot{V}O_{2max}$, o desempenho dessas crianças em corridas melhorou substancialmente.[25] Outros estudos constataram pequenos aumentos na capacidade aeróbia com o treinamento em crianças na pré-puberdade, mas esses incrementos foram inferiores ao esperado em adolescentes e adultos – cerca de 5-15% em crianças, em comparação com cerca de 15-25% em adolescentes e adultos.

Parece ocorrer uma alteração mais substancial no $\dot{V}O_{2max}$ depois que as crianças chegam à puberdade, embora as razões para tal fenômeno sejam desconhecidas. Considerando que o volume sistólico parece ser a principal limitação para o desempenho aeróbio nessa faixa etária, é bastante provável que novos aumentos na capacidade aeróbia dependam do crescimento do coração. Do mesmo modo (conforme já discutido neste capítulo), o referenciamento dessas variáveis é um aspecto importante.

Capacidade anaeróbia

Aparentemente, o treinamento anaeróbio melhora a capacidade anaeróbia da criança. Depois do treinamento, em geral as crianças apresentam:

- níveis elevados (em repouso) de PCr, ATP e glicogênio;
- aumento da atividade de fosfofrutoquinase;
- aumento dos níveis sanguíneos máximos de lactato;
- e limiares ventilatórios mais altos.[14]

Aparentemente, no planejamento de programas de treinamento aeróbio e anaeróbio para crianças e adolescentes podem ser aplicados os princípios de treinamento comuns para adultos. Também nesse caso, é prudente optar por uma atitude conservadora para minimizar o risco de lesão, o sobretreinamento (*overtraining*) e a perda de interesse pelo esporte.

Em resumo

> As mudanças na composição corporal com o treinamento em crianças e adolescentes são semelhantes às observadas em adultos – perda do peso corporal total e da massa gorda, além de aumento na massa livre de gordura.

> O risco de lesão em decorrência do treinamento de força em atletas jovens é relativamente baixo, e os programas que esses atletas devem seguir são bastante parecidos com os programas para adultos.

> Os ganhos de força obtidos com o treinamento de força em pré-adolescentes decorrem principalmente da melhor coordenação da habilidade motora, da maior ativação das unidades motoras e de outras adaptações neurológicas. Ao contrário do que ocorre com os adultos, os pré-adolescentes que treinam para força obtêm pouca mudança na massa muscular. Os mecanismos de ganhos de força para adolescentes são parecidos com os mecanismos para adultos.

> O treinamento aeróbio em pré-adolescentes não altera o $\dot{V}O_{2max}$ tanto como o esperado para o estímulo de treinamento, possivelmente porque o $\dot{V}O_{2max}$ depende do tamanho do coração. Contudo, o desempenho de resistência melhora com o treinamento aeróbio. Os ganhos dos adolescentes são semelhantes aos ganhos dos adultos.

> A capacidade anaeróbia da criança aumenta com o treinamento anaeróbio.

Padrões de atividade física entre os jovens

Considerando que os padrões de atividade física estabelecidos na infância persistem ao longo da adolescência e até a idade adulta, é imperativo aumentar a atividade física entre os jovens. No entanto, na maioria dos casos, as atuais estratégias de intervenção destinadas a tornar as crianças mais ativas têm sido pouco eficazes (discutido na seção a seguir). A Figura 17.10 ilustra o percentual (para 2014) de meninos e meninas norte-americanos de 12-15 anos que praticavam atividade física por determinado número de dias por semana. A atividade física foi definida como qualquer tipo de atividade moderada a vigorosa, tanto na escola como fora dela, suficiente para aumentar a frequência cardíaca e acelerar a respiração durante pelo menos 60 minutos. Em 2012, nos Estados Unidos, apenas uma em cada quatro crianças praticava esse nível de atividade. Nos meninos estudados, o percentual de meninos ativos diminuiu significativamente com o aumento do peso. Foi observada uma tendência semelhante entre as meninas, com um número menor de meninas obesas engajadas em atividade física (embora a diferença não tenha sido estatisticamente significativa). Entre os meninos ativos, o basquete era a atividade mais comumente relatada, seguida por corrida, futebol americano, ciclismo e caminhada. Entre as meninas, a corrida era a atividade mais comum, seguida por caminhada, basquete, dança e ciclismo.[8]

Crianças

Crianças acima do peso tendem a ser fisicamente menos ativas do que aquelas que estão no peso normal, mas a inatividade física é a causa ou o resultado da obesidade? Estar acima do peso quando criança é um impedimento social e psicológico para atividades físicas agradáveis para crianças com peso normal. Portanto, por uma série de razões, crianças com excesso de peso muitas vezes evitam essas atividades. Por sua vez, a falta de atividade física pode levar a uma diminuição na aptidão física e ocasionar prejuízo para as habilidades motoras que fazem com que a criança fique ainda mais desengajada da atividade física. Assim, é razoável supor que a obesidade na infância pode estar associada a um estilo de vida sedentário e, mais adiante na vida, a um condicionamento cardiorrespiratório insatisfatório.

Um estudo em curso na Finlândia[21] está examinando a associação entre o peso corporal na primeira infância e o condicionamento cardiorrespiratório e a atividade física no tempo livre (AFTL) durante a adolescência e se os padrões da AFTL e condicionamento vistos na infância perduram até a adolescência. Esse é um dos poucos estudos longitudinais sobre crianças e adolescentes em que as crianças foram acompanhadas desde o nascimento até a infância e adolescência. Um IMC alto na primeira infância foi associado com baixa aptidão física na adolescência, independentemente do gênero e da AFTL do adolescente. Foi animador perceber que as crianças que tinham IMC alto na primeira infância, mas perderam peso à medida que foram crescendo obtiveram níveis de condicionamento físico na sua adolescência semelhantes aos das crianças com IMC baixo. Independentemente do nível de aptidão física na infância, se houve aumento no nível de AFTL entre os

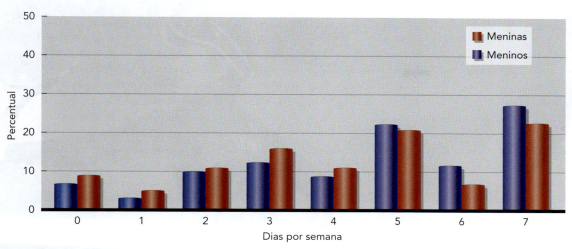

FIGURA 17.10 Percentual de meninos e meninas norte-americanos com idades de 12-15 anos e fisicamente ativos, por número de dias por semana.
De U.S. Department of Health and Human Services, 2014, HCHS Data Brief No. 141. Disponível em: www.cdc.gov/nchs/data/databriefs/db141.htm; Dados de CDC/NCHS, National Health and Nutrition Examination Survey and National Youth Fitness Survey, 2012.

9 e os 17 anos de idade, um nível similar de aptidão física foi notado aos 17 anos.

Os dados comprovam a importância de manter um peso corporal saudável e um estilo de vida fisicamente ativo da infância à adolescência se o objetivo é melhorar a aptidão física durante a adolescência. Obviamente, a obesidade, a inatividade física e o baixo condicionamento cardiorrespiratório na infância e adolescência são grandes preocupações de saúde pública, pois tais padrões tendem a persistir ao longo da idade adulta.

As atuais intervenções na atividade física para crianças estão funcionando?

Nos Estados Unidos, é grande o número de crianças que fracassam em atender às atuais diretrizes de atividade física, apesar de muitas iniciativas e intervenções destinadas a torná-las mais ativas. Os programas de atividade física exerceram pouco impacto na crescente epidemia de obesidade infantil. De acordo com uma revisão e metanálise publicada em 2013, o fato de que as atuais intervenções que objetivam promover a atividade física conseguem apenas um aumento "pequeno a insignificante" no volume total de atividade fornece uma explicação.[17] Pesquisadores da Grã-Bretanha analisaram 30 estudos publicados na literatura especializada envolvendo mais de 14.000 participantes com idade inferior a 16 anos. Foram empregados acelerômetros, um método popular para medir a atividade física, com o objetivo de mensurar a atividade em 43% das crianças estudadas.

Os pesquisadores analisaram tanto a atividade física total como o tempo gasto em atividades físicas moderadas ou vigorosas. Os resultados decepcionantes indicaram que as intervenções de atividade física tiveram apenas um pequeno efeito (cerca de 4 min a mais de caminhada ou corrida por dia) nos níveis de atividade geral das crianças.

Uma análise mais aprofundada dos dados coletados sugeriu que esse pequeno efeito da intervenção, sem possibilidade de fazer qualquer diferença clínica nas variáveis de saúde, não diferiu significativamente entre nenhum dos subgrupos do estudo. O efeito das intervenções não foi afetado pela idade, índice de massa corporal, duração da intervenção ou tipo de programa (intervenção domiciliar ou familiar *versus* intervenção na escola).

Esse achado pode explicar, em parte, por que os programas de intervenção física causaram pouco impacto na redução do índice de massa corporal ou da gordura corporal das crianças envolvidas. As razões pelas quais as intervenções falharam são menos que claras. Frequentemente, os pesquisadores apontam falhas nos modelos de intervenção, incluindo execução inadequada do programa, falha das crianças em cumprir a intervenção, duração insuficiente da intervenção ou baixa intensidade do exercício, para que seja provocada a mudança projetada com o exercício. Uma explicação alternativa oferecida pelos pesquisadores é que o tempo gasto na intervenção

> "pode estar simplesmente substituindo períodos de atividade igualmente intensa. Como exemplo, os clubes de atividades depois das aulas podem simplesmente substituir um período de tempo em que as crianças costumam passar brincando ao ar livre; ou estarão substituindo um tempo, mais para o fim do dia/da semana em que a criança normalmente estaria ativa" (p. 226).[17]

Inatividade física em crianças e risco de lesão

Diante do grande esforço para aumentar o nível de atividade física em crianças, é preciso lembrar que as brincadeiras livres não estruturadas, os exercícios e os esportes

organizados implicam um risco inerente de lesão. Esse risco pode limitar o interesse ou o entusiasmo de algumas crianças por atividades físicas saudáveis. Portanto, é importante entender quais são os fatores que aumentam o risco de lesão em crianças envolvidas em atividades físicas.

Para descrever os fatores de risco associados às lesões ocorridas durante as aulas de educação física, atividades de lazer e esportes organizados, Bloemers et al.[2] estudaram um grupo de aproximadamente mil escolares holandeses com idades entre 9-12 anos (o Estudo iPlay). As crianças foram acompanhadas durante um ano letivo, e as aulas de educação física ocorriam duas vezes por semana, durante 45 minutos por aula. As lesões relacionadas à atividade foram continuamente monitoradas por professores de educação física. No total, foram relatadas 119 lesões por 104 crianças diferentes ao longo do ano letivo. As meninas e as crianças de mais idade estavam em maior risco de sofrer lesão. Em contraste com outros estudos semelhantes, não foi observada qualquer relação entre IMC e risco de lesão. No entanto, foi surpreendente que as crianças mais ativas apresentaram mais baixo risco de lesão, apesar de passarem mais tempo envolvidas em atividades físicas. Esse achado apoia a ideia de que o aumento do nível de atividade em crianças não eleva, necessariamente, o risco de ocorrência de lesão.

Adolescentes

Conforme descrito anteriormente, os padrões infantis de obesidade, condicionamento cardiorrespiratório e atividade física preveem padrões semelhantes durante toda a adolescência e, mais provavelmente, até a idade adulta. A atividade física inadequada e o baixo condicionamento cardiorrespiratório ($\dot{V}O_{2pico}$) estão claramente estabelecidos como importantes fatores de risco para morbidade e mortalidade cardiovasculares, alguns tipos de câncer, diabete tipo 2 e longevidade; mas a relação entre esses dois fatores é complexa. Portanto, apesar da importância de uma boa compreensão das tendências no $\dot{V}O_{2pico}$, no que se referem à atividade física e a outros determinantes, são poucos os estudos que questionaram se o $\dot{V}O_{2pico}$ está intimamente associado à atividade física durante os anos de formação da adolescência. Um estudo norueguês[20] (Estudo Young-HUNT) publicado em 2013 examinou a distribuição do condicionamento cardiorrespiratório no âmbito de uma grande amostra (n = 570) de adolescentes saudáveis entre os 13-18 anos. O objetivo do estudo foi determinar as associações entre $\dot{V}O_{2pico}$, atividade física autoavaliada e vários marcadores para a saúde cardiovascular futura.

Os pesquisadores mediram a pressão arterial e a frequência cardíaca de repouso, altura, peso e circunferência da cintura em 289 meninas e 281 meninos; em seguida, os voluntários passaram por um teste de $\dot{V}O_{2pico}$ (teste de exercício com gradação em nível máximo na esteira ergométrica). A média de $\dot{V}O_{2pico}$ foi 60 mL · kg^{-1} · min^{-1} para os meninos e 49 mL · kg^{-1} · min^{-1} para as meninas. Para os dois gêneros, o $\dot{V}O_{2pico}$ absoluto (em L/min) aumentou com a idade. Foi observada uma associação positiva entre a atividade física autoavaliada e o $\dot{V}O_{2pico}$ para todo o grupo de adolescentes, independentemente do gênero ou da idade. Valores altos de $\dot{V}O_{2pico}$ foram associados a baixas frequências cardíacas em repouso nos dois gêneros, mas com baixos índices de massa corporal e circunferências da cintura apenas nos meninos.

A adolescência é um período importante da vida no que diz respeito ao estabelecimento e manutenção de bons hábitos de saúde. Embora em geral o $\dot{V}O_{2pico}$ tenha sido elevado nesse grupo de adolescentes, esse indicador foi maior em adolescentes fisicamente ativos de ambos os gêneros. Nesse estudo, a forte e consistente relação entre atividade física autoavaliada e o $\dot{V}O_{2pico}$ sugere que os adolescentes que praticam atividade física no nível recomendado mantêm, ou até aumentam, o $\dot{V}O_{2pico}$ ao longo da adolescência.

Adultos jovens

À medida que ocorre a transição dos adolescentes para o início da idade adulta, as atividades físicas sofrem um declínio modesto. Uma análise de 49 estudos longitudinais na literatura demonstrou que a atividade física diária autorrelatada diminuiu em uma média de cerca de 5 minutos por dia.[5] Quando foram usados acelerômetros para medir diretamente a atividade diária, em outros 9 estudos publicados observou-se um declínio em torno de 7,5 minutos por dia. Tanto os homens como as mulheres praticaram menos atividade física quando adultos em comparação com a situação ao final da adolescência, mas o declínio foi um pouco maior nos homens. Esse achado pode estar relacionado ao fato de os homens serem mais ativos fisicamente na adolescência.

Desempenho esportivo e especialização

O desempenho esportivo em crianças e adolescentes melhora com o crescimento e a maturação, como pode ser notado nos recordes por faixa etária em esportes como a natação e o atletismo. A Figura 17.11 ilustra a melhora nos recordes norte-americanos para as diversas faixas etárias.

A figura fornece valores para provas de 100 e 400 m de natação e para corridas de 100 e 1.500 m. Essas provas foram selecionadas por representarem um evento predominantemente anaeróbio na natação e na corrida (prova dos 100 m na natação e na corrida), e uma atividade predominantemente aeróbia (prova dos 400 m na natação e corrida de 1.500 m). Os dois tipos de desempenho – anaeróbio e aeróbio – melhoraram progressivamente com o aumento das faixas etárias, com exceção da corrida de 1.500 m para meninas de 17-18 anos. Aparentemente, não existem registros para faixas etárias similares para o levantamento de peso, porque esse tipo de competição é organizado por peso em classificações amplas, como 16 anos ou menos, 17-20 anos e, depois, classificações para adultos. Com base nos ganhos de força normais decorrentes do crescimento e do desenvolvimento, presume-se que os recordes do levantamento de peso aumentariam de forma significativa a partir do final da infância e no decorrer da adolescência, particularmente em meninos.

Com o aumento da participação no esporte juvenil em todo o mundo, também cresce a prevalência do treinamento esportivo específico durante o ano todo, e muitas crianças e adolescentes atuam por várias equipes no mesmo esporte. O que começou nos países do Leste Europeu, na tentativa de promover a formação de atletas olímpicos, evoluiu para programas específicos de um esporte em todo o mundo. Muitos pais e treinadores acreditam que a melhor maneira de fazer seus filhos e atletas evoluírem até pertencerem à elite em determinado esporte é fazer com que, desde cedo, participem apenas desse esporte.[14]

Um editorial[19] recentemente publicado opinou que a especialização esportiva pode contribuir para a redução da atividade física ao longo da vida. A participação reduzida em diversos esportes e atividades físicas "divertidas" pode resultar em desenvolvimento limitado das habilidades e interesses pelo esporte e exercício ao longo da vida. Além disso, a limitação do tempo de exercício a um único esporte pode levar a menor desenvolvimento das habilidades motoras em geral e a um aumento no risco de lesões.

A National Association for Sport and Physical Education (NASPE) também incentivou enfaticamente um retardo na especialização esportiva para crianças e adolescentes. Além dos benefícios físicos do envolvimento em vários esportes, também podem ser observados benefícios sociais e psicológicos. Atletas com atividades poliesportivas estabelecem relacionamentos e experiências mais diversificados, em comparação com seus colegas praticantes de um único esporte – habilidades que serão úteis na vida adulta. Assim, talvez não surpreenda que os atletas de elite mais bem-sucedidos sejam mais comumente aqueles que esperaram até mais tarde na adolescência ou na idade adulta jovem para se especializarem em seu esporte de escolha.

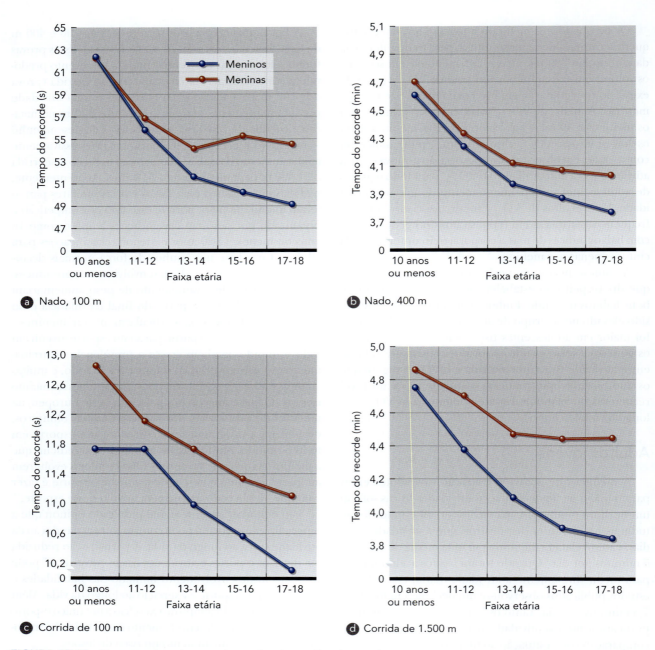

FIGURA 17.11 Desempenhos de recordes nacionais nos Estados Unidos para meninos e meninas de 10 anos de idade ou menos até 17-18 anos nos eventos de (a) natação de 100 m, (b) natação de 400 m, (c) corrida de 100 m e (d) corrida de 1.500 m.
Dados de USA Track & Field (2011).

Tópicos especiais

Durante o período de crescimento e desenvolvimento, com início na infância e até a adolescência, as possíveis preocupações são a suscetibilidade das crianças ao estresse térmico e o efeito do treinamento físico no crescimento e maturação. Esses tópicos especiais serão estudados na seção a seguir.

Estresse térmico

Experimentos laboratoriais sugerem que, se comparadas aos adultos, as crianças são mais suscetíveis a enfermidades ou a lesões induzidas pelo calor e pelo frio. Contudo, o número de casos de enfermidade ou lesão térmica relatados não ratificou essa teoria. Uma preocupação importante é a capacidade aparentemente menor da criança de dissipar

Perspectiva de pesquisa 17.3
Declínios na atividade física durante a adolescência

A atividade física diminui da infância até a idade adulta; no entanto, esse declínio é mais rápido durante a adolescência. Curiosamente, ao longo desse período a atividade física parece diminuir mais rapidamente nas meninas do que nos meninos. Tendo em vista que a inatividade física é um dos mais prementes problemas de saúde pública, é importante entender as razões subjacentes aos declínios relacionados à idade e ao gênero na atividade física. Considerando que a adolescência é um período de mudanças rápidas e drásticas, não apenas na atividade física, mas também em fatores fisiológicos, psicológicos e sociais, resta uma questão, qual seja, a de saber se os declínios na atividade física são causados por mudanças biológicas ou por mudanças no comportamento e no meio ambiente.

Vários estudos examinaram recentemente a diminuição da atividade física na adolescência. Um desses estudos considerou dados derivados do projeto *Physical Health Activity Study Team*, que se estendeu por 5 anos com base no sistema público de ensino canadense e que envolveu crianças com idades entre ~11 e 14 anos. A participação na atividade física foi quantificada com base na aplicação de um questionário padronizado. As descobertas desse estudo contribuem para o crescente volume de publicações que documentam níveis um pouco mais baixos de atividade em geral e um declínio mais rápido da atividade física durante a adolescência em meninas, em comparação com os meninos. Curiosamente, a idade biológica (com base na maturidade sexual), e não a idade cronológica (com base na data de nascimento), explica por completo as diferenças sexuais na taxa de declínio, mas não as diferenças nos níveis gerais de atividade. Coletivamente, esses achados ressaltam a importância de levar em conta a idade biológica, talvez em lugar da idade cronológica ou do gênero, como o principal fator que contribui para o declínio da atividade física durante a adolescência.

Um estudo prospectivo e não intervencional de coorte, denominado *EarlyBird Study*, coletou medidas anuais de atividade física baseada na acelerometria de cerca de 300 crianças de 5-15 anos. Os objetivos do *EarlyBird Study* foram: revelar o início, a extensão e a natureza do declínio na atividade física, determinar os tipos de atividades que contribuíam para o declínio e verificar se certos fatores biológicos ou ambientais influenciaram sua ocorrência. Os autores relatam que o declínio da atividade física começa por volta dos 9 anos de idade e pode ser em grande parte atribuído a uma redução na atividade de leve intensidade, em vez de uma redução nas atividades mais intensas.[17,18] Esse achado pode ter implicações clínicas importantes para o desenvolvimento de estratégias de intervenção, tendo em vista que as atividades leves têm maior probabilidade de serem habituais, enquanto as atividades físicas de intensidade moderada a vigorosa têm maior probabilidade de serem estruturadas. Em segundo lugar, em ambos os gêneros, o declínio da atividade física relacionado à idade não estava relacionado à puberdade, embora esta tenha sido responsável pelo declínio mais abrupto relacionado à idade na atividade física entre as meninas. Por fim, o nível da atividade física parece persistir ao longo de toda a infância, de modo que as crianças que são inativas na primeira infância têm maior probabilidade de permanecer inativas durante a adolescência. Concordando amplamente com as descobertas do projeto *Physical Health Activity Study Team*, a inatividade da adolescência é impulsionada, pelo menos em parte, por variáveis biológicas;[3] diante disso, essas variáveis devem ser levadas em conta no desenvolvimento das estratégias de intervenção direcionadas para o aumento da atividade física ao longo da adolescência.

---

calor por meio da evaporação. Em comparação com os adultos, as crianças têm maior índice de área da superfície corporal/massa corporal, o que significa que têm maior área de superfície coberta por pele, através da qual podem ganhar ou perder calor, para cada quilograma de peso. A menos que o ambiente esteja quente, isso é uma vantagem, porque as crianças são mais bem aparelhadas para a perda de calor pela radiação, pela convecção e pela condução. Contudo, se a temperatura ambiente excede a temperatura da pele, as crianças ganham calor do ambiente mais rapidamente, o que é uma nítida desvantagem. A capacidade mais baixa das crianças de perder calor por evaporação é, em grande parte, resultante de uma velocidade mais baixa na produção de suor. Consideradas individualmente, as glândulas sudoríparas das crianças formam o suor mais lentamente, sendo menos sensíveis a aumentos na temperatura corporal central se comparadas com as glândulas sudoríparas dos adultos. Embora meninos de pouca idade possam se aclimatizar ao exercício no calor, sua velocidade de aclimatização é mais lenta que a dos adultos. Não foram publicados dados de aclimatização para meninas.

Poucos estudos se concentraram em crianças que se exercitam no frio. Considerando a limitada informação disponível, as crianças parecem sofrer maior perda de calor por condução que os adultos, em decorrência do maior índice de área de superfície corporal/massa corporal. Deve-se esperar que isso exponha as crianças a maior risco de hipotermia e que elas precisem de mais camadas de roupas para o exercício em temperaturas muito baixas.

Também são poucos os estudos publicados sobre crianças em relação ao estresse causado pelo frio ou pelo calor, e, em alguns casos, as conclusões dos estudos foram contraditórias. São necessários mais estudos nesse campo para determinar os riscos enfrentados pelas crianças que se exercitam no calor e no frio. Nesse meio-tempo, é aconselhável uma abordagem conservadora.

Crescimento e maturação com o treinamento

Muitas pessoas vêm imaginando qual é o efeito do treinamento físico sobre o crescimento e a maturação. O treinamento físico extenuante retarda ou acelera o crescimento e o desenvolvimento normais? Em uma ampla revisão dos estudos realizados nesse campo, Malina determinou que, aparentemente, o treinamento regular não tem efeito sobre o crescimento em termos de altura,[15] mas afeta efetivamente o peso e a composição corporal, conforme já foi discutido neste capítulo.

Quanto à maturação, geralmente a idade na qual ocorre a velocidade de pico para a altura não é afetada pelo treinamento regular, e o mesmo ocorre com a velocidade de maturação do esqueleto. Contudo, não são tão evidentes os dados referentes à influência do treinamento regular nos índices de maturação sexual. Embora alguns dados sugiram que a menarca (primeira menstruação) atrasa em meninas altamente treinadas, esses dados são complicados por diversos fatores que, em geral, não são adequadamente controlados na análise de cada estudo. A menarca será discutida mais detalhadamente no Capítulo 19.

Em resumo

> Considerando que os padrões de atividade física estabelecidos na infância avançam pela adolescência e até a idade adulta, é imperativo aumentar a atividade física entre os jovens.

> Diante do número cada vez maior de crianças que se especializam desde cedo em apenas um esporte, a participação reduzida em esportes variados e em atividades físicas "divertidas" pode resultar em um desenvolvimento limitado das habilidades e interesses pelo esporte e pela prática do exercício ao longo da vida.

> Estudos laboratoriais sugerem que as crianças podem ser mais suscetíveis a lesões ou enfermidades decorrentes do estresse térmico, porque, em comparação com adultos, têm maior índice de área da superfície corporal/massa corporal. Contudo, o número de casos informados não ratifica essa teoria.

> Comparativamente aos adultos, as crianças têm menor capacidade de perder calor por evaporação, por suarem menos (menor volume de suor é produzido por glândula sudorípara ativa).

> Meninos de pouca idade se aclimatizam ao calor mais lentamente que os adultos. Não há dados sobre esse tópico para meninas.

> O treinamento físico parece ter pouco ou nenhum efeito negativo no crescimento e no desenvolvimento normais. Seus efeitos nos marcadores da maturação sexual são menos claros.

EM SÍNTESE

Este capítulo discorreu sobre jovens e crianças atletas. Foram examinados os modos como as crianças adquirem maior controle dos movimentos à medida que seus sistemas corporais crescem e se desenvolvem. Além disso, viu-se como às vezes os sistemas em desenvolvimento dessas crianças podem limitar sua capacidade de desempenho e como o treinamento pode melhorar esse desempenho.

Foi constatado que, em geral, a capacidade de desempenho aumenta à medida que a criança se aproxima da maturidade física. Também se discutiu a importância de se manter ativo fisicamente durante a infância e o período da adolescência, tendo em vista que os padrões desenvolvidos durante esses estágios persistirão na vida adulta. Após considerar o processo de desenvolvimento, é hora de estudar o processo de envelhecimento. Como o desempenho é afetado quando o indivíduo já está além de seu apogeu fisiológico? Esse será o enfoque do capítulo seguinte, quando a atenção recairá sobre o envelhecimento e o atleta idoso.

PALAVRAS-CHAVE

adolescência
crescimento
densidade mineral óssea (DMO)
desenvolvimento
infância
lactância
maturação
maturidade física
mielinização
ossificação
puberdade

QUESTÕES PARA ESTUDO

1. Explique os conceitos de crescimento, desenvolvimento e maturação. Como eles diferem um do outro?
2. Em que idades a altura e o peso atingem seu pico de velocidade de crescimento em homens e em mulheres?
3. Quais são as mudanças típicas nos adipócitos com os processos de crescimento e desenvolvimento?
4. De que modo a função pulmonar muda com o crescimento?
5. Que mudanças ocorrem na frequência cardíaca e no volume sistólico para determinada carga fixa de trabalho durante o processo de crescimento da criança? Que fatores explicam essas mudanças? Que mudanças ocorrem nessas duas variáveis com o treinamento aeróbio?
6. Que mudanças ocorrem no débito cardíaco para determinada carga fixa de trabalho durante o processo de crescimento da criança? Que fatores explicam essas mudanças? Que mudanças ocorrem com o treinamento aeróbio?
7. Que mudanças ocorrem na frequência cardíaca máxima durante o processo de crescimento da criança?
8. Quais variáveis fisiológicas explicam o aumento do $\dot{V}O_{2max}$ dos 6 aos 20 anos?
9. Que conselho se poderia dar a crianças que queiram aumentar sua força? Elas podem aumentar sua força? Em caso afirmativo, de que maneira isso ocorre?
10. O que acontece com a capacidade aeróbia ($\dot{V}O_{2max}$) quando uma criança na pré-puberdade realiza um treino aeróbio?
11. Quais são as evidências que ligam os padrões de obesidade, condicionamento cardiorrespiratório e atividade física na infância com padrões semelhantes ao longo da adolescência e até a vida adulta?
12. O que ocorre com a capacidade anaeróbia quando uma criança na pré-puberdade realiza um treino anaeróbio?
13. Quais são as principais preocupações associadas à especialização precoce do jovem por um esporte?
14. De que modo crianças diferem de adultos com respeito à termorregulação?
15. De que maneira a atividade física e o treinamento regular afetam os processos de crescimento e maturação?

18 Envelhecimento no esporte e no exercício

Altura, peso e composição corporal 501

VÍDEO 18.1 Apresenta Scott Trappe, que fala sobre a sarcopenia relacionada ao envelhecimento.

Respostas fisiológicas ao exercício agudo 503

Força e função neuromuscular 503
Funções cardiovascular e respiratória 506
Função aeróbia e anaeróbia 508

VÍDEO 18.2 Apresenta Luc Von Loon, que fala sobre força funcional e a importância do treinamento de força, tanto para populações de atletas como de idosos.

VÍDEO 18.3 Apresenta Ben Levine, falando sobre os fatores que afetam o $\dot{V}O_{2max}$ e provocam seu declínio com o envelhecimento.

Adaptações fisiológicas ao treinamento físico 513

Força 513
Função neuromuscular 515
Capacidade aeróbia e anaeróbia 515
Mobilidade 517

Desempenho esportivo 517

Desempenho na corrida 517
Desempenho na natação 519
Desempenho no ciclismo 519
Levantamento de peso 520

Tópicos especiais 520

Estresse ambiental 520
Longevidade 522

VÍDEO 18.4 Apresenta Lacy Alexander, que fala sobre os efeitos do envelhecimento na regulação da sede e da temperatura.

Em síntese 483

Dara Torres é a primeira e única nadadora dos Estados Unidos a competir em cinco diferentes Jogos Olímpicos (1984, 1988, 1992, 2000 e 2008). Impressiona ainda mais o fato de que Dara é a primeira nadadora de qualquer país a competir nos Jogos Olímpicos depois dos 40 anos! Em 17 de agosto de 2008, aos 41 anos e 125 dias, ela conquistou a medalha de prata nos 50 m livres para mulheres, terminando por bater um novo recorde norte-americano de 24,07 s (um sofrido 0,01 s atrás da vencedora). Apenas meia hora depois, Dara conquistou outra medalha de prata, como parte da equipe de revezamento medley 4 × 100 m, nadando os rápidos 100 m em estilo livre (52,27 s) na história do revezamento. E ainda obteve uma terceira medalha de prata, desta vez no revezamento de 4 × 100 m nado livre, nadando como âncora de sua equipe para os Estados Unidos.

Contudo, anos e anos de treinamento em um nível tão alto cobraram um alto preço: dores nos ombros e joelhos artríticos. Após a cirurgia de reconstrução do joelho e a reabilitação, Dara Torres começou a treinar mais uma vez em 2010 com o objetivo de competir nas Olimpíadas de Londres em 2012. Nas Eliminatórias norte-americanas para as Olimpíadas de 2012, aos 45 anos, Dara se classificou em quarto lugar na prova de sua especialidade – o nado livre de 50 m. Mesmo assim, a nadadora ficou apenas 0,09 s aquém de se classificar para sua sexta equipe olímpica nos EUA. Então, Dara Torres, a nadadora que desafiava as probabilidades, encerrou por fim a sua ilustre carreira olímpica.

O número de mulheres e homens com mais de 50 anos de idade que se exercitam regularmente ou participam de esportes competitivos aumentou dramaticamente nos últimos 30 anos. De acordo com as previsões da população atual, o número de pessoas idosas no mundo aumentará, de 6,9% da população em 2000 para uma projeção de 19,3% em 2050. Em paralelo com esse aumento geral de adultos idosos, é esperado também um aumento no número de atletas de meia-idade e idosos. Muitos desses competidores mais idosos, frequentemente chamados de atletas *masters* ou de *seniores*, competem por prazer, em busca de lazer e para adquirir condicionamento físico, enquanto outros treinam com grande entusiasmo e intensidade, como se fossem atletas olímpicos. Hoje, são muitas as oportunidades que os atletas idosos têm de participar de competições, em atividades que vão desde a maratona até o halterofilismo. O sucesso alcançado e os recordes de desempenho estabelecidos por muitos desses atletas de mais idade são fenomenais. Contudo, embora esses atletas idosos exibam capacidades de força e de resistência muito maiores que as de indivíduos destreinados com idade similar, até mesmo o idoso mais altamente treinado sofre um declínio no desempenho após a quarta ou quinta década de vida.

Nas sociedades modernas, o nível de atividade física voluntária começa a declinar assim que os indivíduos atingem a maturidade física. A tecnologia fez que muitos aspectos da vida se tornassem menos dependentes de esforço. A participação voluntária regular em atividades físicas exigentes é um padrão de comportamento incomum, não observado na maioria dos animais de laboratório envelhecidos. Estudos demonstraram que seres humanos e outros animais tendem a diminuir a atividade física à medida que envelhecem. Conforme ilustrado pela Figura 18.1, ratos que podiam comer à vontade correram, em média, mais de 4.000 m por semana nos primeiros meses de vida, mas correram menos de 1.000 m nos últimos meses de vida.

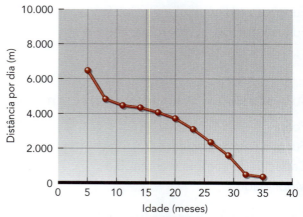

FIGURA 18.1 Atividade de corrida voluntária desenvolvida por ratos ao longo da vida.

Adaptado com permissão de J. O. Holloszy, "Mortality rate and longevity of food-restricted exercising male rats: A reevaluation", *Journal of Applied Physiology* 82 (1997): 399-403.

Considerando a importância do exercício para a manutenção dos condicionamentos muscular e cardiorrespiratório, não surpreende que a inatividade possa levar à deterioração da capacidade de realizar trabalho árduo. Por isso, é difícil diferenciar os efeitos exclusivamente decorrentes do envelhecimento (conhecidos como **envelhecimento primário**) dos efeitos da redução da atividade e das comorbidades que frequentemente acompanham esse fenômeno natural. Pesquisadores envolvidos no estudo do envelhecimento utilizam mais amiúde modelos de secção transversal, mas tais esquemas exibem algumas limitações importantes, se comparados com modelos longitudinais de estudo. Para exemplificar, mudanças no histórico clínico, na alimentação e no exercício, além de outras variáveis relacionadas ao estilo de vida, podem afetar coortes etárias de maneiras diferentes. A mortalidade seletiva, isto é, o fato de que a população em estudo consiste nos sobreviventes de uma coorte que já sofreu certo grau de mortalidade, é outro aspecto a ser considerado. Por fim, depois que todos os indivíduos idosos que não estão aparentemente saudáveis são excluídos dos estudos envolvendo exercícios, torna-se difícil aplicar os achados do estudo à população mais abrangente de idosos com doenças subjacentes e/ou uso de medicamentos. É importante entender o impacto isolado do envelhecimento primário sobre a função fisiológica, mas a interpretação e a aplicabilidade dos resultados são influenciadas pelos desenhos experimentais, bem como pela população específica sendo testada.

Altura, peso e composição corporal

À medida que o ser humano envelhece, tende a perder altura e a ganhar peso, conforme ilustra a Figura 18.2.[35] Em geral, a redução na altura começa por volta dos 35-40 anos, sendo atribuída principalmente à compressão dos discos intervertebrais e à má postura no início do envelhecimento. Por volta dos 40-50 anos em mulheres, e dos 50-60 anos em homens, osteopenia e osteoporose passam a ser fatores intervenientes. A **osteopenia** é a redução da densidade mineral óssea abaixo dos níveis normais que ocorre antes da **osteoporose,** que é a perda intensa de massa óssea acompanhada da deterioração da microarquitetura dos ossos, levando a maior risco de fratura óssea (ver Cap. 19). Também contribuem para esse processo os fatores genéticos e hábitos inadequados de alimentação e exercício ao longo da vida, seja o indivíduo homem, seja mulher, ao passo que, nas mulheres especificamente, níveis reduzidos de estrógeno após a menopausa parecem ser a causa do maior índice de perda óssea. Em geral, durante a vida adulta, o ganho de peso ocorre entre os 25-45 anos, sendo atribuível tanto à diminuição dos níveis de atividade física como à excessiva ingestão de calorias. Depois dos 45 anos, o peso se estabiliza por cerca de 10-15 anos e, subsequentemente, diminui com a perda de cálcio ósseo e de massa muscular. Muitos indivíduos com mais de 65-70 anos de idade tendem a perder o apetite e, portanto, a não consumir calorias suficientes para manter o peso corporal. Entretanto, um estilo de vida ativo tende a ajudar o indivíduo a ter mais apetite, de modo que a ingestão calórica aproxima-se mais do gasto de calorias. Com isso, o idoso mantém o peso e evita a fragilidade senil.

Começando por volta dos 20 anos, o ser humano também tende a acumular gordura. Esse fenômeno é, em grande parte, atribuível a três fatores: a alimentação, a inatividade física e a diminuição da capacidade de mobilizar reservas de gordura. Contudo, o conteúdo de gordura do corpo em indivíduos idosos fisicamente ativos, inclusive em atletas seniores, é significativamente mais baixo que em indivíduos sedentários com idade semelhante. Além disso, com o envelhecimento primário é provável que ocorra uma mudança no local em que a gordura corporal é armazenada, da periferia em direção ao centro do corpo em torno dos órgãos. Essa *adiposidade centralizada* é associada com doenças cardiovasculares e metabólicas. Embora a atividade física não possa contrapor os ganhos de massa gorda associados ao envelhecimento, em homens e mulheres ativos existe menor mudança nos estoques de gordura com o envelhecimento, o qual é mais vantajoso para reduzir os riscos de doenças cardiovasculares e metabólicas.

A massa livre de gordura diminui progressivamente tanto em homens como em mulheres, e esse declínio tem início por volta dos 40 anos. Isso decorre principalmente da diminuição das massas muscular e óssea,

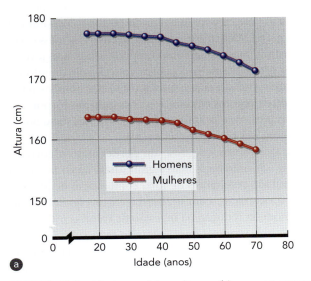
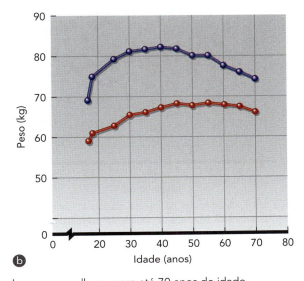

FIGURA 18.2 Mudanças (a) na altura e (b) no peso corporal em homens e mulheres com até 70 anos de idade.

Reproduzido com permissão de W. W. Spirduso, *Physical dimensions of aging* (Champaign, IL: Human Kinetics, 1985), 59.

e os músculos são responsáveis pelo maior efeito, por constituírem cerca de 50% da massa livre de gordura. *Sarcopenia* é a denominação utilizada para a perda de massa muscular associada ao processo de envelhecimento. A Figura 18.3 ilustra as mudanças na massa muscular com o envelhecimento, em um estudo transversal envolvendo 468 homens e mulheres com 18-88 anos.[21] Pode-se notar que quase não ocorre declínio na massa muscular até cerca de 40 anos; nessa época a velocidade do declínio aumenta, sendo maior em homens que em mulheres. Obviamente, o declínio nos níveis de atividade como resultado do envelhecimento é uma causa importante desse declínio na massa muscular, mas existem outros fatores intervenientes. Como exemplo, a velocidade de síntese das proteínas musculares sofre redução, enquanto a degradação da proteína muscular permanece inalterada ou é acelerada com o envelhecimento. Isso leva a um balanço de nitrogênio negativo e à perda de massa muscular. A velocidade de síntese das proteínas musculares em indivíduos com 60-80 anos é cerca de 30% menor que nos jovens com 20 anos. É provável que essa redução na velocidade de síntese das proteínas musculares em idosos esteja associada a declínios no hormônio do crescimento e do fator de crescimento 1 semelhante à insulina,[14] e à sinalização celular. Dados longitudinais sugerem uma compensação entre a perda de massa livre de gordura e o ganho de massa gorda. Como resultado, a percentagem de gordura aumenta, enquanto a massa corporal total permanece relativamente estável.

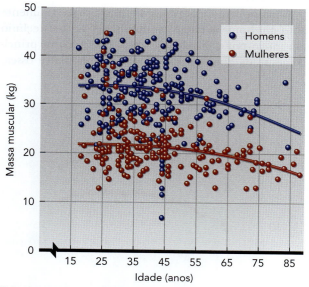

FIGURA 18.3 Mudanças na massa muscular com o envelhecimento em 468 homens e mulheres com idades entre 18-88 anos. A taxa de declínio é maior em homens que em mulheres, sendo mais pronunciada por volta dos 45 anos de idade.

Adaptado com permissão de I. Janssen et al., "Skeletal muscle mass and distribution in 468 men and women aged 18-88 yr.", *Journal of Applied Physiology* (2000) 89: 81-88.

VÍDEO 18.1 Apresenta Scott Trappe, que fala sobre a sarcopenia relacionada ao envelhecimento.

Também ocorre decréscimo significativo nos minerais ósseos, começando por volta dos 30-35 anos em mulheres e dos 45-50 anos em homens. Ao longo do ciclo biológico, o tecido ósseo vai sendo constantemente formado pelos osteoblastos e reabsorvido pelos osteoclastos. No início da vida, a reabsorção ocorre em menor velocidade que a síntese, permitindo o aumento da massa óssea. Com o envelhecimento do indivíduo, a reabsorção excede a síntese, resultando em perda final de tecido ósseo. Pelo menos em parte, a perda da massa muscular e óssea é atribuível à diminuição da atividade física – sobretudo à ausência de exercícios de sustentação de peso. Considerando que o mineral ósseo é responsável por menos de 4% da massa corporal total em adultos jovens, a contribuição da osteopenia para a perda de massa livre de gordura total é pequena em comparação com a perda causada pela sarcopenia

A Figura 18.4 ilustra essas diferenças em peso, massa corporal relativa (%), massa gorda e massa livre de gordura com o envelhecimento.[25] Esses dados são provenientes de um estudo envolvendo mulheres e homens jovens (18-31 anos) e idosos (58-72 anos) que eram ou sedentários ou atletas com treinamento de resistência. Os valores para o peso corporal, a gordura corporal relativa e a massa gorda foram mais elevados nos grupos sedentários mais idosos, enquanto o valor da massa livre de gordura foi mais baixo. Tendências semelhantes – exceto para o peso corporal – foram observadas nos atletas com treinamento de resistência. No entanto, os atletas com treinamento de resistência (jovens e idosos) tiveram valores muito mais baixos para o peso corporal total, a gordura corporal relativa e a massa gorda, e valores similares para a massa livre de gordura em comparação com os voluntários sedentários compatibilizados para idade.

Com o treinamento, mulheres e homens idosos podem reduzir o peso, a percentagem de gordura corporal e a massa gorda. Além disso, podem aumentar sua massa livre de gordura; mas, assim como nos indivíduos mais jovens, é mais provável que isso ocorra com o treinamento de força que com o treinamento aeróbio. Os homens parecem sofrer maiores mudanças na composição corporal se comparados com as mulheres, mas as razões disso ainda não foram devidamente esclarecidas.

Para os idosos que desejam perder peso e gordura corporal, as mudanças mais significativas na composição corporal são resultantes de uma combinação de alimentação e exercício, com a abordagem preferível sendo uma modesta redução na ingestão de calorias (500-1.000 kcal/dia). É provável que a redução mais substancial na ingestão de calorias (> 1.000 kcal/dia) resulte também na perda de massa livre de gordura, além da perda de massa gorda. Isso não é desejável, pois a perda na massa livre de gordura está associada a uma redução na taxa metabólica

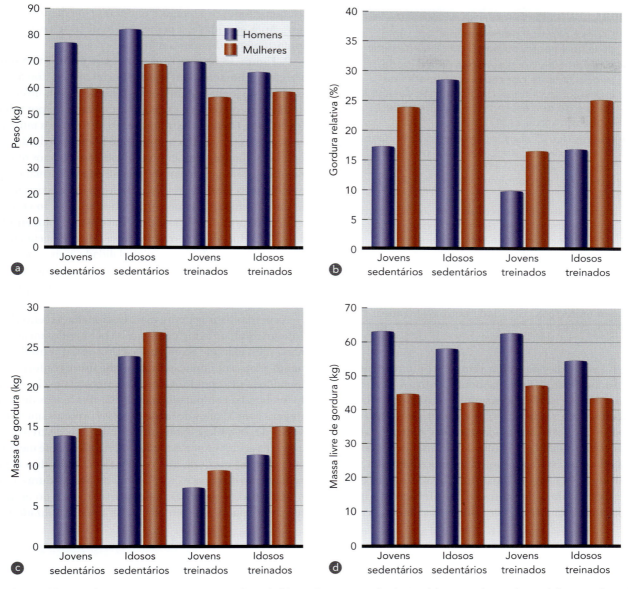

FIGURA 18.4 Diferenças em (a) peso corporal total, (b) gordura corporal relativa, (c) massa de gordura e (d) massa livre de gordura em mulheres e homens jovens e idosos, sedentários e treinados em resistência.
Adaptado com permissão de W. M. Kohrt et al., "Body composition of healthy sedentary and trained, young and older men and women", *Medicine and Science in Sports and Exercise* 24: (1992): 832-837.

de repouso, o que diminui a velocidade de perda de peso e de gordura. É provável que a prática de exercícios que aumentem a massa livre de gordura aumente a velocidade de perda de peso. Idosos parecem experimentar mudanças na composição corporal decorrentes do treinamento físico de modo similar ao que ocorre com adultos jovens.

Respostas fisiológicas ao exercício agudo

À medida que o ser humano envelhece, sua força e resistência musculares e sua resistência cardiovascular tendem a diminuir; a extensão dessa redução depende de seu nível de atividade física e de sua herança genética. Com o declínio do nível de atividade – que parece ser um fenômeno natural tanto para os animais como para os seres humanos –, essas reduções na função fisiológica tornam-se muito mais substanciais.

Força e função neuromuscular

O nível de força necessária para atender às demandas do dia a dia (atividades da vida diária) permanece inalterado ao longo da vida de um indivíduo. Porém, sua força máxima, geralmente bem acima das necessidades cotidia-

Em resumo

> O peso corporal tende a aumentar com o envelhecimento, ao passo que a altura diminui.
> A gordura corporal aumenta com a idade, principalmente por causa do aumento na ingestão de calorias, da diminuição da atividade física e do decréscimo na capacidade de mobilizar gorduras.
> Depois dos 45 anos, ocorre diminuição da massa livre de gordura, principalmente por causa da redução das massas muscular e óssea decorrente (ao menos parcialmente) da diminuição da atividade.
> Acredita-se que a sarcopenia observada com o envelhecimento seja decorrente da diminuição da síntese das proteínas musculares nos idosos, juntamente com uma taxa inalterada ou acelerada de degradação dessas proteínas.
> O treinamento pode ajudar a minimizar essas mudanças na composição corporal até mesmo em indivíduos com idade entre 80-90 anos.

nas no início da vida adulta, diminui continuamente com o envelhecimento. Eventualmente, a força declina até um ponto em que as atividades simples tornam-se verdadeiros desafios. Para exemplificar, a capacidade de levantar-se a partir da posição sentada em uma cadeira começa a ficar comprometida por volta dos 50 anos de idade; antes dos 80 anos, essa tarefa torna-se impossível para alguns indivíduos (ver Fig. 18.5a). Outro bom exemplo disso: a abertura da tampa de um frasco que ofereça determinada resistência é uma tarefa que pode ser facilmente realizada por quase todos os homens e mulheres com menos de 60 anos. Após essa idade, a percentagem de insucesso nessa tarefa aumenta dramaticamente.

A Figura 18.5b descreve as mudanças de força das pernas em homens com o envelhecimento. A força de extensão do joelho em mulheres e homens com nível de atividade normal começa a diminuir rapidamente por volta dos 40 anos. Contudo, o treinamento de força dos músculos extensores do joelho permite que homens mais idosos tenham melhor desempenho por volta dos 60 anos que a maioria dos homens com nível de atividade normal com metade dessa idade. A redução na força em decorrência do envelhecimento demonstra grande correlação com a redução na área da secção transversal dos músculos envolvidos. As reduções na força por causa do envelhecimento parecem ser específicas para a modalidade, pois as perdas na força isocinética são maiores em altas velocidades angulares, e as perdas na força concêntrica são maiores que as perdas na força excêntrica.

As perdas de força muscular relacionadas ao envelhecimento resultam principalmente da perda substancial de massa muscular que acompanha o processo de envelhecimento e/ou a diminuição da atividade física, conforme já discutido neste capítulo. A Figura 18.6 mostra uma imagem de tomografia computadorizada (TC) dos braços de três homens com 57 anos de idade e pesos corporais similares (cerca de 78-80 kg). Note que o indivíduo destreinado apresentava um volume muscular substancialmente menor, além de mais gordura, que os demais. O indivíduo com treinamento de natação apresentava menos gordura e um músculo tríceps significativamente maior que o do indivíduo destreinado, mas seu bíceps, raramente utilizado na

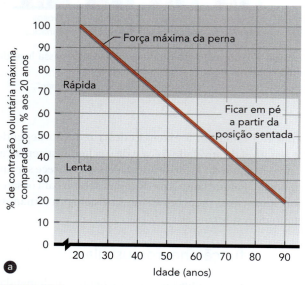
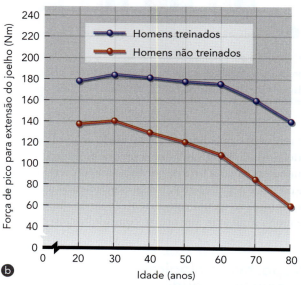

FIGURA 18.5 (a) A capacidade de ficar em pé a partir da posição sentada fica comprometida por volta dos 50 anos, e por volta dos 80 anos essa tarefa torna-se impossível para alguns indivíduos. (b) Mudanças na força de pico para a extensão do joelho em homens treinados e não treinados, em diversas idades. Note-se que homens mais idosos (60 a 80 anos) acostumados ao treinamento de força podem ter força de extensão do joelho igual ou superior a de indivíduos com apenas um terço de sua idade.

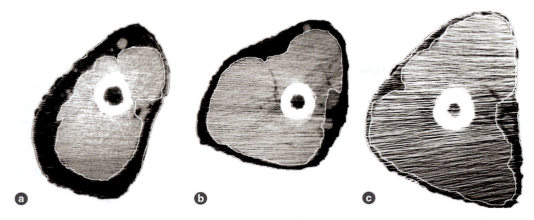

FIGURA 18.6 Imagens de tomografia computadorizada dos braços de três homens com 57 anos de idade e pesos corporais semelhantes. As imagens mostram o osso (centro mais escuro circundado por um anel branco), o músculo (área cinzenta estriada) e a gordura subcutânea (perímetro escuro). Note a diferença nas áreas musculares de (a) um indivíduo sem treinamento, (b) indivíduo que treinou natação e (c) indivíduo que realizou treinamento de força.

natação, não era muito diferente. Entretanto, esses dois músculos estavam maiores no indivíduo com treinamento de força. É provável que as diferenças entre esses três homens sejam atribuíveis a uma combinação de herança genética e volume e tipo de treinamento.

 VÍDEO 18.2 Apresenta Luc Von Loon, que fala sobre força funcional e a importância do treinamento de força, tanto para populações de atletas como de idosos.

O envelhecimento tem efeito significativo sobre a massa muscular total e a força, mas e com relação ao tipo de fibra? Os resultados acerca dos efeitos do envelhecimento nas fibras do tipo I e do tipo II são conflitantes. Estudos transversais que examinaram todo o músculo vasto lateral (quadríceps) em indivíduos com idade entre 15-83 anos *post-mortem* sugeriram que o tipo de fibra permanece inalterado por toda a vida.[22] Contudo, resultados de estudos longitudinais realizados ao longo de um período de 20 anos indicam que a frequência ou a intensidade da atividade, ou talvez ambos os fatores, pode(m) desempenhar um papel importante na distribuição do tipo de fibra com o envelhecimento.[36,37] Foram obtidas amostras por biópsia do músculo gastrocnêmio (panturrilha) de um grupo de corredores fundistas quando eles ainda faziam parte do grupo de elite, entre 1970-1974; em 1992 foram obtidas novas amostras. A análise do tecido muscular demonstrou que os corredores que tinham diminuído a atividade (com treinamento para condicionamento) ou se tornado sedentários (destreinados) exibiam uma percentagem significativamente maior de fibras do tipo I se comparados com os resultados obtidos 18-22 anos antes (Fig. 18.7). Os corredores que continuaram treinando intensamente não exibiram mudanças. Embora alguns dos corredores de elite que ainda estavam competindo em corridas de fundo (que continuaram treinando com intensidade) exibissem uma

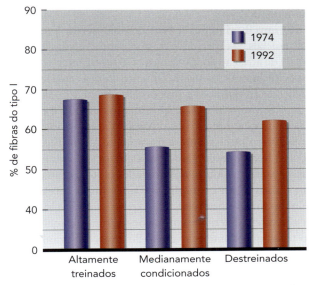

FIGURA 18.7 Mudanças na composição do tipo de fibra do músculo gastrocnêmio em corredores fundistas de elite que continuaram treinando com intensidade alta, mantiveram um condicionamento físico razoável ou deixaram de treinar no período de 18-22 anos entre os exames. Observe que os corredores que continuaram competindo não exibiram quase nenhuma mudança na porcentagem das fibras do tipo I, ao passo que os indivíduos com menor condicionamento físico e aqueles que abandonaram os treinamentos tiveram um aumento na porcentagem dessas fibras.

pequena elevação na percentagem de fibras do tipo I, não foram observadas, na média, alterações nas composições das fibras musculares na panturrilha ao longo dos 18-22 anos de estudo.

Sugeriu-se que o aparente aumento nas fibras do tipo I provavelmente era atribuível a um real decréscimo no número das fibras do tipo II, resultando em maior proporção *relativa* de fibras do tipo I. Embora ainda não exista explicação para a causa precisa dessa perda de fibras do tipo II, sugeriu-se que o número de motoneurônios para as fibras do tipo II diminui durante o envelhecimento, o que eliminaria a inervação dessas fibras musculares.

Numerosas investigações demonstraram um decréscimo no número e no diâmetro das fibras musculares como resultado do processo de envelhecimento. Um estudo revelou que, após os 50 anos, ocorre uma perda de cerca de 10% no número total de fibras musculares por década.[27] Isso explica, em parte, a atrofia muscular que ocorre com o envelhecimento. Além disso, o diâmetro das fibras (tanto as do tipo I como as do tipo II) também parece diminuir com o envelhecimento. O treinamento de resistência (como a corrida em distância) tem pouco impacto sobre o declínio na massa muscular decorrente do processo de envelhecimento. Por outro lado, o treinamento de força reduz a atrofia muscular em idosos; na verdade, esse tipo de treinamento pode fazer, inclusive, que indivíduos idosos tenham sua área de secção transversal do músculo aumentada.[27]

O envelhecimento faz-se acompanhar de mudanças substanciais na capacidade de processamento das informações e de ativação dos músculos pelo sistema nervoso. Mais especificamente, o envelhecimento afeta a capacidade de detectar um estímulo e processar a informação de modo a produzir uma resposta. Movimentos simples e complexos ficam mais lentos com o passar do tempo, embora os indivíduos que se mantêm fisicamente ativos mostrem-se apenas ligeiramente mais lentos que os indivíduos ativos mais jovens. A ativação das unidades motoras é mais lenta em idosos. Para exemplificar, um estudo revelou que homens mais velhos (~80 anos) apresentaram velocidades de disparo mais lentas e contrações de duração mais longa, ao passo que homens jovens (~20 anos) exibiram velocidades de disparo relativamente mais rápidas e tempos de contração mais curtos.[4] Entretanto, outros estudos demonstraram que indivíduos idosos preservam sua capacidade de recrutar maximamente o músculo esquelético, sugerindo que a redução da força é decorrente de fatores musculares locais, e não de fatores neurais.

Essas mudanças neuromusculares durante o processo de envelhecimento são, ao menos em parte, responsáveis pela diminuição da força e da resistência, mas a participação ativa no exercício e em esportes tende a reduzir o impacto do envelhecimento sobre o desempenho. Isso não significa que a atividade física praticada regularmente possa interromper o envelhecimento biológico, mas um estilo de vida ativo pode reduzir de forma significativa vários dos decréscimos na capacidade de trabalho físico.

Apesar da perda de massa muscular em homens idosos ativos, as propriedades estruturais e bioquímicas da massa muscular remanescente são satisfatoriamente mantidas. O número de capilares por unidade de área é similar em corredores fundistas jovens e idosos. As atividades das enzimas oxidativas nos músculos de atletas idosos com treinamento de resistência são apenas 10-15% mais baixas que em atletas jovens com o mesmo tipo de treinamento. Assim, a capacidade oxidativa do músculo esquelético de corredores idosos com treinamento de resistência é apenas ligeiramente mais baixa que em corredores jovens de elite. Isso sugere que o envelhecimento tem pouco efeito na adaptabilidade do músculo esquelético ao treinamento de resistência.

Funções cardiovascular e respiratória

As mudanças na capacidade de resistência que acompanham o envelhecimento podem ser atribuídas a decréscimos nas funções da circulação cardiovascular central e periférica. É provável que mudanças na função respiratória que acompanham o envelhecimento primário desempenhem um papel menor, embora a incidência de disfunções respiratórias aumente com o passar do tempo. Esta seção examinará os efeitos do envelhecimento tanto no sistema cardiovascular como no sistema respiratório.

Função cardiovascular

Assim como ocorre com a função muscular, a função cardiovascular declina com o processo de envelhecimento. Uma das mudanças mais notáveis que acompanham o envelhecimento é a redução na frequência cardíaca máxima (FC_{max}). Estima-se que, durante o processo de envelhecimento, a FC_{max} diminua ligeiramente menos que 1 bpm por ano. A FC_{max} média para qualquer idade foi tradicional-

Em resumo

> A força máxima declina continuamente com o envelhecimento.
> As perdas de força relacionadas ao processo de envelhecimento resultam principalmente de uma perda substancial na massa muscular.
> Em geral, ao envelhecer, indivíduos ativos exibem certo desvio rumo a uma porcentagem mais elevada de fibras musculares do tipo I, o que pode ser atribuído à redução nas fibras do tipo II.
> O número total de fibras musculares e a área da secção transversal das fibras diminuem com o envelhecimento, mas, aparentemente, o treinamento de resistência minimiza o declínio na área das fibras.
> O envelhecimento torna mais lenta a capacidade do sistema nervoso de responder a um estímulo, processar a informação e gerar uma contração muscular.
> O treinamento de resistência pouco faz para evitar a perda de massa muscular associada ao processo de envelhecimento, mas o treinamento de força pode preservar ou aumentar a área de secção transversal das fibras musculares em homens e mulheres idosos.

mente estimada a partir da equação $FC_{max} = 220 - idade$. A equação anterior tende a superestimar a FC_{max} de crianças e adultos jovens e a subestimar essa variável em idosos. Quando se aplica a antiga equação ($FC_{max} = 220 - idade$), os valores individuais podem se desviar do valor previsto em ± 20 bpm ou mais. Para exemplificar, a antiga equação prevê que um indivíduo *médio* com 60 anos de idade deve ter uma FC_{max} = de 160 bpm, mas a FC_{max} real desse indivíduo pode ser de apenas 140 bpm ou chegar a 180 bpm.

Tanaka et al. propuseram uma equação mais precisa, que parece apropriada para todos os indivíduos, não sendo influenciada pelo gênero ou pelo nível de atividade do indivíduo.[35]

$$FC_{max} = [208 - (0,7 \times idade)]$$

Embora a equação de Tanaka tenha aprimorado a previsão da frequência cardíaca do indivíduo médio, ainda ocorre uma variabilidade interindividual substancial. O Capítulo 20 mostrará que superestimativas e subestimativas fazem uma grande diferença quando tais dados são utilizados na prescrição de exercícios.

A redução na FC_{max} com o envelhecimento não é afetada pelo treinamento; ou seja, parece ser similar em adultos sedentários e em indivíduos com alto nível de treinamento. Essa redução na FC_{max} pode ser atribuída a alterações morfológicas e eletrofisiológicas no sistema de condução cardíaca, especificamente no nó sinoatrial (SA) e no feixe atrioventricular (AV), podendo haver retardo na condução cardíaca. A sub-regulação dos receptores beta$_1$-adrenérgicos no coração também diminui a sensibilidade cardíaca à estimulação pelas catecolaminas.

O decréscimo no débito cardíaco máximo com o envelhecimento em homens e mulheres altamente treinados é atribuível, sobretudo, à diminuição da frequência cardíaca e, em menor extensão, à diminuição no volume sistólico. O volume sistólico máximo (VS_{max}) apresenta redução moderada (~10-20% de redução) em idosos altamente treinados. As respostas à estimulação pelas catecolaminas e a contratilidade do miocárdio são reduzidas, e evidências recentes obtidas por meio de técnicas mais sofisticadas de imagem por Doppler indicam que o mecanismo de Frank-Starling se torna menos efetivo em decorrência da rigidez do ventrículo esquerdo e das artérias. Estudos envolvendo corredores fundistas demonstraram que os valores mais baixos de $\dot{V}O_{2max}$ observados em atletas idosos resultam de uma redução no débito cardíaco máximo, apesar de os volumes cardíacos de atletas idosos serem parecidos com os de atletas jovens. Isso confirma a redução na frequência cardíaca máxima como principal causa da redução de $\dot{V}O_{2max}$. Vários estudos demonstraram nítida diminuição no volume sistólico máximo – e no débito cardíaco máximo – com o envelhecimento em mulheres e homens não treinados.

VÍDEO 18.3 Apresenta Ben Levine, falando sobre os fatores que afetam $\dot{V}O_{2max}$ e provocam seu declínio com o envelhecimento.

O **fluxo sanguíneo periférico** diminui com o envelhecimento, embora a densidade dos capilares nos músculos permaneça inalterada. Estudos revelaram redução de 10-15% no fluxo sanguíneo para os músculos exercitados das pernas em atletas de meia-idade em qualquer sobrecarga de trabalho considerada, em comparação com atletas jovens bem treinados (Fig. 18.8). Essa atenuação no fluxo sanguíneo se deve a vários fatores periféricos, incluindo o bloqueio da simpatólise funcional (i. e., um maior fluxo simpático para a musculatura ativa) e uma redução nos vasos dilatadores locais e em seu efeito. Porém, aparentemente, a redução do fluxo sanguíneo para as pernas desses corredores fundistas de meia-idade e idosos durante o exercício submáximo foi compensada pela maior diferença arteriovenosa mista de oxigênio, ou diferença $(a-\bar{v})O_2$ (ocorre maior extração de oxigênio pelos músculos). Em decorrência disso, embora o fluxo sanguíneo seja menor, o consumo de oxigênio pelos músculos em trabalho é semelhante em determinada intensidade de sobrecarga submáxima no grupo mais idoso. Isso foi confirmado por um estudo envolvendo homens com treinamento de resistência que comparou voluntários de idades entre 22-30 anos com voluntários com idades entre 55-68 anos. O fluxo sanguíneo para as pernas, a condutância vascular e a saturação de oxigênio venoso femoral foram 20-30%

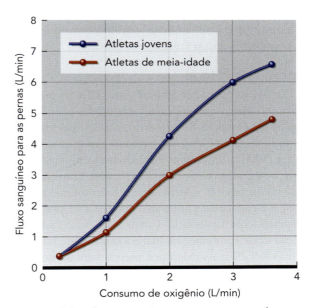

FIGURA 18.8 Fluxo sanguíneo para as pernas durante o exercício em cicloergômetro em praticantes de orientação jovens e de meia-idade.

Adaptado com permissão de B. Saltin, The aging endurance athlete. In: *Sports medicine for the mature athlete*, editado por J. R. Sutton e R. M. Brock (Indianapolis: Benchmark Press, 1986). Copyright 1986 Cooper Publishing Group, Carmel, IN.

mais baixos nos homens mais idosos em cada sobrecarga de trabalho submáxima, enquanto a diferença (a-v̄)O$_2$ nas pernas foi mais elevada nos idosos.[31]

É difícil determinar o grau em que as mudanças no volume sistólico, no débito cardíaco e no fluxo sanguíneo periférico são resultantes do envelhecimento primário, e a extensão em que elas são atribuíveis ao **descondicionamento cardiovascular** que acompanha a redução da atividade. Esses declínios na função cardiovascular que decorrem do processo de envelhecimento são, em grande parte, responsáveis pelos declínios observados no $\dot{V}O_{2max}$. Esse assunto será discutido mais adiante, ainda neste capítulo.

Além disso, humanos que envelhecem de forma sedentária possuem reduzida complacência cardíaca e arterial, causada pela rigidez do coração e das grandes artérias elásticas. Os vasos sanguíneos envelhecidos também exibem alteração no controle local de fluxo sanguíneo, incluindo uma disfunção na capacidade do endotélio em liberar e responder a vasodilatadores, como o óxido nítrico e as prostaglandinas, denominada **disfunção endotelial**. Essa alteração contribui para a incapacidade de dilatação dos vasos sanguíneos e para a redução no fluxo sanguíneo muscular periférico durante o exercício.

Em mulheres e homens idosos que se exercitam regularmente ocorre menor rigidez arterial e disfunção endotelial. Parte da razão para essa preservação na função vascular por meio do exercício habitual é a preservação ou restauração da sinalização vasodilatadora, incluindo um aumento na biodisponibilidade de óxido nítrico. Pesquisas estão sendo realizadas para determinar a dose apropriada de exercício (tempo, duração e intensidade) necessária para observar esses benefícios cardiovasculares positivos em populações idosas saudáveis e clínicas.

Função respiratória

Com o processo de envelhecimento, a função pulmonar muda consideravelmente, mas essas mudanças não parecem limitar a capacidade do indivíduo de se exercitar. Tanto a capacidade vital (CV) como o **volume expiratório forçado em 1 s** ($VEF_{1,0}$) diminuem linearmente com o avanço da idade, começando entre os 20 e os 30 anos. Enquanto essas variáveis decrescem, ocorre aumento do volume residual (VR), e a capacidade pulmonar total (CPT) permanece essencialmente inalterada. Como resultado, aumenta a relação entre o volume residual e a capacidade pulmonar total (VR/CPT); isso significa menor volume de trocas de ar. Quando um indivíduo tem em torno de 20 anos, o volume residual representa cerca de 18-22% da CPT, mas esse valor aumenta para 30% ou mais por volta dos 50 anos. O tabagismo parece acelerar esse aumento.

Essas mudanças são contrabalançadas por mudanças na capacidade ventilatória máxima durante o exercício exaustivo. A **ventilação expiratória máxima** ($\dot{V}_{Emax}$) aumenta durante o crescimento, e isso prossegue até que o indivíduo atinja a maturidade física; mais tarde, essa variável diminui com o passar do tempo. Em média, os valores de $\dot{V}_{Emax}$ para meninos de 4-6 anos equivalem a aproximadamente 40 L/min, aumentam para 110-140 L/min em homens totalmente maduros, e depois diminuem para 70-90 L/min em homens com idade entre 60-70 anos. As meninas e mulheres adultas seguem o mesmo padrão geral, embora seus valores absolutos sejam consideravelmente mais baixos para cada idade, principalmente por causa de seu menor tamanho corporal. É preciso lembrar (ver Cap. 7) que a CPT é diretamente proporcional à altura; por isso, frequentemente os homens exibem valores mais altos que os das mulheres.

As mudanças na função pulmonar à medida que os adultos envelhecem resultam de diversos fatores. O mais importante deles é a perda da elasticidade do tecido pulmonar e da parede torácica com o envelhecimento, o que aumenta o trabalho envolvido na respiração. Aparentemente, o enrijecimento da parede torácica resultante disso é responsável pela maior parte da redução no funcionamento pulmonar. No entanto, apesar de todas essas mudanças, os pulmões ainda preservam uma reserva considerável, mantendo uma capacidade de difusão adequada; isso possibilita a realização de esforço máximo e, aparentemente, não limita a capacidade de exercício físico.

Atletas idosos praticantes de treinamento de resistência exibem apenas uma ligeira redução na capacidade de ventilação pulmonar. E, o que é mais importante, a diminuição na capacidade aeróbia nesses atletas não pode ser atribuída a mudanças na ventilação pulmonar. Do mesmo modo, durante um esforço exaustivo, tanto indivíduos idosos com nível de atividade normal como atletas idosos podem manter uma saturação de oxigênio arterial próxima do máximo. Assim, nem as mudanças nos pulmões nem as mudanças na capacidade de transportar oxigênio parecem responsáveis pelo decréscimo no $\dot{V}O_{2max}$ observado em atletas idosos. Ao contrário, aparentemente a principal limitação está relacionada às alterações cardiovasculares já descritas. O processo de envelhecimento diminui a frequência cardíaca máxima, fazendo baixar o débito cardíaco máximo e o fluxo sanguíneo para os músculos que estão sendo exercitados. Além disso, a diferença (a-v̄)O$_2$ submáxima é preservada em indivíduos idosos que se exercitam; isso sugere que, quando o ser humano envelhece, a extração de O$_2$ é satisfatoriamente preservada.

Função aeróbia e anaeróbia

Quando se investiga o efeito do envelhecimento nas funções aeróbia e anaeróbia durante o exercício, a atenção deve recair sobre duas variáveis fundamentais: o $\dot{V}O_{2max}$ e o limiar de lactato.

Em resumo

> Grande parte do declínio no desempenho de resistência associado ao processo de envelhecimento pode ser atribuída a decréscimos na função cardiovascular.

> A frequência cardíaca máxima diminui cerca de 1 bpm por ano conforme envelhecemos. Pode-se estimar a FC_{max} média para determinada idade por meio da seguinte equação:
$FC_{max} = [208 - (0,7 \times idade)]$.

> O volume sistólico máximo é apenas ligeiramente reduzido em atletas idosos, mas seu débito cardíaco diminui com a idade, principalmente por causa da redução na FC_{max}. Demonstrou-se que em indivíduos não treinados o volume sistólico máximo diminui com o passar do tempo em decorrência do enrijecimento do ventrículo esquerdo e das artérias.

> O fluxo sanguíneo periférico também diminui com a idade. Contudo, em atletas idosos treinados, esse problema é contornado pelo aumento na diferença $(a-\bar{v})O_2$.

> A diminuição de $\dot{V}O_{2max}$ com o envelhecimento e a inatividade pode ser amplamente explicada pela diminuição de $\dot{Q}_{max}$ em virtude da diminuição da FC_{max}. O volume sistólico máximo sofre modesta redução (VS_{max}), e a diferença máxima $(a-\bar{v})O_2$ normalmente não muda muito com o envelhecimento.

> A diminuição da FC_{max} pode ser atribuída em grande parte à diminuição da frequência cardíaca intrínseca, mas também pode ser causada por reduções na atividade do sistema nervoso simpático e por alterações no sistema de condução cardíaca.

> Basicamente, a diminuição do $\dot{V}O_{2max}$ com o envelhecimento se dá em função da redução do fluxo sanguíneo para os músculos ativos, o que está associado à redução no débito cardíaco máximo.

> O exercício habitual pode reverter parcialmente ou prevenir muitas das alterações vasculares prejudiciais que ocorrem com o envelhecimento, incluindo a redução na rigidez arterial e a melhora da função endotelial.

> Ainda não se sabe que parte do decréscimo da função cardiovascular que pode ser atribuída exclusivamente ao processo de envelhecimento e que parte é resultante do descondicionamento decorrente da redução da atividade. Contudo, muitos estudos indicam que essas mudanças são minimizadas em atletas idosos que continuam treinando. Isso indica que a inatividade desempenha um papel significativo.

> Tanto a capacidade vital como o volume expiratório forçado diminuem linearmente com o envelhecimento. O volume residual aumenta, e a capacidade pulmonar total permanece inalterada. Isso aumenta a relação VR/CPT, o que significa que menos ar poderá ser trocado no pulmão a cada respiração.

> A ventilação expiratória máxima também diminui com a idade.

> As mudanças pulmonares que acompanham o envelhecimento são causadas principalmente pela perda de elasticidade do tecido pulmonar e da parede torácica. Contudo, atletas idosos sofrem apenas uma ligeira diminuição na capacidade de ventilação pulmonar.

$\dot{V}O_{2max}$

Para determinar como o $\dot{V}O_{2max}$ muda com o processo de envelhecimento, é preciso considerar vários aspectos importantes. Em primeiro lugar, é necessário decidir como expressar os valores de $\dot{V}O_{2max}$: em litros por minuto (L/min), ou em litros por minuto por quilograma de peso corporal ($mL \cdot kg^{-1} \cdot min^{-1}$) para que o tamanho corporal do indivíduo seja considerado. Em alguns casos, o $\dot{V}O_{2max}$ expresso em litros por minuto não diminui muito ao longo de um período de 10-20 anos, mas, quando os valores para os mesmos indivíduos são expressos em relação ao peso corporal, ocorre um decréscimo significativo ao longo dos anos transcorridos entre o primeiro teste e o teste final. Para exercícios nos quais o transporte da massa corporal não é importante, como o ciclismo, comumente é mais apropriado o uso de litros por minuto. Já para atividades que dependem da sustentação do peso corporal – como a corrida – é mais apropriado expressar os valores por unidade de peso corporal ($mL \cdot kg^{-1} \cdot min^{-1}$).

Um segundo tópico está relacionado a esta dúvida: no cenário do envelhecimento, os valores para as mudanças nas variáveis devem ser expressos como valores absolutos (L/min ou $mL \cdot kg^{-1} \cdot min^{-1}$) ou como mudança percentual?.

Esse aspecto pode parecer trivial, mas não é. Por exemplo, um homem de 30 anos tinha $\dot{V}O_{2max}$ inicial de $50 \, mL \cdot kg^{-1} \cdot min^{-1}$, e, aos 50 anos, seu $\dot{V}O_{2max}$ diminuiu para $40 \, mL \cdot kg^{-1} \cdot min^{-1}$. Um homem de 60 anos tinha $\dot{V}O_{2max}$ inicial de $35 \, mL \cdot kg^{-1} \cdot min^{-1}$, e aos 80 anos seu $\dot{V}O_{2max}$ diminuiu para $25 \, mL \cdot kg^{-1} \cdot min^{-1}$. Nesse exemplo, os dois homens tiveram seu VO_{2max} diminuído em $10 \, mL \cdot kg^{-1} \cdot min^{-1}$ em um período de 20 anos, ou um declínio de $0,5 \, mL \cdot kg^{-1} \cdot min^{-1}$ por ano. Mas o homem mais jovem sofreu um decréscimo de 20% (10/50 = 0,20, ou 20%) ao longo de 20 anos, ou 1% por ano, enquanto o homem mais idoso teve um decréscimo de 29% (10/35 = 0,29%), ou 1,4% por ano. Embora os dois homens tenham sofrido decréscimos idênticos no $\dot{V}O_{2max}$ quando essa variável foi expressa em $mL \cdot kg^{-1} \cdot min^{-1}$, a redução foi consideravelmente maior no homem idoso, quando a variável foi expressa como redução percentual. Tendo isso em mente, é preciso considerar as mudanças no $\dot{V}O_{2max}$ com o envelhecimento; para tanto, é necessário fixar-se primeiramente nas mudanças em indivíduos com nível de atividade normal e, em seguida, nas mudanças em atletas fundistas altamente treinados.

Indivíduos normalmente ativos Os primeiros estudos sobre envelhecimento e condicionamento físico foram realizados por Sid Robinson[32] no final dos anos de 1930. Esse estudioso demonstrou que o $\dot{V}O_{2max}$ em homens com nível de atividade normal declinava continuamente dos 25 aos 75 anos (Tab. 18.1). Seus dados transversais mostram que a capacidade aeróbia declina, em média, 0,44 mL · kg⁻¹ · min⁻¹ por ano até os 75 anos de idade, o que representa cerca de 1% por ano ou 10% por década. Uma revisão de onze estudos transversais envolvendo homens, a maioria com menos de 70 anos de idade, constatou que a taxa média de decréscimo do $\dot{V}O_{2max}$ era de 0,41 mL · kg⁻¹ · min⁻¹ por ano para os homens e de 0,30 ml · kg⁻¹ · min⁻¹ por ano para as mulheres, novamente próximo de 1% por ano.[1]

Em meados dos anos de 1990, um grande estudo transversal sobre mudanças no $\dot{V}O_{2max}$ com o processo de envelhecimento foi realizado pela NASA/Johnson Space Center em Houston, Texas. Esse estudo avaliou 1.499 homens e 409 mulheres, todos sadios. Os voluntários passaram por um teste de esforço máximo até a exaustão na esteira ergométrica; durante o teste, foram realizadas medidas diretas do $\dot{V}O_{2max}$.[19,20] Os autores relataram um declínio no $\dot{V}O_{2max}$ de 0,46 mL · kg⁻¹ · min⁻¹ por ano nos homens (1,2% por ano) e de 0,54 mL · kg⁻¹ · min⁻¹ por ano em mulheres (1,7% por ano).

Infelizmente, são poucos os estudos longitudinais publicados nessa área. Ainda assim, há consenso quanto ao fato de que a taxa de declínio no $\dot{V}O_{2max}$ é de aproximadamente 10% por década, ou 1% por ano (−0,4 mL · kg⁻¹ · min⁻¹ por ano) em homens relativamente sedentários. Para mulheres, os resultados são semelhantes, embora poucas voluntárias tenham sido estudadas.

Atletas idosos Um dos mais notáveis estudos de longa duração sobre corredores fundistas e o processo de envelhecimento foi realizado por D. B. Dill et al., do Harvard Fatigue Laboratory.[6] Don Lash, detentor do recorde mundial na prova de 2 milhas (8 min 58 s) em 1936, estava entre os atletas estudados pelo grupo de Harvard. Embora poucos dos corredores anteriores tenham continuado a treinar após a faculdade, aos 49 anos de idade Lash ainda corria cerca de 45 min por dia. Apesar dessa atividade, o $\dot{V}O_{2max}$ do ex-atleta declinou de 81,4 mL · kg⁻¹ · min⁻¹ aos 24 anos para 54,4 mL · kg⁻¹ · min⁻¹ aos 49 anos – um declínio de 33%. Em corredores que não deram continuidade ao treinamento durante a meia-idade, foram verificados declínios muito maiores. Em média, suas capacidades aeróbias diminuíram em cerca de 43% dos 23 anos até os 50 anos (de 70 para 40 mL · kg⁻¹ · min⁻¹). Tais dados sugerem que o treinamento prévio oferecerá pouca vantagem quanto à capacidade de resistência quando o indivíduo estiver mais velho, a menos que ele continue envolvido em alguma forma de atividade física vigorosa. Contudo, por causa de seus elevados valores iniciais, esses indivíduos têm grande reserva funcional, e o enorme decréscimo na capacidade aeróbia tem pouco efeito sobre sua capacidade de realizar atividades cotidianas. Além disso, existem grandes diferenças individuais na taxa de declínio do $\dot{V}O_{2max}$ durante o envelhecimento, e o patrimônio genético contribui de maneira importante para esse aspecto.

Estudos longitudinais mais recentes sobre corredores e remadores idosos do gênero masculino revelaram um declínio na capacidade aeróbia e na função cardiovascular, além de mudanças na composição das fibras musculares, com o envelhecimento. Esses atletas foram estudados durante 20 a 28 anos; ao longo desse período, aqueles atletas que continuaram treinando intensamente e com grandes volumes sofreram um declínio de 5-6% no $\dot{V}O_{2max}$ por década. Por outro lado, corredores de elite que interromperam o treinamento apresentaram um declínio de quase 15% na capacidade aeróbia por década (1,5% por ano).

Quanto às mulheres, embora o número de estudos publicados seja menor, os resultados apontam para as mesmas tendências. Em um estudo envolvendo 86 homens e 49 mulheres corredores *masters* de provas de resistência, os autores observaram mudanças transversais e longitudinais (aproximadamente 8,5 anos) no $\dot{V}O_{2max}$ com o envelhecimento.[15] Os resultados desses estudos estão ilustrados na Figura 18.9. A taxa média de declínio, indicada pela linha de regressão de dados transversais, foi de 0,47 mL · kg⁻¹ · min⁻¹ por ano em homens (0,8% por ano) e de 0,44 mL · kg⁻¹ · min⁻¹ por ano em mulheres (0,9% por ano). Contudo, a figura revela que as mudanças longitudinais são maiores que as mudanças transversais, particularmente para os participantes mais idosos. Em um estudo transversal envolvendo mulheres sedentárias ($n = 2.256$), mulheres ativas ($n = 1.717$) e mulheres treinadas em resistência ($n = 911$) com idades variando de 18-89 anos, o $\dot{V}O_{2max}$ declinou em 0,35 mL · kg⁻¹ · min⁻¹ por ano nas mulheres sedentárias (1,2% por ano), 0,44 mL · kg⁻¹ · min⁻¹ por ano nas mulheres ativas (1,1% por ano) e 0,62 mL · kg⁻¹ · min⁻¹ por ano nas mulheres treinadas em resistência (1,2%).[8]

No início da década de 2000, um estudo com acompanhamento durante 25 anos reexaminou corredores

TABELA 18.1 Mudanças no $\dot{V}O_{2max}$ entre homens com nível de atividade normal

Idade (anos)	$\dot{V}O_{2max}$ (mL · kg⁻¹ · min⁻¹)	% de mudança a partir dos 25 anos
25	47,7	—
35	43,1	−10
45	39,5	−17
52	38,4	−20
63	34,5	−28
75	25,5	−47

Dados de S. Robinson (1938).

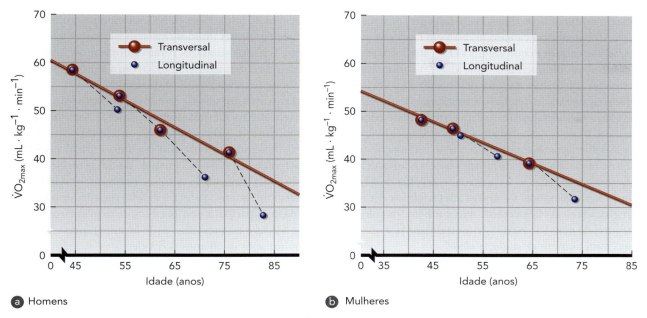

FIGURA 18.9 Declínios transversais e longitudinais no $\dot{V}O_{2max}$ com o envelhecimento em um grupo de atletas fundistas *masters*: (a) 86 homens e (b) 49 mulheres.
Adaptado de Hawkins et al., 2001.

fundistas homens, idosos e altamente competitivos.[37,38] Inicialmente, esses homens foram testados dos 18 até os 25 anos de idade. No intervalo entre as sessões de testes, os corredores treinavam quase com a mesma intensidade relativa de quando eram mais jovens. Como consequência disso, os valores de seus $\dot{V}O_{2max}$ (L/min) declinaram apenas 3,6% ao longo do período de 25 anos,[38] conforme mostra a Tabela 18.2. Embora seu consumo máximo de oxigênio tenha diminuído de 69,0 para 64,3 mL · kg⁻¹ · min⁻¹, trata-se de uma redução de apenas 0,19 mL · kg⁻¹ · min⁻¹ por ano, ou de 0,3% por ano, e a maior parte dessa mudança foi atribuída a um aumento de 2,1 kg no peso corporal.

Essa taxa de declínio nos valores de $\dot{V}O_{2max}$ desses corredores idosos é significativamente menor do que os valores para os voluntários sedentários ou que treinam para obtenção de condicionamento físico em níveis e intensidades inferiores àqueles desses corredores sêniores. Scott Trappe et al.[39] tiveram a oportunidade única de examinar a capacidade aeróbia em duas coortes de homens saudáveis e com vidas independentes, com idades entre 80-91 anos, com diferenças drásticas em seus hábitos de atividade física ao longo da vida. Os autores recrutaram um grupo de nove esquiadores suecos da categoria *master* de elite praticantes de *cross-country* que ainda estavam ativamente envolvidos nessa modalidade esportiva. Esses atletas octogenários, que foram praticantes da modalidade ao longo da vida, nunca tinham parado de treinar por mais de 6 meses em qualquer momento nos últimos 50 anos! Uma segunda amostra de voluntários consistia em seis controles saudáveis compatibilizados por idade que não tinham histórico de prática regular de exercício. Cada indivíduo realizou um teste de $\dot{V}O_{2max}$ em cicloergômetro e foi feita uma biópsia do músculo vasto lateral (voluntário em repouso) com o objetivo de medir os seguintes marcadores de capacidade aeróbia: enzima oxidativa citrato sintase e o iniciador de biogênese mitocondrial PGC-1 alfa.

Não surpreende que os atletas que praticaram exercícios de resistência ao longo da vida exibiram $\dot{V}O_{2max}$ mais alto, seja expresso em termos absolutos (2,6 *vs.* 1,6 L/min) ou relativos (38 *vs.* 21 mL · kg⁻¹ · min⁻¹). A enzima citrato sintase do músculo esquelético foi 54% maior e a PGC-1 alfa basal foi 135% maior nos atletas. Houve correlação entre a atividade enzimática mitocondrial e a PGC-1 alfa com o $\dot{V}O_{2max}$. As adaptações cardiorrespiratórias e mus-

TABELA 18.2 Mudanças na capacidade aeróbia média e na frequência cardíaca máxima com o envelhecimento em um grupo de dez corredores fundistas *masters* altamente treinados

Idade (anos)	Peso (kg)	$\dot{V}O_{2max}$ (L/min)	$\dot{V}O_{2max}$ (mL · kg⁻¹ · min⁻¹)	FCmax (bpm)
21,3	63,9	4,41	69,0	189
46,3	66,0	4,25	64,3	180

culares combinadas resultaram em uma potência máxima quase 40% maior no cicloergômetro em favor dos atletas. Quando se considera que alguns $\dot{V}O_{2max}$ absolutos estavam associados simplesmente à capacidade do voluntário de completar atividades da vida diária (ver Fig. 18.10), os autores desse estudo demonstram claramente a ampliação da reserva funcional entre esse nível mínimo de condicionamento físico e a capacidade aeróbia excepcionalmente alta dos atletas octogenários – o que se reflete em menor risco de incapacitação e de mortalidade. Os autores ainda enfatizaram que não só a capacidade aeróbia de 11-MET (equivalente metabólico) desses atletas idosos é a maior já registrada nessa faixa etária, mas também "os coloca na categoria de mais baixo risco de mortalidade por qualquer causa para homens *de qualquer idade*".

Essa taxa de decréscimo nos valores do $\dot{V}O_{2max}$ desses corredores idosos é significativamente menor que os valores de indivíduos sedentários ou dos indivíduos que fazem treinamento para condicionamento físico em níveis e intensidades mais baixos que os desses corredores idosos. Um desses corredores completou 1 milha com o tempo de 4 min 11 s e terminou uma maratona em 2 h 29 min em 1992, aos 46 anos. Esses dois desempenhos foram significativamente mais rápidos que seus melhores tempos em 1966. Achados similares foram informados para outros atletas que continuam treinando com a mesma intensidade e volume relativos da época da faculdade.

Embora o número de estudos publicados sobre mulheres seja muito menor, pode-se esperar uma tendência semelhante. É preciso observar que, embora o treinamento extenuante reduza o declínio normal no $\dot{V}O_{2max}$ relacionado ao envelhecimento, ainda assim ocorre um declínio da capacidade aeróbia. Portanto, o treinamento físico muito intenso parece ter efeito retardador na taxa de perda de capacidade aeróbia durante os primeiros anos da vida adulta e na meia-idade (30-50 anos), mas esse efeito é menor após os 50 anos de idade.

Em resumo, o $\dot{V}O_{2max}$ declina com a idade, e a velocidade de declínio é de aproximadamente 1% ao ano. Muitos fatores influenciam essa velocidade de declínio:

- Genética.
- Nível de atividade geral.
- Intensidade do treinamento.

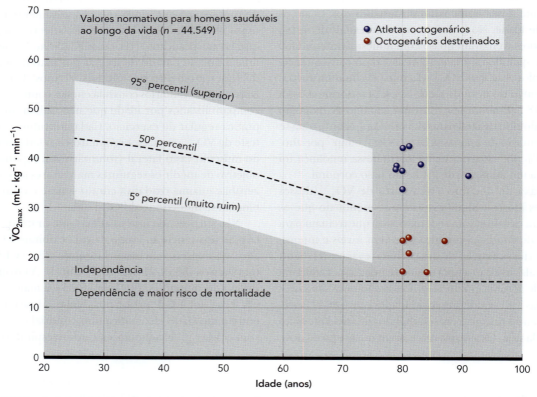

FIGURA 18.10 A figura mostra dados individuais para $\dot{V}O_{2max}$ de atletas fundistas com prática durante toda a vida e octogenários saudáveis destreinados, estudados por Trappe et al. A linha tracejada na parte inferior da figura representa a capacidade de exercício em 5-MET, tida como necessária para a realização independente de atividades da vida diária. Os valores normativos para os homens saudáveis ao longo da vida, mostrados na área sombreada, são derivados de dados do Cooper Institute em Dallas, Texas.

Reproduzido com permissão de S. Trappe et al., "New Records in Aerobic Power Among Octogenarian Lifelong Endurance Athletes," *Journal of Applied Physiology* 114(2013):3-10.

- Volume do treinamento.
- Aumento do peso corporal e da massa gorda, diminuição da massa livre de gordura.
- Faixa etária; indivíduos mais idosos têm declínios mais pronunciados.

Não há consenso universal quanto aos fatores mais importantes. Uma visão integrada dos conceitos dos mecanismos fisiológicos que contribuem para as reduções no desempenho de resistência com o envelhecimento é apresentada na Figura 18.11.

Limiar de lactato

Em adultos jovens que treinam resistência, o limiar de lactato prediz o desempenho em eventos que vão de 3,2 quilômetros (2 milhas) até a maratona. O limiar de lactato, expresso como percentagem do $\dot{V}O_{2max}$ (LL-% do $\dot{V}O_{2max}$), constitui o melhor marcador com relação ao desempenho de indivíduos com valores de $\dot{V}O_{2max}$ similares em corridas de resistência. Poucos estudos investigaram as mudanças que ocorrem no limiar de lactato ou no limiar anaeróbio derivado de variáveis da ventilação com o processo de envelhecimento. Em um estudo transversal, foi determinado o limiar de lactato de um grupo de corredores fundistas *masters* com idades entre 40-70 anos ou mais – 111 homens e 57 mulheres.[40] Curiosamente, o LL-% do $\dot{V}O_{2max}$ não diferiu entre homens e mulheres, mas essa variável aumentou com a idade. Estudos longitudinais mais recentes com atletas *masters* reportam que mudanças no limiar de lactato ao longo de seis anos não foram capazes de predizer o desempenho de corrida quando expressas em percentagem do $\dot{V}O_{2max}$.[28] Outro estudo apresentou resultados similares em indivíduos destreinados (152 homens e 146 mulheres).[29] Contudo, nesses estudos, o $\dot{V}O_{2max}$ estava mais baixo nos grupos mais idosos, o que ajuda a explicar o aumento do LL-% do $\dot{V}O_{2max}$. Quando se comparou o LL no $\dot{V}O_2$ absoluto entre os grupos etários, ele declinou com a idade.

Adaptações fisiológicas ao treinamento físico

Apesar dos decréscimos na composição corporal e no desempenho do exercício associados ao processo de envelhecimento, atletas de meia-idade e idosos bem treinados são capazes de desempenhos excepcionais. Além disso, aqueles que treinam para obter um condicionamento físico em geral parecem exibir ganhos na força muscular e na resistência semelhantes às dos adultos jovens.

Força

Como ocorre na maioria das funções fisiológicas, a perda de força com o passar do tempo provavelmente resulta de uma combinação do processo de envelhecimento primário com a redução na atividade física; essa combinação gera um declínio na massa e na função musculares. Embora seja difícil comparar as adaptações de indivíduos jovens e idosos ao treinamento de força, o envelhecimento parece não comprometer a capacidade de aumentar a força muscular nem impedir a hipertrofia muscular. Para exemplificar, quando homens idosos

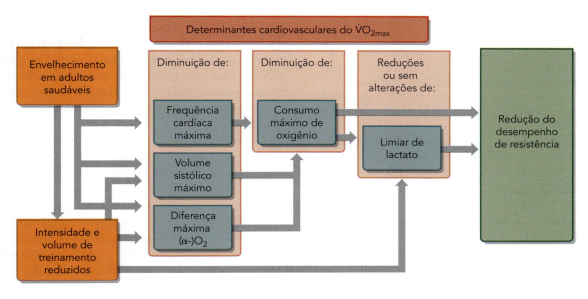

FIGURA 18.11 Fatores e mecanismos fisiológicos que contribuem para reduções no desempenho de resistência com a idade avançada em humanos saudáveis. O envelhecimento primário contribui diretamente para a redução de determinantes cardiovasculares do $\dot{V}O_{2max}$. No entanto, existe uma tendência a reduzir o volume e a intensidade do treinamento com o envelhecimento, sendo difícil determinar a contribuição relativa de cada um para a redução do desempenho de resistência.

Perspectiva de pesquisa 18.1
Atletas centenários

Com frequência os centenários (pessoas que vivem até os 100 anos, ou mais) são considerados modelos de envelhecimento saudável. Muitas pessoas alcançam essa idade e, ao mesmo tempo, mantêm boa saúde em geral, e algumas preservam um nível notavelmente alto de atividade física. Na verdade, os atletas de elite vivem mais tempo que a população em geral.[3] Embora esses indivíduos possam estar associados a capacidades de desempenho excepcionais, apenas recentemente foi estudado o declínio no desempenho relacionado ao processo de envelhecimento em centenários.

Um grupo de pesquisadores identificou e comparou todos os melhores desempenhos alcançados pelos centenários em provas de atletismo, natação e yoga.[26] Em cada modalidade, o declínio no desempenho foi expresso como uma porcentagem do recorde mundial para a disciplina. Os pesquisadores observaram um declínio médio de 78% no desempenho de atletas centenários, em comparação com o recorde mundial inicial – um achado consistente com o conceito de que o desempenho diminui em aproximadamente 10% para cada década de vida após os 35 anos. O melhor desempenho alcançado por um centenário foi observado no ciclismo de pista; provavelmente isso ocorreu graças a melhoras na eficiência da musculatura esquelética nessa modalidade, o que compensa as limitações no transporte de oxigênio. Acredita-se que, diante do crescimento contínuo no número de centenários e tendo em vista a mudança de atitude com relação à prática do exercício entre os idosos, esses tipos de desempenhos excepcionais pelos atletas venham a se tornar cada vez mais comuns.

Em resumo

> Frequentemente é difícil estabelecer uma diferenciação entre os resultados do envelhecimento biológico e da inatividade física. Com o envelhecimento, ocorre uma deterioração natural das funções fisiológicas, mas tal situação fica ainda mais complicada pelo fato de que a maioria das pessoas também se torna mais sedentária ao envelhecer.

> Em geral, a capacidade aeróbia diminui cerca de 10% por década, ou 1% por ano, em homens e mulheres relativamente sedentários.

> Se atletas fundistas altamente treinados começam com um $\dot{V}O_{2max}$ mais elevado, e o $\dot{V}O_{2max}$ declina com a mesma velocidade, essa variável permanecerá mais elevada nesses atletas que em indivíduos sedentários da mesma idade.

> Estudos que envolvem atletas idosos e indivíduos menos ativos da mesma faixa etária indicam que o decréscimo no $\dot{V}O_{2max}$ não ocorre apenas em função da idade. Atletas que continuam treinando exibem decréscimos significativamente menores no $\dot{V}O_{2max}$ ao envelhecer, em especial se treinam com grande intensidade.

> O limiar de lactato, expresso como percentagem do $\dot{V}O_{2max}$, aumenta com o envelhecimento, mas diminui quando essa variável é expressa em relação ao $\dot{V}O_2$ absoluto em que ocorre.

(60-72 anos) foram submetidos a um treinamento de força durante 12 semanas, a 80% de uma repetição máxima (1RM) para extensão e flexão dos dois joelhos, sua força de extensão aumentou em 107% e sua força de flexão aumentou em 227%.[9] Essas melhoras foram atribuídas à hipertrofia muscular, conforme determinado por tomografias computadorizadas da parte média da coxa. Biópsias do músculo vasto lateral (no quadríceps) revelaram que a área de secção transversal das fibras do tipo I aumentou em 34%, e a das fibras do tipo II aumentou em 28%. O maior aumento na força, em comparação com o diâmetro, foi decorrente de valores basais relativamente baixos para a força e de prováveis adaptações neurais nesses homens, previamente sedentários. Em outro estudo envolvendo homens idosos destreinados (média de idade de 64 anos), um programa de treinamento de força com duração de 16 semanas resultou em importantes aumentos na força (50% para a força de extensão da perna, 72% para a força de contração da perna contra plataforma [*leg press*] e 83% para a força de semiagachamento). Além disso, houve um aumento médio na área de secção transversal de todos os principais tipos de fibra muscular (46% para o tipo I, 34% para o tipo IIx e 52% para o tipo IIb).[12,16]

Em um estudo envolvendo mulheres idosas (média de idade de 64 anos), 21 semanas de treinamento de força resultaram em um aumento de 37% no desenvolvimento de força máxima dos extensores da perna, aumento de 29% em 1RM para extensão da perna, aumento na área de secção transversal dos músculos extensores e aumento de 22-36% nas áreas das fibras musculares dos tipos I, IIx e IIb.[13]

Em geral, indivíduos mais velhos podem experimentar um benefício significativo com o treinamento de força. Atletas idosos que treinam força tendem a apresentar maior massa muscular, são geralmente mais magros e 30-50% mais fortes do que seus pares sedentários. Além disso, em comparação com sujeitos treinados com exercícios aeróbios da mesma idade, atletas que treinam força possuem maior massa muscular total e densidade mineral óssea, e mantêm maior força e potência muscular. Embora sem a mesma magnitude de atletas idosos, sedentários idosos também apresentam ganhos significativos com o treinamento de força, o que pode melhorar em muito sua capacidade de realizar atividades diárias e, além disso, ajuda a evitar quedas.

Função neuromuscular

Conforme discutido anteriormente, o processo de envelhecimento induz nítidas mudanças nos músculos, mas o treinamento físico pode induzir adaptações específicas para retardar a progressão de algumas dessas mudanças relacionadas à idade. Como as adaptações neuromusculares ao treinamento físico são algumas das primeiras mudanças a ocorrer, tem particular interesse o impacto do treinamento na junção neuromuscular (JNM).

Para examinar como o envelhecimento afeta as adaptações da JNM ao treinamento físico, grupos de ratos velhos e jovens foram treinados em um tambor rotatório, enquanto ratos sedentários serviram como controles.[5] Após o programa de treinamento, fibras de contração lenta e rápida de diferentes músculos foram visualizadas, com o objetivo de observar as adaptações nas placas terminais pré- e pós-sinápticas com o uso de microscopia confocal de alta potência, uma técnica que gera imagens tridimensionais de estruturas microscópicas de alta resolução. Além disso, os autores do estudo também mediram a área da secção transversal das fibras musculares, para observar as diferenças no tamanho das próprias fibras musculares. Foi constatado que as junções neuromusculares das fibras musculares de contração lenta nos ratos jovens exibiam adaptações significativas ao treinamento físico, mas as junções neuromusculares nos ratos idosos não apresentaram alterações. Por outro lado, em muitas fibras de contração rápida, as JNM em muitas fibras de contração rápida foram afetadas pela idade, mas o treinamento não induziu nenhuma adaptação benéfica nessas estruturas. As alterações no tamanho das fibras musculares não tinham correlação com as mudanças nas JNM. Em conjunto, esses achados sugerem que o envelhecimento interfere na capacidade de adaptação da JNM ao treinamento físico e demonstram quão complexas são as interações de diferentes músculos e tipos de fibras em sua resposta ao envelhecimento e ao treinamento.

Alterações relacionadas à idade na unidade motora têm profundo efeito na função motora, sobretudo entre o número cada vez maior de idosos. Uma revisão recentemente publicada[18] apresentou evidências de que as mudanças relacionadas à idade na morfologia e nas propriedades das unidades motoras resultam em um comprometimento do desempenho motor. As mudanças resultantes incluíram a diminuição da força e da potência máximas, velocidade contrátil mais lenta e maior fatigabilidade. Além disso, indivíduos idosos demonstraram maior variabilidade durante a execução de tarefas motoras em virtude da redução e maior variação nas informações sinápticas que impulsionam a ativação de neurônios motores, unidades motoras cada vez maiores e menos numerosas, junções neuromusculares menos estáveis, taxas de descarga menores e mais variáveis dos potenciais de ação das unidades motoras e fibras musculares esqueléticas menores e mais lentas. Atualmente, desconhece-se o impacto da atividade física praticada de forma regular nessa variabilidade no desempenho motor.

As alterações que ocorrem na unidade motora relacionadas à idade exercem profundo efeito na função motora, sobretudo diante do número cada vez maior de idosos na população. Uma revisão recentemente publicada[18] apresentou evidências de que alterações relacionadas à idade na morfologia e nas propriedades das unidades motoras levam ao comprometimento do desempenho motor. As mudanças resultantes foram: redução na força e potência máximas, maior lentidão na velocidade contrátil e maior fatigabilidade. Além disso, os idosos exibiram maior variabilidade durante a execução de tarefas motoras, em decorrência de informações sinápticas reduzidas e mais variáveis (responsáveis pela ativação dos neurônios motores), unidades motoras maiores mas em menor número, junções neuromusculares menos estáveis, taxas de descarga de potenciais de ação das unidades motoras menores e mais variáveis, bem como fibras da musculatura esquelética menores e mais lentas. Ainda é desconhecido o impacto da atividade física praticada com regularidade diante de tal variabilidade no desempenho motor.

Capacidade aeróbia e anaeróbia

Estudos recentes demonstraram que as melhoras no $\dot{V}O_{2max}$ obtidas com treinamento são semelhantes para mulheres e homens mais jovens (idade de 21-25 anos) ou mais idosos (idade de 60-71 anos).[24,29] Embora os valores do $\dot{V}O_{2max}$ anteriores ao treinamento fossem, em média, mais baixos para os indivíduos mais idosos, os aumentos absolutos de 5,5-6,0 mL · kg^{-1} · min^{-1} foram similares para ambos os grupos. Além disso, mulheres e homens idosos obtiveram aumentos similares no $\dot{V}O_{2max}$ – em média 21% para os homens e 19% para as mulheres – quando treinaram por 9-12 meses, andando e/ou correndo cerca de 6 km por dia. Pessoas idosas previamente sedentárias parecem apresentar um pico na adaptação cardiovascular após 3-6 semanas de treinamento moderado.[33] Em conjunto, esses estudos mostram que o treinamento de resistência gera ganhos semelhantes em capacidade aeróbia para indivíduos saudáveis na faixa etária de 20-70 anos, e que essa adaptação não depende de idade, gênero e nível inicial de condicionamento físico. Contudo, isso não significa que o treinamento de resistência possa capacitar atletas idosos a alcançar os padrões de desempenho estabelecidos por atletas mais jovens.

Como os mecanismos precisos que dão início às adaptações do corpo ao treinamento em qualquer idade não foram devidamente esclarecidos, ainda não se sabe se as melhoras decorrentes do treinamento são obtidas do mesmo modo ao longo da vida. Para exemplificar, grande parte da melhora no $\dot{V}O_{2max}$ observada em indivíduos

Perspectiva de pesquisa 18.2
Atividade física e função cognitiva em idosos

A população continua a envelhecer, e, dessa forma, o comprometimento cognitivo e outras formas de demência estão passando a ser uma ameaça crescente à saúde. A atividade física minimiza o risco de ocorrência de doenças crônicas, e estudos respaldam o conceito de que a atividade física também retarda o início do declínio cognitivo e a incidência de demência ou doença de Alzheimer, eventos associados ao processo de envelhecimento. Entretanto, esses estudos, em sua maioria, tomaram por base medidas de autoavaliação da atividade física, que têm muitas limitações intrínsecas. Diante disso, há necessidade de que os pesquisadores contem com avaliações mais objetivas da atividade física para que possam definir com precisão a relação dose-resposta da atividade física com a função cognitiva.

Nos EUA, o estudo *REasons for Geographic and Racial Differences in Stroke* (REGARDS) é um estudo longitudinal em nível nacional que envolveu aproximadamente 6.500 idosos (brancos e afrodescendentes) que investigou as causas das disparidades regionais e raciais na mortalidade por AVC. Como parte desse estudo, os pesquisadores investigaram a associação entre a atividade física objetivamente medida (por acelerometria) e a função cognitiva longitudinal (função cognitiva global, memória e função executiva) em idosos.[41] Os achados do estudo demonstram uma relação significativa entre atividade física e função cognitiva, tanto em idosos brancos como nos afrodescendentes (ver figura). Além disso, no acompanhamento (2 anos após o ingresso no estudo), os voluntários com maior percentual de atividade física de intensidade moderada a vigorosa demonstraram menor declínio na função cognitiva. Mesmo diferenças relativamente pequenas no percentual de tempo gasto em atividades físicas de intensidade moderada a vigorosa (ou seja, 3-5 min/dia) foram associadas a um risco 36% menor na incidência de comprometimento cognitivo e a uma preservação mais consistente da função executiva e da memória ao longo do tempo. Essas relações ficaram evidenciadas tanto em idosos brancos como em idosos negros. Coletivamente, esses achados demonstram a existência de uma relação dose-resposta entre atividade física e desempenho cognitivo ao longo do tempo. Assim, é importante que sejam implementadas estratégias de intervenção destinadas a prevenir declínios na função cognitiva antes que os sintomas venham a se manifestar.

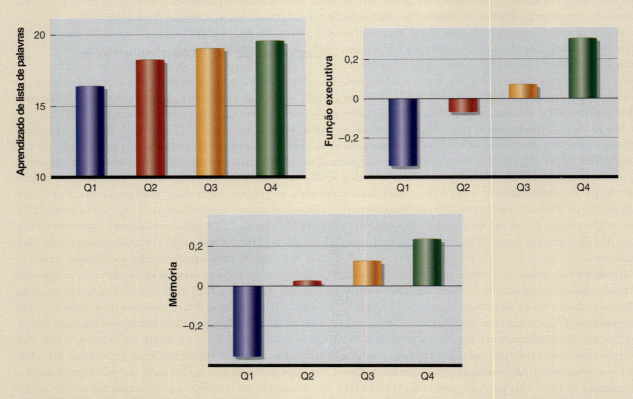

Atividade física e função cognitiva. Escores cognitivos, apresentados para a elaboração de um índice de função cognitiva, função executiva e memória em idosos. Os participantes (aproximadamente 70 anos) foram agrupados em quartis com base no percentual de tempo gasto em atividades físicas de intensidade moderada a vigorosa com o uso da acelerometria (Q1: 0-0,17%; Q2: 0,17-0,75%; Q3: 0,75-2,14%; Q4: ≥ 2,14%). O *Word List Learning* (WLL) é um teste aplicado na identificação do declínio cognitivo precoce e faz parte da bateria de testes do *Consortium to Establish a Registry for Alzheimer's Disease* (Consórcio para o estabelecimento de um registro para a doença de Alzheimer). A atividade física está associada, de um modo dependente da dose, a melhoras nas funções cognitiva e executiva e na memória.

mais jovens está associada ao aumento no débito cardíaco máximo. Contudo, indivíduos idosos demonstram ganhos significativamente maiores nas atividades das enzimas oxidativas musculares, e isso sugere que fatores periféricos nos músculos desses indivíduos mais idosos podem desempenhar um papel mais importante nas adaptações aeróbias ao treinamento, em comparação com indivíduos mais jovens.

Sabe-se pouquíssimo acerca da treinabilidade da capacidade anaeróbia em idosos. Anteriormente neste capítulo, constatou-se que o limiar de lactato, expresso como uma percentagem do $\dot{V}O_{2max}$ do indivíduo, aumenta com o envelhecimento, não estando associado ao desempenho nas corridas de resistência. Em adultos jovens e de meia-idade, o LL% do $\dot{V}O_{2max}$ é o melhor previsor do desempenho de resistência em corridas, no ciclismo, na natação e no esqui *cross-country*. Como já se pôde observar, as diferentes velocidades de envelhecimento dos sistemas de transporte de oxigênio e de tamponamento do lactato são uma explicação possível para a diferença entre o desempenho de idosos e o de adultos jovens e de meia-idade. Um aspecto correlato é que, ao se comparar o limiar de lactato de indivíduos com os diferentes valores de $\dot{V}O_{2max}$, para explicar o desempenho de resistência provavelmente será mais adequado considerar o valor de $\dot{V}O_2$ absoluto ao qual aquele limiar corresponde.

Mobilidade

Um dos principais problemas associados ao envelhecimento é a perda de mobilidade, isto é, a capacidade de se mover livremente e com restrições ou dores mínimas. A perda de mobilidade está associada a maior incapacidade, aumento nas hospitalizações e maior mortalidade. O estudo Lifestyle Interventions and Independence for Elders (Intervenções no estilo de vida e na independência para idosos) (LIFE) teve por objetivo determinar se um programa estruturado de atividade física poderia diminuir o risco de problemas importantes de mobilidade em uma coorte de homens e mulheres sedentários com idades entre 70-89 anos.[30]

Os pesquisadores selecionaram uma amostra de 1.635 homens e mulheres sedentários que se apresentavam com limitações físicas, mas que conseguiram caminhar 400 m. Os voluntários foram recrutados e randomizados para um programa estruturado de atividade física de intensidade moderada que envolvia treinamento aeróbio, de resistência e de flexibilidade, ou para um grupo de controle. Transcorridos 2,6 anos, os pesquisadores testaram a capacidade de ambos os grupos de caminhar 400 m, o que foi definido como uma importante deficiência de mobilidade. Observou-se incapacidade na mobilidade em 36% do grupo de controle, mas apenas em 30% no grupo com atividade física. Os autores concluíram que um programa estruturado de atividade física de intensidade moderada pode reduzir a importante incapacidade na mobilidade ao longo de 2,6 anos entre idosos em risco de incapacidade.

Outro estudo recentemente publicado também demonstrou melhora na mobilidade após 20 semanas de treinamento de resistência em voluntários com mais de 65 anos.[10] Curiosamente, o treinamento de homens e mulheres idosos com movimentos rápidos e sem carga melhorou a mobilidade, da mesma forma que com o treinamento de resistência convencional. Os resultados foram atribuídos a adaptações neurais que ativam maior número de fibras musculares do tipo II. Os idosos não precisam levantar pesos pesados ou usar equipamento especializado para obter benefícios neuromusculares que melhoram sua mobilidade – ocorreram adaptações semelhantes quando os idosos foram treinados para mover seus membros com a maior rapidez possível.

Desempenho esportivo

Os recordes mundiais e nacionais em corrida, natação, ciclismo e halterofilismo sugerem que os indivíduos estão em seu apogeu físico na segunda década de vida, ou no início da terceira década. Lançando mão de uma abordagem transversal, a comparação desses recordes com os recordes nacionais e mundiais batidos por atletas idosos nesses eventos permitirá examinar os efeitos que o processo de envelhecimento tem nos melhores atletas. Infelizmente, há poucas informações longitudinais sobre os efeitos do envelhecimento no desempenho, porque são poucos os estudos que permitem acompanhar o desempenho físico de indivíduos selecionados ao longo de suas carreiras esportivas. No entanto, podemos observar historicamente os tempos de desempenho em certos eventos atléticos para obter informações sobre a influência da função fisiológica sobre o desempenho com o envelhecimento. As seções seguintes examinarão como o processo de envelhecimento afeta certos tipos de desempenho esportivo.

Desempenho na corrida

Em 1954, Roger Bannister, estudante de medicina de 21 anos, surpreendeu o mundo esportivo ao se tornar o primeiro indivíduo a correr 1 milha (1,61 km) em menos de 4 min (3 min 59,4 s). Hoje, o recorde para 1 milha é de 3:43:13, estabelecido pelo marroquino Hicham El Guerrouj em 1999, mais de 16 s mais rápido que o recorde de Bannister – um tempo que colocaria Bannister mais de 100 m atrás do detentor do atual recorde. Em 1954, pareceria inconcebível que 1 milha pudesse ser percorrida em menos de 4 min por alguém com mais de 30 anos de idade. O indivíduo mais idoso a registrar um tempo inferior a 4 min para a milha foi Eamonn Coghlan, que tinha 41 anos ao alcançar esse feito *indoors* em 3:58:13. O indivíduo

Perspectiva de pesquisa 18.3
Alterações relacionadas à idade no músculo esquelético humano

A palavra sarcopenia, que tem sua origem nas palavras gregas *sarx* (carne) e *penia* (pobreza), define a perda de massa muscular relacionada à idade. Além da perda de massa muscular, ocorrem mudanças significativas na arquitetura muscular e na estrutura e função moleculares em idosos – mudanças que, em última análise, se manifestam como limitações na função muscular. Reduções na produção de força e de resistência musculares são características da sarcopenia, que podem ser atribuídas a diminuições no número de fibras musculares, bem como na área da secção transversal da fibra. Recentemente, as mitocôndrias foram implicadas como possíveis fatores que contribuem para a sarcopenia.2

As mitocôndrias são os principais fornecedores de energia celular, mas também são os principais contribuidores para a geração de espécies reativas de oxigênio (ERO). Ao que parece, a função mitocondrial, em geral, fica prejudicada no envelhecimento, ocorrendo reduções na síntese de proteínas mitocondriais e também nos processos de respiração e na taxa máxima de produção de ATP, em parte como resultado do aumento do desacoplamento do consumo de oxigênio com relação à síntese de ATP. Além disso, estudos recentes sugeriram que a disfunção mitocondrial pode contribuir para a atrofia muscular. Essa ligação com decrementos no desempenho muscular sugere que a alteração na função e na morfologia das mitocôndrias pode promover estresse oxidativo intracelular, fenômeno que pode interferir na função dos miofilamentos por meio da modificação oxidativa de proteínas ou de interrupções no metabolismo das proteínas do miofilamento. Portanto, é bastante provável que a relação entre alterações na biologia mitocondrial e déficits na estrutura e função dos músculos e dos miofilamentos contribua para os comprometimentos ligados ao envelhecimento na função da musculatura esquelética. Curiosamente, parece que essa relação pode ser modulada pelo exercício aeróbio e pela prática habitual da atividade física.

É do conhecimento geral que o exercício é um poderoso estímulo para a biogênese mitocondrial em adultos jovens. Em idosos sedentários, fica evidente um declínio no conteúdo e na função mitocondriais nos níveis de mRNA, proteína, morfologia e função (p. ex., respiração). Nos modelos de envelhecimento em roedores e também em seres humanos, parte dessa perda da função pode ser minimizada pelo treinamento físico; isso sugere que baixos níveis de atividade física provavelmente contribuem para a disfunção mitocondrial. Em idosos, o exercício físico aumenta o conteúdo mitocondrial e proporciona maior capacidade de defesa contra o estresse oxidativo. Também foi demonstrado que o exercício físico habitual melhora a respiração mitocondrial em idosos. Coletivamente, parece que o exercício pode ser empregado como uma estratégia de intervenção eficaz para melhorar a disfunção mitocondrial nos músculos envelhecidos, com a consequente restauração da eficiência de acoplamento e melhora da função e do desempenho musculares em geral.

Em resumo

> Aparentemente, com o treinamento físico, idosos obtêm os mesmos benefícios – manutenção do peso corporal, diminuição dos percentuais de gordura corporal e de massa gorda, e aumento da massa livre de gordura – obtidos por adultos mais jovens ou de meia-idade.

> O envelhecimento parece não prejudicar a capacidade do indivíduo de aumentar sua força muscular ou a hipertrofia de seus músculos. Individualmente, as fibras musculares de pessoas idosas também possuem a capacidade de aumentar de tamanho.

> O treinamento físico de resistência gera ganhos absolutos similares em indivíduos saudáveis, independentemente de sua idade, gênero ou nível inicial de condicionamento físico. Porém, a melhora percentual é maior em indivíduos com níveis basais iniciais mais baixos.

> No caso do treinamento de resistência, um aumento do $\dot{V}O_{2max}$ em indivíduos idosos resulta, na maioria das vezes, de uma melhora nas atividades de suas enzimas oxidativas musculares (adaptação periférica), ao passo que a melhora em indivíduos mais jovens é em grande parte atribuível ao aumento do débito cardíaco máximo (adaptação central).

> As mudanças relacionadas ao processo de envelhecimento ocorrem na estrutura e na função das unidades motoras, o que leva ao comprometimento do desempenho motor.

> A perda da mobilidade com o envelhecimento pode ser compensada por uma variedade de programas de exercício físico, e não requer, necessariamente, o levantamento de grandes pesos.

mais idoso a correr 1 milha em menos de 5 min tinha 65 anos de idade.

Embora corredores idosos tenham batido alguns recordes excepcionais, em geral o desempenho na corrida declina com a idade, e a velocidade desse declínio parece não depender da distância percorrida. Estudos longitudinais envolvendo corredores fundistas de elite indicam que, apesar do alto nível de treinamento, dos 27 aos 47 anos o desempenho em eventos desde 1 milha (1,61 km) até a maratona (42 km) declina em uma base de cerca de 1,0% por ano.[37,38] É curioso observar que recordes mundiais para os 100 m rasos e para os 10 km também declinam em

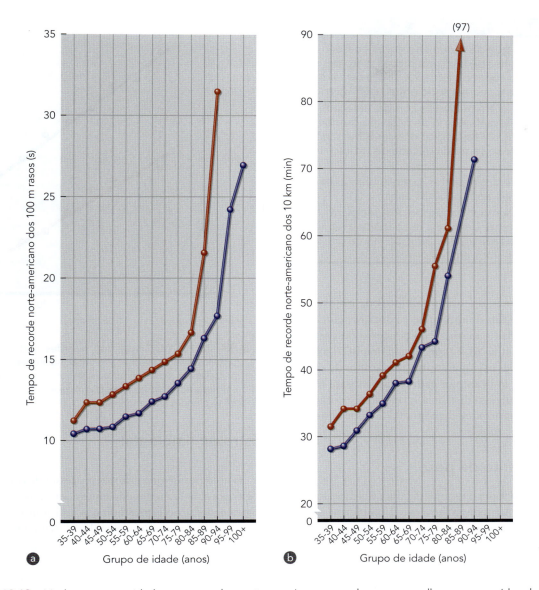

FIGURA 18.12 Mudança, com a idade, nos recordes norte-americanos para homens e mulheres em corridas de (a) 100 m rasos e (b) 10 km.

aproximadamente 1% por ano dos 25 aos 70 anos, mais ou menos, conforme está ilustrado na Figura 18.12. Mas, depois dos 75-80 anos de idade, os recordes para homens declinam mais abruptamente. Um teste de corrida de velocidade envolvendo 560 mulheres com idades entre 30-70 anos revelou um decréscimo contínuo de 8,5% por década (0,85% por ano) na velocidade máxima de corrida.[29] Os padrões de mudança são aproximadamente os mesmos nas corridas, tanto nos desempenhos de velocidade como nos de resistência.

Desempenho na natação

Um estudo retrospectivo de desempenhos de nado livre nos campeonatos de natação *master* nos Estados Unidos entre 1991-1995 revelou que os desempenhos tanto de homens como de mulheres nos 1.500 m declinaram continuamente dos 35 anos até cerca de 70 anos; depois dessa idade, os tempos nas provas de natação desaceleraram em uma velocidade ainda maior.[34] Contudo, foi constatado que, com o envelhecimento, a velocidade e a magnitude dos declínios, tanto nos desempenhos da prova de 50 m como nas de 1.500 m, foram maiores para mulheres que para homens.

Desempenho no ciclismo

Assim como em outros esportes de força e resistência, em geral os desempenhos que chegam a estabelecer recordes no ciclismo ocorrem na faixa dos 25-35 anos.

Em resumo

> À medida que o ser humano envelhece, seus desempenhos de pico, em provas tanto de resistência como de força, declinam cerca de 1-2% por ano, começando entre os 25-35 anos.
> Os recordes em provas de corrida, natação, ciclismo e levantamento de peso indicam que o apogeu físico e fisiológico dos seres humanos ocorre entre a segunda década de vida e o início da terceira.
> Em todos esses esportes, o desempenho em geral declina após os 30-35 anos.
> Muitos desempenhos esportivos declinam continuamente durante a meia-idade e em idades mais avançadas, principalmente por causa dos decréscimos em resistência e força.

Os recordes (masculinos e femininos) de ciclismo para corridas de 40 km diminuem aproximadamente com a mesma velocidade ao longo do processo de envelhecimento, em média 20 s (aproximadamente 0,6%) por ano. Os recordes nacionais norte-americanos de ciclismo para os 20 km indicam um padrão similar para homens e mulheres. Para essa distância, a velocidade diminui em cerca de 12 s (aproximadamente 0,7%) por ano dos 20 até cerca de 65 anos.

Levantamento de peso

Em geral, a força muscular máxima é alcançada entre os 25-35 anos. Além dessa faixa etária (conforme ilustra a Fig. 18.13), os recordes internacionais para o somatório dos três levantamentos de potência declinam em um ritmo contínuo. Obviamente, os desempenhos de força individuais variam consideravelmente, o que também ocorre em outras avaliações do desempenho humano. Para exemplificar, alguns indivíduos exibem maior força aos 60 anos do que jovens com metade dessa idade.

Na maioria dos casos, os desempenhos esportivos declinam em velocidade contínua durante a meia-idade e em idades mais avançadas. Esses decréscimos são resultantes de decréscimos na resistência e força muscular e também cardiovascular, conforme já discutido neste capítulo.

Tópicos especiais

No processo de envelhecimento, deve-se considerar vários tópicos especiais que podem afetar diretamente o indivíduo durante a prática do exercício ou no desempenho das diversas atividades esportivas. Serão examinados brevemente os de estresses ambientais e, em seguida, investigados os tópicos longevidade, lesão e risco de morte como resultado da prática do exercício e do esporte.

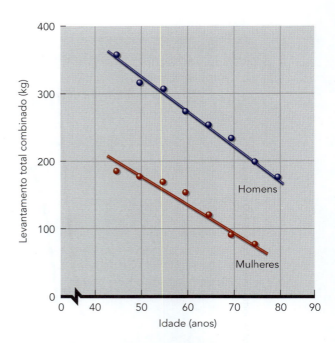

FIGURA 18.13 Mudanças nos recordes norte-americanos de *masters* da International Weightlifting Federation com o avanço da idade, entre halterofilistas homens e mulheres. Os valores informados são os totais combinados do agachamento, do supino plano e do arremesso.

Estresse ambiental

Considerando que diversos processos de controle fisiológico tornam-se menos eficientes com o envelhecimento, logicamente se pode presumir que indivíduos idosos ficam menos tolerantes a estresses ambientais quando comparados a indivíduos jovens. Como já foi visto neste capítulo, é difícil determinar os efeitos isolados do envelhecimento e do condicionamento físico. Na discussão a seguir, as respostas de adultos jovens e idosos ao exercício no calor serão comparadas, e o estresse causado pelo frio e pela exposição à altitude em atletas idosos será comentado.

Exposição ao calor

A exposição ao estresse térmico é problemática para os idosos. Um número muito grande de mortes durante ondas de calor envolve indivíduos com mais de 70 anos. A taxa de produção de calor metabólico está relacionada à intensidade absoluta do exercício, enquanto os mecanismos de perda de calor estão ligados à intensidade relativa do exercício; assim, é importante conciliar indivíduos jovens e idosos para o $\dot{V}O_{2max}$. Quando os indivíduos são compatibilizados para a composição corporal e o $\dot{V}O_{2max}$, não há diferença na temperatura corporal interna durante o exercício no calor. Contudo, quando indivíduos idosos com $\dot{V}O_{2max}$ normal para a idade são comparados a indivíduos jovens, apresentam temperatura corporal interna mais elevada (ver Fig. 18.14).[23]

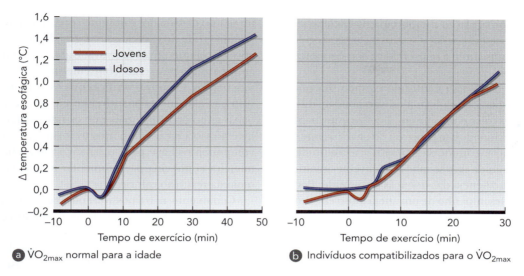

FIGURA 18.14 Mudanças na temperatura corporal central em indivíduos jovens (linha vermelha) e idosos (linha azul) como resposta ao exercício em um ambiente quente. Quando os indivíduos de cada grupo etário exibem níveis de condicionamento normais para sua idade (a), a temperatura corporal central eleva-se mais abruptamente nos indivíduos idosos. Contudo, quando os dois grupos etários são selecionados com o mesmo $\dot{V}O_{2max}$, a diferença na temperatura corporal interna desaparece (b). Isso sugere que o $\dot{V}O_{2max}$ é mais importante que a idade cronológica na determinação dessa resposta.

Adaptado com permissão de W. L. Kenney, "Thermoregulation at rest and during exercise in healthy older adults", *Exercise and Sport Sciences Reviews* 25 (1997): 41-77.

VÍDEO 18.4 Apresenta Lacy Alexander, que fala sobre os efeitos do envelhecimento na regulação da sede e da temperatura.

Esses resultados indicam que o treinamento físico afeta certas respostas termorreguladoras. A densidade das glândulas sudoríparas não parece declinar com a idade, mas a produção dessas glândulas realmente diminui, e estudos indicam que a produção de suor está muito mais intimamente relacionada ao $\dot{V}O_{2max}$ que à idade do indivíduo. Como foi visto no Capítulo 12, é necessário um aumento no fluxo sanguíneo cutâneo para que haja transferência de calor da parte central do corpo para a periferia e ocorra dissipação térmica pela evaporação do suor. Mesmo quando indivíduos jovens e idosos estão compatibilizados para o $\dot{V}O_{2max}$, o fluxo sanguíneo cutâneo é menor nos idosos; contudo, esse fluxo é maior em idosos com alto nível de condicionamento, em comparação com indivíduos idosos com condicionamento normal. Isso indica que a prática regular de treinamento aeróbio pode melhorar a dissipação térmica. Do mesmo modo, a prática de exercício físico no calor exige um volume significativo de fluxo sanguíneo para a pele e para os músculos que estão sendo exercitados, o que é obtido mediante o aumento do débito cardíaco e a redução do fluxo sanguíneo para as regiões renal e esplâncnica. A redistribuição do fluxo sanguíneo é menos eficiente em indivíduos idosos; mas, assim como no fluxo sanguíneo cutâneo, a melhora no condicionamento aeróbio pode tornar essa resposta mais adequada. Um estudo demonstrou que quatro semanas de treinamento de resistência em idosos, que resultaram em melhora do $\dot{V}O_{2max}$ em ~25%, melhoraram também a redistribuição regional, de modo que o fluxo renal e esplâncnico diminuiu ~200 mL a mais em comparação com o período anterior ao treinamento, o que reduziu a tensão cardiovascular.

Resumindo, embora o envelhecimento diminua a capacidade de adaptação ao exercício no ambiente quente, esse déficit se deve em grande parte a uma capacidade aeróbia reduzida. O aumento da capacidade aeróbia pode aumentar o fluxo sanguíneo cutâneo, aumentar a taxa de suor com o aumento da produção das glândulas sudoríparas e melhorar a redistribuição do sangue para a pele e para os músculos que estão sendo exercitados.

Exposição ao frio e à altitude

Contrastando com a exposição ao calor, o exercício no frio em geral representa menor risco para a saúde. Em razão do condicionamento aeróbio em declínio e da perda de massa muscular, indivíduos idosos realmente têm sua capacidade de gerar calor metabólico reduzida. Do mesmo modo, com o processo de envelhecimento, a capacidade de vasoconstrição cutânea fica comprometida, o que pode aumentar a perda de calor. Como consequência dessas mudanças, os idosos não conseguem manter a temperatura corporal interna adequadamente em situações de estresse no frio. Esse é o caso até mesmo quando pessoas idosas são expostas ao que consideramos estresse pelo frio leve.[7] Contudo, esses indivíduos podem facilmente compensar tais decréscimos com o uso de roupas apropriadas para as condições ambientais e o nível de atividade. Ao realizar a chamada termorregulação comportamental, atletas idosos podem contrabalançar os decréscimos na termorregulação fisiológica, continuando a se exercitar com segurança em ambientes frios.

Durante a exposição à altitude elevada, há poucos motivos para esperar que atletas idosos respondam diferentemente de seus colegas mais jovens. Infelizmente, não existem dados relacionados ao processo de envelhecimento e à velocidade e à magnitude da aclimatização à altitude. Do mesmo modo, ainda não se sabe se o envelhecimento *per se* aumenta a incidência das doenças da altitude. Pode-se esperar que o desempenho de um atleta idoso em altitude seja similar ao de um atleta mais jovem com condicionamento físico comparável.

Longevidade

A atividade física regular contribui de maneira importante para a boa saúde. O treinamento ao longo da vida adulta afeta a longevidade? Considerando que a velocidade de envelhecimento em ratos é maior que em seres humanos, esses animais têm sido utilizados como cobaias nos estudos conduzidos para determinar a influência do exercício (treinamento) crônico na **longevidade** (duração da vida do indivíduo). Um estudo realizado por Goodrick[11] demonstrou que ratos que se exercitavam livremente viviam cerca de 15% mais do que ratos sedentários. Porém um estudo da Universidade de Washington, em St. Louis, não revelou nenhum aumento significativo no tempo de vida dos ratos que corriam voluntariamente em uma roda de exercícios.[17] A grande maioria dos ratos ativos viveu até uma idade avançada, mas, em média, os animais ainda morreram com a mesma idade que os ratos sedentários. É curioso verificar que os ratos que sofreram restrição alimentar e mantiveram um peso corporal mais baixo viveram 10% a mais que os ratos sedentários com livre acesso à ração. Embora o treinamento físico seja um componente-chave para o balanço energético, a única maneira conhecida para aumentar a longevidade é por meio da restrição calórica.

Certamente, não é possível aplicar esses achados diretamente aos seres humanos, mas tais resultados dão origem a algumas perguntas interessantes, que podem ser relevantes para a saúde e a longevidade humanas. Embora seja fato que um programa de exercícios de resistência possa reduzir alguns dos fatores de risco associados à doença cardiovascular, as informações que corroboram a hipótese de que o ser humano viverá mais tempo caso se exercite com regularidade é limitada. Dados coletados de alunos da Universidade de Harvard e da Universidade de Pensilvânia, bem como de participantes do Aerobic Center em Dallas, sugerem que ocorre um decréscimo na taxa de mortalidade e um pequeno aumento na longevidade (cerca de dois anos) entre indivíduos que permanecem fisicamente ativos ao longo da vida. Assim, no mínimo a atividade física praticada com regularidade pode aumentar o **período de saúde**, ou seja, o número de anos em que o indivíduo viverá de maneira independente e sem incapacitação.

Em resumo

> O comprometimento da capacidade dos indivíduos idosos de tolerar o exercício físico no calor deve-se mais à redução do $\dot{V}O_{2max}$ e ao comprometimento das adaptações cardiovasculares que a um efeito direto do envelhecimento no controle termorregulatório ou na produção de suor.

> O treinamento que envolve a prática regular de exercícios pode aumentar o fluxo sanguíneo cutâneo e a produção de suor, além de melhorar a redistribuição do débito cardíaco em homens e mulheres idosos ou jovens.

> Em geral, os idosos apresentam capacidade reduzida para tolerar o frio, mas isso pode ser compensado pelo uso de roupas apropriadas.

> Ao que parece, a adaptação à altitude independe da idade.

> Um estilo de vida ativo parece estar associado a um aumento pequeno na longevidade. Contudo, tão importante quanto essa possibilidade é o fato de que um estilo de vida ativo faz com que o indivíduo tenha uma melhor qualidade de vida!

> Em indivíduos idosos, o risco de lesões decorrente da prática de exercícios aumenta, e a cura dessas lesões tende a ser mais lenta.

> O risco de morte durante a prática de exercícios não aumenta nos indivíduos regularmente ativos, mas aumenta naqueles que raramente se exercitam.

EM SÍNTESE

Neste capítulo, foram examinados os efeitos do envelhecimento no desempenho físico. Avaliaram-se as mudanças na resistência cardiorrespiratória e na força diante do processo de envelhecimento, e considerou-se o efeito do envelhecimento na composição corporal, que, como se sabe, pode afetar o desempenho. Ainda assim, no curso da discussão, ficou claro que grande parte das mudanças advindas do envelhecimento é atribuível basicamente à inatividade que frequentemente acompanha o avanço da idade. Quando indivíduos idosos participam de atividades de treinamento, muitas mudanças associadas ao envelhecimento são minimizadas, e o grau de modificação resultante é semelhante ao observado em adultos jovens e de meia-idade. Portanto, acredita-se que tenham sido eliminados muitos dos mitos sobre a capacidade dos idosos para praticar atividades físicas.

No capítulo seguinte, a atenção se voltará para as mulheres, gênero frequentemente considerado menos capaz de praticar atividades físicas do que os homens. Além disso, serão estudados a fisiologia de meninas e mulheres, o impacto dessa fisiologia na capacidade atlética e de que modo o desempenho de atletas do gênero feminino pode ser comparado ao desempenho de atletas do gênero masculino, assim como tópicos especiais associados ao gênero feminino.

PALAVRAS-CHAVE

- descondicionamento cardiovascular
- disfunção endotelial
- envelhecimento primário
- fluxo sanguíneo periférico
- longevidade
- osteopenia
- osteoporose
- ventilação expiratória máxima ($\dot{V}O_{2max}$)
- volume expiratório forçado em 1 s ($VEF_{1,0}$)

QUESTÕES PARA ESTUDO

1. Que mudanças ocorrem quanto a altura, peso e composição corporal com o decorrer do envelhecimento? O que causa essas mudanças? De que modo elas afetam o consumo máximo de oxigênio?
2. Que mudanças ocorrem nos músculos com o envelhecimento? De que modo elas afetam a força e o desempenho esportivo?
3. Descreva as mudanças na FC_{max} decorrentes do envelhecimento. Como o treinamento altera essa relação?
4. De que modo o envelhecimento afeta o volume sistólico máximo e o débito cardíaco máximo? Que mecanismos podem explicar essas mudanças?
5. De que modo o sistema respiratório muda com o envelhecimento? O que ocorre com a capacidade vital, o $VEF_{1,0}$, o volume residual, a capacidade pulmonar total e o índice VR/CPT?
6. Com o envelhecimento há um declínio do $\dot{V}O_{2max}$ em toda a população. Descreva os mecanismos fisiológicos que explicam esse declínio. De que modo indivíduos idosos treinados mantêm um $\dot{V}O_{2max}$ relativamente elevado?
7. De que modo a idade e o hábito de exercitar-se afetam a função dos vasos sanguíneos?
8. De que modo a idade afeta a função anaeróbia?
9. Diferencie envelhecimento biológico e inatividade física.
10. Qual é a influência do envelhecimento e do treinamento na composição corporal?
11. Descreva a treinabilidade do indivíduo idoso tanto para a força como para a resistência aeróbia.
12. O que pode ser feito para que as perdas na função motora e na mobilidade relacionadas ao envelhecimento possam ser minimizadas?
13. Descreva as mudanças nos recordes de desempenho de força e de resistência decorrentes do envelhecimento.
14. Que preocupações deve-se ter acerca de indivíduos idosos que se exercitam em ambientes muito quentes ou muito frios, ou em locais de altitude elevada?
15. Qual é a diferença entre período de vida e período de saúde?

19 Diferenças entre gêneros no esporte e no exercício

Sexo *versus* gênero na fisiologia do exercício   526

Porte físico e composição corporal   527

Respostas fisiológicas ao treinamento físico agudo   529

Força   529
Função cardiovascular e respiratória   530
Consumo máximo de oxigênio   531

Adaptações fisiológicas ao treinamento físico   533

Composição corporal   533
Força   534
Função cardiovascular e respiratória   534
Consumo máximo de oxigênio   534

Desempenho esportivo   535

Tópicos especiais   535

Menstruação e disfunção menstrual   536
Gravidez   540
Saúde óssea ao longo da vida   543
Distúrbios alimentares   544
Tríade da mulher atleta   546
Exercício e menopausa   546

Em síntese   548

VÍDEO 19.1 Apresenta Jim Pivarnik, falando sobre os benefícios do exercício durante a gestação.

VÍDEO 19.2 Apresenta Nancy Williams, falando sobre exercício e saúde reprodutiva e sobre as causas da tríade da mulher atleta.

Amber Miller realizou dois feitos incríveis durante o mesmo fim de semana de outubro de 2011. A maratonista de 27 anos completou a Maratona de Chicago com quase 39 semanas de gravidez – e horas depois deu à luz uma menina! Graças ao seu treinamento e histórico de corridas, Amber teve autorização médica para participar do evento, desde que fizesse uma abordagem de metade corrida, metade caminhada e, além disso, bebesse bastante líquido e se alimentasse ao longo do percurso. Ela terminou em pouco menos de 6,5 h. Amber pretendia fazer uma parada no meio do percurso, mas, assim que ela e o marido começaram a correr, continuaram em frente. Depois da corrida, ela pegou algum alimento e seguiu diretamente para o hospital.

Em 2014 e 2015, a atleta olímpica Alysia Montaño participou de uma corrida de 800 m, e a corredora Amy Keil competiu na Maratona de Boston – e ambas estavam quase no oitavo mês de gestação. Embora esses feitos possam parecer excepcionais e não devam ser tentados pela maioria das mulheres grávidas, os médicos geralmente concordam que, se uma mulher estiver saudável e correndo regularmente antes de engravidar, correr durante a gravidez é boa prática. A recordista mundial de maratona Paula Radcliffe correu 22,5 km por dia durante a gravidez e voltou a treinar algumas semanas após o nascimento de seu primeiro filho. Paula ganhou a Maratona de Nova York em 2007, apenas 10 meses após o parto.

Atualmente, é difícil entender por que, antes de 1972, as meninas e mulheres não tinham permissão para participar da maioria das maratonas tradicionais, inclusive a Maratona de Boston.

No passado, era comum meninas serem desencorajadas de participar de atividades físicas vigorosas, enquanto garotos subiam em árvores, corriam uns atrás dos outros e praticavam diversos esportes. A noção subjacente era a de que meninos fossem aptos a serem indivíduos ativos e atléticos, e de que as meninas eram mais frágeis e menos adequadas para a prática de atividades físicas e competitivas. As aulas de educação física enfatizavam essa ideia ao fazerem com que as meninas se exercitassem com atividades físicas menos exigentes. Na prática dos esportes, não era permitido que meninas e mulheres participassem de corridas de longa distância, e o basquetebol se limitava à meia-quadra, em que cada equipe tinha apenas jogadoras atacantes ou defensoras.

Nos EUA, com o advento da legislação que protegia as pessoas de discriminação com base no gênero (Título IX), os programas e as atividades esportivas devem ser igualmente acessíveis a meninas e mulheres, e os resultados têm sido impressionantes. O desempenho das mulheres nas práticas esportivas equipara-se ao dos homens. As diferenças ficam na casa dos 15%-17%, ou ainda menos, para a maioria dos esportes e eventos. Isso está ilustrado na Tabela 19.1, em que recordes mundiais para homens e mulheres são comparados para eventos importantes, tanto no atletismo como na natação. Essas diferenças de desempenho representam reais diferenças biológicas ou existem outros fatores que devem ser considerados? Este capítulo dará ênfase à dimensão em que as diferenças biológicas entre mulheres e homens afetam a capacidade de desempenho.

Sexo *versus* gênero na fisiologia do exercício

Ao examinar as diferenças fisiológicas entre homens e mulheres, a literatura refere-se a essas comparações como *diferenças de sexo ou diferenças de gênero* e, frequentemente,

TABELA 19.1 Recordes mundiais selecionados de homens e mulheres até 2018*

Evento	Homens	Mulheres	Diferença
Atletismo			
100 m	9,58"	10,49"	9%
1.500 m	3'26"	3'50"07"'	11%
10.000 m	26'17"53"'	29'17"45"'	11%
Salto em altura	2,45 m	2,09 m	16%
Salto em distância	8,95 m	7,52 m	17%
Natação (estilo livre)			
100 m	46,91"	51,71"	10%
400 m	3'40"07"'	3'56"46"'	3%
1.500 m	14'31'02"'	15'20"48"'	5,5%

*Recordes vigentes em junho de 2018, conforme iaaf.org e fina.org.

essas denominações são utilizadas de forma intercambiável. A dupla terminologia pode causar confusão no que diz respeito a pesquisas bibliográficas, informação de dados e interpretação de resultados, levando os pesquisadores a considerar se há uma distinção entre os dois termos e quando cada um deve ser usado.

Com relação à pesquisa sobre fisiologia masculina e feminina, sexo e gênero não são sinônimos. Em vez disso, "o sexo é biologicamente determinado e o gênero é culturalmente determinado".[25] Em outras palavras, o termo "sexo" refere-se aos traços fisiológicos, genéticos e biológicos que definem um ser humano como homem ou mulher. O gênero, por outro lado, descreve as influências sociais, culturais e psicológicas que constroem a autorrepresentação de um indivíduo como homem ou mulher. Como exemplo, é possível que alguém tenha características estruturais e funcionais de homem, mas se identifique e viva como mulher, sendo possível que esse indivíduo tenha sofrido transformação cirúrgica para se associar ao gênero feminino. Consequentemente, a maioria das comparações fisiológicas básicas até agora entre homens e mulheres estabeleceu diferenças entre sexos, a menos que a investigação tenha sido especificamente direcionada para resultados fisiológicos associados a uma ou mais influências culturais, sociais, comportamentais ou psicológicas de diferentes estados de gênero. Embora isso pareça ser um conceito teórico, na vida real observam-se suas aplicações na pesquisa e no esporte competitivo.

Por exemplo, em 2011, a International Association of Athletics Federations (IAAF) elaborou uma nova política em resposta ao caso de Caster Semenya, uma corredora sul-africana que venceu a corrida de 800 m no Campeonato Mundial de Berlim em 2009. Caster foi criticada por sua conformação masculina e forçada a passar por testes sexuais que revelaram níveis anormalmente altos de testosterona (uma condição conhecida como hiperandrogenismo). A política da IAAF sobre hiperandrogenismo, portanto, afirma que as mulheres sob suspeita de serem "excessivamente masculinas" devem ser submetidas a testes e tratamento, para que permaneçam elegíveis para a competição. Essa política tem sido criticada em muitos pontos, entre eles o de que a aplicação dessa política se tornou confusa e complicada em virtude da inexistência de uma diferenciação entre sexo e gênero, além da dificuldade de uma fácil distinção entre esses dois conceitos em prol da elegibilidade para as competições.[16]

Por que existe relutância em usar o termo *diferenças sexuais* na fisiologia moderna? Talvez porque o termo *gênero* evite a insinuação associada à palavra *sexo* e, portanto, pareça menos sugestivo e mais polido ou politicamente correto. Além disso, mesmo o próprio conceito de sexo não é tão dicotômico quanto se poderia desejar, já que os determinantes genéticos do sexo e da estrutura e função biológicas podem ser discrepantes, a ponto de gerar um espectro de características masculinas ou femininas conhecidas como características intersexuais no mesmo indivíduo. Mas, de qualquer forma, a referência a comparações dos atributos biológicos e fisiológicos masculinos e femininos básicos como diferenças sexuais estabelece na literatura uma base para melhor classificação e interpretação dos estudos de pesquisa.

Porte físico e composição corporal

Porte físico e composição corporal são parecidos em meninos e meninas no início da infância. No final dessa fase, conforme abordado no Capítulo 17, as meninas começam a acumular mais gordura do que os meninos, que por sua vez, demonstram aumento em sua massa livre de gordura (MLG) no início da adolescência e em velocidade muito mais acelerada do que as meninas (ver Fig. 17.3).

Essas diferenças de composição corporal entre sexos ocorrem principalmente por causa das mudanças endócrinas que se iniciam durante a puberdade. Antes da puberdade, a hipófise anterior secreta quantidades muito pequenas dos hormônios gonadotrópicos: hormônio folículo-estimulante (FSH) e hormônio luteinizante (LH). No entanto, durante a puberdade, a hipófise anterior começa a secretar esses dois hormônios em quantidades significativamente maiores. Nas meninas, quando são secretadas quantidades suficientes de FSH e LH, ocorre o desenvolvimento dos ovários e tem início a secreção de estrogênio. Nos meninos, esses mesmos hormônios dão início ao desenvolvimento dos testículos, que, por sua vez, iniciam a secreção de testosterona.

A Figura 19.1 ilustra essas mudanças nos níveis de estrogênio (estradiol – a forma mais potente de estrogênio) e testosterona desde o início da puberdade (S1) até o final desse período (S5). A **testosterona** aumenta a formação dos ossos, o que resulta em ossos maiores, e acelera a síntese proteica, fazendo com que a massa muscular aumente. Como resultado, rapazes adolescentes ficam maiores e mais musculosos do que moças adolescentes, e essas características terão continuidade ao longo de toda a vida adulta. Ao ser atingida a maturidade completa, os homens não somente possuem maior massa muscular, mas também apresentam uma distribuição diferente dessa massa em comparação às mulheres. Nos homens, o percentual de massa muscular é maior na parte superior do corpo – aproximadamente 3% – em comparação com as mulheres. A testosterona também estimula a produção de eritropoetina nos rins, o que implicará aumento da produção de eritrócitos, como será discutido mais adiante, neste capítulo.

O **estrogênio** também exerce influência significativa no crescimento do corpo ao alargar a pelve, estimular o desenvolvimento das mamas e aumentar a deposição

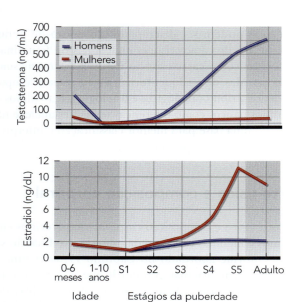

FIGURA 19.1 Mudanças nas concentrações sanguíneas de testosterona e estrogênio (estradiol) desde o nascimento até a vida adulta. Os símbolos S1 até S5 representam estágios da puberdade, com base nas características sexuais secundárias; S1 representa os estágios iniciais da puberdade; e S5, os estágios finais.

Reproduzido com permissão de R.M. Malina, C. Bouchard e O. Bar-Or, *Growth, maturation, and physical activity*, 2.ed. (Champaign, IL, Human Kinetics, 2004), 414.

Dados de Esoterix, Inc. *Endocrinology: Expected Values and S.I Unit Conversion Tables*, 5.ed. (Calabasas Hills, CA: Esoteric, Inc., 2000).

de gordura, particularmente nas coxas e nos quadris. O aumento na deposição de gordura nesses locais é resultado de maior atividade da **lipoproteína lipase** nessas áreas. Essa enzima é considerada o "porteiro" para armazenamento de gordura no tecido adiposo. A lipoproteína lipase é produzida nas células de gordura (adipócitos), mas fica ligada às paredes dos capilares, lugar em que exerce sua influência nos quilomícrons, que são os principais transportadores de triglicerídeos no sangue. Quando a atividade da lipoproteína lipase em qualquer área do corpo está elevada, os quilomícrons são capturados e seus triglicerídeos são hidrolisados e transportados para o interior dos adipócitos existentes na área, para armazenamento.

Muitas mulheres vivem em luta constante contra a deposição de gordura nas coxas e nos quadris, mas geralmente estão combatendo por uma causa perdida. A atividade da lipoproteína lipase é muito alta, e a atividade lipolítica (de degradação das gorduras) é baixa nos quadris e nas coxas das mulheres, em comparação com outras áreas de reserva de gordura para o gênero, e também em comparação com o que ocorre nos quadris e nas coxas dos homens. Isso resulta em rápida deposição de gordura nos quadris e nas coxas, e a reduzida atividade lipolítica dificulta a perda de gordura pelas mulheres nessas áreas. Durante o último trimestre de gravidez e ao longo da lactação, a atividade da lipoproteína lipase diminui ao passo que a atividade lipolítica aumenta drasticamente, e isso sugere que a gordura é armazenada nos quadris e nas coxas com finalidades reprodutivas.

O estrogênio também aumenta a velocidade de crescimento dos ossos, permitindo que seu comprimento final seja atingido dentro de dois a quatro anos após o início da puberdade. Como resultado, as mulheres crescem muito rapidamente nos primeiros anos após a puberdade e, em seguida, deixam de crescer. Os homens têm uma fase de crescimento muito mais prolongada, o que lhes permite alcançar maior altura. Por causa dessas diferenças, em comparação com homens completamente maduros, mulheres completamente maduras são, em média:

- 13 cm mais baixas;
- 14-18 kg mais leves em seu peso total;
- 3-6 kg mais pesadas em massa de gordura; e
- 6-10% mais pesadas em relação à gordura corporal relativa.

Em resumo

> O termo "sexo" refere-se a características fisiológicas, genéticas e biológicas. Gênero, por outro lado, é o conjunto de influências sociais, culturais e psicológicas que constroem a autorrepresentação do indivíduo, como homem ou mulher.

> Até a puberdade, meninas e meninos não diferem muito na maioria das mensurações relativas ao porte e à composição corporal.

> Na puberdade, por causa das influências do estrogênio e da testosterona, a composição corporal começa a mudar de maneira significativa.

> A testosterona aumenta a formação dos ossos e a síntese proteica, o que resulta em maior MLG. Esse hormônio também estimula a produção de eritropoetina, que aumenta a produção de eritrócitos.

> O estrogênio provoca aumento da deposição de gordura nas mulheres, particularmente nos quadris e nas coxas, e aumento na velocidade de crescimento dos ossos, de tal modo que os ossos nas mulheres alcançam seu comprimento final mais cedo do que em homens.

Respostas fisiológicas ao treinamento físico agudo

Quando mulheres e homens praticam uma sessão de exercícios de forma aguda – seja uma corrida em máximo esforço até a exaustão na esteira ergométrica, seja uma tentativa isolada de levantar o máximo peso possível –, as respostas diferem entre os sexos. As diferenças entre meninos e meninas (crianças e adolescentes) foram discutidas no Capítulo 17. Este capítulo discute essas diferenças em adultos com relação à capacidade de força e as respostas cardiovasculares, respiratórias e metabólicas ao exercício.

Força

Em termos de força absoluta, as mulheres são aproximadamente 40-60% mais fracas do que os homens em termos de força na parte superior do corpo, mas apenas 25-30% na força da parte inferior do corpo. Porém, em razão da considerável diferença de tamanho corporal entre homens e mulheres normais, é mais adequado expressar a força em relação ao peso corporal (força absoluta ÷ peso corporal) ou em relação à MLG, como reflexo da massa muscular (força absoluta ÷ MLG). Quando a força da parte inferior do corpo é expressa em relação ao peso corporal, as mulheres são ainda 5-15% mais fracas do que os homens, mas, quando é expressa em relação à MLG, essa diferença desaparece. Isso sugere que as qualidades inatas do músculo e de seus mecanismos de controle neuromuscular são similares em homens e mulheres – fato que foi confirmado por imagens de tomografia computadorizada (TC) dos braços e das coxas, isto é, músculos extensores do joelho (ver Fig. 19.2a) e músculos flexores do cotovelo (ver Fig. 19.2b).

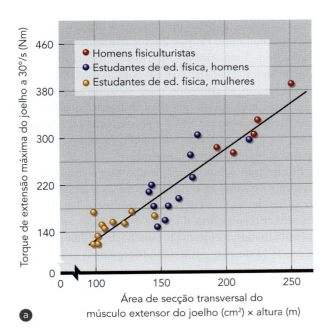
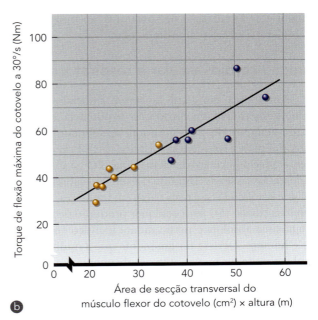

FIGURA 19.2 Não são observadas diferenças entre sexos em termos de força [(a) torque de extensão máxima do joelho ou (b) torque de flexão máxima do cotovelo] quando a força é expressa por unidade de área de secção transversal do músculo.

Reproduzido com permissão de P. Schantz et al., "Muscle fibre type distribution, muscle cross-sectional area and maximal voluntary strength in humans", Acta Physiologica Scandinavica 117 (1983): 219-226.

Biópsias musculares se tornaram mais comuns entre atletas do gênero feminino, o que permite comparações de tipos de fibras com homens atletas praticantes do mesmo esporte ou prova. Com base nos dados obtidos, sabe-se que homens e mulheres possuem distribuições similares para os tipos de fibras, embora haja algumas evidências de que os homens podem alcançar extremos maiores (mais de 80% de fibras tipo I ou mais de 80% de fibras tipo II). Entre corredores fundistas de elite,[7,12] as mulheres tiveram valor médio de 69% para fibras tipo I, em comparação com os 79% dos homens. As mulheres tiveram áreas de fibra muito menores, tanto para fibras tipo I como tipo II (valores médios inferiores a 4.500 µm^2 em mulheres e superiores a 8.000 µm^2 em homens). Apesar do menor diâmetro de fibra em mulheres, a capilarização parece ser semelhante entre homens e mulheres.

Os estudos indicam que as mulheres têm maior resistência à fadiga em comparação com os homens. Normalmente a fadiga é testada fazendo que os voluntários mantenham uma produção de força constante em determinado percentual de sua ação estática voluntária máxima pelo tempo que for possível. Por exemplo, as mulheres possuem a capacidade de manter uma produção de força constante a 50% de sua ação estática máxima por um período de tempo maior do que os homens com a mesma produção a 50%. Os homens, por serem mais fortes, terão de aplicar uma quantidade maior absoluta de força para que sejam obtidos os mesmos 50% de força relativa. A razão para essa maior resistência à fadiga ainda não foi descoberta, mas pode estar ligada à quantidade de massa muscular recrutada e à compressão dos vasos sanguíneos, à utilização de substratos, ao tipo de fibra muscular e à ativação neuromuscular.

Função cardiovascular e respiratória

As mulheres, em geral, ao serem colocadas em um cicloergômetro em uma produção de potência fixa, independentemente do peso corporal, apresentam resposta mais alta para a frequência cardíaca (FC). Porém, geralmente a frequência cardíaca máxima (FC$_{max}$) é a mesma para ambos os sexos. Durante o exercício submáximo, o volume sistólico (VS) é mais baixo em mulheres, porém o débito cardíaco ($\dot{Q}$) para qualquer produção de potência submáxima absoluta é praticamente idêntico em mulheres e homens. Deve-se ter em mente que a mulher *média* também pode ser menos ativa aerobiamente e, portanto, menos condicionada do ponto de vista aeróbio. No entanto, mesmo em homens e mulheres compatibilizados para o condicionamento físico, o VS mais baixo pode ser atribuído aos seguintes fatores:

- As mulheres possuem coração menor e, portanto, ventrículo esquerdo menor, por causa de seu menor porte físico e, possivelmente, pelas concentrações mais baixas de testosterona.
- As mulheres têm volume sanguíneo menor, o que também está ligado ao seu porte físico e à MLG mais baixa.

Quando a produção de potência é controlada de modo a proporcionar o mesmo nível *relativo* de intensidade de exercício (%$\dot{V}O_{2max}$), as frequências cardíacas das mulheres ainda ficam ligeiramente elevadas em comparação com o que ocorre nos homens, e seus volumes sistólicos permanecem mais baixos de maneira significativa. Em 60% de $\dot{V}O_{2max}$, por exemplo, o débito cardíaco, o volume sistólico e o consumo de oxigênio de uma mulher costumam ser inferiores a essas variáveis no homem, e sua frequência cardíaca é ligeiramente mais alta. Essas relações entre FC, VS e $\dot{Q}$ para a mesma produção de potência absoluta (50 W) e para a mesma produção de potência relativa (60% de $\dot{V}O_{2max}$) estão ilustradas na Figura 19.3. Esses dados foram derivados do *Heritage Family Study*.[27]

Ainda que diversos estudos mais antigos tenham informado que $\dot{Q}$ é mais elevado em mulheres em um quadro de produções de potência submáxima idênticas, possivelmente como compensação por suas concentrações mais baixas de hemoglobina, estudos mais recentes demonstraram de forma consistente que não existem diferenças entre sexos.[27] Ao que tudo indica, as mulheres podem compensar seus níveis mais baixos de hemoglobina com uma elevação abrupta em sua diferença arteriovenosa mista de oxigênio, ou diferença (a-v̄)O$_2$, para determinada produção de potência. As mulheres também possuem potencial menor para o aumento de sua diferença (a-v̄)O$_2$ com o treinamento. Provavelmente isso se deve ao menor conteúdo de hemoglobina, que resulta em conteúdo de oxigênio arterial mais baixo e em potencial oxidativo muscular reduzido. O conteúdo mais baixo de hemoglobina é um fator importante que contribui para as **diferenças específicas de sexo** em $\dot{V}O_{2max}$, porque uma menor quantidade de oxigênio é liberada para o músculo ativo, por um determinado volume sanguíneo.

Em grande parte, as diferenças entre respostas respiratórias de homens e mulheres ao treinamento físico são atribuídas às diferenças no porte físico (Fig. 19.4). A frequência respiratória durante o exercício, quando se está trabalhando na mesma produção de potência relativa (p. ex., 60% de $\dot{V}O_{2max}$), pouco difere entre os sexos. No entanto, quando consideramos a mesma produção de potência absoluta, as mulheres tendem a respirar com mais rapidez do que os homens, provavelmente porque, quando homens e mulheres estão trabalhando na mesma produção de potência absoluta, as mulheres trabalham em percentual mais elevado de seu $\dot{V}O_{2max}$. Em geral, os volumes corrente e ventilatório são menores em mulheres em uma mesma produção de potência relativa e absoluta, até que sejam

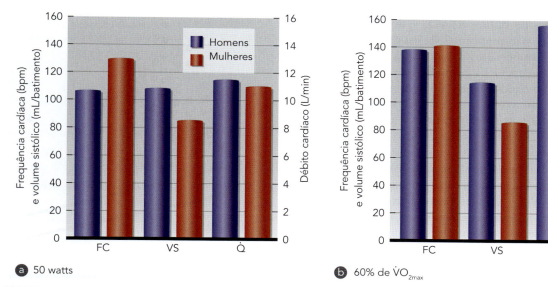

FIGURA 19.3 Comparação de frequência cardíaca (FC) submáxima, volume sistólico (VS) e débito cardíaco (Q̇) entre homens e mulheres (a) na mesma produção de potência absoluta (50 W) e (b) na mesma produção de potência relativa (60% de V̇O$_{2max}$). Dados de Wilmore et al., 2001.

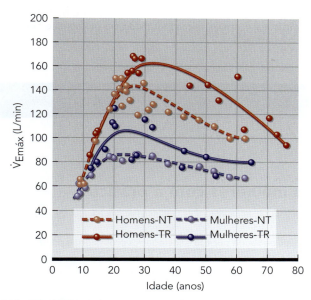

FIGURA 19.4 Diferenças nos volumes ventilatórios máximos, de acordo com a idade, em mulheres e homens não treinados (NT) e treinados (TR).

alcançados os níveis máximos. Também nesse caso, essas diferenças estão relacionadas ao seu porte físico menor.

Consumo máximo de oxigênio

O V̇O$_{2max}$ é considerado pela maioria dos cientistas especializados o melhor indicador, isoladamente, da capacidade de resistência cardiorrespiratória do indivíduo. Depois da puberdade, o V̇O$_{2max}$ da mulher, em média, alcança apenas 70 a 75% do V̇O$_{2max}$ do homem, mas as diferenças de V̇O$_{2max}$ entre mulheres e homens devem ser interpretadas com cautela. Um estudo clássico publicado em 1965, que envolveu atletas de elite e não atletas, demonstrou que, embora o V̇O$_{2max}$ fosse mais baixo nas mulheres, há considerável variabilidade em V̇O$_{2max}$ no âmbito de cada gênero e considerável superposição de valores entre gêneros.[13] Por exemplo, quando os pesquisadores compararam as respostas fisiológicas dos participantes em níveis submáximos e máximos de exercício, foi demonstrada uma superposição de 76% das mulheres destreinadas sobre 47% dos homens destreinados, e de 22% das mulheres atletas sobre 7% dos homens atletas. As relações estão ilustradas na Figura 19.5.

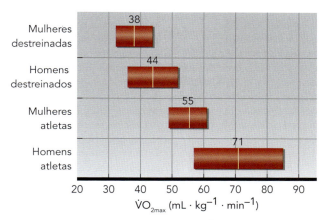

FIGURA 19.5 Variação de valores de V̇O$_{2max}$ (média ± 2 DP) para mulheres e homens destreinados e mulheres e homens que são atletas de elite. O valor médio para o V̇O$_{2max}$ está inscrito em cada retângulo. Esta figura demonstra que, embora possam existir diferenças substanciais no V̇O$_{2max}$ médio entre grupos, pode ocorrer superposição considerável de um grupo ao outro.

Dados de Hermansen e Andersen (1965).

As comparações de valores de $\dot{V}O_{2max}$ de mulheres e homens normais, não praticantes de esporte, após a puberdade, ficam complicadas em função das diferenças no nível de condicionamento (i. e., homens não atletas são geralmente mais treinados do que mulheres não atletas nessa faixa etária), assim como possíveis diferenças específicas de gênero. Saltin e Åstrand[21] procuraram minimizar o efeito da diferença na atividade física entre sexos, mediante a comparação dos valores de $\dot{V}O_{2max}$ de atletas altamente treinados de ambos os sexos que faziam parte de equipes nacionais da Suécia. Em provas comparáveis, as mulheres tiveram valores de $\dot{V}O_{2max}$ 15 a 30% mais baixos. Porém, dados mais recentes sugerem que a diferença seja menor, entre 8-12% entre sexos, como mostra a Figura 19.6, em que os valores de $\dot{V}O_{2max}$ para um grupo de corredoras fundistas de elite são comparados com os valores de homens corredores fundistas de elite e com os valores para mulheres e homens médios, não praticantes de esportes.

As diferenças entre gêneros podem desaparecer quando o $\dot{V}O_{2max}$ é expresso em relação à MLG ou à massa muscular ativa. Como exemplo, a manipulação do peso corporal em homens treinados (mediante a adição de pesos externos ao tronco), para fazer com que haja correspondência com o

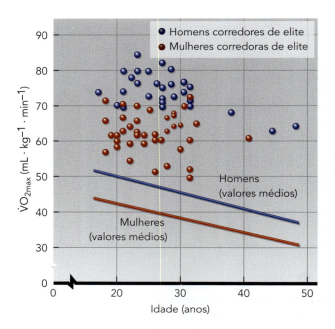

FIGURA 19.6 Valores de $\dot{V}O_{2max}$, compilados da literatura, para corredores fundistas de elite (mulheres e homens), em comparação com os valores médios para mulheres e homens destreinados.

PERSPECTIVA DE PESQUISA 19.1

Os homens perdem mais peso do que as mulheres com a prática regular do exercício físico?

A prática do exercício físico é recomendada por inúmeras organizações de saúde pública e sociedades profissionais como o principal método para controle e perda de peso, com o objetivo geral de melhorar a saúde. O exercício físico melhora os resultados para a saúde, independentemente da perda de peso, e ainda se discute a eficácia de uma intervenção com exercício físico para produzir perda de peso, mas sem um plano de dieta concomitante (tópico discutido na Perspectiva de Pesquisa 15.1); entretanto, predomina a suposição de que as mulheres não perdem tanto peso como os homens em resposta ao exercício. Estudos que examinaram as diferenças entre sexos na perda de peso geralmente explicam a menor perda de peso em mulheres, teorizando sobre uma proteção mais forte da gordura corporal, o que resultaria em maior ingestão de energia. No entanto, questões metodológicas comuns, como a observância do regime de exercícios, carência de dados reais sobre o gasto energético, diferenças na duração e intensidade dos programas de exercícios e variabilidade nas características individuais dificultam a interpretação e a comparação desses estudos.

Em 2014, uma equipe de pesquisadores da Universidade de Leeds, na Grã-Bretanha, e do Karolinska Research Institute, na Suécia, realizaram uma revisão sistemática de estudos que examinaram as diferenças de perda de peso entre homens e mulheres.[6] Essa revisão incluiu estudos que envolviam intervenções de curto, médio e longo prazos; programas supervisionados *versus* não supervisionados; e indivíduos com peso normal *versus* indivíduos com sobrepeso. A revisão também examinou o gasto de energia induzido pelo exercício e os aumentos compensatórios no consumo de energia. Essa metanálise indicou que, em condições de equivalência do gasto de energia, a perda de peso era a mesma, tanto para homens como para mulheres. Além disso, a variabilidade nas respostas de perda de peso ao exercício foi motivada pela variabilidade individual na ingestão de energia, independentemente do sexo. Além disso, não havia evidências que sugerissem que as mulheres compensavam o gasto de energia induzido pelo exercício com um aumento da ingestão calórica, acima do consumido pelos homens. Esses pesquisadores especulam que estudos precedentes, que demonstraram uma diferença com relação ao sexo na perda de peso induzida pelo exercício, foram prejudicados pela pouca atenção a variáveis como porte físico e ingestão de energia, o que distorceu seus resultados.

peso do percentual mais elevado de gordura de mulheres com treinamento similar, diminuiu as diferenças médias de sexo em termos de $\dot{V}O_2$ submáximo (expresso em mililitros por quilograma de MLG) e de $\dot{V}O_{2max}$ em 38% e 65%, respectivamente.[9] Esses resultados sugerem que, nas mulheres, as maiores reservas de gordura corporal essencial específica para o sexo são os principais determinantes das diferenças peculiares ao sexo durante a corrida.

As mulheres exibem níveis mais baixos de hemoglobina, e isso também foi proposto como um fator que contribui em seus valores mais baixos de $\dot{V}O_{2max}$. Contudo, a retirada de certo volume de sangue dos homens para equilibrar suas concentrações de hemoglobina com as das mulheres fez com que ocorresse redução dos valores de $\dot{V}O_{2max}$ dos homens, mas tais reduções foram responsáveis apenas por uma parte relativamente pequena das diferenças de $\dot{V}O_{2max}$ relativas ao sexo.[8]

Também é importante entender que o débito cardíaco máximo mais baixo das mulheres é uma limitação para que possam alcançar um valor alto de $\dot{V}O_{2max}$. O tamanho menor do coração das mulheres e seu menor volume plasmático limitam muito sua capacidade para um volume sistólico máximo. Se considerarmos o consumo submáximo de oxigênio ($\dot{V}O_2$), será observada pouca ou nenhuma diferença entre mulheres e homens para a mesma produção de potência absoluta. Mas tendo em vista que as mulheres geralmente trabalham em um percentual maior de seu $\dot{V}O_{2max}$ na mesma taxa de trabalho submáxima absoluta, os níveis de lactato no sangue são mais altos, e o limiar de lactato ocorre com uma produção de potência absoluta mais baixa. (Deve-se notar que o limiar de lactato é semelhante entre homens e mulheres, se for expresso em termos relativos [% $\dot{V}O_{2max}$].)

Em resumo

> As qualidades inatas dos músculos e os mecanismos de controle motor são similares para homens e mulheres.
> Entre mulheres e homens, não há diferença expressa de força na parte inferior do corpo, com relação ao peso corporal ou à MLG. Mas as mulheres demonstram menor força na parte superior, expressa em relação ao peso corporal ou à MLG. Em grande parte, isso ocorre por ser maior a massa muscular das mulheres situada abaixo da cintura; além disso, as mulheres usam mais seus músculos da parte inferior do corpo do que os da parte superior.
> Em níveis de exercício submáximos, as mulheres têm maiores frequências cardíacas do que os homens, mas seus débitos cardíacos submáximos são semelhantes para a mesma carga de trabalho. Isso indica que as mulheres têm volumes sistólicos mais baixos, principalmente por terem corações menores e menor volume sanguíneo.
> As mulheres também têm capacidade menor de aumentar a diferença (a-$\bar{v}$)O_2, provavelmente por causa do conteúdo mais baixo de hemoglobina. Portanto, o volume de oxigênio liberado para seus músculos ativos por unidade de sangue é menor.
> As diferenças nas respostas respiratórias entre mulheres e homens são principalmente atribuídas às diferenças de porte físico.
> Depois da puberdade, o $\dot{V}O_{2max}$ da mulher mede, em média, apenas 70-75% do $\dot{V}O_{2max}$ do homem, em média, embora essas diferenças possam ser atribuídas a níveis de atividade física discrepantes entre homens e mulheres. Um estudo realizado com atletas altamente treinados revela uma diferença de 8-15%, e a maior parte dela é atribuída à maior massa de gordura, aos níveis mais baixos de hemoglobina e ao débito cardíaco máximo mais baixo das mulheres.
> Entre sexos, é pequena ou nenhuma a diferença detectada no limiar de lactato em determinada intensidade relativa de exercício.

Adaptações fisiológicas ao treinamento físico

A função fisiológica básica, tanto em repouso como durante a prática do exercício, muda substancialmente com o treinamento físico. Nesta seção, investigaremos como as mulheres se adaptam ao exercício crônico, enfatizando áreas nas quais suas respostas podem diferir das dos homens.

Composição corporal

Seja com o treinamento de resistência cardiorrespiratória, seja com o treinamento de força, tanto mulheres como homens vivenciam:

- perdas na massa corporal total;
- perdas da massa de gordura;
- perdas na gordura corporal relativa (%); e
- ganhos na MLG.

A magnitude da mudança na composição corporal parece estar relacionada mais ao gasto energético total, associado às atividades de treinamento, do que ao sexo do participante. Adquire-se MLG em maior grau em resposta ao treinamento de força, se comparado ao treinamento de resistência, e a magnitude desses ganhos é semelhante entre sexos.

Os tecidos ósseo e conjuntivo passam por alterações com o treinamento. Em adultos, o exercício de sustentação de peso é fundamental para a manutenção da massa e da densidade óssea. Essa adaptação parece não depender do sexo.

Aparentemente, o tecido conjuntivo fica fortalecido com o treinamento de resistência, não tendo sido identificadas diferenças específicas entre sexos nessa resposta.

Força

Até a década de 1970, não se considerava apropriada a prescrição de programas de treinamento de força para meninas e mulheres. Não se acreditava que as mulheres fossem capazes de adquirir força, por causa de seus níveis intrinsecamente baixos de hormônios anabólicos masculinos. No entanto, durante os anos de 1960 e 1970, tornou-se evidente que muitas das melhores atletas nos Estados Unidos não estavam se saindo bem nas competições internacionais, em grande parte por serem mais fracas do que suas adversárias. Lentamente, os estudos demonstraram que as mulheres podiam ganhar muito com os programas de treinamento de força, embora os ganhos de força não costumem ser acompanhados por grandes aumentos na massa muscular.

Em parte por causa de seus níveis mais baixos de testosterona, as mulheres possuem menos massa muscular total do que os homens. Se massa muscular é o principal determinante da força, então as mulheres estão em nítida desvantagem. Mas, se fatores neurais forem tanto ou mais importantes do que o volume, passa a ser considerável o potencial de ganhos de força absolutos pelas mulheres.

Do mesmo modo, algumas mulheres podem apresentar hipertrofia muscular significativa. Isso foi provado com as mulheres fisiculturistas que permaneceram livres de esteroides anabólicos. Diversos estudos também constataram que, em seguida a períodos de treinamento de força, homens e mulheres exibiram aumentos similares de MLG e volume muscular, além de hipertrofia das fibras musculares tipo I, IIa e IIx. Pelo mesmo raciocínio, as mulheres podem obter importantes aumentos na força (20-40%) como resultado do treinamento de força, e a magnitude dessas mudanças é similar ao que se observa em homens.

Função cardiovascular e respiratória

O treinamento de resistência cardiorrespiratória resulta em importantes adaptações cardiovasculares e respiratórias, conforme discutido no Capítulo 11; estas não parecem ser específicas para o sexo. Aumentos no débito cardíaco máximo ($\dot{Q}_{max}$) acompanham o treinamento, apesar do fato de que, normalmente, a frequência cardíaca máxima não muda (ou diminui apenas ligeiramente) com o treinamento, e assim esse aumento no $\dot{Q}_{max}$ é resultante de um grande aumento no volume sistólico, que, por sua vez, decorre de dois fatores. O volume diastólico final (a quantidade de sangue nos ventrículos antes da contração) aumenta com o treinamento, porque o volume sanguíneo aumenta. Além disso, o volume sistólico final (a quantidade de sangue que permanece nos ventrículos depois da contração) fica reduzido com o treinamento, porque o miocárdio mais forte e a maior atividade nervosa simpática geram uma contração mais vigorosa, ejetando mais sangue.

Em cargas de trabalho submáximas, o débito cardíaco demonstra pouca ou nenhuma mudança com o treinamento, embora o volume sistólico seja consideravelmente maior para a mesma carga de trabalho absoluta. Portanto, depois do treinamento ocorre diminuição da frequência cardíaca para qualquer carga de trabalho considerada. Essas mudanças independem do sexo.

Consumo máximo de oxigênio

Com o treinamento de resistência cardiorrespiratória, as mulheres vivenciam o mesmo aumento relativo médio de $\dot{V}O_{2max}$ que foi observado nos homens (15-25%, na média). A magnitude da mudança observada depende da intensidade e da duração das sessões e da frequência de treinamento, e da duração do estudo. Também ocorrem mudanças similares na produção e acúmulo de lactato: os níveis sanguíneos de lactato das mulheres ficam reduzidos diante das mesmas cargas de trabalho submáximas absolutas; as concentrações de pico de lactato geralmente estão elevadas, e o limiar de lactato aumenta com o treinamento.

> **Em resumo**
> - Com o treinamento, as mulheres e os homens experimentam mudanças similares na composição corporal, determinadas pelo gasto energético total durante o treinamento físico.
> - De maneira semelhante ao que ocorre com os homens, as mulheres adquirem força considerável por meio do treinamento de força, um efeito associado a aumentos na MLG e no volume muscular, bem como à hipertrofia das fibras musculares dos tipos I, IIa e IIx.
> - As mudanças cardiovasculares e respiratórias que acompanham o treinamento de resistência cardiorrespiratória não parecem ser específicas de um sexo.
> - Com o treinamento de resistência cardiorrespiratória, as mulheres obtêm os mesmos aumentos relativos de $\dot{V}O_{2max}$ que os homens.

Desempenho esportivo

Os homens superam as mulheres em todas as atividades esportivas em que o desempenho pode ser medido com precisão e objetividade quanto à distância ou ao tempo. A diferença fica mais evidente em atividades como arremesso de peso, em que níveis elevados de força na parte superior do corpo são fundamentais para que o atleta tenha sucesso em seu desempenho. Parece que o hiato entre os sexos diminuiu, com a participação de mais mulheres nos esportes. Mas, na natação dos 400 m livres, o tempo vencedor para mulheres nos Jogos Olímpicos de 1924 foi 19% menor do que o tempo dos homens. Contudo, essa diferença caiu para apenas 7% nas Olimpíadas de 1984. Esse hiato ficou ainda menor pelo desempenho de Katie Ledecky, cujo tempo para o recorde olímpico de 2016, de 3:56.46, foi menos de 3% maior do que o recorde da prova masculina, de 3:40.14, estabelecido em 2012 por Sun Yang. Como é possível ver na Tabela 19.1, a diferença entre os recordes mundiais dos homens e das mulheres para a natação dos 1.500 m livres é de apenas 5,5%. Infelizmente, tem sido difícil estabelecer comparações válidas ao longo dos anos, porque o grau de ênfase e a popularidade de determinada atividade não são constantes, e outros fatores – por exemplo, oportunidades de participação, treinamento, instalações e técnicas avançadas de treinamento – têm diferido consideravelmente entre homens e mulheres ao longo dos anos.

Conforme observado no início deste capítulo, um grande número de meninas e mulheres não foi iniciado na prática do esporte competitivo senão por volta dos anos de 1970. Mas, assim que as meninas e as mulheres começaram a treinar com a mesma intensidade dos meninos e homens, seu desempenho melhorou drasticamente. A Figura 19.7 ilustra os recordes mundiais de 1960 até 2016 para mulheres e homens em seis provas de corrida do atletismo. Para distâncias de 100 m até a maratona, os atuais recordes mundiais femininos são consistentemente 8-9% menores do que os dos homens. Além disso, como se pode observar na figura, a melhora nos recordes femininos, que inicialmente foi drástica, está começando a se estabilizar e acompanhar as curvas dos recordes dos homens.

Já ficou firmemente estabelecida a existência de diferenças entre sexos no desempenho anaeróbio e aeróbio atribuíveis a diferenças entre homens e mulheres na massa e na força musculares, consumo máximo de oxigênio e metabolismo energético. Esse cenário faz com que os homens superem as mulheres em todas as distâncias e eventos. No entanto, as tendências na diferença de desempenho entre homens e mulheres mudaram de forma não uniforme nos últimos 50 anos. Como exemplo, enquanto as diferenças de sexo no desempenho das provas de ultrarresistência vêm diminuindo, a diferença entre o desempenho masculino e feminino certamente aumentou nos eventos de velocidade. Essas observações sugerem que os fatores que mediam a diferença entre gêneros no desempenho não têm fundo apenas fisiológico.

Por outro lado, nos eventos de resistência, pode se tratar de um problema de participação. Por exemplo, o hiato entre os melhores e as melhores ultramaratonistas em provas de 24 horas diminuiu nos últimos 35 anos, indicando que, à medida que um número crescente de mulheres ingressa em esportes de alta resistência, pode ocorrer um estreitamento nas lacunas do desempenho.[19] Além disso, dados extraídos de maratonas indicam que as diferenças de desempenho entre sexos aumentam com a idade e com o posicionamento do atleta no final da prova (1 até 10), e essas relações são mediadas predominantemente por um menor número de mulheres nas competições.[14]

De qualquer forma, as evidências existentes até o momento indicam que as diferenças entre homens e mulheres no desempenho sofrem influências fisiológicas, sociais, ambientais e psicológicas. Assim, a previsão das lacunas de desempenho em relação às gerações futuras pode ser tarefa mais complexa do que a simples geração de uma equação de regressão baseada no desempenho passado.

Tópicos especiais

Embora os sexos respondam ao exercício praticado de maneira aguda e se adaptem ao exercício crônico de forma muito parecida, deve-se levar em conta diversos outros aspectos pertinentes apenas às mulheres. Especificamente, examinaremos:

536 Fisiologia do esporte e do exercício

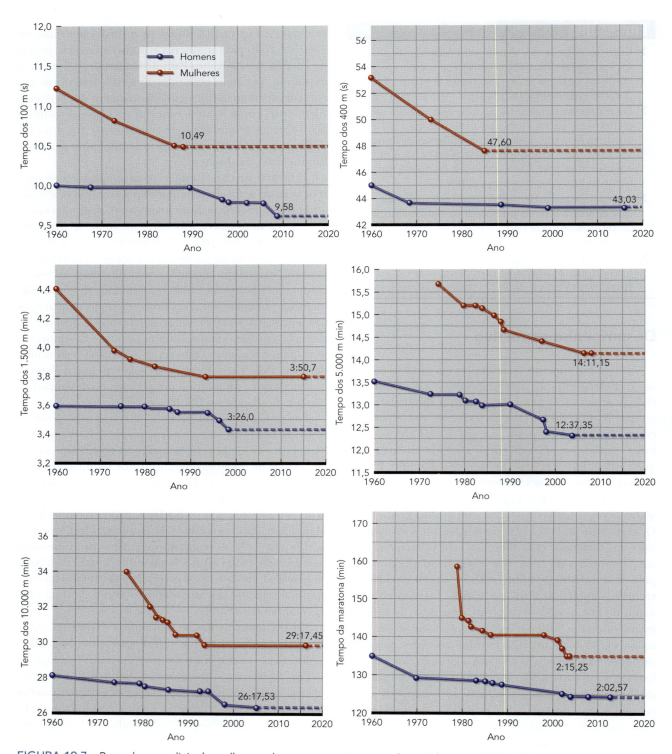

FIGURA 19.7 Recordes mundiais de mulheres e homens em seis provas de corrida entre 1960 e 2016.

- menstruação e disfunção menstrual;
- gravidez;
- saúde óssea ao longo da vida;
- distúrbios alimentares;
- a tríade da mulher atleta; e
- menopausa.

Menstruação e disfunção menstrual

De que modo o ciclo menstrual influencia na capacidade de se exercitar e no desempenho das mulheres? Como as atividades físicas e as competições influenciam o ciclo menstrual? Essas são duas perguntas que inte-

Perspectiva de pesquisa 19.2
Em comparação com as mulheres, há maior probabilidade de os homens desacelerarem durante a maratona

Já há algum tempo, estratégias ideais para o ritmo em corridas de resistência têm sido um tópico de interesse para treinadores, atletas e fisiologistas do exercício. Tradicionalmente, esses estudos têm se limitado aos atletas de elite. Mas dados recentemente disponibilizados de eventos de participação em massa permitiram que os pesquisadores estudassem a maratona em uma gama mais ampla de atletas, incluindo corredores de distância que não pertencem ao grupo de elite. Com base nesses novos dados, surgiram novos padrões de ritmo, inclusive a descoberta de que os homens têm maior probabilidade (em comparação com as mulheres) de diminuir o ritmo à medida que a maratona avança.

Um estudo de 2015 investigou essas aparentes diferenças no ritmo entre sexos em 91.921 corredores ao longo de 14 maratonas que ocorreram em vários locais nos Estados Unidos.[10] Os pesquisadores obtiveram dados sobre sexo, idade, tempo de conclusão da corrida e tempo até a metade do trajeto, além de medidas relacionadas à experiência nas corridas (total de corridas anteriores, maratonas anteriores, maratona anterior mais rápida, prova de 5K mais rápida e último ano em que uma corrida foi gravada), quando disponível. Os pesquisadores calcularam a manutenção do ritmo para cada participante, como a variação percentual no ritmo observada na segunda metade da maratona em relação à primeira metade. A equipe de pesquisa estabeleceu um ajuste de 12% no desempenho das mulheres para explicar o fato de que elas são, em média, 10-12% mais lentas do que homens com grau equivalente de condicionamento.

Em todo o estudo, os homens diminuíram o ritmo em 15,6%, enquanto nas mulheres a diminuição foi de apenas 11,7%. Essa diferença entre sexos foi significativa para todo o grupo de participantes nas maratonas, para cada maratona considerada individualmente, não tendo sido influenciada pelos tempos de chegada (um indicativo de que a velocidade geral não teve influência nessa diferença entre sexos). Tempos de chegada mais lentos foram associados a maior lentidão, principalmente nos homens. Por fim, embora a a maior experiência tenha sido associada a menos lentidão para ambos os sexos, o controle para "experiência" não eliminou as diferenças entre sexos no ritmo.

Ainda se desconhece a razão dessa aparente diferença entre sexos no ritmo. Essa discrepância pode refletir diferenças fisiológicas (como uma suscetibilidade maior à depleção de glicogênio e à fadiga muscular nos homens), ou simplesmente diferenças na tomada de decisões. Como exemplo, pode ser mais provável que os homens adotem um ritmo arriscado mais cedo, ou seja, iniciam a corrida com um ritmo acelerado – que não conseguirão manter durante todo o percurso.

---

ressam muito às mulheres que se exercitam, particularmente às atletas.

As três fases principais do **ciclo menstrual** estão ilustradas na Figura 19.8. A primeira é a fase (fluxo) menstrual, ou **menstruação**, que se prolonga por 3-5 dias. Durante esse tempo, o revestimento uterino (endométrio) é eliminado, e ocorre o fluxo (sangramento) menstrual. A segunda é a fase proliferativa, que prepara o útero para a fertilização e dura cerca de 10 dias. Durante essa fase, o endométrio começa a se espessar, ocorrendo maturação de alguns dos folículos ovarianos que abrigam os óvulos em processo de maturação. Esses folículos secretam estrogênio. A fase proliferativa termina com a ruptura de um folículo maduro, com liberação do seu óvulo (ovulação). As fases menstrual e proliferativa correspondem à fase folicular do ciclo ovariano.

A terceira e última fase do ciclo menstrual é a secretória, que corresponde à fase lútea do ciclo ovariano. Essa fase se prolonga por 10-14 dias, e durante esse período o endométrio continua a se espessar, a irrigação sanguínea e o aporte de nutrientes aumentam e o útero se prepara para a gravidez. Durante esse tempo, o folículo vazio (agora chamado de corpo lúteo, daí o nome *fase lútea*) secreta progesterona, e também tem continuidade a secreção de estrogênio. Em média, o ciclo menstrual completo dura 28 dias. Mas há variação considerável na duração do ciclo entre mulheres saudáveis: de 23-36 dias.

Menstruação e desempenho

As alterações vivenciadas no desempenho esportivo durante as diversas fases do ciclo menstrual estão sujeitas a uma considerável variação individual. Não existem dados confiáveis que demonstrem qualquer mudança fisiológica significativa ao longo das fases do ciclo menstrual, ou mudanças no desempenho atlético em qualquer momento do ciclo. Desempenhos de alto nível têm sido atingidos por atletas do sexo feminino durante todas as fases do ciclo menstrual. Por isso, pode-se concluir com base nos dados coletados em laboratório ou em competição que nenhuma resposta fisiológica nem de desempenho para a maioria das mulheres é substancialmente afetada pelo ciclo menstrual, embora as mulheres possam ser afetadas por fatores como a síndrome pré-menstrual, timpanismo e cãibras.

Menarca

Foi divulgado que a **menarca,** ou seja, o primeiro período menstrual, sofre atraso em algumas atletas jovens envolvidas em certos esportes e atividades, como a ginástica artística e o balé. Um retardo na menarca é definido como menarca após os 14 anos. A idade mediana

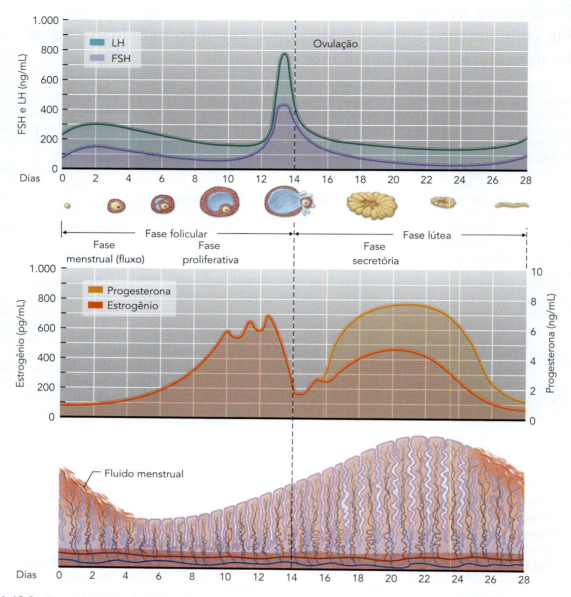

FIGURA 19.8 Fases do ciclo menstrual e mudanças concomitantes na progesterona e no estrogênio (no meio) e nos hormônios folículo-estimulante (FSH) e luteinizante (LH) (em cima). Para a maioria das finalidades, o ciclo se divide na fase folicular, que começa com o início do sangramento durante o fluxo menstrual, e a fase lútea, que começa com a ovulação.

de ocorrência da menarca em meninas norte-americanas é de cerca de 12,4 até 13 anos, dependendo da população estudada. Para as ginastas, a idade mediana para a menarca parece estar mais próxima dos 14,5 anos. Esses dados implicam que o treinamento físico provoca atraso na menarca. Mas a hipótese alternativa postula que as meninas que amadurecem mais tardiamente – por exemplo, as que apresentam menarca atrasada – têm maior probabilidade de sucesso em esportes como a ginástica artística por causa de seus corpos pequenos e esbeltos. Isso implica que aquelas meninas com menarca naturalmente mais tardia têm certa vantagem em alguns esportes e, por isso, se envolvem em sua prática – e não que seu envolvimento no esporte atrasa a menarca. No momento, as evidências não são suficientes para sustentar fortemente qualquer um desses pontos de vista.

Disfunção menstrual

Mulheres atletas podem vivenciar alterações em seu ciclo menstrual normal. O conjunto dessas alterações é chamado de **disfunção menstrual**, da qual há vários tipos: **eumenorreia** é o nome para a função menstrual normal, referente uma duração consistente do ciclo menstrual de 26-35 dias; **oligomenorreia** indica menstruação inconsistente e irregular que ocorre em intervalos maiores do que 36 dias, mas não mais que 90 dias; **amenorreia** significa ausência de menstruação; **amenorreia primária** refere-se à ausência de menarca em mulheres com 15 anos ou

Perspectiva de pesquisa 19.3
As atletas devem ser testadas para deficiência de ferro e anemia ferropriva?

A anemia por deficiência de ferro (i. e., ferropriva) prejudica o desempenho esportivo, sobretudo em esportes de resistência, em virtude da diminuição na capacidade de transporte do oxigênio dos eritrócitos. Foi relatado que a anemia ferropriva ocorre mais frequentemente nas mulheres atletas (< 1-18%) do que nos homens atletas (< 1-7%) que competem em ampla variedade de esportes. Tradicionalmente, a maior prevalência de deficiência de ferro e anemia ferropriva entre os atletas tem sido atribuída à ingestão inadequada desse mineral (p. ex., pela restrição da ingestão calórica em esportes que enfatizam a esbelteza) e ao aumento das perdas de ferro (p. ex., por meio da transpiração, hemólise ou menstruação).

Um estudo recentemente publicado, feito na Universidade de Wisconsin em Madison, examinou a prevalência de anemia entre atletas universitárias provenientes de uma instituição da Divisão 1 da NCAA.[18] Os objetivos do estudo foram determinar o grau de anemia ferropriva nessas atletas e quais seriam as despesas decorrentes dos testes para determinação do ferro nesse cenário. Os prontuários clínicos de todos os atletas listados nas equipes esportivas da universidade foram examinados ao longo de um período de 12 anos. A anemia foi definida como uma concentração de hemoglobina abaixo de 11,6 g/dL e a deficiência de ferro (na forma de ferritina) inferior a 20 ng/mL. No total, foram obtidos 5.674 relatórios laboratoriais de 2.749 indivíduos (56% do sexo feminino). A prevalência de baixa hemoglobina em atletas do sexo feminino em seu exame físico inicial, ao ingressar em uma equipe, foi de aproximadamente 6%. Em todas as atletas, 2% tinham anemia ferropriva e 31% tinham deficiência de ferro sem anemia. Curiosamente, a prevalência de anemia não foi diferente da média para qualquer esporte considerado individualmente.

Atualmente, o Comitê Olímpico Internacional recomenda exames séricos para determinação de ferro como parte das avaliações de rotina da saúde para atletas de elite. Entretanto, as práticas de triagem na National Collegiate Athletic Association (NCAA) são inconsistentes: as instituições usam diferentes índices bioquímicos e pontos de corte para a definição de anemia ferropriva. Nos testes clínicos, a concentração de hemoglobina e os níveis séricos de ferritina e do receptor de transferrina são obtidos para diagnosticar a anemia ferropriva. Embora as triagens clínicas de rotina facilitem a detecção e intervenção precoces em atletas da NCAA, tais práticas têm um custo financeiro. Essa instituição teve um custo médio anual para a triagem do ferro que ultrapassou os 20 mil dólares.

---

mais – mulheres que jamais menstruaram. Quando atletas com a função menstrual previamente normal reportam ausência de menstruação por 90 dias ou mais, isso é chamado de amenorreia secundária. Portanto, **amenorreia secundária** é a ausência de menstruação por 90 dias ou mais em meninas e mulheres que menstruavam previamente. Mulheres envolvidas em esportes e até mesmo em atividades recreacionais podem apresentar amenorreia, pois isso ocorre independentemente da intensidade do treinamento físico.

A prevalência de amenorreia secundária e da oligomenorreia entre atletas está bem documentada, e estima-se que seja de aproximadamente 5-66% ou mais, dependendo do esporte ou atividade, do nível de competição e da definição usada para amenorreia. Não obstante, a prevalência de amenorreia nas atletas é significativamente mais elevada do que a prevalência estimada de 2-5% para a amenorreia e de 10-12% para a oligomenorreia na população em geral (não atletas). A prevalência mostra-se maior nas mulheres atletas que participam de atividades que enfatizam um físico magro como a ginástica artística e a corrida de fundo.

Desde a década de 1970, os cientistas vêm fazendo experimentos para determinar a causa básica da amenorreia secundária em meninas e mulheres que praticam exercícios e em atletas. Alguns dos fatores que foram propostos como causas possíveis são:

- Histórico de disfunção menstrual.
- Efeitos agudos do estresse.
- Grande volume ou intensidade de treinamento.
- Pouco peso ou baixo nível de gordura corporal.
- Alterações hormonais.
- Déficit energético decorrente de nutrição inadequada e/ou distúrbios alimentares.

Para cada um dos fatores propostos estão sendo realizados estudos importantes, e cinco dos seis fatores foram eliminados como possíveis causas primárias, o que nos leva a supor que o treinamento de grande volume e de alta intensidade (ou uma combinação dos dois) levará à disfunção menstrual, mas provavelmente não há envolvimento desse fator.

Os dados atuais indicam que uma nutrição inadequada, resultante em déficit energético, é a causa principal de amenorreia secundária, isto é, uma ingestão inadequada de calorias, em que o corpo não está equilibrando a ingestão e o gasto calóricos durante um longo período. Por exemplo, um estudo recentemente publicado, realizado pela Dra. Anne Loucks[20] na Universidade de Ohio e pela Dra. Nancy Williams na Universidade Estadual da Pensilvânia,[26] demonstrou claramente que a simples indução de um déficit energético em mulheres eumenorreicas resulta em alterações hormonais significativas (estrogênio, progesterona, leptina e tri-iodotironina [T_3]) associadas às disfunções menstruais, inclusive à amenorreia. A privação do alimento também pode disparar sinais que inibem a secreção de LH e a função menstrual; quanto maior for o déficit de energia, mais grave será o impacto na função menstrual.[26]

Assim, é provável que o treinamento físico *per se* não esteja, de forma alguma, diretamente associado à disfunção menstrual, além da contribuição para um déficit energético. O déficit energético, seja na ausência ou na presença de treinamento físico, está associado a essas alterações hormonais. Portanto, é mais provável que o treinamento intenso ou de grande volume não esteja associado à disfunção menstrual, desde que a ingestão de energia equilibre ou exceda o gasto energético ao longo dos dias, semanas e meses.

Gravidez

A principal preocupação de mulheres ativas com relação à **gravidez** é se existem efeitos adversos potenciais do exercício durante essa fase da vida das mulheres. Ao longo dos anos, foram postulados vários riscos da prática do exercício físico durante a gravidez. Mais recentemente, esses riscos foram compensados pelos benefícios sugeridos e documentados do exercício da mulher durante a gravidez.

Em resumo

> As diferentes fases do ciclo menstrual no desempenho estão sujeitas a uma considerável variação individual. Em geral, não existem evidências científicas que demonstrem um efeito consistente da fase do ciclo menstrual sobre o desempenho esportivo.

> A menarca pode ocorrer tardiamente em algumas atletas jovens que praticam certos esportes. Contudo, a explicação mais provável para esse fenômeno é que meninas com maturação mais tardia, por causa de sua constituição física esbelta, têm maior probabilidade de participar com sucesso dessas atividades, e não que essas atividades provoquem atraso na menarca.

> Mulheres atletas podem sofrer disfunção menstrual, e mais frequentemente amenorreia secundária ou oligomenorreia. As evidências atuais implicam a nutrição inadequada em combinação com o exercício, em vez de, isoladamente, um alto gasto energético associado à prática de exercício, como o fator que leva a um de déficit energético prolongado e causa amenorreia secundária.

> Alterações hormonais associadas ao déficit energético podem ativar o hipotálamo ou a hipófise e interromper o ciclo normal. Isso também está associado a um déficit energético prolongado.

Benefícios e recomendações de exercícios durante a gravidez

De acordo com uma revisão publicada em 2013 sobre os benefícios para a saúde do exercício na gravidez,[17] a atividade física durante a gravidez está associada a impactos benéficos no diabetes gestacional, distúrbios hipertensivos, excessivo ganho de peso gestacional, peso do feto ao nascer, momento do parto e composição corporal da criança. Na verdade, a inatividade física e o ganho de peso excessivo já foram identificados como fatores de risco independentes para a obesidade materna e complicações relacionadas da gravidez.[1]

Infelizmente, boa parte dos estudos sobre o exercício na gravidez tem sido do tipo observacional, em que a atividade física foi avaliada mediante relato pessoal. Portanto, ainda estão à espera de uma explicação os mecanismos específicos por meio dos quais o exercício afeta o bem-estar materno e fetal. Em qualquer caso, para resumir, exercícios durante a gravidez podem ter riscos associados (ver Tab. 19.2), porém os benefícios superam em muito os riscos potenciais se forem tomados os devidos cuidados no planejamento do programa de exercícios. Na ausência de complicações clínicas ou de contraindicações, a atividade física durante a gravidez é segura e desejável, e as grávidas devem ser incentivadas a continuar, ou a iniciar, um programa de atividades físicas seguras. Mas é importante que a mulher grávida coordene o programa de exercícios com seu obstetra, para que possa ser realizada uma avaliação clínica satisfatória, no sentido de determinar, da forma mais apropriada, o modo, a frequência, a duração e a intensidade da atividade.

Apesar dos dados convincentes sobre os substanciais benefícios para a saúde da mulher que se mantém fisicamente ativa durante a gravidez, apenas cerca de 15% das mulheres grávidas atendem às recomendações do American College of Obstetricians and Gynecologists[1] (ACOG), de 150 min semanais de atividade aeróbia de intensidade moderada durante a gestação.[11] Em consequência, um novo campo de pesquisa vem se concentrando nos tipos de intervenções e abordagens com possibilidade de aumentar a participação das mulheres nas atividades físicas, imediatamente antes e durante a gravidez.

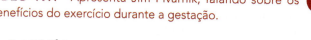

VÍDEO 19.1 Apresenta Jim Pivarnik, falando sobre os benefícios do exercício durante a gestação.

O ACOG[1] faz as seguintes recomendações para a prática do exercício durante a gravidez:

1. A atividade física na gravidez apresenta riscos mínimos, e já se sabe que traz benefícios para a maioria das mulheres, embora possa haver necessidade de algumas modificações nas rotinas dos exercícios, em função das alterações anatômicas e fisiológicas normais e das exigências fetais.

TABELA 19.2 Riscos e benefícios postulados da prática de exercícios durante a gravidez

Menos complicações de um trabalho de parto difícil	Saúde materna	Saúde fetal
Riscos*	Hipoglicemia aguda Fadiga crônica Lesão musculoesquelética	Hipóxia aguda Hipertermia aguda Redução aguda na disponibilidade de glicose
Benefícios	Aumento do nível de energia (condicionamento aeróbio) Redução da tensão cardiovascular Prevenção do ganho de peso excessivo Facilitação do trabalho de parto Recuperação mais rápida do trabalho de parto Promoção da boa postura Prevenção da dor lombar Prevenção do diabetes gestacional Melhora do humor e da percepção da imagem corporal	Menos complicações de um trabalho de parto difícil Melhor saúde cardiovascular[5] Menor risco de doença crônica[5]

*Em geral os riscos são baixos, a menos que a paciente apresente certos problemas, como pré-eclampsia. Consultar www.acog.org para detalhes sobre problemas que podem contraindicar o exercício.

2. Deve-se fazer uma avaliação clínica completa antes de recomendar um programa de exercícios físicos, a fim de assegurar-se de que a paciente não tem algum motivo médico para evitar os exercícios.
3. Mulheres com gravidez não complicada devem ser incentivadas a praticar exercícios aeróbios e de condicionamento de força antes, durante e após a gravidez.
4. Obstetras-ginecologistas e outros prestadores de cuidados obstétricos devem avaliar cuidadosamente as mulheres com complicações clínicas ou obstétricas, antes que possam fazer recomendações sobre sua participação na atividade física durante a gravidez. Embora prescrito com frequência, o repouso no leito é apenas raramente indicado; na maioria dos casos, deve-se levar em consideração que a gestante tenha permissão para caminhar.
5. A atividade física praticada regularmente durante a gravidez melhora ou mantém o condicionamento físico, ajuda no controle do peso, diminui o risco de ocorrência de diabetes gestacional em mulheres obesas e melhora o bem-estar psicológico.
6. É importante que novas pesquisas sejam feitas a fim de estudar os efeitos do exercício físico nos desfechos específicos da gravidez e também para que sejam esclarecidos os métodos mais eficazes de aconselhamento comportamental e a intensidade e frequência ideais do exercício. Há também necessidade de mais estudos dentro dessa mesma linha para que seja criada uma base de evidências aprimorada sobre os efeitos da atividade física ocupacional na saúde maternal e fetal.

Na maioria dos casos, as atividades são seguras, ou podem ser modificadas de modo a se tornarem seguras. Mas algumas atividades esportivas devem ser evitadas,[1] inclusive as seguintes:

- Esportes de contato.
- Atividades com grande risco de queda.
- Mergulho submarino.
- Paraquedismo.
- *Hot yoga* ou pilates.

Competição esportiva e treinamento em nível de elite durante a gestação

Um pequeno – mas crescente – subgrupo de atletas femininas permanecem muito ativas fisicamente durante a gravidez e/ou optam por competir durante suas gestações, para que possam retornar à competição com muita rapidez após o parto. Como exemplo, Serena Williams conquistou o Aberto de Tênis da Austrália de 2017 quando estava grávida e avançou para a final do Torneio de Wimbledon em 2018, apenas 10 meses após ter passado por um parto complicado; e Aretha Thurmond, norte-americana praticante olímpica do lançamento de disco, competiu nos Campeonatos Nacionais dos EUA duas semanas após o nascimento de seu filho. Mas as pesquisas já publicadas são relativamente poucas para que possam servir de base para decidir se tais regimes de treinamento vigorosos, intensos e prolongados são tão seguros e benéficos durante a gravidez como os padrões estabelecidos de atividade física moderada.

Um estudo publicado em 2005 acompanhou 41 mulheres com bom condicionamento físico ao longo de suas ges-

Perspectiva de pesquisa 19.4
Exercício terrestre *versus* aquático na gravidez

Hábitos saudáveis de estilo de vida mantidos ou adotados durante a gravidez melhoram os desfechos maternos e fetais, e os obstetras recomendam que suas pacientes sigam orientações nutricionais e de atividade física saudáveis durante a gravidez. Um estilo de vida pouco saudável durante a gravidez tem consequências de longo prazo para a saúde da mãe e do bebê, e essas consequências resultam em um significativo problema de saúde pública. Já foram devidamente estabelecidos os benefícios do exercício físico para a saúde materna e fetal, e estudos sobre programas de exercícios terrestres e aquáticos relataram resultados positivos nos desfechos maternos e fetais durante e imediatamente após a gravidez. Entretanto, são poucos os estudos que compararam modos de exercício com relação à eficácia, segurança e adesão em mulheres grávidas. A promoção do exercício físico durante a gravidez pode ser tarefa desafiadora, sobretudo em mulheres que não estão acostumadas a programas regulares de exercícios; além disso, muitas delas têm preocupações com relação à segurança. Em virtude dessas preocupações, os estudos que comparam os desfechos da gravidez em seguida à prática de diferentes modalidades de exercício físico podem propiciar às gestantes a opção da modalidade na qual se sentem mais confortáveis, além de evidências de base clínica em favor da segurança.

Pesquisadores da Espanha, Argentina e Canadá conduziram uma análise transversal de três estudos clínicos randomizados distintos em mulheres grávidas saudáveis. Esse grande estudo teve como objetivo comparar os resultados de estudos que utilizaram programas de exercício físico (1) em terra, (2) na água ou (3) mistos (terra/água) durante a gravidez. É muito importante ressaltar que todas essas três pesquisas seguiram o mesmo modelo de estudo e utilizaram as mesmas cargas de trabalho nos exercícios, o que aumentou a validade de fazer comparações entre os estudos. No total, 578 mulheres completaram os estudos. Para a análise transversal, os pesquisadores contaram com 311 mulheres no grupo de controle (i. e., mulheres que não se exercitaram, oriundas dos três estudos), 107 mulheres que completaram o exercício em terra, 49 que completaram o exercício em água e 101 que completaram o exercício em terra e na água. Foram comparados o ganho de peso materno total, as taxas de diabetes gestacional, hipertensão induzida pela gravidez, idade gestacional e peso ao nascer. No geral, não ocorreram efeitos adversos com nenhuma das modalidades de exercício. O ganho de peso materno total e o percentual de mulheres com ganho de peso excessivo foram menores no grupo que praticou exercícios terrestres, em comparação com as mulheres que não se exercitaram. Mas o número de mulheres que desenvolveram diabetes gestacional foi menor nos grupos que se exercitaram na água e na terra/água, em comparação com aquelas que não praticaram exercício físico. Os autores do estudo concluíram que o exercício realizado em terra é mais eficaz para prevenir o ganho excessivo de peso, enquanto os programas que incluem exercícios aquáticos podem ser benéficos na prevenção da ocorrência do diabetes gestacional.

É importante que sejam publicados mais estudos clínicos controlados randomizados para a confirmação desses achados e também para que sejam explicados os mecanismos fisiológicos subjacentes. No entanto, e possivelmente mais importante, todas as modalidades de exercício físico resultaram em algum benefício, e em nenhuma delas ocorreu qualquer evento adverso. Essas descobertas sugerem que as gestantes podem escolher com segurança a modalidade de exercício, ou combinação de modalidades, que considerarem mais confortáveis e com maior probabilidade de ter continuidade ao longo de toda a gravidez.

---

tações em suas participações em programas de treinamento com volume alto (8,5 h/semana de exercício) ou moderado (6 h/semana de exercício).[15] A segurança materna e fetal e os resultados adversos não foram diferentes entre os dois grupos, e as mulheres que participaram de exercícios de alto volume melhoraram seu $\dot{V}O_{2max}$ em 9,1%, desde a 17ª semana de gestação até 12 semanas após o parto, ao contrário das gestantes que praticaram exercício de intensidade moderada, que apenas mantiveram seu $\dot{V}O_{2max}$. Portanto, parece que o treinamento de maior volume pode realmente resultar em ganhos de condicionamento físico ao longo da gravidez de atletas acostumadas à prática do exercício antes da concepção. Também foram publicados relatos de casos de corredoras fundistas gestantes que persistiram com seu treinamento (corrida) por distâncias superiores a 96,5 km/semana sem que houvesse nenhum resultado adverso e com relativamente poucos decréscimos no desempenho. Por outro lado, um estudo mais recente de seis atletas grávidas de nível olímpico de elite com 23-29 semanas de gravidez revelou que exercícios de resistência praticados com > 90% da frequência cardíaca máxima promoveram reduções no fluxo sanguíneo pela artéria uterina e na frequência cardíaca fetal – um indício de risco potencial para o bem-estar fetal com a prática de exercícios de alta intensidade.[23] Tendo em vista que os dados disponíveis se limitam a apenas alguns estudos sobre atletas de alto nível que perseveraram com um treinamento competitivo e rigoroso durante a gravidez, há necessidade de mais pesquisas para que se possa responder com certeza às dúvidas sobre a segurança e a eficácia do treinamento prolongado de alta intensidade durante os períodos gestacional e no pós-parto. As atletas competitivas devem ter atenção especial a fim de evitar a hipertermia, manter uma hidratação adequada e consumir uma carga calórica que previna a perda de peso, o que poderia afetar de modo adverso o crescimento fetal.[1]

Mais de 40% dos atletas olímpicos nos últimos Jogos Olímpicos eram mulheres. Assim, são poucas as dúvidas de que este tópico será investigado com maior profundidade, já que um número crescente de atletas mulheres busca manter ou até mesmo expandir seu condicionamento físico e o treinamento durante a gravidez.

> **Em resumo**
> - Durante o exercício, as principais preocupações para a atleta grávida são os possíveis riscos de hipóxia fetal, hipertermia fetal, redução do fornecimento de carboidrato para o feto, aborto, trabalho de parto prematuro, baixo peso ao nascer e desenvolvimento fetal anormal.
> - Os benefícios de um programa de exercícios prescrito de forma adequada durante a gravidez superam seus possíveis riscos. Tal programa deve ser coordenado pelo obstetra da gestante.

Saúde óssea ao longo da vida

A saúde óssea é uma preocupação especial para as mulheres, que é afetada tanto pela atividade física como pelo estado menstrual. À medida que envelhecem, as mulheres – em comparação com os homens – correm maior risco de ter diminuído o seu conteúdo mineral ósseo e de sofrer osteoporose, em particular após a menopausa. Além disso, como a saúde óssea está relacionada com o estado menstrual nas mulheres, essa é uma consideração importante para as atletas que padecem de disfunção menstrual.

A atividade física habitual pode desempenhar um papel importante no que se refere a afetar a saúde óssea ao longo da vida. Em crianças, por exemplo, a atividade física praticada com regularidade está associada a uma maior massa, tamanho e densidade mineral dos ossos, e estudos de intervenção em grande escala revelaram melhorias substanciais na densidade mineral óssea, sem que houvesse aumento no risco de fratura. É particularmente importante que as meninas se envolvam em atividades de apoio de peso, em virtude do risco de osteoporose após a menopausa. As pesquisas ainda não foram capazes de descrever integralmente a dose-resposta e as características ideais de um programa de exercícios para a saúde óssea. Os protocolos de atividade física escolar têm alcançado êxito, embora possam entrar em conflito com as demandas de tempo curricular; e intervenções recentes, mostrando que a prática de saltos (5-10 min de exercício realizado várias vezes por semana) pode aumentar a densidade mineral óssea em 5-10%, demonstraram que existem maneiras eficientes de incorporar atividades físicas específicas para os ossos no dia a dia da escola. De qualquer maneira, ficou claro que a atividade física com o apoio de peso pode aumentar a densidade mineral óssea, o que é particularmente importante para crianças e adolescentes, pois o osso em crescimento tem mais capacidade de se adaptar à carga mecânica do que o osso maduro.

A maximização da densidade óssea no início da vida pode ajudar a reduzir o risco de osteoporose nas mulheres com mais idade. A osteoporose se caracteriza pela diminuição do conteúdo de mineral nos ossos, causando aumento da porosidade óssea (ver Fig. 19.9). A osteopenia, conforme aprendido no Capítulo 18, significa a perda de massa óssea que ocorre ao longo do processo de envelhecimento. A osteoporose é uma perda de tecido ósseo mais grave, em que ocorre deterioração da microarquitetura do osso, acarretando fragilidade do esqueleto e maior risco de fraturas ósseas. Tipicamente, essas mudanças têm começo no início da terceira década de vida. O percentual de ocorrência de fraturas associadas à osteoporose aumenta de duas a cinco vezes depois do surgimento da menopausa. Os homens também sofrem de osteoporose, mas em menor grau quando ainda são jovens, graças a uma velocidade mais lenta de perda de minerais ósseos. Ainda há muito a aprender sobre a etiologia da osteoporose; contudo, existem três fatores contributivos importantes, comuns às mulheres na pós-menopausa: deficiência de estrogênio, ingestão inadequada de cálcio e atividade física inadequada.

 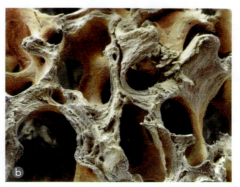

FIGURA 19.9 (a) Osso sadio e (b) osso exibindo aumento da porosidade (diminuição da densidade e enfraquecimento, com evidente remoção do tecido ósseo), como resultado da osteoporose.

Embora o primeiro desses fatores seja resultado direto da menopausa, os dois últimos refletem padrões alimentares e de exercício que se estendem por toda a vida. Evidências sugerem que, além da relação positiva entre exercício e crescimento ósseo em crianças (descrito anteriormente), a prática rotineira da atividade física está associada à manutenção da massa óssea em adultos de meia-idade e em idosos. Por exemplo, em geral, mulheres pós-menopáusicas fisicamente ativas exibem maior densidade mineral óssea do que mulheres sedentárias com idades correspondentes. Portanto, o exercício nessa coorte etária tem ação protetora contra as reduções normais na densidade mineral óssea relacionadas ao processo de envelhecimento. Assim, a prática do exercício protege contra a osteoporose e a osteopenia ao longo da vida.

Além das mulheres na pós-menopausa, as mulheres com amenorreia e as que padecem de anorexia nervosa também se apresentam com redução na massa óssea e osteoporose, problemas atribuíveis à ingestão insuficiente de cálcio, aos baixos níveis séricos de estrogênio, ou possivelmente a esses dois fatores. Em estudos de mulheres com anorexia, foi observado que sua densidade óssea tinha sofrido redução significativa em comparação com os controles. Também foi observado que atletas amenorreicas demonstram menor densidade óssea do que atletas do grupo de controle que menstruam normalmente. Esse achado sugere que a atividade física não protege as atletas amenorreicas de perdas significativas na densidade óssea. Como ilustra a Figura 19.10, o conteúdo mineral ósseo de corredoras com menstruação normal tende a ser mais alto do que o de mulheres do grupo de controle não corredoras e com menstruação normal. Além disso, corredoras amenorreicas se apresentam com conteúdo mineral ósseo mais alto do que mulheres não treinadas amenorreicas. Ao se comparar mulheres com situação menstrual similar, aquelas que se exercitam apresentam maior conteúdo mineral ósseo.

Portanto, embora haja evidências sugerindo que o aumento da atividade física e o consumo adequado de cálcio, em combinação com uma ingestão adequada de calorias, constituem uma abordagem sensata para a preservação da integridade dos ossos em qualquer idade, um ponto importante é que a manutenção da função menstrual normal é fundamental para as mulheres que ainda não chegaram à menopausa.

Distúrbios alimentares

Distúrbios alimentares são um grupo de distúrbios que devem atender aos critérios específicos estabelecidos pela American Psychiatric Association. Os dois distúrbios alimentares mais comumente diagnosticados são anorexia nervosa e bulimia nervosa. Por outro lado, o **consumo desregrado de alimentos** refere-se a padrões de alimentação que não são considerados normais, mas também não atendem aos critérios diagnósticos específicos para um determinado distúrbio alimentar.

Os distúrbios alimentares em meninas e mulheres passaram a receber grande atenção no início dos anos de 1980. Os homens constituem cerca de 10% ou menos dos casos comunicados. A anorexia nervosa tem sido considerada uma síndrome clínica desde o final do século XIX, mas a bulimia nervosa foi descrita pela primeira vez em 1976.

A **anorexia nervosa** é um distúrbio que se caracteriza:

- pela recusa em manter mais do que o peso normal mínimo, com base na idade e na altura;
- pela distorção da imagem corporal;
- pelo medo intenso da obesidade ou de ganhar peso; e
- pela amenorreia.

Meninas e mulheres dos 12-21 anos correm mais riscos de sofrer distúrbio. Nesse grupo, é provável que sua prevalência seja inferior a 1%.

A **bulimia nervosa,** originalmente chamada de bulimarexia, caracteriza-se:

- por episódios recorrentes de alimentação compulsiva;
- pela sensação de perda de controle durante esses episódios; e
- por comportamento de purga, que pode incluir vômito autoinduzido e o uso de laxantes e diuréticos.

Em geral, considera-se que a prevalência da bulimia na população em maior risco, também nesse caso meninas

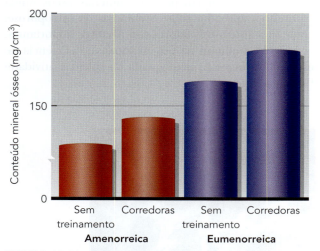

FIGURA 19.10 Conteúdo mineral ósseo de mulheres corredoras e mulheres destreinadas que são amenorreicas e eumenorreicas. Observe que, quando mulheres no mesmo estado menstrual são comparadas, as corredoras exibem maior conteúdo mineral ósseo do que as mulheres sem treinamento.
Dados não publicados, da Dra. Barbara Drinkwater.

adolescentes e mulheres adultas jovens, fique por volta de 4% e, possivelmente, mais perto de 1%.

É importante perceber que a pessoa pode exibir consumo desregrado de alimentos sem, contudo, atender aos rígidos critérios diagnósticos para anorexia ou bulimia. Como exemplo, o diagnóstico de bulimia exige que o indivíduo tenha, em média, um mínimo de dois episódios de consumo desregrado de alimentos e de purga por semana em um período de pelo menos 3 meses. O que dizer da pessoa que atende a todos os critérios, exceto que o consumo desregrado de alimentos e a purga ocorrem apenas uma vez por semana? Embora tecnicamente essa pessoa não possa ser diagnosticada como portadora de bulimia, certamente seu processo de ingestão é desregrado, sendo causa potencial de preocupação. Assim, a denominação *consumo desregrado de alimentos* foi cunhada para descrever aquelas pessoas que não atendem aos rígidos critérios para algum distúrbio alimentar, mas que certamente exibem padrões alimentares anormais.

A prevalência de distúrbios alimentares em atletas é objeto de controvérsia. Vários estudos utilizaram tanto a autoavaliação ou, pelo menos, um de dois questionários criados para o diagnóstico de consumo desregrado de alimentos: o *Eating Disorders Inventory* (EDI) e o *Eating Attitudes Test* (EAT). Os resultados têm variado, porque nem todos os estudos utilizaram os critérios diagnósticos específicos e padronizados para anorexia ou bulimia. Assim como na população em geral, as mulheres atletas costumam correr um risco muito maior do que os atletas do gênero masculino, e certos esportes implicam maiores riscos do que outros. Em geral, os esportes de alto risco podem ser agrupados em três categorias:

1. Esportes em que a aparência física é importante, como mergulho, patinação artística, ginástica artística, fisiculturismo e ballet.
2. Esportes de resistência, como corrida de fundo e natação.
3. Esportes categorizados por peso, como corrida de cavalos (p. ex., os jóqueis), boxe e luta livre.

Nem sempre as autoavaliações ou os questionários fornecem resultados precisos. O segredo é parte do padrão comportamental associado aos distúrbios alimentares; e frequentemente as pessoas com distúrbios alimentares não admitirão o seu problema, mesmo nos casos em que haja garantia de anonimato. Para o atleta, essa necessidade de guardar segredo pode ser ainda exacerbada pelo medo de que o treinador ou seus pais tomem conhecimento do distúrbio alimentar e não permitam mais sua participação em competições.

Embora os estudos nesse campo ainda sejam limitados, parece cabível concluir que as atletas apresentem maior risco de distúrbios alimentares do que a população em geral. É provável que as evidências existentes não reflitam a gravidade desses problemas nas populações de atletas. Embora não tenhamos ainda acesso a dados de estudo, talvez a prevalência seja de até 60% ou mais nas populações específicas de atletas em alto risco listadas anteriormente.

A National Collegiate Athletic Association formulou uma lista de sinais de alerta para a anorexia nervosa e a bulimia nervosa (ver Tab. 19.3). Quando se suspeita de algum distúrbio alimentar, é importante identificar a gravidade do distúrbio e encaminhar a atleta para um profissional especificamente treinado para lidar com esses distúrbios.

Atletas do gênero feminino, por diversas razões, apresentam maiores riscos de sofrer consumo desregrado de alimentos e distúrbios alimentares, quando comparadas a mulheres não atletas. E talvez ainda mais importante seja a tremenda pressão que recai sobre os atletas, em especial as do sexo feminino, para que seu peso diminua até níveis muito baixos – frequentemente abaixo do que seria apropriado. Esse limite de peso pode ser imposto pelo técnico, pelo treinador ou pelos pais; ou então pode se tratar de autoimposição pela atleta. Além disso, a personalidade da típica mulher atleta de elite se aproxima muito do perfil da mulher em alto risco para algum distúrbio alimentar (competitiva, perfeccionista e sob rígido controle da mãe ou do pai, ou de outra pessoa importante, como seu téc-

TABELA 19.3 Sinais de alerta para anorexia nervosa e bulimia nervosa

Anorexia nervosa	Bulimia nervosa
Perda drástica de peso	Perceptível perda ou ganho de peso
Preocupação com alimentos, calorias e peso	Preocupação excessiva com o peso
Uso de roupas folgadas ou sobrepostas	Visitas ao banheiro depois das refeições
Prática obsessiva e excessiva de exercícios	Humor depressivo
Oscilações no humor	Segue dietas rígidas, seguidas por consumo desregrado de alimentos
Evita atividades sociais ligadas a alimentos	Exacerbação das críticas ao próprio corpo

Nota: A presença de um ou dois desses sinais não indica necessariamente a existência de algum distúrbio alimentar. O diagnóstico deve ser estabelecido por um profissional da saúde apropriado.

Adaptado de um folheto distribuído pela National Collegiate Athletic Association (1990).

nico). Ademais, a natureza do esporte ou atividade dita, em grande parte, quem está correndo maiores riscos. Conforme mencionamos anteriormente, atletas que correm maiores riscos se encaixam em três categorias: as que praticam esportes em que o aspecto físico é muito importante, as que praticam esportes de resistência e as que praticam esportes em que há categorização por peso. Além desses riscos, existem as pressões normais impostas pela mídia e pela cultura, que recaem sobre as mulheres jovens, sejam elas atletas ou não.

Tríade da mulher atleta

No início dos anos de 1990, tornou-se evidente a ocorrência de uma associação razoavelmente consistente entre três distúrbios clínicos inter-relacionados, observados em mulheres fisicamente ativas e em mulheres atletas; essa inter-relação é conhecida como a **tríade da mulher atleta**:

- Deficiência relativa de energia.
- Amenorreia secundária.
- Baixa massa óssea.

Deve-se ter em mente que os distúrbios alimentares não são um componente necessário da tríade da mulher atleta. Pelo contrário, o elemento comum é a baixa disponibilidade de energia, que pode ou não ser um produto de distúrbio alimentar. De qualquer forma, a baixa disponibilidade de energia ou deficiência de energia ocorre quando a atleta não consome um volume adequado de calorias para o gasto energético respectivo do exercício. Por um período de tempo (duração que não foi bem estabelecida e que pode variar consideravelmente de uma atleta para outra), uma atleta que possui baixa disponibilidade de energia pode começar a apresentar função menstrual anormal, que eventualmente levará à amenorreia secundária. Com o passar do tempo, isso pode causar redução da massa óssea. Todos esses problemas já foram descritos anteriormente no capítulo, mas a tríade da mulher atleta faz referência específica à inter-relação dos três distúrbios. A revisão mais recente do posicionamento do American College of Sports Medicine sobre a tríade da mulher atleta,[2] publicada em 2007, enfatiza que os três distúrbios podem ocorrer sozinhos ou em combinação e devem ser tratados muito antes do desenvolvimento de consequências sérias.

 VÍDEO 19.2 Apresenta Nancy Williams, falando sobre exercício e saúde reprodutiva e sobre as causas da tríade da mulher atleta.

Exercício e menopausa

A **menopausa** é a cessação permanente da menstruação, e sua ocorrência é definida 12 meses após o período menstrual final. Normalmente, a menopausa ocorre entre 45-55 anos. A transição para a menopausa em mulheres é impulsionada pelo declínio e, finalmente, pela cessação da produção de hormônios sexuais femininos e, com isso, o término das menstruações. É muito preocupante o número de sintomas da menopausa vivenciados pelas mulheres durante essa transição, e que podem ser graves e prejudiciais à sua qualidade de vida. Estima-se que até 75% das mulheres apresentam sintomas como ondas de calor, sangramento vaginal, sintomas vaginais e urinários e alterações de humor. Embora os médicos normalmente prescrevam a terapia hormonal (estrogênio como monoterapia ou estrogênio + progesterona) para mulheres como forma de minimizar os sintomas da menopausa, dados extraídos dos principais estudos clínicos (inclusive do Women's Health Initiative) sugerem que a terapia hormonal pode estar associada a maior risco de doença cardíaca, câncer de mama, acidente vascular cerebral e coágulos sanguíneos. Assim, mulheres com fatores de risco para câncer e doenças cardiovasculares talvez optem por não querer exacerbar o risco com a terapia hormonal.

O exercício tem sido investigado como alternativa terapêutica possível para alívio dos sintomas da menopausa, inclusive de seus sintomas psicológicos, vasomotores, somáticos e sexuais. Infelizmente, são escassos os estudos clínicos randomizados rigorosos e bem controlados que abordam a prática do exercício para os sintomas da menopausa, e os estudos transversais e de relato pessoal apresentam inúmeras falhas metodológicas. No entanto, até a presente data, parece que a prática do exercício é eficaz para melhorar o humor, a insônia e a depressão em mulheres na menopausa. O efeito do exercício físico sobre os sintomas vasomotores, em particular as ondas de calor, não foi estabelecido em estudos de grande porte, embora a prática do exercício seja normalmente recomendada durante a menopausa, graças a seus impactos na qualidade de vida, composição corporal e risco de doença.

Em resumo

> Mulheres na pós-menopausa, amenorreicas e que padecem de anorexia nervosa apresentam risco maior de sofrer osteoporose. Seja qual for a idade, a atividade física e o consumo adequado de cálcio e calorias são importantes para a preservação dos ossos.

> Distúrbios alimentares, como anorexia nervosa e bulimia nervosa, são muito mais comuns em mulheres do que em homens, especialmente entre atletas praticantes de esportes que dependem da aparência física, esportes de resistência e esportes com categorização por peso. Ao que parece, entre as atletas é maior o risco de ocorrência de distúrbios alimentares em comparação com a população em geral.

> A tríade da atleta mulher abarca distúrbios inter-relacionados – inadequação nutricional, amenorreia secundária e perda da densidade mineral óssea – e pode estar associada a desfechos negativos para a saúde, com possibilidade de ocorrência de lesões e incapacidade de competir.

> O efeito da prática habitual do exercício físico nos sintomas da menopausa (p. ex., ondas de calor) não ficou estabelecido em estudos de grande porte; no entanto, o exercício é recomendado durante a menopausa graças ao seu impacto na qualidade de vida, composição corporal e risco de doença.

EM SÍNTESE

Neste capítulo, foram discutidas as diferenças no desempenho específicas de cada sexo. Na maioria dos casos, as reais diferenças entre os gêneros são decorrentes da menor compleição física, da menor MLG e da maior quantidade de gordura corporal relativa e absoluta nas mulheres. É difícil estabelecer comparações válidas para desempenhos esportivos, pois a popularidade de determinado evento e outros fatores – por exemplo, oportunidades de participação, orientação, instalações e técnicas de treinamento – têm diferido consideravelmente entre sexos ao longo dos anos. Apesar dessas limitações, constatamos que mulheres e homens atletas não são tão diferentes como muitas pessoas acreditam.

Com este capítulo, concluímos nossa análise dos aspectos relativos à idade e ao sexo no esporte e nos exercícios. Na próxima parte do livro, a atenção será voltada à atividade atlética para uma aplicação diferente da fisiologia do exercício: o uso da atividade física para obtenção de saúde e condicionamento. Começaremos com uma análise da prescrição do exercício.

PALAVRAS-CHAVE

- amenorreia
- amenorreia primária
- amenorreia secundária
- anorexia nervosa
- bulimia nervosa
- ciclo menstrual
- consumo desregrado de alimentos
- diferenças específicas de gênero
- disfunção menstrual
- distúrbios alimentares
- estrogênio
- eumenorreia
- fluxo menstrual
- gravidez
- lipoproteína lipase
- menarca
- menopausa
- oligomenorreia
- tríade da mulher atleta

QUESTÕES PARA ESTUDO

1. Em sua maioria, as distinções fisiológicas entre homens e mulheres devem ser chamadas de "diferenças entre sexos" e não "diferenças entre gêneros". Explique.
2. De que maneira a composição corporal das meninas e mulheres e dos rapazes e homens pode ser comparada? Quais as diferenças entre homens e mulheres atletas e não atletas?
3. Qual é o papel da testosterona e do estrogênio no desenvolvimento da força, da massa livre de gordura e da massa de gordura?
4. Compare a força existente nas partes superior e inferior do corpo de homens e mulheres. Compare também a massa livre de gordura. As mulheres podem ganhar força com o treinamento de força?
5. Quais são as diferenças entre o VO_{2max} de mulheres e homens normais? E de mulheres e homens altamente treinados? Como explicar essas diferenças?
6. Quais são as diferenças cardiovasculares entre mulheres e homens em relação ao exercício submáximo? E em relação ao exercício máximo?
7. De que maneira o ciclo menstrual influencia no desempenho esportivo?
8. Cite a razão principal pela qual algumas mulheres atletas em regime de treinamento intenso param de menstruar durante alguns meses, ou até mesmo anos.
9. Quais são os riscos associados ao treinamento durante a gravidez? Como é possível evitá-los?
10. Quais são os efeitos da amenorreia nos minerais ósseos? De que modo o treinamento físico afeta os minerais ósseos?
11. Quais são os dois principais distúrbios alimentares, e qual é o nível de risco para que mulheres atletas do grupo de elite sofram desses distúrbios? Qual a variação desses distúrbios de acordo com o esporte praticado?
12. O que é a tríade da mulher atleta? Quais são os fatores envolvidos, e como a tríade evolui?

PARTE VII
Atividades físicas para promoção de saúde e condicionamento físico

Nos capítulos anteriores, nos concentramos nas bases fisiológicas das atividades físicas e do desempenho esportivo, descrevendo as respostas fisiológicas a uma sessão aguda de exercícios físicos e as adaptações ao treinamento crônico, e, também, em como é possível melhorar o desempenho em atividades ligadas aos esportes. Na parte VII, a atenção será desviada do desempenho esportivo e voltada para uma área especial da fisiologia do exercício: o papel das atividades físicas para promoção e manutenção de saúde em geral e do condicionamento físico. O Capítulo 20, "Prescrição de exercícios para promoção de saúde e condicionamento físico", discute como planejar um programa de exercícios físicos que melhore o condicionamento físico com base na saúde. São considerados os componentes essenciais, as maneiras de montar o programa considerando as necessidades específicas de cada indivíduo e o papel singular das atividades físicas para a reabilitação de pessoas enfermas. No Capítulo 21, "Doença cardiovascular e atividade física", serão examinados os principais tipos de doenças cardiovasculares, suas bases fisiológicas e como as atividades físicas podem ajudar a evitar ou retardar a progressão dessas doenças. Finalmente, no Capítulo 22, "Obesidade, diabetes e atividade física", serão discutidas algumas das causas da obesidade e do diabetes, os riscos para a saúde associados a cada um desses problemas e como as atividades físicas podem ser utilizadas no controle desses dois distúrbios.

20 Prescrição de exercícios para promoção de saúde e condicionamento físico

Benefícios para a saúde resultantes de exercícios físicos 552

Recomendações de atividades físicas 553

> **VÍDEO 20.1** Apresenta Bob Sallis, com uma perspectiva médica sobre a prescrição de exercícios físicos.

Triagem para a saúde 555

Testes de condicionamento físico relacionados à saúde 555
Testes clínicos de esforço físico incrementais 558

> **VÍDEO 20.2** Apresenta Bob Sallis, falando se o médico deve ser consultado antes de se iniciar a prática de exercício físico moderado.

Prescrição de exercícios 560

Modo de exercício 560
Frequência do exercício físico 560
Intensidade do exercício físico 561
Duração do exercício físico 561
Volume de exercício 561
Progressão 562
Interrupção de longos períodos na posição sentada 562

Monitoração da intensidade do exercício físico 563

Frequência cardíaca de treinamento 563
Faixa da frequência cardíaca de treinamento 563
Método de reserva de $\dot{V}O_{2max}$ 564
Equivalente metabólico 564
Escalas de percepção de esforço 566

Programa de exercício físico 567

Atividades de aquecimento e alongamento 567
Treinamento de resistência 568
Atividades de relaxamento e alongamento 568
Treinamento de flexibilidade 568
Treinamento de força 568
Exercício neuromotor 569
Atividades recreativas 569

> **VÍDEO 20.3** Apresenta Malachy McHugh, falando sobre o momento e a duração do alongamento, bem como sobre seu papel na prevenção de lesões.

Exercício e reabilitação de pessoas com doenças 569

Em síntese 571

As estatísticas sobre a saúde do adulto médio e sobre seus padrões de atividade física não trazem boas notícias. O President's Council on Physical Fitness[15] lista o seguinte:

- Apenas uma em três crianças pratica atividades físicas diariamente.
- Menos de 5% dos adultos participam de atividades físicas diárias de 30 minutos.
- Apenas 1 em 3 adultos pratica a quantidade semanal recomendada de atividade física.
- 80,2 milhões de pessoas com mais de 6 anos são fisicamente inativas.
- Apenas 35-44% dos adultos com 75 anos ou mais e 28-34% dos adultos com 65-74 anos praticam atividades físicas.
- Mais de 80% dos adolescentes e adultos não cumprem as orientações para atividades aeróbias e de fortalecimento muscular.
- Atualmente, as crianças passam mais de 7,5 h/dia diante de televisão, *videogame* ou tela de computador.
- Praticamente um terço dos estudantes de ensino médio jogam *videogames* ou jogos de computador por 3 h ou mais durante um dia normal na escola.

Embora o corpo humano tenha sido projetado para o movimento, os modernos estilos de vida direcionaram o homem comum para uma existência cada vez mais sedentária. Décadas de pesquisa determinaram, de forma clara e inequívoca, que um estilo de vida ativo é importante para que se tenha boa saúde. A partir da perspectiva da saúde, não nos adaptamos bem a esse estilo de vida inativo.

Benefícios para a saúde resultantes de exercícios físicos

Parece bastante irônico que foram necessárias muitas pesquisas para que os profissionais de saúde e os cientistas chegassem à conclusão de que Galeno identificou, no primeiro século, que o exercício regular era tão importante para a promoção da saúde como respirar ar fresco e comer alimentos apropriados (ver o capítulo de Introdução)!

O primeiro reconhecimento oriundo da moderna profissão médica veio em 1992, quando, nos Estados Unidos, a American Heart Association proclamou a inatividade física como um importante fator de risco para a doença arterial coronariana (DAC); naquela ocasião, a inatividade física foi situada junto ao tabagismo, aos lipídios sanguíneos anormais e à hipertensão. Subsequentemente, representantes dos Centers for Disease Control and Prevention (CDCP), em colaboração com o American College of Sports Medicine (ACSM), anunciaram a importância da atividade física como iniciativa de saúde pública. Logo em seguida, em 1995, publicaram uma declaração de consenso redigida por uma equipe do National Institutes of Health (National Heart, Lung, and Blood Institute), defendendo a atividade física como fator importante para a saúde cardiovascular. Finalmente, em 1996, o Diretor do Departamento de Saúde Pública dos Estados Unidos publicou um relatório sobre os benefícios da atividade física para a saúde. Este foi um documento fundamental, por reconhecer a importância da atividade física na diminuição do risco de doenças degenerativas crônicas.

Grande parte dos estudos em apoio aos benefícios da atividade física na redução do risco de desenvolvimento de uma doença degenerativa crônica teve como origem o campo da epidemiologia, em que são estudadas grandes populações, e são determinadas associações entre níveis de atividade e risco de doenças. Em 2000, fisiologistas do exercício se uniram à guerra contra o que chamaram de "síndrome da morte sedentária", mediante a fundação de um grupo de ação que defendia o apoio governamental ao estudo sobre doenças e distúrbios associados ao estilo de vida sedentário.[3]

Ainda é objeto de discussão se ocorreu alguma melhora desde aquela época. Um número menor de adultos passou a fumar cigarros e menos adolescentes fizeram uso de bebidas alcoólicas ou de drogas ilícitas. Além disso, mais adultos se engajaram no cumprimento das orientações de atividade física, embora ainda seja bem longo o caminho a ser percorrido. A prática regular de atividades físicas é entendida como a participação em atividades físicas moderadas a vigorosas e em atividades para o fortalecimento muscular. Apenas um em cada três adultos realiza a quantidade recomendada de atividade física a cada semana, e mais de 80 milhões de americanos acima dos 6 anos de idade são fisicamente inativos.[15]

São inegáveis os benefícios para a saúde associados à atividade física praticada com regularidade, e um número cada vez maior de estudos está registrando tais benefícios.[1] Existem efeitos bem documentados do exercício com relação à morte prematura, bem como sobre doenças cardiovasculares, hipertensão e acidente vascular cerebral. Outras doenças minimizadas pela atividade física regular são o diabetes tipo 2, a osteoporose, a obesidade e a síndrome metabólica, muitos tipos de câncer e a depressão. Além disso, também melhoram as funções física e cognitiva com o engajamento em um programa de exercício físico praticado regularmente. Essas associações inversas entre atividade física e doença e incapacidade acompanham as relações de dose-resposta, ou seja, mais atividade física está associada a grande impacto nas condições de saúde adversas.

Recomendações de atividades físicas

Apesar das estatísticas um tanto desanimadoras, a maioria dos norte-americanos está ciente de que o exercício é parte importantíssima da medicina preventiva. Ainda assim, as pessoas acham que se exercitar é algo como praticar *jogging* 8 km por dia ou levantar pesos até que os músculos não aguentem mais. Muitos acreditam na necessidade de volume e intensidade elevados no treinamento físico para que sejam obtidos benefícios relacionados à saúde, mas isso não é verdade. Esse mito foi o enfoque principal do relatório do CDCP/ACSM publicado em 1995, o qual concluiu que a obtenção de benefícios significativos é possível por meio da inclusão de uma quantidade moderada de atividades físicas, por exemplo, 30 min de caminhada rápida, 15 min de corrida ou 45 min de prática de voleibol em quase todos – ou em todos – os dias da semana. O ponto mais enfatizado desse documento foi que, com um modesto aumento nas atividades físicas, a maioria das pessoas poderia melhorar sua saúde e qualidade de vida. Na verdade, um estudo com idosos (70-82 anos) demonstrou

---

PERSPECTIVA DE PESQUISA 20.1
Posição sentada, atividade física e mortalidade

A associação entre o comportamento sedentário (i. e., sentado) e os desfechos de doenças crônicas e mortalidade é evidente hoje e tem implicações clínicas significativas. Ao usar dados de acelerometria coletados objetivamente, a *U.S. National Health and Nutrition Examination Survey* (NHANES) estima que crianças e adultos passam quase 8 horas por dia em situação de sedentarismo. Uma questão comum é se a associação entre comportamento sedentário e doença crônica seria modulada pela atividade física. Uma metanálise recente revelou que o impacto deletério de sentar-se, exercido sobre a mortalidade por qualquer causa, foi atenuado em níveis cada vez mais altos de atividade física. Em outras palavras, a participação diária em atividades de intensidade moderada a vigorosa durante 60-75 minutos essencialmente eliminou o risco de doença crônica atribuído ao ato de sentar.

Assim, uma importante questão de acompanhamento é saber se a associação entre atividade física de intensidade moderada a vigorosa e doença crônica e mortalidade seria modulada pelo comportamento sedentário. Recentemente, pesquisadores tentaram responder a essa dúvida ao reanalisarem os resultados da metanálise já mencionada.[8] Seus resultados demonstram uma relação de dose-resposta entre atividade física de intensidade moderada a vigorosa e mortalidade em qualquer nível na posição sentada. Em outras palavras, mesmo para pessoas que passam diariamente pouco tempo sentadas, ainda assim a prática de mais atividade física diminui o risco de mortalidade. Portanto, independentemente da quantidade de tempo gasto na posição sentada por dia, as políticas de saúde pública devem se concentrar *tanto* na redução do comportamento sedentário *como* no aumento da atividade física de intensidade moderada a vigorosa, a fim de maximizar os benefícios para a saúde e reduzir o risco de mortalidade.

Essa recomendação – de simultaneamente reduzir o tempo em posição sentada e aumentar a atividade física – com frequência denominada "hipótese do deslocamento" (i. e., deslocar atividades que envolvam períodos prolongados na posição sentada, trocando-as por atividades físicas que envolvam, ou não, o exercício físico). Implícita nessa hipótese, a substituição do tempo sentado pela atividade física estará associada a menor risco de doença; no entanto, essa possibilidade ainda não foi experimentalmente avaliada. Outro grupo de pesquisadores[11] estimou os benefícios para a mortalidade associados à substituição do tempo sentado por diferentes tipos de atividade física, incluindo exercícios, esportes e atividades que não envolvem exercício físico (p. ex., tarefas domésticas, caminhadas diárias). Nesse estudo, o maior tempo total consumido na posição sentada (≥ 12 h *versus* < 5 h/dia) foi associado a um aumento gradual do risco de mortalidade por qualquer causa, bem como a maior risco de mortalidade cardiovascular. Em adultos menos ativos, a substituição de 1 h/dia na posição sentada por um período equivalente de atividade física ou que não envolva exercício foi associada a menor mortalidade. Curiosamente, para adultos que se envolvem em atividades mais gerais, a maioria das quais não envolve a prática do exercício físico, a substituição de algum tempo de permanência na posição sentada por maior quantidade de atividades que não envolvem atividade física não confere benefícios adicionais; em vez disso, é necessária a prática intencional e planejada de exercícios físicos com o objetivo de diminuir ainda mais o risco de mortalidade em adultos ativos. Considerados em conjunto, os resultados desse estudo fornecem forte apoio à recomendação de saúde pública, de substituição da inatividade por mais atividade física. Essa substituição está associada a maior longevidade, principalmente nos adultos menos ativos.

que o simples fato de ser mais ativo reduziu muito o risco de mortalidade, independentemente de um programa de exercícios físicos formal.[10]

Benefícios extras para a saúde poderiam ser adquiridos com a prática de mais atividades físicas. Os estudos sugerem que as pessoas que mantiverem um programa regular de atividades com maior duração ou intensidade mais vigorosa provavelmente obterão maiores benefícios para sua saúde. Atualmente, ficou claro que o tipo e a intensidade apropriados de exercícios variam, dependendo das características individuais, do nível atual de condicionamento físico e de problemas específicos com a saúde e metas individuais.

As *ACSM's Guidelines for Exercise Testing and Prescription*, 10ª edição,[1] é uma rica fonte de informações atualizadas e compiladas sobre os benefícios do exercício físico. Com base nos esforços combinados do American College of Sports Medicine e a American Heart Association, desde 2007 estão disponíveis as seguintes recomendações:[7]

- Todos os adultos saudáveis com idades entre 18-65 anos devem participar de atividade física (AF) aeróbia de intensidade moderada durante, no mínimo, 30 minutos em 5 dias por semana, ou de AF aeróbia de intensidade vigorosa durante, no mínimo, 20 minutos em 3 dias por semana.
- Podem ser feitas combinações de AF de intensidade moderada e vigorosa, em atendimento a essa recomendação.
- A AF aeróbia de intensidade moderada pode ser acumulada para totalização do mínimo de 30 minutos; para tanto, devem ser feitas sessões com duração ≥ 10 minutos cada.
- Todo adulto deve fazer atividades que mantenham ou aumentem a força muscular e a resistência por, no mínimo, 2 dias por semana.
- Em virtude da relação dose-resposta entre a AF e a saúde, pessoas que queiram aprimorar ainda mais sua forma física, diminuir o risco de doenças crônicas e de incapacitações, bem como evitar um ganho de peso que não fará bem à sua saúde, podem se beneficiar excedendo as quantidades mínimas recomendadas para os exercícios físicos.

Durante a primeira década do século XXI, o ACSM, em colaboração com a American Medical Association (AMA), lançou uma importante iniciativa com o objetivo de incentivar os profissionais de saúde a aconselhar seus pacientes sobre a importância da atividade física na promoção e manutenção da saúde e prevenção de doenças. Diante de uma realidade em que muitos médicos e outros profissionais da saúde não tiveram educação nem treinamento profundos

Perspectiva de pesquisa 20.2
Orientações revisadas de atividade física para norte-americanos

Em novembro de 2018, o U.S. Department of Health and Human Services publicou uma revisão das *Activity Guidelines for Americans* (diretrizes de atividade física para norte-americanos). As diretrizes originais, publicadas em 2008, destacavam o fato de que ser fisicamente ativo é uma das ações mais importantes que pessoas de todas as idades podem adotar para melhorar a saúde. Embora os principais públicos dessas diretrizes sejam os formuladores de políticas e profissionais de saúde, as pessoas comuns também podem se beneficiar dessas informações. A edição revisada, baseada em evidências científicas obtidas nos 10 anos seguintes às Diretrizes originais de 2008, reafirmou a importância da prática diária de atividade física na redução do risco de ocorrência de muitas doenças crônicas e, além disso, também reconfirmou a meta semanal de 150 minutos de atividade aeróbia com intensidade moderada. Entretanto, reconhecendo que muitos adultos talvez não possam cumprir essa meta, as novas diretrizes também afirmam que qualquer quantidade de atividade diária – não importa quão grande ou pequena – será benéfica para a saúde. Nesse sentido, as novas diretrizes eliminam a ressalva de que, para ser benéfica, a atividade física deve se prolongar por, no mínimo, 10 minutos. Outros acréscimos às novas diretrizes foram:

1. Informações sobre os benefícios da atividade física para idosos e pessoas cujos problemas crônicos impedem o exercício regular.
2. Orientações para crianças já a partir dos 3 anos de idade.
3. Contrastes entre o comportamento sedentário e a atividade física e os riscos associados ao sedentarismo.
4. Novos conhecimentos acerca dos benefícios decorrentes da atividade física para a saúde cerebral, para certos tipos de câncer e também para lesões relacionadas a quedas
5. Informações sobre os benefícios do exercício físico relacionados ao bem-estar geral, ao funcionamento diário e ao sono.
6. Estratégias baseadas em dados científicos para que, no todo, a população se torne mais ativa.

nessa área, foi desenvolvido programa formal com o objetivo de educá-los e treiná-los nos fundamentos da prescrição de exercícios. O site http://exerciseismedicine.org oferece o "Guia de Ação dos Provedores de Assistência Médica", para orientação dos profissionais de saúde com relação à inclusão da atividade física no plano de saúde geral de seus pacientes.

VÍDEO 20.1 Apresenta Bob Sallis, com uma perspectiva médica sobre a prescrição de exercícios físicos.

Conhecendo os benefícios da prática habitual de exercícios físicos, como as pessoas devem iniciar seus programas de exercícios para melhorar a saúde em geral e o condicionamento físico? O primeiro passo é tomar a decisão de agir. O passo seguinte é obter autorização médica.

Triagem para a saúde

Realmente há necessidade de uma avaliação clínica antes de iniciar um programa de exercícios? Embora uma triagem médica abrangente seja útil e desejável antes da prescrição do exercício físico, nem todas as pessoas precisam desse procedimento. Para muitos, é impossível arcar com os custos dessa avaliação, e o sistema médico não está preparado para fornecer esse serviço para toda a população, mesmo que houvesse dinheiro disponível. Além disso, não foi comprovado que a avaliação clínica antes da prescrição de exercício físico para uma população presumida como saudável diminua os riscos médicos associados à prática do exercício.

Em sua maioria, as organizações de medicina esportiva, incluindo o ACSM, concordam que uma triagem de saúde que anteceda a participação deve ser incentivada para aquelas pessoas que desejam iniciar ou intensificar um programa com exercícios físicos. No entanto, muitas pessoas consideram a avaliação clínica uma barreira significativa ao início de tal programa. Novas diretrizes esclarecem, em forma de algoritmo, o nível de triagem sugerido (ver Tab. 20.1).

Testes de condicionamento físico relacionados à saúde

Mensurações adequadas de vários aspectos do condicionamento físico são atividades comuns na medicina preventiva, na pesquisa laboratorial e nos programas de reabilitação e fisioterapia.

TABELA 20.1A Algoritmo do ACSM para triagem pré-participação de pessoas que não se exercitam com regularidade

Quadro de saúde	Liberação médica Recomendado	Liberação médica Não necessário	Acompanhamento das orientações prescritas quanto à progressão* Exercício com intensidade leve (30-< 40% da RFC)	Exercício com intensidade moderada (40-< 60% RFC)	Exercício com intensidade vigorosa (≥ 60% da RFC)
Sem doença CV, metabólica ou renal; sem sinais ou sintomas dessas doenças		X	Recomendado	Recomendado	Pode progredir para essa intensidade*
Sabidamente com doença CV, metabólica ou renal; assintomática	X		Recomendado, depois da liberação médica	Recomendado, depois da liberação médica	Pode progredir para essa intensidade*
Qualquer sinal ou sintoma de doença CV, metabólica ou renal	X		Recomendado, depois da liberação médica	Recomendado, depois da liberação médica	Pode progredir para essa intensidade*

CV = doença cardíaca, vascular periférica ou cerebrovascular. Doença metabólica = diabetes melito tipo 1 e 2. Prática regular do exercício físico é definida como a realização de atividade física estruturada e planejada durante ≥ 30 min em intensidade moderada ou superior durante um mínimo de 3 dias por semana ao longo dos últimos 3 meses, ou mais. *Ver Cap. 11 para detalhes sobre a prescrição de exercícios físicos.

Reproduzido com permissão de M. Shipe, Health Risk Appraisal, in *Fitness Professional's Handbook*, 7.ed., editado por E.T. Howley e D.L. Thompson (Champaign, IL: Human Kinetics, 2017), 25; Adaptado de Riebe et al., "Updating ACSM's Recommendations for Exercise Preparticipation Health Screening," *Medicine in Science in Sports and Exercise* 47(2005):2473-2479.

TABELA 20.1B Algoritmo do ACSM para triagem pré-participação para pessoas que se exercitam com regularidade

		Liberação médica		Acompanhamento das orientações prescritas quanto à progressão*	
Quadro de saúde	Recomendado	Não necessário	Exercício com intensidade leve (30-< 40% da RFC)	Exercício com intensidade moderada (40-< 60% da RFC)	Exercício com intensidade vigorosa (≥ 60% da RFC)
Sem doença CV, metabólica ou renal; sem sinais ou sintomas dessas doenças		X		Pode continuar nessa intensidade	Pode continuar ou progredir para essa intensidade*
Sabidamente com doença CV, metabólica ou renal; assintomática		X		Pode continuar nessa intensidade	Pode continuar nessa intensidade depois da liberação médica
Qualquer sinal ou sintoma de doença CV, metabólica ou renal	X Interromper o exercício físico		Pode retomar depois da liberação médica	Pode retomar depois da liberação médica	Pode retomar depois da liberação médica

CV = doença cardíaca, vascular periférica ou cerebrovascular. Doença metabólica = diabetes melito tipo 1 e 2. Prática regular do exercício físico é definida como a realização de atividade física estruturada e planejada durante ≥ 30 min em intensidade moderada ou superior durante um mínimo de 3 dias por semana ao longo dos últimos 3 meses, ou mais. *Ver Cap.11 para detalhes sobre a prescrição de exercícios físicos.

Reproduzido com permissão de M. Shipe, Health Risk Appraisal, in *Fitness Professional's Handbook*, 7.ed., editado por E.T. Howley e D.L. Thompson (Champaign, IL: Human Kinetics, 2017), 25; Adaptado de Riebe et al., "Updating ACSM's Recommendations for Exercise Preparticipation Health Screening," *Medicine in Science in Sports and Exercise* 47(2005):2473-2479.

Embora alguns desses testes sejam feitos com o objetivo de diagnosticar ou documentar enfermidades como a doença arterial coronariana, aqui o foco é o seu uso no estabelecimento do estado geral de saúde e do nível de condicionamento físico de uma pessoa.

Composição corporal

O aumento da adiposidade está associado a uma série de doenças e deficiências. A adiposidade central ou abdominal apresenta uma associação particularmente forte. De forma isolada, as medidas de altura e peso não conseguem definir adequadamente esse risco nem estão relacionadas, em geral, ao nível de condicionamento físico. Por outro lado, a determinação dos componentes do modelo bicompartimental – massa gorda e massa livre de gordura – pode propiciar valiosas informações sobre a saúde. Alterações nesses dois componentes com a prática de exercício físico e dieta são características de sua eficácia e benefícios à saúde. As técnicas usadas para medir a composição corporal foram abordadas em detalhes no Capítulo 15.

Força e resistência musculares

As definições e os princípios da força e resistência musculares foram abordados no Capítulo 9. Esses componentes do condicionamento físico podem ser avaliados por diversas maneiras válidas no laboratório ou na clínica. A força muscular é definida como a força máxima que pode ser gerada por um músculo ou grupo muscular. Tradicionalmente, o teste de 1RM tem sido o padrão para medir a força específica do movimento, mas também foram propostos testes de 5RM e 10RM.[1] A força de preensão é um conceito importante para as atividades da vida diária, sendo também um bom preditor das condições funcionais e da mortalidade prematura em idosos.

Perspectiva de pesquisa 20.3
Exercício físico e o cérebro

Nos últimos dois séculos, a expectativa de vida quase dobrou, o que resultou no crescimento da população idosa. O envelhecimento é o principal fator de risco para doenças crônicas, inclusive demência e doença de Alzheimer, cuja prevalência continua a aumentar de forma constante (e alarmante). Estudos epidemiológicos sugerem que o desenvolvimento da doença de Alzheimer pode estar relacionado a fatores de risco modificáveis, inclusive atividade física e fatores de risco cardiovascular, em aproximadamente 30% dos pacientes. Atualmente, há evidências convincentes que ligam o exercício aeróbio habitual a reduções no declínio cognitivo relacionado ao envelhecimento. Ainda não foram devidamente esclarecidos os mecanismos precisos que medeiam as melhoras induzidas pelo exercício físico na estrutura e função do cérebro. Contudo, parece provável que as adaptações cardiovasculares que ocorrem como consequência da atividade física crônica possam preservar a saúde do cérebro, minimizando o risco de comprometimento cognitivo e o desenvolvimento da demência.

Os benefícios cognitivos do exercício, por exemplo, melhor desempenho cognitivo nas funções executivas e na memória, são maiores quando a prática habitual do exercício físico tem início mais precoce na vida da pessoa, e quando são combinados o exercício aeróbio e o treinamento de força.[17] O treinamento aeróbio habitual também promove adaptações estruturais no cérebro, diminuindo as deteriorações no funcionamento das substâncias cinzenta e branca que normalmente ocorrem com o processo de envelhecimento. Além disso, o exercício físico preserva o volume do cérebro, particularmente nas áreas cerebrais associadas ao comprometimento cognitivo (p. ex., lobo parietal e córtex visual).

Ademais, os efeitos benéficos que a atividade física habitual exerce sobre a função cardiovascular, provavelmente, também melhoram a saúde cerebral. O cérebro carece de armazenamento de energia intracelular, dependendo, assim, inteiramente do suprimento vascular de oxigênio e nutrientes; além disso, as melhorias induzidas pelo exercício no controle vascular do fluxo sanguíneo cerebral desempenham um papel essencial na manutenção da estrutura e do funcionamento normais do cérebro. O cérebro é particularmente sensível a mudanças na pressão arterial em virtude da baixa resistência da vasculatura cerebral. A respeito disso, o exercício aeróbio regular atenua o enrijecimento das artérias elásticas centrais (as artérias aorta e carótida). Reduções no enrijecimento arterial central são acompanhadas por reduções na pressão arterial sistólica, um fator de risco estabelecido para a ocorrência de acidente vascular cerebral e comprometimento cognitivo, além de amenizar a transmissão de ondas de pressão arterial pulsátil excessiva para o cérebro. O exercício também melhora a função endotelial das artérias de grande calibre, a autorregulação cerebral e a reatividade vasomotora, bem como a troca de substrato e a remoção de resíduos na microcirculação cerebral, fatores que, em última análise, melhoram a saúde cerebral.

Um estudo epidemiológico de 2014 também sugere que o condicionamento físico aeróbio reduz o risco de mortalidade por câncer no cérebro.[18] Nesse estudo, tal risco foi examinado prospectivamente no *National Walkers' and Runners' Health Study* (Estudo nacional sobre a saúde de corredores e caminhantes), com a seguinte coorte: ~153.000 indivíduos, de ~50 anos de idade, acompanhado por ~12 anos. Nessa amostra, 100 mortes foram atribuídas a câncer de cérebro como a causa primária. Nesses indivíduos, o risco de mortalidade por câncer de cérebro foi reduzido significativamente com maiores quantidades de exercício regular, resultando em maior benefício com mais atividade (p. ex., correr 12-25 km/semana).

Curiosamente, é possível que a relação entre intensidade do exercício e saúde cerebral não seja linear; em vez disso, essa ligação parece ser hormética (i. e., uma relação dose-resposta bifásica) (ver figura). Ou seja, surgiram evidências que sugerem que a prática de exercícios puxados de resistência pode efetivamente *causar* lesão cerebral caso não seja permitida uma recuperação suficiente. Ainda não estão suficientemente esclarecidos os mecanismos mediadores dos efeitos adversos do exercício físico no cérebro, mas é concebível que eles podem estar relacionados ao maior risco de uma carga catabólica sistêmica, de respostas inflamatórias e riscos de lesão ou de evento cardiovascular. No entanto, é muito importante que novos estudos sejam realizados para que seja definida com maior precisão a dose ideal de treinamento físico que pode prevenir ou retardar as deteriorações funcionais e estruturais no cérebro relacionadas ao processo de envelhecimento. Contudo, o exercício aeróbio é claramente uma estratégia eficaz para a melhora da saúde cardiovascular, por retardar o declínio cognitivo e o aparecimento da demência em idosos, além de melhorar a qualidade de vida e prolongar o tempo de vida saudável.

A possível relação hormética entre aumentos na intensidade do exercício e melhoras na saúde do cérebro. O exercício aeróbio melhora a função cognitiva e a estrutura cerebral; no entanto, exercícios físicos puxados podem ter efeitos deletérios.

A resistência muscular, por outro lado, refere-se à capacidade de um músculo, ou grupo muscular, de (1) sustentar contrações repetidas durante determinado período de tempo ou (2) manter determinada porcentagem de 1RM por determinado período de tempo. Talvez o teste de campo mais comum para aferição da resistência muscular seja o teste de flexão, ou seja, o número máximo de flexões adequadamente executadas que podem ser feitas em um período fixo de tempo (geralmente 1 ou 2 min.). Os testes de abdominais ou de rosca não são recomendáveis porque se relacionam apenas moderadamente à resistência abdominal e, além disso, podem causar lesão lombar.[1]

Flexibilidade

A capacidade de mover uma articulação ao longo de sua amplitude de movimento completa é chamada flexibilidade, e os testes de flexibilidade costumam medir os graus de movimento em torno dessa articulação. Embora seja possível medir a flexibilidade de muitas articulações, o teste de flexibilidade mais comum é o teste de "sentar e alcançar", ou teste de flexão do tronco. Esse teste mede os posteriores da coxa e a flexibilidade da região lombar. Os testes de flexibilidade apresentam uma singularidade: quase sempre, as mulheres alcançam melhores resultados que os homens com idade semelhante.

Condicionamento cardiorrespiratório

Conforme mencionado ao longo de todo o livro, a medida-padrão para o condicionamento cardiorrespiratório, ou a capacidade aeróbia, é o consumo máximo de oxigênio, ou $\dot{V}O_{2max}$. O $\dot{V}O_{2max}$ pode ser estimado a partir de testes de campo (p. ex., o tempo necessário para concluir uma caminhada ou corrida de 12 minutos) ou com um **teste de esforço físico incremental (TEI)** submáximo ou máximo. Os TEI podem ser feitos em esteira ou cicloergômetro, ou ainda usando um teste do degrau.

Os testes submáximos costumam envolver a medição da FC em intensidades de esforço variadas, com extrapolação para a FC_{max}. Esse processo está ilustrado na Figura 8.2. Os TEI máximos fazem com que a pessoa seja levada ao ponto de fadiga volitiva e, em geral, medem diretamente a absorção de oxigênio nessa carga máxima de trabalho. Os TEI também são utilizados como instrumentos clínicos para o diagnóstico ou verificação de doença arterial coronariana, conforme será discutido a seguir.

Testes clínicos de esforço físico incrementais

Isoladamente, o TEI pode ser usado para determinar se o indivíduo está pronto para a prática do exercício e da atividade, para avaliar a eficácia da terapia ou para outras situações que envolvam a tomada de decisão clínica, mas é raro o seu uso isolado para fins de diagnóstico. Quando utilizadas tais finalidades diagnóstico, geralmente um **teste de esforço físico incremental (TEI)** é realizado em conjunto com outros procedimentos, como a ecocardiografia, testes farmacológicos com uso de medicação ou agente cardiovascular específico, ou *scans* de radionuclídeos. Entre os testes diagnósticos, também podem ser utilizadas a ecocardiografia e imagens com radionuclídeos, para que sejam obtidas imagens anatômicas e fisiológicas do miocárdio. Essas técnicas melhoram a especificidade e a sensibilidade do teste. Normalmente o TEI é acompanhado por um **eletrocardiograma (ECG) de esforço** de 12 derivações (Figs. 20.1 e 20.2). Durante esses procedimentos de avaliação, também podem ser obtidas pressões arteriais de esforço e outras medidas de respostas fisiológicas e até mesmo psicológicas (p. ex., classificação de percepção do esforço e escalas de dor).

O ECG de esforço e a pressão arterial são monitorados à medida que a pessoa progride de um exercício de baixa intensidade, por exemplo, andar devagar, para um exercício mais intenso e, em certos casos (mas raramente), para um exercício de intensidade máxima. Mais comumente, esses testes diagnósticos padronizados são acompanhados por exercícios de intensidade baixa a moderada. Também nesses casos, raramente se utilizam exercícios de intensidade máxima e, com os atuais métodos empregados nos testes diagnósticos, tal opção é igualmente pouco utilizada. Mas o teste de esforço em geral é progressivo – isto é, a taxa de trabalho é progressivamente aumentada a cada 1-3 minutos até que seja alcançada uma frequência cardíaca normalmente predeterminada (em geral 85% do máximo estimado). Faz-se a monitoração do ECG de esforço com o objetivo de detectar anormalidades do ritmo cardíaco e

FIGURA 20.1 Obtenção de um eletrocardiograma de esforço durante um teste clínico de esforço físico incremental.

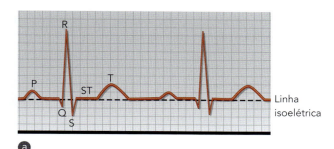

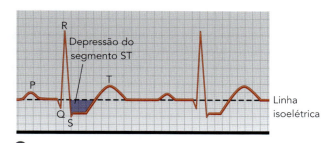

FIGURA 20.2 Ilustração de (a) um eletrocardiograma (ECG) normal e (b) um ECG com depressão do segmento ST, sugestiva de presença de doença arterial coronariana.

da condutividade elétrica. A pressão arterial é monitorada para determinar se há um aumento normal da pressão arterial sistólica e pouca ou nenhuma mudança na pressão arterial diastólica, à medida que a taxa de trabalho progride, de uma baixa intensidade para níveis máximos ou quase máximos. Também é importante que o profissional de saúde interaja com a pessoa que está sendo testada, observando sinais e sintomas durante e imediatamente após o teste de esforço, como dor ou pressão no peito (angina), uma falta de ar pouco comum, sensação de desmaio ou tontura e uma resposta inadequada da frequência cardíaca.

Os resultados de um TEI diagnóstico, do ECG de esforço, do ecocardiograma, das imagens e das medidas fisiológicas são todos considerados na avaliação do teste como positivo, negativo ou ambíguo. Em geral, testes positivos ou ambíguos implicam procedimentos diagnósticos subsequentes, por exemplo, angiogramas coronarianos, outros procedimentos com testes cardiovasculares ou tratamento clínico para determinar a etiologia e a origem dos sinais e sintomas que originaram a consulta da pessoa ao médico. Tipicamente, uma pessoa com alterações anormais em teste diagnóstico de esforço deve ser encaminhada para procedimentos clínicos mais diretos.

Para que os resultados do ECG de esforço sejam precisos, deve-se levar em consideração sensibilidade, especificidade e valor prognóstico do teste de esforço. **Sensibilidade** refere-se à capacidade do teste de esforço para identificar corretamente pessoas portadoras da doença em questão, por exemplo, DAC; **especificidade** é a capacidade do teste de identificar corretamente pessoas que não são portadoras da doença; e **valor prognóstico de um teste de esforço anormal** refere-se à precisão com a qual os resultados anormais de testes refletem a presença da doença.

Infelizmente, tanto a sensibilidade como o valor prognóstico de um teste de esforço anormal para detecção de DAC são relativamente baixos em populações sadias, formadas por pessoas que não apresentam sintomas dessa doença. Estudos já publicados revelam que a sensibilidade fica, em média, em 66%; isso significa que 66% daqueles indivíduos com DAC são corretamente identificados por ECG de esforço como sendo portadores dessa doença. Por outro lado, 34% dos indivíduos com a doença são incorretamente diagnosticados como não portadores, com base nos ECG de esforço. O uso de um teste de esforço em uma população que tenha grande probabilidade de ter DAC aumenta sua sensibilidade. Assim, hoje em dia é relativamente raro ver um TEI realizado apenas para fins diagnósticos, porque esse teste tem valor limitado na triagem de indivíduos jovens e aparentemente saudáveis para a doença arterial coronariana.

VÍDEO 20.2 Apresenta Bob Sallis, falando se o médico deve ser consultado antes de se iniciar a prática de exercício físico moderado.

Em resumo

> Antes de dar início a qualquer programa de exercícios, qualquer pessoa considerada de alto risco para a DAC deve passar por uma avaliação em conformidade com o algoritmo de triagem do ACSM.

> Os testes de condicionamento físico relacionado à saúde consistem em medidas da composição corporal, força e resistência musculares, flexibilidade e condicionamento cardiorrespiratório.

> As orientações mais recentes do ACSM devem ser seguidas para cada fase da avaliação, e o médico deve ser consultado acerca da atividade física proposta, caso exista qualquer contraindicação médica.

> A sensibilidade de um teste refere-se à sua capacidade de identificar corretamente pessoas com determinada doença. A especificidade de um teste refere-se à sua capacidade de identificar corretamente pessoas que não têm a doença. O valor prognóstico de um teste de esforço anormal refere-se à precisão com que o teste reflete a presença da doença em determinada população.

> As orientações mais recentes do ACSM declaram que pode ser que não haja necessidade de exame clínico e de um teste de esforço em pessoas sem sintomas de doença cardiovascular, pulmonar e metabólica, se essas pessoas se propuserem a praticar exercícios moderados, gradualmente progressivos e sem envolvimento em competições.

Prescrição de exercícios

A **prescrição do exercício** envolve seis fatores básicos:

1. Modo ou tipo de exercício.
2. Frequência de participação.
3. Intensidade da sessão de exercício.
4. Duração (tempo) de cada sessão de exercício.
5. Volume de exercício.
6. Progressão.

Nas mais recentes diretrizes do ACSM,[1] foi empregado o acrônimo FITT-VP, que denota frequência, intensidade, tipo, tempo, volume e progressão.

No início deste capítulo, delineamos as características FITT-VP recomendáveis para a promoção da saúde e minimização do risco de ocorrência de doença crônica. Nesta seção, assumimos que o objetivo do programa de exercícios é melhorar a resistência cardiorrespiratória, inclusive fazendo pequenas mudanças no comportamento sedentário, por exemplo, fazendo interrupções em períodos prolongados na posição sentada. Tendo em vista que a prescrição de programas de treinamento de força foi discutida com detalhes no Capítulo 9, a inclusão desse tipo de treinamento como parte do programa total de exercícios físicos será mencionada rapidamente mais adiante neste capítulo. O enfoque desta seção é o treinamento aeróbio. Além disso, as informações contidas nesta seção não são apropriadas para o planejamento de programas de treinamento para atletas fundistas de competição, que foi estudado no Capítulo 9.

Deve ser atingido um limite mínimo de frequência, duração e intensidade do exercício, antes que seja obtido qualquer benefício aeróbio. Mas, conforme discutido em outra parte deste livro, as respostas individuais a determinado programa de treinamento variam muito, e assim o limite necessário irá diferir, dependendo da pessoa. Se a intensidade do exercício físico for utilizada como exemplo, uma declaração de posição do ACSM define o limite inferior para a intensidade moderada de treinamento como 40% da reserva de frequência cardíaca (RFC) ou do $\dot{V}O_{2max}$.[1] Embora essa recomendação seja apropriada para a maioria dos adultos saudáveis, alguns pouco condicionados podem melhorar suas capacidades aeróbias em intensidades abaixo de 40% de seu $\dot{V}O_{2max}$. O limite de cada indivíduo para frequência, duração e intensidade deverá ser excedido, para que se obtenham ganhos na resistência cardiorrespiratória, sendo provável que esse limite individual aumente à medida que sua resistência cardiorrespiratória for aumentando.

Modo de exercício

O programa de exercícios prescrito deve se concentrar em um ou mais **modos,** ou tipos, de atividades de resistência cardiorrespiratória. Tradicionalmente, as atividades prescritas com maior frequência são:

- andar;
- praticar *jogging;*
- correr;
- caminhar longas distâncias;
- andar de bicicleta;
- remar; e
- nadar.

Tendo em vista que essas atividades não atraem todas as pessoas, foram identificadas atividades alternativas que deveriam promover ganhos similares de resistência cardiorrespiratória. *Spinning* (i. e., pedalar em cicloergômetro com música), exercícios de resistência cardiovascular em grupo ("cárdio") e uma combinação de treinamento de resistência/resistência cardiorrespiratória são excelentes substitutos para os modos de exercício de resistência cardiorrespiratória listados. Os benefícios do treinamento TIAI/HIIT já foram discutidos ao longo do livro.

As pessoas devem selecionar atividades prazerosas, com as quais desejem continuar pelo resto de suas vidas. O exercício físico deve ser encarado como uma atividade para a vida toda, pois, como visto no Capítulo 14, seus benefícios logo serão perdidos se a pessoa interromper sua prática. Motivação é provavelmente o fator mais importante em um programa de exercícios bem-sucedido. A seleção de uma atividade que seja divertida, proporcione algum desafio e que possa gerar os benefícios necessários é uma das tarefas mais cruciais na prescrição do exercício físico. Também é sensato ter várias atividades à escolha, no caso de tempo rigoroso, viagem ou outros empecilhos. Outros fatores que devem ser levados em consideração são: localização geográfica, clima e disponibilidade de equipamentos e instalações. Exercitar-se em casa se tornou mais comum, visto que muitas pessoas ficam presas às suas casas, seja por responsabilidades (p. ex., a criação de filhos), seja por causa de condições climáticas (calor, umidade, frio intenso, chuva, gelo e neve).

Frequência do exercício físico

Os estudos sobre frequência dos exercícios físicos demonstram que três dias por semana de atividade vigorosa ou cinco dias por semana de atividade moderada constituem uma frequência ideal. Isso não significa que seis ou sete dias por semana não proporcionarão benefícios extras, mas simplesmente que, tendo em vista os benefícios ligados à saúde, o ganho ideal é obtido com um investimento de tempo de três a cinco dias por semana. Obviamente, mais dias além da frequência de três a quatro dias por semana são benéficos para a perda de peso, mas esse nível não deverá ser incentivado até que o hábito do

> **PERSPECTIVA DE PESQUISA 20.4**
>
> ## Golfe é (provavelmente) bom para a sua saúde
>
> Talvez fique imediatamente evidente o potencial do golfe de oferecer uma oportunidade de prática de atividade física e a aquisição dos benefícios associados para a saúde. Isso pode ser particularmente verdadeiro para adultos de meia-idade e idosos, que em geral são menos ativos que os adultos mais jovens. No entanto, estudos limitados examinaram de forma abrangente a relação entre golfe e saúde. Assim, um grupo de pesquisadores recentemente se propôs a fazer uma revisão desse tópico com vistas a mapear as evidências disponíveis e também para identificar as lacunas existentes no conhecimento sobre o impacto do golfe na saúde.[12] As revisões de tópico resumem uma série de evidências, de modo a expressar a amplitude e profundidade de determinada área. Ao contrário do que ocorre nas revisões sistemáticas, geralmente os autores não avaliam a qualidade dos estudos incluídos. Em termos gerais, essa revisão de tópico identificou 301 estudos elegíveis que avaliaram os efeitos do golfe na saúde física e mental. Embora com uma revisão de tópico não seja possível determinar efeitos causais, os relatos incluídos propiciam evidências consistentes de uma associação positiva entre golfe e saúde física e mental. As áreas prioritárias para futuras pesquisas incluem os efeitos do golfe no bem-estar mental, a relação entre o golfe e a força e função musculares, equilíbrio e prevenção de quedas, bem como os comportamentos de saúde entre os golfistas.

exercício esteja firmemente estabelecido e o risco de lesão tenha sido minimizado.

Intensidade do exercício físico

Ao que parece, a intensidade da sessão de exercícios físicos é o fator mais importante para o desenvolvimento do condicionamento da resistência cardiorrespiratória. Até que ponto as pessoas podem chegar para obter benefícios? Imediatamente vêm à cabeça dos ex-atletas os exaustivos exercícios físicos por que passaram para obter o condicionamento para seus esportes. Infelizmente, esse conceito também é transportado para os programas de exercícios que essas pessoas procuram a fim de obter uma saúde melhor. Atualmente, há evidências que sugerem que algumas pessoas poderão obter um efeito modesto com o treinamento físico em intensidades com 40% ou menos de seu $\dot{V}O_{2max}$. Em geral, essas intensidades são mais efetivas para as pessoas com níveis mais baixos de condicionamento aeróbio. Mas, para a maioria das pessoas, a intensidade apropriada parece se situar entre 40-90% da RFC. Um nível superior de intensidade dependerá das finalidades e objetivos do programa de treinamento.

O ACSM define intensidade moderada de treinamento como aquela a 40-59% da reserva de frequência cardíaca (RFC) ou do $\dot{V}O_{2max}$, e exercício físico vigoroso como o praticado a 60-90% da RFC ou do $\dot{V}O_{2max}$.[1]

Numerosos estudos demonstraram claramente que o treinamento intervalado de alta intensidade (TIAI) de baixo volume e intensidade muito alta pode aumentar de forma acentuada a resistência cardiorrespiratória. O treinamento TIAI tem efeitos metabólicos semelhantes aos auferidos com o treinamento físico mais longo e de menor intensidade. Aumentos substanciais na capacidade oxidativa muscular, variáveis cardiometabólicas associadas aos efeitos protetores do exercício físico e desempenho de resistência cardiorrespiratória foram obtidos em um período de treinamento de apenas 10 minutos por dia, durante 2 semanas.[6]

Duração do exercício físico

Existe uma íntima ligação entre duração e intensidade do exercício físico. Vários estudos demonstraram progressos no condicionamento cardiovascular com períodos de exercício de resistência aeróbia de apenas 20-30 min/dia, com intensidade apropriada. Estudos recentes indicaram que 20-30 minutos por dia é um tempo ideal. Também nesse caso, "ideal" é a palavra aqui utilizada no sentido de refletir o maior retorno para o tempo investido, e o período especificado refere-se ao tempo durante o qual o indivíduo está em sua intensidade de exercício físico apropriada. Melhoras similares na resistência cardiorrespiratória podem ser obtidas tanto com um programa de curta duração e elevada intensidade como com um programa de longa duração e baixa intensidade, se o limite mínimo de duração e de intensidade for excedido. Também podem ser obtidos benefícios similares se a sessão diária de treinamento de resistência for realizada em várias sessões mais curtas (p. ex., três sessões de 10 minutos cada), ou em apenas uma longa sessão (p. ex., apenas uma sessão de 30 min). Obviamente, sessões longas facilitarão a perda ou manutenção de peso.

Volume de exercício

É apropriado especificar o volume semanal de exercícios como MET-minutos (MET X total de minutos semanais) ou calorias consumidas por semana. MET significa equivalente metabólico; trata-se de um sistema para quantificar a intensidade das atividades, que será discutido mais detalhadamente adiante, neste capítulo. O uso de MET-minutos como medida isolada que combina intensidade, frequência e volume permite que a prescrição do exercício evolua de maneira mais deliberada e quantificável (e com mais cautela, quando cabível). O ACSM recomenda ≥ 500 a 1.000 MET-min/semana ou 150 min/semana de exercício de intensidade moderada. Consumos de 1.000-1.500 calorias por semana estão próximos desses níveis de volume, dependendo do peso e da intensidade do exercício.

Progressão

A velocidade com que determinada pessoa progride em seu programa de exercícios físicos é variável, devendo ser individualizada. Deve-se ter em mente, com base no Capítulo 9, que a sobrecarga é um princípio geral do treinamento com exercícios físicos. A progressão pode envolver um ou mais componentes individuais do sistema FITT-VP.

Interrupção de longos períodos na posição sentada

Assistir à TV, sentar-se no trabalho em frente à tela do computador durante todo o dia, dirigir e ir para o trabalho, comer e mesmo tomar café com os amigos, todas são atividades que fazem com que a pessoa fique sentada. As atividades sedentárias abrangem quase 60% do dia para a maioria dos norte-americanos e, se forem incluídas as horas de sono, podem exceder 75% do dia.

Pesquisas importantes sobre o comportamento sedentário (definido como atividade física < 1,5 MET) descreveram uma fisiologia sedentária que promove a doença crônica. Na verdade, os problemas fisiopatológicos comuns às doenças cardiovasculares, à obesidade, ao diabetes e a outras doenças crônicas são semelhantes àqueles induzidos pelo sedentarismo. Até apenas 30 minutos na posição sentada contínua aumentam a resistência à insulina, afetam negativamente o metabolismo dos lipídios e dos carboidratos, fazem com que o metabolismo tenha propensão para a glicose, promovem o armazenamento de gordura e alterações no tipo de fibra muscular e, por meio desses mecanismos, promovem uma inflamação subaguda sistêmica.[2] Todas essas mudanças são compatíveis com as doenças crônicas mencionadas e semelhantes ao que é observado em tais condições.

Considerando que períodos prolongados e contínuos na posição sentada provocam essas alterações, a pergunta que se impõe é: como moderá-las, ou preveni-las? A prática regular do exercício resolve, ou devemos interromper esses períodos sentados? Eis o que atualmente é sabido: o exercício praticado com regularidade, apesar de seu nítido efeito preventivo em relação às doenças crônicas, não muda os efeitos do comportamento sedentário. Por outro lado, as pausas na posição sentada ou no comportamento sedentário mudam, de fato, essa fisiologia. Estudos demonstraram que até somente 2 min de uma atividade de baixa intensidade (2,0-2,5 MET) podem afetar positivamente certas variáveis fisiológicas, como a resistência à insulina e o metabolismo da glicose.[14] As evidências são suficientemente convincentes para que pessoas com estilos de vida sedentários considerem apenas os atos de se levantar e se movimentar periodicamente, com o objetivo de interromper o período na posição sentada ou fazer uma pausa em qualquer outro comportamento sedentário.

Em resumo

> Os seis elementos básicos de um programa de exercícios físicos são modo, frequência, intensidade, duração, volume e progressão. Um limite mínimo para a frequência, intensidade e duração deve ser atingido para que a pessoa obtenha qualquer benefício significativo na resistência cardiorrespiratória, e esse limite é bastante variável de uma pessoa para outra.

> O programa deve incluir uma ou mais atividades de resistência cardiorrespiratória. Se a atividade envolver participação em competições, é recomendável o pré-condicionamento, com uma atividade de resistência de rotina, antes de começar a participar no esporte. Com isso, a pessoa atingirá um nível apropriado de condicionamento físico.

> As atividades devem ser adequadas às necessidades e gostos individuais, de modo que a motivação do participante seja mantida.

> Idealmente, o exercício deve ser praticado todos os dias ou na maioria dos dias da semana. Os exercícios devem ser iniciados com três a quatro sessões por semana, aumentando a frequência de forma progressiva, se for desejado.

> É recomendável a duração de 30-60 min para o exercício, trabalhando em intensidade moderada, ou 20-60 min em intensidade vigorosa; mas é fundamental que o limite de duração e intensidade combinados seja atingido, o que pode ser expresso na forma de MET-minutos.

> Para a maioria das pessoas, a intensidade deve ser de, no mínimo, 40-59% da RFC (moderada), mas pode variar de 40-90%. Contudo, os benefícios para a saúde podem ocorrer em intensidades mais baixas do que as necessárias para o condicionamento da resistência cardiorrespiratória em pessoas descondicionadas, o que pode acontecer também em intensidades muito altas.

> Estudos sugerem que longos períodos na posição sentada têm impacto negativo na saúde do indivíduo, mesmo se essa pessoa praticar exercício físico regularmente. É recomendável que haja interrupções frequentes nesses períodos sentados, como parte da prescrição do exercício físico com finalidade de melhorar a saúde.

Monitoração da intensidade do exercício físico

A intensidade do exercício pode ser quantificada com base na frequência cardíaca de treinamento (FCT), no equivalente metabólico (MET) ou na escala de percepção de esforço (EPE). Serão examinadas cada uma dessas variáveis e suas vantagens e desvantagens na quantificação da intensidade do exercício físico.

Frequência cardíaca de treinamento

O conceito de **frequência cardíaca de treinamento (FCT)** baseia-se na relação linear entre a frequência cardíaca e o $\dot{V}O_2$ diante de cargas crescentes de trabalho, conforme mostra a Figura 20.3. Quando o indivíduo passa por um teste de esforço, os valores de frequência cardíaca e $\dot{V}O_2$ são obtidos a cada minuto e confrontados em um gráfico. A FCT é estabelecida mediante o uso da frequência cardíaca equivalente a um percentual estabelecido de $\dot{V}O_{2max}$. Exemplificando, se for desejável um nível de treinamento de 75% do $\dot{V}O_{2max}$, deve-se calcular 75% do $\dot{V}O_{2max}$ ($\dot{V}O_{2max}$ × 0,75), e então será selecionada como FCT a frequência cardíaca correspondente a esse $\dot{V}O_2$. Um ponto importante a ser considerado é que a intensidade de exercício físico necessária para que seja alcançado determinado percentual de $\dot{V}O_{2max}$ não resultará necessariamente em um percentual equivalente da frequência cardíaca máxima (FC_{max}). Como exemplo, uma FCT estabelecida a 75% do $\dot{V}O_{2max}$ representa uma intensidade de aproximadamente 65-90% da FC_{max} (ver Fig. 20.3). A FCT também pode ser estabelecida com o uso da reserva de frequência cardíaca (RFC), também conhecida como método de Karvonen. A **reserva de frequência cardíaca** é definida como a diferença entre a FC_{max} e a frequência cardíaca de repouso ($FC_{repouso}$):

$$RFC_{max} = FC_{max} - FC_{repouso}.$$

Com a aplicação desse método, a FCT é calculada pela obtenção de determinado percentual da reserva de frequência cardíaca máxima, somando-o à frequência cardíaca de repouso. Considere o seguinte exemplo. Para 75% da RFC máxima, a equação a ser aplicada seria a seguinte:

$$FCT_{75\%} = FC_{repouso} + 0{,}75\,(FC_{max} - FC_{repouso}).$$

A reserva de frequência cardíaca ajusta a FCT, de modo que ela, como percentual específico da RFC máxima, fique praticamente idêntica à frequência cardíaca equivalente àquele mesmo percentual do $\dot{V}O_{2max}$ em intensidades moderadas a elevadas. Portanto, uma FCT computada como 75% da RFC máxima é aproximadamente igual à frequência cardíaca correspondente a 75% do $\dot{V}O_{2max}$. No entanto, pode existir uma diferença substancial entre essas duas variáveis em baixas intensidades.[16]

Faixa da frequência cardíaca de treinamento

Uma intensidade de exercício apropriada pode ser determinada mediante o estabelecimento de uma faixa de frequência cardíaca, em vez de um valor isolado para RFC. Essa é uma abordagem mais pertinente, pois a prática do exercício físico em percentual de $\dot{V}O_{2max}$ estabelecido pode fazer com que o praticante fique acima de seu limiar de lactato, dificultando seu treinamento durante qualquer período prolongado. Com o conceito da faixa de FCT, são estabelecidos valores baixos e altos que assegurarão uma resposta ao treinamento. O indivíduo pode optar por exercitar-se no limite inferior da faixa de FCT, progredindo ao longo da faixa, conforme for se sentindo à vontade. Para ilustrar esse conceito com o uso da RFC, vamos considerar o exemplo a seguir. Um homem de 40 anos tem frequência cardíaca de repouso de 75 bpm e frequência cardíaca máxima de 180 bpm, sendo orientado a se exercitar dentro de uma faixa de FCT de 50-75% de sua RFC. Sua faixa de FCT seria calculada como segue:

$$FCT_{50\%} = 75 + 0{,}50\,(180 - 75)$$
$$= 75 + 53 = 128 \text{ bpm}$$

$$FCT_{75\%} = 75 + 0{,}75\,(180 - 75)$$
$$= 75 + 79 = 154 \text{ bpm}$$

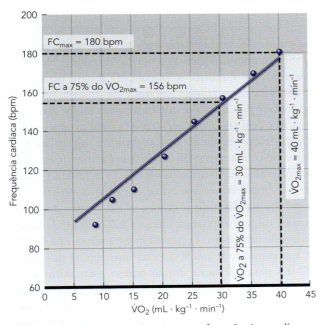

FIGURA 20.3 Relação linear entre frequência cardíaca e consumo de oxigênio ($\dot{V}O_2$) diante de cargas de trabalho incrementais e da frequência cardíaca equivalente a um percentual estabelecido (75%) do $\dot{V}O_{2max}$.

Esse mesmo método da faixa de FCT pode ser utilizado na estimativa de FC_{max} [208 − (0,7 × idade)], sem que ocorra grande perda de precisão, caso não tenha sido determinada a verdadeira FC_{max}.

A frequência cardíaca é o método preferido para a monitoração da intensidade do exercício, pois esse indicador tem grande correlação com o trabalho do coração (ou estresse incidente no coração), além de permitir um aumento progressivo na taxa de treinamento, com melhora no condicionamento para a manutenção da mesma FCT. O método da RFC (de Karvonen) é o preferido para estabelecer a faixa de FCT. Ao se prescrever a intensidade do exercício, o mais apropriado é estabelecer uma faixa de FCT, em que o exercício deve ser iniciado no limite inferior da faixa, progredindo para o limite superior com o passar do tempo.

Método de reserva de $\dot{V}O_{2max}$

O ACSM propõe uma abordagem um pouco diferente para a prescrição da intensidade do exercício físico. A intensidade do exercício é prescrita com base no que foi chamado de método de reserva de $\dot{V}O_2$ ($\dot{V}O_2R$). Em vez de prescrever o exercício em determinado percentual de $\dot{V}O_{2max}$, a prescrição toma por base determinado percentual da $\dot{V}O_2R$, em que a $\dot{V}O_2R$ é definida por $\dot{V}O_{2max} - \dot{V}O_2R_{repouso}$. Esse resultado também pode ser pensado como reserva de $\dot{V}O_{2max}$. Como exemplo, diante de um $\dot{V}O_{2max}$ de 40 mL · kg^{-1} · min^{-1} e um $\dot{V}O_{2repouso}$ de 3,5 mL · kg^{-1} · min^{-1},

$$\dot{V}O_2R = 40 - 3,5 \text{ mL} \cdot kg^{-1} \cdot min^{-1}$$
$$= 36,5 \text{ mL} \cdot kg^{-1} \cdot min^{-1}.$$

Para prescrever uma faixa de intensidade de exercício entre 60-75% de $\dot{V}O_2R$, basta simplesmente multiplicar $\dot{V}O_2R$ por 60 e por 75%:

$$\dot{V}O_2R_{60\%} = 36,5 \text{ mL} \cdot kg^{-1} \cdot min^{-1} \times 0,60$$
$$= 21,9 \text{ mL} \cdot kg^{-1} \cdot min^{-1}$$

$$\dot{V}O_2R_{75\%} = 36,5 \text{ mL} \cdot kg^{-1} \cdot min^{-1} \times 0,75$$
$$= 27,4 \text{ mL} \cdot kg^{-1} \cdot min^{-1}.$$

A principal vantagem do uso da técnica do $\dot{V}O_2R$ é que, agora, estamos de posse de uma equivalência entre o percentual da RFC máxima e o percentual da reserva de $\dot{V}O_{2max}$. Mas existe um problema em potencial com o uso dessa técnica, em que o uso de 3,5 mL · kg^{-1} · min^{-1} como valor-padrão para o $\dot{V}O_2R_{repouso}$ assume que todos têm o mesmo valor em repouso; certamente não é isso que ocorre. Além disso, em um estudo, foi constatado em uma grande amostra de mulheres (n = 642) e de homens (n = 127) que os participantes tinham valores médios de $\dot{V}O_2R_{repouso}$ de 2,5 e 2,7 mL · kg^{-1} · min^{-1}, respectivamente. A faixa de valores variou de 1,6 a 4,1 mL · kg^{-1} · min^{-1}.[5] Mas, em última análise, a técnica $\dot{V}O_2R$ espelha o método da RFC para a prescrição do exercício físico, porque os dois valores estão intimamente relacionados.

Equivalente metabólico

A intensidade do exercício também tem sido prescrita com base no sistema de **equivalente metabólico (MET)**. A quantidade de oxigênio consumida pelo corpo é diretamente proporcional à energia consumida durante a atividade física. Nesse sistema, assume-se que nosso corpo utiliza aproximadamente 3,5 mL de oxigênio por quilograma de peso corporal por minuto (3,5 mL · kg^{-1} · min^{-1}) quando em repouso. Mas, como já foi observado, o consumo de oxigênio em repouso varia de uma pessoa para outra, e isso faz com que essa suposição não seja inteiramente precisa. Porém o sistema MET se baseia nesse valor, e a taxa metabólica em repouso de 3,5 mL · kg^{-1} · min^{-1} equivale a 1 MET. Todas as atividades podem ser classificadas por intensidade, de acordo com suas necessidades de oxigênio. Uma atividade classificada como igual a 2 MET exigiria duas vezes a taxa metabólica em repouso, ou 7 mL · kg^{-1} · min^{-1}, e uma atividade classificada como 4 MET precisaria de aproximadamente 14 mL · kg^{-1} · min^{-1}. A Tabela 20.2 apresenta algumas atividades e seus valores de MET.

Esses valores são apenas aproximações, por causa do erro potencial derivado do uso de 3,5 mL · kg^{-1} · min^{-1} como valor em repouso constante. Além disso, a eficiência metabólica varia consideravelmente de uma pessoa para outra, e até no mesmo indivíduo. Embora o sistema de MET tenha utilidade como orientação para o treinamento, não leva em conta as mudanças ocorrentes nas condições ambientais, nem permite mudanças no condicionamento físico (conforme discutido na seção anterior). No entanto, o sistema MET para prescrição de exercício tem grande utilidade na determinação da capacidade potencial do indivíduo para realizar atividade física que pode não ser "exercício". Como exemplo, uma pessoa descondicionada que acabou de iniciar um programa de treinamento físico e está caminhando em uma esteira à velocidade de 5,5-6,0 km/h (4,3-5,0 MET) pode perguntar se seria apropriado incorporar duplas de tênis ao programa. Usando o gráfico MET, verifica-se que o tênis de duplas se situa na faixa de 4,5 a 6,0 MET. Assim, pode-se aconselhar essa pessoa que a prática está dentro de sua capacidade aeróbia, mas que alguns dos níveis de MET para o tênis de duplas podem estar acima dessa capacidade aeróbia. Além disso, atividades que exigem algum nível de habilidade também podem ser localmente mais fatigantes. Embora esses fatos eventualmente não impeçam a prática da atividade, podem torná-la mais cansativa em comparação com uma pessoa com melhor condicionamento físico.

TABELA 20.2 Atividades selecionadas e seus respectivos valores de MET

Atividade	MET	Atividade	MET
Descanso e cuidados pessoais			
Repousar deitado	1,0	Tomar banho no chuveiro	2,0
Ficar sentado	1,5	Cuidar da aparência em pé	2,0
Comer	1,5	Vestir-se e despir-se, em pé	2,5
Tomar banho na banheira	1,5		
Serviços domésticos			
Tricotar ou costurar à mão, pouco esforço	1,3	Aspirar (esforço geral e moderado)	3,3
Lavar a louça	1,8	Arrumar a cama, trocar lençóis	3,3
Passar roupa	1,8	Limpar (esfregar o chão, lavar o carro, lavar as janelas)	3,5
Lavar, dobrar ou pendurar roupas	2,0-2,3	Varrer o chão, esforço moderado	3,8
Cozinhar ou preparar alimentos	2,0-3,5	Mover móveis, carregar caixas	5,8
Costurar à máquina	2,8	Esfregar o chão em quatro apoios, esforço vigoroso	6,5
Tarefas ocupacionais			
Tarefas na posição sentada, trabalho de escritório, trabalhar no computador	1,5	Construção (externa)	4,0
Dirigir um caminhão de entrega, táxi, ônibus escolar etc.	2,0	Camareira	4,0
Cozinheiro, *chef*	2,5	Jardinagem	4,0
Tarefas em pé, esforço leve a moderado	3,0-4,5	Trabalho manual ou não especializado	2,8-6,5
Limpeza e manutenção	2,5-4,0	Agricultura, esforço leve a vigoroso	2,0-7,8
Carpintaria (geral, esforço leve a moderado)	2,5-4,3	Trabalho de bombeiro	6,8-9,0
Condicionamento físico			
Andar			
2,5 mph, plano	3,0	4,5 mph, plano	7,0
3,5 mph, plano	4,3	5,0 mph, plano	8,3
4,0 mph, plano	5,0	5,0 mph, 3% inclinação	9,8
Trotar ou correr em superfícies planas			
4,0 mph	6,0	10,0 mph	14,5
6,0 mph	9,8	12,0 mph	19,0
8,0 mph	11,8	14,0 mph	23,0
Nadar			
Estilo livre, esforço vigoroso	9,8	Nado peito, recreacional/treinamento e competição	5,3/10,3
Estilo livre, leve a moderado	5,8	Nado lateral, geral	7,0
Nado costas, recreacional/treinamento e competição	4,8/9,5		
Ciclismo			
Lazer, 5,5 mph	3,5	Lazer, 14,0-15,9 mph (esforço vigoroso)	10,0
Lazer, 10,0-11,9 mph (devagar, esforço leve)	6,8	Competição 16,0-19,0 mph (esforço vigoroso)	12,0
Lazer, 12,0-13,9 mph (esforço moderado)	8,0	Competição, > 20 mph (esforço vigoroso)	15,8

(continua)

TABELA 20.2 Atividades selecionadas e seus respectivos valores de MET *(continuação)*

Atividade	MET	Atividade	MET
Atividades recreativas			
Dança aeróbia	5,0-7,3	Treinamento de força geral	3,5-6,0
Atividades de *videogame*	2,3-6,0	Máquinas de remo	4,8-12,0
Cicloergômetro estacionário	3,5-14,0	Hidroginástica	5,3
Treinamento em circuito	4,3-8,0	Sessões de exercício em vídeo, leve a vigoroso	2,3-6,0
Atividades esportivas			
Tiro com arco	4,3	Alpinismo de rocha ou montanha	5,0-8,0
Badminton	5,5-7,0	Patinação sobre rodas	7,0
Basquetebol	6,0-9,3	Rúgbi	6,3-8,3
Boliche/boliche na grama	3,0-3,8	*Skate*	5,0-6,0
Futebol americano, *flag* ou *touch*	4,0-8,0	Futebol	7,0-10,0
Golfe	4,8	Softbol	5,0-6,0
Handebol	12,0	*Squash*	7,3-12,0
Hóquei de campo	7,8	Tênis de mesa	4,0
Hóquei no gelo	8,0-10,0	Tênis, individual	7,3-8,0
Equitação	5,8-7,3	Tênis, dupla	4,5-6,0
Lacrosse	8,0	Voleibol	3,0-4,0
Orientação	9,0	Voleibol, competitivo	8,0
Raquetebol	7,0-10,0	Voleibol de praia, competitivo	6,0

Dados de B.E. Ainsworth et al., "2011 Compendium of Physical Activities: A Second Update of Codes and MET Values," *Medicine and Science in Sports and Exercise* 43, no. 8(2011):1575-1581.

Escalas de percepção de esforço

Também foram propostas **escalas de percepção de esforço (EPE)** a serem utilizadas na prescrição da intensidade do exercício físico. Com esse método, o indivíduo pontua subjetivamente o nível de intensidade com que está trabalhando. Uma determinada pontuação numérica corresponde à intensidade relativa percebida para o exercício. Quando a escala EPE é utilizada corretamente, esse sistema de monitoração da intensidade do exercício físico revela ter grande precisão. Utilizando a **escala EPE de Borg**, que é uma escala de pontuação que varia de 6-20, a intensidade do exercício deve estar em uma EPE de 12-14 (intensidade moderada) e de 14-16 (grande intensidade).[4] Em princípio, o método parece ser simples demais. No entanto, a maioria das pessoas pode utilizar a técnica da EPE com bastante precisão. Estudos demonstraram que, quando se pede a uma pessoa para selecionar um ritmo em uma esteira ergométrica, ou uma carga em um cicloergômetro, a uma intensidade de exercício moderada a elevada (ver Tab. 20.3), essa pessoa será capaz de selecionar um ritmo ou carga que faz com que sua frequência cardíaca se situe dentro da faixa apropriada. Este é um meio mais natural de prescrição de exercício físico e muito eficiente, se a pessoa for capaz de relacionar com precisão suas percepções de intensidade.

Uma maneira simples de monitorar a intensidade do exercício é conhecida como teste de conversação. Há anos esse teste vem sendo utilizado como orientação informal. Hoje, estudos confirmaram que a maior intensidade de exercício, que mal permite que uma pessoa fale confortavelmente durante o exercício, é um método muito consistente, com boa correlação com o limiar ventilatório (ver Cap. 8) e está bem dentro da faixa da FCT.[13]

A Tabela 20.3 compara os diversos métodos de pontuação da intensidade do exercício físico. Esses métodos serão utilizados para determinar uma intensidade de exercício moderada. Como mostra a tabela, a pessoa pretende trabalhar dentro de uma faixa de 40-60% se estiver monitorando a intensidade com o uso do método da RFC. Se a pessoa utilizar a escala da percepção de esforço, mostrada na quarta coluna, isso equivalerá a um valor de EPE igual a 12-13. Todos esses valores refletem exercícios físicos de intensidade moderada. Talvez o melhor uso da EPE seja combiná-la com a FCT; isso permite que o próprio praticante selecione a intensidade do exercício, tanto pela frequência cardíaca como pelo nível de conforto. Assim, a autosseleção do nível de conforto também

TABELA 20.3 Classificação da intensidade de exercício com base em 20 a 60 min de atividade de resistência: comparação de três métodos

Classificação da intensidade	Intensidade relativa		Escala da percepção de esforço
	FC_{max}	RFC, $\dot{V}O_2R$	
Muito leve	< 57%	< 30%	< 9
Leve	57-64%	30-40%	9-11
Moderada	64-76%	40-60%	12-13
Vigorosa	76-96%	60-90%	14-17
Próximo ao máximo, ou máximo	≥ 96%	≥ 90%	≥ 18

Dados do American College of Sports Medicine (2018).

faz parte do repertório de quem está se exercitando. A relação entre RFC e EPE pode ser tão próxima (supondo que o praticante usa a EPE de forma honesta e correta) que a maioria das pessoas pode controlar a maior parte do seu exercício pela EPE, não precisando verificar a frequência cardíaca.

Em resumo

> A intensidade dos exercícios físicos pode ser monitorada com base na FCT, no equivalente metabólico ou na EPE.
> A frequência cardíaca de treinamento pode ser estabelecida pelo uso da frequência cardíaca equivalente a certo percentual do $\dot{V}O_{2max}$. A FCT também pode ser determinada pelo uso do método da RFC, que utiliza determinada percentagem da RFC máxima, adicionando-a à frequência cardíaca de repouso. Com esse método, o percentual de RFC máxima corresponde, aproximadamente, ao mesmo percentual de $\dot{V}O_{2max}$ quando a pessoa está se exercitando em intensidade moderada a elevada.
> Uma abordagem sensata consiste em estabelecer uma faixa de FCT em que a pessoa possa trabalhar em vez de uma FCT isolada, na tentativa de estimar o limite inferior em uma intensidade abaixo do limiar de lactato.
> A quantidade de oxigênio consumido reflete a quantidade de energia despendida durante uma atividade. Foi designado o valor de 3,5 mL · kg^{-1} · min^{-1} (ou seja, o equivalente a 1 MET. A intensidade das atividades pode ser classificada por suas necessidades de consumo de oxigênio, na forma de múltiplos da taxa metabólica em repouso.
> O método da EPE exige que a pessoa pontue subjetivamente o grau de dificuldade do trabalho, utilizando uma escala numérica relacionada com a intensidade do exercício físico. A pessoa consulta a escala padronizada a fim de determinar o número que se enquadra em seu caso.

Programa de exercício físico

Uma vez que a prescrição do exercício físico tenha sido determinada, ela será integrada em um programa global de exercícios, que, em geral, é apenas parte de um plano geral de promoção de saúde. A capacidade individual de se exercitar varia amplamente, mesmo entre pessoas de idade e constituição física similares. Por essa razão, cada programa deve ser individualizado, com base nos resultados de exames fisiológicos e clínicos e, se possível, levando em consideração as necessidades e os interesses individuais.

O programa global de exercícios consiste nas seguintes atividades:

- Atividades de aquecimento e alongamento.
- Treinamento de resistência.
- Atividades de relaxamento e alongamento.
- Treinamento de flexibilidade.
- Treinamento de força.
- Exercício neuromotor.
- Atividades recreativas.

Geralmente, as três primeiras atividades são realizadas de três a quatro vezes por semana. O treinamento de flexibilidade pode ser incluído como parte dos exercícios de aquecimento, relaxamento ou alongamento, ou pode ser efetuado em outra ocasião, durante a semana. Como de costume, o treinamento de força é realizado em dias alternados, quando não é realizado treinamento de resistência; no entanto, essas duas atividades podem ser combinadas na mesma sessão.

Atividades de aquecimento e alongamento

A sessão de exercícios físicos deve ter início com um aquecimento dinâmico e de baixa intensidade que inclua algumas das atividades de resistência cardiorrespiratória e, talvez. atividades funcionais (neuromotoras) que fazem parte do próprio programa de exercícios, mas com intensidade muito reduzida. Podem-se incluir no aquecimento exercícios de alongamento (flexibilidade). Esse período de aquecimento aumenta gradualmente a frequência cardíaca e também a respiração, além de preparar o praticante para o funcionamento eficiente e seguro do coração, dos vasos sanguíneos, dos pulmões e dos músculos durante o exercício mais vigoroso que se segue. Por exemplo, se a pessoa treina correndo, poderá começar com o alongamento e, em seguida, com 5-10 minutos de "trote" leve, alguns afundos ou trabalho de baixa resistência com faixa elástica e, em seguida, um novo alongamento antes de dar início à corrida de treinamento.

Treinamento de resistência

As atividades físicas que desenvolvem resistência cardiorrespiratória constituem o núcleo do programa de exercícios físicos e são planejadas para melhorar a capacidade e a eficiência dos sistemas cardiovascular, respiratório e metabólico. Essas atividades também ajudam a controlar ou reduzir o peso corporal. Atividades como caminhada, *jogging*, corrida, ciclismo, natação, remo, prática de resistência cardiorrespiratória em grupo e outras atividades similares, bem como longas caminhadas, são bons exemplos de atividades de resistência. Esportes como handebol, raquetebol, tênis, *badminton* e basquetebol também têm potencial aeróbio, caso sejam praticados com vigor. Atividades como golfe, boliche e *softbol* geralmente são de pouca valia para o desenvolvimento da resistência cardiorrespiratória, mas são esportes divertidos, que certamente têm grande valor recreativo e podem trazer benefícios para a saúde de seus praticantes como uma forma de atividade física. Por essas razões, tais atividades obviamente têm seu lugar no programa global de exercícios.

Atividades de relaxamento e alongamento

Todas as sessões de exercícios de resistência devem ser concluídas com um período de relaxamento. A melhor maneira de relaxar é diminuir lentamente a intensidade da atividade de resistência durante os últimos minutos da prática. Depois de correr, por exemplo, uma caminhada lenta e tranquila durante alguns minutos ajudará a evitar que o sangue se acumule nas extremidades. Uma interrupção abrupta após uma sessão de exercícios de resistência faz com que o sangue se acumule nas pernas, o que pode resultar em tontura ou até mesmo em desmaio. E também os níveis das catecolaminas podem estar elevados durante o período imediato de recuperação, o que pode provocar uma disritmia cardíaca.

Depois do período de relaxamento, os exercícios de alongamento podem ser feitos para facilitar a obtenção de maior flexibilidade.

Treinamento de flexibilidade

É comum que os exercícios de flexibilidade complementem os exercícios realizados durante o período de aquecimento ou relaxamento, tendo utilidade para aqueles indivíduos com pouca flexibilidade ou com problemas nos músculos e articulações, tais como dores lombares, que possam ser decorrentes de desequilíbrios musculoesqueléticos. Esses exercícios devem ser realizados lentamente. Movimentos de alongamento rápidos são potencialmente perigosos, podendo acarretar estiramentos ou espasmos musculares. Costumava-se recomendar que esses exercícios fossem realizados antes do período de condicionamento de resistência. Porém, recentemente, alguns estudiosos levantaram a hipótese de que músculos, tendões, ligamentos e articulações são mais adaptáveis e respondem aos exercícios de flexibilidade quando tais exercícios são executados depois da fase de condicionamento de resistência. Pesquisas ainda precisam confirmar essa hipótese.

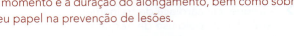

VÍDEO 20.3 Apresenta Malachy McHugh, falando sobre o momento e a duração do alongamento, bem como sobre seu papel na prevenção de lesões.

Treinamento de força

Já foi claramente estabelecida a importância do treinamento de força como parte do programa geral de exercícios físicos para saúde e condicionamento físico. Pode-se obter muitos benefícios ligados à saúde com o treinamento de força. O ACSM incluiu o treinamento de força em suas recomendações para um programa geral de saúde e condicionamento físico.[1]

O Capítulo 9 mostra que a quantidade máxima de peso que alguém pode levantar com sucesso apenas uma vez é representada por sua repetição máxima (1 RM). Quando uma pessoa inicia um programa de treinamento de força, ela deve começar com um peso que fique entre 40-60% de sua força máxima, ou 1 RM, para cada levantamento. O nível dependerá da idade, nível de condicionamento (especialmente com o treinamento de força anterior) e objetivos. Em geral, e mais uma vez dependendo dos objetivos e da experiência, recomenda-se entre 8-12 repetições para melhorar a força e a potência na maioria dos adultos. Pode-se recomendar até 15-20 repetições de um peso específico em duas a quatro séries, se os objetivos ou os níveis de condicionamento forem significativamente diferentes daqueles comuns à maioria dos adultos.

Quando determinada carga faz com que a pessoa que está se exercitando se canse, essa situação será chamada de "repetição máxima" (ou rep max). A pessoa deve tentar atingir o maior número de repetições possíveis durante a segunda e a terceira séries, porém o número de repetições que poderá completar nas últimas séries provavelmente diminuirá, à medida que vier o cansaço muscular. Com o aumento da força e da resistência musculares, o número de repetições que poderão ser feitas por série irá aumentar. Quando forem atingidas 15 repetições na primeira série, geralmente a pessoa estará pronta para avançar ao peso maior seguinte. Essa técnica de treinamento é conhecida como treinamento de força progressiva, conforme foi discutido no Capítulo 9.

O praticante pode completar duas ou três séries de cada levantamento por dia, dois a três dias por semana, com a finalidade de controle do peso. Os ganhos de força, no entanto, parecem ser obtidos por completo com apenas uma série por dia, por pessoas destreinadas.[14] A pessoa deve selecionar vários exercícios físicos que exijam bastante de quase todos – ou todos – os principais grupos musculares do tronco e das partes superior e inferior do corpo. Se houver preocupações quanto ao tempo, será melhor reduzir o número de séries para uma ou duas, mantendo uma prática que envolva o corpo inteiro.

Exercício neuromotor

O exercício neuromotor considera certos aspectos da boa forma física, como equilíbrio, engajamento neuromotor da musculatura, treinamento proprioceptivo, marcha e talvez até mesmo treinamento do *core*.[1] Essa modalidade também é muito conhecida como *treinamento funcional*. São muitas as atividades físicas que podem ser incluídas na modalidade; em sua maioria, são exercícios multiarticulares que usam o peso do corpo, ou pesos de mão leves e outros dispositivos (p. ex., bolas de ferro com alça, faixas elásticas, bolas medicinais) que são incorporados em movimentos como afundos, levantamentos e flexões-torções. Esses exercícios têm por objetivo melhorar a capacidade de realizar as atividades cotidianas necessárias à vida de cada um de nós. Também promovem o envolvimento de grupos musculares – por exemplo, os músculos glúteos ou abdominais – dos quais com o sedentarismo, as pessoas tendem a demonstrar menor capacidade de uso e param de utilizar grande variedade de músculos.

São poucos os estudos sobre os efeitos, os benefícios ou a quantidade exata de exercício funcional que resultará em benefício, embora alguns resultados preliminares indiquem que sua prática pode ajudar na prevenção de quedas em idosos e também reduzir as lesões em atletas. No entanto, muitos profissionais prescrevem exercícios funcionais para adultos saudáveis; assim, esses exercícios devem ser considerados na formulação de programas para essa coorte e também para idosos saudáveis.

Atividades recreativas

As atividades recreativas são importantes para qualquer programa de exercício abrangente. Embora as pessoas se envolvam nessas atividades principalmente para se divertir e relaxar, muitas atividades recreativas também podem melhorar a saúde e o condicionamento físico. Atividades como caminhadas, tênis, handebol, *squash* e certos esportes de equipe se enquadram nessa categoria. A seguir, algumas orientações para a seleção dessas atividades:

- Você pode aprender ou desempenhar as atividades com um grau de sucesso no mínimo moderado?
- As atividades oferecem oportunidades para desenvolvimento social, caso isso seja desejável?
- Os custos associados à participação são razoáveis e se situam dentro dos limites de seu orçamento?
- As atividades são suficientemente variadas para que seu interesse seja mantido de maneira contínua e prolongada?
- Considerando sua idade e estado de saúde, a atividade em questão é segura para você?

Existem muitas oportunidades excelentes para pessoas que não tenham passatempos ou atividades recreativas, mas gostariam de ter algum tipo de envolvimento. Centros locais de recreação pública, parques públicos, associações esportivo-sociais para jovens, igrejas e algumas escolas públicas, unidades de ensino comunitárias e universidades oferecem diversos tipos de aulas com atividades de baixo custo ou até mesmo gratuitas. Em geral, a família inteira pode participar dessas aulas – um bônus extra para um programa global de melhora da saúde. Do mesmo modo, o número de academias para a boa forma vem crescendo rapidamente, e muitas delas empregam equipes treinadas que podem prescrever de maneira adequada programas de exercícios, além de ajudarem as pessoas a darem os primeiros passos nessas atividades.

Exercício e reabilitação de pessoas com doenças

O exercício se transformou em um importante componente dos **programas de reabilitação** de diversas doenças. Os programas de reabilitação cardiopulmonar, que tiveram seu início nos anos de 1950, adquiriram grande visibilidade (ver Cap. 21). Avanços enormes na reabilitação cardiopulmonar levaram à formação de uma associação profissional, a American Association of

Cardiovascular and Pulmonary Rehabilitation, e à publicação de um jornal de pesquisas profissionais, o *Journal of Cardiopulmonary Rehabilitation and Prevention*.

O exercício é também parte importante da reabilitação de pessoas com

- câncer;
- obesidade;
- diabetes;
- doença renal;
- osteoporose;
- artrite, síndrome da fadiga crônica e fibromialgia; e
- fibrose cística.

Ultimamente a ênfase direcionada para a prática do exercício físico na reabilitação de pacientes transplantados vem aumentando, inclusive naqueles submetidos a transplantes de coração, de fígado e de rim, pois o exercício físico ajuda a amenizar alguns efeitos colaterais dos medicamentos, além de melhorar a saúde em geral.

Embora ainda não tenham sido claramente definidos os mecanismos fisiológicos específicos que explicam os benefícios do treinamento físico para cada uma dessas doenças, essa prática resulta em muitos benefícios gerais para a saúde, que parecem melhorar o prognóstico do paciente. A maneira como se utiliza o exercício físico na reabilitação é muito específica para a natureza e a extensão da doença. Portanto, está além dos objetivos deste livro entrar em detalhes específicos de qualquer doença; porém, atualmente, podemos contar com muitos recursos, que fornecem detalhes acerca do estabelecimento de programas de exercícios físicos para pessoas com doenças específicas, e também acerca dos valores clínicos desses programas.[1]

Em resumo

> A sessão de exercícios deve ter início com um aquecimento dinâmico de baixa intensidade, de tipo semelhante ao exercício de resistência cardiorrespiratória prescrito, em seguida vêm os exercícios funcionais e de alongamento, para preparar os sistemas cardiovascular, respiratório e muscular, a fim de que trabalhem de maneira mais eficiente.

> As atividades de resistência cardiorrespiratória devem ser realizadas de três a cinco vezes por semana.

> Cada sessão de resistência deve ser seguida por relaxamento e alongamento, para que não ocorra acúmulo de sangue nas extremidades, e também para evitar dores musculares.

> Exercícios de flexibilidade devem ser realizados lentamente; é melhor incluir essa fase do programa imediatamente após o componente de resistência.

> O treinamento de força deve ter início com um peso igual a 40-60% do 1 RM da pessoa. Esse será o peso apropriado se o participante puder levantá-lo cerca de 10 vezes. Se a pessoa puder levantar menos do que oito vezes, será preciso diminuir o peso.

> Deve-se incluir atividades recreativas nos programas de exercícios, para divertimento e relaxamento.

> O exercício físico é parte vital da reabilitação para a maioria das doenças. O tipo e os detalhes do programa de reabilitação dependem do paciente, da doença especificamente envolvida e de sua extensão.

EM SÍNTESE

Neste capítulo, foi constatado que, atualmente, a comunidade médica considera um estilo de vida fisicamente ativo vital para a manutenção da boa saúde e a redução do risco de doenças. Foi examinada a importância e a praticabilidade do exame clínico e também do ECG de esforço na triagem de adultos previamente sedentários, antes da prescrição do exercício físico. Foram discutidos os componentes da prescrição de exercícios e os métodos de monitoração da intensidade das práticas de exercício. Finalmente, foram revistos os componentes de um programa de exercícios físicos e o papel do exercício na reabilitação de pacientes com doença.

Agora que a importância do exercício na prevenção das doenças foi abordada, será estudada mais detalhadamente a atividade física, no que se refere a estados de doença específicos. No capítulo a seguir, as atenções serão voltadas para as doenças cardiovasculares.

PALAVRAS-CHAVE

- eletrocardiograma (ECG) de esforço
- equivalente metabólico (MET)
- escala de percepção de esforço (EPE)
- escala EPE de Borg
- especificidade
- frequência cardíaca de treinamento (FCT)
- modo
- prescrição do exercício
- programas de reabilitação
- reserva de frequência cardíaca
- sensibilidade
- teste de esforço físico incremental (TEI)
- valor prognóstico de um teste de esforço anormal

QUESTÕES PARA ESTUDO

1. Qual o grau de atividade física dos adultos hoje em dia?
2. Discuta os conceitos de sensibilidade e especificidade dos testes de esforço físico e o valor prognóstico de um teste anormal. Qual é o valor dessa informação para o estabelecimento de uma política que determine quem deve passar por um teste de esforço?
3. O que podemos fazer para que nossa população seja mais ativa? Quais níveis de exercício devemos promover para ajudar as pessoas a ter acesso aos benefícios para a saúde associados à prática do exercício físico?
4. Quais são os seis fatores que devem ser levados em consideração na prescrição do exercício? Qual deles é o fator mais importante?
5. Discuta o conceito de limite mínimo para o início das mudanças fisiológicas com o treinamento físico, no que se relaciona à prescrição de exercício.
6. Discuta os diversos modos de monitoração da intensidade do exercício, e cite as vantagens e desvantagens de cada um deles.
7. Descreva os componentes de um bom programa de exercícios físicos e sua importância para o programa como um todo.

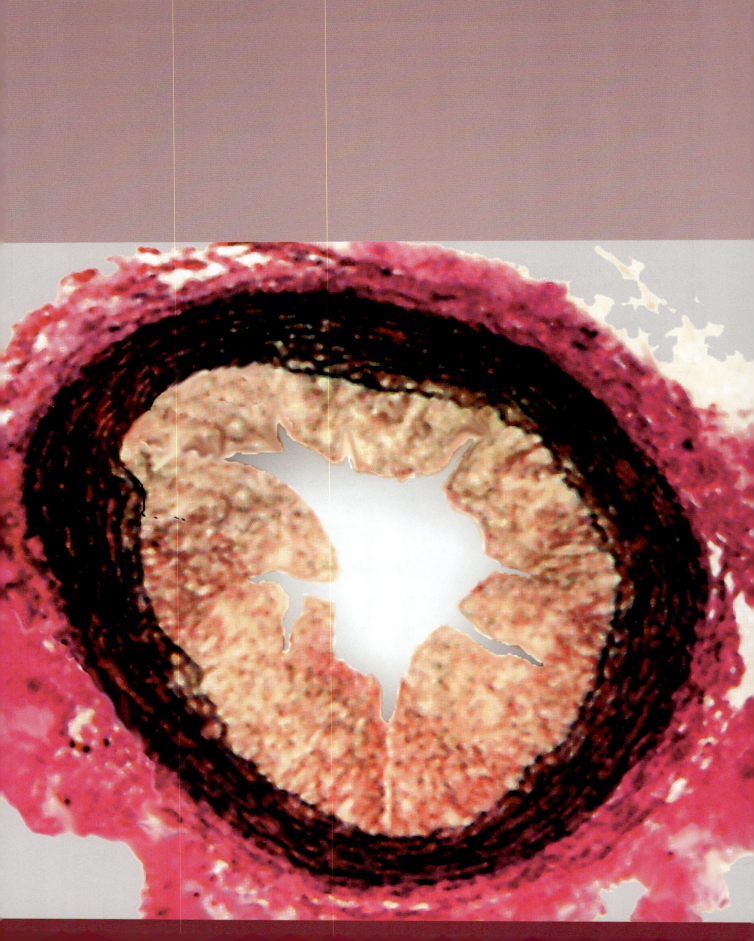

21 Doença cardiovascular e atividade física

Prevalência da doença cardiovascular   574

Tipos de doença cardiovascular   575

Doença arterial coronariana   576
Hipertensão   577
Acidente vascular encefálico   578
Insuficiência cardíaca   579
Outras doenças cardiovasculares   579

Entendendo o processo da doença   580

Fisiopatologia da doença arterial coronariana   580
Fisiopatologia da hipertensão   583

Risco de doença cardiovascular   583

Fatores de risco para a doença arterial coronariana   584
Fatores de risco para a hipertensão   586

Reduzindo o risco por meio da atividade física   588

Reduzindo o risco de doença arterial coronariana   588
Reduzindo o risco de hipertensão   591

Risco de ataque cardíaco e morte durante o exercício   593

Treinamento físico e reabilitação de pacientes com doença cardíaca   593

VÍDEO 21.1 Apresenta Ben Levine, falando sobre as implicações clínicas do $\dot{V}O_{2max}$.

Em síntese   597

Em 22 de junho de 2002, numa tarde de sábado, o arremessador Darryl Kile, do St. Louis Cardinals, um time de beisebol, foi encontrado morto em seu quarto de hotel em Chicago. O Cardinals estava na cidade para disputar uma série de três jogos contra o Chicago Cubs. Darryl estava escalado para começar o último jogo da série na noite de domingo. Esse atleta era considerado um dos melhores arremessadores do time e um líder no Cardinals. Darryl, de apenas 33 anos de idade, morreu aparentemente de ataque cardíaco causado por aterosclerose coronariana – na autópsia, duas de suas três artérias coronárias principais estavam com estenose (ou seja, estreitadas) em 80 a 90%. Embora não tivesse histórico clínico nem sintomas da doença, seu pai havia morrido de acidente vascular encefálico aos 44 anos, e Darryl havia se queixado de dor no ombro e cansaço durante o jantar do dia anterior.

Em 2 de novembro de 2007, Ryan Shay, um corredor fundista bem colocado no *ranking* (campeão de 10.000 m da NCAA em 2001 e da maratona dos EUA em 2003), sofreu um colapso durante uma qualificação para a maratona olímpica na cidade de Nova York após correr apenas 9 km. O resultado da autópsia revelou que a morte foi resultado de uma "arritmia cardíaca causada por uma hipertrofia cardíaca com fibrose de etiologia não determinada". Em outubro de 2009, três homens sofreram colapso e morreram durante a 32ª maratona Detroit Free Press/Flagstar, todos dentro de um intervalo de 16 min. Semanas antes, dois corredores, um homem e uma mulher na faixa de 30 anos, morreram durante a meia maratona Rock n' Roll San Jose. O resultado da autópsia desses cinco corredores não foi disponibilizado, mas é provável que suas mortes tenham sido relacionadas ao coração, uma vez que o estresse térmico não foi um problema. Na cobertura jornalística do colapso de uma estrela do futebol de 14 anos de teve que ser ressuscitada com DEA e depois submetida a uma bem-sucedida cirurgia para uma anormalidade cardíaca, uma reportagem da CBS no ano de 2015 destacou o fato de que, todos os anos, cerca de 20 mil adultos jovens morrem de parada cardíaca súbita. Essas tragédias ilustram um fato importante: ser um bom atleta, ou mesmo um atleta excepcional, durante a juventude e no início da fase adulta não confere imunidade para toda a vida contra as doenças cardiovasculares.

Quase todos nós nos consideramos pessoas sadias até surgir algum sinal óbvio de doença. No caso de doenças progressivas, como a doença cardíaca, a maioria das pessoas não percebe que o processo patológico avança de maneira latente e progride até o ponto em que poderá causar graves complicações – inclusive a morte. Felizmente, a detecção precoce e o tratamento apropriado das diversas doenças crônicas podem reduzir substancialmente sua gravidade e, com frequência, impedem tanto a incapacitação como a morte. De um ponto de vista preventivo, a diminuição dos fatores de risco para determinada doença pode, frequentemente, preveni-la ou adiar seu surgimento. Neste capítulo, estudaremos as doenças cardiovasculares, nos concentrando principalmente na doença arterial coronariana (DAC) e na hipertensão.

Prevalência da doença cardiovascular

As doenças cardíacas constituem a principal causa de morte nos Estados Unidos (Fig. 21.1). As seguintes estatísticas foram publicadas pela American Heart Association:[4]

- Estima-se que 92,1 milhões de adultos nos Estados Unidos padeçam de pelo menos um tipo de doença cardiovascular (DCV).
- Até 2030, quase 44% da população dos EUA deverá ter alguma forma de DCV.
- As DCV foram a causa mais comum de morte no mundo, sendo responsáveis por 17,3 milhões de mortes, ou 31,5% do total de mortes em todo o mundo.
- As doenças cardiovasculares são responsáveis por mais mortes do que todas as formas de câncer combinadas.
- Em 2013-14, o impacto econômico de doenças cardiovasculares e de AVC nos EUA foi estimado em mais de 316 bilhões de dólares, representando 14% de todas as despesas com saúde.

Mas há boas notícias também:

- De 2004 a 2014, as taxas de mortalidade por DCV caíram 25,3% e o número real de mortes por DCV diminuiu 6,7%.
- As contínuas melhorias nos índices gerais para a saúde cardiovascular são projetadas para reduzir a DCC em 30% no período entre 2010 e 2020.

Nos Estados Unidos, desde o início dos anos de 1900 até meados da década de 1960, o número relativo de mortes por doença cardíaca, expresso por 100 mil habitantes, triplicou. A população daquele país mais que dobrou durante esse período; assim, o número absoluto de mortes

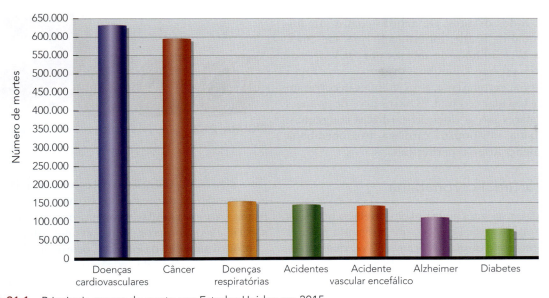

FIGURA 21.1 Principais causas de morte nos Estados Unidos em 2015.
Dados da American Heart Association, "Heart Disease and Stroke Statistics–2014 Update," Circulation 129(2014):e28-e292. http://circ.ahajournals.org/content/129/3/e28.full.

por doença cardíaca aumentou ainda mais drasticamente do que sugere a taxa relativa. Nos anos de 1970, as doenças cardiovasculares foram responsáveis por bem mais de 50% de todas as mortes nos Estados Unidos. As doenças cardiovasculares permanecem sendo a causa subjacente principal de morte nesse país, sendo responsáveis por cerca de 775 mil óbitos – uma em cada três mortes – no ano de 2016.[4]

Conforme foi dito anteriormente, os percentuais de mortes por DCV caíram para cerca de 25% na década de 2004-2014. Muito se discutiu sobre as razões para essas quedas, mas provavelmente ocorreram graças à maior atenção à prevenção de doenças. A seguir, alguns exemplos:

- Maior conscientização pública com relação aos fatores de risco e sintomas.
- Uso mais amplo de medidas preventivas, incluindo mudanças no estilo de vida (p. ex., alimentação, exercício, redução do estresse e cessação do tabagismo), como forma de diminuir o risco individual.
- Diagnósticos mais precoces e precisos.
- Maior conscientização e uso de técnicas de ressuscitação cardiopulmonar.

Outra razão provável é o tratamento mais adequado de pacientes com a doença, por exemplo:

- Melhores medicamentos para tratamento específico.
- Angioplastia, *stents* revestidos por fármacos e cirurgia de *by-pass*.
- Maior atenção na prevenção secundária.

As taxas de incidência e de mortalidade para a doença cardiovascular variam com relação a sexo, idade e raça. A Tabela 21.1 apresenta taxas de morte por qualquer causa e por doença cardiovascular nos Estados Unidos, categorizadas por sexo e raça e ajustadas para a idade.

Tipos de doença cardiovascular

Existem várias doenças cardiovasculares diferentes. Nesta seção, nos ateremos principalmente àquelas que podem ser evitadas e que afetam o maior número de

TABELA 21.1 Taxas de mortalidade nos Estados Unidos por 100 mil adultos categorizados por sexo e raça

Categoria	Todas as causas	Doença cardiovascular
Toda a população	733	169
Homens	863	212
Brancos	862	211
Negros ou afro-americanos	1.040	258
Hispânicos ou latinos	629	146
Mulheres	624	134
Brancas	627	132
Negras ou afro-americanas	711	166
Hispânicas ou latinas	438	93

Os dados estão padronizados por idade (ajustados para levar em conta a média de idade de pessoas mais jovens ou mais idosas de determinada população). Dados da Organização Mundial da Saúde, Global Atlas on Cardiovascular Disease Prevention and Control, editado por S. Mendis, P. Puska e Bo Norrving (Organização Mundial da Saúde, Genebra, 2011). Disponível em: http://whqlibdoc.who.int/publications/2011/9789241564373_eng.pdf?ua=1.

indivíduos todos os anos. De acordo com a Organização Mundial da Saúde, foi estimado que, em 2015, ocorreram 17,7 milhões de mortes por DCV. Dessas mortes, estima-se que 7,4 milhões tiveram como causa a doença arterial coronariana, e 6,7 milhões decorreram de acidente vascular cerebral.[43] Outros tipos de doenças cardiovasculares são as doenças cardíacas congênitas, miocardiopatia, valvulopatia cardíaca, tromboembolia venosa e doença arterial periférica.

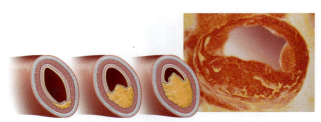

FIGURA 21.2 Formação progressiva de placa em uma artéria coronária.

Doença arterial coronariana

À medida que os seres humanos vão envelhecendo, suas artérias coronárias (ver Fig. 6.4), que irrigam o próprio miocárdio (músculo cardíaco), ficam cada vez mais estreitas em decorrência da formação da **placa** de gordura sob a parede interna (i. e., o endotélio) da artéria, conforme pode ser observado na Figura 21.2. Esse estreitamento progressivo das artérias em geral é chamado de aterosclerose; quando há envolvimento das artérias coronárias, passa a chamar-se **doença arterial coronariana (DAC)**. Com a progressão da doença e quando as artérias coronárias ficam mais estenosadas, ocorre progressiva redução da capacidade de fornecer sangue ao miocárdio.

Com o aumento da estenose, ocorre um desequilíbrio entre o suprimento de oxigênio para o miocárdio (o músculo cardíaco) e sua demanda, que aumenta com o exercício físico. Quando isso ocorre, a parte do miocárdio que é atendida pela artéria ou artérias estenosadas fica isquêmica, e isso significa que essa parte ficará com

---

PERSPECTIVA DE PESQUISA 21.1
A prática habitual da maratona diminui a formação de placa nas artérias coronárias em mulheres

O exercício de resistência regular resulta em melhoras na saúde cardiovascular e reduz os fatores de risco para doença cardiovascular, como a pressão arterial elevada e os níveis altos de colesterol no sangue. Normalmente, o treino para maratona causa um grande aumento no condicionamento cardiorrespiratório e reduz os perfis de risco cardiovasculares. Entretanto, sabe-se muito pouco sobre os efeitos de longo prazo na vasculatura coronariana decorrentes da participação em maratonas. Dois estudos com homens de meia-idade que eram maratonistas habituais (classificados em um estudo como tendo realizado mais de cinco corridas nos últimos 3 anos; no outro estudo, os participantes completaram uma ou mais maratonas por ano ao longo de 25 anos consecutivos, ou mais) descobriram que, paradoxalmente, esses homens exibiam maior acúmulo de placa nas artérias coronárias em comparação com homens sedentários com idades compatibilizadas. Embora esses achados tenham sido surpreendentes, até há pouco tempo nenhum estudo tinha examinado esse fenômeno em mulheres.

Um estudo recentemente publicado, realizado no Abbott Northwestern Hospital em Minneapolis, Minnesota, examinou a formação de placa nas artérias coronárias e a prevalência de fatores de risco para doenças cardiovasculares em mulheres maratonistas habituais.[36] Para tal tarefa, os pesquisadores recrutaram 26 mulheres que haviam corrido a Twin Cities Marathon por pelo menos 10 anos consecutivos e 28 mulheres sedentárias do grupo de controle. Com o uso de angiotomografia computadorizada coronariana (ATCC), os pesquisadores identificaram a presença de formação de placa nas artérias coronárias. Por ocasião do scan da ATCC, também foram realizados nos pacientes ECG de doze derivações, medições de frequência cardíaca em repouso e pressão arterial, e uma coleta de sangue para verificação dos níveis séricos de lipídios e creatinina. Cinco das 26 maratonistas e 14 das 28 mulheres do grupo de controle tinham placas calcificadas nas artérias coronárias – uma incidência estatisticamente baixa no grupo das maratonistas. As 5 corredoras com placa coronariana haviam praticado maratonas por mais tempo, mas eram em média 12 anos mais velhas do que as corredoras sem a presença de placa. As maratonistas também apresentaram menores números para frequência cardíaca de repouso, peso corporal, pressão arterial e níveis séricos de triglicérides, além de lipoproteínas de alta densidade mais elevadas em comparação com o grupo de controle. As maratonistas habituais são menos propensas a apresentar formação de placa nas artérias coronárias e contam com um perfil reduzido de risco para doença cardiovascular, em comparação com as mulheres sedentárias do grupo de controle com idades compatíveis. Por outro lado, o desenvolvimento da placa coronariana nas maratonistas parece estar relacionado à idade mais avançada e ao aumento do risco cardíaco.

deficiência de sangue (que transporta oxigênio e nutrientes), ou **isquemia**. Com frequência, a **isquemia** do coração provoca um desconforto leve a intenso, conhecido como *angina pectoris* (angina de peito). Tipicamente, essa situação é primeiro percebida durante períodos de esforço físico ou de estresse, quando as demandas impostas ao coração são maiores, resultando na ocorrência de um desequilíbrio entre o suprimento e a demanda.

Quando a irrigação sanguínea para uma parte do miocárdio sofre restrição grave ou total, a isquemia pode provocar um ataque cardíaco, ou **infarto do miocárdio**, porque as células do músculo cardíaco que ficam privadas de sangue durante alguns minutos também ficam privadas de oxigênio, o que provocará lesão e, em alguns casos, necrose (morte celular). O resultado desse evento dependerá do tamanho da área de miocárdio afetada e da extensão da lesão. A lesão isquêmica é reversível, embora o tecido infartado fique permanentemente lesionado. Em alguns casos, o ataque cardíaco é tão brando que a vítima nem percebe o que aconteceu. Nesses casos, o ataque cardíaco é descoberto semanas, meses ou até anos depois, por meio de um eletrocardiograma durante um exame médico de rotina.

A aterosclerose é um processo patológico progressivo, e as alterações patológicas conducentes à aterosclerose podem ter início na infância, progredindo durante esse período.[25] As **estrias gordurosas**, ou depósitos de lipídios, que são consideradas precursoras da aterosclerose, comumente se localizam na aorta de crianças com três a cinco anos de idade. Essas estrias gordurosas começam a aparecer nas artérias coronárias durante os primeiros anos da adolescência, podem evoluir para a formação de placas fibrosas durante a segunda década de vida e progredir até lesões instáveis ou complicadas na quarta e quinta décadas de vida.

A velocidade de progressão da aterosclerose fica determinada, em grande parte, por fatores hereditários e relacionados ao estilo de vida, como histórico de tabagismo, alimentação e atividade física. Para algumas pessoas, a doença progride rapidamente; ataques cardíacos têm ocorrido em indivíduos relativamente jovens – na segunda ou terceira década de vida. Para outras pessoas, a doença evolui com muita lentidão, caso em que os sintomas são poucos ou inexistentes durante toda a vida. A maioria das pessoas se enquadra em algum ponto entre esses dois extremos.

Como ilustração desse fato, um estudo sobre fatalidades de combate na Guerra da Coreia revelou que um grande percentual dos soldados norte-americanos submetidos à autópsia, com média de idade de 22 anos, já mostrava alguma evidência macroscópica de aterosclerose coronariana.[15] A extensão da doença variou desde o espessamento fibroso até a oclusão completa de um ou mais dos ramos principais das artérias coronárias. Também foram observadas evidências de aterosclerose coronariana em quase metade das fatalidades norte-americanas na Guerra do Vietnã, e alguns exibiam manifestações graves da doença.[30]

Hipertensão

A **hipertensão** é o termo médico para pressão arterial alta, uma condição em que a pressão arterial se encontra cronicamente elevada, acima dos níveis considerados desejáveis ou sadios. A pressão arterial depende em parte do tamanho do indivíduo; assim, crianças e pré-adolescentes têm pressões sanguíneas muito mais baixas do que as dos adultos. Por essa razão, torna-se difícil determinar o que se constitui hipertensão na criança ou no adolescente em fase de crescimento. Clinicamente, a hipertensão é definida nesses grupos como a pressão arterial com valores acima dos 90° ou 95° percentil para a idade do jovem. A hipertensão é um problema incomum durante a infância, mas pode surgir por volta da metade da adolescência.

Anteriormente, a pressão arterial normal e os estágios da hipertensão eram classificados por meio de "pontos de corte" bem estabelecidos na pressão arterial. Por exemplo, "pré-hipertensão" era definida como uma pressão arterial sistólica (PAS) entre 120-139 mmHg ou uma pressão arterial diastólica (PAD) entre 80-89 mmHg; o primeiro estágio da hipertensão era definido como uma PAS de 140-159 mmHg ou uma PAD de 90-99 mmHg. Para os adultos norte-americanos, o Joint National Committee on Detection, Evaluation, and Treatment of High Blood Pressure recentemente publicou novas diretrizes (JNC8) para a determinação e o tratamento da hipertensão (normal, pré-hipertensão, estágio 1 e estágio 2), com base nos pontos de corte para a pressão arterial e simplesmente recomenda o tratamento para grupos populacionais específicos.

A Tabela 21.2 resume os novos objetivos terapêuticos. Essas novas recomendações também endossam firmemente as orientações para modificação do estilo de vida, em que a dieta e o aumento da atividade física se encontram no cerne dos cuidados terapêuticos da hipertensão.

Outras mudanças importantes são a alteração das classes farmacológicas para o controle da hipertensão, com novas recomendações para o tratamento de pessoas com doença renal crônica. Além disso, em afro-americanos, as orientações recomendam o uso de diuréticos do tipo tiazídico ou bloqueadores dos canais de cálcio, pois essas classes farmacológicas têm maior eficácia nessa população em comparação com outros agentes anti-hipertensivos, como os bloqueadores dos receptores da angiotensina ou os bloqueadores da enzima conversora de angiotensina.

A tentativa do painel JNC8 de simplificar as orientações para o tratamento da hipertensão receberam algumas críticas, mas em geral suas diretrizes têm sido adotadas pelos profissionais da saúde. Talvez o ponto mais significativo e interessante a ser extraído do JNC8 é que, ao contrário

TABELA 21.2 Diretrizes do JNC8 para o controle da hipertensão em adultos

Grupo populacional	Meta terapêutica
Idade ≥ 60 anos com PAS ≥ 150 ou PAD ≥ 90	PAS < 150 e PAD < 90
População geral com < 60 anos com PAS > 140 ou PAD > 90	PAS < 140 PAD < 90
Diabetes ≥ 18 anos	PAS < 140 PAD < 90

Nota: Todas as pressões arteriais são fornecidas em mmHg. PAS = pressão arterial sistólica; PAD = pressão arterial diastólica.

das orientações precedentes, as novas diretrizes estão fundamentadas em evidências, e a razão para as mudanças significativas é a ausência de evidências para alguns padrões terapêuticos previamente publicados.

A hipertensão faz com que o coração trabalhe com maior intensidade do que o normal, pois precisa expelir o sangue no ventrículo esquerdo contra maior resistência. Além disso, a hipertensão faz incidir maior tensão nas artérias e arteríolas sistêmicas. Com o passar do tempo, essa tensão pode fazer com que o coração se dilate e que as artérias e arteríolas exibam cicatrizes e fiquem endurecidas e menos elásticas. Finalmente, esse processo pode resultar em aterosclerose, ataques cardíacos, insuficiência cardíaca, derrame cerebral e insuficiência renal.

Em 2014, foi estimado que pelo menos cerca de 86 milhões de norte-americanos, ou cerca de 34% da população adulta, tinham pressão arterial elevada (ou seja, sistólica ≥ 140 mmHg e/ou diastólica ≥ 90 mmHg).[4] Entre norte-americanos com 60 anos ou mais, acima de 65% se apresentam com pressão arterial alta. Como ocorre com DAC, esse problema é mais prevalente (42%) entre adultos negros não hispânicos.[24] Em comparação com os norte-americanos brancos, os norte-americanos negros exibem pressão arterial elevada mais cedo, e esse problema é mais grave em qualquer década de vida considerada. Consequentemente, os norte-americanos negros sofrem 1,3 vez mais derrames cerebrais não fatais, 1,8 vez mais derrames cerebrais fatais, 1,5 vez mais mortes por doença cardíaca e 4,2 vezes mais doenças renais em estágio terminal, quando comparados com os norte-americanos brancos.[3] Lamentavelmente, dos indivíduos diagnosticados com pressão arterial alta, apenas cerca de 50% têm sua hipertensão "controlada". Isso significa que um grande número de norte-americanos que visitam o médico com queixa de pressão alta permanece hipertenso.

Acidente vascular encefálico

O **acidente vascular encefálico**, ou derrame cerebral, é um tipo de doença cardiovascular que afeta as artérias cerebrais – os vasos que irrigam o cérebro. Globalmente, o acidente vascular encefálico foi a causa de cerca de 6,5 milhões de óbitos em 2013.[4] Como ocorre com outras formas de DCV, a taxa de mortalidade em decorrência de derrame cerebral também diminuiu significativamente nos últimos anos.

Em geral, os acidentes vasculares encefálicos se enquadram em duas categorias: **derrame isquêmico** e **derrame hemorrágico**. Derrames isquêmicos são os mais comuns (~87% de todos os casos), resultando de uma obstrução do sangue no interior de um vaso sanguíneo cerebral, que limita o fluxo do sangue em determinada região do cérebro. As obstruções são resultantes de:

- Trombose cerebral, a mais comum, em que ocorre formação de um trombo (coágulo sanguíneo) no interior de um vaso cerebral, frequentemente no local de uma lesão aterosclerótica no vaso. Esse trombo é muito parecido, em termos de etiologia, com os coágulos sanguíneos formados nas artérias coronárias e causadores de isquemia, lesão e infarto do miocárdio.
- Embolia cerebral, em que um êmbolo (massa não dissolvida de material, como glóbulos de gordura, fragmentos de tecido ou um coágulo sanguíneo) se solta de outro local no corpo e se aloja no interior de uma artéria cerebral. Um batimento cardíaco irregular, fibrilação atrial, cria condições nas quais coágulos podem se formar no coração, se deslocar e se depositar no cérebro.

Em casos de derrame isquêmico, ocorre restrição do fluxo sanguíneo para além do bloqueio, e a parte do cérebro que depende dessa irrigação fica isquêmica e com deficiência de oxigênio, podendo morrer. O acidente vascular encefálico isquêmico é causado pelo mesmo processo patológico presente na aterosclerose (ver seção anterior) e em outras doenças vasculares obstrutivas, inclusive a doença vascular periférica.

Derrames hemorrágicos podem apresentar dois tipos principais:

- Hemorragia intracerebral, em que ocorre ruptura de uma das artérias cerebrais no interior do cérebro.
- Hemorragia subaracnóidea, em que ocorre ruptura de um dos vasos da superfície cerebral, vertendo sangue para o espaço existente entre o cérebro e o crânio.

Em ambos os casos, há redução do fluxo sanguíneo que deveria ocorrer para além da ruptura, devido ao vazamento de sangue no local da lesão. Tendo em vista que o cérebro está envolto pelo crânio rígido, enquanto o sangue se acumula fora do vaso, o frágil tecido cerebral fica sob pressão, o que pode alterar a função do cérebro. Frequentemente, as hemorragias cerebrais são decorrentes de aneurismas, que ocorrem em pontos fracos na parede do vaso, formando sacos que se projetam para o exterior vascular; muitas vezes os aneurismas se formam por causa da hipertensão ou da lesão aterosclerótica à parede vascular. Malformações arteriovenosas e acúmulo de vasos sanguíneos com formação anormal são outra causa de derrame hemorrágico.

Assim como ocorre com um ataque cardíaco, um acidente vascular encefálico resulta na morte do tecido afetado. As consequências dependem, em grande parte, da localização e da extensão do derrame. A lesão cerebral causada por um derrame pode afetar os sentidos, a fala, os movimentos do corpo, os padrões de raciocínio e a memória. É comum a ocorrência de paralisia em um dos lados do corpo, bem como a incapacidade de verbalizar os pensamentos. Em sua maioria, os efeitos de um derrame cerebral são indicativos do lado do cérebro que ficou lesionado. Um lado do cérebro controla as funções do lado oposto do corpo. Um acidente vascular no lado direito do cérebro apresentará os seguintes efeitos:

- Paralisia no lado esquerdo do corpo.
- Problemas de visão.
- Estilo comportamental rápido e inquisitivo.
- Perda de memória.

Um acidente vascular no lado esquerdo do cérebro apresentará mais frequentemente os seguintes efeitos:

- Paralisia no lado direito do corpo.
- Problemas de fala e linguagem.
- Estilo comportamental lento e cuidadoso.
- Perda de memória.

Insuficiência cardíaca

A **insuficiência cardíaca** é um problema clínico crônico e progressivo em que o músculo cardíaco (miocárdio) fica demasiadamente fraco para manter um débito cardíaco adequado, que atenda às demandas do organismo por oxigênio. Quando o débito cardíaco está inadequado, o sangue pode se acumular nas veias. Isso faz com que ocorra excessivo acúmulo de líquido no corpo, particularmente nas pernas e tornozelos. Esse acúmulo de líquido (edema) também pode afetar os pulmões (edema pulmonar), trazendo problemas de respiração e causando falta de ar.

Por essa razão, o problema recebe a denominação de *insuficiência cardíaca congestiva (ICC)* e comumente resulta de lesão no miocárdio, que pode ter sido causada por infarto do miocárdio, hipertensão grave, valvulopatia cardíaca ou miocardiopatia.

Outras doenças cardiovasculares

As doenças vasculares periféricas, a doença das válvulas cardíacas e a doença cardíaca congênita são outros exemplos de doenças cardiovasculares.

As **doenças vasculares periféricas** são moléstias que atacam artérias e veias sistêmicas, e não os vasos coronarianos. A doença das artérias periféricas (DAP) é uma doença aterosclerótica que afeta com maior frequência artérias que conduzem o sangue até as pernas, cérebro e, raramente, outros órgãos. Nas pernas, a DAP pode resultar em graves limitações nas atividades, em decorrência da dor. Nas artérias que irrigam o cérebro, a DAP pode resultar em *ataques isquêmicos temporários* (*AIT*, sintomas parecidos com os de um acidente vascular cerebral, causados pela limitação temporária do fluxo sanguíneo para o cérebro).

São exemplos de doenças venosas periféricas as veias varicosas e a flebite. Veias varicosas são resultantes da incompetência das valvas venosas, que permite que o sangue retroceda nas veias. Isso faz com que as veias fiquem dilatadas, tortuosas e doloridas. A flebite é a inflamação de uma veia, um problema que também causa muita dor.

As **doenças das válvulas do coração**, ou valvulopatias cardíacas, envolvem uma ou mais das quatro válvulas que controlam a direção do fluxo sanguíneo para dentro e para fora das quatro câmaras do coração. A **doença cardíaca reumática** é um tipo de valvulopatia cardíaca que envolve uma infecção estreptocócica, provocando febre reumática aguda, tipicamente em crianças com idades entre 5 e 15 anos. A febre reumática é uma doença inflamatória do tecido conjuntivo; e comumente afeta o coração e, em especial, as válvulas cardíacas. Muitas vezes, a lesão nas válvulas causa estreitamento da abertura (*estenose*); dificuldade em sua abertura, prejudicando o fluxo sanguíneo para fora da câmara, ou em seu fechamento incompleto (*prolapso* ou *regurgitação*), o que permite o refluxo de sangue para a câmara pré-valvar. Em geral, a doença é conhecida pela valva afetada e pelo tipo de problema, por exemplo, estenose mitral.

A **doença cardíaca congênita** consiste em qualquer defeito do coração presente no nascimento; tais distúrbios são também apropriadamente denominados *defeitos cardíacos congênitos*. Esses defeitos ocorrem quando não houve desenvolvimento normal do coração, ou dos vasos sanguíneos nas proximidades desse órgão, antes do nascimento (*in utero*). Alguns desses defeitos são: coartação da aorta, em que a aorta sofre constrição anormal; estenose valvular, em que ocorre estreitamento de uma ou mais válvulas cardíacas; e defeitos septais, em que o septo (i. e., a parede) que separa os lados direito e esquerdo do coração está defeituoso, permitindo que o sangue do lado sistêmico se misture com o sangue do lado pulmonar, e vice-versa.

No restante deste capítulo serão focadas as duas principais doenças do coração e dos vasos sanguíneos: DAC e hipertensão.

Entendendo o processo da doença

Fisiopatologia é um termo que se refere à patologia e à fisiologia de determinado processo patológico ou de um distúrbio funcional específico. O entendimento da fisiopatologia de uma doença nos permite compreender como a atividade física poderia afetar ou alterar o processo da doença. Deve-se ter em mente que algumas fisiopatologias subjacentes comuns, como a inflamação subaguda sistêmica e a resistência à insulina, estão associadas a muitas doenças crônicas. Nas seções que se seguem será examinada a fisiopatologia da DAC e da hipertensão.

Fisiopatologia da doença arterial coronariana

De que modo ocorre o desenvolvimento da aterosclerose nas artérias coronárias? As paredes das artérias coronárias se compõem de três túnicas ou camadas distintas, conforme ilustrado na Figura 21.3: a túnica íntima (camada interna), a túnica média (camada intermediária) e a túnica adventícia (camada externa); também conhecidas simplesmente como íntima, média e adventícia. A camada mais interna da íntima – o **endotélio** – é formada por um revestimento delgado de células endoteliais, uma camada protetora lisa entre o sangue que flui na artéria e a camada íntima da parede vascular. O endotélio proporciona uma barreira protetora entre as substâncias tóxicas presentes no sangue e as células da musculatura lisa do vaso. Para vasos com mais de 1 mm de diâmetro, a íntima também contém uma camada subendotelial, formada por um tecido conjuntivo. A média consiste principalmente em células musculares lisas, que controlam a constrição e a dilatação do vaso, e de elastina. A adventícia se compõe

Em resumo

> A aterosclerose é um processo em que artérias ficam progressivamente mais estreitas, ou estenosadas. A doença arterial coronariana é a aterosclerose das artérias coronárias.
> Quando o fluxo sanguíneo coronariano fica suficientemente bloqueado, a parte irrigada pela artéria enferma sofre falta de sangue (isquemia). Em casos graves, a privação de oxigênio resultante pode causar infarto do miocárdio, que resulta em necrose do tecido.
> Na verdade, as alterações ateroscleróticas nas artérias têm início em crianças pequenas, mas a extensão e a progressão desse processo patológico são bastante variáveis.
> *Hipertensão* é a denominação clínica para pressão arterial elevada.
> O acidente vascular encefálico afeta as artérias cerebrais de modo que a parte do cérebro irrigada pelos vasos afetados recebe uma quantidade insuficiente de sangue. A forma mais comum de derrame cerebral é o derrame isquêmico, que habitualmente resulta de trombose ou embolia cerebral. A outra causa de derrame cerebral é a hemorragia cerebral (cerebral propriamente dita e subaracnóidea).
> A insuficiência cardíaca é um problema em que o miocárdio fica demasiadamente enfraquecido para que possa manter um débito cardíaco adequado, fazendo com que o sangue retorne nas veias.
> As doenças vasculares periféricas envolvem vasos sistêmicos, e não vasos coronarianos. Elas podem ser: a arteriosclerose, as veias varicosas e a flebite.
> Doença cardíaca congênita é a denominação que abrange todos os defeitos do coração presentes no nascimento.

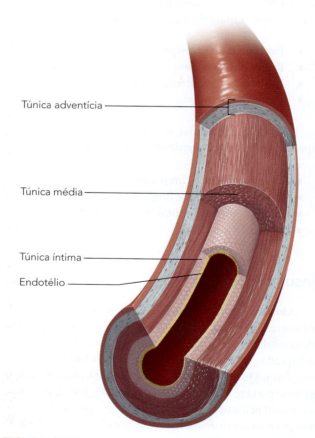

FIGURA 21.3 A parede da artéria é formada por três camadas: túnica íntima, túnica média e túnica adventícia.

de fibras de colágeno que protegem o vaso e o fixam à sua estrutura circunjacente.

O endotélio forma uma barreira protetora entre o sangue e o interior da parede da artéria. Essa estrutura funciona de modo a proporcionar uma superfície lisa ao longo da qual o sangue pode transitar; porém, o endotélio também desempenha muitas funções fisiológicas significativas, inclusive o controle do fluxo sanguíneo no interior do sistema vascular, influenciando a vasodilatação e a vasoconstrição. Isso ocorre porque o endotélio produz substâncias fisiologicamente ativas como o **óxido nítrico (NO)** e estimula a produção de substâncias similares em outros tecidos. Por sua vez, essas substâncias ativas fazem com que o músculo liso no interior da parede arterial se contraia ou se dilate, exercendo, assim, o controle sobre o fluxo de sangue através desses canais.

A aterosclerose é uma doença inflamatória.[29] A lesão inicial – isto é, o evento que dá início ao processo da aterosclerose e à sua progressão (Fig. 21.4) – pode resultar de qualquer um dos diversos estímulos ambientais. Tais fatores são: elevação dos triglicérides ou da lipoproteína de baixa densidade (LDL) em seguida a uma refeição rica em gordura (lipemia pós-prandial), inalação de certos compostos existentes na fumaça do cigarro e de poluentes ambientais, **adipocinas** e outras substâncias inflamatórias associadas ao excesso de tecido adiposo, microrganismos infecciosos e até mesmo o estresse emocional – todos associados à inflamação vascular. Por sua vez, a inflamação causa disfunção endotelial. As plaquetas sanguíneas, que podem ser atraídas para o local da lesão endotelial, aderem ao tecido conjuntivo exposto (ver Fig. 21.4b). Essas plaquetas liberam substâncias que promovem a migração de células musculares lisas da camada média para a íntima. Normalmente a camada íntima contém poucas ou nenhuma célula muscular lisa. No local da lesão, ocorre formação de uma placa, que é basicamente composta de células musculares lisas, tecido conjuntivo e detritos (ver Fig. 21.4c). Com o passar do tempo, os lipídios circulantes no sangue, especificamente o colesterol LDL, são atraídos e depositados na placa (ver Fig. 21.4d). Por meio desse processo, a lesão inicial e a subsequente inflamação resultam em uma deposição local de lipídios (gordura), células musculares lisas e outras substâncias no interior da parede da artéria.

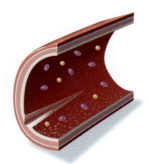
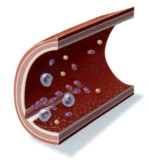

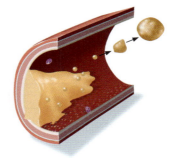

a Algum irritante hematógeno lesiona a parede arterial, destruindo a camada endotelial e expondo o tecido conjuntivo subjacente.

b Em seguida, plaquetas sanguíneas e células imunes circulantes conhecidas como monócitos são atraídas para o local da lesão, aderindo ao tecido conjuntivo exposto. As plaquetas liberam uma substância conhecida como fator de crescimento derivado da plaqueta (PDGF), que promove a migração das células musculares lisas da túnica média para a íntima.

c No local da lesão, ocorre formação de uma placa, que basicamente se compõe de células musculares lisas, tecido conjuntivo e detritos.

d Com o crescimento da placa, essa estrutura estreita a abertura arterial e impede o fluxo sanguíneo. Os lipídios presentes no sangue, sobretudo colesterol de lipoproteínas de baixa densidade (LDL-C), são depositados na placa.

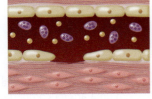
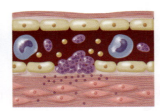
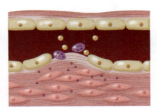
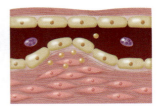

FIGURA 21.4 Mudanças na parede arterial (a-d) diante de uma lesão, ilustrando a destruição do endotélio e as alterações subsequentes que conduzem à aterosclerose.

O processo inflamatório é acionado por muitas substâncias fisiologicamente ativas produzidas pelo endotélio e/ou ativamente estimuladas por essa estrutura. Essas substâncias são o **fator de crescimento derivado de plaquetas** (**PDGF**; Fig. 21.4b) e outras substâncias que inibem ou orientam a produção do NO endotelial. Os mecanismos exatos e a integração desses fatores, bem como suas contribuições individuais para o processo aterosclerótico, são complexos e ainda não foram totalmente elucidados.

A inflamação sistêmica de baixa intensidade é uma característica subjacente de muitas doenças crônicas, como aterosclerose, obesidade e hipertensão (todas discutidas mais adiante neste e no próximo capítulo). Tanto a inflamação como a resistência à insulina são importantes precursores da fisiopatologia da DAC.

Mais recentemente, alguns pesquisadores propuseram outra hipótese – que a placa se forma quando os monócitos, leucócitos que atuam como células efetoras do sistema imunológico, se fixam entre células endoteliais. Esses monócitos se diferenciam em macrófagos, que ingerem colesterol LDL oxidado. Lentamente, eles se transformam em grandes células espumosas, formando estrias gordurosas. Em seguida, as células musculares lisas se acumulam por baixo dessas células espumosas. Então, as células endoteliais se separam ou sofrem esfacelamento, expondo o tecido conjuntivo subjacente e permitindo a aderência das plaquetas ao tecido. O papel dos monócitos na aterosclerose é objeto de pesquisas em curso.

A placa consiste em uma coleção de células musculares lisas e de células inflamatórias (macrófagos e linfócitos T), com lipídios intracelulares e extracelulares. A placa também contém uma cobertura fibrosa. Atualmente se reconhece que a composição da placa e de seu revestimento fibroso é fundamental para sua estabilidade. As placas instáveis são aquelas que possuem revestimentos fibrosos delgados e estão intensamente infiltradas por células espumosas. Essas placas exibem propensão muito maior para a ruptura; quando essa ruptura ocorre, são liberadas enzimas proteolíticas, causando destruição da matriz celular e levando à formação de coágulos sanguíneos (trombo), conforme ilustrado na Figura 21.5. Dependendo do tamanho, o trombo pode ocluir ou bloquear a artéria, resultando em infarto do miocárdio. Mesmo quando o rompimento de uma placa não causa diretamente um infarto, o trombo poderá se tornar parte da placa, implicando aumento em seu tamanho. Na verdade, essa pode ser uma das razões

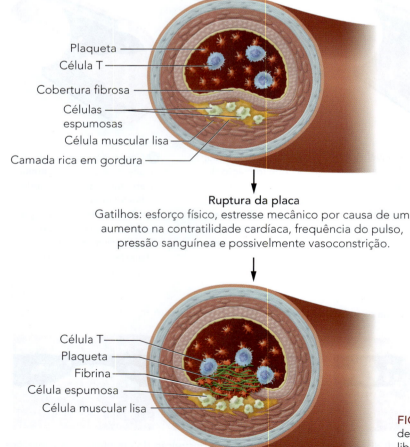

FIGURA 21.5 Ilustração de fissura ou ruptura de uma placa instável em uma artéria coronária, liberando seu conteúdo na corrente sanguínea e estimulando a formação de um trombo (coágulo).

para a natureza imprevisivelmente progressiva da doença. A ruptura da placa e a trombose são responsáveis por até 70% dos infartos do miocárdio e das paradas cardíacas. Curiosamente, as placas que chegam a se romper são tipicamente pequenas, causando menos de 50% de estenose ou estreitamento de uma artéria coronária.

Atualmente, contamos com boas evidências de que a placa é uma estrutura dinâmica, passando por ciclos de erosão e reparo que são responsáveis por seu crescimento progressivo. Ironicamente, as células musculares lisas são importantes para a estabilidade da placa, e uma proliferação dessas células é um fenômeno potencialmente benéfico para a manutenção da sua integridade. Os locais de ruptura da placa são caracterizados por uma baixa densidade de células musculares lisas.

Fisiopatologia da hipertensão

A fisiopatologia da hipertensão não foi ainda devidamente esclarecida. Na verdade, estima-se que 90-95% dos indivíduos identificados com hipertensão sejam classificados como portadores da forma *essencial* desse distúrbio – ou hipertensão de origem desconhecida. A hipertensão essencial também é conhecida como hipertensão idiopática ou hipertensão primária. Os 5-10% remanescentes são classificados como hipertensão secundária, significando que a causa é secundária a outro problema de saúde como doença renal, tumor suprarrenal (que pode aumentar a liberação de adrenalina) ou defeito da aorta. Embora a fisiopatologia do tipo mais comum de hipertensão seja em grande parte desconhecida e indefinida, está claro que se trata de uma doença multifatorial, relacionada a mediadores hormonais, à reatividade vascular (especialmente à elasticidade), à viscosidade do sangue e à estimulação nervosa da resistência vascular.

Risco de doença cardiovascular

Ao longo dos anos, os cientistas tentaram determinar a etiologia básica, ou causa, da DAC e da hipertensão. Grande parte do que sabemos sobre essas duas doenças provém do campo da epidemiologia, uma ciência que estuda as relações de vários fatores a determinada doença, ou processo patológico. Em diversos estudos, membros selecionados de comunidades variadas foram observados durante longos períodos. Essas observações envolveram exames médicos e testes clínicos periódicos.

Com o tempo, alguns dos participantes nesses estudos adoecem, e muitos morrem. São agrupados todos aqueles que foram acometidos de doença cardíaca ou hipertensão, ou que morreram de ataques cardíacos ou hipertensão. Em seguida, seus exames clínicos e laboratoriais realizados previamente são analisados com o objetivo de

Em resumo

> *Fisiopatologia* é um conceito que se refere à patologia e fisiologia de determinado processo patológico ou de um distúrbio funcional específico.

> As primeiras teorias pressupunham que a DAC podia ser iniciada pela lesão no revestimento endotelial liso da íntima da parede arterial. Essa lesão causa disfunção endotelial e também atrai plaquetas para a área, que, por sua vez, liberam PDGF. Juntamente com PDGF, o endotélio disfuncional atrai células musculares lisas, e tem início a formação de placa, que se compõe de células musculares lisas, tecido conjuntivo e detritos. Lipídios, células de músculo liso, tecido colagenoso e mesmo coágulos sanguíneos podem acabar sendo depositados na placa.

> Estudos mais recentes indicam que monócitos, envolvidos com o sistema imunológico, podem se fixar entre células endoteliais na íntima, dando início à formação de estrias gordurosas; isso, por sua vez, leva à formação da placa. De acordo com essa teoria, não há necessidade de ocorrência de uma lesão endotelial para a formação da placa, mas a disfunção endotelial estimulada por fatores ambientais também pode promover a aterosclerose. Os detalhes e o papel desse processo estão ainda à espera de esclarecimentos por novas pesquisas.

> Atualmente, ficou claro que a composição da placa e de seu revestimento fibroso é essencial no que se refere ao infarto do miocárdio e à parada cardíaca. Placas mais friáveis, em que tipicamente ocorre oclusão inferior a 50% da artéria, com revestimentos fibrosos delgados e intensamente infiltradas por células espumosas, são as mais instáveis e com maior probabilidade de sofrer ruptura.

> A fisiopatologia da hipertensão ainda não está devidamente esclarecida.

> Mais de 90% das pessoas com hipertensão têm a doença em sua forma idiopática (ou essencial), o que significa que sua causa é desconhecida.

determinar os atributos ou fatores compartilhados. Essa abordagem proporciona aos pesquisadores informações valiosas sobre o processo patológico e pode, sob determinadas circunstâncias, proporcionar evidências indiretas das causas da doença.

Identificados em estudos populacionais longitudinais de longa duração, os fatores que colocam em risco os indivíduos para determinada doença são chamados de **fatores de risco**. Com frequência, o fato de se ter maior número de fatores de risco implica um risco extra, porque tais fatores são aditivos e, além disso, interagem; portanto, um indivíduo com três ou quatro fatores de risco estará em risco significativamente maior em comparação com alguém que tenha um ou dois fatores de risco. Vamos examinar os fatores de risco para doença cardíaca e hipertensão.

Fatores de risco para a doença arterial coronariana

Os fatores associados ao aumento do risco para ocorrência prematura de DAC podem ser classificados em dois grupos: aqueles sobre os quais a pessoa não tem controle e aqueles que podem ser alterados por meio de mudanças básicas no estilo de vida. Os fatores de risco que não podem ser controlados pela pessoa são: histórico familiar de DAC (hereditariedade), etnia, sexo masculino e idade avançada. De acordo com a American Heart Association (AHA), os **fatores de risco primários** que podem ser controlados ou alterados são:

- exposição ou inalação da fumaça de tabaco;
- hipertensão;
- níveis sanguíneos anormais de lipídios e lipoproteínas;
- inatividade física;
- obesidade e sobrepeso; e
- diabetes.

A Tabela 21.3 ilustra os níveis de alguns desses fatores de risco que estão associados a aumento do risco. No entanto, esses fatores de risco devem ser individualmente avaliados. Deve-se ter em mente que algumas orientações e padrões de prática clínica recentemente publicados para o controle de lipídios, hipertensão e estilo de vida com o objetivo de diminuir o risco cardiovascular, de hipertensão e de sobrepeso ou obesidade mudaram significativamente a prática da avaliação de risco e alteraram, ou mesmo removeram, os limiares e os valores ideais para muitos desses fatores de risco.

Foram propostos outros fatores de risco para DAC, mas ainda não existem dados suficientes para validar sua inclusão como fatores de risco primários, isto é, fatores que aumentam a capacidade de prever eventos de DAC. Os fatores listados a seguir foram adicionados às diretrizes mais recentes de avaliação de fatores de risco da AHA. Com base nos fatores de risco primários, essa entidade recomenda que, se o nível de risco de uma pessoa for limítrofe ou incerto, outros fatores deverão ser levados em conta, para que se possa decidir qual tratamento ou mudanças serão mais adequados.[20]

- Histórico familiar, especificamente parentes de primeiro grau (pai, mãe ou irmã/irmão), de DAC precoce (homens < 55 anos ou mulheres < 65 anos).
- Níveis de proteína C reativa (hs-PCR) ≥ 2 mg/L. A proteína C-reativa é sintetizada no fígado e nas células da musculatura lisa das artérias coronárias em resposta a uma lesão ou infecção. A proteína C-reativa é um marcador de inflamação.
- Alto escore de cálcio coronariano (CAC). O cálcio da artéria coronária é um indicador de doença arterial coronariana e pode ser avaliado por tomografia computadorizada convencional não invasiva. Pessoas com CAC ≥ 300 ou ≥ 75º percentil para idade, sexo e etnia são consideradas em risco.
- Baixo índice tornozelo-braquial (ITB). Esse índice compara a pressão arterial no tornozelo e no braço (artéria braquial). É um teste diagnóstico para doença arterial periférica. Um ITB < 0,9 é considerado fator de risco.

Identificação dos fatores de risco

Em julho de 1948, o National Institutes of Health (National Heart, Lung, and Blood Institute) deu início ao estudo *Framingham Heart Study* (FHS). O FHS foi planejado como investigação longitudinal, com

TABELA 21.3 Nível de risco associado a fatores de risco selecionados para a doença arterial coronariana

Fator de risco		Nível de risco		
		Desejável	Limítrofe	Alto
Pressão arterial[a]				
Sistólica	mmHg	< 120		> 140
Diastólica	mmHg	< 80		> 90
Sobrepeso/obesidade (IMC)[a]	kg/m²	18,5-24,9	25,0-29,9	> 30
Glicose plasmática em jejum[b]	mg/dL	< 100	100-125	> 126
Atividade física[a,c]	min/semana	150-300		< 150

[a]American Heart Association, 2010.
[b]Dados do American Diabetes Association: www.diabetes.org/diabetes-basics.
[c]Exercício com intensidade moderada a vigorosa na maioria dos dias da semana.

o objetivo de identificar os fatores que influenciam no desenvolvimento de doenças cardiovasculares. A população original do estudo, de 5.209 pessoas residentes em Framingham, Massachusetts, foi examinada ao longo de um período de quatro anos, começando em setembro de 1948, com reexames a intervalos de dois anos ao longo de 48 anos. O FHS foi a pesquisa pioneira no conceito de fatores de risco associados ao desenvolvimento de DAC. A inclusão da prole, ou segunda geração, do grupo original de moradores em Framingham teve início em 1971, e o estudo da terceira geração foi iniciado em 2002. O FHS revelou-se um dos mais bem-sucedidos estudos longitudinais na história da pesquisa médica, tendo resultado, até 2012 em mais de 2.473 publicações baseadas em pesquisa. Apenas para exemplificar, o FHS foi o primeiro estudo a indicar a importância do colesterol como fator de risco para a DAC e, subsequentemente, a demonstrar que o verdadeiro risco estava associado a níveis elevados de LDL-C e a níveis baixos de colesterol de lipoproteínas de alta densidade (HDL-C).

O *Bogalusa Heart Study* é outro estudo epidemiológico de longa duração (semelhante ao FHS) que teve seu início em 1972 e que ainda se encontra em andamento. O estudo Bogalusa é um estudo longitudinal do desenvolvimento de fatores de risco de doenças cardiovasculares desde o nascimento até os 39 anos de idade. Em 204 participantes dos que morreram prematuramente (basicamente por acidentes, homicídios ou suicídios), os cientistas descobriram uma forte relação entre os fatores de risco e a ocorrência de estrias gordurosas; quanto maior o número de fatores de risco, maior a ocorrência de estrias gordurosas aórticas e coronarianas.[5] Na verdade, os autores do *Bogalusa Heart Study* se situam entre os primeiros a descrever a presença de estrias gordurosas – a origem da doença cardíaca aterosclerótica – em crianças.

Lipídios e lipoproteínas

Durante muitos anos, o colesterol e os triglicérides foram os únicos lipídios observados em estudos epidemiológicos. Mais recentemente, os cientistas passaram a estudar a maneira pela qual os lipídios são transportados no sangue. Lipídios são substâncias insolúveis no sangue; assim, recebem uma capa de proteína para que possam ser transportados pelo corpo. As **lipoproteínas** são as proteínas que transportam os **lipídios sanguíneos**. O **colesterol de lipoproteína de baixa densidade (LDL-C)** e o **colesterol de lipoproteína de alta densidade (HDL-C)** são duas classes de lipoproteínas de grande importância para a DAC. O colesterol de lipoproteína de baixa densidade foi implicado na formação de placas, enquanto o HDL-C está provavelmente envolvido na regressão da placa. Altos níveis de LDL-C e baixos níveis de HDL-C fazem com que aumente o risco de um ataque cardíaco. Por outro lado, altos níveis de HDL-C e baixos níveis de LDL-C indicam menor risco de ataque cardíaco. Portanto, é importante que se leve em conta a proporção dessas duas lipoproteínas. A mera avaliação do colesterol total não é estratégia apropriada para o prognóstico do risco. Um indivíduo que se apresenta com um nível moderadamente alto de colesterol total (C-total) juntamente com uma alta concentração de HDL-C e baixa concentração de LDL-C está em menor risco do que uma pessoa com um nível moderadamente baixo de C-total, mas um nível mais elevado de LDL-C e com HDL-C baixo. Em virtude das funções importantes e distintas dessas duas lipoproteínas, hoje os médicos e pesquisadores utilizam o termo *dislipidemia* em referência ao fator de risco para ocorrência de DAC relacionado à lipoproteína, em vez de "colesterol alto". A ênfase deve recair nos níveis relativos de LDL-C e HDL-C.

Por que esses dois transportadores de colesterol estão associados a diferentes níveis de risco? Supõe-se que o colesterol de lipoproteína de baixa densidade seja responsável pelo depósito de colesterol na parede arterial, enquanto o HDL-C remove o colesterol da parede arterial e transporta essa substância até o fígado, para ser metabolizada. Por terem esses papéis diametralmente opostos, é essencial ter conhecimento dos níveis específicos dessas duas lipoproteínas, quando se está determinando o risco individual. As novas orientações da AHA e do ACC (American College of Cardiology) com vistas ao controle da dislipidemia não mais especificam os níveis-alvo de tratamento para os lipídios, mas avaliam a necessidade de tratar com medicação e a eficácia de qualquer tratamento baseado nos níveis de LDL-C.[35] A estratégia terapêutica preferida envolve a prescrição de inibidores da HMG-CoA redutase ou "estatinas". As estatinas são uma classe de fármacos que bloqueiam a formação de substâncias utilizadas na produção de colesterol no fígado. Assim, diferentemente das orientações terapêuticas anteriores (ATP3), as novas diretrizes não fornecem alvos específicos para LDL, HDL ou mesmo para as proporções das classes de lipoproteínas; em vez disso, a terapia é orientada por sua eficácia.

Um novo e aguardado conjunto de orientações práticas para o tratamento de colesterol alto foi publicado em 2013,[38] em substituição às orientações anteriores publicadas em. As diretrizes do ATP4 (Adult Treatment Panel) adotam uma abordagem totalmente diferente (e de certa maneira controversa) para tratamento do colesterol alto. No documento, inexistem metas terapêuticas claramente expressas com base nas concentrações de LDL ou de colesterol total; em vez disso, a recomendação enfatiza a redução do risco mediante a identificação de grupos de benefícios com o uso de estatinas. As pessoas

PERSPECTIVA DE PESQUISA 21.2
A manutenção do condicionamento físico até a meia-idade diminui o risco de DCV

O condicionamento aeróbio exibe uma relação de dose-resposta com o condicionamento cardiorrespiratório, que confere muitos benefícios à saúde, como menor risco geral de ocorrência de doença cardiovascular, síndrome metabólica, diabetes e mortalidade em geral. Estudos que examinaram os efeitos de alterações no condicionamento cardiorrespiratório sugerem que, nas pessoas que mantêm ou melhoram seu condicionamento ao longo do tempo, será menor o risco de desenvolver doença cardiovascular (inclusive hipertensão, colesterol alto e diabetes) e de morrer por tal causa, em comparação com pessoas em condições equivalentes que sofram diminuição do condicionamento ao longo do tempo. Entretanto, em sua maioria esses estudos longitudinais concentraram-se em uma população masculina branca, o que limitou sua generalização e, normalmente, se prolongaram apenas por um período de 5-7 anos.

Em 2015, uma análise dos participantes do estudo *Coronary Artery Risk Development in Young Adults* (CARDIA) examinou o modo como mudanças no condicionamento físico ao longo de 20 anos afetaram os fatores de risco cardiometabólicos na meia-idade.[11] O estudo CARDIA é uma pesquisa em curso que envolve mulheres e homens afro-americanos e brancos, no qual foram coletados dados de condicionamento físico e saúde cardiovascular ao longo de 25 anos. Para essa investigação, a equipe do estudo estava interessada em como o condicionamento físico mudou nos primeiros 20 anos do estudo e em como essas mudanças estavam relacionadas aos desfechos cardiometabólicos. Os pesquisadores usaram regressão linear múltipla e regressão de riscos proporcionais com ajustes para as diferenças individuais nos valores iniciais com o objetivo de analisar dados de 2.048 participantes (43% homens, dos quais aproximadamente 50% eram afro-americanos). Nos 20 anos do estudo, 20,6% dos participantes mantiveram o nível de condicionamento físico. A análise de regressão revelou que a manutenção do condicionamento físico estava associada a aumentos mais expressivos nas lipoproteínas de alta densidade (HDL) e a menores aumentos nas lipoproteínas de baixa densidade (LDL) e nos triglicerídeos. Depois de transcorridos os 20 anos, os participantes que mantiveram o condicionamento físico também ganharam menos peso e exibiam menor circunferência da cintura. Em geral, a manutenção do condicionamento físico ao longo de 20 anos está associada a fatores de risco cardiometabólicos mais favoráveis na meia-idade. Essas descobertas ampliam os achados anteriores a uma coorte mais ampla, que permite maior generalização, e enfatizam a importância da manutenção da boa forma física ao longo da vida.

---

que se encaixam em um desses grupos específicos devem ser tratadas com uma estatina de intensidade moderada ou alta. De acordo com o risco, os grupos beneficiados são identificados como indivíduos

- portadores de doença arterial coronariana (DAC) clinicamente diagnosticada;
- sem DAC clinicamente diagnosticada, mas com LDL ≥ 190 mg/dL;
- não inseridos na categoria anterior, mas com idade entre 40-75 anos e com diabetes tipo 1 ou 2; e
- não inseridos nas categorias anteriores, mas com idade entre 40-75 anos e com um risco de 10 anos ≥ 7,5% (pelos novos padrões de avaliação de risco que lançam mão de uma fórmula complexa baseada em idade, sexo, colesterol total e HDL, tabagismo, pressão arterial sistólica [PAS] e uso de medicamentos anti-hipertensivos).

A controvérsia sobre esse conjunto específico de orientações surgiu do possível aumento no uso das estatinas entre os norte-americanos, mesmo aqueles sem concentrações elevadas de colesterol. Alguns pesquisadores estimam que as prescrições das estatinas dobrem, representando um aumento de usuários, de 15 milhões para 30 milhões de norte-americanos. O custo individual das estatinas varia de 50 centavos de dólar até 4 dólares por dose, dependendo da estatina prescrita.

Há um aspecto importante para os profissionais do exercício físico: o painel de especialistas prefacia as novas orientações com a seguinte declaração:

"Deve ser enfatizado que a modificação do estilo de vida (ou seja, aderir a uma dieta saudável, à prática habitual de exercício físico, evitar o tabagismo e manter um peso saudável) continua sendo um componente essencial para a promoção da saúde e redução do risco de doença cardiovascular aterosclerótica, tanto antes como durante o uso de terapias medicamentosas para redução do colesterol."

Fatores de risco para a hipertensão

Os fatores de risco para a hipertensão, do mesmo modo que os da DAC, podem ser classificados como controláveis e não controláveis. Os fatores de risco que não podemos controlar são: hereditariedade (histórico familiar de hipertensão), sexo, idade avançada e etnia (risco maior para pessoas de descendência africana ou hispânica). Os fatores de risco que podemos controlar são:

- obesidade e sobrepeso;
- dieta (sódio, álcool);
- uso de produtos derivados do tabaco;
- uso de anticoncepcionais orais;
- estresse; e
- inatividade física.

Embora a hereditariedade seja um fator de risco para a hipertensão, provavelmente ela desempenha um papel muito menor do que muitos dos demais fatores propostos. Deve-se ter em mente que, com frequência, os fatores ligados ao estilo de vida são bastante semelhantes dentro de determinada família.

Recentemente, alguns cientistas demonstraram grande interesse por uma possível ligação entre hipertensão, obesidade, diabetes tipo 2 e DAC por meio das vias comuns da inflamação e da resistência à insulina. A obesidade também foi estabelecida como um fator de risco independente para a hipertensão. Diversos estudos demonstraram reduções substanciais da pressão arterial em pacientes hipertensos que perderam peso. Do mesmo modo, embora tradicionalmente a ingestão de sódio esteja ligada à hipertensão, essa relação é controversa.

A inatividade física é um fator de risco para hipertensão. Seu papel foi conclusivamente estabelecido em estu-

Em resumo

> Os fatores de risco para a DAC que não podemos controlar são: hereditariedade (e histórico familiar), sexo masculino e idade avançada. E os fatores de risco que podemos controlar são: lipoproteínas e lipídios sanguíneos anormais, hipertensão, tabagismo, inatividade física, obesidade e diabetes.

> Inflamação, resistência à insulina e disfunção vascular são problemas fisiopatológicos comuns observados em casos de aterosclerose, diabetes melito do tipo 2, obesidade, hipertensão e outras doenças crônicas.

> Acredita-se que o colesterol de lipoproteínas de baixa densidade seja responsável pelo depósito de colesterol nas paredes arteriais. Mas o HDL-C funciona como um "faxineiro", removendo o colesterol das paredes vasculares. Assim, os níveis elevados de HDL-C proporcionam certo grau de proteção contra a DAC.

> Os fatores de risco para hipertensão que não podem ser controlados são: hereditariedade, idade avançada e etnia. E os fatores de risco que podemos controlar são: obesidade, dieta (sódio e álcool), uso de produtos derivados do tabaco, anticoncepcionais orais, estresse e inatividade física.

PERSPECTIVA DE PESQUISA 21.3
A atividade física diminui o desejo pelo cigarro

O tabagismo é uma preocupação global na área da saúde. Nos Estados Unidos, mais de 18% dos adultos fumam, e cerca de uma em cada cinco mortes é causada pelo fumo. Muitos fumantes querem parar de fumar, mas apenas 3-5% das tentativas sem ajuda são bem-sucedidas depois de transcorrido um ano. Quase todas as pessoas que param de fumar recidivam nos primeiros 8 dias. Mesmo com o auxílio de terapia comportamental ou farmacológica, menos de 30% dos fumantes obtêm sucesso ao deixar de fumar. A atividade física tem sido recomendada como ajuda aos programas de cessação do tabagismo; mas são poucas as evidências científicas em favor da atividade física como meio de ajudar na cessação do tabagismo.

Recentemente, uma metanálise de dados de pacientes individuais investigou os efeitos agudos de curtos períodos de atividade física no desejo pelo cigarro.[18] Essa metanálise revisou 19 estudos de intervenção que tinham examinado os efeitos agudos da atividade física no desejo de fumar. As intervenções foram: caminhada de intensidade moderada, corrida, ciclismo com intensidade leve a vigorosa e exercícios isométricos. As sessões de exercício físico tinham a duração de 5-40 minutos. Os breves períodos de atividade física resultaram em expressiva diminuição do desejo de fumar. Além disso, a dimensão do efeito da intervenção com a atividade física foi muito maior ao ser considerado o exercício com intensidade moderada, sugerindo que a intensidade do exercício está provavelmente relacionada à redução aguda do desejo de fumar. Os pesquisadores concluíram que sessões agudas de atividade física diminuem o desejo pelo cigarro em pessoas que estão tentando parar de fumar. Futuros estudos deverão investigar se o modo, a intensidade ou a duração da atividade física podem modular a diminuição do desejo e determinar se reduções agudas deste podem resultar no sucesso, no longo prazo, em parar de fumar.

dos epidemiológicos. Além disso, evidências substanciais indicam que o aumento da atividade física tende a reduzir pressões arteriais elevadas.

Reduzindo o risco por meio da atividade física

Há muitos anos, o possível papel que a atividade física pode desempenhar na prevenção ou adiamento do início da DAC e da hipertensão vem sendo objeto de grande interesse para a comunidade médica. Nas seções seguintes, tentaremos desvendar esse mistério, examinando as seguintes áreas:

- Evidência epidemiológica.
- Adaptações fisiológicas decorrentes do treinamento, que podem reduzir o risco.
- Redução dos fatores de risco com o treinamento físico.

Reduzindo o risco de doença arterial coronariana

Foi demonstrado que a atividade física é efetiva em termos de redução do risco de doença cardiovascular. Nas próximas seções, será revelado o que se sabe acerca deste tópico e quais são os mecanismos fisiológicos envolvidos.

Controle do estilo de vida para redução do risco de doença cardiovascular

A AHA e o ACC estabeleceram novas orientações clínicas para ajudar os médicos e outros profissionais de saúde na avaliação dos papéis da atividade física e de uma dieta saudável na prevenção e tratamento de doenças cardiovasculares (DCV).[14] Essas são orientações baseadas em evidências que se concentram em respostas a perguntas essenciais – uma abordagem semelhante à de outras diretrizes e padrões clínicos recentemente publicados em conjunto pela AHA e pelo ACC.[20,38] Na abordagem baseada em evidências, as recomendações se fundamentam amplamente em análises de ensaios clínicos controlados randomizados (ECR) e em metanálises desses ensaios. As evidências presentes na pesquisa são classificadas como fortes, moderadas, fracas ou insuficientes. (Em alguns casos, também é usada uma categoria final, "recomendar contra".) As orientações resultantes substituem as diretrizes e os padrões clínicos semelhantes anteriormente publicados.

As três perguntas fundamentais abordadas pela orientação para DCV são:

- Quais são os efeitos do padrão alimentar e da composição de macronutrientes nos fatores de risco e desfechos para DCV, quando comparados a nenhum tratamento e a outros tipos de tratamento?
- Quais são os efeitos causados pela ingestão dietética de sódio e potássio nos fatores de risco e desfechos cardiovasculares, quando comparados a nenhum tratamento e a outros tipos de tratamento?
- Qual é o efeito da atividade física sobre a pressão arterial e sobre os lipídios séricos em comparação com nenhum tratamento e com outros tipos de tratamento?

Resumidamente, foram extraídas as seguintes conclusões, com base na literatura existente:

Padrão alimentar. Esta questão enfatiza a eficácia das mudanças específicas na dieta com o objetivo de controlar os lipídios (especificamente o colesterol LDL) e a pressão arterial. Evidências fortes valorizaram um padrão alimentar que enfatize uma dieta em grande parte baseada em produtos vegetais (verduras e legumes, frutas e grãos integrais), produtos lácteos com baixo teor de gordura e aves e peixes, com restrição para bebidas açucaradas e carnes vermelhas, e também com limitação da ingestão de gorduras saturadas a 5-6% do total de calorias e redução da ingestão de ácidos graxos trans.

Sódio e potássio no alimento. Esta questão se concentra em adultos que podem se beneficiar com a redução da pressão arterial em repouso e, especificamente, de dois micronutrientes: sódio e potássio. As recomendações envolvem um padrão alimentar semelhante ao recomendado em relação à questão fundamental número 1. Evidências fortes apoiaram a restrição de sódio, com limitação do consumo dessa substância à ingestão diária recomendada (IDR) de 2.400 mg/dia ou redução da ingestão de sódio em 1.000 mg/dia, caso não seja possível atingir a IDR. Uma redução extra na ingestão de sódio para 1.500 mg/dia, se possível, está associada a reduções adicionais na pressão arterial e é uma estratégia recomendada.

Atividade física. Esta questão centra-se nos efeitos do exercício e da atividade física na redução dos lipídios e da pressão arterial. Evidências moderadas apoiaram um papel para o exercício aeróbio na redução de LDL e do colesterol total, mas não na alteração de triglicérides ou HDL. O documento recomenda a prática de atividade aeróbia em 3-4 sessões semanais, 40 minutos por sessão, com intensidade moderada a vigorosa. Foram fortes as evidências em favor do exercício aeróbio com vistas à redução da pressão arterial para indivíduos hipertensos, tendo sido sugeridas recomendações de exercícios semelhantes.

As orientações recomendam exercícios e mudanças nutricionais semelhantes para todos os adultos, com o objetivo de reduzir os fatores de risco, aí incluídos exercícios físicos moderados durante 150 min/semana, ou exercícios vigorosos durante 75 min/semana. Há poucas dúvidas de que um padrão alimentar saudável e a prática diária da atividade física sejam parceiros saudáveis de um estilo de vida que possa prevenir doenças crônicas.

Inatividade como fator de risco: evidência epidemiológica

Centenas de artigos científicos publicados trataram da relação epidemiológica entre a inatividade física e a DAC. Em geral, os estudos vêm demonstrando que o risco de ataque cardíaco em populações masculinas sedentárias é cerca de duas a três vezes maior do que o risco para homens fisicamente ativos em seus trabalhos, ou em suas atividades recreativas. Os primeiros estudos epidemiológicos nos anos de 1950 estão entre os primeiros a demonstrar essa relação.[32] Nesses estudos, motoristas de ônibus sedentários foram comparados com cobradores de ônibus ativos que trabalhavam em ônibus de dois andares, e, também, funcionários sedentários dos correios britânicos foram comparados com carteiros ativos que faziam suas rotas a pé. O percentual de mortes por DAC foi cerca de duas vezes maior nos grupos sedentários, em comparação com os grupos ativos. Muitos estudos publicados ao longo dos 20 anos subsequentes demonstraram essencialmente os mesmos resultados. Naqueles que tinham ocupações sedentárias, seu risco era equivalente ao dobro para morte por DAC, em comparação com indivíduos ativos.

Muitos desses primeiros estudos epidemiológicos se concentravam exclusivamente na atividade ocupacional. Apenas depois dos anos de 1970 os pesquisadores começaram a atentar também para as atividades nas horas de lazer. Novamente, Morris et al., que conduziram os primeiros estudos com motoristas de ônibus e com carteiros, estavam entre os primeiros a observar a relação entre a atividade nas horas de lazer e o risco de DAC: as pessoas menos ativas apresentaram risco duas a três vezes maior. Estudos subsequentes obtiveram resultados similares.[8] A inatividade física praticamente dobra o risco de um ataque cardíaco fatal. Embora a maioria desses estudos pioneiros tenha tido como voluntários apenas homens, pesquisas subsequentes demonstraram resultados similares em mulheres.[12]

Muitas revisões exaustivas de estudos epidemiológicos publicados sobre inatividade física e DAC foram publicadas nos últimos 30 ou 40 anos. Muitas delas lançaram mão de critérios rígidos para a inclusão de estudos em sua análise, e também foi avaliada a qualidade de cada estudo. A maioria indica que pessoas inativas têm aproximadamente o dobro do risco de morrer de doença cardíaca, em comparação com pessoas mais ativas. Além disso, esses estudos demonstraram que o risco relativo decorrente da inatividade física é similar ao risco associado aos três outros principais fatores de risco para DAC.[2] Os resultados desses estudos epidemiológicos desempenharam um papel importante na intenção da AHA e outras organizações em declarar que a inatividade física era um fator de risco primário para a DAC.

Tipo e intensidade de exercício

Outra preocupação importante foi levantada em meados dos anos de 1980: qual é o nível necessário de atividade ou condicionamento físico para que ocorra redução do risco de DAC em uma pessoa? Pela análise dos estudos epidemiológicos, não ficou totalmente claro qual era o nível de condicionamento ou atividade física considerado efetivo. Na verdade, durante meados dos anos de 1980, os cientistas estavam apenas começando a diferenciar o nível de atividade (um padrão de comportamento) e o condicionamento físico (definido como o $\dot{V}O_{2max}$ do indivíduo), uma discussão que ainda persiste atualmente.[7,33] Em retrospecto, a diferenciação entre esses dois termos era crucial, pois uma pessoa pode ser ativa, embora não tenha condicionamento físico ($\dot{V}O_{2max}$ baixo), ou tenha condicionamento físico ($\dot{V}O_{2max}$ elevado), embora seja inativa. Esse campo de pesquisa foi subsequentemente redirecionado, com base em diversos estudos epidemiológicos, tendo sido demonstrado que os níveis de atividade associados a um risco mais baixo para a DAC, geralmente, eram baixos, e não chegavam sequer ao nível em que seria necessário haver um aumento da capacidade aeróbia. Estudos subsequentes ratificaram essa opinião.[8] Níveis baixos de atividade, como caminhar e praticar jardinagem, podem trazer benefícios consideráveis por reduzirem o risco de DAC. Entretanto, também ficou demonstrado que exercícios mais vigorosos resultam em benefícios ainda maiores.

Em 2002, um grupo de cientistas da Universidade de Harvard descreveu a relação entre tipo e intensidade do treinamento físico e a ocorrência de DAC em mais de 44 mil homens recrutados no *Health Professional's Follow-Up Study*.[39] Esses homens tiveram acompanhamento a cada dois anos desde 1986 até 1998, para avaliar possíveis fatores de risco para DAC, identificar casos recém-diagnosticados e avaliar níveis de atividade física nos períodos de lazer. Homens que corriam à velocidade de 9,7 km/h, ou mais rápido, durante 1 h ou mais por semana tiveram redução de risco em 42%, em comparação com homens que não corriam. Homens que treinavam com pesos durante 30 min ou mais por semana tiveram redução de 23% no risco, quando comparados com homens que não treinavam com pesos. A prática de caminhadas rápidas durante 30 min ou mais por dia foi associada a uma redução de 18% no risco, do mesmo modo que a prática do remo durante uma ou mais horas por semana. Surpreendentemente, não foi observada relação entre nadar e andar de bicicleta e o risco de DAC. Esse estudo foi o primeiro a demonstrar os benefícios diretos do treinamento de força para o risco de ocorrência de DAC, e também o primeiro a indicar que a intensidade do treinamento físico é uma consideração crítica – intensidades maiores promovem maior redução do risco.

Mais recentemente, um estudo demonstrou que o tipo e a intensidade do exercício possuem relação direta com a mortalidade e a prevenção de doenças.[42] O principal resultado dessa pesquisa foi que as pessoas que não cumpriram as orientações de atividade física recomendadas pelo American College of Sports Medicine (ACSM) (150-250 MET-minutos por semana) tiveram mortalidade significativamente maior do que aqueles indivíduos que atingiram ou suplantaram essas orientações. De fato, após o ajuste para uso de medicamentos e para o índice de massa corporal, e mesmo para variáveis como a escolaridade e o padrão alimentar, aqueles voluntários que excederam as recomendações ao dobro e ao triplo apresentaram taxas de mortalidade quase 25% mais baixas do que as pessoas que apenas cumpriram as recomendações. Também foi observada uma modesta relação de dose-resposta entre a extensão percorrida nas caminhadas e a redução da mortalidade[42] (Fig. 21.6).

Efeitos do exercício nos fatores de risco

A importância da atividade física e do exercício praticados com regularidade na redução do risco de DAC se torna evidente ao serem levadas em conta as adaptações anatômicas e fisiológicas em resposta ao treinamento físico. Muitos estudos investigaram o papel do exercício na alteração dos fatores de risco associados à doença cardíaca. A seguir, serão considerados os principais fatores de risco e como o exercício pode afetá-los.

Exercícios agudos e mesmo níveis mais baixos de atividade física, que talvez não induzam efeitos significativos para o treinamento, podem afetar tanto direta como indiretamente o risco para a DAC e sua progressão. Fatores básicos e importantes como a inflamação, a função endotelial, a resistência à insulina, a produção e secreção de adipocinas, o metabolismo da glicose, a pressão arterial e até mesmo a influência das lipoproteínas no sangue são positivamente influenciados pelo exercício e pela atividade física.

Tabagismo São poucas as evidências diretas indicando que o exercício físico conduz à cessação do tabagismo ou diminui o número de cigarros fumados.

Lipídios Em conformidade com as orientações recentes publicadas pela AHA sobre controle do estilo de vida, existem evidências moderadamente robustas indicando que a prática de exercícios aeróbios (de resistência) faz baixar o LDL-C, mas as evidências dos efeitos do exercício na alteração de triglicérides ou de HDL-C são limitadas.[14] Embora muitos estudos tenham demonstrado aumentos no HDL-C e reduções nos triglicérides com o treinamento físico, outros relataram pouca ou nenhuma mudança.

A lipemia pós-prandial (i. e., após a refeição), que é o influxo de gordura no sangue após uma refeição rica em gorduras, aumenta o risco de DAC, estimula a progressão da placa e diminui sua estabilidade. A prática do exercício físico antes de uma refeição rica em gorduras modera esse efeito, por diminuir a quantidade de lipídios que ingressam na corrente sanguínea. Um teor elevado (ou mesmo quantidades moderadas) de gordura em uma refeição é fator que pode causar um significativo fluxo pós-prandial de lipoproteínas – um evento aterogênico e, com efeito, também um fator de risco.

Ao serem avaliadas as alterações lipídicas com o exercício, devem ser levados em consideração dois fatores complicadores, pois cada um deles pode ter efeito significativo. Visto que os lipídios plasmáticos são expressos na forma de concentração (miligramas de lipídios por decilitro de sangue), qualquer alteração no volume plasmático afetará as concentrações plasmáticas dessas substâncias, independentemente da alteração que ocorre nos lipídios totais. Deve-se ter em mente que, em geral, o treinamento físico aumenta o volume plasmático (Cap. 11). Diante dessa expansão do plasma, a quantidade absoluta de HDL-C pode aumentar, ainda que a concentração de HDL-C possa permanecer inalterada, ou mesmo diminuir. Além disso, os níveis plasmáticos de lipídios estão fortemente associados a alterações no peso corporal. Ao serem avaliados os efeitos do treinamento físico, devem ser levados em consideração também os efeitos independentes que uma mudança no peso corporal pode ter sobre os lipídios plasmáticos.

Hipertensão Dados relativamente robustos falam em favor da eficácia do exercício na redução da pressão arterial em indivíduos com hipertensão leve a moderada. O

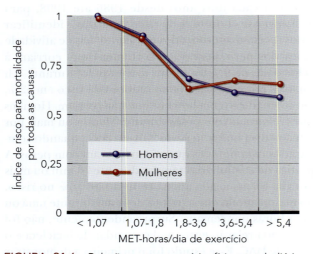

FIGURA 21.6 Relação entre exercício físico total diário e mortalidade por qualquer causa para homens e mulheres no estudo Williams. Esta é uma curva de dose-resposta, indicando que, quanto mais alta for a dose, melhor será a resposta.
Dados de Williams, 2013.

treinamento de resistência pode fazer baixar as pressões arteriais sistólica (2-5 mmHg) e diastólica (1-4 mmHg) em todas as pessoas, inclusive as hipertensas.[14] Os mecanismos específicos responsáveis pela diminuição da pressão arterial com o treinamento de resistência ainda não foram totalmente esclarecidos.

Sensibilidade à insulina e glicose O exercício físico melhora a absorção da glicose e sua utilização, bem como a sensibilidade à insulina.[17] Com efeito, foi demonstrado que uma única sessão de exercício físico melhora a sensibilidade dos receptores da insulina.

Função endotelial Evidências robustas demonstram que o treinamento físico melhora a função endotelial. Basicamente, a disfunção endotelial é o resultado da redução na biodisponibilidade do NO. Foi demonstrado que o treinamento físico aumenta a biodisponibilidade do NO.[40]

Inflamação O exercício moderado tem efeito agudamente anti-inflamatório.[19] Foi demonstrado que a prática do exercício físico está associada à diminuição dos níveis de marcadores inflamatórios e ao aumento das substâncias do sistema imunológico que retardam o processo aterosclerótico.

Outros fatores Com relação aos fatores de risco restantes, o exercício físico desempenha um papel importante na redução e no controle do peso, bem como no controle do diabetes. Esses tópicos serão discutidos mais detalhadamente no Capítulo 22. O exercício físico também foi descrito como eficaz na redução e no controle do estresse, na diminuição da ansiedade e no tratamento da depressão e da ansiedade.[9]

No longo prazo, o treinamento de resistência gera outras alterações anatômicas e fisiológicas favoráveis, que diminuem o risco de ataque cardíaco, por exemplo, artérias coronárias mais calibrosas, aumento do tamanho do coração e maior capacidade de bombeamento. O treinamento de resistência também exerce um efeito favorável na maioria dos fatores de risco para DAC. Embora não tenha sido estudado tão assiduamente, o treinamento de resistência parece resultar em muitos desses mesmos benefícios. Isso pode realmente se verificar quando são combinados o treinamento aeróbio com o treinamento de resistência; tal prática pode afetar positivamente muitas outras variáveis fisiológicas pertinentes à prevenção de doenças primárias e secundárias.[41]

Tempo sedentário e risco de doença

No Capítulo 20, foi mencionada a síndrome da morte sedentária, termo cunhado pelo Dr. Frank Booth e seus colaboradores. Esses pesquisadores estudaram a fisiologia (e genética) de um estilo de vida sedentário, e postularam que os seres humanos são geneticamente estimulados a serem fisicamente ativos, e que o estado de sedentarismo é a causa de todas as doenças crônicas e disfunções fisiopatológicas. Mais recentemente, observou-se o surgimento de uma tendência de pesquisa que considera o tempo de sedentarismo como refletido pela quantidade de tempo que as populações gastam assistindo TV, trabalhando, se divertindo ou assistindo vídeos em um computador, e se envolvendo em outras atividades na posição sentada. A maioria das pessoas passa muito tempo sentada – e algumas pessoas mais sedentárias podem passar de 12 a 15 horas por dia nessa posição.

A pesquisa epidemiológica relacionada ao tempo sedentário e à mortalidade por doença cardíaca é esparsa e pouco desenvolvida. É claro que o tempo de sedentarismo confere maior risco de DAC fatal e não fatal.[16] Ao que parece, isso é um fato, independentemente de o indivíduo se exercitar com regularidade ou não.[13] O tempo consumido na posição sentada ou a prática de uma atividade sedentária (independentemente das horas de sono) parece ser um fator significativo para um estilo de vida saudável.

O banco de dados do *National Health and Nutrition Examination Survey* (NHANES) (organização que promove uma análise contínua de uma secção transversal de residentes nos Estados Unidos) funciona como um reforço extra para uma relação direta entre a quantidade de tempo de sedentarismo e certos indicadores de risco, como HDL-C, triglicérides, insulina e resistência à insulina, e marcadores inflamatórios. Períodos mais longos na posição sentada e maior número de horas/dia nessa posição estão associados a alterações metabólicas prejudiciais, independentemente da prática, ou não, de exercício físico moderado ou vigoroso nos intervalos.[26]

Reduzindo o risco de hipertensão

O papel da atividade física na redução do risco de hipertensão ainda não ficou tão bem estabelecido como seu papel na DAC e também na redução da pressão arterial já elevada. Como foi possível observar na seção precedente, o treinamento físico abaixa a pressão arterial nos indivíduos com hipertensão moderada, mas não foi possível desvendar completamente os mecanismos precisos que permitem tal redução. Deve-se considerar os conhecimentos atuais.

Evidência epidemiológica

São poucos os estudos epidemiológicos que investigaram a relação entre a inatividade física e a hipertensão. No *Tecumseh Community Health Study*, 1.700 homens (com 16 anos ou mais) preencheram questionários e foram entrevistados com o objetivo de fornecer estimativas de seus gastos energéticos diários médios e máximos e das horas que gastavam com atividades específicas. Os homens mais ativos exibiam pressões arteriais sistólicas e diastólicas significativamente mais baixas, independentemente da idade.[31] Em um acompanhamento dos participantes do estudo da Cooper Clinic, os pesquisadores informaram um risco relativo de 1,5 para ocorrência de hipertensão em pessoas com baixos níveis de condicionamento, em comparação com pessoas com alto nível de condicionamento.[6] A base de dados NHANES revelou que a hipertensão recém-diagnosticada estava associada a baixos níveis de condicionamento físico, estimados com base em um teste de esteira ergométrica em nível submáximo. Os índices de probabilidade de 2,12 para mulheres e 1,83 para homens (20-49 anos) indicaram que baixos níveis de condicionamento físico mais que dobram o risco de hipertensão em mulheres, e praticamente dobram o risco em homens.[10] (Um índice de probabilidade representa a probabilidade de ocorrência de determinado desfecho, diante de um fator de risco específico. Um índice de probabilidade superior a 1,0 implica uma associação entre o desfecho e o fator de risco.)

Esses estudos limitados indicam que pessoas ativas e com bom condicionamento apresentam menor risco de ocorrência de hipertensão. Estudos epidemiológicos também demonstraram que níveis mais elevados de atividade física e de condicionamento aeróbio estão relacionados a menor risco de acidente vascular encefálico, tanto em homens[28] como em mulheres.[23]

Adaptações ao treinamento que podem reduzir o risco

Ainda não foram devidamente esclarecidos os mecanismos específicos responsáveis por reduções na pressão arterial em repouso com o treinamento de resistência. Os mecanismos mais prováveis são adaptações neuro-humorais, diminuição da atividade do sistema nervoso simpático, alterações no sistema renina-angiotensina (um sistema de controle essencial para a pressão arterial) e, talvez, até mesmo mudanças estruturais no próprio sistema vascular.

O fenômeno conhecido como hipotensão pós-exercício (HPE) foi observado há quase 50 anos. Subsequentemente, foi confirmado na maioria das populações em atividade, e há evidências incontestáveis de que a HPE é um efeito agudo significativo do exercício que pode, de fato, estar ligado ao efeito crônico do exercício sobre a pressão arterial em pessoas com hipertensão. A hipotensão pós-exercício ocorre em pessoas com pressão arterial normal, bem como em pessoas com hipertensão. O fenômeno dura de 1-2 horas após o exercício e às vezes até 24 horas depois. As maiores reduções na pressão arterial parecem ocorrer

Em resumo

> Em geral, os estudos epidemiológicos descobriram que o risco de DAC em populações de homens sedentários é cerca de duas a três vezes maior que o risco para homens fisicamente ativos, e a inatividade física aproximadamente dobra o risco de a pessoa sofrer um ataque cardíaco fatal.
> Os níveis de atividade associados ao risco reduzido de DAC podem ser mais baixos do que os níveis de atividade necessários para aumentar a capacidade aeróbia.
> O treinamento físico melhora a contratilidade do coração, sua capacidade de trabalho e a circulação coronariana.
> O exercício pode ter maior impacto no LDL-C. O treinamento de resistência diminui os índices LDL-C/HDL-C e C-total/HDL-C.
> O exercício tem ação anti-inflamatória e aparentemente melhora a função endotelial.
> A prática de exercícios também pode ajudar no controle da pressão arterial, do peso e dos níveis glicêmicos, além de poder ajudar na diminuição do estresse.
> Tanto em pessoas ativas como em pessoas com aptidão física, é menor o risco de ocorrência de hipertensão.
> O exercício físico ajuda a baixar a pressão arterial em pessoas hipertensas.
> A pressão arterial em repouso fica diminuída pelo treinamento em pessoas com e sem hipertensão; provavelmente esse efeito é atribuído à diminuição na resistência periférica, juntamente com mecanismos neuro-hormonais, porém ainda não foram devidamente desvendados os mecanismos reais.
> O exercício também reduz a gordura corporal, os níveis sanguíneos de glicose e a resistência à insulina – fatores ligados ao aumento do risco de hipertensão.

naqueles indivíduos com pressão arterial pré-exercício mais alta. Foram relatadas reduções de 4-15 mmHg na PAS. O fato de ser essa uma resposta aguda, que pode se prolongar por até 24 horas, reforça ainda mais a necessidade da prática diária e regular da atividade física, especialmente naqueles indivíduos hipertensos.

Redução do risco com treinamento físico

Na seção precedente sobre DAC, foi determinado que o treinamento físico abaixa a pressão arterial em repouso em indivíduos normotensos e naqueles com hipertensão. Essas reduções não estão relacionadas à duração do programa de treinamento, mas podem ser maiores em resposta à atividade de intensidade baixa a moderada, em comparação com a atividade de alta intensidade.

Não só o exercício reduz a pressão arterial elevada *per se*, mas também afeta outros fatores de risco. O exercício é importante para a redução da gordura corporal, podendo aumentar a massa muscular, além de promover melhor controle glicêmico (açúcar no sangue). O treinamento físico também foi associado à redução do estresse.

Risco de ataque cardíaco e morte durante o exercício

Sempre que uma pessoa morre durante um exercício, normalmente o incidente chega às manchetes dos jornais. Mortes durante o exercício não ocorrem com frequência, mas recebem grande publicidade. As histórias do início deste capítulo servem como exemplos. Até que ponto o exercício é seguro ou perigoso? Já foram documentadas na literatura científica as taxas de letalidade e a mortalidade associadas a exercício e atividade física entre adultos (não incluídos atletas jovens e adultos). Os índices de incidência dependem de como os números são expressos e variam de acordo com a população (p. ex., adultos saudáveis, adultos com diagnóstico de DAC) e sexo (as mulheres têm índices mais elevados do que os homens, por razões desconhecidas).[1] Conforme resumo da ACSM,[1] os índices variam de 1 evento cardiovascular em quase 3 milhões de pessoas-hora de atividade de acordo com os dados da ACM, até 1 fatalidade por 396 mil pessoas-hora de corrida, até 1 fatalidade em 2,597 milhões de exercícios físicos relatados por uma academia comercial de saúde e condicionamento físico. Foi relatada uma taxa de fatalidade de 1 em 752.365 pacientes-hora em programas de exercício físico para pacientes com diagnóstico de DAC supervisionados por médicos. As taxas extremamente baixas nessa população são, sem dúvida, o resultado da supervisão médica, da disponibilização de equipamento e assistência de emergência e da triagem clínica preliminar.

O risco global de ataque cardíaco e morte durante o exercício físico é muito baixo. Além disso, embora o risco de morte aumente durante um período de exercício vigoroso, o exercício vigoroso habitual está associado a uma queda geral do risco de ataque cardíaco.[1,37] Isso está ilustrado na Figura 21.7. Mas existe a preocupação com aqueles atletas que têm como objetivo o exercício de ultrarresistência, ou seja, com sessões de treinamento ou competições superiores a quatro horas por sessão. Teoricamente, esses atletas estão em maior risco para distúrbios cardiovasculares, por causa do elevado estresse oxidativo associado a esse tipo de treinamento ou de competição. Além disso, um estudo recentemente publicado que envolveu atletas de ultrarresistência (corredores) constatou que "exercícios excessivos praticados durante longos períodos podem estar associados à calcificação da artéria coronária, disfunção diastólica e enrijecimento da parede das grandes

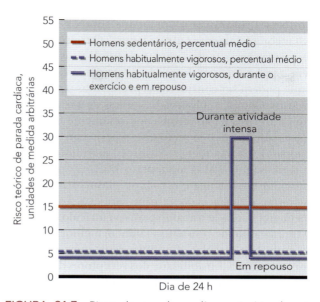

FIGURA 21.7 Risco de parada cardíaca primária durante o exercício vigoroso e em outras ocasiões ao longo de um período de 24 horas, comparando homens sedentários com homens habitualmente ativos.
Dados de Siscovick et al., 1984.

artérias" (p. 587).[34] Essa conclusão foi um pouco especulativa e necessita de mais documentação. É importante notar, como os autores também afirmam, que os corredores vivem mais que indivíduos não praticantes de exercício físico e se apresentam com excelentes níveis de aptidão física, fator que também está associado a menor mortalidade.

Quando a morte durante o exercício ocorre em pessoas com 35 anos ou mais, comumente o óbito é causado por arritmia cardíaca causada por aterosclerose das artérias coronárias. Por outro lado, é mais provável que indivíduos com menos de 35 anos de idade venham a morrer por cardiomiopatia hipertrófica (coração enfermo e dilatado, habitualmente com transmissão genética), anomalias congênitas das artérias coronárias, aneurisma aórtico ou miocardite (inflamação do miocárdio).

O risco de ataque cardíaco aumenta durante o próprio período em que a pessoa está se exercitando. No entanto, ao longo de um período de 24 h, os indivíduos que se exercitam com regularidade exibem risco muito mais baixo de ataque cardíaco em comparação com aqueles que não se exercitam.

Treinamento físico e reabilitação de pacientes com doença cardíaca

A participação ativa em um programa de reabilitação cardíaca que possua um forte componente de exercício aeróbio e de força ajuda o sobrevivente de um ataque cardíaco a sobreviver a um ataque subsequente, ou a evitar completamente outros ataques? O treinamento de resistência leva a muitas mudanças fisiológicas que reduzem o trabalho ou a demanda de oxigênio do coração e que podem ser consideradas preventivas para futuros eventos. Como foi observado, muitas dessas mudanças são periféricas e não envolvem diretamente o coração, mas resultam em benefício direto para a prevenção da fisiopatologia das doenças crônicas, sobretudo da DAC. O treinamento físico aumenta o índice capilar/fibra muscular esquelética e o volume plasmático, além de melhorar a eficiência do trabalho cardíaco, o que resulta em menor carga de trabalho para o ventrículo esquerdo. O treinamento de resistência também melhora a função do endotélio vascular, diminui a resistência à insulina por aumentar a sensibilidade dos receptores de insulina e aumenta a utilização de glicose; o treinamento físico tem ação anti-inflamatória e modera a lipemia pós-prandial (i. e., gordura no sangue após uma refeição rica em gorduras). Todas essas mudanças promovem a saúde cardiovascular e contribuem para os efeitos preventivos do treinamento físico praticado regularmente.

 VÍDEO 21.1   Apresenta Ben Levine, falando sobre as implicações clínicas de $\dot{V}O_{2max}$.

Também podem ocorrer mudanças significativas no próprio coração. Estudos com pacientes que apresentavam doença cardíaca, na Universidade Washington em St. Louis, forneceram evidências drásticas de que o condicionamento aeróbio intenso não apenas pode mudar substancialmente os fatores periféricos, mas também pode alterar o próprio coração, possivelmente aumentando o fluxo sanguíneo para esse órgão e aumentando a função do ventrículo esquerdo.

Com base nas discussões anteriores deste capítulo, fica claro que o treinamento físico de resistência pode reduzir de maneira significativa o risco de doença cardiovascular, mediante seu efeito independente nos fatores de risco individuais para a DAC e a hipertensão. Foi informada a ocorrência de mudanças favoráveis na pressão arterial, nos níveis de lipídios, na composição corporal, no controle da glicose e no estresse de pacientes que praticaram treinamento físico para reabilitação cardíaca. Temos todas as razões para acreditar que essas mudanças são simplesmente tão importantes para a saúde do paciente que sofreu um ataque cardíaco como são para um indivíduo considerado saudável.

O treinamento de força também apresenta benefícios substanciais quando inserido como parte do programa de reabilitação cardíaca.[41] A Tabela 21.4 fornece uma comparação resumida dos benefícios do treinamento de força e do treinamento aeróbio sobre vários marcadores fisiológicos e clínicos de saúde e condicionamento físico. É óbvio que a combinação dos dois tipos de treinamento em um programa de reabilitação potencializará os benefícios gerais do treinamento.

Um programa de reabilitação cardíaca abrangente deve considerar todos os aspectos da recuperação do paciente, não apenas o exercício e a atividade física. A orientação nutricional é extremamente importante para todos, e deve abordar não apenas o total de calorias consumidas em um dia, mas – mais importante ainda – também a seleção dos alimentos e do padrão nutricional para minimizar os riscos e potencializar a saúde. Orientações psicológicas e sexuais também podem ser necessárias para alguns pacientes. Não é incomum que os pacientes desenvolvam ansiedade sobre a condição cardíaca e os companheiros algumas vezes temam as relações sexuais, pois podem sobrecarregar o coração em recuperação de seus maridos ou esposas. Muitos programas de reabilitação cardíaca possuem grupos de suporte nos quais os pacientes podem discutir abertamente suas preocupações.

Contudo, a orientação dos pacientes não é (nem pode ser) a única resposta para ajudá-los a mudar seu comportamento. Obviamente, o mero fato de passar informações não provocará mudanças no estilo de vida, nem isso está associado a mudanças de longo prazo nos hábitos de saúde da pessoa. Os programas de controle de doenças que se concentram na mudança de comportamentos referentes à saúde estão se tornando parte integrante dos programas de reabilitação para todos os tipos de doenças crônicas, como a obesidade, o diabetes, doenças cardíacas e doenças pulmonares crônicas. Esses programas dependem de um estreito contato com o paciente, da disponibilidade de ferramentas para a mudança de comportamento e prevenção de recaídas, além de muito apoio – tanto dentro como, particularmente, fora do ambiente de assistência à saúde.[21]

Alguns pesquisadores tentaram determinar se a participação em um programa de reabilitação cardíaca reduz o risco de ocorrência de um ataque cardíaco subsequente ou de morte por causa desse evento. Mas é praticamente impossível planejar um estudo que responda a essas dúvidas, principalmente porque seria necessário o recruta-

TABELA 21.4 Comparação dos efeitos do treinamento de resistência aeróbia com o treinamento de força nas variáveis de saúde e condicionamento

Variável	Exercício aeróbio	Treinamento de força
Densidade mineral óssea	↑	↑↑
Composição corporal		
% de gordura	↓↓	↓
Massa corporal magra	↔	↑↑
Força	↔	↑↑↑
Metabolismo da glicose		
Resposta da insulina à provocação com glicose	↓↓	↓↓
Sensibilidade à insulina	↑↑↑↑	↑↑↑↑
Lipídios séricos		
HDL-C	↑↔	↑↔
LDL-C	↓↔	↓↔
Frequência cardíaca de repouso	↓↓	↔
Volume sistólico	↑↑	↔
Pressão arterial em repouso		
Sistólica	↓↔	↔
Diastólica	↓↔	↓↔
$\dot{V}O_{2MAX}$	↑↑↑	↑↑
Desempenho de resistência	↑↑↑	↑↑
Metabolismo basal	↑	↑↑

Nota: HDL-C = colesterol de lipoproteína de alta densidade; LDL-C = colesterol de lipoproteína de baixa densidade; ↑ = aumento; ↓ = diminuição; ↔ = pouca ou nenhuma mudança. Quanto maior o número de setas, maior a mudança.

Reproduzido de M.L. Pollock e K.R. Vincent, "Resistance training for health", Research Digest: Presidents' Council on Physical Fitness and Sports 2(8) (1996): 1-6.

---

mento de alguns milhares de pessoas para a pesquisa, de modo a se ter uma amostra suficientemente grande para a comprovação de um efeito estatisticamente significativo. Consequentemente, vários artigos científicos publicados combinaram os resultados dos mais rigidamente controlados desses estudos, tendo lançado mão da metanálise, um tipo especial de estatística para exame dos dados. Um artigo mais recente que reuniu 34 ensaios clínicos controlados randomizados de programas de reabilitação cardíaca fundamentados na prática do exercício físico com > 6.000 pacientes concluiu que a reabilitação pelo exercício reduz significativamente a mortalidade total, a mortalidade por todas as causas e reincidência de infarto entre os participantes.[27]

São claras as evidências de que um programa abrangente de reabilitação cardíaca é essencial para quase todos os pacientes com diagnóstico de doença vascular aterosclerótica. As recomendações baseadas em evidências afirmam que todos os pacientes qualificados devem ser encaminhados para um programa abrangente de reabilitação cardiovascular.[21] Programas abrangentes devem oferecer uma abordagem de equipe para a reabilitação do paciente, redução de riscos com o uso de terapias comportamentais apropriadas para a mudança de comportamentos e do estilo de vida, assistência educacional contínua e tecnologia para o rastreamento dos resultados dos pacientes e também para o fornecimento de *feedback* e apoio ao paciente.

Em resumo

> Mortes durante o exercício ocorrem raramente, ainda que seja típico receberem grande publicidade.
> Comumente, as mortes ocorridas durante o exercício em pessoas com mais de 35 anos de idade são causadas por uma arritmia cardíaca resultante da aterosclerose.
> Mortes durante o exercício em pessoas com menos de 35 anos costumam ser causadas por cardiomiopatia hipertrófica, anomalias congênitas das artérias coronárias, aneurisma aórtico ou miocardite.
> Programas abrangentes de reabilitação cardíaca são elaborados para facilitar a reabilitação para problemas de saúde cardiovasculares e para reduzir o risco de ataque cardíaco subsequente, bem como para melhorar o estilo de vida e os comportamentos relacionados à saúde de pessoas com doença cardiovascular.
> Esses programas devem incluir componentes do treinamento de força e aeróbio, bem como aconselhamento e treinamento intensivos para mudanças nos comportamentos relacionados à saúde.
> Os benefícios de programas abrangentes de reabilitação cardíaca incluem alterações favoráveis na composição corporal, metabolismo da glicose, lipídios e lipoproteínas plasmáticas, função cardíaca e dinâmica cardiovascular, metabolismo, qualidade de vida relacionada à saúde e redução no risco de ataque cardíaco subsequente e morte por essa causa.

EM SÍNTESE

Neste capítulo, constatou-se como é importante a atividade física para a redução do risco das doenças cardiovasculares, especialmente a DAC e a hipertensão. Discutiu-se a prevalência desses distúrbios, os fatores de risco associados a cada um deles e como a atividade física pode ajudar a reduzir os riscos pessoais. No capítulo a seguir, continuaremos a examinar os efeitos do exercício na saúde, voltando a atenção para a obesidade e o diabetes.

PALAVRAS-CHAVE

acidente vascular encefálico
adipocinas
colesterol de lipoproteínas de alta densidade (HDL-C)
colesterol de lipoproteínas de baixa densidade (LDL-C)
derrame hemorrágico
derrame isquêmico
doença arterial coronariana (DAC)
doença cardíaca congênita
doença cardíaca reumática
doença das válvulas do coração
doença vascular periférica
endotélio
estrias gordurosas
fator de crescimento derivado de plaqueta (PDGF)
fator de risco
fatores de risco primários
fisiopatologia
hipertensão
infarto do miocárdio
insuficiência cardíaca
isquemia
lipídios sanguíneos
lipoproteínas
óxido nítrico (NO)
placa

QUESTÕES PARA ESTUDO

1. Atualmente, quais são as principais causas de morte nos Estados Unidos?
2. O que é aterosclerose, como ela se desenvolve e em que idade ela tem início?
3. O que é hipertensão, como ela se desenvolve e em que idade ela tem início?
4. O que é acidente vascular encefálico? Como ele ocorre? Quais são seus resultados?
5. Quais são os fatores de risco básicos para a doença arterial coronariana? E para a hipertensão?
6. Qual é o risco de morte por doença arterial coronariana associada a um estilo de vida sedentário, em comparação com um estilo de vida ativo? De que modo isso foi estabelecido?
7. Quais são as três alterações fisiológicas básicas resultantes do treinamento físico que poderiam reduzir o risco de morte por doença arterial coronariana?
8. De que maneira o treinamento físico de resistência altera os fatores de risco para a doença cardíaca?
9. Quais são as áreas abrangidas pelas orientações de prática da AHA/ACC 2013 com relação ao controle do estilo de vida para pessoas com doença cardiovascular?
10. Qual é o risco, para um indivíduo sedentário, de vir a sofrer hipertensão, em comparação com um indivíduo ativo?
11. Quais são as três alterações fisiológicas básicas resultantes do treinamento físico que reduziriam o risco de ocorrência de hipertensão?
12. Quais são as mudanças na pressão arterial resultantes do treinamento físico de resistência que ocorrem em indivíduos hipertensos?
13. Qual é a importância da reabilitação cardíaca no tratamento de um paciente que já sofreu um ataque cardíaco?
14. Qual é o risco de morte para pessoas que praticam treinamento físico de resistência?

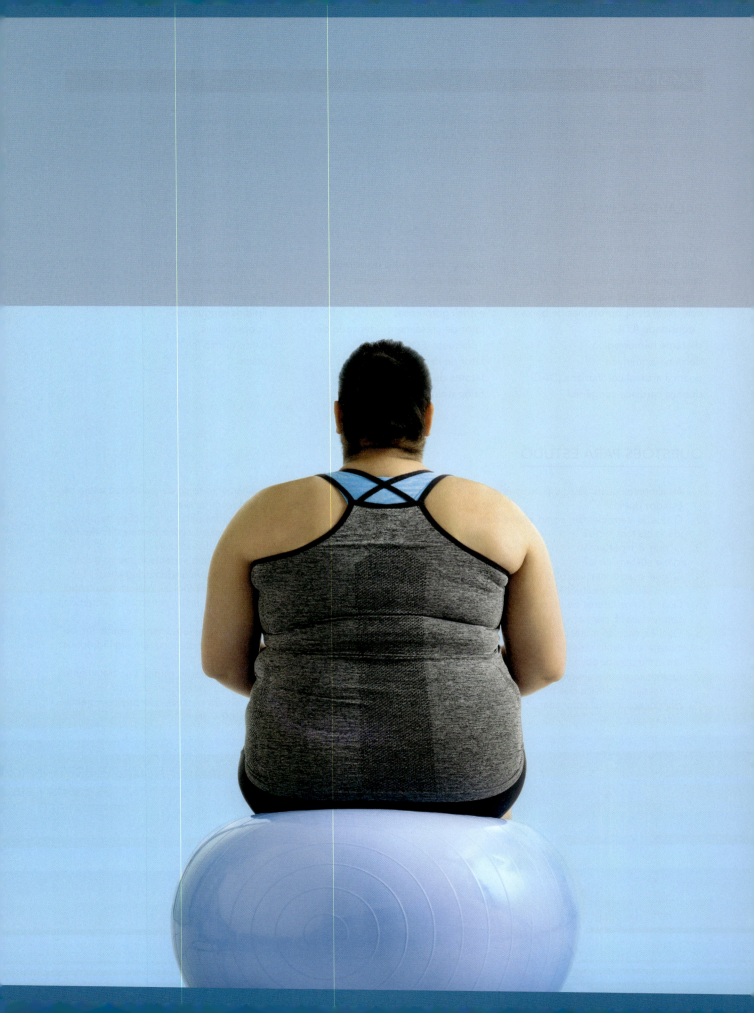

22 Obesidade, diabetes e atividade física

Entender a obesidade   600

Terminologia e classificação   600
Prevalência do sobrepeso
   e da obesidade   602
Controle do peso corporal   604
Etiologia da obesidade   606
Balanço energético e obesidade   607
Problemas de saúde associados
   ao sobrepeso e à obesidade   608

Perda de peso   610

VÍDEO 22.1 Apresenta Louise Burke, falando sobre abordagens bem-sucedidas para a perda de peso e por que algumas pessoas têm dificuldade para alcançar esse objetivo.

Orientações para controle do sobrepeso e da obesidade   612

Papel da atividade física no controle do peso e na redução do risco   612

Mudanças na composição do corpo
   pelo treinamento físico   612
Mecanismos para a mudança no peso
   e na composição corporais   615
Redução localizada   616
Exercício aeróbio de baixa intensidade   616

Entender o diabetes   617

Terminologia e classificação   618
Prevalência do diabetes   618
Etiologia do diabetes   619
Problemas de saúde associados ao diabetes   620

Tratamento do diabetes   620

Papel da atividade física no diabetes   621

Diabetes tipo 1   621
Diabetes tipo 2   622

Em síntese   624

Dan Donlevie é um triatleta Ironman bem-sucedido que já completou suas provas por dez vezes e que, por duas vezes, foi finalista da ultramaratona. Ele também sofre de diabetes tipo I. Aos 40 anos, Dan começou a apresentar uma série de sintomas agravantes indicativos de diabetes – sede excessiva, micção frequente e perda de peso não explicada. A princípio, Dan atribuiu esses sintomas ao intenso regime de treinamento necessário para um atleta competitivo de resistência, mas, ao ser constatado que sua concentração de glicose no sangue estava acima de 600 mg/dL (os valores normais em jejum são 80-120 mg/dL), recebeu um diagnóstico de diabetes tipo 1 de início na idade adulta. Superando os sentimentos negativos associados a esse diagnóstico inesperado, Dan fez duas coisas surpreendentes. Treinou, modificou sua dieta e controlou sua doença, a tal ponto que não apenas completou o Campeonato Ironman dos EUA em Nova York 5 meses depois como também estabeleceu um recorde pessoal. Em seguida, Dan se tornou um treinador com certificação em estilo de vida para diabéticos, tendo se dedicado a ajudar outros atletas a controlar o diabetes. Enquanto isso, Dan continuou persistindo em seu estilo de vida ativo e competitivo. Muitos atletas excepcionais são diabéticos do tipo I, por exemplo, Jay Cutler (futebol americano), Chris Dudley (basquete), Gary Hall, Jr. (natação), Wasim Akram (críquete), Missy Foy (maratona) e Ben Coker (futebol). O diabetes é realmente uma doença; entretanto, com a mentalidade, a base de conhecimento e a abordagem adequadas à atividade e à dieta, esse problema pode ser administrado com sucesso – mesmo diante de uma vida tão exigente como a dos atletas de elite.

Enquanto em todo o mundo centenas de milhões de pessoas estão desnutridas, muitos norte-americanos estão morrendo como resultado direto ou indireto do consumo *excessivo* de alimentos. Bilhões de dólares são gastos todos os anos em dietas, equipamentos e outros métodos de emagrecimento e mais outros bilhões com o aumento dos gastos com cuidados com a saúde associados à obesidade. Outro distúrbio crônico comum nos Estados Unidos é o diabetes melito do tipo 2, que é um elo entre resistência à insulina e obesidade. Além disso, existem conexões comuns entre a resistência à insulina e doença arterial coronariana, hipertensão e muitos outros distúrbios ou doenças.[9]

Um estilo de vida sedentário foi associado a um maior risco de obesidade e também de diabetes, e essas duas doenças estão fortemente associadas a outras doenças, como a doença arterial coronariana e muitos tipos de câncer. Além disso, aproximadamente um terço dos norte-americanos são obesos, diabéticos do tipo 2 ou padecem desses dois problemas. Este capítulo enfatizará a obesidade e o diabetes, além de discutir suas prevalências, etiologias, problemas de saúde associados a cada um deles e opções gerais de tratamento. Finalmente, será considerado o papel que a atividade física pode desempenhar na prevenção e no tratamento desses males.

Entender a obesidade

Os termos *sobrepeso* e *obesidade* são frequentemente utilizados com o mesmo sentido, mas tecnicamente têm significados diferentes, conforme discutiremos a seguir.

Terminologia e classificação

Sobrepeso e obesidade são condições relacionadas ao acúmulo de tecido adiposo (gordura) em excesso. No passado, essas condições eram definidas com o uso de tabelas padronizadas para altura/peso, com o objetivo de estabelecer normas. Essas tabelas foram estabelecidas e publicadas por companhias de seguros nos anos de 1950, e se fundamentavam em dados atuariais, não em dados fisiológicos, mas hoje em dia são utilizadas com menos frequência. Outras medidas mais objetivas da composição corporal – como o índice de massa corporal, o percentual de gordura, massa corporal magra e índice quadril/cintura – estão atualmente em uso mais comum. Talvez a medida mais comumente utilizada para a determinação do sobrepeso e da obesidade seja o índice de massa corporal.

Os valores normativos para pesos nas tabelas padronizadas mais antigas tomavam por base as médias populacionais. Por essa razão, uma pessoa pode estar com sobrepeso de acordo com esses padrões, e ainda assim ter conteúdo de gordura corporal inferior ao normal. Exemplificando, frequentemente se observa que jogadores de futebol americano estão com sobrepeso segundo as tabelas padronizadas antigas para o peso e os padrões do índice de massa corporal; contudo, muitos desses profissionais são tipicamente muito mais magros do que pessoas da mesma idade, altura e porte físico. Ainda, outras pessoas estão dentro da faixa normal do índice de massa corporal e, não obstante, estão com sobrepeso ou obesas.

Obesidade refere-se à condição de estar com percentual excessivo de gordura corporal. Isso implica que a quantidade real de gordura corporal, ou seu percentual de peso total,

Obesidade, diabetes e atividade física 601

deve ser avaliado ou estimado (ver Cap. 15 para técnicas de avaliação). Não foram estabelecidos ainda padrões exatos para percentuais de gordura pouco saudáveis. Contudo, homens com mais de 25% de gordura corporal e mulheres com mais de 35% devem ser considerados obesos. Homens com valores para gordura corporal relativa de 20-25% e mulheres com valores de 30-35% devem ser considerados com **sobrepeso**. As tolerâncias são maiores para mulheres em razão de depósitos de gordura específicos para o sexo, como tecido mamário e quadris, nádegas e coxas, conforme teremos a oportunidade de discutir ainda neste capítulo.

Apesar das dificuldades inerentes ao método, o **índice de massa corporal (IMC)** é o padrão clínico de uso mais frequente para a estimativa da obesidade, graças à sua simplicidade. Estimamos o IMC de uma pessoa pela divisão do peso corporal em quilogramas pelo quadrado da altura em metros. Por exemplo, um homem que pesa 104 kg e mede 183 cm de altura teria um IMC = 31 kg/m^2; 104 kg/(1,83 m)^2 = 104 kg/3,35 m^2 = 31 kg/m^2. Geralmente, o IMC tem grande correlação com a gordura corporal, e comumente proporciona uma estimativa razoável da obesidade. A Tabela 22.1 apresenta um modo simples de determinar o IMC a partir da altura e do peso.

O sistema de classificação baseado no IMC, proposto pela Organização Mundial da Saúde, foi adotado em 1998 pelo National Institutes of Health com diversas modificações, tendo sido amplamente utilizado desde 2000.[27] Na Tabela 22.2, os valores de IMC foram dividi-

TABELA 22.1 Índice de massa corporal

IMC	19	20	21	22	23	24	25	26	27	28	29	30	31	32	33	34	35
Altura (em pés e polegadas)								Peso (em libras)									
4'10" (58")	91	96	100	105	110	115	119	124	129	134	138	143	148	153	158	162	167
5' (60")	97	102	107	112	118	123	128	133	138	143	148	153	158	163	168	174	179
5'2" (62")	104	109	115	120	126	131	136	142	147	153	158	164	169	175	180	186	191
5'4" (64")	110	116	122	128	134	140	145	151	157	163	169	174	180	186	192	197	204
5'6" (66")	118	124	130	136	142	148	155	161	167	173	179	186	192	198	204	210	216
5'8" (68")	125	131	138	144	151	158	164	171	177	184	190	197	203	210	216	223	230
5'10" (70")	132	139	146	153	160	167	174	181	188	195	202	209	216	222	229	236	243
6' (72")	140	147	154	162	169	177	184	191	199	206	213	221	228	235	242	250	258
6'2" (74")	148	155	163	171	179	186	194	202	210	218	225	233	241	249	256	264	272
6'4" (76")	156	164	172	180	189	197	205	213	221	230	238	246	254	263	271	279	287

1 libra = 0,454 kg, 1 polegada = 2,54 cm.
Reproduzido de NIH/National Heart, Lung, and Blood Institute (NHLBI), Evidence Report of Clinical Guidelines on the Identification, Evaluation, and Treatment of Overweight and Obesity in Adults, 1998.

TABELA 22.2 Classificação do sobrepeso e da obesidade por IMC, circunferência da cintura e risco associado de doença[a]

Classificação	IMC (kg/m^2)	Classe da obesidade	Risco de doença[b] Homens < 94 cm Mulheres < 80 cm	Homens > 102 cm Mulheres > 88 cm
Abaixo do peso	< 18,5		–	–
Normal[c]	18,5-24,9		–	–
Sobrepeso	25,0-29,9		Aumentado	Alto
Obesidade	30,0-34,9	I	Alto	Muito alto
	35,0-39,9	II	Muito alto	Muito alto
Obesidade extrema	≥ 40	III	Extremamente alto	Extremamente alto

[a]Risco de doença para diabetes tipo 2, hipertensão e doença cardiovascular.
[b]Relativo ao peso e à circunferência da cintura normais.
[c]O aumento da circunferência da cintura também pode ser um marcador do aumento de risco, mesmo em pessoas com peso normal.
Adaptado de Organização Mundial da Saúde (2016).

dos em cinco categorias: abaixo do peso, peso normal e sobrepeso, juntamente com três classes de obesidade – classes I, II e III. *Obesidade mórbida* geralmente se refere àquelas pessoas com IMC > 40,0.[18] Também foi incluído o grau de risco de doença, que é determinado tanto pelo IMC como pela circunferência da cintura. A circunferência da cintura é importante porque reflete a gordura visceral, que desempenha papel importante no aumento do risco de mortalidade, o que será discutido mais adiante, neste capítulo. Uma maior circunferência da cintura aumenta o risco para determinada categoria de IMC. Atualmente, sabemos que diferenças raciais e étnicas afetam a relação entre o IMC e a gordura, havendo necessidade de diferentes valores de corte do IMC para sobrepeso e obesidade em grupos específicos. Por exemplo, alguns estudos indicam que, para o mesmo IMC, o risco para a saúde é maior em populações asiáticas, tanto homens como mulheres. No entanto, um IMC maior ou igual a 30 quase sempre indica adiposidade excessiva ou obesidade para todas as populações, independentemente da raça ou etnia.

Historicamente, havia uma tremenda variação de estimativas do percentual de adultos que tinham sobrepeso ou eram obesos, dependendo dos valores de corte ou padrões utilizados para sobrepeso ou obesidade. Agora, podemos compreender melhor a real prevalência do sobrepeso e da obesidade, e como isso tem mudado com o passar do tempo. Além disso, foi muito útil a criação de uma categoria de sobrepeso, por proporcionar uma zona de separação entre o peso normal e a obesidade. As pessoas que se encaixam nessa categoria podem estar com sobrepeso embasado em uma massa corporal livre de gordura acima da média, por exemplo, os jogadores de futebol americano mencionados anteriormente, ou podem estar ligeiramente gordos. Mas, conforme foi dito anteriormente, todas as pessoas com IMC acima de 30 provavelmente estarão obesas.

Prevalência do sobrepeso e da obesidade

Nos Estados Unidos, a prevalência do sobrepeso e da obesidade aumentou drasticamente desde os anos de 1960. De acordo com o Centers for Disease Control and Prevention,[28] a prevalência geral da obesidade naquele país situou-se imediatamente acima dos 30% no período de 2011-2014. Conforme ilustra a Figura 22.1, a prevalência de obesidade é mais baixa na faixa dos 20-39 anos, mas aumenta além dos 40 anos, tanto para homens como para mulheres.

Se incluirmos a categoria de sobrepeso (aqueles indivíduos com IMC de 25,0 ou superior, de modo consistente com o sistema de classificação da Organização Mundial da Saúde e os National Institutes of Health, nos Estados Unidos), mais de 70% dos homens e mais de 64% das mulheres na população adulta estão com sobrepeso ou são obesos. A prevalência de sobrepeso e de obesidade aumentou em 68% e 142%, respectivamente, desde 1976, e a prevalência de obesidade mórbida (classe III) aumentou em 360%.[23]

Os mais recentes dados publicados para a população dos Estados Unidos revelam que não houve mudanças globais significativas em adultos ou jovens com relação ao sobrepeso e à obesidade entre os dados de 2003-2004 e os

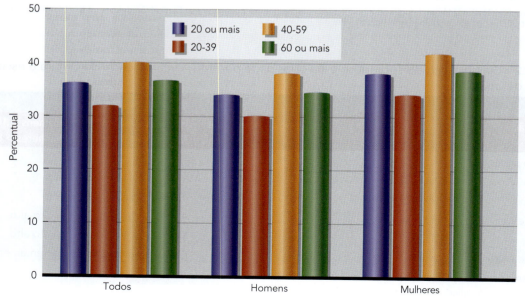

FIGURA 22.1 Prevalência 22.1 de obesidade nos Estados Unidos entre adultos de 20 anos ou mais, de 2011-2014.
Dados do Center for Disease Control and Prevention (2011).

dados mais recentes coletados em 2011-2012. No entanto, a prevalência da obesidade na população daquele país continua muito alta.

Quando se examina esses dados por etnia, fica evidente que o problema é muito mais significativo para homens e mulheres de origem hispânica e em mulheres negras não hispânicas (Fig. 22.2).

Essas tendências não são notadas exclusivamente nos Estados Unidos. Canadá, Austrália e a maior parte da Europa têm apresentado aumentos similares na prevalência da obesidade.[39] Os estudos mais recentes estão revelando que a obesidade está se alastrando para todas as regiões do mundo. A Tabela 22.3 fornece estimativas das taxas de obesidade (combinadas para homens e mulheres) para países representativos no mundo. Esses dados são um tanto ilusórios, uma vez que existe grande variação nas datas dessas pesquisas. No entanto, as indicações são de que as taxas de obesidade continuaram subindo vertiginosamente durante os últimos 10 anos, resultando em uma epidemia mundial de obesidade. As estimativas mais recentes projetam que aproximadamente 2 bilhões de pessoas em todo o mundo estão com sobrepeso ou são obesas.

Infelizmente, essa mesma tendência de aumento da prevalência do sobrepeso foi observada em crianças e adolescentes norte-americanos. A Figura 22.3 ilustra as tendências na prevalência de sobrepeso desde 1971 até 2012 em meninas e meninos pré-adolescentes e adolescentes. Tendo em vista que o IMC é muito menos preciso para a estimativa da gordura corporal em crianças e adolescentes, os cientistas usam caracteristicamente os valores referenciais de corte limítrofe para IMC superior ao 95° percentil, um valor que provavelmente indica que a criança está com excesso de gordura. A prevalência de

TABELA 22.3 Prevalência de obesidade adulta em países selecionados

País	Prevalência de obesidade
Coreia do Norte	2,4%
Austrália	28,6
Suíça	19,4%
Itália	21,0
Alemanha	20,1%
França	23,9%
Espanha	23,7%
Inglaterra	28,1%
Japão	3,3%
México	28,1%
Canadá	28,0%
Índia	4,9%
Coreia do Sul	5,8%
Holanda	19,8%
Brasil	20,0%
Rússia	24,1%
Israel	25,3%
Turquia	29,5%
Arábia Saudita	34,7%
Kuwait	39,7%
Ilhas Cook	50,8%

Dados de OECD (2014).

sobrepeso permaneceu relativamente constante de 1971 até 1980, mas aumentou de maneira drástica de 1980 até 2004, e agora parece que esse indicador está se nivelando. A boa notícia, talvez, é que a prevalência da obesidade em crianças de 2-5 anos diminuiu significativamente, de 14% em 2003-2004 para 8,4% em 2011-2012.

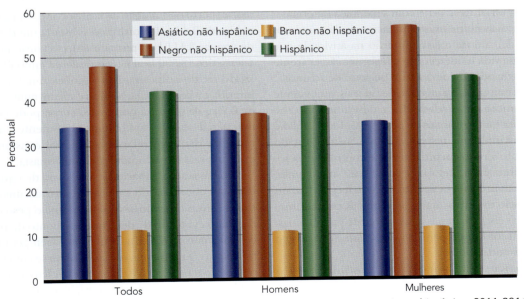

FIGURA 22.2 A prevalência de obesidade em homens e mulheres, por sexo, raça e origem hispânica, 2011-2014.
Dados de Ogden et al (2015).

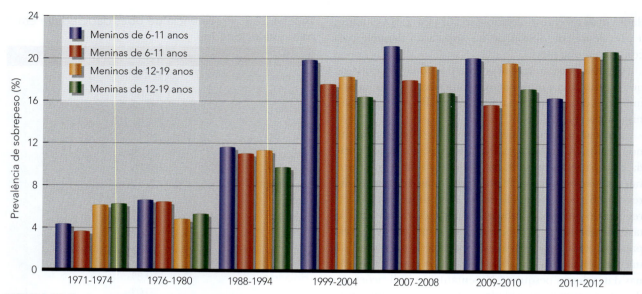

FIGURA 22.3 A crescente prevalência do sobrepeso (> 95° percentil para o índice de massa corporal [IMC] para idade) em crianças e adolescentes nos Estados Unidos de 1971 até 2012.
Dados de Flegal et al. (2002).

O habitante médio nos Estados Unidos ganhará aproximadamente 0,3 a 0,5 kg de peso a cada ano depois de ter chegado aos 25 anos de idade. Mas esse ganho aparentemente pequeno resultará em 9 a 15 kg de peso em excesso por volta dos 55 anos. Ao mesmo tempo, a massa óssea/muscular diminui em aproximadamente 0,1 kg por ano, por causa da diminuição de atividades físicas e do envelhecimento normal. Levando isso em consideração, a média de gordura corporal de uma pessoa, na verdade, aumenta em cerca de 0,4 kg por ano, o que equivale a um ganho de gordura de 12 kg ao longo de um período de 30 anos. (Pode-se notar que esses valores são aproximações e que podem variar de acordo com sexo, raça ou etnia.)

No entanto, as estimativas populacionais de aumentos na ingestão de calorias e a diminuição na atividade que fazem parte da vida moderna não conseguem fazer frente a esse ganho de peso médio em um período de 30 anos.[16] Os aumentos estimados na ingestão de calorias, juntamente com a diminuição na atividade física, devem ter sido responsáveis pelos ganhos anuais de peso de 39,1 kg e 37,2 kg para homens e mulheres, respectivamente. Assim, o ditado exaustivamente ouvido em programas de controle de peso, que "uma caloria é uma caloria" e 3.500 kcal = meio quilo, não reflete com precisão os ganhos de peso na vida real ou a perda de peso experimentada por aquelas pessoas inseridas (ou não) em programas de controle de peso. Outros fatores modificadores da equação do balanço energético devem estar interferindo.[15]

Uma preocupação importante, considerando o aumento das taxas de obesidade, associada ao início precoce da obesidade, é o impacto que isso terá sobre os cuidados de saúde individual e nacional. Com o início da obesidade ocorrendo cada vez mais cedo, haverá uma exposição aumentada ao sobrepeso, e isso provavelmente precipitará um início precoce de doenças relacionadas à obesidade como o diabetes.

Controle do peso corporal

É necessário compreender como o peso corporal é controlado ou regulado para que seja esclarecido como uma pessoa acaba ficando obesa. A regulação do peso corporal vem deixando os cientistas perplexos há anos. Um homem de porte médio assimila cerca de 2.500 kcal em média por dia, ou perto de 1 milhão de kcal por ano. Um ganho anual médio de 0,4 kg de gordura representa um desequilíbrio de apenas 3.111 kcal por ano entre o consumo e o gasto energético (3.500 kcal é o equivalente energético de 0,45 kg de tecido adiposo). Isso significa um excesso diário inferior a 9 kcal por dia. Mesmo com um aumento de peso de 0,7 kg de gordura por ano, o corpo pode equilibrar a ingestão de calorias até o limite equivalente a uma batata *chips* por dia, com relação ao que foi consumido – um exemplo realmente notável de homeostasia.

No passado, a capacidade do corpo de equilibrar sua ingestão e queima de calorias dentro de uma faixa tão exígua levou os cientistas a propor que o peso corporal é regulado em torno de determinado ponto de regulagem, de modo parecido com a regulagem da temperatura corporal. Mais recentemente, os estudos têm se concentrado na regulação da ingestão e do gasto calóricos, coletivamente conhecidos como "balanço energético". O ímpeto fisiológico para controlar e regular o balanço energético, bem como para conservar o combustível sob a forma de reserva de tecido adiposo, pode estar no âmago do problema da obesidade.[16,26] As pessoas ficam com sobrepeso quando exibem um balanço energético positivo. Ou seja, quando a ingestão de calorias excede o gasto calórico durante longos períodos, ocorre acúmulo do excesso de tecido adiposo.

Os programas de controle de peso se concentram na perda de peso (e de gordura), mediante o estabelecimento de um balanço energético negativo, em que o gasto calórico excede a ingestão de calorias durante um longo período de tempo. Mas é essencial entender que um sistema de controle fisiológico (e, portanto, o controle do balanço energético) será afetado por mudanças que ocorrem em cada um desses componentes – o consumo e o gasto de energia. Portanto, as mudanças no padrão alimentar e no consumo de nutrientes, na atividade física e, em última análise, no peso mudarão a fisiologia do balanço energético e, provavelmente, o próprio sistema de controle. Assim, pode ser tarefa extremamente difícil perder peso de modo contínuo, em virtude das adaptações fisiológicas que ocorrem com o equilíbrio calórico negativo no longo prazo e pela forma como tais adaptações vão interferindo em qualquer tentativa de modificação do gasto e da ingestão de calorias.

O balanço energético é estabelecido e controlado no âmbito dos três componentes do gasto energético (ver Fig. 22.4):

1. Taxa metabólica em repouso (TMR).
2. Efeito térmico de uma refeição (ETR).
3. Efeito térmico da atividade (física) (ETA).

Lembre-se de que a taxa metabólica em repouso (TMR) é a taxa metabólica do nosso corpo no início da manhã, depois de um jejum noturno e 8 horas de sono (conforme discutido no Cap. 5). A expressão *taxa metabólica basal (TMB)* também é utilizada, mas geralmente implica que o indivíduo jejuou durante 12-18 horas e que a determinação da TMB foi feita imediatamente após o despertar. Atualmente, quase todos os estudos utilizam TMR. Esse valor representa a quantidade mínima de gasto energético necessária para a manutenção dos processos fisiológicos básicos, representando cerca de 60-75% da energia total que nós consumimos diariamente.

O **efeito térmico de uma refeição (ETR)** representa o aumento no gasto energético que está associado à digestão, absorção, transporte, metabolismo e armazenamento do alimento ingerido. Embora o ETR atinja um nível máximo durante e após a ingestão do alimento, em média esse indicador é responsável por aproximadamente 8-10% de nosso gasto energético diário total. Esse valor também inclui certo desperdício de energia, porque o corpo pode aumentar sua taxa metabólica acima do necessário para processar e armazenar os alimentos. Raramente percebemos a existência do ETR; contudo, depois de uma abundante refeição de feriado com a família, com frequência começamos a nos sentir quentes e sonolentos. Essas mudanças indicam que nossa taxa metabólica aumentou consideravelmente. O componente do ETR do metabolismo pode estar defeituoso em algumas pessoas com obesidade, o que poderia ser atribuído a um defeito no componente de desperdício de energia, resultando em acúmulo de calorias.

O **efeito térmico de atividade (ETA)** é simplesmente a energia despendida acima da TMR para que possa ser realizada determinada tarefa ou atividade – seja sentar-se e digitar em um computador, seja participar de uma corrida de 10 km. O ETA é responsável pelos 15-30% restantes de nosso gasto energético. Esse é o mais variável dos componentes do gasto energético, sendo ainda o componente que oferece a maior facilidade para uma modificação intencional.

O corpo se adapta a aumentos ou diminuições importantes no consumo energético, alterando a energia consumida por cada um desses três componentes – TMR, ETR e ETA. Em pessoas que fazem jejum ou uma dieta com baixíssimo teor de calorias, esses três indicadores diminuem. O corpo fica tentado a conservar suas reservas de energia. Isso fica drasticamente ilustrado por decréscimos na TMR de 20-30% ou mais, comunicados dentro de algumas semanas depois que os pacientes iniciaram o jejum ou a dieta com baixíssimo teor calórico (< 800 kcal/dia). Por outro lado, todos os três componentes do gasto energético aumentam com uma alimentação exagerada. Nesse caso, o corpo parece estar tentando evitar um armazenamento desnecessário das calorias em excesso. Essas adaptações parecem ser controladas por mudanças no sistema nervoso simpático, no sistema endócrino e em diversos sistemas fisiológicos e bioquímicos que controlam tanto o meta-

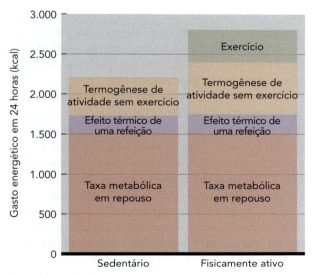

FIGURA 22.4 Os componentes do gasto energético, com exemplos para um indivíduo sedentário e outro fisicamente ativo. Para uma explicação detalhada, consultar o texto.

bolismo como o apetite. Os sistemas são extremamente complexos e de difícil estudo, por causa do grande número de variáveis que interagem.[15] Essa permanece sendo uma área extremamente importante para futuros estudos.

A composição da dieta (nutrientes) e a atividade física (com a inclusão de exercícios e de atividades físicas não de exercício) são pontos de controle essenciais para a equação do balanço energético. Fica claro que nossa fisiologia sofre notável alteração diante de mudanças nos teores de gorduras e carboidratos (sobretudo a ingestão de carboidratos simples ou refinados) da dieta, juntamente com uma diminuição nos níveis de atividade física durante períodos prolongados.

Em resumo

> Sobrepeso é um peso corporal que excede o peso-padrão para determinada altura e porte físico. A obesidade refere-se à presença excessiva de gordura no corpo, significando mais de 25% de gordura corporal para homens e mais de 35% para mulheres.
> O índice de massa corporal (IMC) de uma pessoa é calculado dividindo-se o peso corporal em quilogramas pelo quadrado da altura em metros. Esse valor tem grande correlação com a gordura corporal relativa, permitindo, assim, uma estimativa razoável da obesidade. Valores para o IMC de 25,0 a 29,9 correspondem a sobrepeso, e valores de 30,0 ou mais correspondem a obesidade.
> A prevalência da obesidade e do sobrepeso nos Estados Unidos aumentou drasticamente desde os anos de 1970.
> Em média, uma pessoa ganha de 0,3-0,5 kg por ano depois dos 25 anos, mas também perde 0,1 kg de massa corporal livre de gordura por ano – isso significa um ganho líquido anual de 0,4 kg de gordura.
> Nossos corpos tentam promover a regulação do peso corporal por meio de um sistema regulatório baseado no balanço energético e no gasto energético total.
> O gasto energético diário se reflete pelo somatório da TMR, do ETR e do ETA. O corpo se adapta a mudanças no consumo energético com o ajuste de qualquer um desses componentes, ou mesmo de todos.

Etiologia da obesidade

Em diversas ocasiões ao longo da história da humanidade, acreditava-se que a obesidade era causada por desequilíbrios hormonais básicos resultantes do fracasso de uma ou mais das glândulas endócrinas na regulagem apropriada do peso corporal. Em outras ocasiões, acreditava-se que a glutonaria, e não a disfunção glandular, era a causa principal da obesidade. No primeiro caso, a pessoa é percebida como não tendo controle da situação – e, no segundo caso, ela é a responsável direta. Resultados de um estudo recentemente publicado demonstram grande probabilidade de que a obesidade seja resultante de uma combinação de muitos fatores. Assim, sua etiologia, ou causa, é extremamente complexa e multifatorial, e não uma simples questão de genes, hormônios ou mesmo de opção pessoal.

Estudos experimentais em animais ligam a obesidade a fatores hereditários. Estudos em seres humanos também demonstraram uma influência genética direta na altura, peso e IMC. Estudos conduzidos pelo Dr. Claude Bouchard forneceram, possivelmente, a evidência mais consistente até agora de um componente genético significativo para a obesidade.[4,5] Ele e seus coautores trabalharam com 12 pares de gêmeos monozigotos (idênticos), adultos jovens do sexo masculino, e os acomodaram em uma seção fechada de um dormitório sob observação 24 horas por dia durante 120 dias consecutivos. As dietas dos voluntários foram monitoradas durante os primeiros 14 dias, para que fosse determinada sua ingestão calórica basal. Ao longo dos 100 dias seguintes, os voluntários receberam 1.000 kcal acima de seu consumo basal em 6 de 7 dias. No sétimo dia, os voluntários foram alimentados apenas com sua dieta basal. Portanto, foram superalimentados em 1.000 kcal por dia durante 84 dos 100 dias. Os níveis de atividade também foram rigidamente controlados. Ao final do período de estudo, o peso individual efetivamente adquirido havia variado muito, de 4,3 até 13,3 kg – uma variação três vezes maior no aumento de peso pelo consumo excessivo do mesmo número de calorias. Mas as respostas dos pares de gêmeos idênticos em qualquer par considerado foram bastante parecidas. A mesma associação foi observada para ganhos em massa de gordura, percentual de gordura corporal e gordura subcutânea. Esses e estudos subsequentes demonstraram que a genética desempenha um papel importante na determinação da *suscetibilidade de se tornar* obeso. Mas os dados demonstram que outros fatores também são responsáveis, uma vez que cada voluntário nesse estudo ganhou pelo menos 4 kg.

Foi demonstrado que desequilíbrios hormonais, traumas emocionais e alterações nos mecanismos homeostáticos básicos, sem exceção, estão relacionados – direta ou indiretamente – com o início da obesidade. Fatores ambientais, como hábitos culturais, disponibilidade de alimentos, atividades físicas inadequadas e dietas incorretas, são fatores importantes relacionados à obesidade.

Alguns estudos confirmam que existe um componente genético significativo na etiologia da obesidade. No entanto, certamente é possível que a obesidade de uma pessoa seja atribuível, simplesmente, ao seu estilo de vida, na ausência de um histórico familiar (genética) de obesidade. Também é possível que a pessoa seja relativamente magra, mesmo com uma predisposição genética para a obesidade, graças a um padrão alimentar saudável e níveis adequados de atividade física.[33]

Assim, a obesidade tem uma origem complexa, não havendo dúvidas de que as causas específicas diferem de uma pessoa para outra. O reconhecimento desse fato é importante para o tratamento da obesidade existente e para a prevenção de seu surgimento. Atribuir a obesidade exclusivamente à glutonaria (ou à inatividade) é subestimar a causa e a magnitude do problema.

Balanço energético e obesidade

Em um artigo de revisão publicado em 2012, o Dr. James Hill e seus colaboradores[16] discutem a fisiologia (e a neurofisiologia) do ganho de peso, perda de peso e obesidade. O balanço energético, isto é, a soma do gasto calórico e da ingestão de calorias, é a chave para a perda de peso, ou para a prevenção do ganho de peso. Para que ocorra perda de peso, é preciso que se estabeleça um balanço energético negativo (gasto calórico > ingestão calórica). No seu dia a dia, os nossos ancestrais praticavam atividade física em nível muito mais elevado, juntamente com um intenso desejo de consumir calorias para o estabelecimento desse equilíbrio e consequente manutenção de um peso estável. Assim, os seres humanos parecem estar preparados para manter mais efetivamente o peso (e o balanço energético) com altos níveis de gasto de energia e não com grandes reduções no consumo de energia. Foi postulado que o ganho de peso subjacente à atual epidemia de obesidade é uma tentativa do nosso corpo de restabelecer o equilíbrio energético diante da óbvia ingestão excessiva de alimentos. Com o aumento do peso corporal, ocorre um aumento da taxa metabólica e também do custo calórico na maioria das atividades; no entanto, diante de grandes ganhos de peso e baixos níveis de atividade, torna-se impossível atingir o balanço energético – e o resultado é uma excessiva deposição de tecido adiposo. Assim, a adaptação mais facilmente alcançada é o acúmulo do tecido adiposo em excesso (com um decorrente aumento do peso corporal) e a transformação do indivíduo, que fica com sobrepeso e, eventualmente, com obesidade. Na verdade, quando alguém se torna obeso, aumenta seu gasto energético e, eventualmente, ocorre restabelecimento do balanço energético.[16]

Ao longo dos últimos 50-100 anos, o maior consumo calórico, acompanhado pela diminuição da atividade física (tanto a ocupacional como a recreativa), teve como resultado uma alta prevalência de sobrepeso e obesidade na população dos Estados Unidos. Em 1960, a prevalência de sobrepeso e de obesidade na população daquele país era de aproximadamente 45%. Em 2008, a prevalência era de 68%. Em grande parte da população, esse enorme aumento se deveu a um balanço energético positivo.[16]

A obesidade não é simplesmente o resultado de um problema com um dos componentes da equação do balanço energético. Desde 1960, o consumo alimentar médio por indivíduo aumentou significativamente, em 168 kcal/dia para homens e em 335 kcal/dia para mulheres. Houve decréscimos concomitantes no gasto calórico médio das atividades ocupacionais, bem como uma diminuição da atividade física diária voluntária entre homens e mulheres. Com a combinação dessa redução com o aumento médio no consumo de calorias, o balanço energético positivo possibilitaria a previsão, nos últimos 50 anos, de um ganho de peso médio anual muito superior ao atualmente registrado. O ganho de peso total médio real para homens e mulheres foi de cerca de 13,6 e 11,3 kg, respectivamente, e não as quantidades observadas que teriam sido previstas por estimativas de mudanças da população na ingestão e no gasto de energia. Portanto, é bem provável que existam outros fatores fisiológicos que influenciam a epidemia de obesidade. Essas são as adaptações que ocorrem na fisiologia extremamente complexa que controla o balanço de energia e, portanto, o peso corporal.

Jean Mayer foi um célebre fisiologista de Harvard que estudou a fisiologia da nutrição e da fome. Esse cientista formulou a hipótese de que a ingestão de energia (ingestão calórica) pode ser equilibrada com o gasto calórico – mas tão somente com níveis elevados de gasto de energia. Ele também presumiu que a regulação da ingestão de calorias é muito menos sensível ao gasto de energia quando esse gasto ocorre em baixos níveis. Portanto, sob o ponto de vista da fisiologia, a manutenção crônica de um balanço energético positivo (ingestão de calorias > gasto calórico) é muito difícil sem que ocorra ganho de peso. Assim, o controle do balanço energético em seres humanos funciona bem diante da atividade física praticada em altos níveis, mas não em níveis mais modestos. Diante disso, para pessoas com níveis de atividade altos ou muito altos, o ganho de peso não chega a ser um problema. Mas, em indivíduos sedentários, a dificuldade em diminuir suficientemente a ingestão calórica para corresponder a níveis muito baixos de atividade física resulta em ganho de peso e obesidade. Também parece que um baixo metabolismo (que supostamente significa baixa TMR) não contribui significativamente para ganhos de peso e para a obesidade. Embora a literatura específica não apoie universalmente esse conceito, um grande volume de estudos científicos apoia a plausibilidade desse ponto de vista.

A maneira mais eficiente de prevenir o ganho de peso (e provavelmente de perder peso) é imitar aqueles altos níveis de gasto de energia costumeiros na era pré-industrial, com o objetivo de equilibrar a maior ingestão média de calorias. E, hoje, a maioria das pessoas simplesmente não consegue equilibrar os atuais níveis historicamente baixos de atividade física mediante o consumo de menos calorias. Como mecanismo homeostático, o excesso de tecido adiposo eleva a TMR e aumenta o custo calórico da atividade física. Mesmo com essa adaptação fisiológica (i. e., o aumento das reservas de energia na forma de gordura), o balanço energético permanece positivo e o indivíduo ganha peso, já que o aumento do gasto calórico simplesmente não consegue acompanhar a maior ingestão de alimentos.

Problemas de saúde associados ao sobrepeso e à obesidade

O sobrepeso e a obesidade estão associados a um aumento da taxa de mortalidade geral.[6] Essa relação é curvilínea, conforme ilustrado na Figura 22.5. Ocorre um grande aumento no risco de morte quando o IMC excede 30 kg/m², embora os valores de IMC situados entre 25,0 e 29,9 estejam associados a maior do risco de morbidade para várias doenças. Muitos estudos recentes reportaram que o excesso de mortalidade é primariamente associado com valores de IMC igual ou maior que 35.

A morbidade e a mortalidade excessivas associadas à obesidade e ao sobrepeso estão ligadas às seguintes doenças principais[7]:

- Hipertensão.
- Dislipidemia.
- Diabete tipo 2.
- Doença cardíaca coronariana.
- Acidente vascular encefálico.
- Doença da vesícula biliar.
- Osteoartrite.
- Apneia do sono e problemas respiratórios.
- Certos tipos de câncer – endométrio, mama, cólon, rim, vesícula biliar e fígado.
- Enfermidades mentais, como depressão clínica, ansiedade e outros transtornos mentais.

Diante do grande aumento na prevalência de obesidade nos Estados Unidos desde os anos de 1970, não é de surpreender que também tenha sido observada uma prevalência muito elevada de síndrome metabólica em adultos norte-americanos. A **síndrome metabólica** é um conjunto de problemas relacionados – aumento da pressão arterial, glicemia elevada, gordura abdominal em excesso e elevação nos níveis de colesterol ou triglicerídeos – que ocorrem simultaneamente, com aumento do risco de cardiopatia, acidente vascular cerebral e diabetes. A síndrome metabólica é definida como (1) circunferência da cintura ≥ 102 cm (homens adultos) e ≥ 88 cm (mulheres adultas); (2) glicemia em jejum ≥ 100 mg/dL; (3) pressão arterial ≥ 130/85 mmHg; (4) triglicerídeos ≥ 150 mg/dL; e (5) colesterol de lipoproteína de alta densidade (HDL-C) < 40 mg/dL (homens adultos) e < 50 mg/dL (mulheres adultas). Um terço de todos os adultos naquele país se enquadra nesses critérios. Dados do *National Health and Nutrition Examination*

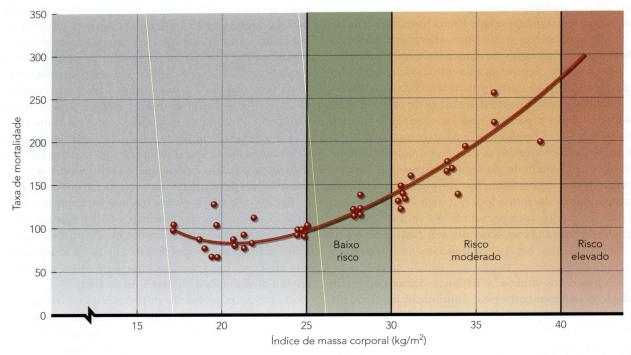

FIGURA 22.5 Relação entre índice de massa corporal e mortalidade em excesso. Uma taxa de mortalidade igual a 100 representa a mortalidade média. A parte mais baixa da curva (índices de massa corporal inferiores a 25) indica risco muito baixo.

Reproduzido com permissão de Bray, G. A., "Obesity: definition, diagnosis and disadvantages", *Med J Aust* 1985; 142: S2-S8. © Copyright 1985. *The Medical Journal of Australia* – reproduzido com permissão. O Medical Journal of Australia não se responsabiliza por qualquer erro de tradução.

Survey (1988-2012) revelaram que a prevalência de síndrome metabólica aumentou de 25% em 1988-1994 para 34% em 2007-2012.[25] Homens negros não hispânicos tinham menor probabilidade de sofrer síndrome metabólica, em comparação com homens brancos não hispânicos, mas a relação exatamente oposta ocorre em mulheres.

Mudanças no funcionamento normal do corpo

A prevalência e a extensão de mudanças no funcionamento fisiológico do corpo associadas à adiposidade em excesso variam de acordo com o indivíduo e o grau de obesidade. Os problemas e doenças comumente associados à obesidade (sobretudo nos casos de obesidade mórbida) são problemas respiratórios (apneia do sono, doença pulmonar crônica), anormalidades na coagulação sanguínea (trombose), hipertrofia do coração e insuficiência cardíaca congestiva. Pessoas obesas (e em geral aquelas com sobrepeso) normalmente apresentam tolerância mais baixa ao exercício e nível mais baixo de condicionamento físico, em decorrência da diminuição nos seus níveis de atividade física. Ganhos de peso adicionais (e excesso de adiposidade) reduzem ainda mais os níveis de atividade, e a tolerância ao exercício diminui ainda mais. Esse é um ciclo vicioso de *feedback* positivo em um funcionamento anormal, associado ao excesso de adiposidade e a níveis diminuídos de atividade física e de condicionamento físico, implicando mais inatividade e mais fisiopatologias. Trata-se de um ciclo que afeta milhões de pessoas nos Estados Unidos e também no resto do mundo.

Aumento do risco para certas doenças

Também está associado à obesidade o aumento do risco para ocorrência de certas doenças crônicas. Tanto a hipertensão como a aterosclerose já foram diretamente relacionadas à obesidade (ver Cap. 21). Isso também ocorreu com o comprometimento do metabolismo dos carboidratos e diabetes tipo 2. A obesidade e o diabetes tipo 2 são doenças comórbidas particularmente comuns.

Desde os anos de 1940, foram identificadas importantes diferenças entre sexos, no modo de armazenamento ou modelagem da gordura no corpo. Conforme ilustra a Figura 22.6, os homens tendem a armazenar gordura na parte superior do corpo, particularmente na área abdominal, enquanto as mulheres tendem a acumular gordura na parte inferior do corpo, particularmente quadris, nádegas e coxas. A obesidade abdominal está intimamente associada à obesidade visceral. A obesidade que acompanha o padrão masculino é conhecida como **obesidade da parte superior do corpo (androide)** ou obesidade em forma de maçã, e o padrão feminino é conhecido como **obesidade da parte inferior do corpo (ginoide)** ou obesidade em forma de pera. A obesidade em forma de maçã tem sido atribuída com maior convicção à gordura visceral; portanto, esse problema representa maior risco para a pessoa.

a) Obesidade da parte superior do corpo (androide) b) Obesidade da parte inferior do corpo (ginoide)

FIGURA 22.6 Os padrões de obesidade costumam ser diferentes conforme o gênero.

Estudos iniciados no final dos anos de 1970 e início da década seguinte estabeleceram que a obesidade da parte superior do corpo é fator de risco para os seguintes distúrbios:

- Doença arterial coronariana.
- Hipertensão.
- Acidente vascular encefálico.
- Lipídios sanguíneos elevados.
- Diabetes.

Além disso, parece que a obesidade da parte superior do corpo é mais importante do que a gordura total do corpo como fator de risco para essas doenças. As medidas da circunferência da cintura e do quadril podem ser usadas para identificar pessoas com maior risco. Um índice de circunferência da cintura/quadril superior a 0,90 para homens e superior a 0,85 para mulheres indica maior risco. No caso da obesidade da parte superior do corpo, o aumento do risco pode ser decorrente da grande proximidade entre os depósitos de gordura visceral e o sistema circulatório portal (circulação para o fígado). A Figura 22.7 ilustra uma jovem mulher posicionada em um *scanner* de tomografia computadorizada (TC) para avaliação da gordura abdominal visceral (Fig. 22.7a) e imagens de IRM no nível da parte superior da coxa de dois homens (Fig. 22.7b).[32] O indivíduo na Figura 22.7b ilustra o efeito de atrofia muscular e a comparação da gordura visceral (profunda) com a gordura subcutânea.

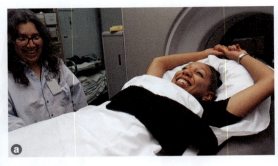
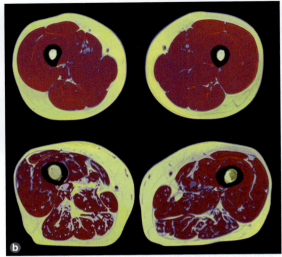

FIGURA 22.7 (a) Mulher em exame de tomografia computadorizada (TC). (b) Imagens de IRM coloridas da parte superior das coxas em dois pacientes. O indivíduo nas *imagens inferiores* exibe uma infiltração adiposa consideravelmente maior (áreas claras).

Efeitos da obesidade em doenças estabelecidas

Embora não sejam muito claros os efeitos da obesidade em doenças existentes, a obesidade claramente contribui para a progressão e exacerbação de certas doenças e estados clínicos, inclusive para o diabetes tipo 2, hipertensão e doença cardíaca. Comumente o médico prescreve a redução do peso como parte integrante do tratamento. Os problemas de saúde geralmente beneficiados pela redução do peso são:

- angina de peito;
- hipertensão;
- insuficiência cardíaca congestiva;
- infarto do miocárdio (redução do risco de recorrência);
- veias varicosas;
- diabetes tipo 2; e
- problemas ortopédicos.

Perda de peso

Geralmente a perda de peso não deve exceder 0,45 a 0,9 kg por semana. Perdas superiores a essa não devem ser tentadas sem supervisão médica. A perda de apenas 0,45 kg de gordura por semana irá resultar na perda de 23,4 kg de gordura em apenas um ano! Poucas pessoas ficam obesas com tanta rapidez. A perda de peso também deve ser considerada como projeto de longo prazo. O peso perdido rápido geralmente não é mantido por muito tempo, sendo logo readquirido, pois perdas rápidas de peso são comumente resultantes de grandes perdas de água corporal. O corpo possui mecanismos intrínsecos de segurança para evitar desequilíbrios nos níveis dos líquidos corporais; assim, a água que se perdeu terminará sendo reposta. Portanto, uma pessoa que deseje perder 9 kg de gordura deve ser orientada a tentar atingir essa meta em um mínimo de 3 a 5 meses.

VÍDEO 22.1 Apresenta Louise Burke, falando sobre abordagens bem-sucedidas para a perda de peso e por que algumas pessoas têm dificuldade para alcançar esse objetivo.

Muitas dietas especiais se tornaram populares ao longo dos anos nos Estados Unidos, e cada uma delas afirma que é perfeita em termos de perda de peso efetiva e confortável. Algumas foram formuladas para uso em hospitais ou mesmo em casa (sob supervisão médica). Frequentemente, são conhecidas como *dietas de teor muito baixo de calorias*, pois fornecem menos de 800 kcal de alimento por dia. A maioria foi formulada com certa quantidade de proteína e carboidrato, com o objetivo de minimizar a perda de massa corporal livre de gordura. Muitas dessas dietas são efetivas, mas não existe uma específica que, isoladamente, seja mais efetiva que qualquer outra. Também nesse caso, o fator importante é a ocorrência de um déficit calórico, ao mesmo tempo que é fornecida uma dieta balanceada e completa, que atenda às necessidades nutricionais do organismo. A melhor dieta é, portanto, aquela que atenda a esses critérios e que seja a mais apropriada para a pessoa.

Em geral, hábitos alimentares impróprios são pelo menos parcialmente responsáveis pela maioria dos problemas de peso. Assim, nenhuma dieta deve ser considerada "uma solução rápida". A pessoa deve aprender a fazer mudanças permanentes em seus hábitos alimentares, especialmente com redução da ingestão de gorduras e de açúcares simples. Para a maioria das pessoas, a simples ingestão de uma dieta pobre em gordura irá reduzir gradualmente o peso, até um nível desejável. Mas um problema em potencial com as dietas

PERSPECTIVA DE PESQUISA 22.1
O paradoxo "gordo, mas em forma"

Nos últimos 30 anos, inúmeros estudos longitudinais demonstraram de forma convincente que o baixo condicionamento cardiorrespiratório (abaixo do primeiro quintil = 20° percentil) aumenta a mortalidade por qualquer causa e a mortalidade por doença cardiovascular. A obesidade é também um fator de risco primário para mortalidade por qualquer causa e por doença cardiovascular. Curiosamente, tem sido sugerido que o fato de se estar em forma pode minorar algumas das consequências negativas da obesidade, um conceito conhecido como o paradoxo "gordo, mas em forma". Ou seja, o risco de mortalidade em indivíduos obesos que estejam em boa forma não é diferente do risco em adultos com peso normal e também em boa forma (teoricamente, o grupo mais saudável possível). Além disso, alguns estudos sugeriram que pessoas com peso normal, mas sem condicionamento físico, podem estar em maior risco do que indivíduos obesos, mas com bom condicionamento.

Embora essas evidências que estão surgindo indiquem que o condicionamento cardiorrespiratório moderado a elevado pode mitigar algumas das consequências prejudiciais da obesidade à saúde, ainda restam muitas dúvidas de pesquisa a serem elucidadas.[30] Por exemplo, as evidências disponíveis apoiam uma correlação direta entre o condicionamento cardiorrespiratório e os fatores de risco cardiometabólicos em crianças e adolescentes. Relatos limitados sugerem que melhores níveis de condicionamento físico podem atenuar as consequências do excesso de adiposidade em crianças; entretanto, será preciso ampliar esses tipos de estudos, de modo a incluir um número maior de participantes. Esse aspecto é particularmente importante, diante das crescentes preocupações relacionadas à obesidade infantil no âmbito da saúde pública.

Os estudos mais importantes que ainda precisam ser conduzidos com relação ao paradoxo "gordo, mas em forma" devem ser ensaios clínicos controlados randomizados. Até o momento, todas as evidências disponíveis para o paradoxo "gordo, mas em forma" têm sua origem em estudos observacionais. Embora as informações derivadas desses estudos sejam valiosas, elas não podem determinar uma relação de causa e efeito. Diante disso, há necessidade da realização de ensaios clínicos controlados randomizados para que se possa determinar se as intervenções com exercício físico em pessoas obesas diminuem, ou não, o risco de doença cardiovascular, mesmo nos casos em que não ocorra perda de peso. Esses estudos aprofundarão nossa compreensão do paradoxo "gordo, mas em forma", pois permitirão que os pesquisadores determinem se as melhorias observadas na saúde, sem perda de peso, são promovidas por melhorias no condicionamento cardiorrespiratório. As estratégias de saúde pública voltadas para adultos obesos devem visar tanto à diminuição do peso como da gordura, além de ganhos no condicionamento cardiorrespiratório, especialmente no caso de pessoas pouco condicionadas.

---

pobres em gordura é que as pessoas assumem, equivocadamente, que pobre em gordura significa com poucas calorias, e com frequência não é isso o que ocorre. Para a maioria das pessoas, a simples redução da ingestão de calorias em 250 a 500 kcal por dia, juntamente com uma seleção de alimentos pobres em gorduras e em açúcares simples, bastará para que alcancem seus objetivos de perda de peso.

Abordagens farmacêuticas à obesidade também têm sido utilizadas para ajudar os pacientes a perder peso, por meio da redução de seu apetite ou aumento de sua TMR. Infelizmente, diversos efeitos colaterais são associados a essas drogas, e alguns deles são muito sérios e podem representar risco para a vida. Também são utilizadas técnicas cirúrgicas para tratamento da obesidade extrema, mas apenas como último recurso, nos casos em que fracassaram outros procedimentos terapêuticos e quando a obesidade ameaça a vida da pessoa. Atualmente, a cirurgia de derivação gástrica e de aplicação de uma banda de contenção no estômago são os procedimentos mais comuns para o tratamento da obesidade mórbida. Essas técnicas restringem a quantidade de alimento que pode entrar no estômago. Embora altamente efetivos, tais procedimentos são muito caros e apresentam riscos associados, apesar de a taxa de mortalidade média ser menor que 1-2%. Foi demonstrado que esses procedimentos moderam as doenças crônicas associadas à obesidade, inclusive o diabetes tipo 2. Geralmente, cirurgias devem ficar reservadas para aqueles pacientes com obesidade mórbida, ou com obesidade acompanhada de fatores de risco extremos.

A modificação do comportamento foi proposta como uma das técnicas mais efetivas para ajudar pessoas com problemas de peso. Grandes perdas de peso foram obtidas com a mudança de padrões comportamentais básicos associados ao consumo de alimentos. Além disso, essas perdas de peso parecem ser muito mais permanentes do que as associadas a outras estratégias para perda de peso. Essa abordagem é atraente para a maioria das pessoas, porque as técnicas parecem lógicas e são facilmente incorporadas em uma rotina diária normal. Exemplificando, um indivíduo talvez não precise reduzir conscientemente a quantidade de comida consumida, mas simplesmente bastaria concordar que todas as suas refeições sejam feitas em um local somente, fazendo com que deixe de "beliscar" alimentos. Ou se pode permitir que seja ingerida a quantidade de comida que a pessoa desejar na primeira porção, mas lhe serão vedadas as repetições. Muitas dessas mudanças simples podem ajudar na regulação do comportamento alimentar, resultando em uma substancial perda de peso.

Orientações para controle do sobrepeso e da obesidade

Em 2014, a American Heart Association (AHA), o American College of Cardiology (ACC) e a The Obesity Society publicaram conjuntamente uma nova lista de orientações para o controle do sobrepeso e da obesidade.[18] Coletivamente, as novas orientações, publicadas com outras três listas de orientação da AHA e do ACC (avaliação do risco cardiovascular, modificação do estilo de vida para redução do risco cardiovascular e tratamento do colesterol alto), tinham por objetivo a "promoção do melhor atendimento ao paciente e da saúde cardiovascular". Como acontece com a maioria das orientações mais recentes publicadas por organizações profissionais altamente respeitadas, essas diretrizes se fundamentam em evidências e se concentram em questões críticas que possam ser respondidas com estudos científicos publicados e baseados em evidências.

Nesse novo conjunto de orientações, as questões críticas se concentram (1) nos critérios que orientam os programas apropriados de perda de peso; (2) nos benefícios e riscos para a saúde decorrentes da perda de peso, com respeito ao grau de perda e à duração do programa; (3) em quais estratégias para intervenções nutricionais são eficazes; (4) na eficácia de uma abordagem abrangente envolvendo dieta, exercício físico e terapia comportamental; e (5) na segurança e efetividade da cirurgia bariátrica como procedimento terapêutico primário. Esses documentos se destinam aos prestadores de cuidados de saúde, principalmente médicos e outros profissionais, como enfermeiros de nível avançado e assistentes médicos. Contudo, é importante que todos os profissionais médicos e paramédicos tomem conhecimento dessas orientações, utilizando-as sempre que for apropriado.

As recomendações propostas são:

- Avaliar a altura, o peso e a circunferência da cintura pelo menos uma vez por ano ou mais frequentemente, se cabível; determinar o IMC e aconselhar a modalidade terapêutica com base no risco de doença coronariana.
- Aconselhar os pacientes com sobrepeso e obesos sobre os fatores de risco cardiovascular e as mudanças no estilo de vida que resultarão em uma perda de peso prolongada de 3-5% do peso corporal, ou mais, se possível. Maiores graus de perda de peso resultam em maiores benefícios; mas até mesmo a perda de quantidades modestas diminuirá o risco.
- Recomendar um padrão alimentar que limite as calorias como parte de uma intervenção abrangente no estilo de vida. Prescrever 1.200-1.500 calorias/dia para as mulheres e 1.500-1.800 calorias/dia para os homens. Já foram formuladas dietas eficazes (baseadas em evidências) que demonstraram promover uma perda de peso saudável; contudo, qualquer intervenção deve levar em conta a redução da ingestão calórica diária. Entre as dietas eficazes estão as vegetarianas e veganas, aquelas com baixo teor de gordura (20% das calorias provenientes das gorduras), baixa carga glicêmica, as do estilo mediterrâneo e aquelas com baixo teor de carboidratos (< 20 g/dia sem restrição calórica formal, mas com algum balanço energético negativo total). Observar que o fator comum a todas essas dietas potencialmente eficazes é um balanço energético negativo.
- Em virtude da variabilidade individual, nas orientações propostas a robustez das evidências (um fator importante na determinação da eficácia e da adequação de uma dieta para indivíduos específicos em sua vida real) oscila muito, dependendo da dieta e também para outras recomendações nutricionais específicas constantes nessas orientações.
- Um programa abrangente deve incluir a prescrição de uma dieta com redução moderada nas calorias, um aumento da atividade física e também estratégias comportamentais que facilitem o comprometimento com as mudanças.
- É recomendável o encaminhamento para a cirurgia bariátrica para adultos com IMC > 40 ou para adultos com IMC > 35 que também sofram com problemas de comorbidade – por exemplo, diabetes, hipertensão ou dislipidemia.

As orientações publicadas são extremamente abrangentes, e vêm acompanhadas por discussões detalhadas sobre cada uma dessas recomendações, além de uma extensa lista de referências bibliográficas para cada uma delas. É importante que os profissionais do exercício físico estejam familiarizados com essas recomendações e orientações para as populações com as quais trabalham regularmente.

Papel da atividade física no controle do peso e na redução do risco

A inatividade é a principal causa de obesidade nos Estados Unidos. Na verdade, um estilo de vida sedentário pode ser tão importante na ocorrência da obesidade como a ingestão excessiva de comida. Portanto, devemos nos conscientizar de que a prática mais intensa de atividades físicas é um componente essencial para qualquer programa de redução ou controle do peso.

Mudanças na composição do corpo pelo treinamento físico

O treinamento físico praticado com regularidade pode alterar a composição corporal. Muitas pessoas acreditam

Em resumo

> A etiologia da obesidade não é simples; esse problema pode ser causado por um determinado fator ou por uma combinação de muitos fatores.
> Estudos com animais e seres humanos indicam que existe um componente genético para a obesidade. O distúrbio também foi relacionado a desequilíbrios hormonais, traumatismo emocional, desequilíbrios da homeostasia, influências culturais, inatividade física e dietas inadequadas. É pouco provável que apenas uma causa seja a responsável.
> Sobrepeso e obesidade estão associados a um maior risco de aumento da mortalidade em geral.
> A obesidade aumenta o risco de certas doenças degenerativas crônicas. A obesidade abdominal (visceral) aumenta o risco de ocorrência de doença arterial coronariana, hipertensão, acidente vascular encefálico, lipídios sanguíneos elevados, diabetes e síndrome metabólica. A obesidade também pode piorar doenças e problemas de saúde preexistentes.
> Problemas emocionais ou psicológicos podem contribuir para a obesidade; e o próprio distúrbio, com o estigma que o acompanha, pode ser psicologicamente prejudicial.
> No tratamento da obesidade, é importante lembrar que as pessoas respondem de formas diferentes à mesma intervenção. Alguns exibem grandes perdas de peso em períodos relativamente curtos; outros parecem ser resistentes à perda de peso – ocorrendo apenas pequenas perdas.
> Em geral, a perda de peso não deve ser superior a 0,45 a 0,9 kg por semana. Modificações simples na alimentação, por exemplo, redução da ingestão de gordura e açúcares simples, são suficientes para ajudar a maioria das pessoas a perder peso. Modificações do comportamento também constituem método efetivo de perda de peso.
> Em geral, não é recomendável o uso de medicamentos ou procedimentos cirúrgicos no tratamento da obesidade, a menos que o médico considere tais estratégias como necessárias para a saúde do paciente.

PERSPECTIVA DE PESQUISA 22.2
Comportamento sedentário, atividade física e adiposidade

A obesidade é um fator de risco tradicional para doenças cardiovasculares. O tipo de gordura é significativo: excesso de tecido adiposo visceral (TAV), tecido adiposo intermuscular (TAIM) e gordura hepática aumentam o risco cardiovascular; por outro lado, o tecido adiposo subcutâneo (TAS) pode ser relativamente menos importante na fisiopatologia do desenvolvimento da doença.

A falta de uma atividade física regularmente praticada é um fator primário que contribui para a obesidade, e um estilo de vida sedentário também contribui para maior risco cardiovascular. Com efeito, algumas evidências sugerem que atender às orientações para a prática de atividade física pode não ser suficiente para a prevenção de doenças, se isso se fizer acompanhar por altos níveis de tempo sedentário. É bastante provável que o comportamento sedentário influencie a deposição de gordura, o que, certamente, explicaria parte do vínculo entre esse tipo de comportamento e o risco cardiovascular. Contudo, até o momento, ainda não foi publicado qualquer estudo que tenha examinado especificamente o comportamento sedentário e sua relação com o tipo de deposição de gordura (p. ex., TAV, TAIM). Essa lacuna crítica no conhecimento foi recentemente abordada por uma equipe de pesquisadores que testou a hipótese de que o tempo sedentário estaria positivamente associado aos depósitos de gordura abdominal, ao passo que o nível de atividade física teria uma associação inversa.[36] Os pesquisadores também previram que o tempo sedentário e a atividade física seriam independentes e cumulativos em seu prognóstico para a deposição de gordura abdominal. Eles também estavam interessados em possíveis diferenças raciais e sexuais entre essas relações.

O comportamento sedentário e a atividade física foram avaliados por meio de questionários de autorrelato, e os depósitos de gordura abdominal foram medidos por tomografia computadorizada. Os resultados fornecem evidências de que o comportamento sedentário (particularmente o tempo gasto assistindo televisão) e a atividade física têm associações distintas e independentes com os padrões de deposição de tecido adiposo abdominal. Especificamente, parece existir uma relação positiva entre o tempo gasto assistindo televisão e o TAV, que independe da adiposidade total. As associações mais robustas foram observadas em homens brancos. Essas descobertas contribuem para um crescente corpo de literatura que examina as relações entre comportamento sedentário, atividade física e obesidade. Futuros estudos longitudinais serão muito importantes para que se possa rastrear essas associações ao longo do tempo.

que a atividade física tem pouca ou nenhuma influência na mudança da composição do corpo, e que mesmo a prática vigorosa do treinamento físico queima uma quantidade excessivamente pequena de calorias, para que ocorram reduções substanciais na gordura. Mas alguns estudos demonstraram de maneira conclusiva a eficácia do treinamento físico na promoção de alterações moderadas na composição do corpo.

Embora seja relativamente fácil calcular o número de calorias que uma pessoa gastará em um programa de treinamento de resistência e, em seguida, estimar a perda de peso total ao longo de determinado período de tempo, raramente obteremos precisão com esse tipo de cálculo em virtude da interação da fisiologia do balanço energético, discutida anteriormente. A alteração de um (ou mais) dos três componentes do balanço energético afeta os demais. O aumento do gasto de energia em um programa de exercícios que queime cerca de 1.300 kcal por semana levará a uma perda de peso de aproximadamente 0,15 kg por semana. No entanto, o simples ato de aumentar o gasto de energia, associado a porções ainda menores de alimentos (ou mesmo à perda de peso), afetará positivamente o balanço de energia. Portanto, cálculos tão simples como o precedente raramente terão precisão. Durante longos períodos, pode ser considerável a variação individual na perda de peso com a aplicação de determinado programa de exercício.

Além disso, quando se perde uma quantidade significativa de peso, o custo calórico da atividade (ETA) fica proporcionalmente reduzido, assim como o TMR. Os impactos da fisiologia, do apetite, dos estímulos neuro-hormonais para o consumo de alimentos e até mesmo a disponibilidade de alimentos afetam a quantidade de perda de peso, qualquer que seja o balanço calórico negativo. É simplesmente muito difícil e impreciso tentar calcular esses tipos de resultados em um programa de controle de peso de curta duração. No entanto, muitos clientes participantes de programas de controle de peso desejam e esperam algum tipo de estimativa. Recomendamos enfaticamente que tal estimativa seja fornecida com muita cautela.

A posição de 2011 do ACSM sobre controle do peso lista várias recomendações importantes para perda e controle do peso.[11] Uma dessas recomendações é que a atividade física é um complemento importante para qualquer programa de controle de peso. O ACSM sugere a importância de fazer atividade física com intensidade moderada durante 150 a 250 minutos por semana para que não ocorra ganho de peso. No entanto, esse volume de atividade proporciona "uma perda de peso apenas moderada", havendo necessidade de maiores volumes de atividade para que o indivíduo tenha uma perda de peso mais significativa. Com efeito, pode haver necessidade de um volume ainda maior de atividade física (> 250 minutos por semana) para que não ocorra a recuperação do peso, depois de ter sido conseguida uma perda significativa de peso.

Além disso, o exame de consumo energético apenas durante o exercício não nos dá uma visão geral do problema. Depois que o exercício termina, a taxa metabólica permanecerá temporariamente elevada. Como mencionado no Capítulo 5, atualmente os profissionais chamam esse fenômeno de consumo excessivo de oxigênio pós-exercício (*elevated post-exercise oxygen consumption* – EPOC). O retorno da taxa metabólica a seu nível anterior ao exercício poderá necessitar de alguns minutos após a prática de um exercício leve, por exemplo, andar; algumas horas depois de um treinamento físico muito exaustivo, como jogar futebol americano; e 12-24h, ou até mais, para a participação em uma atividade física exaustiva e prolongada, como correr uma prova de maratona ou em uma corrida de ultrarresistência.

Quando levamos em consideração o período total de recuperação, a ocorrência de EPOC pode implicar a necessidade de um substancial gasto energético. Se, por exemplo, o consumo de oxigênio em seguida ao treinamento físico permanecer elevado em apenas 0,05 L/min em média, isso representará aproximadamente 0,25 kcal/min ou 15 kcal/h. Se o metabolismo permanecer elevado durante cinco horas, isso representará um gasto adicional de 75 kcal, que normalmente não seria incluído no dispêndio energético total calculado para a atividade em questão. Esse gasto energético adicional é ignorado na maioria dos cálculos dos custos energéticos das diversas atividades. Nesse exemplo, a pessoa, ao se exercitar cinco dias por semana, consumiria 375 kcal, ou perderia o equivalente a cerca de 0,05 kg de gordura em uma semana, ou 0,45 kg em dez semanas, apenas com o gasto calórico adicional durante o período de recuperação.

Estudos demonstraram a ocorrência de mudanças relativamente pequenas, mas importantes, tanto no peso como na composição corporal, em decorrência do treinamento aeróbio e de força:

- o peso total diminui;
- ocorre redução da massa gorda e da gordura corporal relativa; e
- a massa livre de gordura é mantida, ou aumenta.

Em um resumo de centenas de estudos individuais que haviam monitorado mudanças na composição corporal com o treinamento aeróbio, as mudanças esperadas em decorrência de um programa típico de treinamento físico com duração de um ano (três vezes por semana, 30-45 min por dia, a 55-75% de $\dot{V}O_{2max}$) seriam: -3,2 kg de massa corporal total, -5,2 kg de massa gorda e +2,0 kg de massa corporal livre de gordura.[37] Além disso, a gordura corporal relativa diminuiria em cerca de 6% (p. ex., de 30% para 24% de gordura corporal).

Desde os anos de 1990, a gordura visceral abdominal (Fig. 22.7) foi identificada como um importante fator de risco independente para doenças cardiovasculares e obesidade. Atualmente, contamos com a evidência substancial de que a atividade física reduz a velocidade de acumulação da gordura visceral, e que o treinamento físico realmente reduz as reservas de gordura visceral.[34] Esse pode ser um dos mais importantes benefícios para a saúde das pessoas com estilos de vida ativos.

Mecanismos para a mudança no peso e na composição corporais

Ao tentar explicar como o exercício físico promove essas mudanças no peso e na composição corporal, devemos levar em consideração os dois lados da equação de equilíbrio energético. A avaliação do gasto energético exige que levemos em consideração cada um dos seus três componentes: a TMR, o ETR e o ETA. Na avaliação do consumo energético também devemos considerar a energia que se perde nas fezes (energia excretada), que, em geral, fica em menos de 5% da ingestão total de calorias. Tendo em mente esse equilíbrio, na seção seguinte examinaremos alguns dos mecanismos possíveis por meio dos quais o treinamento físico pode afetar o peso e a composição corporal.

Exercício e apetite

A ligação entre exercício e apetite permanece mergulhada em controvérsia e ainda não resolvida. As inter-relações de ingestão energética, gasto energético, apetite e obesidade são complexas e multifatoriais. É tarefa difícil isolar questões como a fome, a associação entre o consumo e o gasto de energia, os hormônios envolvidos com a fome e a saciedade (i. e., a sensação de satisfação após uma refeição), a ingestão de macronutrientes (o padrão alimentar) e até mesmo diferenças nas respostas ao exercício entre homens e mulheres. Atualmente, apenas é possível concluir que (1) o exercício, por si, provavelmente não estimula significativamente o apetite, sobretudo durante um programa de controle de peso que envolva exercício físico e dieta; e (2) mesmo que o exercício promova pequenos aumentos no consumo de energia, isso não é obstáculo para sua inclusão em programas de controle de peso, porque o ETA é uma variável importante que pode ser alterada nesses programas.

Em um estudo clássico, Jean Mayer foi levado a teorizar que o consumo de energia e o gasto de energia estão relacionados – "associados no âmbito de determinada zona" que ele chamou de "atividade normal".[24] Em um estudo que envolveu uma grande população de operários, ele e seus coautores constataram que os participantes que tiveram os maiores gastos de energia relacionados ao trabalho aumentaram o consumo de energia de maneira apropriada, para fazer frente ao gasto de energia. No entanto, os trabalhadores mais sedentários, que eram o grupo dos indivíduos com maior peso, apresentaram elevado consumo de energia em relação ao seu nível de atividade. Portanto, concluíram, existia uma zona de atividade normal dentro da qual as pessoas aumentavam a ingestão de alimentos para dar conta dos elevados níveis de gasto energético (em relação ao trabalho). Mas, fora dessa zona (onde se enquadravam os operários relativamente sedentários), o consumo de energia era muito maior do que o necessário, quando considerados os padrões de atividade. Mayer ainda formulou a hipótese de que os seres humanos eram evolutivamente ativos (não sedentários). Assim, o papel da atividade física, talvez influenciado pelo nosso genoma, funciona para aumentar a ingestão de energia apenas dentro de uma pequena faixa de gasto calórico ("faixa de atividade normal" de Mayer).

Um fator extra que influencia o problema do apetite-perda de peso é a saciedade (i. e., sentir-se satisfeito depois de comer), o que também afeta a fome e a ingestão de energia. Em um estudo sobre exercício físico, perda de peso e saciedade, os participantes que perderam peso aumentaram progressivamente sua saciedade durante o programa de treinamento. Os participantes que perderam menos peso do que o esperado diminuíram progressivamente sua saciedade e concomitantemente aumentaram sua ingestão calórica durante o programa de treinamento.[20] A combinação de exercício físico e dieta em um programa de controle de peso pode ter algum efeito sobre a fome e a saciedade, afetando com isso a quantidade de peso perdido.

A relação entre exercício físico e os hormônios associados ao apetite e ao consumo de energia faz parte de outra questão complexa e ainda não devidamente elucidada. Dois desses hormônios, a leptina e a grelina (discutidos no Cap. 4), foram identificados como influências decisivas no apetite, bem como importantes agentes no problema da obesidade. Esses hormônios proporcionam um *feedback* agudo e crônico sobre o estado nutricional para o cérebro. A grelina é produzida e secretada pelo sistema gastrintestinal e fornece informações precisas ao cérebro sobre o consumo de alimentos. A leptina, por outro lado, fornece sinais relacionados ao estado energético no longo prazo, associado às reservas de energia, isto é, o tecido adiposo. Depósitos maiores de gordura estimulam maior produção de leptina. Assim, ocorre imediatamente um *feedback* do trato gastrintestinal com relação ao que e quanto comemos, além de outro *feedback* no longo prazo, dos adipócitos, sobre a quantidade de energia armazenada. Algumas pessoas obesas demonstraram ter resistência à leptina. Os receptores da leptina no sistema nervoso central, que anteriormente eram sensíveis à leptina na alça de *feedback*, vão se tornando cada vez mais insensíveis a esse hormônio sinalizador, à medida que a adiposidade aumenta.

Exercício e taxa metabólica em repouso

Os efeitos do exercício nos componentes do gasto energético passaram a ser um assunto de grande interesse para os pesquisadores no final dos anos de 1980 e no início da década seguinte. Um aspecto muito interessante é como o treinamento físico pode afetar a TMR, pois esse indicador representa 60-75% dos gastos totais de calorias diários. Por exemplo, se a ingestão total diária de calorias de um homem com 25 anos de idade era de 2.700 kcal e sua TMR era responsável por apenas 60% desse total (0,60 × 2.700 = 1.620 kcal de TMR), o mero aumento de 1% em sua TMR implicaria a necessidade de um gasto de 16 kcal extras por dia, ou 5.840 kcal por ano. Esse pequeno aumento apenas na TMR seria responsável pelo equivalente de uma perda de gordura anual de 0,8 kg.

Não ficou ainda totalmente esclarecido o papel do treinamento físico no que se refere ao aumento da TMR. Diversos estudos transversais constataram que atletas altamente treinados têm TMR mais elevadas do que pessoas destreinadas com idade e tamanho corporal similares. Mas outros estudos não foram capazes de confirmar essa constatação.[31] Foram realizados poucos estudos longitudinais com o objetivo de determinar a mudança na TMR de pessoas destreinadas que, em seguida, passam a treinar durante determinado período. Alguns desses estudos sugerem que a TMR poderia aumentar depois do treinamento. Contudo, em um estudo envolvendo 40 homens e mulheres com idades de 17 até 62 anos (*Heritage Family Study*), um programa de treinamento aeróbio com duração de 20 semanas (3 vezes por semana, 35-55 min por dia, em 55-75% do $\dot{V}O_{2max}$) não conseguiu aumentar a TMR, embora o $\dot{V}O_{2max}$ tenha aumentado em aproximadamente 18%.[38] Tendo em vista que a TMR está intimamente relacionada à massa corporal livre de gordura (o tecido livre de gordura é mais ativo em termos metabólicos), o interesse no uso do treinamento de força aumentou com o intuito de aumentar a massa livre de gordura, na tentativa de aumentar a TMR.

Redução localizada

Muitas pessoas, inclusive atletas, acreditam que, por exercitarem determinada área do corpo, a gordura nessa área será utilizada, reduzindo a gordura localizada. Os resultados de vários estudos mais antigos tendiam a apoiar esse conceito de **redução localizada.** No entanto, estudos mais recentes sugerem que a redução localizada é um mito, e que o exercício, mesmo quando localizado, mobiliza praticamente todas as reservas de gordura do corpo, e não apenas de depósitos locais.

Um desses estudos utilizou tenistas de elite, teorizando que seriam participantes ideais para o estudo da redução localizada, pois poderiam agir como seus próprios controles: seus braços dominantes se exercitam vigorosamente durante várias horas por dia, enquanto seus braços não dominantes ficam em relativa inatividade.[14] Os braços dominantes dos jogadores exibiam circunferências significativamente maiores, e isso foi atribuído à hipertrofia muscular induzida pelo exercício. Mas as espessuras da gordura nas dobras subcutâneas dos braços ativos e inativos comprovaram que não havia absolutamente nenhuma diferença.

Outro estudo examinou os efeitos localizados na gordura subcutânea abdominal de um programa de treinamento intenso de 27 dias com flexão abdominal em decúbito dorsal, em que o movimento para na posição sentada (*sit-up*). Os pesquisadores não encontraram diferença na velocidade de mudança do diâmetro das células de gordura (adipócitos) do abdome, região subescapular e região glútea. Esse achado indica inexistência de adaptação específica no local do treinamento físico (o abdome).[19] Podem ocorrer diminuições na circunferência da cintura com o treinamento físico, mas essas reduções são principalmente decorrentes do aumento do tônus muscular, e não da perda de gordura.

Exercício aeróbio de baixa intensidade

Conforme já estudamos em capítulos anteriores, quanto maior for a intensidade do exercício, maior será a dependência corporal de carboidratos como fonte de energia. No caso do exercício aeróbio de alta intensidade, os carboidratos podem atender a 90% ou mais das necessidades de energia do corpo. Durante o final dos anos de 1980, diversos grupos promoveram o **exercício aeróbio de baixa intensidade** com o objetivo de acelerar a perda de gordura corporal. Esses grupos teorizaram que o treinamento aeróbio de baixa intensidade permitiria ao corpo utilizar mais gordura como fonte de energia, acelerando a perda de gordura corporal. De fato, o corpo utiliza maior percentual de gordura para obtenção de energia em intensidades mais baixas de exercício. Contudo, não ocorre necessariamente mudança nas calorias totais queimadas pelo corpo com o uso da gordura.

Isso está ilustrado na Tabela 22.4. Nesse exemplo hipotético, uma mulher com 23 anos e com $\dot{V}O_{2max}$ de 3,0 L/min pratica exercícios durante 30 min a 50% de seu $\dot{V}O_{2max}$ em um dia, e durante 30 min a 75% de seu $\dot{V}O_{2max}$ no outro dia. As calorias totais provenientes da gordura não diferem entre os exercícios aeróbios de baixa e alta intensidade: nos dois casos, a mulher queima cerca de 110 kcal durante 30 min. Porém, é mais importante o fato de que, no exercício de maior intensidade, a voluntária queima cerca de 50% a mais de calorias totais, para o mesmo período de 30 min.

Os cientistas determinaram que existe uma zona ideal em que as velocidades de oxidação da gordura estão em seu máximo. Foi constatado que a zona de Fat$_{max}$, definida como a zona em que as intensidades de oxidação de gordura ficam dentro de 10% da intensidade de pico, varia entre 55 e 72% do $\dot{V}O_{2max}$.[1] A Figura 22.8 ilustra essa concepção. Contudo, já tivemos a oportunidade de observar que esse

TABELA 22.4 Estimativa de quilocalorias utilizadas de gordura e carboidrato para uma sessão de treinamento aeróbio de baixa e alta intensidade com duração de 30 minutos

Intensidade do exercício	$\dot{V}O_2$ médio (L/min)	R médio	% de kcal de CHO	% de kcal de gordura	kcal de CHO para 30 min	kcal de gordura para 30 min	kcal total para 30 min
Baixa, 50%	1,50	0,85	50	50	110	110	220
Alta, 75%	2,25	0,90	67	33	222	110	332

Nota: R = índice de troca respiratória; CHO = carboidrato. O indivíduo estudado era uma mulher de 23 anos, com condicionamento físico, mas não altamente treinada ($\dot{V}O_{2max}$ = 3,0 L/min).

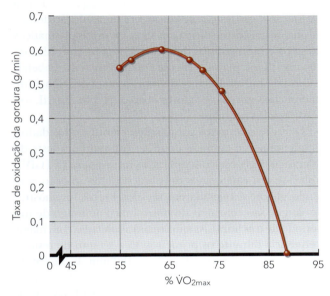

FIGURA 22.8 Taxa de oxidação de gordura em diversas intensidades de exercício, expressas como percentual de $\dot{V}O_{2max}$.

Reproduzido, com permissão, de J. Acten, M. Gleeson, e A. E. Jeukendrup, "Determination of the exercise intensity that elicits maximal fat oxidation", *Medicine and Science in Sports and Exercise* 34 (2002): 92-97.

Em resumo

> A inatividade é uma causa importante de obesidade e de diabetes tipo 2 nos Estados Unidos, talvez tão importante como comer em excesso.
> É importante que as pessoas pratiquem, no mínimo, 150-250 min/semana de atividade física de intensidade moderada, como forma de evitar o aumento do peso. Para que ocorra uma perda de peso significativa, são necessários maiores volumes de atividade.
> A energia consumida pela atividade consiste na quantidade de energia queimada durante a atividade, e também na de energia consumida depois do exercício físico, pois a taxa metabólica permanece elevada durante algum tempo após o término da atividade – um fenômeno conhecido como consumo excessivo de oxigênio pós-exercício, ou EPOC.
> A prática exclusiva da restrição alimentar pode promover diminuição da gordura, mas também ocorre perda de massa corporal livre de gordura.

> Já com o exercício, isoladamente ou junto com uma dieta, há perda de gordura, mas a massa corporal livre de gordura é mantida ou aumentada. Possivelmente, o maior benefício da atividade física e da prática formal do exercício seja seu papel na atenuação do acúmulo de gordura visceral, ou na redução das reservas de gordura visceral.
> O simples fato de ter um estilo de vida ativo, independentemente de um programa formal de exercício, é importante para a prevenção da obesidade.
> Consumo energético – energia queimada = TMR + ETR + ETA, quando a pessoa se encontra em uma situação de equilíbrio energético.
> Ao que parece, há necessidade de certo grau de atividade – a "zona normal" de Mayer – para que o corpo equilibre o consumo e o gasto energético.
> Estudos indicam que o exercício pode suprimir o apetite, mas esse tópico é controverso.
> Uma sessão isolada de treinamento físico aumenta o ETR.
> O exercício aumenta a mobilização dos lipídios do tecido adiposo.
> A redução localizada é um mito.
> Exercícios aeróbios de baixa intensidade não queimam mais gorduras do que exercícios mais vigorosos, e ocorrerá maior queima total de calorias se o indivíduo realizar seus exercícios de forma mais vigorosa.

elevado percentual de oxidação de gordura não significa, necessariamente, um gasto calórico total mais elevado nem uma contribuição mais expressiva para a perda de peso.

Entender o diabetes

O **diabetes melito**, também chamado simplesmente de diabetes, é um distúrbio caracterizado pela ocorrência de níveis elevados de glicose no sangue (hiperglicemia) resultante tanto da produção inadequada de insulina pelo pâncreas como da incapacidade da insulina de facilitar o transporte da glicose até o interior das células, ou ambos os fatores. Com base no que foi visto no Capítulo 4, a insulina é um hormônio que reduz a quantidade de glicose circulante no sangue, ao facilitar seu transporte para o interior das células. Primeiramente, será analisada a terminologia utilizada na definição do diabetes e dos distúrbios do controle de açúcar no sangue (controle glicêmico). Em seguida, será examinada a prevalência do diabetes nos Estados Unidos.

Terminologia e classificação

Na verdade, o diabetes melito consiste em duas doenças distintas: diabetes melito tipo 1 (antes conhecido como diabetes de surgimento juvenil ou diabetes melito dependente de insulina) e diabetes melito tipo 2 (previamente conhecido como diabetes de surgimento no adulto).[22] O diabetes tipo 2 está intimamente associado à obesidade, e os Estados Unidos estão passando por uma situação de quase epidemia desse tipo em crianças e adultos.

O **diabetes tipo 1** é causado pela incapacidade do pâncreas de produzir insulina suficiente, como resultado da falha das **células-beta** nessa glândula, resultante da destruição das células-beta pancreáticas por parte do sistema imunológico. À medida que as células vão diminuindo em número, menos insulina é produzida, e, em algum ponto crítico de inflexão, ocorre insuficiência de insulina para um controle adequado da glicemia. Assim, esse tipo de diabetes é também conhecido como **diabetes melito dependente de insulina (DMDI)**. O diabetes tipo 1 representa apenas 5-10% de todos os casos de diabetes.

O **diabetes tipo 2** é resultante da ineficácia da insulina em facilitar o transporte da glicose para o interior das células, sendo decorrente da resistência a esse hormônio. O diabetes tipo 2 representa 90-95% de todos os casos de diabetes. A principal função da insulina é facilitar o transporte de glicose do sangue até o interior da célula, através da membrana celular. *Resistência à insulina* refere-se a uma situação em que uma concentração normal de insulina no sangue gera uma resposta biológica abaixo do normal. O corpo precisará de maior quantidade desse hormônio para que possa transportar determinada quantidade de glicose através da membrana celular para o interior da célula. A *sensibilidade à insulina* é uma denominação correlata, que proporciona um indicador da eficácia de determinada concentração sanguínea de insulina. A resistência à insulina aumenta significativamente com o desenvolvimento e evolução do diabetes tipo 2.

Um terceiro tipo de diabetes, o diabetes gestacional, é uma forma da doença que ocorre em mulheres grávidas e em seus fetos em cerca de 4% de todas as gestações. Felizmente, essa manifestação comumente desaparece depois do parto – tanto na mãe como no seu bebê. Por outro lado, quando o diabetes gestacional está presente, podem ocorrer complicações durante a gravidez.

Pré-diabetes refere-se à condição dos pacientes que apresentam deficiência de glicose em jejum e/ou deficiência de tolerância à glicose. Tanto o diabetes tipo 1 como o tipo 2 são diagnosticados com base em um nível plasmático de glicose superior a 125 mg/dL, após um jejum de oito horas de duração. A **deficiência da glicose em jejum** é definida como um nível plasmático de glicose entre 100 e 125 mg/dL, obtido também depois de um jejum de oito horas. A **deficiência da tolerância à glicose** é determinada por um teste de tolerância à glicose. Para a realização desse teste, a pessoa ingere uma solução de 75 g de glicose anidra dissolvida em água. Os níveis plasmáticos de glicose são medidos duas horas depois. Um valor de 200 mg/dL ou mais de glicose é diagnóstico de diabetes. Valores de 140 até 199 mg/dL representam deficiência de tolerância à glicose, e valores abaixo de 140 mg/dL são considerados normais.

Durante os estudos para análise científica dos dados, frequentemente também pode ser utilizado um teste de tolerância à glicose com aplicação intravenosa (TTGIV). Aplica-se um cateter nos dois braços; uma solução contendo glicose é injetada em um dos braços, e amostras de sangue são coletadas do outro braço ao longo de um período de três horas. As amostras são coletadas com maior frequência durante os primeiros 15 a 45 min de teste, e menos frequentemente dos 60 aos 180 min. Isso permite o traçado de uma curva para as respostas da glicose e da insulina à sobrecarga de glicose injetada. O TTGIV é mais preciso do que o teste de tolerância à glicose por via oral.

Também existem sintomas comuns de diabetes que podem ser utilizados na identificação de pessoas com o risco dessa doença. Esses sintomas são:

Diabetes tipo 1
- Urinação frequente.
- Sede excessiva ou incomum.
- Perda de peso incomum e não explicada.
- Fome extrema.
- Fadiga e irritabilidade extremas.

Diabetes tipo 2
- Qualquer um dos sintomas do diabetes tipo 1.
- Infecções frequentes.
- Turvação ou mudanças súbitas da visão.
- Formigamento ou dormência nas mãos ou pés.
- Cortes, contusões ou feridas que cicatrizam lentamente.
- Infecções recorrentes na pele, gengiva ou bexiga.

Prevalência do diabetes

De acordo com a American Diabetes Association, em 2015, aproximadamente 30 milhões de americanos foram diagnosticados com diabetes e outros 7 milhões prova-

PERSPECTIVA DE PESQUISA 22.3
Metformina ou exercício físico – ou ambos – no tratamento do diabetes?

O diabetes tipo 2 e o pré-diabetes são fatores de risco para o desenvolvimento de doenças cardiovasculares. Embora as causas do diabetes tipo 2 sejam multifatoriais, é provável que o principal fator contributivo seja a resistência à insulina (e a hiperinsulinemia resultante). Assim, o enfoque na resistência à insulina é importante para o tratamento e a prevenção do diabetes tipo 2. Dieta e exercício físico são as medidas terapêuticas de primeira linha para melhorar o controle glicêmico; mas a adesão, no longo prazo, aos programas de exercício físico permanece ainda incipiente, e muitas pessoas também dependem da terapia farmacológica para a manutenção das concentrações normais de açúcar no sangue.

Recentemente, a American Diabetes Association recomendou que, além das modificações no estilo de vida, pessoas pré-diabéticas devem ser consideradas candidatas para a terapia com metformina (o medicamento mais usado no tratamento do diabetes, a fim de diminuir a produção de glicose no fígado). A suposição subjacente a essa recomendação é que, considerando que tanto a metformina como o exercício físico baixam a glicose no sangue, as ações da metformina e os benefícios da atividade física serão *cumulativos*, de tal modo que o tratamento combinado será mais benéfico do que qualquer um dos tratamentos isoladamente. No entanto, tendo em vista que a geração de espécies reativas de oxigênio (ERO) é um fator primário na promoção da adaptação metabólica ao exercício físico e considerando também que a metformina reduz a geração de ERO, esse agente farmacológico pode, na verdade, atenuar a adaptação metabólica ao exercício por meio de um mecanismo de estresse oxidativo. Portanto, a combinação de metformina com exercício físico resulta em benefícios cumulativos, opostos ou inexistentes para a regulação da glicose e redução do risco de doença cardiovascular?

A resposta para esse aparente paradoxo foi revisada recentemente por Malin e Braun.[23] Trabalhos oriundos de uma série de estudos publicados pelo laboratório desses pesquisadores sugerem que a combinação desses dois tratamentos benéficos do ponto de vista metabólico não resulta necessariamente em um resultado cumulativo. Malin e Braun conduziram um estudo prospectivo, randomizado, duplo-cego e controlado para examinar os efeitos em longo prazo da combinação de treinamento físico e metformina na sensibilidade à insulina em homens e mulheres com pré-diabetes. Os participantes foram divididos em quatro grupos diferentes de tratamento: placebo, metformina, treinamento físico mais placebo, ou treinamento físico mais metformina. Todos os tratamentos reduziram a insulina plasmática em jejum. A metformina isolada ou o treinamento físico isolado aumentaram a sensibilidade do músculo esquelético à insulina. Mas a metformina diminuiu o efeito do treinamento físico sobre a sensibilidade do músculo esquelético à insulina em cerca de 30%. Esse achado sugere que a metformina diminui alguns dos efeitos benéficos do treinamento físico, no que tange à regulação da glicose.

Diante dessas descobertas, resta aos profissionais de saúde a seguinte dúvida: se devem prescrever metformina com exercícios conjuntamente para o tratamento de seus pacientes, ou se apenas o tratamento com exercício físico será suficiente para diminuir o risco de diabetes. Não é de surpreender que a resposta a tal dúvida seja complicada. Estudos sugeriram que a metformina atenua os efeitos do exercício físico no aumento da sensibilidade à insulina, na prevalência de síndrome metabólica e na inflamação. Embora esses efeitos possam parecer preocupantes, é importante ter em mente que a metformina tem efeitos distintos em vários tecidos. Assim, o grau de benefício cumulativo dependerá, em grande parte, do tecido em questão. Apesar disso, os autores argumentam que a exclusiva prescrição do exercício físico é o melhor tratamento de primeira linha para reduzir o risco de diabetes tipo 2.

---

velmente eram diabéticos não diagnosticados. Estima-se também que 84 milhões de adultos tiveram pré-diabetes. Na população dos Estados Unidos, a prevalência do diabetes aumentou de 4,9% em 1990 para 9,4% em 2015. Aproximadamente 25% das pessoas com mais de 65 anos são diabéticas, e essa doença é a sétima causa principal de morte naquele país. Além disso, a prevalência do diabetes diagnosticado em pessoas com 20 ou mais anos foi de 7,4% em brancos não hispânicos, 8,0% para americanos asiáticos, 12,7% para negros não hispânicos e 12,1% para hispânicos e latinos.[2] Essas diferenças raciais nos percentuais de diabetes acompanham as diferenças raciais dos percentuais de obesidade discutidos anteriormente neste capítulo.

A real prevalência do diabetes tipo 2 em crianças é ainda baixa, entretanto foi estimado que a prevalência aumentou em até 10 vezes ao longo dos últimos 20 anos. Além disso, em crianças e adolescentes (de 10 a 19 anos de idade), estudos informaram que o diabetes tipo 2 era responsável por algo entre 33 e 46% de todas as formas da doença.[41] Essa informação é muito perturbadora, considerando que, não faz muito tempo, o diabetes tipo 2 era conhecido como o diabetes de surgimento no adulto.

Etiologia do diabetes

Ao que parece, a hereditariedade desempenha um papel importante tanto no diabetes tipo 1 como no diabetes tipo 2. No caso do diabetes tipo 1, ocorre destruição das células-beta (células secretoras de insulina) do pâncreas. Essa destruição pode ser causada pelo sistema imunológico do corpo, pelo aumento da sensibilidade das células-beta a agentes virais ou pela degeneração dessas células. Em geral, o diabetes tipo 1 surge subitamente durante a infância ou em indivíduos adultos jovens. Esse distúrbio leva a uma deficiência quase total de insulina. Geralmente, há necessidade da aplicação diária de injeções de insulina para o controle da doença.

No caso do diabetes tipo 2, a doença se instala de forma mais gradual, sendo mais difícil estabelecer as suas causas. Frequentemente o diabetes tipo 2 se caracteriza por qualquer das três anormalidades metabólicas principais a seguir: resistência à insulina (deficiência na ação da insulina), basicamente no tecido da musculatura esquelética, aumento da secreção de insulina (hiperinsulinemia em resposta ao aumento da resistência a esse hormônio), e/ou produção excessiva de glicose pelo fígado, ou alguma combinação dessas anormalidades.

A obesidade desempenha um papel importante na ocorrência do diabetes tipo 2. Em um indivíduo obeso, com frequência o problema inicial principal é a resistência à insulina. As células-beta pancreáticas respondem às concentrações sanguíneas mais elevadas de glicose (secundariamente à resistência à insulina) com a produção e secreção de mais insulina. Assim, não é raro que pessoas recentemente diagnosticadas como portadoras de diabetes tipo 2 padeçam tanto de hiperglicemia (glicose sanguínea alta) como hiperinsulinemia (insulina sanguínea alta). Todos esses efeitos são resultantes da menor eficácia dos receptores de insulina por todo o corpo (especialmente na musculatura esquelética) em facilitar o transporte de glicose até as células.

Problemas de saúde associados ao diabetes

Existem riscos consideráveis à saúde associados ao diabetes. Pessoas diabéticas têm taxa de mortalidade relativamente elevada. O diabetes faz com que a pessoa afetada fique em maior risco de:

- doença arterial coronariana ou cardiopatia e doença vascular periférica;
- hipertensão, doença cerebrovascular e acidente vascular encefálico;
- doença renal;
- doença do sistema nervoso;
- distúrbios oculares, inclusive cegueira;
- doença dental;
- amputações; e
- complicações durante a gestação.

Os cientistas fizeram associações entre a doença arterial coronariana, a hipertensão, a obesidade e o diabetes tipo 2. A **hiperinsulinemia** (níveis elevados de insulina no sangue) e a resistência à insulina parecem ser as conexões importantes que interligam esses distúrbios, possivelmente por meio da estimulação do sistema nervoso simpático mediada por esse hormônio (níveis elevados de insulina provocam aumento na atividade do sistema nervoso simpático), inflamação, disfunção metabólica, ou alguma combinação desses eventos. Também nesse caso, é possível que a obesidade seja o gatilho que dispara essa reação.

Tratamento do diabetes

As principais estratégias terapêuticas para o diabetes tipo 1 são: administração de insulina, dieta e exercícios. A dose de insulina é ajustada de modo a permitir um metabolismo normal para carboidratos, gorduras e proteínas e níveis igualmente normais de glicose no sangue. O tipo de insulina injetada – de ação curta ou de ação intermediária – e a hora do dia em que são administradas as injeções também devem ser individualizados, para que o controle glicêmico seja mantido durante todo o dia.

No caso do diabetes tipo 2, a ênfase tradicionalmente recai em três fatores: perda de peso, um padrão dietético saudável e prática de exercício e atividade física. Ao longo dos últimos 25 anos, ocorreu significativa expansão no tratamento farmacológico do diabetes (sobretudo do diabetes tipo 2). Atualmente, encontram-se em uso comum medicamentos que estimulam a produção e liberação da insulina, inibem a produção e liberação da glicose pelo fígado ou bloqueiam enzimas no estômago que degradam os carboidratos e aumentam a sensibilidade à insulina.

Em geral, o médico prescreve uma dieta balanceada para pacientes diabéticos. No passado, os médicos receitavam para seus pacientes dietas pobres em carboidrato, para melhor controle dos níveis glicêmicos. Contudo, o uso de uma dieta pobre em carboidrato pressupõe aumento na gordura alimentar, o que pode ter importante efeito negativo nos níveis sanguíneos de lipídios. Tendo em vista que pessoas diabéticas já se encontram em maior risco de doença arterial coronariana, esse efeito não é desejável. É difícil manter níveis glicêmicos adequados em pacientes obesos, portanto há necessidade de uma dieta com redução de calorias para que tais pacientes possam perder gordura corporal em níveis significativos. Para muitas pessoas com diabetes tipo 2, apenas a perda de peso pode fazer com que os níveis glicêmicos retornem à taxa normal. Ademais, considerando que a prática regular do exercício e da atividade física pode aumentar a sensibilidade à insulina, tanto o aumento da atividade física como a adoção de um padrão alimentar saudável são aspectos muito importantes do plano terapêutico para pessoas que padecem de diabetes tipo 2.

Em meados da década de 1990, o National Institute of Diabetes and Digestive and Kidney Diseases (NIDDK) do National Institutes of Health projetou e deu início a um estudo com o objetivo de determinar se uma intervenção no estilo de vida (dieta e exercício) ou um medicamento oral para o diabetes (metformina) poderia prevenir ou retardar o aparecimento do diabetes tipo 2 em pessoas com diminuição da tolerância à glicose (pré-diabetes). No total, 3.234 pessoas com 25 anos de idade ou mais foram aleatoriamente designadas para os seguintes grupos: placebo, medicamento ou estilo de vida. Os objetivos do programa de modificação do estilo de vida eram: perda de pelo menos 7% do peso corporal e participação em atividades físicas durante um mínimo de 150 minutos por semana. Ambas as intervenções se mostraram muito bem-sucedidas, visto que atrasaram a evolução para o diabetes por 11 anos no grupo de alteração do estilo de vida e por 3 anos no grupo medicado com a metformina.[21] Esse estudo seminal ilustra claramente o poder da intervenção no estilo de vida em termos da diminuição do risco de uma doença debilitante grave e de suas sérias consequências. The Finnish Diabetes Prevention Study, um estudo realizado na Finlândia, confirmou esses resultados e reforçou ainda mais o valor da atividade física na prevenção do diabetes.[35]

Papel da atividade física no diabetes

Foi claramente estabelecida a evidência científica indireta provando que um estilo de vida fisicamente ativo reduz o risco de diabetes tipo 2,[3] mas são escassos os dados apoiando essa estratégia em pacientes com diabetes tipo 1. No entanto, quase todos os médicos e cientistas concordam que a atividade física é uma parte importante do plano terapêutico de qualquer um dos tipos de diabetes. Considerando que há grande disparidade entre as características e respostas daqueles com diabetes tipo 1 e daqueles com tipo 2, será discutida separadamente cada uma dessas moléstias.

Diabetes tipo 1

O papel da prática regular do exercício e do treinamento físico na melhora do controle glicêmico (regulação dos níveis de açúcar no sangue) em pacientes com diabetes tipo 1 ainda não ficou claramente definido, sendo objeto de controvérsia. A característica mais diferenciadora para o diabetes dos tipos 1 e 2 é que as pessoas com o tipo 1 têm baixos níveis sanguíneos de insulina, o que é atribuído à incapacidade, ou à capacidade reduzida, de produção desse hormônio pelo pâncreas. Pessoas com diabetes tipo 1 exibem tendência para hipoglicemia (baixos níveis de açúcar no sangue) durante e imediatamente depois do exercício, porque o fígado não consegue liberar glicose com uma velocidade que possa acompanhar a utilização do açúcar. Para essas pessoas, o exercício pode levar a oscilações excessivas nos níveis plasmáticos de glicose, o que é inaceitável para o tratamento da doença. O grau de controle glicêmico durante o exercício varia tremendamente entre indivíduos com diabetes tipo 1. Como resultado, o exercício e o treinamento físico podem melhorar o controle glicêmico em alguns pacientes, sobretudo naqueles com menor tendência para hipoglicemia – mas não em outros.

Embora geralmente o controle glicêmico não melhore com o exercício na maioria das pessoas com diabetes tipo 1, há outros benefícios potenciais da prática do exercício para tais pacientes. Tendo em vista que eles estão duas a três vezes mais em risco de doença arterial coronariana, o exercício pode ajudar a reduzir esse risco. O exercício também pode ajudar a diminuir o risco de doenças cerebrovasculares e arteriais periféricas.

Pessoas com diabetes tipo 1 sem complicações não precisam restringir a atividade física, desde que seus níveis glicêmicos sejam controlados apropriadamente. Diversos atletas que sofrem de diabetes tipo 1 treinam e participam de competições com sucesso. A monitoração dos níveis glicêmicos em uma pessoa com diabetes tipo 1 e praticante de exercício é um procedimento importante, para que tanto a dieta como as doses de insulina possam ser modificadas de acordo. Isso é particularmente importante para aqueles que competem em intensidades elevadas por longos períodos de tempo.

Devemos também dar especial atenção aos pés de pessoas com diabetes, pois é comum que tais pessoas sofram de neuropatia periférica (nervos enfermos), em que ocorre alguma perda da sensibilidade nessa parte do corpo. A doença vascular periférica é também mais comum em pacientes diabéticos, de modo que a circulação para as extremidades, particularmente para os pés com frequência fica comprometida de maneira significativa. Ulcerações e outras lesões nos pés representam mais da metade de todas as hospitalizações de pacientes diabéticos. Considerando que o exercício de sustentação de peso implica maior pressão nos pés, passa a ser importante uma seleção adequada dos calçados esportivos e cuidados preventivos apropriados com os pés.

Diabetes tipo 2

O exercício desempenha um papel importante no controle glicêmico de pessoas com diabetes tipo 2. Em geral, a produção de insulina não é um aspecto preocupante nesse grupo, particularmente durante os estágios iniciais da doença. Assim, o principal problema com essa forma de diabetes é a deficiência na resposta das células-alvo à insulina (resistência à insulina). Tendo em vista que as células ficam resistentes à insulina, o hormônio não pode desempenhar sua função de facilitação do transporte de glicose através da membrana celular. A contração muscular tem efeito análogo ao da insulina. A permeabilidade da membrana à glicose aumenta com a contração muscular, e esse fenômeno possivelmente é atribuído a um aumento no número de transportadores de glicose (GLUT-4) associados à membrana plasmática.[17] Portanto, sessões agudas de exercício diminuem a resistência à insulina e aumentam a sensibilidade das células ao hormônio. Isso reduz a necessidade de hormônio das células. Aparentemente, o treinamento de força e o aeróbio geram efeitos similares,[40] embora evidências sugiram que a combinação de exercício de força e aeróbio é uma estratégia ótima para reduzir a resistência à insulina.[10] Basicamente, essa diminuição na resistência à insulina e o aumento na sensibilidade ao hormônio podem ser uma resposta a cada sessão isolada de exercício, e não o resultado de uma mudança de longo prazo associada ao treinamento físico. Alguns estudos demonstraram que esse efeito se dissipa dentro de 72 h.

Recentemente, a American Diabetes Association publicou uma posição atualizada sobre a atividade física e o diabetes.[8] Essa nova posição fornece recomendações baseadas em evidências no que tange à atividade física e ao exercício para pessoas com diabetes dos tipos 1 e 2. A Tabela 22.5 resume as recomendações da ADA.

Em resumo

> O diabetes tipo 1 é decorrente da destruição das células-beta pancreáticas; tipicamente, surge de maneira precoce, ou seja, na adolescência ou em indivíduos ainda mais jovens. Já o diabetes tipo 2 tem como característica o comprometimento da tolerância à glicose, em decorrência da resistência à insulina.

> O diabetes se caracteriza pela hiperglicemia. Essa doença ocorre em função da secreção e/ou utilização inadequada da insulina (resistência à insulina).

> As principais modalidades terapêuticas para o diabetes são a administração de medicamentos (se necessário), dieta e, especialmente no caso do diabetes tipo 2, exercícios e perda de peso.

> Em pessoas com diabetes tipo 1, o controle glicêmico pode, ou não, ser melhorado com a prática de exercício. Nessas pessoas, é maior o risco de ocorrência da doença arterial coronariana; portanto, a prática do exercício pode diminuir esse risco.

> Os níveis de glicose no sangue devem ser cuidadosamente monitorados antes, durante e depois do exercício em pessoas com diabetes tipo 1, para que a dieta e a dose de insulina possam ser alteradas conforme a necessidade.

> A neuropatia periférica é uma grave complicação associada ao diabetes tipo 1 e ao diabetes tipo 2 de longa duração. Pessoas com neuropatia periférica devem ter uma atenção toda especial com seus pés, por causa da perda de sensibilidade e do concomitante comprometimento da circulação periférica nessa região do corpo.

> O diabetes tipo 2 responde bem ao exercício. A utilização da glicose e a sensibilidade à insulina melhoram com o exercício, provavelmente em associação com o aumento dos receptores GLUT-4 no músculo esquelético.

TABELA 22.5 Resumo das recomendações da American Diabetes Association para reduzir o tempo sedentário e aumentar a atividade física em pessoas com diabetes

Recomendações para redução do tempo sedentário

Todos os adultos, e particularmente aqueles com diabetes tipo 2, devem diminuir a quantidade de tempo gasto no comportamento sedentário diário.

Longos períodos na posição sentada devem ser interrompidos com períodos de atividade leve a cada 30 minutos, para benefício da glicemia, pelo menos em adultos com diabetes tipo 2.

As duas recomendações anteriores devem ser adicionadas e não substituem o maior tempo de prática de exercício estruturado e dos movimentos incidentais.

Atividade física e diabetes tipo 2

Recomenda-se a prática diária do exercício físico, ou pelo menos com não mais de 2 dias entre as sessões, para melhorar a ação da insulina.

Idealmente, adultos com diabetes tipo 2 devem fazer treinamento aeróbio e de exercícios de força para obter melhores resultados glicêmicos e de saúde.

Crianças e adolescentes com diabetes tipo 2 devem ser incentivados a alcançar os mesmos objetivos de atividade física estabelecidos para os jovens em geral.

Recomendam-se intervenções estruturadas no estilo de vida que incluam pelo menos 150 min/semana de atividade física e mudanças na alimentação, resultando em perda de peso de 5-7% para prevenir ou retardar o surgimento de diabetes tipo 2 em populações de alto risco e em pré-diabéticos.

Atividade física e diabetes tipo 1

Jovens e adultos com diabetes tipo 1 podem se beneficiar se forem fisicamente ativos, e a atividade deve ser recomendada para todos.

As respostas da glicemia à atividade física em todas as pessoas com diabetes tipo 1 são altamente variáveis, dependendo do tipo/momento da atividade. Essas respostas devem ser individualmente ajustadas.

Normalmente, é preciso uma ingestão adicional de carboidratos, ou reduções na insulina, para manutenção do equilíbrio glicêmico durante e após a atividade física. Há necessidade de que sejam feitas verificações frequentes da glicemia, a fim de implementar estratégias de ajuste da ingestão de carboidratos e da dose de insulina.

Os usuários de insulina podem se exercitar usando regimes basais de injeção em bólus ou bombas de insulina, mas há vantagens e desvantagens nos dois métodos de administração.

Pode-se fazer o monitoramento contínuo da glicose durante a atividade física para detectar hipoglicemia quando o monitoramento é empregado como adjuvante, e não no lugar dos testes de glicemia capilar.

Recomenda-se a participação em atividades físicas para pessoas com diabetes

Geralmente não há necessidade de liberação médica pré-exercício para pessoas assintomáticas antes de iniciar atividades físicas de intensidade baixa ou moderada, que não excedam as demandas de uma caminhada rápida ou das atividades cotidianas.

Em sua maioria, os adultos com diabetes devem praticar 150 min/semana ou mais de atividade de intensidade moderada a vigorosa, distribuída por pelo menos 3 dias/semana, com não mais de 2 dias consecutivos sem atividade. Períodos de atividade mais curtos (no mínimo 75 min/semana) com intensidade vigorosa ou com treinamento intervalado podem ser suficientes para pessoas mais jovens e com melhor condicionamento físico.

Crianças e adolescentes com diabetes tipo 1 ou tipo 2 devem praticar 60 min/dia ou mais de atividade aeróbia de intensidade moderada ou vigorosa. Em pelo menos 3 dias/semana devem ser incluídas atividades vigorosas para fortalecimento muscular e ósseo.

EM SÍNTESE

Nesses dois últimos capítulos, foi concluída a análise do papel da atividade física na prevenção e no tratamento da doença arterial coronariana, da hipertensão, da obesidade e do diabetes. Foi constatado que o exercício pode diminuir o risco individual e também pode ser parte integrante do tratamento, melhorando a saúde em geral, além de aliviar alguns sintomas.

Com este capítulo, também é concluída a jornada para o melhor entendimento da fisiologia do exercício e do esporte. O livro foi iniciado com uma revisão do funcionamento dos diversos sistemas do corpo durante o exercício e como esses sistemas respondem ao treinamento crônico. Também foi abordado como a atividade física e o desempenho são afetados pelo ambiente, por exemplo, em extremos de calor e frio, e em pressão barométrica. Foram enfatizados os meios pelos quais os atletas podem, ou tentam, otimizar seu desempenho. Em seguida, foram avaliadas as singulares diferenças entre participantes idosos e jovens, e também entre homens e mulheres, no esporte e no exercício. E, finalmente, foi examinado o papel do exercício na manutenção da saúde e no desenvolvimento do condicionamento físico.

Foi uma longa caminhada do começo ao fim, mas esperamos que você feche este livro com uma nova apreciação das atividades físicas. Talvez você o deixe com uma nova compreensão da maneira como seu corpo realiza a atividade física e, se ainda não o fez, sinta-se forçado a se envolver em um programa pessoal de exercícios. Enfim, esperamos também que, agora, você se anime com a fisiologia do exercício e do esporte – por ter percebido que essas áreas de estudo afetam tantos aspectos de nossas vidas.

PALAVRAS-CHAVE

células-beta
deficiência da glicose em jejum
deficiência da tolerância à glicose
diabetes melito
diabetes melito dependente de insulina (DMDI)
diabetes tipo 1
diabetes tipo 2
efeito térmico de atividade (ETA)
efeito térmico de uma refeição (ETR)
exercício aeróbio de baixa intensidade
hiperinsulinemia
índice de massa corporal (IMC)
obesidade
obesidade da parte inferior do corpo (ginoide)
obesidade da parte superior do corpo (androide)
pré-diabetes
redução localizada
sobrepeso
síndrome metabólica

QUESTÕES PARA ESTUDO

1. Qual é a diferença entre sobrepeso e obesidade?
2. Quais são os métodos para determinar a composição corporal e quais são os pontos fortes e fracos de cada um deles?
3. O que é índice de massa corporal? Qual é o seu significado?
4. Qual é a prevalência da obesidade hoje nos Estados Unidos? Há diferença entre homens e mulheres, crianças e adultos, negros e brancos?
5. Cite alguns dos problemas relacionados com a saúde associados à obesidade.
6. Qual é a associação existente entre obesidade, doença arterial coronariana, hipertensão, resistência à insulina e diabetes?
7. Descreva alguns métodos de tratamento da obesidade. Quais são os mais efetivos?
8. Qual o papel do exercício na prevenção e no tratamento da obesidade?
9. Por meio de quais mecanismos o exercício promove perdas no peso total e no peso de gordura?
10. Qual o grau de eficácia da redução localizada? E do exercício aeróbio de baixa intensidade?
11. Descreva os dois tipos principais de diabetes. Quais são suas causas?
12. Quais são os riscos à saúde associados ao diabetes?
13. Discuta os principais pontos publicados no resumo de recomendações pela American Diabetes Association para a redução do tempo sedentário e aumento da atividade física nos diabéticos, no que se refere ao exercício físico.
14. Descreva o papel do exercício na prevenção do diabetes e no tratamento de pacientes com diabetes tipos 1 e 2.

Glossário

1 repetição máxima (1RM) – A quantidade máxima de peso que pode ser levantada em apenas uma vez.

1RM – *Ver* 1 repetição máxima.

absorciometria por raios X de dupla energia (DXA) – Técnica utilizada na avaliação da composição corporal (tanto regional como total) por meio da absorciometria de raios X.

acetil-CoA – *Ver* acetil coenzima A.

acetil coenzima A (acetil-CoA) – Composto que constitui o ponto de entrada comum no ciclo de Krebs, para a oxidação de carboidratos e gorduras.

acetilcolina – Neurotransmissor primário que transmite através da fenda sináptica.

acidente vascular cerebral – Derrame; condição em que a irrigação sanguínea para alguma parte do encéfalo ficou comprometida. É caracteristicamente causado por infarto ou hemorragia, de modo que o tecido fica lesionado.

acidente vascular cerebral hemorrágico – Envolve sangramento no interior do cérebro, o que ocasiona lesão nos tecidos cerebrais próximos.

acidente vascular cerebral isquêmico – Lesão do tecido cerebral resultante de distribuição insuficiente de oxigênio para determinada área do cérebro. Esse tipo de acidente vascular pode ser causado pela estenose ou bloqueio de vasos sanguíneos que irrigam a área.

ácidos graxos livres (AGL) – Os componentes da gordura que são utilizados pelo corpo para o metabolismo.

aclimatação (térmica) – Adaptação fisiológica a repetidos estresses ambientais que ocorrem em um período de tempo relativamente curto (dias a semanas). Com frequência, a aclimatação acontece em um ambiente laboratorial.

aclimatação isolante – Padrão de aclimatação ao frio no qual a melhora da vasoconstrição da pele aumenta o isolamento periférico e reduz a perda de calor.

aclimatação metabólica – Padrão de aclimatação ao frio envolvendo produção aumentada de calor metabólico por meio de termogênese acentuada, ou não, por arrepios.

aclimatação térmica – *Ver* aclimatação.

aclimatização – Adaptação fisiológica a repetidos estresses ambientais em um ambiente natural, que ocorrem ao longo de meses e anos de vida e de exercício nesse ambiente.

acoplamento excitação-contração – Sequência de eventos pela qual um impulso nervoso atinge a membrana muscular e promove a ativação das pontes cruzadas e, assim, a contração muscular.

actina – Filamento delgado de proteína que atua com os filamentos de miosina para produzir ação muscular.

adaptação crônica – Mudança fisiológica que ocorre quando o corpo é exposto a sessões repetidas de exercícios ao longo de semanas ou meses. Em geral, essas mudanças melhoram a eficiência do corpo em repouso e durante o exercício.

adenosina trifosfatase (ATPase) – Enzima que divide o último grupo fosfato, separando-o do ATP. Dessa forma, grande quantidade de energia é liberada e ocorre a redução do ATP em ADP e P_i (fosfato inorgânico).

ADH – *Ver* hormônio antidiurético.

adipocinas – Hormônios que são liberados pelo tecido adiposo, ou que atuam nesse tecido.

adolescência – Período da vida entre o final da segunda infância e o início da vida adulta. O início da puberdade assinala o começo da adolescência.

ADP – *Ver* difosfato de adenosina.

adrenalina – Composto químico que funciona como um neurotransmissor atuando em vários locais do corpo. Conhecido também como epinefrina.

adrenérgico – Refere-se à norepinefrina ou à epinefrina (também chamadas de noradrenalina e adrenalina, respectivamente).

AGL – *Ver* ácidos graxos livres.

alcalose respiratória – Condição em que o aumento da eliminação de dióxido de carbono possibilita o aumento do pH sanguíneo.

aldosterona – Hormônio mineralocorticoide secretado pelo córtex da suprarrenal e que impede a desidratação ao promover a absorção de sódio pelos rins.

alvéolos – Aglomerados semelhantes a cachos de uva, ou sacos de ar, nas extremidades dos bronquíolos terminais.

amenorreia – Ausência (amenorreia primária) ou cessação (amenorreia secundária) da função menstrual normal.

amenorreia primária – Ausência de menarca (início da menstruação) após os 18 anos de idade.

amenorreia secundária – Cessação da menstruação na mulher que, anteriormente, apresentava função menstrual normal.

aminoácidos essenciais – Os oito ou nove aminoácidos necessários para o crescimento humano que o corpo não pode sintetizar; portanto, constituem partes essenciais de nossa alimentação.

aminoácidos não essenciais – Os 11 ou 12 aminoácidos sintetizados pelo corpo.

anfetamina – Estimulante do sistema nervoso central que supostamente contém propriedades ergogênicas.

anorexia nervosa – Distúrbio clínico da ingestão de alimentos caracterizado pela distorção da imagem corporal, medo intenso de ganhar peso ou tornar-se obeso, amenorreia e recusa em manter mais do que o peso normal mínimo com base na idade e altura.

arginina vasopressina – *Ver* hormônio antidiurético.

artérias – Vasos sanguíneos que transportam sangue a partir do coração.

arteríolas – As artérias menores que transportam o sangue das artérias mais calibrosas para os capilares.

aterosclerose – Uma condição que envolve mudanças no revestimento das artérias e o acúmulo de placa, levando ao estreitamento (estenose) progressivo das artérias.

ativação do movimento – Inclinação da cabeça de miosina, provocada por uma forte atração intermolecular entre a ponte cruzada de miosina e a cabeça dessa molécula, o que faz com que os filamentos de actina e de miosina deslizem entre si.

ativação gênica direta – Método de ação dos hormônios esteroides. Os hormônios se ligam aos receptores na célula e, em seguida, o complexo hormônio-receptor ingressa no núcleo e ativa certos genes.

ATP – *Ver* trifosfato de adenosina.

ATPase – *Ver* adenosina trifosfatase.

atrofia – Redução no tamanho, ou na massa de tecido corporal, por exemplo, atrofia muscular por desuso.

autócrino – Molécula mensageira de ação local, como uma das prostaglandinas.

bainha de mielina – Revestimento externo de uma fibra nervosa mielinizada formado por uma substância semelhante à gordura denominada mielina.

barorreceptor – Receptor de estiramento localizado no sistema cardiovascular que percebe mudanças na pressão arterial.

betabloqueadores – Classe de medicamentos que bloqueiam a transmissão de impulsos nervosos desde o sistema nervoso simpático; acredita-se que esses agentes possuam atividade ergogênica.

betaoxidação – A primeira etapa na oxidação dos ácidos graxos, em que essas substâncias são decompostas em duas unidades de ácido acético, contendo dois carbonos; em seguida, cada uma delas é convertida em acetil-CoA.

bioenergética – Termo que designa o estudo dos processos metabólicos que resultam em produção ou consumo de energia.

bioimpedância – Procedimento para avaliação da composição corporal em que se faz passar uma corrente elétrica pelo corpo. A resistência ao fluxo da corrente através dos tecidos reflete a quantidade relativa de gordura presente.

bioinformática – Ciência que analisa dados biológicos complexos, como os códigos genéticos.

bomba de sódio-potássio – Enzima denominada Na$^+$-K$^+$-ATPase, que mantém em desequilíbrio (em –70 mV) o potencial de membrana em repouso.

bomba muscular – Compressão mecânica e rítmica das veias que ocorre durante a contração do músculo esquelético envolvido em muitos tipos de movimentos e exercícios (p. ex., durante caminhadas e corridas) e auxilia o retorno de sangue ao coração.

bomba respiratória – Movimento passivo do sangue na circulação central, em função das mudanças de pressão durante a respiração.

bradicardia – Frequência cardíaca em repouso inferior a 60 batimentos por minuto.

bulimia nervosa – Distúrbio alimentar clínico caracterizado por episódios recorrentes de consumo desregrado de alimentos, sensação de perda do controle durante esses episódios e comportamento de purgação, que pode consistir em vômito autoinduzido e uso de laxantes e diuréticos. Em alguns casos, o distúrbio também inclui jejum ou comportamentos de exercício excessivo.

cadeia de transporte de elétrons – Uma série de reações químicas que convertem o íon hidrogênio gerado pela glicólise e o ciclo de Krebs em água e que produzem energia para a fosforilação oxidativa.

cafeína – Estimulante do sistema nervoso central que, conforme alguns atletas acreditam, possui propriedades ergogênicas.

câibras decorrentes do calor – Cãibras nos músculos esqueléticos em decorrência da desidratação excessiva e da perda de sal associada.

câibras musculares associadas ao exercício (CMAE) – Contrações prolongadas e dolorosas dos músculos que acompanham ou resultam de contração muscular.

caloria (cal) – Unidade de medida de energia em sistemas biológicos; 1 caloria é igual à quantidade de energia térmica necessária para elevar a temperatura de 1 g de água em 1°C, de 15 para 16°C.

calorimetria direta – Método que avalia a velocidade e a quantidade de produção de energia por meio da medição direta da produção de calor corporal.

calorimetria indireta – Método de estimativa do gasto energético por meio da medição dos gases respiratórios.

calorímetro – Dispositivo usado para medir o calor produzido pelo corpo (ou por reações químicas específicas).

cAMP – *Ver* monofosfato cíclico de adenosina.

capacidade aeróbia submáxima – Produção de potência absoluta média que uma pessoa pode manter durante um período de tempo fixo em uma bicicleta ergométrica; ou a velocidade média que uma pessoa pode manter durante um período de tempo fixo. Em geral, esses testes têm duração mínima de 30 min, mas geralmente não ultrapassam os 90 min.

capacidade de difusão do oxigênio – Velocidade em que o oxigênio se difunde de um lugar para outro.

capacidade pulmonar total (CPT) – Soma da capacidade vital e do volume residual.

capacidade vital (CV) – Volume máximo de ar expelido dos pulmões após uma inalação máxima.

capilares – Os menores vasos transportadores de sangue do coração para os tecidos, locais estes onde ocorrem efetivamente as trocas entre o sangue e os tecidos.

carboidrato – Composto orgânico formado por carbono, hidrogênio e oxigênio; amidos, açúcares e celulose são carboidratos.

carga de glicogênio – Manipulação de exercício e dieta para otimizar os estoques corporais de glicogênio.

cascata de oxigênio – Queda progressiva das pressões parciais do oxigênio em um ar ambiente seco conforme o oxigênio flui para os tecidos e até a circulação venosa que drena esses tecidos.

catabolismo – Depleção dos tecidos do organismo; a fase destrutiva do metabolismo.

catecolaminas – Aminas (compostos orgânicos derivados da amônia) biologicamente ativas, como a adrenalina e a noradrenalina, que funcionam como neurotransmissores no sistema nervoso simpático e como hormônios.

células-alvo – Células que possuem receptores hormonais específicos.

células-beta – Células secretoras de insulina localizadas nas ilhotas de Langerhans pancreáticas.

células-satélite – Células imaturas que podem evoluir até formarem tipos celulares maduros como, por exemplo, os mioblastos.

centros respiratórios – Centros autônomos localizados no bulbo e na ponte e que estabelecem a frequência e a profundidade respiratórias.

ciclo cardíaco – Período que abrange todos os eventos entre dois batimentos cardíacos consecutivos.

ciclo de Krebs – Uma série de reações químicas que envolvem a oxidação completa de acetil-CoA e produzem dois moles de ATP (energia) junto ao hidrogênio e ao carbono, os quais se combinam ao oxigênio para a formação de H_2O e CO_2.

ciclo menstrual – Ciclo das mudanças uterinas, que possui duração média de 28 dias e é constituído pelas fases menstrual (de fluxo), proliferativa e secretória.

cicloergômetro – Aparelho para exercício que utiliza movimentos cíclicos para medir o trabalho físico.

citocromo – Série de proteínas contendo ferro que facilitam o transporte de elétrons na cadeia de transporte de elétrons.

CMAE – *Ver* cãibras musculares associadas ao exercício.

colecistocinina (CCK) – Hormônio liberado pelo trato gastrintestinal; sinaliza ao cérebro para que ocorra supressão da fome.

colesterol de lipoproteína de alta densidade (HDL-C) – Colesterol transportado pela HDL.

colesterol de lipoproteína de baixa densidade (LDL-C) – Colesterol transportado pela LDL.

colesterol de lipoproteína de densidade muito baixa (VLDL-C) – Colesterol transportado pela VLDL.

colinérgicos – Sistemas mediados pelo neurotransmissor acetilcolina.

comando central – Informação originária no cérebro e transmitida para os sistemas cardiovascular, muscular e/ou pulmonar.

composição corporal – A composição química do corpo. O modelo utilizado neste livro leva em consideração dois componentes: massa livre de gordura e massa de gordura.

conceito do cruzamento – Intensidade do exercício em que há uma intersecção entre a utilização de gordura e de carboidrato, à medida que a energia proveniente da gordura diminui e a energia do carboidrato aumenta.

condução (K) – (1) Transferência de calor por meio do contato molecular direto com um objeto sólido; (2) Movimento de um impulso elétrico, por exemplo, através de um neurônio.

condução saltatória – Modo de condução rápida dos estímulos nervosos ao longo de neurônios mielinizados.

consumo de oxigênio de pico ($\dot{V}O_{2pico}$) – O mais alto consumo de oxigênio atingido durante um teste progressivo de exercício, quando um indivíduo atinge a fadiga antes da ocorrência de platô na resposta do $\dot{V}O_2$ (o critério para um verdadeiro $\dot{V}O_{2max}$).

consumo desregrado de alimentos – O comportamento do consumo anormal de alimentos, que varia desde uma excessiva restrição do consumo do alimento até comportamentos patológicos, como o vômito autoinduzido e o abuso de laxantes. O consumo desregrado de alimentos pode acarretar transtornos clínicos da alimentação, como anorexia nervosa e bulimia nervosa.

consumo excessivo de oxigênio pós-exercício (EPOC) – Consumo elevado de oxigênio, acima dos níveis em repouso, após o exercício; antes denominado débito de oxigênio.

consumo máximo de oxigênio ($\dot{V}O_{2max}$) – Capacidade máxima para consumo de oxigênio pelo corpo durante um esforço máximo. Também é conhecido como potência aeróbia, ingestão máxima de oxigênio, consumo máximo de oxigênio e capacidade cardiorrespiratória.

contração – A menor resposta contrátil de uma fibra muscular ou de uma unidade motora a um estímulo elétrico isolado.

contração concêntrica – Encurtamento do músculo.

contração dinâmica – Qualquer ação muscular que produza movimento articular.

contração excêntrica – Qualquer ação muscular na qual o músculo sofre alongamento.

contração muscular estática (isométrica) – Ação em que o músculo se contrai sem que ocorra movimento; isso gera força, ao passo que o comprimento do músculo permanece estático (i. e., inalterado). Também conhecida como ação isométrica.

contração ventricular prematura (CVP) – Arritmia cardíaca comum que resulta na sensação de batimentos cardíacos irregulares ou extras causada por origem externa em relação ao nó sinoatrial.

controle neural extrínseco – Redistribuição do sangue em um sistema ou parte do corpo por meio de mecanismos neurais.

convecção (C) – Transferência de calor ou frio por meio do movimento de um gás ou líquido através de um objeto, por exemplo, o corpo.

coração de atleta – Coração dilatado, mas sem patologia; observado com frequência em atletas de fundo e que resulta principalmente de hipertrofia do ventrículo esquerdo em resposta ao treinamento.

cortisol – Hormônio corticosteroide liberado pelo córtex da suprarrenal; estimula a gliconeogênese, aumenta a mobilização de ácidos graxos livres, diminui o uso de glicose e estimula o catabolismo das proteínas. Também conhecido como hidrocortisona.

CPT – *Ver* capacidade pulmonar total.

creatina – Substância encontrada nos músculos esqueléticos, mais comumente na forma de PCr. Suplementos de creatina são utilizados com frequência como recursos ergogênicos auxiliares porque, em teoria, essa substância aumenta os níveis de PCr, o que melhoraria o sistema de energia ATP-PCr, em virtude da manutenção mais adequada dos níveis de ATP no músculo.

creatina quinase – Enzima que facilita a degradação de PCr em creatinina e P_i.

crescimento – Aumento da estatura do corpo ou de qualquer de suas partes.

cross-training **(treinamento de diversas modalidades)** – Treinamento para mais de um esporte ao mesmo tempo, ou treinamento de diversos componentes de condicionamento (p. ex., resistência, força e flexibilidade) dentro do mesmo período.

CV – *Ver* capacidade vital.

CVP – *Ver* contração ventricular prematura.

DAC – *Ver* doença arterial coronariana.

débito cardíaco ($\dot{Q}$) – Volume de sangue bombeado pelo coração por minuto. Q = frequência cardíaca × volume sistólico.

deficiência da tolerância à glicose – Resposta anormal da glicose a uma carga oral desse açúcar (teste de tolerância à glicose); algumas vezes, observa-se esse fenômeno como precursor do diabetes.

deficiência de glicose em jejum – Nível plasmático de glicose entre 110 e 125 mg/dL após um jejum com duração de 8 h.

déficit de oxigênio – Diferença entre o oxigênio necessário para determinada intensidade de exercício (estado de equilíbrio) e o consumo real de oxigênio.

densidade corporal – Peso corporal dividido pelo volume corporal.

densidade mineral óssea – Massa de osso por unidade de volume. A densidade mineral óssea reduzida aumenta o risco de fraturas.

densitometria – Medição da densidade corporal.

descondicionamento cardiovascular – Diminuição na capacidade do sistema cardiovascular em fornecer oxigênio e nutrientes em quantidades suficientes.

desenvolvimento – Mudanças que ocorrem no corpo, com início na concepção e continuam durante a vida adulta; diferenciação ao longo de linhas especializadas de funcionamento, refletindo mudanças que acompanham o crescimento.

desidratação – Perda de líquidos corporais.

despolarização – Queda no potencial elétrico transmembrana, por exemplo, quando o interior de um neurônio fica menos negativo em relação ao exterior.

destreinamento – Mudanças na função fisiológica em resposta a uma redução ou cessação do treinamento físico regular.

diabetes melito – Distúrbio do metabolismo dos carboidratos caracterizado por hiperglicemia (níveis elevados de açúcar no sangue) e glicosúria (presença de açúcar na urina). Ocorre quando há um quadro de produção inadequada de insulina pelo pâncreas ou de utilização inadequada desse hormônio pelas células.

diabetes melito dependente de insulina (DMDI) – Uma das duas categorias principais de diabetes melito; DMDI é causado pela incapacidade do pâncreas de produzir insulina suficiente, em decorrência de insuficiência (ou destruição) de células-beta pancreáticas. Também conhecido como diabetes do tipo 1.

diabetes tipo 1 – Tipo de diabetes melito que em geral surge de forma súbita durante a infância ou início da vida adulta; conduz a uma deficiência quase total de insulina e comumente implica a necessidade de injeções diárias de insulina. Também conhecido como diabetes melito dependente de insulina (DMDI) ou diabetes juvenil.

diabetes tipo 2 – Tipo de diabetes melito cujo surgimento é mais gradual e cujas causas são mais difíceis de se estabelecer, em comparação com o diabetes tipo 1. Caracteriza-se por deficiência na secreção de insulina, comprometimento na ação da insulina ou produção excessiva de glicose pelo fígado. Também é conhecido como diabetes melito não dependente de insulina (DMNDI).

diferença (a-v)O_2 – *Ver* diferença arteriovenosa de oxigênio.

diferença (a-$\bar{v}$)O_2 – *Ver* diferença arteriovenosa mista de oxigênio.

diferença arteriovenosa de oxigênio, ou **diferença (a-v)O_2** – Diferença no conteúdo de oxigênio entre o sangue arterial e o sangue venoso no nível do tecido.

diferença arteriovenosa mista de oxigênio, ou **diferença (a-$\bar{v}$)O_2** – Diferença no conteúdo de oxigênio entre o sangue arterial e o sangue venoso misto, refletindo a quantidade de oxigênio extraída por todos os tecidos do corpo.

diferenças específicas de cada sexo – As reais diferenças fisiológicas entre homens e mulheres.

difosfato de adenosina (ADP) – Composto que contém fosfato de alta energia, do qual se forma o ATP.

difusão pulmonar – Troca de gases entre os pulmões e o sangue.

discos intercalares – Junções celulares especializadas localizadas no miocárdio, onde uma célula muscular se conecta com a próxima.

disfunção endotelial – Alterações negativas nas células que revestem o lúmen dos vasos sanguíneos, resultando em uma relativa incapacidade quanto à contração e relaxamento desses vasos.

disfunção menstrual – Alteração significativa do ciclo menstrual normal que pode ocorrer como oligomenorreia, amenorreia primária e amenorreia secundária.

dispneia – Respiração trabalhosa ou difícil.

distúrbio alimentar – Comportamento anormal de alimentação, variando desde a restrição excessiva da ingestão de alimentos até comportamentos patológicos, por exemplo, autoindução do vômito e uso abusivo de laxantes. A ingestão desordenada de alimentos pode levar à ocorrência de distúrbios alimentares clínicos, como anorexia e bulimia nervosas.

diuréticos – Substâncias que promovem a excreção de água.

DMDI – *Ver* diabetes melito dependente de insulina.

DMT – *Ver* dor muscular tardia.

doença aguda da altitude (mal da montanha) – Enfermidade que se caracteriza por cefaleia, náusea, vômito, dispneia e insônia. Tipicamente, o distúrbio tem início em cerca de 6 a 96 horas após a chegada da pessoa ao local de altitude elevada e se prolonga por vários dias.

doença arterial coronariana (DAC) – Doença caracterizada por alterações patológicas nas artérias coronarianas que irrigam o coração.

doença cardíaca congênita – Defeito cardíaco presente no nascimento que ocorre por causa de um desenvolvimento pré-natal anormal do coração ou de vasos sanguíneos associados. Também conhecida como defeito cardíaco congênito.

doença cardíaca coronariana (DCC) – Doença caracterizada por alterações patológicas nas artérias coronárias que fornecem sangue ao miocárdio.

doença cardíaca reumática – Uma forma de doença valvular cardíaca que envolve uma infecção estreptocócica. Provoca febre reumática aguda, tipicamente em crianças com idades entre 5 e 15 anos.

doença das valvas do coração – Doença que envolve uma ou mais valvas cardíacas. A doença cardíaca reumática é um exemplo.

doenças vasculares periféricas – Doenças das artérias e veias sistêmicas, atingem especialmente vasos das extremidades, impedindo um fluxo sanguíneo adequado.

***doping* sanguíneo** – Qualquer meio pelo qual é aumentado o volume total de eritrócitos do indivíduo, em geral mediante a transfusão de eritrócitos ou do uso de eritropoetina.

dor muscular aguda – Sensibilidade ou dor sentida durante e imediatamente após a prática de uma sessão de exercício.

dor muscular tardia (DMT) – Dor muscular que ocorre um ou dois dias depois de uma sessão intensa de exercício; está associada à lesão intramuscular verdadeira.

***drift* cardiovascular** – Aumento na frequência cardíaca durante o exercício a fim de compensar um decréscimo no volume sistólico. Essa compensação ajuda a manter um débito cardíaco constante.

***drift* de $\dot{V}O_2$** – Componente lento de incremento do $\dot{V}O_2$ durante um exercício submáximo prolongado em uma carga constante.

ECA – *Ver* enzima conversora da angiotensina.

ECEAE – *Ver* edema cerebral causado pela exposição a altitudes elevadas.

ECG – *Ver* eletrocardiograma *e* eletrocardiograma de esforço.

edema cerebral causado pela exposição a altitudes elevadas (ECEAE) – Condição que se manifesta em locais de altitude elevada, de causa desconhecida, em que ocorre acúmulo de líquido na cavidade craniana; caracteriza-se por confusão mental e pode evoluir para coma e causar morte.

edema pulmonar causado pela exposição a altitudes elevadas (EPEAE) – Condição que se manifesta em locais de altitude elevada, de causa desconhecida, em que ocorre acúmulo de líquido nos pulmões e interferência na ventilação, resultando em falta de ar e fadiga. Esse edema caracteriza-se por deficiência na oxigenação do sangue, confusão mental e perda da consciência.

efedrina – Amina simpaticomimética derivada de ervas da efedra (também conhecidas como *ma huang*). É utilizada como descongestionante e broncodilatador no tratamento da asma.

efeito placebo – Efeito produzido pelas expectativas do indivíduo depois da administração de uma substância inativa (placebo).

efeito térmico da atividade (ETA) – Energia despendida além da taxa metabólica em repouso para que seja realizada determinada tarefa ou atividade.

efeito térmico de uma refeição (ETR) – Energia despendida além da taxa metabólica em repouso, associada à digestão, absorção, transporte, metabolismo e armazenamento do alimento ingerido.

efeitos do treinamento – Adaptação fisiológica a períodos repetidos de exercício.

efeitos teratogênicos – Efeitos causadores de desenvolvimento fetal anormal.

elementos-traço – *Ver* microminerais.

eletrocardiógrafo – Aparelho utilizado para obtenção do eletrocardiograma.

eletrocardiograma (ECG) – Registro da atividade elétrica do coração.

eletrocardiograma (ECG) de esforço – Registro da atividade elétrica do coração durante um exercício.

eletroestimulação – Estimulação muscular mediante a passagem de uma corrente elétrica através do músculo.

eletrólito – Substância dissolvida que pode conduzir corrente elétrica.

endomísio – Bainha de tecido conjuntivo que recobre cada fibra muscular.

endotélio – Camada de células finas que reveste o lúmen dos vasos sanguíneos.

energia de ativação – Energia inicial necessária para desencadear uma reação química ou reação em cadeia.

envelhecimento primário – Efeito exclusivamente decorrente da idade cronológica, ou seja, na ausência de outras comorbidades que com frequência acompanham a velhice.

enzima – Molécula proteica que acelera as reações ao reduzir sua energia de ativação.

enzima conversora da angiotensina (ECA) – Enzima que converte angiotensina I em angiotensina II.

enzima limitadora de fluxo – Enzima encontrada precocemente na via metabólica e que determina o fluxo dessa via.

enzimas oxidativas mitocondriais – Enzimas oxidativas localizadas nas mitocôndrias.

EPE – *Ver* escala de percepção de esforço.

EPEAE – *Ver* edema pulmonar causado pela exposição a altitudes elevadas.

epigenética – Estudo das mudanças nos organismos causadas pela modificação da expressão gênica, e não pela mudança do próprio código genético.

epimísio – Tecido conjuntivo externo que circunda inteiramente o músculo, mantendo-o unido.

epinefrina – Uma catecolamina liberada da medula da suprarrenal que, junto à noradrenalina, prepara o corpo para uma reação de luta e/ou fuga. Também é um neurotransmissor. *Ver* catecolaminas.

EPOC – *Ver* consumo excessivo de oxigênio pós-exercício.

equação de Fick – $\dot{V}O_2 = Q \times$ diferença $(a-\bar{v})O_2$.

equivalente metabólico (MET) – Unidade utilizada para estimar o custo metabólico (consumo de oxigênio) da atividade física. Um MET equivale à taxa metabólica em repouso de aproximadamente 3,5 mL de $O_2 \cdot kg^{-1} \cdot min^{-1}$.

equivalente ventilatório para o dióxido de carbono ($V_E/\dot{V}CO_2$) – Relação entre o volume de ar ventilado ($\dot{V}_E$) e a quantidade produzida de dióxido de carbono ($\dot{V}CO_2$).

equivalente ventilatório para o oxigênio ($\dot{V}_E/\dot{V}O_2$) – Relação entre o volume de ar ventilado ($\dot{V}_E$) e a quantidade consumida de oxigênio ($\dot{V}O_2$). Indica economia respiratória.

ergogênico – Capaz de melhorar o trabalho ou desempenho.

ergolítico – Capaz de comprometer o trabalho ou desempenho.

ergômetro – Aparelho para prática de exercício que permite o controle (padronização) e a medição da quantidade e da velocidade de produção de trabalho físico pela pessoa.

eritropoetina (EPO) – Hormônio que estimula a produção de eritrócitos (glóbulos vermelhos).

escala de percepção de esforço (EPE) – Avaliação subjetiva do indivíduo; consiste em verificar qual é seu próprio grau de esforço na prática do exercício.

escala EPE de Borg – Escala numérica para a classificação do esforço percebido.

espaço morto – Volume de ar inspirado que não toma parte nas trocas gasosas, por permanecer nas vias aéreas condutoras.

especificidade – Capacidade de determinado teste de identificar corretamente indivíduos que não se enquadram nos critérios em teste.

especificidade de treinamento – O princípio cuja teoria afirma que as adaptações fisiológicas em resposta ao treinamento físico são altamente específicas para a natureza da atividade desenvolvida no treinamento. Para que os efeitos sejam maximizados, o treinamento deve ser cuidadosamente ajustado às necessidades específicas de desempenho do atleta.

espessura da gordura de prega cutânea – A técnica de campo mais amplamente utilizada para estimar a densidade do corpo, gordura corporal relativa e massa corporal livre de gordura. Consiste na medição da gordura da prega cutânea em um ou mais locais, utilizando-se um compasso de dobras cutâneas.

espirometria – Medida de volumes e capacidades pulmonares.

esteira ergométrica – Ergômetro no qual um sistema de motores e polias impulsiona uma correia larga sobre a qual a pessoa pode andar ou correr.

esteroides anabólicos – Medicamentos sujeitos a prescrição; possuem características anabólicas (estimulantes do crescimento) da testosterona e são consumidos por alguns atletas com o objetivo de aumentar o volume corporal, a massa muscular e a força.

estimulação elétrica – Estimulação de um músculo mediante a passagem de uma corrente elétrica através dele.

estresse térmico – Estresse imposto ao corpo pela temperatura externa.

estrias gordurosas – Depósitos lipídicos iniciais contidos nos vasos sanguíneos.

estrogênio – Hormônio sexual feminino.

esvaziamento gástrico – Movimento do alimento misturado a secreções gástricas do estômago para o duodeno.

ETA – *Ver* efeito térmico da atividade.

ETR – *Ver* efeito térmico de uma refeição.

eumenorreia – Função menstrual normal.

evaporação (N) – Perda de calor por meio da conversão de água (p. ex., suor) em vapor.

exaustão térmica – Distúrbio térmico resultante da incapacidade do sistema cardiovascular em atender às necessidades de todos os tecidos do corpo; ao mesmo tempo, ocorre desvio do sangue para a periferia, a fim de promover seu resfriamento. A exaustão térmica caracteriza-se pela temperatura corporal elevada, falta de ar, cansaço extremo, tontura e pulso rápido.

exercício aeróbio de baixa intensidade – Exercício aeróbio realizado em baixa intensidade e que, teoricamente, faz o corpo queimar maior quantidade de gordura.

exercício agudo – Uma única sessão de exercício.

expiração – Processo pelo qual o ar é expelido dos pulmões mediante relaxamento dos músculos inspiratórios e recuo elástico do tecido pulmonar, o que aumenta a pressão no tórax.

fadiga – Sensações gerais de cansaço acompanhadas de reduções no desempenho muscular.

fascículo (*fasciculus*) – Pequeno feixe de fibras musculares envoltas por uma bainha de tecido conjuntivo no interior de um músculo.

fator de crescimento derivado das plaquetas (PDGF) – Família de moléculas liberadas por plaquetas sanguíneas que ajudam na cicatrização de feridas, reparo de lesões às paredes dos vasos sanguíneos e auxiliam o crescimento da vasculatura sanguínea.

fator de resfriamento – Fator criado pelo aumento na velocidade de perda de calor por meio da convecção e da condução em decorrência do vento.

fator de risco – Fator predisponente que, segundo estatísticas, está relacionado ao desenvolvimento de uma doença, por exemplo, doença arterial coronariana.

fatores de risco primários – Fatores de risco sobre os quais há dados conclusivos que demonstram forte associação com determinada doença. Os fatores de risco primários para o desenvolvimento de doença arterial coronariana são: tabagismo, hipertensão, níveis elevados de lipídios sanguíneos, obesidade e inatividade física.

fatores inibidores – Hormônios transmitidos pelo hipotálamo até a hipófise anterior que inibem a liberação de outros hormônios.

fatores liberadores – Hormônios transmitidos desde o hipotálamo até a glândula hipófise anterior que promovem liberação de outros hormônios.

FC_{max} – *Ver* frequência cardíaca máxima.

FCR – *Ver* frequência cardíaca de repouso.

FCT – *Ver* frequência cardíaca de treinamento.

FE – *Ver* fração de ejeção.

feedback **negativo** – Diminuição na quantidade ou efeito de determinada molécula ou substância, por sua influência no processo que originou o evento, por exemplo, quando um nível elevado de determinado hormônio no sangue pode inibir a continuação da secreção desse hormônio.

fenótipo – Características observáveis de determinado indivíduo, resultantes da interação de seu genótipo com o ambiente.

fibra muscular – Célula muscular individualizada.

fibra muscular do tipo I – Tipo de fibra muscular que possui alta capacidade oxidativa e baixa capacidade glicolítica, associada a atividades de resistência.

fibra muscular do tipo II – Tipo de fibra muscular com baixa capacidade oxidativa e alta capacidade glicolítica, associada a atividades de velocidade ou potência.

fibras de Purkinje – Ramos terminais do feixe AV, que transmitem, pelos ventrículos, seis vezes mais rápido que ao longo do restante do sistema de condução cardíaca.

fibrilação ventricular – Grave arritmia cardíaca em que a contração do tecido ventricular se mostra descoordenada, afetando a capacidade do coração em bombear o sangue. *Ver também* taquicardia ventricular.

fisiologia – Estudo das funções dos organismos.

fisiologia ambiental – Estudo dos efeitos do ambiente (calor, frio, altitude, hiperbaria etc.) no funcionamento do corpo.

fisiologia do esporte – A aplicação dos conceitos da fisiologia do exercício ao treinamento de atletas e ao aperfeiçoamento do desempenho esportivo.

fisiologia do exercício – Estudo de como a estrutura e o funcionamento do corpo são alterados pela exposição a sessões agudas e crônicas de exercício.

fisiologia integrativa – Estudo dos organismos como sistemas funcionais de moléculas, células, tecidos e órgãos, com ênfase no funcionamento do corpo como um todo.

fisiologia translacional – Processos pelos quais os achados da pesquisa básica se estendem até o cenário da pesquisa clínica, em seguida, até o campo da prática médica e, finalmente, até as políticas de saúde.

fisiopatologia – A fisiologia de determinada doença ou distúrbio.

fluxo sanguíneo periférico – Fluxo sanguíneo para extremidades e pele.

força – Capacidade do músculo em exercer força; em geral, a capacidade máxima.

fosfocreatina (PCr) – Composto rico em energia que desempenha um papel fundamental no fornecimento de energia para a ação muscular, mediante a manutenção da concentração de ATP.

fosfofrutoquinase (PFK) – Enzima limitante de velocidade, fundamental para o sistema de energia glicolítico anaeróbio.

fosforilação – Adição de um grupo fosfato (PO_4) a uma molécula.

fosforilação oxidativa – Processo mitocondrial que usa oxigênio e elétrons de alta energia para produzir ATP e água.

fração de ejeção (FE) – Fração de sangue bombeada do ventrículo esquerdo a cada contração, determinada pela divisão do volume sistólico pelo volume diastólico final e expressa em forma de porcentagem.

frequência cardíaca de repouso (FCR) – A frequência cardíaca de repouso, com 60 a 80 batimentos por minuto em média.

frequência cardíaca de treinamento (FCT) – Meta para frequência cardíaca estabelecida pelo uso da frequência cardíaca equivalente de um percentual desejado de $\dot{V}O_{2max}$. Por exemplo, se o objetivo é um nível de treinamento de 75% de $\dot{V}O_{2max}$, será calculado 75% do $4O_{2max}$, e a frequência cardíaca que corresponde a esse $\dot{V}O_2$ é selecionada como FCT.

frequência cardíaca em estado de equilíbrio – Frequência cardíaca que é mantida constante em níveis submáximos de exercício quando a carga de trabalho é mantida constante.

frequência cardíaca máxima (FC_{max}) – O mais elevado valor da frequência cardíaca alcançável durante um esforço máximo até a exaustão.

frequência de disparos – Refere-se à frequência de impulsos enviados a um músculo. Pode ser gerado aumento da força pelo aumento do número de fibras musculares recrutadas ou pela velocidade de envio dos impulsos. Também conhecida como codificação de frequência.

função imune – A capacidade normal do corpo de combate a infecções e enfermidades com anticorpos e linfócitos.

fuso muscular – Receptor sensitivo localizado no músculo; essa estrutura "percebe" a quantidade de alongamento do músculo.

geladura – Lesão tecidual que ocorre durante a exposição ao frio intenso, em virtude da diminuição da circulação para a pele na tentativa de retenção do calor corporal, a ponto de ocorrer suprimento insuficiente de oxigênio e de nutrientes.

genômica – O ramo da biologia molecular envolvido na estrutura, função, evolução e mapeamento dos genomas.

genótipo – A composição genética de um indivíduo.

glândulas sudoríparas exócrinas – Glândulas sudoríparas simples dispersas pela superfície do corpo; respondem a aumentos na temperatura corporal interna e/ou cutânea e facilitam a termorregulação.

glicocorticoide – Família de hormônios esteroides produzidos pelo córtex da suprarrenal que ajudam a manter a homeostase por meio de vários efeitos em todo o corpo.

glicogênio – A forma de carboidrato armazenado no corpo; é encontrado principalmente nos músculos e no fígado.

glicogenólise – Conversão de glicogênio em glicose.

glicólise – Degradação da glicose em ácido pirúvico.

gliconeogênese – Conversão de proteína ou gordura em glicose.

glicose – Açúcar que contém seis carbonos e que constitui a forma principal de carboidrato utilizada no metabolismo.

glucagon – Hormônio liberado pelo pâncreas que promove maior degradação do glicogênio hepático até a glicose (glicogenólise) e um aumento da gliconeogênese.

gordura – Classe de compostos orgânicos com limitada solubilidade na água que existe no corpo sob várias formas, por exemplo, triglicerídeos, ácidos graxos livres, fosfolipídios e esteroides.

gordura corporal relativa – Índice de massa de gordura em relação à massa corporal total, expresso em porcentagem.

gravidez – Condição de conter um embrião ou feto no corpo.

grelina – Hormônio secretado pelo estômago e pâncreas quando o estômago está vazio, para que ocorra estimulação da fome.

grupo de controle – Em um modelo experimental, o grupo não tratado, que é comparado ao grupo experimental.

grupo placebo – Em um estudo de intervenção, o grupo que recebe o placebo, e não a substância em teste.

habituação ao frio – Uma resposta à repetida exposição ao frio, geralmente das mãos e da face, nas quais a vasoconstrição da pele e as respostas de tremores são bloqueadas.

HAIE – *Ver* hipoxemia arterial induzida pelo exercício (HAIE).

HAPO – *Ver* hipotálamo anterior pré-óptico.

HDL-C – *Ver* colesterol de lipoproteína de alta densidade.

hematócrito – A porcentagem de células ou elementos formados no volume sanguíneo total. Mais de 99% das células ou elementos formados são constituídos por eritrócitos.

hematopoese – Aumento da concentração de eritrócitos em decorrência do aumento da produção de células.

hemoconcentração – Aumento relativo (não absoluto) no conteúdo celular por unidade de volume de sangue, resultante de uma redução no volume plasmático.

hemodiluição – Aumento no plasma sanguíneo que resulta em diluição do conteúdo celular do sangue.

hemoglobina – Pigmento que contém ferro nos eritrócitos que liga o oxigênio.

hGH – *Ver* hormônio do crescimento humano.

hiperglicemia – Nível elevado de glicose sanguínea.

hiperinsulinemia – Nível elevado de insulina no sangue.

hiperplasia – Aumento no número de células em um tecido ou órgão. *Ver também* hiperplasia das fibras.

hiperplasia das fibras – Aumento no número de fibras musculares.

hiperpolarização – Aumento no potencial elétrico através de uma membrana.

hipertensão – Pressão arterial anormalmente elevada. Em adultos, a hipertensão é comumente definida como uma pressão sistólica igual ou superior a 140 mmHg, ou uma pressão diastólica igual ou superior a 90 mmHg.

hipertrofia – Aumento no tamanho ou massa de um órgão ou tecido do corpo. *Ver também* hipertrofia das fibras.

hipertrofia cardíaca – Crescimento do coração em decorrência de aumentos na espessura da parede muscular e/ou tamanho da câmara.

hipertrofia crônica – Aumento no volume muscular resultante da repetição do treinamento de força durante longos períodos.

hipertrofia das fibras – Aumento no tamanho das fibras musculares existentes.

hipertrofia temporária – Aumento de volume muscular que ocorre durante uma sessão isolada de treinamento, sendo principalmente decorrente do acúmulo de líquido nos espaços intersticiais e intracelulares do músculo.

hiperventilação – Frequência respiratória ou volume corrente superior ao necessário para um funcionamento normal.

hipobárico – Diz-se do ambiente, como o das altas altitudes, que envolve baixa pressão atmosférica.

hipoglicemia – Baixo nível sanguíneo de glicose.

hiponatremia – Concentração sanguínea de sódio abaixo da faixa normal de 136 a 143 mmol/L.

hipotálamo anterior pré-óptico (HAPO) – Área do mesencéfalo que é o principal controlador da função de termorregulação.

hipotermia – Baixa temperatura corporal; qualquer temperatura abaixo da temperatura normal do indivíduo.

hipoxemia – Diminuição do conteúdo ou da concentração de oxigênio no sangue.

hipoxemia arterial induzida pelo exercício (HAIE) – Declínio na PO_2 arterial e na saturação de oxigênio arterial durante o exercício máximo ou submáximo.

hipóxia – Redução na disponibilidade de oxigênio para os tecidos.

homeostase – Manutenção de um ambiente interno constante.

hormônio – Substância química produzida ou liberada por uma glândula endócrina e transportada pelo sangue até um tecido-alvo específico.

hormônio antidiurético (ADH) – Hormônio secretado pela glândula hipófise que regula o equilíbrio de líquidos e eletrólitos no sangue, mediante a redução da produção de urina.

hormônio do crescimento – Agente anabólico que estimula o metabolismo da gordura e promove crescimento e hipertrofia dos músculos por meio da facilitação do transporte dos aminoácidos para o interior das células.

hormônio do crescimento humano (hGH) – Hormônio que promove anabolismo; alguns atletas acreditam que essa substância possua propriedades ergogênicas.

hormônios esteroides – Hormônios com estruturas químicas semelhantes às do colesterol, que são lipossolúveis e se difundem através das membranas celulares.

hormônios não esteroides – Hormônios derivados de proteínas, peptídeos ou aminoácidos e que não podem atravessar com facilidade as membranas celulares.

IMC – *Ver* índice de massa corporal.

impulso nervoso – Sinal elétrico conduzido ao longo de um neurônio que pode ser transmitido para outro neurônio ou para um órgão-alvo, por exemplo, um grupo de fibras musculares.

índice capilar: fibra muscular – Número de capilares por fibra muscular.

índice de massa corporal (IMC) – Medida do sobrepeso ou da obesidade; essas variáveis são determinadas pela divisão do peso (em quilogramas) pela altura (em metros) elevada ao quadrado. O IMC tem grande correlação com a composição corporal.

índice de trocas respiratórias (R) – Relação entre o dióxido de carbono expirado e o oxigênio consumido no nível dos pulmões.

infância – Período da vida entre o primeiro aniversário e o início da puberdade.

infarto do miocárdio – Morte do tecido cardíaco resultante do suprimento insuficiente de sangue a uma parte do miocárdio.

inibição autógena – Inibição reflexa de um motoneurônio em resposta à tensão excessiva nas fibras musculares sinalizada pelos órgãos tendinosos de Golgi.

inspiração – Processo ativo que envolve o diafragma e os músculos intercostais externos; na inspiração, ocorre expansão das dimensões torácicas e, portanto, dos pulmões. A expansão diminui a pressão nos pulmões, permitindo que o ar do exterior penetre no interior do órgão.

insuficiência cardíaca – Condição clínica na qual o miocárdio fica demasiadamente enfraquecido para manter um débito cardíaco adequado que atenda às demandas do corpo por oxigênio. Em geral, é resultado de lesão ou sobrecarga excessiva do coração.

insulação – Resistência à troca de calor seco.

insulina – Hormônio produzido pelas células-beta no pâncreas; auxilia a entrada da glicose nas células.

integração sensitivo-motora – Processo pelo qual os sistemas sensitivo e motor se comunicam e se coordenam entre si.

intermação – O mais grave distúrbio do calor, resultante da falência dos mecanismos de termorregulação do corpo. A intermação caracteriza-se por temperatura corporal acima de 40,5°C, cessação do suor e confusão total ou inconsciência. Esse distúrbio pode levar à morte.

irisina – Hormônio derivado do tecido muscular; sinaliza a conversão do tecido adiposo branco em tecido adiposo marrom.

isquemia – Deficiência temporária de sangue em determinada parte do corpo.

junção neuromuscular – Local no qual um motoneurônio se comunica com uma fibra muscular.

LDL-C – *Ver* colesterol de lipoproteína de baixa densidade.

lei de Dalton – Princípio que estabelece que a pressão total exercida por uma mistura de gases é igual à soma das pressões parciais dos gases individuais.

lei de Fick – Esta lei postula que a velocidade de difusão final de um gás através de uma membrana tecidual é proporcional à diferença na pressão parcial, proporcional à área e inversamente proporcional à espessura da membrana.

lei de Henry – Esta lei estabelece que os gases se dissolvem nos líquidos proporcionalmente às suas pressões parciais, dependendo também de suas solubilidades nos fluidos específicos e da temperatura.

lei dos gases de Boyle – Esta lei afirma que, em uma temperatura constante, o número de moléculas gasosas em determinado volume depende da pressão.

leptina – Hormônio secretado principalmente por células de gordura; atua nos receptores hipotalâmicos para redução da fome.

liberação para uso terapêutico – Liberação garantida pelo órgão regulador de um esporte que permite que o atleta utilize uma substância banida, desde que ela seja necessária para tratar uma condição médica.

limiar – Quantidade mínima de estímulo necessário para promover uma resposta. É também a despolarização mínima exigida para a geração de um potencial de ação em neurônios.

limiar anaeróbio – Intensidade de esforço na qual as demandas metabólicas do exercício não podem mais ser atendidas pelas fontes aeróbias disponíveis e ocorre aumento no metabolismo anaeróbio, marcado pela elevação da concentração sanguínea de lactato.

limiar de lactato – Durante o exercício, é o ponto de aumento da intensidade no qual tem início o acúmulo do lactato sanguíneo acima dos níveis em repouso e no qual a depuração do lactato não é mais capaz de acompanhar a produção desse sal.

limiar ventilatório – Denominação antiga para o limiar anaeróbio.

lipídios sanguíneos – Gorduras presentes no sangue, por exemplo, triglicerídeos e colesterol.

lipogênese – Processo de conversão de proteína em ácidos graxos.

lipólise – Processo de degradação de triglicerídeos em suas unidades básicas para a produção de energia.

lipoproteína lipase – Enzima que degrada triglicerídeos em ácidos graxos livres e glicerol, permitindo que os ácidos graxos livres entrem nas células para sua utilização como combustível ou para armazenamento.

lipoproteínas – Proteínas transportadoras de lipídios no sangue.

líquido extracelular – Os 35 a 40% da água no corpo localizados fora das células, incluindo líquido intersticial, plasma sanguíneo, linfa, líquido cerebrospinal e outros líquidos.

líquido intracelular – Os aproximadamente 60 a 65% da água corporal total contidos nas células.

longevidade – Extensão da vida de uma pessoa.

macrominerais – Minerais de que o corpo necessita em quantidades superiores a 100 mg por dia.

manobra de Valsalva – Processo de prender a respiração e tentar comprimir o conteúdo das cavidades abdominal e torácica. Essa medida provoca aumento nas pressões intra-abdominal e intratorácica.

massa de gordura – A quantidade absoluta ou massa de gordura corporal.

massa livre de gordura – A massa (peso) do corpo que não é constituída de gordura, incluindo os músculos, os ossos, a pele e os órgãos.

maturação – Processo pelo qual o corpo assume a forma adulta e se torna completamente funcional. A maturação, com frequência, é definida pela função ou pelo sistema que estiver sendo considerado.

maturidade física – O ponto no qual o corpo alcançou a forma física adulta.

mecanismo da sede – Mecanismo nervoso que dispara a sensação de sede em resposta à desidratação.

mecanismo de Frank-Starling – Mecanismo pelo qual um maior volume de sangue no ventrículo promove uma contração ventricular mais vigorosa para aumentar o volume de sangue ejetado.

mecanismo renina-angiotensina-aldosterona – Mecanismo envolvido no controle renal da pressão arterial. Os rins respondem à queda da pressão arterial ou à diminuição do fluxo sanguíneo pela formação de renina, que converte angiotensinogênio em angiotensina I, que, por sua vez, é finalmente convertida em angiotensina II. A angiotensina II promove constrição das arteríolas e dispara a liberação de aldosterona.

mecanorreceptores – Órgãos terminais que respondem às mudanças no estresse mecânico, por exemplo, alongamento, compressão ou distensão.

membrana respiratória – A membrana que separa o ar alveolar e o sangue. É composta por parede alveolar, parede capilar e suas membranas basais.

menarca – Início da menstruação; a primeira menstruação.

menopausa – Cessação permanente da menstruação na mulher; costuma ocorrer entre os 45-55 anos; sua ocorrência é definida 12 meses após o último período menstrual.

menstruação – A fase menstrual, ou de fluxo, do ciclo menstrual.

metabolismo – Todos os processos produtores e consumidores de energia no corpo.

metabolismo aeróbio – Processo que ocorre nas mitocôndrias e utiliza oxigênio para produção de energia (ATP). Também conhecido como respiração celular.

metabolismo anaeróbio – Produção de energia (ATP) na ausência de oxigênio.

microminerais (elementos-traço) – Minerais de que o corpo necessita em quantidades inferiores a 100 mg por dia.

mielinização – Processo de adquirir uma bainha de mielina.

mineralocorticoides – Hormônios esteroides liberados no córtex da suprarrenal, responsáveis pelo equilíbrio dos eletrólitos no corpo (p. ex., aldosterona).

miocárdio – Músculo do coração.

miofibrila – O elemento contrátil do músculo esquelético.

mioglobina – Composto semelhante à hemoglobina, mas que se localiza no tecido muscular. A mioglobina transporta oxigênio da membrana celular até as mitocôndrias.

miosina – Uma das proteínas formadoras dos filamentos que geram a ação muscular.

mitocôndria – Organela celular que gera ATP por meio da fosforilação oxidativa.

modelo cruzado – Modelo experimental em que o grupo de controle passa a ser o grupo experimental após o primeiro período experimental e vice-versa.

modelo de estudo longitudinal – Modelo de estudo no qual indivíduos são testados inicialmente e posteriormente uma ou mais vezes, com o objetivo de medir diretamente as mudanças (com o passar do tempo) decorrentes de determinada intervenção.

modelo de estudo transversal – Modelo de estudo em que uma secção transversal de uma população é testada em determinado momento específico; em seguida, são comparados aos dados provenientes de grupos pertencentes à população em questão.

modo – Tipo de exercício.

monofosfato cíclico de adenosina (cAMP) – Segundo mensageiro intracelular que promove mediação da ação hormonal.

motoneurônio – *Ver* nervos motores.

motoneurônio alfa – Neurônio que inerva fibras extrafusais da musculatura esquelética.

mTOR – Enzima que controla a taxa de síntese proteica no interior das miofibrilas, após um treinamento de força.

muito responsivos – Em determinada população, são os indivíduos que demonstram respostas ou adaptações nítidas ou exageradas a um estímulo.

nebulina – Proteína gigante que coestende com a actina e, aparentemente, desempenha um papel de regulação na mediação das interações entre actina e miosina.

nervos efetores (eferentes) – Divisão motora do sistema nervoso periférico; esses nervos transportam os impulsos do SNC em direção à periferia.

nervos motores (motoneurônios) – Nervos eferentes que transmitem impulsos para o músculo esquelético.

nervos sensitivos (aferentes) – Nervos aferentes que transportam impulsos da periferia em direção ao sistema nervoso central.

neurônio – Célula especializada no sistema nervoso, responsável pela geração e transmissão dos impulsos nervosos.

neurotransmissor – Agente químico utilizado para comunicação entre um neurônio e outra célula.

nó atrioventricular (AV) – A massa especializada de células condutoras no coração, localizada na junção atrioventricular.

nó AV – *Ver* nó atrioventricular.

nó SA – *Ver* nó sinoatrial.

nó sinoatrial (SA) – Grupo de células especializadas do miocárdio localizadas na parede do átrio direito; o nó SA controla a frequência de contração do coração. Consiste no marca-passo do coração.

norepinefrina – Catecolamina liberada pela medula da suprarrenal que, junto à adrenalina, prepara o corpo para uma reação de luta ou fuga. Também é um neurotransmissor. *Ver também* catecolaminas.

obesidade – Quantidade excessiva de gordura corporal, geralmente definida como níveis superiores a 25% em homens e 35% em mulheres; um IMC igual ou superior a 30.

obesidade da parte inferior do corpo (ginoide) – Obesidade que segue o típico padrão feminino de armazenamento de gordura, principalmente na parte inferior do corpo; a gordura é depositada em particular nos quadris, nas nádegas e nas coxas.

obesidade da parte superior do corpo (androide) – Obesidade que segue o padrão tipicamente masculino de deposição de gordura, em que esta fica depositada principalmente na parte superior do corpo, em especial no abdome.

oligomenorreia – Menstruação anormal, pouco frequente ou escassa.

órgão tendinoso de Golgi – Receptor sensitivo em um tendão muscular que monitora a tensão.

osmolalidade – Quantidade de soluto (como eletrólitos) dissolvido em um líquido, dividido pelo peso desse líquido; geralmente expresso em unidade de osmoles (ou miliosmoles) por quilo.

osmolaridade – Quantidade de soluto (como eletrólitos) dissolvida em um líquido, dividido pelo volume desse líquido; geralmente expresso em unidade de osmoles (ou miliosmoles) por litro.

ossificação – Processo de formação óssea.

osteopenia – Perda de massa óssea com o envelhecimento.

osteoporose – Diminuição do conteúdo mineral ósseo, o que aumenta a porosidade dos ossos.

overreaching – Tentativa sistemática de esforçar intencionalmente o corpo de forma excessiva, permitindo que ele se adapte ainda mais ao estímulo do treinamento, acima e além da adaptação obtida durante um período de sobrecarga aguda.

óxido nítrico (NO) – Importante molécula de sinalização celular; NO está envolvido em muitos processos fisiológicos, inclusive na dilatação das arteríolas.

PAD – *Ver* pressão arterial diastólica.

PAM – *Ver* pressão arterial média.

PAS – *Ver* pressão arterial sistólica.

P_b – *Ver* pressão barométrica.

PCr – *Ver* fosfocreatina.

PDGF – *Ver* fator de crescimento derivado das plaquetas.

pericárdio – Revestimento externo do coração, é constituído de duas camadas.

perimísio – Bainha de tecido conjuntivo que circunda cada fascículo muscular.

periodização – Fracionamento do programa de treinamento completo da temporada esportiva em períodos menores ou em unidades de treinamento.

período de polimento – Tempo durante o qual a intensidade de treinamento é reduzida, disponibilizando tempo para que se curem as lesões teciduais decorrentes do treinamento intenso, e também para que sejam completamente repostas as reservas de energia do corpo.

período de vida ativa – Número de anos de vida geralmente saudável, livre de doenças graves ou de incapacitação crônica.

pesagem hidrostática – Método de medição do volume corporal em que a pessoa é pesada enquanto submersa em água. A diferença entre o peso da balança em ambiente seco e o peso submerso (corrigida para a densidade da água) é igual ao volume do corpo. Esse valor deve ser também corrigido para levar em conta qualquer ar retido nos pulmões e em outras partes do corpo.

pesos livres – Modalidade tradicional de treinamento de força cujos praticantes usam apenas halteres de peso variável, halteres de peso fixo, entre outros, a fim de proporcionar desenvolvimento de força muscular.

PFK – *Ver* fosfofrutoquinase.

placa – Aglomeração de lipídios, células musculares lisas, tecido conjuntivo e resíduos; formada no local de lesão arterial.

plasmalema – Membrana plasmática, a bicamada lipídica seletivamente permeável que é revestida por proteínas; compõe a camada externa de uma célula.

pletismografia aérea – Procedimento para avaliação da composição corporal mediante o uso de deslocamento do ar para medir o volume corporal, o que permite o cálculo da densidade corporal.

pliometria – Tipo de treinamento de força por ação dinâmica, baseado na teoria de que o uso do reflexo de estiramento durante um salto recrutará unidades motoras adicionais.

PMR – *Ver* potencial de membrana em repouso.

PO_2 – *Ver* pressão parcial de oxigênio.

policitemia – Aumento da quantidade de eritrócitos.
polimento – Redução na intensidade de treinamento antes de uma competição importante a fim de proporcionar ao corpo e à mente um descanso dos rigores do treinamento intenso.
ponte cruzada de miosina – A parte saliente de um filamento de miosina. Consiste na cabeça de miosina, que se liga a um local ativo em um filamento de actina para produzir tensão, fazendo com que a cabeça de miosina se flexione; esse movimento faz os filamentos deslizarem um sobre o outro.
pós-carga – Pressão contra a qual o coração deve bombear o sangue; é determinada pela resistência periférica nas grandes artérias.
potência – Velocidade de realização de trabalho; produto da força pela velocidade. A velocidade de transformação da energia potencial metabólica em trabalho ou calor.
potência aeróbia – Outro nome para consumo máximo de oxigênio, ou $\dot{V}O_{2max}$.
potência anaeróbia – Produção média ou máxima de potência nos últimos 30 segundos ou menos.
potência crítica – A máxima produção de potência ou intensidade de exercício que pode ser mantida, pelo menos teoricamente, sem que ocorra a exaustão.
potencial de ação – Despolarização rápida e substancial da membrana de um neurônio, ou de uma célula muscular, que é conduzida através da célula.
potencial de membrana em repouso (PMR) – A diferença de potencial entre as cargas elétricas no interior e no exterior de uma célula; é causado por uma separação de cargas através da membrana.
potencial graduado – Mudança localizada (despolarização ou hiperpolarização) no potencial de membrana.
potencial pós-sináptico excitatório (PPSE) – Despolarização da membrana pós-sináptica causada por um impulso excitatório.
potencial pós-sináptico inibitório (PPSI) – Hiperpolarização da membrana pós-sináptica causada por um impulso inibitório.
pouco responsivos – Em determinada população, indivíduos que exibem pouca ou nenhuma resposta ou adaptação a um estímulo.
PPSE – *Ver* potencial pós-sináptico excitatório.
PPSI – *Ver* potencial pós-sináptico inibitório.
pré-carga – Grau no qual o miocárdio é distendido antes de se contrair. A pré-carga é determinada por fatores como o volume sanguíneo central.
pré-diabetes – Termo utilizado para definir pessoas com deficiência da glicose em jejum e/ou deficiência de tolerância à glicose, mas que não são realmente diabéticas.
prescrição do exercício – Individualização da prescrição da duração, frequência, intensidade e modo de exercício.
preservação do glicogênio – Aumento da dependência de gorduras para a produção de energia durante a atividade de resistência aeróbia, em vez de reservas de glicogênio.

pressão arterial diastólica (PAD) – Pressão arterial mais baixa, resultante da diástole ventricular (a fase de repouso).
pressão arterial média (PAM) – Pressão média exercida pelo sangue ao fluir pelas artérias. Estima-se essa variável com o auxílio da seguinte fórmula: PAM = PAD + [0,333 × (PAS – PAD)].
pressão arterial sistólica (PAS) – A maior pressão arterial, resultante da sístole (fase de contração do coração).
pressão barométrica (P_b) – Pressão total exercida pela atmosfera em determinada altitude.
pressão hidrostática – Pressão exercida pela coluna estacionária de líquido em um tubo.
pressão oncótica – Pressão exercida pela concentração de proteínas em uma solução, puxando água de regiões com menor pressão oncótica.
pressão parcial – Pressão exercida por um único gás em uma mistura de gases.
pressão parcial de oxigênio (PO_2) – Pressão exercida pelo oxigênio em uma mistura de gases.
primeira infância – Primeiro ano de vida.
princípio da especificidade – Teoria cuja proposta afirma que um programa de treinamento deve enfatizar os sistemas fisiológicos fundamentais para o desempenho ideal em determinado esporte a fim de que sejam efetuadas as adaptações desejadas no treinamento para esse esporte.
princípio da individualidade – Teoria cuja proposta afirma que qualquer programa de treinamento deve levar em consideração as necessidades específicas e as habilidades do indivíduo para qual o programa foi planejado.
princípio da periodização – Ciclo gradual de especificidade, intensidade e volume de treinamento para que sejam atingidos níveis de pico de aptidão física para a competição. Também denominado *princípio da variação*.
princípio da reversibilidade – Teoria cuja proposição afirma que um programa de treinamento deve incluir um plano de manutenção, para assegurar que os ganhos resultantes do treinamento não sejam perdidos.
princípio da sobrecarga progressiva – Teoria cuja proposição afirma que, para que sejam maximizados os benefícios de um programa de treinamento, o estímulo deste deve ser aumentado de forma progressiva à medida que o corpo se adapta ao estímulo atual.
princípio de variação – Processo sistemático de mudança de uma ou mais variáveis – tipo, volume ou intensidade – em um programa de treinamento físico conforme o passar do tempo, permitindo que o estímulo do treinamento permaneça desafiador e eficiente (também chamado de *princípio da periodização*).
princípio do recrutamento ordenado – Teoria cuja proposição afirma que as unidades motoras, em geral, são ativadas com base em uma ordem fixa de recrutamento, em que as unidades motoras no interior de determinado músculo parecem estar classificadas de acordo com o diâmetro do motoneurônio.

princípio do tamanho – Princípio que assevera que o tamanho do motoneurônio dita a ordem de recrutamento das unidades motoras, com motoneurônios menores sendo recrutados em primeiro lugar.

produto da frequência-pressão (PFP) – Produto matemático da frequência cardíaca × pressão arterial sistólica. Também chamado de duplo produto.

proeminência axônica – Uma parte do neurônio, situada entre o corpo celular e o axônio, que controla o tráfego sob o axônio por meio do somatório dos potenciais pós-sinápticos excitatórios e inibitórios.

programas de reabilitação – Programas que têm por objetivo restabelecer a saúde ou condição física, logo após uma incapacitação ou doença.

prostaglandinas – Substâncias derivadas de um ácido graxo que funcionam como hormônios no nível local.

proteína – Classe de compostos que contêm nitrogênio e são formados por aminoácidos.

pseudoefedrina – Amina simpaticomimética utilizada em medicamentos de livre aquisição, basicamente como descongestionante, e na fabricação ilícita de metanfetamina.

PTH – *Ver* hormônio paratireóideo.

puberdade – Momento em que uma pessoa se torna fisiologicamente capaz de reproduzir.

$\dot{Q}$ – *Ver* débito cardíaco.

quilocaloria (kcal) – O equivalente a 1.000 calorias. *Ver também* caloria.

quimiorreceptor – Órgão sensitivo capaz de reagir a um estímulo químico.

R – *Ver* índice de trocas respiratórias.

radiação (R) – Transferência de calor por meio de ondas eletromagnéticas.

radicais livres – Intermediários univalentes (não pareados) do oxigênio que "vazam" da cadeia de transporte de elétrons durante os processos metabólicos e que podem lesionar os tecidos.

ramos terminais – Ramos emitidos das extremidades dos axônios e que se dirigem aos terminais axônicos.

redução localizada – Prática de exercitar determinada área do corpo, teoricamente para reduzir a gordura localizada.

reflexo motor – Resposta motora involuntária a determinado estímulo.

relação de comprimento-tensão – A tensão desenvolvida por um músculo depende de seu comprimento. A maior geração de força pode ocorrer quando existe uma sobreposição ideal entre os filamentos de actina e de miosina.

relação de dose-resposta – Relação entre duas variáveis, em que uma muda de maneira previsível à medida que a outra aumenta ou diminui.

relação de força-velocidade – A força gerada por um músculo depende de sua velocidade. O aumento da velocidade da contração durante o encurtamento diminui a força, enquanto o aumento da velocidade das contrações, à medida que o músculo se alonga, aumenta a força.

renina – Enzima produzida pelos rins para conversão de uma proteína plasmática denominada angiotensinogênio em angiotensina II. *Ver também* mecanismo renina-angiotensina-aldosterona.

reserva de frequência cardíaca – Diferença entre frequência cardíaca máxima (FC_{max}) e frequência cardíaca em repouso (FC_{rep}).

resistência à insulina – Condição fisiológica em que as células deixam de responder às ações normais do hormônio insulina.

resistência cardiorrespiratória – Capacidade do corpo em suportar exercício prolongado.

resistência muscular – Capacidade do músculo em resistir à fadiga.

resistência periférica total (RPT) – Resistência ao fluxo sanguíneo ao longo de toda a circulação sistêmica.

resistência submáxima – A produção de potência absoluta, em média, que uma pessoa pode manter durante determinado período de tempo em um cicloergômetro, ou a velocidade média que a pessoa pode manter durante um período fixo de tempo. Em geral, esses testes duram pelo menos 30 minutos, mas não mais que 90 minutos.

respiração de Cheyne-Stokes – Alternância de períodos de respiração rápida e de respiração lenta e superficial, inclusive com períodos nos quais a respiração pode chegar a ser interrompida temporariamente. Sintoma de doença aguda da altitude.

respiração externa – Processo de fazer com que o ar entre nos pulmões, resultando na troca de gases entre alvéolos e sangue capilar.

respiração interna – Troca de gases entre o sangue e os tecidos.

retículo sarcoplasmático (RS) – Sistema longitudinal de túbulos associado às miofibrilas no qual o cálcio fica armazenado para a ação muscular.

RS – *Ver* retículo sarcoplasmático.

sarcolema – Membrana celular da fibra muscular.

sarcômero – Unidade funcional básica de uma miofibrila.

sarcopenia – Perda de massa muscular associada ao processo de envelhecimento.

sarcoplasma – Citoplasma gelatinoso presente em uma fibra muscular.

segundo mensageiro – Substância presente no interior de uma célula que funciona como mensageiro após um hormônio não esteroide se ligar a receptores existentes fora da célula.

sensibilidade – Capacidade de determinado teste em identificar corretamente indivíduos que se enquadram nos critérios que estão sendo testados; por exemplo, na doença da artéria coronariana.

sensibilidade à insulina – Indicador da eficácia de determinada concentração de insulina em relação ao destino da glicose.

simpatólise funcional – O processo no qual as moléculas vasoativas liberadas do músculo esquelético ativo inibem a vasoconstrição simpática a fim de aumentar o fluxo sanguíneo para o músculo que está sendo exercitado.

sinapse – Junção entre dois neurônios.

síndrome do sobretreinamento (*overtraining*) – Condição acarretada pelo sobretreinamento e que se caracteriza por reduções no desempenho e por uma deterioração generalizada nas funções fisiológicas.

síndrome metabólica – Denominação que tem sido utilizada para associar a resistência à insulina e a hiperinsulinemia às seguintes condições: doença arterial coronariana, hipertensão, diabetes do tipo 2 e obesidade androide. Essa síndrome também é conhecida como síndrome X e síndrome da civilização.

sistema ATP-PCr – O sistema de energia anaeróbia em curto prazo que mantém os níveis de ATP. A degradação da fosfocreatina (PCr) libera P_i, que, por sua vez, se combina com ADP para a formação de ATP.

sistema de transporte de oxigênio – Os componentes dos sistemas cardiovascular e respiratório envolvidos no transporte de oxigênio.

sistema musculoesquelético – Sistema corporal composto por esqueleto e músculos esqueléticos que permite, suporta e ajuda a controlar o movimento humano.

sistema nervoso central (SNC) – Sistema formado pelo encéfalo e pela medula espinal.

sistema nervoso periférico (SNP) – A seção do sistema nervoso pela qual os impulsos dos nervos motores são transmitidos do encéfalo e medula espinal para as regiões periféricas; os impulsos nervosos sensitivos são transmitidos dessas regiões para a medula espinal e o encéfalo.

sistema oxidativo – O mais complexo sistema de fornecimento de energia do corpo; gera energia pela quebra de substratos com a ajuda do oxigênio, sendo muito eficiente em termos de produção de energia.

SNC – *Ver* sistema nervoso central.

SNP – *Ver* sistema nervoso periférico.

sobrecarga aguda – Carga média de treinamento, em que o atleta está estressando o corpo até o limite necessário para que melhore tanto a função fisiológica como o desempenho.

sobrecarga de carboidrato – Aumento do consumo nutricional de carboidratos. Processo utilizado por atletas, antes de um exercício prolongado de resistência aeróbia, para o aumento das reservas de carboidratos no corpo.

sobrepeso – Peso corporal que excede o peso normal ou padrão para determinado indivíduo, com base no sexo, na altura e na estrutura corporal, correspondendo a um IMC de 25,0 a 29,9.

sobretreinamento (*overtraining*) – Tentativa de produzir mais trabalho do que o fisicamente tolerado.

somação – A soma de todas as mudanças individuais no potencial de membrana de um neurônio.

sopro cardíaco – Problema em que são detectados sons anormais das valvas cardíacas com a ajuda de um estetoscópio.

sub-regulação – Diminuição da sensibilidade celular a um hormônio; provavelmente é resultado da redução no número de receptores celulares disponíveis para se ligarem ao hormônio.

substrato – Fonte básica de combustível, por exemplo, carboidratos, proteínas e lipídios.

super-regulação – Aumento da sensibilidade celular a um hormônio, frequentemente causado pelo aumento dos receptores hormonais.

T_3 – *Ver* tri-iodotironina.

T_4 – *Ver* tiroxina.

taquicardia – Frequência cardíaca em repouso superior a 100 bpm.

taquicardia ventricular – Grave arritmia cardíaca constituída de três ou mais contrações ventriculares prematuras. *Ver também* contração ventricular prematura *e* fibrilação ventricular.

taxa metabólica basal (TMB) – A mais baixa taxa de metabolismo corporal (uso de energia) que pode manter a vida; é medida em laboratório depois de uma noite de sono, sob condições satisfatórias de quietude, repouso e relaxamento e após jejum de 12 horas. *Ver também* taxa metabólica em repouso (TMR).

taxa metabólica em repouso (TMR) – A taxa metabólica do organismo no início da manhã, depois de um jejum noturno e de 8 horas de sono. Para medir a TMR em um laboratório ou instituição clínica, não há necessidade do sono noturno. *Ver também* taxa metabólica basal.

TEG – *Ver* teste de exercício gradativo.

temperatura de bulbo úmido e de globo (TBUG) – Medição da temperatura que, simultaneamente, leva em conta a condução, a convecção, a evaporação e a radiação, resultando em uma leitura única da temperatura para estimar a capacidade de resfriamento do ambiente circunjacente. O aparelho para medir a TBUG consiste em um bulbo seco, um bulbo úmido e um globo negro.

teoria da temperatura crítica – Esta teoria propõe que o exercício prolongado em ambientes quentes é limitado pela efetivação de uma temperatura corporal interna elevada fixa.

teoria do governador central – Teoria que propõe a ocorrência no cérebro de alguns processos que regulam a produção de energia pelos músculos, como forma de evitar níveis pouco seguros de esforço.

teoria dos filamentos deslizantes – Teoria que explica a ação muscular: pontes cruzadas de miosina se prendem ao filamento de actina; em seguida, a tensão dessa ligação arrasta os dois filamentos, que deslizam um sobre o outro.

terminal axônico – Uma das numerosas terminações ramificadas de um axônio. Também conhecido como fibrila terminal.

termogênese não decorrente de tiritação – Estimulação do metabolismo pelo sistema nervoso simpático para geração de mais calor metabólico.

termorreceptores – Receptores sensitivos que detectam mudanças na temperatura corporal e na temperatura externa e passam essa informação ao hipotálamo. Também conhecidos como termorreceptores.

termorregulação – Processo pelo qual o centro de termorregulação, localizado no hipotálamo, reajusta a temperatura corporal em resposta a pequenos desvios do ponto de regulagem.

teste de exercício gradativo (TEG) – Teste de exercício em que a taxa de trabalho aumenta de forma gradual em incrementos de 1-3 minutos, normalmente até o ponto de fadiga ou exaustão.

testosterona – Hormônio sexual masculino predominante.

tetania – A mais elevada tensão desenvolvida por um músculo em resposta à estimulação de frequência crescente.

TIAI/HIIT – *Ver* treinamento intervalado de alta intensidade.

tiritação – Ciclo rápido e involuntário de contração e relaxamento dos músculos esqueléticos que produz calor.

tirotropina (TSH) – Hormônio que, secretado pelo lobo anterior da glândula hipófise, promove liberação dos hormônios tireoidianos.

tiroxina (T_4) – Hormônio secretado pela glândula tireoide que aumenta a velocidade do metabolismo celular, a frequência e a contratilidade do coração.

titina – Proteína que posiciona o filamento de miosina para que seja mantido igual espaçamento entre os filamentos de actina.

TMB – *Ver* taxa metabólica basal.

TMR – *Ver* taxa metabólica em repouso.

traço falciforme – A herança de um gene para a doença anemia falciforme acarreta uma condição na qual o indivíduo afetado fica em maior risco de sofrer diversas patologias, que são exacerbadas pelo exercício e pela desidratação.

transformação de Haldane – Equação que permite o cálculo do volume de ar inspirado com base no volume de ar expirado, ou vice-versa.

transtornos alimentares – Um grupo de transtornos clínicos que envolvem a alimentação. *Ver também* anorexia nervosa *e* bulimia nervosa.

treinamento aeróbio – Treinamento que melhora a eficiência dos sistemas produtores de energia aeróbia e que pode melhorar a resistência cardiorrespiratória.

treinamento anaeróbio – Treinamento que melhora a eficiência dos sistemas produtores de energia anaeróbia e que pode aumentar a força muscular e a tolerância a desequilíbrios acidobásicos durante um esforço de grande intensidade.

treinamento contínuo – Treinamento de intensidade moderada a alta e sem interrupção para repouso.

treinamento de força – Treinamento designado para aumentar a força, a potência e a resistência muscular.

treinamento de força com resistência variável – Técnica que permite variação na resistência aplicada ao longo de toda a amplitude de movimento, na tentativa de equilibrar a capacidade do músculo ou grupo muscular na aplicação de força em qualquer ponto específico na amplitude de movimento.

treinamento de força estático – Treinamento de força que enfatiza a ação muscular estática. Também conhecido como treinamento de força isométrico.

treinamento de manutenção – Tipo de treinamento em que o atleta deveria se engajar entre as temporadas de competição, ou durante o repouso ativo. Geralmente, as adaptações fisiológicas são menores e não há melhora no desempenho.

treinamento excêntrico – Treinamento que envolve ação excêntrica.

treinamento excessivo – Volume e intensidade de treinamento demasiados ou aumentados com muita rapidez sem que ocorra uma progressão apropriada.

treinamento Fartlek – Denominação proveniente do sueco para "jogo de velocidade". Desenvolvido na década de 1930, esse tipo de treinamento combina treinamento contínuo e intervalado, conseguindo estressar tanto a via energética aeróbia como a anaeróbia.

treinamento intervalado – Sessões de exercício repetidas, breves e em ritmo acelerado, com curtos intervalos de tempo entre cada sessão.

treinamento intervalado de alta intensidade (TIAI) – Treinamento que usa sessões curtas de exercício muito intenso interpostas por apenas poucos minutos de descanso ou exercício de baixa intensidade.

treinamento intervalado em circuito – Programa de treinamento que envolve transições rápidas de um exercício para o outro, em torno de um "circuito" ou série estabelecida de exercícios.

treinamento isocinético – Treinamento de força no qual a velocidade do movimento mantém-se constante ao longo da amplitude de movimento.

treinamento isométrico – Treinamento de força que envolve uma ação estática.

treinamento moderado de longa distância (MLD) – Treinamento de resistência que envolve distâncias longas, geralmente de intensidade moderada.

tríade da mulher atleta – Três distúrbios inter-relacionados (ingestão desordenada de alimentos, disfunção menstrual e distúrbios minerais ósseos); algumas atletas demonstram propensão a essa tríade.

trifosfato de adenosina (ATP) – Composto que contém fosfato de alta energia e do qual o corpo deriva sua energia.

triglicerídeos – A fonte de energia mais concentrada em nosso corpo e a forma pela qual a maioria das gorduras é armazenada no corpo.

tri-iodotironina (T_3) – Hormônio liberado pela glândula tireoide que aumenta a velocidade do metabolismo celular, a frequência e contratilidade do coração.

troca de calor seco – Transferência de calor pelos modos combinados de convecção, condução e radiação.

tropomiosina – Proteína tubular que se torce em volta dos filamentos de actina, encaixando-se no sulco existente entre esses filamentos.

troponina – Proteína complexa fixada em intervalos regulares a filamentos de actina e à tropomiosina.

TSH – *Ver* tirotropina.

túbulos transversos (túbulos T) – Extensões do sarcolema (membrana plasmática) que avançam lateralmente pela fibra muscular, permitindo o transporte dos nutrientes e a transmissão dos nervosos rapidamente até as miofibrilas individuais.

unidade motora – O nervo motor e o grupo de fibras por ele inervado.

valor prognóstico de um teste de exercício anormal – Precisão com que resultados de teste anormais refletem a presença de alguma doença.

variação diurna – Flutuações nas respostas fisiológicas que ocorrem durante um período de 24 horas.

variável dependente – Fator fisiológico que pode variar durante a manipulação de outro fator (a variável independente). Em geral, é lançado no eixo *y* no gráfico.

variável independente – Em um experimento, a variável que é manipulada pelo pesquisador com o objetivo de determinar a resposta da variável dependente. Em geral, é lançada no eixo *x* do gráfico.

vasoconstrição – Constrição ou estreitamento dos vasos sanguíneos.

vasoconstrição periférica – *Ver* vasoconstrição.

vasodilatação – Dilatação dos vasos sanguíneos.

vasopressina – *Ver* hormônio antidiurético.

VDF – *Ver* volume diastólico final.

$\dot{V}_E/\dot{V}CO_2$ – *Ver* equivalente ventilatório para o dióxido de carbono.

$\dot{V}_E/\dot{V}O_2$ – *Ver* equivalente ventilatório para o oxigênio.

$VEF_{1,0}$ – *Ver* volume expiratório forçado em 1 s.

veias – Vasos sanguíneos que transportam sangue de volta ao coração.

velocidade de contração de fibra isolada (V_o) – A taxa à qual uma célula muscular individual consegue encurtar e desenvolver tensão.

$\dot{V}_{Emax}$ – *Ver* ventilação expiratória máxima.

ventilação expiratória máxima ($\dot{V}_{Emax}$) – A maior ventilação que pode ser obtida durante uma prática exaustiva de exercício.

ventilação pulmonar – Movimento de gases para dentro e para fora dos pulmões.

ventilação voluntária máxima – Capacidade máxima de mobilização do ar para dentro e para fora dos pulmões, comumente medida durante 12 s, com extrapolação para um valor por minuto.

vênulas – Pequenos vasos que transportam o sangue dos capilares até as veias e, em seguida, até o coração.

vitamina – Substância pertencente a um grupo de compostos orgânicos não correlacionados, que desempenha funções específicas para promoção do crescimento e manutenção da saúde. As vitaminas funcionam basicamente como catalisadores em reações químicas.

$\dot{V}O_2$ – Volume de oxigênio consumido por minuto.

$\dot{V}O_{2max}$ – Consumo máximo de oxigênio.

volume corrente – Volume de ar inspirado ou expirado durante um ciclo respiratório normal.

volume diastólico final (VDF) – Volume de sangue que permanece no ventrículo esquerdo ao final da diástole imediatamente depois da contração.

volume expiratório forçado em 1 s ($VEF_{1,0}$) – Volume de ar expirado no primeiro segundo depois da inspiração máxima.

volume residual (VR) – Volume de ar que não pode ser expirado dos pulmões.

volume sistólico (VS) – Volume de sangue ejetado do ventrículo esquerdo durante uma contração; diferença entre o volume diastólico final e o volume sistólico final.

volume sistólico final (VSF) – Volume de sangue que permanece no ventrículo esquerdo ao final da sístole imediatamente após a contração.

VR – *Ver* volume residual.

VS – *Ver* volume sistólico.

VSF – *Ver* volume sistólico final.

Referências bibliográficas

Introdução

1. Åstrand, P.-O., & Rhyming, I. (1954). A nomogram for calculation of aerobic capacity (physical fitness) from pulse rate during submaximal work. *Journal of Applied Physiology,* **7,** 218-221.

2. Bainbridge, F.A. (1931). *The physiology of muscular exercise (3rd ed.).* London: Longmans, Green.

3. Bouchard, C. (2012). Overcoming barriers to progress in exercise genomics. *Exercise and Sports Science Reviews,* **39,** 212-217.

4. Bouchard, C. (2015). Exercise genomics—A paradigm shift is needed: A commentary. *British Journal of Sports Medicine,* **49,** 1492-1496.

5. Buford, T.W., & Pahor, M. (2012). Making preventive medicine more personalized: Implications for exercise-related research. *Preventive Medicine,* **55,** 34-36.

6. Buskirk, E.R., & Taylor, H.L. (1957). Maximal oxygen uptake and its relation to body composition, with special reference to chronic physical activity and obesity. *Journal of Applied Physiology,* **11,** 72-78.

7. Collins, F.S. (1999). The human genome project and the future of medicine. *Annals of the New York Academy of Sciences,* **882,** 42-55, discussion 56-65.

8. Collins, F.S. (2001). Contemplating the end of the beginning. *Genome Research,* **11,** 641-643.

9. Cooper, K.H. (1968). *Aerobics.* New York: Evans.

10. Dill, D.B. (1938). *Life, heat, and altitude.* Cambridge, MA: Harvard University Press.

11. Dill, D.B. (1985). *The hot life of man and beast.* Springfield, IL: Charles C Thomas.

12. Fletcher, W.M., & Hopkins, F.G. (1907). Lactic acid in amphibian muscle. *Journal of Physiology,* **35,** 247-254.

13. Flint, A., Jr. (1871). On the physiological effects of severe and protracted muscular exercise; with special reference to the influence of exercise upon the excretion of nitrogen. *New York Medical Journal,* **13,** 609-697.

14. Foster, M. (1970). *Lectures on the history of physiology.* New York: Dover.

15. Ginsburg, G.S., & Willard, H.F. (2009). Genomic and personalized medicine: Foundations and applications. *Translational Research,* **154,** 277-287.

16. Hamburg, M.A., & Collins, F.S. (2010). The path to personalized medicine. *New England Journal of Medicine,* **363,** 301-304.

17. Joyner, M.J., & Pedersen, B.K. (2011). Ten questions about systems biology. *Journal of Physiology,* **589,** 1017-1030.

18. Kerksick, C.M., Tsatsakis, A.M., Hayes, A.W., Kafantaris, I., & Kouretas, D. (2015). How can bioinformatics and toxicogenomics assist the next generation of research on physical exercise and athletic performance. *Journal of Strength and Conditioning Research,* **29,** 270-278.

19. LaGrange, F. (1889). *Physiology of bodily exercise.* London: Kegan Paul International.

20. Ling, C., & Ronn, T. (2014). Epigenetic adaptation to regular exercise in humans. *Drug Discovery Today,* **19,** 1015-1018.

21. Pérusse, L., Rankinen, T., Hagberg, J.M., Loos, R.J., Roth, S.M., Sarzynski, M.A., Wolfarth, B., & Bouchard, C. (2013). Advances in exercise, fitness, and performance genomics in 2012. *Medicine and Science in Sports and Exercise,* **45,** 824-831.

22. Petriz, B.A., Gomes, C.P., Rocha, L.A.O., Rezende, T.M.B., & Franco, O.L. (2012). Proteomics applied to exercise physiology: A cutting-edge technology. *Journal of Cellular Physiology,* **227,** 885-898.

23. Pitsiladis, Y.P., Durussel, J., & Rabin, O. (2014). An integrative "omics" solution to the detection of recombinant human erythropoietin and blood doping. *British Journal of Sports Medicine,* **48,** 856-861.

24. Robinson, S. (1938). Experimental studies of physical fitness in relation to age. *Arbeitsphysiologie,* **10,** 251-327.

25. Seals, D.R. (2013). Translational physiology: From molecules to public health. *Journal of Physiology,* **591,** 3457-3469.

26. Séguin, A., & Lavoisier, A. (1793). Premier mémoire sur la respiration des animaux. *Histoire et Mémoires de l'Academie Royale des Sciences,* **92,** 566-584.

27. Talmud, P.J., Hingorani, A.D., Cooper, J.A., Marmot, M.G., Brunner, E.J., Kumari, M., Kivimaki, M., & Humphries, S.E. (2010). Utility of genetic and non-genetic risk factors in prediction of type 2 diabetes: Whitehall II prospective cohort study. *BMJ,* **340,** b4838.

28. Taylor, H.L., Buskirk, E.R., & Henschel, A. (1955). Maximal oxygen intake as an objective measure of cardiorespiratory performance. *Journal of Applied Physiology,* **8,** 73-80.

29. Wang, L., McLeod, H.L., & Weinshilboum, R.M. (2011). Genomics and drug response. *New England Journal of Medicine,* **364,** 1144-1153.

30. Webborn, N., & Dijkstra, H.P. (2015). Twenty-first century genomics for sports medicine: What does it all mean? *British Journal of Sports Medicine,* **49,** 1481-1482.

31. Zuntz, N., & Schumberg, N.A.E.F. (1901). *Studien Zur Physiologie des Marches* (p. 211). Berlin: A. Hirschwald.

Capítulo 1

1. Brooks, G.A., Fahey, T.D., & Baldwin, K.M. (2005). *Exercise physiology: Human bioenergetics and its applications* (4th ed.). New York: McGraw-Hill.

2. Bruusgaard, J.C., Egner, I.M., Larsen, T.K., Dupré-Aucouturier, S., Desplanches, D., & Gundersen, K. (2012). No change in myonuclear number during muscle unloading and reloading. *Journal of Applied Physiology*, **113**(2), 290-296.

3. Bruusgaard, J.C., Johansen, I.B., Egner, I.M., Rana, Z.A., & Gundersen, K. (2010). Myonuclei acquired by overload exercise precede hypertrophy and are not lost on detraining. *Proceedings of the National Academy of Sciences USA*, **107**, 15111-15116.

4. Costill, D.L., Daniels, J., Evans, W., Fink, W., Krahenbuhl, G., & Saltin, B. (1976). Skeletal muscle enzymes and fiber composition in male and female track athletes. *Journal of Applied Physiology*, **40**, 149-154.

5. Costill, D.L., Fink, W.J., Flynn, M., & Kirwan, J. (1987). Muscle fiber composition and enzyme activities in elite female distance runners. *International Journal of Sports Medicine*, **8**, 103-106.

6. Costill, D.L., Fink, W.J., & Pollock, M.L. (1976). Muscle fiber composition and enzyme activities of elite distance runners. *Medicine and Science in Sports*, **8**, 96-100.

7. Gallagher, I.J., Stephens, N.A., MacDonald, A.J., Skipworth, R.J.E., Husi, H., Greig, C.A., Ross, J.A., Timmons, J.A., & Fearon, K.C.H. (2012). Suppression of skeletal muscle turnover in cancer cachexia: Evidence from the transcriptome in sequential human muscle biopsies. *Clinical Cancer Research*, **18**, 2817-2827.

8. Haizlip, K.M., Harrison, B.C., & Leinwand, L.A. (2015). Sex-based differences in skeletal muscle kinetics and fiber-type composition. *Physiology (Bethesda)*, **30**, 30-39.

9. Herzog, W., Duvall, M., & Leonard, T.R. (2012). Molecular mechanisms of muscle force regulation: A role for titin. *Exercise and Sports Sciences Reviews*, **40**(1), 50-57.

10. Herzog, W., Schappacher, G., DuVall, M., Leonard, T.R., & Herzog, J.A. (2016). Residual force enhancement following eccentric contractions: A new mechanism involving titin. *Physiology (Bethesda)*, **31**, 300-312.

11. Lee, J.D., & Burd, N.A. (2012). No role of muscle satellite cells in hypertrophy: Further evidence of a mistaken identity? *Journal of Physiology*, **590**, 2837-2838.

12. MacIntosh, B.R., Gardiner, P.F., & McComas, A.J. (2006). *Skeletal muscle form and function* (2nd ed.). Champaign, IL: Human Kinetics.

13. Mahon, J.J., & Pearson, S. (2012). Changes in medial gastrocnemius fascicle-tendon behavior during single-leg hopping with increased joint stiffness. Poster communication. *Proceedings of the Physiological Society*, **26**, PC75.

14. Monroy, J.A., Powers, K.L., Gilmore, L.A., Uyeno, T.A., Lindstedt, S.L., & Nishikawa, K.C. (2012). What is the role of titin in active muscle? *Exercise and Sports Sciences Reviews*, **40**(2), 73-78.

15. Nishikawa, K.C., Monroy, J.A., Uyeno, T.A., Yeo, S.H., Pai, D.K., & Lindstedt, S.L. (2012). Is titin a "winding filament"? A new twist on muscle contraction. *Proceedings in Biological Sciences*, **279**(1730), 981-990.

16. Rana, M., Hamarneh, G., & Wakeling, J.M. (2014). 3D curvature of muscle fascicle in triceps surae. *Journal of Applied Physiology*, **117**, 1388-1397.

17. Timmins, R.G., Ruddy, J.D., Presland, J., Maniar, N., Shield, A.J., Williams, D., and Opar, D.A. (2016). Architectural changes of the biceps femoris long head after concentric or eccentric training. *Medicine and Science in Sports and Exercise*, **48**, 499-508.

18. Tskhovrebova, L., & Trinick, J. (2003). Titin: Properties and family relationships. *Nature Reviews Molecular Cell Biology*, **4**, 679-689.

Capítulo 2

1. Brooks, G.A., & Mercier, J. (1994). Balance of carbohydrate and lipid utilization during exercise: The "crossover" concept. *Journal of Applied Physiology*, **76**, 2253-2261.

2. Chechi, K., van Marken Lichtenbelt, W.D., & Richard, D. (2017). Brown and beige adipose tissues: Phenotypes and metabolic potential in mice and men. *Journal of Applied Physiology*, Mar 16 [Epub ahead of print]. jap.00021.2017.

3. Cypess, A.M., Lehman, S., Williams, G., Tal, I., Rodman, D., Goldfine, A.B., Kuo, F.C., Palmer, E.L., Tseng, Y.H., Doria, A., Kolodny, G.M., & Kahn, C.R. (2009). Identification and importance of brown adipose tissue in adult humans. *New England Journal of Medicine*, **360**, 1509-1517.

4. Dubé, J.J., Broskey, N.T., Despines, A.A., Stefanovic-Racic, M., Toledo, F.G., Goodpaster, B.H., & Amati, F. (2016). Muscle characteristics and substrate energetics in lifelong endurance athletes. *Medicine and Science in Sports and Exercise*, **3**, 472-480.

5. Pathi, B., Kinsey, S.T., Howdeshell, M.E., Priester, C., McNeill, R.S., & Locke, B.R. (2012). The formation and functional consequences of heterogeneous mitochondrial distributions in skeletal muscle. *Journal of Experimental Biology*, **215**, 1871-1883.

6. Pathi, B., Kinsey, S.T., & Locke, B.R. (2011). Influence of reaction and diffusion on spatial organization of mitochondria and effectiveness factors in skeletal muscle cell design. *Biotechnology and Bioengineering*, **108**, 1912-1924.

7. Pathi, B., Kinsey, S.T., & Locke, B.R. (2013). Oxygen control of intracellular distribution of mitochondria in muscle fibers. *Biotechnology and Bioengineering*, **110**, 2513-2524.

8. van der Zwaard, S., de Ruiter, C.J., Noordhof, D.A., Sterrenburg, R., Bloemers, F.W., de Koning, J.J., Jaspers, R.T., & van der Laarse, W.J. (2016). Maximal oxygen uptake is proportional to muscle fiber oxidative capacity, from chronic heart failure patients to professional cyclists. *Journal of Applied Physiology*, **121**, 636-645.

Referências bibliográficas

Capítulo 3

1. Distefano, L.J., Casa, D.J., Vansumeren, M.M., Karslo, R.M., Huggins, R.A., Demartini, J.K., Stearns, R.L., Armstrong, L.E., & Maresh, C.M. (2013). Hypohydration and hyperthermia impair neuromuscular control after exercise. *Medicine and Science in Sports and Exercise,* **45**(6), 1166-1173.

2. Gerstner, G.R., Thompson, B.J., Rosenberg, J.G., Sobolewski, E.J., Scharville, M.J., & Ryan, E.D. (2017). Neural and muscular contributions to the age-related reductions in rapid strength. *Medicine and Science in Sports and Exercise,* **49**, 1331-1339.

3. Girard, O., Millet, G.P., Micallef, J.P., & Racinais, S. (2012). Alteration in neuromuscular function after a 5 km running time trial. *European Journal of Applied Physiology,* **112**, 2323-2330.

4. Handschin, C. (2010). Regulation of skeletal muscle cell plasticity by the peroxisome proliferator-activated receptor gamma coactivator 1alpha. *Journal of Receptor and Signal Transduction Research,* **30**, 376-384.

5. Marieb, E.N. (1995). *Human anatomy and physiology* (3rd ed.). New York: Benjamin Cummings.

6. Martinez-Valdes, E., Falla, D., Negro, F., Mayer, F., & Farina, D. (2017). Differential motor unit changes after endurance or high-intensity interval training. *Medicine and Science in Sports and Exercise,* **49**, 1126-1136.

7. Pette, D., & Vrbova, G. (1985). Neural control of phenotypic expression in mammalian muscle fibers. *Muscle and Nerve,* **8**, 676-689.

Capítulo 4

1. Bermon, S., & Garnier, P. (2017). Serum androgen levels and their relation to performance in track and field: Mass spectrometry results from 2127 observations in male and female elite athletes. *British Journal of Sports Medicine* July [Epub ahead of print].

2. Boden, B.P., Sheehan, F.T., Torg, J.S., & Hewett, T.E. (2010). Noncontact anterior cruciate ligament injuries: Mechanisms and risk factors. *Journal of the American Academy of Orthopaedic Surgeons,* **18**, 520-527.

3. Broom, D.R., Stensel, D.J., Bishop, N.C., Burns, S.F., & Miyashita, M. (2007). Exercise-induced suppression of acylated ghrelin in humans. *Journal of Applied Physiology,* **102**, 2165-2171.

4. Bruning, J.C., Gautam, D., Burks, D.J., Gillette, J., Schubert, M., Orban, P.C., Klein, R., Krone, W., Muller-Wieland, D., & Kahn, C.R. (2000). Role of brain insulin receptor in control of body weight and reproduction. *Science,* **289**, 2122-2125.

5. Jurimae, J., Maestu, J., Jurimae, T., Mangus, B., & von Duvillard, S.P. (2011). Peripheral signals of energy homeostasis as possible markers of training stress in athletes: A review. *Metabolism: Clinical and Experimental,* **60**, 335-350.

6. Kjellberg, S.R., Rudhe, U., & Sjöstrand, T. (1949). Increase of the amount of hemoglobin and blood volume in connection with physical training. *Acta Physiologica Scandinavica,* **19**, 146-151.

7. Lam, C.K., Chari, M., & Lam, T.K. (2009). CNS regulation of glucose homeostasis. *Physiology,* **24**, 159-170.

8. Lam, T.K., Gutierrez-Juarez, R., Pocai, A., & Rossetti, L. (2005). Regulation of blood glucose by hypothalamic pyruvate metabolism. *Science,* **309**, 943-947.

9. Laursen, T.L., Zak, R.B., Shute, R.J., Heesch, M.W.S., Dinan, N.E., Bubak, M.P., La Salle, D.T., & Slivka, D.R. (2017). Leptin, adiponectin, and ghrelin responses to endurance exercise in different ambient conditions. *Temperature* (Austin), **4**, 166-175.

10. Leidy, H.J., Gardner, J.K., Frye, B.R., Snook, M.L., Schuchert, M.K., Richard, E.L., & Williams, N.I. (2004). Circulating ghrelin is sensitive to changes in body weight during a diet and exercise program in normal-weight young women. *Journal of Clinical Endocrinology and Metabolism,* **89**, 2659-2664.

11. Magistretti, P.J., Pellerin, L., Rothman, D.L., & Shulman, R.G. (1999). Energy on demand. *Science,* **283**, 496-497.

12. Montero, D., Breenfeldt-Andersen, A., Oberholzer, L., Haider, T., Goetze, J.P., Meinild-Lundby, A.K., & Lundby, C. (2017). Erythropoiesis with endurance training: Dynamics and mechanisms. *American Journal of Physiology: Regulatory Integrative Comparative Physiology,* **312**, R894-R902.

13. Powell, J.W., & Barber-Foss, K.D. (2000). Sex-related injury patterns among selected high school sports. *American Journal of Sports Medicine,* **28**, 385-391.

14. Stensel, D. (2010). Exercise, appetite and appetite-regulating hormones: Implications for food intake and weight control. *Annals of Nutrition and Metabolism,* **57**(Suppl 2), 36-42.

Capítulo 5

1. American College of Sports Medicine. (2018). *Guidelines for graded exercise testing and prescription* (10th ed.). Philadelphia: Lippincott, Williams and Wilkins.

2. Bergeron, M.F. (2008). Muscle cramps during exercise—is it fatigue or electrolyte deficit? *Current Sports Medicine Reports,* **7**, S50-S55.

3. Blanchfield, A.W., Hardy, J., De Morree, H.M., Staiano, W., & Marcora, S.M. (2014). Talking yourself out of exhaustion: The effects of self-talk on endurance performance. *Medicine and Science in Sports and Exercise,* **46**, 998-1007.

4. Bruckert, E., Hayem, G., Dejager, S., Yau, C., & Begaud, B. (2005). Mild to moderate muscular symptoms with high-dosage statin therapy in hyperlipidemic patients—the primo study. *Cardiovascular Drugs and Therapy,* **19**, 403-414.

5. Cannon, D.T., Bimson, W.E., Hampson, S.A., Bowen, T.S., Murgatroyd, S.R., Marwood, S., Kemp, G.J., & Rossiter, H.B. (2014). Skeletal muscle ATP turnover by 31P magnetic resonance spectroscopy during moderate and heavy bilateral knee extension. *Journal of Physiology,* **592**, 5287-5300.

6. Costill, D.L. (1986). *Inside running: Basics of sports physiology*. Indianapolis: Benchmark Press.

7. Craighead, D.H., Shank, S.W., Gottschall, J.S., Passe, D.H., Murray, B., Alexander, L.M., & Kenney, W.L. (2017). Ingestion of transient receptor potential channel agonists attenuates exercise-induced muscle cramps. *Muscle and Nerve* Feb 13 [Epub ahead of print]. doi: 10.1002/mus.25611.

8. DeBold, E.F. (2016). Decreased myofilament calcium sensitivity plays a significant role in muscle fatigue. *Medicine and Science in Sports and Exercise*, **43**, 144-149.

9. Eichner, E.R. (2007). The role of sodium in 'heat cramping'. *Sports Medicine*, **37**, 368-370.

10. Foure, A., Wegrzyk, J., Le Fur, Y., Mattei, J.-P., Boudinet, H., Vilmen, C., Bendahan, D., & Gondin, J. (2016). Impaired mitochondrial function and reduced energy cost as a result of muscle damage. *Medicine and Science in Sports and Exercise*, **47**, 1135-1144.

11. Gaesser, G.A., & Poole, D.C. (1996). The slow component of oxygen uptake kinetics in humans. *Exercise and Sport Sciences Reviews*, **24**, 35-70.

12. Galloway, S.D.R., & Maughan, R.J. (1997). Effects of ambient temperature on the capacity to perform prolonged cycle exercise in man. *Medicine and Science in Sports and Exercise*, **29**, 1240-1249.

13. Grassi, B., Rossiter, H.B., & Zoladz, J.A. (2015). Skeletal muscle fatigue and decreased efficiency: Two sides of the same coin? *Medicine and Science in Sports and Exercise*, **43**, 75-83.

14. Kent, J.A., Ortenblad, N., Hogan, M.C., Poole, D.C., & Muscj, T.I. (2016). No muscle is an island: Integrative perspectives on muscle fatigue. *Medicine and Science in Sports and Exercise*, **48**, 2281-2293.

15. Ludlow, L.W., & Weyand, P.G. (2016). Energy expenditure during level human walking: Seeking a simple and accurate predictive solution. *Journal of Applied Physiology*, **120**, 481-494.

16. Maughan, R.J., Otani, H., & Watson, P. (2012). Influence of relative humidity on prolonged exercise capacity in a warm environment. *European Journal of Applied Physiology*, **112**, 2313-2321.

17. Mikus, C.R., Boyle, L.J., Borengasser, S.J., Oberlin, D.J., Naples, S.P., Fletcher, J., Meers, G.M., Ruebel, M., Laughlin, M.H., Dellsperger, K.C., Fadel, P.J., & Thyfault, J.P. (2013). Simvastatin impairs exercise training adaptations. *Journal of the American College of Cardiology*, **62**, 709-714.

18. Neyroud, D., Maffiuletti, N.A., Kayser, B., & Place, N. (2012). Mechanisms of fatigue and task failure induced by sustained submaximal contractions. *Medicine and Science in Sports and Exercise*, **44**, 1243-1251.

19. Oosthuyse, T., & Bosch, A.N. (2017). The effect of gender and menstrual phase on serum creatine kinase activity and muscle soreness following downhill running. *Antioxidants*, **23**, E16.

20. Ortenblad, N., Westerblad, H., & Nielsen, J. (2013). Muscle glycogen stores and fatigue. *Journal of Physiology*, **591**, 4405-4413.

21. Pandolf, K.B., Givoni, B., & Goldman, R.F. (1977). Predicting energy expenditure with loads while standing or walking very slowly. *Journal of Applied Physiology*, **43**, 577-581.

22. Parker, B.A., & Thompson, P.D. (2012). Effect of statins on skeletal muscle: Exercise, myopathy, and muscle outcomes. *Exercise and Sport Sciences Reviews*, **40**, 188-194.

23. Phillips, P.S., Haas, R.H., Bannykh, S., Hathaway, S., Gray, N.L., Kimura, B.J., Vladutiu, G.D., England, J.D., & Scripps Mercy Clinical Research Center. (2002). Statin-associated myopathy with normal creatine kinase levels. *Annals of Internal Medicine*, **137**, 581-585.

24. Radak, Z., Naito, H., Taylor, A.W., & Goto, S. (2012). Nitric oxide: Is it the cause of muscle soreness? *Nitric Oxide: Biology and Chemistry*, **26**, 89-94.

25. Reid, M.B. (2016). Reactive oxygen species as agents of fatigue. *Medicine and Science in Sports and Exercise*, **48**, 2239-2246.

26. Schwane, J.A., Johnson, S.R., Vandenakker, C.B., & Armstrong, R.B. (1983). Delayed-onset muscular soreness and plasma CPK and LDH activities after downhill running. *Medicine and Science in Sports and Exercise*, **15**, 51-56.

27. Schwane, J.A., Watrous, B.G., Johnson, S.R., & Armstrong, R.B. (1983). Is lactic acid related to delayed-onset muscle soreness? *Physician and Sportsmedicine*, **11**(3), 124-131.

28. Vanhatalo, A., Jones, A.M., & Burnley, M. (2011). Application of critical power in sport. *International Journal of Sports Physiology and Performance*, **6**, 128-136.

29. Zuntz, N., & Hagemann, O. (1898). *Untersuchungen uber den Stroffwechsel des Pferdes bei Ruhe und Arbeit*. Berlin: Parey.

Capítulo 6

1. Billman, G.E. (2017). Counterpoint: Exercise training induced bradycardia: The case for enhanced parasympathetic regulation. *Journal of Applied Physiology* Jul 6 [Epub ahead of print]. doi: 10.1152/japplphysiol.00605.2017.

2. Boyett, M.R., Wang, Y., Nakao, S., Ariyaratnam, J., Hart, G., Monfredi, O., & D'Souza, A. (2017). Point: Exercise training-induced bradycardia is caused by changes in intrinsic sinus node function. *Journal of Applied Physiology* Jul 6 [Epub ahead of print]. doi: 10.1152/japplphysiol.00604.2017.

3. Casey, D.P., Curry, T.B., Wilkins, B.W., & Joyner, M.J. (2011). Nitric oxide-mediated vasodilation becomes independent of beta-adrenergic receptor activation with increased intensity of hypoxic exercise. *Journal of Applied Physiology*, **110**, 687-694.

4. Casey, D.P., & Joyner, M.J. (2011). Local control of skeletal muscle blood flow during exercise: Influence of available oxygen. *Journal of Applied Physiology*, **111**, 1527-1538.

5. Casey, D.P., Mohamed, E.A., & Joyner, M.J. (2013). Role of nitric oxide and adenosine in the onset of vasodilation during dynamic forearm exercise. *European Journal of Applied Physiology*, **113**, 295-303.

6. Casey, D.P., Walker, B.G., Ranadive, S.M., Taylor, J.L., & Joyner, M.J. (2013). Contribution of nitric oxide in the contraction-induced rapid vasodilation in young and older adults. *Journal of Applied Physiology*, **115**, 446-455.

7. Dorfman, T.A., Rosen, B.D., Perhonen, M.A., Tillery, T., McColl, R., Peshock, R.M., & Levine, B.D. (2008). Diastolic suction is impaired by bed rest: MRI tagging studies of diastolic untwisting. *Journal of Applied Physiology*, **104**, 1037-1044.

8. Eijsvogels, T.M.H., Fernandez, A.B., & Thompson, P.D. (2016). Are there deleterious cardiac effects of acute and chronic endurance exercise? *Physiological Reviews*, **96**, 99-125.

9. Joyner, M.J., & Casey, D.P. (2014). Muscle blood flow, hypoxia and hypoperfusion. *Journal of Applied Physiology*, **116**(7), 852-857.

10. Moreau, K.L., & Ozemek, C. (2017). Vascular adaptations to habitual exercise in older adults: Time for the sex talk. *Exercise and Sport Sciences Review*, **45**, 116-123.

11. Notomi, Y., Martin-Miklovic, M.G., Oryszak, S.J., Shiota, T., Deserranno, D., Popovic, Z.B., Garcia, M.J., Greenberg, N.L., & Thomas, J.D. (2006). Enhanced ventricular untwisting during exercise: A mechanistic manifestation of elastic recoil described by Doppler tissue imaging. *Circulation*, **113**, 2524-2533.

Capítulo 7

1. Casey, K., Duffin, J., Kelsey, C.J., & McAvoy, G.V. (1987). The effect of treadmill speed on ventilation at the start of exercise in man. *Journal of Physiology*, **391**, 13-24.

2. Duffin, J. (2014). The fast exercise drive to breathe. *Journal of Physiology*, **592**, 445-451.

3. Coffman, K.E., Carlson, A.R., Miller, A.D., Johnson, B.D., & Taylor, B.J. (2017). The effect of aging and cardiorespiratory fitness on the lung diffusing capacity response to exercise in healthy humans. *Journal of Applied Physiology*, **122**, 1425-1434.

4. Molino-Lova, R., Pasquini, G., Vannetti, F., Zipoli, R., Razzolini, L., Fabbri, V., Frandi, R., Cecchi, F., Gigliotti, F., & Macchi, C. (2013). Ventilatory strategies in the six-minute walk test in older patients receiving a three-week rehabilitation programme after cardiac surgery through median sternotomy. *Journal of Rehabilitation Medicine*, **45**, 504-509.

5. Rossman, M.J., Nader, S., Berry, D., Orsini, F., Klansky, A., & Haverkamp, H.C. (2014). Effects of altered airway function on exercise ventilation in asthmatic adults. *Medicine and Science in Sports and Exercise*, **46**, 1104-1113.

6. Williams, P.T. (2014). Dose-response relationship between exercise and respiratory disease mortality. *Medicine and Science in Sports and Exercise*, **46**, 711-717.

7. Wuthrich, T.U., Marty, J., Benaglia, P., Eichenberger, P.A., & Spengler, C.M. (2015). Acute effects of a respiratory sprint-interval session on muscle contractility. *Medicine and Science in Sports and Exercise*, **47**, 1979-1987.

Capítulo 8

1. Helenius, I., & Haahtela, T. (2000). Allergy and asthma in elite summer sport athletes. *Journal of Allergy and Clinical Immunology*, **106**, 444-452.

2. Helenius, I.J., Tikkanen, H.O., & Haahtela, T. (1998). Occurrence of exercise induced bronchospasm in elite runners: Dependence on atopy and exposure to cold air and pollen. *British Journal of Sports Medicine*, **32**, 125-129.

3. Hermansen, L. (1981). Effect of metabolic changes on force generation in skeletal muscle during maximal exercise. In R. Porter & J. Whelan (Eds.), *Human muscle fatigue: Physiological mechanisms* (pp. 75-88). London: Pitman Medical.

4. Hwangbo, G., Lee, D.H., Park, S.H., & Han, J.W. (2017). Changes in cardiopulmonary function according to posture during recovery after maximal exercise. *Journal of Physical Therapy Science*, **29**, 1163-1166.

5. Karim, N., Hasan, J.A., & Ali, S.S. (2011). Heart rate variability—A review. *Journal of Basic and Applied Sciences*, **7**, 71-77.

6. Larsson, K., Ohlsen, P., Larsson, L., Malmberg, P., Rydstrom, P.O., & Ulriksen, H. (1993). High prevalence of asthma in cross country skiers. *BMJ*, **307**, 1326-1329.

7. McKirnan, M.D., Gray, C.G., & White, F.C. (1991). Effects of feeding on muscle blood flow during prolonged exercise in miniature swine. *Journal of Applied Physiology*, **70**, 1097-1104.

8. Nes, B.M., Janszky, I., Wisløff, U., Støylen, A., & Karlsen, T. (2013). Age-predicted maximal heart rate in healthy subjects: The HUNT fitness study. *Scandinavian Journal of Medicine and Science in Sports*, **23**, 697-704.

9. Poliner, L.R., Dehmer, G.J., Lewis, S.E., Parkey, R.W., Blomqvist, C.G., & Willerson, J.T. (1980). Left ventricular performance in normal subjects: A comparison of the responses to exercise in the upright and supine position. *Circulation*, **62**, 528-534.

10. Powers, S.K., Martin, D., & Dodd, S. (1993). Exercise-induced hypoxaemia in elite endurance athletes: Incidence, causes and impact on $\dot{V}O_{2max}$. *Sports Medicine*, **16**, 14-22.

11. Romero, S.A., Minson, C.T., & Halliwill, J.R. (2017). The cardiovascular system after exercise. *The Journal of Applied Physiology*, **122**, 925-932.

12. Routledge, F.S., Campbell, T.S., McFetridge-Durdle, J.A., & Bacon, S.L. (2010). Improvements in heart rate variability with exercise therapy. *Canadian Journal of Cardiology*, **26**, 303-312.

13. Rowell, L.B. (1993). *Human cardiovascular control*. New York: Oxford University Press.

14. Rundell, K.W. (2003). High levels of airborne ultrafine and fine particulate matter in indoor ice arenas. *Inhalation Toxicology*, **15**, 237-250.
15. Saboul, D., Pialoux, V., & Hautier, C. (2014). The breathing effect of the lf/hf ratio in the heart rate variability measurements of athletes. *European Journal of Sport Science*, **14**(Suppl 1), S282-S288.
16. Tanaka, H., Monahan, D.K., & Seals, D.R. (2001). Age-predicted maximal heart rate revisited. *Journal of the American College of Cardiology*, **37**, 153-156.
17. Turkevich, D., Micco, A., & Reeves, J.T. (1988). Noninvasive measurement of the decrease in left ventricular filling time during maximal exercise in normal subjects. *American Journal of Cardiology*, **62**, 650-652.
18. Wasserman, K., & McIlroy, M.B. (1964). Detecting the threshold of anaerobic metabolism in cardiac patients during exercise. *American Journal of Cardiology*, **14**, 844-852.

Capítulo 9

1. American College of Sports Medicine. (2009). ACSM position stand: Progression models in resistance training for healthy adults. *Medicine and Science in Sports and Exercise*, **41**, 687-708.
2. Astorino, T.A., Edmunds, R.M., Clark, A., King, L., Gallant, R.A., Namm, S., Fischer, A., & Wood, K.M. (2017). High-intensity interval training increases cardiac output and $\dot{V}O_{2max}$. *Medicine and Science in Sports and Exercise*, **49**, 265-273.
3. Babraj, J.A., Vollaard, N.B., Keast, C., Guppy, F.M., Cottrell, G., & Timmons, J.A. (2009). Extremely short duration high intensity interval training substantially improves insulin action in young healthy males. *BMC Endocrine Disorders*, **9**, 3.
4. Behm, D.G., Drinkwater, E.J., Willardson, J.M., & Cowley, P.M. (2010). The use of instability to train the core musculature. *Applied Physiology, Nutrition, and Metabolism*, **35**, 91-108.
5. Gibala, M.J., & Jones, A.M. (2013). Physiological and performance adaptations to high-intensity interval training. *Nestlé Nutritional Institute Workshop Series*, **76**, 51-60.
6. Gibala, M.J., Little, J.P., van Essen, M., Wilkin, G.P., Burgomaster, K.A., Safdar, A., Raha, S., & Tarnopolsky, M.A. (2006). Short-term sprint interval versus traditional endurance training: Similar initial adaptations in human skeletal muscle and exercise performance. *Journal of Physiology*, **575**, 901-911.
7. Gunnarsson, T.P., & Bangsbo, J. (2012). The 10-20-30 training concept improves performance and health profile in moderately trained runners. *Journal of Applied Physiology*, **113**, 16-24.
8. Gunnarsson, T.P., Christensen, P.M., Holse, K., Christiansen, D., & Bangsbo, J. (2012). Effect of additional speed endurance training on performance and muscle adaptations. *Medicine and Science in Sports and Exercise*, **44**, 1942-1948.
9. Iaia, F.M., Thomassen, M., Kolding, H., Gunnarsson, T., Wendell, J., Rostgaard, T., Nordsborg, N., Krustrup, P., Nybo, L., Hellsten, Y., & Bangsbo, J. (2008). Reduced volume but increased training intensity elevates muscle Na+/K+ pump alpha1-subunit and NHE1 expression as well as short-term work capacity in humans. *American Journal of Physiology: Regulatory, Integrative and Comparative Physiology*, **294**, R966-R974.
10. Kilpatrick, M.W., Jung, M.E., & Little, J.P. (2017). High-intensity interval training: A review of physiological and psychological responses. *ACSM's Health and Fitness Journal*, **18**, 11-16.
11. Konopka, A.R., & Harber, M.P. (2014). Skeletal muscle hypertrophy after aerobic exercise training. *Exercise and Sport Science Reviews*, **42**, 53-61.
12. Olson, M. (2014). Tabata: It's a HIIT! *ACSM's Health and Fitness Journal*, **18**, 17-24.
13. Schwartz, R.S., Shuman, W.P., Larson, V., Cain, K.C., Fellingham, G.W., Beard, J.C., Kahn, S.E., Stratton, J.R., Cerqueira, M.D., & Abrass, I.B. (1991). The effect of intensive endurance exercise training on body fat distribution in young and older men. *Metabolism*, **45**, 545-551.
14. Tabata, I., Nishimura, K., Kouzaki, M., Hirai, Y., Ogita, F., Miyachi, M., & Yamamoto, K. (1996). Effects of moderate-intensity endurance and high-intensity intermittent training on anaerobic capacity and $\dot{V}O_{2max}$. *Medicine and Science in Sports and Exercise*, **28**, 1327-1330.
15. Willardson, J.M. (2007). Core stability training: Applications to sports conditioning programs. *Journal of Strength and Conditioning Research*, **21**, 979-985.

Capítulo 10

1. Aguirre, N., van Loon, L.J., & Baar, K. (2013). The role of amino acids in skeletal muscle adaptation to exercise. *Nestlé Nutritional Institute Workshop Series*, **76**, 85-102.
2. Barnes, B. (2013). Jim Bradford, Olympic weightlifter, dies at 84. *Washington Post* October 13. Available: www.washingtonpost.com/local/obituaries/jim-bradford-dies-at-84-olympic-weightlifter/2013/10/13/abc758ba-302d-11e3-9ccc-2252bdb14df5_story.html [August 15, 2014].
3. Burd, N.A., West, D.W., Staples, A.W., Atherton, P.J., Baker, J.M., Moore, D.R., Holwerda, A.M., Parise, G., Rennie, M.J., Baker, S.K., & Phillips, S.M. (2010). Low-load high volume resistance exercise stimulates muscle protein synthesis more than high-load low volume resistance exercise in young men. *PLoS One*, **5**, e12033.
4. Dias, I., Farinatti, P., De Souza, M.G., Manhanini, D.P., Balthazar, E., Dantas, D.L., De Andrade Pinto, E.H., Bouskela, E., & Kraemer-Aguiar, L.G. (2015). Effects of resistance training on obese adolescents. *Medicine and Science in Sports and Exercise*, **47**, 2636-2644.
5. Dickinson, J.M., Volpi, E., & Rasmussen, B.B. (2013). Exercise and nutrition to target protein synthesis impairments in aging skeletal muscle. *Exercise and Sports Sciences Reviews*, **41**, 216-223.

6. Duchateau, J., & Enoka, R.M. (2002). Neural adaptations with chronic activity patterns in able-bodied humans. *American Journal of Physical Medicine and Rehabilitation*, **81**(Suppl 11), 517-527.

7. Enoka, R.M. (1988). Muscle strength and its development: New perspectives. *Sports Medicine*, **6**, 146-168.

8. Gonyea, W.J. (1980). Role of exercise in inducing increases in skeletal muscle fiber number. *Journal of Applied Physiology*, **48**, 421-426.

9. Gonyea, W.J., Sale, D.G., Gonyea, F.B., & Mikesky, A. (1986). Exercise induced increases in muscle fiber number. *European Journal of Applied Physiology*, **55**, 137-141.

10. Graves, J.E., Pollock, M.L., Leggett, S.H., Braith, R.W., Carpenter, D.M., & Bishop, L.E. (1988). Effect of reduced training frequency on muscular strength. *International Journal of Sports Medicine*, **9**, 316-319.

11. Green, H.J., Klug, G.A., Reichmann, H., Seedorf, U., Wiehrer, W., & Pette, D. (1984). Exercise-induced fibre type transitions with regard to myosin, parvalbumin, and sarcoplasmic reticulum in muscles of the rat. *Pflugers Archiv: European Journal of Physiology*, **400**, 432-438.

12. Hakkinen, K., Alen, M., & Komi, P.V. (1985). Changes in isometric force and relaxation-time, electromyographic and muscle fibre characteristics of human skeletal muscle during strength training and detraining. *Acta Physiologica Scandinavica*, **125**, 573-585.

13. Hawke, T.J., & Garry, D.J. (2001). Myogenic satellite cells: Physiology to molecular biology. *Journal of Applied Physiology*, **91**, 534-551.

14. McCall, G.E., Byrnes, W.C., Dickinson, A., Pattany, P.M., & Fleck, S.J. (1996). Muscle fiber hypertrophy, hyperplasia, and capillary density in college men after resistance training. *Journal of Applied Physiology*, **81**, 2004-2012.

15. Morton, R.W., Murphy, K.T., McKellar, S.R., Schoenfeld, B.J., Henselmans, M., Helms, E., Devries, M.C., Banfield, L., Krieger, J.W., & Phillips, S.M. (2017). A systematic review, meta-analysis and meta-regression of the effect of protein supplementation on resistance training-induced gains in muscle mass and strength in healthy adults. *British Journal of Sports Medicine* [Epub ahead of print]. http://dx.doi.org/10.1136/bjsports-2017-097608.

16. Morton, R.W., Oikawa, S.Y., Wavell, C.G., Mazara, N., McGlory, C., Quadrilatero, J., Baechler, B.L., Baker, S.K., & Phillips, S.M. (2016). Neither load nor systemic hormones determine resistance training-mediated hypertrophy or strength gains in resistance-trained young men. *Journal of Applied Physiology*, **121**, 129-138.

17. Porter, C., Reidy, P.T., Bhattarai, N., Sidossis, L.S., & Rasmussen, B.B. (2015). Resistance exercise training alters mitochondrial function in human skeletal muscle. *Medicine and Science in Sports and Exercise*, **47**, 1922-1931.

18. Schoenfield, B.J. (2013). Is there a minimum intensity threshold for resistance training-induced hypertrophic adaptations? *Sports Medicine*, **43**(12), 1279-1288.

19. Schroeder, E.T., Villanueva, M., West, D.D., & Phillips, S.M. (2013). Are acute post-resistance exercise increases in testosterone, growth hormone, and IGF-1 necessary to stimulate skeletal muscle anabolism and hypertrophy? *Medicine and Science in Sports and Exercise*, **45**, 2044-2051.

20. Shepstone, T.N., Tang, J.E., Dallaire, S., Schuenke, M.D., Staron, R.S., & Phillips, S.M. (2005). Short-term high- vs. low-velocity isokinetic lengthening training results in greater hypertrophy of the elbow flexors in young men. *Journal of Applied Physiology*, **98**, 1768-1776.

21. Sjöström, M., Lexell, J., Eriksson, A., & Taylor, C.C. (1991). Evidence of fibre hyperplasia in human skeletal muscles from healthy young men? A left-right comparison of the fibre number in whole anterior tibialis muscles. *European Journal of Applied Physiology*, **62**, 301-304.

22. Staron, R.S., Karapondo, D.L., Kraemer, W.J., Fry, A.C., Gordon, S.E., Falkel, J.E., Hagerman, F.C., & Hikida, R.S. (1994). Skeletal muscle adaptations during early phase of heavy resistance training in men and women. *Journal of Applied Physiology*, **76**, 1247-1255.

23. Staron, R.S., Leonardi, M.J., Karapondo, D.L., Malicky, E.S., Falkel, J.E., Hagerman, F.C., & Hikida, R.S. (1991). Strength and skeletal muscle adaptations in heavy-resistance-trained women after detraining and retraining. *Journal of Applied Physiology*, **70**, 631-640.

24. Staron, R.S., Malicky, E.S., Leonardi, M.J., Falkel, J.E., Hagerman, F.C., & Dudley, G.A. (1990). Muscle hypertrophy and fast fiber type conversions in heavy resistance-trained women. *European Journal of Applied Physiology*, **60**, 71-79.

25. Trommelen, J., Holwerda, A.M., Kouw, I.W., Langer, H., Halson, S.L., Rollo, I., Verdijk, L.B., & Van Loon, L.J. (2016). Resistance exercise augments postprandial overnight muscle protein synthesis rates. *Medicine and Science in Sports and Exercise*, **48**, 2517-2525.

26. Verdijk, L.B., Snijders, T., Holloway, T.M., Van Kranenburg, J., & Van Loon, L.J. (2016). Resistance training increases skeletal muscle capillarization in healthy older men. *Medicine and Science in Sports and Exercise*, **48**, 2157-2164.

27. Walts, C.T., Hanson, E.D., Delmonico, M.J., Yao, L., Wang, M.Q., & Hurley, B.F. (2008). Do sex or race differences influence strength training effects on muscle or fat? *Medicine and Science in Sports and Exercise*, **40**, 669-676.

28. West, D.W., Burd, N.A., Churchward-Venne, T.A., Camera, D.M., Mitchell, C.J., Baker, S.K., Hawley, J.A., Coffey, V.G., & Phillips, S.M. (2012). Sex-based comparisons of myofibrillar protein synthesis after resistance exercise in the fed state. *Journal of Applied Physiology*, **112**, 1805-1813.

29. West, D.W., Burd, N.A., Tang, J.E., Moore, D.R., Staples, A.W., Holwerda, A.M., Baker, S.K., & Phillips, S.M. (2010). Elevations in ostensibly anabolic hormones with resistance exercise enhance neither training-induced

muscle hypertrophy nor strength of the elbow flexors. *Journal of Applied Physiology*, **108**, 60-67.

30. West, D.W., Cotie, L.M., Mitchell, C.J., Churchward-Venne, T.A., MacDonald, M.J., & Phillips, S.M. (2013). Resistance exercise order does not determine postexercise delivery of testosterone, growth hormone, and IGF-1 to skeletal muscle. *Applied Physiology, Nutrition, and Metabolism*, **38**, 220-226.

31. West, D.W., Kujbida, G.W., Moore, D.R., Atherton, P., Burd, N.A., Padzik, J.P., De Lisio, M., Tang, J.E., Parise, G., Rennie, M.J., Baker, S.K., & Phillips, S.M. (2009). Resistance exercise-induced increases in putative anabolic hormones do not enhance muscle protein synthesis or intracellular signalling in young men. *Journal of Physiology*, **587**, 5239-5247.

32. West, D.W., & Phillips, S.M. (2012). Associations of exercise-induced hormone profiles and gains in strength and hypertrophy in a large cohort after weight training. *European Journal of Applied Physiology*, **112**, 2693-2702.

Capítulo 11

1. Allison, M.K., Baglole, J.H., Martin, B.J., Macinnis, M.J., Gurd, B.J., & Gibala, M.J. (2016). Brief intense stair climbing improves cardiorespiratory fitness. *Medicine and Science in Sports and Exercise*, **49**, 298-307.

2. Armstrong, R.B., & Laughlin, M.H. (1984). Exercise blood flow patterns within and among rat muscles after training. *American Journal of Physiology*, **246**, H59-H68.

3. Bouchard, C., An, P., Rice, T., Skinner, J.S., Wilmore, J.H., Gagnon, J., Pérusse, L., Leon, A.S., & Rao, D.C. (1999). Familial aggregation of $\dot{V}O_{2max}$ response to exercise training: Results from the HERITAGE Family Study. *Journal of Applied Physiology*, **87**, 1003-1008.

4. Bouchard, C., Dionne, F.T., Simoneau, J.-A., & Boulay, M.R. (1992). Genetics of aerobic and anaerobic performances. *Exercise and Sport Sciences Reviews*, **20**, 27-58.

5. Bouchard, C., Lesage, R., Lortie, G., Simoneau, J.A., Hamel, P., Boulay, M.R., Pérusse, L., Theriault, G., & Leblanc, C. (1986). Aerobic performance in brothers, dizygotic and monozygotic twins. *Medicine and Science in Sports and Exercise*, **18**, 639-646.

6. Boyett, M.R., D'Souza, A.D., Zhang, H., Morris, G.M., Dobrzynski, H., & Monfredi, O. (2013). Viewpoint: Is the resting bradycardia in athletes the result of remodeling of the sinoatrial node rather than high vagal tone? *Journal of Applied Physiology*, **114**, 1351-1355.

7. Broatch, J.R., Petersen, A.C., & Bishop, D.J. (2017). Cold-water immersion following sprint interval training does not alter endurance signaling pathways or training adaptations in human skeletal muscle. *American Journal of Physiology. Regulatory, Integrative and Comparative Physiology*, **313**(4), R372-R384.

8. Costill, D.L., Coyle, E.F., Fink, W.F., Lesmes, G.R., & Witzmann, F.A. (1979). Adaptations in skeletal muscle following strength training. *Journal of Applied Physiology: Respiratory Environmental Exercise Physiology*, **46**, 96-99.

9. Costill, D.L., Fink, W.J., Ivy, J.L., Getchell, L.H., & Witzmann, F.A. (1979). Lipid metabolism in skeletal muscle of endurance-trained males and females. *Journal of Applied Physiology*, **28**, 251-255.

10. Ehsani, A.A., Ogawa, T., Miller, T.R., Spina, R.J., & Jilka, S.M. (1991). Exercise training improves left ventricular systolic function in older men. *Circulation*, **83**, 96-103.

11. Ekblom, B., Goldbarg, A.M., & Gullbring, B. (1972). Response to exercise after blood loss and reinfusion. *Journal of Applied Physiology*, **33**, 175-180.

12. Fagard, R.H. (1996). Athlete's heart: A meta-analysis of the echocardiographic experience. *International Journal of Sports Medicine*, **17**, S140-S144.

13. Gibala, M.J., & Jones, A.M. (2013). Physiological and performance adaptations to high-intensity interval training. *Nestlé Nutritional Institute Workshop Series*, **76**, 51-60.

14. Gibala, M.J., Little, J.P., van Essen, M., Wilkin, G.P., Burgomaster, K.A., Safdar, A., Raha, S., & Tarnopolsky, M.A. (2006). Short-term sprint interval versus traditional endurance training: Similar initial adaptations in human skeletal muscle and exercise performance. *Journal of Physiology*, **575**, 901-911.

15. Hermansen, L., & Wachtlova, M. (1971). Capillary density of skeletal muscle in well-trained and untrained men. *Journal of Applied Physiology*, **30**, 860-863.

16. Holloszy, J.O., Oscai, L.B., Mole, P.A., & Don, I.J. (1971). Biochemical adaptations to endurance exercise in skeletal muscle. In B. Pernow & B. Saltin (Eds.), *Muscle metabolism during exercise* (pp. 51-61). New York: Plenum Press.

17. Jacobs, I., Esbjörnsson, M., Sylvén, C., Holm, I., & Jansson, E. (1987). Sprint training effects on muscle myoglobin, enzymes, fiber types, and blood lactate. *Medicine and Science in Sports and Exercise*, **19**, 368-374.

18. Jansson, E., Esbjörnsson, M., Holm, I., & Jacobs, I. (1990). Increase in the proportion of fast-twitch muscle fibres by sprint training in males. *Acta Physiologica Scandinavica*, **140**, 359-363.

19. Lundby, C., Montero, D., & Joyner, M.J. (2017). Biology of $\dot{V}O_{2max}$: Looking under the physiology lamp. *Acta Physiologica*, **220**, 218-228.

20. Lundby, C., & Robach, P. (2015). Performance enhancement: What are the physiological limits? *Physiology*, **30**, 282-292.

21. MacDougall, J.D., Hicks, A.L., MacDonald, J.R., McKelvie, R.S., Green, H.J., & Smith, K.M. (1998). Muscle performance and enzymatic adaptations to sprint interval training. *Journal of Applied Physiology*, **84**, 2138-2142.

22. Martino, M., Gledhill, N., & Jamnik, V. (2002). High $\dot{V}O_2max$ with no history of training is primarily due to high blood volume. *Medicine and Science in Sports and Exercise*, **34**, 966-971.

23. McCarthy, J.P., Pozniak, M.A., & Agre, J.C. (2002). Neuromuscular adaptations to concurrent strength and endurance training. *Medicine and Science in Sports and Exercise*, **34**, 511-519.

24. McGuire, D.K., Levine, B.D., Williamson, J.W., Snell, P.G., Blomqvist, C.G., Saltin, B., & Mitchell, J.H. (2001). A 30-year follow-up of the Dallas Bedrest and Training Study: II. Effect of age on cardiovascular adaptation to exercise training. *Circulation*, **104**, 1358-1366.

25. Montero, D., Diaz-Canestro, C., & Lundby, C. (2015). Endurance training and $\dot{V}O_{2max}$: Role of maximal cardiac output and oxygen extraction. *Medicine and Science in Sports and Exercise*, **47**, 2024-2033.

26. Pirnay, F., Dujardin, J., Deroanne, R., & Petit, J.M. (1971). Muscular exercise during intoxication by carbon monoxide. *Journal of Applied Physiology*, **31**, 573-575.

27. Prud'homme, D., Bouchard, C., LeBlanc, C., Landrey, F., & Fontaine, E. (1984). Sensitivity of maximal aerobic power to training is genotype-dependent. *Medicine and Science in Sports and Exercise*, **16**, 489-493.

28. Rico-Sanz, J., Rankinen, T., Joanisse, D.R., Leon, A.S., Skinner, J.S., Wilmore, J.H., Rao, D.C., & Bouchard, C. (2003). Familial resemblance for muscle phenotypes in the HERITAGE Family Study. *Medicine and Science in Sports and Exercise*, **35**(8), 1360-1366.

29. Ried-Larsen, M., Aarts, H., & Joyner, M.J. (2017). The effects of strict prolonged bed rest on cardiorespiratory fitness: Systematic review and meta-analysis. *Journal of Applied Physiology* Jul 13 [Epub ahead of print]. doi: 10.1152/japplphysiol.00415.2017.

30. Saltin, B., Blomqvist, G., Mitchell, J.H., Johnson, R.L., Jr., Wildenthal, K., & Chapman, C.B. (1968). Response to exercise after bed rest and after training. *Circulation*, **38**, VII1-78.

31. Saltin, B., Nazar, K., Costill, D.L., Stein, E., Jansson, E., Essen, B., & Gollnick, P.D. (1976). The nature of the training response: Peripheral and central adaptations to one-legged exercise. *Acta Physiologica Scandinavica*, **96**, 289-305.

32. Støren, Ø., Helgerud, J., Sæbø, M., Støa, E.M., Bratland-Sanda, S., Unhjem, R., Hoff, J., & Wang, E. (2017). The effect of age on the $\dot{V}O_{2max}$ response to high-intensity interval training. *Medicine and Science in Sports and Exercise*, **49**, 78-85.

33. 33.Strømme, S.B., Ingjer, F., & Meen, H.D. (1977). Assessment of maximal aerobic power in specifically trained athletes. *Journal of Applied Physiology*, **42**, 833-837.

34. Wilmore, J.H., Stanforth, P.R., Gagnon, J., Rice, T., Mandel, S., Leon, A.S., Rao, D.C., Skinner, J.S., & Bouchard, C. (2001). Cardiac output and stroke volume changes with endurance training: The HERITAGE Family Study. *Medicine and Science in Sports and Exercise*, **33**, 99-106.

35. Wilmore, J.H., Stanforth, P.R., Hudspeth, L.A., Gagnon, J., Daw, E.W., Leon, A.S., Rao, D.C., Skinner, J.S., & Bouchard, C. (1998). Alterations in resting metabolic rate as a consequence of 20 wk of endurance training: The HERITAGE Family Study. *American Journal of Clinical Nutrition*, **68**, 66-71.

36. Yan, Z., Lira, V.A., & Greene, N.P. (2012). Exercise training-induced regulation of mitochondrial quality. *Exercise and Sports Science Reviews*, **40**, 159-164.

Capítulo 12

1. American College of Sports Medicine. (2006). Prevention of cold injuries during exercise. *Medicine and Science in Sports and Exercise*, **38**(11), 2012-2029.

2. Coker, R.H., Weaver, A.N., Coker, M.S., Murphy, C.J., Gunga, H.C., & Steinach, M. (2017). Metabolic responses to the Yukon Arctic Ultra: Longest and coldest in the world. *Medicine and Science in Sports and Exercise*, **49**, 357-362.

3. Haman, F., Mantha, O.L., Cheung, S.S., DuCharme, M.B., Taber, M., Blondin, D.P., McGarr, G.W., Hartley, G.L., Hynes, Z., & Basset, F.A. (2016). Oxidative fuel selection and shivering thermogenesis during a 12- and 24-h cold-survival simulation. *Journal of Applied Physiology*, **120**, 640-648.

4. Harmon, K.G., Drezner, J.A., Klossner, D., & Asif, I.M. (2012). Sickle cell trait associated with a RR of death of 37 times in National Collegiate Athletic Association Football athletes: A database with 2 million athlete-years as the denominator. *British Journal of Sports Medicine*, **46**, 325-330.

5. International Olympic Committee. (2009, September 28). *Olympic movement medical code*. Available: www.olympic.org/medical-commission?tab=medical-code [October 23, 2014].

6. King, D.S., Costill, D.L., Fink, W.J., Hargreaves, M., & Fielding, R.A. (1985). Muscle metabolism during exercise in the heat in unacclimatized and acclimatized humans. *Journal of Applied Physiology*, **59**, 1350-1354.

7. Luetkemeier, M.J., Hanisko, J.M., & Aho, K.M. (2017). Skin tattoos alter sweat rate and Na⁺ concentration. *Medicine and Science in Sports and Exercise*, **49**, 1432-1436.

8. O'Connor, F.G., Deuster, P., & Thompson, A. (2013). Sickle cell trait: What's a sports medicine clinician to think? *British Journal of Sports Medicine*, **47**, 667-668.

9. Poirier, M.P., Gagnon, D., Friesen, B.J., Hardcastle, S.G., & Kenny, G.P. (2015). Whole-body heat exchange during acclimation and its decay. *Medicine and Science in Sports and Exercise*, **47**, 390-400.

10. Research Center for the People & The Press. (2007). *How young people view their lives, futures, and politics: A portrait of Generation Next*. Washington, D.C.: Author.

11. Rowell, L.B. (1974). Human cardiovascular adjustments to heat stress. *Physiological Reviews*, **54**, 75-159.

12. Tarini, B.A., Brooks, M.A., & Bundy, D.G. (2012). A policy impact analysis of the mandatory NCAA sickle cell trait screening program. *Health Services Research*, **47**, 446-461.

13. Trangmar, S.J., & González-Alonso, J. (2017). New insights into the impact of dehydration on blood flow and metabolism during exercise. *Exercise and Sport Sciences Reviews*, **45**, 146-153.

14. Tyler, C.J., Sunderland, C., & Cheung, S.S. (2014). The effect of cooling prior to and during exercise on exercise performance and capacity in the heat: A meta-analysis. *British Journal of Sports Medicine,* **49,** 7-13.

15. Wegmann, M., Oliver, F., Wigand, P., Hecksteden, A., Frohlich, M., & Meyer, T. (2012). Pre-cooling and sports performance: A meta-analytical review. *Sports Medicine,* **42,** 545-564.

16. Young, A.J. (1996). Homeostatic responses to prolonged cold exposure: Human cold acclimation. In M.J. Fregley & C.M. Blatteis (Eds.), *Handbook of physiology: Section 4. Environmental physiology* (pp. 419-438). New York: Oxford University Press.

Capítulo 13

1. Bartsch, P., & Saltin, B. (2008). General introduction to altitude adaptation and mountain sickness. *Scandinavian Journal of Medicine and Science in Sports,* **18**(Suppl 1), 1-10.

2. Bonetti, D.L., & Hopkins, W.G. (2009). Sea-level exercise performance following adaptation to hypoxia: A meta-analysis. *Sports Medicine,* **39,** 107-127.

3. Brocherie, F., Millet, G.P., Hauser, A., Steiner, T., Rysman, J., Wehrlin, J.P., & Girard, O. (2015). "Live high-train low and high" hypoxic training improves team-sport performance. *Medicine and Science in Sports and Exercise,* **47,** 2140-2149.

4. Brooks, G.A., Wolfel, E.E., & Groves, B.M. (1992). Muscle accounts for glucose disposal but not blood lactate appearance during exercise after acclimatization to 4,300 m. *Journal of Applied Physiology,* **72,** 2435-2445.

5. Brosnan, M.J., Martin, D.T., Hahn, A.G., Gore, C.J., & Hawley, J.A. (2000). Impaired interval exercise responses in elite female cyclists at moderate simulated altitude. *Journal of Applied Physiology,* **89,** 1819-1824.

6. Buskirk, E.R., Kollias, J., Piconreatigue, E., Akers, R., Prokop, E., & Baker, P. (1967). Physiology and performance of track athletes at various altitudes in the United States and Peru. In R.F. Goddard (Ed.), *The effects of altitude on physical performance* (pp. 65-71). Chicago: Athletic Institute.

7. Chapman, R.F., Karlsen, T., Ge, R.L., Stray-Gundersen, J., & Levine, B.D. (2016). Living altitude influences endurance exercise performance change over time at altitude. *Journal of Applied Physiology,* **120,** 1151-1158.

8. Chapman, R.F., Karlsen, T., Resaland, G.K., Ge, R.-L., Harber, M.P., Witkowski, S., Stray-Gundersen, J., & Levine, B.D. (2014). Defining the "dose" of altitude training: How high to live for optimal sea level performance enhancement. *Journal of Applied Physiology,* **116**(6), 595-603.

9. Daniels, J., & Oldridge, N. (1970). Effects of alternate exposure to altitude and sea level on world-class middle-distance runners. *Medicine and Science in Sports,* **2,** 107-112.

10. Forster, P.J.G. (1985). Effect of different ascent profiles on performance at 4200 m elevation. *Aviation, Space, and Environmental Medicine,* **56,** 785-794.

11. Fulco, C.S., Beidleman, B.A., & Muza, S.R. (2013). Effectiveness of preacclimation strategies for high-altitude exposure. *Exercise and Sport Sciences Reviews,* **41,** 55-63.

12. Foss, J.L., Constantini, K., Mickleborough, T.D., & Chapman, R.F. (2017). Short-term arrival strategies for endurance exercise performance at moderate altitude. *Journal of Applied Physiology,* **123**(5), 1258-1265.

13. Gilbert-Kawai, E.T., Milledge, J.S., Grocott, M.P., & Martin, D.S. (2014). King of the mountains: Tibetan and Sherpa physiological adaptations for life at high altitude. *Physiology,* **29,** 388-402.

14. Julian, C.G. (2017). Epigenomics and human adaptation to high altitude. *Journal of Applied Physiology,* **123**(5), 1362-1370.

15. Levine, B.D., & Stray-Gundersen, J. (1997). "Living high–training low": Effect of moderate-altitude acclimatization with low-altitude training on performance. *Journal of Applied Physiology,* **83,** 102-112.

16. Muza, S.R., Beidleman, B.A., & Fulco, C.S. (2010). Altitude preexposure recommendations for inducing acclimatization. *High Altitude Medicine and Biology,* **11,** 87-92.

17. Norton, E.G. (1925). *The fight for Everest: 1924.* London: Arnold.

18. Pugh, L.C.G.E., Gill, M., Lahiri, J., Milledge, J., Ward, M., & West, J. (1964). Muscular exercise at great altitudes. *Journal of Applied Physiology,* **19,** 431-440.

19. Robach, P., Bonne, T., Fluck, D., Burgi, S., Toigo, M., Jacobs, R.A., & Lundby, C. (2014). Hypoxic training: Effect on mitochondrial function and aerobic performance in hypoxia. *Medicine and Science in Sports and Exercise,* **46,** 1936-1945.

20. Rodríguez, F.A., Iglesias, X., Feriche, B., Calderón-Soto, C., Chaverri, D., Wachsmuth, N.B., Schmidt, W., & Levine, B.D. (2015). Altitude training in elite swimmers for sea level performance (altitude project). *Medicine and Science in Sports and Exercise,* **47,** 1965-1978.

21. Stray-Gundersen, J., Chapman, R.F., & Levine, B.D. (2001). "Living high–training low" altitude training improves sea level performance in male and female elite runners. *Journal of Applied Physiology,* **91,** 1113-1120.

22. Sutton, J., & Lazarus, L. (1973). Mountain sickness in the Australian Alps. *Medical Journal of Australia,* **1,** 545-546.

23. Sutton, J.R., Reeves, J.T., Wagner, P.D., Groves, B.M., Cymerman, A., Malconian, M.K., Rock, P.B., Young, P.M., Walter, S.D., & Houston, C.S. (1988). Operation Everest II: Oxygen transport during exercise at extreme simulated altitude. *Journal of Applied Physiology,* **64,** 1309-1321.

24. West, J.B., Peters, R.M., Aksnes, G., Maret, K.H., Milledge, J.S., & Schoene, R.B. (1986). Nocturnal peri-

odic breathing at altitudes of 6300 and 8050 m. *Journal of Applied Physiology*, **61,** 280-287.

Capítulo 14

1. Armstrong, L.E., & VanHeest, J.L. (2002). The unknown mechanism of the overtraining syndrome. *Sports Medicine*, **32,** 185-209.

2. Aubry, A., Hausswirth, C., Louis, J., Coutts, A.J., & Le Meur, Y. (2014). Functional overreaching: The key to peak performance during the taper? *Medicine and Science in Sport and Exercise*, **46,** 1769-1777.

3. Bosquet, L., Montpetit, J., Arvisais, D., & Mujika, I. (2007). Effects of tapering on performance: A meta-analysis. *Medicine and Science in Sports and Exercise*, **39,** 1358-1365.

4. Costill, D.L. (1998). Training adaptations for optimal performance. Paper presented at the VIII International Symposium on Biomechanics and Medicine of Swimming, June 28, University of Jyväskylä, Finland.

5. Costill, D.L., King, D.S., Thomas, R., & Hargreaves, M. (1985). Effects of reduced training on muscular power in swimmers. *Physician and Sportsmedicine*, **13**(2), 94-101.

6. Costill, D.L., Thomas, R., Robergs, R.A., Pascoe, D.D., Lambert, C.P., Barr, S.I., & Fink, W.J. (1991). Adaptations to swimming training: Influence of training volume. *Medicine and Science in Sports and Exercise*, **23,** 371-377.

7. Coyle, E.F., Martin, W.H., III, Sinacore, D.R., Joyner, M.J., Hagberg, J.M., & Holloszy, J.O. (1984). Time course of loss of adaptations after stopping prolonged intense endurance training. *Journal of Applied Physiology*, **57,** 1857-1864.

8. Fitts, R.H., Costill, D.L., & Gardetto, P.R. (1989). Effect of swim-exercise training on human muscle fiber function. *Journal of Applied Physiology*, **66,** 465-475.

9. Fleck, S.J., & Kraemer, W.J. (2004). *Designing resistance training programs* (3rd ed.). Champaign, IL: Human Kinetics.

10. Hausswirth, C., Louis, J., Aubry, A., Bonnet, G., Duffield, R., & Le Meur, Y. (2014). Evidence of disturbed sleep and increased illness in overreached athletes. *Medicine and Science in Sports and Exercise*, **46,** 1036-1045.

11. Hickson, R.C., Foster, C., Pollock, M.L., Galassi, T.M., & Rich, S. (1985). Reduced training intensities and loss of aerobic power, endurance, and cardiac growth. *Journal of Applied Physiology*, **58,** 492-499.

12. Houmard, J.A., Costill, D.L., Mitchell, J.B., Park, S.H., Hickner, R.C., & Roemmish, J.N. (1990). Reduced training maintains performance in distance runners. *International Journal of Sports Medicine*, **11,** 46-51.

13. Houmard, J.A., Scott, B.K., Justice, C.L., & Chenier, T.C. (1994). The effects of taper on performance in distance runners. *Medicine and Science in Sports and Exercise*, **26,** 624-631.

14. Issurin, V.B. (2010). New horizons for the methodology and physiology of training periodization. *Sports Medicine*, **40,** 189-206.

15. Landolfi, E. (2013). Exercise addiction. *Sports Medicine*, **43,** 111-119.

16. Lemmer, J.T., Hurlbut, D.E., Martel, G.F., Tracy, B.L., Ivey, F.M., Metter, E.J., Fozard, J.L., Fleg, J.L., & Hurley, B.F. (2000). Age and gender responses to strength training and detraining. *Medicine and Science in Sports and Exercise*, **32,** 1505-1512.

17. Meeusen, R., Duclos, M., Foster, C., Fry, A., Gleeson, M., Nieman, D., Raglin, J., Rietjens, G., Steinacker, J., & Urhausen, A. (2012). Prevention, diagnosis, and treatment of the overtraining syndrome: Joint consensus statement of the European College of Sport Science and the American College of Sports Medicine. *Medicine and Science in Sports and Exercise*, **45,** 186-205.

18. Nieman, D.C. (1994). Exercise, infection, and immunity. *International Journal of Sports Medicine*, **15,** S131-S141.

19. Saltin, B., Blomqvist, G., Mitchell, J.H., Johnson, R.L., Jr., Wildenthal, K., & Chapman, C.B. (1968). Response to submaximal and maximal exercise after bed rest and after training. *Circulation*, **38**(Suppl 5), VII-VII78.

20. Smith, L.L. (2000). Cytokine hypothesis of overtraining: A physiological adaptation to excessive stress? *Medicine and Science in Sports and Exercise*, **32,** 317-331.

21. Sylta, O., Tonnessen, E., Hammarstrom, D., Danielsen, J., Skovereng, K., Ravn, T., Ronnestad, B.R., Sandbakk, O., & Seiler, S. (2016). The effect of different high-intensity periodization models on endurance adaptations. *Medicine and Science in Sport and Exercise*, **48,** 2165-2174.

22. Trappe, T., Trappe, S., Lee, G., Widrick, J., Fitts, R., & Costill, D. (2006). Cardiorespiratory responses to physical work during and following 17 days of bed rest and spaceflight. *Journal of Applied Physiology*, **100,** 951-957.

Capítulo 15

1. American College of Sports Medicine. Nattiv, A., Loucks, A.B., Manore, M.M., Sanborn, C.F., Sundgot-Borgen, J., & Warren, M.P. (2007). The female athlete triad. Position stand. *Medicine and Science in Sports and Exercise*, **39**(10), 1867-1882.

2. American College of Sports Medicine, American Dietetic Association, and Dietitians of Canada. (2016). Nutrition and athletic performance. Joint position statement. *Medicine and Science in Sports and Exercise*, **48,** 453-468.

3. Armstrong, L.E., Costill, D.L., & Fink, W.J. (1985). Influence of diuretic-induced dehydration on competitive running performance. *Medicine and Science in Sports and Exercise*, **17,** 456-461.

4. Åstrand, P.-O. (1967). Diet and athletic performance. *Federation Proceedings*, **26,** 1772-1777.

5. Barr, S.I., Costill, D.L., & Fink, W.J. (1991). Fluid replacement during prolonged exercise: Effects of water, saline or no fluid. *Medicine and Science in Sports and Exercise*, **23,** 811-817.

6. Bazzano, L.A., Hu, T., Reynolds, K., Yao, L., Bunol, C., Liu, Y., Chen, C.S., Klag, M.J., Whelton, P.K., & He, J. (2014). Effects of low-carbohydrate and low-fat diets:

A randomized trial. *Annals of Internal Medicine,* **161,** 309-318.

7. Beaton, L.J., Allan, D.A., Tarnopolsky, M.A., Tiidus, P.M., & Phillips, S.M. (2002). Contraction-induced muscle damage is unaffected by vitamin E supplementation. *Medicine and Science in Sports and Exercise,* **34,** 798-805.

8. Biolo, G., Tipton, K.D., Klein, S., & Wolfe, R.R. (1997). An abundant supply of amino acids enhances the metabolic effect of exercise on muscle protein. *American Journal of Physiology,* **273,** E122-E129.

9. Burke, L.M., Hawley, J.A., Wong, S.H.S., & Jeukendrup, A.E. (2011). Carbohydrates for training and competition. *Journal of Sports Sciences,* **29**(Suppl 1), S17-S27.

10. Chacko, E. (2016). A time for exercise: The exercise window. *The Journal of Applied Physiology,* **122,** 206-209.

11. Coombes, J.S., & Hamilton, K.L. (2000). The effectiveness of commercially available sports drinks. *Sports Medicine,* **29,** 181-209.

12. Costill, D.L., Bowers, R., Branam, G., & Sparks, K. (1971). Muscle glycogen utilization during prolonged exercise on successive days. *Journal of Applied Physiology,* **31,** 834-838.

13. Costill, D.L., & Miller, J.M. (1980). Nutrition for endurance sport: Carbohydrate and fluid balance. *International Journal of Sports Medicine,* **1,** 2-14.

14. Costill, D.L., & Saltin, B. (1974). Factors limiting gastric emptying during rest and exercise. *Journal of Applied Physiology,* **37,** 679-683.

15. Drenowatz, C., Hand, G.A., Sagner, M., Shook, R.P., Burgess, S., & Blair, S.N. (2015). The prospective association between different types of exercise and body composition. *Medicine and Science in Sports and Exercise,* **47,** 2535-2541.

16. *Dietary Guidelines for Americans, 2015-2020.* Key Elements of Healthy Eating Patterns. Available: https://health.gov/dietaryguidelines/2015/guidelines/chapter-1/key-recommendations [August 22, 2017].

17. Dougherty, K.A., Baker, L.B., Chow, M., & Kenney, W.L. (2006). Two percent dehydration impairs and six percent carbohydrate drink improves boys basketball skills. *Medicine and Science in Sports and Exercise,* **38,** 1650-1658.

18. Fairchild, T.J., Fletcher, S., Steele, P., Goodman, C., Dawson, B., & Fournier, P.A. (2002). Rapid carbohydrate loading after a short bout of near maximal-intensity exercise. *Medicine and Science in Sports and Exercise,* **34,** 980-986.

19. Frizzell, R.T., Lang, G.H., Lowance, D.C., & Lathan, S.R. (1986). Hyponatremia and ultramarathon running. *Journal of the American Medical Association,* **255,** 772-774.

20. Gollnick, P.D., Piehl, K., & Saltin, B. (1974). Selective glycogen depletion pattern in human muscle fibres after exercise of varying intensity and at varying pedaling rates. *Journal of Physiology,* **241,** 45-57.

21. Ivy, J.L., Katz, A.L., Cutler, C.L., Sherman, W.M., & Coyle, E.F. (1988). Muscle glycogen synthesis after exercise: Effect of time of carbohydrate ingestion. *Journal of Applied Physiology,* **64,** 1480-1485.

22. Ivy, J.L., Lee, M.C., Brozinick, J.T., Jr., & Reed, M.J. (1988). Muscle glycogen storage after different amounts of carbohydrate ingestion. *Journal of Applied Physiology,* **65,** 2018-2023.

23. Jeukendrup, A., & Gleeson, M. (2010). *Sport nutrition: An introduction to energy production and performance* (2nd ed.). Champaign, IL: Human Kinetics.

24. Nelson, J.D., Poussier, P., Marliss, E.B., Albisser, A.M., & Zinman, B. (1982). Metabolic response of normal man and insulin-infused diabetics to postprandial exercise. *American Journal of Physiology,* **242,** E309-E316.

25. Ornish, D. (2015). The myth of high-protein diets. *The New York Times.* March 23, A21.

26. Phillips, S.M. (2013). Protein consumption and resistance exercise: Maximizing anabolic potential. Gatorade Sports Science Exchange #107. Barrington, IL: Gatorade Sports Science Institute.

27. Rodriguez, N.R., DiMarco, N.M., & Langley, S. (2009). Position of the American Dietetic Association, Dietitians of Canada, and the American College of Sports Medicine: Nutrition and athletic performance. *Journal of the American Dietetic Association,* **109,** 509-527.

28. Rowlands, D.S., Nelson, A.R., Phillips, S.M., Faulkner, J.A., Clarke, J., Burd, N.A., Moore, D., & Stellingwerf, T. (2015). Protein-leucine fed dose effects on muscle protein synthesis after endurance exercise. *Medicine and Science in Sports and Exercise,* **47,** 547-555.

29. Schabort, E.J., Bosch, A.N., Weltan, S.M., & Noakes, T.D. (1999). The effect of a preexercise meal on time to fatigue during prolonged cycling exercise. *Medicine and Science in Sports and Exercise,* **31,** 464-471.

30. Smith, J.W., Pascoe, D.D., Passe, D.H., Ruby, B.C., Stewart, L.K., Baker, L.B., & Zachwieja, J.J. (2013). Curvilinear dose-response relationship of carbohydrate (0-120 g·h(-1)) and performance. *Medicine and Science in Sports and Exercise,* **45**(2), 336-341.

31. Sundgot-Borgen, J. (1999). Eating disorders among male and female elite athletes. *British Journal of Sports Medicine,* **33**(6), 434.

32. Tang, J.E., Moore, D.R., Kujbida, G.W., Tarnopolsky, M.A., & Phillips, S.M. (2009). Ingestion of whey hydrolysate, casein, or soy protein isolate: Effects on mixed muscle protein synthesis at rest and following resistance exercise in young men. *Journal of Applied Physiology,* **107,** 987-992.

33. U.S. Department of Agriculture, Agricultural Research Service. Nutrient intakes from food: Mean amounts consumed per individual by gender and age, what we eat in America. NHANES 2009-2014. Available: www.ars.usda.gov/ARSUserFiles/80400530/pdf/1314/Table_1_NIN_GEN_13.pdf.

34. U.S. News & World Report Health. Best Diets of 2014. Available: http://health.usnews.com/best-diet [August 15, 2014].

35. Vannice, G., & Rasmussen, H. (2014). Position of the Academy of Nutrition and Dietetics: Dietary fatty acids for healthy adults. *Journal of the Academy of Nutrition and Dietetics*, **114**, 136-153.

36. Wilmore, J.H., Brown, C.H., & Davis, J.A. (1977). Body physique and composition of the female distance runner. *Annals of the New York Academy of Sciences*, **301**, 764-776.

37. Wilmore, J.H., Morton, A.R., Gilbey, H.J., & Wood, R.J. (1998). Role of taste preference on fluid intake during and after 90 min of running at 60% of $\dot{V}O_{2max}$ in the heat. *Medicine and Science in Sports and Exercise*, **30**, 587-595.

Capítulo 16

1. Alvois, L., Robinson, N., Saudan, D., Baume, N., Mangin, P., & Saugy, M. (2006). Central nervous system stimulants and sport practice. *British Journal of Sports Medicine*, **40**(Suppl 1), i16-i20.

2. American College of Sports Medicine consensus statement. (2000). The physiological and health effects of oral creatine supplementation. *Medicine and Science in Sports and Exercise*, **32**, 706-717.

3. American College of Sports Medicine position stand. (1996). The use of blood doping as an ergogenic aid. *Medicine and Science in Sports and Exercise*, **28**(6), i-xii.

4. Ariel, G., & Saville, W. (1972). Anabolic steroids: The physiological effects of placebos. *Medicine and Science in Sports and Exercise*, **4**, 124-126.

5. Bailey, S.J., Winyard, P., Vanhatalo, A., Blackwell, J.R., DiMenna, F.J., Wilkerson, D.P., Tarr, J., Benjamin, N., & Jones, A.M. (2009). Dietary nitrate supplementation reduces the O_2 cost of low-intensity exercise and enhances tolerance to high-intensity exercise in humans. *Journal of Applied Physiology*, **107**(4), 1144-1155.

6. Bellinger, P.M., Howe, S.T., Shing, C.M., & Fell, J.W. (2012). The effect of combined beta-alanine and sodium bicarbonate supplementation on cycling performance. *Medicine and Science in Sports and Exercise*, **44**(8), 1545-1551.

7. Bemben, M.G., & Lamont, H.S. (2005). Creatine supplementation and exercise performance: Recent findings. *Sports Medicine*, **35**(2), 107-125.

8. Berning, J.M., Adams, K.J., & Stamford, B.A. (2004). Anabolic steroid usage in athletics: Facts, fiction, and public relations. *Journal of Strength and Conditioning Research*, **18**, 908-917.

9. Bescos, R., Sureda, A., Tar, J.A., & Pons, A. (2012). The effect of nitric-oxide-related supplements on human performance. *Sports Medicine*, **42**(2), 99-117.

10. Bhasin, S., Storer, T.W., Berman, N., Callegari, C., Clevenger, B., Phillips, J., Bunnell, T.J., Tricker, R., Shirazi, A., & Casaburi, R. (1996). The effects of supraphysiologic doses of testosterone on muscle size and strength in normal men. *New England Journal of Medicine*, **335**, 1-7.

11. Black, C.D., Waddell, D.E., & Gonglach, A.R. (2015). Caffeine's ergogenic effects on cycling: Neuromuscular and perceptual factors. *Medicine and Science in Sport and Exercise*, **47**, 1145-1158.

12. Bowtell, J.L., Sumners, D.P., Dyer, A., Fox, P., & Mileva, K.N. (2011). Montmorency cherry juice reduces muscle damage caused by intensive strength exercise. *Medicine and Science in Sports and Exercise*, **43**(8), 1544-1551.

13. Bronson, F.H., & Matherne, C.M. (1997). Exposure to anabolic-androgenic steroids shortens life span of male mice. *Medicine and Science in Sports and Exercise*, **29**, 615-619.

14. Buell, J.L., Franks, R., Ransone, J., Powers, M.E., Laquale, K.M., & Carlson-Phillips, A. (2013). National Athletic Trainers' Association position statement: Evaluation of dietary supplements for performance nutrition. *Journal of Athletic Training*, **48**(1), 124-136.

15. Buick, F.J., Gledhill, N., Froese, A.B., Spriet, L., & Meyers, E.C. (1980). Effect of induced erythrocythemia on aerobic work capacity. *Journal of Applied Physiology*, **48**, 636-642.

16. Calfee, R., & Fadale, P. (2006). Popular ergogenic drugs and supplements in young athletes. *Pediatrics*, **117**, e577-e589.

17. Chung, W., Shaw, G., Anderson, M.E., Pyne, D.B., Saunders, P.U., Bishop, D.J., Burke, L.M. (2012). Effect of 10 week beta-alanine supplementation on competitive and training performance in elite swimmers. *Nutrients*, **4**, 1441-1453.

18. Connolly, D.A., McHugh, M.P., Padilla-Zakour, O.I., Carlson, L., & Sayers, S.P. (2006). Efficacy of a tart cherry juice blend in preventing the symptoms of muscle damage. *British Journal of Sports Medicine*, **40**(8), 679-683.

19. Costill, D.L., Dalsky, G.P., & Fink, W.J. (1978). Effects of caffeine ingestion on metabolism and exercise performance. *Medicine and Science in Sports*, **10**, 155-158.

20. Costill, D.L., Verstappen, F., Kuipers, H., Janssen, E., & Fink, W. (1984). Acid-base balance during repeated bouts of exercise: Influence of HCO-3. *International Journal of Sports Medicine*, **5**, 228-231.

21. Devries, M.C., & Phillips, S.M. (2014). Creatine supplementation during resistance training in older adults: A meta-analysis. *Medicine and Science in Sports and Exercise*, **46**, 1194-1203.

22. Eichner, E.R. (1989). Ergolytic drugs. *Sports Science Exchange*, **2**(15), 1-4.

23. Ekblom, B., & Berglund, B. (1991). Effect of erythropoietin administration on maximal aerobic power. *Scandinavian Journal of Medicine and Science in Sports*, **1**, 88-93.

24. Ekblom, B., Goldbarg, A.N., & Gullbring, B. (1972). Response to exercise after blood loss and reinfusion. *Journal of Applied Physiology*, **33**, 175-180.

25. Evans, N.A. (2004). Current concepts in anabolic-androgenic steroids. *American Journal of Sports Medicine*, **32**, 534-542.

26. Forbes, G.B. (1985). The effect of anabolic steroids on lean body mass: The dose response curve. *Metabolism*, **34**, 571-573.

27. Geyer, H., Parr, M.K., Koehler, K., Mareck, V., Schanzer, W., & Thevis, M. (2008). Nutritional supplements cross-contaminated and faked with doping substances. *Journal of Mass Spectrometry,* **43**(7), 892-902.

28. Gledhill, N. (1985). The influence of altered blood volume and oxygen transport capacity on aerobic performance. *Exercise and Sport Sciences Reviews,* **13**, 75-93.

29. Goforth, H.W., Jr., Campbell, N.L., Hodgdon, J.A., & Sucec, A.A. (1982). Hematologic parameters of trained distance runners following induced erythrocythemia [abstract]. *Medicine and Science in Sports and Exercise,* **14**, 174.

30. Graham, T.E. (2001). Caffeine and exercise: Metabolism, endurance and performance. *Sports Medicine,* **31**, 785-807.

31. Hartgens, F., & Kuipers, H. (2004). Effects of androgenic-anabolic steroids in athletes. *Sports Medicine,* **34**, 513-554.

32. Hervey, G.R., Knibbs, A.V., Burkinshaw, L., Morgan, D.B., Jones, P.R.M., Chettle, D.R., & Vartsky, D. (1981). Effects of methandienone on the performance and body composition of men undergoing athletic training. *Clinical Science,* **60**, 457-461.

33. Hill, C.A., Harris, R.C., Kim, H.J., Harris, B.D., Sale, C., Boobis, L.H., Kim, C.K., & Wise, J.A. (2007). Influence of beta-alanine supplementation on skeletal muscle carnosine concentrations and high-intensity cycling capacity. *Amino Acids,* **32**(2), 225-233.

34. Hurst, P., Foad, A., Coleman, D., & Beedie, C. (2017). Athletes intending to use sports supplements are more likely to respond to a placebo. *Medicine and Science in Sports and Exercise,* **49**, 1877-1883.

35. Ivy, J.L., Costill, D.L., Fink, W.J., & Lower, R.W. (1979). Influence of caffeine and carbohydrate feedings on endurance performance. *Medicine and Science in Sports and Exercise,* **11**, 6-11.

36. Juhn, M.S. (2003). Popular sports supplements and ergogenic aids. *Sports Medicine,* **33**, 921-939.

37. Kuehl, K.S., Perrier, E.T., Elliot, D.L., & Chesnutt, J.C. (2010). Efficacy of tart cherry juice in reducing muscle pain during running: A randomized controlled trial. *Journal of the International Society of Sports Nutrition,* **7**(7), 17.

38. Linderman, J., & Fahey, T.D. (1991). Sodium bicarbonate ingestion and exercise performance: An update. *Sports Medicine,* **11**, 71-77.

39. Magkos, F., & Kavouras, S.A. (2004). Caffeine and ephedrine: Physiological, metabolic and performance-enhancing effects. *Sports Medicine,* **34**, 871-889.

40. Nissen, S.L., & Sharp, R.L. (2003). Effect of dietary supplements on lean mass and strength gains with resistance exercise: A meta-analysis. *Journal of Applied Physiology,* **94**, 651-659.

41. Pärssinen, M., & Seppälä, T. (2002). Steroid use and long-term health risks in former athletes. *Sports Medicine,* **32**, 83-94.

42. Rawdon, T., Sharp, R.L., Shelley, M., & Thomas, J.R. (2012). Meta-analysis of the placebo effect in nutritional supplement studies of muscular performance. *Kinesiology Review,* **1**, 137-148.

43. Rosenfeld, C. (2005). The use of ergogenic agents in high school athletes. *Journal of School Nursing,* **21**(6), 333-339.

44. Roth, D.A., & Brooks, G.A. (1990). Lactate transport is mediated by a membrane-bound carrier in rat skeletal muscle sarcolemmal vesicles. *Archives of Biochemistry and Biophysics,* **279**, 377-385.

45. Rudman, D., Feller, A.G., Nagraj, H.S., Gergans, G.A., Lalitha, P.Y., Goldberg, A.F., Schlenker, R.A., Cohn, L., Rudman, I.W., & Mattson, D.E. (1990). Effects of human growth hormone in men over 60 years old. *New England Journal of Medicine,* **323**, 1-6.

46. Sale, C., Saunders, B., Hudson, S., Wise, J.A., Harris, R.C., & Sunderland, C.D. (2011). Effect of B-alanine plus sodium bicarbonate on high-intensity cycling performance. *Medicine and Science in Sports and Exercise,* **43**, 1972-1978.

47. Smith-Rockwell, M., Nickols-Richardson, S.M., & Thye, F.W. (2001). Nutrition knowledge, opinions, and practices of coaches and athletic trainers at a division 1 university. *International Journal of Sports Nutrition and Exercise Metabolism,* **11**, 174-185.

48. Spriet, L.L. (1991). Blood doping and oxygen transport. In D.R. Lamb & M.H. Williams (Eds.), *Ergogenics: Enhancement of performance in exercise and sport* (pp. 213-242). Dubuque, IA: Brown & Benchmark.

49. Spriet, L.L., & Gibala, M.J. (2004). Nutritional strategies to influence adaptations to training. *Journal of Sports Sciences,* **22**, 127-141.

50. Tamaki, T., Uchiyama, S., Uchiyama, Y., Akatsuka, A., Roy, R.R., & Edgerton, V.R. (2001). Anabolic steroids increase exercise tolerance. *American Journal of Physiology: Endocrinology and Metabolism,* **280**, E973-E981.

51. Tokish, J.M., Kocher, M.S., & Hawkins, R.J. (2004). Ergogenic aids: A review of basic science, performance, side effects, and status in sports. *American Journal of Sports Medicine,* **32**, 1543-1553.

52. Vanhatalo, A., Bailey, S.J., Blackwell, J.R., DiMenna, F.J., Pavey, T.G., Wilkerson, D.P., Benjamin, N., Winyard, P., & Jones, A.M. (2010). Acute and chronic effects of dietary nitrate supplementation on blood pressure and the physiological responses to moderate-intensity and incremental exercise. *American Journal of Physiology: Regulatory, Integrative, and Comparative Physiology,* **299**, R1121-R1131.

53. Vernec, A., Pipe, A., & Slack, A. (2017). A painful dilemma? Analgesic use in sport and the role of anti-doping. *British Journal of Sports Medicine,* **51**(17), 1243-1244.

54. West, D.W., & Phillips, S.M. (2010). Anabolic processes in human skeletal muscle: Restoring the identities of growth hormone and testosterone. *Sports Medicine,* **35**(3), 97-104.

55. Wilkinson, D.J., Hossain, T., Hill, D.S., Phillips, B.E., Crossland, H., Williams, J., Loughnar, P., Churchward-Venne, T.A., Breen, L., Phillips, S.M., Etheridge, T., Rathmacher, J.A., Smith, K., Szewczyk, N.J., & Atherton, P.J. (2013). The effects of leucine and its metabolite β-hydroxy-β-methylbutyrate on human skeletal muscle protein metabolism. *Journal of Physiology,* **591**(11), 2911-2923.

56. Williams, M.H. (Ed.). (1983). *Ergogenic aids in sport.* Champaign, IL: Human Kinetics.

57. Williams, M.H., Wesseldine, S., Somma, T., & Schuster, R. (1981). The effect of induced erythrocythemia upon 5-mile treadmill run time. *Medicine and Science in Sports and Exercise,* **13,** 169-175.

58. Wylie, L.J., Kelly, J., Bailey, S.J., Blackwell, J.R., Skiba, P.F., Winyard, P.G., Jeukendrup, A.E., Vanhatalo, A., & Jones, A.M. (2013). Beetroot juice and exercise: Pharmacodynamic and dose-response relationships. *Journal of Applied Physiology,* **115,** 325-336.

59. Yarasheski, K.E. (1994). Growth hormone effects on metabolism, body composition, muscle mass, and strength. *Exercise and Sport Sciences Reviews,* **22,** 285-312.

60. Yesalis, C.E. (Ed.). (2000). *Anabolic steroids in sport and exercise* (2nd ed.). Champaign, IL: Human Kinetics.

Capítulo 17

1. Bar-Or, O. (1983). *Pediatric sports medicine for the practitioner: From physiologic principles to clinical applications.* New York: Springer-Verlag.

2. Bloemers, F., Collard, D., Paw, M.C., Van Mechelen, W., Twisk, J., & Verhagen, E. (2012). Physical inactivity is a risk factor for physical activity-related injuries in children. *British Journal of Sports Medicine,* **46,** 669-674.

3. Cairney, J., Veldhuizen, S., Kwan, M., Hay, J., & Faught, B. (2014). Biological age and sex-related declines in physical activity during adolescence. *Medicine and Science in Sports and Exercise,* **46,** 730-735.

4. Clarke, H.H. (1971). *Physical and motor tests in the Medford boys' growth study.* Englewood Cliffs, NJ: Prentice Hall.

5. Corder, K., Winpenny, E., Love, R., Brown, H.E., White, M., & van Sluijs, E. (2017). Change in physical activity from adolescence to early adulthood: A systematic review and meta-analysis of longitudinal cohort studies. *British Journal of Sports Medicine* Jul 24 [Epub ahead of print]. doi: 10.1136/bjsports-2016-097330.

6. Daniels, J., Oldridge, N., Nagle, F., & White, B. (1978). Differences and changes in $\dot{V}O_2$ among young runners 10 to 18 years of age. *Medicine and Science in Sports and Exercise,* **10,** 200-203.

7. Diamond, A.B. (2015). The cognitive benefits of exercise in youth. *Current Sports Medicine Reports,* **14,** 320-326.

8. Fakhouri, T.H.I., Hughes, J.P., Burt, V.L., Song, M., Fulton, J.E., & Ogden, C.L. (2014). *Physical activity in U.S. youth aged 12-15 years, 2012.* NCHS Data Brief No. 141. Hyattsville, MD: National Center for Health Statistics.

9. Froberg, K., & Lammert, O. (1996). Development of muscle strength during childhood. In O. Bar-Or (Ed.), *The child and adolescent athlete* (p. 28). London: Blackwell.

10. Gunter, K., Baxer-Jones, A.D., Mirwald, R.L., Almstedt, H., Fuller, A., Durski, S., & Snow, C. (2008). Jump starting skeletal health: A 4-year longitudinal study assessing the effects of jumping on skeletal development in pre and circum pubertal children. *Bone,* **4,** 710-718.

11. Kaczor, J.J., Ziolkowski, W., Popinigis, J., & Tarnopolsky, M.A. (2005). Anaerobic and aerobic enzyme activities in human skeletal muscle from children and adults. *Pediatric Research,* **57**(3), 331-335.

12. Katzmarzyk, P.T., Barreira, T.V., Broyles, S.T., et al. (2015). Physical activity, sedentary time, and obesity in an international sample of children. *Medicine and Science in Sports and Exercise,* **47,** 2062-2069.

13. Krahenbuhl, G.S., Morgan, D.W., & Pangrazi, R.P. (1989). Longitudinal changes in distance-running performance of young males. *International Journal of Sports Medicine,* **10,** 92-96.

14. Mahon, A.D., & Vaccaro, P. (1989). Ventilatory threshold and $\dot{V}O_{2max}$ changes in children following endurance training. *Medicine and Science in Sports and Exercise,* **21,** 425-431.

15. Malina, R.M. (1989). Growth and maturation: Normal variation and effect of training. In C.V. Gisolfi & D.R. Lamb (Eds.), *Perspectives in exercise science and sports medicine: Youth, exercise and sport* (pp. 223-265). Carmel, IN: Benchmark Press.

16. Malina, R.M., Bouchard, C., & Bar-Or, O. (2004). *Growth, maturation, and physical activity* (2nd ed.). Champaign, IL: Human Kinetics.

17. Metcalf, B., Henley, W., & Wilkin, T. (2013). Effectiveness of intervention on physical activity of children: Systematic review and meta-analysis of controlled trials with objectively measured outcomes (EarlyBird 54). *BMJ,* **47,** 226.

18. Metcalf, B., Hosking, J., Jeffery, A.N., Henley, W., & Wilkin, T. (2013). Exploring the adolescent fall in physical activity: A 10-yr cohort study (EarlyBird 41). *Medicine and Science in Sports and Exercise,* **47,** 2084-2092.

19. Mostafavifar, A.M., Best, T.M., & Myer, G.D. (2013). Early sport specialization: Does it lead to long-term problems? *British Journal of Sports Medicine,* **47,** 1060-1061.

20. Nes, B.M., Osthus, I.B., Welde, B., Aspenes, A.T., & Wisloff, U. (2013). Peak oxygen uptake and physical activity in 13- to 18-year-olds: The Young-HUNT Study. *Medicine and Science in Sports and Exercise,* **45,** 304-313.

21. Pahkala, K., Hernelahti, M., Heinonen, O.J., Raittinen, P., Hakanen, M., Lagstrom, H., Viikari, J.S.A., Ronnemaa, T., Raitakari, O.T., & Simell, O. (2013). Body mass index, fitness and physical activity from childhood through adolescence. *British Journal of Sports Medicine,* **47,** 71-77.

22. Pitukcheewanont, P., Punyasavatsut, N., & Feuille, M. (2010). Physical activity and bone health in children and adolescents. *Pediatric Endocrinology Reviews,* **7,** 275-282.

23. Ramsay, J.A., Blimkie, C.J.R., Smith, K., Garner, S., MacDougall, J.D., & Sale, D.G. (1990). Strength training effects in prepubescent boys. *Medicine and Science in Sports and Exercise,* **22,** 605-614.

24. Robinson, S. (1938). Experimental studies of physical fitness in relation to age. *Arbeitsphysiologie,* **10,** 251-323.

25. Rowland, T.W. (1989). Oxygen uptake and endurance fitness in children: A developmental perspective. *Pediatric Exercise Science,* **1,** 313-328.

26. Rowland, T.W. (2007). Evolution of maximal oxygen uptake in children. *Medicine and Sport Science,* **50,** 200-209.

27. Santos, A.M.C., Welsman, J.R., De Ste Croix, M.B.A., & Armstrong, N. (2002). Age- and sex-related differences in optimal peak power. *Pediatric Exercise Science,* **14,** 202-212.

28. Sjödin, B., & Svedenhag, J. (1992). Oxygen uptake during running as related to body mass in circumpubertal boys: A longitudinal study. *European Journal of Applied Physiology,* **65,** 150-157.

29. Turley, K.R., & Wilmore, J.H. (1997). Cardiovascular responses to treadmill and cycle ergometer exercise in children and adults. *Journal of Applied Physiology,* **83,** 948-957.

Capítulo 18

1. Buskirk, E.R., & Hodgson, J.L. (1987). Age and aerobic power: The rate of change in men and women. *Federation Proceedings,* **46,** 1824-1829.

2. Carter, H.N., Chen, C.C.W., & Hood, D.A. (2014). Mitochondria, muscle health, and exercise with advancing age. *Physiology,* **30,** 208-223.

3. Clarke, P.M., Walter, S.J., Hayen, A., Mallon, W.J., Heijmans, J., & Studdert, D.M. (2015). Survival of the fittest: Retrospective cohort study of the longevity of Olympic medalists in the modern era. *British Journal of Sports Medicine,* **49,** 898-902.

4. Connelly, D.M., Rice, C.L., Roos, M.R., & Vandervoort, A.A. (1999). Motor unit firing rates and contractile properties in tibialis anterior of young and old men. *Journal of Applied Physiology,* **87,** 843-852.

5. Deschenes, M.R., Roby, M.A., & Glass, E.K. (2011). Aging influences adaptations of the neuromuscular junction to endurance training. *Neuroscience,* **190,** 56-66.

6. Dill, D.B., Robinson, S., & Ross, J.C. (1967). A longitudinal study of 16 champion runners. *Journal of Sports Medicine and Physical Fitness,* **7,** 4-27.

7. DeGroot, D.W., Havenith, G., & Kenney, W.L. (2006). Responses to mild cold stress are predicted by different individual characteristics in young and older subjects. *Journal of Applied Physiology,* **101,** 1607-1615.

8. Fitzgerald, M.D., Tanaka, H., Tran, Z.V., & Seals, D.R. (1997). Age-related declines in maximal aerobic capacity in regularly exercising vs. sedentary women: A meta-analysis. *Journal of Applied Physiology,* **83,** 160-165.

9. Frontera, W.R., Meredith, C.N., O'Reilly, K.P., Knuttgen, W.G., & Evans, W.J. (1988). Strength conditioning in older men: Skeletal muscle hypertrophy and improved function. *Journal of Applied Physiology,* **64,** 1038-1044.

10. Glenn, J.M., Gray, M., & Binns, A. (2015). The effects of loaded and unloaded high-velocity resistance training on functional fitness among community-dwelling older adults. *Age and Ageing,* **44,** 926-931.

11. Goodrick, C.L. (1980). Effects of long-term voluntary wheel exercise on male and female Wistar rats: 1. Longevity, body weight and metabolic rate. *Gerontology,* **26,** 22-33.

12. Hagerman, F.C., Walsh, S.J., Staron, R.S., Hikida, R.S., Gilders, R.M., Murray, T.F., Toma, K., & Ragg, K.E. (2000). Effects of high-intensity resistance training on untrained older men. I. Strength, cardiovascular, and metabolic responses. *Journals of Gerontology Series A: Biological Sciences and Medical Sciences,* **55,** B336-B346.

13. Häkkinen, K., Pakarinen, A., Kraemer, W.J., Häkkinen, A., Valkeinen, H., & Alen, M. (2001). Selective muscle hypertrophy, changes in EMG and force, and serum hormones during strength training in older women. *Journal of Applied Physiology,* **91,** 569-580.

14. Hameed, M., Harridge, S.D.R., & Goldspink, G. (2002). Sarcopenia and hypertrophy: A role for insulin-like growth factor-1 and aged muscle? *Exercise and Sport Sciences Reviews,* **30,** 15-19.

15. Hawkins, S.A., Marcell, T.J., Jaque, S.V., & Wiswell, R.A. (2001). A longitudinal assessment of change in $\dot{V}O_{2max}$ and maximal heart rate in master athletes. *Medicine and Science in Sports and Exercise,* **33,** 1744-1750.

16. Hikida, R.S., Staron, R.S., Hagerman, F.C., Walsh, S., Kaiser, E., Shell, S., & Hervey, S. (2000). Effects of high-intensity resistance training on untrained older men. II. Muscle fiber characteristics and nucleo-cytoplasmic relationships. *Journals of Gerontology Series A: Biological Sciences and Medical Sciences,* **55,** B347-B354.

17. Holloszy, J.O. (1997). Mortality rate and longevity of food-restricted exercising male rats: A reevaluation. *Journal of Applied Physiology,* **82,** 399-403.

18. Hunter, S.K., Pereira, H.M., & Keenan, K.G. (2016). The aging neuromuscular system and motor performance. *Journal of Applied Physiology,* **121,** 982-995.

19. Jackson, A.S., Beard, E.F., Wier, L.T., Ross, R.M., Stuteville, J.E., & Blair, S.N. (1995). Changes in aerobic power of men, ages 25-70 yr. *Medicine and Science in Sports and Exercise,* **27,** 113-120.

20. Jackson, A.S., Wier, L.T., Ayers, G.W., Beard, E.F., Stuteville, J.E., & Blair, S.N. (1996). Changes in aerobic power of women, ages 20-64 yr. *Medicine and Science in Sports and Exercise,* **28,** 884-891.

21. Janssen, I., Heymsfield, S.B., Wang, Z., & Ross, R. (2000). Skeletal muscle mass and distribution in 468 men and women aged 18-88 yr. *Journal of Applied Physiology,* **89,** 81-88.

22. Johnson, M.A., Polgar, J., Weihtmann, D., & Appleton, D. (1973). Data on the distribution of fiber types in thirty-six human muscles: An autopsy study. *Journal of Neurological Science*, **1**, 111-129.

23. Kenney, W.L. (1997). Thermoregulation at rest and during exercise in healthy older adults. *Exercise and Sport Sciences Reviews*, **25**, 41-77.

24. Kohrt, W.M., Malley, M.T., Coggan, A.R., Spina, R.J., Ogawa, T., Ehsani, A.A., Bourey, R.E., Martin, W.H., III, & Holloszy, J.O. (1991). Effects of gender, age, and fitness level on response of $\dot{V}O_{2max}$ to training in 60-71 yr olds. *Journal of Applied Physiology*, **71**, 2004-2011.

25. Kohrt, W.M., Malley, M.T., Dalsky, G.P., & Holloszy, J.O. (1992). Body composition of healthy sedentary and trained, young and older men and women. *Medicine and Science in Sports and Exercise*, **24**, 832-837.

26. Lepers, R., Stapley, P.J., & Cattagni, T. (2016). Centenarian athletes: Examples of ultimate human performance? *Age and Ageing*, **45**, 732-736.

27. Lexell, J., Taylor, C.C., & Sjostrom, M. (1988). What is the cause of the aging atrophy? Total number, size, and proportion of different fiber types studied in whole vastus lateralis muscle from 15- to 83-year-old men. *Journal of Neurological Science*, **84**, 275-294.

28. Marcell, T.J., Hawkins, S.A., Tarpenning, K.M., Hyslop, D.M., & Wiswell, R.A. (2003). Longitudinal analysis of lactate threshold in male and female masters athletes. *Medicine and Science in Sports and Exercise*, **35**(5), 810-817.

29. Meredith, C.N., Frontera, W.R., Fisher, E.C., Hughes, V.A., Herland, J.C., Edwards, J., & Evans, W.J. (1989). Peripheral effects of endurance training in young and old subjects. *Journal of Applied Physiology*, **66**, 2844-2849.

30. Pahor, M., Guralnik, J.M., Ambrosius, W.T., et al. (2014). Effect of structured physical activity on prevention of major mobility disability in older adults: The LIFE study randomized clinical trial. *JAMA*, **311**, 2387-2396.

31. Proctor, D.N., Shen, P.H., Dietz, N.M., Eickhoff, T.J., Lawler, L.A., Ebersold, E.J., Loeffler, D.L., & Joyner, M.J. (1998). Reduced leg blood flow during dynamic exercise in older endurance-trained men. *Journal of Applied Physiology*, **85**, 68-75.

32. Robinson, S. (1938). Experimental studies of physical fitness in relation to age. *Arbeitsphysiologie*, **10**, 251-323.

33. Shibata, S., Hastings, J.L., Prasad, A., Fu, Q., Palmer, M.D., & Levine, B.D. (2008). "Dynamic" starling mechanisms: Effects of ageing and physical fitness on ventricular-arterial coupling. *Journal of Physiology*, **586**(7), 1951-1962.

34. Spirduso, W.W. (2005). *Physical dimensions of aging* (2nd ed.). Champaign, IL: Human Kinetics.

35. Tanaka, H., Monahan, K.D., & Seals, D.R. (2001). Age-predicted maximal heart rate revisited. *Journal of the American College of Cardiology*, **37**, 153-156.

36. Trappe, S.W., Costill, D.L., Fink, W.J., & Pearson, D.R. (1995). Skeletal muscle characteristics among distance runners: A 20-yr follow-up study. *Journal of Applied Physiology*, **78**, 823-829.

37. Trappe, S.W., Costill, D.L., Goodpaster, B.H., & Pearson, D.R. (1996). Calf muscle strength in former elite distance runners. *Scandinavian Journal of Medicine and Science in Sports*, **6**, 205-210.

38. Trappe, S.W., Costill, D.L., Vukovich, M.D., Jones, J., & Melham, T. (1996). Aging among elite distance runners: A 22-yr longitudinal study. *Journal of Applied Physiology*, **80**, 285-290.

39. Trappe, S., Hayes, E., Galpin, A., Kaminsky, L., Jemiolo, B., Fink, W., Trappe, T., Jansson, A., Gustafsson, T., & Tesch, P. (2013). New records in aerobic power among octogenarian lifelong endurance athletes. *Journal of Applied Physiology*, **114**, 3-10.

40. Wiswell, R.A., Jaque, S.V., Marcell, T.J., Hawkins, S.A., Tarpenning, K.M., Constantino, N., & Hyslop, D.M. (2000). Maximal aerobic power, lactate threshold, and running performance in master athletes. *Medicine and Science in Sports and Exercise*, **32**, 1165-1170.

41. Zhu, W., Wadley, V.G., Howard, V.J., Hutto, B., Blair, S.N., & Hooker, S.P. (2017). Objectively measured physical activity and cognitive function in older adults. *Medicine and Science in Sports and Exercise*, **49**, 47-53.

Capítulo 19

1. American College of Obstetricians and Gynecologists. (2015). Physical activity and exercise during pregnancy and the postpartum period. *ACOG Committee on Obstetric Practice, Committee Opinion*, **650**. Available: www.acog.org/Resources-And-Publications/Committee-Opinions/Committee-on-Obstetric-Practice/Physical-Activity-and-Exercise-During-Pregnancy-and-the-Postpartum-Period.

2. American College of Sports Medicine. (2007). The female athlete triad. *Medicine and Science in Sports and Exercise*, **39**, 1867-1882.

3. Åstrand, P.-O., Rodahl, K., Dahl, H.A., & Strømme, S.B. (2003). *Textbook of work physiology: Physiological bases of exercise* (4th ed.). Champaign, IL: Human Kinetics.

4. Barakat, R., Perales, M., Cordero, Y., Bacchi, M., & Mottola, M.F. (2017). Influence of land or water exercise in pregnancy on outcomes: A cross-sectional study. *Medicine and Science in Sports and Exercise*, **49**, 1397-1403.

5. Blaize, A.N., Pearson, K.J., & Newcomer, S.C. (2015). Impact of maternal exercise during pregnancy on offspring chronic disease susceptibility. *Medicine and Science in Sports and Exercise*, **43**, 198-203.

6. Caudwell, P., Gibbons, C., Finlayson, G., Näslund, E., & Blundell, J. (2014). Exercise and weight loss: No sex differences in body weight response to exercise. *Exercise and Sport Sciences Reviews*, **42**, 92-101.

7. Costill, D.L., Fink, W.J., Flynn, M., & Kirwan, J. (1987). Muscle fiber composition and enzyme activities in elite female distance runners. *International Journal of Sports Medicine*, **8**(Suppl 2), 103-106.

8. Cureton, K., Bishop, P., Hutchinson, P., Newland, H., Vickery, S., & Zwiren, L. (1986). Sex differences in maximal oxygen uptake: Effect of equating haemoglobin concentration. *European Journal of Applied Physiology*, **54**, 656-660.

9. Cureton, K.J., & Sparling, P.B. (1980). Distance running performance and metabolic responses to running in men and women with excess weight experimentally equated. *Medicine and Science in Sports and Exercise*, **12**, 288-294.

10. Deaner, R.O., Carter, R.E., Joyner, M.J., & Hunter, S.K. (2015). Men are more likely than women to slow in the marathon. *Medicine and Science in Sports and Exercise*, **42**, 607-616.

11. Evenson, K.R., & Wen, F. (2010). National trends in self-reported physical activity and sedentary behaviors among pregnant women: NHANES 1999-2006. *Preventive Medicine*, **50**, 123-128.

12. Fink, W.J., Costill, D.L., & Pollock, M.L. (1977). Submaximal and maximal working capacity of elite distance runners: Part II. Muscle fiber composition and enzyme activities. *Annals of the New York Academy of Sciences*, **301**, 323-327.

13. Hermansen, L., & Andersen, K.L. (1965). Aerobic work capacity in young Norwegian men and women. *Journal of Applied Physiology*, **20**, 425-431.

14. Hunter, S.K., & Stevens, A.A. (2013). Sex differences in marathon running with advanced age: Physiology or participation? *Medicine and Science in Sports and Exercise*, **45**, 148-156.

15. Kardel, K.R. (2005). Effects of intense training during and after pregnancy in top-level athletes. *Scandinavian Journal of Medicine and Science in Sports*, **15**, 79-86.

16. Karkazis, K., Jordan-Young, R., Davis, G., & Camporesi, S. (2012). Out of bounds? A critique of the new policies on hyperandrogenism in elite female athletes. *American Journal of Bioethics*, **12**, 3-16.

17. Mudd, L.M., Owe, K.M., Mottola, M.F., & Pivarnik, J.M. (2013). Health benefits of physical activity during pregnancy: An international perspective. *Medicine and Science in Sports and Exercise*, **45**, 268-277.

18. Parks, R.B., Hetzel, S.J., & Brooks, M.A. (2017). Iron deficiency and anemia among collegiate athletes: A retrospective chart review. *Medicine and Science in Sports and Exercise*, **49**, 1711-1715.

19. Peter, L., Rüst, C.A., Knechtle, B., Rosemann, T., & Lepers, R. (2014). Sex differences in 24-hour ultra-marathon performance—A retrospective data analysis from 1977 to 2012. *Clinics (Sao Paulo)*, **69**, 38-46.

20. Redman, L.M., & Loucks, A.B. (2005). Menstrual disorders in athletes. *Sports Medicine*, **35**, 747-755.

21. Saltin, B., & Åstrand, P.-O. (1967). Maximal oxygen uptake in athletes. *Journal of Applied Physiology*, **23**, 353-358.

22. Saltin, B., Henriksson, J., Nygaard, E., & Andersen, P. (1977). Fiber types and metabolic potentials of skeletal muscles in sedentary man and endurance runners. *Annals of the New York Academy of Sciences*, **301**, 3-29.

23. Salvesen, K.Å., Hem, E., & Sundgot-Borgen, J. (2012). Fetal wellbeing may be compromised during strenuous exercise among pregnant elite athletes. *British Journal of Sports Medicine*, **46**, 279-283.

24. Schantz, P., Randall-Fox, E., Hutchison, W., Tyden, A., & Åstrand, P.-O. (1983). Muscle fibre type distribution, muscle cross-sectional area and maximal voluntary strength in humans. *Acta Physiologica Scandinavica*, **117**, 219-226.

25. Torgrimson, B.N., & Minson, C.T. (1985). Sex and gender: What is the difference? *Journal of Applied Physiology*, **99**, 785-787.

26. Williams, N.I., McConnell, H.J., Gardner, J.K., Frye, B.R., Richard, E.L., Snook, M.L., Dougherty, K.L., Parrott, T.S., Albert, A., & Schukert, M. (2004). Exercise-associated menstrual disturbances: Dependence on daily energy deficit, not body composition or body weight changes. *Medicine and Science in Sports and Exercise*, **36**(5), S280.

27. Wilmore, J.H., Stanforth, P.R., Gagnon, J., Rice, T., Mandel, S., Leon, A.S., Rao, D.C., Skinner, J.S., & Bouchard, C. (2001). Cardiac output and stroke volume changes with endurance training: The HERITAGE Family Study. *Medicine and Science in Sports and Exercise*, **33**, 99-106.

Capítulo 20

1. American College of Sports Medicine. (2018). *ACSM's guidelines for exercise testing and prescription* (10th ed.). Philadelphia: Wolters Kluwer.

2. Bergouignan, A., Rudwill, F., Simon, C., & Blanc, S. (2011). Physical inactivity as the culprit of metabolic inflexibility: Evidence from bed-rest studies. *Journal of Applied Physiology*, **111**, 1201-1210.

3. Booth, F.W., Gordon, S.E., Carlson, C.J., & Hamilton, M.T. (2000). Waging war on modern chronic disease: Primary prevention through exercise biology. *Journal of Applied Physiology*, **88**, 774-787.

4. Borg, G.A.V. (1998). *Borg's perceived exertion and pain scales*. Champaign, IL: Human Kinetics.

5. Byrne, N.M., Hills, A.P., Hunter, G.R., Weinsier, R.L., & Schutz, Y. (2005). Metabolic equivalent: One size does not fit all. *Journal of Applied Physiology*, **99**, 1112-1119.

6. Gibala, M.J., & McGee, S. (2008). Metabolic adaptations to short-term high-intensity interval training: A little pain for a lot of gain? *Exercise and Sports Science Reviews*, **36**, 58-63.

7. Haskell, W.L., Lee, I.M., Pate, R.R., et al. (2007). Physical activity and public health: Updated recommendations for adults from the American College of Sports Medicine and the American Heart Association. *Medicine and Science in Sports and Exercise*, **39**, 1423-1424.

8. Katzmarzyk, P.T., & Pate, R.R. (2017). Physical activity and mortality: The potential impact of sitting. *Trans-*

lational Journal of the American College of Sports Medicine, **2,** 32-33.

9. Lauer, M., Sivarajan Froelicher, E., Williams, M., & Kligfield, P. (2005). Exercise testing in asymptomatic adults. *Circulation,* **112,** 771-776.

10. Manini, T.M., Everhart, J.E., Patel, K.V., Schoeller, D.A., Colbert, L.H., Visser, M., Tylavsky, F., Bauer, D.C., Goodpaster, B.H., & Harris, T.B. (2006). Daily activity energy expenditure and mortality among older adults. *Journal of the American Medical Association,* **296,** 171-179.

11. Matthews, C.E., Moore, S.C., Sampson, J., Blair, A., Xiao, Q., Keadle, S.K., Hollenbeck, A., & Park, Y. (2015). Mortality benefits for replacing sitting time with different physical activities. *Medicine and Science in Sports and Exercise,* **47,** 1833-1840.

12. Murray, A.D., Daines, L., Archibald, D., Hawkes, R.A., Schiporst, C., Kelly, P., Grant, L., & Mutrie, N. (2017). The relationships between golf and health: A scoping review. *British Journal of Sports Medicine,* **51,** 12-19.

13. Persinger, R., Foster, C., Gibson, M., Fater, D.C.W., & Porcari, J.P. (2004). Consistency of the talk test for exercise prescription. *Medicine and Science in Sports and Exercise,* **36,** 1632-1636.

14. Pollock, M.L., Franklin, B.A., Balady, G.J., Chaitman, B.L., Fleg, J.L., Fletcher, B., Limacher, M., Piña, I.L., Stein, R.A., Williams, M., & Bazzarre, T. (2000). Resistance exercise in individuals with and without cardiovascular disease: Benefits, rationale, safety and prescription. *Circulation,* **101,** 828-833.

15. President's Council on Fitness, Sports & Nutrition. (2017). *Facts and statistics: Physical activity.* Available: www.hhs.gov/fitness/resource-center/facts-and-statistics/index.html.

16. Swain, D.P., & Leutholtz, B.C. (1997). Heart rate reserve is equivalent to %$\dot{V}O_2$ reserve, not to %$\dot{V}O_2$max. *Medicine and Science in Sports and Exercise,* **29,** 410-414.

17. Tarumi, T., & Zhang, R. (2015). The role of exercise-induced cardiovascular adaptation in brain health. *Exercise and Sport Science Reviews,* **43,** 181-189.

18. Williams, P.T. (2014). Reduced risk of brain cancer mortality from walking and running. *Medicine and Science in Sports and Exercise,* **46,** 927-932.

Capítulo 21

1. American College of Sports Medicine and American Heart Association. (2007). Exercise and acute cardiovascular events: Placing the risks into perspective. Joint position statement. *Medicine and Science in Sports and Exercise,* **39,** 886-897.

2. American College of Sports Medicine. (2014). *ACSM's guidelines for exercise testing and prescription* (9th ed.). Philadelphia: Lippincott Williams & Wilkins.

3. American Heart Association. (2010). Heart disease and stroke statistics—2010 update. *Circulation,* **121,** e46-e215.

4. American Heart Association. (2017). Heart disease and stroke statistics—2017 update. *Circulation,* **135,** e1-e457. Available: http://circ.ahajournals.org/content/circulationaha/early/2017/01/25/CIR.0000000000000485.full.pdf.

5. Berenson, G.S., Srinivasan, S.R., Bao, W., Newman, W.P., Tracy, R.E., & Wattigney, W.A. (1998). Association between multiple cardiovascular risk factors and atherosclerosis in children and young adults. The Bogalusa Heart Study. *New England Journal of Medicine,* **338,** 1650-1656.

6. Blair, S.N., Goodyear, N.N., Gibbons, L.W., & Cooper, K.H. (1984). Physical fitness and incidence of hypertension in healthy normotensive men and women. *Journal of the American Medical Association,* **252,** 487-490.

7. Blair, S.N., & Jackson, A.S. (2001). Guest editorial: Physical fitness and activity as separate heart disease risk factors: A meta-analysis. *Medicine and Science in Sports and Exercise,* **33,** 762-764.

8. Blair, S.N., Kohl, H.W., Paffenbarger, R.S., Clark, D.G., Cooper, K.H., & Gibbons, L.W. (1989). Physical fitness and all-cause mortality: A prospective study of healthy men and women. *Journal of the American Medical Association,* **262,** 2395-2401.

9. Blumenthal, J.A., Babyak, M.A., Doraiswamy, P.M., Watkins, L., Hoffman, B.M., et al. (2007). Exercise and pharmacotherapy in the treatment of major depressive disorder. *Psychosomatic Medicine,* **69,** 587-596.

10. Carnethon, M.R., Gulati, M., & Greenland, P. (2005). Prevalence and cardiovascular disease correlates of low cardiorespiratory fitness in adolescents and adults. *Journal of the American Medical Association,* **294,** 2981-2988.

11. Chow, L., Eberly, L.E., Austin, E., Carnethon, M., Bouchard, C., Sternfeld, B., Zhu, N.A., Sidney, S., & Schreiner, P. (2015). Fitness change effects on midlife metabolic outcomes. *Medicine and Science in Sports and Exercise,* **47,** 967-973.

12. Conroy, M.B., Cook, N.R., Manson, J.E., Buring, J.E., & Lee, I-M. (2005). Past physical activity, current physical activity, and risk of coronary heart disease. *Medicine and Science in Sports and Exercise,* **37,** 1251-1256.

13. Dunlop, D., Song, J., Arnston, E., Semanik, P., Lee, J., et al. (2014). Sedentary time in U.S. older adults associated with disability in activities of daily living independent of physical activity. *Journal of Physical Activity and Health* February 5 [Epub ahead of print]. doi:10.1123/jpah.2013-0311.

14. Eckel, R.H., et al. (2013). 2013 ACC/AHA guideline on lifestyle management to reduce cardiovascular risk: A report of the American College of Cardiology/American Heart Association Task Force on Practice Guidelines. *Circulation* November 12 [Epub ahead of print]. Available: http://circ.ahajournals.org [September 20, 2014]. doi:10.1161/01.cir.0000437740.48606.d1.

15. Enos, W.F., Holmes, R.H., & Beyer, J. (1953). Coronary disease among United States soldiers killed in action in

Korea. *Journal of the American Medical Association,* **152,** 1090-1093.

16. Ford, E.S., & Caspersen, C.J. (2012). Sedentary behaviour and cardiovascular disease: A review of prospective studies. *International Journal of Epidemiology,* **41,** 1338-1353.

17. Gill, J.M.R. (2007). Physical activity, cardiorespiratory fitness and insulin resistance: A short update. *Current Opinion in Lipidology,* **18,** 47-52.

18. Glass, T.W., & Maher, C.G. (2014). Physical activity reduces cigarette cravings. *British Journal of Sports Medicine,* **48,** 1263-1264.

19. Gleeson, M., Bishop, N.C., Stensel, D.J., Lindley, M.R., Mastana, S.S., et al. (2011). The anti-inflammatory effects of exercise: Mechanisms and implications for the prevention and treatment of disease. *Nature Reviews Immunology,* **11,** 607-615.

20. Goff, D.C., et al. (2013). 2013 ACC/AHA guideline on the assessment of cardiovascular risk: A report of the American College of Cardiology/American Heart Association Task Force on Practice Guidelines. *Circulation* November 12 [Epub ahead of print]. Available: http://circ.ahajournals.org [September 20, 2014]. doi:10.1161/01.cir.0000437741.48606.98.

21. *Guidelines for cardiac rehabilitation and secondary prevention programs* (5th ed. with web resource). (2013). AACVPR. Champaign, IL: Human Kinetics.

22. Healy, G.N., Matthews, C.E., Dunstan, D.W., Winkler, E.A., & Owen, N. (2011). Sedentary time and cardio-metabolic biomarkers in US adults: NHANES 2003-06. *European Heart Journal,* **32,** 590-597.

23. Hu, F.B., Stampfer, M.J., Colditz, G.A., Ascherio, A., Rexrode, K.M., Willett, W.C., & Manson, J.E. (2000). Physical activity and risk of stroke in women. *Journal of the American Medical Association,* **283,** 2961-2967.

24. James, P.A., et al. (2014). 2014 evidence-based guideline for the management of high blood pressure in adults: Report from the panel members appointed to the Eighth Joint National Committee (JCN8). *Journal of the American Medical Association,* **311**(5), 507-520.

25. Kannel, W.B., & Dawber, T.R. (1972). Atherosclerosis as a pediatric problem. *Journal of Pediatrics,* **80,** 544-554.

26. Levine, J.A., Vander Weg, M.W., Hill, J.O., & Klesges, R.C. (2006). Non-exercise activity thermogenesis: The crouching tiger hidden dragon of societal weight gain. *Arteriosclerosis, Thrombosis, and Vascular Biology,* **26,** 729-736.

27. Lawler, P.R., Filion, K.B., & Eisenberg, M.J. (2011). Efficacy of exercise-based cardiac rehabilitation post-myocardial infarction: A systematic review and meta-analysis of randomized controlled trials. *American Heart Journal,* **162,** 571-584.

28. Lee, C.D., & Blair, S.N. (2002). Cardiorespiratory fitness and stroke mortality in men. *Medicine and Science in Sports and Exercise,* **34,** 592-595.

29. Libby, P., Ridker, P., & Hansson, G.K. (2009). Inflammation in atherosclerosis: From pathophysiology to practice. *Journal of the American College of Cardiology,* **54,** 2129-2138.

30. McNamara, J.J., Molot, M.A., Stremple, J.F., & Cutting, R.T. (1971). Coronary artery disease in combat casualties in Vietnam. *Journal of the American Medical Association,* **216,** 1185-1187.

31. Montoye, H.J., Metzner, H.L., Keller, J.B., Johnson, B.C., & Epstein, F.H. (1972). Habitual physical activity and blood pressure. *Medicine and Science in Sports and Exercise,* **4,** 175-181.

32. Morris, J.N., Heady, J.A., Raffle, P.A.B., Roberts, C.G., & Parks, J.W. (1953). Coronary heart-disease and physical activity of work. *Lancet,* **265,** 1053-1057.

33. Myers, J., Kaykha, A., George, S., et al. (2004). Fitness versus physical activity patterns in predicting mortality in men. *American Journal of Medicine,* **117,** 912-918.

34. O'Keefe, J.H., Patil, H.R., Lavie, C.J., Magalski, A., Vogel, R.A., et al. (2007). Potential adverse cardiovascular effects from excessive endurance exercise. *Mayo Clinic Proceedings,* **87,** 587-595.

35. Paffenbarger, R.S., Hyde, R.T., Wing, A.L., & Hsieh, C-C. (1986). Physical activity, all-cause mortality, and longevity of college alumni. *New England Journal of Medicine,* **314,** 605-613.

36. Roberts, W.O., Schwartz, R.S., Kraus, S.M., Schwartz, J.G., Peichel, G., Garberich, R.F., Lesser, J.R., Oesterle, S.N., Wickstrom, K.K., Knickelbine, T., & Harris, K.M. (2017). Long-term marathon running is associated with low coronary plaque formation in women. *Medicine and Science in Sports and Exercise,* **49,** 641-645.

37. Siscovick, D.S., Weiss, N.S., Fletcher, R.H., & Lasky, T. (1984). The incidence of primary cardiac arrest during vigorous exercise. *New England Journal of Medicine,* **311,** 874-877.

38. Stone, N.J., et al. (2013). 2013 ACC/AHA guideline on the treatment of blood cholesterol to reduce atherosclerotic cardiovascular risk in adults: A report of the American College of Cardiology/American Heart Association Task Force on Practice Guidelines. *Circulation* November 12 [Epub ahead of print]. Available: http://circ.ahajournals.org. doi:10.1161/01.cir.0000437738.63853.7a.

39. Tanasescu, M., Leitzmann, M.F., Rimm, E.B., Willett, W.C., Stampfer, M.J., & Hu, F.B. (2002). Exercise type and intensity in relation to coronary heart disease in men. *Journal of the American Medical Association,* **288,** 1994-2000.

40. Walther, C., Gielen, S., & Hambrecht, R. (2004). The effect of exercise training on endothelial function in cardiovascular disease in humans. *Exercise and Sport Sciences Reviews,* **32,** 129-134.

41. Williams, M.A., Haskell, W.L., Ades, P.A., Amsterdam, E.A., Bittner, V., Franklin, B.A., Gulanick, M., Laing, S.T., & Stewart, K.J. (2007). Resistance exercise in individuals with and without cardiovascular disease: 2007 update. *Circulation,* **116,** 572-584.

42. Williams, P.T. (2013). Dose-response relationship of physical activity to premature and total all-cause and cardiovascular disease mortality in walkers. *PlOS ONE*, **8**(11), e78777. doi:10.1371/journal.pone.0078777.

43. World Health Organization. (2017). *Fact sheet*. Available: www.who.int/mediacentre/factsheets/fs317/en.

Capítulo 22

1. Achten, J., Gleeson, M., & Jeukendrup, A.E. (2002). Determination of the exercise intensity that elicits maximal fat oxidation. *Medicine and Science in Sports and Exercise*, **34**, 92-97.

2. American Diabetes Association. (2017, September 20). *Statistics about diabetes: Overall numbers, diabetes and prediabetes*. Available: www.diabetes.org/diabetes-basics/statistics.

3. Bassuk, S.S., & Manson, J.E. (2005). Epidemiological evidence for the role of physical activity in reducing risk of type 2 diabetes and cardiovascular disease. *Journal of Applied Physiology*, **99**, 1193-1204.

4. Bouchard, C. (1991). Heredity and the path to overweight and obesity. *Medicine and Science in Sports and Exercise*, **23**, 285-291.

5. Bouchard, C., Tremblay, A., Després, J.-P., Nadeau, A., Lupien, P.J., Theriault, G., Dussault, J., Moorjani, S., Pinault, S., & Fournier, G. (1990). The response to long-term overfeeding in identical twins. *New England Journal of Medicine*, **322**, 1477-1482.

6. Bray, G.A. (1985). Obesity: Definition, diagnosis and disadvantages. *Medical Journal of Australia*, **142**, S2-S8.

7. Centers for Disease Control and Prevention. (2011, March 3). *The health effects of overweight and obesity*. Available: www.cdc.gov/healthyweight/effects/index.html.

8. Colberg, S.R., Sigal, R.J., Yardley, J.E., et al. (2016). Physical activity/exercise and diabetes: A position statement of the American Diabetes Association. *Diabetes Care*, **39**, 2065-2079.

9. Dandona, P., Aljada, A., Chaudhuri, A., Mohanty, P., & Garg, R. (2005). Metabolic syndrome: A comprehensive perspective based on interactions between obesity, diabetes, and inflammation. *Circulation*, **111**, 1448-1454.

10. Davidson, L.E., Hudson, R., Kilpatrick, K., Kuk, J.L., McMillan, K., Janiszewski, P.M., Lee, S., Lam, M., & Ross, R. (2009). Effects of exercise modality on insulin resistance and functional limitation in older adults: A randomized controlled trial. *Archives of Internal Medicine*, **169**, 122-131.

11. Donnelly, J.E., Blair, S.N., Jakicic, J.M., et al. (2011). Appropriate physical activity strategies for weight loss and prevention of weight gain for adults. ACSM position stand. *Journal of Medicine and Science in Sports and Exercise*, **41**, 459-471.

12. Flegal, K.M., Carroll, M.D., Kuczmarski, R.J., & Johnson, C.L. (1998). Overweight and obesity in the United States: Prevalence and trends, 1960-1994. *International Journal of Obesity*, **22**, 39-47.

13. Flegal, K.M., Carroll, M.D., Ogden, C.L., & Johnson, C.L. (2002). Prevalence and trends in obesity among US adults, 1999-2000. *Journal of the American Medical Association*, **288**, 1723-1727.

14. Gwinup, G., Chelvam, R., & Steinberg, T. (1971). Thickness of subcutaneous fat and activity of underlying muscles. *Annals of Internal Medicine*, **74**, 408-411.

15. Hall, K.D., Sacks, G., Chandramohan, D., Chow, C.C., Wang, Y.C., et al. (2011). Quantification of the effect of energy imbalance on bodyweight. *Lancet*, **378**, 826-837.

16. Hill, J.O., Wyatt, H.R., & Peters, J.C. (2012). Energy balance and obesity. *Circulation*, **126**, 126-132.

17. Holloszy, J.O. (2005). Exercise-induced increase in muscle insulin sensitivity. *Journal of Applied Physiology*, **99**, 338-343.

18. Jensen, M.D., Ryan, D.H., Apovian, C.M., et al. (2014). AHA/ACC/TOS prevention guideline: 2013 AHA/ACC/TOS guideline for the management of overweight and obesity in adults: A report of the American College of Cardiology/American Heart Association Task Force on Practice Guidelines and The Obesity Society. *Circulation*, **129**(suppl), S102-S138.

19. Katch, F.I., Clarkson, P.M., Kroll, W., McBride, T., & Wilcox, A. (1984). Effects of sit up exercise training on adipose cell size and adiposity. *Research Quarterly for Exercise and Sport*, **55**, 242-247.

20. King, N.A., Caudwell, P.P., Hopkins, M., Stubbs, J.R., Naslund, E., et al. (2009). Dual-process action of exercise on appetite control: Increase in orexigenic drive but improvement in meal-induced satiety. *American Journal of Clinical Nutrition*, **90**(4), 921-927.

21. Knowler, W.C., Barrett-Connor, E., Fowler, S.E., Hamman, R.F., Lachin, J.M., Walker, E.A., & Nathan, D.M. (2002). Reduction in the incidence of type 2 diabetes with lifestyle intervention or metformin. *New England Journal of Medicine*, **346**, 393-403.

22. Ludwig, D.S., & Ebbeling, C.B. (2001). Type 2 diabetes mellitus in children. *Journal of the American Medical Association*, **286**, 1426-1430.

23. Malin, S.K., & Braun, B. (2016). Impact of metformin on exercise-induced metabolic adaptations to lower type 2 diabetes risk. *Exercise and Sport Science Reviews*, **44**, 4-11.

24. Mayer, J., Roy, P., & Mitra, K.P. (1956). Relation between caloric intake, body weight, and physical work: Studies in an industrial male population in West Bengal. *American Journal of Clinical Nutrition*, **4**(2), 169-175.

25. Moore, J.X., Chaudhary, N., & Akinyemiju, T. (2017). Metabolic syndrome prevalence by race/ethnicity and sex in the United States, National Health and Nutrition Examination Survey, 1988-2012. *Prevention of Chronic Diseases*, **14**, 160287.

26. Morton, G.J., Cummings, D.E., Baskin, D.G., Barsh, G.S., & Schwartz, M.W. (2006). Central nervous system control of food intake and body weight. *Nature*, **443**, 289-295.

27. National Institutes of Health. (2000). *The practical guide: Identification, evaluation, and treatment of overweight and obesity in adults* (NIH Publication No. 00-4084). Washington, DC: U.S. Department of Health and Human Services.

28. Ogden, C.L., Carroll, M.D., Fryar, C.D., & Flegal, K.M. (2015). Prevalence of obesity among adults and youth: United States, 2011-2014. *NCHS Data Brief No. 219, November 2015. Centers for Disease Control and Prevention.* Available: www.cdc.gov/nchs/products/databriefs/db219.htm.

29. Organisation for Economic Co-operation and Development (OECD). (2014). *Obesity update.* Available: www.oecd.org/els/health-systems/Obesity-Update-2014.pdf.

30. Ortega, F.B., Ruiz, J.R., Labayen, I., Lavie, C.J., & Blair, S.N. (2018). The fat but fit paradox: What we know and don't know about it. *British Journal of Sports Medicine,* **52**(3), 151-153.

31. Poehlman, E.T. (1989). A review: Exercise and its influence on resting energy metabolism in man. *Medicine and Science in Sports and Exercise,* **21,** 515-525.

32. Seidell, J.C., Deurenberg, P., & Hautvast, J.G.A.J. (1987). Obesity and fat distribution in relation to health—Current insights and recommendations. *World Review of Nutrition and Dietetics,* **50,** 57-91.

33. Singh, G.K., Siahpush, M., Hiatt, R.A., & Timsina, L.R. (2011). Dramatic increases in obesity and overweight prevalence and body mass index among ethnic-immigrant and social class groups in the United States, 1976-2008. *Journal of Community Health,* **36,** 94-110.

34. Slentz, C.A., Aiken, L.B., Houmard, J.A., Bales, C.W., Johnson, J.L., Tanner, C.J., Duscha, B.D., & Kraus, W.E. (2005). Inactivity, exercise and visceral fat. STRRIDE: A randomized, controlled study of exercise intensity and amount. *Journal of Applied Physiology,* **99,** 1613-1618.

35. Tuomilehto, J., Lindstrom, J., Eriksson, J.G., Valle, T.T., Hamalainen, H., et al. for the Finnish Diabetes Prevention Study Group. (2001). Prevention of type 2 diabetes mellitus by changes in lifestyle among subjects with impaired glucose tolerance. *New England Journal of Medicine,* **344,** 1343-1350.

36. Whitaker, K.M., Pereira, M.A., Jacobs, D.R., Jr., Sidney, S., & Odegaard, A.O. (2017). Sedentary behavior, physical activity, and abdominal adipose tissue deposition. *Medicine and Science in Sports and Exercise,* **49,** 450-458.

37. Wilmore, J.H. (1996). Increasing physical activity: Alterations in body mass and composition. *American Journal of Clinical Nutrition,* **63,** 456S-460S.

38. Wilmore, J.H., Stanforth, P.R., Hudspeth, L.A., Gagnon, J., Daw, E.W., Leon, A.S., Rao, D.C., Skinner, J.S., & Bouchard, C. (1998). Alterations in resting metabolic rate as a consequence of 20-wk of endurance training: The HERITAGE Family Study. *American Journal of Clinical Nutrition,* **68,** 66-71.

39. World Health Organization. (2016). *Overweight/obesity, 2014: Prevalence of obesity, ages 20+, age standardized: both sexes.* Geneva: Author.

40. Yaspelkis, B.B. (2006). Resistance training improves insulin signaling and action in skeletal muscle. *Exercise and Sport Sciences Reviews,* **34,** 42-46.

41. Schulz, L.O., Bennett, P.H., Ravussin, E., Kidd, J.R., Kidd, K.K., Esparza, J., & Valencia, M.E. (2006). Effects of traditional and western environments on prevalence of type 2 diabetes in Pima Indians in Mexico and the U.S. *Diabetes Care,* **29,** 1866-1871.

Índice remissivo

1 repetição máxima, ou 1RM 244

A

Abordagens bioquímicas 10
Absorção de glicose pelos músculos 113
Absorciometria por raios X de dupla energia (DXA) 408
Ação de bombeamento do coração durante o exercício físico 174
Acetil coenzima A (acetil CoA) 65
Acetilcolina 86
Acidente vascular encefálico 578
Ácido láctico 146
Ácido láctico como fonte de energia durante o exercício 70
Ácidos graxos livres (AGL) 57
Aclimatação 324
Aclimatação ao calor 341
Aclimatação ao exercício no calor 341
Aclimatação isolante 345
Aclimatação metabólica 345
Aclimatização 324, 341
Ações hormonais 104
Acoplamento excitação-contração 38
Actina 33
Adaptação crônica 3
Adaptações aos treinamentos aeróbio e anaeróbio 287
Adaptações ao treinamento aeróbio 288
Adaptações ao treinamento anaeróbio 313
Adaptações ao treinamento de força 265
Adaptações ao treinamento intervalado de alta intensidade 315
Adaptações ao treinamento que podem reduzir o risco 592
Adaptações cardiovasculares 290, 368
Adaptações fisiológicas ao treinamento físico 488, 513, 533
Adaptações integradas ao exercício crônico de resistência 306
Adaptações metabólicas ao treinamento 305
Adaptações musculares 301, 367
Adaptações no músculo com o treinamento anaeróbio 314
Adaptações no sistema ATP-PCr 314
Adaptações no sistema glicolítico 315
Adaptações nos sistemas de energia 314
Adaptações pulmonares 366
Adaptações respiratórias ao treinamento 300
Adaptações sanguíneas 367
Adenosina trifosfatase (ATPase) 40

Adipocinas 581
Adolescência 478
Adolescentes 492
Adrenalina 111
Adrenérgicos 86
Adultos jovens 493
Agência Mundial *Antidoping* 462
Água 430
Água e equilíbrio hidroeletrolítico 430
Alcalose respiratória 359
Aldosterona 118
Alterações nos tipos de fibra 275
Altitude: otimização do treinamento e desempenho 368
Altura e peso 479
Altura, peso e composição corporal 501
Alvéolos 194
Alvo mecanístico da rapamicina (mTOR) 278
Ambiente hipobárico 356
Ambientes de pesquisa 18
Amenorreia 538
Amenorreia primária 538
Amenorreia secundária 539
American College of Sports Medicine 250
Aminoácidos essenciais 423
Aminoácidos não essenciais 423
Anatomia do músculo esquelético 31
Anfetaminas 454
Anorexia nervosa 544
Aptidão aeróbia 135
Arginina vasopressina 335
Armazenando energia: fosfatos de alta energia 59
Arritmias cardíacas 171
Artérias 177
Arteríolas 177
Arteríolas da pele 329
Asma induzida pelo exercício 232, 351
Aspectos históricos da fisiologia do exercício 4
Aterosclerose 166
Ativação gênica direta 105
Atividade enzimática 74
Atividade reflexa 95
Atividades anaeróbias de corrida em velocidade, salto e arremesso 365
Atividades de aquecimento e alongamento 567
Atividades de relaxamento e alongamento 568
Atividades físicas para promoção de saúde e condicionamento físico 549
Atividades recreativas 569
Atletas idosos 510
ATPase 42

Atrofia 51
Atrofia muscular e diminuição da força com a inatividade 275
Aumento da frequência de disparos das unidades motoras 269
Aumento do risco para certas doenças 609
Avaliação da capacidade de resistência cardiorrespiratória 289
Avaliação da composição corporal 406

B

Bainha de mielina 83
Balanço energético e obesidade 607
Barorreceptores 181
Bebidas esportivas 440
Benefícios e recomendações de exercícios durante a gravidez 540
Benefícios ergogênicos propostos da leucina 453
Benefícios ergogênicos propostos do bicarbonato 451
Benefícios ergogênicos propostos para a beta-alanina 452
Benefícios para a saúde resultantes de exercícios físicos 552
Benefícios propostos com o uso de diuréticos 468
Benefícios propostos da cafeína 454
Benefícios propostos da creatina 456
Benefícios propostos do *doping* sanguíneo 470
Benefícios propostos dos betabloqueadores 469
Benefícios propostos dos esteroides anabolizantes 464
Benefícios propostos dos estimulantes 463
Benefícios propostos para a ingestão de nitrato 457
Benefícios propostos para o hormônio do crescimento 467
Benefícios propostos para os polifenóis do suco de cereja 455
Beta-alanina 452
Betabloqueadores 469
Betaoxidação 68
Bicarbonato 451
Bioenergética 56
Bioimpedância 409
Bioinformática 16
Bomba da musculatura esquelética 183
Bomba respiratória 192
Bombas de sódio-potássio 82
Bradicardia 172
Bulimia nervosa 544

C

Cadeia de transporte de elétrons 65, 66
Cafeína 454
Cãibras 151
Cãibras decorrentes do calor 337

Cãibras musculares associadas ao exercício (CMAE) 157
Cãibras musculares induzidas pelo exercício 156
Cálcio 428
Cálculo do consumo de oxigênio e da produção de dióxido de carbono 130
Calor e temperatura muscular 146
Calorimetria direta 128
Calorimetria indireta 129
Calorímetro 128
Capacidade aeróbia e anaeróbia 515
Capacidade aeróbia máxima: $\dot{V}O_{2max}$ 289
Capacidade anaeróbia 246, 486, 489
Capacidade de difusão do oxigênio 198
Capacidade máxima para o exercício aeróbio 135
Capacidade oxidativa do músculo 74
Capacidade pulmonar total (CPT) 193
Capacidade sanguínea de transporte de oxigênio 201
Capacidade submáxima de resistência aeróbia 289
Capacidade vital (CV) 193
Capilares 177
Características das fibras dos tipos I e II 42
Características dos atletas bem-sucedidos em eventos de resistência aeróbia 140
Carbaminoemoglobina 203
Carboidratos 57, 417
Cascata de oxigênio 199
Catabolismo 58
Catecolaminas 111
Categorização dos dados fisiológicos para explicar as diferenças de tamanho 484
Células-alvo 102
Células-beta 618
Células-satélite 32
Centros respiratórios 206
Cerebelo 90
Cérebro 88
Cessação do treinamento 275
Ciclo cardíaco 172
Ciclo de Krebs 65
Ciclo de Krebs e cadeia de transporte de elétrons 68
Cicloergômetros 19
Ciclo menstrual 537
Citocromos 66
Classificação dos nutrientes 415
Classificação química dos hormônios 103
Código Mundial *Antidoping* 459
Códigos *antidoping* e testes de substâncias 458
Colecistocinina (CCK) 121
Colesterol de lipoproteína de alta densidade 585
Colesterol de lipoproteína de baixa densidade 585
Colinérgicos 86
Comando central 230
Combustível para o exercício: bioenergética e metabolismo do músculo 55

Competição esportiva e treinamento em nível de elite durante a gestação 541
Competição por irrigação sanguínea 225
Complicações com o traço falciforme 339
Composição corporal 406, 488, 533, 556
Composição corporal e nutrição para o esporte 405
Composição corporal, peso e desempenho esportivo 411
Composição dos tipos de fibras e treinamento de resistência 74
Comprimento da fibra muscular e do sarcômero 49
Condicionamento cardiorrespiratório 558
Condições ambientais na altitude 356
Condução e convecção 325
Condução saltatória 84
Considerações sobre idade e gênero no esporte e no exercício 475
Consumo de carboidratos e reservas de glicogênio 417
Consumo de gordura 422
Consumo de oxigênio em repouso e submáximo 305
Consumo de oxigênio pós-exercício 137
Consumo de proteína 423
Consumo desregrado de alimentos 544
Consumo excessivo de oxigênio pós-exercício (EPOC) 137
Consumo máximo de oxigênio 306, 484, 489, 531, 534
Consumo máximo de oxigênio e atividade de resistência 364
Consumo máximo de oxigênio, ou $\dot{V}O_{2max}$ 135
Contaminação dos suplementos nutricionais 460
Conteúdo de mioglobina 302
Conteúdo de oxigênio 225
Contração concêntrica 48
Contração da fibra muscular 37
Contração excêntrica 49
Contração muscular 48
Contração muscular estática ou isométrica 48
Contração simples 49
Contrações dinâmicas 48
Contrações ventriculares prematuras (CVP) 172
Controlando a taxa de produção de energia 58
Controle do estilo de vida para redução do risco de doença cardiovascular 588
Controle do peso corporal 604
Controle extrínseco da frequência cardíaca e do ritmo 170
Controle hormonal durante o exercício 101
Controle integrativo da pressão arterial 181
Controle intrínseco da atividade elétrica 167
Controle intrínseco do fluxo sanguíneo 178
Controle local do fluxo sanguíneo muscular 180
Controle neural do músculo em exercício 79
Controle neural dos ganhos de força 268
Controle neural extrínseco 179
Controle para o efeito placebo 449
Controles da pesquisa 21
Controle termorregulatório 328
Convecção 326
Coração 164
Coração de atleta 292
Córtex motor primário 89
Córtex suprarrenal 118
Cortisol 112
Creatina 456
Creatina quinase 61
Crescimento 478
Crescimento, desenvolvimento e maturação 478
Crescimento e maturação com o treinamento 496
Crianças 490
Crianças e adolescentes no esporte e no exercício 477
Crossover (cruzamento) 71
Cross-training 318
Custo energético de várias atividades 140

D

Dano estrutural 153
Débito cardíaco 174, 220, 296, 361
Declaração conjunta de consenso a respeito de sobretreinamento 391
Deficiência da glicose em jejum 618
Deficiência da tolerância à glicose 618
Déficit de oxigênio 137
Densidade corporal 407
Densidade mineral óssea (DMO) 479
Densitometria 407
Depleção de glicogênio 143
Depleção de glicogênio e glicose sanguínea 145
Depleção de glicogênio em diferentes tipos de fibras 143
Depleção de PCr 143
Depleção em diferentes grupos musculares 144
Derrame hemorrágico 578
Derrame isquêmico 578
Descondicionamento aeróbio 313
Descondicionamento cardiovascular 508
Desempenho esportivo 47, 517, 535
Desempenho esportivo e especialização 493
Desempenho-fadiga 392
Desempenho na corrida 517
Desempenho na natação 519
Desempenho no ciclismo 519
Desenvolvimento de métodos da atualidade 10
Desidratação 413, 431
Desidratação e desempenho durante o exercício 432
Despolarização 82
Destreinamento 396
Destreinamento no espaço 401
Determinação do tipo de fibra 45
Determinantes do débito cardíaco 172

Diabetes melito 617
Diabetes melito dependente de insulina (DMDI) 618
Diabetes tipo 1 618, 621
Diabetes tipo 2 618, 622
Diâmetro do neurônio 84
Diencéfalo 89
Diferença arteriovenosa de oxigênio 300
Diferença arteriovenosa de oxigênio, ou diferença (a-v)O_2 204
Diferença arteriovenosa mista de oxigênio, ou diferença (a-v̄)O_2 204
Diferenças de gênero 343, 346
Diferenças entre gêneros no esporte e no exercício 525
Diferenças específicas de sexo 530
Difosfato de adenosina (ADP) 60
Difusão pulmonar 194, 300, 359
Dióxido de carbono dissolvido 203
Diretrizes nutricionais baseadas em evidências para atletas 437
Discos intercalares 166
Disfunção endotelial 508
Disfunção menstrual 538
Dispneia 232
Distância do exercício intervalado 256
Distribuição do sangue 178
Distribuição do sangue venoso 181
Distribuição dos tipos de fibras 44
Distúrbios alimentares 544
Distúrbios relacionados ao calor 337
Diuréticos e outros agentes mascarantes 468
Divisão motora 91
Divisão sensitiva 91
DMIT e desempenho 154
Doença aguda da altitude (mal da montanha) 374
Doença arterial coronariana 576
Doença cardíaca congênita 579
Doença cardíaca reumática 579
Doença cardiovascular e atividade física 573, 579
Doenças das válvulas do coração 579
Doenças vasculares periféricas 579
Doping sanguíneo 470
Dor muscular aguda 151
Dor muscular de início tardio 151
Dor muscular e cãibras 151
Drift cardiovascular 224, 225
Drift do VO_2 135
Drogas ergolíticas 446
Duração do descanso ou do intervalo de recuperação ativa 257
Duração do exercício físico 561

E

Economia da corrida 485
Economia de esforço 139
Edema cerebral causado pela exposição a altitudes elevadas (ECAE) 376
Edema cerebral das altitudes elevadas 376
Edema pulmonar causado pela exposição a altitudes elevadas (EPAE) 376
Edema pulmonar das altitudes elevadas 376
Efedrina 462
Efeito placebo 447
Efeitos cardiorrespiratórios 350
Efeitos da aclimatação ao calor 341
Efeitos da obesidade em doenças estabelecidas 610
Efeitos demonstrados com a ingestão de nitrato 458
Efeitos demonstrados com o uso de diuréticos 469
Efeitos demonstrados da beta-alanina 452
Efeitos demonstrados da cafeína 454
Efeitos demonstrados da creatina 457
Efeitos demonstrados da leucina 453
Efeitos demonstrados do bicarbonato 451
Efeitos demonstrados do *doping* sanguíneo 470
Efeitos demonstrados do hormônio do crescimento 467
Efeitos demonstrados dos betabloqueadores 469
Efeitos demonstrados dos esteroides anabolizantes 464
Efeitos demonstrados dos estimulantes 463
Efeitos demonstrados dos polifenóis do suco de cereja 456
Efeitos do exercício nos fatores de risco 590
Efeitos dos exercícios agudo e crônico nos hormônios da saciedade 124
Efeitos do treinamento 3
Efeito térmico de atividade (ETA) 605
Efeito térmico de uma refeição (ETR) 605
Efetores termorregulatórios 329
Elementos-traço 428
Eletrocardiógrafo 171
Eletrocardiograma (ECG) 170, 171
Eletrocardiograma (ECG) de esforço 558
Eletroestimulação 252
Eletrólitos 428
Encéfalo 88
Endomísio 31
Endotélio 580
Energia de ativação 58
Energia para contração muscular 40
Entendendo o processo da doença 580
Entender a obesidade 600
Entender o diabetes 617
Envelhecimento no esporte e no exercício 499
Envelhecimento primário 500
Enzima(s) 58
Enzima conversora de angiotensina ou ECA 119
Enzima limitadora de velocidade 58
Enzimas oxidativas 303
Enzimas oxidativas mitocondriais 303
Epigenética 16

Epimísio 31
Equação de Fick 220, 290
Equilíbrio de eletrólitos durante o exercício 433
Equilíbrio hídrico corporal: suor 333
Equilíbrio hídrico durante o exercício 431
Equilíbrio hídrico em repouso 430
Equivalente metabólico 564
Equivalente ventilatório para o dióxido de carbono 234
Equivalente ventilatório para o oxigênio 233
Ergômetros 18, 20
Eritrócitos 185, 299
Eritropoetina (EPO) 120
Escala EPE de Borg 566
Escalas de percepção de esforço 566
Esforço anaeróbio e capacidade de exercício 137
Espaço morto anatômico 190
Especificidade 559
Especificidade do treinamento e do *cross-training* 316
Espessura da gordura em prega cutânea 409
Espirometria 192
Estabelecimento de padrões de peso apropriados 413
Estatinas e dor na musculatura esquelética 154
Esteiras ergométricas 18
Esteroides anabolizantes 447, 463
Esteroides sintéticos e testes para substâncias 460
Estimulantes 462
Estresse ambiental 520
Estresse térmico 494
Estrias gordurosas 577
Estrogênio 527
Estrutura e funcionamento do músculo em exercício 29
Estrutura e funcionamento do sistema nervoso 80
Estudos sobre recursos ergogênicos auxiliares 447
Esvaziamento gástrico 440
Etiologia da obesidade 606
Etiologia do diabetes 619
Eumenorreia 538
Evaporação 326
Evidência epidemiológica 591
Evitando o jejum e as dietas radicais 414
Evolução da fisiologia do exercício 4
Exaustão térmica 337
Exercício aeróbio de baixa intensidade 616
Exercício agudo 3
Exercício de força para idosos 281
Exercício e apetite 615
Exercício e desempenho esportivo na altitude 364
Exercício em ambientes quentes e frios 323
Exercício e menopausa 546
Exercício e reabilitação de pessoas com doenças 569
Exercício e taxa metabólica em repouso 615
Exercício máximo 483
Exercício na altitude 355
Exercício na medicina personalizada 14
Exercício neuromotor 569
Exercício no frio 344
Expiração 191
Exposição ao calor 520
Exposição ao frio e à altitude 521

F

Fadiga 141, 413
Fadiga central 142
Fadiga neuromuscular 147
Fadiga periférica 142
Faixa da frequência cardíaca de treinamento 563
Fascículo 31
Fator de crescimento derivado de plaquetas 582
Fator de resfriamento 346
Fatores de confusão no estudo do exercício 23
Fatores de risco 583
Fatores de risco para a doença arterial coronariana 584
Fatores de risco para a hipertensão 586
Fatores de risco primários 584
Fatores inibidores 110
Fatores liberadores 110
Fatores neurais 270
Fatores que afetam a perda de calor corporal 346
Fatores que afetam a resposta do indivíduo ao treinamento aeróbio 309
Fatores que contribuem para a fadiga 149
Fatores que influenciam a liberação e o consumo de oxigênio 205
Feedback aferente dos membros em exercício 208
Feedback negativo 58
Fenótipo 17
Ferro 428
Fibras de Purkinje 171
Fibras do tipo I 40, 44
Fibras do tipo II 40, 45
Fibras musculares 31
Fibrilação ventricular 172
Filamentos finos 34
Filamentos grossos 34
Fisiologia 3
Fisiologia ambiental 3
Fisiologia do esporte 3
Fisiologia do exercício 3
Fisiologia do exercício além dos limites da Terra 17
Fisiologia do exercício no século XXI 14
Fisiologia integrativa 12
Fisiologia translacional 12
Fisiopatologia 580
Fisiopatologia da doença arterial coronariana 580
Fisiopatologia da hipertensão 583
Flexibilidade 558
Fluxo sanguíneo 223, 298
Fluxo sanguíneo através do coração 164

Fluxo sanguíneo para os pulmões em repouso 194
Fluxo sanguíneo periférico 507
Força 244, 482, 488, 513, 529, 534
Força e função neuromuscular 503
Força e potência musculares 397
Força e resistência musculares 556
Força muscular 244
Formação reticular 90
Fosfato inorgânico 146
Fosfatos de alta energia 59
Fosfocreatina 61
Fosfofrutoquinase 62
Fosforilação 60
Fosforilação oxidativa 61
Fósforo 428
Fotorreceptores 91
Fração de ejeção 173
Frequência cardíaca 214, 294
Frequência cardíaca de repouso 214, 294
Frequência cardíaca de treinamento 563
Frequência cardíaca durante o exercício 214
frequência cardíaca em estado de equilíbrio 215
Frequência cardíaca máxima 215, 295
Frequência cardíaca submáxima 295
Frequência de disparos 49
Frequência de estimulação das unidades motoras 49
Frequência do exercício físico 560
Frequência semanal de treinamento 257
Função aeróbia e anaeróbia 508
Função cardiovascular 331, 506
Função cardiovascular e respiratória 530, 534
Função endotelial 591
Função mitocondrial 302
Função muscular 348
Função neuromuscular 515
Função respiratória 508
Funções cardiovascular e respiratória 482, 506
Fusos musculares 95

G

Gânglios basais 89
Gasto energético em repouso e durante o exercício 134
Gasto energético, fadiga e dor muscular 127
Geladura 351
Gênero 310
Genômica 15
Genótipo 17
Geração de força 49
Glândulas endócrinas 330
Glândulas endócrinas envolvidas na homeostase de líquidos e eletrólitos 117
Glândulas endócrinas envolvidas na regulação metabólica 110
Glândulas endócrinas e seus hormônios: aspectos gerais 106
Glândulas sudoríparas exócrinas 330
Glândulas suprarrenais 111
Glicocorticoides 112
Glicogênio 57
Glicogenólise 62
Glicólise 62, 64
Gliconeogênese 58
Glicose 57
Glucagon 112
Gordura 57, 421, 480
Gordura corporal 406
Gravidez 540
Grelina 122
Grupo de controle 21, 22
Grupo placebo 22

H

Habituação e aclimatação ao frio 344
Harvard Fatigue Laboratory 6
Hematopoese 185
Hemoconcentração 117, 227
Hemodiluição 120
Hemodinâmica geral 177
Hemoglobina 185
Hereditariedade 309
Hiperglicemia 112
Hiperinsulinemia 620
Hiperplasia das fibras 270, 272
Hiperpolarização 82
Hipertensão 577
Hipertrofia 51
Hipertrofia cardíaca 292
Hipertrofia crônica 270
Hipertrofia das fibras 270, 271
Hipertrofia muscular 249, 270
Hipertrofia temporária 270
Hiperventilação 233
Hipófise anterior 110
Hipófise posterior 117
Hipoglicemia 112
Hiponatremia 436
Hipotermia 346, 349
Hipoxemia 356
Hipoxemia arterial induzida pelo exercício (HAIE) 236
Hipóxia 356
Homeostase 3
Hormônio(s) 102
Hormônio antidiurético (ADH) 117
Hormônio do crescimento (GH) 110, 467
Hormônio estimulante da tireoide (TSH) 111
Hormônios do trato gastrintestinal 121
Hormônios e hipertrofia 271
Hormônios esteroides 103, 104

Hormônios locais ou autócrinos 106
Hormônios não esteroides 103, 105

I

Identificação dos fatores de risco 584
Imobilização 275
Importância do volume sistólico para o $\dot{V}O_{2max}$ 218
Impulso nervoso 82
Impulso neural 269
Imunidade e sobretreinamento 390
Inatividade como fator de risco: evidência epidemiológica 589
Inatividade física em crianças e risco de lesão 491
Índice capilar:fibra muscular 298
Índice de massa corporal (IMC) 601
Índice de troca respiratória 131, 305
Índice glicêmico 418
Indivíduos muito e pouco responsivos 311
Indivíduos normalmente ativos 510
Infância 478
Infarto do miocárdio 577
Inflamação 591
Influência escandinava 8
Informação sensitiva 94
Ingestão de carboidratos e desempenho 419
Ingestão de gordura e desempenho 422
Ingestão de proteína e desempenho 423
Ingestão de proteína e exercício de força 424
Inibição autógena 269
Inspiração 191
Instrumentos e técnicas 11
Insuficiência cardíaca 579
Insulação 326
Insulina 112
Integração da ativação neural e hipertrofia de fibra 274
Integração sensitivo-motora 92
Intensidade do exercício físico 561
Intensidade do exercício intervalado 255
Intensidade e hipertrofia 270
Interação científica 6
Interação dos sistemas de energia 71
Interação entre o SNC e o sistema endócrino 114
Interação entre treinamento de força e dieta 277
Interações entre frequência cardíaca e volume sistólico 295
Intermação 338
Interrupção de longos períodos na posição sentada 562
Introdução à fisiologia do esporte e do exercício 1
Íon bicarbonato 202
Íons hidrogênio 147
Irregularidades respiratórias durante o exercício 232
Isenção por uso terapêutico 459
Isquemia 577

J

Junção neuromuscular 85

L

Lactância 478
Lei de Dalton 195
Lei de Fick 198
Lei de Henry 195
Lei dos gases de Boyle 191
Leitura e interpretação de tabelas e gráficos 24
Leptina 122
Leucina 453
Levantamento de peso 520
Liberação de energia: a concentração de carboidratos 440
Limiar 83
Limiar anaeróbio 138, 234
Limiar de lactato 138, 305, 513
Limiar ventilatório 234
Limitações da calorimetria indireta 132
Limitações da pesquisa sobre recursos auxiliares ergogênicos 449
Limitações respiratórias ao desempenho 235
Lipídios e lipoproteínas 585
Lipídios sanguíneos 585
Lipogênese 58
Lipólise 68
Lipoproteína(s) 585
Lipoproteína lipase 528
Líquido extracelular 430
Líquido intracelular 430
Longevidade 522

M

Macrominerais 428
Mal da montanha 374
Manobra de Valsalva 233
Marcos da pesquisa 9
Massa de gordura 406
Massa livre de gordura 406
Massa livre de gordura e gordura corporal relativa 411
Maturação 478
Maturidade física 480
Mecanismo da renina-angiotensina-aldosterona 119
Mecanismo da sede 435
Mecanismo de Frank-Starling 219
Mecanismo de síntese de proteína com o treinamento de força e consumo de proteína 278
Mecanismos de fadiga com depleção do glicogênio 145
Mecanismos de ganho em força muscular 266
Mecanismos para a mudança no peso e na composição corporais 615

Mecanorreceptores 91, 183
Medição do estresse térmico 336
Medição do gasto energético 128
Medidas isotópicas do metabolismo energético 133
Medula espinal 90
Melhora na potência aeróbia e na resistência cardiorrespiratória em longo prazo 307
Membrana alveolocapilar 195
Membrana respiratória 195
Memória muscular 51
Menarca 537
Menopausa 546
Menstruação 537
Menstruação e desempenho 537
Menstruação e disfunção menstrual 536
Metabolismo 56, 128, 484
Metabolismo aeróbio 61
Metabolismo anaeróbio 61
Metformina ou exercício físico – ou ambos – no tratamento do diabetes? 619
Método de reserva de $\dot{V}O_{2max}$ 564
Microminerais 428
Mielinização 83, 481
Minerais 428
Mineralocorticoides 118
Minimização da DMIT 154
Miocárdio 165
Miofibrilas 33
Mioglobina 204
Miosina 33
Mitocôndrias 64
Mobilidade 517
Modelo de estudo longitudinal 20
Modelo de estudo transversal 20
Modo de exercício 560
Monitoração da intensidade do exercício físico 563
Monofosfato de adenosina cíclico 105
Motoneurônio 80
Motoneurônio alfa 37, 95
Movimento de força 39
Mudanças na composição do corpo pelo treinamento físico 612
Mudanças na potência anaeróbia e na capacidade anaeróbia 313
Mudanças no funcionamento normal do corpo 609
Mulheres pioneiras na fisiologia do exercício 13
Músculo em exercício 27
Músculo esquelético 330
Músculo esquelético e exercício 46

N

Nebulina 34
Necessidade de oxigênio 76
Necessidades nutricionais na altitude 362
Nervos efetores (ou eferentes) 80
Nervos sensitivos (ou aferentes) 80

Neurônio 80, 81
Neurotransmissores 81, 86
Nitrato 457
Nível de treinamento e $\dot{V}O_{2max}$ 309
Nó atrioventricular (AV) 169
Nocirreceptores 91
Noradrenalina 86
Nó sinoatrial (SA) 169
Notação científica 24
Núcleo pré-óptico no hipotálamo anterior (NPOHA) 328
Número de repetições e séries durante cada sessão de treinamento 256
Nutrição e desempenho esportivo 436

O

Obesidade 600
Obesidade da parte inferior do corpo (ginoide) 609
Obesidade da parte superior do corpo (androide) 609
Obesidade, diabetes e atividade física 599
Objeto de estudo da fisiologia do exercício e do esporte 3
Obtenção da aclimatação ao calor 342
Obtenção do peso ideal 413
Oligomenorreia 538
O que limita a potência aeróbia e o desempenho de resistência? 306
O que limita o exercício no calor? 331
Órgãos tendinosos de Golgi 97
Orientações para controle do sobrepeso e da obesidade 612
Osmolalidade 117
Osmolaridade 434
Ossificação 479
Ossos 479
Osteopenia 501
Osteoporose 501
Otimização do desempenho na altitude 372
Otimização do desempenho no esporte 379
Otimização do treinamento 382
O treinamento na altitude melhora o desempenho ao nível do mar? 368
Overreaching 383
Oxidação das gorduras 67
Oxidação das proteínas 69
Oxidação dos carboidratos 64
Óxido nítrico 581

P

Padrões de atividade física entre os jovens 490
Padrões de peso 411
Palatabilidade 441
Pâncreas 112

Papel da atividade física no controle do peso e na redução do risco 612
Papel da atividade física no diabetes 621
Papel do cálcio na fibra muscular 38
Perda de calor na água gelada 347
Perda de eletrólitos na urina 434
Perda de eletrólitos no suor 434
Perda de peso 610
Perda de peso ideal: diminuição da massa gorda e aumento da massa magra 414
Perimísio 31
Periodização 385
Periodização do treinamento 385
Periodização em blocos 386
Periodização tradicional 385
Período de polimento 395
Período de saúde 522
Perspectiva de pesquisa 32, 37, 44, 69, 71, 75, 87, 89, 96, 98, 111, 121, 123, 142, 149, 152, 156, 173, 176, 182, 194, 196, 206, 209, 216, 229, 231, 248, 259, 261, 267, 279, 283, 291, 316, 317, 319, 332, 336, 345, 351, 369, 373, 375, 387, 397, 402, 412, 416, 422, 424, 448, 450, 454, 456, 487, 489, 495, 514, 516, 518, 532, 537, 539, 542, 553, 554, 557, 561, 576, 586, 587, 611, 613, 619

    A capacidade oxidativa da fibra muscular determina o nível de condicionamento físico? 75
    Adaptação do ser humano à alta altitude: fisiologia dos tibetanos e dos sherpas 369
    Adaptações vasculares ao treinamento físico em mulheres na pós-menopausa 182
    A desidratação é um desafio para o sistema cardiovascular durante o exercício no calor 332
    A discussão em torno das reduções na frequência cardíaca induzidas pelo treinamento físico 173
    A dor muscular de início tardio pode ser diferente em homens e mulheres 156
    Alterações no músculo depois de apenas seis semanas de treinamento 32
    Alterações relacionadas à idade no músculo esquelético humano 518
    A manutenção do condicionamento físico até a meia-idade diminui o risco de DCV 586
    A postura afeta a ventilação durante a recuperação pós-exercício 231
    A prática excessiva de exercício físico pode ser prejudicial para o seu coração? 176
    A prática habitual da maratona diminui a formação de placa nas artérias coronárias em mulheres 576
    A prática habitual do exercício físico diminui a mortalidade por doenças respiratórias 209
    A recuperação é um estado cardiovascular distinto? 229
    As atletas devem ser testadas para deficiência de ferro e anemia ferropriva? 539
    As unidades motoras se adaptam ao treinamento intervalado de alta intensidade 87
    A temperatura ambiental altera os hormônios controladores do apetite? 123
    Atividade física e função cognitiva em idosos 516
    Atividade física e obesidade em crianças pelo mundo 489
    Atletas centenários 514
    Banhos de gelo melhoram a recuperação e aumentam o desempenho de resistência? 317
    Benefícios aeróbios com o treinamento físico de força 267
    Benefícios cognitivos do exercício para crianças 487
    Combustível para a tiritação (tremor) 345
    Comportamento sedentário, atividade física e adiposidade 613
    Declínios na atividade física durante a adolescência 495
    Desempenho de pico durante a fase de polimento 397
    Dietas com baixo teor de carboidratos e de gordura 422
    Diferenças sexuais nos tipos de fibra do músculo esquelético 96
    Em busca de uma melhor previsão da frequência cardíaca máxima 216
    Em comparação com as mulheres, há maior probabilidade de os homens desacelerarem durante a maratona 537
    Exercício físico e o cérebro 557
    Exercício terrestre versus aquático na gravidez 542
    Explorando os mecanismos que aumentam o $\dot{V}O_{2max}$ com o TIAI/HIIT 261
    Fadiga muscular e ineficiência no exercício são a mesma coisa? 152
    Fascículos musculares encurvados 37
    Fatores não tradicionais que comprometem o controle neuromuscular 98
    Fazer levantamento de peso antes de dormir, para melhorar a síntese das proteínas musculares 279
    Gasto energético na caminhada 142
    Golfe é (provavelmente) bom para a sua saúde 561
    Gordura branca, marrom e (talvez) bege em seres humanos 69
    Idade e respostas ao TIAI/HIIT 319
    Mais sobre a titina 44
    Momento das refeições e a janela para os exercícios aeróbios 416

O efeito "nocebo" no desempenho esportivo 448
O envelhecimento diminui a força rápida 89
O exercício aeróbio pode aumentar o tamanho dos músculos? 248
O mito das dietas ricas em proteína 424
O paradoxo "gordo, mas em forma" 611
Orientações revisadas de atividade física para norte-americanos 554
Os atletas devem viver na altitude e treinar no nível do mar? 375
Os homens perdem mais peso do que as mulheres com a prática regular do exercício físico? 532
O treinamento ao longo da vida pode resultar em uma utilização mais eficiente do combustível 71
O treinamento de força pode melhorar a saúde sem mudar o IMC 283
O treinamento físico contrabalança as diminuições que ocorrem na capacidade de difusão pulmonar com o envelhecimento 196
Periodização dos modelos de treinamento em alta intensidade e de adaptação da resistência 387
Perturbação do sono e aumento das enfermidades em atletas com overreaching 402
Posição sentada, atividade física e mortalidade 553
Quanto o $\dot{V}O_{2max}$ pode melhorar? 291
Subida breve e intensa de degraus 316
Suplementação de creatina junto com exercício de força, para a prevenção da sarcopenia 456
Tatuagens e suor 336
Ter mais testosterona resulta em maior vantagem competitiva? 111
Tipo de exercício e composição corporal 412
Treinamento de resistência para maior quantidade de eritrócitos 121
Treinamento intervalado de velocidade para os músculos respiratórios 194
Treinamento na altitude para nadadores 373
Treinamento Tabata: o TIAI/HIIT original 259
Ultramaratona Ártica do Yukon 351
Uso da cafeína no ciclismo 454
Uso de analgésicos no esporte 450
Ventilação durante o exercício físico em casos de asma 206
Você pode se prevenir de modo a não sentir fadiga? 149
Pesagem hidrostática 407
Pesos livres versus aparelhos 250
Pesquisa: base para a compreensão 17
Pesquisas com atletas 6
Pico de consumo de oxigênio ou VO_{2pico} 135
Plasmalema 31, 32
Pletismografia aérea 408
Pliometria 252
Policitemia 367

Polifenóis do suco de cereja 455
Polimento 395
Polimento para um desempenho de pico 395
Pontes cruzadas de miosina 39
Porte físico e composição corporal 527
Pós-carga 217
Possíveis riscos associados à ingestão de nitrato 458
Possíveis riscos associados aos polifenóis de suco de cereja 456
Potência aeróbia 246
Potência anaeróbia 246
Potência crítica: a ligação entre gasto energético e fadiga 150
Potenciais de ação 38, 83
Potenciais graduados 82
Potencial de membrana em repouso 82
Potencial pós-sináptico excitatório (PPSE) 86
Potencial pós-sináptico inibitório (PPSI) 86
Potência muscular 244
Pré-carga 217
Pré-diabetes 618
Pré-resfriamento e desempenho esportivo 332
Prescrição de exercícios 560
Prescrição de exercícios para promoção de saúde e condicionamento físico 551
Preservação de glicogênio 304
Pressão arterial 221
Pressão arterial diastólica (PAD) 177
Pressão arterial média (PAM) 177
Pressão arterial sistólica (PAS) 177
Pressão atmosférica na altitude 357
Pressão barométrica 356
Pressão hidrostática 226
Pressão oncótica 226
Pressão parcial do oxigênio 356
Pressão sanguínea 177
Pressões parciais dos gases 195
Prevalência da doença cardiovascular 574
Prevalência do diabetes 618
Prevalência do sobrepeso e da obesidade 602
Prevenção da hipertermia 339
Prevenção e recuperação 394
Primórdios da anatomia e da fisiologia 4
Princípio da especificidade 247
Princípio da individualidade 247
Princípio da periodização 248
Princípio da reversibilidade 247
Princípio da sobrecarga progressiva 247
Princípio da variação 248
Princípio do recrutamento ordenado 46
Princípio do tamanho 47
Princípios do treinamento físico 243
Princípios gerais do treinamento 246
Problemas de saúde associados ao diabetes 620
Problemas de saúde associados ao sobrepeso e à obesidade 608

Processo de pesquisa 18
Produção de calor metabólico 324
Produção de energia a partir da oxidação de carboidratos 67
Produto da frequência-pressão (PFP) 223
Proeminência axônica 81
Prognóstico da síndrome do sobretreinamento 392
Programa de exercício físico 567
Programas de reabilitação 569
Programas de treinamento de força 249
Programas de treinamento de potência aeróbia e anaeróbia 253
Progressão 562
Propagação do potencial de ação 83
Prostaglandinas 105
Proteínas 58, 423
Pseudoefedrina 462
Puberdade 479

Q

Quimiorreceptores 91, 183

R

Radiação 326
Radiação solar na altitude 357
Radicais livres 427
Ramos terminais 81
Reação inflamatória 153
Recomendações de atividades físicas 553
Recomendações para a ingestão de proteínas 277
Recomendações para reposição de líquido antes, durante e depois do exercício 436
Recrutamento de fibras musculares 46
Recuperação da frequência cardíaca 296
Recursos ergogênicos auxiliares no esporte 445
Recursos ergogênicos auxiliares nutricionais 450
Redistribuição do sangue durante o exercício 223
Redução do risco com treinamento físico 592
Redução localizada 616
Reduzindo o risco de doença arterial coronariana 588
Reduzindo o risco de hipertensão 591
Reduzindo o risco por meio da atividade física 588
Refeição antes da competição 438
Reflexo motor 95
Regulação da concentração plasmática de glicose 113
Regulação da temperatura corporal 324
Regulação da ventilação pulmonar 206
Regulação do metabolismo das gorduras durante o exercício 115
Regulação do metabolismo dos carboidratos durante o exercício 112
Regulação hormonal da ingestão de calorias 121
Regulação hormonal do equilíbrio hidroeletrolítico durante o exercício 116
Regulação hormonal do metabolismo durante o exercício 110
Regulação metabólica 179
Regulação respiratória do equilíbrio acidobásico 236
Reidratação com bebidas esportivas: a concentração de sódio 441
Relação comprimento-tensão 50
Relação de dose-resposta 21
Relação força-velocidade 50
Relaxamento muscular 40
Remoção de dióxido de carbono 205
Renina 119
Reposição das perdas de líquidos do corpo 435
Reposição e sobrecarga de glicogênio muscular 438
Repouso e exercício submáximo 482
Resistência à insulina 104
Resistência cardiorrespiratória 135, 400
Resistência cardiorrespiratória em esportes não dependentes de resistência 312
Resistência muscular 245, 398
Resistência muscular *versus* resistência cardiorrespiratória 289
Resistência periférica total (RPT) 220
Resistência submáxima 289
Respiração de Cheyne-Stokes 374
Respiração externa 190
Respiração interna 190
Resposta cardíaca ao exercício 221
Resposta cardiovascular integrada ao exercício 227
Resposta motora 97
Resposta pós-sináptica 86
Respostas agudas e crônicas ao exercício 3
Respostas cardiorrespiratórias ao exercício agudo 213
Respostas cardiovasculares à altitude 360
Respostas cardiovasculares ao exercício agudo 214
Respostas do sistema nervoso autônomo ao sobretreinamento 388
Respostas endócrinas e utilização de substrato durante o exercício 488
Respostas fisiológicas à exposição aguda à altitude 358
Respostas fisiológicas ao exercício agudo 481, 503
Respostas fisiológicas ao exercício no calor 331
Respostas fisiológicas ao exercício no frio 348
Respostas fisiológicas ao treinamento físico agudo 529
Respostas hormonais ao sobretreinamento 389
Respostas metabólicas 348
Respostas metabólicas à altitude 362
Respostas respiratórias à altitude 359
Respostas respiratórias ao exercício agudo 230
Resumo da difusão dos gases pulmonares 199
Resumo do metabolismo dos substratos 70

Retículo sarcoplasmático 33, 43
Retorno do sangue ao coração 183
Revolução "-ômica" 15
Rins como órgãos endócrinos 119
Risco de ataque cardíaco e morte durante o exercício 593
Risco de doença cardiovascular 583
Riscos à saúde associados à exposição aguda à altitude 374
Riscos associados à beta-alanina 452
Riscos associados à creatina 457
Riscos associados à leucina 453
Riscos associados ao bicarbonato 451
Riscos associados ao *doping* sanguíneo 472
Riscos associados aos esteroides anabolizantes 466
Riscos associados ao uso da cafeína 455
Riscos associados ao uso de betabloqueadores 469
Riscos associados ao uso de diuréticos 469
Riscos associados ao uso de estimulantes 463
Riscos associados ao uso do hormônio do crescimento 468
Riscos associados à perda excessiva de peso 411
Riscos para a saúde durante o exercício no calor 335
Riscos para a saúde durante o exercício no frio 349

S

Sangue 184, 225
Sarcolema 32
Sarcômeros 33
Sarcopenia 281
Sarcoplasma 32
Saturação de hemoglobina 201
Saúde óssea ao longo da vida 543
Secreção de hormônios e concentração plasmática 103
Sede 435
Segundo mensageiro 105
Sensibilidade 559
Sensibilidade à insulina 104
Sensibilidade à insulina e glicose 591
Sequência de eventos na DMIT 153
Sexo *versus* gênero na fisiologia do exercício 526
Simpatólise funcional 180
Sinapse 84
Sincronização e recrutamento de unidades motoras adicionais 269
Síndrome do sobretreinamento 383, 388
Síndrome metabólica 608
Sistema ATP-PCr 61
Sistema cardiovascular e seu controle 163
Sistema de condução cardíaca 167
Sistema de transporte de oxigênio 290
Sistema endócrino 102
Sistema glicolítico 61
Sistema musculoesquelético 30
Sistema nervoso 481
Sistema nervoso autônomo 92
Sistema nervoso central 80, 88, 148
Sistema nervoso parassimpático 92
Sistema nervoso periférico 80, 91
Sistema nervoso simpático 92
Sistema oxidativo 64
Sistema respiratório e sua regulação 189
Sistemas básicos de energia 61
Sistemas de energia e fadiga 143
Sistema vascular 175
Sobrecarga aguda 383
sobrecarga de glicogênio ou sobrecarga de carboidrato 419
Sobrepeso 601
Sobretreinamento (*overtraining*) 383, 386
Sódio, potássio e cloreto 429
Somação 49
Sopro cardíaco 165
Subprodutos metabólicos e fadiga 146
Substâncias e técnicas proibidas 462
Substâncias ou técnicas ergogênicas 446
Substratos de energia 56

T

Tabagismo 590
Tamanho corporal e composição do corpo 346
Tamanho do coração 290
Taquicardia 172
Taquicardia ventricular 172
Taxa metabólica basal (TMB) 134
Taxa metabólica durante o exercício submáximo 135
Taxa metabólica em repouso (TMR) 134
Tecido adiposo como órgão endócrino 122
Técnicas de campo 409
Técnicas laboratoriais 408
Temperatura de bulbo úmido e de globo (TBUG) 336
Temperatura e umidade do ar na altitude 357
Tempo sedentário e risco de doença 591
Teoria da depleção de eletrólitos 157
Teoria da temperatura crítica 332
Teoria do controle neuromuscular 157
Teoria do governador central 148
Teoria dos filamentos deslizantes 39
Terminais axônicos 81
Terminologia 244
Terminologia e classificação 600, 618
Termogênese não decorrente de tiritação 344
Termorreceptores 91, 328
Teste de esforço físico incremental (TEI) 558
Testes clínicos de esforço físico incrementais 558
Testes de condicionamento físico relacionados à saúde 555
Testosterona 462, 527
Tetania 49
TIAI/HIIT para atletas 258

Tipo de atividade durante o intervalo de recuperação ativa 257
Tipo de fibra e desempenho esportivo 47
Tipo de fibra muscular 301
Tipo de fibras e exercícios 44
Tipo e intensidade de exercício 589
Tipos de contração muscular 48
Tipos de doença cardiovascular 575
Tipos de fibras musculares 40
Tipos de treinamentos de força 249
Tireoide 110
Tiritação 344
Tirotropina 111
Tiroxina (T4) 110
Titina: o terceiro miofilamento 34
Tônus vasomotor 180
Traço falciforme 339
Transferência de calor entre o corpo e o ambiente 325
Transformação de Haldane 130, 131
Transmissão nervosa 148
Transporte de dióxido de carbono 202
Transporte de oxigênio 200, 359
Transporte de oxigênio e dióxido de carbono no sangue 200
Transporte de oxigênio no músculo 204
Tratamento do diabetes 620
Treinamento aeróbio 288
Treinamento anaeróbio 288
Treinamento "artificial" na altitude 372
Treinamento com resistência variável 252
Treinamento contínuo 257
Treinamento de flexibilidade 568
Treinamento de força 266, 568
Treinamento de força com contrações estáticas 249
Treinamento de força e ganhos no condicionamento muscular 266
Treinamento de força para atletas 282
Treinamento de força para crianças 282
Treinamento de força para populações especiais 280
Treinamento de manutenção 383
Treinamento de resistência 568
Treinamento desportivo 381
Treinamento do *core* 253
Treinamento excêntrico 252
Treinamento excessivo 383
Treinamento Fartlek 258
Treinamento físico 241
Treinamento físico e reabilitação de pacientes com doença cardíaca 593
Treinamento intervalado 255
Treinamento intervalado de alta intensidade (TIAI/HIIT) 258
Treinamento intervalado de alta intensidade em esportes de equipe 260
Treinamento intervalado em circuito 258

Treinamento isocinético 252
Treinamento isométrico 249
Treinamento lento por distâncias longas (LDL) 257
Treinamento para exercícios em grupo 255
Tríade da mulher atleta 413, 546
Triagem para a saúde 555
Trifosfato de adenosina (ATP) 40
Triglicerídeo 57
Tri-iodotironina (T3) 110
Troca de calor seco 326
Troca de dióxido de carbono 198
Troca de gases nos músculos 360
Troca de oxigênio 197
Trocas gasosas nos alvéolos 197
Trocas gasosas nos músculos 204
Tronco encefálico 90
Tropomiosina 34
Troponina 34
Túbulos transversos 33

U

Umidade e perda de calor 328
Umidade relativa 328
Unidade motora 37
Unidades e notação científica 24
Unidades motoras 43
Unidades motoras e tamanho do músculo 49

V

Valor prognóstico de um teste de esforço anormal 559
Variabilidade da frequência cardíaca 216
Variação circadiana 23
Variável dependente 25
Variável independente 25
Vasoconstrição 178
Vasoconstrição periférica 344
Vasodilatação 178
Vasodilatação mediada pelo endotélio 179
Vasopressina 335
Vasos de resistência 177
Veias 177
Velocidade, agilidade e flexibilidade 400
Velocidade de contração de fibra isolada 45
Ventilação e metabolismo energético 233
Ventilação expiratória máxima 508
Ventilação pulmonar 190, 300, 359
Ventilação pulmonar durante o exercício dinâmico 231
Ventilação voluntária máxima 235
Vênulas 177
Viscosidade do sangue 185
Vitamina(s) 425
Vitamina C 427
Vitamina E 427

Vitaminas do complexo B 427
Viver no alto e treinar no baixo 370
$\dot{V}O_{2max}$ 509
Volume corrente 193
Volume de exercício 561
Volume diastólico final 173
Volume e composição sanguínea 184
Volume expiratório forçado em 1 s 508

Volume plasmático 226, 299
Volume residual (VR) 193
Volume sanguíneo 298, 360
Volume sistólico 173, 217, 293
Volume sistólico durante o exercício 217
Volume sistólico final (VSF) 173
Volumes pulmonares 192

Anotações